Springer Collected Works in Mathematics

For further volumes:
http://www.springer.com/series/11104

Photoatelier Bettina, Zürich

Hermann Weyl

Hermann Weyl

Gesammelte Abhandlungen I

Editor

Komaravolu Chandrasekharan

Reprint of the 1968 Edition

Springer

Author
Hermann Weyl
1885 Elmshorn, Germany –
1955 Zürich, Switzerland

Editor
Komaravolu Chandrasekharan
Department of Mathematics
ETH Zürich
Switzerland

ISSN 2194-9875
ISBN 978-3-662-43804-6 (Softcover)
978-3-540-04388-1 (Hardcover)
DOI 10.1007/978-3-662-43805-3
Springer Heidelberg New York Dordrecht London

Library of Congress Control Number: 2012954381

Mathematical Subject Classification (2010): 01-XX, 83-XX

Printed on acid-free paper

Springer is part of Springer Science+Business Media (www.springer.com)

"We do not claim for mathematics the prerogative of a Queen of Science; there are other fields which are of the same or even higher importance in education. But mathematics sets the standard of objective truth for all intellectual endeavours; science and technology bear witness to its practical usefulness. Besides language and music it is one of the primary manifestations of the free creative power of the human mind, and it is the universal organ for world-understanding through theoretical construction. Mathematics must therefore remain an essential element of the knowledge and abilities which we have to teach, of the culture we have to transmit, to the next generation. Only he who knows what mathematics is, and what its function in our present civilization, can give sound advice for the improvement of our mathematical teaching." (from the ETH collection, 1944)

"Knowledge in all physical sciences – astronomy, physics, chemistry – is based on observation. But observation can only ascertain what is. How can we predict what will be? To that end observation must be combined with mathematics." (from a Radio Talk, 1947)

"I believe that mathematizing, like music, is a creative ability deeply grounded in man's nature. Not as an isolated technical accomplishment, but only as part of human existence in its totality can it find its justification. Were I not so tongue-tied when it comes to conveying such general philosophical ideas and attitudes, did I possess the necessary suggestive and scientific strength as a mathematician, and were our educational system a little better organized for responding to the impact of a scholar of Hilbert's type, – maybe I could be more helpful in developing our tradition in the right direction. But I am approaching the threshold of the sixties, and the evening glow of resignation begins to settle upon my life. My children are growing up. Let them try to make this a better world." (from the ETH collection, 1944)

Preface

The name of HERMANN WEYL is enshrined in the history of mathematics. A thinker of exceptional depth, and a creator of ideas, WEYL possessed an intellect which ranged far and wide over the realm of mathematics, and beyond. His mind was sharp and quick, his vision clear and penetrating. Whatever he touched he adorned. His personality was suffused with humanity and compassion, and a keen aesthetic sensibility. Its fullness radiated charm. He was young at heart to the end. By precept and example, he inspired many mathematicians, and influenced their lives. The force of his ideas has affected the course of science. He ranks among the few universalists of our time.

This collection of papers is a tribute to his genius. It is intended as a service to the mathematical community.

Thanks are due to Springer-Verlag for undertaking the publication, and to the Zentenarfonds of the Eidgenössische Technische Hochschule, Zürich, and to its President Dr. J. BURCKHARDT, for a generous subvention. The co-operation of Professor B. ECKMANN has helped the project along.

These papers will no doubt be a source of inspiration to scholars through the ages.

Zürich, May 1968 K. CHANDRASEKHARAN

Note

These four volumes of papers by HERMANN WEYL contain all those listed in the bibliography given in the *Selecta* HERMANN WEYL, together with four additions. No changes in the text have been made other than those made by the author himself at the time of the publication of his *Selecta*.

An obituary notice by A. WEIL and C. CHEVALLEY, originally published in *l'Enseignement mathématique*, is reproduced at the end, by courtesy of the authors.

The co-operation of the publishers of the various periodicals in which WEYL's work appeared, and particularly of Birkhäuser-Verlag who brought out the *Selecta*, is gratefully acknowledged. The excellent work done by the printer merits a special mention. The frontispiece is from the collection of Mrs. ELLEN WEYL.

Inhaltsverzeichnis Band I

Vollständige Liste aller Titel

Band I

Band II

Band III

Band IV

1.

Singuläre Integralgleichungen mit besonderer Berücksichtigung des Fourierschen Integraltheorems

Dissertation Göttingen (1908)

Einleitung.

In seiner Theorie der Integralgleichungen hat Herr Prof. Hilbert u. a. den Satz bewiesen, daß, wenn $K(s,t)$ irgend eine stetige symmetrische Funktion ihrer beiden Argumente in dem quadratischen Bereich $a \leqq \left\{\begin{matrix} s \\ t \end{matrix}\right\} \leqq b$ ist, die *„homogene Integralgleichung“*

$$0 = \varphi(s) - \lambda \cdot \int_a^b K(s,t)\, \varphi(t)\, dt$$

für unendlichviele diskret liegende Werte von λ, die sog. Eigenwerte, eine nicht identisch verschwindende Lösung $\varphi(s)$ besitzt [1]). Ein entsprechendes Theorem wird auch noch gelten, wenn wir als Integrationsintervall nicht $a \,..\, b$, sondern etwa $0 \,..\, \infty$ wählen, falls dann nur in einem genauer zu präzisierenden Sinne $K(s,t)$ sich im Unendlichen hinreichend regulär verhält. Andrerseits lassen sich leicht Beispiele von „Kernen“ $K(s,t)$ angeben, für die *die Hilbertsche Theorie keine Gültigkeit mehr besitzt.* Besonderes Interesse verdient, wie Prof. Hilbert in einer seiner Vorlesungen hervorgehoben hat, hier z. B. der Kern $\cos(st)$. Aus dem Fourierschen Integraltheorem

$$(1) \qquad \varphi(s) = \frac{2}{\pi} \int_0^\infty \int_0^\infty \cos(st) \,.\, \cos(tr) \,.\, \varphi(r)\, dr\, dt$$

ersieht man nämlich, daß dieser Kern höchstens die beiden Eigenwerte $+\sqrt{\frac{2}{\pi}}$ $-\sqrt{\frac{2}{\pi}}$ besitzen kann. Denn ist λ irgend ein Eigen-

1) D. Hilbert, „Grundzüge einer allgemeinen Theorie der linearen Integralgleichungen“, 5. Mitteilung, Gött. Nachr. 1906, pag. 455.

wert und $\varphi(s)$ eine zugehörige Eigenfunktion, d. h. eine nichtverschwindende Lösung von

$$\varphi(s) = \lambda \int_0^\infty \cos st \,.\, \varphi(t)\, dt,$$

so ergibt (1) die weitere Beziehung

$$\varphi(s) = \frac{2}{\pi\lambda} \cdot \int_0^\infty \cos st \,.\, \varphi(t)\, dt,$$

die wegen $\varphi(s) \not\equiv 0$ notwendig $\lambda^2 = \frac{2}{\pi}$ nach sich zieht. Es fragt sich nun sofort, ob die beiden Werte $+\sqrt{\frac{2}{\pi}}$, $-\sqrt{\frac{2}{\pi}}$ tatsächlich Eigenwerte sind. Die bekannte Integralbeziehung

$$(2) \qquad \int_0^\infty \cos st \cdot e^{-\frac{t^2}{2}}\, dt = \sqrt{\frac{\pi}{2}} \cdot e^{-\frac{s^2}{2}}$$

bestätigt dies für $+\sqrt{\frac{2}{\pi}}$. Man weiß ferner, daß, wenn $J_n(x)$ $[n = 0, 1, \ldots]$ wie üblich die $n$te Besselsche Funktion bedeutet, für $J_n(\sqrt{st})$ ein zu (1) analoges Theorem, ein „*Fouriertheorem,*“ wie wir sagen wollen, gilt:

$$(3) \qquad \varphi(s) = \frac{1}{4} \int_0^\infty \int_0^\infty J_n(\sqrt{st})\, J_n(\sqrt{tr})\, \varphi(r)\, dr\, dt.$$

Die einzigen Eigenwerte, die in diesem Fall möglicherweise existieren, sind $\frac{1}{2}$, $-\frac{1}{2}$. Die Funktion $(\sqrt{s})^n \,.\, e^{-\frac{s}{2}}$ ist eine zu dem ersten von ihnen gehörige Eigenfunktion:

$$(4) \qquad \int_0^\infty J_n(\sqrt{st}) \,.\, (\sqrt{t})^n\, e^{-\frac{t}{2}}\, dt = 2 \,.\, (\sqrt{s})^n \,.\, e^{-\frac{s}{2}}.$$

Die in (2) und (4) angeführten Eigenfunktionen sind jedoch nicht die einzigen, wie die folgende Bemerkung zeigt. Ist $k(x)$ irgend eine für $x > 0$ definierte Funktion, für die die beiden Integrale

$$\int_0^\infty \frac{k(x)}{\sqrt{x}}\, dx = \lambda \neq 0, \quad \int_0^\infty \frac{k(x) \,.\, lg\, x}{\sqrt{x}}\, dx = \mu$$

existieren, so besitzt der Kern $k(st)$ sicher die beiden Eigenwerte

$+\frac{1}{\lambda}$, $-\frac{1}{\lambda}$ mit den zugehörigen Eigenfunktionen

$$\frac{1}{\sqrt{s}}, \text{ bezw. } \left(lg\, s - \frac{\mu}{2\lambda}\right) \cdot \frac{1}{\sqrt{s}}, \tag{5}$$

wovon man sich durch eine einfache Rechnung überzeugt. Diese Funktionen (5) haben jedoch einen wesentlich anderen Charakter als die in (2) und (4) auftretenden: die Integrale $\int_0^\infty \frac{\cos st}{\sqrt{t}}\, dt$ u. s. w. konvergieren zwar, jedoch nicht absolut, und eine Eigenfunktion wie $\varphi(s) = \frac{1}{\sqrt{s}}$ läßt sich auch nicht „normieren", d. h. derart mit einem konstanten Faktor c multiplizieren, daß das Produkt, quadratisch integriert, 1 ergibt $\left[\int_0^\infty (c\,\varphi(s))^2\, ds = 1\right]$. Aus diesen Gründen werden wir solche Funktionen (5) kaum als „eigentliche" oder „zulässige" Eigenfunktionen gelten lassen.

Die Funktion $\cos(st)$ weist offenbar im Positiv-Unendlichen (da sie nicht einmal gegen 0 konvergiert) eine hohe Singularität auf, und es kann daher nicht wundernehmen, daß auch die Integralgleichung, in der diese Funktion die Rolle eines Kerns spielt, „*singulär*" ist, d. h. den Hilbertschen Theoremen über Eigenwerte nicht genügt. Wider Erwarten zeigen aber auch Kerne wie der folgende

$$K(s,t) = e^{-st} \qquad 0 \leqq \begin{matrix} s \\ t \end{matrix} < \infty$$

in den Integralgleichungen ein singuläres Verhalten. Ist nämlich a irgend ein reeller Exponent < 1, so existiert das Integral $\int_0^\infty e^{-st} \cdot t^{-a}\, dt$ für $s > 0$, und zwar wird

$$\int_0^\infty e^{-st} \cdot t^{-a}\, dt = \int_0^\infty e^{-\tau} \left(\frac{\tau}{s}\right)^{-a} \frac{d\tau}{s} = \Gamma(1-a) \cdot s^{a-1}.$$

Wenden wir diese Gleichung statt auf a jetzt auf $1-a$ an, was voraussetzt, daß $1-a<1$, d. i. $a>0$ gilt, so finden wir

$$\int_0^\infty e^{-st}\, t^{a-1}\, dt = \Gamma(a) \cdot s^{-a}.$$

Daraus ergibt sich, daß, wenn man

$$\sqrt{\Gamma(a)} \cdot s^{-a} + \sqrt{\Gamma(1-a)} \cdot s^{a-1} = \psi_a^{(+)}(s),$$
$$\sqrt{\Gamma(a)} \cdot s^{-a} - \sqrt{\Gamma(1-a)} \cdot s^{a-1} = \psi_a^{(-)}(s)$$

setzt,

$$\int_0^\infty e^{-st} \cdot \psi_a^{(+)}(t)\, dt = \sqrt{\Gamma(a)\,\Gamma(1-a)} \cdot \psi_a^{(+)}(s)$$

$$\int_0^\infty e^{-st} \cdot \psi_a^{(-)}(t)\, dt = -\sqrt{\Gamma(a)\,\Gamma(1-a)} \cdot \psi_a^{(-)}(s)$$

wird. Da $\Gamma(a)\ \Gamma(1-a) = \frac{\pi}{\sin \pi a}$ ist, zeigt sich, daß im Falle des Kerns e^{-st} die Eigenwerte zum mindesten das Intervall $-\frac{1}{\sqrt{\pi}} < \lambda < \frac{1}{\sqrt{\pi}}$ (mit Ausschluß der Grenzen und des Punktes 0) ganz überdecken. Ob es weitere Eigenwerte gibt, kann hier noch nicht entschieden werden [1]). — Aus e^{-st} geht durch Zusammensetzung ein sehr interessanter Kern hervor, nämlich

$$\frac{1}{s+t} = \int_0^\infty e^{-sr}\, e^{-tr}\, dr.$$

Um das hier an Beispielen aufgezeigte singuläre Verhalten von Integralgleichungen von einer allgemeineren Theorie aus verständlich zu machen, werden wir uns, ähnlich wie Hilbert mittels der von ihm geschaffenen Theorie der vollstetigen quadratischen Formen unendlichvieler Variablen die regulären Integralgleichungen bemeistert hat, in unserm Fall des allgemeineren Hülfsmittels beliebiger beschränkter quadratischer Formen zu bedienen haben, über deren Natur durch die 4. Mitteilung der Hilbertschen „Grundzüge u. s. w." (Gött. Nachr. 1906, pag. 157—209) und neuerdings durch Herrn Hellingers Dissertation „Die Orthogonalinvarianten quadratischer Formen von unendlichvielen Variablen" (Göttingen 1907) Aufschluß gegeben wird.

---

1) Vergl. § 15 dieser Arbeit.

I. Teil.

Kerne, für die ein Fouriertheorem gilt.

§ 1. Über beschränkte quadratische Formen unendlichvieler Variablen.

Eine *quadratische Form* abzählbar unendlichvieler Variablen ist allemal dann definiert, wenn jedem Paar ganzer positiver Zahlen p, q eine reelle Zahl k_{pq} zugeordnet ist derart, daß die Symmetriebedingung

$$k_{pq} = k_{qp}$$

erfüllt ist. Sind $x_1, x_2, \ldots$ irgendwelche unendlichviele Zahlen, so verstehen wir unter dem $n$ten Abschnitt dieser quadratischen Form für das Wertsystem $x_1, x_2, \ldots$ dieses:

$$[K(x)]_n^2 = \sum_{p,q=1,2,\ldots,n} k_{pq} x_p x_q.$$

Entsprechend fassen wir, wenn a_{pq} irgend welche Zahlen sind, die endlichen Bilinearformen der Variablen $x_1, \ldots, x_n; y_1, \ldots, y_n$

$$[A(x, y)]_n = \sum_{p,q=1,\ldots,n} a_{pq} x_p y_q$$

für $n = 1, 2, 3, \ldots$ als die sukzessiven Abschnitte einer durch die Koeffizienten a_{pq} definierten Bilinearform der unendlichvielen Variablen $x_1, x_2, \ldots; y_1, y_2, \ldots$ auf. Man wird nun auch wissen, was unter einer linearen Form unendlichvieler Variablen verstanden werden soll.

Gibt es zu einer Bilinearform $A(x, y)$ eine Zahl M, sodaß für alle Werte $x_1, x_2, \ldots; y_1, y_2, \ldots$, die den Bedingungen

$$(9) \qquad (x, x) = x_1^2 + x_2^2 + \ldots \leqq 1, \qquad (y, y) \leqq 1$$

genügen, und für jedes n

$$\text{abs.}\ [A(x, y)]_n \leqq M$$

ist, so heißt $A(x, y)$ **beschränkt**[1]) und die Zahl M eine **Schranke** der Form $A(x, y)$. Eine Linearform ist dann und nur dann (im analogen Sinne) beschränkt, wenn die Quadratsumme ihrer Koeffizienten konvergiert.

Sind $A(x, y)$, $B(x, y)$ irgend zwei beschränkte Bilinearformen und bezeichnet $a_p(x)$ die aus $A(x, y)$ für $y_p = 1$, $y_q = 0$ $(q \neq p)$, $b_p(y)$ die aus $B(x, y)$ für $x_p = 1$, $x_q = 0$ $(q \neq p)$ hervorgehende Linearform, so konvergiert

$$[a_1(x)]_n \cdot [b_1(y)]_n + [a_2(x)]_n \cdot [b_2(y)]_n + \cdots$$

absolut — die Variablen $x_1, x_2, \ldots; y_1, y_2 \ldots$ werden dabei wie im Folgenden stets durch die Bedingung (9) eingeschränkt gedacht — und stellt eine endliche Bilinearform $C_n(x, y)$ der Variablen $x_1, \ldots, x_n; y_1, \ldots, y_n$ dar. $C_1(x, y)$, $C_2(x, y), \ldots$ sind offenbar die sukzessiven Abschnitte einer unendlichen Bilinearform $C(x, y)$, die die **Faltung** von A und B genannt und von Hilbert durch das Symbol $A(x, .)\, B(., y)$ bezeichnet wird:

$$(10) \qquad [A(x, .)\, B(., y)]_n = [a_1(x)]_n \cdot [b_1(y)]_n + [a_2(x)]_n \cdot [b_2(y)]_n + \cdots.$$

Sie ist gleichfalls beschränkt [2]).

Es ist aber ein weiteres wichtiges Resultat von **Hilbert**[2]), daß, wenn $x_1, x_2, \ldots; y_1, y_2, \ldots$ wieder irgendwelche die Ungleichungen (9) befriedigende Werte sind und $A(x, y)$ eine beschränkte Bilinearform bedeutet, alsdann der Limes $\underset{n=\infty}{L} [A(x, y)]_n$ existiert. Diesen Limes, den wir ebenfalls mit $A(x, y)$ bezeichnen, werden wir den **Wert** der Bilinearform $A(x, y)$ für jenes Wertsystem $x_1, x_2, \ldots; y_1, y_2, \ldots$ nennen, und auf solche Weise definiert eine jede beschränkte Bilinearform in dem durch (9) gegebenen Bereich eine **Funktion** der unendlichvielen Variablen $x_1, x_2, \ldots; y_1, y_2, \ldots$ Nunmehr stellen in Gleichung (10) sowohl $A(x, .)\, B(., y)$ als auch $a_1(x), a_2(x), \ldots; b_1(y), b_2(y), \ldots$ bestimmte Zahlen vor, und es fragt sich demnach, ob aus (10) für diese **Zahlen** die Relation

$$(11) \qquad A(x, .)\, B(., y) = a_1(x)\, b_1(y) + a_2(x)\, b_2(y) + \cdots$$

---

1) Hilbert, 4. Mitt. pag. 176.
2) l. c. pag. 179.

gefolgert werden kann. Darüber gibt der folgende Hülfssatz Auskunft.

Hülfssatz (*Konvergenzsatz für beschränkte Formen*): Ist $A_m(x, y)$ $(m = 1, 2, \ldots)$ eine Folge von Bilinearformen, die eine Zahl M zur gemeinsamen Schranke haben, existiert ferner für jedes n

$$\underset{m=\infty}{L}\ [A_m x, y)]_n = [A(x, y)]_n, \tag{12}$$

so gilt für jedes spezielle Wertsystem der Variablen x, y

$$\underset{m=\infty}{L}\ A_m(x, y) = A(x, y)$$

oder ausführlicher

$$\underset{m=\infty}{L}\ \underset{n=\infty}{L}\ [A_m(x, y)]_n = \underset{n=\infty}{L}\ \underset{m=\infty}{L}\ [A_m(x, y)]_n.$$

Beweis: Gemäß einer von Herrn Hilbert angegebenen Abschätzung[1]) ist

$$\text{abs.}\ \{A_m(x, y) - [A_m(x, y)]_n\} \leqq \frac{3}{2} M [\sqrt{x_{n+1}^2 + x_{n+2}^2 + \cdots} + \sqrt{y_{n+1}^2 + y_{n+2}^2 + \cdots}].$$

Wegen (12) ist auch

$$\text{abs.}\ [A(x, y)]_n \leqq M,$$

d. h. M eine Schranke von $A(x, y)$, und daher

$$\text{abs.}\{A(x, y) - [A(x, y)]_n\} \leqq \frac{3}{2} M [\sqrt{x_{n+1}^2 + \cdots} + \sqrt{y_{n+1}^2 + \cdots}]. \tag{13}$$

Daraus folgt unsere Behauptung.

Kehren wir zu der die Faltung betreffenden Frage zurück und verstehen unter $x_1 = \alpha_1,\ x_2 = \alpha_2, \ldots;\ y_1 = \beta_1,\ y_2 = \beta_2, \ldots$ ein spezielles Wertsystem der Variablen, so gehört zu jedem m eine beschränkte Bilinearform $C^{(m)}(x, y)$, sodaß die numerische Gleichung

$$C^{(m)}(\alpha, \beta) = a_1(\alpha) b_1(\beta) + \cdots a_m(\alpha) b_m(\beta)$$

statthat, da das Produkt $a_1(\alpha) b_1(\beta)$ durch gliedweise Multiplikation ausgewertet werden kann. Sind M, N Schranken von $A(x, y)$, bezw. $B(x, y)$, so gilt[2])

$$[C^{(m)}(x, y)]_n \leqq MN$$

---

1) l. c. pag. 178.
2) l. c. pag. 179.

für alle m und n und alle Werte der Variablen x, y. Daraus gestattet unser Hülfssatz die Folgerung zu ziehen

$$\underset{m=\infty}{L}\;\underset{n=\infty}{L}\,[C^{(m)}(\alpha,\beta)]_n = \underset{n=\infty}{L}\;\underset{m=\infty}{L}\,[C^{(m)}(\alpha,\beta)]_n,$$

d. i. die Gleichung (11) für $x = \alpha$, $y = \beta$.

Dies lehrt insbesondere, daß der Wert einer beschränkten Bilinearform durch reihen- oder kolonnenweise Summation bestimmt werden kann[1]):

$$(14)\quad \begin{aligned} A(x,y) &= \underset{n=\infty}{L}\Big(\sum_{p,q=1,\dots,n} a_{pq}\,x_p\,y_q\Big) \\ &= \sum_{(p)}\Big(x_p\sum_{(q)} a_{pq}\,y_q\Big) = \sum_{(q)}\Big(y_q\sum_{(p)} a_{pq}\,x_p\Big). \end{aligned}$$

Unter den beschränkten Formen spielen eine besondere Rolle die vollstetigen, da sie sich in allen wesentlichen Punkten verhalten wie endliche Formen. Es hat damit die folgende Bewandtnis.

Jedes bestimmte Wertsystem unserer unendlichvielen Variablen $(x) = (x_1, x_2, \dots)$ werden wir einen Punkt des Raumes von unendlichvielen Dimensionen nennen und $x_1, x_2, \dots$ bezw. seine 1., 2., ... Koordinate:

$$x_1 = \mathfrak{Co}_1(x),\; x_2 = \mathfrak{Co}_2(x),\; \dots$$

Haben wir eine unendliche Reihe solcher Punkte $(x)^1, (x)^2, \dots$, so sagen wir, sie konvergiere schwach gegen den Punkt (x), wenn für jeden Index i

$$\underset{n=\infty}{L}\,\mathfrak{Co}_i(x)^n = \mathfrak{Co}_i(x)$$

ist. Besteht diese Limesgleichung gleichmäßig im Index i, so sprechen wir von Konvergenz (schlechthin). Liegt die Sache ferner so, daß die quadrierte Entfernung

---

1) Diese Tatsache erwähnt Hilbert (ohne den hier gegebenen Beweis) l. c. pag. 179 f. Wie mir scheint, kann der „Konvergenzsatz" auch dazu dienen, die Entwicklungen l. c. pag. 187 ff. ein wenig zu vereinfachen. Deutet man in dem Bilinearausdruck $\sum a_{pq}\,x_p\,y_q$ die a_{pq} gleichfalls als Variable und beschränkt die x und y auf die Bereiche $(x,x) \leqq 1$, $(y,y) \leqq 1$, die a_{pq} aber auf das durch die Forderung: „die Bilinearform mit den Koeffizienten a_{pq} soll die Zahl 1 zur Schranke haben" bestimmte Gebiet, so läßt sich der Konvergenzsatz mit Benutzung eines S. 9 definierten Begriffes so aussprechen: Der Bilinearausdruck $\sum a_{pq}\,x_p\,y_q$ ist eine vollstetige Funktion der Variablen a_{pq} [bei festem x, y].

$$((x)^n-(x),\ (x)^n-(x)) = \sum_{i=1,2,\ldots}[\mathfrak{Co}_i(x)^n - \mathfrak{Co}_i(x)]^2$$

von einem gewissen Index n ab existiert und bei weiterem Wachsen desselben 0 zur Grenze hat, so nennen wir $(x)^1$, $(x)^2$, ... stark konvergent gegen (x). Schließlich kommt im unendlich-dimensionalen Raum noch eine Art „diskreter Konvergenz" in Betracht, die darin besteht, daß zu jedem n ein m existiert derart, daß $(x)^m$, $(x)^{m+1}$, $(x)^{m+2}$, ... sämtlich mit (x) in den ersten n Koordinaten übereinstimmen.

Eine beschränkte quadratische Form $K(x)$ heißt nun voll- oder stark-stetig, wenn für jede Reihe von Punkten $(x)^1$, $(x)^2$, ..., die, ohne den Bereich $(x, x) \leqq 1$ zu verlassen, gegen einen beliebigen, gleichfalls in diesem Bereich gelegenen Punkt (x) schwach konvergiert, $\underset{n=\infty}{L}\, K(x)^n = K(x)$ ist. Analog wenden wir die Bezeichnungen stetig (schlechthin), schwachstetig, diskret-stetig an. Es stellt sich heraus, daß jede beschränkte Form schwachstetig ist; dagegen ist z. B. (x, x) weder stetig, geschweige denn vollstetig, noch auch diskret-stetig.

Substituiert man in eine vollstetige quadratische Form an Stelle der Variablen $x_1, x_2, \ldots$ stetige Funktionen einer oder einer endlichen Anzahl von Veränderlichen, so geht die Form in eine gleichfalls stetige Funktion dieser Veränderlichen über[1]). Inwieweit dieser Umstand auch für beliebige beschränkte Formen zutrifft, kommt für das Folgende beim Übergang von den quadratischen Formen zu den Integralgleichungen wesentlich in Betracht.

Hülfssatz: Setzt man in der beliebigen beschränkten Bilinearform $A(x, y)$

$$x_p = k_p(s),\ y_p = k_p(t),$$

wo $k_p(s)$ stetig in s ist, so ist die entstehende Funktion von s und t sicher dann stetig, wenn die Funktion $(k(s), k(s))$ stetig in s ist.

In der Tat: sei s irgend ein fester Wert, ε eine positive Zahl, so wähle man m so, daß die Ungleichung

$$\sum_{p=m+1,\, m+2,\ldots}(k_p(s))^2 < \frac{\varepsilon}{2}$$

statthat. Den Voraussetzungen zufolge ist

$$\underset{s'=s}{L}\ \sum_{(p>m)}(k_p(s'))^2 = \sum_{(p>m)}(k_p(s))^2;$$

1) Hilbert, 5. Mitt. pag. 441.

infolgedessen kann eine Umgebung $|s' - s| \leqq \delta$ abgegrenzt werden, sodaß für sie

$$\sum_{(p > m)} (k_p(s'))^2 < \varepsilon$$

oder a fortiori

$$\sum_{p = n+1, n+2, \ldots} (k_p(s'))^2 < \varepsilon$$

für jedes $n \geqq m$ ausfällt, d. h. es ist

$$\underset{\substack{n=\infty \\ s'=s}}{L} \sum_{p=n+1,\ldots} (k_p(s'))^2 = 0.$$

Der Hilbertschen Abschätzung (13) zufolge konvergiert daher $[A(k(s), k(t))]_n$ mit wachsendem n stetig gegen

$$A(k(s), k(t)) = \sum_{(p)} \sum_{(q)} a_{pq} k_p(s) k_q(t) = \sum_{(q)} \sum_{(p)} a_{pq} k_p(s) k_q(t).$$

§ 2. Einzel- und Orthogonalformen.

Unter einer quadratischen *Einzelform*

$$E(x) = \sum_{(p,q)} e_{pq} x_p x_q \qquad (e_{pq} = e_{qp})$$

versteht man nach Hilbert eine beschränkte Form, die sich durch Faltung reproduziert:

(15) $$E(x, .)\, E(\,.\,, y) = E(x, y)$$

oder

$$e_{p1} e_{q1} + e_{p2} e_{q2} + \cdots = e_{pq}.$$

Hilbert beweist [1]), daß sich für diese Einzelform die folgende Darstellung geben läßt

$$E(x, y) = \sum_{(p)} L_p(x) L_p(y),$$

wo $L_p(x)$ beschränkte Linearformen mit den Eigenschaften der „Orthogonalität"

$$L_p(\,.\,) L_q(\,.\,) = \delta_{pq}$$

bedeuten; dabei wird (wie von nun an stets) unter δ_{pq} die 0 verstanden, falls $p \neq q$ ist, und $\delta_{pq} = 1$, wenn $p = q$ ist:

1) 5. Mitt, pag. 194 f.

$$(x, x) = \sum_{(p,q)} \delta_{pq}\, x_p\, x_q.$$

Dieses Resultat wollen wir hier auf einem von Hilberts Darstellung etwas abweichenden Wege von neuem ableiten.

Setzen wir:

$$e_p(x) = \sum_{(q)} e_{pq}\, x_q\,,$$

so gilt

$$E(x) = E(x,.)\, E(.,x) = \sum_{(p)} (e_p(x))^2$$

und

$$E(x,.)\, e_p(.) = \sum_{(q)} x_q\, e_q(.)\, e_p(.);$$

da aber gemäß Definition

$$e_p(.)\, e_q(.) = e_{p1}\, e_{q1} + e_{p2}\, e_{q2} + \cdots = e_{pq}\,,$$

ist auch

(16) $$E(x,.)\, e_p(.) = \sum_{(q)} e_{pq}\, x_q = e_p(x).$$

Bedeutet ferner $\xi(x)$ irgend eine Linearform, die sich mittels Koeffizienten γ_p von konvergenter Quadratsumme aus den $e_p(x)$ zusammensetzen läßt:

$$\xi(x) = \sum_{(p)} \gamma_p\, e_p(x)\,,$$

so ist die Bedingung

$$\xi(.)\, e_p(.) = 0$$

mit der linearen Gleichung

$$e_{p1}\,\gamma_1 + e_{p2}\,\gamma_2 + \cdots = 0,$$

d. i. mit der Bedingung „$\xi(x)$ enthält die Variable x_p nicht" identisch.

Bezeichnet $e_{p_1}(x)$ die erste unter den Linearformen $e_p(x)$, die nicht identisch verschwindet, $e_{p_2}(x)$ die erste nach dieser, die von ihr linear unabhängig ist, $e_{p_3}(x)$ die erste nach $e_{p_2}(x)$, die sich nicht als lineare Kombination von $e_{p_1}(x)$, $e_{p_2}(x)$ darstellen läßt u. s. f., so können wir nach einem bekannten Verfahren die Koeffizienten $\gamma_{11};\ \gamma_{21}, \gamma_{22};\ \gamma_{31}, \gamma_{32}, \gamma_{33};\ \ldots$ sukzessive so bestimmen, daß die Linearformen

(17) $$\begin{aligned} \xi_1(x) &= \gamma_{11}\, e_{p_1}(x)\,,\\ \xi_2(x) &= \gamma_{21}\, e_{p_1}(x) + \gamma_{22}\, e_{p_2}(x)\,,\\ \xi_3(x) &= \gamma_{31}\, e_{p_1}(x) + \gamma_{32}\, e_{p_2}(x) + \gamma_{33}\, e_{p_3}(x)\,,\\ &\cdots\cdots\cdots\cdots\cdots \end{aligned}$$

zu einander orthogonal sind[1]):

$$\xi_p(.)\,\xi_q(.) = \delta_{pq}.$$

Aus (16) folgt sofort

$$E(x, .)\,\xi_p(.) = \xi_p(x). \tag{18}$$

Dies wiederum zeigt, daß $E_n(x) = E(x) - \sum_{p=1,..,n} \xi_p^2$ ebenfalls eine Einzelform und daher definit ist:

$$E_n(x, .)\,E_n(., x) = E(x, .)\,E(., x) - 2.\sum_{p=1,..,n} E(x, .)\,\xi_p(.)\,\xi_p(x)$$
$$+ \sum_{p,q=1,..,n} \xi_p(.)\,\xi_q(.)\,\xi_p(x)\,\xi_q(x)$$
$$= E(x) - \sum_{p=1,..,n} \xi_p^2 = E_n(x).$$

Die für $q < p_n$ gültige Gleichung

$$\xi_n(.)\,e_q(.) = 0$$

besagt, daß $\xi_n(x)$ nur von den Variablen $x_{p_n}, x_{p_n+1}, \ldots$, also sicherlich nicht von $x_1, .., x_{n-1}$ abhängt. Ebenso bedeutet

$$E_n(x, .)\,\xi_p^{-}(.) = E(x, .)\,\xi_p(.) - \xi_p = 0$$

(gültig, falls $p \leqq n$), da sich die $e_p(x)$ für $p < p_{n+1}$ linear aus $\xi_1(x), \ldots, \xi_n(x)$ zusammensetzen, daß die Linearform $E_n(x, y)$ der Variablen y die ersten $p_{n+1} - 1$ derselben gar nicht enthält. In $E_n(x)$ fehlen daher alle Glieder x_p^2 für $p < p_{n+1}$, und da $E_n(x)$ definit, kann es überhaupt nur von den Variablen $x_{p_{n+1}}, x_{p_{n+1}+1}, \ldots$ abhängen. Daraus folgt

$$0 \leqq E_n(x) = E(x) - \xi_1^2 - \cdots - \xi_n^2 \leqq x_{n+1}^2 + x_{n+2}^2 + \cdots$$

d. i. als numerische Gleichung und daher a fortiori als Abschnittsidentität

$$E(x) = \xi_1^2 + \xi_2^2 + \cdots$$

Dabei ist allgemein ξ_p von $x_1, .., x_{p-1}$ unabhängig und durch lineare Gleichungen von der Form (17) bestimmt.

$O(x) = \sum_{(p,q)} o_{pq}\,x_p\,x_q$ heißt eine *Orthogonalform*, wenn

$$O(x, .)\,O(., y) = (x, y)$$

oder

1) Vergl. z. B. 5. Mitt., pag. 444.

$$o_{p1}o_{q1}+o_{p2}o_{q2}+\cdots=\delta_{pq}$$

ist. Setzen wir

$$\frac{(x,x)+O(x)}{2}=E^{(+)}(x),\ \frac{(x,x)-O(x)}{2}=E^{(-)}(x),$$

so ergibt sich

$$(19)\quad \begin{gathered} E^{(+)}(x,.)\,E^{(+)}(.,x)=E^{(+)}(x);\ E^{(-)}(x,.)\,E^{(-)}(.,x)=E^{(-)}(x);\\ E^{(+)}(x,.)\,E^{(-)}(.,x)=0. \end{gathered}$$

Tranformieren wir $E^{(+)}(x)$ nach den obigen Auseinandersetzungen auf eine Quadratsumme von Linearformen

$$E^{(+)}(x)=(\xi_1^{(+)})^2+(\xi_2^{(+)})^2+\cdots=(\xi^{(+)},\xi^{(+)}),$$
$$\text{entsprechend}\quad E^{(-)}(x)=(\xi^{(-)},\xi^{(-)}),$$

so wird nicht nur

$$\xi_p^{(+)}(.)\,\xi_q^{(+)}(.)=\xi_p^{(-)}(.)\,\xi_q^{(-)}(.)=\delta_{pq},$$

sondern auch

$$(20)\qquad \xi_p^{(+)}(.)\,\xi_q^{(-)}(.)=0.$$

Denn ist $e_p^{(+)}(x)=\sum_{(q)}e_{pq}^{(+)}x_q$, $e_p^{(-)}(x)=\sum_{(q)}e_{pq}^{(-)}x_q$, wobei $e_{pq}^{(+)}$, $e_{pq}^{(-)}$ bezw. die Koeffizienten von $E^{(+)}(x)$, $E^{(-)}(x)$ bedeuten, so ist wegen (19)

$$E^{(+)}(x,.)\,E^{(-)}(.,x)=\sum_{(p,q)}e_p^{(+)}(.)\,e_q^{(-)}(.)\,x_p\,x_q=0,$$

und da die $\xi_p^{(+)}$, $\xi_p^{(-)}$ sich aus den $e_p^{(+)}(x)$, bezw. den $e_p^{(-)}(x)$ linear zusammensetzen, gilt (20). Zudem ist

$$(x,x)=(\xi^{(+)},\xi^{(+)})+(\xi^{(-)},\xi^{(-)}),$$

sodaß die $\xi_p^{(+)}$, $\xi_p^{(-)}$, zusammengenommen, ein vollständiges System orthogonaler Linearformen bilden. Durch diejenige Transformation, welche die x_p in die $\xi_p^{(+)}$, $\xi_p^{(-)}$ überführt, geht $O(x)$ über in

$$O(x)=(\xi^{(+)},\xi^{(+)})-(\xi^{(-)},\xi^{(-)}).$$

Jede Orthogonalform ist also die Differenz zweier zueinander orthogonaler Einzelformen. — Wir bemerken noch, daß sich x_p ebenso wie $\sum_{(q)}o_{pq}x_q$ linear ausdrücken läßt durch $\xi_1^{(+)}(x),\ldots,\xi_p^{(+)}(x);\ \xi_1^{(-)}(x),\ldots,\xi_p^{(-)}(x)$.

§ 3. Vollständige und vollkommene Orthogonalsysteme von Funktionen für das Intervall 0..∞.

Um von den quadratischen Formen zu den Integralgleichungen überzugehen, bedient man sich nach dem Vorgange von Hilbert eines Systems von Orthogonalfunktionen. Die im Bereich $0 \leqq s \leqq 1$ stetigen Funktionen $\Phi_1(s)$, $\Phi_2(s)$, $\Phi_3(s)$, ... heißen ein *vollständiges System zueinander orthogonaler Funktionen*[1]), wenn

$$\text{I)} \quad \int_0^1 \Phi_p(s)\, \Phi_q(s)\, ds = \delta_{pq} \quad \text{(Orthogonalitätsrelation)},$$

$$\text{II)} \quad \int_0^1 u(s)\, v(s)\, ds = \sum_{(p)} \left[\int_0^1 u(s)\, \Phi_p(s)\, ds \,.\, \int_0^1 v(s)\, \Phi_p(s)\, ds \right]$$

für irgend zwei stetige Funktionen $u(s)$, $v(s)$ ist (Vollständigkeitsrelation).

Die notwendige und hinreichende Bedingung für das Zutreffen dieser Vollständigkeitsrelation ist (unter Voraussetzung von I) die, daß zu jeder positiven Zahl ε eine endliche Anzahl von Konstanten $c_1, c_2, .., c_m$ bestimmt werden kann, sodaß[1])

$$(21) \qquad \int_0^1 (u(s) - c_1 \Phi_1(s) - \cdots - c_m \Phi_m(s))^2\, ds < \varepsilon.$$

Sei jetzt $u(s)$ stetig für $0 < s \leqq 1$, dagegen an der Stelle $s = 0$ in solcher Weise singulär, daß das Integral $\int_0^1 (u(s))^2\, ds$ noch konvergiert. Es wird zu zeigen sein, daß auch unter diesen allgemeineren Bedingungen die Gleichung

$$(22) \qquad \int_0^1 (u(s))^2\, ds = \sum_{(p)} \left(\int_0^1 u(s)\, \Phi_p(s)\, ds \right)^2$$

in Kraft bleibt.

Bestimmen wir zunächst δ so, daß

$$(23) \qquad \int_0^\delta (u(s))^2\, ds < \varepsilon,$$

und bezeichne M das absolute Maximum von $u(s)$ für $\delta \leqq s \leqq 1$ (das natürlich von δ und damit von ε abhängig ist). Wir definieren

---

1) 5. Mitt., pag. 442 ff.

a] $u^*(s) = 0$ für $0 \leqq s < \delta$,

b] $u^*(s) = \dfrac{u\left(\delta + \frac{\varepsilon}{M^2}\right)}{\frac{\varepsilon}{M^2}} \cdot (s - \delta)$ für $\delta \leqq s < \delta + \frac{\varepsilon}{M^2}$,

c] $u^*(s) = u(s)$ für $\delta + \frac{\varepsilon}{M^2} \leqq s < 1$.

Im Intervall b] ist

$$|u^*(s) - u(s)| \leqq \left|u\left(\delta + \frac{\varepsilon}{M^2}\right)\right| + |u(s)| \leqq 2M,$$

daher gilt

$$\int_{\delta}^{\delta + \frac{\varepsilon}{M^2}} (u^*(s) - u(s))^2 \, ds \leqq 4\varepsilon$$

und wegen (23), a] und c]

(24) $$\int_0^1 (u^*(s) - u(s))^2 \, ds < 5\varepsilon$$

$u^*(s)$ ist eine stetige Funktion, und man kann infolgedessen c_1, ..., c_m so bestimmen, daß

(25) $$\int_0^1 (u^*(s) - c_1 \Phi_1(s) - \cdots - c_m \Phi_m(s))^2 \, ds < \varepsilon$$

wird. Aus (24) und (25) folgt

$$\int_0^1 (u(s) - c_1 \Phi_1(s) - \cdots - c_m \Phi_m(s))^2 \, ds < 12\varepsilon.$$

Dies zeigt die Richtigkeit von (22).

Das Vorstehende bleibt in Geltung, selbst wenn die Stetigkeit von $u(s)$ nicht nur an der Stelle 0, sondern an beliebigen endlichvielen oder selbst abzählbar-unendlichvielen Stellen unterbrochen ist, falls dann nur im letzten Fall diese singulären Stellen den Wert $s = 0$ zum einzigen Häufungspunkt haben.

Wir wollen jetzt untersuchen, in welchem Umfange die Umkehrung des eben erhaltenen Resultates zutrifft. Wir verstehen demnach nunmehr unter $u(s)$ eine für $0 < s \leqq 1$ stetige Funktion, unter $\Phi_1(s)$, $\Phi_2(s)$, ... ein vollständiges Orthogonalsystem für $0 \leqq s \leqq 1$ und setzen voraus, daß die Integrale $\int_0^1 u(s)\,\Phi_p(s)\,ds$ sämtlich existieren und

$$\sum_{(p)}\left(\int_0^1 u(s)\,\Phi_p(s)\,ds\right)^2$$

konvergiert; konvergiert alsdann auch $\int_0^1 (u(s))^2 ds$? Diese Frage wird kaum allgemein zu bejahen sein[1]).

Wir gehen aus von unendlichvielen, im Intervall $0 \leqq s \leqq 1$ stetigen Funktionen $P_1(s), P_2(s), \ldots$, die gestatten, durch lineare Kombination jede stetige Funktion gleichmäßig anzunähern [z. B. $P_p(s) = s^{p-1}$] und verstehen unter $\varrho(s)$ irgend eine stetige Funktion im Intervall $0 \ldots 1$, die höchstens für $s = 0$ verschwindet. Durch das bekannte Orthogonalisierungsverfahren, das uns bereits in den Gleichungen (17) entgegentrat, bilden wir aus $\varrho(s) P_1(s)$, $\varrho(s) P_2(s), \ldots$ ein System orthogonaler Funktionen $\Psi_1(s)$, $\Psi_2(s), \ldots$ Ist $f(s)$ eine stetige Funktion, die in der Umgebung des Punktes 0, nämlich für $0 \leqq s \leqq \eta$ verschwindet, so können $c_1, \ldots, c_m$ so gewählt werden, daß

$$\left|\frac{f(s)}{\varrho(s)} - c_1 P_1(s) - \cdots - c_m P_m(s)\right| < \varepsilon,$$

folglich, wenn P das Maximum von $|\varrho(s)|$ für $0 \leqq s \leqq 1$ bedeutet,

$$|f(s) - \gamma_1 \Psi_1(s) - \cdots - \gamma_m \Psi_m(s)| < \varepsilon P$$

wird, wobei die γ sich linear aus den c zusammensetzen. Diese Tatsache genügt nach den Ausführungen des 1. Teils dieses §, um die Vollständigkeit des Orthogonalsystems $\Psi_p(s)$ zu garantieren. Nunmehr soll $u(s)$ stetig außer für $s = 0$, bei $s = 0$ aber $\varrho(s) u(s)$ absolut integrierbar sein. Wenn dann noch

$$\left(\int_0^1 u(s)\,\Psi_1(s)\,ds\right)^2 + \left(\int_0^1 u(s)\,\Psi_2(s)\,ds\right)^2 + \cdots = H^2$$

konvergiert, so behaupte ich, konvergiert auch $\int_0^1 (u(s))^2 ds$.

---

1) Lebesgue (Leçons sur les séries trigonométriques, Paris 1906, pag. 102) beweist, daß eine Funktion $f(x)$ durch ihre Fourierkoeffizienten $\int_0^\pi f(x) \cos px\, dx$ unter allen Umständen bis auf eine Menge in x vom Maße 0 bestimmt ist. Diese Tatsache zusammen mit dem Rießschen Satz (Gött. Nachr. 1907, pag. 116) scheint die Bejahung der aufgeworfenen Frage für $\Phi_{p+1}(x) = \cos px$ zu ermöglichen. Doch ist zu bedenken, daß das Integral bei Lebesgue im sog. Lebesgueschen Sinne genommen wird; die Existenz von $\int_0^\pi f(x) \cos px\, dx$ in dieser Bedeutung setzt aber, wenn $f(x)$ außer für $x = 0$ stetig ist, die **absolute** Integrierbarkeit von $f(x)$ (im gewöhnlichen Sinne) voraus.

Seien ε, δ zwei positive Zahlen, sodaß $\varepsilon+\delta<1$. Wir setzen

$$\begin{aligned} u^*(s) &= 0 && (0 \leqq s < \varepsilon) \\ &= \frac{u(\varepsilon+\delta)}{\delta}\cdot(s-\varepsilon) && (\varepsilon \leqq s < \varepsilon+\delta) \\ &= u(s) && (\varepsilon+\delta \leqq s < 1), \end{aligned}$$

bestimmen darauf zu der positiven Größe ζ die Koeffizienten $c_1, \ldots, c_m$ so, daß

$$\left|\frac{u^*(s)}{\varrho(s)} - c_1 P_1(s) - \cdots - c_m P_m(s)\right| < \zeta$$

wird (denn $\dfrac{u^*(s)}{\varrho(s)}$ ist stetig für $0 \leqq s \leqq 1$), oder

$$|u^*(s) - Z(s)| < \zeta \cdot |\varrho(s)| \leqq \zeta \cdot P,$$

hierin ist $Z(s)$ eine endliche Linearkombination der $\varrho(s)\,P_p(s)$, also auch der $\Psi_p(s)$:

$$Z(s) = \gamma_1\,\Psi_1(s) + \cdots + \gamma_m\,\Psi_m(s).$$

Hieraus folgt

$$\begin{aligned} \left|\int_0^1 u(s)\,Z(s)\,ds\right| &= \left|\gamma_1 \cdot \int_0^1 u(s)\,\Psi_1(s)\,ds + \cdots + \gamma_m \cdot \int_0^1 u(s)\,\Psi_m(s)\,ds\right| \\ &\leqq \sqrt{\gamma_1^2 + \cdots + \gamma_m^2} \cdot H = H \cdot \sqrt{\int_0^1 (Z(s))^2\,ds}. \end{aligned} \tag{26}$$

Es gelten ferner die Ungleichungen

$$|(u^*(s))^2 - (Z(s))^2| < \zeta P\,(2\,M(\varepsilon) + \zeta P),$$

wo

$$M(\varepsilon) = \operatorname*{Max.}_{\varepsilon \leqq s \leqq 1} |u(s)|$$

gesetzt ist, und

$$\left|\int_0^1 u(s)\,u^*(s)\,ds - \int_0^1 u(s)\,Z(s)\,ds\right| \leqq \zeta \cdot \int_0^\varepsilon |\varrho(s)\,u(s)|\,ds + \zeta P \cdot M(\varepsilon).$$

Führt man dies in (26) ein und läßt ζ gegen 0 konvergieren, ohne ε und δ zu ändern, so findet sich

$$\int_0^1 u(s)\,u^*(s)\,ds \leqq H \cdot \sqrt{\int_0^1 (u^*(s))^2\,ds}. \tag{27}$$

Endlich ist

$$\left|\int_0^1 u(s)\,u^*(s)\,ds - \int_{\delta+\varepsilon}^1 (u(s))^2\,ds\right| \leqq \delta \cdot (M(\varepsilon))^2$$

$$0 \leqq \int_0^1 (u^*(s))^2\,ds - \int_{\delta+\varepsilon}^1 (u(s))^2\,ds \leqq \delta \cdot (M(\varepsilon))^2.$$

Berücksichtigt man dies, so kann in (27) der Genzübergang $\underset{}{L}\,\delta = 0$ vollzogen werden, welcher

$$\int_{\varepsilon}^{1} (u(s))^2\, ds \leqq H . \sqrt{\int_{\varepsilon}^{1} (u(s))^2\, ds}$$

ergibt. Diese letzte Relation zeigt die Konvergenz des Integrals $\int_0^1 (u(s))^2\, ds$, und zwar muß gemäß früheren Betrachtungen

$$\int_0^1 (u(s))^2\, ds = H^2$$

sein.

Für $u(s)$ dürfen unbeschadet der Richtigkeit des gewonnenen Ergebnisses außer der Stelle $s = 0$, an der $\varrho(s)\,u(s)$ absolut integrierbar bleibt, noch endlichviele oder unendlichviele, nur bei $s = 0$ sich häufende singuläre Stellen, an denen $u(s)$ selbst absolut integrierbar bleibt, zugelassen werden.

Durch die Substitution $s = \frac{1}{1 + s'}$ gehen wir zu dem Intervall $0 \leqq s' < \infty$ über. Zur Abkürzung bedienen wir uns der folgenden Bezeichnungen.

Eine Funktion $u(s)$, die für alle Werte $s \geqq 0$ mit Ausnahme einer endlichen oder unendlichen Anzahl isolierter singulärer Stellen, in denen sie jedoch absolut integrierbar bleibt, definiert und stetig, im Unendlichen aber so beschaffen ist, daß $\int_0^{\infty} \left| \frac{u(s)}{(s+1)^2} \right| ds$ existiert, nennen wir eine finite stetige Funktion im Intervall $0 \leqq s < \infty$.

Daß eine Funktionsfolge $u_1(s)$, $u_2(s)$, ... die Funktion $u(s)$ im Intervall $0 \leqq s < \infty$ gleichmäßig annähere[1]), soll besagen, daß zu jedem positiven ε ein Index N sich finden läßt, sodaß

$$|u(s) - u_n(s)| < \varepsilon \text{ für } s \geqq 0,\ n > N.$$

Ein System stetiger, quadratisch integrierbarer Funktionen $\Phi_p(s)$ $(p = 1, 2, \ldots)$ für $s \geqq 0$ wird ein vollständiges Orthogonalsystem genannt werden müssen, wenn die Orthogonalitätsbeziehungen I (in denen natürlich die obere Grenze 1 durch ∞ zu ersetzen ist) und die Vollständigkeitsrelation II für beliebige stetige, quadratisch integrierbare Funktionen $u(s)$, $v(s)$ Gültigkeit besitzen.

---

1) Ueber die Bedeutung des Wortes „gleichmäßig" in einem unendlichen Intervall herrscht in der Literatur nicht völlige Uebereinstimmung. Darum habe ich es hier nochmals erklärt.

Ein solches System nennen wir *vollkommen*, wenn außerdem jede Funktion $\Phi_p(s)$ desselben von mindestens 2. Ordnung Null wird (d. h. $s^2 \Phi_p(s)$, wenn s über alle Grenzen wächst, endlich bleibt) und die Gleichung

$$\int_0^\infty (u(s))^2 ds = \sum_{(p)} (\int_0^\infty u(s)\, \Phi_p(s)\, ds)^2$$

für alle finiten stetigen Funktionen $u(s)$ gilt, in dem Sinne, daß auch immer linke und rechte Seite gleichzeitig konvergieren oder divergieren.

Mit Benutzung der für das Intervall $0 \ldots 1$ durchgeführten Untersuchungen, in denen wir jetzt speziell $\varrho(s) = s$ gesetzt denken können wir den Satz aussprechen:

Hülfssatz: Durch Orthogonalisierung eines Systems stetiger Funktionen $\Pi_p(s)$, deren jede im Unendlichen von mindestens 2. Ordnung verschwindet, gewinnt man ein vollkommenes Orthogonalsystem, falls durch lineare Kombination der Funktionen $(s+1)^2\, \Pi_p(s)$ jede stetige Funktion, die oberhalb einer gewissen Grenze Null ist, gleichmäßig angenähert werden kann.

§ 4. Orthogonalkerne.

Die Frage, die wir als erste behandeln wollen, ist die, was im Gebiet der Integralgleichungen den quadratischen Orthogonalformen entspricht. Es sei also der Kern $K(s, t)$ eine stetige symmetrische Funktion der beiden Argumente $s \geqq 0$, $t \geqq 0$. Ein System $\mathfrak{U}^*$ stetiger Funktionen einer Veränderlichen $s \geqq 0$ wollen wir mit Bezug auf diesen Kern ein System „zulässiger" Funktionen nennen, wenn

α) für jede Funktion $u(s)$ der Menge $\mathfrak{U}^*$ das Integral $\int_0^\infty (u(s))^2 ds$ existiert, $\bar{u}(s) = \int_0^\infty K(s, t)\, u(t)\, dt$ existiert und eine stetige Funktion von s darstellt und schließlich auch $\int_0^\infty (\bar{u}(s))^2 ds$ konvergiert;

β) nach α) existiert das Integral

$$\int_0^\infty \int_0^\infty K(s, t)\, u(s)\, v(t)\, dt\, ds,$$

wenn $u(s)$, $v(s)$ irgend zwei aus $\mathfrak{U}^*$ entnommene Funktionen sind, sowohl wenn zuerst nach t, dann nach s, als auch wenn in umgekehrter Reihenfolge integriert wird; unsere zweite Forderung ist dann die, daß sich auf beide Arten stets derselbe Wert ergibt:

$$\int_0^\infty \{u(s) . \int_0^\infty K(s,t)\, v(t)\, dt\}\, ds = \int_0^\infty \{v(t) . \int_0^\infty K(s,t)\, u(s)\, ds\}\, dt,$$

oder, wie wir uns ausdrücken wollen, daß $u(s)$ und $v(s)$ „vertauschbar" sind.

Betreffs des Kerns $K(s,t)$ setzen wir voraus, daß zu ihm sich ein vollständiges Orthogonalsystem von Funktionen $\Phi_p(s)$ ($p = 1, 2, \ldots$) finden läßt, das zugleich ein System zulässiger Funktionen vorstellt. Diese Annahme müssen wir offenbar notgedrungen machen, um überhaupt die Möglichkeit zu haben, mittels eines Orthogonalsystems vom Kerne $K(s,t)$ zur zugehörigen quadratischen Form überzugehen. Wir schreiben

$$\int_0^\infty K(s,t)\, \Phi_p(t)\, dt = \overline{\Phi}_p(s) = k_p(s),$$

$$\int_0^\infty k_p(s)\, \Phi_q(s)\, ds = k_{pq}$$

[die Existenz dieser Integrale folgt aus α)]; dann wird nach β)

$$k_{pq} = k_{qp}$$

sein. Die notwendige und hinreichende Bedingung dafür aber, daß die somit erhaltene quadratische Form $\sum\limits_{(p,q)} k_{pq} x_p x_q = K(x)$ eine Orthogonalform ist, ist die, daß die Funktionen $k_p(s)$ ein Orthogonalsystem von Funktionen bilden. Dies folgt in der Tat daraus, daß $k_p(s)$ stetig, das Integral $\int_0^\infty (k_p(s))^2\, ds$ aber konvergent ist und infolgedessen nach § 3

$$(28) \quad \begin{aligned} \int_0^\infty k_p(s)\, k_q(s)\, ds &= \sum_{(r)} \int_0^\infty k_p(s)\, \Phi_r(s)\, ds \int_0^\infty k_q(s)\, \Phi_r(s)\, ds \\ &= \sum_{(r)} k_{pr} k_{qr} \end{aligned}$$

wird.

Untersuchen wir einen solchen „Orthogonalkern" etwas genauer! Zunächst ergibt sich, daß die $k_p(s)$ ($p = 1, 2, \ldots$) ein vollständiges Orthogonalsystem bilden. Ist nämlich $u(s)$ eine stetige quadratisch integrierbare Funktion und setzen wir

$$\int_0^\infty u(s)\, \Phi_p(s)\, ds = x_p,$$

so findet sich

$$\sum_{(p)} x_p^2 = \int_0^\infty (u(s))^2\, ds,$$

$$(29)\qquad \begin{aligned}\int_0^\infty u(s)\,k_p(s)\,ds &= \sum_{(q)}\int_0^\infty u(s)\,\Phi_q(s)\,ds\int_0^\infty k_p(s)\,\Phi_q(s)\,ds\\ &= \sum_{(q)} k_{pq}\,x_q.\end{aligned}$$

Wegen (28) und dem Satz von der kolonnen- und reihenweisen Summation (S. 8) gilt die Gleichung — $\sum\limits_{(p,q)} k_{pq}\,x_p\,x_q$ ist ja notwendigerweise beschränkt —

$$\sum_{(p)}\Big(\sum_{(q)} k_{pq}\,x_q\Big)^2 = \sum_{(p)} x_p^2,$$

womit diese unsere erste Behauptung erwiesen ist.

Die Gesamtheit $\mathfrak{U}_0$ derjenigen stetigen Funktionen $u(s)$, welche die Bedingung α) erfüllen und außerdem mit sämtlichen $\Phi_p(s)$ vertauschbar sind, ist ein zulässiges System. Denn sind $u(s)$, $v(s)$ irgend zwei Funktionen aus $\mathfrak{U}_0$ und setzen wir ein- für allemal

$$(30)\qquad \int_0^\infty K(s,t)\,u(t)\,dt = \bar{u}(s),$$

so findet sich

$$\begin{aligned}\int_0^\infty \bar{u}(s)\,v(s)\,ds &= \sum_{(p)}\Big(\int_0^\infty \bar{u}(s)\,\Phi_p(s)\,ds\int_0^\infty v(s)\,\Phi_p(s)\,ds\Big)\\ &= \sum_{(p)}\Big(y_p\int_0^\infty u(s)\,k_p(s)\,ds\Big) = \sum_{(p)}\Big(\sum_{(q)} k_{pq}\,x_q\Big)\,y_p,\end{aligned}$$

wenn wir uns der Bezeichnungen

$$x_p = \int_0^\infty u(s)\,\Phi_p(s)\,ds,$$

$$y_p = \int_0^\infty v(s)\,\Phi_p(s)\,ds$$

bedienen, und entsprechend

$$\int_0^\infty u(s)\,\bar{v}(s)\,ds = \sum_{(q)}\Big(\sum_{(p)} k_{pq}\,y_p\Big)\,x_q.$$

Durch Summationsvertauschung kommt danach in der Tat

$$\int_0^\infty u(s)\,\bar{v}(s)\,ds = \int_0^\infty \bar{u}(s)\,v(s)\,ds.$$

Da für $u(s)$, falls es zu $\mathfrak{U}_0$ gehört, die Gleichung

$$\int_0^\infty u(s)\,k_p(s)\,ds = \int_0^\infty \bar{u}(s)\,\Phi_p(s)\,ds$$

gilt, so erhalten wir für irgend zwei Funktionen $u(s)$, $v(s)$, die aus $\mathfrak{U}_0$ entnommen sind, zufolge (29), (30) die Orthogonalitätsrelation

$$(31) \qquad \int_0^\infty \bar{u}(s)\,\bar{v}(s)\,ds = \int_0^\infty u(s)\,v(s)\,ds.$$

Um also ihre Gültigkeit in dem eben erwähnten Umfange darzutun, genügt es, sie bloß für $u(s) = \Phi_p(s)$, $v(s) = \Phi_q(s)$ zu beweisen.

Wir gehen sogleich dazu über, unter zweckmäßiger Spezialisierung der gemachten Annahmen die Ausdehnung des Funktionsbereiches $\mathfrak{U}_0$ abzuschätzen. Wir nehmen an, daß $K(s, t)$ beschränkt ist, daß mithin eine Konstante M existiert, sodaß

$$|K(s, t)| \leqq M$$

für alle s und t wird, und daß sich das System der $\Phi_p(s)$ insbesondere als ein vollkommenes Orthogonalsystem wählen läßt, also ein vollkommenes Orthogonalsystem zulässiger[1]) Funktionen $\Phi_p(s)$ $(p = 1, 2, \ldots)$ existiert, für welches

$$(32) \qquad \int_0^\infty \Big[\int_0^\infty K(s, t)\,\Phi_p(t)\,dt \,.\int_0^\infty K(s, t)\,\Phi_q(t)\,dt\Big]\,ds = \delta_{pq}$$

gilt. Wir reden dann von einem beschränkten vollkommenen Orthogonalkern. In diesem Fall ist, unter Beibehaltung der früheren Bezeichnungen,

$$\bar{u}(s) = \int_0^\infty K(s, t)\,u(t)\,dt \;(\text{abs.}) \leqq M.\int_0^\infty |u(t)|\,dt,$$

falls das letzte Integral existiert, eine finite stetige[2]) Funktion. Außerdem ist dann $u(s)$ mit $\Phi_p(s)$ vertauschbar, und es konvergiert

$$\sum_{(p)} \Big(\int_0^\infty \bar{u}(s)\,\Phi_p(s)\,ds\Big)^2 = \sum_{(p)} \Big(\int_0^\infty u(s)\,k_p(s)\,ds\Big)^2 = \int_0^\infty (u(s))^2\,ds;$$

nach § 3 konvergiert also auch das Integral $\int_0^\infty (\bar{u}(s))^2\,ds$. Demnach umfaßt $\mathfrak{U}_0$ sicher alle diejenigen stetigen Funktionen, welche absolut und quadratisch integrierbar sind.

---

1) Unter der über $K(s, t)$ gemachten Annahme ist jedes vollkommene Orthogonalsystem, für das (32) gilt, offenbar ein zulässiges.

2) Die Stetigkeit folgt aus

$$\underset{s'=s}{L}\,|\bar{u}(s') - \bar{u}(s)| \leqq \underset{a=\infty}{L}\;\underset{s'=s}{L}\,\Big|\int_0^a (K(s,t) - K(s',t))\,u(t)\,dt\Big|$$
$$+ \underset{a=\infty}{L}\,2M.\int_a^\infty |u(t)|\,dt.$$

Satz 1: *Ist $K(s,t)$ ein beschränkter vollkommener Orthogonalkern, so gilt die Relation*

$$\int_0^\infty u(s)v(s)\,ds = \int_0^\infty \left\{\int_0^\infty K(s,t)\,u(t)\,dt \cdot \int_0^\infty K(s,t)\,v(t)\,dt\right\} ds$$

für alle stetigen Funktionen $u(s)$, $v(s)$, die absolut und im Quadrat integrierbar sind.

Es soll wenigstens an diesem einen Beispiel kurz gezeigt werden, wie sich die Betrachtungen komplizieren, wenn die Vollkommenheit der $\Phi_p(s)$ nicht vorausgesetzt wird. Wir wollen aber auch jetzt annehmen, daß für jedes p das Integral $\int_0^\infty |\Phi_p(s)|\,ds$ existiert. Dann kommt es darauf an, die Konvergenz von

$$\int_0^\infty (\bar{u}(s))^2\,ds$$

einzusehen. Dazu schreiben wir, wenn a, b irgend zwei positive Zahlen sind,

$$\bar{u}_b(s) = \int_0^b K(s,t)\,u(t)\,dt$$

und nehmen zunächst an, daß

$$\int_0^\infty \left\{\int_0^a K(s,t)\,\bar{u}_b(t)\,dt\right\}^2 ds$$

existiert. Da $u(s)$ absolut integrierbar und $K(s,t)\,\bar{u}_b(t)$ für $0 \leqq s < \infty$, $0 \leqq t \leqq a$ in endlichen Grenzen eingeschlossen ist, gilt

$$\int_0^a \bar{u}(t)\,\bar{u}_b(t)\,dt = \int_0^a\int_0^\infty K(s,t)\,u(s)\,\bar{u}_b(t)\,ds\,dt$$
$$= \int_0^\infty \left(u(s)\int_0^a K(s,t)\,\bar{u}_b(t)\,dt\right) ds.$$

Darum existiert auch

$$\int_0^\infty (u(s))^2\,ds - 2\int_0^\infty \left(u(s)\int_0^a K(s,t)\,\bar{u}_b(t)\,dt\right) ds$$
$$(33) \qquad + \int_0^\infty \left(\int_0^a K(s,t)\,\bar{u}_b(t)\,dt\right)^2 ds$$
$$= \int_0^\infty \left(u(s) - \int_0^a K(s,t)\,\bar{u}_b(t)\,dt\right)^2 ds \geqq 0.$$

Nun ist aber

$$\int_0^\infty \left(\int_0^a K(s,t)\,\bar{u}_b(t)\,dt\right)^2 ds = \sum_p \left(\int_0^\infty \int_0^a K(s,t)\,\bar{u}_b(t)\,\Phi_p(s)\,dt\,ds\right)^2.$$

Hier dürfen rechts die Integrationen vertauscht werden (s. o.), und durch Ausführung derselben erhält man

$$\int_0^\infty \left(\int_0^a K(s,t)\,\bar{u}_b(t)\,dt\right)^2 ds = \sum_p \left(\int_0^a \bar{u}_b(t)\,k_p(t)\,dt\right)^2 = \int_0^a (\bar{u}_b(s))^2\,ds.$$

Trägt man dies in (33) ein, so folgt

$$(34)\qquad \int_0^\infty (u(s))^2\,ds - 2\int_0^a \bar{u}(s)\,\bar{u}_b(s)\,ds + \int_0^a (\bar{u}_b(s))^2\,ds \geqq 0.$$

Da

$$|\bar{u}_b(s) - \bar{u}(s)| = \left|\int_b^\infty K(s,t)\,u(t)\,dt\right| \leqq M.\int_b^\infty |u(t)|\,dt$$

ist, konvergiert $\bar{u}_b(s)$ mit unbegrenzt wachsendem b im Intervall $0 \leqq s \leqq a$ gleichmäßig gegen $\bar{u}(s)$. Durch diesen Grenzübergang geht daher (34) über in

$$\int_0^a (\bar{u}(s))^2\,ds \leqq \int_0^\infty (u(s))^2\,ds.$$

Dies zeigt die Existenz von $\int_0^\infty (\bar{u}(s))^2\,ds$.

Es bleibt noch übrig, über die Konvergenz von

$$\int_0^\infty \left(\int_0^a K(s,t)\,\bar{u}_b(t)\,dt\right)^2 ds$$

zu entscheiden. Dies gelingt mit Hülfe des Ossian-Bonnetschen Mittelwertsatzes der Integralrechnung, wenn über den Kern $K(s,t)$ gewisse engere Voraussetzungen gemacht werden, nämlich:

1) $K(s,t)$ ist im Endlichen von beschränkter Schwankung; das will sagen: Ist b eine positive Zahl, so existiert die totale Schwankung ('variation totale'; Jordan, Cours (2. éd.) I, pag. 55) $V(s)$ von $K(s,t)$ als Funktion von t im Intervall $0 \leqq t \leqq b$ für jeden Wert von s, und diese totale Schwankung $V(s)$ ist in jedem endlichen Intervall der Unabhängigen s ihrerseits beschränkt (bornée);

2) es ist

$$\left|\int_0^t K(s,\tau)\,d\tau\right| \leqq \psi(s)\,.\,\chi(t),$$

wo $\chi(t)$ in jedem endlichen Intervall beschränkt ist und $\psi(s)$ von solcher Art, daß $\int_0^\infty (\psi(s))^2\,ds$ konvergiert.

Diese Bedingungen sprechen im wesentlichen aus, daß $K(s,t)$ als Funktion von t oszilliert, und zwar um so stärker, je größer s genommen wird. Da wir an späterer Stelle erkennen werden, daß die Orthogonalkerne die Rolle von Eigenfunktionen spielen, so ist die Voraussetzung 2) dem Charakter der Orthogonalkerne durchaus angemessen. Trotzdem wird es meist zweckmäßiger sein, sich auf den Satz 1 zu stützen.

§ 5. Integralgleichungen mit einem Fourierkern.

Wir behalten zunächst die Annahmen, auf die sich der Satz 1 stützte, bei und setzen sogar noch voraus, daß auch $\bar{u}(s)$ absolut integrierbar ist; alsdann darf in dem Integral

$$\int_0^\infty \int_0^\infty K(s,t)\, v(t)\, \bar{u}(s)\, dt\, ds$$

die Integrationsfolge vertauscht werden:

$$\int_0^\infty \bar{u}(s)\, \bar{v}(s)\, ds = \int_0^\infty \left\{ v(s) . \int_0^\infty K(s,t)\, \bar{u}(t)\, dt \right\} ds,$$

mithin nach (31)

$$\int_0^\infty v(s)\, u(s)\, ds = \int_0^\infty \left\{ v(s) . \int_0^\infty K(s,t)\, \bar{u}(t)\, dt \right\} ds. \tag{35}$$

Dies gilt insbesondere für $v(s) = \Phi_p(s)$. Die *Fourierkoeffizienten* von

$$\delta(s) = u(s) - \int_0^\infty K(s,t)\, \bar{u}(t) dt$$

(gebildet mittels der $\Phi_p(s)$) sind demnach sämtlich Null, und da $\delta(s)$ nach unseren Voraussetzungen stetig-finit, das System der $\Phi_p(s)$ aber vollkommen ist, folgt

$$\int_0^\infty (\delta(s))^2\, ds = 0,$$

d. i. identisch in s für $s \geqq 0$

$$u(s) = \int_0^\infty K(s,t) \int_0^\infty K(t,r)\, u(r)\, dr\, dt. \tag{36}$$

Umgekehrt führt (36) unter ähnlichen Voraussetzungen auf (31) zurück. Wir wollen daher in diesem § von dem stetigen symmetrischen Kern $K(s,t)$ [unter Aufhebung der Voraussetzungen des § 4] annehmen:

1) für jede stetige Funktion $u(s)$ gilt

$$\int_0^\infty (\bar{u}_a(s))^2\, ds = \int_0^a (u(s))^2\, ds,$$

wenn $\bar{u}_a(s) = \int_0^a K(s, t)\, u(t)\, dt$ gesetzt wird;

2) die Gesamtheit $\mathfrak{U}$ derjenigen stetigen Funktionen $u(s)$, für die $\bar{u}(s) = \int_0^\infty K(s, t)\, u(t)$ existiert und stetig ist, das Fouriertheorem (36) und die Limesgleichungen

$$\underset{a=\infty}{L} \int_0^\infty (\bar{u}(s) - \bar{u}_a(s))^2\, ds = 0$$

$$\underset{a=\infty}{L} \int_0^\infty (u(s) - u_a(s))^2\, ds = 0$$

gelten (wobei $u_a(s)$ das Integral $\int_0^a K(s, t)\, \bar{u}(t)\, dt$ bedeutet), ist hinreichend umfassend, um ein vollständiges System orthogonaler Funktionen in sich zu enthalten.

Einen Kern $K(s, t)$ von solcher Art nennen wir einen „Fourierkern". Aus der Definition des Funktionenbereiches $\mathfrak{U}$ folgt sofort, daß mit $u(s)$ stets auch die Funktion $\bar{u}(s)$ dem Bereich $\mathfrak{U}$ angehört, und ferner jede endliche Linearkombination von Funktionen aus $\mathfrak{U}$ wiederum in $\mathfrak{U}$ enthalten ist. Sind $u(s)$, $v(s)$ irgend zwei Funktionen aus $\mathfrak{U}$, so ist wegen 1)

$$\int_0^\infty \bar{u}_a(s)\, \bar{v}_a(s)\, ds = \int_0^a u(s)\, v(s)\, ds;$$

daraus ergibt sich durch Grenzübergang unter Benutzung der Bedingungen 2)

$$\int_0^\infty \bar{u}(s)\, \bar{v}(s)\, ds = \int_0^\infty u(s)\, v(s)\, ds.$$

Ebenso zeigt sich, daß

$$\int_0^\infty u(s)\, \bar{v}(s)\, ds = \int_0^\infty \bar{u}(s)\, v(s)\, ds$$

wird; demnach bildet der Bereich $\mathfrak{U}$ nach der im vorigen § eingeführten Terminologie ein zulässiges Funktionensystem für $K(s, t)$.

Unter einer zu dem Eigenwert λ gehörigen (normierten) *Eigenfunktion* des Kerns $K(s, t)$ verstehen wir eine Funktion $\varphi(s)$ aus $\mathfrak{U}$, für die

$$\int_0^\infty (\varphi(s))^2 ds = 1,$$

$$\varphi(s) - \lambda \int_0^\infty K(s,t)\, \varphi(t)\, dt = 0$$

gilt. In der Einleitung ist gezeigt, daß der Fourierkern $K(s, t)$ höchstens die Zahlen $\lambda = +1, -1$ zu Eigenwerten besitzen kann. Ist $\varphi^{(+)}(s)$ eine zu $+1$, $\varphi^{(-)}(s)$ eine zu -1 gehörige Eigenfunktion, so gilt notwendig

(37) $$\int_0^\infty \varphi^{(+)}(s)\, \varphi^{(-)}(s)\, ds = 0.$$

Denn da

$$\overline{\varphi^{(+)}}(s) = \varphi^{(+)}(s), \quad \overline{\varphi^{(-)}}(s) = -\varphi^{(-)}(s)$$

ist, findet sich, weil für Funktionen $u(s)$, $v(s)$ aus $\mathfrak{U}$ Gleichung (31) Gültigkeit besitzt,

$$\int_0^\infty \varphi^{(+)}(s)\, \varphi^{(-)}(s)\, ds = \int_0^\infty \overline{\varphi^{(+)}}(s)\, \overline{\varphi^{(-)}}(s)\, ds = -\int_0^\infty \varphi^{(+)}(s)\, \varphi^{(-)}(s)\, ds.$$

Um eine Theorie der zu $K(s, t)$ gehörigen Integralgleichungen zu entwickeln, wird man versucht sein, die Hilbertsche Methode des Ueberganges zur quadratischen Form heranzuziehen. Dies führt aber deshalb hier nicht zum Ziel, weil die dazu notwendige Voraussetzung der Existenz des Integrals $\int_0^\infty (K(s, t))^2 dt$ für uns gänzlich unzulässig ist. Trotzdem können wir die orthogonale Transformation der Orthogonalformen zum Vorbild nehmen. Es sei also $\Phi_p(s)$ ($p = 1, 2, \ldots$) ein vollständiges in $\mathfrak{U}$ enthaltenes Orthogonalsystem von Funktionen. Die $\xi_p^{(+)}$, $\xi_p^{(-)}$ in § 2 waren endliche Linearkombinationen der Formen

$$\tfrac{1}{2}(x_p + \sum_{(q)} o_{pq} x_q), \text{ bezw. } \tfrac{1}{2}(x_p - \sum_{(q)} o_{pq} x_q).$$

Wir werden darum analog zunächst die Funktionen

(38) $$\tfrac{1}{2}\Big[\Phi_p(s) + \int_0^\infty K(s,t)\, \Phi_p(t)\, dt\Big], \quad \tfrac{1}{2}\Big[\Phi_p(s) - \int_0^\infty K(s,t)\, \Phi_p(t)\, dt\Big]$$

betrachten. Diese sind in $\mathfrak{U}$ enthalten, außerdem ist z. B.

$$\int_0^\infty K(s,t) \Big\{ \Phi_p(t) + \int_0^\infty K(t,r)\, \Phi_p(r)\, dr \Big\}\, dt$$
$$= \int_0^\infty K(s,t)\, \Phi_p(t)\, dt + \Phi_p(s),$$

und folglich lassen sich die Funktionen (38), soweit sie nicht identisch verschwinden, so normieren, daß sie (normierte) Eigenfunktionen zu $+1$, bezw. -1 vorstellen. Analog der Bildung der $\mathfrak{x}_p^{(+)}$, $\mathfrak{x}_p^{(-)}$ orthogonalisieren wir nun das System der Funktionen

$$\tfrac{1}{2}\left[\Phi_p(s)+\int_0^\infty K(s,t)\,\Phi_p(t)\,dt\right] \qquad (p = 1, 2, \ldots)$$

und ebenso das entsprechende zu $\lambda = -1$ gehörige. Die erhaltenen Eigenfunktionen

$$\varphi_1^{(+)}(s),\ \varphi_2^{(+)}(s), \ldots;\quad \varphi_1^{(-)}(s),\ \varphi_2^{(-)}(s), \ldots$$

bilden dann wegen (37) ein System orthogonaler Funktionen, das auch vollständig ist, da sich die $\Phi_p(s)$ offenbar linear aus ihnen zusammensetzen lassen. Hier sehen wir zugleich den inneren Grund, weshalb ein Aufbau der Theorie, genau der Hilbertschen entsprechend, nicht möglich sein kann. Denn während bei regulären Kernen die Bedingungen der Entwickelbarkeit nach den Eigenfunktionen nur von dem Kern $K(s,t)$, nicht aber von dem bei der Konstruktion benutzten System $\Phi_p(s)$ abhängen, sind sie hier im Gegenteil wesentlich durch die (in gewissen Grenzen) willkürliche Wahl der $\Phi_p(s)$ mitbestimmt.

Das Entwicklungstheorem bringen wir auf die einfachste Form, wenn wir, unter $f(s)$ irgend eine Funktion aus $\mathfrak{U}$ verstanden,

$$\varphi^{(+)}(s) = \gamma^{(+)}.\left[f(s)+\int_0^\infty K(s,t)\,f(t)\,dt\right],$$

$$\varphi^{(-)}(s) = \gamma^{(-)}.\left[f(s)-\int_0^\infty K(s,t)\,f(t)\,dt\right]$$

setzen; falls keine der beiden in den eckigen Klammern stehenden Funktionen identisch 0 ist, d. h. wenn $f(s)$ keine Eigenfunktion ist, lassen sich die Konstanten $\gamma^{(+)}$, $\gamma^{(-)}$ so wählen, daß

$$\int_0^\infty (\varphi^{(+)}(s))^2\,ds = \int_0^\infty (\varphi^{(-)}(s))^2\,ds = 1$$

wird. Alsdann ist $\varphi^{(+)}(s)$ eine zu $+1$, $\varphi^{(-)}(s)$ eine zu -1 gehörige normierte Eigenfunktion. Zusammenfassend können wir also sagen:

Satz 2: *Ein Fourierkern besitzt die Zahlen $+1$, -1 zu einzigen Eigenwerten; zu mindestens einer der beiden, im allgemeinen aber zu beiden finden sich unendlichviele Eigenfunktionen; jede Eigenfunktion zu $+1$ ist zu jeder Eigenfunktion zu -1 orthogonal. Jede Funktion $f(s)$ aus $\mathfrak{U}$, die nicht selbst Eigenfunktion ist, gestattet eine einzige*[1])

---

1) Genau genommen, gibt es allerdings deren vier, da $\varphi^{(+)}(s)$ mit $-\varphi^{(+)}(s)$, $\varphi^{(-)}(s)$ mit $-\varphi^{(-)}(s)$ vertauscht werden darf.

Darstellung der Form

$$f(s) = \int_0^\infty f(t)\,\varphi^{(+)}(t)\,dt \,.\, \varphi^{(+)}(s) + \int_0^\infty f(t)\,\varphi^{(-)}(t)\,dt \,.\, \varphi^{(-)}(s),$$

wo $\varphi^{(+)}(s)$ *eine zu* $+1$, $\varphi^{(-)}(s)$ *eine zu* -1 *gehörige normierte Eigenfunktion bedeutet.*

Betrachten wir noch kurz die inhomogene Integralgleichung

$$f(s) = \varphi(s) - \lambda \int_0^\infty K(s, t)\,\varphi(t)\,dt. \tag{39}$$

Wir setzen $f(s)$ als eine in $\mathfrak{U}$ enthaltene Funktion voraus. Dann folgt aus (39), wenn auch $\varphi(s)$ in $\mathfrak{U}$ liegen soll,

$$\int_0^\infty K(s, t)\,f(t)\,dt = \int_0^\infty K(s, t)\,\varphi(t)\,dt - \lambda \,.\, \varphi(s),$$

mithin

$$(1 - \lambda^2)\,\varphi(s) = f(s) + \lambda \int_0^\infty K(s, t)\,f(t)\,dt.$$

Die hierdurch, falls $\lambda^2 \neq 1$, bestimmte Funktion $\varphi(s)$ ist nun tatsächlich eine in $\mathfrak{U}$ enthaltene und genügt (39). Ist λ ein Eigenwert, etwa $\lambda = 1$, so kann (39) nur dann eine $\mathfrak{U}$-Lösung besitzen, falls

$$f(s) + \int_0^\infty K(s, t)\,f(t)\,dt = 0,$$

d. i. $f(s)$ Eigenfunktion zu -1 ist. Ist das der Fall, so ist die allgemeine Lösung von (39) durch

$$\varphi(s) = \tfrac{1}{2} f(s) + \varphi^{(+)}(s)$$

gegeben, wo $\varphi^{(+)}(s)$ eine willkürliche zu $+1$ gehörige Eigenfunktion bedeutet. Bedenken wir noch, daß die Bedingung, Eigenfunktion zu -1 zu sein, mit der andern, zu allen zu $+1$ gehörigen Eigenfunktionen orthogonal zu sein, äquivalent ist, so können wir sagen:

Satz 3: *Die inhomogene Integralgleichung* (39), *in der* $f(s)$ *als eine in* $\mathfrak{U}$ *gelegene Funktion vorausgesetzt wird, hat für ein* $\lambda \neq +1, -1$ *eine und nur eine zu* $\mathfrak{U}$ *gehörige Lösung. Ist* λ *dagegen Eigenwert, so existiert eine solche* (und dann auch immer mehrere) *dann und nur dann, wenn* $f(s)$ *zu allen zu* λ *gehörigen Eigenfunktionen orthogonal ist.*

Wenn also der Begriff der Funktion gänzlich auf den Bereich $\mathfrak{U}$ eingeschränkt wird, verhalten sich die Fourierkerne im wesentlichen so wie die regulären.

§ 6. **Die Orthogonalkerne** $\sqrt{\frac{2}{\pi}}\cdot\cos st,\ \sqrt{\frac{2}{\pi}}\cdot\sin st,\ \frac{1}{2}\cdot J_n(\sqrt{st})$.

Bekanntlich gilt unter sehr allgemeinen Bedingungen [1]) für den Kern $\sqrt{\frac{2}{\pi}}\cdot\cos st$ ein Fouriertheorem. Um auf dem Boden des z. B. in Riemann-Weber (Die partiellen Differentialgleichungen der math. Physik, 4. Aufl. pag. 32 ff.) dargestellten, an das Integral $\int_0^\infty \frac{\sin\xi}{\xi}\,d\xi = \frac{\pi}{2}$ anknüpfenden Beweises die Orthogonalitätsrelation (31) darzutun, kann man etwa so vorgehen. Wenn man den an der zitierten Stelle gegebenen Beweis verfolgt und alle Abschätzungen explizit ausführt, erkennt man, daß, wenn $u(s)$ eine stetige Funktion bezeichnet, die im Intervall $0 \leqq s \leqq a$ von beschränkter Schwankung ist, für jedes positive a

$$\underset{b=\infty}{L}\int_0^a\left(u(s)-\frac{2}{\pi}\int_0^b\int_0^a \cos st\cos tr\,u(r)\,dr\,dt\right)^2 ds = 0,$$

$$\underset{b=\infty}{L}\int_0^a\left(\frac{2}{\pi}\int_0^b\int_0^a \cos st\cos tr\,u(r)\,dr\,dt\right)^2 ds = \int_0^a (u(s))^2\,ds$$

wird. Entwickelt man die erste dieser beiden Limesgleichungen und benutzt dabei die zweite, so verwandelt sie sich in

$$\int_0^a (u(s))^2\,ds = \int_0^\infty (\bar{u}_a(s))^2\,ds,$$

wobei

$$\bar{u}_a(s) = \sqrt{\frac{2}{\pi}}\int_0^a \cos(st)\,u(t)\,dt$$

gesetzt ist; allgemeiner für irgend zwei stetige, im endlichen Intervall $o \leqq s \leqq a$ beschränkt schwankende Funktionen $u(s)$, $v(s)$ bei analoger Bezeichnung

$$\int_0^a u(s)\,v(s)\,ds = \int_0^\infty \bar{u}_a(s)\,\bar{v}_a(s)\,ds.$$

Wir wählen insbesondere

---

1) Die Bedingung 3) bei Riemann-Weber, pag. 40, welche die unbedingte Konvergenz des Integrals von $\frac{f(x)}{x}$ im Unendlichen fordert, muß durch die schärfere Forderung der Konvergenz von $\int_0^\infty |f(x)|\,dx$ ersetzt werden. (Das betr. Versehen findet sich pag. 39, Z. 17 v. o.)

$$u(s) = \frac{1}{(s+1)^p}, \quad v(s) = \frac{1}{(s+1)^q} \qquad (p, q \geqq 2).$$

Durch einfache Abschätzung findet man dann in diesem speziellen Fall

$$\underset{a=\infty}{L} \int_0^\infty \bar{u}_a(s)\, \bar{v}_a(s)\, ds = \int_0^\infty \bar{u}(s)\, \bar{v}(s)\, ds$$

(unter Benutzung des Umstandes, daß $u(s)$, $v(s)$ bestandig abnehmen, sodaß das Bonnetsche Theorem anwendbar wird), mithin

$$\int_0^\infty u(s)\, v(s)\, ds = \int_0^\infty \bar{u}(s)\, \bar{v}(s)\, ds.$$

Nun ist nur zu bedenken, daß durch Orthogonalisierung des Funktionensystems $\frac{1}{(s+1)^2}, \frac{1}{(s+1)^3}, \cdots$, wie leicht zu ersehen, ein vollständiges Orthogonalsystem entspringt und $\sqrt{\frac{2}{\pi}} \cdot \cos st$ ein Kern ist, der die beiden am Schluß von § 4 unter 1), 2) aufgeführten Bedingungen erfüllt, oder auch einfacher, daß das eben erwähnte Orthogonalsystem nach § 3 sogar vollkommen ist, um sich von der Richtigkeit der Gleichung (31) für alle stetigen, absolut und quadratisch integrierbaren Funktionen $u(s)$, $v(s)$ zu überzeugen.

Aus der bekannten Gleichung

$$\int_0^\infty \cos st \,.\, e^{-at}\, dt = \frac{a}{s^2 + a^2}, \qquad (a > 0)$$

ergeben sich für $\sqrt{\frac{2}{\pi}} \cdot \cos st$ die Eigenfunktionen

$$\sqrt{\frac{\pi}{2}} \cdot e^{-as} + \frac{a}{s^2 + a^2} \qquad (\text{für } \lambda = 1)$$

$$\sqrt{\frac{\pi}{2}} \cdot e^{-as} - \frac{a}{s^2 + a^2} \qquad (\text{für } \lambda = -1),$$

sodaß erkennbar wird, daß zu jedem der Eigenwerte $+1$, -1 unendlichviele Eigenfunktionen gehören.

Wir wollen uns an dieser Stelle nicht damit aufhalten, die entsprechenden Tatsachen für $\sqrt{\frac{2}{\pi}} \sin st$, $\frac{1}{2} J_n(\sqrt{st})$ zu erhärten, da sie sich bei unserem späteren Beweis des zu diesen Kernen gehörigen Fouriertheorems ganz von selber ergeben werden. Aus demselben Grunde haben wir den Nachweis für $\sqrt{\frac{2}{\pi}} \cos st$ hier auch nur skizziert. Zusammenfassend können wir sagen, daß wir in $\sqrt{\frac{2}{\pi}}\cos st$, $\sqrt{\frac{2}{\pi}}\sin st$, $\frac{1}{2}J_n(\sqrt{st})$ vollkommene und beschränkte Fourierkerne besitzen, denen die unendlich oft zu zählenden Eigenwerte $+1$, -1 zukommen. Der zu jedem von ihnen gehörige Funktionsbereich $\mathfrak{U}$ enthält die Gesamtheit aller »im ganzen Intervall $0 \ldots \infty$ stetigen, beschränkten und absolut integrablen Funktionen, die in jedem endlichen Intervall von beschränkter Schwankung sind,« als Unterbereich in sich [1]). Endlich mag noch, auf die Einleitung zurückgreifend, bemerkt sein, daß uns jetzt, wie mir scheint, durch Einführung des Bereiches $\mathfrak{U}$ nach § 5 eine reinliche Scheidung der „statthaften" und „unstatthaften" Eigenfunktionen gelungen ist: Funktionen wie $\frac{1}{\sqrt{s}}$ sind dabei in der Tat ausgeschieden worden.

---

1) Ist nämlich $u(s)$ eine Funktion der beschriebenen Art, so gilt,

$$\int_0^\infty (\bar{u}_a(s))^2\,ds = \int_0^a (u(s))^2\,ds,$$

$$\int_0^\infty (\bar{u}(s))^2\,ds = \int_0^\infty (u(s))^2\,ds,$$

also

$$\underset{a=\infty}{L}\int_0^\infty (\bar{u}_a(s))^2\,ds = \int_0^\infty (\bar{u}(s))^2\,ds.$$

Aus dieser Limesgleichung und daraus, daß $\bar{u}_a(s)$ in jedem endlichen Intervall der Variablen s gleichmäßig gegen $\bar{u}(s)$ konvergiert, folgt

$$\underset{a=\infty}{L}\int_0^\infty (\bar{u}(s)-\bar{u}_a(s))^2\,ds = 0.$$

Ferner kann mit Hülfe der pag. 23 f. angestellten Ueberlegungen das Integral $\int_0^\infty (u(s)-u_a(s))^2\,ds$ auf die Form $\int_0^\infty (u(s))^2\,ds - \int_0^a (\bar{u}(s))^2\,ds$ gebracht werden. Darum ist auch

$$\underset{a=\infty}{L}\int_0^\infty (u(s)-u_a(s))^2\,ds = 0.$$

II. Teil.

Beschränkte Kerne mit einfachem Streckenspektrum.

Die vorigen Untersuchungen haben zwar gewisse Folgerungen aus dem Fouriertheorem kennen gelehrt, aber über die eigentliche Quelle desselben keinen Aufschluß gegeben. Um diese aufzufinden, wird es nicht zweckmäßig sein, Funktionen wie cos st als Kerne von Integralgleichungen zu deuten; vielmehr tragen sie, da ihnen Orthogonalformen, also orthogonale Transformationen entsprechen, viel eher den Charakter von Eigenfunktionen. Nun tritt aber schon bei den gewöhnlichen Integralgleichungen immer eine orthogonale Transformation auf, diejenige nämlich, welche die Transformation der entsprechenden (vollstetigen) quadratischen Form auf eine Summe von Quadraten bewirkt. Diese Transformation ist jedoch nicht durch den zugrunde gelegten Kern bestimmt, sondern außer durch ihn durch dasjenige Orthogonalsystem von Funktionen, mittels dessen der Uebergang zur quadratischen Form vollzogen wird. Haben wir es hingegen mit einem singulären Kern zu tun, von dem aus wir durch Uebergang mittels des Orthogonalsystems $\Phi_p(s)$ auf eine beschränkte quadratische Form gelangen, die orthogonal in das über das *Streckenspektrum* M zu erstreckende Integral

$$\int_{(M)} \frac{(\psi_1(\mu)\, x_1 + \psi_2(\mu)\, x_2 + \cdots)^2}{\mu}\, d\mu$$

verwandelt werden kann [in dem die $\psi_p(\mu)$ wiederum ein Orthogonalsystem von Funktionen (für das Gebiet M) bilden — dies ist der zweite typische Fall, den Hilbert dem ersten der vollstetigen quadratischen Form gegenüberstellt [1]) —], so tritt hier allerdings eine invariante orthogonale Beziehung auf, und zwar diejenige zwischen den Funktionensystemen $\Phi_p(s)$ und $\psi_p(\mu)$. Wir dürfen daher erwarten, daß Funktionen zweier Variablen, für die ein Fouriertheorem gilt, Eigenfunktionen solcher singulären Kerne sind. Indem wir uns der Behandlung so gearteter Integralgleichungen zuwenden, gelangen wir zugleich zu dem zweiten der in der Einleitung erwähnten Fälle, daß nämlich die Eigenwerte gewisser Kerne ganze Strecken, die alsdann das „Streckenspektrum" aus-

1) 4. Mitt. pag. 207 ff.

machen, überdecken. Wir präzisieren zunächst die Voraussetzungen, die im Folgenden zugrunde gelegt werden.

§ 7. Begriff des beschränkten Kerns mit einfachem Streckenspektrum.

Wir untersuchen einen Kern $K(s, t)$, der die folgenden Bedingungen erfüllt.

1) $K(s, t)$ ist für $s \geqq 0$, $t \geqq 0$ im allgemeinen definiert und stetig; es gibt nämlich in jedem endlichen Gebiet der s-t-Ebene höchstens eine endliche Anzahl monotoner stetiger Kurvenstücke, die sich in endlichvielen Punkten schneiden, und eine endliche Anzahl isolierter Punkte, längs deren und in denen $K(s, t)$ nicht definiert oder doch nicht stetig ist. Im übrigen gilt immer, wenn für ein Wertepaar (s, t) $K(s, t)$ definiert ist, $K(t, s) = K(s, t)$.

Die Abszissen der ev. vorkommenden zur t-Achse parallelen singulären Geradenstücke bezeichnen wir, der Größe nach geordnet, mit $s_1, s_2, \ldots$

2) $\int_0^\infty (K(s, t))^2 dt$ existiert außer für $s = s_i$ und ev. noch andere isolierte s-Werte, die wir uns unter die s_i aufgenommen denken. Wir setzen

$$\int_0^\infty (K(s, t))^2 dt = (k(s))^2,$$

indem wir die Ungleichung $k(s) \geqq 0$ hinzufügen, und nehmen dann weiter an, daß $k(s)$ eine stetig finite Funktion ist. Die Punkte, in denen $k(s)$ nicht stetig ist, werden ebenfalls unter die s_i gerechnet.

Ist s ein Wert, der von allen s_i verschieden ist, so folgt aus diesen Annahmen, daß

$$\underset{\substack{s'=s \\ \omega=\infty}}{L} \int_{\mathfrak{L}(\omega)} (K(s', t))^2 dt = \int_0^\infty (K(s, t))^2 dt$$

ist, wenn unter $\mathfrak{L}(\omega)$ derjenige Teil des Intervalls $o \leqq s \leqq \omega$ verstanden wird, der von allen Punkten s_i um mindestens die Strecke $\frac{1}{\omega}$ entfernt ist, und hieraus ergibt sich

$$(40) \qquad \underset{s'=s}{L} \int_0^\infty [K(s, t) - K(s', t)]^2 dt = 0 \qquad \text{für } s \neq s_i.$$

Jetzt bezeichne $\Phi_1(s), \Phi_2(s), \ldots$ ein vollkommenes Orthogonalsystem für das Intervall $0 \ldots \infty$. Gemäß der Voraussetzung 2) existiert

$$K_p(s) = \int_0^\infty K(s, t)\, \Phi_p(t)\, dt \qquad \text{für } s \neq s_i, \tag{41}$$

und zwar ist

$$|K_p(s)| \leqq k(s).$$

Ziehen wir die Ungleichung (40) heran, so erkennen wir die Stetigkeit von $K_p(s)$ für $s \neq s_i$. Demnach ist $K_p(s)$ eine stetig-finite Funktion für $s \geqq 0$. Dies zieht seinerseits wieder nach sich, daß das Integral

$$\int_0^\infty \left| \frac{K_p(s)}{(s+1)^2} \right| ds$$

konvergiert, und da es zu $\Phi_q(s)$ eine Konstante M_q gibt, sodaß

$$|\Phi_q(s)| \leqq \frac{M_q}{(s+1)^2}$$

wird, so konvergiert auch das Integral

$$k_{pq} = \int_0^\infty K_p(s)\, \Phi_q(s)\, ds = \int_0^\infty \int_0^\infty K(s, t)\, \Phi_p(t)\, \Phi_q(s)\, dt\, ds.$$

Das erste, was nun gezeigt werden muß, ist, daß

$$k_{pq} = k_{qp} \tag{42}$$

wird, d. h. daß es gleichgültig ist, in welcher Reihenfolge in dem Doppelintegral $\int_0^\infty \int_0^\infty K(s, t)\, \Phi_p(t)\, \Phi_q(s)\, dt\, ds$ die Integrationen nach s und t vollzogen werden.

Aus dem positiven Quadranten der s, t-Ebene scheiden wir zu diesem Zweck die Parallelstreifen

$$|s - s_i| < \delta, \quad |t - s_i| < \varepsilon \qquad (i = 1, 2, \ldots)$$

aus. Darauf überdecken wir den Quadranten mit einem Quadratnetz von der Seitenlänge ϱ [1]) und scheiden alle die Quadrate aus, die einen Punkt mit einem der singulären Kurvenstücke gemein haben. Endlich betrachten wir von dem übrig gebliebenen Gebiet nur den Teil, der dem Rechteck $0 \leqq s \leqq a$, $0 \leqq t \leqq b$ angehört. Das so gewonnene, durch die fünf positiven Variablen $a, b;\ \varrho, \delta, \varepsilon$ eindeutig bestimmte Gebiet bezeichnen wir mit

$$\mathfrak{H} = \mathfrak{H}(a, b;\ \varrho, \delta, \varepsilon).$$

1) sodaß die Koordinaten seiner Ecken die ganzzahligen Vielfachen von ϱ werden.

Wir setzen noch $\varrho_p = \left(\frac{1}{2}\right)^p$ für $p = 1, 2, \ldots$; dann ist immer

(43) $\qquad \mathfrak{H}(a, b; \varrho_p, \delta, \varepsilon)$ enthalten in $\mathfrak{H}(a', b'; \varrho_{p'}, \delta', \varepsilon')$,

wenn

$$a \leqq a', \quad b \leqq b'; \quad p \leqq p'; \quad \delta \geqq \delta', \quad \varepsilon \geqq \varepsilon'.$$

Da $\mathfrak{H}$ aus einer endlichen Anzahl von Polygonen besteht und $K(s,t)\,\Phi_p(t)\,\Phi_q(s)$ in dem Gebiet $\mathfrak{H}$ stetig ist, so kann, wenn

$$f(s,t) = |K(s,t)\,\Phi_p(t)\,\Phi_q(s)|,$$

das Integral

$$\iint_{(\mathfrak{H})} f(s,t)\,ds\,dt$$

durch sukzessive Integration berechnet werden:

(44) $\qquad \iint_{(\mathfrak{H})} f(s,t)\,ds\,dt = \int_{\mathfrak{S}} ds \int_{\mathfrak{T}} f(s,t)\,dt = \int_{\mathfrak{T}^*} dt \int_{\mathfrak{S}^*} f(s,t)\,ds.$

Dabei darf unter $\mathfrak{S}$ der Teil des Intervalls $0 \leqq s \leqq a$ verstanden werden, für den $|s - s_i| \geqq \delta$ $(i = 1, 2, \ldots)$ ist, d. h. $\mathfrak{S}$ ist unabhängig von b, ϱ, ε. Hingegen ist $\mathfrak{T}$ abhängig einerseits von s andererseits von b, ϱ, ε:

$$\mathfrak{T} = \mathfrak{T}(s; b, \varrho, \varepsilon).$$

Es ist auch wieder:

(45) $\qquad \mathfrak{T}(s; b, \varrho_p, \varepsilon)$ enthalten in $\mathfrak{T}(s; b', \varrho_{p'}, \varepsilon')$,

wenn

$$b \leqq b', \quad p \leqq p', \quad \varepsilon \geqq \varepsilon'.$$

Entsprechendes ist über $\mathfrak{T}^*$ und $\mathfrak{S}^*$ zu bemerken.

Wir setzen

$$\int_{(\mathfrak{T}(s;\, b,\, \varrho_p,\, \varepsilon))} f(s,t)\,dt = J(s; b, p, \varepsilon).$$

Da $f(s,t) \geqq 0$, und wegen (45) folgt

(46) $\qquad J(s; b, p, \varepsilon) \leqq J(s; b', p', \varepsilon')$,

wenn

$$b \leqq b', \quad p \leqq p', \quad \varepsilon \geqq \varepsilon'.$$

Es folgt daraus, da nach Definition

(47) $\qquad \int_0^\infty f(s,t)\,dt = \underset{b=\infty}{L}\ \underset{\substack{p=\infty \\ \varepsilon=0}}{L}\ J(s; b, p, \varepsilon)$

ist, die Ungleichung

$$J(s;\, b, p, \varepsilon) \leqq \int_0^\infty f(s,t)\,dt.$$

Infolgedessen hat $J(s;\, b, p, \varepsilon)$ als Funktion von b, p, ε eine obere Grenze $J(s)$. Ist nun

$$0 \leqq J(s) - J(s;\, b_0, p_0, \varepsilon_0) < \omega,$$

so findet sich auch

$$0 \leqq J(s) - J(s;\, b, p, \varepsilon) < \omega$$

für

$$b \geqq b_0, \quad p \geqq p_0, \quad \varepsilon \leqq \varepsilon_0$$

(nach (46)), d. h. es ist

(48)
$$J(s) = \underset{\substack{b=\infty \\ p=\infty \\ \varepsilon=0}}{L} J(s;\, b, p, \varepsilon),$$

gemäß (47) demnach auch

(49)
$$J(s) = \int_0^\infty f(s,t)\,dt.$$

Es bezeichne $b_1, b_2, \ldots$ eine wachsende, gegen ∞ konvergierende, $\varepsilon_1, \varepsilon_2, \ldots$ eine abnehmende gegen 0 konvergierende Wertreihe; wir schreiben

$$J_p(s) = J(s;\, b_p, p, \varepsilon_p).$$

Alsdann konvergiert die Reihe $J_1(s), J_2(s), \ldots$, die aus lauter in $\mathfrak{S}$ stetigen Funktionen besteht, wachsend gegen die gleichfalls in $\mathfrak{S}$ stetige Funktion $J(s)$, und nach einem von Osgood und Lebesgue aufgestellten Theorem [1]) ist daher

$$\underset{p=\infty}{L} \int_{(\mathfrak{S})} J_p(s)\,ds = \int_{(\mathfrak{S})} J(s)\,ds$$

oder

(50)
$$\underset{\substack{b=\infty \\ p=\infty \\ \varepsilon=0}}{L} \int_{(\mathfrak{S})} J(s;\, b, p, \varepsilon)\,ds = \int_{(\mathfrak{S})} ds \int_0^\infty f(s,t)\,dt.$$

Wir setzen

---

1) Osgood, American Journal 1897, On the non-uniform convergence. — Lebesgue, leç. sur l'integration, pag. 114.

$$\iint\limits_{(\mathfrak{H})} f(s,t)\,dt\,ds = H(a,b;p,\delta,\varepsilon)$$

$$[\text{wo } \mathfrak{H} = \mathfrak{H}(a,b;p,\delta,\varepsilon)].$$

Dann ist

$$H(a,b;p,\delta,\varepsilon) \leqq H(a',b';p',\delta',\varepsilon'),$$

wenn

$$a \leqq a',\ b \leqq b';\quad p \leqq p',\ \delta \geqq \delta',\ \varepsilon \geqq \varepsilon',$$

und

$$H(a,b;p,\delta,\varepsilon) \leqq \int_0^\infty ds \int_0^\infty f(s,t)\,dt.$$

Daraus folgt wie früher, daß der Limes

$$\text{(51)} \qquad \underset{\substack{a=\infty\\ b=\infty\\ p=\infty\\ \delta=0\\ \varepsilon=0}}{L} H(a,b;p,\delta,\varepsilon) = H$$

existiert. Aus (50) aber schließen wir

$$\underset{a=\infty}{L}\ \underset{\varepsilon=0}{L}\ \underset{\substack{b=\infty\\ p=\infty\\ \delta=0}}{L} H(a,b;p,\delta,\varepsilon) = \int_0^\infty ds \int_0^\infty f(s,t)\,dt.$$

Ebenso folgt

$$\underset{b=\infty}{L}\ \underset{\delta=0}{L}\ \underset{\substack{a=\infty\\ p=\infty\\ \delta=0}}{L} H(a,b;p,\delta,\varepsilon) = \int_0^\infty dt \int_0^\infty f(s,t)\,ds.$$

Unter Berücksichtigung von (51) folgt nunmehr die Vertauschbarkeit der Integrationen für $f(s,t)$ und dann, wenn man sich den Gang des Beweises vergegenwärtigt, a fortiori für $K(s,t)\,\Phi_p(t)\,\Phi_q(s)$, womit die Gleichung (42) bewiesen ist.

Den Annahmen 1) und 2) über den Kern fügen wir als dritte die folgende hinzu:

3) Das vollkommene Orthogonalsystem[1]) $\Phi_p(s)$ $(p = 1, 2, \ldots)$

---

1) Es genügt, ein v o l l s t ä n d i g e s Orthogonalsystem $\Phi'_p(s)$, dessen Elemente $\Phi'_p(s)$ im Unendlichen von mindestens 2. Ordnung verschwinden, von solcher Art nachzuweisen, daß die mit den Koeffizienten $\int_0^\infty \int_0^\infty K(s,t)\,\Phi'_p(t)\,\Phi'_q(s)\,dt\,ds$ gebildete quadratische Form $K'(x)$ die unter 3) für $K(x)$ postulierten Eigenschaften besitzt. Denn da in $\int_0^\infty \int_0^\infty K(s,t)\,\Phi_p(t)\,\Phi'_q(s)\,dt\,ds$ die Integrationen vertauscht werden dürfen, geht $K'(x)$ durch eine orthogonale Transformation in die mittels eines b e l i e b i g e n vollkommenen Orthogonalsystems $\Phi_p(s)$ gebildete

läßt sich so wählen, daß die in der beschriebenen Weise aus $K(s, t)$ entspringende quadratische Form

$$K(x) = \sum_{(p,q)} k_{pq} x_p x_q \tag{52}$$

eine beschränkte Form ist, die sich durch eine orthogonale Substitution

$$\begin{cases} \xi_p = l_{p1} x_1 + l_{p2} x_2 + \cdots \\ \qquad (p = 1, 2, \ldots) \\ \eta_p = m_{p1} x_1 + m_{p2} x_2 + \cdots \\ \qquad (p = 1, 2, \ldots) \end{cases} \tag{53}$$

in die Form

$$K^*(\xi) = \int_{(M)} \frac{(\psi_1(\mu)\,\xi_1 + \psi_2(\mu)\,\xi_2 + \cdots)^2}{\mu}\, d\mu \tag{54}$$

bringen läßt; hierin bedeutet M eine aus einer endlichen Anzahl abgeschlossener Intervalle bestehende Punktmenge, die den Punkt 0 nicht enthält (wohl aber ins Unendliche reichen kann), und $\psi_1(\mu), \psi_2(\mu), \ldots$ ein vollständiges System orthogonaler Funktionen für die Intervallmenge M. Daß (53) eine orthogonale Substitution darstellt, spricht sich in den Gleichungen

$$\sum_{(r)} l_{pr}\, l_{qr} = \sum_{(r)} m_{pr}\, m_{qr} = \delta_{pq},$$

$$\sum_{(r)} l_{pr}\, m_{qr} = 0,$$

$$\sum_{(r)} l_{rp}\, l_{rq} + \sum_{(r)} m_{rp}\, m_{rq} = \delta_{pq}$$

aus.

Einen Kern mit den angeführten Eigenschaften werden wir als *„beschränkten Kern mit einfachem Streckenspektrum“* bezeichnen.

---

quadratische Form $K(x)$ über. — Die Voraussetzung über das Verhalten von $k(s)$ im Unendlichen kann ganz fallen gelassen werden, wenn man dann nur von den beim Uebergang zur quadratischen Form benutzten Funktionen $\Phi_p(s)$ annimmt, daß für eine gewisse positive Funktion $\varkappa(s)$ von der Art, daß

$$\int_0^\infty \frac{k(s)}{\varkappa(s)}\, ds$$

konvergiert, $\varkappa(s)\,\Phi_p(s)$ bei $s = \infty$ endlich bleibt, und das Resultat von § 3 für beliebiges $\varrho(s)$ [nicht nur für $\varrho(s) = s$] benutzt. In den Anwendungen genügt es übrigens meist, nicht wie im Text geschehen, $\varkappa(s) = (s+1)^2$, sondern $\varkappa(s) = s + 1$ zu nehmen.

§ 8. Die Spektralfunktion des Kerns $K(s, t)$.

Da

$$\int_0^\infty (K(s,t))^2\,dt = (k(s))^2 = (K_1(s))^2 + (K_2(s))^2 + \cdots \qquad (s \neq s_i)$$

konvergiert, können wir die in der Umgebung von $s \neq s_i$ stetig konvergenten Reihen

$$k_p(s) = l_{p1} K_1(s) + l_{p2} K_2(s) + \cdots$$
$$k_p'(s) = m_{p1} K_1(s) + m_{p2} K_2(s) + \cdots$$

bilden, und es ist dann

(55) $$(k_1(s))^2 + (k_2(s))^2 + \cdots + (k_1'(s)) + (k_2'(s))^2 + \cdots = (k(s))^2;$$

die $k_p(s)$, $k_p'(s)$ sind also wiederum stetig-finit. Infolgedessen darf man, um $\int_0^\infty k_p(s)\,\Phi_q(s)\,ds$ zu erhalten, die Reihe gliedweise integrieren.

In der Tat, setzt man

$$\int_{(\mathfrak{S})} \{|l_{p1} K_1(s)| + \cdots |l_{pm} K_m(s)|\} \, . \, |\Phi_q(s)|\,ds = R(m; a, \delta),$$

so ist

$$R(m'; a', \delta') \geqq R(m; a, \delta)$$

wenn

$$m' \geqq m, \quad a' \geqq a, \quad \delta' \leqq \delta,$$

und

$$R(m; a, \delta) \leqq \int_0^\infty k(s) \, . \, |\Phi_q(s)|\,ds \leqq M_q \, . \int_0^\infty \frac{k(s)\,ds}{(s+1)^2}.$$

Infolgedessen existiert

$$\underset{\substack{m=\infty \\ a=\infty \\ \delta=0}}{L} R(m; a, \delta)$$

und auch

$$\underset{\substack{m=\infty \\ a=\infty \\ \delta=0}}{L} \int_{(\mathfrak{S})} (l_{p1} K_1(s) + \cdots + l_{pm} K_m(s))\,\Phi_q(s)\,ds.$$

Benutzen wir den Osgoodschen Satz (oder die gleichmäßige Konvergenz der $k_p(s)$ definierenden Reihe im Gebiet $\mathfrak{S}$), so kommt

$$\underset{m=\infty}{L} \int_{(\mathfrak{S})} (l_{p1} K_1(s) + \cdots + l_{pm} K_m(s))\,\Phi_q(s)\,ds = \int_{(\mathfrak{S})} k_p(s)\,\Phi_q(s)\,ds.$$

Aus den beiden letzten Tatsachen zusammengenommen, ergibt sich

$$l_{p1}\int_0^\infty K_1(s)\,\Phi_q(s)\,ds + l_{p2}\int_0^\infty K_2(s)\,\Phi_q(s)\,ds + \cdots = \int_0^\infty k_p(s)\,\Phi_q(s)\,ds,$$

d. i.

$$\int_0^\infty k_p(s)\,\Phi_q(s)\,ds = l_{p1}k_{q1} + l_{p2}k_{q2} + \cdots,$$

$$\int_0^\infty k_p'(s)\,\Phi_q(s)\,ds = m_{p1}k_{q1} + m_{p2}k_{q2} + \cdots.$$

Der letzte Ausdruck ist aber für alle p und q gleich Null; daher wird

$$\left(\int_0^\infty k_p'(s)\,\Phi_1(s)\,ds\right)^2 + \left(\int_0^\infty k_p'(s)\,\Phi_2(s)\,ds\right)^2 + \cdots = 0,$$

und da $k_p'(s)$ stetig-finit ist,

$$\int_0^\infty (k_p'(s))^2\,ds = 0,$$

mithin identisch in s

(56) $$k_p'(s) = 0.$$

Weiter ist

$$\sum_{(r,u)} l_{pr}\,l_{qu}\,k_{ru} = \int_{(M)} \frac{\psi_p(\mu)\,\psi_q(\mu)}{\mu}\,d\mu,$$

also

$$\sum_{(r)} l_{qr}\int_0^\infty k_p(s)\,\Phi_r(s)\,ds = \int_{(M)} \frac{\psi_p(\mu)\,\psi_q(\mu)}{\mu}\,d\mu.$$

Ebenso ergibt sich

$$\sum_{(r)} m_{qr}\int_0^\infty k_p(s)\,\Phi_r(s)\,ds = 0.$$

Aus den letzten beiden Gleichungen folgt

(57) $$\int_0^\infty k_p(s)\,\Phi_q(s)\,ds = \sum_{(r)} l_{rq}\int_{(M)} \frac{\psi_p(\mu)\,\psi_r(\mu)}{\mu}\,d\mu$$

und hieraus endlich

(58) $$\int_0^\infty (k_p(s))^2\,ds = \int_{(M)} \left(\frac{\psi_p(\mu)}{\mu}\right)^2 d\mu.$$

Man hat dabei nur die Orthogonalität der Koeffizienten l_{pq} und der Funktionen $\psi_p(\mu)$, ferner die finite Stetigkeit von $k_p(s)$ und endlich den Umstand, daß der Punkt 0 und seine Umgebung nicht zu M gehören, zu beachten.

Außerhalb M definieren wir die Funktionen $\psi_p(\mu)$ durch $\psi_p(\mu) = 0$.

Wegen (55) und weil

$$\left(\int_{-\infty}^{\lambda} \frac{\psi_1(\mu)}{\mu} d\mu\right)^2 + \left(\int_{-\infty}^{\lambda} \frac{\psi_2(\mu)}{\mu} d\mu\right)^2 + \cdots = \int_{(M)}^{\lambda} \frac{d\mu}{\mu^2}$$

ist, wobei $\int_{(M)}^{\lambda}$ eine Integration über den zwischen $-\infty$ und λ gelegenen Teil des Spektrums M bedeutet, können wir eine Funktion $A(s;\lambda)$ von s und λ, die stetig in s, λ ausfällt, falls $s \neq s_i$, definieren durch

$$(59)\quad A(s;\lambda) = k_1(s).\int_{-\infty}^{\lambda} \frac{\psi_1(\mu)}{\mu} d\mu + k_2(s).\int_{-\infty}^{\lambda} \frac{\psi_2(\mu)}{\mu} d\mu + \cdots.$$

Es ist dann

$$(A(s;\lambda))^2 \leqq (k(s))^2 \int_{(M)}^{\lambda} \frac{d\mu}{\mu^2};$$

$A(s;\lambda)$ ist demnach als Funktion von s wieder stetig-finit und als Funktion von λ offenbar beschränkt. Das Gleiche gilt für die folgende Funktion

$$(60)\quad B(s;\lambda) = k_1(s).\int_{-\infty}^{\lambda} \frac{\psi_1(\mu)}{\mu^2} d\mu + k_2(s).\int_{-\infty}^{\lambda} \frac{\psi_2(\mu)}{\mu^2} d\mu + \cdots.$$

Diese beiden Funktionen stehen in einem einfachen Zusammenhang. Wie ohne Mühe bestätigt werden kann, darf man das Integral $\int_{-\infty}^{\lambda} \frac{A(s;\mu)}{\mu^2} d\mu$ durch gliedweise Integration berechnen

$$\int_{-\infty}^{\lambda} \frac{A(s;\mu)}{\mu^2} d\mu = \sum_{(p)} \left[k_p(s).\int_{-\infty}^{\lambda} \left(\int_{-\infty}^{\mu} \frac{\psi_p(\nu)}{\mu^2 . \nu} d\nu\right) d\mu\right],$$

und da $\frac{\psi_p(\nu)}{\mu^2 . \nu}$ in dem in Betracht kommenden Bereich stetig und absolut integrierbar ist, dürfen hier rechts die Integrationen vertauscht werden

$$\int_{-\infty}^{\lambda} \frac{A(s;\mu)}{\mu^2} d\mu = \sum_{(p)} \left[k_p(s).\int_{-\infty}^{\lambda} \frac{\psi_p(\nu)}{\nu} \left(\frac{1}{\nu} - \frac{1}{\lambda}\right) d\nu\right]$$

$$= \sum_{(p)} \left[k_p(s).\int_{-\infty}^{\lambda} \frac{\psi_p(\nu)}{\nu^2} d\nu\right] - \frac{1}{\lambda} \sum_{(p)} \left[k_p(s).\int_{-\infty}^{\lambda} \frac{\psi_p(\nu)}{\nu} d\nu\right],$$

d. i.

$$B(s;\lambda) = \frac{1}{\lambda} A(s;\lambda) + \int_{-\infty}^{\lambda} \frac{A(s;\mu)}{\mu^2}\, d\mu. \tag{61}$$

Ebenso wie $\int_0^\infty k_p(s)\, \Phi_q(s)\, ds$ kann auch das Integral

$$\int_0^\infty A(s;\lambda)\, \Phi_q(s)\, ds$$

durch gliedweise Integration bestimmt werden:

$$\int_0^\infty A(s,\lambda)\, \Phi_q(s)\, ds = \sum_{(p)} \left[\int_0^\infty k_p(s)\, \Phi_q(s)\, ds \,.\, \int_{-\infty}^{\lambda} \frac{\psi_p(\mu)}{\mu}\, d\mu \right]$$

$$= \sum_{(p)} \sum_{(r)} l_{rq} \int_{-\infty}^{+\infty} \frac{\psi_p(\mu)\, \psi_r(\mu)}{\mu}\, d\mu \,.\, \int_{-\infty}^{\lambda} \frac{\psi_r(\mu)}{\mu}\, d\mu.$$

Hier steht links der Wert der quadratischen Form $K^*(x, y)$ (s. Formel 54) für die Argumente $x_p = \int_{-\infty}^{\lambda} \frac{\psi_p(\mu)}{\mu}\, d\mu$, $y_p = l_{pq}$, die offenbar von solcher Art sind, daß ihre Quadratsumme konvergiert. Dieser Wert darf daher nach dem Konvergenzsatz für beschränkte Formen in umgekehrter Reihenfolge der Summationen berechnet werden. Geschieht dies und beachtet man, daß

$$\sum_{(p)} \left[\int_{-\infty}^{+\infty} \frac{\psi_p(\mu)\, \psi_r(\mu)}{\mu}\, d\mu \,.\, \int_{-\infty}^{\lambda} \frac{\psi_p(\mu)}{\mu}\, d\mu \right] = \int_{-\infty}^{\lambda} \frac{\psi_r(\mu)}{\mu^2}\, d\mu$$

ist, so verwandelt sich die letzte Gleichung in

$$\int_0^\infty A(s;\lambda)\, \Phi_q(s)\, ds = l_{1q} \cdot \int_{-\infty}^{\lambda} \frac{\psi_1(\mu)}{\mu^2}\, d\mu + l_{2q} \cdot \int_{-\infty}^{\lambda} \frac{\psi_2(\mu)}{\mu^2}\, d\mu + \cdots \tag{62}$$

Daraus ergibt sich noch, weil $A(s;\lambda)$ stetig-finit ist,

$$\int_0^\infty (A(s;\lambda))^2\, ds = \int_{(M)}^{\lambda} \frac{d\mu}{\mu^4}. \tag{63}$$

Nunmehr bringen wir $A(s;\lambda)$ mit dem Ausgangskern $K(s,t)$ in Zusammenhang und finden, da $\int_0^\infty (K(s,t))^2\, dt$ und $\int_0^\infty (A(t;\lambda))^2\, dt$ existieren,

$$\int_0^\infty K(s,t)\,A(t;\lambda)\,dt = \sum_{(q)}\left[\int_0^\infty K(s,t)\,\Phi_q(t)\,dt.\int_0^\infty A(t;\lambda)\,\Phi_q(t)\,dt\right]$$

(64) $$= \sum_{(q)}\sum_{(p)} l_{pq}\,K_q(s).\int_{-\infty}^{\lambda}\frac{\psi_p(\mu)}{\mu^2}\,d\mu$$

$$= \sum_{(p)} k_p(s)\int_{-\infty}^{\lambda}\frac{\psi_p(\mu)}{\mu^2}\,d\mu = B(s;\lambda).$$

Die hier vorgenommene Vertauschung der Summationsfolge ist in bekannter Weise zu rechtfertigen.

Die Gleichungen (61) und (64) stellen sich in besonders übersichtlicher Form dar, wenn wir jetzt annehmen, daß $A(s;\lambda)$, falls $s \neq s_i$, $\lambda \neq \lambda_i$ ist [unter λ_i werden dabei die Endpunkte der einzelnen Intervalle verstanden, aus denen M besteht], nach λ differenzierbar ist; wir schreiben dann

$$\lambda^2.\frac{\partial A(s;\lambda)}{\partial\lambda} = P(s;\lambda)$$

und setzen voraus, daß $P(s;\lambda)$ für $s \neq s_i$, $\lambda \neq \lambda_i$ eine stetige Funktion seiner beiden Argumente ist: diese Annahme meinen wir, wenn wir sagen, daß die Existenz der Spektralfunktion $P(s;\lambda)$ vorausgesetzt werde. Es ist wichtig zu bemerken, daß die Spektralfunktion durch den Kern $K(s,t)$ allein völlig bestimmt ist. Benutzen wir nämlich zwecks Uebergang zur quadratischen Form $K'(x) = \Sigma k'_{pq}x_p x_q$ ein anderes Orthogonalsystem $\Phi'_p(s)$ von der in Anm. 1) S. 38 beschriebenen Art, so geht $K'(x)$ durch die orthogonale Transformation mit den Koeffizienten

$$o_{pq} = \int_0^\infty \Phi_p(s)\,\Phi'_q(s)\,ds$$

in $K(x)$ über, und es gibt daher auch eine orthogonale Transformation mit den Koeffizienten l'_{pq}, m'_{pq}, welche $K'(x)$ in

$$\int_{-\infty}^{+\infty}\frac{(\psi_1(\mu)\,\xi_1 + \psi_2(\mu)\,\xi_2 + \cdots)^2}{\mu}\,d\mu$$

verwandelt, und zwar ist

$$k_p(s) = \sum_{(q)} l_{pq}\int_0^\infty K(s,t)\,\Phi_q(t)\,dt$$

$$= \sum_{(q,r)} l_{pq}\int_0^\infty K(s,t)\,\Phi'_r(t)\,dt\cdot\int_0^\infty \Phi_q(t)\,\Phi'_r(t)\,dt$$

$$= \sum_{(r)} l'_{pr}\int_0^\infty K(s,t)\,\Phi'_r(t)\,dt.$$

Dies zeigt zunächst die Unabhängigkeit der Funktion $A(s;\lambda)$ von der speziellen Wahl der $\Phi_p(s)$. Läßt sich ferner $K(x)$ noch durch eine andere orthogonale Transformation in eine entsprechende Form

$$\int_{(M)} \frac{(\psi_1^*(\mu)\,\xi_1^* + \psi_2^*(\mu)\,\xi_2^* + \cdots)^2}{\mu}\,d\mu$$

überführen, so ergibt sich ähnlich, daß wir, wenn die $\psi_p^*(\mu)$ an Stelle der $\psi_p(\mu)$ bei der Konstruktion von $A(s;\lambda)$ zu Grunde gelegt werden, wiederum zu derselben Funktion $A(s;\lambda)$ gelangen. Damit ist bewiesen, daß das Streckenspektrum M und die Spektralfunktion $P(s;\lambda)$ durch $K(s,t)$ allein bestimmt sind.

Durch Differentiation von (61) folgt

$$\lambda^2 \cdot \frac{\partial B(s;\lambda)}{\partial \lambda} = P(s;\lambda).$$

Ist es nun erlaubt, den Differentialquotienten

$$\frac{\partial}{\partial \lambda} \int_0^\infty K(s,t)\,A(t;\lambda)\,dt$$

durch Differentiation unter dem Integralzeichen zu berechnen, so lehrt (64) die Gleichung

$$P(s;\lambda) - \lambda \int_0^\infty K(s,t)\,P(t;\lambda)\,dt = 0. \tag{65}$$

Eine solche Differentiation ist statthaft, falls für ein festes $s \neq s_i$ $\int_{(\mathfrak{S})} K(s,t)\,P(t;\lambda)\,dt$ [$\mathfrak{S}$ hat die Bedeutung wie in Formel (44)] mit wachsendem a und abnehmenden δ gleichmäßig in λ gegen

$$\int_0^\infty K(s,t)\,P(t;\lambda)\,dt$$

konvergiert.

Satz 4. *Ist $K(s,t)$ ein beschränkter Kern mit dem einfachen Streckenspektrum M, dessen Spektralfunktion $P(s;\lambda)$ existiert, so ist dieselbe für jeden Wert $\lambda = \lambda_0$, in dessen Umgebung*

$$\int_0^\infty K(s,t)\,P(t;\lambda)\,dt$$

gleichmäßig konvergiert, eine zu λ_0 gehörige Eigenfunktion des Kerns $K(s,t)$. Die Spektralfunktion ist durch $K(s,t)$ völlig bestimmt und außerhalb M gleich Null. Diejenigen Werte von λ, für welche $P(s;\lambda)$ identisch in s verschwindet, bedecken hingegen innerhalb des Streckenspektrums niemals ein ganzes, wenn auch noch so kleines Intervall.

Die letzte Tatsache ist eine Folge der Gleichung (63).

Da die quadratische Form $K(x)$ kein Punktspektrum besitzt, ist nach Hilbert[1]) für kein λ die Gleichung

$$\lambda L(.)\, K(x,.) = L(x)$$

durch eine beschränkte Linearform lösbar; folglich besitzt auch $K(s,t)$ für kein λ eine quadratisch integrierbare Eigenfunktion, und es ist von vornherein sicher, daß das Integral $\int_0^\infty (P(s;\lambda))^2\, ds$ nicht konvergiert. — Neben den durch Satz 4 angewiesenen kann der Kern $K(s,t)$ noch andere Eigenwerte und Eigenfunktionen besitzen, die dann aber als „unstatthafte" oder „irreguläre" dem durch den Kern allein wohlbestimmten Streckenspektrum und der Spektralfunktion gegenüberzustellen sind. Ueber ihr Auftreten wird man aus einer allgemeinen Theorie heraus kaum etwas aussagen können. Ein Beispiel für unstatthafte Eigenwerte wird uns im letzten Paragraphen dieser Arbeit begegnen.

§ 9. **Das Fouriertheorem der Spektralfunktion.**

In diesem § beabsichtigen wir zu untersuchen, ob und in welchem Umfange für $P(s;\lambda)$, wie wir ja vermuteten, ein Fouriertheorem gilt. Wir zeigen zunächst, daß das Integral

$$\int_{-\infty}^{+\infty} \frac{P(s;\lambda)}{\lambda}\, \psi_p(\lambda)\, d\lambda$$

existiert und

$$\int_{-\infty}^{+\infty} \frac{P(s;\lambda)}{\lambda}\, \psi_p(\lambda)\, d\lambda = k_p(s) \tag{66}$$

ist. Wir nehmen dazu noch an, daß die Funktionen $\psi_p(\lambda)$ in jedem endlichen Intervall, das ganz im Innern von M liegt, von beschränkter Schwankung sind; dies enthält keine Einschränkung, da die orthogonale Transformation der quadratischen Form (52) auf eine solche von der Gestalt (54) stets so eingerichtet werden kann, daß die $\psi_p(\lambda)$ ein beliebig vorgegebenes Orthogonalsystem für M werden. Sind dann zunächst $\lambda_0 < \lambda_1$ zwei Werte innerhalb desselben Intervalls von M, so ist

1) 4. Mitt. pag. 198 f.

$$\int_{\lambda_0}^{\lambda_1} \frac{P(s;\mu)\,\psi_p(\mu)}{\mu}\,d\mu = \int_{\lambda_0}^{\lambda_1} \mu\,\psi_p(\mu)\,.\,d_\mu A(s;\mu)$$

$$= \left[\mu\,\psi_p(\mu)\,.\,A(s;\mu)\right]_{\lambda_0}^{\lambda_1} - \int_{\lambda_0}^{\lambda_1} A(s;\mu)\,d\left(\mu\,\psi_p(\mu)\right).$$

Da die $A(s;\lambda)$ definierende Reihe gleichmäßig in λ konvergiert (immer, falls $s \neq s_i$) und $\int_{\lambda_0}^{\lambda_1} |d(\mu\,\psi_p(\mu))|$ endlich ist, folgt

$$\int_{\lambda_0}^{\lambda_1} A(s;\mu)\,d\mu\psi_p(\mu) = \sum_{(q)} k_q(s) \int_{\lambda_0}^{\lambda_1}\int_{-\infty}^{\mu} \frac{\psi_q(\nu)}{\nu}\,d\nu\,.\,d\mu\psi_p(\mu)$$

$$= A(s;\lambda_0)\,.\,\left[\mu\,\psi_p(\mu)\right]_{\lambda_0}^{\lambda_1} + \sum_{(q)} k_q(s) \iint\limits_{(\lambda_0 \leqq \nu \leqq \mu \leqq \lambda_1)} \frac{\psi_q(\nu)}{\nu}\,d\nu\,.\,d\mu\psi_p(\mu).$$

Führt man in dem auftretenden Doppelintegral zuerst die Integration nach $\mu\,\psi_p(\mu)$ aus, so wird

$$\iint \frac{\psi_q(\nu)}{\nu}\,d\nu\,.\,d\mu\psi_p(\mu) = \int_{\lambda_0}^{\lambda_1} \left[\lambda_1\psi_p(\lambda_1) - \nu\,\psi_p(\nu)\right] \frac{\psi_q(\nu)}{\nu}\,d\nu$$

$$= \lambda_1\psi_p(\lambda_1)\,.\int_{\lambda_0}^{\lambda_1} \frac{\psi_q(\mu)}{\mu}\,d\mu - \int_{\lambda_0}^{\lambda_1} \psi_p(\mu)\,\psi_q(\mu)\,d\mu.$$

Setzen wir das in die vorige Formel ein, so geht sie in

$$(67)\qquad \int_{\lambda_0}^{\lambda_1} \frac{P(s;\mu)\,\psi_p(\mu)}{\mu}\,d\mu = \sum_{(q)} k_q(s) \int_{\lambda_0}^{\lambda_1} \psi_p(\mu)\,\psi_q(\mu)\,d\mu$$

über. Da $\sum\limits_{(q)} (k_q(s))^2$ konvergiert, läßt sich jetzt der Konvergenzsatz für lineare Formen (s. S. 7) anwenden, indem wir λ_0 gegen den unteren, λ_1 gegen den oberen Endpunkt des in Rede stehenden Intervalls von M konvergieren lassen, wobei dann unter Umständen λ_0 in $-\infty$ oder λ_1 in $+\infty$ übergeht. Addieren wir noch die so für die einzelnen Intervalle von M erhaltenen Gleichungen, so kommt in der Tat wegen $\int_{-\infty}^{+\infty} \psi_p(\mu)\,\psi_q(\mu)\,d\mu = \delta_{pq}$ die Formel (66) zum Vorschein.

Aus (67) folgt noch

$$\int_{\lambda_0}^{\lambda_1} \left(\frac{P(s;\mu)}{\mu}\right)^2 d\mu = \sum_{(p)} \left(\int_{\lambda_0}^{\lambda_1} \frac{P(s;\mu)\,\psi_p(\mu)}{\mu}\,d\mu\right)^2$$

$$= \sum_{(p,q)} k_p(s)\,k_q(s) \int_{\lambda_0}^{\lambda_1} \psi_p(\mu)\,\psi_q(\mu)\,d\mu,$$

indem wir die Gleichung

$$\int_{\lambda_0}^{\lambda_1} \psi_p(\mu)\,\psi_q(\mu)\,d\mu = \sum_{(r)} \left[\int_{\lambda_0}^{\lambda_1} \psi_p(\mu)\,\psi_r(\mu)\,d\mu \,.\, \int_{\lambda_0}^{\lambda_1} \psi_q(\mu)\,\psi_r(\mu)\,d\mu\right]$$

benutzen. Zieht man wiederum den Konvergenzsatz für beschränkte Bilinearformen heran, so kommt

$$\int_{-\infty}^{+\infty}\left(\frac{P(s;\,\mu)}{\mu}\right)^2 d\mu = (k_1(s))^2 + (k_2(s))^2 + \cdots,$$

oder allgemeiner, da nach (55) und (56)

$$\begin{aligned} k_1(s)\,k_1(t) + k_2(s)\,k_2(t) + \cdots &= K_1(s)\,K_1(t) + K_2(s)\,K_2(t) + \cdots \\ &= KK(s,t) \end{aligned}$$

ist,

$$\int_{-\infty}^{+\infty} \frac{P(s;\,\lambda)\,P(t;\,\lambda)}{\lambda^2}\,d\lambda = KK(s,t). \tag{68}$$

$KK(s,t)$ ist der zweifach zusammengesetzte Kern

$$\int_0^\infty K(s,r)\,K(t,r)\,dr.$$

Wir betrachten jetzt eine für $s \geqq 0$ definierte, stetige, im Intervall $0 \ldots \infty$ quadratisch integrierbare Funktion $g(s)$ und setzen

$$f(s) = \int_0^\infty K(s,t)\,g(t)\,dt.$$

Es ist dann, falls

$$\int_0^\infty g(t)\,\Phi_p(t)\,dt = \bar{a}_p$$

geschrieben wird,

$$f(s) = \sum_{(p)} \bar{a}_p\,K_p(s).$$

Um $\int_0^\infty f(s)\,\Phi_q(s)\,ds$ zu bilden, dürfen wir (s. S. 40) gliedweise integrieren und bekommen

$$\int_0^\infty f(s)\,\Phi_q(s)\,ds = \sum_{(p)} \bar{a}_p\,k_{pq}.$$

Da $f(s)$ stetig-finit ist und der letzten Gleichung wegen die Quadratsumme der Fourierkoeffizienten von $f(s)$ konvergiert, so konvergiert auch das Integral $\int_0^\infty (f(s))^2\,ds$. Darum ist

$$\int_0^\infty A(s;\lambda) f(s)\, ds = \sum_{(p)} \left[\int_0^\infty A(s;\lambda)\, \Phi_p(s)\, ds \cdot \int_0^\infty f(s)\, \Phi_p(s)\, ds\right]$$

$$= \sum_{p,q} k_{pq}\, \bar{a}_q \int_0^\infty A(s;\lambda)\, \Phi_p(s)\, ds,$$

andrerseits

$$\int_0^\infty B(s;\lambda)\, g(s)\, ds = \sum_{(q)} \bar{a}_q \cdot \int_0^\infty B(s;\lambda)\, \Phi_q(s)\, ds,$$

$$B(s;\lambda) = \int_0^\infty K(s,t)\, A(t;\lambda)\, dt = \sum_{(p)} K_p(s) \cdot \int_0^\infty A(t;\lambda)\, \Phi_p(t)\, dt.$$

Indem die letzte Reihe gliedweise integriert wird, ergibt sich

$$(69) \qquad \int_0^\infty B(s;\lambda)\, g(s)\, ds = \int_0^\infty A(s;\lambda) f(s)\, ds.$$

Diesem Beweis von (69) liegt offenbar eine allgemeine Methode zu Grunde, welche unter Heranziehung der Betrachtungen über stetig-finite Funktionen und vollkommene Orthogonalsysteme den Konvergenzsatz für beschränkte Formen dazu ausnutzt, gewisse Vertauschungen von Integrationsfolgen zu legitimieren. Sie wird durch das angeführte Beispiel, glaube ich, hinreichend deutlich geworden sein.

Nach einer zu (62) analogen Formel gilt

$$\sum_{(q)} l_{pq} \int_0^\infty B(t,\lambda)\, \Phi_q(t)\, dt = \sum_{(q,r)} l_{pq}\, l_{rq} \int_{-\infty}^{\lambda} \frac{\psi_r(\mu)}{\mu^3}\, d\mu$$

$$= \int_{-\infty}^{\lambda} \frac{\psi_p(\mu)}{\mu^3}\, d\mu,$$

$$\sum_{(q)} m_{pq} \int_0^\infty B(t;\lambda)\, \Phi_q(t)\, dt = 0.$$

Führen wir noch die Bezeichnung

$$a_p = l_{p1}\, \bar{a}_1 + l_{p2}\, \bar{a}_2 + \cdots$$

ein, so wird

$$\int_0^\infty B(t;\lambda)\, g(t)\, dt = \sum_{(p)} a_p \cdot \int_0^\infty B(t;\lambda)\, \Phi_p(t)\, dt$$

$$= \sum_{(p)} \left[\sum_{(q)} l_{pq}\, \overline{a_q} \cdot \sum_{(q)} l_{pq} \int_0^\infty B(t;\lambda)\, \Phi_q(t)\, dt\right]$$

$$+ \sum_{(p)} \left[\sum_{(q)} m_{pq}\, \overline{a_q} \cdot \sum_{(q)} m_{pq} \int_0^\infty B(t;\lambda)\, \Phi_q(t)\, dt\right]$$

$$= \sum_{(p)} a_p \cdot \int_{-\infty}^{\lambda} \frac{\psi_p(\mu)}{\mu^3}\, d\mu = \int_0^\infty A(t;\lambda) f(t)\, dt.$$

Die gewonnene Reihe konvergiert gleichmässig in λ, falls dieses auf ein endliches Intervall beschränkt bleibt. Haben daher λ_0, λ_1 die oben benutzte Bedeutung, so folgt, wenn wir die vorläufige Annahme machen, daß $P(s;\lambda)$ im Intervall $\lambda_0 \leqq \lambda \leqq \lambda_1$ von beschränkter Schwankung ist,

$$\int_{\lambda_0}^{\lambda_1} d(\lambda^2 P(s;\lambda)) \int_0^{\infty} A(t;\lambda) f(t)\, dt = \sum_{(p)} a_p \cdot \int_{\lambda_0}^{\lambda_1} \int_{-\infty}^{\lambda} \frac{\psi_p(\mu)}{\mu^3}\, d\mu \,.\, d(\lambda^2 P(s;\lambda))$$

Das in der rechten Summe auftretende Doppelintegral ist gleich

$$\left[\lambda^2 . P(s;\lambda) . \int_{-\infty}^{\lambda} \frac{\psi_p(\mu)}{\mu^3}\, d\mu\right]_{\lambda_0}^{\lambda_1} - \int_{\lambda_0}^{\lambda_1} \frac{P(s;\lambda)\,\psi_p(\lambda)}{\lambda}\, d\lambda,$$

mithin wird wegen (67)

$$\left[\lambda^2 P(s;\lambda) \int_0^{\infty} A(t;\lambda) f(t)\, dt\right]_{\lambda_0}^{\lambda_1} - \int_{\lambda_0}^{\lambda_1} d(\lambda^2 P(s;\lambda)) \int_0^{\infty} A(t;\lambda) f(t)\, dt$$

$$= \sum_{(p,q)} a_p k_q(s) \int_{\lambda_0}^{\lambda_1} \psi_p(\mu)\, \psi_q(\mu)\, d\mu.$$

Setzen wir nun noch voraus, daß für alle inneren Punkte λ des Spektrums M

$$\frac{\partial}{\partial \lambda} \int_0^{\infty} A(t;\lambda) f(t)\, dt = \frac{1}{\lambda^2} \cdot \int_0^{\infty} P(t;\lambda) f(t)\, dt$$

wird, so lässt sich die letzte Gleichung auf die Form bringen

$$(70') \qquad \begin{aligned} &\int_{\lambda_0}^{\lambda_1} P(s;\lambda) \int_0^{\infty} P(t;\lambda) f(t)\, dt\, d\lambda \\ &\quad = \sum_{(p,q)} a_p k_q(s) \int_{\lambda_0}^{\lambda_1} \psi_p(\mu)\, \psi_q(\mu)\, d\mu. \end{aligned}$$

In bekannter Weise folgt aber hieraus

$$(70) \qquad \begin{aligned} &\int_{-\infty}^{+\infty} P(s;\lambda) \int_0^{\infty} P(t;\lambda) f(t)\, dt\, d\lambda = \sum_{(p)} a_p k_p(s) \\ &= \sum_{(p)} \overline{a_p} K_p(s) = \int_0^{\infty} K(s,t)\, g(t)\, dt = f(s), \end{aligned}$$

d. h. in der Tat das Fouriersche Integraltheorem.

Ist $P(s;\lambda)$ in λ nicht von beschränkter Schwankung, so benutzen wir statt $P(s;\lambda)$ zunächst die Funktion

$$P_n(s;\lambda) = \lambda . [k_1(s)\,\psi_1(\lambda) + \cdots + k_n(s)\,\psi_n(\lambda)]$$

und erhalten, wie leicht zu sehen, an Stelle von (70')

$$\int_{\lambda_0}^{\lambda_1} P_n(s;\lambda) \int_0^\infty P(t;\lambda) f(t)\, dt\, d\lambda \tag{70''}$$
$$= \sum_{\substack{p=1,2,\ldots,\infty \\ q=1,2,\ldots,n}} a_p k_q(s) \int_{\lambda_0}^{\lambda_1} \psi_p(\mu)\psi_q(\mu)\, d\mu.$$

Aus (66) und (68) folgt aber

$$\int_{-\infty}^{+\infty} \left(\frac{P_n(s;\lambda) - P(s;\lambda)}{\lambda} \right)^2 d\lambda = (k_{n+1}(s))^2 + (k_{n+2}(s))^2 + \cdots,$$

mithin a fortiori

$$\underset{n=\infty}{L} \int_{\lambda_0}^{\lambda_1} (P_n(s;\lambda) - P(s;\lambda))^2\, d\lambda = 0,$$

und hieraus erschließen wir, indem wir in Formel (70″) zur Grenze $\lim n = \infty$ übergehen, die Gleichung (70′). Das Resultat fassen wir in den folgenden Satz zusammen.

Satz 5: *Ist $K(s,t)$ ein beschränkter Kern mit einfachem Streckenspektrum, $P(s;\lambda)$ seine Spektralfunktion, deren Existenz vorausgesetzt wird; bezeichnet ferner $g(s)$ eine stetige, quadratisch integrierbare Funktion und ist $f(s) = \int_0^\infty K(s,t) g(t)\, dt$ von solcher Art, daß das Integral $\int_0^\infty P(t;\lambda) f(t)\, dt$ gleichmäßig in der Umgebung jedes im Innern des Spektrums gelegenen Wertes λ konvergiert, so gilt für $f(s)$ das Fouriersche Integraltheorem mit dem Kern $P(s;\lambda)$.*

§ 10. Die inhomogene Integralgleichung im Falle eines beliebigen beschränkten Kerns.

Einen Kern $K(s,t)$, der die am Anfang des § 7 unter 1) und 2) aufgeführten Voraussetzungen erfüllt und der außerdem mittels eines gewissen Orthogonalsystems von Funktionen auf eine beschränkte quadratische Form $K(x)$ führt — diese letzte Forderung besagt, daß für jede stetige, im Unendlichen von mindestens 2. Ordnung verschwindende Funktion $u(s)$, für die $\int_0^\infty (u(s))^2\, ds \leqq 1$ ist, $\int_0^\infty\int_0^\infty K(s,t)\, u(s)\, u(t)\, ds\, dt$ absolut unterhalb einer festen, von der Wahl der Funktion $u(s)$ unabhängigen Grenze bleibt — werden wir einen b e s c h r ä n k t e n K e r n nennen. Indem wir auf die quadratische Form $K(x)$ die von Herrn Hilbert[1]) bewiesene Normaldarstellung und namentlich die durch Herrn Hellinger in seiner Dissertation eingeführten Begriffe und Resultate, von denen hier noch kein Gebrauch gemacht werden konnte, zur Anwendung bringen, lassen sich die Untersuchungen der beiden vorigen Paragraphen ohne prinzipielle Schwierigkeit auf beliebige beschränkte Kerne ausdehnen. Wir erhalten in solcher Weise an Stelle des Satzes 5 Darstellungen einer willkürlichen Funktion, die aus einer unendlichen Reihe und gewissen Integralen über das Streckenspektrum der Form $K(x)$ zusammengesetzt sind.

Inbetreff der beschränkten Kerne sei an dieser Stelle nur noch das Folgende mitgeteilt. Wenn $K(s, t)$, $K'(s, t)$ irgend zwei solche Kerne sind, so ist der aus ihnen zusammengesetzte

$$KK'(s,t) = \int_0^\infty K(s,r)\,K'(t,r)\,dr$$

— der sich nach Voraussetzung 2) (pag. 34) bilden läßt —, falls er nur symmetrisch ausfällt, wiederum beschränkt. Denn geht durch Anwendung des vollkommenen Orthogonalsystems $\Phi_p(s)$ der Kern $K(s, t)$ in die beschränkte quadratische Form $\boldsymbol{K}(x) = \sum_{(p,q)} k_{pq}\,x_p\,x_q$ über, so wird mittels desselben Orthogonalsystems auch $K'(s, t)$ in eine beschränkte Form $\boldsymbol{K}'(x) = \sum_{(p,q)} k'_{pq}\,x_p\,x_q$ verwandelt. Wir setzen

$$K_p(s) = \int_0^\infty K(s,t)\,\Phi_p(t)\,dt, \quad K'_p(s) = \int_0^\infty K'(s,t)\,\Phi_p(t)\,dt.$$

Dann gilt offenbar

$$KK'(s,t) = \sum_{(p)} K_p(s)\,K'_p(t).$$

Diese Reihe darf (für $s \neq s_i$) nach Multiplikation mit $\Phi_p(t)$ gliedweise nach t integriert werden, und es kommt

$$\int_0^\infty KK'(s,t)\,\Phi_p(t)\,dt = \sum_{(q)} k'_{pq}\,K_q(s).$$

Da aber $KK'(s, t)$ als Funktion von t stetig-finit ist, ergibt sich hieraus

$$\int_0^\infty (KK'(s,t))^2\,dt = \boldsymbol{K}'(K(s),.)\,\boldsymbol{K}'(K(s),.).$$

1) Hilbert, 4. Mitt. pag. 198.

Das links stehende Integral existiert demnach für $s \neq s_i$ und ist für $s \geqq 0$ eine stetig-finite Funktion. Dies zeigt die Richtigkeit unserer Behauptung.

Insbesondere kann man also beschränkte Kerne beliebig oft mit sich selbst zusammensetzen, und es ist, wenn die Vielfachheit der Zusammensetzung durch einen oberen Index angedeutet wird,

$$K^{(f+2)}(s, t) = \boldsymbol{K}^{(f)}(K(s), K(t)) \qquad f \geqq 0. \tag{71}$$

Wegen dieser Gleichung gilt

$$\int_0^\infty K^{(f)}(s, r)\, K^{(g)}(t, r)\, dr = K^{(f+g)}(s, t).$$

Diese Überlegungen sind, wie mir scheint, geeignet, unsere Definition des beschränkten Kerns als eine naturgemässe zu rechtfertigen. Wir erwähnen noch die aus (71) folgende Ungleichung

$$|K^{(f+2)}(s, t)| \leqq M^f . k(s)\, k(t),$$

in der M eine Schranke der Form $\boldsymbol{K}(x, y)$ bedeutet.

Satz 6: *Durch beliebig-oftmalige Zusammensetzung eines beschränkten Kerns mit sich selbst erhält man immer wieder beschränkte Kerne. Die Zusammensetzung des f-fach und des g-fach zusammengesetzten Kernes liefert den $(f+g)$-fach zusammengesetzten.*

Nunmehr gehen wir noch kurz auf die Behandlung der inhomogenen Integralgleichung

$$f(s) = \varphi(s) - \lambda \int_0^\infty K(s, t)\, \varphi(t)\, dt \tag{72}$$

für einen beschränkten Kern $K(s, t)$ ein und beweisen den

Satz 7: *Die Integralgleichung (72) hat, wenn $K(s, t)$ einen beschränkten Kern, $f(s)$ eine bis auf isolierte Werte von s stetige, im Intervall $0 \ldots \infty$ quadratisch integrierbare Funktion, λ eine dem Spektrum von $K(s, t)$ und seinen Verdichtungsstellen nicht angehörige Zahl bedeutet, eine und nur eine Lösung $\varphi(s)$, die von der gleichen Natur wie $f(s)$ ist.*

Beweis: Ist $\mathsf{K}(\lambda; x, y)$ die gleichfalls beschränkte Resolvente[1]) der $K(s, t)$ entsprechenden quadratischen Form $\boldsymbol{K}(x)$, so setzen wir, wenn a_p den Fourierkoeffizienten $\int_0^\infty f(s)\, \Phi_p(s)\, ds$

1) Hilbert, 4. Mitt. pag. 174, pag. 189 f. — Einen sehr elementaren und eleganten Beweis der Existenz der Resolvente gibt O. Toeplitz, Gött. Nachr. 1907, pag. 101 ff.

bedeutet,

$$g(s) = \mathsf{K}(\lambda; \boldsymbol{K}(s), a).$$

Man überzeugt sich auf bekannte Art ($g(s)$ ist wieder stetig-finit), daß diese Funktion quadratisch integrierbar ist, indem sich

$$\int_0^\infty (g(s))^2\, ds = \boldsymbol{K}\boldsymbol{K}(.\,,.)\,\mathsf{K}(\lambda; a, .)\,\mathsf{K}(\lambda; a, .)$$

herausstellt. Daraus schließen wir weiter

$$\int_0^\infty K(s, t)\, g(t)\, dt = \sum_{(p)} K_p(s) \int_0^\infty g(t)\, \Phi_p(t)\, dt = \mathsf{K}(\lambda; ., a)\, \boldsymbol{K}(\boldsymbol{K}(s), .),$$

und da die Resolvente der Gleichung genügt

$$\mathsf{K}(\lambda; x, y) - \lambda \boldsymbol{K}(x, .)\, \mathsf{K}(\lambda; ., y) = (x, y),$$

wenn wir $x_p = a_p$, $y_p = K_p(s)$ setzen:

$$(73) \qquad g(s) - \lambda \int_0^\infty K(s, t)\, g(t)\, dt = \sum_{(p)} a_p K_p(s) = \int_0^\infty K(s, t)\, f(t)\, dt.$$

Um eine Lösung von (72) zu finden, schreiben wir

$$\varphi(s) = \psi(s) + \lambda\, g(s).$$

Dann folgt aus (72) und (73), wie die Rechnung lehrt,

$$[\psi(s) - f(s)] - \lambda \,.\int_0^\infty K(s, t)\, [\psi(t) - f(t)]\, dt = 0.$$

Wenn aber verlangt wird, daß $\psi(s) - f(s)$ im allgemeinen stetig und quadratisch integrierbar sein soll (was darauf hinauskommt, daß von $\varphi(s)$ die gleichen Eigenschaften gefordert werden), so muß $\psi(s) - f(s)$ identisch Null sein, also

$$\varphi(s) = f(s) + \lambda\, g(s).$$

Da diese Funktion alle gestellten Bedingungen in der Tat erfüllt, ist unser Satz erwiesen.

Haben wir es insbesondere mit einem Kern mit einfachem Streckenspektrum zu tun und existiert dessen Spektralfunktion $P(s; \lambda)$, so läßt sich der gefundenen Lösung, indem wir den zur Formel (68) führenden Weg gehen, die Gestalt geben

$$\varphi(s) = f(s) + \lambda \,.\int_0^\infty \mathsf{K}(\lambda; s, t)\, f(t)\, dt,$$

wo

$$\mathsf{K}(\lambda; s, t) = K(s, t) + \lambda \, . \int_{-\infty}^{\infty} \frac{P(s; \mu)\, P(t; \mu)}{\mu(\mu - \lambda)} d\mu$$

wird. Indem wir die Entwicklung der Resolvente

$$\mathsf{K}(\lambda; x, y) = (x, y) + \lambda\, \boldsymbol{K}(x, y) + \lambda^2 \boldsymbol{KK}(x, y) + \cdots \quad \left(|\lambda| < \frac{1}{M}\right)$$

heranziehen, gelangen wir zu der folgenden Verallgemeinerung der Formel (68)

$$(74) \qquad \int_{-\infty}^{\infty} \frac{P(s; \lambda)\, P(t; \lambda)}{\lambda^f} d\lambda = K^{(f)}(s, t) \qquad (f \geqq 2).$$

III. Teil.

Beispiele zur allgemeinen Theorie.

Im Folgenden sollen einige Beispiele für die allgemeine Theorie durchgerechnet werden, und zwar solche, welche nicht nur die erhaltenen Resultate zu bestätigen gestatten, sondern bei denen sich auch alle einzelnen Schritte der in den vorigen Paragraphen angestellten Untersuchung explizit verfolgen lassen.

§ 11. Hermitesche Polynome.

Wir beginnen unsere Beispiele für Kerne singulären Verhaltens mit dem folgenden

$$(75) \qquad K(s, t) = \tfrac{1}{2} \operatorname{sgn}(s + t) \, . \, e^{-\left|\left(\frac{s}{2}\right)^2 - \left(\frac{t}{2}\right)^2\right|}$$

$$\left[-\infty < \begin{Bmatrix} s \\ t \end{Bmatrix} < +\infty\right].$$

Den Übergang zur quadratischen Form zu vollziehen, eignen sich hier gewisse, von Hermite eingeführte Polynome, die am einfachsten durch die Gleichung

$$(76) \qquad \mathfrak{P}_p(s) = (-1)^p \, . \, e^{\frac{1}{2} s^2} \, . \, \frac{d^p}{ds^p}\left(e^{-\frac{1}{2} s^2}\right)$$

definiert werden. Aus dieser Definitionsgleichung ergeben sich zugleich mit grosser Leichtigkeit die Rekursionsformeln

$$(77)\qquad \begin{aligned} \mathfrak{P}_{p+1}(s) &= s\,\mathfrak{P}_p(s) - p\mathfrak{P}_{p-1}(s), \\ \frac{d\mathfrak{P}_p(s)}{ds} &= p\,\mathfrak{P}_{p-1}(s). \end{aligned}$$

Da $e^{-\frac{1}{2}s^2}\mathfrak{P}_p(s)$ der p te Differentialquotient von $e^{-\frac{1}{2}s^2}$ ist, ergibt sich durch p-malige Anwendung der partiellen Integration

$$\int_{-\infty}^{+\infty} e^{-\frac{1}{2}s^2} . \mathfrak{P}(s)\,\mathfrak{P}_p(s)\,ds = 0$$

für irgend ein Polynom $\mathfrak{P}(s)$ von niedererem als p-tem Grade; mithin ist

$$\Phi_1(s) = \frac{e^{-\left(\frac{s}{2}\right)^2}\mathfrak{P}_0(s)}{\sqrt[4]{2\pi}\,.\sqrt{0!}}, \quad \Phi_2(s) = \frac{e^{-\left(\frac{s}{2}\right)^2}\mathfrak{P}_1(s)}{\sqrt[4]{2\pi}\,.\sqrt{1!}},$$

$$\Phi_3(s) = \frac{e^{-\left(\frac{s}{2}\right)^2}\mathfrak{P}_2(s)}{\sqrt[4]{2\pi}\,.\sqrt{2!}}, \ldots$$

ein System orthogonaler Funktionen. Die Vollständigkeit dieses Systems lassen wir vorläufig dahingestellt.

Wir bilden, zunächst für $s \geqq 0$

$$\int_{-\infty}^{+\infty} K(s,t)\,\Phi_p(t)\,dt = \tfrac{1}{2}\Bigg[-e^{\left(\frac{s}{2}\right)^2} . \int_{-\infty}^{-s} e^{-\left(\frac{t}{2}\right)^2}\Phi_p(t)\,dt$$
$$+ e^{-\left(\frac{s}{2}\right)^2} . \int_{-s}^{+s} e^{\left(\frac{t}{2}\right)^2}\Phi_p(t)\,dt + e^{\left(\frac{s}{2}\right)^2} . \int_{s}^{\infty} e^{-\left(\frac{t}{2}\right)^2}\Phi_p(t)\,dt\Bigg].$$

Für gerades p ist $\Phi_p(s)$ eine ungerade, für ungerades p eine gerade Funktion; darum wird

$$\int_{-\infty}^{+\infty} K(s,t)\,\Phi_p(t)\,dt = \begin{cases} e^{-\left(\frac{s}{2}\right)^2} . \displaystyle\int_0^s e^{\left(\frac{t}{2}\right)^2}\Phi_p(t)\,dt & [p \text{ unger.}] \\ e^{\left(\frac{s}{2}\right)^2} . \displaystyle\int_s^\infty e^{-\left(\frac{t}{2}\right)^2}\Phi_p(t)\,dt & [p \text{ ger.}]. \end{cases}$$

Es ist aber, wenn wir (76), (77) beachten,

$$\int_0^s e^{\left(\frac{t}{2}\right)^2} \Phi_p(t)\,dt = \int_0^s \frac{\mathfrak{P}_{p-1}(t)}{\sqrt[4]{2\pi}\,.\,\sqrt{(p-1)!}}\,dt$$

[p unger.]

$$= \frac{\mathfrak{P}_p(s)}{\sqrt[4]{2\pi}\,.\,p\,.\,\sqrt{(p-1)!}} = \frac{e^{\left(\frac{s}{2}\right)^2}\Phi_{p+1}(s)}{\sqrt{p}},$$

$$\int_s^\infty e^{-\left(\frac{t}{2}\right)^2} \Phi_p(t)\,dt = \frac{(-1)^{p-1}}{\sqrt[4]{2\pi}\,.\,\sqrt{(p-1)!}} \cdot \int_s^\infty \frac{d^{p-1}}{dt^{p-1}}\left(e^{-\frac{1}{2}t^2}\right)dt$$

[p ger.]

$$= \frac{(-1)^p\,.\,e^{-\frac{1}{2}s^2}\,.\,\mathfrak{P}_{p-2}(s)}{\sqrt[4]{2\pi}\,.\,\sqrt{(p-1)!}} = \frac{e^{-\left(\frac{s}{2}\right)^2}\Phi_{p-1}(s)}{\sqrt{p-1}}.$$

Also kommt

$$\int_{-\infty}^{+\infty} K(s,t)\,\Phi_p(t)\,dt = \begin{cases} \dfrac{1}{\sqrt{p}}\,\Phi_{p+1}(s) & [p \text{ unger.}] \\[2ex] \dfrac{1}{\sqrt{p-1}}\,\Phi_{p-1}(s) & [p \text{ ger.}]. \end{cases}$$

Man überzeugt sich unschwer, daß diese Gleichungen auch für negatives s in Kraft bleiben; deshalb wird

$$k_{pq} = \int_0^\infty \int_0^\infty K(s,t)\,\Phi_p(t)\,\Phi_q(s)\,dt\,ds$$

als Funktion der Indices p, q diese Werte erhalten:

$$k_{pq} = 0$$

außer für $q = p+1$, wenn p ungerade, $q = p-1$, wenn p gerade;

$$k_{p,p+1} = \frac{1}{\sqrt{p}} \quad [p \text{ unger.}]$$

$$k_{p,p-1} = \frac{1}{\sqrt{p-1}} \quad [p \text{ ger.}]$$

Die quadratische Form $K(x) = \sum_{p,q} k_{pq}\,x_p\,x_q$, welche dem Kern $K(s,t)$ entspricht, lautet demnach

$$K(x) = \frac{x_1 x_2}{\sqrt{1}} + \frac{x_3 x_4}{\sqrt{3}} + \frac{x_5 x_6}{\sqrt{5}} + \cdots$$

Sie läßt sich orthogonal auf eine Quadratsumme transformieren, indem man

$$\mathfrak{x}_1 = \frac{x_1 + x_2}{\sqrt{2}} \quad \Big| \quad \mathfrak{x}_3 = \frac{x_3 + x_4}{\sqrt{2}} \quad \Big| \quad \ldots$$
$$\mathfrak{x}_2 = \frac{x_1 - x_2}{\sqrt{2}} \quad \Big| \quad \mathfrak{x}_4 = \frac{x_3 - x_4}{\sqrt{2}} \quad \Big|$$

einführt; dann wird in der Tat

$$(78) \qquad \begin{aligned} (x, x) &= \mathfrak{x}_1^2 + \mathfrak{x}_2^2 + \mathfrak{x}_3^2 + \mathfrak{x}_4^2 + \cdots \\ K(x) &= \tfrac{1}{2}\left[\frac{\mathfrak{x}_1^2}{\sqrt{1}} - \frac{\mathfrak{x}_2^2}{\sqrt{1}} + \frac{\mathfrak{x}_3^2}{\sqrt{3}} - \frac{\mathfrak{x}_4^2}{\sqrt{3}} + - \cdots\right]. \end{aligned}$$

Mithin sind die Funktionen

$$(79) \qquad \begin{aligned} \varphi_1(s) &= \frac{\Phi_1(s) + \Phi_2(s)}{\sqrt{2}}, \quad \varphi_2(s) = \frac{\Phi_1(s) - \Phi_2(s)}{\sqrt{2}}, \\ \varphi_3(s) &= \frac{\Phi_3(s) + \Phi_4(s)}{\sqrt{2}}, \quad \varphi_4(s) = \frac{\Phi_3(s) - \Phi_4(s)}{\sqrt{2}}, \end{aligned}$$

u. s. w.

Eigenfunktionen des Kerns, die bezw. zu den Eigenwerten

$$\frac{1}{2\sqrt{1}}, \qquad -\frac{1}{2\sqrt{1}},$$
$$\frac{1}{2\sqrt{3}}, \qquad -\frac{1}{2\sqrt{3}},$$
$$\cdots\cdots\cdots\cdots$$

gehören.

Diese Tatsache ist unabhängig davon, ob das System der $\Phi_p(s)$ vollständig ist oder nicht. Wollen wir aber wissen, ob die erhaltenen die sämtlichen Eigenfunktionen des Kerns sind und ein Entwicklungstheorem ableiten, so müssen wir diese Frage der Vollständigkeit zunächst zur Entscheidung bringen.

Sei $f(s) = f^*(s^2)$ eine gerade Funktion, die stetig ist und im Unendlichen verschwindet. Durch die Substitution

$$s^2 = -4 \cdot \lg t \qquad (0 < t \leqq 1)$$

geht sie über in eine Funktion $\varphi(t)$, die für $t = 0$ verschwindet. Ist ε eine positive Zahl, so kann ein Polynom $P(t)$ bestimmt werden, sodaß

$$|\varphi(t) - P(t)| < \varepsilon \qquad (0 \leqq t \leqq 1)$$

wird, insbesondere

$$|P(0)| < \varepsilon$$

und daher

$$|\varphi(t) - P^*(t)| < 2\varepsilon,$$

wenn $P^*(t) = P(t) - P(0)$ gesetzt wird; $P^*(t)$ enthält also kein konstantes Glied. Indem wir zu der Variablen s zurückkehren, kommt

$$\left| f(s) - P^*\left(e^{-\left(\frac{s}{2}\right)^2}\right)\right| < 2\varepsilon,$$

d. h. $f(s)$ kann durch endliche Linearkombinationen der Funktionen $e^{-(m+1)\left(\frac{s}{2}\right)^2}$ $(m = 0, 1, \ldots)$ gleichmäßig für alle s angenähert werden.

Nunmehr entsteht weiter die Aufgabe, die $e^{-(m+1)\left(\frac{s}{2}\right)^2}$ ihrerseits mittels der Funktionen $\Phi_p(s)$ des Orthogonalsystems gleichmäßig anzunähern [1]). Da

$$\varphi_p(s) = \lambda_p \cdot \int_0^\infty K(s,t)\,\varphi_p(t)\,dt$$

$$\left[\lambda_p = \frac{1}{2\sqrt{p}}\ (p \text{ unger.}),\quad \lambda_p = -\frac{1}{2\sqrt{p-1}}\ (p \text{ ger.})\right],$$

so ist

$$\sum_{(p)} \left(\frac{\varphi_p(s)}{\lambda_p}\right)^2 \leq \int_0^\infty (K(s,t))^2\,dt.$$

Das rechts stehende Integral existiert und ist eine stetige Funktion von s, die im Unendlichen verschwindet, also sicher beschränkt ist. Daraus ist zu schließen:

Eine Reihe $\sum_{(p)} a_p \mathfrak{P}_p(s)$ konvergiert in jedem endlichen Intervall gleichmäßig und absolut, wenn es eine Konstante A gibt, sodaß

$$|a_p| \leq \frac{A}{p^2 \cdot \sqrt{p!}}.$$

---

1) Man wird das zunächst so zu erreichen versuchen, daß man in

$$e^{-(m+1)\left(\frac{s}{2}\right)^2} = e^{-\left(\frac{s}{2}\right)^2} \cdot e^{-m\left(\frac{s}{2}\right)^2}$$

den zweiten Faktor nach Potenzen von s^2 entwickelt und diese Entwicklung im Endlichen abbricht. Dieser Weg führt jedoch nicht zum Ziel.

Die aus dieser Reihe durch Multiplikation mit $e^{-\left(\frac{s}{2}\right)^2}$ hervorgehende, nach den $\Phi_p(s)$ fortschreitende Reihe konvergiert alsdann sogar gleichmäßig im ganzen unendlichen Intervall $-\infty < s < +\infty$.

Wir machen jetzt den Ansatz (mit unbestimmten Koeffizienten c_p)

$$e^{-m\left(\frac{s}{2}\right)^2} = \sum_{(p)} c_p \mathfrak{P}_{2p}(s).$$

Indem wir mit dieser Reihe formal in die Differentialgleichung

$$\frac{d}{ds}\left(e^{-m\left(\frac{s}{2}\right)^2}\right) = -\frac{ms}{2} \cdot e^{-m\left(\frac{s}{2}\right)^2}$$

hineingehen, erhalten wir mit Hülfe von (77) die Rekursionsformel

$$c_p = -\frac{m}{2+m} \cdot \frac{1}{2p} \cdot c_{p-1},$$

welche

$$c_p = (-1)^p \cdot \left(\frac{m}{2+m}\right)^p \cdot \frac{1}{2^p . p!} \cdot c_0$$

liefert. Die mit diesen Koeffizienten c_p gebildete Reihe $\sum\limits_{(p)} c_p \mathfrak{P}_{2p}(s)$ wird nun in der Tat eine Lösung der Differentialgleichung

$$\frac{dx(s)}{ds} = -\frac{ms}{2} . x(s)$$

sein, wenn sowohl sie als die aus ihr durch gliedweise Differentiation gewonnene Reihe in jedem endlichen Intervall gleichmäßig konvergieren. Da dies aber nach den obigen Ueberlegungen tatsächlich der Fall ist, gelangen wir zu der Gleichung

$$(80) \qquad e^{-m\left(\frac{s}{2}\right)^2} = \sqrt{\frac{2}{2+m}} \cdot \sum_{(p)} (-1)^p \left(\frac{m}{4+2m}\right)^p \frac{\mathfrak{P}_{2p}(s)}{p!}.$$

Die aus ihr durch Multiplikation mit $e^{-\left(\frac{s}{2}\right)^2}$ hervorgehende Entwicklung $e^{-(m+1)\left(\frac{s}{2}\right)^2} = \sum\limits_{(p)} \gamma_p \Phi_p(s)$ konvergiert gleichmäßig für alle s, und daraus folgt schließlich, daß jede gerade, stetige, im

Unendlichen verschwindende Funktion gleichmäßig für alle s mittels der $\Phi_{2p+1}(s)$ angenähert werden kann.

Aus (80) schließt man die andere Entwicklung

$$s \,.\, e^{-m\left(\frac{s}{2}\right)^2} = \sqrt{\left(\frac{2}{2+m}\right)^3} \cdot \sum_{(p)} (-1)^p \left(\frac{m}{4+2m}\right)^p \frac{\mathfrak{P}_{2p+1}(s)}{p!};$$

sie gestattet jede ungerade, im Unendlichen verschwindende Funktion mittels der $\Phi_{2p}(s)$ bis auf einen Fehler, der kleiner als $\varepsilon(1+|s|)$ ist, anzunähern, falls ε eine vorgegebene positive Zahl ist.

Ist jetzt $h(s)$ eine beliebige stetige Funktion, die außerhalb eines gewissen endlichen Intervalls verschwindet, und setzen wir

$$h(s) \,.\, e^{\frac{s^2}{8}} = g(\sigma),$$

indem σ den Wert $\frac{s}{\sqrt{2}}$ bedeutet, so läßt sich nach den bisherigen Ausführungen ein Polynom $\mathfrak{P}(\sigma)$ zu der positiven Zahl ε so wählen, daß

$$|g(\sigma) - e^{-\left(\frac{\sigma}{2}\right)^2} \mathfrak{P}(\sigma)| < \varepsilon(1+|\sigma|) \qquad [\text{für alle } \sigma]$$

wird, d. h. wenn $\mathfrak{P}^*(s) = \mathfrak{P}\left(\frac{s}{\sqrt{2}}\right)$ gesetzt ist,

$$|h(s) - e^{-\left(\frac{s}{2}\right)^2} \mathfrak{P}^*(s)| < \varepsilon \,.\, e^{-\frac{s^2}{8}}(1+|s|)$$

Diese Ungleichung ist aber mehr als ausreichend, um sich von der Vollständigkeit, ja Vollkommenheit des Systems der $\Phi_p(s)$ zu überzeugen. (Vergl. pag. 15 f. dieser Arbeit).

Der Kern $K(s, t)$ ist insofern singulär, als das Integral

$$\int_0^\infty \int_0^\infty (K(s,t))^2 \, dt \, ds$$

nicht mehr konvergiert. Da aber das einfache Integral

$$\int_0^\infty (K(s,t))^2 \, dt$$

existiert, so wird wegen der eben bewiesenen Vollständigkeit, falls $g(s)$ eine beliebige stetige, quadratisch integrierbare Funktion bezeichnet [1]),

---

1) Vergl. Hilbert, 5. Mitt. pag. 457.

$$f(s) = \int_{-\infty}^{+\infty} K(s,t)\, g(t)\, dt = \sum_{(p)} g_p \int_{-\infty}^{+\infty} K(s,t)\, \Phi_p(t)\, dt$$

(hier ist g_p für $\int_{-\infty}^{+\infty} g(t)\, \Phi_p(t)\, dt$ gesetzt)

$$= \frac{g_2}{\sqrt{1}} \cdot \Phi_1(s) + \frac{g_1}{\sqrt{1}} \cdot \Phi_2(s) + \frac{g_4}{\sqrt{3}} \cdot \Phi_3(s) + \frac{g_3}{\sqrt{3}} \cdot \Phi_4(s) + \cdots$$

Es bleibt daher nur noch zu untersuchen, wann die Integralgleichung

$$f(s) = \int_{-\infty}^{+\infty} K(s,t)\, g(t)\, dt \tag{81}$$

eine stetige, quadratisch integrierbare Lösung $g(s)$ besitzt. Nehmen wir $f(s)$ als einmal stetig differenzierbare Funktion an, so folgt aus (81) durch einfache Rechnung

$$g(s) = \frac{s}{2} \cdot f(s) + f'(-s), \tag{82}$$

wo $f'(s)$ die Derivierte von $f(s)$ bedeutet. Der Konvergenz von $\int_{-\infty}^{\infty} (g(s))^2\, ds$ wird genügt, wenn

$$\int_{-\infty}^{+\infty} (sf(s))^2\, ds, \quad \int_{-\infty}^{+\infty} (f'(s))^2\, ds \tag{83}$$

existieren. Umgekehrt: ist (83) erfüllt, so befriedigt die durch (82) gegebene Funktion $g(s)$ die Gleichung (81). Man hat, um dies zu erkennen, noch zu beachten, daß aus (83) die Limesgleichung

$$\underset{s=\pm\infty}{L} \frac{f(s)}{s} = 0$$

folgt. Denn gäbe es z. B. beliebig große positive Werte ω, für die $\left|\frac{f(\omega)}{\omega}\right| > \sigma$ ausfiele, wo σ eine feste positive Zahl ist, so ließe sich jedesmal eine Zahl $\bar{\omega} > \omega$ finden, für die $\left|\frac{f(\bar{\omega})}{\bar{\omega}}\right| < \frac{\sigma}{2}$ würde, und es wäre dann

$$\left| \int_{\omega}^{\bar{\omega}} \frac{d}{ds}\left(\frac{f(s)}{s}\right) \cdot ds \right| > \frac{\sigma}{2},$$

d. h. das Integral

$$\int_1^\infty \left(\frac{f(s)}{s}\right)' ds = \int_1^\infty \frac{f'(s)}{s} ds - \int_1^\infty \frac{f(s)}{s^2} ds$$

würde nicht konvergieren. Diese Folgerung aber widerspricht (83). Damit haben wir das folgende Entwicklungstheorem bewiesen[1]).

Satz 8. *Eine einmal stetig differenzierbare Funktion $f(s)$ ist nach den Hermiteschen Orthogonalfunktionen $e^{-\left(\frac{s}{2}\right)^2} . \mathfrak{P}_p(s)$ sicher dann entwickelbar, wenn*

$$\int_{-\infty}^{+\infty} (sf(s))^2 ds, \int_{-\infty}^{+\infty} (f'(s))^2 ds$$

existieren.

§ 12. Das gewöhnliche Fouriersche Integraltheorem.

Der Kern, den wir in diesem Paragraphen behandeln wollen und welcher so definiert ist

(84) $$\begin{aligned} K(s, t) &= e^{-t} . \operatorname{Cos} s \quad (s \leqq t) \\ &= e^{-s} . \operatorname{Cos} t \quad (s > t) \end{aligned} \qquad 0 \leqq \left\{ \begin{matrix} s \\ t \end{matrix} \right\} < \infty$$

$$\left[\operatorname{Cos} s = \frac{e^s + e^{-s}}{2}, \quad \operatorname{Sin} s = \frac{e^s - e^{-s}}{2} \right]$$

genügt, wie leicht zu sehen, den Bedingungen 1) und 2) des § 7. Um ein vollkommenes Orthogonalsystem für das Intervall $0 \dots \infty$ zu bekommen, führen wir die Laguerreschen Polynome durch die Gleichungen ein:

(85) $$Q_p(s) = e^{2s} . \frac{d^p}{ds^p} (e^{-2s} . s^p) \qquad (p = 0, 1, 2, \dots)$$

Bedienen wir uns der Akzentuierung als Differentiationssymbol, so folgt

---

1) Die Entwickelbarkeit nach Hermiteschen Polynomen ist kürzlich von Fr. W. Myller-Lebedeff (Dissertation, im Auszug abgedruckt in Math. Ann., Bd. 64, pag. 400 ff. „Die Theorie der Integralgleichungen in Anwendung auf einige Reihenentwicklungen") untersucht worden. Die oben unabhängig von jener Arbeit angestellten Rechnungen führen zu einer wesentlichen Verschärfung der Bedingungen, da W. Myller-Lebedeff zweimalige Differenzierbarkeit und die Existenz der folgenden Integrale voraussetzen muß (wenngleich die Formulierung ihres Theorems auch Funktionen wie $\frac{1}{(s^2+1)^2} \cdot \cos(s^4)$ zuzulassen scheint):

$$\int_{-\infty}^{+\infty} |s^2 f(s)| \, ds, \quad \int_{-\infty}^{+\infty} (s^2 f(s))^2 ds; \quad \int_{-\infty}^{+\infty} |f''(s)| \, ds, \quad \int_{-\infty}^{+\infty} (f''(s))^2 ds.$$

$$e^{-2s} Q_p(s) = (e^{-2s} s^{p-1} . s)^{(p)} = s . (e^{-2s} s^{p-1})^{(p)}$$
$$+ p . (e^{-2s} s^{p-1})^{(p-1)} = s . (e^{-2s} Q_{p-1}(s))' + p e^{-2s} Q_{p-1}(s),$$

mithin

$$Q_p(s) = s \frac{dQ_{p-1}(s)}{ds} - (2s - p) Q_{p-1}(s).$$

Andrerseits gilt

$$(85') \qquad (e^{-2s} Q_p(s))' = \left(\frac{d}{ds}(e^{-2s} . s^p)\right)^{(p)} = -2 . (e^{-2s} s^p)^{(p)}$$
$$+ p . (e^{-2s} s^{p-1})^{(p)} = -2 . e^{-2s} Q_p(s) + p . (e^{-2s} Q_{p-1}(s))',$$

d. h.

$$(85'') \qquad \frac{dQ_p(s)}{ds} = p\left(\frac{dQ_{p-1}(s)}{ds} - 2 Q_{p-1}(s)\right).$$

Da $e^{-2s} . Q_p(s)$ der p te Differentialquotient von $e^{-2s} s^p$ ist, wird für jedes Polynom $P(s)$ von geringerem als p ten Grade

$$\int_0^\infty e^{-2s} P(s) Q_p(s)\, ds = 0,$$

also insbesondere

$$\int_0^\infty e^{-2s} Q_p(s) Q_q(s)\, ds = 0 \qquad (p \neq q)$$

sein. Die Funktionen

$$(86) \qquad \Phi_1(s) = \sqrt{2} \frac{e^{-s} Q_0(s)}{0!}, \quad \Phi_2(s) = \sqrt{2} \frac{e^{-s} Q_1(s)}{1!},$$
$$\Phi_3(s) = \sqrt{2} . \frac{e^{-s} Q_2(s)}{2!}, \ldots$$

bilden demnach ein Orthogonalsystem für $0 \ldots \infty$. Beachtet man aber das im vorigen § gewonnene Resultat, daß die dort benutzten Funktionen $e^{-\left(\frac{s}{2}\right)^2} \mathfrak{P}_{2p}(s)$ jede stetige, außerhalb eines endlichen Intervalls verschwindende Funktion $f(s)$ für alle $s \geqq 0$ bis auf $\varepsilon . e^{-\frac{s^2}{8}}$ anzunähern gestatten (indem wir nämlich $f(-s) = f(s)$ setzen), so schließt man daraus sofort, daß das soeben eingeführte Orthogonalsystem (86) ein vollkommenes ist. Mit Hülfe von (85) bis (85″) finden wir

$$\int_0^\infty K(s,t)\,\Phi_{p+1}(t)\,dt = \frac{1}{\sqrt{2}.p!}\left[e^{-s}.\int_0^s Q_p(t)\,dt\right.$$
$$\left.+e^{s}.\int_s^\infty e^{-2t}Q_p(t)\,dt\right]$$
$$= \frac{1}{2\sqrt{2}}e^{-s}.\left[-\frac{Q_{p-1}(s)}{(p-1)!}+2\frac{Q_p(s)}{p!}-\frac{Q_{p+1}(s)}{(p+1)!}\right]$$
$$(p = 1, 2, \ldots)$$

Daraus ergibt sich für die Koeffizienten

$$k_{pq} = \int_0^\infty\int_0^\infty K(s,t)\,\Phi_p(t)\,\Phi_q(s)\,dt\,ds$$

das folgende Tableau:

$$k_{pq} = 0,$$

außer wenn $q = p-1$, p oder $p+1$ ist; ferner

$$k_{pp} = \tfrac{1}{2};\quad k_{p-1,p} = k_{p,p+1} = -\tfrac{1}{4}$$
$$(\text{für } p = 2, 3, \ldots)$$
$$k_{11} = \tfrac{3}{4}.$$

Auf solche Weise geht die quadratische Form hervor

$$K(x) = \tfrac{3}{4}x_1^2+\tfrac{1}{2}x_2^2+\tfrac{1}{2}x_3^2+\cdots$$
$$-\tfrac{1}{2}x_1x_2-\tfrac{1}{2}x_2x_3-\tfrac{1}{2}x_3x_4-\cdots;$$

dieselbe besitzt kein Punktspektrum, sondern nur ein einfaches Streckenspektrum, das sich von 1 bis $+\infty$ erstreckt. Für dieses Intervall besitzen wir nämlich in den folgenden Funktionen

$$\psi_p(\lambda) = \frac{2}{\sqrt{\pi}}\cdot\frac{\sin^2 r.\sin(2p-1)r}{\sqrt{\sin 2r}}\qquad (p = 1, 2, \ldots)$$

in denen r den zwischen 0 und $\frac{\pi}{2}$ gelegenen Wert von $\arcsin\frac{1}{\sqrt{\lambda}}$ bezeichnet, ein vollständiges Orthogonalsystem. Wie die Rechnung zeigt, gilt für dieses

$$(x,x) = \int_1^\infty(\psi_1(\mu)x_1+\psi_2(\mu)x_2+\cdots)^2\,d\mu,$$

$$\begin{matrix}\tfrac{3}{4}x_1^2+\tfrac{1}{2}x_2^2+\tfrac{1}{2}x_3^2+\cdots\\ -\tfrac{1}{2}x_1x_2-\tfrac{1}{2}x_2x_3-\cdots\end{matrix} = \int_1^\infty\frac{(\psi_1(\mu)x_1+\psi_2(\mu)x_2+\cdots)^2}{\mu}\,d\mu$$

Um den allgemeinen Satz 5 zur Anwendung bringen zu können, müssen wir die Lösbarkeit der Gleichung

$$f(s) = \int_0^\infty K(s, t)\, g(t)\, dt$$

betrachten. Ist $f(s)$ zweimal stetig differenzierbar, so folgt aus ihr

$$g(s) = f(s) - f''(s),$$

und diese Funktion $g(s)$ ist wirklich eine quadratisch integrierbare Lösung, wenn $\int_0^\infty (f(s))^2\, ds$, $\int_0^\infty (f''(s))^2\, ds$ existieren und $f'(0) = 0$ ist. Wir werden sogleich zeigen, daß die Spektralfunktion $P(s; \lambda)$ des Kerns $K(s, t)$ existiert und zwar

$$P(s; \lambda) = \sqrt{\frac{1}{\pi}} \cdot \frac{\cos(s\sqrt{\lambda - 1})}{\sqrt[4]{\lambda - 1}}$$

ist. Die andere Bedingung, von der in Satz 5 die Rede ist, daß nämlich $\int_0^\infty P(t; \lambda) f(t)\, dt$ gleichmäßig für $\lambda_0 \leqq \lambda \leqq \lambda_1$ $(\lambda_0 > 1)$ konvergieren muß, ist demnach erfüllt, falls wir noch die Existenz von $\int_0^\infty |f(s)|\, ds$ voraussetzen.

Falls die Spektralfunktion $P(s; \lambda)$ existiert und

$$\int_0^\infty K(s, t)\, P(t; \lambda)\, dt$$

gleichmäßig in λ konvergiert, muß $P(s; \lambda)$ den Bedingungen

$$-\lambda \,.\, P(s; \lambda) = \frac{\partial^2 P(s; \lambda)}{\partial s^2} - P(s; \lambda),$$

$$\left(\frac{\partial P(s; \lambda)}{\partial s}\right)_{s=0} = 0$$

genügen. Daraus folgt, daß

$$P(s; \lambda) = a(\lambda) \,.\, \cos(s\sqrt{\lambda - 1})$$

sein müßte, wo $a(\lambda)$ eine gewisse Funktion von λ allein bedeutet. Diese bestimmen wir so, daß

$$\int_0^\infty P(s; \lambda)\, \Phi_1(s)\, ds = \psi_1(\lambda)$$

wird, was

$$a(\lambda) = \frac{1}{\sqrt{\pi} \,.\, \sqrt[4]{\lambda - 1}}$$

ergibt. Nunmehr setzen wir

$$\overline{P}(s;\lambda) = \frac{\cos(s\sqrt{\lambda-1})}{\sqrt{\pi}\,.\sqrt[4]{\lambda-1}}$$

$$\int_0^\infty \overline{P}(s;\lambda)\,\Phi_p(s)\,ds = \overline{\psi}_p(\lambda),$$

$$\int_1^\lambda \frac{\overline{P}(s;\mu)}{\mu^2}\,d\mu = \overline{A}(s;\lambda).$$

Dann liefert die sicher gültige Gleichung [1])

$$\lambda\,.\int_0^\infty K(s,t)\,\overline{P}(t;\lambda)\,dt = \overline{P}(s;\lambda),$$

da $\overline{A}(s;\lambda)$, wie leicht zu sehen, nach s quadratisch integrierbar ist, durch Integration nach λ die Entwicklung

$$\overline{A}(s;\lambda) = \sum_{(p)} k_p(s)\int_1^\lambda \frac{\overline{\psi}_p(\mu)}{\mu}\,d\mu,$$

wo $k_p(s) = \int_0^\infty K(s,t)\,\Phi_p(t)\,dt$ ist, und da $k_p(s)$ eine höchstens aus drei Gliedern bestehende, nach den $\Phi_q(s)$ fortschreitende Reihe wird, gilt

$$\int_0^\infty \overline{A}(s;\lambda)\,\Phi_p(s)\,ds = \sum_{(q)} k_{pq}\int_1^\lambda \frac{\overline{\psi}_q(\mu)}{\mu}\,d\mu.$$

Andrerseits ist aber

$$\int_0^\infty \overline{A}(s;\lambda)\,\Phi_p(s)\,ds = \int_1^\lambda \frac{\overline{\psi}_p(\mu)}{\mu^2}\,d\mu.$$

Für $p = 1$ wird

$$\int_1^\lambda \frac{\overline{\psi}_1(\mu)}{\mu^2}\,d\mu = \int_1^\lambda \frac{\psi_1(\mu)}{\mu^2}\,d\mu = \sum_{(q)}\int_1^\infty \frac{\psi_1(\mu)\,\psi_q(\mu)}{\mu}\,d\mu\,.\int_1^\lambda \frac{\psi_q(\mu)}{\mu}\,d\mu$$

$$= \sum_{(q)} k_{1q}\int_1^\lambda \frac{\psi_q(\mu)}{\mu}\,d\mu.$$

Mithin kommt

$$\sum_{(q)} k_{1q}\int_1^\lambda \frac{\psi_q(\mu)-\overline{\psi}_q(\mu)}{\mu}\,d\mu = 0.$$

Da nun $\psi_1(\mu)-\overline{\psi}_1(\mu) = 0$, $k_{1q} = 0$ für $q > 2$ ist, folgt hieraus

$$\overline{\psi}_2(\lambda) = \psi_2(\lambda).$$

---

1) Dieselbe ist übrigens leicht durch direkte Ausrechnung zu verifizieren.

Dies zeigt wiederum, daß

$$\sum_{(q)} k_{2q} \int_1^{\lambda} \frac{\psi_q(\mu) - \overline{\psi}_q(\mu)}{\mu} d\mu = 0$$

sein muß, mithin

$$\overline{\psi}_3(\lambda) = \psi_3(\lambda)$$

u. s. f. Damit hat sich aber ergeben, daß $\overline{P}(s;\lambda)$, das wir von nun ab wieder mit $P(s;\lambda)$ bezeichnen, die Spektralfunktion des Kerns $K(s,t)$ ist, und es ist zugleich die Formel bewiesen

$$(88) \qquad \frac{1}{\sqrt{\pi}} \int_0^{\infty} \frac{\cos(s\sqrt{\lambda-1})}{\sqrt[4]{\lambda-1}} \Phi_p(s)\, ds = \psi_p(\lambda),$$

die sich übrigens direkt bestätigen läßt und welche zeigt, daß $\sqrt{\frac{2}{\pi}} \cdot \cos(st)$ ein vollkommener Orthogonalkern (im früheren Sinne) mit den beiden unendlich-vielfachen Eigenwerten $+1, -1$ ist[1]).

In dem Integral

$$\int_0^{\infty} \left(\int_1^{\infty} P(s;\lambda)\, \psi_1(\lambda)\, d\lambda \right) \Phi_p(s)\, ds$$

dürfen offenbar die Integrationen vertauscht werden, und so folgt, wenn wir

$$\int_0^{\infty} P(s;\lambda)\, \psi_1(\lambda)\, d\lambda = \Phi_1^*(s)$$

setzen,

$$\int_0^{\infty} \Phi_1^*(s)\, \Phi_p(s)\, ds = \delta_{1p} \qquad (p = 1, 2, \ldots),$$

mithin, da $\Phi_1^*(s)$ stetig-finit ist,

$$\Phi_1^*(s) = \Phi_1(s).$$

Es gilt also für $f(s) = \Phi_1(s)$ das Fouriertheorem. Da nun diese Funktion alle diejenigen Voraussetzungen erfüllt, welche wir oben nach Satz 5 als für die Gültigkeit des Fouriertheorems hinreichend

---

1) Unser Kern $K(s,t)$ ist nichts anderes als die Greensche Funktion (s. Hilbert, Grundzüge, 2. Mitt. Gött. Nachr. 1904, pag. 217, 219) der Differentialgleichung $\frac{d^2 f(s)}{ds^2} - f(s) = 0$ $(0 \leq s < \infty)$ mit den Randbedingungen, daß $f'(0) = 0$ ist und $f(s)$ bei $s = \infty$ endlich bleibt. Derartige singuläre Differentialgleichungen hat in seiner, während des Drucks der vorliegenden Arbeit erschienenen Habilitationsschrift „Integraldarstellungen willkürlicher Funktionen" Herr E. Hilb mit den Hülfsmitteln der Integralgleichungen untersucht.

erkannten, außer der einen $f'(0) = 0$, so kann diese letzte Bedingung überhaupt beseitigt werden.

Gehen wir statt von dem Kern (84) von diesem andern

$$\overline{K}(s,t) = e^{-t}.\,\mathrm{Sin}\, s \quad (s \leqq t) \qquad 0 \leqq \begin{Bmatrix} s \\ t \end{Bmatrix} < \infty$$
$$\qquad\;\; = e^{-s}.\,\mathrm{Sin}\, t \quad (s > t)$$

mittels desselben Orthogonalsystems zur quadratischen Form $\overline{K}(x)$ über, so wird

$$\overline{K}(x) = \tfrac{1}{4} x_1^2 + \tfrac{1}{2} x_2^2 + \tfrac{1}{2} x_3^2 + \cdots$$
$$- \tfrac{1}{2} x_1 x_2 - \tfrac{1}{2} x_2 x_3 - \cdots .$$

Sie läßt sich in der Form schreiben

$$\overline{K}(x) = \int_1^\infty \frac{(\psi_1'(\mu)\, x_1 + \psi_2'(\mu)\, x_2 + \cdots)^2}{\mu}\, d\mu,$$

wo

$$\psi_p'(\lambda) = \frac{2 . \sin^2 r . \cos(2p-1)\, r}{\sqrt{\pi} . \sqrt{\sin 2r}}$$
$$r = \arc\sin \frac{1}{\sqrt{\lambda}} \qquad \left(0 \leqq r \leqq \frac{\pi}{2}\right)$$

gesetzt ist. Als Spektralfunktion erhält man

$$P'(s;\lambda) = \sqrt{\frac{1}{\pi}} \cdot \frac{\sin(s\sqrt{\lambda - 1})}{\sqrt[4]{\lambda - 1}} .$$

Damit haben wir das *gewöhnliche Fouriersche Integraltheorem*

(89) $$f(s) = \frac{1}{\pi} \cdot \int_1^\infty d\lambda \frac{\cos(s\sqrt{\lambda-1})}{\sqrt[4]{\lambda-1}} \int_0^\infty \frac{\cos(t\sqrt{\lambda-1})}{\sqrt[4]{\lambda-1}} f(t)\, dt,$$

(89′) $$f(s) = \frac{1}{\pi} \cdot \int_1^\infty d\lambda \frac{\sin(s\sqrt{\lambda-1})}{\sqrt[4]{\lambda-1}} \int_0^\infty \frac{\sin(t\sqrt{\lambda-1})}{\sqrt[4]{\lambda-1}} f(t)\, dt$$

in dem folgenden Umfange bewiesen:

Satz 9. *Das gewöhnliche Fouriersche Integraltheorem* (89) *bezw.* (89′) *gilt für jede zweimal stetig differenzierbare Funktion* $f(s)$ $(s \geqq 0)$, *die selbst absolut und quadratisch, deren zweiter Differentialquotient aber quadratisch im Intervall* $0 \ldots \infty$ *integrierbar ist, und welche im Falle* (89′) *der Bedingung* $f(0) = 0$ *genügt*[1]).

1) Wie sich durch zweimalige Anwendung der partiellen Integration ergibt, genügt es, die absolute Integrierbarkeit von $f''(s)$ anstatt von $f(s)$ vorauszusetzen.

Ist $O(s,t)$ irgend ein (symmetrischer oder unsymmetrischer) Orthogonalkern,

$$f(t) = c_1\varphi_1(t) + c_2\varphi_2(t) + \cdots$$

eine nacl [illegible] rissen Orthogonalfunktionen $\varphi_p(t)$ fortschreitende Reihe, die man nach Multiplikation mit $O(s,t)$ gliedweise integrieren darf, so wird die Entwicklung

$$\int_0^\infty O(s,t)\, f(t)\, dt = \sum_{(p)} c_p\, \Psi_p(s)$$

---

falls $\underset{s=\infty}{L} f(s) = \underset{s=\infty}{L} f'(s) = 0$ ist. — Sache einer genaueren Untersuchung wäre es, die Verwendbarkeit der Kerne

$$H^{(\alpha)}(s,t) = \int_1^\infty \frac{P(s;\lambda)\,P(t;\lambda)}{\lambda^\alpha}\, d\lambda = \frac{2}{\pi}\cdot\int_0^\infty \frac{\cos s\varrho \cdot \cos t\varrho}{(1+\varrho^2)^\alpha}\, d\varrho$$

$$= \frac{1}{\pi}\cdot\left[\int_0^\infty \frac{\cos(s+t)\,\varrho}{(1+\varrho^2)^\alpha}\, d\varrho + \int_0^\infty \frac{\cos(s-t)\,\varrho}{(1+\varrho^2)^\alpha}\, d\varrho\right],$$

die für alle reellen Werte $\alpha > 0$ existieren [freilich, wenn $\alpha \leqq \frac{1}{2}$, an der Geraden $s = t$ unendlich werden], an Stelle unseres Kerns, der $= H^{(1)}(s,t)$ ist, zu untersuchen. Nach einer von Sonin bewiesenen Formel (Math. Ann. Bd. 16, pag. 50) ist

$$H^{(\alpha)}(s,t) =$$

$$\frac{\sqrt{2}}{\sqrt{\pi}\,.\,2^\alpha\,.\,\Gamma(\alpha)}\cdot\left[(s+t)^{\alpha-\frac{1}{2}}.\,\mathfrak{C}_{\frac{1}{2}-\alpha}(s+t) + |s-t|^{\alpha-\frac{1}{2}}.\,\mathfrak{C}_{\frac{1}{2}-\alpha}(|s-t|)\right],$$

wo $\mathfrak{C}_\nu(s)$ die S. 80 dieser Arbeit erklärte Bedeutung hat. Auf Grund unserer Darstellung läßt sich zeigen, daß für $\alpha > 0$, $\beta > 0$

$$\int_0^\infty H^{(\alpha)}(s,r)\, H^{(\beta)}(t,r)\, dr = H^{(\alpha+\beta)}(s,t)$$

gilt. (Diese in die Theorie der Besselschen Funktionen gehörige Formel ist meines Wissens nicht bekannt.) Was die quadratischen Formen angeht, so besteht offenbar der allgemeine Satz:

Ist $K(x)$ irgend eine beschränkte, positiv-definite quadratische Form, so ist es auf eine und nur eine Weise möglich, jedem $\alpha \geqq 0$ eine gleichfalls beschränkte, positiv-definite Form $K^{(\alpha)}(x)$ zuzuordnen, sodaß

1) $K^{(1)}(x) = K(x)$,
2) $K^{(\alpha)}(x,.)\, K^{(\beta)}(.,x) = K^{(\alpha+\beta)}(x)$ (für beliebige $\alpha \geqq 0$, $\beta \geqq 0$),
3) die Koeffizienten von $K^{(\alpha)}(x)$ stetig mit α variieren.

nsbesondere wird dann immer $K^{(0)}(x) = (x,x)$.

Die angeführten Tatsachen setzen, wie mir scheint, auch das Problem, den Begriff der α-maligen Differenzierbarkeit einer Funktion von ganzzahligem auf beliebiges α zu übertragen, in ein neues Licht.

gelten, wo die

$$\Psi_p(s) = \int_0^\infty O(s, t)\, \varphi_p(t)\, dt$$

(unter gewissen allgemeinen Annahmen über $\varphi_p(t)$) wiederum ein Orthogonalsystem bilden.

Um diese Idee streng zur Durchführung zu bringen, transformiere man t in eine neue Variable ϱ, die von 0 bis 1 läuft; $O(s, \varrho)\begin{bmatrix} 0 \leqq s < \infty \\ 0 \leqq \varrho \leqq 1 \end{bmatrix}$ sei ein Orthogonalkern, der an der Stelle $\varrho = 0$ eine Singularität besitzt. Ferner seien die $\varphi_p(\varrho)$ Eigenfunktionen einer gewöhnlichen linearen Differentialgleichung 2. Ordnung, gleichzeitig also Eigenfunktionen eines gewissen Kerns $\Gamma(\varrho, \sigma)$[1]. Wir setzen voraus, daß $\int_0^1 O(s, \varrho)\, \Gamma(\sigma, \varrho)\, d\varrho$ als Funktion von σ im Intervall $0 \leqq \sigma \leqq 1$ stetig ist; dann kann das Integral

$$\int_0^1 \left(\int_0^1 O(s, \varrho)\, \Gamma(\sigma, \varrho)\, d\varrho\right) f(\sigma)\, d\sigma,$$

in dem $f(\sigma)$ eine stetige Funktion bedeutet, sofort in eine nach den $\Psi_p(s) = \int_0^1 O(s, \varrho)\, \varphi_p(\varrho)\, d\varrho$ fortschreitende Reihe verwandelt werden.

Haben wir es z. B. mit dem Orthogonalkern

$$O(s, \varrho) = \sqrt{\frac{2}{\pi}} \cdot \frac{\cos(s \operatorname{cotg} \varrho)}{\sin \varrho} \qquad \left(0 \leqq \varrho \leqq \frac{\pi}{2}\right)$$

zu tun, so ist nach den ausgeführten Rechnungen [(88) und Satz 9]

$$\Phi_p(s) = \frac{2}{\sqrt{\pi}} \cdot \int_0^{\frac{\pi}{2}} O(s, \varrho) \sin(2p - 1)\, \varrho\, d\varrho$$

genau das durch (86) definierte Orthogonalsystem. Sei $f(\varrho)$ eine für $0 \leqq \varrho \leqq \frac{\pi}{2}$ stetige, an der Stelle $\varrho = 0$ verschwindende Funktion, die für alle Werte $\varrho > 0$ eine stetige, quadratisch von 0 bis $\frac{\pi}{2}$ integrierbare Derivierte besitzt. Da das Integral

$$H(s, \varrho) = \int_0^\varrho O(s, \sigma)\, d\sigma$$

1) Hilbert, 2. Mitt. Gött. Nachr. 1904, pag. 225.

(trotz der Singularität bei $\sigma = 0$) offenbar existiert, können wir schreiben

$$\int_0^{\frac{\pi}{2}} O(s,\varrho) f(\varrho) d\varrho = \int_0^{\frac{\pi}{2}} f(\varrho)\, dH(s,\varrho)$$

$$= f\left(\frac{\pi}{2}\right) H\left(s,\frac{\pi}{2}\right) - \int_0^{\frac{\pi}{2}} f'(\varrho) H(s,\varrho)\, d\varrho.$$

Da die Funktionen $\frac{2}{\sqrt{\pi}} \cos(2p-1)\varrho$ $(p = 1, 2, \ldots)$ ein vollständiges Orthogonalsystem für $0 \cdots \frac{\pi}{2}$ bilden, wird

$$\int_0^{\frac{\pi}{2}} f'(\varrho) H(s,\varrho)\, d\varrho =$$

$$\frac{4}{\pi} \sum_{(p)} \left[\int_0^{\frac{\pi}{2}} f'(\varrho) \cos(2p-1)\varrho\, d\varrho \int_0^{\frac{\pi}{2}} H(s,\varrho) \cos(2p-1)\varrho\, d\varrho \right].$$

Es ist aber

$$\int_0^{\frac{\pi}{2}} f'(\varrho) \cos(2p-1)\varrho \,.\, d\varrho = (2p-1) \int_0^{\frac{\pi}{2}} f(\varrho) \sin(2p-1)\varrho \,.\, d\varrho,$$

$$\int_0^{\frac{\pi}{2}} H(s,\varrho) \cos(2p-1)\varrho \,.\, d\varrho = \frac{\sin(2p-1)\frac{\pi}{2}}{2p-1} \cdot H\left(s,\frac{\pi}{2}\right)$$

$$- \frac{1}{2p-1} \cdot \int_0^{\frac{\pi}{2}} O(s,\varrho) \sin(2p-1)\varrho \,.\, d\varrho.$$

Da $f(\varrho)$ sicher nach den Funktionen $\sin(2p-1)\varrho$ entwickelbar ist, gilt

$$\frac{4}{\pi} \sum_{(p)} \left[\sin(2p-1)\frac{\pi}{2} \cdot \int_0^{\frac{\pi}{2}} f(\varrho) \sin(2p-1)\varrho \,.\, d\varrho \right] = f\left(\frac{\pi}{2}\right).$$

Fügen wir alle diese Tatsachen zusammen, so erhalten wir die Gleichung

$$\int_0^{\frac{\pi}{2}} O(s,\varrho) f(\varrho)\, d\varrho = \frac{2}{\sqrt{\pi}} \cdot \sum_{(p)} \Phi_p(s) \int_0^{\frac{\pi}{2}} f(\varrho) \sin(2p-1)\varrho \,.\, d\varrho.$$

Bedeutet nun $g(s)$ eine für $s \geqq 0$ zweimal stetig differenzierbare Funktion, die samt ihren beiden ersten Ableitungen im Unendlichen von höherer als 2. Ordnung verschwindet (sodaß $s^2 (\lg s)^2 g(s), \ldots$ endlich bleiben), so ist, wenn

$$f(\varrho) = \int_0^{\infty} O(s,\varrho)\, g(s)\, ds$$

gesetzt ist, nach dem Fourierschen Integraltheorem

$$g(s) = \int_0^{\frac{\pi}{2}} O(s, \varrho) f(\varrho)\, d\varrho.$$

Wir formen $f(\varrho)$ durch partielle Integration um und bekommen

$$f(\varrho) = -\sqrt{\frac{2}{\pi}} \cdot g'(0) \frac{\sin \varrho}{\cos^2 \varrho} + \sqrt{\frac{2}{\pi}} \cdot \frac{\sin \varrho}{\cos^2 \varrho} \cdot \int_0^{\infty} g''(s) \cos(s \operatorname{cotg} \varrho)\, ds.$$

Daraus schließen wir, daß $f(\varrho)$ stetig und $\underset{\varrho=0}{L} f(\varrho) = 0$ ist. Unter den gemachten Voraussetzungen wird

$$f'(\varrho) = \int_0^{\frac{\pi}{2}} \frac{\partial O(s, \varrho)}{\partial \varrho} \cdot g(s)\, ds$$

$$= \sqrt{\frac{2}{\pi}} \cdot \int_0^{\infty} g(s) \left[-\frac{\cos(s \operatorname{cotg} \varrho) \cos \varrho}{\sin^2 \varrho} + \frac{\sin(s \operatorname{cotg} \varrho)}{\sin^3 \varrho} \cdot s \right] ds.$$

Durch zweimalige partielle Integration kommt als einziges Glied, das eventuell bei Annäherung an $\varrho = 0$ nicht endlich bleiben könnte,

$$h(\varrho) = \sqrt{\frac{2}{\pi}} \cdot \int_0^{\infty} \frac{\sin(s \operatorname{cotg} \varrho) \,.\, s g''(s)}{\sin \varrho \,.\, \cos^2 \varrho}\, ds.$$

Da aber $\int_0^{\infty} |s g''(s)|\, ds$ konvergiert, ist notwendig (s. § 4)

$$\int_0^{\frac{\pi}{2}} (h(\varrho))^2 \cos^4 \varrho\, d\varrho = \int_0^{\infty} (s g''(s))^2\, ds.$$

Folglich existiert

$$\int_0^{\frac{\pi}{2}} (f'(\varrho))^2 \cos^4 \varrho\, d\varrho,$$

und da $(f'(\varrho))^2$ an der Stelle $\varrho = \frac{\pi}{2}$ gewiß integrabel ist, auch

$$\int_0^{\frac{\pi}{2}} (f'(\varrho))^2\, d\varrho.$$

Da schließlich noch

$$\int_0^{\infty} g(s)\, \Phi_p(s)\, ds = \frac{2}{\sqrt{\pi}} \cdot \int_0^{\frac{\pi}{2}} f(\varrho) \sin(2p-1)\varrho \,.\, d\varrho$$

sein muß, ergibt sich hieraus das Entwicklungstheorem:

Satz 10: *Jede zweimal stetig differenzierbare Funktion, die samt ihren beiden ersten Derivierten im Unendlichen von höherer als 2. Ordnung verschwindet, kann nach den Laguerreschen Orthogonalfunktionen entwickelt werden* [1]).

§ 13. Die 0te Besselsche Funktion.

Für die Besselschen Funktionen gilt ein ähnliches Fouriertheorem wie für die trigonometrischen. Um auch dieses von den quadratischen Formen aus zu gewinnen, verfahren wir analog wie im vorigen Paragraphen. Wir setzen zunächst in üblicher Weise

$$J(x) = \sum_{\nu=0}^{\infty} \frac{(-1)^\nu \cdot \left(\frac{x}{2}\right)^{2\nu}}{(\nu!)^2}.$$

Entsprechend der Funktion $\operatorname{Cos} x$ benutzen wir hier

$$\mathfrak{J}(x) = J(xi). \qquad (i = \text{imaginäre Einheit}).$$

$\mathfrak{J}(x)$ genügt der Differentialgleichung

$$\frac{d^2 (\mathfrak{J}(x)\sqrt{x})}{dx^2} - \left(1 - \frac{1}{4x^2}\right) \mathfrak{J}(x)\sqrt{x} = 0.$$

Ein zweites, von $\mathfrak{J}$ unabhängiges partikuläres Integral dieser Gleichung ist

$$\mathfrak{E}(x) = \sum_{\nu=0}^{\infty} \frac{a_\nu - \lg x}{(\nu!)^2} \left(\frac{x}{2}\right)^{2\nu},$$

wobei

$$a_0 = \lg 2 - C, \quad [C = \text{Eulersche Constante}]$$
$$a_\nu = a_0 + \tfrac{1}{1} + \tfrac{1}{2} + \cdots + \tfrac{1}{\nu}$$

gesetzt ist. Mit der von Weber [2]) eingeführten Funktion S hängt $\mathfrak{E}$ folgendermaßen zusammen

$$\mathfrak{E}(x) = e^{-x} \sqrt{\frac{\pi}{2x}} \cdot S(2x).$$

Dabei ist (nach Weber)

---

1) Diese Bedingungen stimmen genau mit den Myller-Lebedeffschen (l. c., pag. 409) überein. Vergl. die Bemerkung auf S. 63 dieser Arbeit. — Eine weitergehende Theorie dieser Polynome und ihrer Verallgemeinerungen werde ich an anderer Stelle veröffentlichen.

2) Riemann-Weber, Part. Diff.-gl., Bd. I, pag. 170.

$$\underset{x=+\infty}{L} S(2x) = 1.$$

Der Kern, mit dem wir uns beschäftigen wollen, ist (in Analogie zu dem in § 12 betrachteten) dieser

$$\begin{aligned} K(s,t) &= \mathfrak{E}(s)\,\mathfrak{I}(t)\sqrt{st} \quad (t \leqq s) \\ &= \mathfrak{E}(t)\,\mathfrak{I}(s)\sqrt{st} \quad (s < t) \end{aligned} \qquad \left[0 \leqq \begin{Bmatrix} s \\ t \end{Bmatrix} < \infty\right]$$

Als Orthogonalsystem wählen wir das folgende

$$\frac{2}{\sqrt{p+1}} \cdot \frac{1}{p!}\, e^{-s}\sqrt{s} \cdot P_p(s) = \pi_p(s), \qquad (p = 0, 1, 2, \ldots)$$

wo die Polynome $P_p(s)$ durch

$$P_p(s) = \frac{e^{2s}}{s} \cdot \frac{d^p}{ds^p}(e^{-2s} \,.\, s^{p+1})$$

definiert sind. Von der Orthogonalität der $\pi_p(s)$ überzeugt man sich in der bekannten Weise; auch die Vollkommenheit dieses Systems ist sichergestellt. Es ergeben sich nach der in § 12 geschilderten Methode die Rekursionsformeln

(90)
$$\begin{aligned} P_p &= sP'_{p-1} + (p+1-2s)\,P_{p-1}, \\ P'_p &= p\,(P'_{p-1} - 2\,P_{p-1}), \end{aligned}$$

aus denen diese weiteren zu schließen sind

(90′)
$$\begin{aligned} P_p &= 2(p-s)\,P_{p-1} - p\,(p-1)\,P_{p-2}, \\ sP''_p &+ 2(1-s)\,P'_p + 2p\,P_p = 0. \end{aligned}$$

Wir bilden jetzt, um die Koeffizienten

$$k_{p+1,\,q+1} = \int_0^\infty\!\!\int_0^\infty K(s,t)\,\pi_p(t)\,\pi_q(s)\,dt\,ds$$

zu finden, znnächst

$$K_p(s) = \int_0^\infty K(s,t)\,\pi_p(t)\,dt.$$

Ist $f(s)$ irgend eine zweimal stetig differenzierbare Funktion, die aus der stetigen Funktion $g(s)$ nach der Gleichung

(91)
$$f(s) = \int_0^\infty K(s,t)\,g(t)\,dt$$

hervorgeht, so ist notwendig, wie die Rechnung zeigt,

$$(92)\qquad -g(s) = f''(s) - \left(1 - \frac{1}{4s^2}\right) f(s).$$

Insbesondere ist also

$$(93)\qquad -\pi_p(s) = K_p''(s) - \left(1 - \frac{1}{4s^2}\right) K_p(s).$$

Man übersieht sofort, daß diese Differentialgleichung für $K_p(s)$ ein partikuläres Integral von der Form

$$\frac{2\,e^{-s}\sqrt{s}\,.\,Q_{p+1}(s)}{p!\,\sqrt{p+1}}$$

besitzt, wo $Q_{p+1}(s)$ ein gewisses Polynom $(p+1)$ten Grades ist, mithin

$$Q_{p+1}(s) = \alpha_0^{(p)} P_{p+1}(s) + \alpha_1^{(p)} P_p(s) + \alpha_2^{(p)} P_{p-1}(s) + \cdots + \alpha_{p+1}^{(p)} P_0(s)$$

gesetzt werden darf. $Q_{p+1}(s)$ genügt der Gleichung

$$(94)\qquad \begin{aligned} L(Q_{p+1}) &\equiv sQ_{p+1}'' + (1-2s)\,Q_{p+1}' - Q_{p+1} \\ &= -s\,P_p = \tfrac{1}{2}\left[P_{p+1} - 2(p+1)\,P_p + p\,(p+1)\,P_{p-1}\right]. \end{aligned}$$

Die aufgestellten Rekursionsformeln liefern

$$L(P_p) = -P_p' - (2p+1)\,P_p.$$

Wenden wir noch zweimal die Formel (90) an, so kommt daher

$$\begin{aligned} L(Q_{p+1}) = &-\alpha_0^{(p)}(2p+3)\,P_{p+1} + \left[2\alpha_0^{(p)}(p+1) - \alpha_1^{(p)}(2p+1)\right] P_p \\ &+ \left[2p\left(\alpha_0^{(p)}(p+1) + \alpha_1^{(p)}\right) - \alpha_2^{(p)}(2p-1)\right] P_{p-1} \\ &- \left[p\left(\alpha_0^{(p)}(p+1) + \alpha_1^{(p)}\right) + \alpha_2^{(p)}\right] P_{p-1}' + L\left(\alpha_3^{(p)} P_{p-2} + \cdots\, \alpha_{p+1}^{(p)} P_0\right). \end{aligned}$$

Vergleicht man auf beiden Seiten von (94) die Koeffizienten der Potenzen s^{p+1}, s^p, s^{p-1}, so erhält man danach

$$\alpha_0^{(p)\prime} = -\tfrac{1}{2}\cdot\frac{1}{2p+3}, \quad \alpha_1^{(p)} = \tfrac{1}{2}\cdot\frac{(2p+2)^2}{(2p+1)(2p+3)},$$

$$\alpha_2^{(p)} = -\tfrac{1}{2}\cdot\frac{p\,(p+1)}{2p+1}.$$

Diese Größen erfüllen aber die Beziehung

$$p\left(\alpha_0^{(p)}(p+1) + \alpha_1^{(p)}\right) + \alpha_2^{(p)} = 0;$$

es muß infolgedessen

$$L\left(\alpha_3^{(p)} P_{p-2} + \cdots + \alpha_{p+1}^{(p)} P_0\right) = 0$$

sein, was nur dann der Fall ist, wenn

$$\alpha_3^{(p)} = \cdots = \alpha_{p+1}^{(p)} = 0.$$

Ein partikuläres Integral von (93) liefert uns demnach der folgende Ausdruck

$$k_p(s) = -\tfrac{1}{2}\frac{\sqrt{p(p+1)}}{2p+1}\pi_{p-1}(s)$$

$$+\tfrac{1}{2}\frac{(2p+2)^2}{(2p+1)(2p+3)}\pi_p(s) - \tfrac{1}{2}\frac{\sqrt{(p+1)(p+2)}}{2p+3}\pi_{p+1}(s).$$

Diese Entwicklungen gelten freilich nur für $p \neq 0$; für $p = 0$ bleibt gleichwohl das erhaltene Resultat in der Form gültig:

$$k_0(s) = \tfrac{2}{3}\pi_0(s) - \frac{1}{3\sqrt{2}}\cdot\pi_1(s).$$

Es ist aber notwendig

$$K_p(s) = k_p(s) + \beta_p\,.\,\mathfrak{J}(s)\sqrt{s} + \gamma_p\,.\,\mathfrak{E}(s)\sqrt{s},$$

(β_p, γ_p sind zwei Konstanten). Da nach der Definition von $K_p(s)$

$$\underset{s=0}{L}\frac{K_p(s)}{\sqrt{s}} = \int_0^\infty \mathfrak{E}(t)\sqrt{t}\,.\,\pi_p(t)\,dt,$$

also endlich ist, hingegen, wie leicht zu sehen,

$$\underset{s=0}{L}\mathfrak{E}(s) = \infty$$

wird, so muß

$$\gamma_p = 0$$

sein. Aehnlich ergibt sich

$$\beta_p = 0.$$

Wir erhalten demnach

$$k_{pp} = \tfrac{1}{2}\cdot\frac{4p^2}{4p^2-1},$$

$$k_{p,p+1} = -\tfrac{1}{4}\cdot\frac{\sqrt{(2p+1)^2-1}}{2p+1},$$

$$k_{pq} = 0 \qquad (q \neq p-1, p, p+1);$$

die quadratische Form lautet

$$K(x) = \frac{1}{2}\Big[\frac{4}{3}x_1^2 + \frac{16}{15}x_2^2 + \frac{36}{35}x_3^2 + \frac{64}{63}x_4^2 + \cdots$$

$$-\sqrt{\frac{8}{9}}x_1x_2 - \sqrt{\frac{24}{25}}x_2x_3 - \sqrt{\frac{48}{49}}x_3x_4 - \cdots\Big].$$

Setzt man

$$\Pi_p(x) = \frac{1}{x} \cdot \frac{d^p}{dx^p} \left(x^{p+1} (1-x)^p\right),$$

so bilden

$$\frac{\sqrt{2(p+1)}}{p!} \sqrt{x} \,.\, \Pi_p(x) \qquad (p = 0, 1, 2, \ldots)$$

ein vollständiges Orthogonalsystem für das Intervall $0 \leqq x \leqq 1$, daher die Funktionen

$$\psi_p(\mu) = \frac{\sqrt{2p}}{(p-1)!} \cdot \frac{1}{\mu^{\frac{3}{2}}} \cdot \Pi_{p-1}\left(\frac{1}{\mu}\right) \qquad (p = 1, 2, \ldots)$$

ein solches für $1 \leqq \mu < \infty$. Es zeigt sich, daß dieses System die orthogonale Transformation der soeben aufgestellten Form $K(x)$ leistet, sodaß

$$(x, x) = \int_1^\infty (\psi_1(\mu)\, x_1 + \psi_2(\mu)\, x_2 + \cdots)^2 \, d\mu\,,$$

$$K(x) = \int_1^\infty \frac{(\psi_1(\mu)\, x_1 + \psi_2(\mu)\, x_2 + \cdots)^2}{\mu} \, d\mu$$

wird.

Bestimmen wir endlich noch die Spektralfunktion, so werden wir in der Tat auf die Besselsche Funktion geführt:

$$P(s; \lambda) = \sqrt{\frac{s}{2}} \cdot J(s \sqrt{\lambda - 1}).$$

Es gilt in einem noch näher zu determinierendem Umfang die Gleichung

$$(95) \qquad f(s) = \int_1^\infty d\lambda \sqrt{\frac{s}{2}}\, J(s\sqrt{\lambda-1}) \cdot \int_0^\infty \sqrt{\frac{t}{2}}\, J(t\sqrt{\lambda-1})\, f(t)\, dt.$$

§ 14. Allgemeine Besselsche Funktion.

Ist α irgend eine reelle Zahl $> -\frac{1}{2}$, und durchläuft p alle ganzen Zahlen $\geqq 0$, so liefert die Gleichung

$$P_p^{(\alpha)}(x) = \frac{e^{2x}}{x^{2\alpha}} \, \frac{d^p}{dx^p} \left(e^{-2x} \,.\, x^{p+2\alpha}\right)$$

eine unbegrenzte Reihe von Polynomen bezw. 0., 1., 2., ... Grades. Für diese lassen sich in derselben Weise, wie oben für $\alpha = 0$ und $\alpha = \frac{1}{2}$ geschehen, die Rekursionsformeln und eine Differentialgleichung 2. Ordnung herleiten:

$$P_p^{(\alpha)}(x) = x\,\frac{dP_{p-1}^{(\alpha)}(x)}{dx} + (p + 2\alpha - 2x)\,P_{p-1}^{(\alpha)}(x),$$

$$\frac{dP_p^{(\alpha)}(x)}{dx} = p\left(\frac{dP_{p-1}^{(\alpha)}(x)}{dx} - 2P_{p-1}^{(\alpha)}(x)\right),$$

$$P_p^{(\alpha)}(x) = [2(p+\alpha-x)-1]\,P_{p-1}^{(\alpha)}(x) - (p-1)(p+2\alpha-1)\,P_{p-2}^{(\alpha)}(x),$$

$$x\,\frac{d^2 P_p^{(\alpha)}(x)}{dx^2} + (1+2\alpha-2x)\,\frac{dP_p^{(\alpha)}(x)}{dx} + 2p\,P_p^{(\alpha)}(x) = 0.$$

In den Funktionen

$$\frac{2^{\alpha+\frac{1}{2}}}{\sqrt{\Gamma(p+1)\,\Gamma(p+1+2\alpha)}}\,e^{-x}\,x^{\alpha}\,.\,P_p^{(\alpha)}(x) = \pi_p^{(\alpha)}(x)$$
$$(p = 0, 1, 2, \ldots)$$

besitzt man ein (von α abhängiges) vollkommenes Orthogonalsystem für das Intervall $0\,.\,.\,\infty$.

Daneben machen wir Gebrauch von den folgenden Polynomen (Kugelfunktionen)

$$\Pi_p^{(\beta)}(x) = \frac{1}{x^{\beta}(1-x)^{\beta-1}}\cdot\frac{d^p}{dx^p}\left[x^{p+\beta}(1-x)^{p+\beta-1}\right] \quad (0 \leqq x \leqq 1)$$

Auch sie geben zu Systemen von Orthogonalfunktionen Veranlassung, deren einzelne Elemente durch die Ausdrücke

$$\frac{1}{\Gamma(p+\beta)}\cdot\sqrt{\frac{2\Gamma(p+2\beta)}{\Gamma(p+1)}}\cdot x^{\frac{\beta}{2}}\,(1-x)^{\frac{\beta-1}{2}}\cdot\Pi_p^{(\beta)}(x)$$

gegeben werden.

Die eben bezeichneten Systeme kommen in Betracht, wenn wir die Entwicklungen des vorigen Paragraphen auf beliebige Besselsche Funktionen verallgemeinern wollen. Ist nämlich $J_\nu(x)$ die Besselsche Funktion mit dem reellen Index $\nu > -1$, so setzen wir

$$\mathfrak{J}_\nu(x) = e^{-\frac{\nu\pi i}{2}}\cdot J_\nu\left(x\,e^{\frac{\pi i}{2}}\right).$$

Diese Funktion ist für positive Argumentwerte reell und genügt der Differentialgleichung

$$\frac{d^2(\sqrt{x}\,.\,\mathfrak{J}_\nu(x))}{dx^2} - \left(1 + \frac{4\nu^2-1}{4x^2}\right)\sqrt{x}\,.\,\mathfrak{J}_\nu(x) = 0.$$

Wie bekannt ist[1]), gibt es ein von $\mathfrak{J}_\nu(x)$ unabhängiges, gleichfalls

1) Vergl. etwa N. Nielsen, Handbuch der Cylinderfunktionen, pag. 155.

in dem eben benutzten Sinne reelles Integral dieser Gleichung, das bei unbegrenzt positiv wachsendem x gegen 0 konvergiert wie $\frac{e^{-x}}{\sqrt{x}}$; wir bezeichnen es mit $\mathfrak{E}_\nu(x)$, wobei wir es so normiert annehmen, daß

$$\frac{d}{dx}(\mathfrak{E}_\nu(x)\sqrt{x})\,.\,\mathfrak{J}_\nu(x)\sqrt{x}-\frac{d}{dx}(\mathfrak{J}_\nu(x)\sqrt{x})\,.\,\mathfrak{E}_\nu(x)\sqrt{x}=-1$$

wird. Durch diese Festsetzungen ist $\mathfrak{E}_\nu(x)$ völlig bestimmt.

Gehen wir nunmehr von dem Kern

$$\begin{aligned} K_\nu(s,t) &= \mathfrak{E}_\nu(t)\,\mathfrak{J}_\nu(s)\sqrt{st} \quad (s \leqq t) \\ &= \mathfrak{E}_\nu(s)\,\mathfrak{J}_\nu(t)\sqrt{st} \quad (s > t) \end{aligned} \qquad \left[0 \leqq \begin{Bmatrix} s \\ t \end{Bmatrix} < \infty\right]$$

mittels des Orthogonalsystems $\pi^{(\nu+\frac{1}{2})}(s)$ $(p = 0, 1, 2, \ldots)$ zur quadratischen Form $K_\nu(x)$ über, so ergibt die Rechnung, die genau in der früheren Weise durchzuführen ist,

$$(96)\quad K_\nu(x) = \tfrac{1}{2}\cdot\sum_{(p)}\frac{(2p+2\nu)^2+2\nu}{(2p+2\nu)^2-1}\,x_p^2-\sum_{(p)}\frac{\sqrt{p(p+2\nu+1)}}{2p+2\nu+1}\,x_p\,x_{p+1}\,.$$

Dabei ist noch zu beachten, daß für $p = 1$, $\nu = -\frac{1}{2}$ der Ausdruck $\frac{(2p+2\nu)^2+2\nu}{(2p+2\nu)^2-1}$ in der unbestimmten Form $\frac{0}{0}$ erscheint; er ist durch

$$\frac{3}{2} = \underset{\nu=-\frac{1}{2}}{L}\;\frac{(2\nu+2)^2+2\nu}{(2\nu+2)^2-1}$$

zu ersetzen. Wir bekommen dann, wie es nach § 12 sein muß,

$$K_{-\frac{1}{2}}(x) = \tfrac{1}{2}\left[\tfrac{3}{2}\,x_1^2+x_2^2+x_3^2+\cdots\quad -x_1\,x_2-x_2\,x_3-\cdots\right].$$

$K_\nu(x)$ läßt sich allgemein in die Hilbertsche Normalform

$$\int_1^\infty\frac{(\psi_1^{(\nu)}(\mu)\,x_1+\psi_2^{(\nu)}(\mu)\,x_2+\cdots)^2}{\mu}\,d\mu$$

bringen, wobei

$$\psi_p^{(\nu)}(\mu) = \frac{1}{\Gamma(p+\nu)}\cdot\sqrt{\frac{2\Gamma(2\nu+1+p)}{\Gamma(p)}}\cdot\frac{(\mu-1)^{\frac{\nu}{2}}}{\mu^{\nu+\frac{3}{2}}}\cdot\Pi_{p-1}^{(\nu+1)}\left(\frac{1}{\mu}\right)$$

wird. Der Kern $K_\nu(s, t)$ hat zur Spektralfunktion

$$P_\nu(s;\lambda) = \sqrt{\frac{s}{2}}\cdot J_\nu(s\sqrt{\lambda-1}),$$

und es gelten die Formeln

$$\lambda \cdot \int_0^\infty K_\nu(s,t) \sqrt{\frac{t}{2}}\, J_\nu(t\sqrt{\lambda-1})\, dt = \sqrt{\frac{s}{2}}\, J_\nu(s\sqrt{\lambda-1}) \quad (\lambda \geqq 1),$$

$$\int_0^\infty \sqrt{\frac{s}{2}}\, J_\nu(s\sqrt{\lambda-1}) \cdot \pi_p^{(\nu+\frac{1}{2})}(s)\, ds = \psi_{p-1}^{(\nu)}(\lambda).$$

Aus der Gestalt der Formen $K_\nu(x)$ folgt sofort, daß sie sämtlich orthogonal ineinander transformierbar sind.

Die Gleichung

$$f(s) = \int_0^\infty K_\nu(s,t)\, g(t)\, dt$$

kann, wenn überhaupt eine, so nur die Auflösung

$$g(s) = -f''(s) + \left(1 + \frac{4\nu^2 - 1}{4s^2}\right) f(s) \tag{97}$$

besitzen. Wir werden also annehmen müssen, daß $f(s)$ für $s > 0$ zweimal stetig differenzierbar und $(f(s))^2$, $(f''(s))^2$ im Unendlichen integrierbar sind. Unter diesen Umständen ergibt sich

$$f(s) = \underset{\varepsilon=0}{L} \Big[-\{(\mathfrak{J}_\nu(\varepsilon)\sqrt{\varepsilon})' \cdot f(\varepsilon) - \mathfrak{J}_\nu(\varepsilon)\sqrt{\varepsilon} \cdot f'(\varepsilon)\}\, \mathfrak{G}_\nu(s)\sqrt{s}$$
$$+ \int_\varepsilon^\infty K_\nu(s,t)\, g(t)\, dt \Big],$$

wenn unter $g(s)$ die Funktion (97) verstanden wird. Als weitere Forderung tritt demnach die Limesgleichung

$$\underset{s=0}{L} \{(\mathfrak{J}_\nu(s)\sqrt{s})' f(s) - \mathfrak{J}_\nu(s)\sqrt{s} \cdot f'(s)\} = 0 \tag{98}$$

auf. Setzen wir

$$\mathfrak{J}_\nu(s)\sqrt{s} = s^{\nu+\frac{1}{2}} \cdot \mathfrak{P}(s), \qquad f(s) = s^{\nu+\frac{1}{2}} \cdot u(s),$$

so geht diese über in

$$\underset{s=0}{L}\, s^{2\nu+1}(u\mathfrak{P}' - u'\mathfrak{P}) = 0,$$

und es ist

$$g(s) = s^{\nu+\frac{1}{2}}(u'' - u) + (2\nu+1)\, s^{\nu-\frac{1}{2}} \cdot u'.$$

Die Limesgleichung (98) wird erfüllt und $(g(s))^2$ auch an der Stelle $s = 0$ integrierbar sein, wenn $u(s)$, $u'(s)$, $u''(s)$ bei der Annäherung an 0 endlich bleiben und $\underset{s=0}{L}\, u'(s) = 0$ ist (das letztere muß wenigstens verlangt werden, falls $\nu \leqq 0$). Andrerseits kann man, um (98) und die Konvergenz von $\int_0^\infty (g(s))^2\, ds$ zu sichern, die einfachere Forderung stellen, (die für $\nu \geqq \frac{3}{2}$ allgemeiner ist als die vorigen), daß $f(s)$ an der Stelle $s = 0$ von mindestens 2. Ordnung verschwindet, d. h. $\underset{s=0}{L} f(s) = \underset{s=0}{L} f'(s) = 0$ ist und $f''(s)$ bei $s = 0$ endlich bleibt.

Die angestellten Betrachtungen liefern ohne weiteres die Bedingungen zur Gültigkeit des Fouriertheorems mit dem Kern

$$\sqrt{\frac{s}{2}} \cdot J_\nu(s\sqrt{\lambda - 1}) \qquad [\nu > -1];$$

die oben auftretende Bedingung $\underset{s=0}{L}\, u'(s) = 0$ können wir unter Heranziehung der Funktion $\pi_0^{(\nu+\frac{1}{2})}(s)$ beseitigen.

Satz 11. *Das Fouriertheorem mit dem Kern*

$$\sqrt{\frac{s}{2}} \cdot J_\nu(s\sqrt{\lambda - 1}) \qquad [\nu > -1]$$

gilt für jede im Gebiet $s > 0$ zweimal stetig differenzierbare Funktion, die selbst absolut und quadratisch, deren zweite Derivierte aber quadratisch im Unendlichen integrierbar ist, und welche an der Stelle $s = 0$ gewisse Voraussetzungen erfüllt. Als solche kommen z. B. in Betracht

entweder: die betreffende Funktion $f(s)$ verschwindet für $s = 0$ von mindestens 2. Ordnung,

oder: $f(s) = s^{\nu+\frac{1}{2}}. u(s)$, wo $u(s)$ samt seinen beiden ersten Derivierten für $s = 0$ endlich bleibt.

Aus diesem Theorem folgt nach einer § 12 angegebenen Methode leicht ein Satz über die Entwickelbarkeit willkürlicher Funktionen nach den Polynomen $P_p^{(\alpha)}(s)$ $(p = 0, 1, 2, \ldots)$.

§ 15. Der Kern $\frac{1}{s+t}$.

Ich komme endlich noch kurz auf den in der Einleitung erwähnten Kern

$$\frac{1}{s+t} \qquad \left[0 \leqq \left\{\begin{matrix} s \\ t \end{matrix}\right\} < \infty\right]$$

zurück. In einer im Sommersemester 1906 gehaltenen Vorlesung hat Herr Prof. Hilbert dieses Kerns, genommen im Intervall $0 \leqq \frac{s}{t} \leqq 1$, Erwähnung getan. Er zeigte damals, daß, wenn man mittes des Orthogonalsystems $\sin p\pi t$ von diesem Kern zur quadratischen Form $K(x)$ übergeht,

$$K(x) = \sum_{(p,q)} \frac{x_p x_q}{p+q} + K^*(x)$$

wird, wo $K^*(x)$ vollstetig ist. Auf Grund dieses Zusammenhanges bewies er (mittels Variationsrechnung), daß die Form $\sum_{(p,q)} \frac{x_p x_q}{p+q}$ beschränkt ist. In einem in der hiesigen Mathematischen Gesellschaft (Sommer 1907) gehaltenen Vortrag hat dann Herr Hilbert einen einfacheren Weg angegeben, die Beschränktheit von $\sum \frac{x_p x_q}{p+q}$ darzutun; er stellte nämlich die Formel auf:

$$(99) \quad \sum_{(p,q)} \left(\frac{1}{p+q} + \frac{1}{p-q}\right) x_p y_q$$

$$= \int_{-\pi}^{+\pi} \frac{t}{\pi} \cdot [-x_1 \sin t + y_1 \cos t + x_2 \sin 2t - y_2 \cos 2t - + \cdots]^2 \, dt,$$

in der unter dem Zeichen $\frac{1}{p-q}$ für $p = q$ die 0 zu verstehen ist. Aus ihr folgt ohne weiteres

$$\left|\sum_{(p,q)} \frac{x_p x_q}{p+q}\right| \leqq 2\pi.$$

Setzt man in (99)

$$x_p = y_p, \text{ und } t = \frac{1}{2\mu},$$

so kommt

$$(100) \quad \sum_{(p,q)} \frac{x_p x_q}{p+q} = \int\limits_{\substack{-\infty \cdots -\frac{1}{2\pi} \\ +\frac{1}{2\pi} \cdots +\infty}} \frac{(x_1 \psi_1(\mu) + x_2 \psi_2(\mu) + \cdots)^2}{\mu} \, d\mu;$$

hierin sind die

$$\psi_p(\mu) = (-1)^p \cdot \frac{\sin \frac{p}{2\mu} - \cos \frac{p}{2\mu}}{2\mu \sqrt{\pi}}$$

wohl ein System orthogonaler Funktionen, aber nicht vollständig, sodaß diese Beziehung (100) noch nicht die Normalform darstellt, auf welche gemäß den Sätzen der 4. Mitteilung $\sum \frac{x_p x_q}{p+q}$ muß gebracht werden können.

Legt man, wie es schon in der Einleitung geschehen ist, den Kern $\frac{1}{s+t}$, genommen für $0 \leqq \frac{s}{t} < \infty$, zu Grunde, so ist es möglich, die zugehörige quadratische Form nicht bloß bis auf eine vollstetige Zusatzform, sondern vollständig zu berechnen. Betrachten wir zunächst e^{-st}, schreiben also

$$\int_0^\infty \int_0^\infty e^{-st} \Phi_p(t) \Phi_q(s)\, dt\, ds = k'_{pq},$$

wobei unter $\Phi_p(s)$ die schon früher benutzten Laguerreschen Orthogonalfunktionen

$$\Phi_p(s) = \frac{\sqrt{2}\,.\,e^s}{(p-1)!} \cdot \frac{d^{p-1}}{ds^{p-1}} (e^{-2s} s^{p-1}) \qquad (p = 1, 2, \ldots)$$

verstanden werden sollen. Da e^{-st} die § 7 unter 1), 2) gemachten Voraussetzungen erfüllt, ist $k'_{pq} = k'_{qp}$, und es wird nur noch zu entscheiden sein, ob $K'(x) = \sum_{(p,q)} k'_{pq} x_p x_q$ beschränkt ist. Dazu berechnen wir

$$\int_0^\infty e^{-st} \cdot e^t \cdot \frac{d^p}{dt^p} (e^{-2t}\,.\,t^p)\, dt = (-1)^p \,.\, \int_0^\infty \frac{\partial^p}{\partial t^p} [e^{(1-s)t}]\,.\,e^{-2t}\,.\,t^p\, dt$$

$$= (s-1)^p \,.\, \int_0^\infty e^{-(1+s)t}\,.\,t^p\, dt = p! \frac{(s-1)^p}{(s+1)^{p+1}},$$

folglich

$$k_p(s) = \int_0^\infty e^{-st} \Phi_p(t)\, dt = \sqrt{2} \cdot \frac{(s-1)^{p-1}}{(s+1)^p}.$$

So finden wir, daß $\int_0^\infty k_p(s) k_q(s)\, ds$ existiert, und zwar ist

$$\int_0^\infty k_p(s) k_q(s)\, ds = 2 \cdot \int_0^\infty \frac{(s-1)^{p+q-2}}{(s+1)^{p+q}}\, ds.$$

Durch die Substitution

$$\sigma = \frac{s-1}{s+1}$$

geht das letzte Integral über in

$$\int_{-1}^{+1} \tfrac{1}{2} \cdot \sigma^{p+q-2}\, d\sigma,$$

sodaß sich schließlich ergibt

(101) $$\sum_{(r)} k'_{pr} \,.\, k'_{qr} = \frac{2}{p+q-1} \quad [\text{wenn } p \equiv q \pmod{2}]$$
$$= 0 \quad [\text{wenn } p \not\equiv q \pmod{2}].$$

Die Form

(102) $$K(x) = \sum_{[p \equiv q (2)]} \frac{x_p x_q}{p+q-1}$$

ist aber nach Formel (100) beschränkt, und nach (101) ist

$$\sum_{p=1,2,\ldots} \Big(\sum_{q=1,2,\ldots,n} k'_{pq} x_q \Big)^2 = K_n(x),$$

wo der Index n zur Bezeichnung des $n$ten Abschnitts verwandt ist; daher

$$K'_n(x,.)\, K'_n(.,x) = \sum_{p=1,\ldots,n} \Big(\sum_{q=1,\ldots,n} k'_{pq} x_q \Big)^2 \leqq K_n(x)$$

und weil infolgedessen

$$|K'_n(x)| \leqq \sqrt{K'_n(x,.)\, K'_n(.,x)} \leqq \sqrt{K_n(x)}$$

wird, stellt sich $K'(x)$ als beschränkt heraus, und es ist

$$K' K'(x) = K(x).$$

Der Kern e^{-st} und folglich $\frac{1}{s+t}$ werden jetzt gleichfalls beschränkt, und es gilt (nach § 10)

$$\int_0^\infty \int_0^\infty \frac{\Phi_p(s)\, \Phi_q(t)}{s+t}\, ds\, dt = \int_0^\infty \Big(\int_0^\infty e^{-st} \Phi_p(t)\, dt \,.\, \int_0^\infty e^{-st} \Phi_q(t)\, dt \Big)\, ds$$
$$= \frac{2}{p+q-1} \quad [p \equiv q\ (2)]$$
$$= 0 \quad [p \not\equiv q\ (2)]$$

Die durch diese Gleichung ausgesprochene Zulässigkeit der Vertauschung gewisser Integrationsfolgen läßt sich natürlich durch einige einfache Abschätzungen auch direkt einsehen.

Die Rechnung weiter durchzuführen, nämlich die Hilbertsche Darstellung (100) auf unsere Form (102) so zu übertragen, daß eine wirkliche Normaldarstellung zum Vorschein kommt, und daraus schließlich Spektrum und die zugehörigen Spektralfunktionen des Kerns $\frac{1}{s+t}$ zu bestimmen, ist mir leider nicht mehr gelungen. Der Umstand, daß $\frac{1}{s+t}$ beschränkt ist, ist insofern überraschend, als die Eigenwerte desselben sich (nach dem in der Einleitung Ausgeführten) bis an den Punkt $\lambda = 0$ heranerstrecken. Die dort gefundenen Eigenwerte und Eigenfunktionen sind also sicher „unstatthafte" (s. S. 46).

Göttingen, Dezember 1907.

Lebenslauf.

Ich, Hermann Weyl, bin geboren am 9. November 1885 zu Elmshorn (Prov. Schleswig-Holstein) als Sohn des Bankdirektors Ludwig Weyl und seiner Frau Anna, geb. Dieck. Der Staatsangehörigkeit nach bin ich Preuße, dem Religionsbekenntnis nach evangelisch-lutherisch. Von Ostern 1895 ab besuchte ich das Kgl. Christianeum (Gymnasium) zu Altona, an dem ich Ostern 1904 das Abiturium bestand. Meine Neigung zu den mathematisch-physikalischen Fächern wurde bereits in den Unterklassen durch den vortrefflichen Unterricht des Herrn Prof. Lippelt geweckt, dem ich ebenso wie Herrn Prof. Dr. Eichler, dessen Schüler ich in den oberen Klassen war, großen Dank schulde. Ostern 1904 bezog ich die Universität Göttingen, um mich dem Studium der Mathematik, Physik und Chemie zu widmen. Ich bin dann mit Ausnahme zweier Semester (Ostern 1905 bis Ostern 1906), die ich an der Universität München zubrachte, dauernd an der Georgia Augusta immatrikuliert gewesen. Ich besuchte Vorlesungen, Uebungen und Praktika folgender Herren Professoren und Dozenten, denen allen ich für ihren fördernden Unterricht meinen ehrerbietigsten und herzlichen Dank ausspreche:

in Göttingen: Baumann, Biltz, Carathéodory, Hilbert, Husserl, Klein, Koebe, Liebisch, Minkowski, G. E. Müller, Riecke, Vischer, Voigt, Wallach, Wiechert, Zermelo;

in München: v. Aster, v. Baeyer, Brunn, Graetz, Korn, Lipps, Pringsheim, Voll, Voß.

Insbesondere bin ich Herrn Geheimrat Hilbert, der von meinem ersten Semester an durch seine Publikationen, Vorlesungen und persönlichen Ratschläge für den Gang meines Studiums von entscheidendstem Einfluß gewesen ist und dem ich auch die Anregung zu der vorliegenden Arbeit verdanke, zu unauslöschlichem Dank verpflichtet.

2.

Über die Konvergenz von Reihen, die nach periodischen Funktionen fortschreiten (F. Jerosch und H. Weyl)

Mathematische Annalen 66, 67—80 (1908)

§ 1.

Hilfssatz über die Beschränktheit von Funktionsfolgen.

Das nächste Ziel der folgenden Untersuchung ist es, zu entscheiden, unter welchen Voraussetzungen über die Größenordnung der Koeffizienten c_n, $\bar{c}_n$ eine trigonometrische Reihe

$$\frac{c_0}{2} + c_1 \cos x + c_2 \cos 2x + c_3 \cos 3x + \cdots$$
$$+ \bar{c}_1 \sin x + \bar{c}_2 \sin 2x + \bar{c}_3 \sin 3x + \cdots$$

für alle Werte der Variablen x mit Ausnahme solcher, die einer Menge vom Maße 0**) angehören, konvergiert.***) Wir bedürfen dazu eines Satzes über die Beschränktheit einer einfach unendlichen Reihe von periodischen Funktionen.

Es liege eine unendliche Folge

$$F_1(x),\ F_2(x),\ F_3(x),\ \cdots$$

---

*) Herr Fritz Jerosch, Student der Mathematik in Göttingen, hatte im August 1907 eine Note über den Gegenstand dieser Arbeit bei den Annalen eingereicht. Er war damit beschäftigt, sie umzugestalten und zu erweitern, als er plötzlich infolge einer Operation verstarb. Herr Weyl hatte die Freundlichkeit, auf Grund der nachgelassenen Papiere des Herrn Jerosch die vorliegende Bearbeitung auszuführen.

D. Red. d. Math. Ann.

**) Zur Definition des Begriffes „Maß" (mesure) vgl. Lebesgue, Leçons sur l'intégration (Paris 1904), pag. 102 ff., Leçons sur les séries trigonométriques (Paris 1906), pag. 8.

***) Die gleiche Fragestellung findet sich bereits bei Fatou, Séries trigonométriques et séries de Taylor, Acta Math. Bd. 30 (1906), pag. 337. Doch ist das dort ausgesprochene Ergebnis — Fatou gibt als hinreichende Bedingung $\underset{n=\infty}{L}\, nc_n = \underset{n=\infty}{L}\, n\bar{c}_n = 0$ an — weit weniger vollständig als das in § 2 der vorliegenden Note bewiesene.

stetiger Funktionen von der Periode 2π vor. Ist N irgend ein Index, so finden sich für jeden Wert von x unter den Zahlen

$$|F_1(x)|,\ |F_2(x)|,\ \cdots,\ |F_N(x)|$$

eine oder mehrere *größte;* der Index der ersten unter diesen größten (der eine Funktion von N und x ist), werde mit $(N; x)$ bezeichnet, so daß für alle N und alle x

$$|F_n(x)| \leqq |F_{(N;\,x)}(x)|, \quad \text{falls } n \leqq N,$$

gilt. Es ist leicht zu sehen, daß die Funktionen $F_{(N;\,x)}(x)$ von x gleichfalls stetig sind und die Periode 2π besitzen. Ist demnach δ irgend ein reeller positiver Exponent, so existieren die Integrale

$$\int_0^{2\pi} |F_{(N;\,x)}(x)|^\delta\, dx = J_N^{(\delta)} \quad \text{für} \quad N = 1, 2, 3, \cdots,$$

und der zu beweisende Hilfssatz lautet jetzt so:

Ist (für ein festes δ) die Zahlenfolge

(1) $$J_1^{(\delta)},\ J_2^{(\delta)},\ J_3^{(\delta)},\ \cdots$$

beschränkt, so ist die Menge $\mathfrak{M}_0$, die dadurch erklärt ist, daß ihr ein Wert x_0 des Intervalls $0 \cdots 2\pi$ dann und nur dann zugerechnet wird, falls die Wertefolge $F_1(x_0)$, $F_2(x_0)$, $F_3(x_0)$, $\cdots$ nicht beschränkt ist, vom Maße 0.

In der Tat: ist etwa

$$J_N^{(\delta)} \leqq H^\delta \quad \text{für alle } N,$$

und verstehen wir unter A irgend eine positive Zahl, so beträgt das Maß $m(\mathfrak{A}_N)$ derjenigen Punktmenge $\mathfrak{A}_N$ des Intervalls $0 \leqq x \leqq 2\pi$, in welcher $|F_{(N;\,x)}(x)| > A$ ist, höchstens $\left(\frac{H}{A}\right)^\delta$, da notwendig

$$\int_0^{2\pi} |F_{(N;\,x)}(x)|^\delta\, dx \geqq A^\delta \cdot m(\mathfrak{A}_N)$$

wird. Nun ist aber für jeden Wert von x

$$|F_{(1;\,x)}(x)| \leqq |F_{(2;\,x)}(x)| \leqq |F_{(3;\,x)}(x)| \leqq \cdots,$$

und mithin $\mathfrak{A}_1$ enthalten in $\mathfrak{A}_2$, $\mathfrak{A}_2$ enthalten in $\mathfrak{A}_3$ u. s. f.; folglich sind alle $\mathfrak{A}_N$ in einer Menge $\mathfrak{A}$ enthalten, für deren Maß $m(\mathfrak{A})$ die Ungleichung gilt:

$$m(\mathfrak{A}) \leqq \left(\frac{H}{A}\right)^\delta.$$

Das heißt aber, daß die Menge derjenigen Punkte x des Intervalls $0 \cdots 2\pi$, in denen *irgend eine* der Funktionen $|F_1(x)|$, $|F_2(x)|$, $\cdots$ die

Zahl A übersteigt, höchstens das Maß $\left(\frac{H}{A}\right)^{\delta}$ besitzt. Daraus ergibt sich die Richtigkeit unserer Behauptung.

Für die Zwecke des § 3 ist es erforderlich, eine gewisse Erweiterung dieses Hilfssatzes auf zweifach unendliche Funktionsfolgen vorzunehmen. Indem wir die obigen Bezeichnungen beibehalten, aber jetzt unter δ insbesondere einen positiven Exponenten $\leqq 1$ verstehen, unter $a_1, a_2, a_3, \cdots$ aber irgendwelche reelle Zahlen, für welche die Summe

$$\sum_{k=1}^{\infty} |a_k|^{\delta}, \quad \text{mithin auch} \quad \sum_{k=1}^{\infty} |a_k|$$

konvergiert, setzen wir

$$G_{m,n}(x) = \sum_{k=1}^{m} a_k F_n(kx).$$

Hilfssatz: *Ist für einen positiven Exponenten* δ *der angegebenen Art die Folge* (1) *beschränkt, so machen diejenigen Stellen* x, *für die die abzählbar-unendlichvielen Werte* $G_{m,n}(x)$ $(m, n = 1, 2, 3, \cdots)$ *nicht zwischen endlichen Grenzen bleiben, wiederum nur eine Menge vom Maße* 0 *aus.*

Es ist nämlich

$$(2) \qquad |G_{m,n}(x)| \leqq \sum_{k=1}^{M} |a_k| \cdot |F_{(N;\,kx)}(kx)|, \quad \text{falls} \quad m \leqq M,\ n \leqq N,$$

ferner

$$(3) \qquad \left(\sum_{k=1}^{M} |a_k| \cdot |F_{(N;\,kx)}(kx)|\right)^{\delta} \leqq \sum_{k=1}^{M} |a_k|^{\delta} \cdot |F_{(N;\,kx)}(kx)|^{\delta},$$

und daher, wenn wir das Integral des auf der linken Seite von (3) stehenden Ausdrucks nach x im Intervall $0 \leqq x \leqq 2\pi$ mit $J_{M,N}^{(\delta)}$ bezeichnen und bedenken, daß

$$\int_0^{2\pi} |F_{(N;\,kx)}(kx)|^{\delta}\, dx = \frac{1}{k}\int_0^{2\pi k} |F_{(N;\,x)}(x)|^{\delta}\, dx = \int_0^{2\pi} |F_{(N;\,x)}(x)|^{\delta}\, dx$$

ist,

$$J_{M,N}^{(\delta)} \leqq \sum_{k=1}^{M} |a_k|^{\delta} \cdot \int_0^{2\pi} |F_{(N;\,x)}(x)|^{\delta}\, dx \leqq H^{\delta} \cdot \sum_{k=1}^{\infty} |a_k|^{\delta};$$

d. h. unter den gemachten Annahmen ist auch die Zahlenmenge der $J_{M,N}^{(\delta)}$ (bei festem δ) beschränkt, und daraus folgt, indem wir den ersten Hilfssatz statt auf die $F_n(x)$ nunmehr auf die doppelte Folge der $G_{m,n}(x)$ anwenden, die zu beweisende Tatsache.

§ 2.

Satz über die Konvergenz einer trigonometrischen Reihe.

Wir beschränken uns beim Ausspruch und Beweis des angekündigten Satzes über die Konvergenz trigonometrischer Entwicklungen auf eine bloße Cosinus-Reihe.

Satz: *Eine Reihe*

$$c_1 \cos x + c_2 \cos 2x + c_3 \cos 3x + \cdots$$

konvergiert für alle Werte x *mit Ausnahme solcher, die einer gewissen Menge* $\mathfrak{M}$ *vom Maße* 0 *angehören, falls sich eine positive Zahl* C *und ein Exponent* $\gamma > \frac{2}{3}$ *angeben lassen, so daß für alle* n

$$|c_n| \leqq \frac{C}{n^\gamma}$$

ist.

Wir setzen

$$F_n(x) = c_1 \cos x + c_2 \cos 2x + \cdots + c_n \cos nx$$

und wenden auf die hiermit gewonnene Funktionsfolge

$$F_n(x) \qquad (n = 1, 2, 3, \cdots)$$

den ersten Hilfssatz und die Bezeichnungen des vorigen Paragraphen an, um *auf solche Art zunächst zu beweisen, daß diejenigen Werte* x *des Intervalls* $0 \leqq x \leqq 2\pi$, *für die jene sukzessiven Partialsummen keine beschränkte Zahlenreihe bilden, eine Menge* $\mathfrak{M}_0$ *vom Maße* 0 *ausmachen.* Dazu ist es nötig, einen positiven Exponenten δ so ausfindig zu machen, daß die Reihe der Integrale $J_N^{(\delta)}$ für alle N unterhalb einer endlichen Grenze bleibt.

Unter den Voraussetzungen des Theorems existiert die Quadratsumme

$$c_1^2 + c_2^2 + c_3^2 + \cdots,$$

und es gibt infolgedessen, wenn wir den Integralbegriff in dem von Lebesgue aufgestellten Sinne*) nehmen, nach einem von den Herren Riesz und Fischer bewiesenen Satz**) eine samt ihrem Quadrat integrierbare Funktion $F(x)$, so daß

$$\frac{1}{\pi}\int_0^{2\pi} F(x) \cos nx \, dx = c_n$$

und

$$\pi \cdot \sum_{k=1}^{\infty} c_k^2 = \int_0^{2\pi} (F(x))^2 \, dx$$

---

*) Leç. sur l'intégration pag. 98 ff. — Leç. s. l. sér. trigonom. pag. 10 f.

**) Riesz, Gött. Nachr. (Math.-phys. Klasse) 1907, pag. 116. — Fischer, Comptes Rendus, Bd. 144, p. 1022 (13. Mai 1907).

ist. Wir schreiben noch

$$F(x) - F_n(x) = D_n(x);$$

dann gilt

$$\int_0^{2\pi} (D_n(x))^2\, dx = \pi \cdot \sum_{h=n+1}^{\infty} c_h^2.$$

Das Maß $m(\mathfrak{E}_n)$ derjenigen Menge $\mathfrak{E}_n$ im Intervall $0 \cdots 2\pi$, in welcher $|D_n(x)| \geqq 1$ ist, genügt wegen dieser Gleichung der Bedingung

$$(4) \qquad m(\mathfrak{E}_n) \leqq \pi \cdot \sum_{h=n+1}^{\infty} c_h^2 \leqq \pi C^2 \cdot \sum_{h=n+1}^{\infty} \frac{1}{h^{2\gamma}} < \pi C^2 \cdot \int_n^{\infty} \frac{dx}{x^{2\gamma}} = \frac{\pi C^2}{2\gamma - 1} n^{-(2\gamma-1)}.$$

Bedeutet für eine positive Zahl a allgemein $[a]$ die größte ganze Zahl, welche a nicht übersteigt, so schreiben wir jetzt

$$n_1 = 1,$$
$$n_2 = n_1 + [n_1^\gamma],$$
$$n_3 = n_2 + [n_2^\gamma],$$
$$\cdot \quad \cdot \quad \cdot \quad \cdot \quad \cdot \quad \cdot \quad \cdot$$

Um das Integral

$$\int_0^{2\pi} |F_{(N;x)}(x)|^\delta\, dx$$

zu berechnen, teilen wir das Intervall $0 \cdots 2\pi$ (mit Bezug auf den Index N) in eine endliche Anzahl meßbarer Punktmengen $\mathfrak{R}_1, \mathfrak{R}_2, \cdots, \mathfrak{R}_p$. Dabei rechnen wir einen Punkt x des Intervalls dann und nur dann zu $\mathfrak{R}_k$, falls

$$n_k \leqq (N; x) < n_{k+1}$$

ist, und es bedeutet p den letzten unter den Indizes k, für welche $n_k \leqq N$ ausfällt. Alsdann wird

$$(5) \qquad \int_0^{2\pi} |F_{(N;x)}(x)|^\delta\, dx = \int_{\mathfrak{R}_1} + \int_{\mathfrak{R}_2} + \cdots + \int_{\mathfrak{R}_p},$$

wobei allgemein unter $\int_{\mathfrak{R}_k}$ das über $\mathfrak{R}_k$ zu erstreckende (Lebesguesche) Integral von $|F_{(N;x)}(x)|^\delta$ zu verstehen ist. Ein in $\mathfrak{R}_k$ enthaltener Wert x gehört entweder $\mathfrak{E}_{n_k}$ an, falls nämlich $|D_{n_k}(x)| \geqq 1$ ist, oder es gilt für jenen Wert x die Ungleichung $|D_{n_k}(x)| < 1$; im letzten Fall ist aber, da für Werte x aus $\mathfrak{R}_k$

$$0 \leqq (N; x) - n_k < n_{k+1} - n_k \leqq n_k^\gamma$$

ist,

$$|D_{(N;x)}(x) - D_{n_k}(x)| = \left|\sum_{\nu=n_k+1}^{(N;x)} c_\nu \cos \nu x\right| \leqq \sum_{\nu=n_k+1}^{(N;x)} |c_\nu|$$

$$\leqq \frac{C}{n_k^\gamma} \{(N;x) - n_k\} < C,$$

und mithin

$$|D_{(N;x)}(x)| < 1 + C.$$

Für Werte x, die $\mathfrak{R}_k$, aber nicht $\mathfrak{E}_{n_k}$ angehören, ist demnach

$$|F_{(N;x)}(x)| < 1 + C + |F(x)|,$$

und falls der Exponent $\delta \leqq 1$ ist, um so mehr

$$|F_{(N;x)}(x)|^\delta < 1 + C + |F(x)|.$$

Aus dieser Überlegung folgt für das in (5) auftretende Integral über $\mathfrak{R}_k$ die Ungleichung

$$\left|\int\limits_{\mathfrak{R}_k}\right| \leqq \int\limits_{(\mathfrak{R}_k,\, \mathfrak{E}_{n_k})} |F_{(N;x)}(x)|^\delta\, dx + \int\limits_{\mathfrak{R}_k} (1 + C + |F(x)|)\, dx,$$

in der $(\mathfrak{R}_k, \mathfrak{E}_{n_k})$ den „Durchschnitt" der beiden eingeklammerten Mengen bezeichnet.

Sind die Zahlen $H_1, H_2, \cdots$ so gewählt, daß für alle Indizes $n < n_{k+1}$ und alle Werte x

$$|F_n(x)| \leqq H_k$$

wird, so ist im Bereiche der Menge $\mathfrak{R}_k$

$$|F_{(N;x)}(x)| \leqq H_k,$$

und folglich

(6) $$\left|\int\limits_{\mathfrak{R}_k}\right| \leqq H_k^\delta \cdot m(\mathfrak{E}_{n_k}) + \int\limits_{(\mathfrak{R}_k)} (1 + C + |F(x)|)\, dx.$$

Führen wir diese Abschätzung in (5) ein, so kommt

$$\int\limits_0^{2\pi} |F_{(N;x)}(x)|^\delta\, dx \leqq \sum_{k=1}^{p} H_k^\delta \cdot m(\mathfrak{E}_{n_k}) + 2\pi(1 + C) + \int\limits_0^{2\pi} |F(x)|\, dx.$$

Daß die Integrale

$$J_N^{(\delta)} = \int\limits_0^{2\pi} |F_{(N;x)}(x)|^\delta\, dx$$

eine beschränkte Folge bilden, wird also bewiesen sein, falls gezeigt wird, daß die unendliche Reihe

(7) $$H_1^\delta \cdot m(\mathfrak{E}_{n_1}) + H_2^\delta \cdot m(\mathfrak{E}_{n}) + \cdots$$

konvergiert.

Wenn $n < n_{k+1}$ ist, gilt

$$|F_n(x)| \leqq C\left(\frac{1}{1^\gamma} + \frac{1}{2^\gamma} + \cdots + \frac{1}{n_{k+1}^\gamma}\right) \leqq C\left(1 + \int_1^{n_{k+1}} \frac{dx}{x^\gamma}\right) \leqq \frac{C}{1-\gamma}\, n_{k+1}^{1-\gamma};$$

dabei ist noch, was selbstverständlich geschehen kann, $\gamma < 1$ angenommen; denn ist unser Satz für einen gewissen Wert $\gamma = \gamma_0 > \frac{2}{3}$ bewiesen, so gilt er a fortiori für alle Exponenten $\gamma > \gamma_0$. Da

$$n_{k+1}^{1-\gamma} \leqq (2n_k)^{1-\gamma} < 2 \cdot n_k^{1-\gamma}$$

ist, darf in der Abschätzungsformel (6)

$$H_k = \frac{2C}{1-\gamma} \cdot n_k^{1-\gamma}$$

genommen werden. Geschieht dies, so ist zufolge der Ungleichung (4) die Konvergenz von (7) sichergestellt, falls die Reihe

$$\sum_{k=1}^{\infty} n_k^{(1-\gamma)\delta - (2\gamma - 1)}$$

konvergiert. Wird

$$\lambda = (2\gamma - 1) - (1-\gamma)\delta$$

gesetzt, so ist dazu notwendig und hinreichend, daß

(8) $$\lambda + \gamma > 1$$

ausfällt. Denn aus

$$\frac{n_{k+1} - n_k}{n_{k+1}^{\lambda+\gamma}} \leqq \sum_{m=n_k}^{n_{k+1}-1} \frac{1}{m^{\lambda+\gamma}} \leqq \frac{n_{k+1} - n_k}{n_k^{\lambda+\gamma}},$$

$$n_{k+1} - n_k \leqq n_k^\gamma < n_{k+1} - n_k + 1$$

folgen die Ungleichungen

$$\sum_{m=1}^{\infty} \frac{1}{m^{\lambda+\gamma}} \leqq \sum_{k=1}^{\infty} \frac{1}{n_k^\lambda} \leqq 2^{1+\lambda+\gamma} \sum_{m=1}^{\infty} \frac{1}{m^{\lambda+\gamma}}.$$

Die Bedingung (8) läßt sich in der Form schreiben

(9) $$\gamma > \frac{2+\delta}{3+\delta}.$$

Da $\gamma > \frac{2}{3}$ ist, kann stets ein positiver Exponent $\delta \leqq 1$ gefunden werden, für den die Beziehung (9) erfüllt ist, z. B. $\delta = 3\gamma - 2$. Die Zahlenfolge

$$J_1^{(3\gamma-2)},\; J_2^{(3\gamma-2)},\; J_3^{(3\gamma-2)},\; \ldots$$

stellt sich demnach als beschränkt heraus, und *daraus folgt nach dem in* § 1 *entwickelten Hilfssatz, daß unter den gegenwärtigen Voraussetzungen* *diejenigen Werte x, für welche die Reihe der Zahlen $F_1(x), F_2(x), \cdots$ nicht beschränkt ist, eine Menge $\mathfrak{M}_0$ vom Maße 0 bilden.*

Um nicht nur die Beschränktheit, sondern auch die Existenz des Limes $\underset{n=\infty}{L} F_n(x)$ einzusehen, machen wir Gebrauch von der *Abelschen Transformation**). Wir setzen

$$\bar{c}_n = c_n \cdot n^{\frac{1}{2}\left(\gamma - \frac{2}{3}\right)} = \frac{c_n}{\tau_n}.$$

Alsdann ist

$$|\bar{c}_n| \leqq \frac{C}{n^{\bar{\gamma}}},$$

wo $\bar{\gamma} = \frac{1}{2}\left(\gamma + \frac{2}{3}\right)$ ebenfalls noch größer als $\frac{2}{3}$ ist. Folglich gibt es, wenn wir das soeben gewonnene Resultat statt auf die Reihe mit den Koeffizienten c_n auf

$$\bar{c}_1 \cos x + \bar{c}_2 \cos 2x + \cdots$$

anwenden, eine Menge $\overline{\mathfrak{M}}_0 = \mathfrak{M}$ vom Maße 0 derart, daß, wenn x_0 irgend eine Zahl bedeutet, die $\mathfrak{M}$ nicht angehört, die Zahlen

$$\bar{F}_n(x_0) = \bar{c}_1 \cos x_0 + \bar{c}_2 \cos 2x_0 + \cdots + \bar{c}_n \cos nx_0 \quad (n = 1, 2, \cdots)$$

sämtlich absolut unterhalb einer von n unabhängigen endlichen Grenze A bleiben. Die Abelsche Transformation liefert

$$F_n(x_0) = \tau_1 \cdot \bar{c}_1 \cos x_0 + \cdots + \tau_n \cdot \bar{c}_n \cos nx_0$$
$$= \sum_{k=1}^{n-1} (\tau_k - \tau_{k+1}) \bar{F}_k(x_0) + \tau_n \bar{F}_n(x_0).$$

Da nach Definition

$$\tau_1 > \tau_2 > \tau_3 > \cdots, \qquad \underset{n=\infty}{L} \tau_n = 0$$

ist, folgt, daß die Reihe

$$\sum_{k=1}^{\infty} (\tau_k - \tau_{k+1}) \bar{F}_k(x_0) = f(x_0)$$

absolut konvergiert, und es gilt

$$|F_n(x_0) - f(x_0)| < 2A\tau_n,$$

mithin

$$\underset{n=\infty}{L} F_n(x_0) = f(x_0).$$

Damit ist aber bewiesen, daß die Reihe

(10) $$c_1 \cos x + c_2 \cos 2x + \cdots$$

konvergiert außer für Werte x, die der oben definierten Menge $\mathfrak{M}$ angehören.

---

*) Vgl. Lebesgue, Leç. s. l. sér. trigonom., pag. 38 f.

Aus dem Gang des Beweises läßt sich noch schließen, daß zu einer beliebigen positiven Zahl ε eine im Intervall $0 \cdots 2\pi$ gelegene Menge $\mathfrak{N}_\varepsilon$ angegeben werden kann, deren Maß $2\pi - \varepsilon$ übersteigt und welche von solcher Art ist, daß im Gebiet $\mathfrak{N}_\varepsilon$ die Reihe (10) *gleichmäßig* konvergiert. Daraus folgt offenbar

$$\underset{n=\infty}{L} \int_{\mathfrak{N}_\varepsilon} (f(x) - F_n(x))^2 \, dx = 0.$$

Da aber

$$\int_{\mathfrak{N}_\varepsilon} (F(x) - F_n(x))^2 \, dx \leqq \frac{\pi C^2}{2\gamma - 1} n^{-(2\gamma-1)}$$

ist, ergibt sich

$$\int_{\mathfrak{N}_\varepsilon} (f(x) - F(x))^2 \, dx = 0.$$

Mithin besteht die Gleichung

$$f(x) = F(x)$$

im ganzen Intervall $0 \leqq x \leqq 2\pi$ mit Ausnahme einer Menge, die höchstens das Maß ε besitzt. Da aber ε beliebig angenommen werden kann, gilt jene Gleichung überall mit Ausnahme einer Menge in x vom Maße 0. Daraus folgt endlich

$$\frac{1}{\pi} \int_0^{2\pi} f(x) \cos nx \, dx = \frac{1}{\pi} \int_0^{2\pi} F(x) \cos nx \, dx = c_n.$$

Bezeichnen wir demnach den Wert der Reihe (10) *an den Stellen ihrer Konvergenz mit* $f(x)$ *und definieren* $f(x)$ *für die übrigen Werte durch* $f(x) = 0$, *so sind die* $c_1, c_2, \cdots$ *die sukzessiven Fourierkoeffizienten der Funktion* $f(x)$ (falls die Integrale im Lebesgueschen Sinne genommen werden).

§ 3.

Reihen, die nach periodischen Funktionen fortschreiten.

In diesem Paragraphen sollen die Untersuchungen des vorigen dahin verallgemeinert werden, daß an Stelle der Funktion $\cos x$ eine stetige Funktion $\varphi(x)$ von der Periode 2π tritt, für die das Integral

$$\int_0^{2\pi} \varphi(x) \, dx = 0$$

wird. *Wir nehmen dabei an, daß* $\varphi(x)$ *in eine trigonometrische Reihe entwickelbar sei:*

$$(11)\qquad \varphi(x) = a_1 \cos x + a_2 \cos 2x + \cdots + b_1 \sin x + b_2 \sin 2x + \cdots,$$

und zwar so, daß für einen gewissen positiven Exponenten $\delta \leqq 1$ *die beiden Summen*

$$\sum_{k=1}^{\infty} |a_k|^\delta, \qquad \sum_{k=1}^{\infty} |b_k|^\delta$$

konvergent sind. Die Reihe (11), durch welche $\varphi(x)$ dargestellt wird, konvergiert alsdann absolut und gleichmäßig im Intervall $0 \leqq x \leqq 2\pi$. Der Einfachheit halber setzen wir noch $\varphi(x)$ als eine gerade Funktion voraus, so daß aus der Entwicklung die sin-Glieder fortfallen.

Wir untersuchen jetzt die Konvergenz der Reihe

$$(12)\qquad c_1 \varphi(1x) + c_2 \varphi(2x) + c_3 \varphi(3x) + \cdots,$$

in der die Koeffizienten c_n von solcher Art sind, daß eine positive Zahl C und ein Exponent $\gamma > \frac{2+\delta}{3+\delta}$ existieren, so daß für alle n

$$|c_n| \leqq \frac{C}{n^\gamma}$$

wird. Indem wir die Bezeichnungen einführen:

$$F_n(x) = c_1 \cos x + c_2 \cos 2x + \cdots + c_n \cos nx,$$

$$\varphi_n(x) = a_1 \cos x + a_2 \cos 2x + \cdots + a_n \cos nx,$$

$$G_{m,n}(x) = \sum_{k=1}^{m} a_k F_n(kx) = \sum_{k=1}^{m} \sum_{i=1}^{n} a_k c_i \cos(kix) = \sum_{i=1}^{n} c_i \varphi_m(ix)$$

und auf die $F_n(x)$ die im vorigen Paragraphen durchgeführten Überlegungen anwenden, erkennen wir aus dem zweiten der in § 1 bewiesenen Hilfssätze, daß *für jeden Wert x, der einer gewissen Menge* $\mathfrak{M}_0$ *vom Maße* 0 *nicht angehört, die doppelt unendliche Folge* $G_{m,n}(x)$ $(m, n = 1, 2, 3, \cdots)$ *absolut unterhalb einer (von x abhängigen) endlichen Grenze liegt.* Der Unterschied gegenüber dem § 2 besteht jetzt nur darin, daß der Exponent δ nicht mehr beliebig gewählt werden kann, sondern so beschaffen sein muß, daß $\sum |a_k|^\delta$ konvergiert.

Um aus diesem Resultat die Konvergenz von (12) zu erschließen, machen wir wiederum Gebrauch von der Abelschen Transformation. Wir bestimmen zunächst, was leicht geschehen kann, eine Reihe positiver, abnehmender, gegen 0 konvergierender Zahlen $\sigma_1, \sigma_2, \sigma_3, \cdots$, so daß für die Zahlen

$$\bar{a}_n = \frac{a_n}{\sigma_n}$$

die unendliche Summe $\sum_{k=1}^{\infty} |\bar{a}_k|^\delta$ noch konvergiert*). Ferner setzen wir, analog wie in § 2,

$$\tau_n = n^{\frac{1}{2}\left(\frac{2+\delta}{3+\delta} - \gamma\right)},$$

$$\bar{c}_n = \frac{c_n}{\tau_n}.$$

Mit Bezug auf die Zahlen

$$\bar{G}_{m,n}(x) = \sum_{k=1}^{m} \sum_{i=1}^{n} \bar{a}_k \bar{c}_i \cos(kix)$$

gilt dann der Satz, daß diejenigen Werte x, für welche unter den Zahlen $\bar{G}_{m,n}(x)$ $(m, n = 1, 2, 3, \cdots)$ beliebig große vorkommen, wiederum nur eine Menge $\mathfrak{M}$ vom Maße 0 bilden. Ist x_0 ein bestimmter Wert, der $\mathfrak{M}$ nicht angehört, so gibt es also eine Zahl A, so daß für alle m und n

$$|\bar{G}_{m,n}(x_0)| < A$$

ist. Doppelte Anwendung der Abelschen Transformation liefert

$$\begin{aligned} G_{m,n}(x_0) &= \sum_{k=1}^{m} \sum_{i=1}^{n} [\sigma_k \cdot \tau_i \cdot \bar{a}_k \bar{c}_i \cos(kix_0)] \\ &= \sum_{k=1}^{m-1} \sum_{i=1}^{n-1} (\sigma_k - \sigma_{k+1})(\tau_i - \tau_{i+1}) \bar{G}_{k,i}(x_0) \\ &+ \sigma_m \sum_{i=1}^{n-1} (\tau_i - \tau_{i+1}) \bar{G}_{m,i}(x_0) + \tau_n \sum_{k=1}^{m-1} (\sigma_k - \sigma_{k+1}) \bar{G}_{k,n}(x_0) \\ &+ \sigma_m \tau_n \bar{G}_{m,n}(x_0). \end{aligned}$$

---

*) Bedeutet A die Summe

$$\sum_{k=1}^{\infty} |a_k|^\delta$$

und setzt man

$$r_0 = 1, \quad r_n = 1 - \frac{1}{\mathsf{A}} \sum_{k=1}^{n} |a_k|^\delta \qquad (n = 1, 2, \cdots),$$

so sind die obigen Bedingungen erfüllt, wenn man

$$\sigma_n = (\sqrt{r_{n-1}} + \sqrt{r_n})^{\frac{1}{\delta}}$$

wählt, da dann offenbar

$$|\bar{a}_n|^\delta = \mathsf{A}[\sqrt{r_{n-1}} - \sqrt{r_n}]$$

und folglich

$$\sum_{k=1}^{\infty} |\bar{a}_k|^\delta = \mathsf{A}$$

wird. Auch ist

$$\sigma_1 \geqq \sigma_2 \geqq \sigma_3 \geqq \cdots \quad \text{und} \quad \underset{n=\infty}{L} \sigma_n = 0.$$

Bezeichnet man den Wert der absolut konvergenten Reihe

$$\sum_{\substack{k=1,2,\ldots \\ i=1,2,\ldots}} (\sigma_k - \sigma_{k+1})(\tau_i - \tau_{i+1}) \overline{G}_{k,i}(x_0)$$

mit $g(x_0)$, so folgt hieraus

$$|G_{m,n}(x_0) - g(x_0)| < 2A(\sigma_1 \tau_n + \sigma_m \tau_1 - \sigma_m \tau_n),$$

mithin

$$\underset{\substack{m=\infty \\ n=\infty}}{L} G_{m,n}(x_0) = g(x_0).$$

Da aber

$$\underset{m=\infty}{L} G_{m,n}(x_0) = \sum_{i=1}^{n} c_i \varphi(i x_0)$$

existiert, ergibt sich hieraus insbesondere

$$c_1 \varphi(1 \cdot x_0) + c_2 \varphi(2 \cdot x_0) + \cdots = \underset{n=\infty}{L} \; \underset{m=\infty}{L} G_{m,n}(x_0) = g(x_0).$$

Das Resultat fassen wir in den folgenden Satz zusammen:

Theorem. *Ist $\varphi(x)$ eine stetige Funktion von der Periode 2π, welche in eine Fourierreihe ohne konstantes Glied*

$$\begin{aligned} \varphi(x) = a_1 \cos x + a_2 \cos 2x + \cdots \\ + b_1 \sin x + b_2 \sin 2x + \cdots \end{aligned}$$

entwickelt werden kann, deren Koeffizienten von solcher Art sind, daß

$$\sum_{k=1}^{\infty} |a_k|^{\delta}, \qquad \sum_{k=1}^{\infty} |b_k|^{\delta}$$

für einen Exponenten $\delta > 0$ und $\leqq 1$ konvergieren, so konvergiert eine Reihe

$$c_1 \varphi(1 \cdot x) + c_2 \varphi(2 \cdot x) + c_3 \varphi(3 \cdot x) + \cdots$$

für alle Werte x mit Ausnahme solcher, die einer gewissen Menge $\mathfrak{M}$ vom Maße 0 angehören, falls es eine Zahl $\gamma > \frac{2+\delta}{3+\delta}$ gibt, so daß $c_n \cdot n^{\gamma}$ für alle n absolut unterhalb einer endlichen Grenze liegt.

Wir erwähnen einige spezielle Fälle. Ist $\varphi(x)$ eine Funktion von der Periode 2π, für welche $\int_0^{2\pi} \varphi(x)\, dx = 0$ ist, und

1) $\varphi(x)$ in eine absolut konvergente Fourierreihe entwickelbar, so ist die Bedingung unseres Theorems für $\delta = 1$ erfüllt, und demnach genügt zur Konvergenz der Reihe (12) die Voraussetzung $|c_n| \leqq \frac{C}{n^{\frac{3}{4}+\varepsilon}}$ $(\varepsilon > 0)$;

2) $\varphi(x)$ ν-mal stetig differenzierbar ($\nu \geqq 1$), so ist $\varphi(x)$ sicherlich in eine Fouriersche Reihe ohne konstantes Glied (deren Koeffizienten wieder a_n, b_n heißen mögen) entwickelbar, und es konvergiert

$$\sum_{k=1}^{\infty} (k^\nu a_k)^2 + \sum_{k=1}^{\infty} (k^\nu b_k)^2 = \frac{1}{\pi} \cdot \int_0^{2\pi} \left(\frac{d^\nu f(x)}{dx^\nu}\right)^2 dx.$$

Daraus schließen wir, daß auch

$$\sum_{k=1}^{\infty} |a_k|^{\frac{2}{1+2\nu}+\varepsilon} \qquad \text{(für beliebiges } \varepsilon > 0)$$

konvergiert. Scheiden wir nämlich die Indizes k in zwei Klassen k', k'', so daß allgemein

$$|a_{k'}|^{\frac{2}{1+2\nu}} \leqq \frac{1}{k'}, \quad \text{hingegen} \quad |a_{k''}|^{\frac{2}{1+2\nu}} > \frac{1}{k''}$$

wird, so ist

$$\sum_{(k')} |a_{k'}|^{\frac{2}{1+2\nu}+\varepsilon} \leqq \sum_{(k')} \left(\frac{1}{k'}\right)^{1+\frac{(1+2\nu)\varepsilon}{2}}$$

konvergent, aber auch

$$\sum_{(k'')} |a_{k''}|^{\frac{2}{1+2\nu}+\varepsilon} = \sum_{(k'')} |a_{k''}|^{\varepsilon} \cdot |a_{k''}|^{2\left(1-\frac{2\nu}{1+2\nu}\right)} \leqq \sum_{(k'')} |a_{k''}|^{\varepsilon} \{a_{k''}(k'')^\nu\}^2.$$

Zur Konvergenz von (12) ist im gegenwärtigen Fall hinreichend, daß

$$|c_n| \leqq \frac{C}{n^{\gamma_\nu+\varepsilon}} \text{ wird; wo } \gamma_\nu = \frac{2+\frac{4}{2\nu}}{3+\frac{5}{2\nu}}, \ \varepsilon > 0 \text{ ist; z. B.}$$

$$\gamma_1 = \frac{8}{11} = 0{,}727\cdots; \quad \gamma_2 = \frac{12}{17} = 0{,}705\cdots; \quad \gamma_3 = \frac{16}{23} = 0{,}695\cdots; \quad \text{usw.}$$

Weiß man, daß der ν^{te} Differentialquotient nicht nur stetig, sondern auch von beschränkter Schwankung ist, so erschließt man leicht die Ungleichung

$$|a_n| \leqq \frac{A_0}{n^{\nu+1}},$$

in der A_0 nicht von n abhängt. Die Konvergenzbedingung lautet

$$|c_n| \leqq \frac{C}{n^{\gamma_\nu^*+\varepsilon}} \ (\varepsilon > 0),$$

wo

$$\gamma_\nu^* = \frac{2 + \frac{1}{\nu + 1}}{3 + \frac{1}{\nu + 1}}$$

ist, z. B.

$$\gamma_1^* = \frac{5}{7} = 0{,}714\cdots; \quad \gamma_2^* = \frac{7}{10} = 0{,}700\cdots; \quad \text{usw.};$$

3) $\varphi(x)$ beliebig oft differenzierbar, so genügt zur Konvergenz der Reihe (12), daß $|c_n| \leqq \frac{C}{n^{\frac{2}{3}+\varepsilon}}$ $(\varepsilon > 0)$ ist. In diesem letzten Fall erhalten wir also dasselbe Kriterium, das wir in § 2 für $\varphi(x) = \cos x$ abgeleitet hatten.

3.

Singuläre Integralgleichungen

Mathematische Annalen 66, 273—324 (1908)

I. Teil·

Theorie der Integralgleichungen mit beschränktem Kern.

Von Herrn Hilbert ist als erstem zur Behandlung der Theorie der Integralgleichung**)

$$f(s) = \varphi(s) - \lambda \int_a^b K(s,t)\, \varphi(t)\, dt,$$

in welcher $f(s)$ und der „Kern" $K(s,t)$ gegebene Funktionen sind, die *Methode der unendlichvielen Variablen* mit großem Erfolg angewandt worden. Diese Methode ist aber, wie im folgenden gezeigt werden soll, keineswegs auf die von Hilbert in der fünften Mitteilung vorzugsweise untersuchten stetigen Kerne beschränkt, sondern führt auch in gewissen allgemeineren Fällen zu interessanten Ergebnissen. Es muß dazu zunächst an einige Tatsachen aus der Theorie der Bilinearformen mit unendlichvielen Variablen kurz erinnert werden.

Es sei jedem Paar natürlicher Zahlen p, q eine reelle Zahl a_{pq} zugeordnet. Existiert alsdann eine Zahl M, so daß für alle Wertsysteme $x_1, x_2, \ldots; y_1, y_2, \ldots,$ die den Bedingungen

(1) $$(x,x) = x_1^2 + x_2^2 + \cdots \leqq 1, \qquad (y,y) \leqq 1$$

genügen, und für alle n der „Abschnitt"

$$[A(x,y)]_n = \sum_{\substack{p=1,2,\ldots,n\\ q=1,2,\ldots,n}} a_{pq}\, x_p\, y_q$$

*) Die vorliegende Arbeit ist eine teils verkürzte, teils durch Zusätze vermehrte Umarbeitung meiner Inauguraldissertation „Singuläre Integralgleichungen, mit besonderer Berücksichtigung des Fourierschen Integraltheorems" (Göttingen 1908).

**) D. Hilbert, Grundzüge einer allgemeinen Theorie der linearen Integralgleichungen, 4. und 5. Mitteilung, Gött. Nachr. 1906.

dem absoluten Betrag nach unterhalb M bleibt, so existiert der Limes*)

$$\underset{n=\infty}{L}\,[A(x,y)]_n = A(x,y)$$

und stellt demnach eine im Gebiet (1) erklärte Funktion der unendlichvielen Variablen $x_1, x_2, \ldots; y_1, y_2, \ldots$ dar. Diese Funktion wird die mittels der Koeffizienten a_{pq} gebildete *beschränkte Bilinearform*

$$A(x,y) = \sum_{(p,q)} a_{pq}\, x_p\, y_q$$

genannt. Sind

$$A(x,y) = \sum_{(p,q)} a_{pq}\, x_p\, y_q, \qquad B(x,y) = \sum_{(p,q)} b_{pq}\, x_p\, y_q$$

irgend zwei beschränkte Bilinearformen, so konvergiert für jedes p, q die Reihe

$$c_{pq} = a_{p1} b_{1q} + a_{p2} b_{2q} + \cdots$$

absolut, und die mit diesen Koeffizienten c_{pq} gebildete Bilinearform, die durch das Symbol $AB(x,y)$ bezeichnet und die *Faltung* der Formen A und B genannt werde, ist gleichfalls beschränkt.**) Es läßt sich zeigen, daß für alle gemäß den Ungleichungen (1) in Betracht kommenden Werte der Variablen $x_1, x_2, \ldots; y_1, y_2, \ldots$ die Gleichung besteht***):

$$AB(x,y) = \sum_{(p)} [(a_{1p} x_1 + a_{2p} x_2 + \cdots)(b_{p1} y_1 + b_{p2} y_2 + \cdots)].$$

Da offenbar nach Definition, falls unter $E(x,y)$ die Form

$$(x,y) = x_1 y_1 + x_2 y_2 + \cdots$$

verstanden wird,

$$AE(x,y) = EA(x,y) = A(x,y)$$

ist, folgt daraus insbesondere, daß der Wert einer beschränkten Bilinearform durch reihen- oder kolonnenweise Summation berechnet werden kann:

$$A(x,y) = \sum_{(p)} \Big(\sum_{(q)} a_{pq}\, x_p y_q\Big) = \sum_{(q)} \Big(\sum_{(p)} a_{pq}\, x_p y_q\Big).$$

Der Beweis der angeführten Tatsachen stützt sich vor allem auf eine fundamentale Ungleichung, welche im wesentlichen besagt, daß aus den Ungleichungen (1)

$$\text{abs. } E(x,y) \leqq 1$$

folgt.

Ist

$$A(x,y) = \sum_{(p,q)} a_{pq}\, x_p\, y_q$$

*) Hilbert, 4. Mitt., pag. 178.

**) l. c., pag. 179.

***) Vergl. meine Dissertation, pag. 7 f.

eine beschränkte Bilinearform, so soll unter $A'(x, y)$ die mit den Koeffizienten

$$a'_{pq} = a_{qp}$$

gebildete Bilinearform verstanden werden. Herr O. Toeplitz hat gezeigt*), daß die notwendige und hinreichende Bedingung dafür, daß eine beschränkte Form $B(x, y)$ von der Art existiere, daß

$$AB(x, y) = (x, y)$$

wird, darin besteht, daß die Funktion $AA'(x, x)$, welche negativer Werte nicht fähig ist, für alle Werte der Variablen $x_1, x_2, \ldots$, deren Quadratsumme $(x, x) = 1$ ist, oberhalb einer von 0 verschiedenen positiven Zahl liegt.

Wir beabsichtigen jetzt, die Theorie der Integralgleichung

$$(2) \qquad f(s) = \varphi(s) - \lambda \int_0^\infty K(s, t)\, \varphi(t)\, dt \qquad (s \geqq 0)$$

zu entwickeln, wenn für den Kern $K(s, t)$ die folgenden Annahmen gemacht werden:

1) $K(s, t)$ ist für $s \geqq 0$, $t \geqq 0$ im allgemeinen definiert und stetig; es gibt nämlich *in jedem endlichen Gebiet* der s, t-Ebene höchstens eine endliche Anzahl monotoner stetiger Kurvenstücke, die sich in endlichvielen Punkten schneiden, und eine endliche Anzahl isolierter Punkte, längs deren und in denen $K(s, t)$ nicht definiert oder doch nicht stetig ist. Dabei ist noch angenommen, daß die Abszissen ev. vorkommender zur t-Achse paralleler singulärer Geradenstücke sich im Endlichen nirgends häufen.

2) Die durch

$$\int_0^\infty (K(s, t))^2\, dt = (k(s))^2, \qquad k(s) \geqq 0$$

erklärte Funktion $k(s)$ existiert und ist stetig außer für endlich- oder unendlichviele, jedenfalls aber *isolierte* singuläre Stellen $s = s_i$ $(i = 1, 2, \ldots)$. Unter die s_i haben wir uns insbesondere die Abszissen der unter 1) erwähnten, zur t-Achse parallelen singulären Geradenstücke aufgenommen zu denken.

3) Ist dann $s_0 \geqq 0$ irgend ein Wert, der von allen s_i $(i = 1, 2, \ldots)$ verschieden ist, so trifft die Gerade $s = s_0$ die singulären Kurven und Punkte nur in isoliert liegenden Punkten $t = \tau_i$. Bezeichnet $E(\omega)$ die Gesamtheit der Punkte $t \geqq 0$, welche einer der folgenden Ungleichungen genügen

$$|t - \tau_i| \leqq \frac{1}{\omega}, \quad t \geqq \omega, \qquad (i = 1, 2, \cdots)$$

*) Gött. Nachr. 1907, Sitzung vom 23. Februar.

so ist wegen der Stetigkeit von $k(s)$ für $s = s_0$

$$\underset{\substack{s=s_0 \\ \omega=\infty}}{L} \int_{E(\omega)} (K(s,t))^2\, dt = 0,$$

und daraus erschließen wir die Limesgleichung

$$\underset{s=s_0}{L} \int_0^\infty (K(s,t) - K(s_0,t))^2\, dt = 0,$$

welche mit Hilfe der sog. Schwarzschen Ungleichung

$$\left(\int_0^\infty f(s)\, g(s)\, ds\right)^2 \leqq \int_0^\infty (f(s))^2\, ds \cdot \int_0^\infty (g(s))^2\, ds$$

ergibt, daß für jede stetige, im Intervall $0 \cdots \infty$ quadratisch integrierbare Funktion $v(t)$ das Integral

$$\int_0^\infty K(s,t)\, v(t)\, dt$$

eine für $s \neq s_i$ stetige Funktion von s ist. Nehmen wir etwa an, daß

$$\int_0^\infty (v(t))^2\, dt = 1$$

ist, so wird

$$\left|\int_0^\infty K(s,t)\, v(t)\, dt\right| \leqq k(s).$$

Bezeichnet daher $u(s)$ eine stetige Funktion von der Art, daß das Integral

$$\int_0^\infty k(s)\, |u(s)|\, ds$$

existiert, so konvergiert a fortiori

$$\int_0^\infty \int_0^\infty K(s,t)\, u(s)\, v(t)\, dt\, ds.$$

Die *dritte Annahme*, die wir in betreff des Kernes $K(s,t)$ machen wollen, ist dann die, daß *dieses zweifache Integral für alle stetigen Funktionen* $u(s)$, $v(s)$, *für welche*

$$\int_0^\infty k(s)\, |u(s)|\, ds$$

existiert und

$$\int_0^\infty (u(s))^2\, ds = \int_0^\infty (v(s))^2\, ds = 1$$

ist, absolut unterhalb einer festen positiven Zahl M gelegen ist.

Ein Kern, der den drei soeben ausgesprochenen Voraussetzungen genügt, heiße ein *beschränkter Kern*.

Um die Integralgleichung (2) mit der Theorie der unendlichvielen Variablen in Zusammenhang zu bringen, bedienen wir uns nach dem Vorgange von Herrn Hilbert eines *vollständigen Systems orthogonaler Funktionen.**)

Unter einem solchen System für das Intervall $0 \leqq x \leqq 1$ versteht man eine Reihe stetiger Funktionen $\varphi_1(x), \varphi_2(x), \varphi_3(x), \ldots$, welche

I. die *Orthogonalitätsrelationen*

$$\int_0^1 \varphi_p(x)\, \varphi_q(x)\, dx = \begin{matrix} 0 & (p \neq q) \\ 1 & (p = q) \end{matrix}$$
$$(p, q = 1, 2, 3, \ldots)$$

und

II. die *Vollständigkeitsrelation*

$$\int_0^1 u(x)\, v(x)\, dx = \sum_{(p)} \left[\int_0^1 u(x)\, \varphi_p(x)\, dx \int_0^1 v(x)\, \varphi_p(x)\, dx \right]$$

für jedes Paar stetiger Funktionen $u(x), v(x)$ befriedigen. Die notwendige und hinreichende Bedingung für das Zutreffen der Vollständigkeitsrelation ist (unter Voraussetzung von I) die, daß sich zu jeder stetigen Funktion $u(x)$ und jeder positiven Zahl ε eine endliche Anzahl von Konstanten $c_1, c_2, \ldots, c_m$ angeben läßt derart, daß

$$\int_0^1 (u(x) - c_1 \varphi_1(x) - \cdots - c_m \varphi_m(x))^2 dx < \varepsilon$$

wird. Ist allgemeiner $u(x)$ eine Funktion, die stetig ist außer für endlichviele oder abzählbar-unendlichviele Werte der Unabhängigen x, die sich nur an der Stelle $x = 0$ häufen, existiert aber noch das Integral

$$\int_0^1 (u(x))^2 dx,$$

so läßt sich eine im ganzen Intervall stetige Funktion $u^*(x)$ angeben, für welche

$$\int_0^1 (u(x) - u^*(x))^2 dx < \varepsilon$$

ausfällt.**) Hieraus ist zu schließen, daß die Vollständigkeitsrelation II auch noch für je zwei Funktionen $u(x), v(x)$ gelten wird, welche von der eben von $u(x)$ vorausgesetzten allgemeineren Beschaffenheit sind. Führen wir an Stelle von x durch die Substitution

$$(4) \qquad x = \frac{1}{t+1} \qquad (t \geqq 0)$$

*) Hilbert, 5. Mitt., pag. 442.

**) Vergl. meine Diss., pag. 14 f.

die Variable t ein und setzen

$$\frac{1}{t+1} \cdot \varphi_p \left(\frac{1}{t+1}\right) = \Phi_p(t),$$

so erhalten wir außer den Beziehungen

$$\text{I*.} \qquad \int_0^\infty \Phi_p(t)\, \Phi_q(t)\, dt = \delta_{pq}$$

[δ_{pq} bedeutet, wie im folgenden stets, 0, falls $p \neq q$, 1, falls $p = q$ ist] die Vollständigkeitsrelation

$$\text{II*.} \qquad \int_0^\infty u(t)\, v(t)\, dt = \sum_{(p)} \left[\int_0^\infty u(t)\, \Phi_p(t)\, dt \int_0^\infty v(t)\, \Phi_p(t)\, dt\right],$$

gültig für irgend zwei im allgemeinen stetige Funktionen $u(t)$, $v(t)$, die quadratisch integrierbar sind. Dabei wird unter einer *„im allgemeinen stetigen"* Funktion eine solche verstanden, die für alle Werte von t mit Ausnahme gewisser isoliert liegender Stellen stetig ist.

Wir behandeln jetzt die umgekehrte Frage, wann aus der Konvergenz der Summe

$$\sum_{(p)} \left(\int_0^1 u(x)\, \varphi_p(x)\, dx\right)^2$$

für eine gewisse, nicht überall stetige Funktion $u(x)$ die Existenz des Integrals $\int_0^1 (u(x))^2\, dx$ erschlossen werden kann. Zu diesem Zweck gehen wir aus von unendlichvielen, im Intervall $0 \leqq x \leqq 1$ stetigen Funktionen $P_1(x)$, $P_2(x), \ldots$, die gestatten, durch Bildung endlicher Linearkombinationen

$$c_1 P_1(x) + c_2 P_2(x) + \cdots + c_m P_m(x)$$

mittels konstanter Koeffizienten $c_1, c_2, \cdots, c_m$ jede stetige Funktion*) gleichmäßig anzunähern (z. B. $P_p(x) = x^{p-1}$), und verstehen unter $\varrho(x)$ irgend eine stetige Funktion im Intervall $0 \cdots 1$, die höchstens für $x = 0$ verschwindet, für $x > 0$ hingegen positiv ist, und deren Maximum mit P bezeichnet werde. Wir bestimmen dann die Koeffizienten $\gamma_{11}, \gamma_{21}, \gamma_{22}$; $\gamma_{31}, \gamma_{32}, \gamma_{33}$; ... sukzessive so, daß die Funktionen

$$\varphi_1(x) = \varrho(x) \cdot \gamma_{11} P_1(x),$$
$$\varphi_2(x) = \varrho(x) (\gamma_{21} P_1(x) + \gamma_{22} P_2(x)),$$
$$\varphi_3(x) = \varrho(x) (\gamma_{31} P_1(x) + \gamma_{32} P_2(x) + \gamma_{33} P_3(x)),$$
$$\cdots\cdots\cdots\cdots\cdots\cdots$$

*) oder doch jede stetige Funktion, die in der Umgebung des Punktes $x = 0$ identisch Null ist.

die Orthogonalitätsrelationen I erfüllen.*) Ist nun $u(x)$ eine für $x > 0$ stetige Funktion von der Art, daß $\int_0^1 \varrho(x)\,|u(x)|\,dx$ und mithin die Integrale $\int_0^1 u(x)\,\varphi_p(x)\,dx$ existieren, und konvergiert ferner

$$\Big(\int_0^1 u(x)\,\varphi_1(x)\,dx\Big)^2 + \Big(\int_0^1 u(x)\,\varphi_2(x)\,dx\Big)^2 + \cdots = H^2,$$

so, behaupte ich, ist $u(x)$ im Intervall $0 \leqq x \leqq 1$ quadratisch integrierbar.

Seien ε, δ zwei positive Zahlen, so daß $\varepsilon + \delta < 1$. Wir setzen

$$\begin{aligned} u^*(x) &= 0 && (0 \leqq x < \varepsilon),\\ &= u(\varepsilon+\delta)\cdot\frac{x-\varepsilon}{\delta} && (\varepsilon \leqq x < \varepsilon+\delta),\\ &= u(x) && (\varepsilon+\delta \leqq x \leqq 1), \end{aligned}$$

bestimmen darauf zu der positiven Größe ζ die Zahl m und die Koeffizienten $c_1, \ldots, c_m$ so, daß

$$\left|\frac{u^*(x)}{\varrho(x)} - c_1 P_1(x) - \cdots - c_m P_m(x)\right| < \zeta$$

oder

$$|u^*(x) - \mathsf{Z}(x)| \leqq \zeta\,\varrho(x) \leqq \zeta \mathsf{P}$$

wird; hierin ist $\mathsf{Z}(x)$ eine endliche Linearkombination der $\varrho(x)\,P_p(x)$, also auch der $\varphi_p(x)$:

$$\mathsf{Z}(x) = \gamma_1\,\varphi_1(x) + \cdots + \gamma_m\,\varphi_m(x).$$

Daraus folgt

$$(5)\qquad \begin{aligned} \int_0^1 u(x)\,\mathsf{Z}(x)\,dx &= \gamma_1 \int_0^1 u(x)\,\varphi_1(x)\,dx + \cdots + \gamma_m \int_0^1 u(x)\,\varphi_m(x)\,dx\\ &\leqq H\sqrt{\gamma_1^2 + \cdots + \gamma_m^2} = H\cdot\sqrt{\int_0^1 (\mathsf{Z}(x))^2\,dx}. \end{aligned}$$

Es gelten ferner die Ungleichungen

$$(u^*(x))^2 - (\mathsf{Z}(x))^2 < \zeta\mathsf{P}\,(2M(\varepsilon) + \zeta\mathsf{P}),$$

wo

$$M(\varepsilon) = \operatorname*{Max.}_{\varepsilon \leqq x \leqq 1} |u(x)|$$

gesetzt ist, und

$$\left|\int_0^1 u(x)\,u^*(x)\,dx - \int_0^1 u(x)\,\mathsf{Z}(x)\,dx\right| \leqq \zeta \int_0^1 \varrho(x)\,|u(x)|\,dx.$$

---

*) Vergl. z. B. Hilbert, 5. Mitt., pag. 444.

Führt man sie in (5) ein und läßt dann ζ gegen 0 konvergieren, ohne ε und δ zu ändern, so erhält man

$$\int_0^1 u(x)\, u^*(x)\, dx \leqq H \sqrt{\int_0^1 (u^*(x))^2\, dx}. \tag{6}$$

Endlich ist

$$\left|\int_0^1 u(x)\, u^*(x)\, dx - \int_\varepsilon^1 (u(x))^2\, dx\right| \leqq 2\delta\,(M(\varepsilon))^2,$$

$$\left|\int_0^1 (u^*(x))^2\, dx - \int_\varepsilon^1 (u(x))^2\, dx\right| \leqq 2\delta\,(M(\varepsilon))^2.$$

Berücksichtigt man dies, so kann in (6) der Grenzübergang $L\delta = 0$ vollzogen werden, welcher

$$\int_\varepsilon^1 (u(x))^2\, dx \leqq H \sqrt{\int_\varepsilon^1 (u(x))^2\, dx}$$

ergibt. Diese letzte Relation zeigt die Konvergenz des Integrals $\int_0^1 (u(x))^2\, dx$, und zwar muß, da H^2 auf keinen Fall größer als $\int_0^1 (u(x))^2\, dx$ sein kann,

$$\int_0^1 (u(x))^2\, dx = H^2$$

werden. Damit ist zugleich die Vollständigkeit des Orthogonalsystems $\varphi_p(x)$ bewiesen.

Wir kehren nunmehr zu dem Intervall $0 \cdots \infty$ zurück, und es sei $k(t) \geqq 0$ irgend eine Funktion, die für alle Werte $t \geqq 0$ definiert und stetig ist. Es ist dann leicht, eine *stetige* Funktion

$$0 < k^*(t) \leqq \frac{1}{(t+1)^2}$$

zu konstruieren von der Art, daß das Integral

$$\int_0^\infty k^*(t)\, k(t)\, dt$$

konvergiert. Wir schreiben

$$\varrho(x) = \frac{1}{x} \cdot k^*\left(\frac{1}{x} - 1\right) \qquad \text{für } 0 < x \leqq 1,$$

$$\varrho(0) = 0;$$

alsdann ist $\varrho(x)$ für $x > 0$ positiv, und stetig, auch für $x = 0$. Mit Hilfe dieser Funktion $\varrho(x)$ konstruieren wir, wie oben geschildert, das vollständige Orthogonalsystem $\varphi_p(x)$ und setzen darauf, indem wir die Substitution (4) ausüben,

$$\Phi_p(t) = x \cdot \varphi_p(x).$$

Ist dann $U(t)$ eine „im allgemeinen" stetige Funktion, zu der sich eine Zahl A so angeben läßt, daß

$$|U(t)| \leqq A k(t)$$

wird, so existiert offenbar $\int_0^1 \varrho(x)\,|u(x)|\,dx$, wenn $u(x)$ durch

$$U(t) = x \cdot u(x)$$

definiert wird, und es ist demnach $\Phi_p(t)$ ($p = 1, 2, \ldots$) ein vollständiges Orthogonalsystem von der Art, daß für jede Funktion $U(t)$ der soeben geschilderten Beschaffenheit aus der Konvergenz der Reihe

$$\sum_{(p)} \left(\int_0^\infty U(t)\,\Phi_p(t)\,dt\right)^2$$

auf die des Integrals $\int_0^\infty (U(t))^2\,dt$ geschlossen werden kann. Außerdem existiert für jedes p das Integral

$$\int_0^\infty k(t)\,|\Phi_p(t)|\,dt.$$

Ein solches Funktionensystem $\Phi_p(t)$ nennen wir, wenn es auf einen kurzen Ausdruck ankommt, *zu der Funktion $k(t)$ passend.* Ein zu $k(t)$ passendes Orthogonalsystem läßt sich auch immer dann finden, wenn $k(t)$ nicht überall, sondern nur „im allgemeinen" stetig ist.

Wir haben nunmehr die Vorbereitungen beendet, um die Theorie der Integralgleichungen mit beschränktem Kern aufnehmen zu können. Wir bedienen uns der früher benutzten Bezeichnungen, verstehen vor allem unter $k(s)$ die durch

$$\int_0^\infty (K(s,t))^2\,dt = (k(s))^2, \qquad k(s) \geqq 0$$

definierte Funktion. Wegen der Voraussetzungen, die wir über diese gemacht haben, existiert ein vollständiges System orthogonaler Funktionen

$$\Phi_1(t), \quad \Phi_2(t), \ldots$$

für das Intervall $0 \ldots \infty$, *welches zu $k(t)$ paßt.* Wir zeigten oben, daß die Funktionen

$$K_p(s) = \int_0^\infty K(s,t)\,\Phi_p(t)\,dt$$

außer für $s = s_i$ stetig sind. Wenden wir die Vollständigkeitsrelation an, so kommt

$$\int_0^\infty (K(s,t))^2\,dt = (k(s))^2 = (K_1(s))^2 + (K_2(s))^2 + \cdots.$$

Es ist also

$$|K_q(s)| \leqq k(s) \qquad (q = 1, 2, \ldots),$$

und darum existiert für jedes Paar ganzer positiver Zahlen p, q

$$\int_0^\infty \Phi_p(s)\,K_q(s)\,ds = c_{pq}.$$

Sind $x_1, \ldots, x_n$; $y_1, \ldots, y_n$ irgend $2n$ Zahlen, die den Ungleichungen

$$x_1^2 + \cdots + x_n^2 \leqq 1, \qquad y_1^2 + \cdots + y_n^2 \leqq 1$$

genügen, und setzen wir

$$u(s) = x_1\Phi_1(s) + \cdots + x_n\Phi_n(s),$$
$$v(t) = y_1\Phi_1(t) + \cdots + y_n\Phi_n(t),$$

so ist

$$\int_0^\infty (u(s))^2\,ds \leqq 1, \qquad \int_0^\infty (v(s))^2\,ds \leqq 1,$$

$$\int_0^\infty\!\!\int_0^\infty K(s,t)\,u(s)\,v(t)\,dt\,ds = \sum_{\substack{p=1,\cdots,n\\ q=1,\cdots,n}} c_{pq}\,x_p\,y_q.$$

Aus der betreffs des Kernes $K(s,t)$ gemachten dritten Voraussetzung folgt demnach jetzt, daß die mit den Koeffizienten c_{pq} gebildete Bilinearform $C(x,y)$ beschränkt ist.

Bedeuten ferner $\alpha_1, \alpha_2, \ldots$ irgendwelche reelle Zahlen mit konvergenter Quadratsumme, so konvergiert die Reihe

$$\alpha_1 K_1(s) + \alpha_2 K_2(s) + \cdots = g(s)$$

und stellt eine für $s \neq s_i$ stetige Funktion dar, da der Rest der Reihe vom n^{ten} Term ab kleiner als

$$\sqrt{\alpha_n^2 + \alpha_{n+1}^2 + \cdots}\;k(s)$$

ausfällt. Es ist darum auch

$$\left|\int_0^\infty g(s)\,\Phi_p(s)\,ds - \sum_{q=1,\cdots,n} c_{pq}\,\alpha_q\right| \leqq \sqrt{\alpha_{n+1}^2 + \alpha_{n+2}^2 + \cdots}\int_0^\infty k(s)\,|\Phi_p(s)|\,ds,$$

folglich

$$\int_0^\infty g(s)\,\Phi_p(s)\,ds = c_{p1}\alpha_1 + c_{p2}\alpha_2 + \cdots;$$

mithin konvergiert die Reihe

$$\sum_{(p)} \left(\int_0^\infty g(s)\,\Phi_p(s)\,ds\right)^2 = C'C(\alpha, \alpha),$$

und da

$$|g(s)| \leqq \sqrt{\alpha_1^2 + \alpha_2^2 + \cdots} \cdot k(s),$$

das Orthogonalsystem $\Phi_p(s)$ aber als ein zu der Funktion $k(s)$ passendes gewählt ist, konvergiert schließlich auch $\int_0^\infty (g(s))^2\,ds$. Insbesondere ist demnach für jede stetige Funktion $u(s)$, für die das Integral $\int_0^\infty (u(s))^2\,ds$ konvergiert, $\int_0^\infty K(s, t)\,u(t)\,dt$ gleichfalls quadratisch integrierbar, und hieraus ist noch zu schließen, daß, wenn $K'(s, t)$ einen zweiten beschränkten Kern bedeutet, der aus K', K durch *Zusammensetzung* entstehende Kern

$$K'K(s, t) = \int_0^\infty K'(s, r)\,K(t, r)\,dr$$

wiederum beschränkt ist.

Um den Satz über die Auflösung der inhomogenen Integralgleichung, den wir zu beweisen gedenken, möglichst einfach aussprechen zu können, benutzen wir die folgende Bezeichnung. Wir sagen, die homogene Integralgleichung

$$\varphi(s) + \int_0^\infty K(t, s)\,\varphi(t)\,dt = 0$$

mit dem transponierten Kern $K(t, s)$ *gestatte eine näherungsweise Auflösung*, wenn eine Reihe stetiger Funktionen $\varphi_1(s), \varphi_2(s), \ldots$ angegeben werden kann, so daß gleichmäßig für alle stetigen Funktionen $v(s)$, deren quadratisches Integral unterhalb 1 liegt,

$$\int_0^\infty \varphi_n(s)\,v(s)\,ds + \int_0^\infty\int_0^\infty K(t, s)\,\varphi_n(t)\,v(s)\,ds\,dt$$

mit wachsendem n gegen 0 konvergiert, ohne daß in demselben Sinne $\int_0^\infty \varphi_n(s)\,v(s)\,ds$ gegen 0 strebte.

Satz: *Für jede im allgemeinen stetige, quadratisch integrierbare Funktion $f(s)$ besitzt die Integralgleichung mit dem beschränkten Kern $K(s, t)$*

$$f(s) = \varphi(s) + \int_0^\infty K(s, t)\, \varphi(t)\, dt$$

sicher dann eine Lösung $\varphi(s)$ von der gleichen Beschaffenheit, wenn die homogene transponierte Integralgleichung näherungsweise nicht auflösbar ist.

Beweis: Setzen wir

$$(x, y) + C(x, y) = A(x, y),$$

so gibt es eine positive Zahl m derart, daß identisch in den Variablen x_p

$$AA'(x, x) \geqq m \cdot (x, x) \tag{7}$$

wird. Denn andernfalls gäbe es zu jeder positiven Zahl ε endlichviele Werte $x_1^{(\varepsilon)}, x_2^{(\varepsilon)}, \cdots, x_n^{(\varepsilon)}$, so daß, wenn man noch $x_{n+1}^{(\varepsilon)} = x_{n+2}^{(\varepsilon)} = \cdots = 0$ setzte,

$$(x^{(\varepsilon)}, x^{(\varepsilon)}) = 1, \quad AA'(x^{(\varepsilon)}, x^{(\varepsilon)}) \leqq \varepsilon$$

und folglich identisch in y

$$|A'(x^{(\varepsilon)}, y)| \leqq \sqrt{\varepsilon \cdot (y, y)}$$

ausfiele. Bildeten wir dann die Funktion

$$\varphi_\varepsilon(s) = x_1^{(\varepsilon)} \Phi_1(s) + \cdots + x_n^{(\varepsilon)} \Phi_n(s),$$

so würde sich für alle stetigen Funktionen $v(s)$, deren quadratisches Integral 1 nicht übersteigt, die Ungleichung

$$\left| \int_0^\infty \varphi_\varepsilon(s)\, v(s)\, ds + \int_0^\infty\!\!\int_0^\infty K(t, s)\, \varphi_\varepsilon(t)\, v(s)\, ds\, dt \right| \leqq \sqrt{\varepsilon}$$

ergeben — im Gegensatz zu unserer Voraussetzung. Nach dem Satze von Herrn Toeplitz existiert daher eine beschränkte Bilinearform $B(x, y)$, so daß

$$AB(x, y) = (x, y)$$

wird. Setzen wir in $B(x, y)$ speziell

$$x_p = K_p(s), \quad y_p = \int_0^\infty f(s)\, \Phi_p(s)\, ds = \alpha_p,$$

so geht eine Funktion hervor, die sich wegen des Satzes von der reihen- und kolonnenweisen Summation in der Form

$$\psi(s) = \beta_1 K_1(s) + \beta_2 K_2(s) + \cdots$$

schreiben läßt und welche danach im allgemeinen stetig und zudem im Intervall $0 \ldots \infty$ quadratisch integrierbar ist. Man findet

$$\int_0^\infty \psi(s)\, \Phi_p(s)\, ds = \sum_{(q)} c_{pq}\, \beta_q$$

und folglich

$$\int_0^\infty K(s,t)\,\psi(t)\,dt = \sum_{(p)}\sum_{(q)} c_{pq} K_p(s)\,\beta_q$$
$$= C(K(s),\,\beta) = CB(K(s),\,\alpha).$$

Daher wird

$$\psi(s) + \int_0^\infty K(s,t)\,\psi(t)\,dt = B(K(s),\alpha) + CB(K(s),\alpha)$$
$$= AB(K(s),\,\alpha) = (K(s),\,\alpha) = \int_0^\infty K(s,t)\,f(t)\,dt.$$

Führen wir die Funktion

$$\varphi(s) = f(s) - \psi(s)$$

ein, so gilt nach der letzten Gleichung

$$\psi(s) = \int_0^\infty K(s,t)\,\varphi(t)\,dt,$$

und damit erweist sich $\varphi(s)$ als Lösung der inhomogenen Gleichung. Diese Funktion ist in der Tat von der im Satze behaupteten Beschaffenheit.*)

Führen wir in die oben behandelte Integralgleichung einen Parameter λ ein, indem wir schreiben

$$(8)\qquad f(s) = \varphi(s) - \lambda\int_0^\infty K(s,t)\,\varphi(t)\,dt,$$

so erhebt sich die Frage, für welche Werte von λ der Fall eintritt, daß die zugehörige homogene, transponierte Integralgleichung eine näherungs-

---

*) Vergl. hierzu Hilbert, 5. Mitt., pag. 447 f. — Indem man die von E. Schmidt (Rendiconti di Palermo 1908, XXV, pag. 74) bewiesenen Sätze über Auflösbarkeit linearer Gleichungen mit unendlich vielen Unbekannten heranzieht, erkennt man, daß *die betreffs des Kerns $K(s,t)$ gemachte dritte Annahme für die Gültigkeit des oben bewiesenen Satzes gänzlich entbehrt werden kann.* Denn unter Beibehaltung der im Text benutzten Bezeichnungen gewinnen wir aus

$$|K_1(s)\,K_1(t) + \cdots + K_n(s)\,K_n(t)| \leqq k(s)\,k(t)$$

durch Multiplikation mit $|\Phi_p(s)\,\Phi_p(t)|$ und Integration nach s und t die für alle Indices p, n gültige Ungleichung

$$\sum_{q=1}^{n}\Big(\int_0^\infty K_q(s)\,\Phi_p(s)\,ds\Big)^2 \leqq \Big(\int_0^\infty k(s)\,|\Phi_p(s)|\,ds\Big)^2,$$

und mithin konvergiert für jedes p die Quadratsumme

$$c_{p1}^2 + c_{p2}^2 + \cdots.$$

weise Lösung zuläßt — diese Werte λ bilden das *Spektrum* des Kerns $K(s, t)$ —, und weiter, ob sich Genaueres über das Verhalten der homogenen Gleichung für solche λ-Werte ausmachen läßt. Um darauf Antwort zu geben, machen wir noch die Annahme, daß *der beschränkte Kern* $K(s, t)$ *symmetrisch* sei, d. h. daß für alle Werte s, t, für die $K(s, t)$ definiert ist, $K(t, s) = K(s, t)$ ausfällt. Alsdann gilt auch für die Koeffizienten der zugehörigen Bilinearform c_{pq}, die wir von jetzt ab mit k_{pq} bezeichnen wollen, die Symmetriebedingung $k_{pq} = k_{qp}$, wie ich in meiner Dissertation ausführlich gezeigt habe.*) Sind $u(s)$, $v(s)$ irgend zwei im allgemeinen stetige Funktionen, die im Intervall $0 \ldots \infty$ quadratisch integrierbar sind, so ist, wie wir wissen, $\int\limits_0^\infty K(s, t) v(t) dt$ gleichfalls quadratisch integrierbar, und es wird daher, wenn wir

$$\int\limits_0^\infty u(s)\,\Phi_p(s)\,ds = x_p, \qquad \int\limits_0^\infty v(s)\,\Phi_p(s)\,ds = y_p$$

setzen,

$$\int\limits_0^\infty\!\!\int\limits_0^\infty K(s, t)\, u(s)\, v(t)\, dt\, ds = \sum_{(p)} x_p \Big(\int\limits_0^\infty \sum_{(q)} y_q K_q(s) \cdot \Phi_p(s) ds\Big)$$

$$= \sum_{(p)} \sum_{(\;)} k_{pq}\, x_p\, y_q = K(x, y).$$

Wandeln wir entsprechend das zweifache Integral, in anderer Reihenfolge der Integration genommen, um und benutzen den Satz von der reihen- und kolonnenweisen Summation, so erkennen wir:

Für einen beschränkten symmetrischen Kern existieren im Sinne der sukzessiven Integration die doppelten Integrale

$$\int\limits_0^\infty\!\!\int\limits_0^\infty K(s, t)\, u(s)\, v(t)\, dt\, ds = \int\limits_0^\infty\!\!\int\limits_0^\infty K(s, t)\, v(s)\, u(t)\, dt\, ds,$$

falls $u(s)$, $v(s)$ *irgendwelche im allgemeinen stetige Funktionen bezeichnen, für die*

$$\int\limits_0^\infty (u(s))^2 ds \leqq 1, \qquad \int\limits_0^\infty (v(s))^2 ds \leqq 1$$

ist, und bleiben ihrem absoluten Betrage nach unterhalb einer festen, von der Wahl der Funktionen $u(s)$, $v(s)$ *unabhängigen Grenze* M.

Zu jeder symmetrischen beschränkten Bilinearform

$$K(x, y) = \sum_{(p, q)} k_{pq}\, x_p\, y_q$$

---

*) Diss., pag. 35 ff.

gehört eine beschränkte *quadratische Form* der unendlichvielen Variablen $x_1, x_2, \ldots$

$$K(x) = K(x, x) = \underset{n=\infty}{L} \sum_{\substack{p=1,2,\cdots,n \\ q=1,2,\cdots,n}} k_{pq} x_p x_q,$$

und umgekehrt erhält man aus $K(x)$ die Bilinearform zurück, indem man

$$K\left(\frac{x+y}{2}\right) - K\left(\frac{x-y}{2}\right)$$

bildet (*„Polarisation"*), wobei unter $K\left(\frac{x+y}{2}\right)$ der Wert der Form $K(\xi)$ für die Argumentwerte $\xi_p = \frac{x_p + y_p}{2}$ verstanden wird.

Um die Theorie der Integralgleichung (8) für Werte λ, die dem Spektrum angehören, behandeln zu können, müssen wir uns mit einigen, die Theorie der *orthogonalen Transformation einer quadratischen Form* betreffenden Resultaten bekannt machen.

Das System der linearen Formen

$$x_p' = o_{p1} x_1 + o_{p2} x_2 + \cdots \qquad (p = 1, 2, \cdots) \tag{9}$$

definiert eine orthogonale Substitution, falls für alle p, q

$$\sum_{r=1,2,\cdots} o_{pr} o_{qr} = \delta_{pq},$$

$$\sum_{r=1,2,\cdots} o_{rp} o_{rq} = \delta_{pq}$$

gilt. Sind dann umgekehrt x_p' irgendwelche Zahlen, deren Quadratsumme $\leqq 1$ ist, so genügen die aus

$$x_p = o_{1p} x_1' + o_{2p} x_2' + \cdots$$

berechneten Zahlen x_p den Gleichungen (9). Ferner folgt aus der Definition, daß

$$x_1'^2 + x_2'^2 + \cdots = x_1^2 + x_2^2 + \cdots$$

ist, zunächst identisch in $x_1, x_2, \ldots x_n$, falls $x_{n+1} = x_{n+2} = \cdots = 0$ gesetzt wird, dann aber auch, wie leicht zu sehen, für alle Werte $x_1, x_2, \ldots$, die dem Bereich $(x, x) \leqq 1$ angehören, (auf welchen die unendlichvielen Variablen stets beschränkt bleiben sollen,) oder noch allgemeiner

$$(x', y') = (x, y),$$

falls die y_p' durch dieselbe Transformation (9) aus den y_p hervorgehen.

Ist $u(x)$ eine stetige Funktion im Intervall $0 \leqq x \leqq 1$, $f(x)$ eine stetige Funktion von beschränkter Schwankung, und teilen wir das Intervall $0 \ldots 1$ durch die Punkte $x_0 = 0, x_1, \cdots, x_{n-1}, x_n = 1$ irgendwie in n Teilintervalle, bezeichnen ferner mit $\Delta_i f$ die Differenz der Funktion $f(x)$ im $(i+1)^{\text{ten}}$ Intervall,

$$\Delta_i f = f(x_{i+1}) - f(x_i),$$

mit ε die Länge des größten unter jenen Teilintervallen, so existiert der Limes

$$\underset{\varepsilon=0}{L}\Big[\sum_{i=0,1,\cdots,n-1} u(x_i)\,\Delta_i f\Big],$$

den wir als Verallgemeinerung des gewöhnlichen Integralbegriffs mit $\int_0^1 u(x)\,df(x)$ bezeichnen werden.

Verstehen wir weiter mit Herrn Hellinger*) unter $f(x)$, $f_1(x)$ stetige Funktionen und unter $g(x)$ eine stetige, monoton wachsende**) Funktion im Intervall $0\ldots1$, die von der Beschaffenheit sind, daß es zwei stetige, monoton wachsende Funktionen $h(x)$, $h_1(x)$ gibt, welche für jedes Teilintervall von $0\ldots1$ die Ungleichungen

$$(\Delta f)^2 \leqq \Delta g \cdot \Delta h$$
$$(\Delta f_1)^2 \leqq \Delta g \cdot \Delta h_1$$

befriedigen [unter Δf usw. die Differenz der Funktion $f(x)$ für jenes Intervall verstanden], so existiert in demselben Sinne wie oben der Grenzwert***)

$$\underset{\varepsilon=0}{L}\sum_{i=0,1,\cdots,n-1}\frac{\Delta_i f\cdot\Delta_i f_1}{\Delta_i g} = \int_0^1 \frac{df\,df_1}{dg}.$$

Die Übertragung der beiden auseinandergesetzten Integralbegriffe auf ein unendliches Intervall geschieht wie bei dem gewöhnlichen Integral.

Nun sei $\varrho(\mu)$ eine für alle reellen μ definierte stetige, monoton wachsende Funktion, die in der Umgebung der Stelle $\mu = 0$ konstant ist, $\varrho_1(\mu)$, $\varrho_2(\mu)$, ... stetige Funktionen, die (in allen Intervallen, in denen sich $\varrho(\mu)$ nicht ändert, gleichfalls konstant bleiben und) den Bedingungen

(10) $$\int_{-\infty}^{+\infty}\frac{d\varrho_p(\mu)\,d\varrho_q(\mu)}{d\varrho(\mu)} = \delta_{pq}$$

genügen, ferner

$$\varrho(0) = \varrho_1(0) = \varrho_2(0) = \cdots = 0:$$

alsdann sagen wir mit Herrn Hellinger, die Funktionen $\varrho_1(\mu)$, $\varrho_2(\mu)$, ...

---

*) Hellinger, Orthogonalinvarianten quadratischer Formen usw., Inauguraldissertation (Göttingen 1907), pag. 25 ff.

**) Durch diesen Ausdruck soll ein streckenweises Konstantbleiben von $g(x)$ nicht ausgeschlossen werden.

***) Ist $\Delta_i g = 0$, so gilt auch $\Delta_i f = \Delta_i f_1 = 0$; unter $\dfrac{\Delta_i f\cdot\Delta_i f_1}{\Delta_i g}$ soll alsdann 0 verstanden werden.

definierten *ein differentielles Orthogonalsystem mit der Basis* $\varrho(\mu)$. Dasselbe heißt *vollständig*, wenn für irgend zwei stetige Funktionen $f(\mu)$, $g(\mu)$, für die

$$\int_{-\infty}^{\infty} \frac{(d f(\mu))^2}{d\varrho(\mu)}, \qquad \int_{-\infty}^{+\infty} \frac{(d g(\mu))^2}{d\varrho(\mu)}$$

existieren, die Vollständigkeitsrelation

$$\int_{-\infty}^{+\infty} \frac{df\,dg}{d\varrho} = \sum_{(p)} \left[\int_{-\infty}^{+\infty} \frac{df\,d\varrho_p}{d\varrho} \cdot \int_{-\infty}^{+\infty} \frac{dg\,d\varrho_p}{d\varrho}\right]$$

gilt. Insbesondere ist dann für stetige Funktionen $u(\mu)$, $v(\mu)$, für welche die Integrale

$$\int_{-\infty}^{+\infty} (u(\mu))^2 d\varrho(\mu), \qquad \int_{-\infty}^{+\infty} (v(\mu))^2 d\varrho(\mu)$$

konvergieren,

$$\int_{-\infty}^{+\infty} u(\mu) v(\mu) d\varrho(\mu) = \sum_{(p)} \int_{-\infty}^{+\infty} u(\mu) d\varrho_p(\mu) \int_{-\infty}^{+\infty} v(\mu) d\varrho_p(\mu)$$

also beispielsweise

$$(\varrho_1(\mu))^2 + (\varrho_2(\mu))^2 + \cdots = |\varrho(\mu)|.$$

Wegen (10) ist identisch in $x_1, \ldots x_n$, falls man $x_{n+1} = x_{n+2} = \cdots = 0$ setzt,

$$(11) \qquad (x, x) = \int_{-\infty}^{+\infty} \frac{(d \sum_{(p)} \varrho_p(\mu) x_p)^2}{d\varrho(\mu)}.$$

Herr Hellinger hat aber gezeigt*), daß, wenn $x_1, x_2, \ldots$ irgendwelche Werte mit konvergenter Quadratsumme sind, $\sum_{(p)} \varrho_p(\mu) x_p$ eine stetige Funktion von μ *von beschränkter Schwankung* wird, und daß auch für solche Werte der Variablen x die Gleichung (11) erfüllt bleibt, und wiederum allgemeiner

$$(11') \qquad (x, y) = \int_{-\infty}^{+\infty} \frac{d X(\mu)\, d Y(\mu)}{d\varrho(\mu)},$$

falls

$$X(\mu) = \sum_{(p)} \varrho_p(\mu) x_p, \qquad Y(\mu) = \sum_{(p)} \varrho_p(\mu) y_p$$

gesetzt wird.

Da $\varrho(\mu)$ in der Umgebung von $\mu = 0$ konstant bleibt, können wir bilden

---

*) l. c. pag. 56 f. und pag. 27.

$$\int_{-\infty}^{+\infty} \frac{d\int\limits_0^\mu \frac{d\varrho_p(\nu)}{\nu} \cdot d\varrho_q(\mu)}{d\varrho(\mu)} = \int_{-\infty}^{+\infty} \frac{d\varrho_p(\mu) \cdot d\int\limits_0^\mu \frac{d\varrho_q(\nu)}{\nu}}{d\varrho(\mu)}.$$

Diese Integrale, die wir kürzer durch $\int\limits_{-\infty}^{+\infty} \frac{d\varrho_p\, d\varrho_q}{\mu\, d\varrho}$ bezeichnen, verwenden wir in der folgenden Weise zur Bildung einer, wie man leicht sieht, *beschränkten* quadratischen Form $K_0(x)$ der unendlichvielen Variablen $x_1, x_2, \ldots$:

$$K_0(x) = \sum_{(p,q)} \int_{-\infty}^{+\infty} \frac{d\varrho_p\, d\varrho_q}{\mu\, d\varrho} \cdot x_p x_q.$$

Die auf solche Art aus dem vollständigen differentiellen Orthogonalsystem $\varrho_p(\mu)$ mit der Basis $\varrho(\mu)$ gewonnene Form möge eine *Elementarform* genannt werden.

Der durch die Entwicklungen von Hilbert und Hellinger bewiesene Satz über die orthogonale Transformation ist nun dieser*). Ist $K(x)$ irgend eine beschränkte quadratische Form, so gibt es eine orthogonale Transformation, welche an Stelle der Variablen x_p die Variablen x'_p, x''_p; $x_p^{(1)}$, $x_p^{(2)}$, $x_p^{(3)}, \ldots$ substituiert:

$$x'_p = \sum_{(q)} l'_{pq} x_q, \qquad x''_p = \sum_{(q)} l''_{pq} x_q,$$

$$x_p^{(h)} = \sum_{(q)} l_{pq}^{(h)} x_q \qquad (h = 1, 2, 3, \ldots)$$

$$[p = 1, 2, \ldots]$$

und durch die $K(x)$ in die folgende Form gebracht wird:

$$K(x) = \sum_{(p)} \frac{x'^2_p}{\lambda_p} + \sum_{(h)} K^{(h)}(x^{(h)}).$$

Dabei sind $\lambda_1, \lambda_2, \ldots$ gewisse von 0 verschiedene Zahlen, die sogenannten *Eigenwerte*, welche das *Punktspektrum* der quadratischen Form ausmachen, jede der Formen $K^{(h)}(x^{(h)})$ aber eine Elementarform der Variablen $x_p^{(h)}$:

$$K^{(h)}(x^{(h)}) = \sum_{(p,q)} \int_{-\infty}^{+\infty} \frac{d\varrho_p^{(h)}(\mu)\, d\varrho_q^{(h)}(\mu)}{\mu\, d\varrho^{(h)}(\mu)} x_p^{(h)} x_q^{(h)}.$$

Diejenigen Werte μ, in deren Umgebung irgend eine der Basisfunktionen $\varrho^{(h)}(\mu)$ nicht konstant ist, bilden das *Streckenspektrum* von $K(x)$. Dem oben

---

*) Hilbert, 4. Mitt., pag. 198; Hellinger, Diss., pag. 60

definierten Spektrum gehören dann das Streckenspektrum, das Punktspektrum und die Häufungspunkte des Punktspektrums an.

Wir kehren zu dem Kern $K(s, t)$ zurück und nehmen zunächst der Einfachheit halber an, daß die aus ihm berechnete quadratische Form $K(x)$ von solcher Art ist, daß sie durch eine orthogonale Transformation der Variabeln x_p in die Variablen x'_p, ξ_p in eine Elementarform $K^*(\xi)$ der ξ_p umgewandelt wird:

$$x'_p = m_{p1}x_1 + m_{p2}x_2 + \cdots,$$
$$\xi_p = l_{p1}x_1 + l_{p2}x_2 + \cdots,$$

$$K(x) = K^*(\xi) = \sum_{(p,q)} \int_{-\infty}^{+\infty} \frac{d\varrho_p(\mu)\, d\varrho_q(\mu)}{\mu\, d\varrho(\mu)} \xi_p \xi_q. \tag{12}$$

Die $\varrho_p(\mu)$ definieren ein vollständiges differentielles Orthogonalsystem mit der Basis $\varrho(\mu)$, die m_{pq} und l_{pq} genügen den Bedingungen

$$\sum_{(r)} m_{pr}m_{qr} = \sum_{(r)} l_{pr}l_{qr} = \sum_{(r)} m_{rp}m_{rq} + \sum_{(r)} l_{rp}l_{rq} = \delta_{pq}, \tag{13}$$
$$\sum_{(r)} m_{pr}l_{qr} = 0.$$

Indem wir die früheren Bezeichnungen wieder aufnehmen, setzen wir

$$k'_p(s) = x'_p(K(s)) = m_{p1}K_1(s) + m_{p2}K_2(s) + \cdots,$$
$$k_p(s) = \xi_p(K(s)) = l_{p1}K_1(s) + l_{p2}K_2(s) + \cdots.$$

Diese Funktionen sind im allgemeinen stetig, und es ist

$$\sum_{(p)} (k_p(s))^2 + \sum_{(p)} (k'_p(s))^2 = \sum_{(p)} (K_p(s))^2. \tag{14}$$

Die $k'_p(s)$, $k_p(s)$ definierenden unendlichen Reihen dürfen nach Multiplikation mit $\Phi_q(s)$ gliedweise integriert werden: so ergibt sich

$$\int_0^\infty k'_p(s)\Phi_q(s)\,ds = m_{p1}k_{q1} + m_{p2}k_{q2} + \cdots,$$

$$\int_0^\infty k_p(s)\Phi_q(s)\,ds = l_{p1}k_{q1} + l_{p2}k_{q2} + \cdots.$$

Hieraus gewinnen wir mittels der Beziehungen (12) und (13) (unter Zuhilfenahme des Satzes von der kolonnen- und reihenweisen Summation quadratischer Formen) die Gleichungen:

$$\int_0^\infty k_p'(s)\,\Phi_q(s)\,ds = 0,$$

$$\int_0^\infty k_p(s)\,\Phi_q(s)\,ds = \sum_{(r)} l_{rq} \int_{-\infty}^{+\infty} \frac{d\varrho_p\,d\varrho_r}{\mu\,d\varrho}.$$

Da nach früheren Auseinandersetzungen die Integrale $\int_0^\infty (k_p'(s))^2 ds$, $\int_0^\infty (k_p(s))^2 ds$ existieren, folgt aus diesen Rechnungen

$$(15)\qquad k_p'(s) = 0,$$

$$\int_0^\infty (k_p(s))^2\,ds = \int_{-\infty}^{+\infty} \frac{(d\varrho_p)^2}{\mu^2\,d\varrho}.$$

Wir führen ferner die Funktionen

$$\mathsf{A}(s;\lambda) = k_1(s)\int_0^\lambda \mu\,d\varrho_1(\mu) + k_2(s)\int_0^\lambda \mu\,d\varrho_2(\mu) + \cdots,$$

$$\mathsf{B}(s;\lambda) = k_1(s)\,\varrho_1(\lambda) + k_2(s)\,\varrho_2(\lambda) + \cdots$$

ein. Diese beiden Funktionen sind für jedes Wertepaar (s,λ), falls $s \neq s_i$ ist, stetige Funktionen; es existieren die Integrale $\int_0^\infty (\mathsf{A}(s;\lambda))^2\,ds$, $\int_0^\infty (\mathsf{B}(s;\lambda))^2\,ds$. Als Funktionen von λ sind A und B nach den Hellingerschen Resultaten von beschränkter Schwankung, und es existiert außerdem

$$\int_{-\infty}^{+\infty} \frac{(d_\mu \mathsf{B}(s;\mu))^2}{d\varrho(\mu)} = \sum_{(p)} (k_p(s))^2.$$

Die letzte Summe stimmt aber wegen (14) und (15) mit

$$\sum_{(p)} (K_p(s))^2 = KK(s,s)$$

überein, und es gilt infolgedessen etwas allgemeiner

$$(16)\qquad \int_{-\infty}^{+\infty} \frac{d_\mu \mathsf{B}(s;\mu)\,d_\mu \mathsf{B}(t;\mu)}{d\varrho(\mu)} = KK(s,t).$$

Die Funktionen $\mathsf{A}(s;\lambda)$ und $\mathsf{B}(s;\lambda)$ stehen in einem einfachen Zusammenhang miteinander. Es ist nämlich

$$\int_0^\lambda \mu\,d\varrho_p(\mu) = \lambda\varrho_p(\lambda) - \int_0^\lambda \varrho_p(\mu)\,d\mu,$$

und folglich, da die Reihe

$$k_1(s)\,\varrho_1(\mu) + k_2(s)\,\varrho_2(\mu) + \cdots = \mathsf{B}(s;\mu)$$

für einen Wert $s \neq s_i$ gleichmäßig im Intervall $0 \leqq \mu \leqq \lambda$ konvergiert,

$$\mathsf{A}(s;\lambda) = \lambda\,\mathsf{B}(s;\lambda) - \int_0^\lambda \mathsf{B}(s;\mu)\,d\mu.$$

Diese Gleichung, die sich auch in der Form

$$\mathsf{A}(s;\lambda) = \int_0^\lambda \mu\,d_\mu \mathsf{B}(s;\mu) \tag{17}$$

schreiben läßt, hat zur Folge, daß sich für irgend eine stetige Funktion $f(\mu)$, für welche $\int_{-\infty}^{+\infty} \frac{(df)^2}{d\varrho}$ existiert,

$$\int_{-\infty}^{+\infty} \frac{d\mathsf{B}(s;\mu)\,df(\mu)}{d\varrho(\mu)} = \int_{-\infty}^{+\infty} \frac{d\mathsf{A}(s;\mu)\,df(\mu)}{\mu\,d\varrho(\mu)}$$

und auch

$$\int_{-\infty}^{+\infty} \frac{(d_\mu \mathsf{B}(s;\mu))^2}{d\varrho(\mu)} = \int_{-\infty}^{+\infty} \frac{(d_\mu \mathsf{A}(s;\mu))^2}{\mu^2 d\varrho(\mu)}$$

ergibt. (16) verwandelt sich demnach in

$$\int_{-\infty}^{+\infty} \frac{d\mathsf{A}(s;\mu)\,d\mathsf{A}(t;\mu)}{\mu^2 d\varrho(\mu)} = KK(s,t).$$

Die Fourierkoeffizienten der Funktion $\mathsf{A}(s;\lambda)$ nach der Variabeln s dürfen durch gliedweise Integration berechnet werden; es ergibt sich so

$$\int_0^\infty \mathsf{A}(s;\lambda)\,\Phi_p(s)\,ds = \sum_{(q)}\sum_{(r)} \left[\int_0^\lambda \mu\,d\varrho_q(\mu)\cdot l_{rp} \int_{-\infty}^{+\infty} \frac{d\varrho_q\,d\varrho_r}{\mu\,d\varrho}\right].$$

Durch Summationsvertauschung und wegen der Vollständigkeit der $\varrho_p(\mu)$ findet man

$$\int_0^\infty \mathsf{A}(s;\lambda)\,\Phi_p(s)\,ds = \sum_{(q)} l_{qp}\varrho_q(\lambda). \tag{18}$$

Wir schließen hieraus noch

$$\int_0^\infty (\mathsf{A}(s;\lambda))^2 ds = (\varrho_1(\lambda))^2 + (\varrho_2(\lambda))^2 + \cdots = |\varrho(\lambda)|, \tag{19}$$

weiter aber

$$\int_0^\infty K(s,t)\,\mathsf{A}(t;\lambda)\,dt = \sum_{(p)}\sum_{(q)} l_{qp}\varrho_q(\lambda)K_p(s)$$

$$= \sum_{(q)}\sum_{(p)} \varrho_q(\lambda) l_{qp} K_p(s) = \sum_{(q)} \varrho_q(\lambda)\,k_q(s) = \mathsf{B}(s;\lambda).$$

Benutzen wir (17), so ergibt sich

$$\text{(20)} \qquad \Delta_\lambda \mathsf{A}(s;\lambda) - \int_{(\Delta_\lambda)} \mu \cdot d_\mu \int_0^\infty K(s,t)\,\mathsf{A}(t;\mu)\,dt = 0.$$

Enthält das Intervall, auf welches sich das Differenzsymbol Δ_λ bezieht, und das auch selbst kurz mit Δ_λ bezeichnet werde, Teile des Streckenspektrums von $K(x)$, so ist, wie (19) zeigt, $\Delta_\lambda \mathsf{A}(s;\lambda)$ nicht identisch in s gleich Null. Den Inhalt der Gleichung (20) dürfen wir also dahin aussprechen, daß sich für einen Wert λ, der dem Streckenspektrum angehört, das *„in s nicht identisch verschwindende Differential“* $d_\lambda \mathsf{A}(s;\lambda)$ *als eine Lösung der homogenen Gleichung ergibt.* Dieselbe hat hingegen für keinen Wert von λ eine *eigentliche* Lösung, d. h. es gibt keine im allgemeinen stetige, quadratisch integrierbare Funktion $\varphi(s)$, für welche

$$\varphi(s) - \lambda \int_0^\infty K(s,t)\,\varphi(t)\,dt = 0$$

wird. Denn dies würde eine Lösung $x_1, x_2, \ldots$ mit konvergenter Quadratsumme der unendlich vielen linearen Gleichungen

$$x_p - \lambda \sum_{(q)} k_{pq} x_q = 0$$
$$(p = 1, 2, \ldots)$$

zur Folge haben, und eine solche existiert nach Hilbert*) nur für Werte λ, die dem Punktspektrum der quadratischen Form $K(x)$ angehören. Ein Punktspektrum ist aber in unserm Fall überhaupt nicht vorhanden.

Bezeichnet jetzt $g(s)$ eine beliebige im allgemeinen stetige, quadratisch integrierbare Funktion, so hat

$$f(s) = \int_0^\infty K(s,t)\,g(t)\,dt$$

den gleichen Charakter, und es ist nach dem allgemeinen Satz auf S. 286:

$$\int_0^\infty \mathsf{A}(s;\lambda) f(s)\,ds = \int_0^\infty \mathsf{B}(s;\lambda)\,g(s)\,ds.$$

---

*) Hilbert, 4. Mitt., pag. 199.

Wir setzen

$$\int_0^\infty g(s)\,\Phi_p(s)\,ds = \bar{a}_p,$$

$$l_{p1}\bar{a}_1 + l_{p2}\bar{a}_2 + \cdots = a_p.$$

Da entsprechend der Formel (18)

$$\sum_{(q)} l_{pq} \int_0^\infty \mathsf{B}(s;\lambda)\,\Phi_q(s)\,ds = \int_0^\lambda \frac{d\varrho_p(\mu)}{\mu},$$

$$\sum_{(q)} m_{pq} \int_0^\infty \mathsf{B}(s;\lambda)\,\Phi_q(s)\,ds = 0$$

wird, folgt

$$\int_0^\infty \mathsf{B}(s;\lambda)\,g(s)\,ds = \sum_{(p)} \bar{a}_p \int_0^\infty \mathsf{B}(s;\lambda)\,\Phi_p(s)\,ds$$

$$= \sum_{(p)} \Big\{ \sum_{(q)} l_{pq}\bar{a}_q \cdot \sum_{(q)} l_{pq} \int_0^\infty \mathsf{B}(s;\lambda)\,\Phi_q(s)\,ds \Big\}$$

$$+ \sum_{(p)} \Big\{ \sum_{(q)} m_{pq}\bar{a}_q \cdot \sum_{(q)} m_{pq} \int_0^\infty \mathsf{B}(s;\lambda)\,\Phi_q(s)\,ds \Big\} = \sum_{(p)} a_p \int_0^\lambda \frac{d\varrho_p(\mu)}{\mu}.$$

Setzen wir nun in der Beziehung (11′)

$$x_p = a_p, \qquad y_p = k_p(s),$$

so wird

$$X(\lambda) = a_1\varrho_1(\lambda) + a_2\varrho_2(\lambda) + \cdots,$$
$$Y(\lambda) = \mathsf{B}(s;\lambda),$$

mithin

$$\Delta X(\lambda) = \int_{(\Delta)} \mu \cdot d_\mu \int_0^\infty \mathsf{A}(s;\mu) f(s)\,ds.$$

Da aber

$$a_1 k_1(s) + a_2 k_2(s) + \cdots = f(s)$$

wird, geht (11′) über in

$$f(s) = \int_{-\infty}^{+\infty} \frac{d_\mu \mathsf{B}(s;\mu)\,dX(\mu)}{d\varrho(\mu)} = \int_{-\infty}^{+\infty} \mu \frac{d\mathsf{B}(s;\mu)\cdot d\int_0^\infty \mathsf{A}(t;\mu) f(t)\,dt}{d\varrho(\mu)} \tag{21}$$

$$= \int_{-\infty}^{+\infty} \frac{d_\mu \mathsf{A}(s;\mu)\cdot d_\mu \int_0^\infty \mathsf{A}(t;\mu) f(t)\,dt}{d\varrho(\mu)}.$$

Diese Integraldarstellung, welche eine Verallgemeinerung des gewöhnlichen Fourierschen Integraltheorems ist, gilt demnach für jede Funktion $f(s)$, die sich in der Form $\int_0^\infty K(s,t)\,g(t)\,dt$ mittels einer beliebigen, im allgemeinen stetigen, quadratisch integrierbaren Funktion $g(s)$ darstellen läßt.

Wir erwähnen noch die folgende leicht zu beweisende Eigenschaft der Funktion $\mathsf{A}(s;\lambda)$. Für irgend zwei stetige Funktionen $f(\mu)$, $g(\mu)$, für die $\int_{-\infty}^{+\infty}\frac{(df)^2}{d\varrho}$, $\int_{-\infty}^{+\infty}\frac{(dg)^2}{d\varrho}$ existieren, gilt, falls

$$\int_{-\infty}^{+\infty}\frac{df(\mu)\cdot d_\mu \mathsf{A}(s;\mu)}{\mu\, d\varrho(\mu)}=\varphi(s),\qquad \int_{-\infty}^{+\infty}\frac{dg(\mu)\cdot d_\mu \mathsf{A}(s;\mu)}{\mu\, d\varrho(\mu)}=\psi(s)$$

gesetzt wird, die „Orthogonalitätsrelation"

$$\int_0^\infty \varphi(s)\,\psi(s)\,ds=\int_{-\infty}^{+\infty}\frac{df(\mu)\cdot dg(\mu)}{\mu^2\, d\varrho(\mu)}. \tag{22}$$

Wir gehen jetzt auf die Frage ein, wieweit das Streckenspektrum und die Funktion $\mathsf{A}(s;\lambda)$ durch den Kern $K(s,t)$ bestimmt sind. Es sei μ_0 irgend ein Wert, welcher dem Streckenspektrum nicht angehört; da das Streckenspektrum abgeschlossen ist, können wir dann ein Intervall i der Variablen μ

$$|\mu-\mu_0|\leqq h$$

angeben, das gleichfalls einschließlich seiner Endpunkte außerhalb des Streckenspektrums gelegen ist. Es liege ferner eine für alle $s\geqq 0$ und alle μ des Intervalls i definierte Funktion $\mathsf{A}^*(s;\mu)$ vor, welche stetig in (s,μ) ist, falls $s\neq s_i$, und von solcher Art, daß $\int_0^\infty(\mathsf{A}^*(s;\mu))^2\,ds$ konvergiert und eine stetige Funktion von μ vorstellt. Endlich sei für jedes Teilintervall Δ_μ von i

$$\Delta_\mu \mathsf{A}^*(s;\mu)=\int_{(\Delta_\mu)}\nu\cdot d_\nu\int_0^\infty K(s,t)\,\mathsf{A}^*(t;\nu)\,dt.^{*)}$$

---

*) Dabei braucht nicht angenommen zu werden, daß $\mathsf{B}^*(s;\mu)$ in μ eine Funktion von beschränkter Schwankung ist, falls man nur dem Integral

$$\int_{(\Delta)}\nu\cdot d\mathsf{B}^*(s;\nu)$$

die aus (23) hervorgehende Bedeutung beilegt.

Aus den Voraussetzungen folgt, daß

$$\underset{\mu'=\mu}{L} \int_0^\infty (\mathsf{A}^*(s;\mu) - \mathsf{A}^*(s;\mu'))^2 ds = 0$$

und daher auch

$$\mathsf{B}^*(s;\mu) = \int_0^\infty K(s,t)\,\mathsf{A}^*(t;\mu)\,dt$$

eine stetige Funktion von s und μ ist, falls $s \neq s_i$. Es gilt dann also

$$\Delta\mathsf{A}^*(s;\mu) = \Delta(\mu\mathsf{B}^*(s;\mu)) - \int_{(\Delta)} \mathsf{B}^*(s;\nu)\,d\nu. \tag{23}$$

Bedeutet $f(s)$ irgend eine im allgemeinen stetige, quadratisch integrierbare Funktion, so ist leicht einzusehen, daß

$$\int_0^\infty \Big(\int_{\mu_0}^{\mu} \mathsf{B}^*(s;\nu)\,d\nu\Big) f(s)\,ds = \int_{\mu_0}^{\mu} \Big(\int_0^\infty \mathsf{B}^*(s;\nu) f(s)\,ds\Big) d\nu$$

wird, folglich

$$\Big[\int_0^\infty \mathsf{A}^*(s;\mu) f(s)\,ds\Big]_{\mu_0}^{\mu} = \Big[\mu\cdot\int_0^\infty \mathsf{B}^*(s;\mu) f(s)\,ds\Big]_{\mu_0}^{\mu} - \int_{\mu_0}^{\mu} d\nu \int_0^\infty \mathsf{B}^*(s;\nu) f(s)\,ds.$$

Es gilt aber nach früherem die Beziehung

$$\int_0^\infty \Delta_\mu \mathsf{A}^*(s;\mu)\cdot\Delta_\lambda \mathsf{B}(s;\lambda)\,ds = \int_0^\infty \Delta_\mu \mathsf{B}^*(s;\mu)\cdot\Delta_\lambda \mathsf{A}(s;\lambda)\,ds.$$

Wir wollen dabei unter Δ_μ ein Intervall $\mu_0\mu$ verstehen, das ganz in i liegt, und ferner sei $\Delta_\lambda = (\lambda_0\lambda)$; hierin denken wir uns λ gleichfalls in einem Intervall i': $|\lambda - \lambda_0| \leqq h'$ veränderlich, das von i vollständig getrennt liegt. Indem wir dann

$$\int_0^\infty \Delta_\mu \mathsf{B}^*(s;\mu)\cdot\Delta_\lambda \mathsf{B}(s;\lambda)\,ds = V(\lambda,\mu)$$

schreiben, liefern die beiden letzten Gleichungen

$$(\mu-\lambda)\cdot V(\lambda,\mu) + \int_{\lambda_0}^{\lambda} V(\lambda,\mu)\,d\lambda = \int_{\mu_0}^{\mu} V(\lambda,\mu)\,d\mu.$$

Bezeichnet μ' einen Wert, den wir gegen μ konvergieren lassen, δ das Intervall $\mu\mu'$, bezw. das auf dieses Intervall sich beziehende Differenzsymbol, so kommt

$$(\mu-\lambda)\frac{\delta V}{\delta\mu} + \int_{\lambda_0}^{\lambda} \frac{\delta V}{\delta\mu}\,d\lambda = V(\lambda,\mu^*) - V(\lambda,\mu'), \tag{24}$$

wenn wir unter μ^* einen (von λ abhängigen) Punkt des Intervalls $\mu\mu'$ verstehen. Es ist nun leicht einzusehen, daß zu einer beliebigen positiven Größe ε eine andere σ so bestimmt werden kann, daß für alle λ des Intervalls $\mathfrak{i}'$ und alle Werte μ_1, μ_2 des Intervalls $\mathfrak{i}$, die die Ungleichung $|\mu_1 - \mu_2| < \sigma$ erfüllen,

$$|V(\lambda, \mu_1) - V(\lambda, \mu_2)| < \varepsilon$$

wird. Wir wenden daher den folgenden Hilfssatz auf (24) an:

Ist $e(x)$ irgend eine stetige, durchaus positive Funktion im Intervall $0 \leqq x \leqq 1$, $f_1(x), f_2(x), \cdots$ eine Folge stetiger Funktionen, für welche

$$\varepsilon_i(x) = e(x) f_i(x) + \int_0^x f_i(\xi)\, d\xi$$

mit wachsendem i gleichmäßig im Intervall $0 \cdots 1$ gegen 0 konvergiert, so konvergiert auch die Folge $f_1(x), f_2(x), \cdots$ gleichmäßig gegen 0.

So erschließen wir die Limesgleichung

$$\underset{\mu'=\mu}{L} \frac{\delta V}{\delta \mu} = 0, \quad \text{d. i.} \quad \frac{\partial V(\lambda, \mu)}{\partial \mu} = 0.$$

Da aber $V(\lambda, \mu_0) = 0$ ist, wird notwendig identisch in λ, μ für die in Betracht kommenden Bereiche

$$V(\lambda, \mu) = \int_0^\infty \Delta_\mu \mathsf{B}^*(s; \mu) \cdot \Delta_\lambda \mathsf{B}(s; \lambda)\, ds = 0,$$

mithin auch

$$\int_0^\infty \Delta_\mu \mathsf{B}^*(s; \mu) \cdot \Delta_\lambda \mathsf{A}(s; \lambda)\, ds = 0. \tag{25}$$

Wir haben noch den Beweis des angewendeten Hilfssatzes nachzuholen. Ist für eine stetige Funktion $f(x)$

$$\left| e(x) f(x) + \int_0^x f(\xi)\, d\xi \right| < \varepsilon$$

und bedeutet A das Maximum von $\frac{1}{e(x)} = \mathsf{E}(x)$ im Intervall $0 \leqq x \leqq 1$, so gilt, wenn wir die Funktion

$$\int_0^x f(\xi)\, d\xi = g(x)$$

einführen,

$$\left| \mathsf{E}(x)\, g(x) + \frac{d g(x)}{dx} \right| < \varepsilon A.$$

Nun ist

$$e^{\int_0^x \mathsf{E}(\xi)\, d\xi} \left(\mathsf{E}(x) g(x) + \frac{dg}{dx} \right) = \frac{d}{dx} \left(e^{\int_0^x \mathsf{E}(\xi)\, d\xi} \cdot g(x) \right),$$

also

$$\left|\frac{d}{dx}\left(e^{\int\limits_0^x \mathsf{E}(\xi)\,d\xi} g(x)\right)\right| < \varepsilon A \cdot e^{Ax},$$

$$|g(x)| \leqq \varepsilon\,(e^{Ax} - 1).$$

Weiter folgt dann

$$\left|\frac{f(x)}{\mathsf{E}(x)}\right| < \varepsilon \cdot e^{Ax}, \quad |f(x)| < \varepsilon A \cdot e^{Ax},$$

und damit ist jener Hilfssatz bewiesen.

Da für $\Delta_\mu \mathsf{B}^*(s;\mu)$ die Darstellung gilt

$$\Delta_\mu \mathsf{B}^*(s;\mu) = \int\limits_0^\infty K(s,t)\,\Delta_\mu \mathsf{A}^*(t;\mu)\,dt,$$

dürfen wir diese Funktion in dem Integraltheorem (21) an Stelle von $f(s)$ einführen, und weil für jedes Teilintervall von i

$$\Delta_\mu \mathsf{A}(s;\mu) = 0$$

ist, erhalten wir aus dieser Integraldarstellung unter Berücksichtigung von (25)

$$\Delta_\mu \mathsf{B}^*(s;\mu) = 0$$

und folglich [s. Gleichung (23)]

$$\Delta_\mu \mathsf{A}^*(s;\mu) = 0.$$

Zufolge der letzten, für jedes Teilintervall von i gültigen Gleichung ist demnach $\mathsf{A}^*(s;\mu)$ mit Bezug auf die Variable μ eine Konstante. Damit ist gezeigt, daß *für Werte λ, die dem Streckenspektrum nicht angehören, der homogenen Integralgleichung* in dem erörterten Sinne *durch ein nichtverschwindendes Differential auf keine Weise genügt werden kann,* und auf solche Art zugleich eine charakteristische Eigenschaft des Streckenspektrums gewonnen, die erkennen läßt, daß dasselbe durch den Kern $K(s,t)$ allein völlig bestimmt ist.

Hätten wir in der obigen Deduktion angenommen, daß μ_0 dem Streckenspektrum angehört, so hätte sich die folgende Darstellung der Funktion $\mathsf{A}^*(s;\lambda)$ ergeben [bei welcher $\mathsf{A}^*(s;0) = 0$ angenommen ist]

$$\mathsf{A}^*(s;\lambda) = \int\limits_0^\lambda \frac{d_\mu \mathsf{A}(s;\mu)\cdot dH(\mu)}{d\varrho(\mu)},$$

in der $H(\mu)$ eine gewisse stetige Funktion von beschränkter Schwankung bezeichnet, für die $\frac{(dH(\mu))^2}{d\varrho(\mu)}$ in jedem endlichen Intervall integrierbar ist. Diese Gleichung besagt, daß *bis auf einen von s unabhängigen Faktor das*

Differential $d_\lambda \mathsf{A}(s; \lambda)$ *das einzige ist, welches der homogenen Integralgleichung für den Wert* λ *des Streckenspektrums genügt.*

Zur Bestimmung der Funktion $\mathsf{A}(s; \lambda)$ haben wir im vorstehenden ein System orthogonaler Funktionen $\Phi_p(s)$ von besonderer Art benutzt. Bezeichnet hingegen $\Phi_p'(s)$ $(p = 1, 2, \cdots)$ ein beliebiges vollständiges Orthogonalsystem für das Intervall $0 \cdots \infty$, so erkennt man leicht, daß die quadratische Form $K'(x)$ mit den Koeffizienten

$$k'_{pq} = \int_0^\infty \int_0^\infty K(s, t)\, \Phi_p'(s)\, \Phi_q'(t)\, ds\, dt$$

in $K(x)$ orthogonal transformierbar ist; folglich ist eine orthogonale Transformation der Variablen x_p in die Variablen x_p', ξ_p angebbar — ihre Koeffizienten mögen mit m'_{pq}, bzw. l'_{pq} bezeichnet sein —, so daß

$$K'(x) = \sum_{(p,q)} \int_{-\infty}^{+\infty} \frac{d\varrho_p \cdot d\varrho_q}{\mu\, d\varrho}\, \xi_p\, \xi_q$$

wird, und zwar stellt sich

$$l'_{p1} K_1'(s) + l'_{p2} K_2'(s) + \cdots = l_{p1} K_1(s) + l_{p2} K_2(s) + \cdots$$

heraus, wenn unter $K_p'(s)$ das Integral

$$\int_0^\infty K(s, t)\, \Phi_p'(t)\, dt$$

verstanden wird; d. h. die Funktionen $k_p(s)$ und mithin auch $\mathsf{A}(s; \lambda)$ sind von der Wahl des vollständigen Orthogonalsystems $\Phi_p'(s)$ vollständig unabhängig, und ein beliebiges solches, mag es nun zu der Funktion $k(s)$ passen oder nicht, ist zu ihrer Berechnung geeignet.

Besondere Hervorhebung verdient der Fall, daß das Streckenspektrum aus einer endlichen oder abzählbar unendlichen Anzahl von Intervallen besteht, die Funktion $|\varrho(\lambda)|$ mit der Gesamtlänge der zwischen 0 und λ gelegenen Intervalle des Streckenspektrums identisch wird und schließlich $\mathsf{A}(s; \lambda)$ für jeden Wert von λ, der *dem Innern* des Streckenspektrums angehört, nach λ stetig differenzierbar ist

$$\frac{\partial \mathsf{A}(s, \lambda)}{\partial \lambda} = \mathsf{P}(s; \lambda):$$

alsdann nenne ich den Kern $K(s, t)$ *regulär.**) Hat unter diesen Umständen die Funktion $f(s)$, welche in die Form

$$\int_0^\infty K(s, t)\, g(t) dt$$

---

*) Diesen Fall, der bisher in den Anwendungen allein auftritt, habe ich in meiner Dissertation ohne Heranziehung des Hellingerschen Integralbegriffs behandelt.

gebracht werden kann, außerdem noch die Eigenschaft, daß das Integral

$$\int_0^\infty \mathsf{P}(s;\lambda)\, f(s)\, ds$$

gleichmäßig in der Umgebung jedes im Innern des Spektrums gelegenen Wertes von λ konvergiert, so verwandelt sich die Integraldarstellung (21) in

$$f(s) = \int_{(\mathsf{M})} \mathsf{P}(s;\mu) \int_0^\infty \mathsf{P}(t;\mu)\, f(t)\, dt\, d\mu,$$

in welcher M das Streckenspektrum bezeichnet. Konvergiert auch noch

$$\int_0^\infty K(s,t)\, \mathsf{P}(t;\lambda)\, dt$$

gleichmäßig in der Variablen λ, falls wir diese auf die Umgebung eines inneren Punktes des Streckenspektrums beschränken, so ist offenbar $\mathsf{P}(s;\lambda)$ eine Eigenfunktion des Kerns $K(s,t)$ im gewöhnlichen Sinne.

Die bisherigen Entwicklungen waren von der Voraussetzung beherrscht, daß die aus $K(s,t)$ entspringende quadratische Form in eine Elementarform orthogonal transformierbar sei. In dem allgemeineren Falle eines beliebigen beschränkten Kernes erhalten wir statt (21) eine Darstellung der Funktion $f(s)$ von folgender Art

$$f(s) = \sum_{(p)} \varphi_p(s) \int_0^\infty f(t)\, \varphi_p(t)\, dt + \sum_{(h)} \int_{-\infty}^{+\infty} \frac{d_\mu \mathsf{A}^{(h)}(s;\mu) \cdot d_\mu \int_0^\infty \mathsf{A}^{(h)}(t;\mu)\, f(t)\, dt}{d\varrho^{(h)}(\mu)}.$$

Dabei bilden die $\varphi_p(s)$, welche Eigenfunktionen des Kerns $K(s,t)$ sind (und zwar für diejenigen Eigenwerte, die das Punktspektrum ausmachen), ein System orthogonaler Funktionen für das Intervall $0 \cdots \infty$; $\mathsf{A}^{(h)}(s;\mu)$ sind Funktionen von der Beschaffenheit des oben benutzten $\mathsf{A}(s;\mu)$, und es bestehen die Relationen

$$\int_0^\infty \mathsf{A}^{(h)}(s;\mu)\, \mathsf{A}^{(i)}(s;\mu)\, ds = 0 \qquad (h \neq i),$$

$$\int_0^\infty \mathsf{A}^{(h)}(s;\mu)\, \varphi_p(s)\, ds = 0$$

II. Teil.

Beispiele singulärer Kerne.

Ist $K(s, t)$ ein beschränkter Kern, für den das Doppelintegral

$$\int_0^\infty\int_0^\infty (K(s,t))^2\,ds\,dt$$

existiert, so gilt ohne Abänderungen die von Herrn Hilbert in seiner fünften Mitteilung entwickelte Theorie der Integralgleichungen. Wenn wir daher im folgenden einige Beispiele für die oben dargestellte allgemeinere Theorie besprechen wollen, können wir uns auf solche Kerne beschränken, für welche jenes Doppelintegral nicht konvergiert.

Als ersten derartigen singulären Kern nenne ich den folgenden

$$(26)\qquad K(s,t) = \frac{1}{2}\,\mathrm{sgn}\,(s+t)\cdot e^{-\left|\left(\frac{s}{2}\right)^2-\left(\frac{t}{2}\right)^2\right|}\qquad \left(-\infty < {s \atop t} < +\infty\right),$$

welcher sich mit elementaren Hilfsmitteln (insbesondere ohne Heranziehung der Theorie der unendlichvielen Variablen) behandeln läßt. Er steht in naher Beziehung zu den sog. *Hermiteschen Polynomen*, die man am einfachsten durch die Gleichungen

$$\mathfrak{P}_p(s) = (-1)^p\, e^{\frac{1}{2}s^2}\cdot\frac{d^p}{ds^p}\left(e^{-\frac{1}{2}s^2}\right)$$

$$(p = 0, 1, 2, \cdots)$$

definiert, aus denen sich mit großer Leichtigkeit die wesentlichen Eigenschaften dieser Polynome ergeben. Es folgt nämlich aus ihnen

$$\frac{d}{ds}\left((-1)^p\, e^{-\frac{1}{2}s^2}\,\mathfrak{P}_p(s)\right) = (-1)^{p+1}\, e^{-\frac{1}{2}s^2}\,\mathfrak{P}_{p+1}(s)$$

und daraus die Rekursionsformel

$$(27)\qquad \mathfrak{P}_{p+1}(s) = s\cdot\mathfrak{P}_p(s) - \frac{d\mathfrak{P}_p(s)}{ds}.$$

Ferner wird

$$\mathfrak{P}_{p+1}(s) = (-1)^p\, e^{\frac{1}{2}s^2}\frac{d^p}{ds^p}\left(s e^{-\frac{1}{2}s^2}\right)$$

$$= s\,\mathfrak{P}_p(s) - p\,\mathfrak{P}_{p-1}(s),$$

und aus der Kombination dieser Gleichung mit der vorigen schließen wir die einfache Beziehung

$$(27')\qquad \frac{d\mathfrak{P}_p(s)}{ds} = p\,\mathfrak{P}_{p-1}(s).$$

Da $(-1)^p e^{-\frac{1}{2}s^2}\mathfrak{P}_p(s)$ der p^{te} Differentialquotient von $e^{-\frac{1}{2}s^2}$ ist, folgt durch mehrmalige Anwendung der partiellen Integration, daß

$$\int_{-\infty}^{+\infty} e^{-\frac{1}{2}s^2}\,\mathfrak{P}(s)\,\mathfrak{P}_p(s)\,ds = 0$$

wird für jedes Polynom $\mathfrak{P}(s)$ von niedrigerem als p^{tem} Grade, insbesondere also

$$\int_{-\infty}^{+\infty} e^{-\frac{1}{2}s^2}\,\mathfrak{P}_p(s)\,\mathfrak{P}_q(s)\,ds = 0 \qquad (p \neq q).$$

Indem man nun noch das Integral

$$\int_{-\infty}^{+\infty} e^{-\frac{1}{2}s^2}\,(\mathfrak{P}_p(s))^2\,ds$$

berechnet, erkennt man, daß die Funktionen

$$\Phi_p(s) = \frac{e^{-\left(\frac{s}{2}\right)^2}\cdot\mathfrak{P}_p(s)}{\sqrt[4]{2\pi}\cdot\sqrt{p!}} \qquad (p = 0, 1, 2, \cdots)$$

ein System orthogonaler Funktionen für das Intervall $-\infty \cdots +\infty$ bilden.

Wir berechnen unter Heranziehung des besonderen, oben definierten Kernes $K(s, t)$ die Integrale (indem wir zunächst noch $s > 0$ voraussetzen)

$$\int_{-\infty}^{+\infty} K(s, t)\,\Phi_p(t)\,dt = \frac{1}{2}\Big[-e^{\left(\frac{s}{2}\right)^2}\cdot\int_{-\infty}^{-s} e^{-\left(\frac{t}{2}\right)^2}\Phi_p(t)\,dt$$

$$+ e^{-\left(\frac{s}{2}\right)^2}\cdot\int_{-s}^{+s} e^{\left(\frac{t}{2}\right)^2}\Phi_p(t)\,dt + e^{\left(\frac{s}{2}\right)^2}\int_{s}^{\infty} e^{-\left(\frac{t}{2}\right)^2}\Phi_p(t)\,dt\Big].$$

Für ein gerades p ist $\Phi_p(s)$ eine gerade, für ungerades p eine ungerade Funktion von s; darum wird

$$\int_{-\infty}^{+\infty} K(s,t)\,\Phi_p(t)\,dt = e^{-\left(\frac{s}{2}\right)^2}\int_0^s e^{\left(\frac{t}{2}\right)^2}\Phi_p(t)\,dt \qquad [p \equiv 0 \pmod{2}]$$

$$= e^{\left(\frac{s}{2}\right)^2}\int_s^{\infty} e^{-\left(\frac{t}{2}\right)^2}\Phi_p(t)\,dt \qquad [p \equiv 1 \pmod{2}].$$

Es gilt aber, wenn wir die Definitionsgleichungen und oben aufgestellten Rekursionsformeln heranziehen,

$$\int_0^s e^{\left(\frac{t}{2}\right)^2}\Phi_p(t)\,dt = \int_0^s \frac{\mathfrak{P}_p(t)}{\sqrt[4]{2\pi}\cdot\sqrt{p!}}\,dt = \frac{\mathfrak{P}_{p+1}(s)}{(p+1)\sqrt[4]{2\pi}\cdot\sqrt{p!}} = \frac{e^{\left(\frac{s}{2}\right)^2}\Phi_{p+1}(s)}{\sqrt{p+1}}$$

für $p \equiv 0\ (2)$,

$$\int_s^{\infty} e^{-\left(\frac{t}{2}\right)^2}\Phi_p(t)\,dt = \frac{(-1)^p}{\sqrt[4]{2\pi}\cdot\sqrt{p!}}\int_s^{\infty}\frac{d^p}{dt^p}\left(e^{-\frac{1}{2}t^2}\right)dt$$

$$= \frac{(-1)^{p-1}}{\sqrt[4]{2\pi}\cdot\sqrt{p!}}\cdot\frac{d^{p-1}}{ds^{p-1}}\left(e^{-\frac{1}{2}s^2}\right) = \frac{e^{-\left(\frac{s}{2}\right)^2}\Phi_{p-1}(s)}{\sqrt{p}}$$

für $p \equiv 1\ (2)$.

Wir erhalten damit die Gleichungen, welche für das Folgende die Grundlage bilden,

$$(28)\qquad \int\limits_{-\infty}^{+\infty} K(s,t)\,\Phi_p(t)\,dt = \frac{1}{\sqrt{p+1}}\,\Phi_{p+1}(s) \qquad p \equiv 0 \ (2)$$

$$= \frac{1}{\sqrt{p}}\,\Phi_{p-1}(s) \qquad p \equiv 1 \ (2).$$

Da $\int\limits_{-\infty}^{+\infty}(K(s,t))^2\,dt \leqq 2$ ist, folgt hieraus für alle p

$$|\Phi_p(s)| \leqq \sqrt{2(p+1)}, \qquad |\mathfrak{P}_p(s)| \leqq \sqrt[4]{8\pi}\; e^{\left(\frac{s}{2}\right)^2}\sqrt{(p+1)!},$$

und mithin konvergiert die Reihe

$$(29)\qquad x(s) = \sqrt{\frac{2}{2+m}}\sum_{p=0}^{\infty}\left(\frac{-m}{2+m}\right)^p \frac{\mathfrak{P}_{2p}(s)}{2^p\,p\,!},$$

wenn m eine der Zahlen $0, 1, 2, \cdots$ bedeutet, gleichmäßig in jedem endlichen Intervall der Variablen s, und dasselbe gilt, wie man leicht sieht, auch für die durch gliedweise Derivation aus (29) erhaltene Reihe, welche folglich die Ableitung $x'(s)$ darstellt. Indem man von den Rekursionsformeln (27), (27′) Gebrauch macht, gewinnt man daraus die Gleichung

$$x'(s) = -\frac{ms}{2}\,x(s);$$

also wird, da $x(0) = 1$ ist,

$$x(s) = e^{-m\left(\frac{s}{2}\right)^2}.$$

Die aus (29) durch Multiplikation mit $e^{-\left(\frac{s}{2}\right)^2}$ hervorgehende Entwicklung von $e^{-(m+1)\left(\frac{s}{2}\right)^2}$ nach den Funktionen $\Phi_{2p}(s)$ konvergiert *gleichmäßig im ganzen unendlichen Intervall* $-\infty \cdots +\infty$, und da man nach dem Weierstraßschen Satz über die näherungsweise Darstellung jeder stetigen Funktion (in einem endlichen Intervall) durch Polynome schließen kann, daß jede gerade, stetige, im Unendlichen verschwindende Funktion gleichmäßig im Intervall $-\infty < s < +\infty$ durch Linearkombination der Funktionen $e^{-(m+1)\left(\frac{s}{2}\right)^2}$ $(m = 0, 1, 2, \cdots)$ angenähert werden kann, ergibt sich aus diesen Entwicklungen der Satz, daß zu jeder positiven Zahl ε und jeder stetigen, im Unendlichen verschwindenden Funktion $f(s)$ ein Polynom $\mathfrak{P}(s)$ derart existiert, daß

$$|f(s) - e^{-\left(\frac{s}{2}\right)^2}\,\mathfrak{P}(s)| < \varepsilon\,(1 + |s|)$$

wird.*)

*) Die genauere Ausführung s. in meiner Diss., pag. 58 ff.

Ist jetzt $h(s)$ eine stetige Funktion, die *außerhalb eines gewissen endlichen Intervalls verschwindet*, und setzen wir $e^{\frac{s^2}{8}} h(s) = h^*(\sigma)$, indem σ den Wert $\frac{s}{\sqrt{2}}$ bedeutet, so wählen wir das Polynom $\mathfrak{P}^*(\sigma)$ so, daß

$$|h^*(\sigma) - e^{-\left(\frac{\sigma}{2}\right)^2} \mathfrak{P}^*(\sigma)| < \varepsilon\,(1 + |\sigma|)$$

ausfällt, daher, wenn $\mathfrak{P}(s) = \mathfrak{P}^*\left(\frac{s}{\sqrt{2}}\right)$ gesetzt ist,

$$|h(s) - e^{-\left(\frac{s}{2}\right)^2} \mathfrak{P}(s)| < \varepsilon \cdot e^{-\frac{s^2}{8}}(1 + |s|),$$

$$\int_{-\infty}^{+\infty} (h(s) - e^{-\left(\frac{s}{2}\right)^2} \mathfrak{P}(s))^2 \, ds < (7\varepsilon)^2$$

wird. Da jede stetige, quadratisch integrierbare Funktion $g(s)$ durch eine Funktion von der Natur $h(s)$ so angenähert werden kann, daß

$$\int_{-\infty}^{+\infty} (g(s) - h(s))^2 \, ds < \varepsilon^2$$

wird, ist durch diese Ungleichung *die Vollständigkeit des Systems der Hermiteschen Orthogonalfunktionen* $\Phi_p(s)$ *auf direktem Wege bewiesen.*

Wenden wir daher auf das Integral

$$f(s) = \int_{-\infty}^{+\infty} K(s, t)\, g(t)\, dt, \tag{30}$$

in dem $g(t)$ eine stetige, quadratisch integrierbare Funktion bedeutet, die Vollständigkeitsrelation an, so ergibt sich, falls wir

$$\int_{-\infty}^{+\infty} g(t)\, \Phi_p(t)\, dt = g_p$$

setzen, die absolut und gleichmäßig für alle s konvergente Entwicklung

$$f(s) = g_0 \frac{\Phi_1(s)}{\sqrt{1}} + g_1 \frac{\Phi_0(s)}{\sqrt{1}} + g_2 \frac{\Phi_3(s)}{\sqrt{3}} + g_3 \frac{\Phi_2(s)}{\sqrt{3}} + \cdots,$$

die wir wegen der von der Reihenfolge der Glieder unabhängigen Konvergenz auch in die Form setzen können

$$f(s) = c_0 \Phi_0(s) + c_1 \Phi_1(s) + c_2 \Phi_2(s) + \cdots.$$

Integrieren wir diese Reihe nach Multiplikation mit $\Phi_p(s)$ in dem beliebigen endlichen Intervall $a \leqq s \leqq b$, so folgt

$$\left| \int_a^b f(s)\, \Phi_p(s)\, ds - \sum_{r=1}^{q} c_r \int_a^b \Phi_p(s)\, \Phi_r(s)\, ds \right|$$
$$\leqq \sqrt{c_{q+1}^2 + c_{q+2}^2 + \cdots} \sqrt{\int_a^b (\Phi_p(s))^2 \, ds}.$$

Hieraus ist zu schließen (indem man a gegen $-\infty$, b gegen $+\infty$ konvergieren läßt)

$$\left|\int_{-\infty}^{+\infty} f(s)\,\Phi_p(s)\,ds - c_p\right| \leqq \sqrt{c_{q+1}^2 + c_{q+2}^2 + \cdots} \qquad \text{für } q \geqq p,$$

mithin, da die rechte Seite mit wachsendem q gegen 0 konvergiert,

$$c_p = \int_{-\infty}^{+\infty} f(s)\,\Phi_p(s)\,ds.$$

Um unsere Untersuchung zu Ende zu führen, bleibt jetzt nur noch übrig, zu entscheiden, wann sich eine Funktion $f(s)$ in der Form (30) darstellen läßt. Setzen wir voraus, daß $f(s)$ einmal stetig differenzierbar ist, und, unter $f'(s)$ die Ableitung von $f(s)$ verstanden, die beiden Integrale

$$\int_{-\infty}^{+\infty} (sf(s))^2\,ds, \qquad \int_{-\infty}^{+\infty} (f'(s))^2\,ds$$

existieren, so folgt daraus für beliebiges $\omega > 1$

$$\int_1^{\omega} \left|\frac{d}{ds}\left(\frac{f(s)}{s}\right)\right| ds \leqq \int_1^{\omega} \left|\frac{f'(s)}{s}\right| ds + \int_1^{\omega} \frac{|f(s)|}{s^2}\,ds$$

$$\leqq \sqrt{\int_1^{\infty} (f'(s))^2\,ds} + \sqrt{\frac{1}{5}}\sqrt{\int_1^{\infty} (sf(s))^2\,ds};$$

mithin konvergiert das Integral

$$\int_1^{\infty} \frac{d}{ds}\left(\frac{f(s)}{s}\right) ds,$$

d. h. $\frac{f(s)}{s}$ nähert sich, wenn s gegen $+\infty$ konvergiert, einer bestimmten Grenze, und es muß daher

$$\underset{s=\pm\infty}{L} \frac{f(s)}{s} = 0$$

sein. Beachten wir dies, so erschließen wir nunmehr durch eine leichte Rechnung, daß die Funktion

$$g(s) = \frac{s}{2} f(s) + f'(-s)$$

die Integralgleichung (30) befriedigt. Das Resultat dieser ganzen Untersuchung ist also der Satz:

Jede einmal stetig differenzierbare Funktion $f(s)$, für welche $sf(s)$ und $f'(s)$ quadratisch integrierbar sind, ist in eine absolut und gleichmäßig konvergente Reihe nach den Hermiteschen Orthogonalfunktionen $\Phi_p(s)$ zu entwickeln:

$$f(s) = c_0\,\Phi_0(s) + c_1\,\Phi_1(s) + c_2\,\Phi_2(s) + \cdots,$$

deren Koeffizienten durch

$$c_p = \int_{-\infty}^{+\infty} f(s)\,\Phi_p(s)\,ds$$

*gegeben werden.**)

Die Relationen (28) zeigen übrigens noch, daß

$$\varphi_0(s) = \frac{\Phi_0(s) + \Phi_1(s)}{\sqrt{2}}, \qquad \varphi_1(s) = \frac{\Phi_0(s) - \Phi_1(s)}{\sqrt{2}},$$
$$\varphi_2(s) = \frac{\Phi_2(s) + \Phi_3(s)}{\sqrt{2}}, \qquad \varphi_3(s) = \frac{\Phi_2(s) - \Phi_3(s)}{\sqrt{2}},$$
$$\cdots\cdots\cdots\cdots\cdots\cdots$$

Eigenfunktionen des Kernes $K(s, t)$ sind, die zu den Eigenwerten

$$\frac{1}{\sqrt{1}}, \quad -\frac{1}{\sqrt{1}}; \quad \frac{1}{\sqrt{3}}, \quad -\frac{1}{\sqrt{3}}; \cdots$$

gehören. Es gibt auch keine weiteren Eigenfunktionen; denn jede solche müßte zu allen $\varphi_p(s)$ orthogonal sein, was nicht möglich ist, da diese bereits ein *vollständiges* System orthogonaler Funktionen bilden. Ein Streckenspektrum ist bei dem hier behandelten Kern überhaupt nicht vorhanden.

Zu interessanten Ergebnissen gelangt man, wenn man in ähnlicher Weise, wie soeben die Hermiteschen, die *Laguerreschen Polynome*

$$P_p(s) = e^{2s} \frac{d^p}{ds^p}(e^{-2s} s^p) \qquad (p = 0, 1, 2, \ldots)$$

untersucht. Für sie gewinnen wir leicht aus der Definitionsgleichung die Rekursionsformeln

$$P_p(s) = s\,\frac{dP_{p-1}(s)}{ds} - (2s - p)\,P_{p-1}(s),$$
$$\frac{dP_p(s)}{ds} = p\left(\frac{dP_{p-1}(s)}{ds} - 2\,P_{p-1}(s)\right).$$

Auch erkennen wir, daß die Funktionen

$$\text{(31)} \qquad \Lambda_p(s) = \sqrt{2}\,\frac{e^{-s} P_p(s)}{p!} \qquad (p = 0, 1, 2, \ldots)$$

ein Orthogonalsystem für das Intervall $0 \cdots \infty$ bilden. Aus dem im vorigen Abschnitt gewonnenen Resultat, daß jede stetige, außerhalb eines

*) Vgl. hierzu W. Myller-Lebedeff, Theorie der Integralgleichungen in Anwendung usw. (Inauguraldissertation, abgedr. in Math. Ann. Bd. 64.)

endlichen Intervalls verschwindende Funktion $h(s)$ für alle $s \geqq 0$ durch lineare Kombination der dort benutzten $e^{-\left(\frac{s}{2}\right)^2}\mathfrak{P}_{2p}(s)$ bis auf einen Fehler $\varepsilon \cdot e^{-\frac{s^2}{8}}$ angenähert werden kann (indem man nämlich $h(-s) = h(s)$ setzt), wird erkennbar, daß die in (31) eingeführten *Laguerreschen Orthogonalfunktionen* $\Lambda_p(s)$ gleichfalls ein vollständiges System bilden. Die zweite der aufgestellten Rekursionsformeln läßt sich, da $P_p(0) = p\,P_{p-1}(0)$ ist, in der Form schreiben

$$P_p(s) - p\,P_{p-1}(s) = -\,2p\cdot\int_0^s P_{p-1}(t)\,dt$$

oder

$$\Lambda_{p+1}(s) - \Lambda_p(s) = -\,2e^{-s}\int_0^s e^t\Lambda_p(t)\,dt. \tag{32}$$

Aus dieser Beziehung läßt sich durch Anwendung der Vollständigkeitsrelation eine Bedingung ableiten, unter der eine stetige Funktion $f(s)$ nach den Differenzen $\Lambda_1(s) - \Lambda_0(s)$, $\Lambda_2(s) - \Lambda_1(s), \cdots$ der Laguerreschen Orthogonalfunktionen entwickelbar ist.

Mit derselben Leichtigkeit wie (32) erhält man die analoge Formel

$$\Lambda_p(s) - \Lambda_{p-1}(s) = 2e^s\int_s^\infty e^{-t}\Lambda_p(t)\,dt;$$

addieren wir sie zu (32), so folgt

$$\int_0^\infty e^{-|s-t|}\Lambda_p(t)\,dt = -\,\frac{1}{2}\Lambda_{p-1}(s) + \Lambda_p(s) - \frac{1}{2}\Lambda_{p+1}(s), \qquad (p = 1, 2, \ldots)$$

$$\int_0^\infty e^{-|s-t|}\Lambda_0(t)\,dt = \Lambda_0(s) - \frac{1}{2}\Lambda_1(s).$$

Betrachten wir also den symmetrischen Kern

$$K(s,t) = \frac{1}{2}\,e^{-|s-t|} \qquad \left(0 \leqq {s \atop t} < \infty\right)$$

für den sich

$$(k(s))^2 = \int_0^\infty (K(s,t))^2\,dt = \frac{1}{4}$$

ergibt, und ordnen ihm die quadratische Form $K(x)$ mit den Koeffizienten

$$k_{pq} = \frac{1}{2}\int_0^\infty\!\!\int_0^\infty e^{-|s-t|}\,\Lambda_{p-1}(s)\,\Lambda_{q-1}(t)\,ds\,dt \qquad (p, q = 1, 2, \ldots)$$

zu, so wird

$$k_{pq} = 0, \quad \text{falls} \quad p \neq q-1,\ q,\ q+1;$$

$$k_{pp} = \frac{1}{2}; \qquad k_{p,p-1} = k_{p,p+1} = -\frac{1}{4},$$

mithin

$$(33) \qquad \begin{aligned} K(x) = \frac{1}{2}x_1^2 + \frac{1}{2}x_2^2 + \frac{1}{2}x_3^2 + \cdots \\ -\frac{1}{2}x_1x_2 - \frac{1}{2}x_2x_3 - \cdots \end{aligned}$$

Der Kern $\frac{1}{2}e^{-|s-t|}$ *ist demnach ein beschränkter Kern.* Die durch (33) erklärte quadratische Form läßt sich aber in folgender Gestalt schreiben*)

$$(34) \qquad K(x) = \sum_{(p,q)} \int_1^\infty \frac{\psi_p(\mu)\psi_q(\mu)}{\mu}\,d\mu \cdot x_p x_q,$$

falls wir unter $\psi_p(\lambda)$ diese Funktionen verstehen:

$$\psi_p(\lambda) = \frac{2}{\sqrt{\pi}} \frac{\sin^2 r}{\sqrt{\sin 2r}} \sin 2pr;$$

dabei bezeichnet r den zwischen 0 und $\frac{\pi}{2}$ gelegenen Wert von arc sin $\frac{1}{\sqrt{\lambda}}$ $(\lambda \geqq 1)$. Die $\psi_p(\lambda)$ bilden ein vollständiges Orthogonalsystem für das Intervall $1 \leqq \lambda < \infty$. Indem wir

$$\begin{aligned} \varrho(\lambda) &= 0 \qquad (\lambda < 1), & \varrho_p(\lambda) &= 0 \qquad (\lambda < 1), \\ &= \lambda - 1 \quad (\lambda \geqq 1), & &= \int_1^\lambda \psi_p(\mu)\,d\mu \qquad (\lambda \geqq 1) \end{aligned}$$

setzen, erkennen wir, daß $K(x)$ eine Elementarform ist, deren Streckenspektrum aus dem einzigen Intervall $1 \leqq \lambda < \infty$ besteht und deren Basisfunktion das eben angegebene $\varrho(\lambda)$ ist.

Um nun diese Darstellung der quadratischen Form (33) für den Kern $\frac{1}{2}e^{-|s-t|}$ nutzbar zu machen, müssen wir zunächst die Funktion $\mathsf{A}(s;\lambda)$ unserer allgemeinen Theorie bestimmen. Dazu bemerken wir zunächst, daß aus der Integralgleichung

$$(35) \qquad f(s) = \frac{1}{2}\int_0^\infty e^{-|s-t|} g(t)\,dt$$

die Differentialbeziehung

$$g(s) = f(s) - \frac{d^2 f(s)}{ds^2}$$

folgt. Damit diese Funktion $g(s)$ die Integralgleichung (35) löst, muß

*) Diese Darstellung ist in etwas anderer Form schon von Hilbert, 4. Mitt., pag. 208 gegeben worden.

$$f'(0) = f(0), \qquad \underset{s=\infty}{L}\, e^{-s}(f(s) + f'(s)) = 0$$

sein.*) Nehmen wir provisorisch an, daß $\mathsf{A}(s;\lambda)$ nach λ differenzierbar ist:

$$\frac{\partial \mathsf{A}(s;\lambda)}{\partial \lambda} = \mathsf{P}(s;\lambda) \qquad (\lambda > 1),$$

und $\int\limits_0^\infty K(s,t)\mathsf{P}(t;\lambda)\,dt$ gleichmäßig in λ konvergiert, so ist $\mathsf{P}(s;\lambda)$ Eigenfunktion des Kernes $\frac{1}{2}e^{-|s-t|}$ für den Eigenwert λ, und folglich

$$\frac{\partial^2 \mathsf{P}(s;\lambda)}{\partial s^2} + (\lambda - 1)\,\mathsf{P}(s;\lambda) = 0,$$

$$\left[\frac{\partial \mathsf{P}(s;\lambda)}{\partial s} - \mathsf{P}(s;\lambda)\right]_{s=0} = 0.$$

Es muß dann also

$$\mathsf{P}(s;\lambda) = a(\lambda)\left\{\sqrt{\lambda-1}\cdot\cos\left(s\sqrt{\lambda-1}\right) + \sin\left(s\sqrt{\lambda-1}\right)\right\}$$

sein, wobei $a(\lambda)$ eine gewisse Funktion von λ ist. Diese bestimmen wir so, daß

$$\int\limits_0^\infty \mathsf{P}(s;\lambda)\,\Lambda_0(s)\,ds = \psi_1(\lambda)$$

wird. Da aber

$$\sqrt{2}\int\limits_0^\infty \left\{\sqrt{\lambda-1}\cos\left(s\sqrt{\lambda-1}\right) + \sin\left(s\sqrt{\lambda-1}\right)\right\}e^{-s}ds = 2\sqrt{2}\,\frac{\sqrt{\lambda-1}}{\lambda},$$

$$\psi_1(\lambda) = \frac{2\sqrt{2}}{\sqrt{\pi}}\cdot\frac{\sqrt[4]{\lambda-1}}{\sqrt{\lambda^3}}$$

ist, ergibt sich

$$a(\lambda) = \frac{1}{\sqrt{\pi\lambda}\cdot\sqrt[4]{\lambda-1}}.$$

Wir setzen nunmehr

$$\overline{\mathsf{P}}(s;\lambda) = \frac{1}{\sqrt{\pi}}\left\{\frac{\sqrt[4]{\lambda-1}}{\sqrt{\lambda}}\cos\left(s\sqrt{\lambda-1}\right) + \frac{1}{\sqrt{\lambda}\cdot\sqrt[4]{\lambda-1}}\sin\left(s\sqrt{\lambda-1}\right)\right\},$$

$$\overline{\mathsf{A}}(s;\lambda) = \int\limits_1^\lambda \overline{\mathsf{P}}(s;\mu)\,d\mu \qquad (\text{für } \lambda \geqq 1).$$

Es ist dann durch die vorigen Überlegungen wahrscheinlich gemacht, daß

(36) $$\mathsf{A}(s;\lambda) = \overline{\mathsf{A}}(s;\lambda)$$

wird. Wir müssen prüfen, ob dieses zutrifft.

Zunächst besteht sicherlich die Beziehung

---

*) Der Akzent bedeutet hier Differentiation nach dem Argument s.

$$\overline{\mathsf{P}}(s;\lambda) = \frac{\lambda}{2}\int_0^\infty e^{-|s-t|}\overline{\mathsf{P}}(t;\lambda)\,dt \qquad (\lambda \geqq 1).$$

Da ferner (durch einmalige partielle Integration) leicht zu erkennen ist, daß $\overline{\mathsf{A}}(s;\lambda)$ für $s=\infty$ Null wird mindestens wie $\frac{1}{s}$, also eine im Intervall $0 \leqq s < \infty$ quadratisch integrierbare Funktion ist, erhalten wir hieraus die Entwicklung

$$(37) \qquad \overline{\mathsf{A}}(s;\lambda) = \sum_{p=1,2,\cdots}\left[k_p(s)\int_1^\lambda \mu\overline{\psi}_p(\mu)\,d\mu\right],$$

in welcher

$$(38) \qquad \begin{aligned} k_p(s) &= \frac{1}{2}\int_0^\infty e^{-|s-t|}\Lambda_{p-1}(t)\,dt, \\ \overline{\psi}_p(\lambda) &= \int_0^\infty \overline{\mathsf{P}}(t;\lambda)\Lambda_{p-1}(t)\,dt \end{aligned}$$

gesetzt wurde, und aus ihr die Fourierkoeffizienten von $\overline{\mathsf{A}}(s;\lambda)$

$$\int_0^\infty \overline{\mathsf{A}}(s;\lambda)\Lambda_{p-1}(s)\,ds = \sum_{(q)} k_{pq}\int_1^\lambda \mu\overline{\psi}_q(\mu)\,d\mu.$$

Andererseits ist aber wegen (38)

$$\int_0^\infty \overline{\mathsf{A}}(s;\lambda)\Lambda_{p-1}(s)\,ds = \int_1^\lambda \overline{\psi}_p(\mu)\,d\mu.$$

Für $p=1$ wird

$$\int_1^\lambda \overline{\psi}_1(\mu)\,d\mu = \int_1^\lambda \psi_1(\mu)\,d\mu = \sum_{(q)}\int_1^\infty \frac{\psi_1(\mu)\psi_q(\mu)}{\mu}\,d\mu\int_1^\lambda \mu\psi_q(\mu)\,d\mu$$
$$= \sum_{(q)} k_{1q}\int_1^\lambda \mu\psi_q(\mu)\,d\mu;$$

mithin kommt

$$\sum_{(q)}\left[k_{1q}\int_1^\lambda \mu(\psi_q(\mu) - \overline{\psi}_q(\mu))\,d\mu\right] = 0.$$

Da nun $\psi_1(\mu) - \overline{\psi}_1(\mu) = 0$, $k_{1q} = 0$ für $q > 2$, hingegen $k_{12} \neq 0$ ist, folgt hieraus

$$\psi_2(\lambda) = \overline{\psi}_2(\lambda).$$

Dies zeigt wiederum, daß

$$\sum_{(q)}\left[k_{2q}\int_1^\lambda \mu(\psi_q(\mu) - \overline{\psi}_q(\mu))\,d\mu\right] = 0$$

sein muß, mithin

$$\psi_3(\lambda) = \bar{\psi}_3(\lambda)$$

und so fort. Damit aber verwandelt sich (37) in die zu beweisende Gleichung

$$\bar{\mathsf{A}}(s;\lambda) = \sum_{(p)} \left[k_p(s) \int_1^\lambda \mu \psi_p(\mu)\, d\mu \right] = \mathsf{A}(s;\lambda).$$

Nach diesen Rechnungen können wir das folgende, dem Fourierschen analoge Integraltheorem aufstellen

$$(39)\quad \begin{aligned} f(s) = \frac{1}{\pi} \int_1^\infty & \frac{\sqrt{\lambda-1}\cos(s\sqrt{\lambda-1}) + \sin s\sqrt{\lambda-1})}{\sqrt{\lambda}\sqrt[4]{\lambda-1}} \\ & \cdot \int_0^\infty f(t)\, \frac{\sqrt{\lambda-1}\cos(t\sqrt{\lambda-1}) + \sin(t\sqrt{\lambda-1})}{\sqrt{\lambda}\cdot\sqrt[4]{\lambda-1}}\, dt\, d\lambda . \end{aligned}$$

Es ist gültig, falls für die als zweimal stetig differenzierbar vorausgesetzte Funktion $f(s)$ die Integrale

$$\int_0^\infty (f(s))^2\, ds, \qquad \int_0^\infty (f''(s))^2\, ds, \qquad \int_0^\infty |f''(s)|\, ds$$

existieren, $\underset{s=\infty}{L} f(s) = \underset{s=\infty}{L} f'(s) = 0$ und $f'(0) = f(0)$ ist. Denn unter diesen Umständen konvergiert das innere Integral in (39) gleichmäßig in der Umgebung jeder Zahl $\lambda > 1$, wie sich durch zweimalige Anwendung der partiellen Integration ergibt. Die angeführten Bedingungen sind insbesondere dann erfüllt, wenn $f(s)$ für $s = \infty$ in normaler Weise von höherer als $\frac{1}{2}^{\text{ter}}$ Ordnung verschwindet, d. h. wenn es eine positive Zahl ε gibt, so daß

$$s^{\frac{1}{2}+\varepsilon} f(s), \qquad s^{\frac{3}{2}+\varepsilon} f'(s), \qquad s^{\frac{5}{2}+\varepsilon} f''(s)$$

für alle $s \geqq 0$ unterhalb einer endlichen Grenze bleiben.

Von $\frac{1}{2} e^{-|s-t|}$ gelangen wir durch Substitution leicht zu andern einfachen singulären Kernen. Setzen wir in dem Integral

$$\int_0^\infty \int_0^\infty e^{-|s-t|}\, U(s)\, U(t)\, ds\, dt,$$

in welchem $U(s)$ eine beliebige stetige Funktion mit der Eigenschaft $\int_0^\infty (U(s))^2\, ds = 1$ bedeuten möge,

$$e^{-2s} = \sigma, \qquad e^{-2t} = \tau,$$

so verwandelt es sich in das folgende

$$\frac{1}{2}\int_0^1\int_0^1 G(\sigma,\tau)\,u(\sigma)\,u(\tau)\,d\sigma\,d\tau\,,$$

wenn $G(\sigma,\tau)$ durch

$$(40)\qquad \begin{aligned} G(\sigma,\tau) &= \frac{1}{\sigma} \quad (\sigma \geqq \tau) \\ &= \frac{1}{\tau} \quad (\sigma \leqq \tau) \end{aligned}$$

definiert und

$$u(\sigma) = \sqrt{\frac{1}{2\sigma}}\cdot U\left(\frac{1}{2}\,|\lg\sigma|\right)$$

gesetzt wird, so daß also auch

$$(41)\qquad \int_0^1 (u(\sigma))^2\,d\sigma = 1$$

ausfällt. Über den Kern (40), der wohl als der einfachste aller singulären bezeichnet werden darf, läßt sich demnach das Folgende aussagen:

Für alle stetigen Funktionen, die (41) erfüllen, ist

$$0 < \int_0^1\int_0^1 G(\sigma,\tau)\,u(\sigma)\,u(\tau)\,d\sigma\,d\tau \leqq 4\,.$$

Die inhomogene Integralgleichung

$$f(\sigma) = \varphi(\sigma) - \lambda\int_0^1 G(\sigma,\tau)\,\varphi(\tau)\,d\tau$$

hat für alle $\lambda < \frac{1}{4}$ eine Lösung $\varphi(\sigma)$, die stetig außer für $\sigma = 0$, in der Umgebung dieser Stelle aber quadratisch integrierbar ist (falls $f(\sigma)$ von der gleichen Beschaffenheit vorausgesetzt wird). Für Werte $\lambda > \frac{1}{4}$ hat die zugehörige homogene Integralgleichung Lösungen $\varphi_\lambda(\sigma)$, welche, mit $\sqrt{\sigma}$ multipliziert, an der Stelle $\sigma = 0$ endlich bleiben; es sind dies die Funktionen

$$\varphi_\lambda(\sigma) = \sqrt{\frac{1}{\pi\sigma}}\;\frac{\sqrt{\lambda-\frac{1}{4}}\cos\left(\left|\sqrt{\lambda-\frac{1}{4}}\lg\sigma\right|\right)+\frac{1}{2}\sin\left(\left|\sqrt{\lambda-\frac{1}{4}}\lg\sigma\right|\right)}{\sqrt{\lambda}\,\sqrt[4]{\lambda-\frac{1}{4}}}$$

Sie bilden die Grundfunktion eines Fouriertheorems:

$$f(\sigma) = \int_{\frac{1}{4}}^{\infty}\varphi_\lambda(\sigma)\int_0^1 f(\tau)\,\varphi_\lambda(\tau)\,d\tau\,d\lambda\,.$$

Damit beherrschen wir also den Kern $G(\sigma, \tau)$ in der vollkommensten Weise.

Durch eine leichte Modifikation erhalten wir übrigens auch das *gewöhnliche Fouriersche Integraltheorem.* Wir brauchen nämlich dazu statt des Kernes $\frac{1}{2}e^{-|s-t|}$ nur die beiden folgenden

$$K_+(s, t) = e^{-s}\mathfrak{Cof}\, t \ (s \geqq t) \qquad K_-(s, t) = e^{-s}\mathfrak{Sin}\, t \ (s \geqq t)^{*)}$$
$$= e^{-t}\mathfrak{Cof}\, s \ (s < t) \qquad = e^{-t}\mathfrak{Sin}\, s \ (s < t)$$

zugrunde zu legen, welche durch Übergang zu den quadratischen Formen mittels des Laguerreschen Orthogonalsystems $\Lambda_p(s)$ auf

$$K_+(x) = \frac{3}{4}x_1^2 + \frac{1}{2}x_2^2 + \frac{1}{2}x_3^2 + \cdots - \frac{1}{2}x_1x_2 - \frac{1}{2}x_2x_3 - \cdots,$$

$$K_-(x) = \frac{1}{4}x_1^2 + \frac{1}{2}x_2^2 + \frac{1}{2}x_3^2 + \cdots - \frac{1}{2}x_1x_2 - \frac{1}{2}x_2x_3 - \cdots$$

führen. Diese lassen sich in eine der Darstellung (34) analoge Gestalt bringen und liefern dann das (in zwei Teile zerspaltene) Fouriersche Integraltheorem**)

$$f(s) = \frac{1}{\pi}\int_1^\infty \frac{\cos(s\sqrt{\lambda-1})}{\sqrt[4]{\lambda-1}} \int_0^\infty f(t)\,\frac{\cos(t\sqrt{\lambda-1})}{\sqrt[4]{\lambda-1}}\,dt\,d\lambda,$$

$$f(s) = \frac{1}{\pi}\int_0^\infty \frac{\sin(s\sqrt{\lambda-1})}{\sqrt[4]{\lambda-1}} \int_0^\infty f(t)\,\frac{\sin(t\sqrt{\lambda-1})}{\sqrt[4]{\lambda-1}}\,dt\,d\lambda.$$

Gleichzeitig erhält man bei der Durchführung dieser Rechnung die Gleichungen

$$(42) \quad \begin{aligned} &\int_0^\infty \sin(s \operatorname{cotg}\varrho)\,\Lambda_p(s)\,ds = \sqrt{2}\sin\varrho\cdot\cos(2p+1)\varrho,\\ &\int_0^\infty \cos(s \operatorname{cotg}\varrho)\,\Lambda_p(s)\,ds = \sqrt{2}\sin\varrho\cdot\sin(2p+1)\varrho. \end{aligned}$$

Nach einer von Herrn Hilbert gemachten Bemerkung kann man das Fouriertheorem noch von einem wesentlich anderen Gesichtspunkt auffassen, als bisher geschehen ist. Betrachten wir nämlich

---

*) $\mathfrak{Cof}\, s = \frac{e^s + e^{-s}}{2}, \quad \mathfrak{Sin}\, s = \frac{e^s - e^{-s}}{2}.$

**) s. Dissertation pag. 65, 69. — Das Fouriersche und allgemeinere Integraltheoreme sind auch von Herrn E. Hilb („Integraldarstellungen willkürlicher Funktionen", Math. Ann. Bd. 66, pag. 1—66) auf einem mehr indirekten Wege mit großem Erfolg untersucht worden.

$$\sqrt{\frac{2}{\pi}}\cos(st) \quad \left(0 \leqq {s \atop t} < \infty\right)$$

als *Kern* einer Integralgleichung, so zeigt das Fouriersche Integraltheorem, das wir jetzt in der Form schreiben

$$u(s) = \frac{2}{\pi}\int_0^\infty \cos(st)\int_0^\infty \cos(tr)\, u(r)\, dr\, dt, \tag{43}$$

daß dieser höchstens die beiden Eigenwerte $+1$, -1 besitzen kann. Es fragt sich, welche Eigenfunktionen zu jedem von ihnen gehören. *Eine* solche zu $+1$ gehörige Funktion wird durch die bekannte Integralbeziehung

$$\sqrt{\frac{2}{\pi}}\int_0^\infty \cos(st)\, e^{-\frac{t^2}{2}}\, dt = e^{-\frac{s^2}{2}}$$

geliefert. Um jedoch diese Frage systematisch zu entscheiden, beachte man zunächst die Formeln (42), welche besagen, daß die Funktionen

$$\sqrt{\frac{2}{\pi}}\int_0^\infty \cos(st)\, \Lambda_p(t)\, dt \qquad (p = 0, 1, 2, \ldots)$$

ebenso wie die $\Lambda_p(s)$ selber ein vollständiges Orthogonalsystem bilden. Aus diesem Umstand folgt, wenn wir

$$\bar{u}(s) = \sqrt{\frac{2}{\pi}}\int_0^\infty \cos(st)\, u(t)\, dt$$

setzen, wie ich in meiner Dissertation gezeigt habe*), die „Orthogonalitätsrelation"

$$\int_0^\infty \bar{u}(s)\bar{v}(s)\, ds = \int_0^\infty u(s)\, v(s)\, ds \tag{44}$$

für irgend zwei stetige, absolut und quadratisch im Intervall $0 \cdots \infty$ integrierbare Funktionen $u(s)$, $v(s)$. Vgl. hierzu übrigens Formel (22).

Der Bereich derjenigen stetigen Funktionen $u(s)$, für welche $\bar{u}(s)$ existiert und stetig ist, welche ferner dem Fouriertheorem (43) und den Limesgleichungen

$$\underset{a=\infty}{L}\int_0^\infty (\bar{u}_a(s) - \bar{u}(s))^2\, ds = 0,$$

$$\underset{a=\infty}{L}\int_0^\infty (u_a(s) - u(s))^2\, ds = 0$$

*) Diss., pag. 23 u. 31.

genügen — dabei ist

$$\bar{u}_a(s) = \sqrt{\frac{2}{\pi}} \int_0^a \cos(st)\, u(t)\, dt,$$

$$u_a(s) = \sqrt{\frac{2}{\pi}} \int_0^a \cos(st)\, \bar{u}(t)\, dt$$

gesetzt — möge mit $\mathfrak{U}$ bezeichnet werden. Jede endliche Linearkombination von Funktionen aus $\mathfrak{U}$ gehört wiederum diesem Bereich an, und falls $u(s)$ irgend eine Funktion aus $\mathfrak{U}$, ist auch $\bar{u}(s)$ in $\mathfrak{U}$ enthalten. Ferner gilt für irgend zwei Funktionen aus $\mathfrak{U}$ die Orthogonalitätsbeziehung (44), und jede stetige, absolut und quadratisch integrable Funktion, welche im Endlichen von beschränkter Schwankung ist, gehört dem Bereich $\mathfrak{U}$ an.

Schränken wir nun den Begriff der Funktion gänzlich auf den soeben definierten Bereich $\mathfrak{U}$ ein, verstehen insonderheit unter einer Eigenfunktion des Kernes $\sqrt{\frac{2}{\pi}} \cos(st)$ eine *in* $\mathfrak{U}$ *enthaltene* Funktion $\varphi(s)$, welche der Relation

$$\varphi(s) - \lambda \sqrt{\frac{2}{\pi}} \int_0^\infty \cos(st)\, \varphi(t)\, dt = 0$$

genügt, so zeigt sich*), daß der Kern $\sqrt{\frac{2}{\pi}} \cos(st)$ sich in allen wesentlichen Punkten verhält wie ein regulärer. Ihm kommen zwar die einzigen Eigenwerte $+1$, -1 zu, aber zu jedem von ihnen gehören unendlichviele Eigenfunktionen. Jede in $\mathfrak{U}$ enthaltene Funktion ist die Summe einer zu $+1$ und einer zu -1 gehörigen Eigenfunktion. Die inhomogene Integralgleichung

$$f(s) = \varphi(s) - \lambda \sqrt{\frac{2}{\pi}} \int_0^\infty \cos(st)\, \varphi(t)\, dt$$

hat, falls $\lambda \neq \pm 1$ ist, für jede zu $\mathfrak{U}$ gehörige Funktion $f(s)$ eine Lösung $\varphi(s)$ von der nämlichen Beschaffenheit. Für einen Eigenwert $\lambda = +1$ oder -1 ist sie jedoch nur dann (in demselben Sinne) lösbar, wenn $f(s)$ zu den sämtlichen zu λ gehörigen Eigenfunktionen orthogonal ist. Der Kern $\sqrt{\frac{2}{\pi}} \cos(st)$ ist offenbar nicht „beschränkt“, wohl aber liegt der Integrallimes

*) Diss., pag. 28 f.

$$\underset{\substack{a=\infty\\ b=\infty}}{L}\int_0^a\int_0^b \cos st\, u(s)\, u(t)\, ds\, dt,$$

der für alle stetigen, quadratisch integrierbaren Funktionen $u(s)$ existiert, unterhalb der Grenze $\sqrt{\frac{\pi}{2}}$, wenn $\int_0^\infty (u(s))^2 ds \leqq 1$ bleibt.

Die bisherigen, das Fouriersche Integraltheorem betreffenden Untersuchungen lassen sich ohne Schwierigkeit auf die Besselschen Funktionen übertragen. Wir werden uns dazu der folgenden Verallgemeinerung der Laguerreschen Polynome bedienen:

$$P_p^{(\alpha)}(s) = \frac{e^{2s}}{s^{2\alpha}} \frac{d^p}{ds^p}(e^{-2s} s^{p+2\alpha}), \tag{45}$$

in denen s im Intervall $0 \cdots \infty$ variabel ist, α aber eine beliebige reelle Zahl $> -\frac{1}{2}$ bedeutet und p die Reihe der ganzen nicht-negativen Zahlen $0, 1, 2, \ldots$ durchläuft. Aus dieser Definitionsgleichung gewinnt man die Rekursionsformel

$$\frac{d P_p^{(\alpha)}(s)}{ds} = p\left(\frac{d P_{p-1}^{(\alpha)}(s)}{ds} - 2 P_{p-1}^{(\alpha)}(s)\right), \tag{46}$$

und man beweist wie früher, daß die Funktionen

$$\frac{2^{\alpha+\frac{1}{2}}}{\sqrt{\Gamma(p+1)\cdot\Gamma(p+1+2\alpha)}} e^{-s} s^\alpha P_p^{(\alpha)}(s) = \Lambda_p^{(\alpha)}(s) \tag{47}$$

$$p = 0, 1, 2, \ldots$$

für ein festes α ein vollständiges Orthogonalsystem für $0 \leqq s < \infty$ bilden.

Es ist offenbar

$$-\frac{d^p}{ds^p}(e^{-2s} s^{p+2\alpha}) = \int_s^\infty \frac{d^{p+1}}{dt^{p+1}}(e^{-2t} t^{p+1+2\alpha-1})\, dt. \tag{48}$$

Führen wir in diese Gleichung die Bezeichnungen (45), (47) ein, so verwandelt sie sich *unter der Voraussetzung* $\alpha > 0$, *die wir jetzt zunächst machen wollen,* in

$$-\Lambda_p^{(\alpha)}(s) = \sqrt{2(p+1)}\, e^s s^{-\alpha} \int_s^\infty e^{-t} t^{\alpha-\frac{1}{2}} \Lambda_{p+1}^{\left(\alpha-\frac{1}{2}\right)}(t)\, dt. \tag{49}$$

Es folgt hieraus in bekannter Weise durch Anwendung der Vollständigkeitsrelation: Wenn $g(s)$ eine stetige, im Intervall $0 \cdots \infty$ quadratisch integrierbare Funktion bedeutet, für welche

$$\int_0^\infty g(t)\,\Lambda_0^{\left(\alpha-\frac{1}{2}\right)}(t)\,dt = 0,$$

d. h.

(50) $$\int_0^\infty e^{-t}\,t^{\alpha-\frac{1}{2}}\,g(t)\,dt = 0$$

ist, so läßt sich das Integral

(51) $$f(s) = e^s s^{-\alpha} \int_s^\infty e^{-t}\,t^{\alpha-\frac{1}{2}}\,g(t)\,dt$$

in eine gleichmäßig und absolut konvergente Reihe nach den $\Lambda_p^{(\alpha)}(s)$ $(p = 0, 1, 2, \ldots)$ entwickeln. Aus (51) folgt

(52) $$g(s) = \frac{(s-\alpha)\,f(s) - s f'(s)}{\sqrt{s}},$$

und diese Funktion ist umgekehrt eine Auflösung von (51), wenn

(53) $$\mathop{L}_{s=\infty} e^{-s} s^\alpha f(s) = 0$$

ist. Damit (50) gilt, ist gemäß (51) dann notwendig und hinreichend, daß

(53′) $$\mathop{L}_{s=0} s^\alpha f(s) = 0$$

wird. *Wenn demnach die Funktion* (52) *für* $s > 0$ *existiert und stetig, im Intervall* $0 \cdots \infty$ *aber quadratisch integrierbar ist und* (53), (53′) *erfüllt sind, läßt sich* $f(s)$ *in der angegebenen Weise entwickeln.* Diese Bedingungen lassen sich noch in der verschiedensten Weise spezialisieren.

Die Formel (48) liefert ein entsprechendes Ergebnis für $\alpha = 0$. Beachtet man nämlich, daß

$$s \cdot \frac{d^{p+1}}{ds^{p+1}}\left(e^{-2s} s^p\right) = -2\,\frac{d^p}{ds^p}\left(e^{-2s} s^{p+1}\right)$$

ist, so geht (48) für $\alpha = 0$ über in

$$\Lambda_p^{(0)}(s) = \sqrt{2(p+1)}\;e^s \int_s^\infty \frac{e^{-t}}{\sqrt{t}}\,\Lambda_p^{\left(\frac{1}{2}\right)}(t)\,dt,$$

und *es ist demnach* $f(s)$ *nach den* $\Lambda_p^{(0)}(s)$ *entwickelbar, wenn*

$$\mathop{L}_{s=\infty} e^{-s} f(s) = 0 \quad \textit{und} \quad \sqrt{s}\,(f(s) - f'(s))$$

*stetig und quadratisch integrierbar ist.**)

Um ein analoges Resultat für $\alpha < 0$ zu erhalten, gehen wir von der Bemerkung aus, daß

*) Vgl. W. Myller-Lebedeff, l. c.

$$\frac{d^p}{ds^p}(e^{-2s}s^{p+2\alpha}\cdot s) = s\cdot\frac{d^p}{ds^p}(e^{-2s}s^{p+2\alpha}) + p\,\frac{d^{p-1}}{ds^{p-1}}(e^{-2s}s^{p-1+2\alpha+1})$$

ist. Indem wir die Definitionsgleichung (45) heranziehen, wird

$$P_p^{\left(\alpha+\frac{1}{2}\right)}(s) = P_p^{(\alpha)}(s) + p\,P_{p-1}^{\left(\alpha+\frac{1}{2}\right)}(s),$$

und daher, wenn wir (46) benutzen,

$$-\frac{dP_p^{(\alpha)}(s)}{ds} = 2p\,P_{p-1}^{\left(\alpha+\frac{1}{2}\right)}(s).$$

Integrieren wir diese Relation zwischen 0 und s, so folgt

$$P_p^{(\alpha)}(0) - P_p^{(\alpha)}(s) = 2p\int_0^s P_{p-1}^{\left(\alpha+\frac{1}{2}\right)}(t)\,dt,$$

und wenn wir hierin die Bezeichnungen (47) einführen,

$$-\frac{\Lambda_p^{(\alpha)}(s)}{\sqrt{2p}} + \frac{1}{\sqrt{\Gamma(1+2\alpha)}}\sqrt{\frac{\Gamma(p+2\alpha+1)}{2p\,\Gamma(p+1)}}\cdot\Lambda_0^{(\alpha)}(s) = e^{-s}s^{\alpha}\int_0^s e^t t^{-\alpha-\frac{1}{2}}\,\Lambda_{p-1}^{\left(\alpha+\frac{1}{2}\right)}(t)\,dt.$$

Nehmen wir nun an, daß $\alpha < 0$ *ist*, so ist $e^t t^{-\alpha-\frac{1}{2}}$ an der Stelle $t=0$ quadratisch integrierbar. Außerdem ist dann

$$\frac{\Gamma(p+2\alpha+1)}{p\,\Gamma(p+1)} < p^{-1+2\alpha},$$

also konvergiert die Summe

$$\sum_{p=1,2,\ldots}\frac{\Gamma(p+2\alpha+1)}{p\,\Gamma(p+1)}$$

und mithin auch

$$\sum_{p=1,2,\ldots}\gamma_p\sqrt{\frac{\Gamma(p+2\alpha+1)}{p\,\Gamma(p+1)}},$$

wenn γ_p irgendwelche Zahlen mit konvergenter Quadratsumme sind. Eine mittels der stetigen, quadratisch integrierbaren Funktion $g(s)$ in der Form

(54) $$f(s) = e^{-s}s^{\alpha}\int_0^s e^t t^{-\alpha-\frac{1}{2}}\,g(t)\,dt$$

darstellbare Funktion $f(s)$ ist demnach wiederum in eine gleichmäßig und absolut konvergente, nach den Funktionen $\Lambda_0^{(\alpha)}(s)$, $\Lambda_1^{(\alpha)}(s)$, $\Lambda_2^{(\alpha)}(s)$, ... fortschreitende Reihe entwickelbar. Aus (54) folgt

(55) $$g(s) = \frac{(s-\alpha)f(s) + s f'(s)}{\sqrt{s}},$$

und diese Funktion genügt in der Tat der Gleichung (54), wenn noch

$$\underset{s=0}{L}\; s^{-\alpha}f(s) = 0$$

ist. *Zur Entwickelbarkeit ist demnach die Existenz, Stetigkeit (für $s > 0$) und quadratische Integrierbarkeit der Funktion* (55) *und die Existenz des Limes* $\underset{s=0}{L}\, s^{-\alpha} f(s)$ *hinreichend.* Denn in diesem Fall kann man eine Konstante c so wählen, daß

$$\underset{s=0}{L}\, s^{-\alpha}\left(f(s) - c\Lambda_0^{(\alpha)}(s)\right) = 0$$

wird; dann aber ist nach unsern Überlegungen $f(s) - c\Lambda_0^{(\alpha)}(s)$, also auch $f(s)$ selbst entwickelbar. Damit ist der Fall $\alpha < 0$ gleichfalls erledigt und so eine, wie mir scheint, sehr durchsichtige und auch in ihrem Resultat vollständige Theorie der verallgemeinerten Laguerreschen Polynome gewonnen. Übrigens kann man noch, indem man sich statt des gewöhnlichen des Hellingerschen Integralbegriffs bedient, die im Vorstehenden auftretende Forderung der stetigen Differenzierbarkeit durch eine weniger einschneidende ersetzen.

Wir wenden uns jetzt zu der Darlegung des Zusammenhanges, der zwischen den eben untersuchten Laguerreschen Polynomen und dem für die Besselschen Funktionen gültigen Integraltheorem besteht. Bezeichnet, wie üblich, $J_\nu(x)$ die Besselsche Funktion mit dem reellen Index $\nu > -1$, so schreiben wir

$$\mathfrak{I}_\nu(x) = e^{-\frac{\nu\pi i}{2}} J_\nu\left(x e^{\frac{\pi i}{2}}\right).$$

Diese Funktion ist für positive Argumentwerte reell und genügt der Differentialgleichung

$$\frac{d^2(\sqrt{x}\,\mathfrak{I}_\nu(x))}{dx^2} - \left(1 + \frac{4\nu^2-1}{4x^2}\right)\sqrt{x}\,\mathfrak{I}_\nu(x) = 0.$$

Wie bekannt ist, gibt es ein von $\mathfrak{I}_\nu(x)$ unabhängiges, gleichfalls in dem eben benutzten Sinne reelles Integral dieser Gleichung, das bei unbegrenzt wachsendem x gegen 0 konvergiert wie $\frac{e^{-x}}{\sqrt{x}}$; wir bezeichnen es mit $\mathfrak{E}_\nu(x)$, wobei wir es so normiert annehmen, daß

$$\frac{d}{dx}(\sqrt{x}\,\mathfrak{E}_\nu(x)) \cdot \sqrt{x}\,\mathfrak{I}_\nu(x) - \frac{d}{dx}(\sqrt{x}\,\mathfrak{I}_\nu(x)) \cdot \sqrt{x}\,\mathfrak{E}_\nu(x) = -1$$

wird: durch diese Festsetzungen ist $\mathfrak{E}_\nu(x)$ völlig bestimmt. Wir behandeln nunmehr die Theorie des folgenden Kerns

$$(56)\qquad \begin{aligned} K_\nu(s,t) &= \mathfrak{E}_\nu(s)\,\mathfrak{I}_\nu(t)\sqrt{st} \quad (s \geq t) \\ &= \mathfrak{I}_\nu(s)\,\mathfrak{E}_\nu(t)\sqrt{st} \quad (s \leq t) \end{aligned} \qquad \left(0 \leq {s \atop t} < \infty\right),$$

von dem wir mittels des Orthogonalsystems $\Lambda_p^{\left(\nu+\frac{1}{2}\right)}(s)$ zur quadratischen Form $K_\nu(x)$ übergehen. Wir betrachten zunächst die Integralgleichung 1. Art

$$(57)\qquad f(s) = \int_0^\infty K_\nu(s,t)\, g(t)\, dt.$$

Aus ihr folgt

$$g(s) = -\frac{d^2 f(s)}{ds^2} + \left(1 + \frac{4\nu^2 - 1}{4s^2}\right) f(s).$$

Damit diese Funktion aber wirklich der Gleichung (57) genügt, muß außerdem

$$(58)\qquad \underset{s=0}{L}\left[\sqrt{s}\,\mathfrak{J}_\nu(s)\frac{df(s)}{ds} - f(s)\frac{d}{ds}\left(\sqrt{s}\,\mathfrak{J}_\nu(s)\right)\right] = 0,$$

$$(58')\qquad \underset{s=\infty}{L}\left[\sqrt{s}\,\mathfrak{E}_\nu(s)\frac{df(s)}{ds} - f(s)\frac{d}{ds}\left(\sqrt{s}\,\mathfrak{E}_\nu(s)\right)\right] = 0$$

sein. — Ferner vervollständigen wir die für die Laguerreschen Funktionen aufgestellten Relationen durch die folgenden, aus der Definitionsgleichung leicht zu beweisenden Formeln

$$P_p^{(\alpha)}(s) = s\frac{dP_{p-1}^{(\alpha)}(s)}{ds} + (p + 2\alpha - 2s)\, P_{p-1}^{(\alpha)}(s),$$

$$P_p^{(\alpha)}(s) = [2(p+\alpha-s)-1]\, P_{p-1}^{(\alpha)}(s) - (p-1)(p+2\alpha-1)\, P_{p-2}^{(\alpha)}(s),$$

$$s\frac{d^2 P_p^{(\alpha)}(s)}{ds^2} + (1 + 2\alpha - 2s)\frac{dP_p^{(\alpha)}(s)}{ds} + 2p P_p^{(\alpha)}(s) = 0.$$

Wir führen die Rechnung der Einfachheit halber nur für den Fall $\nu = 0$ durch und bestimmen also zunächst die Funktion

$$k_p(s) = \int_0^\infty K_0(s,t)\, \Lambda_p^{\left(\frac{1}{2}\right)}(t)\, dt;$$

diese genügt notwendig der Gleichung

$$(59)\qquad \frac{d^2 k_p(s)}{ds^2} - \left(1 - \frac{1}{4s^2}\right) k_p(s) = -\Lambda_p^{\left(\frac{1}{2}\right)}(s).$$

Man übersieht sofort, daß diese Differentialgleichung ein partikuläres Integral von der Form

$$\frac{2e^{-s}\sqrt{s}\, Q_{p+1}(s)}{p!\sqrt{p+1}}$$

besitzt, wo $Q_{p+1}(s)$ ein Polynom $(p+1)^{\text{ten}}$ Grades ist, mithin

$$Q_{p+1}(s) = \alpha_0^{(p)} P_{p+1}^{\left(\frac{1}{2}\right)}(s) + \alpha_1^{(p)} P_p^{\left(\frac{1}{2}\right)}(s) + \alpha_2^{(p)} P_{p-1}^{\left(\frac{1}{2}\right)}(s) + \cdots + \alpha_{p+1}^{(p)} P_0^{\left(\frac{1}{2}\right)}(s)$$

gesetzt werden darf. $Q_{p+1}(s)$ genügt der Gleichung

$$(60)\qquad L(Q_{p+1}) \equiv s Q''_{p+1} + (1 - 2s)\, Q'_{p+1} - Q_{p+1} = -s P_p^{\left(\frac{1}{2}\right)}(s)$$

$$= \frac{1}{2}\left[P_{p+1}^{\left(\frac{1}{2}\right)}(s) - 2(p+1)\, P_p^{\left(\frac{1}{2}\right)}(s) + p(p+1)\, P_{p-1}^{\left(\frac{1}{2}\right)}(s)\right].$$

Die aufgestellten Rekursionsformeln liefern

$$L\left(P_p^{\left(\frac{1}{2}\right)}\right) = -\frac{d P_p^{\left(\frac{1}{2}\right)}}{ds} - (2p+1)\, P_p^{\left(\frac{1}{2}\right)}.$$

Wenden wir noch zweimal die Rekursionsformel (46) an, so kommt daher

$$\begin{aligned} L(Q_{p+1}) = &- \alpha_0^{(p)} (2p+3)\, P_{p+1}^{\left(\frac{1}{2}\right)} + \{2\alpha_0^{(p)}(p+1) - \alpha_1^{(p)}(2p+1)\}\, P_p^{\left(\frac{1}{2}\right)} \\ &+ \{2p(\alpha_0^{(p)}(p+1) + \alpha_1^{(p)}) - \alpha_2^{(p)}(2p-1)\}\, P_{p-1}^{\left(\frac{1}{2}\right)} \\ &- \{p(\alpha_0^{(p)}(p+1) + \alpha_1^{(p)}) + \alpha_2^{(p)}\} \frac{d P_{p-1}^{\left(\frac{1}{2}\right)}}{ds} + L\left(\alpha_3^{(p)} P_{p-2}^{\left(\frac{1}{2}\right)} + \cdots + \alpha_{p+1}^{(p)} P_0^{\left(\frac{1}{2}\right)}\right). \end{aligned}$$

Vergleicht man auf beiden Seiten von (60) die Koeffizienten der Potenzen s^{p+1}, s^p, s^{p-1}, so erhält man dadurch

$$\alpha_0^{(p)} = -\frac{1}{2}\frac{1}{2p+3}, \qquad \alpha_1^{(p)} = \frac{1}{2}\frac{(2p+2)^2}{(2p+1)(2p+3)}, \qquad \alpha_2^{(p)} = -\frac{1}{2}\frac{p(p+1)}{2p+1}.$$

Diese Größen erfüllen aber die Beziehung

$$p(\alpha_0^{(p)}(p+1) + \alpha_1^{(p)}) + \alpha_2^{(p)} = 0;$$

es muß infolgedessen

$$L\left(\alpha_3^{(p)} P_{p-2}^{\left(\frac{1}{2}\right)} + \cdots + \alpha_{p+1}^{(p)} P_0^{\left(\frac{1}{2}\right)}\right) = 0$$

sein, eine Gleichung, die gewiß erfüllt ist, wenn

$$\alpha_3^{(p)} = \cdots = \alpha_{p+1}^{(p)} = 0$$

genommen wird. Ein partikuläres Integral von (59) liefert uns demnach der Ausdruck

$$\begin{aligned} k_p^*(s) = &-\frac{1}{2}\frac{\sqrt{p(p+1)}}{2p+1} \Lambda_{p-1}^{\left(\frac{1}{2}\right)}(s) + \frac{1}{2}\frac{(2p+2)^2}{(2p+1)(2p+3)} \Lambda_p^{\left(\frac{1}{2}\right)}(s) \\ &- \frac{1}{2}\frac{\sqrt{(p+1)(p+2)}}{2p+3} \Lambda_{p+1}^{\left(\frac{1}{2}\right)}(s). \end{aligned}$$

Diese Entwickelungen gelten freilich nur für $p \neq 0$; für $p = 0$ bleibt gleichwohl das erhaltene Resultat in der Form gültig:

$$k_0^*(s) = \frac{2}{3} \Lambda_0^{\left(\frac{1}{2}\right)}(s) - \frac{1}{3\sqrt{2}} \Lambda_1^{\left(\frac{1}{2}\right)}(s).$$

Es ist aber notwendig

$$k_p(s) = k_p^*(s) + \beta_p \cdot \mathfrak{J}_0(s)\sqrt{s} + \gamma_p \cdot \mathfrak{E}_0(s)\sqrt{s}.$$

Da die Limesgleichungen (58), (58′) erfüllt sein müssen, wenn man $k_p(s)$ an Stelle von $f(s)$ setzt, so ergibt sich für die Konstanten β_p, γ_p

$$\beta_p = 0, \qquad \gamma_p = 0.$$

Die dem Kern $K_0(s, t)$ korrespondierende quadratische Form, deren Koeffizienten durch

$$\int_0^\infty \int_0^\infty K_0(s, t)\, \mathsf{A}_{p-1}^{\left(\frac{1}{2}\right)}(s)\, \mathsf{A}_{q-1}^{\left(\frac{1}{2}\right)}(t)\, ds\, dt$$

gegeben werden, lautet demnach

$$K_0(x) = \frac{1}{2}\left[\frac{4}{3} x_1^2 + \frac{16}{15} x_2^2 + \frac{36}{35} x_3^2 + \cdots \right.$$
$$\left. - \sqrt{\frac{8}{9}}\, x_1 x_2 - \sqrt{\frac{24}{25}}\, x_2 x_3 - \sqrt{\frac{48}{49}}\, x_3 x_4 - \cdots\right].$$

Stellen wir die Rechnung allgemeiner für ein beliebiges $\nu > -1$ an, so ergibt sich

$$K_\nu(x) = \frac{1}{2} \sum_{(p)} \frac{(2p + 2\nu)^2 + 2\nu}{(2p + 2\nu)^2 - 1} x_p^2 - \sum_{(p)} \frac{\sqrt{p(p + 2\nu + 1)}}{2p + 2\nu + 1} x_p x_{p+1}.$$

Für $p = 1$, $\nu = -\frac{1}{2}$ erscheint der Koeffizient $\frac{(2p + 2\nu)^2 + 2\nu}{(2p + 2\nu)^2 - 1}$ in der unbestimmten Form $\frac{0}{0}$; er ist durch

$$\frac{3}{2} = \underset{\nu = -\frac{1}{2}}{L} \frac{(2 + 2\nu)^2 + 2\nu}{(2 + 2\nu)^2 - 1}$$

zu ersetzen.

Wir ziehen noch die in der folgenden Weise definierten (Legendreschen) Polynome heran

$$\Pi_p^{(\beta)}(x) = \frac{1}{x^\beta (1 - x)^{\beta - 1}} \frac{d^p}{dx^p}\left[x^{p+\beta}(1 - x)^{p+\beta-1}\right]$$
$$(\beta > 0, \qquad 0 \leqq x \leqq 1).$$

Aus ihnen leiten sich die Funktionen ab:

$$\psi_p^{(\nu)}(\lambda) = \frac{1}{\Gamma(p + \nu)} \sqrt{\frac{2\Gamma(p + 2\nu + 1)}{\Gamma(p)}}\, \frac{(\lambda - 1)^{\frac{\nu}{2}}}{\lambda^{\nu + \frac{3}{2}}}\, \Pi_{p-1}^{(\nu+1)}\left(\frac{1}{\lambda}\right).$$

Für ein festes ν bilden $\psi_1^{(\nu)}(\lambda)$, $\psi_2^{(\nu)}(\lambda), \ldots$ ein vollständiges Orthogonalsystem im Intervall $1 \leqq \lambda < \infty$. Wie die Rechnung lehrt, ist

$$K_\nu(x) = \int_1^\infty \frac{(\psi_1^{(\nu)}(\mu)\, x_1 + \psi_2^{(\nu)}(\mu)\, x_2 + \cdots)^2}{\mu}\, d\mu.$$

Bestimmen wir endlich die zu dem Kern $K_\nu(s, t)$ nach der allgemeinen Theorie gehörige Funktion $\mathsf{A}_\nu(s; \lambda)$, so ergibt sich genau in der beim Kern $e^{-|s-t|}$ beschriebenen Weise

$$\frac{\partial \mathsf{A}_\nu(s; \lambda)}{\partial \lambda} = \sqrt{\frac{s}{2}} \cdot J_\nu(s\sqrt{\lambda - 1}) \qquad (\lambda \geqq 1).$$

Damit erscheint das Integraltheorem

$$f(s) = \frac{1}{2}\int_1^\infty \sqrt{s}\, J_\nu(s\sqrt{\lambda - 1}) \int_0^\infty f(t)\sqrt{t}\, J_\nu(t\sqrt{\lambda - 1})\, dt\, d\lambda$$

bewiesen für jede zweimal stetig differenzierbare Funktion $f(s)$, für welche

$$\left[\frac{d^2 f(s)}{ds^2} - \left(1 + \frac{4\nu^2 - 1}{4s^2}\right) f(s)\right]^2$$

im Intervall $0 \cdots \infty$, $|s^{\nu+\frac{1}{2}} f(s)|$ an der Stelle $s = 0$ und $|f''(s)|$ für $s = \infty$ integrabel ist, $f(s)$ und $f'(s)$ im Unendlichen verschwinden und ferner die erste der beiden Bedingungen (58) statthat. Diese Voraussetzungen sind erfüllt, falls $f(s)$ im Unendlichen in normaler Weise von höherer als $\frac{1}{2}$ter Ordnung verschwindet und an der Stelle $s = 0$ in der Form $s^{\nu+\frac{1}{2}} u(s)$ darstellbar ist, wo $u(s)$ samt seinen beiden ersten Differentialquotienten endlich bleibt und $u'(0) = 0$ ist.

Elmshorn, April 1908.

4.

Über die Konvergenz von Reihen, die nach Orthogonalfunktionen fortschreiten

Mathematische Annalen 67, 225—245 (1909)

§ 1.

Formulierung des Problems.

Es sei

$$\Phi_1(x),\ \Phi_2(x),\ \cdots$$

eine Reihe von Funktionen, deren jede im Intervall $0 \leqq x \leqq 1$ erklärt und samt ihrem Quadrat im Lebesgue'schen Sinne integrierbar (sommable) ist. Wir nehmen an, daß dieselben ein *System von Orthogonalfunktionen* bilden, d. h. für alle Indizes m, n die Relationen

$$\int_0^1 (\Phi_m(x))^2\, dx = 1, \qquad \int_0^1 \Phi_m(x)\, \Phi_n(x)\, dx = 0 \qquad (m \neq n)$$

bestehen, wobei die Integrale, wie im folgenden stets, im Sinne der Lebesgue'schen Definition*) zu nehmen sind. Wir fragen dann, welchen Bedingungen die Koeffizienten $c_1, c_2, \cdots$ genügen müssen, damit die Reihe

$$c_1 \Phi_1(x) + c_2 \Phi_2(x) + \cdots$$

in einem sogleich näher festzusetzenden Sinne konvergiert.

Sind $u_1(x)$, $u_2(x)$ irgendwelche für $0 \leqq x \leqq 1$ definierte Funktionen, so sage ich, die Reihe

$$u_1(x) + u_2(x) + \cdots \tag{1}$$

konvergiere *wesentlich-gleichmäßig*, wenn zu jeder positiven Zahl $\varepsilon < 1$ eine im Intervall $0 \cdots 1$ gelegene Menge $\mathfrak{A}_\varepsilon$ vom Maße (mesure) $1 - \varepsilon$ gefunden werden kann, so daß die Reihe (1) für alle zu $\mathfrak{A}_\varepsilon$ gehörigen Werte x gleichmäßig konvergiert.

*) Lebesgue, Leçons sur l'intégration (Paris 1904), pag. 112ff.

Unter der durch eine wesentlich-gleichmäßig konvergente Reihe (1) *dargestellten Funktion* verstehe ich diejenige Funktion $u(x)$, die an den Stellen der Konvergenz von (1) durch

$$u(x) = u_1(x) + u_2(x) + \cdots,$$

an den Divergenzstellen aber (die eine Menge vom Maße 0 bilden) durch

$$u(x) = 0$$

erklärt ist. Sind die sämtlichen Glieder $u_n(x)$ meßbare Funktionen (fonctions mesurables*)), so gilt das Gleiche von der dargestellten Funktion $u(x)$.

Das Theorem, das in der vorliegenden Arbeit bewiesen werden soll, spricht sich nun so aus:

Theorem. *Ist* $\Phi_1(x), \Phi_2(x), \cdots$ *ein System orthogonaler Funktionen, so konvergiert die Reihe*

$$c_1\Phi_1(x) + c_2\Phi_2(x) + \cdots \tag{2}$$

wesentlich-gleichmäßig, wenn die Summe

$$c_1^2\sqrt{1} + c_2^2\sqrt{2} + c_3^2\sqrt{3} + \cdots$$

existiert.

Nehmen wir einen Augenblick diesen Satz als bereits bewiesen an. Bedeutet dann $f(x)$ die durch (2) dargestellte Funktion, so will ich zeigen, *daß* $f(x)$ *und* $(f(x))^2$ *integrierbar sind.* In methodischer Hinsicht mag bemerkt werden, daß wir dabei ebenso wie beim Beweis des Haupttheorems von dem Riesz-Fischer'schen Satz**) keinen Gebrauch machen wollen.

Ist $1 > \varepsilon_1 > \varepsilon_2 > \cdots$ eine abnehmende, gegen 0 konvergierende Reihe von Zahlen, so können wir im Intervall $0 \leqq x \leqq 1$ enthaltene Mengen $\mathfrak{A}_1, \mathfrak{A}_2, \cdots$ vom Maße $1-\varepsilon_1$, bezw. $1-\varepsilon_2, \cdots$ bestimmen, von denen jede folgende die vorhergehende enthält und die von solcher Beschaffenheit sind, daß die Reihe (2) in jeder der Mengen $\mathfrak{A}_n$ gleichmäßig konvergiert. Ist

$$f_\nu = c_1\Phi_1 + c_2\Phi_2 + \cdots + c_\nu\Phi_\nu \qquad (\nu = 1, 2, \cdots)$$

gesetzt, so wird für alle n und ν

$$\int_{(\mathfrak{A}_n)} f_\nu^2\, dx \leqq c_1^2 + c_2^2 + \cdots,$$

---

*) Lebesgue, l. c. pag. 110.

**) Riesz, Gött. Nachr. (Math.-phys. Klasse) 1907, pag. 116. Fischer, Comptes Rendus 1907, Bd. 144, pag. 1022.

und da f_ν^2 mit wachsendem ν gleichmäßig in $\mathfrak{A}_n$ gegen f^2 konvergiert, muß also f^2 in $\mathfrak{A}_n$ integrierbar und

$$\int_{(\mathfrak{A}_n)} f^2\,dx \leqq c_1^2 + c_2^2 + \cdots$$

sein. Dies wiederum zeigt, daß das Integral $\int_0^1 f^2\,dx$, und weil $f(x)$ gewiß meßbar ist, auch $\int_0^1 f\,dx$ existiert.

Aus der Beziehung

$$\int_{(\mathfrak{A}_n)} (f - f_m)^2\,dx = \underset{\nu=\infty}{L} \int_{(\mathfrak{A}_n)} (f_\nu - f_m)^2\,dx \leqq c_{m+1}^2 + c_{m+2}^2 + \cdots,$$

ergibt sich durch den Grenzübergang zu $n = \infty$

$$\int_0^1 (f - f_m)^2\,dx \leqq c_{m+1}^2 + c_{m+2}^2 + \cdots,$$

daraus aber

$$\underset{m=\infty}{L} \int_0^1 (f - f_m)^2\,dx = 0. \tag{3}$$

Mithin gilt für ein festes i

$$\underset{m=\infty}{L} \int_0^1 (f - f_m)\,\Phi_i\,dx = 0,$$

d. i.

$$\int_0^1 f\,\Phi_i\,dx = c_i \qquad (i = 1, 2, \cdots).$$

Unter Berücksichtigung dieses Umstandes nimmt die Limesgleichung (3) die Gestalt an

$$\underset{m=\infty}{L} \left[\int_0^1 f^2\,dx - c_1^2 - c_2^2 - \cdots - c_m^2\right] = 0.$$

Zusatz 1: *Unter den Voraussetzungen des Theorems gelten für die durch die Reihe* $c_1\Phi_1(x) + c_2\Phi_2(x) + \cdots$ *dargestellte Funktion* $f(x)$, *die samt ihrem Quadrat integrierbar ist, die Relationen*

$$\int_0^1 f(x)\,\Phi_n(x)\,dx = c_n,$$

$$\int_0^1 (f(x))^2\,dx = c_1^2 + c_2^2 + \cdots.$$

Ein Orthogonalsystem $\Phi_1(x)$, $\Phi_2(x)$, $\cdots$ heißt *vollständig*, wenn für jede absolut und quadratisch integrierbare Funktion $g(x)$ die „Vollständigkeitsrelation"*)

$$\int_0^1 g^2 dx = \left(\int_0^1 g\Phi_1 dx\right)^2 + \left(\int_0^1 g\Phi_2 dx\right)^2 + \cdots$$

Geltung besitzt.

Zusatz 2: *Ist* $\Phi_1, \Phi_2, \cdots$ *ein vollständiges Orthogonalsystem,* $f(x)$ *eine samt ihrem Quadrat integrierbare Funktion, für welche die Summe*

$$\sum_{n=1}^{\infty} \left(\int_0^1 f\Phi_n dx\right)^2 \sqrt{n}$$

existiert, so bilden diejenigen Werte x*, für welche die durch*

$$(4) \qquad \int_0^1 f\Phi_1 dx \cdot \Phi_1(x) + \int_0^1 f\Phi_2 dx \cdot \Phi_2(x) + \cdots$$

dargestellte Funktion nicht mit $f(x)$ *übereinstimmt, höchstens eine Menge vom Maße* 0.

In der Tat stellt (4) nach Zusatz 1 eine samt ihrem Quadrat integrierbare Funktion $g(x)$ dar, welche die Eigenschaften

$$\int_0^1 g\,\Phi_n dx = \int_0^1 f\,\Phi_n dx \qquad (n = 1, 2, \cdots)$$

besitzt. Wenden wir daher die Vollständigkeitsrelation auf $f-g$ an, so folgt die zu beweisende Gleichung

$$\int_0^1 (f-g)^2 dx = 0.$$

Für das spezielle Orthogonalsystem

$$\Phi_n(x) = \sqrt{2} \sin n\pi x$$

hat Fatou den Satz ausgesprochen**), daß die Reihe $\sum c_n \sin n\pi x$ konvergiert, außer für Werte x einer gewissen Menge vom Maße 0, falls

$$\underset{n=\infty}{L}\, n c_n = 0$$

ist. In den nachgelassenen Papieren des Herrn F. Jerosch fand sich eine

*) Vergl. Hilbert, Gött. Nachr. 1906, pag. 442.

**) P. Fatou, Séries trigonométriques et séries de Taylor, Acta Math. Bd. 30 (1906), pag. 337.

Untersuchung, welche die Fatou'sche Bedingung durch die schärfere ersetzte, daß eine Zahl C und ein Exponent

$$\gamma > \frac{\sqrt{17}-1}{4} = 0{,}7807\cdots$$

existieren, so daß $|c_n| \leqq \frac{C}{n^\gamma}$ für alle n wird. Diese Jerosch'sche Arbeit habe ich in den Mathematischen Annalen Bd. 66 herausgegeben und dabei durch eine geringe Modifikation des von Herrn Jerosch eingeschlagenen Verfahrens die untere Grenze $\frac{\sqrt{17}-1}{4}$ des Exponenten γ auf $\frac{2}{3}$ herabgedrückt. Auch ergab sich unmittelbar die Bemerkung, daß unter dieser Voraussetzung die Konvergenz von $\sum c_n \sin n\pi x$ eine wesentlich-gleichmäßige ist. Dieses Resultat werde ich in § 6 der vorliegenden Arbeit, die aus einer Weiterbildung der Jerosch'schen Ideen hervorgegangen ist, von neuem in verschärfter Fassung beweisen.

§ 2.

Ein grundlegender Hilfssatz.

Es sei

(5) $$f_1(x),\ f_2(x),\ \cdots$$

irgend eine unendliche Reihe von Funktionen, die im Intervall $0 \leqq x \leqq 1$ definiert sind. Ist n einer der Indizes $1, 2, 3, \cdots$, so bezeichne ich für jeden Wert von x mit $\widetilde{f}_n(x)$ die größte unter den Zahlen*)

$$|f_1(x)|,\quad |f_2(x)|,\ \cdots,\ |f_n(x)|$$

und nenne

$$\widetilde{f}_1(x),\ \widetilde{f}_2(x),\ \cdots$$

die zu (5) gehörige (absolute) *Majorantenreihe*. Es gilt dann

$$|f_m(x)| \leqq \widetilde{f}_n(x) \quad \text{für} \quad m \leqq n$$

und

(6) $$0 \leqq \widetilde{f}_1(x) \leqq \widetilde{f}_2(x) \leqq \cdots.$$

Ferner bedeute $\sigma(l)$ eine für $l \geqq 0$ definierte, nirgends abnehmende Funktion, die für $l > 0$ positiv ist, und für alle n sei $f_n(x)$ meßbar und $\sigma(|f_n(x)|)$ im Lebesgue'schen Sinne integrierbar. Man erkennt leicht, daß alsdann auch

$$\int_0^1 \sigma(\widetilde{f}_n(x))\, dx = J_n$$

existiert und

$$0 \leqq J_1 \leqq J_2 \leqq \cdots$$

---

*) Vergl. die zitierte Annalenarbeit von Jerosch, pag. 68.

ist. Daher konvergiert J_n mit wachsendem n entweder gegen eine bestimmte endliche Grenze J, oder es ist $\underset{n=\infty}{L} J_n = \infty$. Wir setzen voraus, daß der erste Fall vorliege. Dann gilt der

Hilfssatz: Ist l eine positive Zahl, so bilden diejenigen Werte x, für welche die sämtlichen Ungleichungen

$$|f_n(x)| \leqq l \qquad (n = 1, 2, \cdots)$$

erfüllt sind, eine Menge, deren Maß mindestens $1 - \frac{J}{\sigma(l)}$ beträgt.

Bezeichnet $\mathfrak{E}_n$ die Menge der Punkte x, in denen $\widetilde{f_n}(x) > l$ ist, so ist $\mathfrak{E}_n$ unseren Voraussetzungen gemäß meßbar, und es gilt

$$\int_0^1 \sigma(\widetilde{f_n})\, dx \geqq \int_{(\mathfrak{E}_n)} \sigma(\widetilde{f_n})\, dx \geqq \sigma(l) \cdot m(\mathfrak{E}_n),$$

wenn das Zeichen $m(\mathfrak{E}_n)$ das Maß der Punktmenge $\mathfrak{E}_n$ bedeutet, mithin

$$m(\mathfrak{E}_n) \leqq \frac{J}{\sigma(l)}.$$

Wegen der Ungleichungen (6) ist aber $\mathfrak{E}_1$ enthalten in $\mathfrak{E}_2$, $\mathfrak{E}_2$ enthalten in $\mathfrak{E}_3$ u. s. f., und daher schließlich alle $\mathfrak{E}_n$ enthalten in einer Menge

$$\mathfrak{E} = \mathfrak{E}_1 + \mathfrak{E}_2 + \cdots = \underset{n=\infty}{L} \mathfrak{E}_n,$$

die gleichfalls höchstens das Maß $\frac{J}{\sigma(l)}$ besitzt. Für jeden Punkt x der Komplementärmenge $\mathfrak{D}$ von $\mathfrak{E}$ gelten die sämtlichen Ungleichungen

$$\widetilde{f_n}(x) \leqq l \qquad (n = 1, 2, \cdots).$$

Damit ist unser Hilfssatz bewiesen.

§ 3.

Ein Kriterium für die wesentlich-gleichmäßige Konvergenz.

Wir spezialisieren das Resultat des vorigen Paragraphen, indem wir unter $\sigma(l)$ von jetzt ab die folgende Funktion verstehen:

$$\sigma(l) = l^2 \quad \text{für} \quad 0 \leqq l < 1,$$
$$= 1 \quad \text{für} \quad 1 \leqq l.$$

Alsdann ist $\sigma(|f(x)|)$ integrierbar, sobald $f(x)$ als meßbar vorausgesetzt wird, und es bleibt stets

$$\int_0^1 \sigma(|f(x)|)\, dx \leqq 1.$$

Bezeichnet

$$\lambda_1(x),\ \lambda_2(x),\ \cdots$$

eine unendliche Reihe meßbarer, für $0 \leqq x \leqq 1$ definierter Funktionen, so kann man daher eine *Funktion*

$$J(z) = J(z_1, z_2, z_3, \cdots)$$

der unendlich vielen Variablen $z_1, z_2, z_3, \cdots$ definieren durch die Gleichung

$$J(z) = \underset{n=\infty}{L} \int_0^1 \sigma(\widetilde{f_n}(x))\, dx,$$

wobei

$$\widetilde{f_1}(x), \widetilde{f_2}(x), \widetilde{f_3}(x), \cdots$$

die absolute Majorantenreihe von

$$\begin{aligned} f_1(x) &= z_1 \lambda_1(x), \\ f_2(x) &= z_1 \lambda_1(x) + z_2 \lambda_2(x), \\ f_3(x) &= z_1 \lambda_1(x) + z_2 \lambda_2(x) + z_3 \lambda_3(x), \\ &\ldots\ldots\ldots\ldots\ldots \end{aligned}$$

bedeutet. Es wird offenbar

$$\int_0^1 \sigma(\widetilde{f_n})\, dx = J(z_1, z_2, \cdots, z_n, 0, 0, \cdots) \equiv [J(z)]_n,$$

d. h. $\int_0^1 \sigma(\widetilde{f_n})\, dx$ ist in der von Hilbert eingeführten Terminologie*) gleich dem n^{ten} *Abschnitt* der Funktion $J(z)$, und diese Funktion hat demnach die durch die Gleichung

$$J(z) = \underset{n=\infty}{L} [J(z)]_n$$

ausgesprochene Eigenschaft.

Satz: *Damit die Reihe*

(7) $$c_1 \lambda_1(x) + c_2 \lambda_2(x) + c_3 \lambda_3(x) + \cdots$$

wesentlich-gleichmäßig konvergiert, ist notwendig und hinreichend, daß

$$\underset{m=\infty}{L} J(0, 0, \cdots, 0, c_{m+1}, c_{m+2}, \cdots) = 0$$

ist.

Dabei wird unter $J(0, \cdots, 0, c_{m+1}, c_{m+2}, \cdots)$ der Wert der Funktion $J(z)$ für das folgende Argumentsystem verstanden:

$$z_1 = c_1^{(m)} = 0, \quad z_2 = c_2^{(m)} = 0, \cdots, z_m = c_m^{(m)} = 0;$$

$$z_{m+1} = c_{m+1}^{(m)} = c_{m+1}, \quad z_{m+2} = c_{m+2}^{(m)} = c_{m+2}, \cdots.$$

Der Einfachheit halber setzen wir

$$J(c^{(m)}) = J^{(m)},$$

*) Hilbert, Gött. Nachr. 1906, pag. 159 u. 440.

ferner

$$f_n^{(m)}(x) = c_1^{(m)}\lambda_1(x) + \cdots + c_n^{(m)}\lambda_n(x) \qquad (n=1,2,3,\ldots),$$

so daß

$$J^{(m)} = \underset{n=\infty}{L} \int_0^1 \sigma\left(\widetilde{f_n^{(m)}}(x)\right) dx$$

und

$$f_n^{(m)}(x) = 0 \quad \text{für} \quad n \leqq m,$$
$$= f_n^{(0)}(x) - f_m^{(0)}(x) \quad \text{für} \quad n > m$$

ist.

Konvergiert (7) wesentlich-gleichmäßig, so bestimme man zu der positiven Zahl $\varepsilon < 1$ die Menge $\mathfrak{A}_\varepsilon$ vom Maße $1 - \varepsilon$ so, daß in $\mathfrak{A}_\varepsilon$

$$c_1\lambda_1(x) + c_2\lambda_2(x) + \cdots$$

gleichmäßig konvergiert; darauf kann der Index N derart gewählt werden, daß für Werte x in $\mathfrak{A}_\varepsilon$ und für $n > m \geqq N$

$$\left|f_n^{(0)}(x) - f_m^{(0)}(x)\right| \leqq \sqrt{\varepsilon}$$

ist. Dann gelten in $\mathfrak{A}_\varepsilon$ auch die sämtlichen Ungleichungen

$$\widetilde{f_n^{(m)}}(x) \leqq \sqrt{\varepsilon} \quad \text{für} \quad n = 1, 2, 3, \ldots, \qquad m \geqq N,$$

und daher

$$\int_{(\mathfrak{A}_\varepsilon)} \sigma\left(\widetilde{f_n^{(m)}}(x)\right) dx \leqq \sigma(\sqrt{\varepsilon}) = \varepsilon \qquad \begin{pmatrix} n = 1, 2, 3, \ldots \\ m \geqq N \end{pmatrix}.$$

Andererseits besitzt die Komplementärmenge $\mathfrak{B}_\varepsilon$ von $\mathfrak{A}_\varepsilon$ das Maß ε; mithin ist

$$\int_{(\mathfrak{B}_\varepsilon)} \sigma\left(\widetilde{f_n^{(m)}}(x)\right) dx \leqq \varepsilon.$$

Durch Addition und Grenzübergang schließen wir

$$J^{(m)} \leqq 2\varepsilon \quad \text{für} \quad m \geqq N,$$

also

(8) $$\underset{m=\infty}{L} J^{(m)} = 0.$$

Umgekehrt folgt aus (8) die wesentlich-gleichmäßige Konvergenz von (7). Um dies einzusehen, sei

$$l_1, l_2, l_3, \ldots$$

eine gegen 0 konvergierende Reihe von Zahlen, die sämtlich < 1 sind,

$$\delta_1 + \delta_2 + \delta_3 + \cdots$$

eine aus positiven Gliedern bestehende konvergente Reihe. Da wir annehmen, daß (8) erfüllt ist, gibt es zu jedem h einen Index μ_h, so daß

$$J^{(\mu_h)} \leqq l_h^2 \delta_h$$

wird; wir verstehen unter μ_h etwa die kleinste ganze positive Zahl, für die diese Ungleichung besteht. Wenden wir dann den Hilfssatz von § 2 an, so erkennen wir, daß die Menge $\mathfrak{A}_h$ derjenigen Punkte x, für die

$$|f_n^{(\mu_h)}(x)| \leqq l_h \qquad (n = 1, 2, \cdots)$$

ist, mindestens das Maß

$$1 - \frac{J^{(\mu_h)}}{\sigma(l_h)} \geqq 1 - \delta_h$$

besitzt. Im Bereich $\mathfrak{A}_h$ gilt

$$|f_n^{(0)}(x) - f_m^{(0)}(x)| \leqq 2 l_h \quad \text{für} \quad n, m \geqq \mu_h.$$

Der Durchschnitt $\mathfrak{A}_h^*$ der Mengen $\mathfrak{A}_h, \mathfrak{A}_{h+1}, \mathfrak{A}_{h+2}, \cdots$ hat mindestens das Maß $1 - \pi_h$, wenn

$$\pi_h = \delta_h + \delta_{h+1} + \delta_{h+2} + \cdots$$

gesetzt wird, und es gelten in $\mathfrak{A}_h^*$ die Beziehungen

$$|f_n^{(0)}(x) - f_m^{(0)}(x)| \leqq 2 l_j, \quad \text{falls} \quad n, m \geqq \mu_j$$
$$(\text{für } j = h, h+1, h+2, \cdots).$$

Folglich konvergiert die Reihe (7) gleichmäßig für alle Werte x der Menge $\mathfrak{A}_h^*$. Damit ist der Beweis unseres Satzes vollendet.

§ 4.

Beweis des Haupttheorems.

Für jedes Wertesystem $z_1, z_2, z_3, \cdots$ hat die Funktion

$$Q(z) = z_1^2 \sqrt{1} + z_2^2 \sqrt{2} + z_3^2 \sqrt{3} + \cdots$$

entweder einen bestimmten endlichen Wert oder ist ∞.

Hilfssatz: Ist $\lambda_m(x)$ $(m = 1, 2, \cdots)$ insbesondere ein System orthogonaler Funktionen, so gilt identisch in den Variablen $z_1, z_2, \cdots$ die Ungleichung

$$J(z) \leqq \sqrt{30\, Q(z)}.$$

Um diesen Satz zu beweisen, müssen wir $\int_0^1 \sigma(\widetilde{f}_n(x))\, dx$ berechnen. Bilden die $\lambda_m(x)$ ein Orthogonalsystem, so schreiben wir, der Übereinstimmung mit den in § 1 benutzten Bezeichnungen halber,

$$\lambda_m(x) = \Phi_m(x).$$

Ferner sei H eine positive Zahl, deren genauere Bestimmung wir uns noch vorbehalten, und

$$n_{2i-1} = i^2 + i - 1, \qquad n_{2i} = i^2 + 2i \qquad (i = 1, 2, \cdots).$$

Dann ist $n_1 = 1$, und es gilt für alle geraden und ungeraden Indizes k

$$\text{(9)} \qquad \begin{gathered} \sqrt{n_k} < n_{k+1} - n_k \leqq 1 + \sqrt{n_k}, \\ k < 2\sqrt{n_k}. \end{gathered}$$

Ferner bedeute p die größte ganze Zahl, für die noch $n_p \leqq n$ ist, und es werde

$$\delta_m(x) = f_n(x) - f_m(x) \qquad (m = 1, 2, \cdots, n)$$

gesetzt. Zu jedem Wert von x findet sich unter den Indizes $m \leqq n$ mindestens einer, für welchen

$$|f_m(x)| = \widetilde{f}_n(x)$$

wird: der kleinste unter diesen werde mit $(n; x)$ bezeichnet, so daß

$$|f_{(n;x)}(x)| = \widetilde{f}_n(x)$$

ist. Endlich soll $\mathfrak{D}_k$ die Menge der Zahlen x bezeichnen, für die

$$n_k \leqq (n; x) < n_{k+1}, \qquad |\delta_{n_k}(x)| > H$$

ist, während zu der Menge $\mathfrak{E}_k$ alle x zusammengefaßt werden, welche die Beziehungen

$$n_k \leqq (n; x) < n_{k+1}, \qquad |\delta_{n_k}(x)| \leqq H$$

erfüllen.*) Die $2p$ Mengen $\mathfrak{D}_1, \cdots, \mathfrak{D}_p$; $\mathfrak{E}_1, \cdots, \mathfrak{E}_p$ sind meßbar und machen zusammen das gesamte Intervall $0 \cdots 1$ aus, so daß

$$\int_0^1 \sigma(\widetilde{f}_n)\, dx = \int_{(\mathfrak{D}_1)} + \cdots + \int_{(\mathfrak{D}_p)} + \int_{(\mathfrak{E}_1)} + \cdots + \int_{(\mathfrak{E}_p)}$$

wird, wobei unter dem Zeichen $\int$ als Integrand jedesmal $\sigma(\widetilde{f}_n)\, dx$ zu ergänzen ist. Da

$$\int_0^1 (\delta_{n_k}(x))^2\, dx = z_{n_k+1}^2 + z_{n_k+2}^2 + \cdots + z_n^2$$

$$\{= 0, \quad \text{falls } k = p,\ n_p = n\}$$

ist, muß

$$m(\mathfrak{D}_k) \leqq \frac{1}{H^2} \sum_{n_k+1}^{n} z_m^2$$

---

*) Vergl. Jerosch, l. c., pag. 71.

sein, folglich

$$\int\limits_{(\mathfrak{D}_1)} + \cdots + \int\limits_{(\mathfrak{D}_p)} \leqq \frac{1}{H^2} \sum_{k=1}^{p} \sum_{m=n_k+1}^{n} z_m^2 = \frac{1}{H^2} \sum_{k=1}^{p} \left(k \sum_{i=n_k+1}^{[n_{k+1}, n]} z_i^2 \right);$$

dabei bedeutet $[n_{k+1}, n]$ die kleinere der beiden Zahlen n_{k+1}, n. Es ist aber, wie aus (9) folgt,

$$(10) \quad \sum_{k=1}^{p} \left(k \sum_{i=n_k+1}^{[n_{k+1}, n]} z_i^2 \right) \leqq 2 \sum_{k=1}^{p} \left(\sqrt{n_k} \sum_{n_k+1}^{[n_{k+1}, n]} z_i^2 \right) \leqq 2 \sum_{m=1}^{n} \sqrt{m}\, z_m^2 = 2[Q(z)]_n.$$

Durch Einsetzen in die vorige Ungleichung ergibt sich also

$$(11) \qquad \int\limits_{(\mathfrak{D}_1)} + \cdots + \int\limits_{(\mathfrak{D}_p)} \leqq \frac{2}{H^2} [Q(z)]_n.$$

Ferner gilt für jeden Punkt x von $\mathfrak{E}_k$

$$f_{(n;x)}(x) = f_{n_k}(x) + z_{n_k+1} \Phi_{n_k+1}(x) + \cdots + z_{(n;x)} \Phi_{(n;x)}(x)$$
$$= f_n(x) - \delta_{n_k}(x) + z_{n_k+1} \Phi_{n_k+1}(x) + \cdots + z_{(n;x)} \Phi_{(n;x)}(x),$$

mithin

$$(\widetilde{f}_n(x))^2 \leqq 2H^2 + 4(f_n(x))^2 + 4 \cdot \sum_{i=n_k+1}^{[n_{k+1}-1, n]} z_i^2 \cdot \sum_{j=n_k+1}^{n_{k+1}-1} (\Phi_j(x))^2.$$

So findet man

$$\int\limits_{(\mathfrak{E}_k)} (\widetilde{f}_n(x))^2 dx \leqq 2H^2 m(\mathfrak{E}_k) + 4 \int\limits_{(\mathfrak{E}_k)} (f_n(x))^2 dx + 4(n_{k+1} - n_k - 1) \sum_{n_k+1}^{[n_{k+1}, n]} z_i^2.$$

Da aber

$$\int\limits_{(\mathfrak{E}_k)} \sigma(\widetilde{f}_n)\, dx \leqq \int\limits_{(\mathfrak{E}_k)} (\widetilde{f}_n)^2 dx$$

ist, ergibt sich hieraus

$$\int\limits_{(\mathfrak{E}_1)} + \cdots + \int\limits_{(\mathfrak{E}_p)} \leqq 2H^2 + 4 \int_0^1 (f_n(x))^2 dx + 4 \sum_{k=1}^{p} \left(\sqrt{n_k} \sum_{n_k+1}^{[n_{k+1}, n]} z_i^2 \right)$$

und, wegen

$$\int_0^1 f_n^2\, dx = z_1^2 + \cdots + z_n^2 \leqq [Q(z)]_n$$

und der Ungleichung (10),

$$\int\limits_{(\mathfrak{E}_1)} + \cdots + \int\limits_{(\mathfrak{E}_p)} \leqq 2H^2 + 8[Q(z)]_n.$$

Addieren wir dies zu (11) hinzu, so erhalten wir

$$\int_0^1 \sigma(\widetilde{f_n})\,dx \leqq 2\left(H^2 + \frac{[Q(z)]_n}{H^2}\right) + 8[Q(z)]_n.$$

Wählen wir nunmehr, um die gewonnene obere Grenze möglichst klein zu machen,

$$H = \sqrt[4]{[Q(z)]_n},$$

so folgt

$$\int_0^1 \sigma(\widetilde{f_n})\,dx \leqq \sqrt{[Q(z)]_n}\cdot\{4 + 8\sqrt{[Q(z)]_n}\}.$$

Außerdem ist

$$\int_0^1 \sigma(\widetilde{f_n})\,dx \leqq 1.$$

Bedeutet daher Q_0 diejenige Zahl, für welche

$$4\sqrt{Q_0} + 8\,Q_0 = 1$$

ist, so gilt

1) wenn $[Q(z)]_n \geqq Q_0$: $\displaystyle\int_0^1 \sigma(\widetilde{f_n})\,dx \leqq 1 \leqq \sqrt{\frac{[Q(z)]_n}{Q_0}}$,

2) wenn $[Q(z)]_n < Q_0$: $\displaystyle\int_0^1 \sigma(\widetilde{f_n})\,dx \leqq \sqrt{[Q(z)]_n}\,\{4 + 8\sqrt{Q_0}\} = \sqrt{\frac{[Q(z)]_n}{Q_0}}$,

also allgemein, da die Rechnung

$$\frac{1}{Q_0} = 8\,(2 + \sqrt{3}) \leqq 16 + 8\cdot\frac{7}{4} = 30$$

ergibt,

$$\int_0^1 \sigma(\widetilde{f_n})\,dx \leqq \sqrt{30[Q(z)]_n}.$$

Diese Ungleichung läßt sich in der Form schreiben

$$[J(z)]_n \leqq \sqrt{30[Q(z)]_n}$$

und liefert durch den Grenzübergang zu $n = \infty$ den zu beweisenden Hilfssatz.

Ist nun $c_1, c_2, \cdots$ eine Zahlenreihe, für welche $Q(c)$ konvergiert, so ist

$$\underset{m=\infty}{L}\, Q(0, \cdots, 0, c_{m+1}, c_{m+2}, \cdots) = 0,$$

mithin auch

$$\underset{m=\infty}{L}\, J(0, \cdots, 0, c_{m+1}, c_{m+2}, \cdots) = 0,$$

und nach dem in § 3 hergeleiteten Kriterium ist damit das in § 1 ausgesprochene Haupttheorem bewiesen.

§ 5.

Über konvergente Reihen mit positiven Gliedern.

Der Fall der trigonometrischen Reihen verdient eine besondere Behandlung, da sich in ihm die erhaltene Konvergenzbedingung noch erheblich verschärfen läßt. Wir benutzen dabei den folgenden Satz, der auch an sich, wie mir scheint, einiges Interesse darbietet.

Hilfssatz: Ist $0 < a_1 < a_2 < a_3 < \cdots$ eine Zahlenfolge, für die

$$\sum_{n=1}^{\infty} \frac{\sqrt[3]{a_n}}{a_{n+1} - a_n} = A$$

konvergiert, so bleibt der Quotient $\frac{n}{\sqrt[3]{a_n}}$ für alle n unterhalb der größeren der beiden Zahlen $\frac{1}{\sqrt[3]{a_1}}$, $\sqrt{7A}$, und es ist außerdem

$$\underset{n=\infty}{L} \frac{n}{\sqrt[3]{a_n}} = 0.$$

Beweis: Bezeichnen wir die größere der beiden Zahlen $\frac{1}{\sqrt[3]{a_1}}$, $\sqrt{7A}$ mit B, so ist die Ungleichung

$$m \leqq B\sqrt[3]{a_m} \tag{12}$$

für $m = 1$ richtig. Nehmen wir an, sie treffe für $m = 1, 2, \cdots, n$ zu: wir zeigen dann, daß sie auch für $m = n + 1$ Gültigkeit behält.

In der Tat folgt aus der gemachten Annahme

$$A \geqq \sum_{m=1}^{n} \frac{\sqrt[3]{a_m}}{a_{m+1} - a_m} \geqq \frac{1}{B} \sum_{m=1}^{n} \frac{m}{a_{m+1} - a_m}. \tag{13}$$

Setzen wir in der für reelle Zahlen u_m, v_m $(m = 1, 2, \cdots, n)$ gültigen, sog. Schwarz'schen Ungleichung

$$(u_1 v_1 + u_2 v_2 + \cdots + u_n v_n)^2 \leqq (u_1^2 + u_2^2 + \cdots + u_n^2)(v_1^2 + v_2^2 + \cdots + v_n^2)$$

$$u_m = \sqrt{\frac{m}{a_{m+1} - a_m}}, \quad v_m = \sqrt{m(a_{m+1} - a_m)},$$

so ergibt sich

$$(-a_1 - \cdots - a_n + n a_{n+1}) \cdot \sum_{m=1}^{n} \frac{m}{a_{m+1} - a_m} \geqq \left(\frac{n(n+1)}{2}\right)^2.$$

Führen wir diese Abschätzung in (13) ein, so kommt

$$n a_{n+1} - a_1 - \cdots - a_n \geqq \frac{n^2(n+1)^2}{4AB}$$

Außerdem ist

$$a_1 + \cdots + a_n \geqq \frac{1}{B^3}(1^3 + 2^3 + \cdots + n^3) = \frac{n^2(n+1)^2}{4B^3},$$

mithin

$$a_{n+1} \geqq \frac{n(n+1)^2}{4B}\left(\frac{1}{A} + \frac{1}{B^2}\right).$$

Da aber

$$\frac{1}{A} \geqq \frac{7}{B^2}$$

ist, kommt jetzt

$$a_{n+1} \geqq \frac{2n(n+1)^2}{B^3} \geqq \frac{(n+1)^3}{B^3},$$

und das ist die Ungleichung (12) für $m = n + 1$.

Um zu zeigen, daß

$$\underset{n=\infty}{L} \frac{n}{\sqrt[3]{a_n}} = 0 \tag{14}$$

ist, wenden wir das soeben gewonnene Resultat auf die Reihe

$$\frac{\sqrt[3]{a_m}}{a_{m+1} - a_m} + \frac{\sqrt[3]{a_{m+1}}}{a_{m+2} - a_{m+1}} + \cdots = A_m$$

an. Wir erkennen dann, daß für $n \geqq m$

$$\frac{n - m + 1}{\sqrt[3]{a_n}} \leqq B_m$$

ist, wo B_m die größere der beiden Zahlen $\frac{1}{\sqrt[3]{a_m}}$, $\sqrt{7A_m}$ bedeutet, und für $n \geqq 2(m-1)$ folglich

$$\frac{n}{\sqrt[3]{a_n}} \leqq \frac{2(n - m + 1)}{\sqrt[3]{a_n}} \leqq 2B_m.$$

Damit ist auch die Limesgleichung (14) bewiesen.

Eine weitergehende Aussage, als die Gleichung (14) enthält, kann man *allgemein* nicht machen. Ist nämlich $\varphi(n)$ irgend eine Funktion des Index n, die mit n gegen ∞ konvergiert, so kann man stets eine Zahlenfolge $0 < a_1 < a_2 < \cdots$ angeben, für die

$$\frac{\sqrt[3]{a_1}}{a_2 - a_1} + \frac{\sqrt[3]{a_2}}{a_3 - a_2} + \cdots$$

konvergiert und trotzdem die Limesgleichung

$$\underset{n=\infty}{L} \frac{n\,\varphi(n)}{\sqrt[3]{a_n}} = 0$$

nicht erfüllt ist.

Sind α, β zwei Exponenten, für welche $0 \leqq \alpha < \beta$ gilt, und konvergiert

$$\sum_{n=1}^{\infty} \frac{a_n^\alpha}{(a_{n+1} - a_n)^\beta} = A_*,$$

so bleibt für alle n

$$\frac{n}{\sqrt[\gamma]{a_n}} \leqq B_*,$$

wo

$$\gamma = \frac{1+\beta}{\beta - \alpha}, \qquad B_* = \max\left(\frac{1}{\sqrt[\gamma]{a_1}}, \frac{\beta}{\beta - \alpha} 2^{\frac{\beta}{\beta - \alpha}} A_*^{\frac{1}{1+\beta}}\right)$$

gesetzt ist, und es wird auch wieder

$$\underset{n=\infty}{L} \frac{n}{\sqrt[\gamma]{a_n}} = 0.$$

Der Beweis dieser allgemeineren Tatsache läßt sich ähnlich wie der obige für $\alpha = \frac{1}{3}$, $\beta = 1$ führen.

Den einfachsten Fall erhalten wir, wenn wir $\alpha = 0$, $\beta = 1$ nehmen. Dann lautet unser Satz: Ist

$$\frac{1}{b_1} + \frac{1}{b_2} + \frac{1}{b_3} + \cdots$$

eine konvergente Reihe mit lauter positiven Gliedern, so wird

$$\underset{n=\infty}{L} \frac{b_1 + b_2 + \cdots + b_n}{n^2} = \infty.$$

§ 6.

Konvergenz trigonometrischer Reihen.

Wir benutzen jetzt statt $Q(z)$ die Funktion

$$R(z) = z_1^2 \cdot 1^{\frac{1}{3}} + z_2^2 \cdot 2^{\frac{1}{3}} + z_3^2 \cdot 3^{\frac{1}{3}} + \cdots.$$

Hilfssatz: Ist $\lambda_n(x) = \sqrt{2} \sin n\pi x$, so gilt identisch in $z_1, z_2, \cdots$

$$J(z) \leqq \sqrt{45\, R(z)}.$$

Beweis: Um $\int_0^1 \sigma(\widetilde{f_n})\, dx$ zu berechnen, sei G eine beliebige positive Zahl, und es bedeute für jeden Index m die Zahl $\mu(m)$ die kleinste (ganze, positive), für die

$$z_{m+1}^2 + z_{m+2}^2 + \cdots + z_{m+\mu(m)}^2 > \frac{G}{\mu(m)}$$

ist, so daß also, falls $\mu(m) \geqq 2$ ausfällt,

$$z_{m+1}^2 + \cdots + z_{m+\mu(m)-1}^2 \leqq \frac{G}{\mu(m)-1}$$

wird. Wir setzen dann

$$n_1 \quad = 1,$$
$$n_{k+1} = n_k + \mu(n_k) \qquad (k = 1, 2, \cdots)$$

und verfahren nunmehr genau wie in § 4, indem nur den Zeichen n_k die gegenwärtige abgeänderte Bedeutung erteilt wird. Es ist

$$\widetilde{f}_n(x) = \left|f_n(x) - \delta_{n_k}(x) + \sqrt{2} \sum_{m=n_k+1}^{(n;\,x)} z_m \sin m\pi x\right|$$

für $(n; x) \geqq n_k$, mithin in $\mathfrak{E}_k$

$$(\widetilde{f}_n(x))^2 \leqq 4(f_n(x))^2 + 2H^2 + 8 \sum_{i=n_k+1}^{n_{k+1}-1} z_i^2 \cdot \sum_{i=n_k+1}^{n_{k+1}-1} (\sin i\pi x)^2$$

und wegen $(\sin i\pi x)^2 \leqq 1$

$$\int_{(\mathfrak{E}_k)} (\widetilde{f}_n(x))^2\, dx \leqq \left[2H^2 + 8(n_{k+1} - n_k - 1) \sum_{i=n_k+1}^{n_{k+1}-1} z_i^2\right] m(\mathfrak{E}_k) + 4 \int_{(\mathfrak{E}_k)} (f_n(x))^2\, dx.$$

Es ist aber nach der Erklärung von n_k (falls $n_{k+1} \geqq n_k + 2$ ist)

$$\sum_{i=n_k+1}^{n_{k+1}-1} z_i^2 \leqq \frac{G}{n_{k+1} - n_k - 1},$$

mithin folgt

$$\int_{(\mathfrak{E}_1)} + \cdots + \int_{(\mathfrak{E}_p)} \leqq 2H^2 + 8G + 4\int_0^1 (f_n(x))^2\, dx$$
$$\leqq 2H^2 + 8G + 4[R(z)]_n.$$

Außerdem ist, wenn wir kurz R_n statt $[R(z)]_n$ schreiben,

$$R_n \geqq \sum_{k=1}^{p-1} \left(\sqrt[3]{n_k} \sum_{i=n_k+1}^{n_{k+1}} z_i^2\right) \geqq G \cdot \sum_{k=1}^{p-1} \frac{\sqrt[3]{n_k}}{n_{k+1} - n_k}.$$

Greifen wir auf den Beweis des im vorigen Paragraphen entwickelten Hilfssatzes zurück, so ergibt sich hieraus

$$\frac{k}{\sqrt[3]{n_k}} \leqq \max.\left(1, \sqrt{\frac{7R_n}{G}}\right) \qquad (\text{für } k = 1, 2, \cdots, p)$$

und es folgt auf diese Weise

$$\int\limits_{(\mathfrak{D}_1)} + \cdots + \int\limits_{(\mathfrak{D}_p)} \leqq \frac{1}{H^2} \sum_{k=1}^{p} \left(k \sum_{i=n_k+1}^{[n_{k+1}, n]} z_i^2 \right) \leqq \max.\left(1, \sqrt{\frac{7 R_n}{G}}\right) \cdot \frac{R_n}{H^2},$$

$$\int_0^1 \sigma(\widetilde{f_n})\, dx \leqq 2 H^2 + 8 G + 4 R_n + \max.\left(1, \sqrt{\frac{7 R_n}{G}}\right) \cdot \frac{R_n}{H^2}$$

Wählt man

$$H^2 = \sqrt{R_n}, \qquad G = \frac{7}{4} R_n,$$

so erkennt man, daß

$$\int_0^1 \sigma(\widetilde{f_n})\, dx \leqq 4 \sqrt{[R(z)]_n} + 18 [R(z)]_n$$

sein muß.

Bestimmt man R_0 aus der Gleichung

$$4 \sqrt{R_0} + 18 R_0 = 1,$$

so bekommt man

$$\frac{1}{R_0} = 26 + 4\sqrt{22} < 45;$$

mithin ist

$$[J(z)]_n \leqq \sqrt{45 [R(z)]_n}.$$

Ist $c_1, c_2, \cdots$ eine Zahlenreihe, für die $R(c)$ existiert, so ergibt der hiermit erwiesene Hilfssatz

$$\underset{m=\infty}{L}\, J(0, \cdots, 0, c_{m+1}, c_{m+2}, \cdots) = 0$$

und damit das folgende

Theorem: *Die trigonometrische Reihe* $\sum\limits_{n=1}^{\infty} c_n \sin n\pi x$ *konvergiert wesentlich-gleichmäßig, wenn* $\sum\limits_{n=1}^{\infty} c_n^2 \cdot \sqrt[3]{n}$ *konvergiert, und stellt dann eine samt ihrem Quadrat integrierbare Funktion dar, welche die* c_n *zu Fourierkoeffizienten hat.*

Der gleiche Satz besteht offenbar für alle „beschränkten" Orthogonalsysteme, d. h. für solche, deren sämtliche Elemente $\Phi_n(x)$ absolut unterhalb einer von n und x unabhängigen Grenze liegen.

§ 7.

Allgemeinere Summationsverfahren.

Zum Schluß möge noch die Frage behandelt werden, wie sich die nach Orthogonalfunktionen fortschreitenden Reihen gegenüber dem Fejérschen Summationsverfahren*) verhalten, d. h. unter welchen Umständen die Mittelwerte

$$\varphi_n(x) = \frac{f_1(x) + f_2(x) + \cdots + f_n(x)}{n}$$

der Partialsummen

$$f_m(x) = c_1\Phi_1(x) + c_2\Phi_2(x) + \cdots + c_m\Phi_m(x)$$

einer nach beliebigen Orthogonalfunktionen $\Phi_1(x)$, $\Phi_2(x)$, $\cdots$ fortschreitenden Reihe mit wachsendem n in wesentlich-gleichmäßiger Weise gegen eine Grenzfunktion $f(x)$ konvergieren.

Dafür ist hinreichend, daß

$$\underset{m=\infty}{L}\ \underset{n=\infty}{L}\int_0^1 \sigma(\widetilde{\varphi}_n^{(m)})\,dx = 0$$

ist, wenn für jeden Wert von x

$$\widetilde{\varphi}_n^{(m)}(x) = \max_{m<\nu\leqq n}.\ |\varphi_\nu(x) - \varphi_m(x)|\,^{**)} \qquad (n > m)$$

gesetzt wird. Wir verfahren dann wie früher, indem wir jetzt

$$n_{k+1} = m\cdot 2^k \qquad (k = 0, 1, 2, \cdots)$$

setzen und uns bei der Abschätzung auf die folgenden Relationen stützen:

1) $\widetilde{\varphi}_n^{(m)} \leqq |\varphi_n - \varphi_m| + \max_{m<\nu\leqq n}.\ |\varphi_n - \varphi_\nu|$,

2) $$|\varphi_n - \varphi_\nu| = \left|\frac{(\varphi_n - f_1) + (\varphi_n - f_2) + \cdots + (\varphi_n - f_\nu)}{\nu}\right|$$
$$\leqq \left|\frac{(\varphi_n - f_1) + \cdots + (\varphi_n - f_\mu)}{\mu}\right| + \frac{|\varphi_n - f_{\mu+1}| + \cdots + |\varphi_n - f_\nu|}{\mu}$$
$$\leqq |\varphi_n - \varphi_\mu| + \frac{|\varphi_n - f_{\mu+1}| + \cdots + |\varphi_n - f_{2\mu}|}{\mu}$$
(gültig für $\mu \leqq \nu \leqq 2\mu$),

3) $$\int_0^1 (\varphi_n - f_\nu)^2\,dx \leqq \frac{c_1^2 + (2c_2)^2 + \cdots + (\nu c_\nu)^2}{n^2} + c_{\nu+1}^2 + c_{\nu+2}^2 + \cdots + c_n^2$$
$$\leqq \frac{c_1^2 + (2c_2)^2 + \cdots + (\mu c_\mu)^2}{n^2} + c_{\mu+1}^2 + c_{\mu+2}^2 + \cdots + c_n^2$$
(gültig für $\mu \leqq \nu \leqq n$),

4) $\underset{\substack{m=\infty\\ n=\infty}}{L}\int_0^1 (\varphi_m - \varphi_n)^2\,dx = 0$, falls $\sum_1^\infty c_n^2$ endlich ist.

*) L. Fejér, Untersuchungen über Fouriersche Reihen, Math. Ann. Bd. 58, pag. 52.

**) Dieses Zeichen bedeutet die größte unter den $n - m$ Zahlen

$$|\varphi_\nu(x) - \varphi_m(x)| \qquad (\nu = m+1, m+2, \cdots, n).$$

Das Resultat, welches sich auf solche Weise ergibt, lautet:

Die Fejér'schen Mittelwerte der Partialsummen einer nach Orthogonalfunktionen fortschreitenden Reihe

$$c_1 \Phi_1(x) + c_2 \Phi_2(x) + \cdots$$

konvergieren wesentlich-gleichmäßig gegen eine Grenzfunktion, falls die Summe $\sum_{n=1}^{\infty} c_n^2 \lg n$ *existiert.*

Endlich möge noch gezeigt werden, wie einfach mit den hier entwickelten Hilfsmitteln ein von Herrn E. Fischer*) aufgestellter Konvergenzsatz bewiesen werden kann. Mit Fischer nennen wir eine Reihe von Funktionen $f_1(x)$, $f_2(x)$, $\cdots$, die samt ihrem Quadrat im Intervall $0 \leqq x \leqq 1$ integrierbar sind, *im Mittel konvergent*, wenn

$$\underset{\substack{m=\infty \\ n=\infty}}{L} \int_0^1 (f_m - f_n)^2 \, dx = 0 \tag{15}$$

ist.

Satz: *Ist* $f_1(x)$, $f_2(x)$, $\cdots$ *eine im Mittel konvergente Funktionsfolge, so ist es möglich, eine solche Reihe von Indizes* $n_1 < n_2 < n_3 < \cdots$ *auszuwählen, daß* $f_{n_k}(x)$ *mit wachsendem* k *wesentlich-gleichmäßig gegen eine Grenzfunktion* $f(x)$ *konvergiert.*

Aus der Voraussetzung (15) folgt, daß für jedes m die unendlich vielen Werte $\int_0^1 (f_n - f_m)^2 \, dx$ $(n = m+1, m+2, \cdots)$ eine obere Grenze ε_m haben und $\underset{m=\infty}{L} \varepsilon_m = 0$ ist. Ich nehme zunächst an, daß

$$\varepsilon_1 + \varepsilon_2 + \varepsilon_3 + \cdots \tag{16}$$

konvergiert, und zeige, daß alsdann die Folge $f_1(x), f_2(x), \cdots$ selbst wesentlich-gleichmäßig gegen eine Grenze $f(x)$ konvergiert. Dazu setze ich für jeden Wert von x, wie in § 3,

$$\widetilde{f_n^{(m)}}(x) = \max_{m < \nu \leqq n} |f_\nu(x) - f_m(x)| \qquad (n > m)$$

und habe dann nur zu zeigen, daß

$$\underset{m=\infty}{L} \; \underset{n=\infty}{L} \int_0^1 \sigma(\widetilde{f_n^{(m)}}) \, dx = 0 \tag{17}$$

ist. Nun gilt aber

*) Comptes Rendus 1907, pag. 1022.

$$\widetilde{f_n^{(m)}} \leqq |f_n - f_m| + \max_{m < \nu \leqq n} |f_n - f_\nu|,$$

$$\sigma(\widetilde{f_n^{(m)}}) \leqq (\widetilde{f_n^{(m)}})^2 \leqq 2(f_n - f_m)^2 + 2 \cdot \left(\max_{m < \nu \leqq n} |f_n - f_\nu|\right)^2$$

$$\leqq 2\{(f_n - f_m)^2 + (f_n - f_{m+1})^2 + \cdots + (f_n - f_{n-1})^2\},$$

$$\int_0^1 \sigma(\widetilde{f_n^{(m)}})\, dx \leqq 2(\varepsilon_m + \varepsilon_{m+1} + \cdots + \varepsilon_{n-1}).$$

Damit ist die Gleichung (17) bewiesen.

Konvergiert hingegen (16) nicht, so läßt sich immerhin auf mannigfache Art eine Reihe von Indizes $n_1, n_2, \cdots$ so auswählen, daß

$$\varepsilon_{n_1} + \varepsilon_{n_2} + \cdots$$

konvergiert. Wenden wir dann die soeben bewiesene Behauptung statt auf die Funktionsfolge $f_1, f_2, \cdots$ auf $f_{n_1}, f_{n_2}, \cdots$ an, so erkennen wir die Richtigkeit des zu beweisenden Satzes.

Die Grenzfunktion $f(x)$, deren Existenz durch diesen Satz garantiert wird, ist offenbar quadratisch integrierbar und genügt der Limesgleichung

$$\underset{k=\infty}{L} \int_0^1 (f - f_{n_k})^2\, dx = 0.$$

Da aber für beliebiges n

$$\sqrt{\int_0^1 (f - f_n)^2\, dx} \leqq \sqrt{\int_0^1 (f_n - f_{n_k})^2\, dx} + \sqrt{\int_0^1 (f - f_{n_k})^2\, dx}$$

gilt, folgt

$$\int_0^1 (f - f_n)^2\, dx \leqq \varepsilon_n,$$

mithin

$$\underset{n=\infty}{L} \int_0^1 (f - f_n)^2\, dx = 0.$$

Die Existenz einer Funktion $f(x)$, welche diese Gleichung befriedigt, ist es, die in dem Fischer'schen Konvergenzsatz behauptet wird.*)

Ist $n_1^*, n_2^*, \cdots$ eine andere Indizesreihe von der Beschaffenheit, daß

*) Von den bekannten Beweisen (Riesz, Gött. Nachr. 1907, pag. 116; Fischer, l. c.; Hellinger, Dissertation, Göttingen 1907, pag. 81) unterscheidet sich der hier gegebene namentlich dadurch, daß er nicht erst, wie jene, zu der durch gliedweise Integration gewonnenen Funktionenreihe übergeht.

$f_{n_1^*}, f_{n_2^*}, \cdots$ wesentlich-gleichmäßig gegen eine Grenzfunktion f^* konvergiert, so ist notwendig $f(x) = f^*(x)$ außer für Werte x, die einer gewissen Menge vom Maße 0 angehören.

Die Anwendung unseres Satzes auf Reihen, die nach Orthogonalfunktionen fortschreiten, beruht auf der bekannten Tatsache, daß die Partialsummen einer solchen im Mittel konvergieren, falls die Koeffizienten eine konvergente Quadratsumme besitzen, und er liefert unter dieser Voraussetzung ein direktes Verfahren zur Summation der Reihe

$$c_1 \Phi_1(x) + c_2 \Phi_2(x) + \cdots .$$

Göttingen, Juni 1908.

5.

Über beschränkte quadratische Formen, deren Differenz vollstetig ist

Rendiconti del Circolo Matematico di Palermo 27, 373—392 (1909)

§ 1.

Grundlegende Begriffe.

Aus einigen in meiner Dissertation enthaltenen Beispielen [1]) und aus dem Kapitel II der HILB'schen Arbeit *Über die Integraldarstellungen willkürlicher Funktionen* [2]) schien mit einiger Wahrscheinlichkeit der Satz hervorzugehen, dass, wenn $x_1, x_2, x_3, \ldots$ unendlichviele Variable und

$$K(x) = \sum_{(p,q)} k_{pq} x_p x_q, \qquad K^*(x) = \sum_{(p,q)} k^*_{pq} x_p x_q$$

zwei beschränkte quadratische Formen der x_p sind, deren Differenz

$$K^*(x) - K(x) = k(x)$$

vollstetig ist, $K^*(x)$ dasselbe Streckenspektrum wie $K(x)$ besitzt. Aus dem Bemühen, zu entscheiden, ob dieser Satz, der auch für die Theorie der Integral- und Differentialgleichungen von grosser Wichtigkeit wäre, wirklich zutrifft, ist die vorliegende Untersuchung hervorgegangen.

Als Ausgangspunkt dieser Betrachtung hat naturgemäss der von HILBERT aufgestellte [3]) und durch Herrn HELLINGER wesentlich vervollständigte [4]) Hauptsatz aus der Theorie der orthogonalen Transformation beschränkter quadratischer Formen zu

[1]) *Singuläre Integralgleichungen mit besonderer Berücksichtigung des* FOURIER'*schen Integraltheorems* (Göttingen 1908), S. 65, 69, 77, 80.

[2]) [Mathematische Annalen, Bd. LXVI (1908), S. 1-66], S. 32 ff.

[3]) *Grundzüge einer allgemeinen Theorie der linearen Integralgleichungen*, 4. Mitteilung [Nachrichten von der Kgl. Gesellschaft der Wissenschaften zu Göttingen, Mathematisch-physikalische Klasse, Jahrgang 1906, S. 157-227], S. 198.

[4]) *Die Orthogonalinvarianten quadratischer Formen von unendlichvielen Variablen* [Inauguraldissertation, Göttingen 1907], S. 60 f. Vielleicht darf hier auch auf die kurze Zusammenfassung seiner für uns in Betracht kommenden Resultate verwiesen werden, die ich in der Arbeit *Singuläre Integralgleichungen* [Mathematische Annalen, Bd. LXVI (1908), S. 273-324], S. 288 ff. gegeben habe.

dienen. Dieser Satz besagt, dass es durch eine orthogonale Transformation

$$\bar{x}_p = \sum_{(q)} l_{pq} x_q, \qquad \xi_p = \sum_{(q)} m_{pq} x_q$$

gelingt, $K(x)$ in die folgende Gestalt überzuführen:

$$K(x) = \sum_{(p)} \frac{\bar{x}_p^2}{\lambda_p} + \int_{-\infty}^{+\infty} \frac{d\sigma(\mu;\,\xi)}{\mu}. \tag{1}$$

Dabei sind λ_p gewisse reelle Zahlen (unter denen auch ∞ endlich- oder unendlich-oft vorkommen kann), welche das *Punktspektrum* von $K(x)$ ausmachen, während $\sigma(\mu;\,\xi)$, die *Spektralform,* eine quadratische Form der ξ_p ist, deren Koefficienten derartige Funktionen von μ sind, dass $\sigma(\mu;\,\xi)$ für jedes feste Wertsystem der ξ_p eine nirgends abnehmende, stetige Funktion von μ ist. Dabei sind die Variablen, wie im folgenden stets, auf den Bereich

$$(x,\,x) = x_1^2 + x_2^2 + \cdots \leqq 1$$

zu beschränken. Ist für alle solche Werte $|K(x)| \leqq M$, — wir drücken dies dadurch aus, dass wir sagen, die Zahl M sei eine Schranke der Form $K(x)$ —, so gehört keiner der λ_p dem Intervall $|\lambda| < \frac{1}{M}$ an, und in diesem Intervall ist notwendig $\sigma(\lambda;\,\xi)$ mit Bezug auf λ für jedes feste Wertsystem ξ_p konstant. Diejenigen Werte λ, um die sich kein Intervall abgrenzen lässt, innerhalb dessen $\sigma(\lambda;\,\xi)$ von λ unabhängig ist, bilden das *Streckenspektrum* von $K(x)$.

Es sei $\rho(\mu)$ eine stetige, nirgends abnehmende Funktion von μ, die in der Umgebung des Punktes $\mu = 0$ konstant ist, $\rho_p(\mu)$ $(p = 1, 2, \ldots)$ stetige Funktionen von der Art, dass im Sinne des HELLINGER'schen Integralbegriffs [5])

$$\int_{-\infty}^{+\infty} \frac{d\rho_p\, d\rho_q}{d\rho} = \begin{cases} 0 & (p \neq q), \\ 1 & (p = q) \end{cases}$$

ist. Wir sagen dann, dass dieselben ein *vollständiges differentielles Orthogonalsystem mit der Basis* $\rho(\mu)$ definieren falls für irgend zwei stetige Funktionen $f(\mu)$, $g(\mu)$, für welche $\int_{-\infty}^{+\infty} \frac{(df)^2}{d\rho}$, $\int_{-\infty}^{+\infty} \frac{(dg)^2}{d\rho}$ existieren, die Relation

$$\int_{-\infty}^{+\infty} \frac{df\,dg}{d\rho} = \sum_{(p)} \int_{-\infty}^{+\infty} \frac{df\,d\rho_p}{d\rho} \int_{-\infty}^{+\infty} \frac{dg\,d\rho_p}{d\rho}$$

besteht. Aus ihnen entspringt die beschränkte quadratische Form

$$K_0(x) = \sum_{(p,q)} \int_{-\infty}^{+\infty} \frac{d\rho_p\, d\rho_q}{\mu\, d\rho} x_p x_q = \int_{-\infty}^{+\infty} \frac{\left(d \sum_{(p)} \rho_p(\mu) x_p\right)^2}{\mu\, d\rho}$$

(« *Elementarform* »), deren Streckenspektrum aus all den Werten λ besteht, in deren Umgebung $\rho(\lambda)$ nicht konstant ist. Die von Herrn HELLINGER an der HILBERT'schen Darstellung (1) angebrachte Vervollständigung besteht nun darin [6]), dass es ihm gelang,

---

5) l. c. 4), S. 25 ff.

6) l. c. 4), S. 60.

den auf das Streckenspektrum bezüglichen Teil

$$\int_{-\infty}^{+\infty} \frac{d\sigma(\mu;\, \xi)}{\mu}$$

durch eine abermalige orthogonale Transformation, welche die ξ_p in die neuen Variablen ξ_{ph} überführt, als Summe von endlich- oder unendlichvielen Formen derart darzustellen, dass allgemein die h-te der zu summierenden Formen eine Elementarform der durch den Index h ausgezeichneten Variablen ξ_{ph} $(p = 1, 2, \ldots)$ ist.

Dem Umstand, dass auch ∞ als Eigenwert fungieren kann, tragen wir dadurch Rechnung, dass wir die Achse der Spektrumsvariablen μ etwa durch stereographische Projektion auf einen Kreis abbilden. Es soll dann unter einer *stetigen Funktion* von μ eine auf diesem Kreise stetige Funktion verstanden werden, d. h. eine Funktion $u(\mu)$, die ausser der Stetigkeit im Endlichen noch die Bedingung erfüllt, dass

$$\underset{\mu=+\infty}{L}\, u(\mu) = u(+\infty) \quad \text{und} \quad \underset{\mu=-\infty}{L}\, u(\mu) = u(-\infty)$$

existieren und $u(+\infty) = u(-\infty)$ ist. Entsprechend nennen wir nicht nur die Gesamtheit der Werte μ, für welche $\lambda_0 \leqq \mu \leqq \lambda_1$ ist, sondern auch die Menge aller Werte μ, die eine der beiden Ungleichungen

$$\mu \leqq \lambda_0, \qquad \mu \geqq \lambda_1$$

befriedigen, ein *Intervall* der Variablen μ.

Jedes Wertsystem

$$(x) = x_1,\ x_2,\ \ldots$$

der unendlichvielen Variablen wird man als einen Punkt im unendlichdimensionalen Raum ansehen und z. B. die Bedingung $(x, x) = 1$ durch den geometrischen Ausdruck, « der Punkt (x) liege auf der Einheitskugel », wiedergeben. Eine unendliche Reihe von Punkten

$$\begin{aligned} (x') &= x_1',\ x_2',\ \ldots, \\ (x'') &= x_1'',\ x_2'',\ \ldots, \\ (x''') &= x_1''',\ x_2''',\ \ldots, \\ &\ldots\ldots\ldots\ldots \end{aligned}$$

konvergiert schwach gegen den Nullpunkt, falls für jedes p einzeln

$$\underset{i=\infty}{L}\, x_p^{(i)} = 0$$

ist. Gilt für jede dem Bereich $(x, x) \leqq 1$ angehörige, schwach gegen den Nullpunkt konvergierende Punktreihe $(x'), (x''), \ldots$

$$\underset{i=\infty}{L}\, K(x^{(i)}) = 0,$$

so ist die beschränkte Form $K(x)$ *vollstetig* [7]).

---

7) HILBERT, l. c. 3), S. 200 und 204.

§ 2.

Die aus der Ableitung des Punktspektrums und dem Streckenspektrum gebildete Vereinigungsmenge.

Neben der Darstellung (1) haben wir vor allem die Identität

$$(x,\ x) = \sum_{(p)} \overline{x}_p^2 + \int_{-\infty}^{+\infty} d\sigma(\mu;\ \xi)$$

zu beachten. Ist Δ ein Intervall der Spektrumsvariablen μ und lassen wir in der rechts stehenden Summe p nur alle die Indices durchlaufen, für welche λ_p in Δ liegt, und erstrecken das Integral, statt über die ganze Achse (den ganzen Kreis), nur über das Intervall Δ, so erhalten wir an Stelle von (x, x) eine quadratische Form der x_p, die ich mit $\underset{\Delta}{E}(x)$ bezeichnen will. Ziehen wir neben $K(x)$ noch eine zweite quadratische Form $K^*(x)$ in Betracht:

$$K^*(x) = \sum_{(p)} \frac{\overline{x}_p^{\cdot 2}}{\lambda_p^{\cdot}} + \int_{-\infty}^{+\infty} \frac{d\sigma^*(\mu;\ \xi^{\cdot})}{\mu},$$

so bedeutet $\underset{\Delta}{E^*}(x)$ die in entsprechender Weise mittelst $K^*(x)$ gebildete Form [8]).

Es sei λ irgend ein Wert der Spektrumsvariablen μ (der auch ∞ sein kann); wir fragen nach den Bedingungen, denen eine schwach gegen den Nullpunkt konvergierende Punktfolge (x'), (x''), ... genügen muss, damit gleichmässig für alle Werte der Variablen y_p, falls diese durch $(y, y) \leqq 1$ eingeschränkt werden,

$$(2) \qquad \underset{i=\infty}{L} \left[K(x^{(i)},\ y) - \frac{1}{\lambda} \cdot (x^{(i)},\ y) \right] = 0$$

ist [9]). Dazu bemerken wir zunächst: Eine beschränkte Linearform [10])

$$l_1 y_1 + l_2 y_2 + \cdots$$

der Variablen y_p erreicht im Gebiet $(y, y) \leqq 1$ ihren grössten Wert für

$$y_p = \frac{l_p}{\sqrt{(l,\ l)}},$$

und es ist also

$$\underset{(y,y)\leqq 1}{\max.} |l_1 y_1 + l_2 \ \ _2 + \cdots| = \sqrt{(l,\ l)}.$$

---

[8]) Diese Festsetzung wird in § 4 wieder aufgenommen.

[9]) Es ist

$$K(x,\ y) = \sum_{(p,q)} k_{pq} x_p y_q = K\left(\frac{x+y}{2}\right) - K\left(\frac{x-y}{2}\right).$$

[10]) Die notwendige und hinreichende Bedingung für die Beschränktheit der Linearform

$$l_1 y_1 + l_2 y_2 + \cdots$$

besteht in der Konvergenz der Quadratsumme

$$(l,\ l) = l_1^2 + l_2^2 + \cdots$$

[Hilbert, l. c. [3]), S. 176].

In entsprechender Weise gilt, falls $\rho(\mu)$ eine stetige, nirgends abnehmende, $l(\mu)$ aber eine solche Funktion ist, dass $\int_{-\infty}^{+\infty}\frac{(dl)^2}{d\rho}$ existiert, und die variable Funktion $y(\mu)$ allein der Einschränkung $\int_{-\infty}^{+\infty}\frac{(dy)^2}{d\rho}\leqq 1$ unterworfen wird,

$$\max. \left|\int_{-\infty}^{+\infty}\frac{dl\,dy}{d\rho}\right| = \sqrt{\int_{-\infty}^{+\infty}\frac{(dl)^2}{d\rho}}.$$

Wenden wir diese Tatsachen auf den Ausdruck $K(x, y) - \frac{1}{\lambda}(x, y)$ an, nachdem wir auf ihn die von Hilbert und Hellinger gelehrte Transformation ausgeübt haben, so erhalten wir bei festen Werten x_p

$$\max_{(y,y)\leqq 1}\left(K(x, y) - \frac{1}{\lambda}(x, y)\right)^2 = \sum_{(p)}\left(\frac{1}{\lambda_p} - \frac{1}{\lambda}\right)^2 \overline{x}_p^2 + \int_{-\infty}^{+\infty}\left(\frac{1}{\mu} - \frac{1}{\lambda}\right)^2 d\sigma(\mu;\,\xi).$$

Ist Δ das durch $\left|\frac{1}{\mu} - \frac{1}{\lambda}\right| \geqq \delta$ bestimmte Intervall der Variablen μ, so ergibt sich hiernach

$$\delta^2 . \underset{\Delta}{E}(x) \leqq \max.\left(K(x, y) - \frac{1}{\lambda}(x, y)\right)^2 \leqq \left(\frac{1}{M} + \frac{1}{|\lambda|}\right)^2 . \underset{\Delta}{E}(x) + \delta^2.$$

Somit folgt, dass die notwendige und hinreichende Bedingung dafür, dass die Limesgleichung (2) in dem erörterten Sinne statthat, darin besteht, dass für jedes den Wert λ nicht enthaltende Intervall Δ

$$\underset{i=\infty}{L}\; \underset{\Delta}{E}(x^{(i)}) = 0 \tag{3}$$

sein muss.

Ist λ weder Häufungspunkt des Punktspektrums [11]) noch im Streckenspektrum gelegen, so kann man ein λ nicht enthaltendes Intervall Δ so bestimmen, dass in dem komplementären Intervall kein Punkt des Streckenspektrums und nur endlichviele zum Punktspektrum gehörige Werte, etwa $\lambda_1, \lambda_2, \ldots, \lambda_r$, angetroffen werden. Es ist dann

$$(x, x) = \underset{\Delta}{E}(x) + \overline{x}_1^2 + \overline{x}_2^2 + \cdots + \overline{x}_r^2;$$

da die Linearformen $\overline{x}_1, \overline{x}_2, \ldots, \overline{x}_r$ vollstetig sind, ist die Bedingung (3) nur dann erfüllt, wenn

$$\underset{i=\infty}{L}\,(x^{(i)}, x^{(i)}) = 0$$

ist. Bedeutet λ hingegen einen Häufungspunkt des Punktspektrums, so wähle man die Indices $p_1, p_2, \ldots$ so, dass

$$\underset{i=\infty}{L}\left(\frac{1}{\lambda_{p_i}} - \frac{1}{\lambda}\right) = 0$$

ist, und verstehe unter $(x^{(i)})$ dasjenige Wertsystem, für welches $\overline{x}_{p_i} = 1$, hingegen alle

[11]) Als Häufungspunkt des Punktspektrums wird natürlich auch jeder unendlich-vielfache Eigenwert gerechnet.

übrigen $\overline{x}_p$ sowie die $\xi_p = 0$ werden. Dann ist offenbar für jedes λ nicht enthaltende Intervall Δ die Limesgleichung (3) erfüllt. Um einen kurzen Ausdruck zu haben, nennen wir (x'), (x''), ... eine *zu dem Wert λ gehörige charakteristische Punktfolge,* falls jeder der Punkte $(x^{(i)})$ auf der Einheitskugel liegt, $(x^{(i)})$ mit wachsendem i schwach gegen 0 konvergiert und ausserdem gleichmässig für alle y_p, die der Bedingung $(y, y) \leqq 1$ genügen,

$$\underset{i=\infty}{L}\left[K(x^{(i)}, y) - \frac{1}{\lambda}(x^{(i)}, y)\right] = 0$$

ist. Die vorigen Überlegungen ergeben dann, wenn wir noch in ähnlicher Weise, wie soeben die Häufungspunkte des Punktspektrums, die Werte λ des Streckenspektrums in Betracht ziehen, den

Satz I. — *Dann und nur dann, wenn λ Häufungspunkt des Punktspektrums ist oder dem Streckenspektrum angehört, gibt es zu dem Wert λ gehörige charakteristische Punktfolgen.*

Es seien jetzt $K(x)$, $K^*(x)$ zwei beschränkte quadratische Formen, deren Differenz $k(x)$ vollstetig ist. Durch *Faltung* [12]) der Form $k(x)$ mit sich selbst entsteht die gleichfalls vollstetige Form $kk(x)$. $\mathfrak{H}_K$ bezeichne die von allen Häufungspunkten des Punktspektrums und den Punkten des Strekenspektrums der quadratischen Form $K(x)$ gebildete Punktmenge, und $\mathfrak{H}_{K^*}$ habe die analoge Bedeutung für $K^*(x)$. Ist dann λ ein Wert von $\mathfrak{H}_K$ und (x'), (x''), ... eine bei Zugrundelegung der Form $K(x)$ für λ charakteristische Punktfolge, so behält (x'), (x''), ... diese Eigenschaft, auch wenn wir an Stelle von $K(x)$ die Form $K^*(x)$ zu Grunde legen, wie sich aus der Ungleichung

$$\left|K^*(x^{(i)}, y) - \frac{1}{\lambda}(x^{(i)}, y)\right| \leqq \left|K(x^{(i)}, y) - \frac{1}{\lambda}(x^{(i)}, y)\right| + \sqrt{kk(x^{(i)})}$$

ergibt. Damit ist bewiesen, dass

$$\mathfrak{H}_K = \mathfrak{H}_{K^*},$$

also die aus dem Streckenspektrum und den Häufungspunkten des Punktspektrums gebildete Menge $\mathfrak{H}_K = \mathfrak{H}$ eine Invariante von $K(x)$ gegenüber der Addition beliebiger vollstetiger Formen ist.

Dieses Resultat gestattet eine in manchen Fällen nützliche Anwendung auf die Frage der Lösbarkeit unendlichvieler Gleichungen mit unendlichvielen Unbekannten. Die dabei zunächst vorauszusetzende Symmetrie der Koefficienten $(k_{pq} = k_{qp})$ lässt sich nachträglich leicht beseitigen, indem man nach einem Grundgedanken von Toeplitz [13]) die quadratische Form $A(x, \cdot)A(x, \cdot)$ an Stelle der beschränkten Bilinearform $A(x, y)$ in Betracht zieht. Es gilt

---

[12]) Hilbert, l. c. [3]), S. 179.

[13]) *Die Jacobi'sche Transformation der quadratischen Formen von unendlichvielen Veränderlichen* [Nachrichten von der Kgl. Gesellschaft der Wissenschaften zu Göttingen, Mathematisch-physikalische Klasse, Jahrgang 1907, S. 101-109].

Satz II. — *Sind*

$$A(x, y) = \sum_{(p,q)} a_{pq} x_p y_q, \qquad A^*(x, y) = \sum_{(p,q)} a^*_{pq} x_p y_q$$

zwei beschränkte Bilinearformen, deren Differenz eine vollstetige Funktion der Variablen x_p, y_p *ist, und gestatten die linearen Gleichungen*

$$\sum_{(q)} a_{pq} x_q = y_p \qquad (p = 1, 2, \ldots)$$

für alle Werte y_p *des Bereichs* $(y, y) \leqq 1$ *eine Auflösung* x_p *von konvergenter Quadratsumme, so gilt das Nämliche von den linearen Gleichungen*

$$\sum_{(q)} a^*_{pq} x_q = y_p \qquad (p = 1, 2, \ldots)$$

es sei denn, dass die homogenen transponierten Gleichungen

$$\sum_{(q)} a^*_{qp} x_q = 0 \qquad (p = 1, 2, \ldots)$$

eine Lösung x_p *von der Quadratsumme 1 zulassen.*

Aus den in diesem Satz gemachten Voraussetzungen folgt die Existenz einer beschränkten Form $B(x, y)$, welche die Faltungsgleichung

$$A(x, \cdot)B(\cdot, y) = (x, y)$$

erfüllt. Da

$$A^*(x, \cdot)B(\cdot, y) = (x, y) + \big(A^*(x, \cdot) - A(x, \cdot)\big)B(\cdot, y)$$

wird, so ergibt sich durch Anwendung des Satzes X in Hilbert's 4. Mitteilung [14]) auf die vollstetige Bilinearform

$$\big(A^*(x, \cdot) - A(x, \cdot)\big)B(\cdot, y)$$

der

Zusatz. — *Tritt unter den Voraussetzungen des Satzes II. der Fall ein, dass die Gleichungen*

$$\sum_{(q)} a^*_{qp} x_q = 0 \qquad (p = 1, 2, \ldots)$$

eine nicht identisch verschwindende Lösung x_p *von konvergenter Quadratsumme besitzen, so gestattet auch das System der (nicht-transponierten) homogenen Gleichungen*

$$\sum_{(q)} a^*_{pq} x_q = 0 \qquad (p = 1, 2, \ldots)$$

eine derartige Lösung.

Aus der Lösbarkeit der nicht-transponierten auf die der transponierten homogenen Gleichungen zu schliessen, ist jedoch bei den gemachten Annahmen nicht ohne weiteres zulässig.

§ 3.

Die zu λ gehörigen charakteristischen Punktfolgen.

Im vorigen Paragraphen haben wir es als ein Kennzeichen der in der Menge $\mathfrak{H}$ enthaltenen Werte λ kennen gelernt, dass zu ihnen charakteristische Punktfolgen gehören.

---

[14]) l. c. [3]), S. 219.

Es gilt jetzt, in die Struktur der Gesamtheit aller zu λ gehörigen charakteristischen Punktfolgen einen Einblick zu gewinnen und vor allem zu entscheiden, ob sich etwa die Häufungspunkte des Punktspektrums einerseits und die Punkte des Streckenspektrums andrerseits hinsichtlich der Struktur dieser Gesamtheit von einander unterscheiden.

SATZ III. — *Ist λ ein isolierter Punkt der Menge $\mathfrak{H}$, so gibt es eine orthogonale Transformation der x_p in die Variablen ξ_p, η_p derart, dass eine auf der Einheitskugel liegende, schwach gegen den Nullpunkt konvergierende Punktfolge (x'), (x''), ... dann und nur dann für λ charakteristisch ist, falls, in den neuen Variablen geschrieben,*

$$\underset{i=\infty}{L}(\eta^{(i)}, \eta^{(i)}) = 0$$

wird.

Existiert umgekehrt eine orthogonale Transformation der bezeichneten Art, so ist λ notwendig ein isolierter Punkt von $\mathfrak{H}$.

Beweis: Der erste Teil dieses Satzes folgt unmittelbar aus der Normaldarstellung (1); nur die Umkehrung bedarf eines ausführlicheren Nachweises.

Durch die betreffende orthogonale Transformation, deren Existenz beim Beweis dieser Umkehrung vorauszusetzen ist, geht $\underset{\Delta}{E}(x)$ in eine quadratische Form der Variablen ξ_p, η_p über, die ich der Einfachheit halber wieder mit $\underset{\Delta}{E}(\xi\,\eta)$ bezeichnen will. Gemäss dem in § 2 abgeleiteten Kriterium und aus der Voraussetzung des Satzes folgt:

α) für jedes Intervall Δ, das λ nicht enthält, ist $\underset{\Delta}{E}(\xi\,0)$ eine vollstetige Form der Variablen ξ_p;

β) ist $(\eta^{(i)})$ eine schwach gegen den Nullpunkt konvergierende Punktfolge von der Art, dass für jedes λ nicht enthaltende Intervall Δ

$$\underset{i=\infty}{L}\,\underset{\Delta}{E}(0\,\eta^{(i)}) = 0$$

gilt, so ist notwendig $\underset{i=\infty}{L}(\eta^{(i)}, \eta^{(i)}) = 0$.

Aus β) beweise ich zunächst, dass es ein bestimmtes Intervall Δ_0 gibt, welches λ nicht enthält und so beschaffen ist, dass aus dem Bestehen der einen Limesgleichung

$$\underset{i=\infty}{L}\;\underset{\Delta_0}{E}(0\,\eta^{(i)}) = 0$$

[für eine schwach gegen den Nullpunkt konvergierende Punktfolge $(\eta^{(i)})$] bereits $\underset{i=\infty}{L}(\eta^{(i)}, \eta^{(i)}) = 0$ mit Notwendigkeit folgt. In der Tat: existierte ein solches Δ_0 nicht, so gäbe es zu jedem Intervall Δ, welches λ nicht enthält, eine auf der Einheitskugel gelegene, schwach gegen 0 konvergierende Punktfolge im η-Raum $\eta^{\Delta, i}$ $(i = 1, 2, \ldots)$ derart, dass

$$\underset{i=\infty}{L}\;\underset{\Delta}{E}(0\,\eta^{\Delta, i}) = 0$$

ist. Das Intervall Δ der Variablen μ sei durch die Ungleichung $\left|\frac{1}{\mu} - \frac{1}{\lambda}\right| \geqq \delta$ gegeben; wir können dann $i = i(\Delta)$ so bestimmen, dass die $\left[\frac{1}{\delta}\right]$ ersten Koordinaten von

$\eta^{(\Delta)} = \eta^{\Delta, i(\Delta)}$ unterhalb δ liegen und ausserdem

$$\underset{\Delta}{E}(o\,\eta^{(\Delta)}) \leqq \delta$$

ist. Da dann für jedes Δ

$$(\eta^{(\Delta)}, \eta^{(\Delta)}) = 1$$

wird, kann man aus den $\eta^{(\Delta)}$ eine einfache Folge $\eta^{(\Delta')}, \eta^{(\Delta'')}, \ldots$ herausgreifen, die zu der Tatsache β) in Widerspruch steht.

Nunmehr behaupte ich, dass alle von λ verschiedenen Punkte der Menge $\mathfrak{H}$ notwendig dem Intervall Δ_0 angehören. Wäre nämlich $\lambda' \neq \lambda$ ein nicht in Δ_0 enthaltener Punkt von $\mathfrak{H}$ und demgemäss $\xi'\eta', \xi''\eta'', \ldots$ eine für λ' charakteristische Punktfolge, so wäre

(4) $$\underset{i=\infty}{L}\,\underset{\Delta'}{E}(\xi^{(i)}\eta^{(i)}) = 0$$

für jedes Intervall Δ', das λ' nicht enthält, also insbesondere

(5) $$\underset{i=\infty}{L}\,\underset{\Delta_0}{E}(\xi^{(i)}\eta^{(i)}) = 0.$$

Wenden wir α) speciell für $\Delta = \Delta_0$ und ferner die Ungleichung

$$\left|\underset{\Delta_0}{E}(\xi\eta) - \underset{\Delta_0}{E}(o\,\eta)\right| \leqq \underset{\Delta_0}{E}(\xi\, o) + 2\sqrt{\underset{\Delta_0}{E}(\xi\, o)\cdot \underset{\Delta_0}{E}(o\,\eta)}$$

an, so ergibt (5)

$$\underset{i=\infty}{L}\,\underset{\Delta_0}{E}(o\,\eta^{(i)}) = 0$$

und folglich gemäss der Bestimmungsweise von Δ_0:

(6) $$\underset{i=\infty}{L}(\eta^{(i)}, \eta^{(i)}) = 0.$$

Nachdem dies festgestellt ist, lehrt (4), dass für jedes λ' nicht enthaltende Intervall Δ'

$$\underset{i=\infty}{L}\,\underset{\Delta'}{E}(\xi^{(i)} o) = 0$$

ist, und da dieselbe Limesgleichung auch für jedes λ nicht enthaltende Intervall Δ gilt, so muss offenbar

(7) $$\underset{i=\infty}{L}(\xi^{(i)}, \xi^{(i)}) = 0$$

sein. Die Gleichungen (6), (7) zeigen, dass λ' kein der Menge $\mathfrak{H}$ angehöriger Punkt sein kann, und damit ist die Isoliertheit von λ bewiesen.

Satz IV. — *Ist λ ein nicht-isolierter Punkt der Menge $\mathfrak{H}$, so gibt es eine orthogonale Transformation, welche an Stelle der x_p unendlichviele Reihen neuer Variablen einführt:*

$$\begin{array}{llll} x_{11}, & x_{21}, & x_{31}, & \ldots \\ x_{12}, & x_{22}, & x_{32}, & \ldots \\ \ldots & \ldots & \ldots & \ldots \end{array}$$

der Art, dass auf jede dieser Reihen unendlichviele Individuen entfallen und eine auf $(x, x) = 1$ gelegene, schwach gegen den Nullpunkt konvergierende Punktfolge $(x'), (x''), \ldots$ dann und nur dann für λ charakteristisch ist, falls, in den neuen Variablen geschrieben, *für jedes n*

$$\underset{i=\infty}{L}\left[\sum_{p=1}^{\infty}(x_{pn}^{(i)})^2\right]=0$$

wird.

Hat umgekehrt die Gesamtheit der zu λ gehörigen charakteristischen Punktfolgen die angegebene Struktur, so ist λ ein nicht-isolierter Punkt von $\mathfrak{H}$.

Beweis: Dass ein nicht-isolierter Häufungspunkt des Punktspektrums, der dem Streckenspektrum nicht angehört, die in dem Satz erwähnte Eigenschaft hat, ist wiederum ohne weiteres klar. Um zu zeigen, dass sie auch den Punkten des Streckenspektrums zukommt, setze ich der Einfachheit halber $K(x)$ als eine Elementarform voraus:

$$K(x)=\int_{-\infty}^{+\infty}\frac{\left(d\sum_{(p)}\rho_p(\mu)x_p\right)^2}{\mu\, d\rho(\mu)}.$$

Ist λ ein Punkt, in dessen Umgebung $\rho(\mu)$ nicht konstant ist, so wähle ich eine unendliche Reihe von Intervallen $\Delta_1, \Delta_2, \ldots$ mit den folgenden Eigenschaften:

1) jedes der Intervalle Δ_h liegt ganz im Innern des folgenden;

2) der Punkt λ, aber auch nur dieser, liegt ausserhalb der sämtlichen Δ_h;

3) jeder der Bereiche $\Delta_1, \Delta_2-\Delta_1, \Delta_3-\Delta_2, \ldots$ enthält unendlichviele Punkte des Streckenspektrums.

Ich kann die Funktionen $\rho^{(h)}(\mu)$ durch die folgende leicht verständliche Festsetzung:

$$d\rho^{(h)}(\mu)=d\rho(\mu),\quad \text{falls}\ \mu\ \text{in}\ \Delta_h-\Delta_{h-1}\ \text{liegt}\ ^{15}),$$
$$d\rho^{(h)}(\mu)=0,\quad \text{falls}\ \mu\ \text{nicht in}\ \Delta_h-\Delta_{h-1}\ \text{liegt},$$

(jede bis auf eine willkürliche additive Konstante) bestimmen und zu jedem h unendlichviele Funktionen $\sigma_{ph}(\mu)$ $(p=1, 2, \ldots)$ finden, die ein vollständiges differentielles Orthogonalsystem mit der Basis $\rho^{(h)}(\mu)$ definieren. Alsdann definieren die $\sigma_{ph}(\mu)$ insgesamt $(p, h=1, 2, \ldots)$, wie leicht zu sehen, ein vollständiges differentielles Orthogonalsystem mit der Basis $\rho(\mu)$, und durch die orthogonale Transformation mit den Koefficienten

$$\int_{-\infty}^{+\infty}\frac{d\sigma_{ph}\, d\rho_q}{d\rho}$$

geht $K(x)$ in

$$\int_{-\infty}^{+\infty}\frac{\left(d\sum_{(p,h)}\sigma_{ph}(\mu)x_{ph}\right)^2}{\mu\, d\rho(\mu)}$$

über. Die notwendige und hinreichende Bedingung dafür, dass die auf der Einheitskugel gelegene, schwach gegen den Nullpunkt konvergierende Punktfolge $x^{(i)}$ für λ charakteristisch ist, besteht nach den beim Beweis von Satz I angestellten Überlegungen darin, dass für alle n

$$\underset{i=\infty}{L}\int_{(\Delta_n)}\frac{\left(d\sum_{(p,h)}\sigma_{ph}(\mu)x_{ph}^{(i)}\right)^2}{d\rho}=0$$

---

[15]) Für $h=1$ ist $\Delta_h-\Delta_{h-1}$ durch Δ_1 zu ersetzen.

ist, und dies stimmt wegen der Gleichung

$$\int_{(\Delta_n)} \frac{(d \sum_{(p,h)} \sigma_{ph}(\mu)\, x_{ph})^2}{d\rho} = \sum_{h=1}^{n} \sum_{p=1}^{\infty} x_{ph}^2$$

mit der Behauptung unseres Satzes überein.

Wir haben weiter zu zeigen, dass, wenn es eine orthogonale Substitution von der im Satz beschriebenen Art gibt, λ kein isolierter Wert von $\mathfrak{H}$ sein kann. In der Tat: wäre λ isoliert, so gäbe es eine zwischen den Variablen x_{ph} einerseits und den Variablen ξ_p, η_p andrerseits vermittelnde orthogonale Transformation

$$x_{ph} = \sum_{(q)} s_{pq}^{(h)} \xi_q + \sum_{(q)} t_{pq}^{(h)} \eta_q$$

von der Beschaffenheit, dass für schwach gegen den Nullpunkt konvergierende Punktfolgen (x'), (x''), ... die Bedingung

$$\underset{i=\infty}{L} (\eta^{(i)}, \eta^{(i)}) = 0$$

mit den unendlichvielen

$$\underset{i=\infty}{L} \sum_{p=1}^{\infty} (x_{ph}^{(i)})^2 = 0 \qquad (h = 1, 2, \ldots)$$

äquivalent wäre. Daraus folgt zunächst, dass

$$\sum_{(p)} (\sum_{(q)} s_{pq}^{(h)} \xi_q)^2$$

eine vollstetige Form der ξ_p ist. Führen wir für ξ_p das folgende spezielle Wertsystem

$$\xi_1 = s_{r1}^{(h)}, \qquad \xi_2 = s_{r2}^{(h)}, \ldots$$

ein, das der Bedingung $(\xi, \xi) \leqq 1$ genügt, so schliesst man aus dieser Vollstetigkeit:

$$\underset{r=\infty}{L} \sum_{(p)} (\sum_{(q)} s_{pq}^{(h)} s_{rq}^{(h)})^2 = 0,$$

und da die unter dem Limeszeichen stehende Summe grösser ist als

$$[\sum_{(q)} (s_{rq}^{(h)})^2]^2,$$

so ergibt sich a fortiori

$$\underset{p=\infty}{L} \sum_{(q)} (s_{pq}^{(h)})^2 = 0.$$

Demnach lässt sich jedem $h = 1, 2, \ldots$ ein Index p_h so zuordnen, dass

$$\sum_{(q)} (s_{p_h q}^{(h)})^2 < \tfrac{1}{2} \text{ und folglich } \sum_{(q)} (t_{p_h q}^{(h)})^2 > \tfrac{1}{2}$$

ist. Setzen wir dann

$$\xi_q^{(i)} = s_{p_i q}^{(i)}, \qquad \eta_q^{(i)} = t_{p_i q}^{(i)},$$

so konvergiert $(\eta^{(i)}, \eta^{(i)})$ mit wachsendem i nicht gegen 0, obwohl die dieser Punktfolge $\xi^{(i)} \eta^{(i)}$ im x-Raum entsprechenden Punkte $x^{(i)}$ für jedes $i > h$ der Bedingung

$$\sum_{(p)} (x_{ph}^{(i)})^2 = 0$$

genügen. Durch den sich auf diese Weise ergebenden Widerspruch ist der Beweis des Satzes IV vollendet und damit die am Eingang dieses § aufgeworfene Frage vollständig beantwortet.

§ 4.

Ein Kriterium für die Vollstetigkeit der Differenz zweier quadratischer Formen.

Eine Erweiterung der in § 2 angestellten Untersuchung führt zu dem folgenden

SATZ V. — *Sind $K(x)$, $K^*(x)$ zwei beschränkte quadratische Formen, deren Differenz vollstetig ist, Δ, Δ' irgend zwei Intervalle der Spektrumsvariablen, von denen Δ ganz im Innern von Δ' liegt, ferner (x'), (x''), ... eine schwach gegen den Nullpunkt konvergierende Punktfolge, für die*

(I) $$\underset{i=\infty}{L} \underset{\Delta'}{E}(x^{(i)}) = 0$$

gilt, so ist stets

(II) $$\underset{i=\infty}{L} \underset{\Delta}{E^*}(x^{(i)}) = 0.$$

Und umgekehrt: sind zwei beschränkte quadratische Formen $K(x)$, $K^*(x)$ von der Beschaffenheit, dass für jede schwach gegen 0 konvergierende Punktfolge, die (I) *erfüllt, auch* (II) *gilt, falls nur Δ ganz im Innern von Δ' liegt, so ist $K^*(x) - K(x)$ vollstetig.*

Beweis: Ich beweise zunächst den ersten Teil. M sei eine gemeinsame Schranke der Formen $K(x)$, $K^*(x)$, deren vollstetige Differenz $K^*(x) - K(x)$ ich wiederum mit $k(x)$ bezeichne. Ist λ ein reeller oder komplexer, aber endlicher Wert, der weder dem Spektrum [16]) von $K(x)$ noch von $K^*(x)$ angehört, so ist für diesen Wert die « *Resolvente* »

$$\boldsymbol{K}(\lambda;\, x) = \sum_{(p)} \frac{\overline{x}_p^2}{1 - \dfrac{\lambda}{\lambda_p}} + \int_{-\infty}^{+\infty} \frac{d\sigma(\mu;\, \xi)}{1 - \dfrac{\lambda}{\mu}}$$

und ebenso die zu $K^*(x)$ gehörige Resolvente $\boldsymbol{K}^*(\lambda;\, x)$ eine beschränkte quadratische Form. Es gelten die Beziehungen

$$\boldsymbol{K}(\lambda;\, x) - \lambda K(x, \cdot)\boldsymbol{K}(\lambda;\, \cdot, x) = (x, x),$$
$$\boldsymbol{K}^*(\lambda;\, x) - \lambda K^*(x, \cdot)\boldsymbol{K}^*(\lambda;\, \cdot, x) = (x, x).$$

Durch eine leichte Rechnung ergibt sich daraus, dass

$$\boldsymbol{K}^*(\lambda;\, x) - \boldsymbol{K}(\lambda;\, x) = \lambda \boldsymbol{K}(\lambda;\, x, \cdot)\boldsymbol{K}^*(\lambda;\, \cdot, \cdot)k(\cdot, x)$$

und folglich die Differenz $\boldsymbol{K}^*(\lambda;\, x) - \boldsymbol{K}(\lambda;\, x)$ vollstetig ist.

Es sei jetzt $u(\mu)$ irgend eine stetige Funktion der Spektrumsvariablen μ [17]) und

---

[16]) Das « *Spektrum* » besteht aus dem Punktspektrum, dessen Häufungsstellen und dem Streckenspektrum.

[17]) Zum Begriff der stetigen Funktion von μ ist die in § 1 gemachte Bemerkung zu beachten.

a das absolute Maximum von $u(\mu)$. Wir bilden die quadratische Form

$$U(x) = \sum_{(p)} u(\lambda_p)\bar{x}_p^2 + \int_{-\infty}^{+\infty} u(\mu)\, d\sigma(\mu;\, \xi)$$

und die entsprechende Form $U^*(x)$ unter Benutzung von $K^*(x)$ an Stelle von $K(x)$. Ich behaupte dann, dass $U^*(x) - U(x)$ vollstetig ist.

Um dies nachzuweisen, setze ich im Intervall $-M \leqq z \leqq +M$

$$f(z) = u\left(\frac{1}{z}\right)$$

und bestimme nach dem bekannten Satz von WEIERSTRASS ein Polynom $\mathfrak{P}'(z)$ so, dass für $|z| \leqq M$

$$(8) \qquad \left|f(z)\cdot e^{-\int_0^z f(\zeta)d\zeta} - \mathfrak{P}'(z)\right| < \varepsilon$$

ist, wo ε eine beliebige positive Zahl $\leqq \frac{1}{2M}e^{-aM}$ bedeutet. Durch Integration gewinnt man hieraus, wenn

$$1 + \int_0^z \mathfrak{P}'(\zeta)\, d\zeta = \mathfrak{P}(z)$$

genommen wird,

$$(9) \qquad \left|e^{-\int_0^z f(\zeta)d\zeta} - \mathfrak{P}(z)\right| \leqq \varepsilon M.$$

Diese Ungleichung ergibt zunächst, dass in dem in Rede stehenden Intervall

$$|\mathfrak{P}(z)| \geqq \tfrac{1}{2}e^{-aM}$$

ist. Jede Nullstelle von $\mathfrak{P}(z)$ ist daher entweder imaginär oder ihrem absoluten Betrage nach grösser als M, und die reziproken Werte λ'_j dieser Nullstellen sind darum endlich und genügen, falls sie reell sind, der Bedingung $|\lambda'_j| < \frac{1}{M}$; sie gehören daher sicher weder dem Spektrum von $K(x)$ noch von $K^*(x)$ an. Aus

$$\mathfrak{P}(z) = C.\prod_{(j)}(1 - \lambda'_j z)$$

gestatten (8) und (9) durch eine leichte Abschätzung den Schluss zu ziehen, dass

$$\left|f(z) + \sum_{(j)} \frac{\lambda'_j}{1 - \lambda'_j z}\right| \leqq 2\varepsilon(1 + aM)e^{aM},$$

und falls wir z durch $\frac{1}{\mu}$ ersetzen,

$$\left|u(\mu) + \sum_{(j)} \frac{\lambda'_j}{1 - \frac{\lambda'_j}{\mu}}\right| \leqq 2\varepsilon . e^{2aM} \quad \text{für} \quad |\mu| \geqq \frac{1}{M}$$

wird.

Diese Ungleichung liefert

$$\left|U(x) + \sum_{(j)} \lambda'_j \boldsymbol{K}(\lambda'_j;\, x)\right| \leqq 2\varepsilon . e^{2aM}(x,\, x).$$

Bezeichnet (x'), (x''), ... eine schwach gegen den Nullpunkt konvergierende Punktfolge, so folgt aus dieser und der entsprechenden Ungleichung für $K^*(x)$

$$\limsup_{i=\infty} |U^*(x^{(i)}) - U(x^{(i)})| \leqq 4\varepsilon . e^{2aM},$$

und da hier ε eine beliebige positive Zahl ist, muss notwendig

$$(10) \qquad \underset{i=\infty}{L} \left(U^*(x^{(i)}) - U(x^{(i)})\right) = 0$$

sein [18]).

Erklären wir $u(\mu)$ speciell durch die Bedingungen

$$(\text{III}) \qquad \begin{cases} u(\mu) = 0 & \text{ausserhalb } \Delta', \\ u(\mu) = 1 & \text{im Intervall } \Delta, \end{cases}$$

und in den beiden Intervallen, durch deren Hinzufügung Δ' aus Δ entsteht, $u(\mu)$ je als eine solche stetige, nicht-negative Funktion von μ, dass in den vier Endpunkten jener Intervalle der stetige Anschluss an die sub (III) definierten Werte erreicht wird, so erhalten wir aus (10) die erste Behauptung des Satzes V.

Um die Umkehrung des gewonnenen Resultates zu beweisen, sei $u(\mu)$ wieder eine stetige Funktion auf dem Kreise μ. Wir teilen den Kreis in eine endliche Anzahl von Intervallen Δ_h und bestimmen zu jedem dieser Intervalle Δ_h ein anderes Δ'_h, in dessen Innerem Δ_h ganz enthalten ist, doch so, dass die Intervalle Δ'_h die Kreisperipherie höchstens zweifach überdecken. Ist ε eine beliebige positive Zahl, so können wir diese Konstruktion so einrichten, dass die Differenz des Maximums und des Minimums der Funktion $u(\mu)$ im Intervall Δ'_h für alle Indices h unterhalb ε liegt. Der Einfachheit halber wollen wir ferner die Voraussetzung machen, dass die Formen $K(x)$, $K^*(x)$ kein Streckenspektrum besitzen. Wir können dann annehmen, dass $K(x)$ die folgende Form hat:

$$K(x) = \sum_{(\mu)} \frac{x_\mu^2}{\mu},$$

wo der Summationsbuchstabe μ die sämtlichen Eigenwerte $\mu = \lambda_p$ der Form $K(x)$, einschliesslich ∞, jeden in seiner Vielfachheit genommen, durchläuft. Es wird ferner

$$K^*(x) = \sum_{(\lambda)} \frac{\xi_\lambda^2}{\lambda}$$

sein, wo λ die Eigenwerte von $K^*(x)$ durchläuft und die ξ_λ durch eine orthogonale Substitution aus den Variablen x_μ hervorgehen:

$$(11) \qquad \xi_\lambda = \sum_{(\mu)} o_{\lambda\mu} x_\mu .$$

Es ist dann

$$\underset{\Delta}{E}(x) = \sum_{(\Delta)} x_\mu^2 \quad \text{und} \quad \underset{\Delta}{E^*}(x) = \sum_{(\Delta)} \xi_\lambda^2,$$

---

[18]) Ein analoger Übergang von $\dfrac{1}{1-\dfrac{\lambda}{\mu}}$ zu einer beliebigen stetigen Funktion $u(\mu)$ wird auch von HILBERT [l. c. [3]), S. 196] vollzogen. Es ist aber zu beachten, dass in unserm Fall, anders als bei HILBERT, Unstetigkeiten der Funktion $u(\mu)$ unzulässig sind. [Vergl. HELLINGER, l. c. [4]), S. 15].

wenn $\sum\limits_{(\Delta)}$ eine Summation über alle Eigenwerte von $K(x)$, bezw. $K^*(x)$ bedeutet, die dem Intervall Δ angehören.

Die Voraussetzung, dass jede schwach gegen den Nullpunkt konvergierende Punktfolge $x^{(i)}$, für die

$$\underset{i=\infty}{L}\, \underset{\Delta'}{E}(x^{(i)}) = 0$$

ist, auch die Bedingung

$$\underset{i=\infty}{L}\, \underset{\Delta}{E^*}(x^{(i)}) = 0$$

erfüllt, falls Δ ganz im Innern von Δ' liegt, liefert, auf $\Delta = \Delta_h$, $\Delta' = \Delta'_h$ angewendet, insbesondere das Resultat, dass

$$\sum_{(\Delta_h)} \Big(\sum_{(\mu)}{}^{*} o_{\lambda\mu}\, x_\mu\Big)^2 = S_h(x)$$

eine vollstetige quadratische Form der Variablen x_μ ist, sobald die innere (mit einem * versehene) Summation über alle Eigenwerte μ von $K(x)$, die *nicht* dem Intervall Δ'_h angehören, die äussere hingegen über alle Eigenwerte λ von $K^*(x)$, die im Intervall Δ_h liegen, erstreckt wird. Beziehen wir andererseits in

$$\sum_{(\Delta_h)} \Big(\sum_{(\Delta'_h)} o_{\lambda\mu}\, x_\mu\Big)^2$$

die innere Summation auf diejenigen Eigenwerte μ von $K(x)$, die Δ'_h angehören, die äussere auf die zu Δ_h gehörigen Eigenwerte λ von $K^*(x)$, so möge die hervorgehende quadratische Form mit $T_h(x)$ bezeichnet werden. Es ist

$$\Big|\sum_{(\Delta_h)} \xi_\lambda^2 - T_h(x)\Big| \leqq S_h(x) + 2\sqrt{S_h(x) \,.\, T_h(x)}.$$

Da $S_h(x)$ vollstetig und

$$0 \leqq T_h(x) \leqq 1$$

ist, ergibt sich die Gleichung

(12) $$\sum_{(\Delta_h)} \xi_\lambda^2 = R_h(x) + T_h(x),$$

in der $R_h(x)$ eine gewisse vollstetige quadratische Form der x_μ bedeutet. Ordnen wir jeder der Variablen x_μ eine weitere unabhängige Variable y_μ zu und setzen analog zu (11)

$$\eta_\lambda = \sum_{(\mu)} o_{\lambda\mu}\, y_\mu,$$

so folgt aus (12)

(13) $$\sum_{(\Delta_h)} \xi_\lambda \eta_\lambda = R_h(x, y) + T_h(x, y).$$

Da die symmetrische Bilinearform $T_h(x, y)$ die Zahl 1 zur Schranke hat, aber nur von denjenigen Variablen x_μ, y_μ abhängt, deren Index μ dem Intervall Δ'_h angehört, ist

(14) $$(T_h(x, y))^2 \leqq \sum_{(\Delta'_h)} x_\mu^2 \,.\, \sum_{(\Delta'_h)} y_\mu^2 \,.$$

Wir wählen nunmehr in (13) speciell

$$y_\mu = u(\mu)\, x_\mu;$$

dann wird, falls $\bar{\lambda}_h$ den Mittelpunkt des Intervalls Δ_h bedeutet und

$$\bar{y}_\mu = \left(u(\mu) - u(\bar{\lambda}_h)\right) x_\mu$$

gesetzt wird,

$$T_h(x, y) = u(\bar{\lambda}_h)\, T_h(x) + T_h(x, \bar{y}) = u(\bar{\lambda}_h) . \sum_{(\Delta_h)} \xi_\lambda^2 - u(\bar{\lambda}_h)\, R_h(x) + T_h(x, \bar{y}).$$

Da aus (14)

$$|T_h(x, \bar{y})| \leqq \varepsilon . \sum_{(\Delta_h')} x_\mu^2$$

hervorgeht und

$$\Big|\sum_{(\Delta_h)} u(\lambda)\xi_\lambda^2 - u(\bar{\lambda}_h) \sum_{(\Delta_h)} \xi_\lambda^2\Big| \leqq \varepsilon . \sum_{(\Delta_h)} \xi_\lambda^2$$

ist, verwandelt sich (13) in

$$\Big|\sum_{(\Delta_h)} \xi_\lambda \eta_\lambda - \sum_{(\Delta_h)} u(\lambda)\xi_\lambda^2 + u(\bar{\lambda}_h)\, R_h(x) - R_h(x, u x)\Big| \leqq \varepsilon \Big[\sum_{(\Delta_h')} x_\mu^2 + \sum_{(\Delta_h)} \xi_\lambda^2\Big].$$

Zählen wir jetzt die so für die einzelnen Intervalle Δ_h erhaltenen Ungleichungen zusammen [19]) und setzen

$$\sum_{(h)} \left[u(\bar{\lambda}_h)\, R_h(x) - R_h(x, u x)\right] = R(x)$$

so folgt, da

$$\sum_{(\lambda)} \xi_\lambda \eta_\lambda = \sum_{(\mu)} x_\mu y_\mu = \sum_{(\mu)} u(\mu) x_\mu^2$$

ist und die Δ_h' die Kreisperipherie höchstens zweifach überdecken,

$$\Big|\sum_{(\mu)} u(\mu) x_\mu^2 - \sum_{(\lambda)} u(\lambda)\xi_\lambda^2 + R(x)\Big| \leqq 3\varepsilon.$$

Da $R(x)$ vollstetig ist, liefert eine bereits oben angewendete Schlussweise das Ergebnis, dass auch

$$\sum_{(\mu)} u(\mu) x_\mu^2 - \sum_{(\lambda)} u(\lambda)\xi_\lambda^2$$

vollstetig sein muss. Verstehen wir unter $u(\mu)$ für $|\mu| \geqq \frac{1}{M}$ insbesondere die Funktion $\frac{1}{\mu}$, so ist damit die Vollstetigkeit von $K^*(x) - K(x)$ bewiesen.

Das hiermit gewonnene notwendige und hinreichende Kriterium für die Vollstetigkeit von $K^*(x) - K(x)$ lässt sich in dem soeben betrachteten Falle, dass K^*, K ohne Streckenspektrum sind, so aussprechen, dass für jedes $\delta > 0$ die Bilinearform

$$O_\delta(x, y) = \sum{}' o_{\lambda\mu}\, x_\lambda\, y_\mu,$$

in der rechts über alle Eigenwerte λ von $K^*(x)$ und alle Eigenwerte μ von $K(x)$ zu summieren ist, welche den Ungleichungen

$$|\lambda| \leqq \frac{1}{\delta}, \qquad |\mu| \leqq \frac{1}{\delta}, \qquad |\lambda - \mu| \geqq \delta$$

---

[19]) Da wir die Endpunkte jedes der Intervalle Δ_h mit zu Δ_h rechnen, müssen wir dabei noch annehmen, dass keiner dieser Endpunkte unter den Eigenwerten λ von $K^*(x)$ enthalten ist.

genügen, eine vollstetige Funktion der Variablen x_λ, y_μ sein muss. Diese, wie mir scheint, ziemlich anschauliche Formulierung unseres Kriteriums lässt sich ebenso wie der geführte Beweis auf Formen mit Streckenspektrum ausdehnen.

§ 5.

Verhalten des Streckenspektrums bei Addition einer vollstetigen Form.

Das im vorigen Paragraphen gewonnene Kriterium lässt es bereits als sehr unwahrscheinlich erkennen, dass das Streckenspektrum einer beschränkten quadratischen Form gegenüber Addition jeder vollstetigen Form invariant ist. Um dafür nun tatsächlich den Beweis zu erbringen, benutze ich in modifizierter Form ein gewisses von Herrn HAAR ersonnenes Orthogonalsystem von Funktionen.

Es sei $t(z)$ eine im Intervall $0 \leqq z \leqq 2\pi$ erklärte, stetige, nirgends abnehmende Funktion von z, die von 0 bis 1 variiert. Durch Auflösung der Gleichung $t = t(z)$ erhalten wir z als eine gleichfalls monotone Funktion $z(t)$ von t, deren Stetigkeit jedoch an endlich- oder abzählbar-unendlichvielen Stellen unterbrochen sein kann. $\mathfrak{A}$ sei eine das Intervall $0 \leqq t \leqq 1$ überall dicht bedeckende abzählbare Punktmenge, in der die sämtlichen Unstetigkeitsstellen der Funktion $z(t)$ und die Zahl 1 enthalten sind, während 0 nicht zu $\mathfrak{A}$ gehört. Ein Satz der Punktmengenlehre [20]) besagt, dass, wenn r die sämtlichen abbrechenden Dualbrüche bedeutet, welche dem Gebiet $0 < t \leqq 1$ angehören, jedem r ein Punkt $a(r)$ der Menge $\mathfrak{A}$ zugeordnet werden kann, sodass unter den $a(r)$ die sämtlichen Punkte von $\mathfrak{A}$ vertreten sind und ausserdem die natürliche Anordnung der r erhalten bleibt, d. h. dass für irgend zwei verschiedene r, etwa $r^* < r^{**}$, stets auch $a(r^*) < a(r^{**})$ ist. — Mit $r_1, r_2, r_3, \ldots$ bezeichne ich die auf folgende Weise in eine einfache Reihe geordneten Brüche r:

$$1;\ \frac{1}{2};\ \frac{1}{4},\ \frac{3}{4};\ \frac{1}{8},\ \frac{3}{8},\ \frac{5}{8},\ \frac{7}{8};\ \ldots$$

Ist r ein abbrechender Dualbruch, also von der Form $\frac{g}{2^n}$, wo g eine ganze, ungerade Zahl ist, so setze ich allgemein $r' = \frac{g-1}{2^n}$, $r'' = \frac{g+1}{2^n}$.

Jetzt definiere ich nach dem Vorgange von Herrn HAAR [21]) für jeden der Dual-

---

[20]) G. CANTOR, *Beiträge zur Begründung der transfiniten Mengenlehre*, I. Artikel [Mathematische Annalen, Bd. XLVI (1895), S. 481-512], S. 504-506.

[21]) Herr HAAR wird binnen kurzem über das von ihm gefundene Orthogonalsystem eine Note in den Göttinger Nachrichten veröffentlichen. Bei ihm vereinfacht sich diese Überlegung dadurch, dass er speciell $a(r) = r$ genommen hat; die Komplikation rührt hier daher, dass wir die Unstetigkeitsstellen von $z(t)$ gebührend berücksichtigen müssen.

brüche r die Funktion $\varphi_r(t)$ durch die Bedingungen

$$(15)\quad \begin{cases} \varphi_r(t) = \sqrt{\dfrac{a(r'') - a(r)}{\big(a(r) - a(r')\big)\big((a(r'') - a(r')\big)}} & \text{für} \quad a(r') \leqq t < a(r), \\ \quad = -\sqrt{\dfrac{a(r) - a(r')}{\big(a(r'') - a(r)\big)\big(a(r'') - a(r')\big)}} & \text{für} \quad a(r) \leqq t < a(r''), \\ \quad = 0 \quad \text{für alle übrigen Werte von } t. \end{cases}$$

Da $\int_{a(r')}^{a(r'')} \varphi_r(t)\,dt = 0$ ist und alle Funktionen $\varphi(t)$, welche einen in der Reihe $r_1, r_2, \ldots$ dem Werte r vorhergehenden Index haben, in dem Gebiet $a(r') < t < a(r'')$ konstant sind, folgt, dass die Funktionen $\varphi_r(t)$ ein Orthogonalsystem [22]) für das Intervall $0 \leqq t \leqq 1$ bilden. Dasselbe ist vollständig [22]); denn für eine stetige Funktion $h(t)$ sagen die 2^n Gleichungen

$$(16)\qquad \int_0^1 \varphi_r(t)\,dh(t) = 0 \qquad (r = r_1, r_2, \ldots, r_{2^n})$$

aus, dass $\int dh(t) = 0$ ist, falls das Integral über irgend eines der Intervalle erstreckt wird, in welche $0 \ldots 1$ durch die Punkte $a(r_1), a(r_2), \ldots, a(r_{2^n})$ zerlegt ist. Gilt (16) für alle Brüche $r = r_1, r_2, \ldots$ in inf., so ist also

$$h\big(a(r)\big) - h(1) = 0 \qquad (\text{für } r = r_1, r_2, \ldots),$$

und da $h(t)$ stetig, die Zahlen $a(r)$ aber das Intervall $0 \ldots 1$ überall dicht bedecken, folgt

$$h(t) = h(1) = \text{const.} \qquad (\text{für } 0 \leqq t \leqq 1).$$

Damit ist die Vollständigkeit bewiesen.

Die durch Integration gebildeten stetigen Funktionen

$$\sigma_r(z) = \int_0^{t(z)} \varphi_r(t)\,dt$$

von z definieren ein vollständiges differentielles Orthogonalsystem mit der Basis $t(z)$ von besonderer Art. Es sei nämlich s_r die Sprunghöhe der Funktion $z(t)$ an der Stelle $t = a(r)$. Die Funktion

$$\bar{z}(t) = z(t-0) - \sum_{a(r) < t} s_r$$

ist stetig in t. Bezeichnet daher ε eine beliebige positive Zahl, so kann man zunächst einen Index n so bestimmen, dass die Differenz zwischen dem grössten und kleinsten Wert von $\bar{z}(t)$ in jedem Intervall, [handschriftlich: $a(r - \frac{1}{2^n}) \leqq t \leqq a(r)$] ~~dessen Länge $\leqq \frac{1}{2^n}$ ist,~~ unterhalb $\frac{\varepsilon}{2}$ liegt. Dieser Index kann ausserdem so gewählt werden, dass die Summe $\sum_{(i > 2^n)} s_{r_i}$ gleichfalls $< \frac{\varepsilon}{2}$ ist.

---

[22]) Vergl. Hilbert, *Grundzüge einer allgemeinen Theorie der linearen Integralgleichungen*, 5. Mitteilung [Nachrichten von der Kgl. Gesellschaft der Wissenschaften zu Göttingen, Mathematisch-physikalische Klasse, Jahrgang 1906, S. 439-480], S. 442.

Für irgend zwei Werte $a(r)$, etwa $a(r^*) < a(r^{**})$, die keine der Zahlen $a(r_1)$, $a(r_2)$, ..., $a(r_{2n})$ zwischen sich enthalten (während sie selbst sehr wohl mit einer von ihnen übereinstimmen können), gilt dann

$$0 < \chi(a(r^{**}) - 0) - \chi(a(r^*) + 0) < \varepsilon.$$

Daraus folgt, dass ausserhalb eines gewissen Intervalls i_r, dessen Länge, ausser für die endlichvielen Indices $r = r_1, r_2, \ldots, r_{2n}$, kleiner als ε ist, identisch $d\sigma_r(\chi) = 0$ wird.

Aendern wir schliesslich diese Konstruktion noch so ab, dass wir die ersten 2^m der Funktionen $\varphi_{r_1}(t)$, $\varphi_{r_2}(t)$, ..., statt wie in (15), durch

$$\varphi_r(t) = \frac{1}{\sqrt{a(r) - a\left(r - \frac{1}{2^m}\right)}} \quad \text{für} \quad a\left(r - \frac{1}{2^m}\right) < t \leqq a(r),$$

$$= 0 \quad \text{für alle andern Werte von } t$$

definieren (während wir für die übrigen die bisherige Erklärung beibehalten), so erhalten wir den

Hülfssatz: Ist $t(\chi)$ eine für $0 \leqq \chi \leqq 2\pi$ erklärte, stetige, nirgends abnehmende Funktion, δ eine positive Zahl, so kann man solche stetige Funktionen $\sigma_r(\chi)$ bestimmen, die ein vollständiges differentielles Orthogonalsystem mit der Basis $t(\chi)$ definieren, dass ausserhalb eines gewissen Intervalls i_r identisch $d\sigma_r(\chi) = 0$ ist und

1) die Länge der sämtlichen i_r unterhalb δ liegt,

2) die Länge aller i_r mit Ausnahme einer endlichen (von ε abhängigen) Anzahl unterhalb ε liegt, wie klein auch die positive Zahl ε gewählt sein mag.

Kehren wir jetzt zu den quadratischen Formen zurück, so möge

$$K_h(x) = \int_{-\infty}^{+\infty} \frac{\left(d \sum\limits_{(p)} \rho_{ph}(\mu) x_{ph}\right)^2}{\mu \, d\rho^{(h)}(\mu)} \qquad (h = 1, 2, \ldots)$$

eine endliche oder abzählbar-unendliche Anzahl von Elementarformen mit getrennten Variablen x_{ph} sein. Die Basisfunktion $\rho^{(h)}(\mu)$ gehe bei der stereographischen Projektion, welche die μ-Achse in den χ-Kreis verwandelt, in $t^{(h)}(\chi)$ über:

$$t^{(h)}(\chi) = \rho^{(h)}\left(-2 \operatorname{cotg} \frac{\chi}{2}\right).$$

Wählen wir in dem eben bewiesenen Hülfssatz $t(\chi) = t^{(h)}(\chi)$ [23]), $\delta = \frac{1}{h}$, so erhalten wir Funktionen $\sigma_r(\chi)$, die durch rückwärtige Projektion des Kreises auf die μ-Achse in $\sigma_{\lambda h}(\mu)$ übergehen mögen. Dabei bezeichnet λ denjenigen Punkt der μ-Achse, welcher

$$\chi = \frac{\chi(a(r) + 0) + \chi(a(r) - 0)}{2}$$

---

[23]) Es kann ohne Beschränkung der Allgemeinheit angenommen werden, dass jede der Funktionen $\rho^{(h)}(\mu)$ nur zwischen den Grenzen 0 und 1 variiert. [Vergl. HELLINGER, l. c. [4]), S. 51 ff].

entspricht, sodass also der Index λ eine abzählbare, im Bereich des Streckenspektrums von $K_h(x)$ überall dicht liegende Punktmenge durchläuft. Durch eine gewisse orthogonale Transformation, welche die Variablen x_{ph} durch die neuen $\xi_{\lambda h}$ ersetzt, wird $K_h(x)$ in

$$\int_{-\infty}^{+\infty} \frac{\left(d \sum_{(\lambda)} \sigma_{\lambda h}(\mu)\xi_{\lambda h}\right)^2}{\mu\, d\rho^{(h)}(\mu)}$$

verwandelt. Aus der Beschaffenheit der $\sigma_{\lambda h}(\mu)$ und dem Kriterium in § 4 schliessen wir jetzt, dass nicht nur

$$K_h(x) - \sum_{(\lambda)} \frac{\xi^2_{\lambda h}}{\lambda},$$

sondern wegen der Annahme $\delta = \frac{1}{h}$ auch die über $h = 1, 2, \ldots$ erstreckte Summe aller dieser Differenzen eine vollstetige Form der x_{ph} vorstellt. Auf diese Weise ergibt sich der

Satz VI. — *Ist $K(x)$ irgend eine beschränkte quadratische Form, so gibt es stets eine vollstetige Form $k(x)$ von der Art, dass $K(x) + k(x)$ kein Streckenspektrum besitzt.*

Dieser Satz belehrt uns darüber, wie subtil in Wahrheit der Unterschied zwischen den Punkten des Strekenspektrums und den Häufungspunkten des Punktspektrums ist. Die dargelegte Methode gestattet übrigens eine Reihe analoger Tatsachen zu beweisen, z. B. die, dass es durch Addition einer vollstetigen Form möglich ist, eine in Gestalt einer Summe von endlich- oder abzählbar-unendlichvielen Elementarformen mit getrennten Variablen vorliegende beschränkte quadratische Form in eine einzige Elementarform zu verwandeln.

Die Verwandlung der Häufungspunkte des Punktspektrums in ein Streckenspektrum ist natürlich im allgemeinen nicht vollständig ausführbar. Nenne ich einen Punkt der in den vorigen §§ benutzten Menge $\mathfrak{H}$ *semi-isoliert,* falls ich um ihn ein Intervall abgrenzen kann, das höchstens abzählbar-viele Punkte von $\mathfrak{H}$ enthält, so stellt sich nämlich heraus, dass *die semi-isolierten Punkte von $\mathfrak{H}$ und deren Häufungspunkte notwendigerweise Verdichtungsstellen des Punktspektrums* von $K(x)$ und also auch von $K(x)+k(x)$ *sind,* wenn $k(x)$ eine beliebige vollstetige Form bedeutet. *Alle übrigen Verdichtungsstellen des Punktspektrums aber können durch Addition einer geeigneten vollstetigen Form $k(x)$ in Punkte des Streckenspektrums übergeführt werden.* Um dies einzusehen, haben wir von den beiden folgenden Sätzen Gebrauch zu machen:

1) diejenigen Punkte einer beliebigen abgeschlossenen Menge $\mathfrak{H}$, welche nicht semi-isoliert sind, bilden eine perfekte Menge $\mathfrak{H}^{\Omega}$ [24]);

2) zu jeder perfekten Menge $\mathfrak{H}^{\Omega}$ gibt es eine stetige, monotone Funktion, die in einem Intervall Δ der unabhängigen Variablen dann und nur dann konstant ist, falls Δ keinen Punkt von $\mathfrak{H}^{\Omega}$ im Innern enthält.

Göttingen, den 11. November 1908.

---

[24]) Lebesgue, *Leçons sur l'intégration* (Paris, 1904), Note, pag. 136.

6.

Über gewöhnliche lineare Differentialgleichungen mit singulären Stellen und ihre Eigenfunktionen

Nachrichten der Königlichen Gesellschaft der Wissenschaften zu Göttingen. Mathematisch-physikalische Klasse 37—63 (1909)

In einer aus der Umarbeitung meiner Inauguraldissertation hervorgegangenen Abhandlung[1]) habe ich, gestützt auf die Untersuchungen von Hilbert[2]) und Hellinger[3]) über die beschränkten quadratischen Formen von unendlichvielen Variabeln, eine allgemeine Theorie der Integralgleichungen mit singulären Kernen entwickelt. Während aber die in der Theorie der „regulären" Integralgleichungen gewonnenen Resultate einer direkten Anwendung auf gewöhnliche lineare Differentialgleichungen 2. Ordnung fähig sind, bleibt in unserm allgemeineren Falle eine erhebliche Lücke, die nur durch Berücksichtigung der besonderen Natur der aus der Differentialgleichung entspringenden Kerne auszufüllen sein wird. In den einfachsten Beispielen (Fouriersches Integraltheorem, Besselsche Funktionen) ist mir dies durch direkte Rechnung gelungen[4]); es ist aber das Verdienst von Herrn Hilb, als erster Resultate von allgemeinerem Charakter betreffs der Integraldarstellung willkürlicher Funktionen durch die Eigenfunktionen einer mit Singularitäten behafteten Differentialgleichung aufgestellt zu

---

1) „Singuläre Integralgleichungen", Math. Ann. Bd. 66, pag. 273 ff. Im folgenden wird diese Arbeit als „S. I." citiert.

2) „Grundzüge einer allgemeinen Theorie der linearen Integralgleichungen", 4. Mitteilung, Göttinger Nachrichten, Math.-phys. Klasse, 1906, pag. 157 ff.

3) „Die Orthogonalinvarianten quadratischer Formen von unendlichvielen Variablen", Inauguraldissertation, Göttingen 1907.

4) S. I., pag. 307 ff

haben [1]). Hilb verfährt dabei so, daß er unter ausschließlicher Benutzung der auf singularitätenfreie Kerne bezüglichen Theorie den schwierigen Grenzübergang, durch den Hilbert zu seinen Sätzen über beschränkte quadratische Formen gelangte, in den zur Diskussion stehenden Fällen mutatis mutandis von neuem durchführt. In der vorliegenden Arbeit soll aber gezeigt werden, daß man die Hilbschen Integraldarstellungen auch durch direkte Spezialisation aus den allgemeinen, in der Integralgleichungstheorie gültigen Entwicklungssätzen [2]) erhält und daß man auf diesem neuen und, wie mir scheint, naturgemäßeren Wege sogar zu einer befriedigenden Theorie beliebiger gewöhnlicher linearer Differentialgleichungen 2. Ordnung mit hohen Singularitäten und ihrer Eigenfunktionen gelangen kann.

§ 1. Orientierung über die Lösungen der Differentialgleichung.

Wir untersuchen zunächst die Lösungen einer gewöhnlichen, sich selbst adjungierten linearen Differentialgleichung

$$L(u) \equiv \frac{d}{ds}\left(p(s)\frac{du}{ds}\right) - q(s)u = 0,$$

in welcher $p(s)$ eine für $s \geqq 0$ definierte, einmal stetig differenzierbare positive Funktion ist, während $q(s)$ für alle s stetig und $\geqq 0$ vorausgesetzt wird.

$\alpha(s)$ sei die durch die Anfangsbedingungen [3])

$$\alpha(0) = 0, \qquad p(0)\alpha'(0) = 1$$

festgelegte Lösung von $L(u) = 0$. Es ist dann für $s \geqq 0$ stets $\frac{d\alpha}{ds} > 0$. Gäbe es nämlich einen Wert s_0, für welchen $\frac{d\alpha}{ds}$ verschwände, und wäre sogleich s_0 als der kleinste derartige Wert gewählt, so gäbe es einen Wert $s_1 < s_0$, für den $\frac{d}{ds}\left(p(s)\frac{d\alpha}{ds}\right) = -\frac{1}{s_0}$ und also $\alpha(s_1)$ negativ wäre. Dies enthält aber einen Widerspruch gegen die für $0 \leqq s < s_0$ gültige Ungleichung $\frac{d\alpha}{ds} > 0$. Damit ist

1) „Über Integraldarstellungen willkürlicher Funktionen" (Habilitationsschrift), Math. Ann., Bd. 66, pag. 1 ff.

2) S. I., pag. 301.

3) $u'(0)$ wird für $\left[\frac{du}{ds}\right]_{s=0}$ geschrieben.

bewiesen, daß

$$\alpha(s) > 0, \quad \frac{d\alpha}{ds} > 0 \quad \text{für } s > 0$$

ist.

$\gamma(s)$ bezeichne die durch $\gamma(0) = 1$, $\gamma'(0) = 0$ bestimmte Lösung. Sie erfüllt die Ungleichungen

$$\gamma(s) \geqq 1, \quad \frac{d\gamma}{ds} \geqq 0 \quad \text{für } s \geqq 0.$$

Alle Integrale der Gleichung $L(u) = 0$ lassen sich mittels konstanter Koeffizienten linear aus $\alpha(s)$, $\gamma(s)$ zusammensetzen.

Es gibt zu jedem Wert $\sigma > 0$ eine einzige Lösung $u_\sigma(s)$ unserer Gleichung, die den Bedingungen $u_\sigma(0) = 1$, $u_\sigma(\sigma) = 0$ genügt. Um sie zu finden, hat man den konstanten Koeffizienten l_σ in

$$u_\sigma(s) = \gamma(s) + l_\sigma \alpha(s)$$

so zu bestimmen, daß

$$\gamma(\sigma) + l_\sigma \alpha(\sigma) = 0$$

wird, was wegen $\alpha(\sigma) \neq 0$ in der Tat möglich ist. Für alle s gilt $\frac{du_\sigma}{ds} < 0$, und es ist daher auch σ die einzige Nullstelle der Funktion $u_\sigma(s)$. Der Wert σ ist also eindeutig durch l_σ festgelegt, und es wird infolgedessen l_σ eine monotone und zwar mit wachsendem σ monoton wachsende Funktion von σ sein. Da außerdem l_σ für alle σ negativ bleibt, existiert der Limes

$$\lim_{\sigma = \infty} l_\sigma = l.$$

Die Funktion $\beta(s) = \gamma(s) + l\,\alpha(s)$ hat dann offenbar die durch die Ungleichungen

$$\beta(s) > 0, \quad \frac{d\beta}{ds} \leqq 0$$

ausgedrückten Eigenschaften. In der zweiten Ungleichung gilt übrigens entweder für alle s das Kleiner- oder für alle s das Gleichheitszeichen. Der letzte Fall kann offenbar nur dann eintreten, wenn identisch $q(s) \equiv 0$ ist.

Satz 1: Unter den am Anfang formulierten Voraussetzungen hat die Gleichung $L(u) = 0$ eine Lösung $\beta(s)$, für welche

$$\beta(0) = 1; \qquad \beta(s) > 0, \quad \frac{d\beta}{ds} \leqq 0 \qquad (s \geqq 0)$$

ist[1].

1) Vgl. hierzu Kneser, „Untersuchungen über Differentialgleichungen" (1. Aufsatz), Crelles Journal Bd. 116, pag. 192.

Von diesem Ergebnis allein werden wir im folgenden Gebrauch machen. Der Vollständigkeit halber aber mögen hier noch einige weitere Bemerkungen über unsere Differentialgleichung Platz finden.

Satz 2: **Die notwendige und hinreichende Bedingung dafür, daß sich die sämtlichen Integrale von $L(u) = 0$ für $s = \infty$ bestimmten endlichen Grenzen annähern, besteht in der Konvergenz des Integrals**

$$D = \iint\limits_{(0 \leqq t \leqq s < \infty)} \frac{q(t)}{p(s)}\, dt\, ds.$$

Eine Ausnahme bildet nur der Fall, in dem $q(s)$ identisch Null ist.

Beweis: Setzt man

$$D(s) = \iint\limits_{(0 \leqq \tau \leqq t \leqq s)} \frac{q(\tau)}{p(t)}\, d\tau\, dt,$$

so ergibt sich für die Funktion $\gamma(s)$ wegen $\gamma'(0) = 0$, $\gamma(s) \geqq 1$ die Ungleichung

$$p(s) \frac{d\gamma}{ds} \geqq \int_0^s q(\tau)\, d\tau,$$

$$\gamma(s) \geqq 1 + D(s).$$

Führen wir andrerseits in der Differentialgleichung $L(u) = 0$ die Abkürzung

$$v(s) = p(s) \frac{du}{ds}$$

ein und schreiben $\frac{1}{p(s)} = r(s)$, so haben wir, um $\gamma(s)$ zu finden, das simultane System

$$\left\{ \begin{aligned} \frac{du}{ds} &= r(s) \cdot v, \\ \frac{dv}{ds} &= q(s) \cdot u \end{aligned} \right.$$

unter den Anfangsbedingungen $u(0) = 1$, $v(0) = 0$ zu integrieren. Wir teilen dazu das Intervall $0 \,..\, s$ in n gleiche Teile und bestimmen die Zahl u_n aus dem folgenden System linearer Gleichungen für die Unbekannten u_i, v_i $(i = 0, 1, .., n)$:

$$\begin{aligned} u_0 &= 1 \qquad v_0 = 0, \\ u_{k+1} - u_k &= \frac{s}{n} r_k v_k, \\ v_{k+1} - v_k &= \frac{s}{n} q_k u_k \end{aligned} \qquad (k = 0, 1, .., n-1)$$

in welchem r_k für $r\left(\frac{ks}{n}\right)$, q_k für $q\left(\frac{ks}{n}\right)$ gesetzt ist. Falls wir dann (unter Festhaltung des Endpunktes s) die Zahl n der Teilpunkte unbegrenzt wachsen lassen, konvergiert u_n gegen $\gamma(s)$. Die linearen Gleichungen liefern aber

$$u_{k+1} = u_k + \left(\frac{s}{n}\right)^2 r_k \sum_{i=0}^{k-1} q_i u_i.$$

Da infolgedessen $0 \leqq u_0 \leqq u_1 .. \leqq u_k \leqq .. \leqq u_n$ ist, so folgt

$$u_{k+1} \leqq u_k \left\{1 + \left(\frac{s}{n}\right)^2 r_k \sum_{i=0}^{k-1} q_i\right\} \leqq u_k \cdot e^{\left(\frac{s}{n}\right)^2 r_k \sum_{i=0}^{k-1} q_i}$$

Durch Multiplikation derselben ergibt sich

$$u_n \leqq e^{\left(\frac{s}{n}\right)^2 \sum_{k=0}^{n-1} \left(r_k \sum_{i=0}^{k-1} q_i\right)}$$

und daraus durch Grenzübergang

$$\gamma(s) \leqq e^{D(s)}.$$

Mithin ist die Endlichkeit von

$$D = \lim_{s=\infty} D(s)$$

gewiß die notwendige und hinreichende Bedingung dafür, daß sich $\gamma(s)$ für $s = \infty$ einer bestimmten endlichen Grenze annähert. Da aber auch $\beta(s)$ gegen eine Grenze konvergiert und die beiden Integrale $\beta(s)$, $\gamma(s)$ von einander unabhängig sind, falls $q(s)$ nicht identisch verschwindet, ist damit unser Satz bewiesen.

Eine zweite Bemerkung ergibt sich aus der Identität

$$p(s)\left(\beta(s)\frac{d\alpha}{ds} - \alpha(s)\frac{d\beta}{ds}\right) = 1.$$

Da nämlich die beiden Terme

$$p(s)\,\beta(s)\frac{d\alpha}{ds}, \qquad -p(s)\,\alpha(s)\frac{d\beta}{ds},$$

aus denen sich der links stehende Ausdruck zusammensetzt, beide positiv sind, können sie für kein s die Zahl 1 überschreiten. Unter

Benutzung der Differentialgleichung folgt daraus, daß $\int_0^\infty q(s)\beta(s)ds$ konvergiert und

$$\beta(s)\int_0^s q(t)\alpha(t)dt, \qquad \alpha(s)\int_s^\infty q(t)\beta(t)dt$$

zwischen endlichen Grenzen bleiben. Falls also das Integral $\int_s^\infty q(s)ds$ divergiert, ist notwendig $\lim_{s=\infty}\beta(s)=0$, und es muß überhaupt jede Lösung $u(s)$ der Differentialgleichung, welche für $s\geqq 0$ die Bedingungen

$$u(s)>0, \qquad \frac{du}{ds}\leqq 0$$

erfüllt, dieser Limesgleichung genügen, d. h. eine solche Funktion ist notwendig bis auf einen konstanten Faktor mit $\beta(s)$ identisch. Infolgedessen besitzen unter der jetzt gemachten Voraussetzung die sämtlichen in dem Winkelraum zwischen $\beta(s)$ und $\gamma(s)$ verlaufenden Integralkurven der Gleichung $L(u)=0$ im Gebiet $s>0$ ein einziges Minimum. Da identisch in s

$$-p\alpha\beta' = p\alpha\alpha'\left|\frac{\beta'}{\alpha'}\right| = \left\{\alpha\int_0^s q\alpha\,dt + \alpha\right\}\left|\frac{\beta'}{\alpha'}\right|$$

ist, ergibt sich, falls $\int_0^\infty q(s)ds$ divergiert,

$$\lim_{s=\infty}\frac{\beta'}{\alpha'}=0.$$

Nähern sich also unter dieser Voraussetzung die sämtlichen Integrale von $L(u)=0$ bestimmten endlichen Grenzen, so ist $\beta(s)$ diejenige Lösung, welche am raschesten gegen ihren asymptotischen Wert konvergiert.

§ 2. Die Greensche Funktion des Differentialausdrucks $L(u)$.

Es sei $p(s)$ wieder eine durchaus positive, einmal stetig differenzierbare Funktion von s. Von der stetigen Funktion $q(s)$ hingegen wollen wir jetzt nur annehmen, daß sie für alle s oberhalb einer festen Grenze c bleibt; es bedeute c etwa die größte Zahl, welche die Eigenschaft hat, daß für alle s

$$q(s) \geqq c$$

ist. Wir betrachten dann die den Parameter λ enthaltende Schar von Differentialgleichungen

(1) $$L(u) + \lambda u \equiv \frac{d}{ds}\left(p(s)\frac{du}{ds}\right) - q(s)u + \lambda u = 0,$$

für deren Lösungen außerdem an der Stelle $s = 0$ eine homogene Randbedingung

(2) $$\left[h\,u(s) + H\frac{du}{ds}\right]_{s=0} = 0$$

vorgeschrieben sei; h, H sind zwei von λ unabhängige Konstante, die so gewählt sein mögen, daß $h^2 + H^2 = 1$ ist.

Wir ziehen zunächst nur Werte $\lambda < c$ in Betracht. Für diese besitzt die Gleichung (1) nach § 1 eine einzige Lösung $\beta_\lambda(s)$, für welche

$$\beta_\lambda(0) = 1, \quad \lim_{s=\infty} \beta_\lambda(s) = 0$$

ist $\alpha_\lambda(s)$ bezeichne die durch $\alpha_\lambda(0) = 0$, $p(0)\,\alpha'_\lambda(0) = 1$ bestimmte Lösung von (1). Wir bilden die folgende Funktion

$$\begin{aligned} \Gamma_0(\lambda; s, t) &= \alpha_\lambda(s)\,\beta_\lambda(t) \quad \text{für } s \leqq t, \\ &= \alpha_\lambda(t)\,\beta_\lambda(s) \quad \text{für } t < s. \end{aligned}$$

Schränken wir die Variabeln s, t auf ein endliches Quadrat $0 \leqq {s \atop t} \leqq b$ ein, so stellt diese Funktion einen stetigen symmetrischen Kern dar, auf welchen wir die Fredholm-Hilbertsche Theorie der Integralgleichungen zur Anwendung bringen können. Ist λ_1 ein Eigenwert und $\varphi(s)$ eine zu λ_1 gehörige Eigenfunktion dieses Kerns, d. h.

$$\varphi(s) - \lambda_1 \int_0^b \Gamma_0(\lambda; s, t)\,\varphi(t)\,dt = 0 \qquad (0 \leqq s \leqq b),$$

so genügt $\varphi(s)$ der Gleichung

$$L(\varphi) + (\lambda + \lambda_1)\,\varphi = 0$$

und den Randbedingungen

$$[\varphi(s)]_{s=0} = 0; \qquad [\varphi(s)\,\beta'_\lambda(b) - \varphi'(s)\,\beta_\lambda(b)]_{s=b} = 0.$$

Daraus folgt, daß

(3) $$\lambda_1 \geqq c - \lambda > 0$$

ist. Würde nämlich $\lambda + \lambda_1 < c$ sein, so wäre, wenn wir das Vorzeichen von $\varphi(s)$ durch $\varphi'(0) > 0$ festlegen, nach § 1

$$\varphi(s) > 0, \quad \frac{d\varphi}{ds} > 0 \quad \text{für } s > 0,$$

mithin

$$\varphi(b)\,\beta_\lambda'(b) < 0, \qquad \varphi'(b)\,\beta_\lambda(b) > 0,$$

was der zweiten Randbedingung widerspricht. Aus der damit bewiesenen Ungleichung (3) folgt, daß für alle stetigen Funktionen $v(s)$, für die

$$\int_0^\infty (v(s))^2\,ds \leqq 1$$

ist, die „quadratische Integralform"

$$\int_0^b\!\!\int_0^b \Gamma_0(\lambda; s, t)\,v(s)\,v(t)\,ds\,dt$$

zwischen den Grenzen 0 und $\frac{1}{c-\lambda}$ bleibt[1]). Wegen der Symmetrie von Γ_0 können wir allgemeiner

$$\left|\int_0^b\!\!\int_0^b \Gamma_0(\lambda; s, t)\,v(s)\,w(t)\,ds\,dt\right| \leqq \frac{1}{c-\lambda}\sqrt{\int_0^b (v(s))^2\,ds \cdot \int_0^b (w(s))^2\,ds}$$

schreiben. Setzen wir darin speziell, indem wir unter a eine Zahl $< b$ verstehen,

$$\begin{array}{lll|lll} v(s) & = \alpha_\lambda(s) & \text{für } 0 \leqq s \leqq a, & w(t) & = 0 & \text{für } 0 \leqq t \leqq a, \\ & = 0 & \text{für } a < s \leqq b & & = \beta_\lambda(t) & \text{für } a < t \leqq b, \end{array}$$

so verwandelt sie sich in

$$\int_0^a (\alpha_\lambda(s))^2\,ds \cdot \int_a^b (\beta_\lambda(s))^2\,ds \leqq \frac{1}{c-\lambda}\sqrt{\int_0^a (\alpha_\lambda(s))^2\,ds \int_a^b (\beta_\lambda(s))^2\,ds}$$

Diese Ungleichung ergibt, daß $\beta_\lambda(s)$ im Intervall $0 \leqq s < \infty$ quadratisch integrierbar ist und daß die Relation

$$\int_0^s (\alpha_\lambda(t))^2\,dt \int_s^\infty (\beta_\lambda(t))^2\,dt \leqq \frac{1}{(c-\lambda)^2}$$

besteht, die die Art der Abnahme von $\beta_\lambda(s)$ mit der Stärke des Anwachsens von $\alpha_\lambda(s)$ verknüpft. Daß $\beta_\lambda(s)$ quadratisch, ja sogar

---

1) Hilbert, 4. Mitteilung, Gött. Nachr. 1906, pag. 460.

absolut integrierbar ist, lassen übrigens schon die Entwicklungen am Schluß des vorigen § erkennen.

Endlich stellen wir uns, vorausgesetzt daß

$$h + H\beta_\lambda'(0) \neq 0 \tag{4}$$

ist, die Funktion

$$\Gamma(\lambda; s, t) = \Gamma_0(\lambda; s, t) - \frac{H}{p(0)\,(h + H\beta_\lambda'(0))}\,\beta_\lambda(s)\,\beta_\lambda(t)$$

her. Diese hat (für ein festes λ) die folgenden Eigenschaften:

1) $\Gamma(\lambda; s, t)$ ist eine stetige, symmetrische Funktion der beiden Argumente $s \geqq 0$, $t \geqq 0$;

2) für jeden festen Wert von t genügt Γ als Funktion von s der Differentialgleichung (1), solange $s \neq t$ ist, und der Randbedingung (2);

3) an der Stelle $s = t$ erleidet die Ableitung von Γ nach s den Sprung $-\frac{1}{p(t)}$:

$$\lim_{\varepsilon=0}\left[\left(\frac{\partial}{\partial s}\Gamma(\lambda; s, t)\right)_{s=t+\varepsilon} - \left(\frac{\partial}{\partial s}\Gamma(\lambda; s, t)\right)_{s=t-\varepsilon}\right] = -\frac{1}{p(t)};$$

4) das Integral $\int_0^\infty (\Gamma(\lambda; s, t))^2\,ds$ existiert und ist eine stetige Funktion von t;

5) $\left|\int_0^b\int_0^b \Gamma(\lambda; s, t)\,v(s)v(t)\,ds\,dt\right|$ bleibt für alle stetigen Funktionen $v(s)$, deren quadratisches Integral $\int_0^\infty (v(s))^2\,ds \leqq 1$ ist, und für alle b unterhalb einer festen endlichen Grenze.

Wir nennen allgemein, falls es zu einem λ, sei dieses nun $< c$ oder $\geqq c$, eine Funktion $\Gamma(\lambda; s, t)$ mit diesen Eigenschaften gibt, Γ die zu der Randbedingung (2) gehörige Greensche Funktion des Differentialausdrucks $L(u) + \lambda u$. Von der üblichen Definition[1]) weicht die hier gegebene dadurch ab, daß an Stelle einer Randbedingung für $s = \infty$ die Forderung getreten ist, daß $\Gamma(\lambda; s, t)$ im Sinne der Theorie der singulären Integralgleichungen einen beschränkten Kern[2]) vorstellen soll.

---

1) Hilbert, Grundzüge einer allgemeinen Theorie der linearen Integralgleichungen, 2. Mitteilung, Göttinger Nachrichten 1905, pag. 217.

2) S. I., pag. 276.

Von denjenigen Werten λ, zu denen in dem eben erklärten Sinne keine Greensche Funktion existiert, sagen wir, sie bildeten das zu der Randbedingung (2) gehörige **Spektrum** der Differentialgleichung $L(u) = 0$.

Wir wollen zeigen, daß die Ungleichung (4) für alle Werte $\lambda < c$, höchstens mit Ausnahme eines einzigen, erfüllt ist. Dazu genügt es zu beweisen, daß $\beta_\lambda'(0)$ in dem Gebiet $\lambda < c$ eine mit λ monoton wachsende, stetige Funktion von λ ist, die in keinem Intervall konstant bleibt. In der Tat: sind $\lambda < \mu$ irgend zwei Zahlen $< c$, so ergibt sich aus den Differentialgleichungen

$$L(\beta_\lambda(s)) + \lambda\beta_\lambda(s) = 0,$$
$$L(\beta_\mu(s)) + \mu\beta_\mu(s) = 0$$

in bekannter Weise

$$p(s)\left(\beta_\lambda(s)\frac{d\beta_\mu}{ds} - \beta_\mu(s)\frac{d\beta_\lambda}{ds}\right) = (\mu - \lambda)\int_s^\infty \beta_\lambda(t)\,\beta_\mu(t)\,dt + k.$$

Da sich $p(s)\dfrac{d\beta_\mu}{ds}$, $p(s)\dfrac{d\beta_\lambda}{ds}$ zwischen endlichen Grenzen bewegen (s. den letzten Absatz von § 1), ist die Konstante k notwendig $= 0$; indem wir $s = 0$ setzen, ergibt sich demnach

$$p(0)[\beta_\mu'(0) - \beta_\lambda'(0)] = (\mu - \lambda)\int_0^\infty \beta_\lambda(t)\,\beta_\mu(t)\,dt,$$

womit unsere Behauptung erwiesen ist.

Da es uns allein auf die Theorie der einparametrigen **Gleichungsschar** (1) ankommt, dürfen wir ohne Beschränkung der Allgemeinheit annehmen, daß $c \geqq 1$ und

$$h + H\beta'(0) \neq 0$$

ist, wenn wir, der in § 1 gewählten Bezeichnung entsprechend, $\alpha_0(s) = \alpha(s)$, $\beta_0(s) = \beta(s)$ schreiben. Außerdem setzen wir noch

$$G_0(s, t) = \Gamma_0(0; s, t), \qquad G(s, t) = \Gamma(0; s, t).$$

Von dem beschränkten Kern $G(s, t)$ gehen wir mittels eines passenden vollständigen Systems von Orthogonalfunktionen $\Phi_1(s)$, $\Phi_2(s)$, ... in der bekannten Weise[1]) zu der beschränkten quadratischen Form $G(x)$ der unendlich vielen Variablen x_1, x_2, ... über. Das Spektrum dieser Form stimmt mit dem oben definierten, zu der Randbedingung (2) gehörigen Spektrum der Differentialgleichung $L(u) = 0$ überein. Die Begriffe „Punktspektrum" und „Strecken-

1) Hilbert, 5. Mitteilung, Gött. Nachr. 1906, p. 452 und I. S., pag. 281 f.

spektrum“ übertragen sich dadurch ohne weiteres von der quadratischen Form $G(x)$ auf die Differentialgleichung. Mittels desselben Orthogonalsystems, welches $G(s, t)$ in die Form $G(x)$ überführt, geht die Greensche Funktion $\Gamma(\lambda; s, t)$ für die nicht dem Spektrum angehörigen Werte λ in die „Resolvente“ [1]) $\Gamma(\lambda; x)$ von $G(x)$ über.

Um die bisherigen Betrachtungen dieses § in einen einheitlichen Satz zusammenzufassen, beachten wir noch, daß das Spektrum der Differentialgleichung notgedrungen ins Unendliche reicht. Wäre nämlich das Gegenteil der Fall, so müßte

$$\left| \int_0^\infty \int_0^\infty G(s, t)\, v(s)\, v(t)\, ds\, dt \right|$$

für alle abteilungsweise stetigen Funktionen $v(s)$, deren quadratisches Integral 1 beträgt, oberhalb einer festen positiven Zahl liegen. Davon, daß dies nicht zutrifft, überzeugt man sich, indem man etwa $v(s) = \frac{1}{\sqrt{\delta}}$ für $0 \leqq s \leqq \delta$, $v(s) = 0$ für $s > \delta$ setzt und δ hinreichend klein wählt. Als Resultat ergibt sich so der

Satz 3: Das zu einer beliebigen homogenen Randbedingung gehörige Spektrum der Differentialgleichung $L(u) = 0$ liegt, abgesehen vielleicht von einem einzigen Punkte, ganz in dem Gebiet $\lambda \geqq c$. Nach der positiven Seite hin reicht es ins Unendliche.

Die Anwendung der Greenschen Funktion stützt sich auf den folgenden

Satz 4: Die Integralgleichung erster Art

$$f(s) = \int_0^\infty G(s, t)\, g(t)\, dt \tag{5}$$

hat dann und nur dann eine stetige, quadratisch integrierbare Lösung $g(s)$, falls $f(s)$ zweimal stetig differenzierbar ist, der Randbedingung (2) genügt und f sowie $L(f)$ im Intervall $0 \leqq s < \infty$ quadratisch integrierbare Funktionen sind. Unter diesen Umständen wird die Lösung von (5) durch

$$g(s) = -L(f)$$

geliefert.

---

1) Hilbert, 4. Mitteilung, pag. 174.

B e w e i s: Daß die verlangten Bedingungen zur Auflösbarkeit der Integralgleichung (5) mittels einer stetigen, quadratisch integrierbaren Funktion $g(s)$ notwendig sind, ist ohne weiteres ersichtlich. Bezüglich der Tatsache, daß $f(s)$ quadratisch integrierbar sein muß, vergl. pag. 283 meiner Annalenarbeit S. I.

Erfüllt umgekehrt $f(s)$ jene Bedingungen und setzen wir

$$g(s) = -L(f),$$

so ergibt sich als Wert der Funktion

$$f_a(s) = \int_0^a G(s,t)\, g(t)\, dt$$

für $s \leqq a$ durch partielle Integration der Ausdruck

$$f_a(s) = f(s) + p(a)\,[f(a)\,\beta'(a) - f'(a)\,\beta(a)]\,\vartheta(s),$$

in welchem $\vartheta(s)$ die durch

$$\vartheta(s) = \alpha(s) - \frac{H}{p(0)\,(h + H\beta'(0))}\,\beta(s)$$

definierte Lösung von $L(u) = 0$ bedeutet. Der auf der rechten Seite auftretende Faktor von $\vartheta(s)$ konvergiert mit unbegrenzt wachsendem a gegen eine Grenze

$$l^* = p(0)\,[f(0)\,\beta'(0) - f'(0)\,\beta(0)] + \int_0^\infty g(s)\,\beta(s)\,ds.$$

Es ist also

$$f(s) + l^*\vartheta(s) = \int_0^\infty G(s,t)\,g(t)\,dt.$$

Da der Kern $G(s,t)$ beschränkt ist, ist $\int_0^\infty G(s,t)\,g(t)\,dt$ im Intervall $0 \leqq s < \infty$ quadratisch integrierbar. Das Gleiche gilt nach Voraussetzung von $f(s)$; es würde also, wenn $l^* \neq 0$ wäre, auch $\vartheta(s)$ quadratisch integrierbar sein. Da dies nicht der Fall ist, muß l^* den Wert 0 haben. Damit ist der Beweis von Satz 4 erbracht, aus dem man wiederum ersieht, in welcher Weise die zweite Randbedingung in unserem Falle durch die Forderung der quadratischen Integrierbarkeit zu ersetzen ist.

§ 3. Fälle, in denen die Eigenwerte diskret liegen.

In diesem § soll kurz auf die wichtige Frage eingegangen werden, wann sich das Spektrum der Differentialgleichung $L(u) = 0$ verhält wie das einer Differentialgleichung ohne singuläre Stellen.

Satz 5: Ist $\lim\limits_{s=\infty} q(s) = \infty$, so besteht das zu einer beliebigen Randbedingung gehörige Spektrum von $L(u) = 0$ nur aus isolierten Eigenwerten.

Beweis: Die notwendige und hinreichende Bedingung dafür, daß das Spektrum die in diesem Satz ausgesprochene einfache Zusammensetzung hat, besteht darin, daß $G(x)$ eine vollstetige[1]) quadratische Form ist. Da sich aber $G(x)$ von der zu $G_0(s,t)$ gehörigen Form $G_0(x)$ nur um das Quadrat einer Linearform unterscheidet, kommt es allein darauf an, über die Vollstetigkeit von $G_0(x)$ zu entscheiden.

Ist die Voraussetzung des Satzes 5 erfüllt, so kann man zu einer beliebigen positiven Zahl ε ein a so bestimmen, daß

$$q(s) \geqq \frac{1}{\varepsilon} \text{ für } s \geqq a$$

ist. Nach den zu Satz 3 führenden Ueberlegungen ist dann für alle stetigen Funktionen $v(s)$, für die

$$\int_0^\infty (v(s))^2 ds \leqq 1$$

ist,

$$0 \leqq \int_a^\infty \int_a^\infty G_0(s,t)\, v(s)\, v(t)\, ds\, dt \leqq \varepsilon. \tag{6}$$

Setzen wir also

$$\begin{aligned} G_I^{(\varepsilon)}(s,t) &= G_0(s,t) && \text{für } {s \atop t} \geqq a, \\ &= 0 && \text{für alle übrigen Wertepaare } (s,t), \\ G_{II}^{(\varepsilon)}(s,t) &= 0 && \text{für } {s \atop t} \geqq a, \\ &= G_0(s,t) && \text{für alle übrigen Wertepaare } (s,t), \end{aligned}$$

so wird

$$\int_0^\infty\int_0^\infty (G_{II}^{(\varepsilon)}(s,t))^2 ds\,dt = 2\int_0^a\int_0^\infty (G_0(s,t))^2 ds\,dt - \int_0^a\int_0^a (G_0(s,t))^2 ds\,dt$$

existieren. Demnach ist die dem Kern $G_{II}^{(\varepsilon)}(s,t)$ korrespondierende quadratische Form $G_{II}^{(\varepsilon)}(x)$ vollstetig, und es gilt nach (6)

---

1) Hilbert, 4. Mitteilung, pag. 201.

$$0 \leqq G_I^{(\varepsilon)}(x) = G_0(x) - G_{II}^{(\varepsilon)}(x) \leqq \varepsilon.$$

Diese Gleichung ergibt die behauptete Vollstetigkeit von $G_0(x)$.

Setzen wir allgemein

$$\liminf_{s=\infty} q(s) = \bar{c} \geqq c$$

so erhält man durch ein ähnliches Schlußverfahren den Satz, daß die Häufungspunkte des Punktspektrums und das gesamte Streckenspektrum notwendig dem Bereich $\lambda \geqq \bar{c}$ angehören. Von dieser allgemeinen Tatsache spricht der Satz 5 nur einen speziellen Fall aus.

Auch wenn $p(s)$ mit wachsendem s hinreichend stark gegen ∞ konvergiert, wird $L(u) = 0$ nur diskrete Eigenwerte besitzen. Das Doppelintegral $\int\limits_0^\infty\int\limits_0^\infty (G_0(s,t))^2\, ds\, dt$ existiert nämlich, falls die Funktion

$$(\alpha s())^2 \int\limits_s^\infty (\beta(t)^2\, dt$$

im Intervall $0 \leqq s < \infty$ integrierbar ist. Es ist aber

$$\alpha^2(s)\int\limits_s^\infty \beta^2(t)\, dt \leqq \alpha^2(s)\beta(s)\int\limits_s^\infty \beta(t)\, dt \leqq \alpha^2(s)\beta(s)\int\limits_s^\infty q(t)\beta(t)\, dt \leqq C\alpha(s)\beta(s),$$

wo C eine Konstante ist (s. § 1); weiter gilt

$$\frac{\beta(s)}{\alpha(s)} = \text{const.} \int_s^\infty \frac{dt}{p\alpha_2} \leqq \frac{\text{const.}}{\alpha^2(s)} \int_s^\infty \frac{dt}{p(t)}.$$

Aus diesen Abschätzungen folgt, daß

$$\int\limits_0^\infty\int\limits_0^\infty (G(s,t))^2\, ds\, dt$$

sicher dann exisiert, falls das Integral $\int_0^\infty \frac{s\,ds}{p(s)}$ konvergiert.

§ 4. Die aus der Differentialgleichung entspringenden Integraldarstellungen.

Unter $\varphi(s;\lambda)$ soll die den Anfangsbedingungen

$$\left[h\varphi(s;\lambda)+H\frac{\partial\varphi(s;\lambda)}{\partial s}\right]_{s=0}=0,$$

$$\left[-H\varphi(s;\lambda)+h\frac{\partial\varphi(s;\lambda)}{\partial s}\right]_{s=0}=1$$

genügende Lösung von

$$L(\varphi)+\lambda\varphi=0$$

verstanden werden. Die Frage, die in diesem § behandelt werden wird, ist dann die, wann sich eine Funktion $f(s)$ als lineare Kombination der den Werten λ des Punkt- und des Streckenspektrums entsprechenden Funktionen $\varphi(s;\lambda)$ darstellen läßt.

Dazu wende ich auf den beschränkten Kern $G(s,t)$ die Resultate und Bezeichnungen meiner Annalenarbeit über singuläre Integralgleichungen an, indem ich den dort benutzten Kern $K(s,t)$ mit $G(s,t)$ identifiziere. Für jede abteilungsweise stetige, quadratisch integrierbare Funktion $g(s)$ erhalte ich dann eine Relation der Form

$$\text{(7)}\qquad \int_0^\infty (g(s))^2 ds=\{\,\}+\sum_{(i)}\int_{-\infty}^{+\infty}\frac{\left(d_\lambda\int_0^\infty \mathsf{A}^{(i)}(s;\lambda)g(s)\,ds\right)^2}{d\varrho^{(i)}(\lambda)},$$

in welcher $\{\,\}$ die Zusammenfassung gewisser quadratischer, dem Punktspektrum zugehöriger Glieder bedeutet. Die Funktionen $\mathsf{A}^{(i)}$ erfüllen die folgenden Relationen[1]:

$$\text{(8)}\qquad \begin{cases} \int_0^\infty \Delta_1\mathsf{A}^{(i)}(s;\lambda)\Delta_2\mathsf{A}^{(i)}(s;\lambda)\,ds=\Delta_{1,2}\varrho^{(i)}(\lambda), \\ \int_0^\infty \Delta_1\mathsf{A}^{(i)}(s;\lambda)\Delta_2\mathsf{A}^{(k)}(s;\lambda)\,ds=0 \qquad (i\neq k), \\ \Delta\mathsf{A}^{(i)}(s;\lambda)=\int_{(\Delta)}\mu\cdot d_\mu\int_0^\infty G(s,t)\mathsf{A}^{(i)}(t;\mu)\,dt. \end{cases}$$

$\Delta^1, \Delta_2, \Delta$ sind beliebige Intervalle der Spektrumsvariablen λ, bezw. die auf diese Intervalle sich beziehenden Differenzsymbole; $\Delta_{1,2}$

1) Vgl. auch Hellinger, l. c., pag. 56.

bedeutet das gemeinsame Unterintervall von Δ_1, Δ_2, das aus allen Punkten λ besteht, die sowohl zu Δ_1 als auch zu Δ_2 gehören. Falls ein solches nicht existiert, ist unter $\Delta_{1,2}\varrho^{(i)}$ die 0 zu verstehen.

Der Abkürzung halber setze ich

$$\mathsf{B}^{(i)}(s;\lambda) = \int_0^\infty G(s,t)\,\mathsf{A}^{(i)}(t;\lambda)\,dt,$$

$$b_i(\lambda) = \left[-H\mathsf{B}^{(i)}(s;\lambda) + h\frac{\partial}{\partial s}\mathsf{B}^{(i)}(s;\lambda)\right]_{s=0}$$

$$= \frac{1}{p(0)(h + H\beta'(0))}\int_0^\infty \beta(t)\,\mathsf{A}^{(i)}(t;\lambda)\,dt.$$

Dann ist $b_i(\lambda)$ eine stetige Funktion von beschränkter Schwankung, und es existiert $\int_0^\lambda \frac{(db_i)^2}{d\varrho^{(i)}}$ als stetige Funktion von λ; zufolge (7) gilt die Ungleichung

$$\sum_{(i)} \int_{-\infty}^{+\infty} \frac{(db_i)^2}{d\varrho^{(i)}} \leqq \left[\frac{1}{p(0)(h + H\beta'(0))}\right]^2 \cdot \int_0^\infty (\beta(s))^2\,ds.$$

Ich werde jetzt beweisen, daß

$$\mathsf{B}^{(i)}(s;\lambda) = \int_0^\lambda \varphi(s;\mu)\,db_i(\mu) \tag{9}$$

ist. Zu diesem Zweck verstehe ich in der letzten Gleichung von (8) unter Δ das Intervall $\lambda\,..\,\lambda+\varepsilon$; dann folgt

$$\Delta\mathsf{A}^{(i)}(s;\lambda) = [\mu\mathsf{B}^{(i)}(s;\mu)]_\lambda^{\lambda+\varepsilon} - \int_\lambda^{\lambda+\varepsilon} \mathsf{B}^{(i)}(s;\mu)\,d\mu$$

$$= \lambda\cdot\Delta\mathsf{B}^{(i)}(s;\lambda) + \Delta\lambda\,\{\mathsf{B}^{(i)}(s;\lambda+\varepsilon) - \mathsf{B}^{(i)}(s;\lambda')\},$$

wo λ' ein gewisser von s abhängiger, aber jedenfalls dem Intervall $\lambda\,..\,\lambda+\varepsilon$ angehöriger Wert ist. Da $\mathsf{B}^{(i)}(s;\lambda)$ eine stetige Funktion des Variablenpaares $(s;\lambda)$ und

$$-\Delta\mathsf{A}^{(i)}(s;\lambda) = L(\Delta\mathsf{B}^{(i)}(s;\lambda))$$

ist, ergibt sich daraus, daß

$$L\left(\frac{\Delta\mathsf{B}^{(i)}}{\Delta\lambda}\right) + \lambda\frac{\Delta\mathsf{B}^{(i)}}{\Delta\lambda}$$

eine Funktion ist, die, wenn wir λ festhalten, dagegen ε nach 0 streben lassen, gleichmäßig in der Variablen s (falls diese auf irgend ein endliches Intervall beschränkt wird) gegen 0 konvergiert.

Andrerseits ist

$$L\left(\frac{1}{\varDelta\lambda}\int\limits_{(\varDelta)}\varphi(s;\mu)\,db_{\iota}(\mu)\right)+\lambda\cdot\frac{1}{\varDelta\lambda}\int\limits_{(\varDelta)}\varphi(s;\mu)\,db_{\iota}(\mu)$$

$$=\frac{1}{\varDelta\lambda}\int\limits_{(\varDelta)}(\lambda-\mu)\,\varphi(s;\mu)\,db_{\iota}(\mu).$$

Die rechte Seite konvergiert aber wiederum mit abnehmendem ε gleichmäßig für $0\leqq s\leqq a$ gegen 0. Das Gleiche gilt demnach auch für

$$L\left(\frac{\varDelta\Theta}{\varDelta\lambda}\right)+\lambda\cdot\frac{\varDelta\Theta}{\varDelta\lambda}, \tag{10}$$

wenn

$$\Theta(s;\lambda)=\mathsf{B}^{(\iota)}(s;\lambda-\int\limits_0^\lambda\varphi(s;\mu)\,db_{\iota}(\mu)$$

gesetzt wird. Θ erfüllt die Randbedingungen[1])

$$\left[h\Theta+H\frac{\partial\Theta}{\partial s}\right]_{s=0}=0,$$

$$\left[-H\Theta+h\frac{\partial\Theta}{\partial s}\right]_{s=0}=b_{\iota}(\lambda)-\int\limits_0^\lambda db_{\iota}(\mu)=0,$$

aus denen

$$[\Theta]_{s=0}=\left[\frac{\partial\Theta}{\partial s}\right]_{s=0}=0$$

folgt. Die gleichen Randbedingungen erfüllt also auch $\frac{\varDelta\Theta}{\varDelta\lambda}$. Daraus und weil der Ausdruck (10) gleichmäßig in s gegen 0 geht, ergibt sich, daß

$$\lim_{\varepsilon=0}\frac{\varDelta\Theta}{\varDelta\lambda}=0,\ \text{d. i.}\ \frac{\partial\Theta(s;\lambda)}{\partial\lambda}=0$$

sein muß. In der Tat: bezeichnet im Intervall $0\leqq s\leqq a$ Q das Maximum von $|q(s)-\lambda|$, δ das absolute Maximum des Ausdrucks (10), P das Minimum von $p(s)$, so kann $\left|\frac{\varDelta\Theta}{\varDelta\lambda}\right|$ für $0\leqq s\leqq a$ nir-

1) Dabei ist, wie es der I. S., pag. 292 gegebenen Definition entspricht, $\mathsf{B}^{(\iota)}(s;0)=0$ angenommen.

gends größer sein als die im Punkte $s = 0$ samt ihrer Ableitung verschwindende Lösung der „majoranten" Differentialgleichung

$$P \frac{d^2 u}{ds^2} = Qu + \delta,$$

d. h. es ist

$$\left|\frac{\Delta \Theta}{\Delta \lambda}\right| \leqq \frac{\delta}{2 Q \varkappa} \left[(\varkappa + 1) e^{\varkappa s} + (\varkappa - 1) e^{-\varkappa s} - 2\varkappa\right] \quad \left(\varkappa = \sqrt{\frac{Q}{P}}\right)$$

$$[\text{für } 0 \leqq s \leqq a].$$

Damit ist unsere Behauptung erwiesen, und wegen $\mathsf{B}^{(i)}(s; 0) = 0$ folgt aus ihr die Gleichung (9).

Setzen wir schließlich

$$c_i(\lambda) = \int_0^\lambda \mu \, db_i(\mu),$$

so gilt

$$\mathsf{A}^{(i)}(s; \lambda) = \int_0^\lambda \varphi(s; \mu) \, dc_i(\mu).$$

Wegen der über $\beta_i(\lambda)$ festgestellten Tatsachen existiert

$$a_i(\lambda) = \int_0^\lambda \frac{(dc_i)^2}{d\varrho^{(i)}} \leqq \lambda^2 \cdot \int_{-\infty}^{+\infty} \frac{(db_i)^2}{d\varrho^{(i)}}$$

und stellt eine stetige monotone Funktion von λ vor. Aus der hingeschriebenen Abschätzung (die sich übrigens auf den absoluten Betrag von $a_i(\lambda)$ bezieht) folgt die in endlichen Intervallen gleichmäßige Konvergenz der Reihe

$$a_1(\lambda) + a_2(\lambda) + \ldots = \varrho^{(\lambda)}.$$

Die Funktion

$$\overline{\mathsf{A}^{(i)}}(s; \lambda) = \int_0^\lambda \frac{d\mathsf{A}^{(i)} \, dc_i}{d\varrho^{(i)}}$$

läßt sich offenbar in der Form

$$\int_0^\lambda \varphi(s; \mu) \, da_i(\mu)$$

darstellen und besitzt außerdem die Eigenschaft, daß

$$\int_0^\infty (\Delta \overline{\mathsf{A}^{(i)}}(s; \lambda))^2 \, ds = \int_{(\Delta)} \frac{(dc_i)^2}{d\varrho^{(i)}} = \Delta a_i(\lambda)$$

ist[1]). Wegen

1) I. S., pag. 296.

$$\overline{\mathsf{A}^{(i)}}(s;\lambda) = \varphi(s;\lambda)\,a_i(\lambda) - \int_0^\lambda a_i(\mu)\,\frac{\partial\varphi(s;\mu)}{\partial\mu}\,d\mu$$

konvergiert die Reihe

$$\overline{\mathsf{A}^{(1)}}(s;\lambda) + \overline{\mathsf{A}^{(2)}}(s;\lambda) + \cdots = P(s;\lambda) = \int_0^\lambda \varphi(s;\mu)\,d\varrho(\mu)$$

gleichmäßig in jedem endlichen Gebiet der $(s;\lambda)$-Ebene. Infolgedessen ist

$$\int_0^a (P(s;\lambda))^2\,ds = \lim_{n=\infty}\int_0^a (\overline{\mathsf{A}^{(1)}}(s;\lambda) + \cdots + \overline{\mathsf{A}^{(n)}}(s;\lambda))^2 ds$$

$$\leqq \lim_{n=\infty}\int_0^\infty (\overline{\mathsf{A}^{(1)}}(s;\lambda) + \cdots + \overline{\mathsf{A}^{(n)}}(s;\lambda))^2\,ds = |a_1(\lambda)| + |a_2(\lambda)| + \cdots = |\varrho(\lambda)|,$$

und es ist demnach $P(s;\lambda)$ nach s im Intervall $0 \leqq s < \infty$ quadratisch integrierbar. Entsprechend folgt

$$\int_0^\infty (\Delta P(s;\lambda) - \Delta\overline{\mathsf{A}^{(1)}}(s;\lambda) - \cdots - \Delta\overline{\mathsf{A}^{(n)}}(s;\lambda))^2\,ds \leqq \Delta a_{n+1}(\lambda) + \Delta a_{n+2}(\lambda) + \cdots,$$

und hieraus ergibt sich, daß

$$\int_0^\infty (\Delta P(s;\lambda))^2\,ds = \Delta\varrho(\lambda)$$

oder etwas allgemeiner

$$\int_0^\infty \Delta_1 P(s;\lambda)\,\Delta_2 P(s;\lambda)\,ds = \Delta_{1,2}\varrho(\lambda) \tag{11}$$

für beliebige Intervalle Δ_1, Δ_2 ist.

Bezeichnet jetzt in der Formel (7) $g(s)$ zunächst eine Funktion, die außerhalb des endlichen Intervalls $0 \leqq s \leqq a$ identisch verschwindet, so existiert

$$\int_0^\infty g(s)\,\varphi(s;\lambda)\,ds = \gamma(\lambda).$$

Für eine derartige Funktion $g(s)$ ist

$$\int_{-\infty}^{+\infty} \frac{\left(d\int_0^\infty \mathsf{A}_{(i)}(s;\lambda)\,g(s)\,ds\right)^2}{d\varrho^{(i)}} = \int_{-\infty}^{+\infty} \frac{\gamma^2(\lambda)\,(dc_i)^2}{d\varrho^{(i)}} = \int_{-\infty}^{+\infty} \gamma^2(\lambda)\,da_i$$

und (7) verwandelt sich, da $\gamma^2(\lambda)$ nach λ stetig differenzierbar ist, in

$$\int_0^\infty (g(s))^2\,ds = \{\ \} + \int_{-\infty}^{+\infty} \gamma^2(\lambda)\,d\varrho(\lambda).$$

Durch Einführung der Funktion $P(s;\lambda)$ können wir diese Gleichung in die Gestalt bringen

$$(12)\qquad \int_0^\infty (g(s))^2\,ds = \Big\{\Big\} + \int_{-\infty}^{+\infty} \frac{\left(d_\lambda \int_0^\infty P(s;\lambda)\,g(s)\,ds\right)^2}{d\varrho(\lambda)}.$$

Unter Benutzung der Orthogonalitätsrelation (11) und der Schwarzschen Ungleichung läßt sich diese Beziehung dann sofort wieder auf beliebige stetige, quadratisch integrierbare Funktionen $g(s)$ ausdehnen [1]). Durch „Polarisation" gewinnen wir aus (12) eine analoge Formel für das Integral

$$\int_0^\infty g(t)\,h(t)\,dt,$$

in welchem $h(t)$ eine weitere stetige, quadratisch integrierbare Funktion bedeutet, und wenn wir speziell [2])

$$h(t) = G(s,t)$$

setzen, eine Darstellung der Funktion

$$f(s) = \int_0^{+\infty} G(s,t)\,g(t)\,dt$$

in folgender Gestalt:

$$f(s) = \sum_{(p)} C_p\,\varphi(s;\lambda_p) + \int_{-\infty}^{\infty} \varphi(s;\lambda)\,d\Gamma(\lambda).$$

Dabei ist die Summation über alle Werte λ_p des Punktspektrums zu erstrecken, und das Koefficientensystem C_p, $d\Gamma$ bestimmt sich aus

$$C_p = \frac{1}{\int_0^\infty (\varphi(s;\lambda_p))^2\,ds} \int_0^\infty f(t)\,\varphi(t;\lambda_p)\,dt,$$

$$\Gamma(\lambda) = \int_0^\infty f(t)\,P(t;\lambda)\,dt.$$

Nach Satz 4 ist $\varphi(s;\lambda)$ sicher dann eine zu λ gehörige Eigenfunktion, wenn $\int_0^\infty (\varphi(s;\lambda))^2\,ds$ endlich ist. Analog werde ich zeigen:

Hat eine stetige Funktion $\zeta(\lambda)$ die Eigenschaft, daß

---

1) Diese Schlußweise beruht auf dem in meiner Dissertation pag. 7 allgemein formulierten „Konvergenzsatz für beschränkte quadratische Formen"; vergl. Hellinger, Dissertation, pag. 56 f.

2) Hilbert, 5. Mitteilung, pag. 455.

$$\int_0^\infty \left\{ \int_0^\lambda \varphi(s;\mu)\, d\zeta(\mu) \right\}^2 ds$$

existiert und eine stetige Funktion von λ ist, so genügt

$$Z(s;\lambda) = \int_0^\lambda \varphi(s;\mu)\, d\zeta(\mu)$$

der Gleichung

$$\Delta Z(s;\lambda) = \int_{(\Delta)} \mu\, d_\mu \int_0^\lambda G(s,t)\, Z(t;\mu)\, dt. \tag{13}$$

In der Tat: da $\int_0^\infty (Z(s;\lambda))^2\, ds$ nach Voraussetzung stetig ist, folgt leicht, daß

$$\int_0^a (Z(s;\lambda))^2\, ds$$

mit wachendem a gleichmäßig in λ (falls dies in einem endlichen Intervall Δ variiert) gegen seine Grenze konvergiert, und also

$$\int_{(\Delta)} \mu\, d_\mu \int_0^\infty G(s,t)\, Z(t;\mu)\, dt = \Delta \left(\mu \int_0^\infty G(s;t)\, Z(t;\mu)\, dt \right)$$

$$- \int_{(\Delta)} \int_0^\infty G(s;t)\, Z(t;\mu)\, dt\, d\mu = \lim_{a=\infty} \int_{(\Delta)} \mu\, d_\mu \int_0^a G(s,t)\, Z(t;\mu)\, dt$$

ist. Es besteht aber die Gleichung

$$\varphi(s;\lambda) - \lambda \int_0^a G(s,t)\, \varphi(t;\lambda)\, dt = v_a(\lambda)\, \vartheta(s),$$

in der $v_a(\lambda)$ eine leicht anzugebende Funktion von λ allein ist. Führen wir dies in unsere Limesgleichung ein, so ergibt sich

$$\int_{(\Delta)} \mu\, d_\mu \int_0^\infty G(s;t)\, Z(t;\mu)\, dt = \int_{(\Delta)} \varphi(s;\mu)\, d\zeta(\mu) + l^{**}\, \vartheta(s) \tag{14}$$

$$= \Delta Z(s;\lambda) + l^{**}\, \vartheta(s).$$

Die Konstante l^{**} ist notwendig $= 0$. Denn wegen der Ungleichung

$$\int_0^a \left\{ \int_{(\Delta)} \int_0^\infty G(s,t)\, Z(t;\mu)\, dt\, d\mu \right\}^2 ds \leq \Delta\mu \int_{(\Delta)} \int_0^\infty \left(\int_0^\infty G(s,t)\, Z(t;\mu)\, dt \right)^2 ds\, d\mu$$

ist die linke Seite von (14) quadratisch nach s integrierbar.

Damit ist (13) bewiesen, und ein von mir aufgestellter Satz [1]) lehrt nun, daß $\frac{(d\zeta)^2}{d\varrho}$ im Endlichen integrierbar und also

$$\int_0^\infty (\varDelta Z(s;\lambda))^2\,ds = \int_{(\varDelta)} \frac{(d\zeta)^2}{d\varrho}$$

ist. Erfüllt die Funktion $\zeta(\lambda)$ für jedes Intervall $\varDelta$ die Relation

(15) $$\int_0^\infty \Big(\int_{(\varDelta)} \varphi(s;\mu)\,d\zeta(\mu)\Big)^2 ds \leqq \varDelta\zeta(\lambda)$$

so muß demnach

$$\int_{(\varDelta)} \frac{(d\zeta)^2}{d\varrho} \leqq \varDelta\zeta$$

und *a* fortiori

(16) $$0 \leqq \varDelta\zeta \leqq \varDelta\varrho$$

sein. Ist umgekehrt ζ eine stetige Funktion, die für jedes Intervall der Bedingung (16) genügt, so folgt daraus (15).

Satz 6: Die Basisfunktion $\varrho(\lambda)$ ist (bis auf eine additive Konstante, die durch $\varrho(0) = 0$ festgelegt werde) eindeutig durch die Eigenschaft bestimmt, daß eine beliebige stetige Funktion $\zeta(\lambda)$, die für alle Intervalle $\varDelta$ der Spektrumsvariablen die Ungleichung (15) befriedigt, auch in jedem Intervall der Beziehung (16) genügt, und umgekehrt.

Setze ich $r(\lambda) = 0$, falls $\varphi(s;\lambda)$ nach s nicht quadratisch integrierbar ist, im andern Fall aber

---

1) Unmittelbar lehrt jener Satz (S. I., pag. 299 f.) nur, daß es eine Funktion $\bar\zeta$ gibt, für die $\int_0^\lambda \frac{(d\bar\zeta)^2}{d\varrho}$ eine stetige Funktion von λ und

$$Z(s;\lambda) = \int_0^\lambda \varphi(s;\mu)\,d\bar\zeta(\mu)$$

ist. Die Identität in s, λ

$$\int_0^\lambda \varphi(s;\mu)(d\zeta - d\bar\zeta) = 0$$

bleibt aber offenbar bestehen, wenn wir $\varphi(s;\mu)$ durch

$$-H\varphi(s;\mu) + h\frac{\partial\varphi(s;\mu)}{\partial s}$$

ersetzen, und indem wir dann speziell $s = 0$ nehmen, folgt $\int_0^\lambda d\zeta = \int_0^\lambda d\bar\zeta$.

$$r(\lambda) = \frac{1}{\int\limits_0^\infty (\varphi(s;\lambda))^2\,ds},$$

so läßt sich dem Satz 6 das folgende Analogon gegenüberstellen: jede Funktion $z(\lambda)$, die für alle λ die Ungleichung

$$\int\limits_0^\infty (\varphi(s;\lambda)\,z(\lambda))^2\,ds \leqq z(\lambda)$$

befriedigt, genügt auch der Relation

$$0 \leqq z(\lambda) \leqq r(\lambda),$$

und umgekehrt.

$P(s;\lambda)$ erfüllt für jedes Intervall $\varDelta$ die Gleichung

$$\int\limits_{(\varDelta)} dP(s;\lambda) = \int\limits_{(\varDelta)} \varphi(s;\lambda)\,d\varrho(\lambda),$$

die kürzer durch

$$dP(s;\lambda) = \varphi(s;\lambda)\,d\varrho(\lambda) \tag{17}$$

angedeutet werden kann. Entsprechend setze ich

$$R(s;\lambda) = \varphi(s;\lambda)\,r(\lambda) \tag{17'}$$

und nenne $R(s;\lambda)$ die zu λ gehörige Eigenfunktion, $dP(s;\lambda)$ das zu λ gehörige Eigendifferential; die erstere verschwindet identisch in s, falls λ kein Wert des Punktspektrums, das letztere, falls λ kein Wert des Streckenspektrums ist.

Satz 7: Jede der Randbedingung (2) genügende, zweimal stetig differenzierbare Funktion $f(s)$, für welche f und $L(f)$ im Intervall $0 \cdots \infty$ quadratisch integrierbar sind, läßt sich in absolut und gleichmäßig konvergenter Weise mittels der Lösungen $\varphi(s;\lambda)$ der Gleichungsschar $L(u) + \lambda u = 0$ in der Form

$$f(s) = \sum_{-\infty}^{+\infty} \varphi(s;\lambda)\,C(\lambda) + \int\limits_{-\infty}^{+\infty} \varphi(s;\lambda)\,d\Gamma(\lambda)$$

darstellen. Das Koeffizientensystem $C, d\Gamma$ berechnet sich dabei aus den in (17), (17') definierten Eigenfunktionen $R(s;\lambda)$, bezw. Eigendifferentialen $dP(s;\lambda)$ mittels der Formeln

$$C(\lambda) = \int\limits_0^\infty f(t)\,R(t;\lambda)\,dt, \qquad \varDelta\Gamma(\lambda) = \int\limits_0^\infty f(t)\,\varDelta P(t;\lambda)\,dt.$$

§ 5. Die Hilbschen Integraldarstellungen.

An den von Hilb behandelten Beispielen werde ich zeigen, in welcher Weise die schwierigste Aufgabe, die bei Untersuchung spezieller singulärer Differentialgleichungen übrig bleibt, nämlich die Berechnung der durch Satz 6 charakterisierten Funktion $\varrho(\lambda)$, bewerkstelligt werden kann. Um mich der Hilbschen Darstellung möglichst zu nähern, nehme ich jetzt $0 \leqq s \leqq 1$ als Intervall der Differentialgleichung und verlege die singuläre Stelle aus dem Unendlichen nach $s = 0$. Es handelt sich dann um die Theorie der Differentialgleichung [1])

$$(18) \qquad L(u) + \lambda u \equiv \frac{d}{ds}\left(s^2 l(s) \frac{du}{ds}\right) - q(s) u + \lambda u = 0,$$

in der sich $l(s)$, $q(s)$ in der Umgebung des Stückes $0 \leqq s \leqq 1$ der reellen Axe regulär-analytisch verhalten und außerdem $l(s)$ für $0 \leqq s \leqq 1$ durchaus positiv ist; der Einfachheit halber werde $l(0) = 1$ vorausgesetzt. An dem Endpunkt $s = 1$ sei eine beliebige homogene Randbedingung vorgeschrieben [2]).

Nach der Fuchsschen Theorie besitzt die Gleichung (18) zwei Integrale der Form

$$u_1(s) = s^{e_1} \cdot \mathfrak{P}_1(s), \qquad u_2(s) = s^{e_2} \cdot \mathfrak{P}_2(s),$$

wo $\mathfrak{P}_1$, $\mathfrak{P}_2$ für $0 \leqq s \leqq 1$ regulär-analytisch sind und die Exponenten e_1, e_2 sich aus

$$e^1 = -\tfrac{1}{2} + \sqrt{\tfrac{1}{4} + q(0) - \lambda}, \qquad e_2 = -\tfrac{1}{2} - \sqrt{\tfrac{1}{4} + q(0) - \lambda}$$

berechnen. Hieraus ergibt sich leicht, daß im Gebiet $\lambda < \frac{1}{4} + q(0)$ nur endlichviele Punkte des Punktspektrums von $L(u) = 0$ und kein Punkt des Streckenspektrums angetroffen wird [3]). Für $\lambda \geqq \frac{1}{4} + q(0)$ hat offenbar (18) zwei unabhängige reelle Lösungen der Form

$$u_1^{(\lambda)}(s) = \frac{\cos(\zeta \lg s)}{\sqrt{s}} (1 + \Pi_1^{(\lambda)}(s)), \qquad u_2^{(\lambda)}(s) = \frac{\sin(\zeta \lg s)}{\sqrt{s}} (1 + \Pi_2^{(\lambda)}(s));$$

$\Pi_1^{(\lambda)}(s)$, $\Pi_2^{(\lambda)}(s)$ sind wiederum regulär-analytisch in s und λ; $\zeta = \zeta(\lambda)$

---

1) Hilb, l. c., Kap. II (pag. 32 ff.).

2) Bei Hilb dient als solche $u(1) = 0$.

3) Man kann sich hier auf die folgende allgemeine Tatsache stützen: Ist λ_0 die kleinste Zahl, welche Häufungspunkt des Punktspektrums oder Punkt des Streckenspektrums ist, so hat für jeden Wert $\lambda > \lambda_0$ die Funktion $\varphi(s; \lambda)$ von s unendlichviele Nullstellen.

ist an Stelle von $\sqrt{\lambda - \frac{1}{4} - q(0)}$ geschrieben. Aus ihnen setzen wir, wie in § 4, unter Benutzung der vorgeschriebenen Randbedingung die Funktion

$$\varphi(s;\lambda) = m_1(\lambda)\, u_1^{(\lambda)}(s) + m_2(\lambda)\, u_2^{(\lambda)}(s)$$

zusammen; $m_1(\lambda)$, $m_2(\lambda)$ sind analytische Funktionen von λ.

Ist jetzt Δ irgend ein dem Bereich $\lambda > \frac{1}{4} + q(0)$ angehöriges Intervall und $\Delta_1 = (\lambda_0 \cdot \lambda_1)$ ein ebenfalls in diesem Bereich gelegenes Intervall, das Δ ganz im Innern enthält, so erkennt man zunächst, daß

$$\int_0^1 \left(\int_{\lambda_0}^{\lambda} \varphi(s;\mu)\, d\xi(\mu)\right)^2 ds \qquad (\lambda_0 \leqq \lambda \leqq \lambda_1)$$

existiert und eine stetige Funktion von λ ist. Also muß $\int_{\lambda_0}^{\lambda} \frac{(d\xi)^2}{d\varrho}$ existieren, und es wird, wenn wir

$$\int_{(\Delta_1)} \varphi(s;\mu)\, d\xi(\mu) = \Delta_1 Z(s;\lambda)$$

setzen,

$$\int_0^1 \Delta P(s;\lambda)\, \Delta_1 Z(s;\lambda)\, ds = \Delta\xi \tag{19}$$

sein. Die linke Seite läßt sich aber in der Form

$$\lim_{\varepsilon=0} \int_{(\Delta)}\int_{(\Delta_1)} \left(\int_{\varepsilon}^{1} \varphi(s;\lambda)\, \varphi(s;\mu)\, ds\right) d\xi(\mu)\, d\varrho(\lambda) \tag{20}$$

schreiben. Verstehen wir unter $V_\varepsilon(\lambda,\mu)$ die Funktion

$$\int_\varepsilon^1 \varphi(s;\lambda)\,\varphi(s;\mu)\, ds = -\frac{\left[s^2 l(s)\left(\varphi(s;\lambda)\frac{\partial \varphi(s;\mu)}{\partial s} - \varphi(s;\mu)\frac{\partial \varphi(s;\lambda)}{\partial s}\right)\right]_{s=\varepsilon}}{\lambda - \mu}$$

und beachten die für jede stetig differenzierbare Funktion $f(\xi)$ gültige Ungleichung

$$\left|\int_{-1}^{+1} \cos a\xi\, f(\xi)\, d\xi\right| \leqq \frac{2}{a}\int_{-1}^{+1}\left|\frac{df}{d\xi}\right| d\xi,$$

so erkennen wir durch einfache Ausrechnung, daß $\int_{(\Delta_1)} V_\varepsilon(\lambda,\mu)\, d\xi(\mu)$ bis auf Glieder, die bei abnehmendem ε gleichmäßig für alle dem Bereich Δ angehörigen λ gegen 0 konvergieren, mit

$$\frac{1}{2}\left(m_1^2(\lambda) + m_2^2(\lambda)\right) \int_{(\Delta_1)} \frac{\sin\left\{(\xi(\lambda) - \xi(\mu)\,|\lg \varepsilon|\right\}}{\xi(\lambda) - \xi(\mu)}\, d\xi(\mu)$$

übereinstimmt. Benutzen wir die Konstante

$$\frac{\pi}{2} = \int_0^\infty \frac{\sin x}{x}\, dx,$$

so ergibt sich, daß dieser Ausdruck gleichmäßig für alle in Δ gelegenen Werte λ gegen

$$\frac{\pi}{2}\left(m_1^2(\lambda) + m_2^2(\lambda)\right)$$

konvergiert, und wegen der Monotonität von $\varrho(\lambda)$ wird daher

$$\lim_{\varepsilon=0} \int\limits_{(\Delta)}\int\limits_{(\Delta_1)} V_\varepsilon(\lambda, \mu)\, d\xi(\mu)\, d\varrho(\lambda) = \frac{\pi}{2}\int\limits_{(\Delta)} (m_1^2(\lambda) + m_2^2(\lambda))\, d\varrho(\lambda). \tag{21}$$

Durch diese Gleichung in Verbindung mit (19) ist $\varrho(\lambda)$ bestimmt, und zwar wird

$$\begin{aligned} d\varrho &= 0 & &[\text{für } \lambda < \tfrac{1}{4} + q(0)],\\ &= \frac{2}{\pi}\cdot\frac{d\xi}{m_1^2(\lambda) + m_2^2(\lambda)} & &[\text{für } \lambda \geqq \tfrac{1}{4} + q(0)]. \end{aligned}$$

Um die dadurch gewonnene Integraldarstellung in eine möglichst einfache Form zu bringen, führe ich

$$\psi(s;\lambda) = \frac{\varphi(s;\lambda)}{\sqrt{\pi\left(m_1^2(\lambda) + m_2^2(\lambda)\right)}\ \sqrt[4]{\lambda - \frac{1}{4} - q(0)}} \qquad [\lambda \geqq \tfrac{1}{4} + q(0)]$$

und für die m Punkte λ_i des Punktspektrums die „normierten" Eigenfunktionen

$$\psi_i(s) = \frac{\varphi(s;\lambda_i)}{\sqrt{\int_0^1 (\varphi(s;\lambda_i))^2\, ds}}$$

ein. Dann gilt für jede im Gebiet $0 < s \leqq 1$ zweimal stetig differenzierbare Funktion $f(s)$, welche die Eigenschaft besitzt, daß die Integrale

$$\int_0^1 (f(s))^2\, ds, \quad \int_0^1 (L(f))^2\, ds, \quad \int_0^1 \left|\frac{f(s)}{\sqrt{s}}\right| ds \tag{22}$$

sämtlich konvergieren, die absolut und gleichmäßig konvergente Darstellung

$$f(s) = \sum_{i=1}^{m} \psi_i(s) \int_0^\infty f(t)\, \psi_i(t)\, dt + \int_{\frac{1}{4}+q(0)}^\infty \psi(s;\lambda) \int_0^\infty f(t)\, \psi(t;\lambda)\, dt\, d\lambda. \tag{23}$$

Die Integrale (22) konvergieren insbesondere dann, wenn $f(s)$ die Form $\sqrt{s}\, h(s)$ hat und $h(s)$ samt seinen beiden ersten Differentialquotienten bei Annäherung von s an 0 in endlichen Grenzen bleibt.

Genau auf dieselbe Art beweist man den von Hilb durchgeführten Wirtingerschen Fall[1]), der ein wichtiges Beispiel dafür ist, daß Werte λ, denen oscillierende (d. i. unendlichviele Nullstellen besitzende) Lösungen $\varphi(s;\lambda)$ von $L(u)+\lambda u=0$ entsprechen, darum noch nicht notwendig zum Spektrum der Differentialgleichung $L(u)=0$ gehören. Ferner ist es leicht, auch Gleichungen zu untersuchen, für welche beide Endpunkte des Intervalls $0 \leqq s < \infty$ singulär sind; insbesondere erhält man dann das für die Besselschen Funktionen gültige Integraltheorem und andere, welche in demselben Sinne Verallgemeinerungen desselben sind, wie die von Hilb untersuchten Fälle Verallgemeinerungen der gewöhnlichen Fourierschen Integraldarstellung bedeuten. Endlich führt der eingeschlagene Weg nicht minder bei partiellen Differentialgleichungen von elliptischem Typus und bei denjenigen Fragestellungen, welche an die von Hilbert eingeführten Integralgleichungen 3. Art[2]) anknüpfen, zu allgemeinen Ergebnissen, wie ich in einer späteren Arbeit darlegen werde; dieser muß auch die Behandlung des Falles, daß $q(s)$ keine untere Grenze besitzt, vorbehalten bleiben.

Elmshorn, Weihnachten 1908.

---

1) Wirtinger, Math. Ann., Bd 48, pag. 387. — Hilb, l. c., Kap. III.

2) Hilbert, 5. Mitt., Gött. Nachr. 1906, pag. 462 ff.

7.

Über gewöhnliche lineare Differentialgleichungen mit singulären Stellen und ihre Eigenfunktionen (2. Note)

Nachrichten der Königlichen Gesellschaft der Wissenschaften zu Göttingen. Mathematisch-physikalische Klasse 442—467 (1910)

In zwei Aufsätzen, in den Göttinger Nachrichten und den Mathematischen Annalen [1]), habe ich allgemein die aus einer linearen Schar von linearen gewöhnlichen Differentialgleichungen 2. Ordnung entspringenden Reihenentwicklungen und Integraldarstellungen willkürlicher Funktionen behandelt — für den Fall, daß nur das eine Ende des betrachteten Intervalls für die Gleichungsschar eine singuläre Stelle (übrigens völlig beliebiger Art) ist. Hier möchte ich kurz diejenigen Ergänzungen erläutern, welche

1) Diese Nachrichten 1909, S. 37—64; Mathematische Annalen, Bd. 68 (1910), S. 220—269 (Habilitationsschrift). Ich zitiere diese zweite Arbeit im folgenden mit „H". — Für zwei besondere Klassen gewöhnlicher Differentialgleichungen hat bereits Herr Hilb (Mathematische Annalen, Bd. 66 (1908), S. 1 ff.) nach einer andern Methode (die sich auch auf manche weitere Fälle ausdehnen ließe) das in Rede stehende Problem behandelt. — Als Grundlage der Theorie dienen die tiefgehenden Untersuchungen Hilberts (Grundzüge einer allgemeinen Theorie der linearen Integralgleichungen, 4. Mitteilung, diese Nachrichten 1906, S. 157 ff.) und Hellingers (Inauguraldissertation, Göttingen 1907; Neue Begründung der Theorie quadratischer Formen von unendlichvielen Veränderlichen, Crelles Journal Bd. 136 (1909) S. 210 ff.) Vergl. auch F. Riesz, diese Nachrichten, 11. Juni 1910. Weitere Literatur: Plancherel, Note sur les équations intégrales singulières (Rivista di Fisica, Matematica e Science Naturali, X (1909), S. 37—53); ders., Integraldarstellungen willkürlicher Funktionen (Mathematische Annalen, Bd. 67 (1909) S. 519); ders., Contribution à l'étude . . . (Rend. d. Circ. Mat. di Palermo, t. XXX; 1910). Weyl, Inauguraldissertation, Göttingen 1908; ders., Singuläre Integralgleichungen (Mathematische Annalen Bd. 66 (1908), S. 273).

den in der Annalenarbeit angestellten Ueberlegungen hinzuzufügen sind, um auch den Fall *zweier singulärer Enden* vollständig zu erledigen [1]). Ferner sollen die im „*polaren*“ *Fall* gültigen Entwicklungssätze formuliert und bewiesen werden.

§ 1.

Wir betrachten die lineare Schar von Differentialgleichungen

$$(1) \qquad L(u)+\lambda k(s)u \equiv \frac{d}{ds}\left(p(s)\frac{du}{ds}\right)-q(s)u+\lambda k(s)u = 0;$$

darin sind $p(s)$, $q(s)$, $k(s)$ für $-\infty < s < +\infty$ [2]) definierte stetige Funktionen und außerdem $p(s) > 0$, $k(s) > 0$; λ bedeutet einen Parameter. Diese Schar kann für $s = +\infty$ und ebenso für $s = -\infty$ entweder vom *Grenzkreis*- oder vom *Grenzpunkt*-*Typus* sein [3]), sodaß vier verschiedene Fälle zu unterscheiden sind. Diejenigen Fälle jedoch, in denen die Schar an einem der beiden Enden, etwa für $s = -\infty$, vom Grenzkreistypus ist, gestatten eine völlig analoge Behandlung wie Gleichungen mit nur *einem* singulären Ende. Verstehen wir nämlich in jenen Fällen unter $\varphi(s;\lambda)$ eine mit Bezug auf λ stetig differenzierbare Funktion, welche (1) und der für $s = -\infty$ vorgeschriebenen Randbedingung genügt, außerdem aber für keinen Wert von λ identisch in s verschwindet, so können wir dieses $\varphi(s;\lambda)$ in genau derselben Weise allen Betrachtungen zu Grunde legen, wie es mit der gleichbezeichneten Funktion in **H** (namentlich S. 239—251) geschehen ist. Es hat keine Schwierigkeit, ein allgemeines Verfahren anzugeben, mittels dessen man sich eine derartige Funktion φ verschaffen kann.

Wir nehmen daher nunmehr die Schar (1) sowohl für $s = +\infty$ als für $s = -\infty$ vom *Grenzpunkttypus* an und bezeichnen mit

$$\varphi_1(s;\lambda), \qquad \varphi_2(s;\lambda)$$

Funktionen, die für jeden Wert von λ zwei *unabhängige* Lösungen der Gleichung (1) darstellen und mit Bezug auf λ stetig differenzierbar sind; z. B. können wir sie den folgenden Bedin-

---

1) Singularitäten im Innern des Intervalls, freilich nicht solche von beliebiger Beschaffenheit, könnten neben den Singularitäten an den Enden zugelassen werden; der Einfachheit halber sehen wir jedoch davon ab.

2) Daß ich die singulären Stellen ins Unendliche lege, ist natürlich ganz unwesentlich.

3) **H**, Kap. 1; vergl. auch die Schlußbemerkung **H**, S. 269.

gungen gemäß wählen:

$$(\varphi_1)_{s=0} = 0, \left(p(s)\frac{d\varphi_1}{ds}\right)_{s=0} = 1;$$

$$(\varphi_2)_{s=0} = 1, \left(p(s)\frac{d\varphi_2}{ds}\right)_{s=0} = 0.$$

Auch jetzt übertragen sich noch alle Schlüsse der Annalenarbeit sofort mit Ausnahme der in den Absätzen 12—15 daselbst zum Beweise des Satzes 6 angestellten Betrachtungen. An Stelle des Satzes 6 (**H**, S. 239) treten die folgenden Behauptungen:

Liegt eine in beiden Argumenten stetige Funktion $\Xi(s;\lambda)$ vor, welche der Identität

$$L(\Xi(s;\lambda)) + k(s)\int_0^\lambda \mu\, d_\mu\, \Xi(s;\mu) = 0 \tag{2}$$

genügt und für die außerdem $\Xi(s;0) = 0$ ist und

$$\int_{-\infty}^{+\infty} k\Xi^2\, ds = \operatorname{sgn}\lambda\,.\,\omega(\lambda) \tag{3}$$

als stetige Funktion von λ existiert — ich nenne eine solche Funktion wiederum eine „zulässige Lösung" von (2) —, so hat Ξ notwendig die Form

$$\Xi(s;\lambda) = \int_0^\lambda \varphi_1(s;\mu)\, d\xi_1(\mu) + \int_0^\lambda \varphi_2(s;\mu)\, d\xi_2(\mu), \tag{4}$$

wo ξ_1, ξ_2 stetige Funktionen von μ bezeichnen. *Es gibt insbesondere zwei solche zulässige Lösungen*

$$\begin{aligned} \mathsf{P}_1 &= \int_0^\lambda \varphi_1\, d\varrho_{11} + \int_0^\lambda \varphi_2\, d\varrho_{12}, \\ \mathsf{P}_2 &= \int_0^\lambda \varphi_1\, d\varrho_{21} + \int_0^\lambda \varphi_2\, d\varrho_{22}, \end{aligned} \tag{5}$$

welche (nach vorheriger Wahl von φ_1, φ_2) *in eindeutiger Weise dadurch charakterisiert sind, daß für jede zulässige Lösung* (4) *und jedes Intervall* Δ *der Spektrumsvariablen* λ *die Gleichungen statthaben:*

$$\begin{aligned} \int_{-\infty}^{+\infty} k\Delta\Xi\,\Delta\mathsf{P}_1\, ds &= \Delta\xi_1, \\ \int_{-\infty}^{+\infty} k\Delta\Xi\,\Delta\mathsf{P}_2\, ds &= \Delta\xi_2. \end{aligned} \tag{6}$$

Beweis: Aus (2) und (3) folgt

$$\int_{-\infty}^{+\infty} k(\Delta\Xi)^2\,ds = \Delta\omega.$$

Ferner bleibt für alle möglichen Ξ der Quotient $\frac{(\Delta\xi_1)^2}{\Delta\omega}$ unterhalb einer festen, nur von Δ abhängigen Grenze. Die präzise obere Grenze dieses Quotienten werde mit $E_{11} = E_{11}(\Delta)$ bezeichnet. Entsprechendes gilt für $\frac{(\Delta\xi_2)^2}{\Delta\omega}$, dessen präzise obere Grenze $E_{22} = E_{22}(\Delta)$ heiße. Ich behaupte ferner die Existenz einer bestimmten Größe $E_{12}(\Delta)$ von der Beschaffenheit, daß $\frac{\Delta\xi_1\,\Delta\xi_2}{\Delta\omega}$ allemal dann gegen E_{12} konvergiert, falls (4) eine solche Folge zulässiger Lösungen durchläuft, für welche der Quotient $\frac{(\Delta\xi_1)^2}{\Delta\omega}$ gegen seine obere Grenze E_{11} konvergiert.

Sind nämlich

$$\Xi' = \int_0^\lambda \varphi_1\,d\xi_1' + \int_0^\lambda \varphi_2\,d\xi_2', \qquad \Xi'' = \int_0^\lambda \varphi_1\,d\xi_1'' + \int_0^\lambda \varphi_2\,d\xi_2''$$

irgend zwei zulässige Lösungen von (2), so ist auch jede Linearkombination

$$\Xi = \varkappa'\,\Xi' + \varkappa''\,\Xi'' \quad (\varkappa',\ \varkappa''\ \text{konstant})$$

eine solche, und man findet

$$\Delta\omega = \int_{-\infty}^{+\infty} k(\Delta\Xi)^2\,ds = \varkappa'^2 \int_{-\infty}^{+\infty} k(\Delta\Xi')^2\,ds + 2\varkappa'\varkappa'' \int_{-\infty}^{+\infty} k\,\Delta\Xi'\,\Delta\Xi''\,ds$$
$$+ \varkappa''^2 \int_{-\infty}^{+\infty} k(\Delta\Xi'')^2\,ds$$
$$= \varkappa'^2 . \Delta\omega' + 2\varkappa'\varkappa'' . \Delta\omega',{}'' + \varkappa''^2 . \Delta\omega''.$$

Bringen wir die Ungleichung

$$(\Delta\xi_1)^2 \leqq \Delta\omega . E_{11},$$

auf Ξ zur Anwendung, so folgt identisch in $\varkappa'$, $\varkappa''$

$$(\varkappa'\,\Delta\xi_1' + \varkappa''\,\Delta\xi_1'')^2 \leqq \Delta\omega . E_{11},$$

d. h. die quadratische Form der Variablen $\varkappa'$, $\varkappa''$

$$\varkappa'^2\,[E_{11}\,\Delta\omega' - (\Delta\xi_1')^2] + 2\varkappa'\varkappa''\,[E_{11}\,\Delta\omega',{}'' - \Delta\xi_1'\,\Delta\xi_1''] + \varkappa''^2\,[E_{11}\,\Delta\omega'' - (\Delta\xi_1'')^2]$$

ist für kein einziges Wertsystem negativ, mithin

(7) $\quad [E_{11}\Delta\omega'^{,\prime\prime} - \Delta\xi_1'\Delta\xi_1'']^2 \leqq [E_{11}\Delta\omega' - (\Delta\xi_1')^2][E_{11}\Delta\omega'' - (\Delta\xi_1'')^2].$

Hieraus folgt nun unmittelbar: Durchlaufen Ξ', Ξ'' unabhängig voneinander zwei solche Folgen zulässiger Lösungen, für welche

$$\frac{(\Delta\xi_1')^2}{\Delta\omega'} \text{ und } \frac{(\Delta\xi_1'')^2}{\Delta\omega''}$$

gegen E_{11} konvergieren, so konvergiert

$$\frac{\Delta\omega'^{,\prime\prime}}{\sqrt{\Delta\omega'\,\Delta\omega''}}$$

gegen 1, also

$$\Delta\omega^* = \int_{-\infty}^{+\infty} k\left(\Delta\Xi'\frac{\Delta\xi_1'}{\Delta\omega'} - \Delta\Xi''\frac{\Delta\xi_1''}{\Delta\omega''}\right)^2 ds$$

$$= \frac{(\Delta\xi_1')^2}{\Delta\omega'} + \frac{(\Delta\xi_1'')^2}{\Delta\omega''} - 2\frac{\Delta\xi_1'\,\Delta\xi_1''}{\sqrt{\Delta\omega'\,\Delta\omega''}}\,\frac{\Delta\omega'^{,\prime\prime}}{\sqrt{\Delta\omega'\,\Delta\omega''}}$$

gegen $E_{11} + E_{11} - 2E_{11} = 0$, und schließlich, da

$$(\Delta\xi_2)^2 \leqq \Delta\omega\,.\,E_{22}$$

auf

$$\Xi^* = \Xi'\frac{\Delta\xi_1'}{\Delta\omega'} - \Xi''\frac{\Delta\xi_1''}{\Delta\omega''}$$

angewendet,

$$\left(\frac{\Delta\xi_1'\Delta\xi_2'}{\Delta\omega'} - \frac{\Delta\xi_1''\Delta\xi_2''}{\Delta\omega''}\right)^2 \leqq E_{22}\,\Delta\omega^*$$

ergibt,

$$\lim\left(\frac{\Delta\xi_1'\,\Delta\xi_2'}{\Delta\omega'} - \frac{\Delta\xi_1''\,\Delta\xi_2''}{\Delta\omega''}\right) = 0.$$

Daraus folgt die oben behauptete Existenz der Zahl E_{12}.

Analog ist zu zeigen, daß $\frac{\Delta\xi_1\,\Delta\xi_2}{\Delta\omega}$ stets gegen eine und dieselbe Grenze $E_{21} = E_{21}(\Delta)$ konvergiert, falls Ξ eine solche Folge durchläuft, für die $\lim\frac{(\Delta\xi_2)^2}{\Delta\omega} = E_{22}$ ist. Offenbar gelten die Ungleichungen

$$E_{12}^2 \leqq E_{11}\,E_{22}, \quad E_{21}^2 \leqq E_{11}\,E_{22}.$$

Die Ueberlegungen in **H**, Abs. 15 zeigen dann ferner, daß Funktionen

$$\varrho_{11},\ \varrho_{12};\quad \varrho_{21},\ \varrho_{22}$$

von λ existieren, sodaß für jedes Intervall Δ

$$\Delta\varrho_{hi} = E_{hi}(\Delta) \qquad (h,\ i = 1 \text{ oder } 2)$$

wird. Wir können noch annehmen, daß $\varrho_{hi}(0) = 0$ ist. ϱ_{11}, ϱ_{22} ergeben sich als *stetige* Funktionen; wegen

$$(\Delta\varrho_{12})^2 \leqq \Delta\varrho_{11}\,\Delta\varrho_{22}, \quad (\Delta\varrho_{21})^2 \leqq \Delta\varrho_{11}\,\Delta\varrho_{22}$$

sind also auch ϱ_{12}, ϱ_{21} stetig. Für

$$\mathsf{P}_1(s;\lambda) = \int_0^\lambda \varphi_1(s;\mu)\,d\varrho_{11}(\mu) + \int_0^\lambda \varphi_2(s;\mu)\,d\varrho_{12}(\mu)$$

gilt

$$\int_{-\infty}^{+\infty} k\,(\Delta\mathsf{P}_1)^2\,ds = \Delta\varrho_{11},$$

und jede mittels einer stetigen Funktion ξ_1 von λ, für welche $\dfrac{(d\xi_1)^2}{d\varrho_{11}}$ integrierbar ist [1]), gebildete Funktion

$$\Xi_1 = \int_0^\lambda \frac{d\mathsf{P}_1\,d\xi_1}{d\varrho_{11}}$$

ist eine zulässige Lösung von (2); denn sie genügt der Gleichung

$$\int_{-\infty}^{+\infty} k(\Delta\Xi_1)^2\,ds = \int_\Delta \frac{(d\xi_1)^2}{d\varrho_{11}}.$$

Entsprechendes ist über

$$\mathsf{P}_2(s;\lambda) = \int_0^\lambda \varphi_1(s;\mu)\,d\varrho_{21}(\mu) + \int_0^\lambda \varphi_2(s;\mu)\,d\varrho_{22}(\mu)$$

zu sagen.

Setzen wir jetzt in der Ungleichung (7) für Ξ' irgend eine zulässige Lösung Ξ und $\Xi'' = \mathsf{P}_1$, also

$$\Delta\xi_1' = \Delta\xi_1, \qquad \Delta\omega' = \Delta\omega,$$

$$\Delta\omega'^{,\prime\prime} = \int_{-\infty}^{+\infty} k\,\Delta\Xi\,\Delta\mathsf{P}_1\,ds,$$

$$\Delta\xi_1'' = {}_{11} = \Delta\varrho_{11}, \quad \Delta\omega'' = \Delta\varrho_{11},$$

---

1) Der Hellingersche Integralbegriff, welcher hier hineinspielt, ist ein außerordentlich wichtiges Hülfsmittel der Theorie. Vgl. Hellinger, Dissertation, S. 28; Crelles Journal, Bd. 136, S. 237.

so kommt

$$\int_{-\infty}^{+\infty} k\,\Delta\Xi\,\Delta P_1\,ds = \Delta\xi_1.$$

Ebenso folgt die andere der beiden Gleichungen (6). Wir erkennen daraus noch die Beziehung

$$\Delta\varrho_{12} = \int_{-\infty}^{+\infty} k\,\Delta P_1\,\Delta P_2\,ds = \Delta\varrho_{21}; \quad \varrho_{12} = \varrho_{21}.$$

Es ist besonders zu beachten, daß die Differentiale $\sqrt{k}\,.\,d_\lambda P_1$, $\sqrt{k}\,.\,d_\lambda P_2$ *nicht zueinander orthogonal* sind.

Vorübergehend führen wir (in unsymmetrischer Weise) statt P_1, P_2 die Funktionen

$$T_1 = P_1,\quad T_2 = P_2 - \int_0^\lambda \frac{dP_1\,d\varrho_{12}}{d\varrho_{11}} = \int_0^\lambda \varphi_2(s;\mu)\,d\tau_2(\mu)$$

ein, für welche wir die Gleichungen anschreiben:

$$\int_{-\infty}^{+\infty} k(\Delta T_1)^2\,ds = \Delta\varrho_{11} = \Delta\tau_1,\quad \int_{-\infty}^{+\infty} k(\Delta T_2)^2\,ds =$$

$$\Delta\varrho_{22} - \int_\Delta \frac{(d\varrho_{12})^2}{d\varrho_{11}} = \Delta\tau_2,\quad \int_{-\infty}^{+\infty} k\,\Delta T_1\,\Delta T_2\,ds = 0.$$

Ist Ξ irgend eine zulässige Lösung (4), so gilt

$$(\Delta\xi_1)^2 \leqq \Delta\varrho_{11}\,.\,\Delta\omega;$$

es ist also $\dfrac{(d\xi_1)^2}{d\varrho_{11}}$ integrierbar und

$$\Xi_1 = \int_0^\lambda \frac{dP_1\,d\xi_1}{d\varrho_{11}} = Z_1 = \int_0^\lambda \frac{dT_1\,d\zeta_1}{d\tau_1}$$

eine gleichfalls zulässige Lösung. $\Xi - Z_1 = Z_2$ hat die Form $\int_0^\lambda \varphi_2(s;\mu)\,d\zeta_2(\mu)$. Setzen wir

$$\int_{-\infty}^{+\infty} k(\Delta Z_2)^2\,ds = \Delta\omega_2,$$

so, behaupte ich, ist

(8) $$(\Delta \zeta_2)^2 \leqq \Delta \omega_2 \Delta \tau_2.$$

Vertauschen wir nämlich in (7) die Indices 1 und 2 und wenden die hervorgehende Relation auf $\Xi' = \mathsf{P}_1$, $\Xi'' = \mathsf{Z}_2$ an, so ergibt sich durch eine einfache Rechnung

$$(\Delta \zeta_2)^2 \leqq \left[\Delta \varrho_{22} - \frac{(\Delta \varrho_{12})^2}{\Delta \varrho_{11}}\right] \Delta \omega_2,$$

und daraus folgt (8). Wir finden also die Darstellung

$$\Xi = \int_0^\lambda \frac{d\mathsf{T}_1\, d\zeta_1}{d\tau_1} + \int_0^\lambda \frac{d\mathsf{T}_2\, d\zeta_2}{d\tau_2};$$

dabei sind $\frac{(d\zeta_1)^2}{d\tau_1}$, $\frac{(d\zeta_2)^2}{d\tau_2}$ integrierbar, und es wird

$$\Delta \omega = \int_{-\infty}^{+\infty} k (\Delta \Xi)^2 ds = \int_\Delta \frac{(d\zeta_1)^2}{d\tau_1} + \int_\Delta \frac{(d\zeta_2)^2}{d\tau_2}.$$

Umgekehrt ist jede Funktion Ξ von der Form (9), falls $\frac{(d\zeta_1)^2}{d\tau_1}$, $\frac{(d\zeta_2)^2}{d\tau_2}$ integrierbar sind, offenbar eine zulässige Lösung von (2): die Differentiale $d\mathsf{T}_1$, $d\mathsf{T}_2$ bilden ein volles System orthogonalisierter Eigendifferentiale für unsere lineare Differentialgleichungsschar.

Die nach λ genommenen Differentiale $d\mathsf{P}_1$, $d\mathsf{P}_2$ bezeichnen wir als *die an das Lösungssystem $\varphi_1(s;\lambda)$, $\varphi_2(s;\lambda)$ adaptierten Eigendifferentiale* der Schar (1). In derselben Beziehung, wie diese Differentiale zum Streckenspektrum, stehen gewisse lineare Kombinationen der φ_1, φ_2:

$$R_1(s;\lambda) = \varphi_1(s;\lambda) r_{11}(\lambda) + \varphi_2(s;\lambda) r_{12}(\lambda),$$
$$R_2(s;\lambda) = \varphi_1(s;\lambda) r_{21}(\lambda) + \varphi_2(s;\lambda) r_{22}(\lambda)$$

zum Punktspektrum; R_1, R_2 heißen *die an das Lösungssystem φ_1, φ_2 adaptierten Eigenfunktionen* der Schar (1). Ueberlegungen, die den in **H**, Abs. 16 angestellten durchaus analog sind (wobei freilich an Stelle des dortigen Differentials $d\mathsf{P}$ hier zunächst das System $d\mathsf{T}_1$, $d\mathsf{T}_2$ benutzt werden muß) führen zu dem folgenden Entwicklungssatz:

Ist f eine Funktion von s, für welche f, $L(f)$ stetig sind und die Integrale

$$\int_{-\infty}^{+\infty} k f^2 ds, \quad \int_{-\infty}^{+\infty} \frac{1}{k}(L(f))^2 ds$$

konvergieren, so gilt eine gleichmäßig und absolut konvergente Darstellung:

$$f(s) = \sum_{\lambda=-\infty}^{+\infty} \{\varphi_1(s;\lambda) C_1(\lambda) + \varphi_2(s;\lambda) C_2(\lambda)\}$$
$$+ \int_{-\infty}^{+\infty} \{\varphi_1(s;\lambda) d\Gamma_1(\lambda) + \varphi_2(s;\lambda) d\Gamma_2(\lambda)\},$$

deren Koeffizientensystem C_1, C_2; $d\Gamma_1$, $d\Gamma_2$ sich aus den adaptierten Eigenfunktionen R_1, R_2 bezw. Eigendifferentialen dP_1, dP_2 mittels der Formeln

$$C_1(\lambda) = \int_{-\infty}^{+\infty} k(s) f(s) R_1(s;\lambda) ds, \quad C_2(\lambda) = \int_{-\infty}^{+\infty} k(s) f(s) R_2(s;\lambda) ds,$$

$$\Delta\Gamma_1(\lambda) = \int_{-\infty}^{+\infty} k(s) f(s) \Delta P_1(s;\lambda) ds, \quad \Delta\Gamma_2(\lambda) = \int_{-\infty}^{+\infty} k(s) f(s) \Delta P_2(s;\lambda) ds$$

berechnet.

Das Punktspektrum ist stets einfach, d. h. es ist $r_{12}^2 = r_{11} r_{22}$. Denn es können nicht $\sqrt{k}\,.\,\varphi_1$ und $\sqrt{k}\,.\,\varphi_2$ für einen festen λ-Wert beide im Intervall $-\infty < s < +\infty$ quadratisch integrierbar sein. Hingegen kann das Streckenspektrum, wie wir an Beispielen sogleich sehen werden, sehr wohl zweifach sein.

Konvergiert $\frac{q(s)}{k(s)}$ etwa für $s = -\infty$ gegen $+\infty$, so kann man eine für keinen λ-Wert identisch in s verschwindende Lösung $\varphi(s;\lambda)$ von (1) angeben, die nach λ stetig differenzierbar und so beschaffen ist, daß $\sqrt{k}\,.\,\varphi$ bei $s = -\infty$ quadratisch integrierbar wird. Benutzen wir diese Lösung φ als das φ_1 unsere bisherigen Schlüsse, so zeigt sich, daß identisch in λ

$$r_{12} = r_{21} = 0, \; r_{22} = 0; \quad \Delta\varrho_{12} = \Delta\varrho_{21} = 0, \; \Delta\varrho_{22} = 0$$

wird, sodaß die Entwicklung einer willkürlichen Funktion genau dieselbe Gestalt annimmt, wie wenn $-\infty$ von Grenzkreis-Beschaffenheit ist.

Konvergiert $\frac{q(s)}{k(s)}$ sowohl für $s = -\infty$ als auch für $s = +\infty$ gegen $+\infty$, so tritt überhaupt nur ein Punktspektrum auf, das sich nirgends im Endlichen verdichtet. Vergl. die Sätze **H**, Abs. 18—20, die sich sofort übertragen lassen.

§ 2.

An Beispielen zu den allgemeinen Resultaten des vorigen § erwähne ich nur die allernaheliegendsten [1]). Zunächst erhalten wir die Integraldarstellungen mittels *Besselscher Funktionen*, wenn wir, unter ν eine nicht negative Konstante verstehend,

$$p(s) = k(s) = s, \quad q(s) = \frac{\nu^2}{s}$$

setzen und als Intervall $0 \leqq s < +\infty$ nehmen, dessen beide Enden singulär sind. Solange $0 \leqq \nu < 1$ ist, ist das Ende 0 vom Grenzkreistypus, das Ende $+\infty$ dagegen vom Grenzpunkttypus. Sind a, b irgend zwei Konstante, so erhalten wir Darstellungen willkürlicher Funktionen als linearer Kombinationen der Funktionen

$$a\lambda^{-\frac{\nu}{2}} J_\nu(s\sqrt{\lambda}) + b\lambda^{\frac{\nu}{2}} J_{-\nu}(s\sqrt{\lambda}) \quad [\text{falls } 0 < \nu < 1]$$
$$(0 \leqq \lambda < \infty)$$

bezw. der Funktionen

$$aJ(s\sqrt{\lambda}) + bK(s\sqrt{\lambda}) \quad [\text{falls } \nu = 0].$$
$$(0 \leqq \lambda < \infty)$$

J, J_ν sind dabei die Zeichen für die bekannten Besselschen Funktionen, K bedeutet die zweite Partikularlösung der Differentialgleichung 2. Ordnung, welcher J genügt. Nehmen wir insbesondere $a = 1$, $b = 0$ und schreiben noch $\sqrt{\lambda} = \varkappa$, so bekommen wir die Integraldarstellung [2])

$$f(s) = \int_0^\infty \left\{ J_\nu(s\varkappa)\varkappa\, d\varkappa \int_0^\infty f(t)\, t\, J_\nu(t\varkappa)\, dt \right\}. \tag{10}$$

Ist hingegen $\nu \geqq 1$, so ist auch das Ende 0 vom Grenzpunkttypus; jedoch liegt der am Schluß von § 1 erwähnte einfache Fall vor, daß $\lim\limits_{s=0} \frac{q(s)}{k(s)} = \lim\limits_{s=0} \left(\frac{\nu}{s}\right)^2 = +\infty$ ist. Infolgedessen werden wir für

---

1) Diese einfachen Beispiele, welche hier nur dazu dienen, die allgemeine Theorie zu illustrieren, lassen sich wohl auch mittels der von Herrn Hilb a. a. O. benutzten Methode (wenn auch mühsamer und unter größeren Einschränkungen für die zu entwickelnde Funktion $f(s)$) durchführen.

2) Die „Basisfunktion" $\varrho(\lambda)$ ist nach **H.**, Abs. 21 zu bestimmen.

$\nu \geqq 1$ gleichfalls auf die Integraldarstellung (10) geführt; der einzige Unterschied gegen (10) ist der, daß die willkürliche Funktion $f(s)$ jetzt keiner Randbedingung an der Stelle $s = 0$ unterworfen ist.

Als 2. Beispiel betrachten wir die „*Gaußsche Differentialgleichung*", die wir in der Form schreiben

$$s(1-s)\frac{d^2y}{ds^2} + [\gamma - (\alpha+1)s]\frac{dy}{ds} + \lambda^* y = 0$$

oder

$$\frac{d}{ds}\left(s^\gamma (1-s)^{\alpha+1-\gamma}\frac{dy}{ds}\right) + \lambda^* s^{\gamma-1}(1-s)^{\alpha-\gamma}\, y = 0. \tag{11}$$

Eine ihrer Lösungen ist, wenn F die *hypergeometrische Reihe* bedeutet,

$$F\left(\frac{\alpha}{2} + \sqrt{\frac{\alpha^2}{4} + \lambda^*},\ \frac{\alpha}{2} - \sqrt{\frac{\alpha^2}{4} + \lambda^*},\ \gamma;\ s\right).$$

Denken wir uns α und γ als fest gegeben, hingegen λ^* als variablen Parameter, so haben wir eine Schar linearer Differentialgleichungen von der in § 1 betrachteten Form vor uns: es ist jetzt speziell

$$p(s) = s^\gamma (1-s)^{\alpha+1-\gamma},\ q(s) = 0,\ k(s) = s^{\gamma-1}(1-s)^{\alpha-\gamma}.$$

Als Intervall legen wir zunächst $0 \leqq s \leqq 1$ zu Grunde.

	Das Ende 0 ist	Das Ende 1 ist
vom Grenzkreistypus, wenn	$\|1-\gamma\| < 1$	$\|\gamma-\alpha\| < 1$
vom Grenzpunkttypus, wenn	$\|1-\gamma\| \geqq 1$	$\|\gamma-\alpha\| \geqq 1.$

Setzen wir

$$u = s^{\frac{\gamma-1}{2}}(1-s)^{\frac{\alpha-\gamma}{2}}\, y,$$

so schreibt sich (11) in der Form

$$\frac{d}{ds}\left(s(1-s)\frac{du}{ds}\right) - \left(\frac{\left(\frac{\gamma-1}{2}\right)^2}{s} + \frac{\left(\frac{\alpha-\gamma}{2}\right)^2}{1-s}\right)u + \left(\lambda^* + \frac{\alpha^2-1}{4}\right)u = 0, \tag{12}$$

aus der zu ersehen ist, daß wir die Allgemeinheit unserer Untersuchung nicht einschränken, wenn wir

$$\gamma - 1 \geqq 0, \quad \alpha - \gamma \geqq 0$$

voraussetzen, was wir in der Tat tun wollen. Ferner erkennen wir, daß für beide Enden 0 und 1 der einfache Fall vom Schluß des § 1 vorliegt; es tritt demnach nur ein Punktspektrum ohne Verdichtung im Endlichen und kein Streckenspektrum auf. Die hervorgehenden Reihenentwicklungen sind (unter gewissen Einschränkungen) von Jacobi[1]), Darboux[2]), Appell[3]), Blumenthal[4]) und neuerdings mittels Integralgleichungen auch von Frau W. Myller-Lebedeff[5]) und Herrn Kryloff[6]) behandelt worden.

Fassen wir aber jetzt das Intervall $-\infty \ldots 0$ ins Auge, so werden wir statt (11) schreiben

$$\frac{d}{ds}\left((-s)^{\gamma}(1-s)^{\alpha+1-\gamma}\frac{dy}{ds}\right)+\left(\lambda+\frac{\alpha^2}{4}\right)(-s)^{\gamma-1}(1-s)^{\alpha-\gamma}\, y = 0$$

$$\left[\lambda = -\frac{\alpha^2}{4}-\lambda^*\right].$$

Das Ende 0 ist gemäß der obigen Tabelle entweder vom Grenzkreis- oder vom Grenzpunkt-Typus, im letzten Fall jedoch von der wiederholt erwähnten einfachen Beschaffenheit. Um den Charakter des Endes $-\infty$ zu erkennen, führen wir die Transformation

$$u = (-s)^{\frac{\gamma-1}{2}}(1-s)^{\frac{\alpha+1-\gamma}{2}}\, y,$$

$$\sigma = lg\,(1-s)$$

aus und erhalten

$$\frac{d}{d\sigma}\left((1-e^{-\sigma})\frac{du}{d\sigma}\right)-\left\{\frac{\left(\frac{\gamma-1}{2}\right)^2}{e^{\sigma}-1}+\frac{\frac{1}{4}-\left(\frac{\alpha-\gamma}{2}\right)^2}{e^{\sigma}}\right\}u+\lambda u = 0$$

$$(0 \leqq \sigma < +\infty).$$

Die Untersuchungen in **H.**, Abs. 20, 21 zeigen daher, daß $-\infty$ vom Grenzpunkttypus ist und ein das Intervall $0 \leqq \lambda < +\infty$ völlig bedeckendes Streckenspektrum auftritt. Denken wir uns F so fortgesetzt, daß es in der ganzen, längs des Stückes $1 \leqq s < +\infty$

---

1) Crelles Journal Bd. 56 (1859); Werke Bd. 6.

2) Journal de Liouville, sér. III, t. 4.

3) Comptes Rendus 1879.

4) Inauguraldissertation, Göttingen 1898.

5) Comptes Rendus, Oktober 1909; Mathematische Annalen, Bd. 69.

6) Comptes Rendus, 6. Febr. 1910; die von Herrn Kryloff dort benutzte Methode ist genau dieselbe, welche ich in den Math. Ann. Bd. 66 (1908), S. 317—320 an dem Beispiel der Laguerre'schen Polynome entwickelt habe.

der reellen Axe aufgeschnittenen komplexen s-Ebene regulär ist, so muß für $\lambda > 0$ und große positiv-reelle Werte von $-s$ eine asymptotische Darstellung

$$(-s)^{\frac{\gamma-1}{2}}(1-s)^{\frac{\alpha+1-\gamma}{2}} F\left(\frac{\alpha}{2}+i\sqrt{\lambda},\ \frac{\alpha}{2}-i\sqrt{\lambda},\ \gamma;\ s\right)$$
$$\sim m_1(\lambda)\cos(\sigma\sqrt{\lambda}) + m_2(\lambda)\sin(\sigma\sqrt{\lambda})$$

gelten (i bedeutet hier $\sqrt{-1}$). Für die an

$$\varphi(s;\lambda) = F\left(\frac{\alpha}{2}+i\sqrt{\lambda},\ \frac{\alpha}{2}-i\sqrt{\lambda},\ \gamma;\ s\right)$$

adaptierten Eigendifferentiale $dP = \varphi(s;\lambda)\,d\varrho$ erhält man die Gleichung [1])

$$d\varrho = \frac{2\,.\,d\sqrt{\lambda}}{\pi\,[m_1^2(\lambda)+m_2^2(\lambda)]}.$$

$m_1(\lambda)$, $m_2(\lambda)$ lassen sich bestimmen, indem man die lineare Beziehung zwischen F und den beiden zu dem Verzweigungspunkte $s=\infty$ gehörigen Fundamentallösungen der Gaußschen Differentialgleichung aufsucht; man findet, wenn $\sqrt{\lambda} = \varkappa$ gesetzt wird,

$$m_1^2+m_2^2 = 4\left|\frac{\Gamma(\gamma)\,\Gamma(2i\varkappa)}{\Gamma\left(\frac{\alpha}{2}+i\varkappa\right)\Gamma\left(\gamma-\frac{\alpha}{2}+i\varkappa\right)}\right|^2.$$

Γ ist hier das Zeichen für die Gammafunktion. *Wir bekommen folgende Integraldarstellung einer willkürlichen Funktion $f(s)$: Wird*

$$\psi(s;\varkappa) = \left|\frac{\Gamma\left(\frac{\alpha}{2}+i\varkappa\right)\Gamma\left(\gamma-\frac{\alpha}{2}+i\varkappa\right)}{\Gamma(\gamma)\,\Gamma(2i\varkappa)}\right|\cdot F\left(\frac{\alpha}{2}+i\varkappa,\ \frac{\alpha}{2}-i\varkappa,\ \gamma;\ s\right)$$
$$(\varkappa \geqq 0,\quad -\infty < s \leqq 0)$$

gesetzt, dann ist

$$(13)\quad f(s) = \frac{1}{2\pi}\int_0^\infty \psi(s;\varkappa)\,d\varkappa \int_{-\infty}^0 f(t)\,(-t)^{\gamma-1}(1-t)^{\alpha-\gamma}\,\psi(t;\varkappa)\,dt$$
$$(-\infty < s \leqq 0).$$

Schreiben wir

1) H., S. 266.

$$p(s) = (-s)^{\gamma}(1-s)^{\alpha+1-\gamma}, \quad k(s) = (-s)^{\gamma-1}(1-s)^{\alpha-\gamma},$$

so sind die Bedingungen, denen f zu genügen hat, die daß

$$f \text{ und } \frac{d}{ds}\left(p\frac{df}{ds}\right)$$

für $s < 0$ stetig sein und die Integrale

$$\int_{-\infty}^{0} kf^2\,ds, \quad \int_{-\infty}^{0} \frac{1}{k}\left[\frac{d}{ds}\left(p\frac{df}{ds}\right)\right]^2 ds, \quad \int_{-\infty}^{0} \sqrt{k}\,.\,|f|\,ds$$

konvergieren müssen. Im Falle $|\gamma - 1| < 1$ tritt noch die Randbedingung

$$\lim_{s=-0} p\left(f\frac{dF^0}{ds} - F^0\frac{df}{ds}\right) = 0$$

$$\left[F^0 = F\left(\frac{\alpha}{2}, \frac{\alpha}{2}, \gamma; s\right)\right]$$

hinzu. Die Gleichung (13) ist, wie jedoch bemerkt werden muß, in der hingeschriebenen Form nur exakt, wenn (außer $\alpha \geqq \gamma \geqq 1$ noch)

$$\gamma - \frac{\alpha}{2} \leqq 1$$

ist. *Sonst tritt neben dem Strecken- ein aus endlichvielen Werten λ bestehendes Punktspektrum auf,* das man erhält, wenn man in

$$\lambda = -\left[\gamma - \frac{\alpha}{2} - n\right]^2$$

n diejenigen positiven ganzen Zahlen 1, 2, 3, ... durchlaufen läßt, für welche der in der eckigen Klammer stehende Ausdruck > 0 ist [1]).

Die betrachteten Reihenentwicklungen und Integraldarstellungen sind nicht die einzigen, die aus der hypergeometrischen Reihe entspringen. Wir können, wie aus (12) hervorgeht, die zu den singulären Stellen 0,1 gehörigen Exponentendifferenzen $1-\gamma$, $\gamma - \alpha$ auch als rein imaginär voraussetzen (das Ende 0, bezw. 1 wird dann jedesmal vom Grenzkreistypus). Wir können aber auch

---

1) F. Klein, Ueber die Nullstellen der hypergeometrischen Reihe, Mathematische Annalen Bd. 37, S. 573; L. Gegenbauer, Berichte der Akademie zu Wien 1891 u. Monatshefte für Mathematik Bd. 2; Van Vleck, Transactions of the American Mathematical Society vol. 3 (1902); A. Hurwitz, Mathematische Annalen Bd. 38 u. Mathematische Annalen, Bd. 64.

die beiden im Endlichen liegenden singulären Stellen 0, 1 durch zwei konjugiert imaginäre, etwa $+i$, $-i$ ersetzen und für diese Exponentendifferenzen vorschreiben, deren Quadrate konjugiert imaginär sind; als Intervall ist dann die ganze reelle Axe $-\infty \cdots +\infty$ zu nehmen. Naheliegende Verallgemeinerungen auf beliebige Differentialgleichungen der Fuchs'schen Klasse mögen gleichfalls übergangen werden.

Vielmehr wollen wir jetzt (*3. Beispiel*) von solchen linearen Scharen (1) [Intervall: $-\infty \cdots +\infty$] sprechen, in denen die Funktionen p, q, k ($p > 0$, $k > 0$) die Bedingungen erfüllen:

$$\lim_{s=\pm\infty} (p(s)-1) = \lim_{s=\pm\infty} (k(s)-1) = \lim_{s=\pm\infty} q(s) = 0,$$

$$\int_{-\infty}^{+\infty} |s(p(s)-1)|\, ds, \quad \int_{-\infty}^{+\infty} |s(k(s)-1)|\, ds, \quad \int_{-\infty}^{+\infty} |sq(s)|\, ds \text{ endlich.}$$

Beide Enden $-\infty$, $+\infty$ sind vom Grenzpunkttypus; das Streckenspektrum dehnt sich von $\lambda = 0$ bis $+\infty$ aus, das Punktspektrum besteht (falls es überhaupt vorhanden ist) aus endlichvielen Werten $\lambda < 0$. Sind die Funktionen $\varphi_1(s; \lambda)$, $\varphi_2(s; \lambda)$ irgendwie nach der Vorschrift von § 1 gewählt, so gelten für $\lambda > 0$ asymptotische Darstellungen

$$\varphi_i(s; \lambda) \sim \begin{cases} m_i^{+\prime}(\lambda) \cos(s\sqrt{\lambda}) + m_i^{+\prime\prime} \sin(s\sqrt{\lambda}) & [\text{für große positive } s] \\ m_i^{-\prime}(\lambda) \cos(s\sqrt{\lambda}) + m_i^{-\prime\prime} \sin(s\sqrt{\lambda}) & [\text{für absol.-große negat. } s] \end{cases}$$
$$(i = 1, 2).$$

Um das Basissystem ϱ_{11}, $\varrho_{12} = \varrho_{21}$, ϱ_{22} zu berechnen, benutzen wir die Funktionen

$$\mathsf{Z}_1 = \int_0^\lambda \varphi_1(s; \mu)\, d\sqrt{\mu}, \quad \mathsf{Z}_2 = \int_0^\lambda \varphi_2(s; \mu)\, d\sqrt{\mu}$$

und die für die adaptierten Eigendifferentiale $d\mathsf{P}_1$, $d\mathsf{P}_2$ in jedem Intervall Δ der Spektrumsvariablen $\lambda > 0$ gültigen Gleichungen

$$\int_{-\infty}^{+\infty} k \Delta \mathsf{Z}_1 \Delta \mathsf{P}_1\, ds = \Delta\sqrt{\lambda}, \quad \int_{-\infty}^{+\infty} k \Delta \mathsf{Z}_2 \Delta \mathsf{P}_1\, ds = 0,$$

$$\int_{-\infty}^{+\infty} k \Delta \mathsf{Z}_1 \Delta \mathsf{P}_2\, ds = 0, \quad \int_{-\infty}^{+\infty} k \Delta \mathsf{Z}_2 \Delta \mathsf{P}_2\, ds = \Delta\sqrt{\lambda}.$$

Indem wir dann genau analog verfahren wie in **H.**, Abs. 21, erhalten wir unter Berücksichtigung der Gleichung

$$m_1^{+\prime} m_2^{+\prime\prime} - m_2^{+\prime} m_1^{+\prime\prime} = m_1^{-\prime} m_2^{-\prime\prime} - m_2^{-\prime} m_1^{-\prime\prime}$$

das folgende Resultat:

Aus dem Schema

$$\begin{vmatrix} m_1^{+\prime} & m_1^{+\prime\prime} & m_1^{-\prime} & m_1^{-\prime\prime} \\ m_2^{+\prime} & m_2^{+\prime\prime} & m_2^{-\prime} & m_2^{-\prime\prime} \end{vmatrix}$$

bilden wir die Quadratsumme M_{11} der vier in der ersten Zeile stehenden m, die Quadratsumme M_{22} der zweiten Reihe und die zugehörige polare Bildung $M_{12} = M_{21}$ $(= m_1^{+\prime} m_2^{+\prime} + \cdots + m_1^{-\prime\prime} m_2^{-\prime\prime})$. Da

$$M_{11} M_{22} - M_{12}^2 > 0$$

ist, läßt sich die inverse Matrix

$$\begin{pmatrix} L_{11} & L_{12} \\ L_{21} & L_{22} \end{pmatrix} = \begin{pmatrix} M_{11} & M_{12} \\ M_{21} & M_{22} \end{pmatrix}^{-1}$$

herstellen, *und nachdem dies geschehen, wird*

$$d\varrho_{ih} = \frac{2L_{ih}}{\pi} d\sqrt{\lambda} \quad (i, h = 1 \text{ oder } 2).$$

Transformiert man die positive quadratische Form

$$L_{11} x_1^2 + 2L_{12} x_1 x_2 + L_{22} x_2^2$$

auf eine Quadratsumme, so erkennt man, daß sich die φ_1, φ_2 insbesondere so wählen lassen, daß

$$\begin{pmatrix} L_{11}, & L_{12} \\ L_{21}, & L_{22} \end{pmatrix} = \begin{pmatrix} \frac{1}{2} & 0 \\ 0 & \frac{1}{2} \end{pmatrix}$$

wird. Dies ist aber nicht bloß auf eine Weise möglich, sondern wenn φ_1, φ_2 irgendwie dieser normierenden Bedingung gemäß gewählt sind, genügt auch jedes System

$$\varphi_1^* = \varphi_1 \sin\alpha + \varphi_2 \cos\alpha, \quad \varphi_2^* = -\varphi_1 \cos\alpha + \varphi_2 \sin\alpha$$

derselben Bedingung; dabei ist unter α irgend eine stetig differenzierbare Funktion von $\lambda \geqq 0$ zu verstehen.

Das Fouriersche Integraltheorem ist das einfachste Beispiel der eben behandelten Klasse von Integraldarstellungen.

Endlich fassen wir noch das folgende *(vierte) Beispiel* ins Auge:

$$L(u) + \lambda k u \equiv \frac{d^2 u}{ds^2} + s u + \lambda u = 0.$$

In **H.**, Abs. 22 ist diese Gleichungsschar für das Intervall $0 \leqq s < +\infty$

behandelt[1]); jetzt werde das Intervall $-\infty \cdots +\infty$ zu Grunde gelegt, dessen beide Enden vom Grenzpunkttypus sind. Für $s=-\infty$ liegt der einfache durch

$$\lim_{s=-\infty} \frac{q(s)}{k(s)} \left(= \lim_{s=-\infty} (-s) \right) = +\infty$$

charakterisierte Fall vor; $L(u) = 0$ muß demnach eine bei $s=-\infty$ quadratisch integrierbare Lösung $w(s)$ besitzen. Benutzen wir die Partikularlösungen

$$u_1(s) = \sqrt{s}\, J_{-\frac{1}{3}}\left(\tfrac{2}{3} s^{3/2}\right) = \frac{\sqrt[3]{3}}{\Gamma(\frac{2}{3})} \sum_{k=0}^{\infty} \frac{(-1)^k s^{3k}}{2.3.5.6\ldots.3k-1.3k},$$

$$u_2(s) = \sqrt{s}\, J_{\frac{1}{3}}\left(\tfrac{2}{3} s^{3/2}\right) = \frac{1}{\sqrt[3]{3}\,\Gamma(\frac{4}{3})} \sum_{k=0}^{\infty} \frac{(-1)^k s^{3k+1}}{3.4.6.7\ldots.3k.3k+1},$$

so finden wir aus den Reihenentwicklungen leicht

$$\lim_{s=-\infty} \frac{u_1(s)}{u_2(s)} = -1.$$

Man kann also setzen

$$w(s) = \tfrac{1}{3}\sqrt{s}\left\{ J_{-\frac{1}{3}}\left(\tfrac{2}{3}s^{3/2}\right) + J_{\frac{1}{3}}\left(\tfrac{2}{3}s^{3/2}\right)\right\};$$

$w(s)$ ist eine ganze transzendente Funktion. *Es ergibt sich für jede zweimal stetig differenzierbare Funktion* $f(s)$, für welche

$$\int_{-\infty}^{+\infty} s f^2\, ds; \quad \int_{-\infty}^{+\infty} \left(\frac{d^2 f}{ds^2}\right)^2 ds$$

konvergieren, *die folgende bemerkenswerte Integraldarstellung*:

$$f(s) = \int_{-\infty}^{+\infty} w(s+\lambda) \int_{-\infty}^{+\infty} f(t)\, w(t+\lambda)\, dt\, d\lambda$$

$$(-\infty < s < +\infty).$$

Infolge der Symmetrie ihrer Grundfunktion $w(s+\lambda)$ mit Bezug auf s

1) Ein kleines Versehen in der dort ausgeführten Zwischenrechnung bedarf der Richtigstellung: in den Formeln für $u^{(1)}(s)$ [S. 257, Z. 18 u. 22] ist der Faktor $\sqrt[3]{3}$ durch $\sqrt[3]{\frac{1}{3}}$ und infolgedessen S. 268, Z. 16 der Faktor

$$\sqrt[3]{3}\,\left\{\Gamma(\tfrac{4}{3})\,\Gamma(\tfrac{2}{3})\right\}^2 \quad \text{durch} \quad 3\,\left\{\Gamma(\tfrac{4}{3})\,\Gamma(\tfrac{2}{3})\right\}^2$$

zu ersetzen; das Endresultat bleibt unverändert.

und λ läßt sich diese Darstellung aber auch direkt, genau nach Art des Fourierschen Integraltheorems beweisen; dabei genügen betreffs der zu entwickelnden Funktion $f(s)$ die Voraussetzungen, *daß $f(s)$ im Endlichen von beschränkter Schwankung und*

$$\frac{e^{-\frac{2}{3}|s|^{3/2}}}{\sqrt[4]{|s|}} f(s)$$

bei $s = -\infty$, $\frac{1}{\sqrt[4]{s}} f(s)$ *aber bei* $s = +\infty$ *absolut integrierbar ist.*

§ 3.

Wir untersuchen jetzt den *„polaren" Fall*[1])

$$L(u) + \lambda k u \equiv \frac{d}{ds}\left(p\frac{du}{ds}\right) - qu + \lambda k u = 0, \tag{14}$$

wobei wir der Einfachheit halber nur das eine Ende des Intervalls als singulär voraussetzen wollen; d. h. wir nehmen an, daß $p(s)$ für $s \geqq 0$ stetig und positiv ist, die stetige Funktion $k(s)$ aber im Gebiet $s \geqq 0$ nicht überall einerlei Vorzeichen besitzt[2]). Von $q(s)$ müssen wir jetzt verlangen, daß $\frac{q(s)}{|k(s)|}$ oberhalb einer festen positiven Schranke, die $= 1$ genommen werden darf, liegt. Für die Aufstellung der Greenschen Funktion kommt dann nicht die in **H.**, Kap. I dargestellte, das Imaginäre benutzende Methode in Betracht, sondern der in den Göttinger Nachrichten 1909, S. 38–43 dargestellte Ansatz. Als Randbedingung an der Stelle $s = 0$ werde $(u)_{s=0} = 0$ gewählt, und es bezeichne $\alpha(s)$ die durch

$$\alpha(0) = 0, \quad p(0)\left(\frac{d\alpha}{ds}\right)_{s=0} = 1$$

bestimmte (monoton wachsende) Lösung von

$$L(u) = 0. \tag{15}$$

Ferner existiert eine für alle s positive, monoton abnehmende Lösung $\beta(s)$ dieser Gleichung, die an der Stelle $s = 0$ den Wert 1 hat und so beschaffen ist, daß $\beta(s) - \varepsilon\alpha(s)$ stets eine Nullstelle im

---

1) Hilbert, Grundzüge einer allgemeinen Theorie der linearen Integralgleichungen, 4. Mitteilung, diese Nachrichten 1906, S. 462—474; Marty, Comptes Rendus, 28. Februar u. 7. März 1910; Fubini, Annali di Matematica, Ser. III, T. XVII (1910), p. 111.

2) Wir wollen uns vorstellen, daß sich die Nullstellen von $k(s)$ im Endlichen nirgends verdichten.

Gebiet $s > 0$ hat, wie auch die positive Konstante ε gewählt sein mag [1]). Da $p(s)\frac{d\beta}{ds}$ eine negative, wachsende Funktion von s ist, konvergiert sie für $s = +\infty$ gegen eine bestimmte Grenze; diese muß 0 sein, falls $\lim\limits_{s=+\infty} \alpha(s) = +\infty$ wird, wie aus der Identität

$$(16)\qquad \begin{gathered} p(s)\left(\beta(s)\frac{d\alpha}{ds} - \alpha(s)\frac{d\beta}{ds}\right) = 1, \\ \left|p\beta\frac{d\alpha}{ds}\right| + \left|p\alpha\frac{d\beta}{ds}\right| = 1 \end{gathered}$$

hervorgeht. Ist hingegen $\lim\limits_{s=+\infty} \alpha(s)$ endlich, so ist notwendig $\lim\limits_{s=+\infty} \beta(s) = 0$, da sonst $\beta(s) - \varepsilon\alpha(s)$ für hinreichend kleine positive ε im Bereich $s \geqq 0$ konstantes Vorzeichen besäße. Mithin ist stets

$$\lim_{s=\infty} p(s)\beta(s)\frac{d\beta}{ds} = 0.$$

Es gelten die Beziehungen

$$(17)\qquad \begin{gathered} \int_0^s |k|\,\alpha^2 ds \leqq \int_0^s \left[p\left(\frac{d\alpha}{ds}\right)^2 + q\alpha^2\right] ds = p\alpha\frac{d\alpha}{ds}, \\ \int_s^\infty |k|\,\beta^2 ds \leqq \int_s^\infty \left[p\left(\frac{d\beta}{ds}\right)^2 + q\beta^2\right] ds = -p\beta\frac{d\beta}{ds}, \end{gathered}$$

und da nach (16)

$$p^2\alpha\beta\frac{d\alpha}{ds}\left|\frac{d\beta}{ds}\right| \leqq \tfrac{1}{4}$$

ist, die Ungleichung [2])

$$\int_0^s |k|\,\alpha^2 ds \,.\int_s^\infty |k|\,\beta^2 ds \leqq \tfrac{1}{4}.$$

Die Greensche Funktion setzen wir in der Form an

$$G(s,t) = \begin{cases} \alpha(s)\beta(t) & (s \leqq t) \\ \alpha(t)\beta(s) & (s \geqq t). \end{cases}$$

---

1) Göttinger Nachrichten 1909, S. 39 (Satz 1).

2) Diese Ungleichung ist schärfer als die Göttinger Nachrichten, S. 44 auf anderem Wege erhaltene, in der rechts 1 statt $\frac{1}{4}$ auftritt. In der jetzigen Form ist sie völlig analog zu der für komplexe λ in **H.**, S. 228 bewiesenen.

Ist nicht nur $\int_0^\infty |k|\beta^2\,ds$, sondern auch $\int_0^\infty |k|\,\alpha^2\,ds$ konvergent („Grenzkreisfall"), so könnte hier $\beta(s)$ auch durch gewisse andere Lösungen von $L(u) = 0$ ersetzt werden; unser Ansatz bedeutet dann, daß wir im Unendlichen die Randbedingung

$$\lim_{s=+\infty} p(s)\left(u(s)\frac{d\beta}{ds} - \beta(s)\frac{du}{ds}\right) = 0$$

zu Grunde legen.

$$K(s,t) = G(s,t)\sqrt{|k(s)\,k(t)|}$$

ist im Sinne der Theorie der singulären Integralgleichungen ein positiv-definiter, beschränkter Kern; es ist nämlich für alle Funktionen $x(s)$, für die $\int_0^\infty x^2\,ds \leqq 1$ ist,

$$0 \leqq K\langle x\rangle \equiv \int_0^\infty\int_0^\infty K(s,t)\,x(s)\,x(t)\,ds\,dt \leqq 1.$$

Nunmehr läßt sich die Theorie ganz analog wie bei positivem k entwickeln, wenn man nur überall statt

$$\int_0^\infty ku^2\,ds \quad (\text{für } k > 0)$$

jetzt die positiv definite Bildung

$$Gk(u) = Gk(u,u)$$

$$\left\{Gk(u,v) = \int_0^\infty\int_0^\infty G(s,t)\,k(s)\,k(t)\,u(s)\,v(t)\,ds\,dt\right\}$$

den Betrachtungen zu Grunde legt und dementsprechend statt der Schwarzschen Ungleichung

$$\left(\int_0^\infty kuv\,ds\right)^2 \leqq \int_0^\infty ku^2\,ds \int_0^\infty kv^2\,ds \quad (\text{für } k > 0)$$

jetzt die Ungleichung

$$(Gk(u,v))^2 \leqq Gk(u)\,.\,Gk(v)$$

heranzieht [1]). Außerdem müssen wir noch die folgende Abschätzung benutzen:

---

1) Vergl. Marty, Comptes Rendus, t. 150 (1910), S. 516.

(18) $$\int_0^\infty |k|\, v^2\, ds \leqq Gk(u).$$

Hierin bedeutet u eine stetige Funktion, für welche $\int_0^\infty |k| u^2 ds$ konvergiert, und es ist

$$v(s) = \int_0^\infty G(s, t)\, k(t)\, u(t)\, dt$$

gesetzt.

(18) läßt sich als unmittelbare Folge der Gleichung

$$\int_0^\infty \left[p\left(\frac{dv}{ds}\right)^2 + qv^2\right] ds = Gk(u)$$

auffassen, die ihrerseits den Nachweis der Limesgleichung

(19) $$\lim_{s=\infty} p(s)\, v(s) \frac{dv}{ds} = 0$$

erfordert. Es gelten wegen (16), (17) die Abschätzungen

$$\int_0^\infty |k(t)|\, (G(s, t))^2\, dt \leqq \alpha(s)\, \beta(s),$$

$$\int_0^\infty |k(t)| \left(p(s) \frac{\partial G(s, t)}{\partial s}\right)^2 dt \leqq p^2(s) \frac{d\alpha}{ds} \left|\frac{d\beta}{ds}\right|,$$

also

$$\int_0^\infty \int_0^\infty \left(p(s)\, G(s, t) \frac{\partial G(s, r)}{\partial s}\right)^2 |k(t)\, k(r)|\, dt\, dr \leqq \tfrac{1}{4}.$$

Nun ist

$$p(s)\, v(s) \frac{dv}{ds} = \int_0^\infty \int_0^\infty p(s)\, G(s, t) \frac{\partial G(s, r)}{\partial s} \cdot k(t)\, k(r)\, u(t)\, u(r)\, dt\, dr,$$

und es folgt zunächst mittels der Schwarzschen Ungleichung

$$\left|p(s)\, v(s) \frac{dv}{ds}\right| \leqq \tfrac{1}{2} \int_0^\infty |k|\, u^2\, ds.$$

Bedenkt man aber noch, daß

$$p(s)\, G(s, t) \frac{\partial G(s, r)}{\partial s}$$

für $\begin{matrix} 0 \leqq t \leqq a \\ 0 \leqq r \leqq b \end{matrix}$ gleichmäßig mit $\frac{1}{s}$ gegen 0 konvergiert, so ergibt sich die Richtigkeit der Gleichung (19).

Uebrigens ist (18) nur ein anderer Ausdruck für die Beziehung

$$KK\langle x\rangle \leqq K\langle x\rangle,$$

in der KK den iterierten Kern bedeutet. Diese Beziehung ist allgemein gültig für jeden Kern K, dessen zugehörige Integralform $K\langle x\rangle$ für $\int_0^\infty x^2\,ds \leqq 1$ in den Grenzen 0 und 1 liegt.

Es ist wiederum vor allem nötig, über die „zulässigen Lösungen" $\Xi(s;\lambda)$ von

$$L(\Xi) + k\int_0^\lambda \mu\, d_\mu \Xi = 0,$$

d. h. diejenigen Lösungen, welche den Bedingungen

$$\Xi_{s=0} = 0,\ (\Xi_{\lambda=0} = 0,)\ \int_0^\infty |k|\,\Xi^2 ds \text{ endlich und stetig}$$

genügen, einen Ueberblick zu gewinnen. Wenn $\varphi(s;\lambda)$ etwa die durch

$$\varphi_{s=0} = 0,\quad \left(p(s)\frac{\partial\varphi}{\partial s}\right)_{s=0} = 1$$

bestimmte Lösung von

$$L(u) + \lambda k u = 0$$

bedeutet, drückt sich ein solches Ξ in der Form aus:

$$\Xi(s;\lambda) = \int_0^\lambda \varphi(s;\mu)\, d\xi(\mu).$$

Setzen wir

$$Gk(\Delta\Xi) = \Delta\omega,$$

wo ω eine stetige wachsende Funktion von λ ist, so hat der Quotient $\frac{(\Delta\xi)^2}{\Delta\omega}$, gebildet für alle zulässigen Lösungen Ξ, eine bestimmte präzise obere Grenze, die sich als der Zuwachs $\Delta\sigma$ einer stetigen monotonen Funktion σ herausstellt. Damit Ξ eine zulässige Lösung ist, muß demnach jedenfalls $\frac{(d\xi)^2}{d\sigma}$ integrierbar sein, wie aus

$$(\Delta\xi)^2 \leqq \Delta\omega\,\Delta\sigma,$$

$$\int\limits_{\Delta} \frac{(d\xi)^2}{d\sigma} \leqq \Delta\omega \tag{21}$$

hervorgeht.

Wir führen

$$\Sigma(s;\lambda) = \int\limits_0^{\lambda} \varphi(s;\mu)\,d\sigma(\mu)$$

ein und haben nun noch zu zeigen, daß für $\Xi = \Sigma$ und auch für

$$\Xi = \int\limits_0^{\lambda} \frac{d\Sigma\,d\xi}{d\sigma}, \quad \text{falls } \frac{(d\xi)^2}{d\sigma}$$

integrierbar ist, das Integral $\int\limits_0^{\infty} |k|(\Delta\Xi)^2\,ds$ konvergiert. Zu diesem Zwecke teilen wir Δ, das wir uns etwa ganz im Gebiet $\lambda > 0$ gelegen denken, in die Teilintervalle $\Delta_h = (\lambda_h, \lambda_{h+1})$, die sämtlich eine Länge $< \varepsilon$ besitzen mögen, und bilden

$$\Delta\mathrm{H}_\varepsilon = \sum_{(h)} \left(\lambda_h \frac{\Delta_h \xi^{(h)}}{\Delta_h \omega^{(h)}} \frac{\Delta_h \xi}{\Delta_h \sigma} \Delta_h \Xi^{(h)}\right).$$

Dabei sind die

$$\Xi^{(h)} = \int\limits_0^{\lambda} \varphi(s;\mu)\,d\xi^{(h)}(\mu)$$

zulässige Lösungen, für welche die Ungleichungen

$$\Delta_h\sigma \geqq \frac{(\Delta_h \xi^{(h)})^2}{\Delta_h \omega^{(h)}} = \frac{(\Delta_h \xi^{(h)})^2}{Gk(\Delta_h \Xi^{(h)})} \geqq (1-\varepsilon)\,\Delta_h \sigma$$

statthaben. Wir bilden

$$Gk(\Delta\mathrm{H}_\varepsilon) = \sum_h Gk(\Delta_h \mathrm{H}_\varepsilon) = \sum_h \lambda_h^2 \frac{(\Delta_h \xi^{(h)})^2}{(\Delta_h \omega^{(h)})^2} \frac{(\Delta_h \xi)^2}{(\Delta_h \sigma)^2} \Delta_h \omega^{(h)}$$

$$\leqq \sum_h \lambda_h^2 \frac{(\Delta_h \xi)^2}{\Delta_h \sigma} \leqq \int\limits_{\Delta} \lambda^2 \frac{(d\xi)^2}{d\sigma}$$

und finden nach (18), wenn die Bezeichnung

$$\Delta\Xi_\varepsilon = \int\limits_0^{\infty} G(s,t)\,k(t)\,\Delta\mathrm{H}_\varepsilon(t)\,dt = \sum_h \left\{ \frac{\Delta_h \xi^{(h)}}{\Delta_h \omega^{(h)}} \frac{\Delta_h \xi}{\Delta_h \sigma} \cdot \lambda_h \int\limits_{\Delta_h} \frac{\varphi(s;\mu)\,d\xi^{(h)}(\mu)}{\mu} \right\}$$

eingeführt wird,

$$\int_0^\infty |k|(\Delta\Xi_\varepsilon)^2 ds \leqq \int_\Delta \lambda^2 \frac{(d\xi)^2}{d\sigma}.$$

Da aber gleichmäßig in jedem endlichen Intervall der Variablen s

$$\lim_{\varepsilon=0} \Delta\Xi_\varepsilon = \Delta\Xi$$

gilt, muß in der Tat

$$\int_0^\infty |k|(\Delta\Xi)^2 ds \leqq \int_\Delta \lambda^2 \frac{(d\xi)^2}{d\sigma}$$

sein. Nebenbei erhalten wir also noch für jede zulässige Lösung Ξ die Ungleichung

$$\int_0^\infty |k|(\Delta\Xi)^2 ds \leqq \lambda_M^2 \,.\, Gk(\Delta\Xi);$$

λ_M^2 bedeutet das Maximum von λ^2 in Δ.

Nachdem so die quadratische Integrierbarkeit von $\sqrt{|k|}\,.\,\Delta\Xi$ sichergestellt ist, schließen wir leicht

$$\Delta\omega = Gk(\Delta\Xi) = \int_\Delta \frac{(d\xi)^2}{d\sigma},$$

insbesondere also

$$Gk(\Delta\Sigma) = \Delta\sigma.$$

Dies geschieht am einfachsten so: Man setze

$$\Delta\Xi_\varepsilon^* = \sum_h \frac{\Delta_h \xi^{(h)}}{\Delta_h \omega^{(h)}} \frac{\Delta_h \xi}{\Delta_h \sigma} \Delta_h \Xi^{(h)};$$

dann ist

$$Gk(\Delta\Xi_\varepsilon^*) = \sum_h \frac{(\Delta_h \xi^{(h)})^2}{(\Delta_h \omega^{(h)})^2} \frac{(\Delta_h \xi)^2}{(\Delta_h \sigma)^2} \Delta_h \omega^{(h)} \leqq \sum_h \frac{(\Delta_h \xi)^2}{\Delta_h \sigma} \leqq \int_\Delta \frac{(d\xi)^2}{d\sigma},$$

also

$$(22) \qquad |Gk(\Delta\Xi, \Delta\Xi_\varepsilon^*)|^2 \leqq Gk(\Delta\Xi)\, Gk(\Delta\Xi_\varepsilon^*) \leqq \Delta\omega \,.\, \int_\Delta \frac{(d\xi)^2}{\delta\sigma}$$

und

$$(23) \qquad \int_0^\infty |k|(\Delta\Xi_\varepsilon^*)^2 ds \leqq \lambda_M^2 \,.\, Gk(\Delta\Xi_\varepsilon^*) \leqq \lambda_M^2 \,.\, \int_\Delta \frac{(d\xi)^2}{d\sigma}.$$

Da $\Delta\Xi_\varepsilon^*$ gleichmäßig in jedem endlichen Intervall von s gegen $\Delta\Xi$

konvergiert und $\int\limits_0^\infty |k|(\Delta\Xi_\varepsilon^*)^2 ds$ nach (23) für alle ε unterhalb einer festen Grenze bleibt, schließen wir aus (22)

$$\lim_{\varepsilon=0} Gk(\Delta\Xi, \Delta\Xi_\varepsilon^*) = Gk(\Delta\Xi) = \Delta\omega,$$

$$\left(\int\limits_\Delta \frac{(d\xi)^2}{d\sigma} \leqq\right) \Delta\omega \leqq \int\limits_\Delta \frac{(d\xi)^2}{d\sigma}.$$

Aus

$$Gk(\Delta\Sigma) \leqq \int\limits_\Delta |k|(\Delta\Sigma)^2 ds$$

ergibt sich

$$\Delta\sigma \leqq \int\limits_\Delta \lambda^2 d\sigma,$$

d. h. im Intervall $-1 \leqq \lambda \leqq +1$ ist $\sigma(\lambda)$ konstant: das („polare") Streckenspektrum läßt ebenso wie das Punktspektrum das Intervall $-1 \cdots +1$ ganz frei. Hingegen erstreckt sich das Spektrum sowohl nach links wie nach rechts hin ins Unendliche.

Bilden wir die adaptierten Eigendifferentiale $d\mathrm{P}$ gemäß der Gleichung

$$d\mathrm{P} = \frac{d\Sigma}{\lambda},$$

so lautet der Entwicklungssatz (im Grenzpunktfalle):

Die Funktion $f(s)$ möge so beschaffen sein, daß für alle $s \geqq 0$, für die $k(s) \neq 0$,

$$f, \quad L(f), \quad L\left(\frac{1}{k} L(f)\right)$$

stetig sind, während an den Nullstellen von $k(s)$ und im Unendlichen die Integrale

$$\int\limits_0^\infty |k| f^2 ds, \quad \int\limits_0^\infty \frac{1}{|k|}(L(f))^2 ds, \quad \int\limits_0^\infty \frac{1}{|k|}\left\{L\left(\frac{1}{k} L(f)\right)\right\}^2 ds$$

konvergieren sollen; ferner werde

$$\lim_{s=0} f = 0, \quad \lim_{s=0} \frac{1}{k} L(f) = 0$$

vorausgesetzt: dann gilt eine gleichmäßig und absolut konvergente Entwicklung

$$f(s) = \sum_{\lambda=-\infty}^{+\infty} \varphi(s;\lambda)\, C(\lambda) + \int_{\lambda=-\infty}^{+\infty} \varphi(s;\lambda)\, d\Gamma(\lambda),$$

deren Koeffizienten sich aus den adaptierten Eigenfunktionen und Eigendifferentialen R, $d\mathsf{P}$ nach den Formeln

$$C(\lambda) = \int_0^\infty k f R\, ds, \quad \Delta\Gamma = \int_0^\infty k f \Delta\mathsf{P}\, ds$$

berechnen.

Göttingen, den 1. Juli 1910.

8.

Über gewöhnliche Differentialgleichungen mit Singularitäten und die zugehörigen Entwicklungen willkürlicher Funktionen

Mathematische Annalen 68, 220—269 (1910)

Die vorliegende Arbeit verfolgt das Ziel, die Theorie der singulären Integralgleichungen, wie ich sie, auf die Untersuchungen von HILBERT und HELLINGER über die beschränkten quadratischen Formen von unendlichvielen Variablen[1]) gestützt, in einer kürzlich in den Mathematischen Annalen erschienenen Abhandlung[2]) entwickelt habe, für die Theorie der gewöhnlichen linearen Differentialgleichungen zweiter Ordnung nutzbar zu machen. Es handelt sich dabei um Differentialgleichungen, welche an dem einen Ende ihres reellen Integrationsintervalls eine Singularität von mehr oder minder kompliziertem Charakter aufweisen, und um die Aufstellung der aus solchen Differentialgleichungen entspringenden Entwicklungen willkürlicher Funktionen, wie sie in dem einfachsten Falle der Gleichung $d^2u/ds^2 = 0$ als Fouriersche Reihe und Fouriersches Integraltheorem seit langem bekannt sind. Nachdem HILB[3]) durch Ausführung eines ähnlichen Grenzübergangs, wie ihn HILBERT in seiner 4. Mitteilung anwendet, zwei besondere Typen solcher singulären Differentialgleichungen erfolgreich behandelt hat, werde ich hier die gestellte Frage nach einer andern Methode in allgemeinster Weise in Angriff nehmen, d. h. ohne irgend eine beschränkende Voraussetzung über die Natur der Singularität, welche die Differentialgleichung darbietet, zu machen.

Im ersten Teil dieser Arbeit wird durch eine besondere Anwendung des Imaginären diejenige Funktion $G_2^l(s,t)$ aufgestellt, welche (als Ersatz der GREENschen Funktion) den Übergang von der Differential- zur Integralgleichung ermöglicht, und zugleich eine für das Folgende fundamentale Unterscheidung aller in Betracht kommenden Differentialgleichungen in zwei Typen, den *Grenzkreis-* und den *Grenzpunkt-Typus*, vorgenommen. Darauf werden in Kapitel II und III diese beiden Typen, namentlich mit Rücksicht auf die zu ihnen gehörigen Reihenentwicklungen bzw. Integraldarstellungen, gesondert untersucht. Zum Schluss endlich gebe ich eine Methode an, wie man bei der Diskus-

---

[1]) D. HILBERT, *Grundzüge einer allgemeinen Theorie der linearen Integralgleichungen*, 4. Mitt., Gött. Nachr. (Math. phys. Klasse) *1906*, S. 157ff.; E. HELLINGER, Inauguraldissertation (Göttingen 1907). E. HELLINGER, *Neue Begründung der Theorie quadratischer Formen von unendlichvielen Veränderlichen*, Habilitationsschrift, Crelles Journal *136*. (Diese letztgenannte Abhandlung erschien erst während des Druckes der vorliegenden Arbeit.)

[2]) H. WEYL, Math. Ann. *66*, S. 273ff.

[3]) E. HILB, In den ersten drei Kapiteln seiner Habilitationsschrift, Math. Ann. *66*, S. 1.

sion spezieller Differentialgleichungen (nach Art der von WIRTINGER[1]) und HILB[2]) betrachteten) zu einer genaueren Kenntnis der Lage und Natur des Punkt- und Streckenspektrums gelangen kann[3]).

Als Intervall der Differentialgleichung wähle ich stets, indem ich die singuläre Stelle ins Unendliche verlege, $0 \leqq s < \infty$.

KAPITEL I

Diskussion der Differentialgleichung L(u) + i u = 0

1. Ist $p(s)$ eine für $s \geqq 0$ definierte, stetige, *positive* Funktion[4]), $q(s)$ eine beliebige gleichfalls im Bereiche $s \geqq 0$ erklärte, stetige Funktion, so hat die lineare Differentialgleichung

$$L(u) \equiv \frac{d}{ds}\left(p(s)\frac{du}{ds}\right) - q(s)\,u(s) = 0$$

eine den Randbedingungen

$$u^{(1)}(0) = 1, \quad \left[p(s)\frac{du^{(1)}}{ds}\right]_{s=0} = 0 \tag{1}$$

genügende Lösung $u^{(1)}(s)$, welche durch die in jedem endlichen Intervall gleichmässig konvergente Reihe

$$u^{(1)}(s) = 1 + \sum_{n=1}^{\infty} \underset{\substack{(0\leqq\tau_1\leqq t_1\leqq\cdots\\ \cdots\leqq\tau_n\leqq t_n\leqq s)}}{\int\int\cdots\int\int} \frac{q(\tau_1)\ldots q(\tau_n)}{p(t_1)\ldots p(t_n)}\,d\tau_1\,dt_1\ldots d\tau_n\,dt_n \tag{2}$$

gegeben ist[5]). Eine zweite, die Randbedingungen

$$u^{(2)}(0) = 0, \quad \left[p(s)\frac{du^{(2)}}{ds}\right]_{s=0} = 1 \tag{3}$$

befriedigende Lösung $u^{(2)}(s)$ derselben Gleichung wird durch die analoge Formel

$$u^{(2)}(s) = \sum_{n=0}^{\infty} \underset{\substack{(0\leqq t\leqq\tau_1\leqq t_1\leqq\cdots\\ \cdots\leqq\tau_n\leqq t_n\leqq s)}}{\int\int\int\cdots\int\int} \frac{q(\tau_1)\ldots q(\tau_n)}{p(t)\,p(t_1)\ldots p(t_n)}\,dt\,d\tau_1\,dt_1\ldots d\tau_n\,dt_n \tag{4}$$

---

[1]) W. WIRTINGER, Math. Ann. *48*, S. 387.

[2]) E. HILB, a.a.O., Kap. II und III.

[3]) Einen Teil der Resultate dieser Arbeit habe ich bereits in den Göttinger Nachrichten *1909*, S. 37 ff., jedoch in weniger allgemeiner Form, veröffentlicht.

[4]) In der Tat wird die meistens zugrunde gelegte Voraussetzung der stetigen Differenzierbarkeit von $p(s)$ im folgenden nirgends benötigt.

[5]) Diese Formel ergibt sich mittels der auf lineare Differentialgleichungen bereits von CAQUÉ, L. FUCHS, H. POINCARÉ, GÜNTHER u. a. angewandten, in allgemeinster Weise aber erst von E. PICARD [vgl. *Traité d'Analyse* (2. Aufl.), Bd. II, S. 340 ff.] entwickelten Methode der sukzessiven Approximation.

geliefert. Jede andere Lösung von $L(u) = 0$ lässt sich aus diesen beiden in linear-homogener Weise mittels konstanter Koeffizienten zusammensetzen.

Die der inhomogenen Gleichung

$$L(u) = g(s), \tag{5}$$

in der $g(s)$ eine beliebige stetige Funktion bedeutet, und den Randbedingungen

$$u(0) = 0, \quad \left[p(s)\frac{du}{ds}\right]_{s=0} = 0 \tag{6}$$

genügende Funktion berechnet sich aus

$$u(s) = \sum_{n=0}^{\infty} \underset{\substack{(0 \leqq \tau \leqq t \leqq \tau_1 \leqq t_1 \leqq \cdots \\ \cdots \leqq \tau_n \leqq t_n \leqq s)}}{\int\int\int\int \cdots \int\int} \frac{g(\tau)\, q(\tau_1) \ldots q(\tau_n)}{p(t)\, p(t_1) \ldots p(t_n)}\, d\tau\, dt\, d\tau_1\, dt_1 \ldots d\tau_n\, dt_n. \tag{7}$$

2. Wir führen jetzt einen Parameter λ ein und betrachten die Differentialgleichung

$$L(u) + \lambda u = 0. \tag{8}$$

Die den Randbedingungen (1) bzw. (3) genügenden Lösungen $u^{(1)}(s;\lambda)$, $u^{(2)}(s;\lambda)$ dieser Gleichung (8) erhalten wir aus (2) und (4), indem wir $q(s)$ durch $q(s) - \lambda$ ersetzen. Sie sind also, wenn wir λ als *komplexe Variable* auffassen, ganze transzendente Funktionen[1]) von λ; die bei der Potenzentwicklung dieser ganzen Funktionen nach λ auftretenden Koeffizienten sind stetige, reelle Funktionen der reellen Variablen $s \geqq 0$.

Mit Hilfe einer festen Zahl h bilden wir

$$\varphi(s;\lambda) = -\sin h \cdot u^{(1)}(s;\lambda) + \cos h \cdot u^{(2)}(s;\lambda). \tag{9}$$

$\varphi(s;\lambda)$ ist nichts anderes als die in gewisser Weise normierte, der Anfangsbedingung[2])

$$\left[\cos h \cdot u(s) + \sin h \cdot p(s)\frac{du}{ds}\right]_{s=0} = 0 \tag{10}$$

unterworfene Lösung von (8).

3. Wir untersuchen (8) zunächst für *nicht-reelle* Werte von λ; dazu wird es genügen, den speziellen Wert $\lambda = i = \sqrt{-1}$ einzusetzen. Wir bilden die beiden Partikularlösungen

$$\varphi(s;i) = -\sin h \cdot u^{(1)}(s;i) + \cos h \cdot u^{(2)}(s;i) = \eta(s),$$
$$\cos h \cdot u^{(1)}(s;i) + \sin h \cdot u^{(2)}(s;i) = \vartheta(s).$$

---

1) Siehe auch E. Picard, *Traité d'Analyse*, Bd. III, S. 89.

2) Bei dieser Schreibweise sind die möglichen Randbedingungen den Durchmessern eines Kreises umkehrbar eindeutig zugeordnet, indem (10) dann und nur dann für zwei Werte h dieselbe Randbedingung bedeutet, falls die Differenz der beiden Werte h ein ganzzahliges Multiplum von π ist.

Ferner bedienen wir uns konsequent der folgenden Bezeichnungen.

Ist c eine komplexe Grösse, so bedeutet c_1 den Real-, c_2 den Imaginärteil von c, so dass

$$c = c_1 + i\, c_2$$

ist; die konjugiert-imaginäre Grösse $c_1 - i\, c_2$ wird mit $\bar{c}$, der absolute Betrag von c mit $|c|$ bezeichnet:

$$|c|^2 = c \cdot \bar{c} = c_1^2 + c_2^2.$$

Ist $u(s)$ eine differenzierbare (komplexwertige) Funktion des Arguments $s \geqq 0$, so bedeutet

$$u'(a) = \left(\frac{du}{ds}\right)_a$$

den Differentialquotienten von $u(s)$ an der Stelle $s = a$. Ferner werde

$$p(s)\left(u(s)\,\frac{dv}{ds} - v(s)\,\frac{du}{ds}\right) = (u\, v)$$

gesetzt; soll hierin dem Argument s ein spezieller Wert a erteilt werden, so wird dem Symbol $(u\, v)$ der Buchstabe a als unterer Index angehängt. $(u\, v)$ erfüllt die folgenden Rechenregeln:

I. $$(u\, v) + (v\, u) = 0; \quad (u\, u) = 0.$$

II. Ist

$$v(s) = c^{(1)}\, v^{(1)}(s) + c^{(2)}\, v^{(2)}(s) \quad [c^{(1)}, c^{(2)} \text{ konstant}],$$

so gilt das assoziative Gesetz

$$(u\, v) = c^{(1)} (u\, v^{(1)}) + c^{(2)} (u\, v^{(2)}).$$

III. Real- und Imaginärteil von $(u\, v)$ sind, entsprechend der Regel für die gewöhnliche Multiplikation, durch

$$(u_1\, v_1) - (u_2\, v_2) \quad \text{bzw.} \quad (u_1\, v_2) + (u_2\, v_1)$$

gegeben.

IV. $$(u\, \bar{u}) = 2\, i\, (u_2\, u_1).$$

V. Sind $u(s)$, $v(s)$ stetige Funktionen, für die $L(u)$, $L(v)$ existieren und gleichfalls stetig sind, so gilt die sogenannte GREENsche Formel

$$\int_0^a \{u\, L(v) - v\, L(u)\}\, ds = (u\, v)_a - (u\, v)_0. \tag{11}$$

Setzen wir in dieser Formel insbesondere für u eine Lösung der Gleichung

$$L(u) + i\,u = 0$$

und für v die konjugiert-imaginäre Funktion $\bar{u}$, welche der Differentialgleichung

$$L(\bar{u}) - i\,\bar{u} = 0$$

genügt, so verwandelt sich (11) in

$$\int_0^a |u|^2\,ds = (u_2\,u_1)_a - (u_2\,u_1)_0. \tag{12}$$

4. Es ist offenbar

$$(\vartheta\,\eta)_0 = 1.$$

Aus der GREENschen Formel folgt, dass infolgedessen identisch in s

$$(\vartheta\,\eta) = 1$$

wird. Bilden wir mit Hilfe einer beliebigen komplexen Zahl l die lineare Kombination

$$\beta^l(s) = \vartheta(s) + l\cdot\eta(s),$$

so gilt also auch (wie die Rechenregeln I und II zeigen) die Identität

$$(\beta^l\,\eta) = 1,$$

welche sich (nach III) in die beiden folgenden

$$(\beta_1^l\eta_1) - (\beta_2^l\eta_2) = 1, \quad (\beta_1^l\eta_2) + (\beta_2^l\eta_1) = 0 \tag{13}$$

zerlegen lässt.

Wir betrachten unsere Differentialgleichung

$$L(u) + i\,u = 0 \tag{14}$$

zunächst in dem endlichen Intervall $0 \leqq s \leqq a$. Ist j irgend ein reeller und l ein solcher Wert, dass $\beta^l(s)$ der Randbedingung

$$\left[\cos j\cdot u(s) + \sin j\cdot p(s)\frac{du}{ds}\right]_{s=a} = 0 \tag{15}$$

genügt, so werden wir die Funktion

$$G^l(s,t)\begin{cases} = \eta(s)\,\beta^l(t) & (s \leqq t) \\ = \eta(t)\,\beta^l(s) & (t < s) \end{cases} \quad \left[0 \leqq {s \atop t} \leqq a\right] \tag{16}$$

die zu den Randbedingungen (10) und (15) gehörige *Greensche Funktion* der Differentialgleichung (14) im Intervall $0 \ldots a$ nennen. Wegen

$$G^l(s,t) = G^0(s,t) + l\,\eta(s)\,\eta(t) \tag{17}$$

hängt die durch (16) definierte Funktion $G^l(s,t)$ in linearer Weise von dem Parameter l ab.

Wir deuten l als Punkt in einer komplexen l-Ebene mit dem rechtwinkligen Koordinatensystem $l_1\,l_2 = 0$ und fragen, welche Lage l haben muss, damit $\beta^l(s)$ an der Stelle $s = a > 0$ einer *reellen* Randbedingung genügt, d.h. damit eine Beziehung der Gestalt

$$\cos j \cdot \beta^l(a) + \sin j \cdot p(a)\left(\frac{d\beta^l}{ds}\right)_a = 0 \quad [0 \leqq j < \pi] \tag{18}$$

besteht. (18) zerfällt in die beiden Gleichungen

$$\cos j \cdot \beta_1^l(a) + \sin j \cdot p(a)\left(\frac{d\beta_1^l}{ds}\right)_a = 0\,, \tag{19$_1$}$$

$$\cos j \cdot \beta_2^l(a) + \sin j \cdot p(a)\left(\frac{d\beta_2^l}{ds}\right)_a = 0\,. \tag{19$_2$}$$

Um sie geometrisch zu deuten, bemerken wir zunächst, dass es einen bestimmten Punkt l^* gibt, für den

$$\beta_1^{l^*}(a) = 0, \quad p(a)\left(\frac{d\beta_1^{l^*}}{ds}\right)_a = 0 \tag{20}$$

ist. Wegen der aus (12) hergeleiteten Formel

$$(\eta_2\,\eta_1)_a = \int_0^a |\eta|^2\,ds > 0 \tag{21}$$

wird (20) erfüllt sein, falls wir l^* so bestimmen, dass

$$(\beta_1^{l^*}\eta_1)_a = 0, \quad (\beta_1^{l^*}\eta_2)_a = 0$$

ist. Diese beiden Gleichungen können, nachdem die zweite gemäss (13) durch

$$(\beta_2^{l^*}\eta_1)_a = 0$$

ersetzt ist, in die eine

$$(\beta^{l^*}\eta_1)_a = 0$$

zusammengefasst werden, welche

$$(\vartheta\,\eta_1)_a + l^*(\eta\,\eta_1)_a = 0, \quad l^* = \frac{i(\vartheta\,\eta_1)_a}{(\eta_2\,\eta_1)_a}$$

ergibt. Ebenso findet man, dass der Punkt

$$l_* = \frac{(\vartheta\ \eta_2)_a}{(\eta_2\ \eta_1)_a}$$

den Relationen

$$\beta_2^{l_*}(a) = 0, \quad p(a)\left(\frac{d\beta_2^{l_*}}{ds}\right)_a = 0$$

Genüge tut.

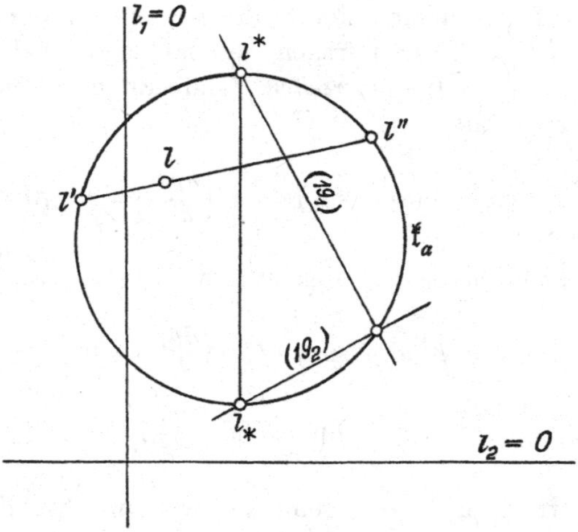

Fig. 1

Bei der durch die lineare Transformation

$$\begin{aligned} m &= \cos j \cdot \beta^l(a) + \sin j \cdot p(a)\left(\frac{d\beta^l}{ds}\right)_a \\ &= [\cos j \cdot \vartheta(a) + \sin j \cdot p(a)\ \vartheta'(a)] \\ &\quad + l \cdot [\cos j \cdot \eta(a) + \sin j \cdot p(a)\ \eta'(a)] \end{aligned}$$

vermittelten ähnlichen Abbildung der l- auf eine komplexe m-Ebene gehen die Gleichungen (19) in

$$m_1 = 0, \quad m_2 = 0$$

über. Infolgedessen stellt (19_1) eine durch l^*, (19_2) eine durch l_* gehende Gerade dar, welche sich *rechtwinklig* kreuzen. Durchläuft also j das Intervall $0 \ldots \pi$, so beschreibt der Schnittpunkt dieser beiden Geraden den über dem Durchmesser $l^* l_*$ errichteten Kreis $\mathfrak{k}_a$. *Dann und nur dann, wenn l auf diesem Kreise liegt, genügt $\beta^l(s)$ für $s = a$ einer reellen Randbedingung.* Da

$$l^* - l_* = \frac{i}{(\eta_2\ \eta_1)_a}$$

ist, berechnet sich der Durchmesser $2\,r_a$ von $\mathfrak{k}_a$ aus

$$2\,r_a \cdot \int_0^a |\eta|^2\, ds = 1. \tag{22}$$

Orientieren wir die l_1- und l_2-Achse wie in Figur 1 (S. 15), so sind l^*, l_* bzw. der höchste und der tiefste Punkt des Kreises $\mathfrak{k}_a$.

5. Es gilt der folgende grundlegende

Satz 1. *Jeder der Kreise* $\mathfrak{k}_a$ $(a > 0)$ *liegt in der oberen Halbebene* $l_2 > 0$, *und von zwei derartigen Kreisen umschliesst stets der dem kleineren Werte von a entsprechende den anderen. Infolgedessen schrumpft* $\mathfrak{k}_a$ *mit unbegrenzt wachsendem a entweder auf einen innerhalb der sämtlichen* $\mathfrak{k}_a$ *gelegenen Punkt, den Grenzpunkt, zusammen oder konvergiert gegen einen Grenzkreis, der dann gleichfalls von allen* $\mathfrak{k}_a$ *umschlossen wird.*

Beweis. Da die Imaginärteile von

$$\eta(s),\quad p(s)\frac{d\eta}{ds};\qquad \vartheta(s),\quad p(s)\frac{d\vartheta}{ds}$$

für $s = 0$ sämtlich verschwinden, ist

$$(\vartheta\,\bar{\vartheta})_0 = (\vartheta\,\vartheta)_0 = 0,\quad (\eta\,\bar{\eta})_0 = 0;$$
$$(\vartheta\,\bar{\eta})_0 = (\vartheta\,\eta)_0 = 1,\quad (\eta\,\bar{\vartheta})_0 = -1,$$

also

$$(\beta_2^l\beta_1^l)_0 = -\frac{i}{2}(\beta^l\,\bar{\beta}^l)_0 = -\frac{i}{2}(\bar{l}-l) = -l_2. \tag{23}$$

Als Gleichung des Kreises $\mathfrak{k}_a$ erhalten wir durch Elimination von j aus (19_1) und (19_2) die Relation

$$(\beta_2^l\beta_1^l)_a = 0,$$

welche sich unter Benutzung von (23) und der für $u = \beta^l$ gültigen Identität (12) in

$$\int_0^a |\beta^l|^2\,ds = l_2 \tag{24}$$

verwandelt. Der Ungleichung

$$\int_0^a |\beta^l|^2\,ds < l_2$$

werden also entweder alle innerhalb oder alle ausserhalb des Kreises $\mathfrak{k}_a$ gelegenen Punkte genügen. Da aber zufolge (24) $\mathfrak{k}_a$ ganz in der oberen Halbebene, der Punkt $l = 0$ also ausserhalb des Kreises $\mathfrak{k}_a$ liegt und für $l = 0$

$$\int_0^a |\beta^l|^2\,ds > l_2 = 0$$

ist, wird

$$\int_0^a |\beta^l|^2\,ds \leqq l_2 \tag{25}$$

diejenige Ungleichung sein, welche für die Punkte l der von $\mathfrak{k}_a$ begrenzten (abgeschlossenen) Kreisfläche $\mathfrak{K}_a$ charakteristisch ist. Daraus folgt sofort, dass $\mathfrak{k}_b$ ganz im Innern von $\mathfrak{K}_a$ liegt, falls $b > a$ ist.

Die Tatsache, dass der Grenzpunkt l bzw. jeder Punkt l der durch den Grenzkreis ausgeschnittenen Kreisscheibe $\mathfrak{K}$ innerhalb der sämtlichen $\mathfrak{K}_a$ liegt, drückt sich analytisch dadurch aus, dass für derartige Punkte die Ungleichung (25) identisch in a erfüllt, d. h.

$$\int_0^\infty |\beta^l|^2\,ds \leqq l_2 \tag{26}$$

ist. Daraus folgt der

Satz 2. *Die Gleichung* $L(u) + \lambda u = 0$ *hat, wenn* λ *nicht reell ist, stets eine im Intervall* $0 \ldots \infty$ *absolut-quadratisch integrierbare Lösung.*

Aus (22) ergibt sich: $L(u) + iu = 0$ besitzt einen Grenzkreis oder einen Grenzpunkt, je nachdem $\eta(s)$ (und damit überhaupt jede Lösung von $L(u)+iu=0$) absolut-quadratisch integrierbar ist, oder nicht.

Im Grenzkreisfalle gilt offenbar für die Punkte l der Grenzkreisperipherie die Gleichung

$$\int_0^\infty |\beta^l|^2\,ds = l_2, \tag{27}$$

welche auf

$$(\beta_2^l \beta_1^l)_\infty \equiv \lim_{s=\infty} (\beta_2^l \beta_1^l) = 0 \tag{28}$$

hinauskommt. Man kann sich auf folgende Weise davon überzeugen, dass auch im Grenzpunktfalle für den Grenzpunkt l die Beziehungen (27), (28) erfüllt sind.

Führen wir die Gleichung (24) des Kreises $\mathfrak{k}_a$ aus, so erhält das quadratische Glied $l\bar{l} = |l|^2$ den Koeffizienten

$$\int_0^a |\eta|^2\,ds:$$

Infolgedessen ist, wenn l_a den Mittelpunkt von $\mathfrak{k}_a$ bedeutet, identisch in l

$$\begin{aligned}\int_0^a |\beta^l|^2\,ds - l_2 &= \int_0^a |\eta|^2\,ds \cdot \{|l - l_a|^2 - r_a^2\}\\ &\geqq -r_a^2 \int_0^a |\eta|^2\,ds = -\frac{1}{2} r_a,\end{aligned} \tag{29}$$

und also wird im Grenzpunktfalle ($\lim_{a=\infty} r_a = 0$) gewiss

$$\int_0^\infty |\beta^l|^2\,ds \geqq l_2$$

sein. Hieraus und aus der für den Grenzpunkt gültigen Ungleichung (26) folgt die Behauptung.

Allgemein aber schliessen wir aus (26) und (29), mag l nun den Grenzpunkt oder – im Grenzkreisfalle – irgend einen Punkt der Kreisfläche $\mathfrak{K}$ bedeuten,

$$\int_0^a |\beta^l|^2\,ds \geqq l_2 - \frac{1}{2} r_a \geqq \int_0^\infty |\beta^l|^2\,ds - \frac{1}{2} r_a,$$

d. i.

$$\int_a^\infty |\beta^l|^2\,ds \leqq \frac{1}{2} r_a,$$

$$\int_0^a |\eta|^2\,ds \int_a^\infty |\beta^l|^2\,ds \leqq \frac{1}{4}\text{[1]}. \tag{30}$$

[1] Vgl. die ganz analoge Beziehung für reelle λ in meiner oben erwähnten Note, Gött. Nachr. *1909*, S. 44.

6. Die wichtigste Eigenschaft der Kreisfläche $\mathfrak{K}_a$ spricht sich in dem Satz aus:

Ist l irgend ein Punkt von $\mathfrak{K}_a$, so gelten für alle reellen, stetigen Funktionen $v(s)$, für welche

$$\int_0^a v^2\, ds \leqq 1$$

ist, die Ungleichungen

$$-\frac{1}{2} \leqq \int_0^a \int_0^a G_1^l(s, t)\, v(s)\, v(t)\, ds\, dt \leqq \frac{1}{2}, \tag{31$_1$}$$

$$0 \leqq \int_0^a \int_0^a G_2^l(s, t)\, v(s)\, v(t)\, ds\, dt \leqq 1. \tag{31$_2$}$$

Beweis. Ich beschränke mich auf den Beweis der zweiten Ungleichung, da die erste sich auf ganz entsprechende Art beweisen lässt, und nehme zunächst an, dass l ein Punkt *auf* dem Kreise $\mathfrak{k}_a$ ist, so dass $\beta^l(s)$ für $s = a$ einer reellen Randbedingung (15) genügt. Unsere Behauptung kommt dann darauf hinaus[1]), dass die sämtlichen Eigenwerte ν des Kernes

$$G_2^l(s,t) \qquad \left[0 \leqq {s \atop t} \leqq a\right]$$

die Ungleichung $\nu \geqq 1$ befriedigen.

In der Tat: angenommen, ν wäre ein Eigenwert < 1 und $\varphi(s)$ eine zugehörige (reelle) Eigenfunktion, d.h.

$$\varphi(s) - \nu \int_0^a G_2^l(s,t)\, \varphi(t)\, dt = 0 \qquad [0 \leqq s \leqq a],$$

so setzen wir

$$\psi(s) = \nu \int_0^a G_1^l(s,t)\, \varphi(t)\, dt.$$

Dann wird

$$\psi(s) + i\,\varphi(s) = \int_0^a G^l(s,t)\, \nu\,\varphi(t)\, dt,$$

folglich

$$L(\psi + i\,\varphi) + i(\psi + i\,\varphi) = -\,\nu\,\varphi \tag{32}$$

sein und $\psi + i\,\varphi$ den Randbedingungen (10) und (15) genügen. Da diese reell sind, so befriedigen auch die beiden Funktionen ψ, φ, jede für sich, jene Randbedingungen. Aus (32) schliessen wir

$$L(\psi) = (1 - \nu)\,\varphi, \quad L(\varphi) = -\,\psi,$$

[1]) D. Hilbert, 5. Mitt., Gött. Nachr. *1906*, S. 460.

durch deren Kombination

$$L L(\varphi) + (1-\nu)\varphi = 0$$

hervorgeht. Setzt man

$$L(\varphi) - i\sqrt{1-\nu}\,\varphi = -\psi - i\sqrt{1-\nu}\,\varphi = u,$$

so genügt also u den Randbedingungen (10), (15) und der Gleichung

$$L(u) + i\sqrt{1-\nu}\,u = 0.$$

Da die konjugiert-imaginäre Funktion $\bar{u}$ die gleichen Randbedingungen erfüllt, liefert die GREENsche Formel

$$\int_0^a \{uL(\bar{u}) - \bar{u}L(u)\}ds = 2i\sqrt{1-\nu}\int_0^a |u|^2 ds = 0.$$

Infolgedessen ist $u(s)$, also auch sein Imaginärteil, d.h. $\varphi(s)$, identisch $= 0$. Damit ist die Annahme eines Eigenwertes $\nu < 1$ widerlegt und (31_2) für alle Punkte l *auf* $\mathfrak{k}_a$ bewiesen.

Sind l', l'' irgend zwei Punkte auf $\mathfrak{k}_a$ und bezeichnet (siehe Fig. 1)

$$l = \tau l' + (1-\tau) l'' \quad (0 \leqq \tau \leqq 1)$$

denjenigen Punkt der Sehne $l'l''$, welcher sie im Verhältnis $(1-\tau):\tau$ teilt, so gilt vermöge (17)

$$G_2^l(s,t) = \tau G_2^{l'}(s,t) + (1-\tau)\, G_2^{l''}(s,t).$$

Da für l' und l'' die Relation (31_2) bereits als zutreffend erkannt ist, folgt sie nach der letzten Gleichung auch für alle Punkte der Sehne $l'l''$ und damit für alle Punkte der Kreisfläche $\mathfrak{K}_a$ überhaupt.

7. Kehren wir zu dem Intervall $0 \leqq s < \infty$ zurück, so werden wir nur dann, falls l ein Punkt der Grenzkreisperipherie $\mathfrak{k}$ bzw. der Grenzpunkt ist,

$$G^l(s,t) \quad \left[0 \leqq {}^s_t < \infty\right]$$

eine, bzw. die *zu der Randbedingung* (10) *gehörige* GREEN*sche Funktion des Differentialausdrucks* $L(u) + i\,u$ *im Intervall* $0 \leqq s < \infty$ nennen. Ist die Gleichung vom Grenzkreistypus, so bedarf es zur eindeutigen Festlegung einer bestimmten GREENschen Funktion noch einer Randbedingung für $s = \infty$; da sich diese Gleichungen (siehe das folgende Kapitel) auch in jeder anderen Hinsicht wie Gleichungen ohne Singularitäten verhalten[1]), hat man danach den Grenzkreisfall als den regulären aufzufassen. Im Grenzpunktfalle ist hingegen die GREENsche Funktion durch die eine Randbedingung (10) für $s = 0$ vollkommen festgelegt, so dass eine Randbedingung im Unendlichen gar nicht erst in Frage

---

[1]) Transformiert man die Gleichungsprobleme, welche D. HILBERT (Gött. Nachr. *1904*, S. 213ff.), A. KNESER (Math. Ann. *58*, S. 81ff., und *63*, S. 477ff.) u.a. untersucht haben, auf das Intervall $0 \ldots \infty$, so erhält man stets Gleichungen vom Grenzkreistypus.

kommt: für dieses Verhalten liefern diejenigen Differentialgleichungen, für die $q(s)$ eine endliche untere Grenze besitzt, wie wir sogleich sehen werden, ein typisches Beispiel. Das geometrische Bild der ineinander geschachtelten Kreise $\mathfrak{k}_a$ gibt, wie mir scheint, eine gute Einsicht in die Gründe und Bedeutung der dargelegten Fallunterscheidung.

Da der Grenzpunkt bzw. der Grenzkreis $\mathfrak{k}$ im Innern der sämtlichen $\mathfrak{K}_a$ liegt, liefert die im Absatz 6 bewiesene Tatsache, zusammen mit früheren Betrachtungen, den

Satz 3. *Ist $G^l(s,t)$ eine, bzw. die zu der Randbedingung* (10) *gehörige* GREEN*sche Funktion des Differentialausdrucks $L(u) + i u$ (im Intervalle $0 \ldots \infty$), so gelten für alle stetigen reellen Funktionen $v(s)$, deren quadratisches Integral*

$$\int_0^\infty v^2\, ds \leqq 1$$

ist, und alle $a > 0$ die Beziehungen

$$-\frac{1}{2} \leqq \int_0^a \int_0^a G_1^l(s,t)\, v(s)\, v(t)\, ds\, dt \leqq \frac{1}{2}, \tag{33_1}$$

$$0 \leqq \int_0^a \int_0^a G_2^l(s,t)\, v(s)\, v(t)\, ds\, dt \leqq 1. \tag{33_2}$$

Ausserdem existieren die Integrale

$$\int_0^\infty \left(G_1^l(s,t)\right)^2 dt, \qquad \int_0^\infty \left(G_2^l(s,t)\right)^2 dt$$

und sind stetige Funktionen von s.

Den Hauptinhalt dieses Satzes können wir auch dahin zusammenfassen, dass *Real- und Imaginärteil der* GREEN*schen Funktion beschränkte Kerne* [im Sinne der Theorie der singulären Integralgleichungen[1])] *sind.*

KAPITEL II

Eigenfunktionen im Grenzkreisfalle

8. Wir behandeln jetzt zunächst den *Grenzkreisfall* und wählen für l irgend einen Punkt des Grenzkreises $\mathfrak{k}$, so dass

$$(\beta_2^l \beta_1^l)_\infty = \lim_{s=\infty} (\beta_2^l \beta_1^l) = 0 \tag{34}$$

ist. Für den Kern

$$G_2^l(s,t) \quad \left[0 \leqq {}^s_t < \infty\right] \tag{35}$$

---

[1]) Math. Ann. *66*, S. 276.

gilt dann wegen

$$\int_0^\infty\int_0^\infty |G^l(s,t)|^2\,ds\,dt = \int_0^\infty\int_0^\infty \big(G_1^l(s,t)\big)^2\,ds\,dt + \int_0^\infty\int_0^\infty \big(G_2^l(s,t)\big)^2\,ds\,dt$$

$$\leqq 2\int_0^\infty |\eta|^2\,ds \cdot \int_0^\infty |\beta^l|^2\,ds$$

ohne Abänderungen die Theorie der regulären Integralgleichungen, wie sie von HILBERT in seiner 5. Mitteilung[1]) entwickelt ist. Um die Eigenfunktionen des Kerns (35) festzustellen, fragen wir zunächst, wann sich eine Funktion $f(s)$ mittels einer reellen, stetigen, im Intervall $0\ldots\infty$ quadratisch integrierbaren Funktion $g(s)$ in der Form

$$f(s) = \int_0^\infty G_2^l(s,t)\,g(t)\,dt \tag{36}$$

darstellen lässt.

Besteht eine solche Darstellung, so setze ich

$$f^*(s) = \int_0^\infty G_1^l(s,t)\,g(t)\,dt.$$

Für die komplexwertige Funktion

$$u(s) = f^*(s) + i\,f(s)$$

findet man alsdann

$$\left.\begin{aligned} u(s) &= \int_0^\infty G^l(s,t)\,g(t)\,dt \\ &= \beta^l(s)\int_0^s \eta(t)\,g(t)\,dt + \eta(s)\int_s^\infty \beta^l(t)\,g(t)\,dt, \\ p(s)\frac{du}{ds} &= p(s)\frac{d\beta^l}{ds}\int_0^s \eta(t)\,g(t)\,dt + p(s)\frac{d\eta}{ds}\int_s^\infty \beta^l(t)\,g(t)\,dt, \\ L(u) + iu &= -\,(\beta^l\eta)\cdot g(s) = -\,g(s). \end{aligned}\right\} \tag{37}$$

Die letzte Gleichung zerfällt in

$$\left.\begin{aligned} f^* &= -\,L(f), \\ g &= f - L(f^*). \end{aligned}\right\} \tag{38}$$

Aus (37) folgt ferner, dass u, und mithin auch f und f^* gesondert, der Randbedingung (10) genügen müssen. Ausserdem findet sich, da $(\beta^l\eta) = 1$ ist,

$$(\beta^l u)_\infty = \lim_{s=\infty}(\beta^l u) = \lim_{s=\infty}\Big\{(\beta^l\eta)\cdot\int_s^\infty \beta^l(t)\,g(t)\,dt\Big\} = 0. \tag{39}$$

---

[1]) Gött. Nachr. *1906*, S. 439ff.

Wegen (34), weil $\eta(s)$ absolut quadratisch integrierbar ist und $(\bar{\beta^l}\eta)$ für $0 \leqq s < \infty$ zwischen endlichen Grenzen bleibt, muss aber auch

$$(\bar{\beta^l} u)_\infty = \lim_{s=\infty} \left\{ (\bar{\beta^l}\beta^l) \cdot \int_0^s \eta(t)\, g(t)\, dt + (\bar{\beta^l}\eta) \cdot \int_s^\infty \beta^l(t)\, g(t)\, dt \right\} = 0 \tag{40}$$

sein. Die Gleichungen (39), (40) ergeben, dass

$$(\beta_1^l u)_\infty = 0, \quad (\beta_2^l u)_\infty = 0 \tag{41}$$

ist. Da $\beta_1^l(s)$, $\beta_2^l(s)$ reell sind, wird sowohl $f^*(s)$ als auch $f(s)$, für u gesetzt, diesen Randbedingungen (41) Genüge leisten. Zusammenfassend können wir daher sagen, *dass f, $L(f)$, $LL(f)$ stetig und im Intervall* $0 \ldots \infty$ *quadratisch integrierbar sein, und ferner f sowie $L(f)$ der Randbedingung* (10) *für* $s = 0$ *und den Randbedingungen* (41) *für* $s = \infty$ *genügen müssen.*

Diese für die Existenz einer Darstellung (36) notwendigen Voraussetzungen sind auch hinreichend. Dabei genügt es sogar, falls nicht l gerade der höchste Punkt ($l_2 = \max$) des Grenzkreises ist, von den Randbedingungen (41) allein die erste beizubehalten; und umgekehrt ist die erste von selbst mit erfüllt, falls f und $L(f)$ der zweiten genügen, vorausgesetzt, dass l nicht gerade den tiefsten Punkt des Grenzkreises bedeutet. Sind nämlich u, $L(u)$ stetig und absolut-quadratisch integrierbar und genügt u ausserdem der Randbedingung (10) für $s = 0$, so ist die Differenz von $u(s)$ und

$$-\int_0^\infty G^l(s,t) \left\{ L\big(u(t)\big) + i\,u(t) \right\} dt$$

eine Lösung von (14), für welche (10) erfüllt ist; diese Differenz stimmt also bis auf einen konstanten Faktor c mit $\eta(s)$ überein. Erfüllt u noch die erste der Randbedingungen (41), so muss, da

$$c_1\eta_1(s) - c_2\eta_2(s), \quad c_1\eta_2(s) + c_2\eta_1(s)$$

der Real- bzw. der Imaginärteil von $c\eta(s)$ ist,

$$c_1(\beta_1^l\eta_1)_\infty - c_2(\beta_1^l\eta_2)_\infty = 0,$$

$$c_1(\beta_1^l\eta_2)_\infty + c_2(\beta_1^l\eta_1)_\infty = 0$$

sein. Daraus folgt

$$c_1 = c_2 = 0,$$

ausser wenn

$$(\beta_1^l\eta_1)_\infty = (\beta_1^l\eta_2)_\infty = 0$$

ist. Diese letzten beiden Gleichungen sind aber nur erfüllt, wenn l der höchste Punkt des Grenzkreises $\mathfrak{k}$ ist (siehe S. 15). Die Anwendung der obigen Überlegung auf

$$u = -L(f) + if$$

liefert die Richtigkeit unserer Behauptung.

9. Der reelle Wert λ wird ein *Eigenwert* der Differentialgleichung $L(u)=0$ genannt werden, wenn $\varphi(s;\lambda)$ nach s im Intervall $0\ldots\infty$ quadratisch integrierbar und

$$(\beta_1^l\varphi)_\infty = (\beta_2^l\varphi)_\infty = 0$$

ist.

$$\varphi(s) = \frac{\varphi(s;\lambda)}{\sqrt{\int\limits_0^\infty (\varphi(s;\lambda))^2\,ds}} \tag{42}$$

heisst dann die zugehörige *normierte Eigenfunktion.* Die Eigenfunktionen der Differentialgleichung sind nach 8. zugleich Eigenfunktionen des Kerns $G_2^l(s,t)$, indem, falls λ Eigenwert ist, die Funktion (42) der Gleichung

$$\varphi(s) = (1+\lambda^2)\int\limits_0^\infty G_2^l(s,t)\,\varphi(t)\,dt$$

genügen wird. Infolgedessen besitzt $L(u) = 0$ höchstens abzählbarviele, sich im Endlichen nirgends häufende Eigenwerte, die wir mit $\lambda_1, \lambda_2, \ldots$ bezeichnen wollen; $\varphi_p(s)$ sei die zu λ_p gehörige normierte Eigenfunktion. Das System

$$\varphi_1(s),\ \varphi_2(s),\ \ldots \tag{43}$$

besteht aus lauter zueinander *orthogonalen* Funktionen, wie mittels der Gleichung

$$\varphi_p(s) = (\lambda_p - i)\int\limits_0^\infty G^l(s,t)\,\varphi_p(t)\,dt$$

in bekannter Weise geschlossen werden kann. Es soll aber weiter gezeigt werden, dass wir in (43) ein *volles* System von Eigenfunktionen des Kerns $G_2^l(s,t)$ besitzen, indem sich jede Eigenfunktion desselben aus höchstens zwei der Funktionen (43) linear mittels konstanter Koeffizienten zusammensetzen lässt.

Ist nämlich $\varphi(s)$ eine stetige, quadratisch integrierbare Funktion, welche nicht identisch verschwindet und für welche

$$\varphi(s) - \nu\int\limits_0^\infty G_2^l(s,t)\,\varphi(t)\,dt = 0 \tag{44}$$

ist, so muss nach Satz 3

$$\nu \geqq 1$$

sein. Nehmen wir zunächst an, dass $\nu > 1$ ist, und setzen wir[1])

$$\sqrt{\nu-1} = \lambda^+, \qquad -\sqrt{\nu-1} = \lambda^-.$$

Aus (44) folgt

$$LL(\varphi) - (\nu-1)\,\varphi = 0. \tag{45}$$

---

[1]) Ist a eine positive Zahl, so bedeutet $\sqrt{a}$ stets die positive Quadratwurzel.

Ausserdem genügen φ und $L(\varphi)$ den Randbedingungen (10) und (41). Da nun (45) lehrt, dass die Funktion

$$\psi = L(\varphi) + \lambda^- \varphi$$

der Gleichung

$$L(\psi) + \lambda^+ \psi = 0$$

genügt, so muss

$$\psi = L(\varphi) + \lambda^- \varphi = c^+ \varphi(s; \lambda^+) \tag{46}$$

sein, wo c^+ eine Konstante ist, die sicher dann verschwindet, wenn λ^+ keiner der Eigenwerte λ_p ist. Ebenso folgt

$$L(\varphi) + \lambda^+ \varphi = c^- \varphi(s; \lambda^-), \tag{47}$$

und es ist wiederum $c^- = 0$, falls λ^- unter den λ_p nicht vorkommt. Die Gleichungen (46) und (47) ergeben

$$\varphi(s) = \frac{-c^+ \varphi(s; \lambda^+) + c^- \varphi(s; \lambda^-)}{2\lambda^+}.$$

Damit ist $\varphi(s)$ im Falle $\nu > 1$ als lineare Kombination höchstens zweier der Funktionen (43) dargestellt.

Ist $\nu = 1$, so folgt aus (44)

$$LL(\varphi) = 0.$$

Kommt 0 nicht unter den λ_p vor, so muss dann erstens, da $L(\varphi)$ den Randbedingungen (10), (41) genügt,

$$L(\varphi) = 0$$

sein, und da zweitens auch φ dieselben Randbedingungen befriedigt, ergibt sich hieraus

$$\varphi(s) = 0.$$

Ist hingegen etwa $\lambda_h = 0$, so folgt zunächst

$$L(\varphi) = c_h \varphi_h(s), \tag{48}$$

wo c_h ein konstanter Faktor ist. Wir zeigen, dass notwendig $c_h = 0$ ist. Denn aus (48) schliesst man

$$L(\varphi) + i\varphi = i\varphi + c_h \varphi_h;$$

$$-\varphi(s) = \int_0^\infty G^l(s,t)\,[i\varphi(t) + c_h \varphi_h(t)]\,dt,$$

und da

$$-\varphi_h(s) = i\int_0^\infty G^l(s,t)\,\varphi_h(t)\,dt \tag{49}$$

gilt,

$$-\varphi(s) = i\int_0^\infty G^l(s,t)\,\varphi(t)\,dt + i c_h \varphi_h(s).$$

Multiplizieren wir diese Relation mit $\varphi_h(s)$, integrieren nach s zwischen 0 und ∞ und vertauschen in dem auftretenden Doppelintegral die Reihenfolge der Integration, so ergibt sich vermöge (49) in der Tat $c_h = 0$. Also ist

$$L(\varphi) = 0, \quad \varphi(s) = \text{const}\ \varphi_h(s).$$

Damit ist bewiesen, dass (43) ein volles System normierter, zueinander orthogonaler Eigenfunktionen des Kerns $G_2^l(s, t)$ repräsentiert, und die Theorie der Integralgleichungen zeigt nun[1]), dass, wenn $g(s)$ eine reelle, stetige, quadratisch integrierbare Funktion bedeutet, die in endlichen Intervallen gleichmässig konvergente Entwicklung statthat:

$$\int_0^\infty G_2^l(s,t)\, g(t)\, dt = \sum_{p=1}^\infty \frac{g_p\, \varphi_p(s)}{1+\lambda_p^2}. \qquad \left[g_p = \int_0^\infty g(s)\, \varphi_p(s)\, ds\right]. \tag{50}$$

Da die $\varphi_p(s)$ ein Orthogonalsystem bilden, konvergiert auch die Reihe

$$\sum_{p=1}^\infty g_p \int_0^\infty G_1^l(s,t)\, \varphi_p(t)\, dt = \sum_{p=1}^\infty \frac{\lambda_p\, g_p\, \varphi_p(s)}{1+\lambda_p^2} = -\sum_{p=1}^\infty L\left(\frac{g_p\, \varphi_p(s)}{1+\lambda_p^2}\right)$$

gleichmässig in jedem endlichen Intervall und stimmt folglich nach bekannten Sätzen über gliedweise Differentiation unendlicher Summen mit

$$-L\left(\sum_{p=1}^\infty \frac{g_p\, \varphi_p(s)}{1+\lambda_p^2}\right) = -L\left(\int_0^\infty G_2^l(s,t)\, g(t)\, dt\right) = \int_0^\infty G_1^l(s,t)\, g(t)\, dt$$

überein. Daraus ergibt sich durch Addition von (50)

$$f(s) \equiv \int_0^\infty G^l(s,t)\, g(t)\, dt \tag{51}$$

$$= \sum_{p=1}^\infty \frac{g_p\, \varphi_p(s)}{\lambda_p - i} = \sum_{p=1}^\infty \varphi_p(s) \int_0^\infty f(t)\, \varphi_p(t)\, dt.$$

Diese Entwicklung überträgt sich von reellen sofort auf komplexwertige Funktionen $g(t)$, falls wir diese als stetig und absolut-quadratisch integrierbar voraussetzen.

Satz 4. *Im Grenzkreisfalle ist eine jede (reelle) stetige, im Intervall* $0 \ldots \infty$ *quadratisch integrierbare, den Randbedingungen* (10) *und* (41) *genügende Funktion* $f(s)$, *für welche auch* $L(f)$ *stetig und quadratisch integrierbar ist, in absolut und gleichmässig konvergenter Weise nach den oben definierten Eigenfunktionen* $\varphi_p(s)$ *der Differentialgleichung* $L(u) = 0$ *entwickelbar.*

Dabei ist das Erfülltsein der zweiten Randbedingung (41) *eine Folge der übrigen Voraussetzungen, falls l nicht gerade der höchste Punkt des Grenzkreises ist; und umgekehrt kann von der ersten Randbedingung* (41) *abgesehen werden, falls l nicht der tiefste Punkt jenes Kreises ist.*

[1]) D. Hilbert, 5. Mitt., Gött. Nachr. *1906*, S. 457. – E. Schmidt, Math. Ann. *63*, S. 452.

10. Ist $\lambda \neq \lambda_p$ ($p = 1, 2, \ldots$), so können wir[1]) die Integralgleichung

$$\eta(s) = \varphi(s) - (\lambda - i) \int_0^\infty G^l(s,t)\, \varphi(t)\, dt$$

in folgender Weise auflösen:

Da $\eta(s)$ absolut-quadratisch integrierbar ist, konvergiert [siehe Formel (51)]

$$\int_0^\infty G^l(s,t)\, \eta(t)\, dt = \sum_{(p)} \frac{\eta_p\, \varphi_p(s)}{\lambda_p - i},$$

also auch, falls $\lambda \neq \lambda_1, \lambda_2, \ldots$ ist, die Reihe

$$\psi(s) = \sum_{(p)} \frac{\eta_p\, \varphi_p(s)}{\lambda - \lambda_p}$$

in jedem endlichen Intervall gleichmässig und absolut. Aus

$$\int_0^a \left| \sum_1^n \frac{\eta_p\, \varphi_p(s)}{\lambda - \lambda_p} \right|^2 ds \leqq \int_0^\infty \left| \sum_1^n \frac{\eta_p\, \varphi_p(s)}{\lambda - \lambda_p} \right|^2 ds = \sum_1^n \left| \frac{\eta_p}{\lambda - \lambda_p} \right|^2$$

folgt durch Grenzübergang zu $n = \infty$

$$\int_0^a |\psi|^2 ds \leqq \sum_{p=1}^\infty \left| \frac{\eta_p}{\lambda - \lambda_p} \right|^2;$$

mithin ist $\psi(s)$ absolut-quadratisch integrierbar.

$$\int_0^a \psi(s)\, \varphi_p(s)\, ds = \sum_{(q)} \frac{\eta_q}{\lambda - \lambda_q} \int_0^a \varphi_p(s)\, \varphi_q(s)\, ds$$

ergibt wegen der Vollstetigkeit beschränkter Linearformen[2])

$$\int_0^\infty \psi(s)\, \varphi_p(s)\, ds = \frac{\eta_p}{\lambda - \lambda_p}.$$

Die Fourier-Koeffizienten von

$$\varphi(s) = \eta(s) - (\lambda - i)\, \psi(s) \tag{52}$$

lauten also

$$\int_0^\infty \varphi(s)\, \varphi_p(s)\, ds = \eta_p \left(1 - \frac{\lambda - i}{\lambda - \lambda_p}\right) = \eta_p \frac{\lambda_p - i}{\lambda_p - \lambda}.$$

Aus (51) schliessen wir dann

$$\int_0^\infty G^l(s,t)\, \varphi(t)\, dt = \sum_{(p)} \frac{\eta_p\, \varphi_p(s)}{\lambda_p - \lambda} = -\psi(s) \tag{53}$$

und aus (52), (53)

$$\eta(s) = \varphi(s) - (\lambda - i) \int_0^\infty G^l(s,t)\, \varphi(t)\, dt.$$

---

[1]) Vgl. E. Schmidt, Math. Ann. *63*, S. 453f.

[2]) D. Hilbert, 4. Mitt., Gött. Nachr. *1906*, S. 200.

Diese Gleichung ergibt erstens, dass $\varphi(s) - \eta(s)$ und also auch $\varphi(s)$ der Randbedingung (10) genügt, und zweitens, dass

$$L(\eta - \varphi) + i(\eta - \varphi) = (\lambda - i)\, \varphi,$$

d. h.

$$L(\varphi) + \lambda\varphi = 0$$

ist. Mithin stimmt $\varphi(s)$ bis auf einen von s unabhängigen (nicht verschwindenden) Faktor mit $\varphi(s;\lambda)$ überein, und auf diese Art erweist sich $\varphi(s;\lambda)$ für $\lambda \neq \lambda_p$ als eine absolut-quadratisch nach s integrierbare Funktion. Da die gleiche Tatsache für $\lambda = \lambda_p$ bereits feststeht und ferner die am Beginn dieser Untersuchung zugrunde gelegte Randbedingung (10) ganz willkürlich ist, sind folglich im Grenzkreisfalle für jeden (reellen oder komplexen) Wert von λ die Lösungen von

$$L(u) + \lambda u = 0 \tag{8}$$

sämtlich absolut-quadratisch integrierbar.

Um also zu zeigen, dass alle Lösungen von (8), welchen Wert auch λ haben mag, von diesem Charakter sind, genügt es, dies allein für $\lambda = i$ *oder, wenn man will, für irgend einen andern speziellen Wert von* λ nachzuweisen. Denn für jeden solchen λ-Wert, selbst wenn derselbe reell ist, kann man ganz entsprechend verfahren, wie in diesem Absatz 10 für $\lambda = i$ geschehen ist. Man hat also den

Satz 5. *Im Grenzkreisfalle hat die Gleichung* $L(u) + \lambda u = 0$ *für* jedes λ *lauter absolut-quadratisch integrierbare Lösungen; im Grenzpunktfalle hingegen hat diese Gleichung für k e i n e n e i n z i g e n Wert von* λ *zwei voneinander unabhängige derartige Lösungen*).*

Als einfaches Korollar dieses Satzes ergibt sich, dass die Differentialgleichung $L(u) = 0$ sicher dann zum Grenzpunkttypus gehört, wenn die Funktion $q(s)$ für $0 \leqq s < \infty$ eine endliche untere Grenze c besitzt. Denn in diesem Fall zeigt die auf $L(u) + \lambda u = 0$ anzuwendende Auflösungsformel (2), dass für reelle $\lambda \leqq c$ identisch in s die Ungleichung

$$u^{(1)}(s;\lambda) \geqq 1$$

statthat.

KAPITEL III

Eigenfunktionen und Eigendifferentiale im Grenzpunktfalle

11. Im *Grenzpunktfalle,* zu dem wir uns jetzt wenden, haben wir die dem Grenzpunkte l zugehörige Funktion

$$G_2^l(s,t) \qquad \left[0 \leqq {s \atop t} < \infty\right]$$

*) Ein direkterer Beweis für diesen Satz findet sich in der Arbeit (103) über das Pick-Nevanlinnasche Interpolationsproblem und sein infinitesimales Analogon, diese Ausgabe S. 415–416 (Zusatz 1955).

als Kern der mit unserer Differentialgleichung verknüpften Integralgleichung zugrunde zu legen.

Ist im Grenzpunktfalle $\varphi(s;\lambda)$ für einen reellen Wert λ quadratisch nach s integrierbar, so werden wir λ einen *Eigenwert*, ferner die Gesamtheit der Eigenwerte das *Punktspektrum* der Differentialgleichung $L(u)=0$ nennen. Eine reelle, stetige Funktion $\Xi(s;\lambda)$ der beiden Argumente $s \geqq 0$, $\lambda \gtreqless 0$[1]), für welche $\Xi(s;0)=0$ ist und

$$\int_0^\infty \big(\Xi(s;\lambda)\big)^2 ds = \operatorname{sgn}\lambda \cdot \omega(\lambda) \tag{54}$$

als stetige Funktion von λ existiert, welche ausserdem der Identität

$$L\big(\Xi(s;\lambda)\big) + \int_0^\lambda \mu \cdot d_\mu\, \Xi(s;\mu) = 0 \tag{55}$$

und der Randbedingung

$$\left[\cos h \cdot \Xi(s;\lambda) + \sin h \cdot p(s)\,\frac{\partial \Xi(s;\lambda)}{\partial s}\right]_{s=0} = 0$$

genügt, heisse vorübergehend eine *zulässige Lösung von* (55). Dabei ist unter

$$\int_0^\lambda \mu\, d_\mu \Xi(s;\mu)$$

natürlich die Differenz

$$[\mu\Xi(s;\mu)]_{\mu=0}^{\mu=\lambda} - \int_0^\lambda \Xi(s;\mu)\, d\mu$$

zu verstehen. – Der Wert λ soll dann und nur dann dem *Streckenspektrum* der Differentialgleichung $L(u)=0$ zugerechnet werden, falls es eine zulässige Lösung $\Xi(s;\lambda)$ von (55) gibt, für welche die durch (54) erklärte Funktion $\omega(\lambda)$ in der Umgebung des in Rede stehenden Wertes λ nicht konstant ist[2]).

12. Um die allgemeinsten aus Differentialgleichungen vom Grenzpunkttypus entspringenden Entwicklungen willkürlicher Funktionen zu erhalten, beweisen wir, zunächst ohne Benutzung der Theorie der singulären Integralgleichungen, den wichtigen

Satz 6. *Es gibt eine stetige, monoton wachsende Funktion $\varrho(\lambda)$ von der folgenden Beschaffenheit: $\Xi(s;\lambda)$ ist dann und nur dann eine zulässige Lösung von* (55), *falls es sich mittels einer stetigen Funktion $\xi(\lambda)$, für welche $(d\xi)^2/d\varrho$ im* Hellinger*schen Sinne stetig integrierbar ist*[3]), *in der Form*

$$\Xi(s;\lambda) = \int_0^\lambda \varphi(s;\mu)\, d\xi(\mu) \tag{56}$$

---

[1]) Von jetzt ab bedeutet λ stets eine *reelle* Variable.

[2]) Diese Definition entspricht der von E. Hellinger im Falle quadratischer Formen von unendlichvielen Variablen gegebenen Definition des Streckenspektrums (Dissertation, S. 22; Crelles J. *136*, S. 242).

[3]) E. Hellinger, Dissertation, S. 26ff.; Crelles J. *136*, S. 237.

darstellen lässt, und in diesem Falle gilt für jedes Intervall Δ *der Variablen* λ[1])

$$\int_0^\infty (\Delta\,\Xi)^2\,ds = \int_{(\Delta)} \frac{(d\xi)^2}{d\varrho}\,.$$

Durch die angegebenen Eigenschaften ist $\varrho(\lambda)$ *bis auf eine additive Konstante, die durch* $\varrho(0) = 0$ *festgelegt werde, eindeutig bestimmt.*

Zum Beweise bedienen wir uns der folgenden Hilfssätze.

Hilfssatz 1. Jede zulässige Lösung Ξ von (55) lässt sich mit Hilfe einer stetigen Funktion $\xi(\lambda)$ in der Form (56) darstellen.

Beweis. Aus (55) folgt für das Intervall $\Delta = (\lambda, \lambda+\varepsilon)$

$$-L\big(\Delta\,\Xi(s;\lambda)\big) = [\mu\,\Xi(s;\mu)]_\lambda^{\lambda+\varepsilon} - \int_\lambda^{\lambda+\varepsilon} \Xi(s;\mu)\,d\mu$$
$$= \lambda\cdot\Delta\,\Xi(s;\lambda) + \Delta\lambda\big\{\Xi(s;\lambda+\varepsilon) - \Xi(s;\lambda_s')\big\},$$

wo λ_s' ein gewisser von s abhängiger, aber jedenfalls dem Intervall $\lambda \ldots \lambda+\varepsilon$ angehöriger Wert ist. Mithin konvergiert der Ausdruck

$$L\left(\frac{\Delta\,\Xi}{\Delta\lambda}\right) + \lambda\,\frac{\Delta\,\Xi}{\Delta\lambda}\,,$$

wenn wir λ festhalten, dagegen ε nach 0 streben lassen, gleichmässig in der Variablen s (falls diese auf irgendein endliches Intervall beschränkt wird) gegen 0.

Andererseits ist, falls

$$\xi(\lambda) = \left[-\sin h\cdot\Xi(s;\lambda) + \cos h\cdot p(s)\,\frac{\partial\,\Xi(s;\lambda)}{\partial s}\right]_{s=0}$$

gesetzt wird,

$$L\left(\frac{1}{\Delta\lambda}\int_{(\Delta)} \varphi(s;\mu)\,d\xi(\mu)\right) + \lambda\cdot\frac{1}{\Delta\lambda}\int_{(\Delta)} \varphi(s;\mu)\,d\xi(\mu) = \frac{1}{\Delta\lambda}\int_{(\Delta)} (\lambda-\mu)\,\varphi(s;\mu)\,d\xi(\mu)$$
$$= \left\{\frac{1}{\varepsilon}\int_\lambda^{\lambda+\varepsilon} \varphi(s;\mu)\,\xi(\mu)\,d\mu - \varphi(s;\lambda+\varepsilon)\,\xi(\lambda+\varepsilon)\right\} + \int_\lambda^{\lambda+\varepsilon} \frac{\mu-\lambda}{\varepsilon}\,\xi(\mu)\,\frac{\partial\varphi(s;\mu)}{\partial\mu}\,d\mu\,.$$

Die rechte Seite konvergiert aber wiederum mit abnehmendem ε gleichmässig für $0 \leqq s \leqq a$ gegen 0. Das gleiche gilt demnach auch für

$$L\left(\frac{\Delta\,\Upsilon}{\Delta\lambda}\right) + \lambda\cdot\frac{\Delta\,\Upsilon}{\Delta\lambda}\,, \tag{57}$$

wenn

$$\Upsilon(s;\lambda) = \Xi(s;\lambda) - \int_0^\lambda \varphi(s;\mu)\,d\xi(\mu)$$

---

[1]) Δ bedeutet zugleich das sich auf dieses Intervall beziehende Differenzsymbol; vgl. Math. Ann. *66*, S. 288 und 294.

gesetzt wird. Υ erfüllt die Randbedingungen

$$\left[\cos h \cdot \Upsilon + \sin h \cdot p(s) \frac{\partial \Upsilon}{\partial s}\right]_{s=0} = 0,$$

$$\left[-\sin h \cdot \Upsilon + \cos h \cdot p(s) \frac{\partial \Upsilon}{\partial s}\right]_{s=0} = \xi(\lambda) - \int_0^\lambda d\xi(\mu) = 0,$$

aus denen

$$\Upsilon_{s=0} = \left(p(s) \frac{\partial \Upsilon}{\partial s}\right)_{s=0} = 0$$

folgt. Die gleichen Randbedingungen erfüllt also auch $\Delta\Upsilon/\Delta\lambda$. Daraus und weil der Ausdruck (57) gleichmässig in s gegen 0 geht, ergibt sich, dass

$$\lim_{\varepsilon=0} \frac{\Delta \Upsilon}{\Delta \lambda} = 0, \quad \text{d. i.} \frac{\partial \Upsilon(s;\lambda)}{\partial \lambda} = 0$$

sein muss. In der Tat: bezeichnet man im Intervall $0 \leqq s \leqq a$ mit Q das Maximum von $|q(s) - \lambda|$, mit δ das absolute Maximum des Ausdrucks (57), mit P das Minimum von $p(s)$, so liefert (7), auf $L(u) + \lambda u$ statt auf $L(u)$ angewandt, für $0 \leqq s \leqq a$ die Ungleichung

$$\left|\frac{\Delta \Upsilon}{\Delta \lambda}\right| \leqq \sum_{n=0}^{\infty} \frac{\delta Q^n}{P^{n+1}} \underset{\substack{(0 \leqq \tau \leqq t \leqq \cdots \\ \cdots \leqq \tau_n \leqq t_n \leqq s)}}{\int\int \cdots \int\int} d\tau\, dt \ldots d\tau_n\, dt_n$$

$$= \frac{\delta}{Q} \cdot \sum_{n=0}^{\infty} \frac{Q^{n+1}}{P^{n+1}} \frac{s^{2n+2}}{(2n+2)!} = \frac{\delta}{2Q}\left(e^{s\sqrt{Q/P}} + e^{-s\sqrt{Q/P}} - 2\right).$$

Damit ist unsere Behauptung erwiesen, und wegen $\Xi(s;0) = 0$ folgt aus ihr die Gleichung (56).

Hilfssatz 2. Sind

$$\Xi^{(1)}(s;\lambda) = \int_0^\lambda \varphi(s;\mu)\, d\xi^{(1)}(\mu), \qquad \Xi^{(2)}(s;\lambda) = \int_0^\lambda \varphi(s;\mu)\, d\xi^{(2)}(\mu)$$

zwei zulässige Lösungen von (55) und $\Delta_1 = (\lambda_0\, \lambda_1)$, $\Delta_2 = (\mu_0\, \mu_1)$ zwei getrennt liegende Intervalle auf der reellen λ-Achse (die höchstens mit ihren Endpunkten zusammenstossen), so ist

$$\int_0^\infty \Delta_1 \Xi^{(1)} \cdot \Delta_2 \Xi^{(2)}\, ds = 0. \tag{58}$$

Zum Beweise dieser Behauptung bemerke man zunächst, dass, wenn u, v zwei stetige (reelle), quadratisch integrierbare, die Randbedingung (10) befriedigende Funktionen von $s \geqq 0$ sind, für welche auch $L(u)$, $L(v)$ stetig und quadratisch integrierbar sind, die Greensche Formel in der Gestalt

$$\int_0^\infty \{u\, L(v) - v\, L(u)\}\, ds = 0$$

gültig ist. Denn unter den angegebenen Umständen ist im Grenzpunktfalle, wenn wir

$$x(s) = -\left(L(u) + iu\right), \quad y(s) = -\left(L(v) + iv\right)$$

setzen,

$$u(s) = \int_0^\infty G^l(s,t)\, x(t)\, dt, \quad v(s) = \int_0^\infty G^l(s,t)\, y(t)\, dt,$$

$$\int_0^\infty u L(v)\, ds = -\int_0^\infty\int_0^\infty G^l(s,t)\, y(s)\, x(t)\, dt\, ds - i\int_0^\infty uv\, ds$$

$$= -i\int_0^\infty uv\, ds - \int_0^\infty\int_0^\infty G^l(s,t)\, x(s)\, y(t)\, dt\, ds^{1)} = \int_0^\infty v L(u)\, ds.$$

Verstehen wir unter $\boldsymbol{\Delta}_\lambda$ das Intervall $\lambda_0 \lambda$, unter $\boldsymbol{\Delta}_\mu$ das Intervall $\mu_0 \mu$, so liefert die Anwendung dieser Formel auf

$$u = \boldsymbol{\Delta}_\lambda \Xi^{(1)}, \quad v = \boldsymbol{\Delta}_\mu \Xi^{(2)}$$

für

$$V(\lambda, \mu) = \int_0^\infty \boldsymbol{\Delta}_\lambda \Xi^{(1)} \cdot \boldsymbol{\Delta}_\lambda \Xi^{(2)}\, ds$$

die Gleichung

$$(\mu - \lambda)\, V(\lambda, \mu) = \int_{\mu_0}^{\mu} V(\lambda, \mu)\, d\mu - \int_{\lambda_0}^{\lambda} V(\lambda, \mu)\, d\lambda,$$

aus der in der Tat durch die auf S. 298 meiner Arbeit über singuläre Integralgleichungen (Math. Ann. Bd. 66) angegebene Schlussweise

$$V(\lambda, \mu) = 0 \quad \text{für} \quad \begin{array}{l} \lambda_0 \leqq \lambda \leqq \lambda_1, \\ \mu_0 \leqq \mu \leqq \mu_1, \end{array}$$

mithin (58) hervorgeht.

Wählen wir $\Xi^{(1)} = \Xi^{(2)} = \Xi$, so gilt demnach, wenn $\omega(\lambda)$ durch (54) definiert wird, für jedes Intervall $\boldsymbol{\Delta}$

$$\int_0^\infty (\boldsymbol{\Delta}\Xi)^2\, ds = \boldsymbol{\Delta}\omega; \tag{59}$$

$\omega(\lambda)$ ist also eine nirgends abnehmende Funktion von λ.

Natürlich ist umgekehrt, falls für ein stetiges $\xi(\lambda)$ das nach s genommene quadratische Integral von

$$\Xi(s;\lambda) = \int_0^\lambda \varphi(s;\mu)\, d\xi(\mu)$$

existiert und gleichfalls stetig ist, $\Xi(s;\lambda)$ eine zulässige Lösung von (55).

---

1) Zur Rechtfertigung der vorgenommenen Integrationsvertauschung siehe Math. Ann. 66 S. 286.

13. Stehen zwei stetige Funktionen $\xi(\lambda)$, $\omega(\lambda)$ in dem Zusammenhang miteinander, dass für jedes Intervall $\varDelta$

$$\int_0^\infty \Big(\int_{(\varDelta)} \varphi(s;\mu)\, d\xi(\mu)\Big)^2 ds = \varDelta\omega \tag{60}$$

ist, so nennen wir sie kurz ein (ξ, ω)-Paar. Definieren wir dann $\Xi(s;\lambda)$ durch (56), so ist

$$\xi(\lambda) - \xi(0) = \Big[-\sin h \cdot \Xi(s;\lambda) + \cos h \cdot p(s)\, \frac{\partial \Xi(s;\lambda)}{\partial s}\Big]_{s=0}.$$

Führen wir

$$\boldsymbol{X}(s;\lambda) = \int_0^\infty G^l(s,t)\, \Xi(t;\lambda)\, dt$$

ein, so gilt, wie leicht zu zeigen ist,

$$\Xi(s;\lambda) = \int_0^\lambda (\mu - i)\, d_\mu \boldsymbol{X}(s;\mu)$$

und folglich

$$\xi(\lambda) - \xi(0) = \int_0^\lambda (\mu - i)\, d\chi(\mu),$$

wenn

$$\chi(\lambda) = \Big[-\sin h \cdot \boldsymbol{X}(s;\lambda) + \cos h \cdot p(s)\, \frac{\partial \boldsymbol{X}(s;\lambda)}{\partial s}\Big]_{s=0} = \int_0^\infty \beta^l(t)\, \Xi(t;\lambda)\, dt$$

gesetzt wird.

Ist $\varDelta$ ein festes Intervall, das irgendwie in endlichviele Teilintervalle $\varDelta_1, \ldots, \varDelta_m$ zerlegt ist, so wird[1])

$$\sum_{h=1}^m \frac{|\varDelta_h \chi|^2}{\varDelta_h \omega} = \sum_{h=1}^m \left| \int_0^\infty \beta^l(t)\, \frac{\varDelta_h \Xi(t;\lambda)}{\sqrt{\varDelta_h \omega}}\, dt \right|^2,$$

und da die m Funktionen

$$\frac{\varDelta_h \Xi(t;\lambda)}{\sqrt{\varDelta_h \omega}} \qquad (h = 1, \ldots, m)$$

nach (58), (59) normiert und zueinander orthogonal sind, folgt

$$\sum_{h=1}^m \frac{|\varDelta_h \chi|^2}{\varDelta_h \omega} \leqq \int_0^\infty |\beta^l(t)|^2\, dt.$$

[1]) Glieder, für welche $\varDelta_h \omega = 0$ ist, sind in dieser Summe überhaupt fortzulassen.

Ist $\Delta_h = (\lambda_{h-1}, \lambda_h)$, so ergibt sich hieraus, wenn der grösste Wert von $\sqrt{1+\lambda^2}$ im Intervall Δ mit m_Δ bezeichnet wird,

$$\left|\sum_1^m (\lambda_h - i)\Delta_h\chi\right| \leqq m_\Delta \cdot \sum |\Delta_h\chi| \leqq m_\Delta \cdot \sqrt{\sum \frac{|\Delta_h\chi|^2}{\Delta_h\omega} \cdot \sum \Delta_h\omega}$$

$$\leqq m_\Delta \cdot \sqrt{\Delta\omega \cdot \int_0^\infty |\beta^l(t)|^2\, dt}$$

und daraus, wenn wir die Teilung in Intervalle Δ_h dichter und dichter werden lassen,

$$\frac{(\Delta\xi)^2}{\Delta\omega} \leqq m_\Delta^2 \cdot \int_0^\infty |\beta^l(t)|^2\, dt.$$

Es gilt also der

Hilfssatz 3. Der Quotient $(\Delta\xi)^2/\Delta\omega$ bleibt für alle (ξ, ω)-Paare unterhalb einer nur von Δ abhängigen, festen Grenze.

Die präzise obere Grenze desselben, d.h. die kleinste Zahl, welche für kein (ξ, ω)-Paar von dem Wert des Quotienten $(\Delta\xi)^2/\Delta\omega$ überschritten wird, werde mit $E(\Delta)$ bezeichnet. Ist für *jedes* (ξ, ω)-Paar $\Delta\omega = 0$, also auch $\Delta\xi = 0$, so soll $E(\Delta) = 0$ gesetzt werden.

14. **Hilfssatz 4.** Sind Δ_1, Δ_2 zwei mit ihren Endpunkten aneinanderstossende Intervalle, so ist

$$E(\Delta_1 + \Delta_2) = E(\Delta_1) + E(\Delta_2). \tag{61}$$

Beweis. Wir nehmen etwa an, dass Δ_1 links von Δ_2 liegt, d.h. dass

$$\Delta_1 = (\lambda_0\lambda_1), \quad \Delta_2 = (\lambda_1\lambda_2); \quad \lambda_0 < \lambda_1 < \lambda_2$$

ist, und setzen

$$\Delta = \Delta_1 + \Delta_2 = (\lambda_0\lambda_2).$$

Bedeutet dann $\xi(\lambda)$, $\omega(\lambda)$ irgend ein (ξ, ω)-Paar, so ist

$$\frac{(\Delta\xi)^2}{\Delta\omega} \leqq \frac{(\Delta_1\xi)^2}{\Delta_1\omega} + \frac{(\Delta_2\xi)^2}{\Delta_2\omega} \leqq E(\Delta_1) + E(\Delta_2),$$

mithin

$$E(\Delta) \leqq E(\Delta_1) + E(\Delta_2). \tag{62}$$

Aus irgend zwei (ξ, ω)-Paaren

$$\xi^{(1)}(\lambda),\ \omega^{(1)}(\lambda); \quad \xi^{(2)}(\lambda),\ \omega^{(2)}(\lambda)$$

bilden wir zwei neue derartige Paare, indem wir unter Benutzung zweier Konstanten $c^{(1)}$, $c^{(2)}$

$$\xi_*^{(1)}(\lambda) = c^{(1)}\,\xi^{(1)}(\lambda), \quad \omega_*^{(1)}(\lambda) = [c^{(1)}]^2\,\omega^{(1)}(\lambda);$$

$$\xi_*^{(2)}(\lambda) = c^{(2)}\,\xi^{(2)}(\lambda), \quad \omega_*^{(2)}(\lambda) = [c^{(2)}]^2\,\omega^{(2)}(\lambda)$$

setzen; wir wählen insbesondere

$$c^{(1)} = \frac{\varDelta_1 \xi^{(1)}}{\varDelta_1 \omega^{(1)}}; \quad c^{(2)} = \frac{\varDelta_2 \xi^{(2)}}{\varDelta_2 \omega^{(2)}}.$$

Nehmen wir ferner in den Definitionsgleichungen

$$\begin{aligned} \xi_*(\lambda) &= \xi_*^{(1)}(\lambda) && (\lambda \leqq \lambda_1) \\ &= \xi_*^{(2)}(\lambda) - d && (\lambda > \lambda_1) \end{aligned} \quad \Bigg| \quad \begin{aligned} \omega_*(\lambda) &= \omega_*^{(1)}(\lambda) && (\lambda \leqq \lambda_1), \\ &= \omega_*^{(2)}(\lambda) - e && (\lambda > \lambda_1) \end{aligned}$$

für d, e solche Konstante, dass ξ_*, ω_* für $\lambda = \lambda_1$ stetig ausfallen, d.h.

$$d = \xi_*^{(2)}(\lambda_1) - \xi_*^{(1)}(\lambda_1), \quad e = \omega_*^{(2)}(\lambda_1) - \omega_*^{(1)}(\lambda_1),$$

so stellt, wie aus (58) zu schliessen ist, $\xi_*(\lambda)$, $\omega_*(\lambda)$ gleichfalls ein (ξ, ω)-Paar vor. Für dieses ist aber offenbar

$$\begin{aligned} \varDelta\xi_* &= \varDelta_1\xi_* + \varDelta_2\xi_* = c^{(1)}\varDelta_1\xi^{(1)} + c^{(2)}\varDelta_2\xi^{(2)} = \frac{(\varDelta_1\xi^{(1)})^2}{\varDelta_1\omega^{(1)}} + \frac{(\varDelta_2\xi^{(2)})^2}{\varDelta_2\omega^{(2)}}, \\ \varDelta\omega_* &= \varDelta_1\omega_* + \varDelta_2\omega_* = [c^{(1)}]^2\varDelta_1\omega^{(1)} + [c^{(2)}]^2\varDelta_2\omega^{(2)} = \frac{(\varDelta_1\xi^{(1)})^2}{\varDelta_1\omega^{(1)}} + \frac{(\varDelta_2\xi^{(2)})^2}{\varDelta_2\omega^{(2)}}, \end{aligned}$$

mithin auch

$$\frac{(\varDelta_1\xi^{(1)})^2}{\varDelta_1\omega^{(1)}} + \frac{(\varDelta_2\xi^{(2)})^2}{\varDelta_2\omega^{(2)}} = \frac{(\varDelta\xi_*)^2}{\varDelta\omega^*} \leqq E(\varDelta).$$

Da hierin $\xi^{(1)}$, $\omega^{(1)}$; $\xi^{(2)}$, $\omega^{(2)}$ zwei willkürliche (ξ, ω)-Paare bedeuten, muss

$$E(\varDelta_1) + E(\varDelta_2) \leqq E(\varDelta) \tag{63}$$

sein. Aus (62), (63) ergibt sich die Richtigkeit des Hilfssatzes.

Dieser zeigt, dass es eine Funktion $\varrho(\lambda)$ gibt von der Art, dass für jedes Intervall $\varDelta$

$$\varDelta\varrho = E(\varDelta)$$

gilt. Wegen $E(\varDelta) \geqq 0$ ist $\varrho(\lambda)$ eine monoton wachsende Funktion. Für jedes Intervall $\varDelta$ und jedes (ξ, ω)-Paar besteht die Relation

$$(\varDelta\xi)^2 \leqq \varDelta\omega\, \varDelta\varrho. \tag{64}$$

Es ist des weiteren von Wichtigkeit zu bemerken, dass $\varrho(\lambda)$ stetig ist. Bedeutet $\lambda_0 < \lambda_1 < \lambda_2 < \cdots$ eine wachsende Folge von Zahlen, welche gegen λ konvergieren, und setzen wir

$$\varDelta_h = (\lambda_{h-1}, \lambda_h), \quad \varDelta^* = (\lambda_0, \lambda_h), \quad \varDelta = (\lambda_0\, \lambda),$$

so ist für ein beliebiges (ξ, ω)-Paar

$$\frac{(\varDelta_n^*\xi)^2}{\varDelta_n^*\omega} \leqq \varDelta_n^*\varrho = \sum_{h=1}^{n} \varDelta_h\varrho \leqq \sum_{h=1}^{\infty} \varDelta_h\varrho \leqq \varDelta\varrho$$

und wegen der Stetigkeit von ξ, ω also auch

$$\frac{(\Delta\xi)^2}{\Delta\omega} \leqq \sum_{h=1}^{\infty} \Delta_h\varrho \leqq \Delta\varrho .$$

Die präzise obere, nur von Δ abhängige Grenze des links stehenden Quotienten ist aber $E(\Delta) = \Delta\varrho$; also muss

$$\Delta\varrho \leqq \sum_{h=1}^{\infty} \Delta_h\varrho \leqq \Delta\varrho, \quad \text{d. h.} \quad \varrho(\lambda) = \lim_{h=\infty} \varrho(\lambda_h)$$

sein. Da das gleiche für jede abnehmende, gegen λ konvergierende Zahlenfolge λ_h auf dieselbe Art bewiesen werden kann, ist $\varrho(\lambda)$ in der Tat stetig, und (64) zeigt[1]), dass $\xi(\lambda)$ eine Funktion von beschränkter Schwankung ist, dass für

$$\tilde{\xi}(\lambda) = \int_0^{\lambda} |d\xi(\mu)|$$

die Ungleichung

$$(\Delta\tilde{\xi})^2 \leqq \Delta\omega\, \Delta\varrho \tag{65}$$

statthat, schliesslich, dass $(d\xi)^2/d\varrho$ stetig integrierbar und

$$\int_{(\Delta)} \frac{(d\xi)^2}{d\varrho} \leqq \Delta\omega \tag{66}$$

ist.

15. Ich setze

$$P(s;\lambda) = \int_0^{\lambda} \varphi(s;\mu)\, d\varrho(\mu) .$$

Δ sei ein festes Intervall, a, ε positive Zahlen, und es gelte

$$|\varphi(s;\lambda)| \leqq H_a ,$$

solange $0 \leqq s \leqq a$ ist und λ im Intervall Δ liegt. Man kann dann eine Einteilung von Δ in Teilintervalle $\Delta_h = (\lambda_{h-1}, \lambda_h)$ $[h = 1, 2, \ldots, m]$ derart angeben, dass für $\lambda_{h-1} \leqq \lambda \leqq \lambda_h$, $0 \leqq s \leqq a$

$$|\varphi(s;\lambda) - \varphi(s;\lambda_h)| < \varepsilon \quad [h = 1, 2, \ldots, m]$$

ist, und ferner zu jedem der Intervalle Δ_h ein (ξ, ω)-Paar $\xi_h(\lambda)$, $\omega_h(\lambda)$ finden, für welches

$$(\Delta_h\xi_h)^2 \geqq (1-\varepsilon)\, \Delta_h\omega_h \cdot \Delta_h\varrho$$

---

[1]) E. Hellinger, Dissertation, S. 26 und S. 30.

gilt. Dann ist für $0 \leqq s \leqq a$

$$\left.\begin{aligned}
&\left|\int\limits_{(\varDelta)} \varphi(s;\mu)\, d\varrho(\mu) - \sum_{h=1}^{m} \varphi(s;\lambda_h)\, \varDelta_h\varrho\right| \leqq \varepsilon\cdot\varDelta\varrho,\\
&\left|\sum_{h=1}^{m} \varphi(s;\lambda_h)\, \varDelta_h\varrho - \sum_{h=1}^{m} \varphi(s;\lambda_h)\, \frac{(\varDelta_h\xi_h)^2}{\varDelta_h\omega_h}\right| \leqq H_a\,\varepsilon\cdot\varDelta\varrho,\\
&\left|\sum_{h=1}^{m} \varphi(s;\lambda_h)\, \frac{(\varDelta_h\xi_h)^2}{\varDelta_h\omega_h} - \sum_{h=1}^{m} \frac{\varDelta_h\xi_h}{\varDelta_h\omega_h} \int\limits_{(\varDelta h)} \varphi(s;\mu)\, d\xi_h(\mu)\right| \leqq \varepsilon \sum_{h=1}^{m} \left|\frac{\varDelta_h\xi_h}{\varDelta_h\omega_h}\right| \varDelta_h\tilde{\xi}_h\\
&\qquad\qquad \leqq \varepsilon\cdot\sum_{h=1}^{m} \frac{(\varDelta_h\tilde{\xi}_h)^2}{\varDelta_h\omega_h} \leqq \varepsilon\cdot\sum_{h=1}^{m} \varDelta_h\varrho = \varepsilon\cdot\varDelta\varrho.
\end{aligned}\right\} \quad (67)$$

Dabei ist

$$\tilde{\xi}_h(\lambda) = \int_0^{\lambda} |d\xi_h(\mu)|$$

gesetzt und von der Ungleichung (65) für $\xi = \xi_h$ Gebrauch gemacht.

Nach (58), (59) ist

$$\int_0^{\infty} \left\{\sum_{h=1}^{m} \frac{\varDelta_h\xi_h}{\varDelta_h\omega_h} \int\limits_{(\varDelta h)} \varphi(s;\mu)\, d\xi_h(\mu)\right\}^2 ds = \sum_{h=1}^{m} \left(\frac{\varDelta_h\xi_h}{\varDelta_h\omega_h}\right)^2 \varDelta_h\omega_h$$
$$= \sum_{h=1}^{m} \frac{(\varDelta_h\xi_h)^2}{\varDelta_h\omega_h} \leqq \sum_{h=1}^{m} \varDelta_h\varrho = \varDelta\varrho.$$

Wir verkleinern die linke Seite dieser Ungleichung, wenn wir die obere Grenze ∞ des Integrals durch a ersetzen. Die Abschätzungen (67) ergeben folglich

$$\int_0^a (\varDelta \boldsymbol{P})^2\, ds \leqq \varDelta\varrho + 2\,\varepsilon\,(2 + H_a)\,\sqrt{a}\,(\varDelta\varrho)^{3/2} + [\varepsilon\,(2 + H_a)\,\varDelta\varrho]^2\cdot a.$$

Da ε eine beliebige positive Zahl ist, muss

$$\int_0^a (\varDelta \boldsymbol{P})^2\, ds \leqq \varDelta\varrho,$$

mithin

$$\int_0^{\infty} (\varDelta \boldsymbol{P})^2\, ds = \varDelta\sigma \leqq \varDelta\varrho$$

sein. Da hiernach ϱ, σ ein (ξ, ω)-Paar ist, wird

$$\frac{(\varDelta\varrho)^2}{\varDelta\sigma} \leqq \varDelta\varrho, \quad \text{d. i.} \quad \varDelta\varrho \leqq \varDelta\sigma,$$

folglich $\varDelta\varrho = \varDelta\sigma$ ausfallen. *Die Funktionen $\varrho(\lambda)$, $\sigma(\lambda)$ bilden also ein (ξ, ω)-Paar, und $\boldsymbol{P}(s;\lambda)$ ist eine zulässige Lösung von* (55).

Daraus kann allgemeiner geschlossen werden, dass

$$\Xi(s;\lambda) = \int_0^\lambda \varphi(s;\mu)\, d\xi(\mu)$$

eine zulässige Lösung ist, falls $(d\xi)^2/d\varrho$ stetig integrierbar ist. Man findet nämlich

$$\int_0^\infty \left\{\sum_{h=1}^m \frac{\boldsymbol{\Delta}_h \boldsymbol{P}(s;\lambda)\, \boldsymbol{\Delta}_h \xi}{\boldsymbol{\Delta}_h \varrho}\right\}^2 ds = \sum_{h=1}^m \left(\frac{\boldsymbol{\Delta}_h \xi}{\boldsymbol{\Delta}_h \varrho}\right)^2 \boldsymbol{\Delta}_h \varrho \leqq \int_{(\Delta)} \frac{(d\xi)^2}{d\varrho}. \tag{68}$$

Andererseits wird für $0 \leqq s \leqq a$

$$\left[\sum_{h=1}^m \frac{\boldsymbol{\Delta}_h \boldsymbol{P}(s;\lambda)\, \boldsymbol{\Delta}_h \xi}{\boldsymbol{\Delta}_h \varrho} - \int_{(\Delta)} \frac{d\boldsymbol{P}(s;\lambda)\, d\xi}{d\varrho}\right]^2 \leqq H_a^2 \boldsymbol{\Delta}\varrho \left[\int_{(\Delta)} \frac{(d\xi)^2}{d\varrho} - \sum_{h=1}^m \frac{(\boldsymbol{\Delta}_h \xi)^2}{\boldsymbol{\Delta}_h \varrho}\right].$$

Ersetzen wir in der Ungleichung (68) die obere Grenze ∞ in dem links auftretenden Integral zunächst durch a und gehen dann zu dichteren und dichteren Teilungen des Intervalls $\boldsymbol{\Delta}$ über, so folgt demnach, da bei diesem Prozess

$$\int_{(\Delta)} \frac{(d\xi)^2}{d\varrho} - \sum_{h=1}^m \frac{(\boldsymbol{\Delta}_h \xi)^2}{\boldsymbol{\Delta}_h \varrho}$$

gegen 0 konvergiert und

$$\Xi(s;\lambda) = \int_0^\lambda \frac{d\boldsymbol{P}(s;\mu)\, d\xi(\mu)}{d\varrho(\mu)}$$

ist,

$$\int_0^a (\boldsymbol{\Delta}\Xi)^2\, ds \leqq \int_{(\Delta)} \frac{(d\xi)^2}{d\varrho},$$

mithin auch

$$\boldsymbol{\Delta}\omega = \int_0^\infty (\boldsymbol{\Delta}\Xi)^2\, ds \leqq \int_{(\Delta)} \frac{(d\xi)^2}{d\varrho}.$$

Wegen (66) muss in dieser Beziehung notwendig das Gleichheitszeichen gelten, und damit ist dann schliesslich der Satz 6 in allen seinen Teilen bewiesen.

16. Die Basisfunktion $\varrho(\lambda)$, welche in der Umgebung eines Wertes λ dann und nur dann konstant ist, falls dieser Wert nicht zum Streckenspektrum gehört, oder besser, das System der Differentiale von $\varrho(\lambda)$ besitzt für das Punktspektrum sein Analogon in derjenigen Funktion $r(\lambda)$, welche für alle von den abzählbarvielen Stellen λ_p des Punktspektrums verschiedenen λ den Wert 0 und für λ_p den Wert

$$r(\lambda_p) = \frac{1}{\int_0^\infty (\varphi(s;\lambda_p))^2\, ds}$$

hat. Wir kommen überein,

$$R(s;\lambda) = \varphi(s;\lambda)\, r(\lambda)$$

als die *Eigenfunktionen* [ohne den Zusatz «normiert»],

$$dP(s;\lambda) = \varphi(s;\lambda)\, d\varrho(\lambda)$$

als die *Eigendifferentiale* der Gleichung $L(u) = 0$ zu bezeichnen.

Indem wir, wie in Satz 6, $\varrho(0) = 0$ annehmen, setzen wir vorübergehend

$$\varrho^+(\nu) = 0 \quad \text{für } \nu < 1, \qquad = \varrho(\sqrt{\nu - 1}) \quad \text{für } \nu \geqq 1 \qquad\Big|\qquad \varrho^-(\nu) = 0 \quad \text{für } \nu < 1, \qquad = -\varrho(-\sqrt{\nu - 1}) \quad \text{für } \nu \geqq 1$$

und analog

$$P^+(s;\nu) = 0 \quad \text{für } \nu < 1, \qquad = P(s;\sqrt{\nu - 1}) \quad \text{für } \nu \geqq 1 \qquad\Big|\qquad P^-(s;\nu) = 0 \quad \text{für } \nu < 1, \qquad = -P(s;-\sqrt{\nu - 1}) \quad \text{für } \nu \geqq 1.$$

Dann erfüllen P^+, P^-, für A gesetzt, in jedem Intervall Δ_ν der Variablen ν die Gleichung

$$\Delta_\nu A(s;\nu) = \int_{(\Delta_\nu)} \nu \cdot d_\nu \int_0^\infty G_2^l(s,t)\, A(t;\nu)\, dt. \tag{69}$$

Ausserdem ist

$$\int_0^\infty (\Delta_\nu P^+)^2\, ds = \Delta_\nu \varrho^+, \quad \int_0^\infty (\Delta_\nu P^-)^2\, ds = \Delta_\nu \varrho^-,$$

und wenn Δ_ν^1, Δ_ν^2 irgend zwei Intervalle sind, die sich auch teilweise oder ganz überdecken dürfen,

$$\int_0^\infty \Delta_\nu^1 P^+ \cdot \Delta_\nu^2 P^-\, ds = 0.$$

Bilden wir mittels irgend zweier stetiger Funktionen $c^+(\nu)$, $c^-(\nu)$, für welche $(dc^+)^2/d\varrho^+$, $(dc^-)^2/d\varrho^-$ stetig integrierbar sind, die Funktion

$$A(s;\nu) = \int_{-\infty}^{\nu} \frac{d_\nu P^+(s;\nu)\, dc^+}{d\varrho^+} + \int_{-\infty}^{\nu} \frac{d_\nu P^-(s;\nu)\, dc^-}{d\varrho^-}, \tag{70}$$

so ist dieselbe stetig in s und ν, genügt der Gleichung (69), und es gilt für jedes Intervall Δ_ν nach dem in 15. Bewiesenen

$$\int_0^\infty (\Delta_\nu A)^2\, ds = \int_{(\Delta_\nu)} \frac{(dc^+)^2}{d\varrho^+} + \int_{(\Delta_\nu)} \frac{(dc^-)^2}{d\varrho^-}.$$

Wie aus Satz 6 und dem Zusammenhang, in dem der Kern $G_2^l(s,t)$ mit dem Differentialausdruck $L(u)$ steht, hervorgeht, lässt sich aber auch jede stetige Funktion $A(s;\nu)$, für welche (69) erfüllt und

$$\int_0^\infty A^2\, ds$$

eine stetige Funktion von ν ist, in der Form (70) mittels zweier stetiger Funktionen $c^+(\nu)$, $c^-(\nu)$ darstellen, welche die Eigenschaft besitzen, dass $(dc^+)^2/d\varrho^+$, $(dc^-)^2/d\varrho^-$ stetig integrierbar sind. Die nach ν genommenen Differentiale von $\boldsymbol{P}^+$ und $\boldsymbol{P}^-$ bilden demnach, wenn wir uns so ausdrücken wollen, *ein volles System zueinander orthogonaler Eigendifferentiale des Kerns* $G_2^l(s, t)$. Die Theorie der singulären Integralgleichungen liefert deshalb, wenn wir den vom Punktspektrum herrührenden Anteil wie in Kapitel II bestimmen, die für jede reelle, stetige, quadratisch integrierbare Funktion $g(s)$ gültige, absolut und gleichmässig konvergente Entwicklung

$$\int_0^\infty G_2^l(s,t)\, g(t)\, dt = \sum_{(p)} \frac{\varphi(s;\lambda_p)\int_0^\infty g(t)\, \varphi(t;\lambda_p)\, dt}{(1+\lambda_p^2)\int_0^\infty (\varphi(t;\lambda_p))^2\, dt}$$

$$+ \int_{-\infty}^{+\infty} \frac{d_\nu \boldsymbol{P}^+(s;\nu)\, d_\nu \int_0^\infty g(t)\, \boldsymbol{P}^+(t;\nu)\, dt}{\nu \cdot d\varrho^+(\nu)} + \int_{-\infty}^{+\infty} \frac{d_\nu \boldsymbol{P}^-(s;\nu)\, d_\nu \int_0^\infty g(t)\, \boldsymbol{P}^-(t;\nu)\, dt}{\nu \cdot d\varrho^-(\nu)}.$$

Die Summe der beiden letzten Integrale lässt sich zu

$$\int_{-\infty}^{+\infty} \frac{\varphi(s;\lambda)}{1+\lambda^2}\, d_\lambda \int_0^\infty g(t)\, \boldsymbol{P}(t;\lambda)\, dt$$

zusammenfassen. Wenden wir auf die erhaltene Entwicklung den Differentiationsprozess L an und verfahren analog wie in 9., so resultiert schliesslich der [in meiner Note (Göttinger Nachrichten 1909) nur für den Fall, dass $q(s)$ eine endliche untere Grenze besitzt, bewiesene]

Satz 7. *Im Grenzpunktfalle ist jede (reelle) stetige, der Randbedingung* (10) *genügende, im Intervall* $0\ldots\infty$ *quadratisch integrierbare Funktion* $f(s)$, *für welche auch* $L(f)$ *stetig und quadratisch integrierbar ist, in absolut und gleichmässig konvergenter Weise in der Form*

$$f(s) = \sum_{-\infty}^{+\infty} \varphi(s;\lambda)\, C(\lambda) + \int_{-\infty}^{+\infty} \varphi(s;\lambda)\, d\boldsymbol{\Gamma}(\lambda)$$

darstellbar; dabei berechnet sich das Koeffizientensystem C, $d\boldsymbol{\Gamma}$ *aus den Eigenfunktionen* $R(s;\lambda)$ *bzw. Eigendifferentialen* $d\boldsymbol{P}(s;\lambda)$ *der Gleichung* $L(u) = 0$ *mittels der Formeln*

$$C(\lambda) = \int_0^\infty f(s)\, R(s;\lambda)\, ds, \qquad \Delta\boldsymbol{\Gamma}(\lambda) = \int_0^\infty f(s)\, \Delta\boldsymbol{P}(s;\lambda)\, ds.$$

Dieses Theorem, welches zeigt, dass sich die «willkürliche» Funktion $f(s)$ als lineare Kombination der den Werten λ des Punkt- und Streckenspektrums korrespondierenden Lösungen $\varphi(s;\lambda)$ darstellen lässt, darf als das Hauptziel der vorliegenden Arbeit betrachtet werden.

KAPITEL IV

Über das Spektrum der Differentialgleichung L(u) = 0

17. Die aus dem Punktspektrum, den Häufungspunkten desselben und dem Streckenspektrum bestehende abgeschlossene Punktmenge auf der reellen λ-Achse bezeichnen wir, der HILBERTschen Terminologie entsprechend, als *Spektrum* der Differentialgleichung $L(u) = 0$. Handelt es sich nach wie vor um den Grenzpunktfall, so sind die nicht zum Spektrum gehörigen reellen Werte von λ dadurch charakterisiert, dass für sie die inhomogene Gleichung

$$L(u) + \lambda u = g(s)$$

stets eine der Randbedingung (10) genügende, im Intervall $0 \ldots \infty$ quadratisch integrierbare Lösung besitzt, falls wir nur voraussetzen, dass $g(s)$ stetig und quadratisch integrierbar ist. Ausserdem hat für derartige λ-Werte auch die homogene Gleichung $L(u) + \lambda u = 0$ eine (und bis auf eine multiplikative Konstante natürlich auch nur eine) quadratisch integrierbare Lösung.

Da sich die zwei *verschiedenen* Randbedingungen von der Form (10) zugehörigen GREENschen Funktionen des Differentialausdrucks $L(u) + i u$ (im Intervall $0 \ldots \infty$) nur um ein konstantes Vielfaches des für den Grenzpunkt l zu bildenden Produktes $\beta^l(s)\, \beta^l(t)$ unterscheiden, liefert Satz 5 und ein in der Arbeit «Über beschränkte quadratische Formen, deren Differenz vollstetig ist»[1]) von mir aufgestelltes Theorem das folgende Resultat:

Satz 8. *Während die zwei verschiedenen Randbedingungen für* $s = 0$ *zugehörigen Punktspektra der Differentialgleichung* $L(u) = 0$ *keinen einzigen Punkt miteinander gemein haben, ist die aus den Häufungspunkten des Punktspektrums und dem Streckenspektrum gebildete Vereinigungsmenge im Gegenteil von der speziellen Wahl der Randbedingung* (10) *ganz unabhängig*[2]).

Die auf den ersten Blick plausible Vermutung, dass auch das Streckenspektrum, für sich genommen, durch Abänderung der Randbedingung (10) nicht alteriert wird, vermag ich nicht zu bestätigen. In der soeben zitierten Arbeit habe ich gezeigt, dass das Streckenspektrum einer quadratischen Form von unendlichvielen Variablen gegenüber der Addition vollstetiger Formen keineswegs invariant ist (l. c., S. 392).

18. **Satz 9**[3]). *Ist*

$$\lim_{s=\infty} q(s) = +\infty,$$

so besteht das Spektrum von $L(u) = 0$ *ausschliesslich aus isolierten* (d. h. sich nirgends im Endlichen verdichtenden) *Eigenwerten, und zu jeder ganzen Zahl*

---

[1]) H. WEYL, Rend. Circ. Mat. Palermo 27, S. 378.

[2]) Dieser Satz gilt auch für den Grenzkreisfall, in dem Häufungspunkte der Eigenwerte und Punkte des Streckenspektrums gar nicht vorhanden sind.

[3]) Oszillationsbetrachtungen für Differentialgleichungen mit Singularitäten findet man namentlich bei M. BÔCHER, Bull. Amer. Math. Soc., Okt. 1898, S. 22, und Trans. Amer. Math. Soc., Jan. 1900, S. 40; vgl. auch Encyklopädie II A 7a.

$m \geqq 0$ gibt es einen einzigen Eigenwert λ_m, dessen zugehörige Eigenfunktion für $0 < s < \infty$ genau m Nullstellen besitzt. Dabei ist $\lambda_0 < \lambda_1 < \lambda_2 < \cdots$, und es gibt keinen Eigenwert, der nicht unter den λ_m enthalten wäre.

Ist

$$\liminf_{s=\infty} q(s) = c$$

endlich, so gehören dem Gebiet $\lambda < c$ keine Punkte des Strecken- und genau so viele Punkte des Punktspektrums an, als die der Randbedingung (10) *genügende Lösung von*

$$L(u) + c\,u = 0$$

Nullstellen besitzt. Heisst diese Anzahl (die natürlich auch ∞ sein kann) *n, so gibt es zu jeder ganzen Zahl m, welche $\geqq 0$ und $\leqq n-1$ ist, einen und nur einen Eigenwert $\lambda_m < c$, dessen zugehörige Eigenfunktion für $0 < s < \infty$ genau m Nullstellen besitzt. Es gilt wiederum*

$$\lambda_0 < \lambda_1 < \lambda_2 < \cdots < c,$$

und jeder Eigenwert $\lambda < c$ ist mit einem der n Werte λ_m identisch.

Um diesen Satz zu beweisen, orientieren wir uns zunächst über die Lösungen einer Differentialgleichung

$$L^*(u) \equiv \frac{d}{ds}\left(p(s)\,\frac{du}{ds}\right) - q^*(s)u = 0,$$

in welcher $q^*(s)$ für $s \geqq 0$ oberhalb einer festen *positiven* Grenze g liegt. Für jede Lösung $u(s)$ einer solchen Gleichung, die eine Nullstelle $s_0 > 0$ hat (und nicht identisch verschwindet), besitzt $p(s)\,du/ds$ im ganzen Intervall $0 \leqq s < \infty$ ein konstantes Vorzeichen, und es kann also $u(s)$ sicher nicht noch eine weitere Nullstelle besitzen. Ebenso hat, wenn $u(s)$ irgendeine Lösung jener Gleichung ist, $p(s)\,du/ds$ für $s \geqq 0$ höchstens eine einzige Nullstelle. – Hat eine Lösung $\beta(s)$ die Eigenschaft, dass $\beta(s)$, $p(s)\,d\beta/ds$ beide für $s \geqq 0$ ein konstantes, und zwar entgegengesetztes Vorzeichen haben, etwa $\beta(s) > 0$, $p(s)\,d\beta/ds < 0$ – ob es solche Lösungen gibt, kommt hier nicht in Betracht –, so ist für alle s

$$\left(p(s)\,\frac{d\beta}{ds}\right)_{s=0} + \int_0^s q^*(t)\,\beta(t)\,dt = p(s)\,\frac{d\beta}{ds} < 0,$$

also

$$0 \leqq g\int_0^s \beta(t)\,dt \leqq -\left(p(s)\,\frac{d\beta}{ds}\right)_0.$$

Da $\beta(s)$ positiv ist, konvergiert mithin $\int_0^\infty \beta(t)\,dt$ und (wegen der Monotonität von $\beta(s)$) a fortiori $\int_0^\infty (\beta(t))^2\,dt$. Daraus folgt u. a., dass es bis auf einen konstanten Faktor nur eine einzige Lösung von der Art $\beta(s)$ gibt.

Nachdem wir dies vorausgeschickt haben, kehren wir zu unserer ursprünglichen Gleichung $L(u) + \lambda u = 0$ zurück. Ist $\lambda < c$, so gibt es eine Zahl a_λ derart, dass für $s \geqq a_\lambda$

$$q(s) - \lambda \geqq 0$$

wird. Alsdann hat $\varphi(s; \lambda)$ im Gebiet $s \geqq a_\lambda$ höchstens *eine* Nullstelle, und folglich ist die Anzahl der Nullstellen von $\varphi(s; \lambda)$ im Bereich $0 < s < \infty$ gewiss endlich; wir bezeichnen sie mit $n(\lambda)$. Man überzeugt sich leicht, dass in unserem Falle, in welchem $q(s)$ für alle s oberhalb einer festen (positiven oder negativen) Grenze bleibt,

$$\lim_{\lambda = -\infty} n(\lambda) = 0$$

wird.

Sind $a_1 < a_2 < \cdots a_{n(\lambda)}$ die Nullstellen von $\varphi(s; \lambda)$ $(0 < s < \infty)$, der Grösse nach geordnet, so hat, wenn $\mu > \lambda$ ist, $\varphi(s; \mu)$ mindestens eine Nullstelle in jedem der folgenden Intervalle

$$0 < s < a_1, \quad a_1 < s < a_2, \ldots, a_{n(\lambda)-1} < s < a_{n(\lambda)},$$

und es ist also

$$n(\mu) \geqq n(\lambda) \quad \text{für} \quad \mu \geqq \lambda.$$

Es sei λ eine feste Zahl $< c$. Wir betrachten eine unendliche Folge von Zahlen $\lambda_1, \lambda_2, \ldots$, welche *wachsend* gegen λ konvergieren. Es wird dann

$$n(\lambda_1) \leqq n(\lambda_2) \leqq \cdots \leqq n(\lambda)$$

sein und also

$$\lim_{p = \infty} n(\lambda_p) = n(\lambda - 0)$$

einen bestimmten Wert $\leqq n(\lambda)$ besitzen. Man beweist ohne Mühe, dass stets

$$n(\lambda - 0) = n(\lambda)$$

wird.

Darauf betrachten wir eine Folge von Zahlen $\lambda_1, \lambda_2, \ldots$, die sämtlich $< c$ sind und welche *abnehmend* gegen λ konvergieren, und setzen

$$\lim_{p = \infty} n(\lambda_p) = n(\lambda + 0) = k.$$

Da die $n(\lambda_p)$ von einem gewissen p ab alle $= n(\lambda + 0)$ sein werden, können wir von vornherein annehmen, dass

$$n(\lambda_1) = n(\lambda_2) = \cdots = k$$

ist, und können demnach allgemein die Nullstellen von $\varphi(s; \lambda_p)$, der Grösse nach geordnet, mit

$$a_1^{(p)}, a_2^{(p)}, \ldots, a_k^{(p)}$$

bezeichnen. Dann ist (für jedes $m \leqq k$)

$$a_m^{(1)} < a_m^{(2)} < \cdots < a_m^{(p)} < \cdots \text{ in inf.}$$

Ist die Konstante b so gewählt, dass für $s \geqq b$

$$q(s) - \lambda_1 \geqq 0$$

ausfällt, so bleiben die Nullstellen

$$a_1^{(p)}, a_2^{(p)}, \ldots, a_{k-1}^{(p)}$$

für alle p unterhalb der Grenze b, da oberhalb derselben $\varphi(s; \lambda_p)$ nach früheren Betrachtungen nur eine einzige Nullstelle besitzen kann. Infolgedessen existiert

$$\lim_{p=\infty} a_m^{(p)} = a_m \leqq b \quad (\text{für } m = 1, 2, \ldots, k-1),$$

und die so erhaltenen Nullstellen $a_1, a_2, \ldots, a_{k-1}$ von $\varphi(s; \lambda)$ sind sämtlich voneinander verschieden. Würden nämlich etwa $a_1^{(p)}$ und $a_2^{(p)}$ gegen dieselbe Grenze $a_1 = a_2$ konvergieren, so müsste für $s = a_1 = a_2$

$$\varphi(s; \lambda) = 0, \qquad \frac{\partial \varphi(s; \lambda)}{\partial s} = 0$$

sein, was offenbar nicht möglich ist. Da jede Nullstelle von $\varphi(s; \lambda)$ Häufungspunkt von Nullstellen der Funktionen $\varphi(s; \lambda_p)$ ($p = 1, 2, \ldots$) sein muss, werden mit den Zahlen $a_1, a_2, \ldots, a_{k-1}$ die sämtlichen Nullstellen von $\varphi(s; \lambda)$ erschöpft sein oder nicht, je nachdem

$$\lim_{p=\infty} a_k^{(p)}$$

unendlich oder endlich ist.

Das Vorzeichen von $\partial\varphi(s; \lambda_p)/\partial s$ an der Stelle $a_k^{(p)}$ wird für alle p dasselbe, etwa $\delta (= \pm 1)$, sein. Ist nun

$$\lim_{p=\infty} a_k^{(p)} = \infty,$$

so muss von einem gewissen p ab $a_k^{(p)}$ die Grenze b überschreiten und dann nach früherem

$$\operatorname{sgn} \varphi(s; \lambda_p) = -\delta \quad \text{für} \quad b \leqq s < a_k^{(p)},$$

$$\operatorname{sgn} \frac{d\varphi(s; \lambda_p)}{ds} = +\delta \quad \text{für} \quad b \leqq s$$

sein. Daraus folgt durch Grenzübergang

$$\operatorname{sgn} \varphi(s; \lambda) = -\delta \quad \text{für} \quad s > b,$$

$$\operatorname{sgn} \frac{d\varphi(s; \lambda)}{ds} = +\delta \quad \text{für} \quad s > b.$$

Mithin ist (siehe oben) $\varphi(s;\lambda)$ quadratisch nach s im Intervall $b \leqq s < \infty$ integrierbar, also $\varphi(s;\lambda)$ eine Eigenfunktion und λ ein Eigenwert. Wir fassen diese Betrachtungen zusammen in den Hilfssatz:

Im Gebiet $\lambda < c$ ist entweder

$$n(\lambda) = n(\lambda + 0) \quad \textit{oder} \quad n(\lambda) + 1 = n(\lambda + 0).$$

Der zweite Fall kann nur dann eintreten, wenn λ Eigenwert ist.

Wir zeigen umgekehrt:

Ist λ ein Eigenwert $< c$, so gilt $n(\lambda) + 1 = n(\lambda + 0)$.

Ich setze für den Eigenwert λ kurz $\varphi(s;\lambda) = \varphi(s)$, $n(\lambda) = k-1$ und habe dann zu zeigen, dass, wenn λ' irgend eine Zahl $> \lambda$ und $< c$ ist, $\varphi(s;\lambda')$ mindestens k Nullstellen im Gebiet $0 < s < \infty$ besitzt.

a_{k-1} sei die grösste Nullstelle von $\varphi(s)$. Ich will zunächst beweisen, dass jede Lösung von $L(u) + \lambda\, u = 0$, die sich von $\varphi(s)$ nicht bloss durch einen konstanten Faktor unterscheidet, mindestens eine Nullstelle $> a_{k-1}$ besitzt. Für eine solche Lösung $u(s)$ besteht die Identität

$$p(s)\left(u(s)\frac{d\varphi}{ds} - \varphi(s)\frac{du}{ds}\right) = p(a_{k-1})\, u(a_{k-1})\left(\frac{d\varphi}{ds}\right)_{a_{k-1}}. \tag{71}$$

Hätte nun $u(s)$ für $s \geqq a_{k-1}$ ein konstantes Vorzeichen δ, und bezeichnet ferner δ_1 das konstante Vorzeichen von $\varphi(s)$ für $s > a_{k-1}$, so wäre nach früherem für hinreichend grosses s

$$\operatorname{sgn}\frac{d\varphi}{ds} = -\,\delta_1, \qquad \operatorname{sgn}\frac{du}{ds} = \delta.$$

Da ausserdem $\operatorname{sgn}\,(d\varphi/ds)_{a_{k-1}} = +\,\delta_1$ ist, so würde die linke Seite von (71) das Vorzeichen $-\,\delta\delta_1$, die rechte das Vorzeichen $+\,\delta\delta_1$ erhalten, was nicht möglich ist.

Denken wir uns nun in der Randbedingung (10) den nur bis auf ganzzahlige Vielfache von π bestimmten Winkel h so gewählt, dass $0 < h \leqq \pi$ ist, und verstehen unter j irgend einen Wert > 0 und $< h$, bezeichnen ferner mit $u_j(s)$, $v_j(s)$ die durch

$$[u(s)]_{s=0} = -\sin j, \qquad \left[p(s)\frac{du}{ds}\right]_{s=0} = \cos j$$

bestimmten Lösungen von

$$L(u) + \lambda\, u = 0 \quad \text{bzw.} \quad L(u) + \lambda' u = 0,$$

so hat $u_j(s)$ gewiss je eine Nullstelle zwischen denen von $\varphi(s)$, ferner eine, welche $> a_{k-1}$ ist, und schliesslich, wie leicht zu sehen, auch eine solche, die zwischen 0 und der kleinsten Nullstelle von $\varphi(s)$ liegt. Die Anzahl der Nullstellen von $u_j(s)$, also a fortiori von $v_j(s)$, ist demnach $\geqq k$. Numerieren wir die letzteren nach ihrer Grösse, so wird allgemein die m-te Nullstelle von $v_j(s)$ mit wachsend gegen h konvergierendem j gleichfalls wachsend gegen die m-te

Nullstelle von $v_h(s) = \varphi(s;\lambda')$ konvergieren, und $\varphi(s;\lambda')$ könnte nur dann weniger als k Nullstellen besitzen, wenn bei diesem Prozess die k-te Nullstelle von $v_j(s)$ gegen $+\infty$ konvergierte. Dies hätte aber wie oben zur Folge, dass $v_h(s)$; dv_h/ds für $s \geqq b$ konstantes, und zwar entgegengesetztes Vorzeichen besässen, so dass also λ' ein Eigenwert wäre. Wenn aber die Anzahl der Nullstellen von $\varphi(s;\lambda')$ nur $= k-1$ ist, so haben auch sämtliche Funktionen $\varphi(s;\mu)$, welche Werten $\mu \geqq \lambda$ und $\leqq \lambda'$ korrespondieren, genau $k-1$ Nullstellen, und alle diese Werte μ müssten aus demselben Grunde wie λ' Eigenwerte sein. Da dies nicht zutreffen kann, ist in der Tat, wenn $\lambda < c$ ein Eigenwert ist, $n(\mu) \geqq n(\lambda) + 1$, sobald $\mu > \lambda$ genommen wird.

Aus dem Bewiesenen folgen alle Tatsachen des Satzes 9, soweit sie das Punktspektrum im Falle eines endlichen c betreffen. Ist $c = +\infty$, so haben wir nur noch die Bemerkung, dass

$$\lim_{\lambda=+\infty} n(\lambda) = \infty$$

ist, hinzuzufügen, welche ohne weiteres daraus einleuchtet, dass sogar die Anzahl der Nullstellen, welche $\varphi(s;\lambda)$ in irgend einem festen endlichen Intervall $0 < s < a$ darbietet, gegen ∞ konvergiert, falls λ positiv über alle Grenzen wächst.

Die Aussage über das Streckenspektrum beweisen wir so: Ist $\varDelta = (\lambda_0\,\lambda_1)$ irgend ein abgeschlossenes, ganz im Gebiet $\lambda < c$ gelegenes Intervall, welches keinen Eigenwert enthält, so zeigen unsere Betrachtungen über die Differentialgleichung $L^*(u) = 0$ sogleich, dass es zwei positive Konstante a, A gibt, so dass

$$|\varphi(s;\lambda)| > A \quad \text{für} \quad s \geqq a, \quad \lambda_0 \leqq \lambda \leqq \lambda_1$$

ist. Hat $\varrho(\lambda)$ die Bedeutung wie in Satz 6, so ist demnach

$$\Big|\int_{(\varDelta)} \varphi(s;\lambda)\, d\varrho\Big| \geqq A\,\varDelta\varrho \quad \text{für} \quad s \geqq a,$$

und da die linke Seite dieser Ungleichung quadratisch nach s im Intervall $0 \leqq s < \infty$ integrierbar sein muss, ist notwendig $\varDelta\varrho = 0$, d.h. das Intervall $\varDelta$ von Punkten des Streckenspektrums frei. Infolgedessen liegt überhaupt kein einziger Punkt des Streckenspektrums im Gebiet $\lambda < c$.

Haben wir es z.B. mit einer Differentialgleichung

$$L(u) \equiv \frac{d^2u}{ds^2} - q(s)\,u = 0$$

zu tun, für welche

$$\lim_{s=\infty} q(s) = c$$

existiert, so hängt die Entscheidung darüber, ob dieselbe unendlich- oder endlichviele Eigenwerte $< c$ besitzt, davon ab, ob die Integrale der Gleichung

$$\frac{d^2u}{ds^2} + \big(c - q(s)\big)\,u = 0$$

oszillatorisch sind, d.h. unendlichviele Nullstellen besitzen, oder nicht. Nach einem bekannten Kriterium[1]) tritt der erste Fall sicher dann ein, wenn

$$\liminf_{s=\infty} s^2\big(c - q(s)\big) > \frac{1}{4}$$

ist, der zweite sicher dann, wenn

$$\limsup_{s=\infty} s^2\big(c - q(s)\big) < \frac{1}{4}$$

ausfällt. *Wörtlich dasselbe Kriterium hat für die Differentialgleichung*

$$\frac{d}{ds}\left(p(s)\frac{du}{ds}\right) + \big(c - q(s)\big)\, u = 0$$

statt, wenn nicht wie soeben $p(s)$ *identisch* $= 1$, *sondern nur* $\lim_{s=\infty} p(s) = 1$ *vorausgesetzt wird*[2]).

19. Es gilt allgemein der

Satz 10. *Der Wert* $\lambda = \infty$ *gehört für jeden beschränkten symmetrischen Kern dem Spektrum an.*

Wäre in der Tat

$$K(s, t) \qquad \left[0 \leqq {s \atop t} < \infty\right]$$

ein beschränkter symmetrischer Kern, für den diese Aussage nicht zuträfe, so müsste die mittels des iterierten Kerns

$$K\,K(s, t) = \int_0^\infty K(s, r)\, K(t, r)\, dr$$

gebildete quadratische Integralform

$$\int_0^\infty\!\!\int_0^\infty K\,K(s, t)\, v(s)\, v(t)\, ds\, dt$$

für alle stückweise stetigen Funktionen $v(s)$, deren quadratisches Integral

$$\int_0^\infty v^2\, ds = 1$$

---

[1]) A. Kneser, Math. Ann. *42*, S. 415f.

[2]) Man könnte daran denken, durch die bekannte Liouvillesche (oder eine ähnliche) Transformation unsere Differentialgleichung auf eine solche Form zu bringen, dass $p(s) = 1$ wird. Aber abgesehen davon, dass dieses Verfahren die zweimalige Differenzierbarkeit von $p(s)$ voraussetzt, würden dabei die in diesem Absatz 18 und in 20. besprochenen einfachen Gesetzmässigkeiten völlig verwischt werden. Deshalb erscheint mir die in 20. angegebene Methode, welche derartige Transformationen wie die Liouvillesche zu umgehen gestattet und die auch zum Beweis der im Text aufgestellten Behauptung heranzuziehen ist, nicht ohne Bedeutung.

ist, oberhalb einer festen positiven Grenze liegen. Dass dies aber nicht der Fall ist, erkennt man, wenn man mit Hilfe einer hinreichend kleinen positiven Konstanten δ die Funktion

$$v(s) = \frac{1}{\sqrt{\delta}} \quad \text{für} \quad 0 \leqq s \leqq \delta, \qquad v(s) = 0 \quad \text{für} \quad s > \delta$$

bildet und in jene Integralform einsetzt.

Für eine beliebige Differentialgleichung $L(u) = 0$ (vom Grenzkreis- oder Grenzpunkttypus) besagt dieser Satz, da ∞ kein Eigenwert des Kerns $G_2^l(s, t)$ ist, dass das Spektrum der Differentialgleichung Werte λ von beliebig grossem absolutem Betrag enthält oder, wie man sich ausdrücken kann, *dass das Spektrum von $L(u) = 0$ ins Unendliche reicht.*

20. Indem wir uns jetzt der Behandlung einer speziellen Klasse von Differentialgleichungen zuwenden, beweisen wir den

Satz 11[1]. *Konvergiert $p(s)$ mit unbegrenzt wachsendem s gegen eine positive Grenze, die wir $= 1$ nehmen wollen, $q(s)$ gegen eine Grenze, die ohne Beschränkung der Allgemeinheit $= 0$ angenommen werden darf, und zwar so stark, dass die Integrale*

$$\int_0^\infty |p(t) - 1|\, dt, \qquad \int_0^\infty |q(t)|\, dt \tag{72}$$

existieren, so haben die Lösungen $u^{(1)}(s;\lambda)$, $u^{(2)}(s;\lambda)$ für $\lambda > 0$ die Form

$$u^{(1)}(s;\lambda) = m_{11}(\lambda) \cos(s\sqrt{\lambda}) + m_{12}(\lambda) \sin(s\sqrt{\lambda}) + E_1(s;\lambda),$$
$$u^{(2)}(s;\lambda) = m_{21}(\lambda) \cos(s\sqrt{\lambda}) + m_{22}(\lambda) \sin(s\sqrt{\lambda}) + E_2(s;\lambda);$$

die vier Funktionen $m(\lambda)$ sind stetig in λ und

$$E_1(s;\lambda),\ \frac{\partial E_1(s;\lambda)}{\partial s}; \qquad E_2(s;\lambda),\ \frac{\partial E_2(s;\lambda)}{\partial s}$$

konvergieren mit unbegrenzt wachsendem s gleichmässig gegen 0, wenn wir die Variable λ auf ein endliches Intervall $\lambda_0 \leqq \lambda \leqq \lambda_1$ beschränken, dessen unterer Endpunkt λ_0 positiv ist.

Konvergieren nicht bloss die Integrale (72), sondern sogar die folgenden

$$\int_0^\infty t\,|p(t) - 1|\, dt, \qquad \int_0^\infty t\,|q(t)|\, dt \tag{73}$$

und ist

$$\lim_{s=\infty} s\bigl(p(s) - 1\bigr) = 0, \qquad \lim_{s=\infty} s\, q(s) = 0,$$

so sind die vier Funktionen $m(\lambda)$ stetig differenzierbar, und

$$s\, E_i(s;\lambda),\quad s\frac{\partial E_i(s;\lambda)}{\partial s};\quad \frac{\partial E_i(s;\lambda)}{\partial \lambda},\quad \frac{\partial^2 E_i(s;\lambda)}{\partial s\, \partial \lambda} \qquad (i = 1, 2)$$

konvergieren mit wachsendem s gleichmässig für $\lambda_0 \leqq \lambda \leqq \lambda_1$ gegen 0.

---

[1] Einen Teil dieses Satzes hat im Falle $p(s) \equiv 1$ bereits A. Kneser (Crelles J. *117*, S. 84) bewiesen.

Wir erledigen den Beweis in zwei Stufen, indem wir nämlich die vorgelegte Differentialgleichung $L(u) + \lambda u = 0$ auf

$$\frac{d}{ds}\left(p(s)\,\frac{dv}{ds}\right) + \lambda\, v = 0 \tag{74}$$

und diese auf

$$\frac{d^2 w}{ds^2} + \lambda\, w = 0 \tag{75}$$

zurückführen. Es sei $v = v(s;\lambda)$ diejenige Lösung von (74), für welche

$$v_{s=0} = -\sin h, \qquad \left(p(s)\,\frac{dv}{ds}\right)_{s=0} = \cos h$$

ist; h sei ein beliebiger, von λ unabhängiger Wert, so dass $v(s;\lambda)$ in bezug auf die Variable λ regulär-analytisch ist. Das gleiche gilt dann von

$$p(s)\,\frac{\partial v(s;\lambda)}{\partial s} = \tilde{v}\,(s;\lambda);$$

diese Funktion genügt der Differentialgleichung

$$\frac{d^2\tilde{v}}{ds^2} + \frac{\lambda}{p(s)}\cdot\tilde{v} = 0, \tag{76}$$

welche für den Vergleich mit der Differentialgleichung (75) geeigneter ist als (74). Aus (75), (76) folgt nämlich

$$\left[\tilde{v}\,\frac{dw}{ds} - w\,\frac{d\tilde{v}}{ds}\right]_a^s = \lambda \int_a^s \tilde{v}\, w\left(\frac{1}{p} - 1\right) dt.$$

Setzen wir hierin zunächst $w = \cos(s\sqrt{\lambda})$, dann $w = \sin(s\sqrt{\lambda})$, so ergibt sich

$$\left.\begin{aligned} -\tilde{v}\cdot\sin\left(s\sqrt{\lambda}\right) - \frac{1}{\sqrt{\lambda}}\frac{d\tilde{v}}{ds}\cdot\cos\left(s\sqrt{\lambda}\right) &= A_a + \sqrt{\lambda}\int_a^s \tilde{v}\left(\frac{1}{p} - 1\right)\cos\left(t\sqrt{\lambda}\right) dt,\\ \tilde{v}\cdot\cos\left(s\sqrt{\lambda}\right) - \frac{1}{\sqrt{\lambda}}\frac{d\tilde{v}}{ds}\cdot\sin\left(s\sqrt{\lambda}\right) &= B_a + \sqrt{\lambda}\int_a^s \tilde{v}\left(\frac{1}{p} - 1\right)\sin\left(t\sqrt{\lambda}\right) dt,\end{aligned}\right\} \tag{77}$$

wo

$$\begin{aligned} A_a &= \left[-\tilde{v}\cdot\sin\left(s\sqrt{\lambda}\right) - \frac{1}{\sqrt{\lambda}}\frac{d\tilde{v}}{ds}\cdot\cos\left(s\sqrt{\lambda}\right)\right]_{s=a},\\ B_a &= \left[\tilde{v}\cdot\cos\left(s\sqrt{\lambda}\right) - \frac{1}{\sqrt{\lambda}}\frac{d\tilde{v}}{ds}\cdot\sin\left(s\sqrt{\lambda}\right)\right]_{s=a}\end{aligned}$$

ist. Durch Elimination erhalten wir

$$\begin{aligned}\tilde{v} = {} & \left[B_a\cos\left(s\sqrt{\lambda}\right) - A_a\sin\left(s\sqrt{\lambda}\right)\right]\\ & + \sqrt{\lambda}\int_a^s \tilde{v}\left(\frac{1}{p} - 1\right)\sin\left\{(t-s)\sqrt{\lambda}\right\} dt.\end{aligned} \tag{78}$$

Wir beschränken jetzt λ auf ein ganz dem Gebiet $\lambda > 0$ angehöriges endliches Intervall $\lambda_0 \leqq \lambda \leqq \lambda_1$. Wir können dann, da

$$\int_0^\infty \left| \frac{1}{p(t)} - 1 \right| dt$$

konvergiert, eine Zahl a so bestimmen, dass

$$\sqrt{\lambda_1} \int_a^\infty \left| \frac{1}{p} - 1 \right| dt < \frac{1}{2}$$

ist. Haben wir die Konstante H so gewählt, dass

$$|\tilde{v}(s;\lambda)| \leqq \frac{H}{4}, \quad \left| \frac{1}{\sqrt{\lambda}} \frac{\partial \tilde{v}(s;\lambda)}{\partial s} \right| \leqq \frac{H}{4}$$

für $0 \leqq s \leqq a$, $\lambda_0 \leqq \lambda \leqq \lambda_1$ ausfällt, so ist

$$|B_a \cos(s\sqrt{\lambda}) - A_a \sin(s\sqrt{\lambda})| \leqq \frac{H}{2} \qquad (\text{für } s \geqq 0,\ \lambda_0 \leqq \lambda \leqq \lambda_1),$$

und ferner, wie jetzt gezeigt werden soll,

$$|\tilde{v}(s;\lambda)| \leqq H \quad \text{für} \quad 0 \leqq s < \infty,\ \lambda_0 \leqq \lambda \leqq \lambda_1. \tag{79}$$

In der Tat, wäre H^* ein Wert $> H$, den $|\tilde{v}|$ in dem besagten Gebiet, etwa für $s = s'$, $\lambda = \lambda'$, annähme und wäre s' [unter Festhaltung von λ'] sogleich als der kleinste Wert des Arguments s gewählt, für den

$$|\tilde{v}(s;\lambda')| = H^*$$

wird, so liefert (78), da s' gewiss $> a$ ist,

$$H^* \leqq \frac{H}{2} + H^* \sqrt{\lambda_1} \left| \int_a^{s'} \left(\frac{1}{p} - 1\right) \sin\{(t-s')\sqrt{\lambda'}\}\, dt \right|$$

$$\leqq \frac{H}{2} + H^* \sqrt{\lambda_1} \int_a^\infty \left| \frac{1}{p} - 1 \right| dt \leqq \frac{H}{2} + \frac{H^*}{2},$$

mithin entgegen unserer Annahme

$$H^* \leqq H.$$

Nachdem so die Ungleichung (79) bewiesen ist[1]), folgt die gleichmässige Konvergenz der Integrale

$$\tilde{m}_1(\lambda) = -\sin h + \int_0^\infty \tilde{v}(t;\lambda)\left(\frac{1}{p(t)} - 1\right)\cos\left(t\sqrt{\lambda}\right) dt,$$

$$\tilde{m}_2(\lambda) = \frac{\cos h}{\sqrt{\lambda}} + \int_0^\infty \tilde{v}(t;\lambda)\left(\frac{1}{p(t)} - 1\right)\sin\left(t\sqrt{\lambda}\right) dt.$$

Durch eine leichte Rechnung schliessen wir aus (77), indem wir $a = 0$ nehmen und statt $\tilde{v}$ wieder die Funktion

$$v = -\frac{1}{\lambda}\frac{d\tilde{v}}{ds}$$

einführen,

$$v(s;\lambda) = \tilde{m}_1(\lambda)\cos\left(s\sqrt{\lambda}\right) + \tilde{m}_2(\lambda)\sin\left(s\sqrt{\lambda}\right) + \tilde{E}(s;\lambda), \tag{80}$$

wobei

$$\tilde{E}(s;\lambda) = -\int_s^\infty \cos\left\{(s-t)\sqrt{\lambda}\right\}\tilde{v}(t;\lambda)\left(\frac{1}{p(t)} - 1\right) dt$$

gesetzt ist. $\tilde{m}_1$, $\tilde{m}_2$ sind also stetige Funktionen von λ, und es gelten, wie man sieht, gleichmässig für $\lambda_0 \leqq \lambda \leqq \lambda_1$ die Limesgleichungen

$$\lim_{s=\infty}\tilde{E}(s;\lambda) = 0, \qquad \lim_{s=\infty}\frac{\partial\tilde{E}(s;\lambda)}{\partial s} = 0.$$

Wählen wir in den die Lösung v bestimmenden Randbedingungen den Winkel h einmal $= -\pi/2$ und ein andermal $= 0$, so erhalten wir für v zwei unabhängige Lösungen $v^{(1}(s;\lambda)$, $v^{(2)}(s;\lambda)$ der Gleichung (74), welche sich in der Form

$$\left.\begin{aligned} v^{(1)}(s;\lambda) &= \tilde{m}_{11}(\lambda)\cos\left(s\sqrt{\lambda}\right) + \tilde{m}_{12}(\lambda)\sin\left(s\sqrt{\lambda}\right) + \tilde{E}_1(s;\lambda),\\ v^{(2)}(s;\lambda) &= \tilde{m}_{21}(\lambda)\cos\left(s\sqrt{\lambda}\right) + \tilde{m}_{22}(\lambda)\sin\left(s\sqrt{\lambda}\right) + \tilde{E}_2(s;\lambda) \end{aligned}\right\} \tag{81}$$

[1]) Ein anderer Beweis von (79) lässt sich auf Grund des folgenden *Majorantensatzes* führen: Sind $x(s)$, $y(s)$ die Lösungen zweier Integralgleichungen von der Form

$$f(s) = x(s) - \int_0^s K(s,t)\,x(t)\,dt, \qquad g(s) = y(s) - \int_0^s L(s,t)\,y(t)\,dt$$

und ist

$$|f(s)| \leqq g(s), \qquad |K(s,t)| \leqq L(s,t)$$

so gilt auch

$$|x(s)| \leqq y(s).$$

Wählen wir in (78) von vornherein $a = 0$, so ist

$$\sqrt{1+\lambda} = V(s) - \sqrt{\lambda}\int_0^s \left|\frac{1}{p(t)} - 1\right| V(t)\,dt$$

eine zu (78) «majorante» Integralgleichung, und wir bekommen daher

$$|\tilde{v}(s;\lambda)| < \sqrt{1+\lambda}\cdot e^{\sqrt{\lambda}P(s)}; \qquad P(s) = \int_0^s \left|\frac{1}{p(t)} - 1\right| dt$$

darstellen, wo die $\tilde{m}$ stetig sind und die $\tilde{\mathrm{E}}$ samt ihren ersten Differentialquotienten nach s mit wachsendem s gleichmässig gegen 0 konvergieren.

Sind die schärferen Voraussetzungen

$$\lim_{s=\infty} s\bigl(p(s)-1\bigr)=0, \quad \int_0^\infty t\,|p(t)-1|\,dt \quad \textit{endlich}$$

erfüllt, so fallen die Funktionen $\tilde{m}_1(\lambda)$, $\tilde{m}_2(\lambda)$ in (80) stetig differenzierbar aus. Wir zeigen dies folgendermassen: Aus (74) folgt für die Funktion $v_\lambda = \partial v(s;\lambda)/\partial\lambda$ die Differentialgleichung

$$\frac{d}{ds}\left(p(s)\,\frac{dv_\lambda}{ds}\right)+\lambda v_\lambda = -\,v.$$

Setzen wir also

$$F(s,t;\lambda)=\left\{v^{(1)}(s;\lambda)\,v^{(2)}(t;\lambda)-v^{(2)}(s;\lambda)\,v^{(1)}(t;\lambda)\right\},$$

so gilt, da

$$(v_\lambda)_{s=0}=0, \quad \left(p(s)\,\frac{dv_\lambda}{ds}\right)_{s=0}=0$$

ist,

$$v_\lambda(s;\lambda)=\int_0^s F(s,t;\lambda)\,v(t;\lambda)\,dt.$$

Durch Differentiation nach s gewinnen wir daraus, wenn wir noch

$$\tilde{F}(s,t;\lambda)=p(s)\,\frac{\partial F(s,t;\lambda)}{\partial s}$$

einführen, die Gleichung

$$\frac{\partial\tilde{v}(s;\lambda)}{\partial\lambda}=\int_0^s \tilde{F}(s,t;\lambda)\,v(t;\lambda)\,dt.$$

Demnach ergeben die Formeln (80), (81) eine Konstante H_1, so dass

$$\left|\frac{\partial\tilde{v}(s;\lambda)}{\partial\lambda}\right| \leqq H_1 s \quad \text{für} \quad s\geqq 0,\ \lambda_0\leqq\lambda\leqq\lambda_1$$

ist. Existiert also das Integral $\int_0^\infty t\,|p(t)-1|\,dt$, so wird

$$\int_0^\infty\left(\frac{1}{p(t)}-1\right)\cdot\frac{\partial}{\partial\lambda}\left\{\tilde{v}(t;\lambda)\cos\left(t\sqrt{\lambda}\right)\right\}dt$$

absolut und gleichmässig konvergieren, und infolgedessen zeigt der Ausdruck, den wir für $\tilde{m}_1(\lambda)$ gewonnen haben, dass diese Funktion ebenso wie $\tilde{m}_2(\lambda)$ stetig differenzierbar ist. Auch erkennen wir, dass bei den gegenwärtigen engeren Voraussetzungen die Funktionen

$$s\,\tilde{E},\ s\,\frac{\partial\tilde{E}}{\partial s},\ \frac{\partial\tilde{E}}{\partial\lambda},\ \frac{\partial^2\tilde{E}}{\partial s\,\partial\lambda}$$

mit wachsendem s gleichmässig in λ gegen 0 konvergieren.

Damit sind nun die Aussagen unseres Satzes zunächst nicht für die Funktionen $u^{(1)}(s;\lambda)$, $u^{(2)}(s;\lambda)$, sondern für die Lösungen $v^{(1)}(s;\lambda)$, $v^{(2)}(s;\lambda)$ der Gleichung (74) bewiesen. Vergleichen wir aber in derselben Weise, wie es soeben mit

$$\frac{d^2\tilde{v}}{ds^2} + \frac{\lambda}{p(s)}\,\tilde{v} = 0 \quad \text{und} \quad \frac{d^2 w}{ds^2} + \lambda w = 0$$

geschehen ist, jetzt die Gleichungen

$$\frac{d}{ds}\left(p(s)\frac{du}{ds}\right) + \left(\lambda - q(s)\right) u = 0$$

und

$$\frac{d}{ds}\left(p(s)\frac{dv}{ds}\right) + \lambda\, v = 0$$

miteinander, so gewinnen wir, falls das Integral $\int\limits_0^\infty |q(t)|\,dt$ existiert, die Formeln

$$u^{(1)}(s;\lambda) = m_{11}^*(\lambda)\, v^{(1)}(s;\lambda) + m_{12}^*(\lambda)\, v^{(2)}(s;\lambda) + E_1^*(s;\lambda),$$
$$u^{(2)}(s;\lambda) = m_{21}^*(\lambda)\, v^{(1)}(s;\lambda) + m_{22}^*(\lambda)\, v^{(2)}(s;\lambda) + E_2^*(s;\lambda).$$

Hierin sind die m^* stetige Funktionen von λ allein, und die vier Grössen

$$E_1^*, \frac{\partial E_1^*}{\partial s}; \quad E_2^*, \frac{\partial E_2^*}{\partial s}$$

konvergieren mit unbegrenzt wachsendem s gleichmässig für $\lambda_0 \leqq \lambda \leqq \lambda_1$ gegen 0. Ist sogar $\int\limits_0^\infty t\,|q(t)|\,dt$ endlich, so sind die m^* stetig differenzierbar, und es konvergieren

$$s\,E_i^*, \quad s\frac{\partial E_i^*}{\partial s}, \quad \frac{\partial E_i^*}{\partial \lambda}, \quad \frac{\partial^2 E_i^*}{\partial s\,\partial\lambda} \quad (i = 1, 2)$$

mit $1/s$ gleichmässig für $\lambda_0 \leqq \lambda \leqq \lambda_1$ gegen 0. Drücken wir in den so gewonnenen Formeln $v^{(1)}$, $v^{(2)}$ mittels der Relationen (81) aus, so erhalten wir diejenigen Gleichungen, deren Gültigkeit unser Satz behauptete.

Aus $\lim\limits_{s=\infty}(u^{(1)}, u^{(2)}) = 1$ ergibt sich, dass stets

$$\begin{vmatrix} m_{11}(\lambda), & m_{12}(\lambda) \\ m_{21}(\lambda), & m_{22}(\lambda) \end{vmatrix} = \frac{1}{\sqrt{\lambda}}$$

sein muss.

21. Die soeben angestellten Betrachtungen ermöglichen uns, in dem Falle, dass

$$\lim_{s=\infty} s\left(p(s) - 1\right) = 0, \quad \lim_{s=\infty} s\,q(s) = 0$$

ist und die Integrale

$$\int\limits_0^\infty t\,|p(t) - 1|\,dt \quad \text{sowie} \quad \int\limits_0^\infty t\,|q(t)|\,dt$$

endlich sind, die Bestimmung des Streckenspektrums und der durch Satz 6 charakterisierten Funktion $\varrho(\lambda)$ vollständig durchzuführen. *Unter den angegebenen Voraussetzungen besteht nämlich das Spektrum der Differentialgleichung aus endlichvielen Eigenwerten* < 0 *und einem sich von* 0 *bis* $+\infty$ *lückenlos hinziehenden Streckenspektrum. Hat* $\varphi(s;\lambda)$ [*siehe Formel* (9)] *für* $\lambda > 0$ *die Form*

$$\varphi(s;\lambda) = m_1(\lambda)\cos\left(s\sqrt{\lambda}\right) + m_2(\lambda)\sin\left(s\sqrt{\lambda}\right) + E(s;\lambda), \qquad (82)$$

$$\left[\lim_{s=\infty} E(s;\lambda) = 0\right]$$

so ist

$$\varrho(\lambda) = 0 \qquad \textit{für} \quad \lambda \leqq 0,$$

$$= \int_0^\lambda \frac{d\lambda}{\pi\sqrt{\lambda}[m_1^2(\lambda) + m_2^2(\lambda)]} \qquad \textit{für} \quad \lambda > 0.$$

Um zu zeigen, dass jeder Punkt $\lambda > 0$ zum Streckenspektrum gehört, beweise ich, dass, wenn $\boldsymbol{\Delta}$ irgend ein ganz im Gebiet $\lambda > 0$ gelegenes Intervall bedeutet, das quadratische Integral

$$\int_0^\infty \left(\boldsymbol{\Delta Z}(s;\lambda)\right)^2 ds$$

von

$$\boldsymbol{\Delta Z}(s;\lambda) = \int_{(\Delta)} \varphi(s;\mu)\, d\sqrt{\mu}$$

existiert und eine stetige Funktion der Endpunkte von $\boldsymbol{\Delta}$ ist. In der Tat gilt

$$\int_0^a (\boldsymbol{\Delta Z})^2 ds = \int_{(\Delta)}\int_{(\Delta)} V_a(\lambda,\mu)\, d\sqrt{\lambda}\, d\sqrt{\mu},$$

wenn

$$V_a(\lambda,\mu) = \int_0^a \varphi(s;\lambda)\,\varphi(s;\mu)\, ds = \frac{\left[p(s)\left(\varphi(s;\lambda)\dfrac{\partial\varphi(s;\mu)}{\partial s} - \varphi(s;\mu)\dfrac{\partial\varphi(s;\lambda)}{\partial s}\right)\right]_{s=a}}{\lambda-\mu}$$

gesetzt wird. Führen wir hierin den Ausdruck (82) ein und bedenken, dass $m_1(\lambda)$, $m_2(\lambda)$ stetig differenzierbar sind und dass $sE, s\,\partial E/\partial s, \partial E/\partial\lambda, \partial^2 E/\partial s\,\partial\lambda$ gleichmässig für alle in $\boldsymbol{\Delta}$ gelegenen λ mit wachsendem s gegen 0 konvergieren, so erhalten wir

$$V_a(\lambda,\mu) = \frac{\sin\left\{(\sqrt{\lambda}-\sqrt{\mu})\,a\right\}}{\sqrt{\lambda}-\sqrt{\mu}}\cdot\frac{m_1^2(\lambda)+m_2^2(\lambda)}{2} + R_a(\lambda,\mu).$$

Dabei ist $R_a(\lambda,\mu)$ eine Summe von Termen, die teils gleichmässig für alle in $\boldsymbol{\Delta}$ gelegenen λ, μ mit wachsendem a gegen 0 konvergieren, teils von der Form

$$C(\lambda,\mu)\cdot\frac{\cos}{\sin}\left\{(\sqrt{\lambda}-\sqrt{\mu})\,a\right\}$$

sind, wo die $C(\lambda, \mu)$ gewisse (auch für $\lambda = \mu$) stetige Funktionen des Variablenpaares λ, μ bedeuten. Daraus ergibt sich, dass

$$\int_{(\Delta)} R_a(\lambda, \mu)\, d\sqrt{\mu}$$

mit wachsendem a gleichmässig für alle in $\boldsymbol{\Delta}$ gelegenen λ gegen 0 konvergiert, und ferner, da

$$\int_{-\infty}^{+\infty} \frac{\sin x}{x}\, dx = \pi$$

ist, dass

$$\lim_{a=\infty} \int_{(\Delta)} \Big\{ \int_{(\Delta)} V_a(\lambda, \mu)\, d\sqrt{\mu} \Big\}\, d\sqrt{\lambda} = \frac{\pi}{2} \int_{(\Delta)} [m_1^2(\lambda) + m_2^2(\lambda)]\, d\sqrt{\lambda} \tag{83}$$

wird. Damit ist der Nachweis der Existenz und Stetigkeit von $\int_0^\infty (\boldsymbol{\Delta Z})^2\, ds$ erbracht.

Ebenso wie (83) folgt aber, da $\varrho(\lambda)$ stetig und monoton ist,

$$\begin{aligned} \int_0^\infty \boldsymbol{\Delta Z} \cdot \boldsymbol{\Delta P}\, ds &= \lim_{a=\infty} \int_{(\Delta)} \Big\{ \int_{(\Delta)} V_a(\lambda, \mu)\, d\sqrt{\mu} \Big\}\, d\varrho(\lambda) \\ &= \frac{\pi}{2} \int_{(\Delta)} [m_1^2(\lambda) + m_2^2(\lambda)]\, d\varrho(\lambda)\,. \end{aligned} \tag{84}$$

Aus Satz 6 schliessen wir sofort, dass, wenn die nach s genommenen quadratischen Integrale von

$$\Xi_1(s; \lambda) = \int_0^\lambda \varphi(s; \mu)\, d\xi_1(\mu)\,, \qquad \Xi_2(s; \lambda) = \int_0^\lambda \varphi(s; \mu)\, d\xi_2(\mu)$$

existieren und stetige Funktionen von λ sind,

$$\int_0^\infty \boldsymbol{\Delta \Xi}_1 \cdot \boldsymbol{\Delta \Xi}_2\, ds = \int_{(\Delta)} \frac{d\xi_1\, d\xi_2}{d\varrho}$$

wird. Nach den eben angestellten Überlegungen dürfen wir nun gewiss im Intervall $\boldsymbol{\Delta}$, welches ganz dem Gebiet $\lambda > 0$ angehört,

$$\xi_1(\lambda) = \sqrt{\lambda}, \quad \text{also} \quad \Xi_1(s; \lambda) = \boldsymbol{Z}(s; \lambda)\,;$$
$$\xi_2(\lambda) = \varrho(\lambda), \quad \text{also} \quad \Xi_2(s; \lambda) = \boldsymbol{P}(s; \lambda)$$

wählen, und wir bekommen dann

$$\int_0^\infty \boldsymbol{\Delta Z} \cdot \boldsymbol{\Delta P}\, ds = \int_{(\Delta)} d\sqrt{\lambda} = \int_{(\Delta)} \frac{d\lambda}{2\sqrt{\lambda}}\,.$$

Ein Vergleich mit (84) liefert in der Tat

$$\frac{d\lambda}{d\varrho} = \pi \sqrt{\lambda}\, [m_1^2(\lambda) + m_2^2(\lambda)] \qquad (\text{für } \lambda > 0)\,.$$

Um die dadurch gewonnene Integraldarstellung in eine möglichst einfache Form zu bringen, führe ich

$$\psi(s;\lambda) = \frac{\varphi(s;\lambda)}{\sqrt{\pi[m_1^2(\lambda) + m_2^2(\lambda)]}\cdot\sqrt[4]{\lambda}} \qquad (\lambda > 0)$$

und für die n Punkte $\lambda_i(< 0)$ des Punktspektrums die normierten Eigenfunktionen

$$\psi_i(s) = \frac{\varphi(s;\lambda_i)}{\sqrt{\int\limits_0^\infty(\varphi(s;\lambda_i))^2\,ds}}$$

ein. *Dann gilt für jede stetige Funktion $f(s)$, welche die Randbedingung* (10) *erfüllt und die Eigenschaften besitzt, dass $L(f)$ stetig ist und die Integrale*

$$\int\limits_0^\infty f^2\,ds, \quad \int\limits_0^\infty \bigl(L(f)\bigr)^2\,ds, \quad \int\limits_0^\infty |f|\,ds$$

sämtlich konvergieren, die absolut und gleichmässig konvergente Darstellung

$$f(s) = \sum_{i=1}^n \psi_i(s)\int\limits_0^\infty f(t)\,\psi_i(t)\,dt + \int\limits_0^\infty \psi(s;\lambda)\int\limits_0^\infty f(t)\,\psi(t;\lambda)\,dt\,d\lambda. \tag{85}$$

Auf den Beweis der Tatsache, dass die Anzahl n der Eigenwerte λ_i in unserm Falle endlich ist, will ich hier, da derselbe keine Schwierigkeit bereitet, nicht weiter eingehen. – Zu den Integraldarstellungen (85) gehören namentlich die, welche HILB in Kap. II seiner in der Einleitung zitierten Arbeit untersucht hat[1]).

22. Anstatt nach der soeben entwickelten Methode auch den von HILB durchgeführten WIRTINGERschen Fall zu behandeln – was leicht geschehen kann –, ziehe ich es vor, hier zum Schluss noch ein einfaches Beispiel dafür zu geben, dass *das Spektrum einer Differentialgleichung die ganze reelle λ-Achse überdecken kann.* Gerade die Möglichkeit solcher Fälle zwingt uns, die GREENsche Funktion des Differentialausdrucks $L(u) + \lambda u$ nicht für reelle, sondern für komplexe λ-Werte – etwa, wie in Kap. I geschah, für $\lambda = i$ – aufzustellen.

Das Beispiel, welches ich im Auge habe, ist das folgende:

$$L(u) = \frac{d^2u}{ds^2} + s\,u(s) \qquad (s \geqq 0). \tag{86}$$

---

[1]) Die HILBschen Voraussetzungen kommen darauf hinaus, dass $p(s)$, $q(s)$ analytische Funktionen einer komplexen Variablen s sind, die für alle s, deren Realteil eine gewisse negative Grenze übersteigt, regulär sind, absolut unter einer festen Schranke bleiben und eine rein imaginäre Periode, etwa $2\pi i$, besitzen. Unter diesen Umständen konvergieren $p(s)$, $q(s)$ für $s = +\infty$ je gegen eine feste Grenze, und zwar ebenso stark, wie e^{-s} gegen 0 konvergiert. Natürlich wird die Grenze, gegen welche $p(s)$ konvergiert, als von 0 verschieden vorausgesetzt. – Neuerdings hat PLANCHEREL, Math. Ann. 67, S. 519ff., die Gültigkeit der HILBschen Integraldarstellungen unter beschränkteren Voraussetzungen für die zu entwickelnde Funktion $f(s)$ bewiesen.

Als Randbedingung werde $u(0) = 0$ gewählt. (2) und (4) ergeben die Auflösungen

$$u^{(1)}(s) = \sum_{k=0}^{\infty} \frac{(-1)^k s^{3k}}{2 \cdot 3 \cdot 5 \cdot 6 \cdots (3k-1)\, 3k},$$

$$u^{(2)}(s) = \sum_{k=0}^{\infty} \frac{(-1)^k s^{3k+1}}{3 \cdot 4 \cdot 6 \cdot 7 \cdots 3k\,(3k+1)},$$

die sich mit Hilfe der BESSELschen Funktionen $J_{\frac{1}{3}}$, $J_{-\frac{1}{3}}$ in der Form

$$u^{(1)}(s) = \sqrt[3]{\tfrac{1}{3}}\, \Gamma\left(\frac{2}{3}\right) u_1(s) = \sqrt[3]{\tfrac{1}{3}}\, \Gamma\left(\frac{2}{3}\right) \cdot \sqrt{s}\, J_{-\frac{1}{3}}\left(\frac{2}{3} s^{3/2}\right),$$

$$u^{(2)}(s) = \sqrt[3]{3}\, \Gamma\left(\frac{4}{3}\right) u_2(s) = \sqrt[3]{3}\, \Gamma\left(\frac{4}{3}\right) \cdot \sqrt{s}\, J_{\frac{1}{3}}\left(\frac{2}{3} s^{3/2}\right)$$

darstellen lassen. Infolgedessen gelten für das Verhalten im Unendlichen die asymptotischen Formeln

$$u^{(1)}(s) \sim \sqrt[3]{\tfrac{1}{3}}\, \Gamma\left(\frac{2}{3}\right) \sqrt{\frac{3}{\pi}} \cdot \frac{1}{\sqrt[4]{s}} \cos\left(\frac{2}{3} s^{3/2} - \frac{\pi}{12}\right),$$

$$u^{(2)}(s) \sim \sqrt[3]{3}\, \Gamma\left(\frac{4}{3}\right) \sqrt{\frac{3}{\pi}} \cdot \frac{1}{\sqrt[4]{s}} \cos\left(\frac{2}{3} s^{3/2} - \frac{5\pi}{12}\right).$$

Da $u^{(1)}(s+\lambda)$, $u^{(2)}(s+\lambda)$ zwei voneinander unabhängige Lösungen der Gleichung

$$L(u) + \lambda u \equiv \frac{d^2 u}{ds^2} + (s+\lambda)\, u = 0 \tag{87}$$

sind, zeigen jene Formeln, dass (87) für keinen reellen Wert eine quadratisch integrierbare Lösung zulässt und folglich der Differentialausdruck (86) kein Punktspektrum besitzt, während sein Streckenspektrum die reelle Achse lückenlos bedeckt.

Die Bestimmung der Basisfunktion $\varrho(\lambda)$ ist nach der gleichen Methode wie im vorigen Absatz durchzuführen. Im gegenwärtigen Beispiel ist

$$\varphi(s;\lambda) = u^{(2)}(s+\lambda)\, u^{(1)}(\lambda) - u^{(1)}(s+\lambda)\, u^{(2)}(\lambda). \tag{88}$$

Wird wiederum

$$V_a(\lambda, \mu) = \int_0^a \varphi(s;\lambda)\, \varphi(s;\mu)\, ds$$

gesetzt, so gewinnen wir aus den asymptotischen Darstellungen der Funktionen $u^{(1)}(s)$, $u^{(2)}(s)$ und deren Differentialquotienten leicht die Limesgleichung

$$\lim_{a=\infty} \int_{(\Delta)} V_a(\lambda, \mu)\, d\mu = 3 \left\{\Gamma\left(\frac{4}{3}\right) \Gamma\left(\frac{2}{3}\right)\right\}^2 \cdot \left\{u_1^2(\lambda) + u_2^2(\lambda) - u_1(\lambda)\, u_2(\lambda)\right\} \equiv \frac{1}{\varrho'(\lambda)},$$

und zwar gilt dieselbe gleichmässig für alle λ, die einem im übrigen willkürlichen, ganz im Innern von Δ gelegenen Intervall angehören. Daraus ist zu schliessen, dass

$$\frac{d\varrho}{d\lambda} = \varrho'(\lambda)$$

ist. Schreibt man

$$\psi(s;\lambda) = \frac{u_2(s+\lambda)\, u_1(\lambda) - u_1(s+\lambda)\, u_2(\lambda)}{\sqrt{u_1^2(\lambda) + u_2^2(\lambda) - u_1(\lambda)\, u_2(\lambda)}}.$$

so besteht für die «willkürliche» Funktion $f(s)$ die Integraldarstellung

$$f(s) = \frac{1}{3}\int_{-\infty}^{+\infty} \psi(s;\lambda) \int_0^{\infty} f(t)\, \psi(t;\lambda)\, dt\, d\lambda.$$

Die Bedingungen, denen $f(s)$ zu genügen hat, können ohne Mühe genauer präzisiert werden. Ausserdem lässt sich diese Integraldarstellung ebenso weitgehend verallgemeinern, wie es durch die von Hilb und die in Absatz 21 dieser Arbeit angestellten Untersuchungen mit dem Fourierschen Integraltheorem geschehen ist.

Schlussbemerkung. Statt der Gleichung

$$L(u) + \lambda u = 0 \tag{89}$$

kann man die allgemeinere Form

$$L(u) + \lambda\, k(s)\, u = 0 \tag{90}$$

zugrunde legen, in der $k(s)$ eine für $s \geqq 0$ stetige, positive Funktion bedeutet. Will man annehmen, dass $L(1/\sqrt{k})$ existiert und stetig ist, so kann man (90) auf eine Gleichung von der spezielleren Art (89) transformieren[1]). Wie man sich aber durch eine direkte Behandlung von (90) überzeugt, welche gar keine Schwierigkeit darbietet, ist diese Voraussetzung der Existenz und Stetigkeit von $L(1/\sqrt{k})$ überflüssig, da es, wenn nur $k(s)$ stetig und > 0 ist, allgemein gelingt, Entwicklungen einer willkürlichen Funktion $f(s)$ nach den einer festen Randbedingung genügenden Lösungen von (90) herzuleiten, welche den Sätzen 4 und 7 genau entsprechen. Dabei hat man die in diesen beiden Sätzen auftretende Bedingung der quadratischen Integrierbarkeit von f und $L(f)$ durch die Forderung zu ersetzen, dass die Integrale

$$\int_0^{\infty} k\, f^2\, ds, \qquad \int_0^{\infty} \frac{1}{k}\left(L(f)\right)^2 ds$$

konvergieren sollen[2]).

---

[1]) Vgl. z.B. Hilbert, Gött. Nachr. *1904*, S. 226.

[2]) Auch die Resultate der Absätze 20 und 21 übertragen sich auf den allgemeineren Fall der Gleichung (90), wenn wir, statt $k(s)$ identisch $= 1$ zu nehmen, nur die Endlichkeit des Integrals

$$\int_0^{\infty} t\, |k(t) - 1|\, dt$$

voraussetzen.

Lässt man auch die Annahme fallen, dass $k(s)$ für $s \geqq 0$ ein konstantes Vorzeichen besitzt, so gelangt man zu Fragestellungen, zu deren Beantwortung die Theorie der *polaren Integralgleichungen*[1]) herangezogen werden muss. Die genaue Formulierung der in diesem Falle gültigen Entwicklungssätze nebst einer Erweiterung der hier zur Sprache gekommenen Untersuchungen auf partielle Differentialgleichungen von elliptischem Typus[2]) hoffe ich binnen kurzem zur Veröffentlichung bringen zu können.

---

[1]) Derartige Gleichungen sind zuerst von HILBERT, Gött. Nachr. *1906*, S. 473ff., behandelt worden.

[2]) Vgl. E. HILB, a.a.O., Kap. IV.

9.

Über die Definitionen der mathematischen Grundbegriffe

Mathematisch-naturwissenschaftliche Blätter 7, 93—95 und 109—113 (1910)

Hochgeehrte Anwesende!

Um die Betrachtungen, welche ich vor Ihnen über die Definitionen der mathematischen Grundbegriffe anstellen möchte, nicht noch abstrakter gestalten zu müssen, als es der Gegenstand ohnehin schon mit sich bringt, werden Sie mir wohl gestatten, diese Auseinandersetzungen zunächst an ein der Geometrie entnommenes Beispiel anzuknüpfen.

Aus dem Gegebenen unserer Empfindungswelt steigen wir durch gewisse geistige Prozesse der Abstraktion und Idealisation, die hier nicht zu besprechen sind, zu gewissen, den Raum betreffenden Begriffen auf, die teils wie „Punkt", „Gerade", „Ebene", als Hinweis auf ideale Objekte, teils, wie „liegen auf", „kongruent", „zwischen" als Hinweis auf ideale Beziehungen zwischen diesen Objekten zu verstehen sind. Dazu gewinnen wir auf dem angedeuteten Wege eine Fülle von Sätzen über diese Ding- und Beziehungsbegriffe, durch welche dieselben in Abhängigkeit von einander gesetzt werden. Bei einer logischen Untersuchung der erhaltenen Sätze, welche die Geometrie ausmachen, stellt sich jedoch heraus, daß sie alle durch rein logische Schlüsse aus einer ziemlich geringen Anzahl von ihnen, die man als Axiome bezeichnet, hergeleitet werden können. Auf diese im wesentlichen deduktive Weise hat ja bereits Euklid in seinen ewig bewundernswerten *στοιχεῖα* das System der Geometrie aufgebaut und dabei die Grundlagen dieser Wissenschaft mit einer solchen Schärfe und Präzision auseinandergesetzt, daß erst das letztvergangene Jahrhundert über das von ihm Erreichte hinausgeführt hat.

Man kann aber die Lehre von den räumlichen Beziehungen noch nach einer anderen Richtung hin einer logischen Durchprüfung unterziehen. Statt nämlich auf die logische Stellung der einzelnen Sätze zu einander zu achten, kann man untersuchen, ob die mannigfaltigen Begriffe, von denen in den Sätzen der Geometrie die Rede ist, zufolge eben dieser Sätze aufeinander zurückgeführt werden können. Ein Beispiel wird das Gemeinte verdeutlichen. Aus bekannten Tatsachen der ebenen Euklidischen Geometrie ergibt sich die Richtigkeit folgender Behauptung:

Drei Punkte A, B, C liegen dann und nur dann in gerader Linie, falls es zwei voneinander verschiedene Punkte P, Q von der Beschaffenheit gibt, daß P und Q von A gleich weit entfernt sind, ebenso von B, ebenso von C.

Dieser Satz enthält ein notwendiges und hinreichendes Kriterium dafür, daß drei Punkte auf einer geraden Linie liegen, und zwar ein Kriterium, welches sich zur Entscheidung lediglich der zwischen den Punkten bestehenden Beziehungen des Gleich-weit-Entferntseins bedient, und deshalb will ich sagen, daß sich auf Grund der soeben angegebenen geometrischen Tatsache der Begriff: „Drei Punkte liegen auf einer Geraden" zurückführen läßt auf den anderen: „Zwei Punkte sind von einem Dritten gleich weit entfernt." Wollten wir nun jemand, der von diesen beiden Begriffen den letzteren kennt, aber den ersteren nicht, erklären, was damit gemeint sei, wenn wir sagen „drei Punkte liegen auf einer Geraden", so könnten wir darauf verfallen, ihm das soeben angeführte Kriterium als Definition dieses Ausdrucks zu geben. Sicher ist, daß wir dem Betreffenden damit nicht den eigentlichen Vorstellungsinhalt „gerade Linie" vermitteln; aber ebenso gewiß ist es, daß wir ihm doch mit unserer Definition ein Mittel an die Hand geben, gegebenen Falls die Entscheidung darüber zu treffen, ob drei Punkte auf einer geraden Linie liegen oder nicht. Der eigentliche Begriff und der stellvertretende, den wir durch unsere Definition einführen, stimmen, wenn nicht dem Inhalt, so doch dem Umfang nach überein. Für die Wahrheit eines Satzes über diesen Begriff ist es jederzeit ohne Belang, ob wir ihn in seinem eigentlichen oder dem durch die Definition eingeführten stellvertretenden Sinne nehmen, und darum kann es dem Mathematiker nicht verwehrt werden, wenn er den einen durch den anderen ersetzt, wenn er, allgemein zu reden, ein notwendiges und hinreichendes Kriterium zu einer Definition ummünzt. Akzeptieren wir diesen Standpunkt, so werden wir also jetzt sagen, daß sich der Begriff: „drei Punkte liegen auf einer Geraden" auf Grund des anderen: „zwei Punkte sind von einem Dritten gleich weit entfernt", definieren lasse.

Es stellt sich nun, wenn man diesen Betrachtungen nachgeht, weiter heraus, daß überhaupt alle Beziehungsbegriffe, welche in der elementaren Euklidischen Geometrie eine Rolle spielen, auf Grund des einen Begriffes: „zwei Punkte sind von einem Dritten gleich weit entfernt" definiert werden können. Um das einzusehen, ist zunächst zu bemerken, daß sich alle Sätze der elementaren Geometrie so aussprechen lassen, daß in ihnen nur von endlich vielen Punkten und weder von Geraden noch von Ebenen die Rede ist. Diese Umformung der Sätze erreicht man dadurch, daß man statt von Geraden und von Ebenen zu reden, die Beziehungen: „drei Punkte liegen auf einer Geraden", bezw.: „vier Punkte liegen auf einer Ebene" heranzieht; z. B. statt des Satzes: Zwei gerade Linien schneiden sich höchstens in einem einzigen Punkte, sagt man: Sind A, B, C, D irgend 4 Punkte und $A \neq B, C \neq D$, so gibt es höchstens einen Punkt E von der Eigenschaft, daß sowohl A, B, E auf einer Geraden liegen als auch C, D, E auf einer Geraden liegen. Der Begriff „drei Punkte liegen auf einer Geraden" läßt sich aber in der Tat, wie wir bereits ausgeführt haben, auf Grund des Begriffes „zwei Punkte liegen von einem Dritten gleich weit entfernt" definieren. — Dazu, geometrische Sätze als Aussagen über Beziehungen nur zwischen Punkten zu fassen, wird man übrigens auch gedrängt, wenn man sich die Frage nach der Ausführbarkeit geometrischer Konstruktionsaufgaben mittels Zirkel und Lineal vorlegt.

Es würde mich nun hier zu weit führen, wenn ich zeigen wollte, wie sich alle die Grundbegriffe der Geometrie des „zwischen", der Strecken- und Winkelkongruenz usw. auf den einen des „gleichweit-Entferntseins zweier Punkte von einem Dritten" zurückführen lassen, den wir als Grundbegriff zu Grunde legen wollten und der in der Folge durch den Buchstaben E angedeutet werden möge.[1] Es muß hier genügen, wenn ich erwähne, daß dies in der Tat ohne große Mühe geschehen kann, und auf Pieri[2] verweise, einen italienischen Mathematiker der Peanoschen Schule, der die Geometrie in solcher Weise aufgebaut hat.

Ich stelle mir jetzt vielmehr die Frage: Ist der bei diesen Ueberlegungen immerfort hineinspielende Ausdruck: „eine Beziehung $\mathfrak{A}$ zwischen endlich vielen Punkten ist auf Grund einer solchen Beziehung $\mathfrak{B}$ explizit definierbar", selbst durch die bisherigen Ausführungen in einem hinreichend exakten Sinne erklärt? Mir scheint dem nicht so, und um diese Lücke auszufüllen, verfährt man am sichersten so, daß man diejenigen Definitionen, welche bei dem Pierischen Aufbau der Geometrie vorkommen, daraufhin prüft, ob sie etwa sämtlich auf die endlichmalige Anwendung bestimmter weniger Definitionsprinzipe hinauslaufen; und eine hierauf gerichtete Betrachtung zeigt in der Tat, daß in diesen Definitionen nur fünf solche einfachste nicht aufeinander zurückführbare Prinzipe zur Anwendung kommen. Ich führe sie, die für sich genommen sehr trivial klingen, der Reihe nach an.

1. Ist $\mathfrak{A}$ eine Dreipunkte-Beziehung (z. B. E), so werde diejenige Beziehung, die zwischen drei Punkten $a_1\, a_2\, a_3$ dann und nur dann besteht, falls zwischen $a_1\, a_3\, a_2$ jene Beziehung $\mathfrak{A}$ statthat, mit $\mathfrak{A}(1, 3, 2)$ bezeichnet.

Dies kann man als das Prinzip der Permutation bezeichnen. Seine Anwendung soll sich natürlich nicht nur auf die eine Permutation beschränken, die ich hier der Einfachheit des Ausdrucks halber herausgegriffen habe, und soll ebenso gut bei Beziehungen Platz greifen, in denen von mehr als drei aufeinanderbezogenen Punkten die Rede ist.

2. Diejenige Beziehung, die dann und nur dann statthat, falls die Beziehung $\mathfrak{A}$ nicht besteht, heiße $\mathfrak{A}n$ (Negation).

3. Diejenige Beziehung, die zwischen 4 Punkten $a_1\, a_2\, a_3\, a_4$ dann und nur dann besteht, falls zwischen $a_1\, a_2\, a_3$ die Beziehung $\mathfrak{A}$ statthat, werde $\mathfrak{A}+$ genannt.

Dies ist das Prinzip der Hinzufügung; um alle Punktequadrupel zu erhalten, welche die Beziehung $\mathfrak{A}+$ erfüllen, hat man jedem Punktetripel, das der Beziehung $\mathfrak{A}$ genügt, ein beliebiges Element hinzuzufügen, das gar keiner Beschränkung unterliegt.

4. Diejenige Beziehung, die zwischen zwei Punkten $a_1\, a_2$ dann und nur dann besteht, falls es einen Punkt a_3 gibt von der Art, daß zwischen $a_1\, a_2\, a_3$ die Beziehung $\mathfrak{A}$ statthat, heiße $\mathfrak{A}-$. (Fortnahme).

Der Beziehung $\mathfrak{A}-$ genügen alle die Punktpaare, welche ich bekomme, wenn ich von allen Punktetripeln, die $\mathfrak{A}$ erfüllen, das letzte Element fortnehme.

---

[1] Genauer gesagt, soll der Ausdruck: „zwischen den Punkten $a_1\, a_2\, a_3$ besteht die Beziehung E" besagen: a_2 und a_3 sind von a_1 gleich weit entfernt.

[2] Della Geometria elementare come sistema ipotetico deduttivo, Memorie della Reale Accademia delle Scienze di Torino, ser. II, t. 49 (1899), p. 173—223.

5. Sind $\mathfrak{A}$ und $\mathfrak{B}$ zwei bestimmte Dreipunktebeziehungen, so soll diejenige Beziehung, welche zwischen drei Punkten dann und nur dann statthat, falls für sie sowohl $\mathfrak{A}$ als auch $\mathfrak{B}$ besteht, mit $\left.\begin{array}{l}\mathfrak{A}\\\mathfrak{B}\end{array}\right\}$ bezeichnet werden (Koordination).

Das fünfte Prinzip unterscheidet sich von den ersten vier dadurch, daß es nicht wie diese auf Grund eines, sondern auf Grund zweier Beziehungsbegriffe einen neuen definiert.

Die Disjunktion „entweder oder", welche man als 6. Definitionsprinzip zählen könnte, braucht deshalb nicht hinzugefügt zu werden, weil sie durch eine kombinierte Anwendung des Negations- und Koordinationsprinzipes ersetzt werden kann.

Ich behaupte nun, daß man schließlich zu jedem Beziehungsbegriff der elementaren Geometrie (d. h. der Geometrie, in der man stets nur mit Punktgruppen, die aus endlich vielen Punkten bestehen, zu tun hat) dadurch gelangen kann, daß man, ausgehend von der Zweipunktebeziehung der Identität (die durch $=$ bezeichnet werde) und der Dreipunktebeziehung E, eine endliche Zahl von Malen unsere 5 Definitionsprinzipe zur Anwendung bringt — in genau der gleichen Weise, wie man in der Arithmetik, von der Zahl 1 ausgehend, durch endlichmalige Wiederholung der vier Spezies schließlich zu jeder rationalen Zahl gelangt. Z. B. lautet die Dreipunktebeziehung „Liegen auf ein und derselben Geraden" Λ so:

$$\left.\begin{array}{l}\left.\begin{array}{l}\left.\begin{array}{l}E++(14523)\\E++(24513)\end{array}\right\}\\E++(34512)\end{array}\right\}\\=n+++(45123)\end{array}\right\}--\qquad:\Lambda.$$

In ähnlicher Weise überzeugt man sich, daß auch alle übrigen elementar-geometrischen Beziehungen sich durch solche Schemata symbolisieren lassen, welche es in Evidenz setzen, daß sich jene Beziehungen auf Grund von E explizit definieren lassen. Uebrigens möchte ich, um Mißdeutungen vorzubeugen, ausdrücklich betonen, daß ich es keineswegs für wertvoll halte, alle geometrischen Beziehungen nun in solchen begriffsschriftlichen Schemata darzustellen; es genügt die Einsicht, daß dies immer möglich ist.

Was wird man nun von dem hier eingenommenen Standpunkt aus zu der Richardschen Antinomie sagen wollen, die in der Diskussion über die Grundlagen der Mengenlehre eine nicht unbedeutende Rolle gespielt hat? Die Richardsche Antinomie besteht darin, daß einerseits alle aus endlich vielen Worten zusammengesetzten Ausdrücke nur eine abzählbare Menge ergeben, (d. h. daß alle diese Ausdrücke in eine Reihe geordnet werden können, welche so fortschreitet, wie die Reihe der natürlichen Zahlen $1, 2, 3, \cdots$) und also, da doch Dinge, von denen man reden will, durch endlich viele Worte definiert sein müssen, demnach alle Dinge, welche Gegenstand unseres Denkens sein können, insgesamt nur eine abzählbare Menge ausmachen können, andererseits aber nach Cantor bereits die Menge aller reellen Zahlen nicht abzählbar ist. Dazu ist nun zunächst und vor allem zu bemerken, daß der Redeweise „durch endlich viele Worte definiert" nicht unmittelbar ein greifbarer Sinn abzugewinnen ist; und um zu einer exakten Formulierung zu kommen, werden wir uns im Einklang mit unseren bisherigen Ausführungen zunächst auf Definitionen von Beziehungen beschränken, und in der Tat spielen, wie ich glaube, solche Beziehungsdefinitionen in der Mathematik eine bedeutendere Rolle als die Objektsdefinitionen, da die Natur der Objekte für den logischen Aufbau mathematischer Disziplinen meist ohne Belang ist. Zweitens ist zu sagen, daß auch im Gebiet der Definitionen der Satz gilt, daß aus Nichts nichts zu machen ist. Wir können keine Begriffe durch Definition festlegen, ohne daß wir von gewissen Grundbegriffen ausgehen, deren Eigenschaften etwa durch Axiome gegeben sein müssen. Drittens aber ist das allgemein verbindliche Sprachlexikon, welches man zu Grunde zu legen scheint, wenn man davon redet, daß ein Ding durch endlich viele Worte definiert sein müsse, vielmehr durch eine Tafel derjenigen Definitionsprinzipe zu ersetzen, durch deren wiederholte Anwendung auf die Grundbeziehungen alle Beziehungsbegriffe der gerade in Rede stehenden Disziplin entspringen sollen. Insofern nun die Anzahl der Grundbegriffe ebenso wie die der Definitionsprinzipe als endlich vorausgesetzt wird und auch nur eine endlichmalige Anwendung dieser Prinzipien als statthaft erscheint, kann man in der Tat behaupten, daß die möglichen Beziehungsbegriffe der betreffenden Disziplin höchstens in abzählbarer Anzahl vorhanden sind.

So betrug in unserem obigen Beispiel die Anzahl der Grundbegriffe $=, E$ nur zwei, die der Definitionsprinzipe fünf, und falls wir eine Beziehung zwischen Punkten dann und nur dann als eine elementar-geometrische bezeichnen, falls sie durch endlichmalige Anwendung dieser fünf Prinzipe auf jene beiden Grundbegriffe entspringt, so kann gegen die Behauptung, daß es nur abzählbar viele elementargeometrische Punktbeziehungen gebe, sicherlich nichts eingewandt werden. Dies scheint mir der richtige Kern der ersten der beiden in der Richardschen Antinomie einander gegenübergestellten Tatsachen zu sein.

Um aber in dieser Kritik der Richardschen Antinomie weiter vorzudringen, ist es nun nicht mehr angängig, sich wie bisher allein an die Elementar-Geometrie zu halten.

Es ist Ihnen allen bekannt, daß die Geometrie von Descartes durch Einführung des Koordinaten-Begriffs auf die Arithmetik (Arithmetik im weitesten Sinne einer Theorie der reellen Zahlen genommen) zurückgeführt erscheint. Diese Zurückführung läßt sich nach Vornahme der besprochenen Pierischen Reduktion der Geometrie, die ja aus dem Reiche der Geometrie nicht herausführte, durch die drei folgenden Sätze vollziehen (wobei ich mich übrigens wiederum, wie früher auf die ebene Geometrie beschränke):

1. Ein Paar reeller Zahlen (x, y) heißt ein Punkt.
2. Sind (x_1, y_1), (x_2, y_2), (x_3, y_3) drei Punkte, so wird das Statthaben der Beziehung E durch
$$(x_2 - x_1)^2 + (y_2 - y_1)^2 = (x_3 - x_1)^2 + (y_3 - y_1)^2$$
ausgedrückt.
3. Als geometrische Punktbeziehungen gelten nur solche Zahlbeziehungen zwischen den Koordinaten der Punkte, welche gegenüber Translation und orthogonaler Transformation invariant sind.

Haben wir nun ein Recht, diese Sätze als eine Definition des Punktes, der Grundbeziehung E und der Geometrie zu betrachten? Sicherlich nur in einem durchaus übertragenen Sinne. Hatten wir bei unserer vorigen Reduktion zwar den Vorstellungsinhalt solcher Ausdrücke wie „drei Punkte liegen auf einer Geraden" verändert, aber doch so, daß der Umfang dieser Begriffe erhalten blieb, so substituieren wir jetzt an Stelle der ursprünglichen andere Begriffe, die auf den ersten Blick nichts mit ihnen gemein haben. Trotzdem aber behält jeder in seinem eigentlichen Sinne genommene Satz der Euklidischen Geometrie seine Wahrheit, wenn wir die in ihm benutzten Ausdrücke in dem neuen arithmetischen Sinne deuten. Die hier vorliegende Tatsache ist sozusagen ein Gegenstück dazu, daß man denselben Vorstellungsinhalt in verschiedenen Sprachen in ganz verschiedener Weise ausdrücken kann: Hier wird umgekehrt derselbe sprachliche Ausdruck dadurch, daß konsequent jedem einzelnen Begriffe eine veränderte Bedeutung untergeschoben wird, beide Male mit durchaus verschiedenem Vorstellungsinhalt gefüllt. Das Verfahren, das hier zu Grunde liegt, läßt sich am besten vielleicht folgendermaßen beschreiben: Es sind zwei verschiedene Systeme von Objekten gegeben, und es bestehen zwischen den Objekten des ersten Systems gewisse Beziehungen $\varepsilon_1\ \varepsilon'_1 \ldots$, ebenso zwischen den Objekten des anderen Systems gewisse Beziehungen $\varepsilon_2\ \varepsilon'_2 \ldots$ Ist es dann auf irgend eine Weise gelungen, zwischen den Objekten und Beziehungen des einen Systems auf der einen, den Objekten und Beziehungen des anderen Systems auf der anderen Seite eine umkehrbar-eindeutige Korrelation herzustellen, so daß zwischen korrelativen Gegenständen stets auch korrelative Beziehungen bestehen — sind also die Systeme in diesem Sinne vollständig miteinander isomorph —, so besteht auch eine solche eindeutige Korrelation zwischen den auf das eine und andere System bezüglichen wahren Sätzen, und wir können, ohne uns dadurch in Irrtümer zu verstricken, die beiden Systeme geradezu miteinander identifizieren. Die Wichtigkeit der Aufdeckung eines solchen Isomorphismus liegt auf der Hand, und die daraus zu ziehenden Vorteile sind denen durchaus analog, die der Mathematik aus der allgemeinen Gruppentheorie erwachsen sind: Vereinheitlichung, große Denkersparnis, außerdem aber auch eine Vervielfältigung der dem Forscher zur Verfügung stehenden Hilfsmittel: Nach Descartes' Entdeckung kann ich mich einerseits der zahlenmäßigen Analysis bedienen, um geometrische Sätze zu gewinnen, andererseits aber auch der geometrischen Anschauung zur Auffindung von Wahrheiten im Reich der Zahlen. Im Sinne der vom mathematischen Standpunkte aus gerechtfertigten Identifizierung solcher vollständig isomorpher Systeme liegt es dann schließlich auch, wenn wir die Axiome etwa der Geometrie nicht mehr als fundamentale Aussagen über Lagebeziehungen auffassen, welche in dem wirklichen uns umgebenden Raume statthaben, sondern lediglich als implizite Definitionen gewisser an sich jedes anschaulichen Gehaltes baren Relationen. Durch diese als implizite Definitionen gedeuteten Axiome sind dann freilich jene Begriffe keineswegs vollkommen festgelegt. Aber das tut nichts, da sie eben für die Geometrie nur nach den Eigenschaften, die in den Axiomen ausgesprochen werden, in Betracht kommen. Diese Tatsache, daß mit den Aussagen der Euklidischen Geometrie der Vorstellungsinhalt dessen, was wir Raum und räumliche Beziehungen nennen, keineswegs erschöpft ist, dürfte, wie mir scheint, auch von philosophischem Interesse sein.

Uebrigens ist die Methode der impliziten Definition, welche darin besteht, nicht den Sinn jedes einzelnen mehrerer Begriffe auf Grund anderer als bekannt angesehener zu erklären, sondern lediglich ein System von Sätzen oder Axiomen hinzustellen, in welche diese Begriffe eingehen — ich sage, diese Methode der impliziten Definition ist auch sonst oft in der Mathematik verwandt worden. Sie hat den Vorteil, daß sie die wichtigsten Eigenschaften der zu definierenden Begriffe sogleich an die Spitze stellen kann, während sich diese Eigenschaften bei Zugrundelegung einer eigentlichen Definition vielleicht erst als sehr entfernte Konsequenzen der Definition ergeben würden. Aber die implizite Definition durch Axiome ist doch insofern immer nur etwas Vorläufiges, als man sich auf sie nur dann stützen kann, falls die Axiome widerspruchlos sind, d. h. falls ein System explizit definierter Begriffe angewiesen werden kann, das ihnen genügt. Ein gutes Beispiel für das Gesagte bietet die Behandlung, welche Lebesgue in Kap. VII seiner „leçons sur l'intégration" (Paris 1904) dem Integralbegriffe angedeihen läßt; Lebesgue macht da dieselbe Unterscheidung zwischen expliziten und impliziten Definitionen, welche er als „konstruktive" und „deskriptive" einander gegenüberstellt.

Dem Ziele, den Axiomen der Geometrie durch ein System von Begriffen gerecht zu werden, die letzten Endes auf Grund der rein logischen Begriffe explizit definiert sind, haben wir uns offenbar dadurch, daß wir die Geometrie ihrem logischen Gehalt nach arithmetisch konstruieren konnten, um einen bedeutenden Schritt genähert. Das hierin zutage tretende Bestreben der Logisierung der Mathematik setzt sich dann fort in den bekannten von Cantor, Dedekind, Weierstraß herrührenden Theorien des Irrationalen, durch welche der Begriff der reellen Zahlen auf den der rationalen und schließlich der natürlichen Zahlen $1, 2, 3, \cdots$ zurückgeführt erscheint; die natürlichen Zahlen aber und die mit ihnen vorzunehmenden Operationen der Addition, Multiplikation usw. basieren endlich wieder, wie aus den Arbeiten Dedekinds und Cantors hervorging, auf einer Disziplin, die der reinen Logik schon äußerst nahe steht, der von Georg Cantor geschaffenen Mengenlehre. So erscheint uns denn die Mengenlehre heutzutage in logischer Hinsicht als die eigentliche Grundlage der mathematischen Wissenschaften, und an sie werden wir uns daher auch halten müssen, wenn wir Definitionsprinzipe formulieren wollen, welche nicht nur für die elementare Geometrie, sondern für die gesamte Mathematik ausreichend sind.

Gerade aber mit Bezug auf die grundlegenden Fragen der Mengenlehre stehen sich zur Zeit, nachdem man durch einige, sei es wirkliche, sei es scheinbare Widersprüche mißtrauisch geworden war, entgegengesetzte Meinungen schroff gegenüber. In der Diskussion über diese Fragen sind logisch-mathematische und psychologische Gesichtspunkte oft miteinander vermengt worden.

Der Begriff der Menge und Anzahl hat während der Entwicklung des menschlichen Geistes verschiedene Stufen durchlaufen. Auf der ersten Stufe handelt es sich um die eigentliche Inbegriffsvorstellung, welche zustande kommt, wenn Vorstellungen mehrerer für sich bemerkter Einzelobjekte durch ein einheitliches Interesse aus unserm Bewußtseinsinhalt herausgehoben und zusammengehalten werden. Auf dieser Stufe bezeichnen die niedrigsten Zahlwörter, sagen wir 2, 3 und 4, unmittelbar merkliche Unterschiede des bei der Inbegriffsvorstellung in Funktion tretenden psychischen Aktes[1]).

Auf der zweiten Stufe treten für die eigentlichen Vorstellungen symbolische ein. Als bedeutendstes Erzeugnis dieser zweiten Periode hat das bekannte, jedem Kinde geläufige symbolische Zählverfahren zu gelten, welches gestattet, auch inhaltreichere Mengen nach ihrer Anzahl zu unterscheiden. Bei seiner Ausbildung spielt neben anderen wesentlichen Momenten wohl auch ein gewisses Möglichkeitsgefühl eine wichtige Rolle, indem wir uns, um der Außenwelt gerecht zu werden, nicht an die zufälligen Beschränkungen und Mängel unserer Sinnesorgane und geistigen Fähigkeiten gebunden fühlen. Die Art, wie Cantor zuerst seine transfiniten Ordnungszahlen einführte[2]), indem er hinter die Reihe $1, 2, 3, \cdots$ ein neues Element ω setzte und sich nun gemäß dem folgenden Schema

$$\begin{array}{l}
1,\ 2,\ 3,\ \cdots \\
\omega,\ \omega+1,\ \omega+2,\ \cdots \\
(\omega 2),\ (\omega 2)+1,\ (\omega 2)+2,\ \cdots \\
\qquad \cdots\cdots\cdots \\
\omega^2,\ \omega^2+1,\ \omega^2+2,\ \cdots \\
\omega^2+\omega,\ \cdots \\
\qquad \cdots\cdots\cdots \\
\omega^3,\ \cdots \\
\qquad \cdots\cdots\cdots \\
\omega^\omega,\ \cdots \\
\qquad \cdots\cdots\cdots
\end{array}$$

das Reich der Zahlen immer weiter ausgedehnt dachte — die successive Bildung der Derivierten einer Punktmenge gab zu dieser Neuschöpfung Anlaß — entspricht noch durchaus den Verfahrungsweisen dieser zweiten Stufe. — Daraus, daß eine eigentliche Vorstellung unendlicher Mengen in dem Sinne, daß die einzelnen Elemente derselben als für sich bemerkte Inhalte in unserm Bewußtsein gleichzeitig gegenwärtig sind, nicht vollziehbar ist, kann ebensowenig ein Einwand gegen ihre logische Zulässigkeit erhoben werden, wie dies bei end-

[1]) Vergl. Kerry, Ueber Anschauung und ihre psychische Verarbeitung, Artikel VI, Vierteljahrsschrift für wissenschaftliche Philosophie 1889; Husserl, Philosophie der Arithmetik, 1. Bd., Halle a. S., 1891.

[2]) G. Cantor, Grundlagen einer allgemeinen Mannigfaltigkeitslehre, Leipzig 1883 (auch Mathematische Annalen, Bd. 21; namentlich S. 576 ff.)

lichen aus einer größeren Anzahl von Elementen bestehenden Mengen geschehen kann, die doch gleichfalls nicht eigentlich vorstellbar sind; und nur in diesem Sinne der Unmöglichkeit eines eigentlichen Vorstellens unendlicher Mannigfaltigkeiten ist es wahr, wenn man sagt: ein Aktual-Unendliches gibt es nicht.

Da wir durch andere unabweisbare Gründe — die Analysis zwingt uns dazu — genötigt sind, unendliche Mengen einzuführen, handelt es sich schließlich auf der dritten Stufe darum, die Theorie der endlichen und unendlichen Mengen und Zahlen in einer wissenschaftlich-systematischen Weise durch Aufstellung von Axiomen, Definitionen und daraus gezogenen Folgerungen aufzubauen. Bei diesem Aufbau werden wir nach dem vorhin Ausgeführten kein Bedenken tragen, das eigentlich intendierte Begriffssystem durch andere ihm vollständig isomorphe zu ersetzen. So wird denn zunächst das aus dem symbolischen Zählverfahren erwachsene Kriterium für die Gleichzahligkeit zweier Mengen, welches darin besteht, daß man die zu vergleichenden Mengen elementweise umkehrbar eindeutig aufeinander abbilden kann, zur Definition der Gleichzahligkeit erhoben. Um daraus den Begriff der Anzahl selbst zu gewinnen, kann man sich eines auch sonst vielfach in der Mathematik benutzten Definitionsverfahrens bedienen, das seine psychologischen Wurzeln in dem Abstraktionsprozeß hat. Die Gleichzahligkeit, so wie sie soeben erklärt wurde, ist eine Beziehung zwischen zwei Mengen vom Charakter der Äquivalenz, d. h. eine Beziehung, welche die folgenden Eigenschaften besitzt:

$$a \sim a.$$

$$\text{Aus } a \sim b,\ b \sim c \text{ folgt } c \sim a.$$

Allemal nun, wenn eine solche Beziehung zwischen Objekten $a, b, \cdots$ erklärt ist, hält man es für möglich, jedem der Objekte a derart ein anderes Ding α zuzuweisen, daß zwei Objekten dann und nur dann dasselbe Ding zugewiesen erscheint, falls jene beiden Objekte im Sinne der Beziehung $\sim$ einander äquivalent sind. Beispiele in der Mathematik, wo ein solches Verfahren zur Definition eines neuen Operationsbereiches von Dingen α benutzt wird, ließen sich in Hülle und Fülle beibringen. Ich erwähne etwa nur die Art, wie Cauchy die komplexen Zahlen einführt, indem er sagt: Betrachten wir zwei Polynome der unabhängigen Variablen i dann und nur dann als gleich, falls sie modulo $i^2 + 1$ kongruent sind, (d. h. falls ihre Differenz durch das Polymon $i^2 + 1$ teilbar ist), so entsteht der Begriff der komplexen Zahl. Befriedigender ist es, wenn in solchen Fällen das dem Objekt a zugewiesene Ding α in eindeutiger Weise so erklärt wird, daß die gewünschte Invarianz zum Vorschein kommt. In dem eben berührten Fall der komplexen Zahlen kann dies einfach so geschehen, daß man jedem Polynom der Unbestimmten i diejenige eindeutig bestimmte lineare Funktion von i zuweist, die ihm modulo $i^2 + 1$ kongruent ist. Schwieriger ist es bereits in der arithmetischen Theorie der quadratischen Formen, aus jeder Klasse äquivalenter Formen eine einzige durch Ungleichungen eindeutig charakterisierte Form, eine sog. reduzierte, auszuwählen. Vielfach hat man auch seine Zuflucht dazu genommen, das zuzuweisende Ding α als die Gesamtheit der mit dem Objekte a äquivalenten Objekte zu erklären; und so lange dieser Begriff einer Gesamtheit als logisch zulässig gilt, konnte man hiergegen nichts einwenden, trotz der psychologischen Ungeheuerlichkeit, die es etwa involviert, wenn ich sagen würde: Um zu erkennen, daß dieses | | | drei Striche sind, muß ich mir die Gesamtheit aller Mengen vorstellen, welche sich umkehrbar eindeutig auf die Menge dieser drei Striche abbilden lassen. Heutzutage scheint es uns jedoch nicht mehr als statthaft, aus allen Mengen, welche einer gegebenen gleichzahlig sind, selbst wieder eine Menge aufzubauen. Man muß daher andere Wege einschlagen, um den Begriff der Kardinalzahl zu einem völlig bestimmten zu machen. Dedekinds berühmte Schrift: Was sind und was sollen die Zahlen? bezeichnete einen höchst bedeutsamen Schritt in dieser Richtung, und neuerdings hat Zermelo[1]) durch eine an sich zwar willkürliche, aber doch zweckmäßige Definition den Zahlbegriff zu einem logisch eindeutig determinierten erhoben, in dem als *0* diejenige einzige Menge eingeführt wird, die kein Element enthält — ihre Existenz ist durch ein besonderes Axiom postuliert —, darauf *1* als die von dem einzigen Ding *0* gebildete Menge, *2* als die von dem einzigen Element *1* gebildete Menge usf.

Die Grundbeziehung zwischen Dingen, deren Eigenschaften durch die Zermelo'schen Axiome[2]) festgelegt werden, ist diejenige, welche man gewöhnlich in den Worten ausspricht: a ist Element der Menge b, in Zeichen $a \varepsilon b$. Indem wir jetzt zu unserer eigentlichen Fragestellung zurückkehren, haben wir zu untersuchen, ob unsere vorhin aufgestellten Definitionsprinzipien auch im Gebiet der Mengenlehre noch ausreichen, um auf Grund von $=$ und ε alle Beziehungs-

---

[1]) Untersuchungen über die Grundlagen der Mengenlehre. I, Mathematische Annalen, Bd. 65 (1908), S. 261—281.

[2]) Zermelo ist der einzige, der ein exakt formuliertes Axiomensystem der Mengenlehre aufgestellt hat.

begriffe der logisierten Mathematik zu definieren. Dies ist offenbar nicht der Fall, da wir es jetzt nicht, wie bei den Punkten der Elementargeometrie, mit lauter gleichartigen Elementen zu tun haben, sondern unter den Objekten selbst, um die es sich handelt, mindestens ein solches vorkommt, das sich durch bestimmte Eigenschaften vor allen anderen auszeichnet, nämlich das soeben bereits erwähnte absolute Ding 0, diejenige Menge, welche gar kein Element enthält. Auf die Besprechung der Ergänzungen, welche infolgedessen unsere Tafel der Definitionsprinzipe erfahren muß und andere nötig werdende Abänderungen kann hier nicht mehr eingegangen werden. Nur auf einen Punkt möchte ich mir erlauben noch aufmerksam zu machen.

Die Definitionsprinzipien gewinnen in der Mengenlehre eine besondere Bedeutung, wie ich glaube, dadurch, daß der Begriff „definierbar" in die Axiome dieser Disziplin selbst hineinspielt. Eines der von Zermelo aufgestellten Axiome[3]) behauptet nämlich, daß diejenigen Elemente x einer vorgelegten Menge M, welche irgend eine definite Aussage erfüllen, stets wieder eine Menge bilden, und dabei ist nach Zermelos Erklärung eine definite Aussage eine solche, deren Zutreffen oder Nichtzutreffen eindeutig und ohne Willkür auf Grund der zwischen den Dingen der Mengenlehre bestehenden Grundbeziehungen ε entschieden werden kann. Hier ist meinem Empfinden nach eine noch größere Präzision vonnöten, insofern mir die Redeweise von der „eindeutigen und ohne Willkür zu treffenden Entscheidung" etwas zu vage erscheint. Ich möchte dasselbe Axiom lieber so formulieren: Unter einer definiten Beziehung soll eine solche verstanden werden, welche auf Grund der beiden Beziehungen $=$ und ε durch endlichmalige Anwendung unserer in geeigneter Weise modifizierten Definitionsprinzipien erklärt ist. Ist denn M irgend eine Menge, a irgend ein Ding, $\mathfrak{A}$ eine definite Zweidingbeziehung, so bilden diejenigen Elemente x von M, welche zu a in der Beziehung $\mathfrak{A}$ stehen, stets eine Menge. An Stelle einer definiten Aussage im Zermelo'schen Sinne tritt also hier die definite Beziehung zu einem festen Element a (oder auch zu mehreren festen Elementen). Übrigens verhehle ich mir nicht die Schwierigkeit meiner Formulierung, welche darin liegt, daß sie den Begriff der Anzahl als bereits gebildet annimmt und, wenn sie von endlichmaliger Anwendung der Definitionsprinzipien spricht, diese Prinzipien selbst als zählbare Dinge im Sinne der Mengenlehre in Anspruch nimmt. Wie diese Schwierigkeit zu lösen ist, davon kann hier ebenfalls nicht mehr die Rede sein[4]).

Kehren wir nunmehr zur Richardschen Antinomie zurück, so werden wir auch jetzt noch als einen wahren Kern der beiden in ihr einander gegenübergestellten Tatsachen anerkennen müssen, daß man es in der Mengenlehre oder in der logisierten Mathematik nur mit abzählbar vielen Beziehungsbegriffen zu tun hat, keineswegs aber nur mit abzählbar vielen Dingen oder Mengen. Dies liegt vor allem daran, daß die Einführung neuer Mengen nicht allein so geschehen kann, daß aus gegebenen Mengen auf Grund des vorhin formulierten Axioms Untermengen dadurch ausgeschieden werden, daß eine die Elemente jener Untermenge charakterisierende definite Eigenschaft angegeben wird, sondern daneben die Mengenbildung durch Addition, Multiplikation, Potenzierung Platz greift, deren Möglichkeit durch die übrigen Axiome Zermelo's postuliert wird. Von einer Antinomie aber kann schlechterdings gar keine Rede sein.

Darf man sagen, was nach dem bisher Ausgeführten naheliegt, Mathematik sei die Wissenschaft von ε und denjenigen Beziehungen, die sich auf Grund dieses Begriffes mittels der erwähnten Prinzipe definieren lassen? Vielleicht wird durch eine solche Erklärung die Mathematik ihrem logischen Gehalt nach in der Tat zutreffend bestimmt. Trotzdem erblicke ich den eigentlichen Wert und die eigentliche Bedeutung des so zustande kommenden Begriffssystems einer logisierten Mathematik doch darin, daß sich ihre Begriffe auch, ohne daß dabei die Wahrheit der auf sie bezüglichen Sätze Schaden leidet, anschauungsmäßig deuten lassen, und ich glaube, der menschliche Geist kann auf keinem anderen Wege als durch Verarbeitung der gegebenen Wirklichkeit zu den mathematischen Begriffen aufsteigen. Die Anwendbarkeit unserer Wissenschaft erscheint dann nur als ein Symptom ihrer Bodenständigkeit, nicht als eigentlicher Wertmaßstab, und für die Mathematik, diesen stolzen Baum, der seine breite Krone frei im Äther entfaltet, aber seine Kraft zugleich mit tausend Wurzeln aus dem Erdboden wirklicher Anschauungen und Vorstellungen saugt, wäre es gleich verhängnisvoll, wollte man ihn mit der Schere eines allzu engherzigen Utilitarismus beschneiden oder wollte man ihn aus dem Boden, dem er entsprossen ist, herausreißen.

---

[3]) Axiom III, l. c. S. 263.

[4]) Ich behalte mir vor, an anderer Stelle hierauf zurückzukommen. Namentlich bin ich überzeugt, daß eine Lösung des Continuumproblems (der Frage nach der Mächtigkeit des Continuums) nicht möglich ist, ohne daß vorher die „Definitionsprinzipe" der Mengenlehre exakt formuliert werden; und auch dann nur, wenn Zermelo's Axiomen die weitere Forderung hinzugefügt wird (die das gerade Gegenteil des Hilbert'schen Vollständigkeitsaxioms aussagt): „Aus dem Bereich der Zermelo'schen Dinge läßt sich (unter Aufrechterhaltung der zwischen ihnen bestehenden Beziehungen ε) auf keine Weise ein solcher Teilbereich ausscheiden, der für sich schon den sämtlichen Zermelo'schen Axiomen genügt".

10.

Die Gibbssche Erscheinung in der Theorie der Kugelfunktionen

Rendiconti del Circolo Matematico di Palermo 29, 308—323 (1910)

§ 1.

Voraussetzungen und Resultate.

Es sei auf einer Kugel vom Radius 1 eine stetige, geschlossene, doppelpunktslose Kurve $\mathfrak{C}$ gegeben, welche die Kugeloberfläche in zwei Stücke zerteilt, die wir kurz als das « Aeussere » $\mathfrak{A}$ und das « Innere » $\mathfrak{J}$ bezeichnen. Wir wollen noch annehmen, dass $\mathfrak{C}$ eine stetig variierende Tangente besitzt und von jedem grössten Kreis nur in einer beschränkten Anzahl, etwa höchstens m, Punkten geschnitten wird [1]). Es sei ferner in $\mathfrak{J}$ einschliesslich seiner Begrenzung $\mathfrak{C}$ eine daselbst stetig differenzierbare Funktion f^i definiert; d. h. es sei jedem Punkt von $\mathfrak{J}+\mathfrak{C}$ eine Zahl f^i so zugeordnet, dass die Werte von f^i längs jeder in $\mathfrak{J}+\mathfrak{C}$ verlaufenden Kurve $\mathfrak{c}$ mit stetiger Tangente eine einmal stetig differenzierbare Funktion der Bogenlänge von $\mathfrak{c}$ bilden [2]). Entsprechend sei in $\mathfrak{A}+\mathfrak{C}$ eine gleichfalls stetig differenzierbare Funktion f^a erklärt. Durch die Definition

$$\begin{aligned} f &= f^a \text{ in } \mathfrak{A}, \\ &= f^i \text{ in } \mathfrak{J}, \\ &= \frac{f^a+f^i}{2} \text{ auf } \mathfrak{C} \end{aligned}$$

erhalten wir dann eine auf der ganzen Kugel eindeutige Funktion f, die längs der Kurve $\mathfrak{C}$ einen einfachen Sprung erleidet; die Höhe $f^a - f^i$ dieses Sprunges werde, indem wir sie als Funktion der von einem festen, auf $\mathfrak{C}$ gelegenen Anfangspunkt O aus gemessenen Bogenlänge s von $\mathfrak{C}$ auffassen, durch $h(s)$ bezeichnet.

---

[1]) Freilich wollen wir zulassen, dass $\mathfrak{C}$ ganze Stücke grösster Kreise — aber nur in endlicher Anzahl — enthält; die betreffenden grössten Kreise, denen diese Stücke angehören, sind alsdann natürlich von der Forderung, höchstens m Punkte mit $\mathfrak{C}$ gemeinsam zu haben, entbunden.

[2]) Und zwar soll diese Bedingung der stetigen Differenzierbarkeit stets auch an den Enden der Kurve $\mathfrak{c}$, selbst wenn diese auf $\mathfrak{C}$ liegen, erfüllt sein.

Rend. Circ. Matem. Palermo, t. XXIX (1° sem. 1910). — Stampato il 15 gennajo 1910.

Unsere Funktion f lässt sich bekanntlich in eine überall konvergente nach Kugelfunktionen fortschreitende « LAPLACE'sche » Reihe entwickeln; lassen wir diese Entwicklung mit den Kugelfunktionen n^{ter} Ordnung abbrechen, so geht eine auf der ganzen Kugelfläche stetig differenzierbare Funktion f_n hervor, welche mit wachsendem n gegen f konvergiert, und zwar gleichmässig in der Umgebung jeder nicht auf $\mathfrak{C}$ gelegenen Stelle. Wir stellen uns jetzt die Aufgabe, die Art der Konvergenz von f_n gegen f in der Umgebung der Kurve $\mathfrak{C}$ zu bestimmen.

Um das Verhalten der Funktionen f_n in der Umgebung von $\mathfrak{C}$ bequemer beschreiben zu können, bediene ich mich eines besonderen Koordinatensystems. Unter (s, t) verstehe ich denjenigen Punkt P auf der Kugeloberfläche, den ich durch die folgende Vorschrift erhalte: Ich schreite auf $\mathfrak{C}$ von dem Anfangspunkt O aus den Bogen OS von der Länge s ab und gehe darauf von S aus auf dem durch S senkrecht zu $\mathfrak{C}$ gelegten grössten Kreise um das Stück t bis zum Punkte P; dabei hat man auf $\mathfrak{C}$ so fortzuschreiten, dass man das Aeussere zu seiner Rechten hat, wenn s positiv ist, im entgegengesetzten Sinne, falls s negativ ist, und ferner hat man auf dem grössten Kreise von S aus in das Gebiet $\mathfrak{A}$ hineinzugehen, falls t als positive, in das Gebiet $\mathfrak{J}$, falls t als negative Grösse gegeben war. Die Werte der Funktionen f, f_n im Punkte $P=(s, t)$ werden durch $f(s, t)$, bezw. $f_n(s, t)$ bezeichnet. Ist l die Länge der Kurve $\mathfrak{C}$, so besitzen diese Funktionen in Bezug auf s die Periode l. — Endlich schreibe ich stets

$$\frac{1}{\pi}\int_x^{\infty}\frac{\sin\xi}{\xi}\,d\xi = \mathrm{Si}(x).$$

HAUPTSATZ. — *In der Umgebung der Kurve* $\mathfrak{C}$ [d. h. für

$$(1) \qquad 0 \leqq s \leqq l, \qquad -t_0 \leqq t \leqq +t_0,$$

wo t_0 eine hinreichend klein gewählte, nur von $\mathfrak{C}$ abhängige positive Konstante bedeutet] *gilt die Gleichung*

$$f_n(s, t)\begin{cases} = f^a(s, t) - h(s)\,\mathrm{Si}(nt) + R_n(s, t) & (t \geqq 0) \\ = f^i(s, t) + h(s)\,\mathrm{Si}(-nt) + R_n(s, t) & (t \leqq 0) \end{cases}$$

in welcher die Grösse $R_n(s, t)$ mit wachsendem n für alle Punkte (s, t) des Gebietes (1) *gleichmässig gegen Null konvergiert.*

Dieser Satz gestattet, aus dem Bilde der Funktion $\mathrm{Si}(x)$ den Verlauf der Annäherungsfunktionen f_n genau zu überblicken. Wir können denselben, wenn wir — lediglich des leichteren Ausdrucks halber—durchweg $h(s) > 0$ annehmen, in folgender Weise beschreiben:

Für sehr grosse Werte von n erleidet die Funktion f_n in der Umgebung der Kurve $\mathfrak{C}$ einen steilen Absturz von $\mathfrak{A}$ nach $\mathfrak{J}$. Derselbe wird von aussen her durch eine Unzahl dichtgedrängter, steiler Ringwellen, welche die Kurve $\mathfrak{C}$ umgeben, vorbereitet und setzt sich nach innen zu in derselben stürmischen Weise fort. Das erste nach innen zu auf den Absturz folgende Wellental liegt um einen gewissen Betrag unterhalb des inneren Niveaus $f^i(s, 0)$, der mit wachsendem n gegen $h(s)\,|\mathrm{Si}(\pi)|$ konvergiert [3]), und der

3) Man beachte, dass $\mathrm{Si}(0)$, $\mathrm{Si}(2\pi)$, ... positiv und $\mathrm{Si}(\pi)$, $\mathrm{Si}(3\pi)$, ... negativ sind.

Abstand $|t|$ dieses Wellentiefs von der Kurve $\mathfrak{C}$ ist asymptotisch $= \frac{\pi}{n}$; d. h. ist für irgend einen festen Wert s $t_n(s)$ die dem absoluten Betrage nach kleinste negative Zahl t, für welche die Funktion $f(s, t)$ von t allein ein Minimum aufweist, so ist $t_n(s)$ für hinreichend grosses n eine stetige Funktion von s, und es konvergieren

$$-\frac{t_n(s)}{\frac{\pi}{n}} \quad \text{und} \quad -\frac{f(s, t_n(s)) - f^i(s, 0)}{h(s)|\mathrm{Si}(\pi)|}$$

mit wachsendem n gleichmässig in s gegen 1. Auf dieses Tal folgt, im asymptotischen Abstande $\frac{2\pi}{n}$ von der Kurve $\mathfrak{C}$ gelegen, ein Wellenberg, dessen asymptotische Höhe $h(s).|\mathrm{Si}(2\pi)|$ beträgt, darauf im Abstand $\frac{3\pi}{n}$ ein Wellental von der Tiefe $h(s).|\mathrm{Si}(3\pi)|$, u. s. f. — Nach aussen hin breitet sich um die Absturzlinie $\mathfrak{C}$ zunächst im asymptotischen Abstand $\frac{\pi}{n}$ ein Wellenberg aus, der sich in der Grenze für $n = \infty$ um $h(s).|\mathrm{Si}(\pi)|$ über das äussere Niveau $f^a(s, 0)$ erhebt; es folgt bei $t = \frac{2\pi}{n}$ ein Wellental, dessen Tiefe gegen $h(s).|\mathrm{Si}(2\pi)|$ konvergiert, darauf im Abstande $\frac{3\pi}{n}$ von $\mathfrak{C}$ wieder ein Wellenberg von der Höhe $h(s).|\mathrm{Si}(3\pi)|$, u. s. f.

Alles in Allem: jeder Durchschnitt $s = \text{const.}$ bietet genau dasselbe Bild dar, welches die durch die FOURIERreihe gelieferten Annäherungskurven einer mit einem Sprung behafteten Funktion *einer* Variablen in der Umgebung der Sprungstelle zeigen [« GIBBS'*sches Phänomen* » [4])]. Das Aussehen eines solchen Durchschnitts der Funktion f_n (bei sehr grossem n) erhält man aus einer die Funktion

$$z = -\frac{1}{\pi}\int_0^t \frac{\sin\tau}{\tau}\,d\tau$$

darstellenden Figur, indem man diese in Richtung der t-Axe im Verhältnis $n:1$ zusammendrückt.

Führen wir auf der Kugel Polarkoordinaten ϑ [« Poldistanz »; variiert zwischen 0 und π] und φ [« (geographische) Länge »; variiert zwischen 0 und 2π] ein und ist unsere Funktion f insbesondere von solcher Art, dass sie allein von ϑ abhängt — die Unstetigkeitslinie $\mathfrak{C}$ ist alsdann notwendig ein Breitenkreis —, so können wir

$$f = F(x) \qquad (-1 \leqq x \leqq +1)$$

setzen, wofern wir $x = \cos\vartheta$ als unabhängige Variable benutzen. Die Entwicklung von f nach Kugelfunktionen geht dann in eine Reihe nach LEGENDRE'schen Polynomen über, und wir bekommen aus unserem Hauptsatz das weitere Resultat:

---

[4]) J. W. GIBBS, FOURIER'*s Series* [Nature, Vol. LIX, p. 606 (27. April 1899)]; C. RUNGE, *Theorie und Praxis der Reihen* (Leipzig, Göschen, 1904), § 19; M. BÔCHER, *Introduction to the Theory of* FOURIER'*s Series* [Annals of Mathematics, Second Series, Vol. VII (1905-1906), S. 81-152], S. 123-132.

Ist a irgend eine Stelle im Innern des Intervalls $-1 \cdots +1$, F^+ eine für $a \leqq x \leqq +1$ erklärte stetig differenzierbare, F^- eine für $-1 \leqq x \leqq a$ erklärte, gleichfalls stetig differenzierbare Funktion, so lässt sich die Funktion F, welche für $-1 \leqq x < a$ mit F^-, für $a < x \leqq +1$ mit F^+ übereinstimmt und an der Stelle a den Wert $\frac{F^-(a)+F^+(a)}{2}$ annimmt, in eine Reihe nach LEGENDRE'schen Polynomen entwickeln:

$$F(x) = c_0 P_0(x) + c_1 P_1(x) + c_2 P_2(x) + \cdots.$$

Ist F_n die n^{te} Partialsumme dieser Reihe und h der Sprung $F^-(a) - F^+(a)$, so gilt genauer

$$F_n(x) = F^-(x) - h.\mathrm{Si}\left(\frac{n(a-x)}{\sqrt{1-a^2}}\right) + R_n(x) \qquad (-1 \leqq x \leqq a)$$

$$= F^+(x) + h.\mathrm{Si}\left(\frac{n(x-a)}{\sqrt{1-a^2}}\right) + R_n(x) \qquad (a \leqq x \leqq +1),$$

wobei $R_n(x)$ eine Funktion bedeutet, die mit wachsendem n gleichmässig im Intervall $-1 \leqq x \leqq +1$ gegen Null konvergiert.

Der Verlauf der Annäherungskurven $y = F_n(x)$ wird also, wenn wir die Höhe h festhalten, in der Umgebung der Unstetigkeitsstelle a um so stürmischer sein, je näher a den Grenzen ± 1 des Intervalls liegt.

§ 2.

Rechnerische Durchführung eines speziellen Falles.

Zum Beweis der ausgesprochenen Sätze führen wir die Betrachtungen zunächst in einem ganz speziellen Falle durch, aus dem sich aber in § 3 dann leicht das allgemeine Resultat ergeben wird. Als Kurve $\mathfrak{C}$ wählen wir nämlich irgend einen grössten Kreis unserer Kugel, den wir als Aequator bezeichnen—die beiden Punkte, in welcher die auf der Aequatorebene im Kugelmittelpunkt errichtete Senkrechte die Kugeloberfläche durchstösst, werden entsprechend «Nord-» und «Südpol» genannt—, und f soll diejenige Funktion bedeuten, welche auf der nördlichen Halbkugel $= 1$, auf der südlichen Halbkugel $= 0$, auf dem Aequator $= \frac{1}{2}$ ist.

Es sei A ein (variabler) Punkt auf der nördlichen Halbkugel in der Nähe des Aequators, $\mathfrak{z}$ seine Winkeldistanz vom Nordpol. Führen wir auf der Kugel diejenigen Polarkoordinaten λ (Poldistanz), μ (Länge) ein, für welche A Pol ($\lambda = 0$) ist und der feste «Nordpol» durch $\lambda = \mathfrak{z}$, $\mu = \pi$ gegeben wird, so lautet die n^{te} Partialsumme der zu f gehörigen Kugelfunktionen-Reihe im Punkte A so:

$$f_n(\mathfrak{z}) = -\frac{1}{4\pi}\int_0^{2\pi}\int_0^{\pi}\left[\frac{dP_n(\cos\lambda)}{d\lambda} + \frac{dP_{n+1}(\cos\lambda)}{d\lambda}\right] f\,d\lambda\,d\mu$$

oder, wenn wir $x = \cos\lambda$ schreiben,

$$f_n(\vartheta) = \frac{1}{4\pi} \iint\limits_{(\mathfrak{H})} \left[\frac{dP_n(x)}{dx} + \frac{dP_{n+1}(x)}{dx}\right] dx\, d\mu;$$

dabei ist $\mathfrak{H}$, die nördliche Halbkugel, durch die Ungleichung

$$x.\cos\vartheta - \left|\sqrt{1 - x^2}\right|.\sin\vartheta\cos\mu \geqq 0$$

gegeben. Die Ausführung der Integration nach μ ergibt

$$f_n(\vartheta) = \frac{1}{2}\int_{\sin\vartheta}^{1}\left(\frac{dP_n}{dx} + \frac{dP_{n+1}}{dx}\right)dx + \frac{1}{2\pi}\int_{-\sin\vartheta}^{\sin\vartheta}\left(\frac{dP_n}{dx} + \frac{dP_{n+1}}{dx}\right)\rho\, dx,$$

wenn $\rho = \rho(x)$ denjenigen zwischen 0 und π gelegenen Winkel bezeichnet, für welchen

$$\cos\rho = -\operatorname{cotg}\lambda.\operatorname{cotg}\vartheta = -\frac{x}{\left|\sqrt{1 - x^2}\right|}.\operatorname{cotg}\vartheta$$

ist. Durch partielle Integration finden wir

$$f_n(\vartheta) = \tfrac{1}{2}[P_n(1) + P_{n+1}(1) - P_n(\sin\vartheta) - P_{n+1}(\sin\vartheta)]$$

$$+ \frac{1}{2}[P_n(\sin\vartheta) + P_{n+1}(\sin\vartheta)] - \frac{1}{2\pi}\int_{-\sin\vartheta}^{\sin\vartheta}(P_n + P_{n+1})\frac{d\rho}{dx}dx$$

$$= 1 - \frac{1}{2\pi}\int_{-\sin\vartheta}^{\sin\vartheta}(P_n + P_{n+1})\frac{d\rho}{dx}dx.$$

Nun ist

$$\sin\rho\, d\rho = -\frac{\operatorname{cotg}\vartheta}{\sin^2\lambda}d\lambda,$$

$$d\rho = -\frac{\cos\vartheta}{\sin\lambda}\frac{d\lambda}{\left|\sqrt{-\cos(\vartheta - \lambda)\cos(\vartheta + \lambda)}\right|},$$

mithin, wenn wir noch statt der Poldistanz ϑ die «nördliche Breite» $\frac{\pi}{2} - \vartheta = \alpha$ einführen,

$$f_n\left(\frac{\pi}{2} - \alpha\right) = 1 - \frac{1}{2\pi}\int_{\alpha}^{\pi-\alpha}[P_n(\cos\lambda) + P_{n+1}(\cos\lambda)]\frac{\sin\alpha}{\sin\lambda}\frac{d\lambda}{\sqrt{\sin(\lambda - \alpha)\sin(\lambda + \alpha)}}$$

$$= 1 - \frac{1}{\pi}J_n(\alpha).$$

Wir haben zu zeigen, dass, wie auch gleichzeitig n gegen ∞ und A von Norden her gegen den Aequator konvergiert, stets

$$\lim_{\substack{n=\infty \\ \alpha=+0}}[J_n(\alpha) - \pi\operatorname{Si}(n\alpha)] = 0$$

wird.

Zur Durchführung des Beweises bedürfen wir zweier Integrale, deren Werte ich gleich an dieser Stelle angebe:

$$(2)\qquad \int_{\alpha}^{\pi-\alpha} \frac{\sin\alpha}{\sin\lambda} \frac{d\lambda}{\sqrt{\sin(\lambda+\alpha)\sin(\lambda-\alpha)}} = \pi \text{ [5]},$$

$$(3)\qquad \int_{\alpha}^{\beta} \frac{\alpha}{\lambda} \frac{d\lambda}{\sqrt{(\beta^2-\lambda^2)(\lambda^2-\alpha^2)}} = \frac{\pi}{2\beta} \qquad (0<\alpha<\beta) \text{ [6]}.$$

Das Integral (3) dient uns dazu, das folgende

$$(4)\qquad j^{\alpha,\beta} = \int_{\alpha}^{\beta} \frac{\sin\alpha}{\sin\lambda} \frac{d\lambda}{\sqrt{\sin(\lambda+\alpha)\sin(\lambda-\alpha).\,4\sin\frac{\beta+\lambda}{2}\sin\frac{\beta-\lambda}{2}}} \qquad (0<\alpha<\beta)$$

für kleine Werte von α und β abzuschätzen. Aus der Entwicklung

$$\frac{x}{\sin x} = 1 + \frac{x^2}{6} + \cdots$$

folgt nämlich, dass

$$(5)\qquad \frac{\sin\alpha}{\sin\lambda}\frac{\lambda}{\alpha}\sqrt{\frac{(\lambda^2-\alpha^2)(\beta^2-\lambda^2)}{\sin(\lambda+\alpha)\sin(\lambda-\alpha).\,4\sin\frac{\beta+\lambda}{2}\sin\frac{\beta-\lambda}{2}}}$$

eine in der Umgebung der Stelle ($\alpha=0$, $\lambda=0$, $\beta=0$) regulär-analytische Funktion der drei Variablen α, λ, β ist, deren Entwicklung so beginnt:

$$1 + \tfrac{9}{24}\lambda^2 + \tfrac{1}{24}\beta^2 + (\text{Glieder 4. Ordnung}).$$

Es lässt sich daher eine ganz bestimmte Zahl $\beta_0 < \frac{\pi}{2}$ so angeben, dass für

$$0 < \alpha < \lambda < \beta < \beta_0$$

der Ausdruck (5) zwischen den Grenzen 1 und $1 + \frac{1}{2}\beta^2$ liegt. Für das Integral (4) ergibt sich dann vermöge (3) die Abschätzung

$$(6)\qquad \frac{\pi}{2\beta} < j^{\alpha,\beta} < \frac{\pi}{2\beta} + \frac{\pi\beta}{4} \qquad (\text{für } 0<\alpha<\beta<\beta_0).$$

---

[5]) Es geht nämlich, wie die soeben angestellten Rechnungen zeigen, das Integral $\frac{1}{2\pi}\iint_{(\mathfrak{H})} \frac{dV}{dx}\,dx\,d\mu$ durch partielle Integration in

$$V(1) - \frac{1}{\pi}\int_{\alpha}^{\pi-\alpha} \frac{\sin\alpha}{\sin\lambda} \frac{V(\cos\lambda)\,d\lambda}{\sqrt{\sin(\lambda+\alpha)\sin(\lambda-\alpha)}}$$

über, wenn $V(x)$ eine beliebige stetig differenzierbare Funktion von x bedeutet. Nehmen wir speziell $V(x)=1$, so ist damit (2) erwiesen.

[6]) Die Ausrechnung von (3) geschieht dadurch, dass man $\frac{1}{\lambda^2}=y$ als neue Integrationsvariable einführt; in der Tat verwandelt es sich dadurch, wenn für einen Moment $\frac{1}{\beta^2}=p$, $\frac{1}{\alpha^2}=q$ gesetzt wird, in

$$\frac{1}{2\beta}\int_p^q \frac{dy}{\sqrt{(y-p)(q-y)}}.$$

Wir nehmen jetzt für β eine beliebige feste positive Zahl $<\beta_0$ und zerlegen, indem wir annehmen, dass bereits $\alpha<\beta$ ist, das Integral $J_n(\alpha)=\int_\alpha^{\pi-\alpha}$ in die beiden Bestandteile $\int_\alpha^\beta+\int_\beta^{\pi-\alpha}$. Der zweite Summand ist, wenn

$$M_n(\beta)=\max_{-1\leqq x\leqq\cos\beta}\tfrac{1}{2}|P_n(x)+P_{n+1}(x)|$$

genommen wird, seinem absoluten Wert nach

$$\leqq M_n(\beta)\int_\beta^{\pi-\alpha}\frac{\sin\alpha\,d\lambda}{\sin\lambda\sqrt{\sin(\lambda+\alpha)\sin(\lambda-\alpha)}}\leqq\pi M_n(\beta)\quad\text{[vergl. (2)].}$$

Es ist bekannt [7], dass $M_n(\beta)$ bei festgehaltenem β mit wachsendem n gegen 0 konvergiert.

In dem ersten Teilsummanden

$$\int_\alpha^\beta=\int_\alpha^\beta\frac{1}{2}\frac{\sin\alpha}{\sin\lambda}\frac{P_n(\cos\lambda)\,d\lambda}{\sqrt{\sin(\lambda+\alpha)\sin(\lambda-\alpha)}}+\int_\alpha^\beta\frac{1}{2}\frac{\sin\alpha}{\sin\lambda}\frac{P_{n+1}(\cos\lambda)\,d\lambda}{\sqrt{\sin(\lambda+\alpha)\sin(\lambda-\alpha)}}$$
$$=I_n^{\alpha,\beta}+I_{n+1}^{\alpha,\beta}$$

führe ich die Mehler'sche Formel

$$P_n(\cos\lambda)=\frac{2}{\pi}\int_\lambda^\pi\frac{\sin(n+\frac{1}{2})t}{\sqrt{2(\cos\lambda-\cos t)}}\,dt=\frac{2}{\pi}\int_\lambda^\pi\frac{\sin(n+\frac{1}{2})t}{\sqrt{4\sin\frac{t+\lambda}{2}\sin\frac{t-\lambda}{2}}}\,dt$$

ein und bekomme alsdann

$$I_n^{\alpha,\beta}=\frac{1}{\pi}\iint\frac{\sin\alpha}{\sin\lambda}\frac{\sin(n+\frac{1}{2})t}{\sqrt{\sin(\lambda+\alpha)\sin(\lambda-\alpha)}\,2(\cos\lambda-\cos t)}\,dt\,d\lambda,$$

wobei das Doppelintegral 1) über das Dreieck $\alpha\leqq\lambda\leqq t\leqq\beta$, 2) über das Rechteck $\begin{matrix}\alpha\leqq\lambda\leqq\beta\\ \beta\leqq t\leqq\pi\end{matrix}$ zu erstrecken ist. Demgemäss zerfällt $I_n^{\alpha,\beta}$ wiederum in zwei Summanden

$$(7)\qquad I_n^{\alpha,\beta}=\frac{1}{\pi}\iint\limits_{(\alpha\leqq\lambda\leqq t\leqq\beta)}+\frac{1}{\pi}\iint\limits_{\left(\substack{\alpha\leqq\lambda\leqq\beta\\ \beta\leqq t\leqq\pi}\right)}=H_n^{\alpha,\beta}+R_n^{\alpha,\beta}.$$

Wir berechnen zunächst $R_n^{\alpha,\beta}$. Es ist, wie sich durch partielle Integration ergibt,

$$\left|\int_\beta^\pi\frac{\sin(n+\frac{1}{2})t}{\sqrt{2(\cos\lambda-\cos t)}}\,dt\right|=\frac{1}{n+\frac{1}{2}}\left|\frac{\cos(n+\frac{1}{2})\beta}{\sqrt{2(\cos\lambda-\cos\beta)}}-\int_\beta^\pi\frac{1}{2}\frac{\cos(n+\frac{1}{2})t.\sin t}{\sqrt{2(\cos\lambda-\cos t)^3}}\,dt\right|$$
$$\leqq\frac{1}{n}\left[\frac{1}{\sqrt{2(\cos\lambda-\cos\beta)}}+\int_\beta^\pi\frac{1}{2}\frac{\sin t\,dt}{\sqrt{2(\cos\lambda-\cos t)^3}}\right]$$
$$\leqq\frac{2}{n}\frac{1}{\sqrt{2(\cos\lambda-\cos\beta)}}\qquad(\text{für } 0<\lambda<\beta);$$

---

7) Siehe z.B.: C. Jordan, *Cours d'Analyse,* (Paris, Gauthier-Villars), 2ème édition, t. II (1894), pag. 236.

mithin

(8) $$|R_n^{\alpha,\beta}| \leqq \frac{2}{n\pi} j^{\alpha,\beta} \leqq \frac{1}{n\beta} + \frac{\beta}{2n} \qquad \text{[vergl. (6)]}.$$

Für $H_n^{\alpha,\beta}$ erhalten wir, wenn wir mit der Integration nach λ zwischen den Grenzen α und t beginnen,

$$H_n^{\alpha,\beta} = \frac{1}{\pi}\int_\alpha^\beta j^{\alpha,t} . \sin\left(n+\tfrac{1}{2}\right) t\, dt,$$

also wegen (6)

(9) $$\left|H_n^{\alpha,\beta} - \frac{1}{2}\int_\alpha^\beta \frac{\sin\left(n+\frac{1}{2}\right)t}{t} dt\right| \leqq \int_\alpha^\beta \frac{t}{4} dt < \frac{1}{8}\beta^2.$$

Es ist aber

$$\int_\alpha^\beta \frac{\sin\left(n+\frac{1}{2}\right)t}{t} dt = \int_{\alpha\left(n+\frac{1}{2}\right)}^{\beta\left(n+\frac{1}{2}\right)} \frac{\sin x}{x} dx = \int_{\alpha n}^{\infty} \frac{\sin x}{x} dx - \int_{\alpha n}^{\alpha n + \frac{\alpha}{2}} \frac{\sin x}{x} dx - \int_{\beta\left(n+\frac{1}{2}\right)}^{\infty} \frac{\sin x}{x} dx;$$

da nun

$$\left|\frac{\sin x}{x}\right| \leqq 1, \qquad \left|\int_a^\infty \frac{\sin x}{x} dx\right| = \left|\frac{\cos a}{a} - \int_a^\infty \frac{\cos x}{x^2} dx\right| \leqq \frac{2}{a}$$

ist, wird

(10) $$\left|\int_\alpha^\beta \frac{\sin\left(n+\frac{1}{2}\right)t}{t} dt - \pi\, \mathrm{Si}(n\alpha)\right| \leqq \frac{\alpha}{2} + \frac{2}{\beta n}.$$

Aus (7) bis (10) folgt

$$\left|I_n^{\alpha,\beta} - \frac{\pi}{2}\mathrm{Si}(n\alpha)\right| \leqq \frac{\alpha}{4} + \frac{\beta^2}{8} + \frac{2}{n\beta} + \frac{\beta}{2n}$$

und schliesslich

$$|J_n(\alpha) - \pi\, \mathrm{Si}(n\alpha)| \leqq \pi\, \mathrm{M}_n(\beta) + \frac{\alpha}{2} + \frac{\beta^2}{4} + \frac{4}{n\beta} + \frac{\beta}{n}.$$

Lassen wir hierin irgendwie simultan n gegen ∞ und α von positiven Werten her gegen 0 konvergieren, so ergibt sich

$$\limsup_{\substack{n=\infty \\ \alpha=+0}} |J_n(\alpha) - \pi\, \mathrm{Si}(n\alpha)| \leqq \frac{\beta^2}{4},$$

und zwar gilt diese Ungleichung, welche positive Zahl auch $\beta < \beta_0$ bedeuten mag. Es muss demnach

$$\lim_{\substack{n=\infty \\ \alpha=+0}} [J_n(\alpha) - \pi\, \mathrm{Si}(n\alpha)] = 0$$

sein. Dies besagt, dass

(11) $$f_n\left(\frac{\pi}{2} - \alpha\right) - [1 - \mathrm{Si}(n\alpha)]$$

an der Stelle $\alpha = 0$ « *(rechtsseitig-) stetig* » gegen 0 konvergiert; da die stetige Konvergenz dieser Differenz zu 0 an einer auf der nördlichen Halbkugel gelegenen Stelle $A\left(0 < \alpha \leqq \frac{\pi}{2}\right)$ ohnehin feststeht, ergibt sich, dass (11) *gleichmässig im Intervall* $0 \leqq \alpha \leqq \frac{\pi}{2}$ *gegen Null strebt.* Damit ist unser Hauptsatz für die hier behandelte spezielle Funktion f bewiesen.

§ 3.

Beweis des Hauptsatzes.

Der allgemeine Fall, von dem in § 1 die Rede war, lässt sich auf den in § 2 behandelten durch infinitesimal-geometrische Betrachtungen zurückführen.

Es sei also jetzt $\mathfrak{C}$ eine beliebige Kurve von der in § 1 beschriebenen Art, welche die Kugeloberfläche in das « Aeussere » $\mathfrak{A}$ und das « Innere » $\mathfrak{J}$ zerlegt. Wir betrachten zunächst diejenige Funktion, welche in $\mathfrak{A}$ den Wert 1, in $\mathfrak{J}$ den Wert 0, auf $\mathfrak{C}$ den Wert $\frac{1}{2}$ hat, und bezeichnen sie mit $1^{\mathfrak{C}}$, bezw. mit $1^{\mathfrak{C}}(s, t)$, wenn wir die in § 1 eingeführten Koordinaten s, t in Evidenz setzen wollen. $1^{\mathfrak{C}}_n$ bedeutet die aus der Kugelfunktionen-Entwicklung von $1^{\mathfrak{C}}$ gewonnene Annäherungsfunktion n^{ter} Ordnung.

Wir fassen einen bestimmten Punkt C $(s = \sigma)$ auf der Kurve $\mathfrak{C}$ ins Auge und legen durch ihn den berührenden und den normalen grössten Kreis. Den ersteren nennen wir den Aequator; derselbe teilt die Kugeloberfläche in zwei Hälften, von denen diejenige, in die man gelangt, wenn man sich auf dem Normalkreis vom Kurvenpunkt aus nach $\mathfrak{A}$ hinein bewegt, als nördliche Halbkugel bezeichnet werde. 1^{σ} sei diejenige Funktion, welche auf der nördlichen Halbkugel $= 1$, auf der südlichen $= 0$, auf dem Aequator $= \frac{1}{2}$ ist, und 1^{σ}_n ihre durch die Kugelfunktionenreihe gelieferte Annäherungsfunktion n^{ter} Ordnung. Setzen wir in $1^{\sigma}_n(s, t)$ $s = \sigma$, d. h. betrachten wir die Werte derselben lediglich auf dem Normalkreis durch C, so geht die Funktion $1^{\sigma}_n(\sigma, t)$ hervor, die offenbar von σ unabhängig ist und nach § 2 der Limesgleichung

$$\lim_{n=\infty}\left[1^{\sigma}_n(\sigma, t) - \frac{1}{\pi}\int_{-\infty}^{nt}\frac{\sin\tau}{\tau}d\tau\right] = 0$$

gleichmässig für $-\frac{\pi}{2} \leqq t \leqq +\frac{\pi}{2}$ genügt. Wir haben jetzt nachzuweisen, dass

$$\lim_{\substack{n=\infty\\ t=0}}\left[1^{\mathfrak{C}}_n(\sigma, t) - 1^{\sigma}_n(\sigma, t)\right] = 0 \tag{12}$$

wird.

Ist μ_0 irgend eine positive Zahl $< \frac{\pi}{4}$, so kann man dazu zwei positive Zahlen $\rho_0 < \frac{\pi}{2}$ und t_0 finden, so dass die folgenden Bedingungen erfüllt sind: Ist t irgend eine Zahl > 0 und $\leqq t_0$, A_t der Punkt mit den Koordinaten σ, t und sind λ (Poldistanz) und μ (Länge) diejenigen Polarkoordinaten, für welche A_t Pol ist und C die Länge $\mu = 0$ hat, so wird die Kurve $\mathfrak{C}$ innerhalb der Kalotte $\lambda \leqq \rho_0$ von keinem der durch A_t laufenden Meridiane $\mu =$ const. getroffen, für welche

$$\frac{\pi}{2} + \mu_0 \leqq \mu \leqq \frac{3\pi}{2} - \mu_0 \tag{13}$$

ist. Hingegen schneiden die dem Winkelraum

$$\mu_0 \leqq \mu \leqq \frac{\pi}{2} - \mu_0 \tag{14}$$

angehörigen Meridiane, ebenso wie diejenigen, deren Länge μ zwischen $\frac{3\pi}{2}+\mu_0$ und $2\pi-\mu_0$ liegt, die Kurve $\mathfrak{C}$ innerhalb der Kalotte $\lambda \leqq \rho_0$ in einem und nur einem Punkte, und zwar unter einem von o und $\frac{\pi}{2}$ verschiedenen Winkel. — Alsdann ist die Poldistanz λ des Schnittpunktes im Intervall (14) eine stetige Funktion von μ, welche *monoton* von einem Anfangswert λ_1^t bis zu einem Endwert λ_3^t ansteigt. Bilden wir die eindeutige Inverse dieser Funktion, so erhalten wir den durch den Winkel (14) aus der Kurve $\mathfrak{C}$ ausgeschnittenen Bogen durch eine Gleichung

$$\mu=\mu_1^t(\lambda), \qquad (\lambda_1^t \leqq \lambda \leqq \lambda_3^t) \tag{15}$$

dargestellt. Wir können noch ρ_0 und t_0 von vornherein so klein gewählt annehmen, dass, wie auch der Punkt A_t auf dem Stück $0<t\leqq t_0$ des Normalkreises $s=\sigma$ gewählt sein mag, der Bogen (15) ebenso wie der durch den Winkel

$$\frac{3\pi}{2}+\mu_0 \leqq \mu \leqq 2\pi-\mu_0 \tag{16}$$

aus $\mathfrak{C}$ ausgeschnittene Bogen keinen Punkt mit dem Aequator gemein hat.

$$\mu=\mu_2^t(\lambda)$$

sei die Gleichung des Aequators in den gegenwärtig angenommenen (von t abhängigen) Polarkoordinaten. Es ist dann

$$\operatorname{tg}\lambda.\cos\mu_2^t=\operatorname{tg}t,$$

folglich

$$\frac{d\mu_2^t}{d\lambda}=\frac{2}{\sin 2\lambda.\operatorname{tg}\mu_2^t}. \tag{17}$$

Daraus ergibt sich für die Ableitung der Funktion (15) die Formel

$$\frac{d\mu_1^t}{d\lambda}=\frac{2}{\sin 2\lambda.\operatorname{tg}\nu_1^t}, \tag{18}$$

wo ν_1^t den bei A_t gelegenen Winkel desjenigen rechtwinkligen sphärischen Dreiecks bedeutet, dessen Hypotenuse von A_t nach dem Punkte $C_\lambda=[\lambda,\mu_1^t(\lambda)]$ auf $\mathfrak{C}$ reicht und dessen eine Kathete der die Kurve $\mathfrak{C}$ in diesem Punkte C_λ berührende grösste Kreis ist.

Entwickeln wir jetzt die Funktion

$$\mathrm{I}^{\mathfrak{C}}-\mathrm{I}^{\sigma}=g$$

nach Kugelfunktionen, so bekommen wir im Punkte A_t

$$\mathrm{I}_n^{\mathfrak{C}}(\sigma,t)-\mathrm{I}_n^{\sigma}(\sigma,t)=-\frac{1}{4\pi}\int_0^{2\pi}\int_0^{\pi}\left[\frac{dP_n(\cos\lambda)}{d\lambda}+\frac{dP_{n+1}(\cos\lambda)}{d\lambda}\right]g\,d\lambda\,d\mu. \tag{19}$$

Dieses Doppelintegral über die ganze Kugel zerlegen wir in drei Teile, von denen sich *der erste* auf den Bereich $\lambda \geqq \rho_0$ erstreckt. Dieser Teil ist offenbar, da jeder Meridian $\mu=$ const. die Kurve $\mathfrak{C}$ in höchstens m Punkten, den Kreis $\lambda=\rho_0$ und den Aequator in je einem Punkte trifft, seinem absoluten Betrage nach

$$\leqq \frac{1}{2\pi}(m+2)\,\mathrm{M}_n(\rho_0)\int_0^{2\pi}d\mu=(m+2)\,\mathrm{M}_n(\rho_0).$$

Der zweite der Teile, in die wir das Doppelintegral (19) zerlegen, erstrecke sich über diejenigen Stücke der Kalotte $\lambda \leqq \rho_0$, welche den Winkeln (14) und (16) angehören. Hier ist die Funktion g überall $= 0$, wenn wir von zwei Kurvenvierecken $\mathfrak{B}_t$, $\mathfrak{B}'_t$ absehen, von denen z. B. das erste, $\mathfrak{B}_t$, durch die Linien

$$\mu = \mu_0 \quad \text{für} \quad \lambda_0^t \leqq \lambda \leqq \lambda_1^t; \qquad \mu = \mu_1^t(\lambda) \quad \text{für} \quad \lambda_1^t \leqq \lambda \leqq \lambda_3^t;$$

$$\mu = \frac{\pi}{2} - \mu_0 \quad \text{für} \quad \lambda_3^t \geqq \lambda \geqq \lambda_2^t; \qquad \mu = \mu_2^t(\lambda) \quad \text{für} \quad \lambda_2^t \geqq \lambda \geqq \lambda_0^t$$

begrenzt ist; λ_0^t, λ_2^t bezeichnet die aus

$$\operatorname{tg} \lambda_0^t \cdot \cos \mu_0 = \operatorname{tg} t, \qquad \operatorname{tg} \lambda_2^t \cdot \sin \mu_0 = \operatorname{tg} t$$

zu bestimmenden Winkel. Da offenbar die Zahlen

$$\frac{\lambda_1^t - \lambda_0^t}{t}, \qquad \frac{\lambda_3^t - \lambda_2^t}{t} \tag{20}$$

mit nach 0 abnehmendem t gegen 0 konvergieren, wird von einem hinreichend kleinen t ab gewiss $\lambda_1^t < \lambda_2^t$ sein; nur für solche Werte von t gilt die soeben gegebene Beschreibung von $\mathfrak{B}_t$. Die Funktion g ist in $\mathfrak{B}_t$ konstant $= -1$ oder konstant $= +1$, je nachdem dieses Gebiet ganz im Norden oder ganz im Süden des Aequators liegt. Wir haben demnach das Integral

$$\pm \frac{1}{4\pi} \iint\limits_{\mathfrak{B}_t} \left[\frac{d P_n(\cos\lambda)}{d\lambda} + \frac{d P_{n+1}(\cos\lambda)}{d\lambda} \right] d\lambda \, d\mu \tag{21}$$

abzuschätzen. Indem wir zunächst nach μ integrieren und darauf eine partielle Integration zu Hülfe nehmen, bekommen wir für dieses Integral den Wert

$$\pm \frac{1}{4\pi} \left[\int_{\lambda_0^t}^{\lambda_1^t} P_n(\cos\lambda) \frac{d\mu_2^t}{d\lambda} d\lambda + \int_{\lambda_1^t}^{\lambda_2^t} P_n(\cos\lambda) \frac{d(\mu_2^t - \mu_1^t)}{d\lambda} d\lambda - \int_{\lambda_2^t}^{\lambda_3^t} P_n(\cos\lambda) \frac{d\mu_1^t}{d\lambda} d\lambda \right]$$

+ einem analogen Ausdruck, in welchem P_n durch P_{n+1} ersetzt ist.

Sein absoluter Betrag ist daher (wegen $|P_n| \leqq 1$)

$$\leqq \frac{1}{2\pi} \left[\int_{\lambda_0^t}^{\lambda_1^t} \left| \frac{d\mu_2^t}{d\lambda} \right| d\lambda + \int_{\lambda_1^t}^{\lambda_2^t} \left| \frac{d(\mu_2^t - \mu_1^t)}{d\lambda} \right| d\lambda + \int_{\lambda_2^t}^{\lambda_3^t} \left| \frac{d\mu_1^t}{d\lambda} \right| d\lambda \right] = V_t.$$

Machen wir von den Gleichungen (17) und (18) Gebrauch und bedenken, dass die Winkeldifferenz $\mu_2^t(\lambda) - \nu_1^t(\lambda)$ gleichmässig für $\lambda_1^t \leqq \lambda \leqq \lambda_2^t$ und ferner die Quotienten (20) mit abnehmendem t gegen 0 konvergieren, so finden wir daraus, dass die von n unabhängige absolute obere Grenze V_t des Integrals (21) für $\lim t = +0$ gegen 0 strebt. Das Gleiche gilt für das entsprechende Integral über $\mathfrak{B}'_t$.

In *dem* Teil der Kalotte $\lambda \leqq \rho_0$ endlich, welcher keiner der beiden Bedingungen (14) und (16) genügt, trifft jeder dem Winkelraum (13) angehörige Meridian weder die Kurve $\mathfrak{C}$ noch den Aequator, sodass in dem Stück (13) der Kalotte identisch $g = 0$ ist. Alle übrigen Meridiane treffen die Kurve innerhalb der Kalotte je in höchstens m

Punkten, und daher muss der *dritte Teil* unseres Doppelintegrals (19) seinem absoluten Betrage nach

$$\leqq \frac{1}{2\pi} \cdot (m + 2) \cdot 6\mu_0$$

sein.

Aus diesen Ueberlegungen resultiert

$$\limsup_{\substack{n=\infty \\ t=+0}} |1_n^{\mathfrak{C}}(\sigma, t) - 1_n^{\sigma}(\sigma, t)| \leqq \frac{3(m+2)}{\pi} \cdot \mu_0,$$

und da hierin μ_0 eine beliebige positive Zahl $< \frac{\pi}{4}$ war,

$$\lim_{\substack{n=\infty \\ t=+0}} [1_n^{\mathfrak{C}}(\sigma, t) - 1_n^{\sigma}(\sigma, t)] = 0.$$

Bei Annäherung der Grösse t von der negativen Seite gegen o gilt das Nämliche.

Die Stärke, mit welcher der Teil (21) unseres Integrals — oder vielmehr die von n unabhängige obere Grenze V_t seines absoluten Betrages — mit abnehmendem t gegen o konvergiert, hängt lediglich davon ab, wie rasch die Tangentenrichtung in einem variablen Kurvenpunkte C' gegen die Richtung der Tangente in C (des « Aequators ») strebt, wenn sich C' auf C zubewegt, und da die vorausgesetzte Stetigkeit der Tangentenrichtung von $\mathfrak{C}$ deren gleichmässige Stetigkeit zur Folge hat, so schliessen wir aus dieser Bemerkung, dass die Limesgleichung (12) nicht nur für jeden einzelnen Wert von σ, sondern sogar gleichmässig für $0 \leqq \sigma \leqq l$ statthat. Damit ist der Nachweis des Hauptsatzes aus § 1, sofern wir ihn auf die spezielle Funktion $1^{\mathfrak{C}}$ beziehen, erbracht.

Der Uebergang von $1^{\mathfrak{C}}$ zu einer beliebigen Funktion f von der in § 1 angenommenen Beschaffenheit lässt sich alsdann ohne alle Mühe vollziehen. Man hat dabei nur zu beachten, dass

$$f - h(\sigma) \cdot 1^{\mathfrak{C}} \tag{22}$$

eine Funktion auf der Kugel ist, die in allen Punkten eines gewissen Stückes $-t_0 \leqq t \leqq +t_0$ des Normalkreises $s = \sigma$ stetig ausfällt, und diese Stetigkeitseigenschaft überdies der aus (22) durch Variation von σ entstehenden Funktionenschar in gleichmässiger Weise zukommt.

§ 4.

Folgerungen und weitere Fragestellungen.

Untersuchen wir statt der Partialsummen f_n, welche aus der Kugelfunktionenreihe der unstetigen Funktion f entspringen, deren *1.* Hölder'*sche Mittel*

$$f_n' = \frac{f_0 + f_1 + \cdots + f_n}{n + 1}$$

so gelangen wir an Stelle der in unserm Hauptsatze angegebenen Formel zu der folgenden:

$$f'_n(s,t)\begin{cases} = f^a(s,t) - h(s)\,\mathrm{Si}'(nt) + R'_n(s,t) & (t \geqq 0) \\ = f^i(s,t) + h(s)\,\mathrm{Si}'(-nt) + R'_n(s,t) & (t \leqq 0), \end{cases}$$

in der

$$\mathrm{Si}'(x) = \frac{2}{\pi}\int_x^\infty \frac{\sin^2\frac{1}{2}\xi}{\xi^2}\,d\xi$$

gesetzt ist und die Grösse R'_n gleichmässig in der Umgebung der Kurve $\mathfrak{C}$ gegen o konvergiert.

Um dies nachzuweisen, genügt es offenbar, die Limesgleichung

$$(23)\qquad \lim_{\substack{n=\infty\\ t=+0}}\left[\mathrm{Si}'(nt) - \frac{\mathrm{Si}(0.t)+\mathrm{Si}(1.t)+\mathrm{Si}(2.t)+\cdots+\mathrm{Si}(nt)}{n+1}\right] = 0$$

darzutun. Nun ist gewiss

$$\left|\frac{\mathrm{Si}(0.t)+\mathrm{Si}(1.t)+\cdots+\mathrm{Si}(n.t)}{n+1} - \frac{1}{(n+1)t}\int_0^{(n+1)t}\mathrm{Si}(\tau)\,d\tau\right| \leqq \frac{t}{\pi}.$$

Ferner erhalten wir für die Funktion $\frac{1}{x}\int_0^x \mathrm{Si}(\xi)\,d\xi$ den Wert

$$\frac{1}{\pi x}\int_0^x\int_\xi^\infty \frac{\sin\eta}{\eta}\,d\eta\,d\xi = \frac{1}{\pi x}\Bigg[\iint\limits_{(0\leqq\xi\leqq\eta\leqq x)} + \iint\limits_{\left(\substack{0\leqq\xi\leqq x\\ x\leqq\eta<\infty}\right)}\Bigg]$$

$$= \frac{1}{\pi x}\left(\int_0^x \sin\eta\,d\eta + x\int_x^\infty \frac{\sin\eta}{\eta}\,d\eta\right)$$

$$= \frac{1-\cos x}{\pi x} + \frac{1}{\pi}\left(\frac{\cos x}{x} - \int_x^\infty \frac{\cos\eta}{\eta^2}\,d\eta\right)$$

$$= \frac{1}{\pi x} - \frac{1}{\pi}\int_x^\infty \frac{\cos\eta}{\eta^2}\,d\eta = \frac{1}{\pi}\int_x^\infty \frac{1-\cos\eta}{\eta^2}\,d\eta = \mathrm{Si}'(x).$$

Folglich ist der in Klammern gesetzte Ausdruck in Formel (23), da noch

$$0 < \mathrm{Si}'((n+1)t) - \mathrm{Si}'(nt) < \frac{t}{2\pi}$$

wird, seinem absoluten Betrage nach $< \frac{3t}{2\pi}$, und somit ist (23) bewiesen.

Danach zeigen die 1. Hölderschen Mittel $f'_n(s,t)$ in der Umgebung der Kurve $\mathfrak{C}$ ein wesentlich anderes Verhalten als die direkten Partialsummen f_n: Nehmen wir wieder etwa $h(s) > 0$ an, so gewährt $f'_n(s,t)$ für sehr grosse Werte von n den Anblick eines Plateaus $\mathfrak{A}$, das sich bei der Kurve $\mathfrak{C}$ in steilem, stufenförmigem Abfall zu dem Talkessel $\mathfrak{J}$ hinabsenkt; der Verlauf ist weit ruhiger als bei der entsprechenden Funktion $f_n(s,t)$. Beschränkt man sich auf einen Durchschnitt $s = \mathrm{const.}$, so erhält man ein gutes Bild der obwaltenden Verhältnisse, indem man die Kurve

$$z = -\frac{2}{\pi}\int_0^t \frac{\sin^2\frac{\tau}{2}}{\tau^2}\,d\tau$$

in Richtung der t-Axe im Verhältnis $n:1$ zusammendrückt. Es ist vor allem zu beachten, dass diese Kurve $\left(\text{im Gegensatz zu der Funktion } \chi = -\frac{1}{\pi}\int_0^t \frac{\sin\tau}{\tau}d\tau\right)$ beständig in demselben Sinne abnimmt [8]).

Auf Grund der gewonnenen Resultate lässt sich das Verhalten der höheren HÖLDER'schen (oder CESÀRO'schen) Mittel in der Umgebung der Unstetigkeitslinie $\mathfrak{C}$ unschwer voraussagen.

Unsere Ergebnisse modifizieren sich dagegen, falls die Kurve $\mathfrak{C}$ nicht durchweg eine stetige Tangente besitzt, sondern an einer oder mehreren Stellen Ecken oder Spitzen aufweist, in der Umgebung dieser Singularitäten von $\mathfrak{C}$ wesentlich. Auf die Diskussion derartiger und noch komplizierterer (« mehrzipfliger ») Unstetigkeitspunkte möchte ich hier nicht eingehen [9]).

§ 5.

(Anhang). Die Gibbs'sche Erscheinung in der Theorie der Sturm-Liouvilleschen Reihen.

Das GIBBS'sche Phänomen tritt bei den STURM-LIOUVILLE'schen Entwicklungen auch in quantitativer Hinsicht genau in derselben Weise auf wie bei der FOURIERreihe. Denn sind z. B.

$$\varphi_0(x), \qquad \varphi_1(x), \qquad \varphi_2(x), \ \ldots$$

diejenigen Lösungen der den Parameter λ enthaltenden Differentialgleichungsschar

$$\frac{d^2u}{dx^2} - q(x)u + \lambda u = 0 \qquad (0 \leqq x \leqq \pi),$$

[8]) Während diese Tatsachen, sinngemäss auf die FOURIERreihe einer einvariabligen Funktion übertragen, augenscheinlich mit dem von FEJÉR bemerkten Umstande in Zusammenhang stehen, dass die ersten arithmetischen Mittel einer solchen Reihe stets zwischen denselben Grenzen bleiben, zwischen denen die Werte der entwickelten Funktion variieren {FEJÉR, *Untersuchungen über FOURIERsche Reihen* [Mathematische Annalen, Bd. LVIII (1904), S. 51-69], S. 60; vergl. auch: FEJÉR, *Über die FOURIERsche Reihe* [Mathematische Annalen, Bd. LXIV (1907), S. 273-288], S. 284} sind dieselben hier insofern überraschend, als — wiederum nach FEJÉR {*Über die LAPLACEsche Reihe* [Mathematische Annalen, Bd. LXVII (1909), S. 76-109], S. 92 und 107} — im allgemeinen erst die 2. HÖLDER'schen Mittel einer Kugelfunktionenreihe die Grenzen, zwischen denen die entwickelte Funktion sich bewegt, nicht mehr verlassen. Ueberhaupt ist zu beachten, dass mit Bezug auf die GIBBS'sche Erscheinung nicht die 2. (wie man nach FEJÉR's Untersuchungen vermuten könnte), sondern die 1. arithmetischen Mittel die analogen Verhältnisse darbieten wie die 1. Mittel der FOURIERreihe.

[9]) Die in diesen Fällen obwaltenden Verhältnisse habe ich gleichfalls eingehend diskutiert; die Resultate dieser Untersuchung werde ich zur Veröffentlichung bringen, sobald das erforderliche Figurenmaterial hergestellt ist.

welche den festen Randbedingungen

$$\left(\frac{du}{dx}\right)_{x=0} = 0, \qquad \left(\frac{du}{dx}\right)_{x=\pi} = 0$$

genügen und durch

$$\int_0^\pi \varphi_n^2 \, dx = 1, \qquad \varphi_n(0) > 0$$

normiert sind, so gilt die Abschätzung

$$(24) \qquad \sqrt{\frac{\pi}{2}} \cdot \varphi_n(x) = \cos nx + \frac{\sin nx}{2n} Q(x) + \Phi_n(x),$$

in der

$$Q(x) = \int_0^x q(\xi)\, d\xi - \frac{x}{\pi} \int_0^\pi q(\xi)\, d\xi$$

gesetzt ist und die Reihe

$$(25) \qquad \sum_{n=1}^{\infty} |\Phi_n(x)|$$

gleichmässig im Intervall $0 \leqq x \leqq \pi$ konvergiert. Diese asymptotische Darstellung ist auf einem von LIOUVILLE angegebenen Wege unter der Voraussetzung, dass $q(x)$ stetig und von beschränkter Schwankung ist, von Herrn HOBSON [10]) hergeleitet worden, welcher zeigte, dass unter dieser Voraussetzung

$$\Phi_n(x) = O\left(\frac{1}{n^2}\right)$$

wird [d. h. $|\Phi_n(x)|$ unterhalb einer Grenze $\frac{A}{n^2}$ liegt, in der A eine von n und x unabhängige Zahl bedeutet]. Lassen wir hingegen die Annahme, dass $q(x)$ von beschränkter Schwankung ist, fallen, so erhält man statt dessen, wie ich hier nicht näher ausführen möchte, die kompliziertere Formel

$$\Phi_n(x) = \frac{A_n(x)}{2n} \sin nx + \frac{B_n(x)}{2n} \cos nx + \frac{\alpha_n}{n} x \sin nx + \frac{\beta_n}{n} \cos nx + O\left(\frac{1}{n^2}\right),$$

in der die vorkommenden Zeichen die folgende Bedeutung haben:

$$A_n(x) = \int_0^x q(\xi) \cos 2n\xi \, d\xi, \qquad B_n(x) = -\int_0^x q(\xi) \sin 2n\xi \, d\xi;$$

$$\alpha_n = -\frac{1}{2\pi} \int_0^\pi q(\xi) \cos 2n\xi \, d\xi, \qquad \beta_n = \frac{1}{2\pi} \int_0^\pi q(\xi) \sin 2n\xi \, d\xi.$$

Aus der Konvergenz von $\sum \alpha_n^2$ und $\sum \beta_n^2$ und der Ungleichung

$$\sum_{n=1}^{\infty} A_n^2(x) + \sum_{n=1}^{\infty} B_n^2(x) \leqq \frac{\pi}{2} \int_0^\pi q^2 \, dx$$

folgt aber auch in diesem Falle die gleichmässige Konvergenz der Reihe (25).

---

[10]) E. W. HOBSON, *On a General Convergence Theorem, and the Theory of the Representation of a Function by Series of Normal Functions* [Proceedings of the London Mathematical Society, Second Series, Vol. VI (1908), S. 349-395], S. 379.

Aus der angegebenen Abschätzung von $\varphi_n(x)$ ist zu schliessen, dass die Differenz [11])

$$\sum_{\nu=0}^{n} \varphi_\nu(x) \int_0^\pi f(\xi)\,\varphi_\nu(\xi)\,d\xi - \sum_{\nu=0}^{n} \frac{2_\nu}{\pi} \cos \nu x \int_0^\pi f(\xi) \cos \nu \xi \,d\xi,$$

in der $f(x)$ $(0 \leqq x \leqq \pi)$ eine beliebige, absolut integrierbare Funktion bedeutet, mit unbegrenzt wachsendem n gleichmässig gegen eine stetige Grenzfunktion $D(x)$ konvergiert [12]). Um dies einzusehen, genügt die Bemerkung, dass die beiden Reihen

$$\frac{2}{\pi} \sum_{n=1}^{\infty} \frac{\sin n x}{n} \int_0^\pi f(\xi) \cos n \xi \,d\xi, \qquad \sum_{n=0}^{\infty} \frac{2_n}{\pi} \frac{\cos n x}{n} \int_0^\pi f(\xi)\, Q(\xi) \sin n \xi \,d\xi$$

nichts Anderes sind als die FOURIERreihen der Funktionen

$$F(x) = \int_0^x f(\xi)d\xi - \frac{x}{\pi}\int_0^\pi f(\xi)d\xi \quad (0 \leqq x \leqq \pi); \quad F(-x) = -F(x); \quad F(x+2\pi) = F(x),$$

$$G(x) = -\int_0^x f(\xi)Q(\xi)d\xi \quad (0 \leqq x \leqq \pi); \quad G(-x) = G(x); \quad G(x+2\pi) = G(x),$$

die beide für *alle* Werte des Arguments x stetig und von beschränkter Schwankung sind. Dass $D(x)$ identisch $= 0$ ist, ergibt sich dann [13]) schliesslich aus den leicht zu bestätigenden Gleichungen

$$(26) \qquad \int_0^\pi D(x)\varphi_n(x)\,dx = 0 \qquad (\text{für } n = 0, 1, 2, \ldots).$$

Damit ist gezeigt, dass sich auf Grund der (erweiterten) HOBSON'schen Formel (24) alle Aussagen über Konvergenz und Divergenz der FOURIERreihe, insbesondere auch über die GIBBS'sche Erscheinung, auf die STURM LIOUVILLE'schen Entwicklungen ohne weiteres übertragen.

Elmshorn (Preussen), den 3. Oktober 1909.

---

[11]) Um eine einheitliche Schreibweise der Glieder der FOURIER'schen Reihe zu ermöglichen, führe ich das Symbol 2_n ein, das für $n = 0$ durch 1, für $n \neq 0$ aber durch 2 zu ersetzen ist.

[12]) Siehe auch HAAR, *Zur Theorie der orthogonalen Funktionensysteme* (Inauguraldissertation, Göttingen 1909), S. 31.

[13]) In dem Beweis dieser Tatsache, dass aus den Gleichungen (26) das identische Verschwinden von $D(x)$ folgt {siehe KNESER, *Untersuchungen über die Darstellung willkürlicher Funktionen in der mathematischen Physik* [Mathematische Annalen, Bd. LVIII (1904), S. 81-147], S. 116} liegt meiner Auffassung nach der eigentliche Kernpunkt der Theorie der STURM-LIOUVILLE'schen Reihen.

11.

Über die Gibbssche Erscheinung und verwandte Konvergenzphänomene

Rendiconti del Circolo Matematico di Palermo 30, 377—407 (1910)

Einleitung.

In einer kürzlich in diesen Rendiconti erschienenen Note [1]) habe ich die aus der Theorie der FOURIER'schen Reihe bekannte GIBBS'sche Erscheinung auf die Entwicklung einer unstetigen Funktion f nach zweidimensionalen Kugelfunktionen übertragen. Unter Benutzung des in I § 1 erklärten Koordinatensystems (s, t), das sich an die als « glatt » (d. h. ohne Ecken und Spitzen) vorausgesetzte Unstetigkeitskurve $\mathfrak{C}$ anlehnt, lässt sich das Resultat in der Formel

$$f_n(s, t) = \begin{cases} f(s, t) - h(s)\,\mathrm{Si}(nt) + R_n(s, t) & (t > 0) \\ f(s, t) + h(s)\,\mathrm{Si}(-nt) + R_n(s, t) & (t < 0) \end{cases}$$

niederlegen, in der f_n die aus der Kugelfunktionen-Reihe von f gewonnene Annäherungsfunktion n^{ter} Ordnung bedeutet, $\mathrm{Si}(x)$ für den Integralsinus $\frac{1}{\pi}\int_x^\infty \frac{\sin\xi}{\xi}\,d\xi$ geschrieben ist, $h(s)$ die Sprunghöhe und R_n ein Restglied vorstellt, das mit wachsendem n gleichmässig inbezug auf s und t gegen 0 konvergiert.

Um uns das aus dieser Formel folgende Verhalten von f_n in der Umgebung eines auf $\mathfrak{C}$ gelegenen Punktes $C(s = s_0, t = 0)$ deutlich zu machen, denken wir uns die Niveaulinien $f_n = \text{const.}$ auf die Kugel aufgezeichnet, projizieren darauf, indem wir C als Südpol ansehen, das erhaltene Bild (soweit es auf der südlichen Halbkugel gelegen ist) vom Mittelpunkt der Kugel aus auf die Tangentialebene der Kugel in C und vergrössern dann endlich, um die Erscheinung zur Entfaltung zu bringen, die ganze Figur unter Festhaltung des Punktes C im Masstab $n:1$. Denken wir uns diesen Prozess für jedes n ausgeführt, so ergeben die gewonnenen Bilder im Limes für $n = \infty$ eine *Grenzfigur*, in welcher die Kurve $\mathfrak{C}$ durch eine gerade Linie $\bar{\mathfrak{C}}$ repräsentiert ist und

---

[1]) *Die* GIBBS'*sche Erscheinung in der Theorie der Kugelfunktionen* [Rendiconti del Circolo Matematico di Palermo, Bd. XXIX (1. Semester 1910), S. 308-323]. Ich citiere diese Arbeit im folgenden kurz mit « I ».

die uns im übrigen einen Wellenzug veranschaulicht, dessen Kämme (und allgemeiner: dessen Niveaulinien) zu $\mathfrak{T}$ parallele Gerade sind und dessen senkrecht zu der Kammrichtung geführter Querschnitt die Kurve $y = \mathrm{Si}(x)$ ergibt (« *gerade* Si-*Welle* »).

§ 1.

Behandlung der Spitze.

Wir wollen jetzt den Fall, dass die Unstetigkeitslinie $\mathfrak{C}$, welche die Kugeloberfläche in zwei Stücke, das « Innere » $\mathfrak{J}$ und das « Aeussere » $\mathfrak{A}$, zerlegt, eine nach innen gekehrte Spitze O besitzt, näher untersuchen. Statt von einer beliebigen Funktion auf der Kugel zu handeln, für welche $\mathfrak{C}$ Unstetigkeitslinie ist, können wir uns von vornherein auf diejenige spezielle Funktion $1^{\mathfrak{C}}$ beschränken, welche in $\mathfrak{J}$ den Wert 0, in $\mathfrak{A}$ den Wert 1, auf der Kurve mit Ausnahme der Spitze den Wert $\frac{1}{2}$ und in der Spitze den Wert 0 hat. Die in *I* § 3 durchgeführten infinitesimal-geometrischen Betrachtungen, bei denen es sich um eine glatte Kurve und den diese Kurve in einem Punkte C berührenden grössten Kreis, also um zwei in C befindliche gegeneinander gekehrte Spitzen handelt, liefert, auf den Fall einer einzigen Spitze angewandt, den

Satz I *(« 1. Satz über die Spitze »): Hat die Sprungkurve* $\mathfrak{C}$ (ohne die übrigen, in *I* § 1 formulierten Voraussetzungen zu verletzen) *an einer Stelle O eine nach innen gekehrte Spitze* und sind ϑ (« Poldistanz »; variiert zwischen 0 und π) und φ (« geographische Länge »; variiert zwischen 0 und 2π) die Polarkoordinaten auf der Kugel mit dem Pol O, wobei der Nullmeridian $\varphi = 0$ im Punkte O mit der Richtung zusammenfallen möge, in der die Kurve $\mathfrak{C}$ die Spitze O verlässt, *so gilt, wenn* ε *eine beliebige positive Grösse* $< \pi$ *ist, gleichmässig für* $\varepsilon \leqq \varphi \leqq 2\pi - \varepsilon$ *die Limesgleichung*

$$\lim_{\substack{n=\infty \\ \vartheta=0}} 1_n^{\mathfrak{C}} = 0.$$

Um genaueren Aufschluss über das Spitzenphänomen zu erhalten, bedienen wir uns folgender einfachen Ueberlegung: Wir verändern die aus der Kugelfunktionen-Reihe von $1^{\mathfrak{C}}$ gewonnene Annäherungsfunktion n^{ter} Ordnung $1_n^{\mathfrak{C}}$ nur um ein für das Verhalten in der Nähe von O unwesentliches Glied, wenn wir die Kurve $\mathfrak{C}$, ohne ein festes, den Punkt O enthaltendes Stück derselben zu modifizieren, in ihrem weiteren Verlauf beliebigen Abänderungen unterwerfen; unter einem « unwesentlichen » Glied ist dabei ein solches zu verstehen, dessen Limes für $\begin{matrix} n = \infty \\ \vartheta = 0 \end{matrix}$ gleichmässig inbezug auf φ verschwindet. Demgemäss können wir voraussetzen, dass die Kurve $\mathfrak{C}$ ausser O noch eine weitere nach innen gekehrte Spitze O' besitzt, im übrigen aber einen glatten Verlauf zeigt. Wir verbinden dann O mit O' durch die in der Figur 1 angedeutete gestrichelte Kurve, welche ganz in $\mathfrak{J}$ verläuft und so beschaffen ist, dass durch ihre Hinzufügung aus $\mathfrak{C}$ zwei geschlossene Kurven $\mathfrak{C}_1$ und $\mathfrak{C}_2$ entstehen, die längs des gestrichelten Kurvenstücks zusammenfallen und von denen keine eine Ecke oder Spitze aufweist.

Tafel I.

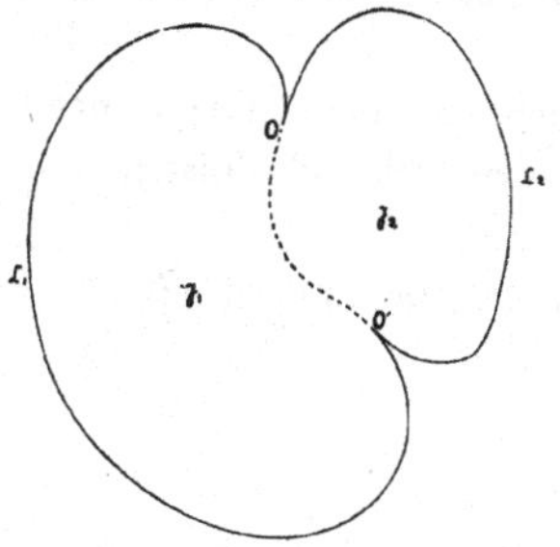

(*Fig. 1*).

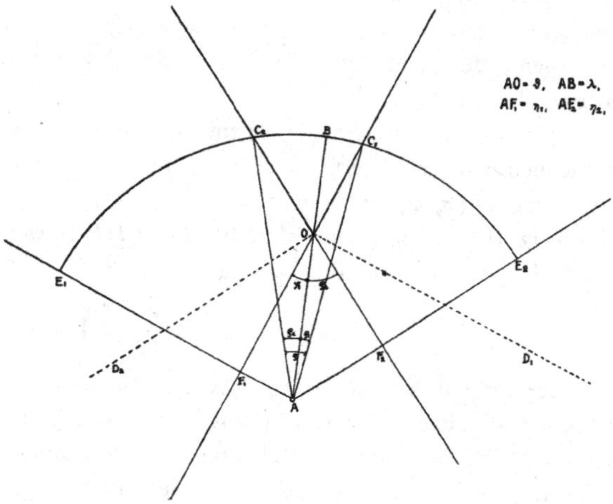

(*Fig. 2*).

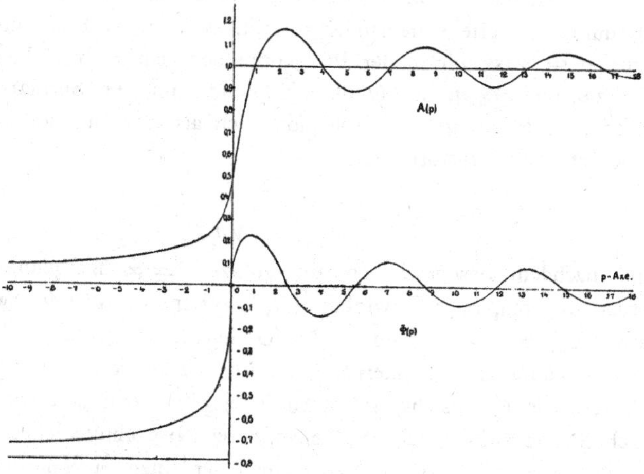

(*Fig. 3*).

Da sich das Innere $\mathfrak{J}$ von $\mathfrak{C}$ aus dem Inneren von $\mathfrak{C}_1$, dem Inneren von $\mathfrak{C}_2$ und dem gestrichelten Kurvenstück zusammensetzt, gelten die Gleichungen

$$1^{\mathfrak{C}} = 1^{\mathfrak{C}_1} + 1^{\mathfrak{C}_2} - 1; \qquad 1^{\mathfrak{C}}_n = 1^{\mathfrak{C}_1}_n + 1^{\mathfrak{C}_2}_n - 1,$$

und damit ist das Studium von $1^{\mathfrak{C}}_n$ auf das von $1^{\mathfrak{C}_1}_n$, $1^{\mathfrak{C}_2}_n$ zurückgeführt, deren Verhalten in der Umgebung von O uns bekannt ist. So zeigt sich, dass das Konvergenzphänomen, welches sich in der Umgebung der Spitze abspielt, aus der Superposition zweier Si-Wellen hervorgeht, deren Niveaulinien den in der Spitze zusammenstossenden Kurvenzügen folgen.

Wir ziehen aus diesen allgemeinen Auseinandersetzungen einige Folgerungen. Bezeichnen wir den Wert, welchen $1^{\mathfrak{C}}_n$ in dem Punkt mit den Polarkoordinaten $\mathfrak{r}$, φ hat, durch $1^{\mathfrak{C}}_n(\mathfrak{r}, \varphi)$, so besteht der

Satz II *(« 2. Satz über die Spitze »): Ist R irgend eine positive Zahl, so gilt gleichmässig für* $0 \leqq r \leqq R$, $0 \leqq \varphi \leqq 2\pi$

$$\lim_{n=\infty} 1^{\mathfrak{C}}_n\left(\frac{r}{n}, \varphi\right) = 0.$$

Der Sinn dieses Satzes ist, dass bei dem in der Einleitung erwähnten Entfaltungsprozess das Spitzenphänomen identisch in 0 übergeht. Um ein zureichendes geometrisches Bild der obwaltenden Verhältnisse zu gewinnen, werden wir uns demnach hier anderer, von der Art, wie sich die beiden in der Spitze zusammenstossenden Kurvenäste daselbst berühren, abhängiger Entfaltungsweisen zu bedienen haben.

Wir wollen den einfachsten Fall der gewöhnlichen 2-punktigen Berührung noch etwas näher betrachten. Wir denken uns die Punkte der Kugel wieder vom Mittelpunkt aus auf eine in O berührende Ebene projiziert und nehmen an, dass die beiden Aeste der projizierten Kurve stetige Krümmung besitzen und die für die beiden Aeste in O stattfindenden Krümmungswerte voneinander verschieden sind. Die Entfaltung geschieht dann am einfachsten so, dass wir in der Projektionsebene ein rechtwinkliges Koordinatensystem x, y zugrunde legen mit O als Nullpunkt und der Spitzentangente als y-Axe, darauf $1^{\mathfrak{C}}_n$, das sich zufolge der Projektion auch als eine Funktion in der Ebene auffassen lässt, der affinen Transformation

$$x = \frac{\mathfrak{x}}{n}, \qquad y = \frac{\mathfrak{y}}{\sqrt{n}}$$

unterwerfen und, nachdem dies geschehen, zur Grenze $n = \infty$ übergehn. Die beiden Kurvenäste werden dadurch, im rechtwinkligen $\mathfrak{x}$, $\mathfrak{y}$-System gedeutet, zu zwei gewöhnlichen Parabelästen $\mathfrak{P}_1$, $\mathfrak{P}_2$, die sich im Punkte O mit der Tangente $\mathfrak{x} = 0$ berühren. Die für das Spitzenphänomen charakteristische « Absturzfunktion », welche bei dem geschilderten Prozess aus $1^{\mathfrak{C}}_n$ entsteht, ist im Gebiet $\mathfrak{y} \leqq 0$ identisch $= 0$. Für $\mathfrak{y} > 0$ entsteht sie durch Superposition zweier Si Wellen, deren Niveaulinien jedoch parabolisch gekrümmt sind, und zwar so, dass die Niveaulinien der einen Si-Welle lauter zu $\mathfrak{P}_1$, die der anderen lauter zu $\mathfrak{P}_2$ kongruente halbe Parabeln sind. Das Resultat der Superposition lässt sich graphisch (mittels Zeichnung der Niveaulinien) leicht überblicken.

Wir gehen darauf nicht näher ein. — Die soeben zur Anwendung gebrachte Entfaltungsweise scheint einen Uebelstand zu besitzen: jede feste, von derjenigen der Spitze verschiedene Richtung wird durch unsern Prozess in die Axe $\mathfrak{y} = 0$ geworfen. Dieses schadet aber deshalb nicht, weil die Werte der Absturzfunktion in der oberen Halbebene $\mathfrak{y} > 0$ sich trotzdem längs $\mathfrak{y} = 0$ stetig an den in der unteren Halbebene herrschenden Wert 0 anschliessen. Wir erkennen in diesem Umstande die Aussage des 1. Satzes über die Spitze wieder. — Der grösste Wert, den die Absturzfunktion annimmt, beträgt $1 + 2\,|\mathrm{Si}(\pi)|$, der kleinste $-|\mathrm{Si}(\pi)| - |\mathrm{Si}(2\pi)|$. (Die letzte Bemerkung gilt übrigens allgemein für jede Spitze, nicht bloss für die, deren Aeste sich 2-punktig berühren).

Im ganzen genommen, bietet das Konvergenzphänomen der Spitze wohl seiner äusseren Form, nicht aber seiner inneren Struktur nach etwas Neues.

§ 2.

Aufstellung der Formeln für die Ecke.

Von weit hervorragenderem Interesse ist die Erscheinung, welche eintritt, falls die Sprungkurve $\mathfrak{C}$ an einer Stelle O eine *Ecke* besitzt, d. h. falls an dieser Stelle zwei Aeste von $\mathfrak{C}$ unter einem von 0 verschiedenen Winkel zusammenlaufen. Die Grösse des sich nach $\mathfrak{A}$ hin öffnenden Winkels betrage α und werde (was natürlich keine Einschränkung ist) $< \pi$ vorausgesetzt; $1^{\mathfrak{C}}$ ist jetzt in $\mathfrak{A}$ gleich 1, in $\mathfrak{J}$ gleich 0, auf $\mathfrak{C}$ abgesehen von O gleich $\frac{1}{2}$, im Eckpunkt selbst aber gleich $\frac{\alpha}{2\pi}$. In diesem Falle treten zunächst wieder die beiden, in ihrer Streichrichtung den Kurvenästen folgenden Si-Wellenzüge auf. Darüber aber lagert sich, vom Eckpunkt O ausgehend, eine neue Welle, die in erster Annäherung als kreisförmig angesehen werden kann und einem ziemlich komplizierten Gesetz gehorcht.

Bei der Behandlung der Ecke dürfen wir uns zunächst darauf beschränken, für $\mathfrak{C}$ die aus zwei unter dem Winkel α im Nord- und Südpol zusammenstossenden Meridianen gebildete Kurve zu wählen. Dem allgemeinen Fall kann man dann offenbar durch Hinzufügung zweier Spitzen in O gerecht werden, und die durch diese veranlasste Modifikation beherrschen wir nach § 1 vollständig. Bei der Behandlung des *aus zwei Meridianen $\mathfrak{C}$ gebildeten Zweiecks* wird sich, wenn ϑ, φ die auf den Südpol O bezüglichen sphärischen Polarkoordinaten und $1^{\mathfrak{C}}_n(\vartheta, \varphi)$ den Wert der Funktion $1^{\mathfrak{C}}_n$ im Punkte (ϑ, φ) bezeichnet, das folgende Resultat herausstellen:

Satz III *(« 1. Satz über die Ecke »): Für die aus der Kugelfunktionen-Reihe von $1^{\mathfrak{C}}$ gewonnene Annäherungsfunktion n^{ter} Ordnung $1^{\mathfrak{C}}_n$ gilt die Formel*

$$1^{\mathfrak{C}}_n(\vartheta, \varphi) = \mathrm{Ang}^{(\alpha)}(n\vartheta, \varphi) + R_n(\vartheta, \varphi).$$

Dabei ist $\mathrm{Ang}^{(\alpha)}(r, \varphi)$ *eine bestimmte (von n unabhängige) eindeutige stetige Funktion in einer auf die Polarkoordinaten* r (Radius vector) *und* φ (Azimut) *bezogenen Ebene,*

R_n *aber ein « unwesentliches » Restglied,* d. h. ein Term, für welchen die Limesgleichung

$$\lim_{\substack{n=\infty \\ \vartheta=0}} R_n(\vartheta, \varphi) = 0$$

gleichmässig inbezug auf φ ($0 \leqq \varphi \leqq 2\pi$) besteht.

Demzufolge hat die Entfaltung des Eckenphänomens so zu geschehen, dass wir das Bild, welches $1_n^{\mathfrak{G}}$ in der Umgebung der Ecke O zeigt, nachdem es durch Mittelpunktsprojektion auf die Ebene übertragen ist, von O aus allseitig im Verhältnis $n:1$ vergrössern. Bei diesem Process aber geht die von einer in O befindlichen Spitze herrührende Erscheinung in der Grenze für $n = \infty$ identisch in 0 über, und also ergibt die Entfaltung als charakteristische Absturzfunktion, wenn wir r, φ als ebene Polarkoordinaten mit O als Pol betrachten, stets jene Funktion $\text{Ang}^{(\alpha)}$ — einerlei, ob die Ecke durch zwei Meridiane oder durch zwei andere unter demselben Winkel zusammenstossende Kurven gebildet wird: unser Entfaltungsprozess liefert denjenigen Teil des Phänomens, der von dem besonderen Verhalten der in der Ecke zusammenlaufenden Kurvenäste unabhängig ist.

Indem wir jetzt zur Bestimmung der Absturzfunktion $\text{Ang}^{(\alpha)}$ übergehen, wollen wir uns einer Bezeichnung $g_n' \backsimeq g_n''$ bedienen, welche besagen soll, dass sich die beiden Funktionen g_n' und g_n'' von n; ϑ, φ nur um ein « unwesentliches » Glied voneinander unterscheiden. Zunächst mögen die geometrischen Verhältnisse an der Figur 2 (in der grösste Kreise durchweg als gerade Linien gezeichnet sind) erläutert werden. OC_1, OC_2 sind die Seiten des Zweiecks, welche den Winkel α einschliessen, OF_1, OF_2 deren Verlängerungen über O hinaus. OD_1 bedeutet denjenigen Meridian durch O, welcher auf OC_1 senkrecht steht und durch den Vollkreis C_1F_1 von der zweiten Seite OC_2 des Zweiecks getrennt wird; OD_2 ist von analoger Bedeutung. A ist der variable Punkt, in welchem $1_n^{\mathfrak{G}}$ berechnet werden soll; wir setzen bis auf weiteres voraus, dass A in dem Winkelraum D_1OD_2 gelegen ist und sein Winkelabstand ϑ von der Ecke O, der schliesslich gegen 0 konvergieren soll, bereits kleiner ist als eine beliebig $\left(<\frac{\pi}{4}\right)$ vorgegebene Grösse ϑ_0. Die geographische Länge des Punktes A, von OF_1 als Nullmeridian aus in dem nach OF_2 zu gelegenen Sinne gerechnet, heisse φ_1; der Winkel φ_2, von analoger Bedeutung für OF_2 als Nullmeridian, steht zu φ_1 in der Beziehung

$$\varphi_1 + \varphi_2 - \alpha \equiv 0 \qquad (\text{mod } 2\pi).$$

Die senkrechten Abstände AF_1, AF_2 seien ihrer Grösse nach bezw. $= \eta_1$, η_2:

$$(1) \qquad \sin\eta_1 = \sin\vartheta \,.\, \sin\varphi_1, \qquad \sin\eta_2 = \sin\vartheta \,.\, \sin\varphi_2.$$

Wir führen ferner diejenigen Polarkoordinaten λ (Poldistanz), μ (Länge) ein, für welche A der Pol ist, und setzen $u = \cos\lambda$. Indem wir uns $1^{\mathfrak{G}}$ in diesen Koordinaten ausgedrückt denken, bekommen wir dann als Wert von $1_n^{\mathfrak{G}}$ im Punkte A:

$$1_n^{\mathfrak{G}}(A) = \frac{1}{4\pi}\int_0^{2\pi}\int_{-1}^{+1}\left(\frac{dP_n(u)}{du} + \frac{dP_{n+1}(u)}{du}\right)1^{\mathfrak{G}}\,du\,d\mu;$$

$P_0(u)$, $P_1(u)$, $P_2(u)$, ... ist die Reihe der bekannten LEGENDREschen Polynome (zonale Kugelfunktionen). Unter Vernachlässigung eines unwesentlichen Gliedes können wir schreiben:

$$(2) \qquad \mathrm{I}_n^{\mathfrak{E}} \simeq \frac{1}{4\pi}\int_{\cos\vartheta_0}^{\cos\vartheta}\left(\frac{dP_n(u)}{du}+\frac{dP_{n+1}(u)}{du}\right)\rho\, du,$$

wenn $\rho=\rho(u)$ die Winkelöffnung desjenigen Kreisbogens $C_1 C_2$ bedeutet, den das sphärische Zweieck $C_1 O C_2$ aus dem um A mit der Winkeldistanz λ beschriebenen Kreise ausschneidet:

$$\rho = \sphericalangle\, C_1 A C_2. \qquad \text{(s. Fig. 2).}$$

ρ setzt sich, wenn wir den grössten Kreis AO bis zum Schnitt B mit dem Breitenkreis λ um A durchlegen, aus den beiden Winkeln

$$\rho_1 = \sphericalangle\, C_1 A B, \qquad \rho_2 = \sphericalangle\, B A C_2$$

additiv zusammen. Nun ist

$$\rho_1 = \sphericalangle\, C_1 A F_1 - \sphericalangle\, O A F_1,$$

und aus dem rechtwinkligen Dreieck $C_1 A F_1$ erhalten wir

$$\cos(\sphericalangle\, C_1 A F_1) = \frac{\operatorname{tg}\eta_1}{\operatorname{tg}\lambda};$$

der Winkel OAF_1 hingegen ist von λ unabhängig; daraus folgt

$$d\rho_1 = \frac{\sin\eta_1}{\sin\lambda}\,\frac{d\lambda}{\sqrt{\sin(\lambda-\eta_1).\,\sin(\lambda+\eta_1)}}.$$

Entsprechendes gilt für ρ_2. Aus (2) schliessen wir durch partielle Integration

$$\mathrm{I}_n^{\mathfrak{E}} \simeq \frac{1}{4\pi}\int_{\vartheta}^{\vartheta_0}\Big[P_n(\cos\lambda)+P_{n+1}(\cos\lambda)\Big]\frac{d\rho}{d\lambda}d\lambda$$

$$= \frac{1}{2}\sum_{i=1,2}\frac{1}{2\pi}\int_{\vartheta}^{\vartheta_0}\frac{\sin\eta_i}{\sin\lambda}\,\frac{[P_n(\cos\lambda)+P_{n+1}(\cos\lambda)]\,d\lambda}{\sqrt{\sin(\lambda-\eta_i).\,\sin(\lambda+\eta_i)}} = \frac{1}{2}\sum_{i=1,2}L_{n,i}.$$

Wir beschäftigen uns weiterhin nur mit einem der beiden Summanden $L_{n,i}$ und lassen dabei in den Bezeichnungen φ_i, η_i, $L_{n,i}$ ($i=1$ oder 2) den Index i ganz fort.

P_n und P_{n+1} drücken wir mittels der Mehlerschen Formel aus:

$$P_n(\cos\lambda) = \frac{2}{\pi}\int_{\lambda}^{\pi}\frac{\sin\left(n+\frac{1}{2}\right)t}{\sqrt{4\sin\frac{t+\lambda}{2}\sin\frac{t-\lambda}{2}}}\,dt.$$

Indem wir uns dann derselben Abschätzungen bedienen, welche ich in I § 2 ausgeführt habe [a]), gelangen wir, wiederum unter Vernachlässigung unwesentlicher Terme, zu

---

[a]) Hätte ich nicht die Abschätzungen und Ueberlegungen in I § 2 so anstellen wollen, dass sie sich jetzt unmittelbar auf den Fall der Ecke übertragen, so würde eine andere Methode etwas rascher zu dem Ergebnis jenes § 2 geführt haben: sie besteht darin, die Funktion

$$F(x) = 1 \quad \text{für} \quad -1 \leqq x < 0, \qquad = 0 \quad \text{für} \quad 0 < x \leqq 1$$

der Formel

$$L_n \backsimeq \frac{1}{\pi^2} \int\int_{(\vartheta \leqq \lambda \leqq t \leqq \vartheta_0)} \frac{\eta}{\lambda} \frac{\sin\left(n+\frac{1}{2}\right)t + \sin\left(n+\frac{3}{2}\right)t}{\sqrt{(\lambda+\eta)(\lambda-\eta).4\frac{t+\lambda}{2}.\frac{t-\lambda}{2}}}\, dt\, d\lambda,$$

und wir dürfen, ohne dass diese Beziehung aufhört, richtig zu bleiben, auch noch voraussetzen, dass η, anstatt durch (1), durch die Formel

$$\eta = \vartheta . \sin\varphi$$

definiert sei, und ferner die im Integranden auftretende Summe

$$\sin\left(n+\tfrac{1}{2}\right)t + \sin\left(n+\tfrac{3}{2}\right)t \quad \text{durch} \quad 2\sin nt$$

ersetzen.

Führen wir dann zunächst die Integration nach λ aus, so erhalten wir

$$\int_\vartheta^t \frac{\eta}{\lambda} \cdot \frac{d\lambda}{\sqrt{(\lambda^2-\eta^2)(t^2-\lambda^2)}} = \frac{\Theta_\varphi\left(\frac{t}{\vartheta}\right)}{t};$$

dabei ist die Funktion

$$\Theta = \Theta_\varphi(y) \qquad (y \geqq 1)$$

erklärt durch

$$\operatorname{tg}\Theta = \operatorname{tg}\varphi . \sqrt{1-\frac{1}{y^2}}; \quad -\frac{\pi}{2} < \Theta < \frac{\pi}{2}. \text{ [3]}$$

---

in eine Reihe nach LEGENDRE'schen Polynomen zu entwickeln:

(3) $$F(x) = \sum_{n=0}^{\infty} \frac{P_{n+1}(0) - P_{n-1}(0)}{2} P_n(x)$$

und für $P_n(\sin\alpha)$ in der Umgebung von $\alpha = 0$ die für grosse n gültige asymptotische Darstellung

$$P_n(\sin\alpha) \sim \sqrt{\frac{2}{n\pi\cos\alpha}} . \cos\left(\frac{n\pi}{2} - \alpha\left(n+\frac{1}{2}\right)\right)$$

zur Anwendung zu bringen. Abgesehen von Zusatzgliedern, die in der Umgebung von $\alpha = 0$ gleichmässig konvergieren, verwandelt sich dadurch die Reihe (3) in

(4) $$-\frac{1}{\pi\sqrt{\cos\alpha}} . \sum_{m=1}^{\infty} \frac{\sin\left(2m-\frac{1}{2}\right)\alpha}{m} \qquad (x = \sin\alpha).$$

Die FOURIERreihe der Funktion

$$\mathring{1}(\alpha) = 1 \; (-\pi \leqq \alpha < 0), \qquad = 0 \; (0 < \alpha \leqq \pi)$$

lautet:

(5) $$\mathring{1}(\alpha) = \frac{1}{2} - \frac{1}{\pi} \sum_{m=1}^{\infty} \frac{\sin(2m-1)\alpha}{m-\frac{1}{2}}.$$

Der Vergleich von (4) und (5), zusammen mit der für die FOURIERreihe (5) bekannten GIBBS'schen Erscheinung führt bereits zu dem Resultat von I § 2. Der l. c. gegebene Beweis (der genau dem üblichen Konvergenzbeweis für Kugelfunktionenreihen folgt) scheint mir aber doch, auch abgesehen von seiner grösseren Tragweite, der Natur der Sache besser gerecht zu werden als der eben dargelegte.

[3]) Dabei ist auch $\varphi > -\frac{\pi}{2}$ und $< \frac{\pi}{2}$ angenommen.

Diese Abhängigkeit schreibt sich, wenn wir die Benennung

$$\frac{1}{y} = \sin \omega \qquad \left(0 < \omega \leqq \frac{\pi}{2}\right)$$

einführen, in der Form

$$\operatorname{tg} \Theta = \operatorname{tg} \varphi . \cos \omega,$$

die sich in sehr einfacher Weise an einem rechtwinkligen sphärischen Dreieck deuten lässt.

Benutzen wir $y = \frac{t}{\mathfrak{z}}$ als Integrationsvariable und setzen $n \mathfrak{z} = r$, so kommt

$$L_n \backsimeq \frac{2}{\pi^2} \int_1^{n \mathfrak{z}_0} \frac{\sin (r y)}{y} \Theta_\varphi (y) d y$$

und daraus mittels einer leichten Abschätzung

$$L_n \backsimeq \frac{2}{\pi^2} \int_1^{\infty} \frac{\sin (r y)}{y} \Theta_\varphi (y) d y.$$

Wir setzen

(6)
$$\mathrm{A}(r, \varphi) = \frac{2}{\pi} \int_1^{\infty} \frac{\sin (r y)}{y} \Theta_\varphi (y) d y$$

$$\left(r > 0; \; -\frac{\pi}{2} < \varphi < +\frac{\pi}{2}\right).$$

Dann hat also im Winkelraum $D_1 O D_2$ die Gleichung statt:

$$\mathrm{Ang}^{(\alpha)} = \frac{1}{2\pi} \left[\mathrm{A}(r, \varphi_1) + \mathrm{A}(r, \varphi_2) \right],$$

und dabei ist die Funktion A von dem Winkel α überhaupt nicht abhängig.

A ist in der Halbebene $r > 0$, $-\frac{\pi}{2} < \varphi < +\frac{\pi}{2}$ überall stetig und schliesst sich am Rande (wenn wir von dem Nullpunkt absehen) stetig an die Werte

$$\pi \operatorname{Si}(r) \left(\text{für } \varphi = +\frac{\pi}{2}\right), \quad \text{bezw.} \quad -\pi \operatorname{Si}(r) \left(\text{für } \varphi = -\frac{\pi}{2}\right)$$

an. Im Nullpunkte hingegen ist sie unbestimmt, indem aus

$$\lim_{y=\infty} \Theta_\varphi (y) = \varphi$$

die Gleichung

$$\lim_{r=0} \mathrm{A}(r, \varphi) = \varphi$$

geschlossen werden kann. A ist eine ungerade Funktion von φ:

$$\mathrm{A}(r, -\varphi) = -\mathrm{A}(r, \varphi).$$

Bisher haben wir uns mit $1_n^{\mathfrak{G}}$ nur in dem Gebiet $\left(\begin{smallmatrix} + \\ + \end{smallmatrix}\right)$ beschäftigt, in welchem gleichzeitig

$$-\frac{\pi}{2} \leqq \varphi_1 \leqq +\frac{\pi}{2}, \qquad -\frac{\pi}{2} \leqq \varphi_2 \leqq +\frac{\pi}{2}$$

ist und dessen Begrenzung also aus den beiden Meridianen $\varphi_1 = +\frac{\pi}{2}$, $\varphi_2 = +\frac{\pi}{2}$ besteht. Um aber diese Funktion z. B. in dem durch die Meridiane $\varphi_1 = +\frac{\pi}{2}$, $\varphi_2 = -\frac{\pi}{2}$ begrenzten Winkelraum $\binom{+}{-}$ zu berechnen, bediene man sich der Funktion $1^{\mathfrak{K}}$, welche auf der Halbkugel $0 < \varphi_1 < \pi$ $(0 < \vartheta < \pi)$ den Wert 0, auf der Halbkugel $-\pi < \varphi_1 < 0$ $(0 < \vartheta < \pi)$ den Wert 1 und auf dem trennenden Vollkreis $\mathfrak{K} = F_1 O C_1$ den Wert $\frac{1}{2}$ hat. Indem wir die obigen Betrachtungen auf das Zweieck $C_2 O F_1$ statt auf $C_1 O C_2$ anwenden, erhalten wir eine bis auf unwesentliche Glieder richtige Darstellung von

$$1_n^{\mathfrak{K}} - 1_n^{\mathfrak{G}}$$

mittels der Funktion A im Gebiet $\binom{+}{-}$, und da wir $1_n^{\mathfrak{K}}$ angenähert mittels der Si-Funktion ausdrücken können, eine Darstellung von $1_n^{\mathfrak{G}}$ für jenen Winkelraum $\binom{+}{-}$. In ähnlicher Weise beherrschen wir die übrigen Felder $\binom{-}{+}$, $\binom{-}{-}$. Ich gebe hier sogleich das Resultat an:

In der Ebene mit den Polarkoordinaten r, φ führen wir rechtwinklige Koordinaten durch die Gleichungen

$$x = r \sin \varphi, \qquad y = -r \cos \varphi$$

ein und definieren in dieser Ebene eine Funktion Te durch die folgenden Bedingungen: In der unteren Halbebene $y < 0$ werde

$$\text{(7)} \qquad \mathrm{Te}(x, y) = \frac{1}{2\pi} \mathrm{A}(r, \varphi) \quad \left(-\frac{\pi}{2} < \varphi < \frac{\pi}{2}\right)$$

gesetzt, in der oberen $y > 0$ hingegen

$$\text{(7')} \qquad \mathrm{Te}(x, y) = \widehat{\mathrm{Si}}(x) - \frac{1}{2\pi} \mathrm{A}(r, \pm\pi - \varphi) \begin{pmatrix} \frac{\pi}{2} < \varphi \leqq \pi, \\ \text{bezw.} \\ -\pi \leqq \varphi < -\frac{\pi}{2} \end{pmatrix};$$

dabei ist

$$\widehat{\mathrm{Si}}(x) = \frac{1}{\pi} \int_1^\infty \frac{\sin(x\zeta)}{\zeta} d\zeta = \begin{cases} \mathrm{Si}(x) & \text{für } x > 0 \\ 0 & \text{für } x = 0 \\ -\mathrm{Si}(-x) & \text{für } x < 0. \end{cases}$$

Dann schliessen sich die in der oberen und unteren Halbebene herrschenden Werte längs der x-Axe (wenn wir vom Nullpunkt absehen) stetig aneinander an, und die Funktion Te wird überall stetig, ausgenommen die auf der positiven y-Axe: $x = 0$, $y \geqq 0$ gelegenen Punkte, wenn wir die Definitionen (7), (7′) noch durch

$$\text{(7'')} \qquad \mathrm{Te}(x, 0) = \frac{1}{2} \widehat{\mathrm{Si}}(x)$$

ergänzen. Auf der y-Axe (einschliesslich des Nullpunktes) ist dann $\mathrm{Te} = 0$; dagegen hat Te längs der positiven y-Axe auf dem rechten Ufer ($x > 0$) den Wert $\frac{1}{2}$ [4]), auf dem linken den Wert $-\frac{1}{2}$. Im Nullpunkte ist sie unstetig nach Art einer linksgewundenen Schraube, welche sich, von dem linken Ufer der positiven y-Axe ausgehend, durch eine volle Umdrehung hindurch von $-\frac{1}{2}$ bis $+\frac{1}{2}$ emporwindet. Es besteht die Identität

$$\mathrm{Te}(-x, y) = -\mathrm{Te}(x, y). \tag{8}$$

Indem wir unter φ entweder φ_1 oder φ_2 verstehen, erhalten wir zwei verschiedene rechtwinklige Koordinatensysteme $x_1 y_1$, $x_2 y_2$ in der Ebene mit gemeinsamem Nullpunkt, die zueinander symmetrisch (nicht direkt-kongruent) sind und deren pos. y-Axen den Winkel α miteinander einschliessen; es liegen dabei die pos. x_1- und die pos. y_2-Axe auf verschiedenen Seiten der y_1-Axe, ebenso die pos. x_2-und die pos. y_1-Axe auf verschiedenen Seiten der y_2-Axe.

Das Resultat, welches unsere Betrachtungen ergeben, lautet dann dahin, dass sich der Satz III in vollem Umfange bestätigt und für $\mathrm{Ang}^{(\alpha)}$ die Formel

$$\mathrm{Ang}^{(\alpha)} = 1^{\mathfrak{G}} + \mathrm{Te}(x_1 y_1) + \mathrm{Te}(x_2 y_2)$$

zum Vorschein kommt [5]). Die Funktion Te zeigt, wie wir im nächsten Paragraphen sehen werden, einen wellenförmigen Verlauf, der freilich viel komplizierter ist als der einer geraden Si-Welle. Ausser Satz III haben wir daher noch das folgende Ergebnis gewonnen.

SATZ IV *(« 2. Satz über die Ecke »): Die Funktion*

$$\mathrm{Ang}^{(\alpha)} - 1^{\mathfrak{G}}$$

entsteht durch Superposition zweier Te-Wellen, deren Gestalt von α völlig unabhängig ist; nur ihre relative Lage hängt von diesem Winkel ab, indem die eine Welle zu der anderen symmetrisch ist und ihre Unstetigkeitslinien (zwei von O ausgehende Halbgerade, das Bild der Seiten des Zweiecks $C_1 O C_2$) *den Winkel α miteinander einschliessen.*

§ 3.

Gestalt der Te-Welle.

Um die Te-Funktion zu diskutieren, beschäftigen wir uns zunächst mit der Funktion $A(r, \varphi)$ im Gebiet $r > 0$, $0 \leqq \varphi < \frac{\pi}{2}$, und setzen

$$\sin\varphi = \xi, \quad \cos\varphi = |\sqrt{1-\xi^2}| = \upsilon.$$

---

[4]) D. h. $\lim_{x=+0} \mathrm{Te}(x, y) = \frac{1}{2}$ (für $y > 0$).

[5]) $1^{\mathfrak{G}}$ bedeutet hier natürlich diejenige Funktion, welche innerhalb des von der pos. y_1-und y_2-Axe begrenzten Winkelraums $= 1$, ausserhalb desselben $= 0$ ist, längs der pos. y-Axen den Wert $\frac{1}{2}$ und im Nullpunkte O den Wert $\frac{\alpha}{2\pi}$ besitzt.

Eine partielle Integration liefert auf Grund der Formel (6) für A die Darstellung

$$\mathrm{A} = 2\int_1^\infty \mathrm{Si}(ry)\frac{d\Theta_\varphi(y)}{dy}dy.$$

Bilden wir also durch Differentiation

$$\mathrm{B} = -r\frac{\partial \mathrm{A}}{\partial r},$$

so folgt

$$\mathrm{B} = \frac{2}{\pi}\int_1^\infty \sin(ry)\frac{d\Theta_\varphi(y)}{dy}dy.$$

Durch Rechnung findet man

$$\frac{d\Theta_\varphi}{dy} = \xi\upsilon\frac{1}{(y^2-\xi^2)\sqrt{y^2-1}} = \frac{\upsilon}{2}\left[\frac{1}{(y-\xi)\sqrt{y^2-1}} - \frac{1}{(y+\xi)\sqrt{y^2-1}}\right].$$

Ersetzen wir $\sin(ry)$ durch e^{iry} (i = imaginäre Einheit), so handelt es sich, um B zu berechnen, zunächst um die Bestimmung von

$$\mathrm{T}_+ = \int_1^\infty \frac{e^{iry}\,dy}{(y-\xi)\sqrt{y^2-1}}.$$

Es ergibt sich

$$\frac{\partial}{\partial r}(e^{-ir\xi}\mathrm{T}_+) = i\int_1^\infty \frac{e^{ir(y-\xi)}\,dy}{\sqrt{y^2-1}} = \frac{\pi i}{2}e^{-ir\xi}[K(r) + iJ(r)],$$

wobei wir

$$K(r) = \frac{2}{\pi}\int_1^\infty \frac{\cos ry\,dy}{\sqrt{y^2-1}},$$

$$J(r) = \frac{2}{\pi}\int_1^\infty \frac{\sin ry\,dy}{\sqrt{y^2-1}}$$

gesetzt haben; $J(r)$ ist dann nichts anderes als die bekannte BESSEL'sche Funktion [6]. Für

$$\mathrm{T}_- = \int_1^\infty \frac{e^{-iry}\,dy}{(y+\xi)\sqrt{y^2-1}}$$

erhalten wir analog

$$\frac{\partial}{\partial r}(e^{-ir\xi}\mathrm{T}_-) = -i\int_1^\infty \frac{e^{-ir(y+\xi)}\,dy}{\sqrt{y^2-1}} = -\frac{\pi i}{2}e^{-ir\xi}[K(r) - iJ(r)];$$

mithin

$$\frac{\partial}{\partial r}\left\{e^{-ir\xi}(\mathrm{T}_+ + \mathrm{T}_-)\right\} = -\pi e^{-ir\xi}J(r),$$

$$\mathrm{T}_+ + \mathrm{T}_- = \pi\int_r^\infty e^{i\xi(r-\rho)}J(\rho)\,d\rho.$$

Indem wir von dieser Gleichung nur den Imaginärteil beibehalten, gelangen wir zu der

---

[6]) Vergl. z. B. RIEMANN-WEBER, *Die partiellen Differentialgleichungen der mathematischen Physik* (IV. Aufl.) (Braunschweig, Vieweg u. Sohn, 1900), Bd. I, S. 175.

Darstellung

(9) $$B = \upsilon \int_r^\infty \sin \xi (r-\rho) J(\rho) d\rho.$$

Nach bekannten Formeln [7]) ist

$$\int_0^\infty \cos(\xi\rho) J(\rho) d\rho = \frac{1}{\sqrt{1-\xi^2}} = \frac{1}{\upsilon}, \qquad \int_0^\infty \sin(\xi\rho) J(\rho) d\rho = 0;$$

infolgedessen können wir auch schreiben

(10) $$B = \sin \xi r - \upsilon \int_0^r \sin \xi(r-\rho) J(\rho) d\rho.$$

Damit haben wir die Grundlage für die Diskussion des Eckenphänomens gewonnen.

Zunächst betrachten wir A in dem Gebiet $0 \leqq \varphi \leqq \frac{\pi}{2} - \varepsilon$, wo ε eine fest vorgegebene Grösse $\left(< \frac{\pi}{2}\right)$ bedeutet, und wollen eine in diesem Winkelraum für sehr grosse Werte von r gültige asymptotische Darstellung von A angeben. Wir führen zu diesem Zweck die Annäherung

$$J(x) \sim \sqrt{\frac{2}{\pi x}} \cdot \cos\left(x - \frac{\pi}{4}\right)$$

ein und finden damit

(11) $$\left\{\begin{aligned} B &\sim \upsilon \sqrt{\frac{2}{\pi}} \int_r^\infty \frac{\sin \xi(r-\rho) . \cos\left(\rho - \frac{\pi}{4}\right)}{\sqrt{\rho}} d\rho \\ &= \frac{\upsilon}{\sqrt{2\pi}} \left[\int_r^\infty \frac{\sin\left(\xi r - \frac{\pi}{4} + (1-\xi)\rho\right)}{\sqrt{\rho}} d\rho - \int_r^\infty \frac{\sin\left(-\xi r - \frac{\pi}{4} + (1+\xi)\rho\right)}{\sqrt{\rho}} d\rho\right], \end{aligned}\right.$$

und, unter abermaliger Vernachlässigung von Gliedern, die im Bereich $0 \leqq \varphi \leqq \frac{\pi}{2} - \varepsilon$ gleichmässig von derselben Ordnung Null werden wie $\frac{1}{r^{\frac{3}{2}}}$:

$$B \sim \frac{\upsilon}{\sqrt{2\pi}} \left[\frac{\cos\left(r - \frac{\pi}{4}\right)}{(1-\xi)\sqrt{r}} - \frac{\cos\left(r - \frac{\pi}{4}\right)}{(1+\xi)\sqrt{r}}\right] = \frac{2\xi\upsilon}{(1-\xi^2)\sqrt{2\pi}} \cdot \frac{\cos\left(r - \frac{\pi}{4}\right)}{\sqrt{r}}.$$

Daraus folgt endlich für A die asymptotische Darstellung

$$A \sim -\sqrt{\frac{2}{\pi}} \operatorname{tg} \varphi \cdot \frac{\sin\left(r - \frac{\pi}{4}\right)}{r^{\frac{3}{2}}}.$$

2π Te stimmt in dem Quadranten $y < 0$, $x > 0$ mit A überein; im Gebiete

---

[7]) Siehe z. B. Riemann-Weber, l. c. [6]), S. 187.

$y > 0$, $x > 0$ gilt

$$2\pi\,\mathrm{Te} = 2\pi\,\mathrm{Si}(x) - A(r,\ \pi - \varphi),$$

und folglich gemäss der asymptotischen Gleichung

$$2\pi\,\mathrm{Si}(x) \backsim \frac{2\cos x}{x}$$

und weil nach der eben aufgestellten Formel A für grosse r gegenüber $\mathrm{Si}(x)$ zu vernachlässigen ist,

$$\pi\,\mathrm{Te} \backsim \frac{\cos x}{x} \qquad (\text{für } y > 0)$$

$$\pi\,\mathrm{Te} \backsim \frac{\operatorname{tg}\varphi}{\sqrt{2\pi}} \cdot \frac{\cos\left(r + \frac{\pi}{4}\right)}{r^{\frac{3}{2}}} \qquad (\text{für } y < 0) \qquad [x > 0].$$

Die für $y > 0$ gültige Formel bedeutet eine Folge *gerader* Wellen, deren Niveaulinien sämtlich der y-Axe parallel laufen. Die Amplitude jeder Welle ist längs des ganzen Wellenrückens (oder längs des ganzen Wellentals) konstant, dagegen nimmt sie, wenn wir die einzelnen Wellen nach ihrer Entfernung von der y-Axe als 1., 2., 3. u. s. f. numerieren, mit der Ordnungszahl der Welle so ab, dass die Amplitude der n^{ten} Welle nur $\frac{1}{n}$ von derjenigen der ersten beträgt. Als « einzelne Welle » wird dabei der zwischen zwei aufeinander folgenden Linien $\mathrm{Te} = 0$ gelegene Teil bezeichnet; die « Wellenlänge » beträgt demnach π. — Die für $y < 0$ gültige Formel andererseits bedeutet eine Folge von *Kreiswellen* gheichfalls von der « Länge » π, die aber gegenüber den geraden Wellen durchweg einen *Phasenrückgang von* $\frac{\pi}{4}$ aufweisen $\left(\text{das Argument von cos ist nicht } r, \text{ sondern } r + \frac{\pi}{4}!\right)$; die Amplitude der einzelnen Welle ist nicht konstant, sondern nimmt, wenn φ sich von $\frac{\pi}{2} - \varepsilon$ bis 0 dreht, nach dem Gesetz $\operatorname{tg}\varphi$ ab. Auch beträgt die Stärke der n^{ten} Welle nicht den n^{ten}, sondern nur den $n^{\frac{3}{2}\text{ten}}$ Teil der Stärke der ersten. Alles dieses gilt asymptotisch für grosse Werte von n, wenn wir einen beliebig kleinen, die positive x-Axe enthaltenden Winkelraum $\frac{\pi}{2} - \varepsilon \leqq \varphi \leqq \frac{\pi}{2} + \varepsilon$ ausschliessen.

In diesem Winkelraum vollzieht sich der Uebergang von der geraden zur Kreis-Welle, und es ist daher von höchstem Interesse, asymptotische Formeln für dieses Uebergangsgebiet zu gewinnen. Wir gehen dabei von der asymptotischen Gleichung (11) aus, die im ganzen Bereich $0 \leqq \varphi \leqq \frac{\pi}{2}$ zutrifft, und erhalten, indem wir

$$A = \int_r^\infty \frac{B(r',\ \varphi)}{r'}\,dr'$$

bilden, darin

$$\int_r^\rho \frac{\sin \xi\,(r' - \rho)}{r'}\,dr'$$

durch den asymptotischen Ausdruck $\frac{\cos\xi(r-\rho)}{\xi r} - \frac{1}{\xi\rho}$ ersetzen — wir dürfen ja jetzt etwa $\xi \geqq \frac{1}{\sqrt{2}}$ annehmen — und die Abkürzung

$$\iota = \sqrt{\frac{2}{\pi}}\,\frac{\upsilon}{\xi}\cdot\frac{\cos\left(r+\frac{\pi}{4}\right)}{r^{\frac{3}{2}}}$$

einführen, die Formel

$$A + \iota \sim \sqrt{\frac{2}{\pi}}\,\frac{\upsilon}{r\xi}\int_r^\infty \frac{\cos\xi(r-\rho)\cos\left(\rho-\frac{\pi}{4}\right)}{\sqrt{\rho}}\,d\rho$$

$$= \frac{\upsilon}{r\xi\sqrt{2\pi}}\int_r^\infty \frac{\cos\left(\xi r+(1-\xi)\rho-\frac{\pi}{4}\right)+\cos\left(-\xi r+(1+\xi)\rho-\frac{\pi}{4}\right)}{\sqrt{\rho}}\,d\rho.$$

Nun ist

$$\cos\left(\xi r+(1-\xi)\rho-\frac{\pi}{4}\right)$$
$$= \cos\left(r-\frac{\pi}{4}\right).\cos[(1-\xi)(\rho-r)] - \sin\left(r-\frac{\pi}{4}\right).\sin[(1-\xi)(\rho-r)],$$
$$\cos\left(-\xi r+(1+\xi)\rho-\frac{\pi}{4}\right)$$
$$= \cos\left(r-\frac{\pi}{4}\right).\cos[(1+\xi)(\rho-r)] - \sin\left(r-\frac{\pi}{4}\right).\sin[(1+\xi)(\rho-r)],$$

ferner, indem wir $(1\pm\xi)(\rho-r)$ als neue Integrationsvariable t einführen,

$$\int_r^\infty \frac{\cos[(1\pm\xi)(\rho-r)]}{\sqrt{\rho}}\,d\rho = \frac{1}{\sqrt{1\pm\xi}}\int_0^\infty \frac{\cos t}{\sqrt{t+(1\pm\xi)r}}\,dt,$$
$$\int_r^\infty \frac{\sin[(1\pm\xi)(\rho-r)]}{\sqrt{\rho}}\,d\rho = \frac{1}{\sqrt{1\pm\xi}}\int_0^\infty \frac{\sin t}{\sqrt{t+(1\pm\xi)r}}\,dt.$$

Schreiben wir also

$$\mathrm{Cs}(p) = \sqrt{\frac{2}{\pi}}\int_0^\infty \frac{\cos t\,dt}{\sqrt{p+t}}, \qquad \mathrm{Ss}(p) = \sqrt{\frac{2}{\pi}}\int_0^\infty \frac{\sin t\,dt}{\sqrt{p+t}},$$

so folgt schliesslich

$$A + \iota \sim \frac{1}{2r\xi}\Big\{\sqrt{1+\xi}\left(\sin\left(r+\frac{\pi}{4}\right)\mathrm{Cs}[(1-\xi)r] + \cos\left(r+\frac{\pi}{4}\right)\mathrm{Ss}[(1-\xi)r]\right)$$
$$+\sqrt{1-\xi}\left(\sin\left(r+\frac{\pi}{4}\right)\mathrm{Cs}[(1+\xi)r] + \cos\left(r+\frac{\pi}{4}\right)\mathrm{Ss}[(1+\xi)r]\right)\Big\}.$$

Wenn wir übereinkommen, gewisse Glieder zu vernachlässigen, die, zusammengenommen, für $r \geqq 1$, $0 \leqq \varphi \leqq \frac{\pi}{2}$ kleiner sind als $\frac{H}{r^{\frac{3}{2}}}$ (unter H eine von r und φ

unabhängige Zahl verstanden), und zur Abkürzung den «*parabolischen Parameter*»

$$p = (1 - \xi) r = r - x$$

einführen, können wir einfacher schreiben

$$A \sim \frac{1}{r\sqrt{2}} \left[\sin\left(r + \frac{\pi}{4}\right) \mathrm{Cs}(p) + \cos\left(r + \frac{\pi}{4}\right) \mathrm{Ss}(p) \right].$$

Der Name «parabolischer Parameter» für p bezieht sich darauf, dass die Linien $p = \text{const.}$ konfokale Parabeln sind mit der positiven x Axe als gemeinsamer Axe und dem Nullpunkte als gemeinsamem Brennpunkt.

Die Funktionen $\mathrm{Cs}(p)$, $\mathrm{Ss}(p)$ nehmen, wenn p von 0 bis $+\infty$ wächst, *monoton* von 1 bis 0 ab. Sie genügen den Relationen

$$\mathrm{Cs} = -\frac{d\,\mathrm{Ss}}{dp}; \qquad \mathrm{Ss} = \sqrt{\frac{2}{\pi p}} + \frac{d\,\mathrm{Cs}}{dp}$$

und verhalten sich für grosse Werte von p gemäss den asymptotischen Formeln

$$\mathrm{Cs}(p) \sim \sqrt{\frac{2}{\pi}} \frac{1}{2p^{\frac{3}{2}}}, \qquad \mathrm{Ss}(p) \sim \sqrt{\frac{2}{\pi}} \frac{1}{p^{\frac{1}{2}}}$$

oder genauer, gemäss den asymptotischen Reihen:

$$\mathrm{Cs}(p) \sim \sqrt{\frac{2}{\pi p}} \left\{ \frac{1}{2} \frac{1}{p} - \frac{1}{2} \cdot \frac{3}{2} \cdot \frac{5}{2} \frac{1}{p^3} + \frac{1}{2} \cdot \frac{3}{2} \cdot \frac{5}{2} \cdot \frac{7}{2} \cdot \frac{9}{2} \frac{1}{p^5} - + \cdots \right\},$$

$$\mathrm{Ss}(p) \sim \sqrt{\frac{2}{\pi p}} \left\{ 1 - \frac{1}{2} \cdot \frac{3}{2} \frac{1}{p^2} + \frac{1}{2} \cdot \frac{3}{2} \cdot \frac{5}{2} \cdot \frac{7}{2} \frac{1}{p^4} - + \cdots \right\}.$$

Mit den FRESNEL'schen Integralen

$$C(p) = \sqrt{\frac{2}{\pi}} \int_p^\infty \frac{\cos t}{\sqrt{t}} dt, \qquad S(p) = \sqrt{\frac{2}{\pi}} \int_p^\infty \frac{\sin t}{\sqrt{t}} dt$$

hängen sie durch die Formeln zusammen:

$$\mathrm{Cs}(p) = \cos p \,.\, C(p) + \sin p \,.\, S(p),$$

$$\mathrm{Ss}(p) = \cos p \,.\, S(p) - \sin p \,.\, C(p).$$

Man kann daher aus den Tabellen für die FRESNEL'schen Integrale [8]) die Werte der Funktionen Cs, Ss entnehmen.

Indem wir die asymptotische Gleichung

$$\mathrm{Si}(x) \sim \frac{\cos x}{\pi x}$$

---

[8]) JAHNKE u. EMDE, *Funktionentafeln mit Formeln und Kurven* (Leipzig, Teubner, 1909), S. 23-26.

heranziehen, erhalten wir für $x > 0$:

$$2\pi \,\mathrm{Te} \sim \begin{cases} \dfrac{[2 - S(p)]\cos\left(x + \frac{\pi}{4}\right) + [2 - C(p)]\sin\left(x + \frac{\pi}{4}\right)}{x\sqrt{2}} & (y \geqq 0) \\[2ex] \dfrac{\mathrm{Ss}(p)\cos\left(r + \frac{\pi}{4}\right) + \mathrm{Cs}(p)\sin\left(r + \frac{\pi}{4}\right)}{r\sqrt{2}} & (y \leqq 0). \end{cases}$$

Schreiben wir

$$A_+(p) = \sqrt{\frac{(2 - S(p))^2 + (2 - C(p))^2}{2}}, \qquad A_-(p) = \sqrt{\frac{\mathrm{Ss}^2(p) + \mathrm{Cs}^2(p)}{2}}$$

$$\mathrm{tg}\left(\Phi_+(p) + \frac{\pi}{4}\right) = \frac{2 - C(p)}{2 + S(p)}, \qquad \mathrm{tg}\left(\Phi_-(p) + \frac{\pi}{4}\right) = \frac{\mathrm{Cs}(p)}{\mathrm{Ss}(p)}$$

$$\left[p \geqq 0, \qquad -\frac{\pi}{2} < \Phi_\pm(p) + \frac{\pi}{4} < \frac{\pi}{2}\right]$$

und betrachten die Funktion Te lediglich im Bereich der n^{ten} Welle, so ergibt sich, indem wir x, bezw. r durch $n\pi$ ersetzen,

$$2n\pi^2\,\mathrm{Te} \sim \begin{cases} A_+(p).\cos(x - \Phi_+(p)) & [y \geqq 0] \\ A_-(p).\cos(r - \Phi_-(p)) & [y \leqq 0]. \end{cases}$$

$\Phi_+(p)$, $\Phi_-(p)$ geben an, in welcher Weise die Te-Welle in ihrer Lage abweicht von einer Welle **U**, die im Gebiet $y \geqq 0$ gerade, im Gebiet $y \leqq 0$ kreisförmig verläuft:

U:	für $y \geqq 0$ und $n\pi - \frac{\pi}{2} \leqq x \leqq n\pi + \frac{\pi}{2}$	für $y \leqq 0$ und $n\pi - \frac{\pi}{2} \leqq r \leqq n\pi + \frac{\pi}{2}$
	$\cos x$	$\cos r$

Die « Lage » der Welle wird dabei durch ihre beiden seitlichen Begrenzungslinien, längs deren $\mathrm{Te} = 0$ ist, oder auch durch die Projektion der Kammlinie auf die xy-Ebene gegeben. Die besagte Abweichung ist also für verschiedene Wellen immer *dieselbe* Funktion des parabolischen Parameters. Was das anschaulich bedeutet, macht man sich am besten klar, indem man darauf achtet, wie sich die Schar der konfokalen Parabeln $p = \text{const.}$ nach $x = +\infty$ zu zerstreut. Die Funktionen Φ_+, Φ_- sind in Figur 3 in 10-facher Ueberhöhung gezeichnet, wobei sie übrigens nach den Gleichungen

$$\Phi(p) = \Phi_+(p), \qquad \Phi(-p) = \Phi_-(p) \qquad (p \geqq 0)$$

zu einer einzigen Funktion Φ zusammengefasst sind. $A_+(p)$, $A_-(p)$ geben, wenn man noch den der einzelnen Welle eigentümlichen Proportionalitätsfaktor $\frac{1}{2n\pi^2}$ hinzufügt, den Verlauf der *Amplitude* in der Längserstreckung der Welle an. Auch dieser Verlauf stellt sich (abgesehen von jenem Proportionalitätsfaktor) für jede Welle als *dieselbe* Funktion des Parameters p dar. A_+, A_- sind in Fig. 3, gleichfalls in 10-facher Ueberhöhung und zu einer einzigen Funktion A zusammengefasst, gezeichnet worden. Mittels der Kurven Φ und A kann man sich sehr leicht ein anschauliches Bild von den einzelnen Te-Wellen machen. Das Wesentlichste ist, *dass, wenn wir den Rücken der Welle, von der negativen y-Axe beginnend, durchlaufen, wir zunächst eine Kreisbahn beschreiben, die sich dann in der Nähe der x-Axe um* $\frac{\pi}{4}$ *ausweitet, um darauf im Gebiet* $y > 0$ *erst nach wiederholten Oszillationen in eine zur y-Axe parallele gerade Linie überzugehen, deren Abstand von der y-Axe um* $\frac{\pi}{4}$ *grösser ist als der Radius des am Anfang der Durchlaufung beschriebenen Kreises.*

Die gegebene Beschreibung trifft auf die Te-Wellen mit einer hohen Ordnungszahl zu; aber auch noch für die 3., ja selbst für die 2. Welle erhalten wir auf diesem Wege ein qualitativ durchaus richtiges Bild der Erscheinung. Die 1. Welle ist die einzige, welche eine augenfällige Abweichung zeigt. Während nämlich die übrigen Begrenzungslinien Te $= 0$ der einzelnen Wellen senkrecht in die negative y-Axe einmünden, *läuft die der y-Axe nächste dieser Linien* Te $= 0$ *(die innere Begrenzung der 1. Welle) von unten* ($y < 0$) *herauf mit der Tangente* $x = 0$ *in den Nullpunkt hinein.* Diesem Verlauf werden sich die übrigen Niveaulinien der 1. Welle in der aus Figur 4 ersichtlichen Weise anpassen [9]. Der Zwischenraum endlich zwischen der positiven y-Axe und dieser inneren Begrenzungslinie der 1. Welle wird in grösserer Entfernung vom Nullpunkte ausgefüllt durch einen steilen, ziemlich gleichmässigen Abfall der Funktion Te von $\frac{1}{2}$ nach 0; hier liegen also die Niveaulinien nahezu parallel zur y-Axe, laufen dann aber, wenn man sie nach unten zu weiter verfolgt, schliesslich unter verschiedenen Winkeln in den O-Punkt hinein, sodass um O die schon früher erwähnte Schraube zustande kommt.

Um Te in der Umgebung des Nullpunktes zu beherrschen, werden wir uns natürlich nicht der asymptotischen Darstellungen, sondern einer Potenzentwicklung bedienen müssen, und es bleibt noch übrig, diese hier abzuleiten. Nach Formel (10) haben wir dazu die Funktion

$$\mathrm{B}^*(r) = \int_0^r \sin \xi (r - \rho) J(\rho) d\rho$$

zu behandeln, in der wir ξ als Parameter betrachten. Sie ist diejenige Lösung der Differentialgleichung

$$\frac{d^2 \mathrm{B}^*}{dr^2} + \xi^2 \mathrm{B}^* = \xi J(r),$$

---

[9]) Die Reinzeichnungen dieser und der übrigen Figuren hat auf Grund meiner Rechnungen und Skizzen Herr cand. math. W. LEHSTEN ausgeführt. Ich möchte ihm hier meinen herzlichsten Dank für seine mühsame und sorgfältige Arbeit aussprechen. — Uebrigens sollen die Figuren 4 und 5 nur der Beschreibung des Phänomens eine einigermassen zutreffende Unterlage geben; sie genügen in quantitativer Hinsicht keinen hohen Ansprüchen.

Tafel II.

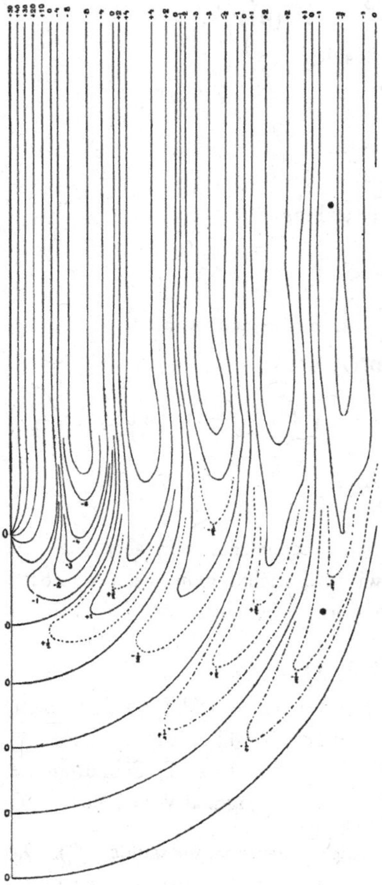

(Fig. 4).

Niveaulinien von Te.

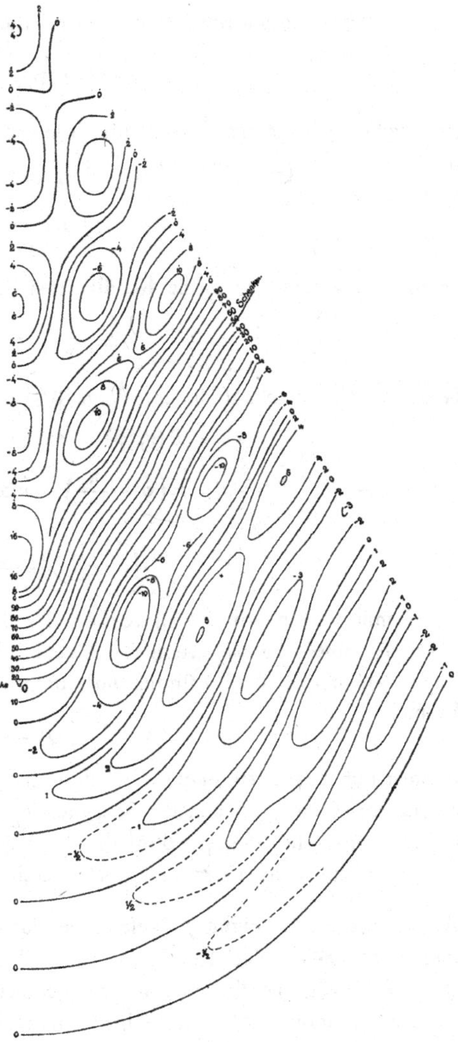

(Fig. 5).

Niveaulinien von $\mathrm{Ang}\left(\frac{\pi}{3}\right)$.

welche für $r = 0$ den Bedingungen $B^* = 0$, $\frac{dB^*}{dr} = 0$ genügt. Infolgedessen muss B^* die Form haben

$$B^*(r) = \sum_{n=0}^{\infty} \beta_n r^{2n} \qquad (\beta_0 = 0).$$

Aus der Potenzentwicklung von $J(r)$ erhalten wir die Rekursionsformel

$$(2n+2)(2n+1)\beta_{n+1} + \xi^2 \beta_n = \frac{(-1)^n \xi}{2^{2n}(n!)^2}.$$

Sie ergibt nach einigen Zwischenrechnungen das Resultat

$$(-1)^n (2n)!\,\beta_n = \xi\{c_{n-1} + c_{n-2}\xi^2 + \cdots + c_0 \xi^{2n-2}\},$$

wobei

$$c_i = \frac{1.3.5 \ldots (2i-1)}{2.4.6 \ldots 2i}$$

gesetzt ist, sodass also c_i die Koeffizienten der Entwicklung

$$\frac{1}{\sqrt{1-\chi^2}} = c_0 + c_1\chi^2 + c_2\chi^4 + \cdots$$

bedeuten. Nachdem auf diesem Wege B^* bestimmt ist, finden wir A aus:

$$B(r, \varphi) = \sin \xi r - \upsilon B^*(r, \varphi);$$

$$A = \varphi - \int_0^r \frac{B(\rho, \varphi)}{\rho} d\rho = \left(\varphi - \frac{\pi}{2}\right) + \pi \operatorname{Si}(x) + \cos\varphi \int_0^r \frac{B^*(\rho)}{\rho} d\rho, \quad \left(0 \leqq \varphi \leqq \frac{\pi}{2}\right)$$

$$\int_0^r \frac{B^*(\rho)}{\rho} d\rho = \sum_{n=0}^{\infty} \frac{\beta_n}{2n} r^{2n}.$$

Damit wollen wir die Diskussion der Te-Wellen beschliessen. Um aber jetzt das Eckenphänomen, beispielsweise für $\alpha = 60^\circ$, zu gewinnen, zeichne man in der xy-Ebene einen Winkel von der Oeffnung 60°, umgebe ferner jeden Schenkel mit der nach der Formel

$$\text{(8)} \qquad \operatorname{Te}(-x, y) = -\operatorname{Te}(x, y)$$

symmetrisch ergänzten Figur 4 *so*, dass die positive y-Axe das eine Mal mit dem einen, das andere Mal mit dem anderen Schenkel des Winkels zusammenfällt. Ist dies geschehen, so erhält man die Superposition $\operatorname{Te}(x_1 y_1) + \operatorname{Te}(x_2 y_2)$, indem man die Schnittpunkte der Niveaulinien des einen und des anderen Te-Wellenzuges diagonal verbindet. In solcher Weise ist die Figur 5, welche die Funktion $\operatorname{Ang}^{\left(\frac{\pi}{3}\right)}$ darstellt, entstanden [10]). Die Eigentümlichkeiten der Te-Wellen gelangen auch in der durch Ueberlagerung zweier solcher Wellenzüge erhaltenen Figur zu deutlichem Ausdruck; daneben entstehen durch die Superposition manche neue Erscheinungen, auf deren Beschreibung ich hier nicht

---

[10]) Es ist wiederum nur die eine Hälfte gezeichnet, da die andere vollständig symmetrisch ist. Ausserdem sind wie in Fig. 4 die den Niveaulinien beigeschriebenen Zahlen mit 100 multipliziert. Eine mit einem · versehene Zahl $\dot{a}$ bedeutet $100 + a$; z. B. $\dot{8} = 108$, $-\dot{8} = 92$.

mehr eingehen möchte; es sei dem Leser überlassen, sich darüber an Hand der beigegebenen Figur zu orientieren.

Für stumpfe Winkel α zeigt die Funktion $\mathrm{Ang}^{(\alpha)}$ ein etwas anderes Gepräge. Der Uebergangsfall $\alpha = \frac{\pi}{2}$ verdient natürlich besondere Beachtung. Alle diese Figuren lassen sich aber leicht mit Hülfe unserer Abbildung der Te-Funktion auf graphischem Wege gewinnen. Man wird ferner auch solche Fälle behandeln können, in denen man es mit der Entwicklung einer Funktion f nach Kugelfunktionen zu tun hat, die längs mehrerer in einem und demselben Punkt O zusammenlaufender Kurvenäste einen Sprung erleidet. Die ihnen entsprechenden charakteristischen Absturzfunktionen für die Umgebung der « mehrzipfligen » Singularität O entstehen gleichfalls durch Ueberlagerung mehrerer Te-Wellenzüge, und ihre zeichnerische Darstellung macht daher keine Schwierigkeit [11]).

§ 4.

Höhere Summationsmethoden.

Ist

$$a_0 + a_1 + a_2 + a_3 + \cdots = A \tag{12}$$

irgend eine konvergente Reihe, $\gamma(s)$ eine für $s \geqq 0$ definierte Funktion, welche, während s von 0 bis $+\infty$ wächst, monoton von 1 bis 0 abnimmt und an der Stelle $s = 0$ stetig ist, so konvergiert auch

$$a_0\gamma(0s) + a_1\gamma(1s) + a_2\gamma(2s) + a_3\gamma(3s) + \cdots = A_\gamma(s) \tag{13}$$

für $s > 0$, und es ist

$$\lim_{s=+0} A_\gamma(s) = A. \tag{14}$$

Der Beweis der angeführten Tatsache geschieht mit Hülfe der *Methode der partiellen Summation* (ABEL'*sche Transformation*). In manchen Fällen jedoch, wenn die Reihe (12) nicht konvergiert, konvergiert gleichwohl (13) und existiert der Limes (14). Alsdann bezeichnen wir die ursprüngliche Reihe (12) als *« durch die Funktion γ summabel mit der Summe A »*. Durch diesen allgemeinen Ansatz umfassen wir eine Reihe wichtiger spezieller Summationsmethoden.

Zunächst kommen wir auf die natürliche Summation zurück, indem wir

$$\gamma(s) = 1 \quad \text{für} \quad 0 \leqq s < 1, \qquad = 0 \quad \text{für} \quad s \geqq 1$$

setzen. In der Tat ist dann

$$u_n = a_0 + a_1 + a_2 + \cdots + a_{n-1} = A_\gamma\left(\frac{1}{n}\right).$$

---

[11]) Es ist vielleicht für Rechner eine ganz lohnende Aufgabe, für solche Zwecke die Te-Funktion genauer zu tabellieren.

Wir erhalten die HÖLDER-CESÀRO'schen Mittel 1. Ordnung

$$u'_n = \frac{u_1 + u_2 + \cdots + u_n}{n},$$

wenn wir

$$\gamma(s) = 1 - s \quad \text{für} \quad 0 \leqq s < 1, \qquad = 0 \quad \text{für} \quad s \geqq 1$$

nehmen; denn dann wird

$$u'_n = A_\gamma\left(\frac{1}{n}\right).$$

Wir erhalten die HÖLDER-CESÀRO'*schen Mittel* h^{ter} Ordnung, wenn wir

$$\gamma(s) = (1 - s)^h \quad \text{für} \quad 0 \leqq s < 1, \qquad = 0 \quad \text{für} \quad s \geqq 1$$

wählen; und hierbei hindert uns nichts, unter h irgend einen reellen positiven Exponenten zu verstehen, sodass wir auf diesem Wege auch zu einer sehr naturgemässen Einführung der *arithmetischen Mittel von gebrochener Ordnung* gelangen.

Wir wollen derartige Summationsmethoden vor allem auf die FOURIER'sche und die LAPLACE'sche Reihe anwenden, und gerade für diese Reihen ist von POISSON [12]) eine Summation vorgeschlagen worden, welche darin besteht, statt (12) zunächst die Potenzreihe

$$\mathfrak{P}(r) = a_0 + a_1 r + a_2 r^2 + \cdots \qquad (r < 1)$$

zu betrachten und darauf $\lim\limits_{r=1-0} \mathfrak{P}(r)$ als Definition der Summe zu nehmen. Bei dieser Auffassung erscheint insbesondere die FOURIERreihe als Randwert einer harmonischen Funktion (wenn wir r als Radiusvector und das Argument x der FOURIERreihe als Azimut in einem ebenen Polarkoordinatensystem betrachten). Wir ordnen die POISSON'sche Summationsmethode unserem allgemeinen Ansatz unter, indem wir $r = e^{-s}$ setzen; *wir erkennen dann nämlich, dass sie nichts anderes ist als die Summation mittels der Funktion* $\gamma(s) = e^{-s}$.

In der *Wärmeleitungstheorie* bildet man zu einer FOURIERreihe $\sum a_n \cos nx$ unter Verwendung einer neuen positiven Variablen t den Ausdruck

$$\sum a_n \cos nx\, e^{-n^2 t}.$$

Er gibt den in einem Kreisringe nach Ablauf der Zeit t eintretenden Temperaturzustand an, wenn der Anfangszustand für $t = 0$ durch $\sum a_n \cos nx$ gegeben war. *Wir brauchen nur* $t = s^2$ *zu setzen, um zu sehen, dass es sich hier um den besonderen Ansatz* $\gamma(s) = e^{-s^2}$ *handelt.*

Doch genug mit diesen Beispielen! Wir wollen jetzt das *Analogon der* GIBBS'*schen Erscheinung* aufstellen für den Fall, dass man die FOURIERreihe mittels der monotonen

---

[12]) POISSON: *a*) *Mémoire sur la manière d'exprimer les fonctions en séries de quantités périodiques, et sur l'usage de cette transformation dans la résolution de différens problèmes* [Journal de l'École Royale Polytechnique, cah. XVIII (1820), S. 417-489], S. 422 ff.; *b*) *Addition au Mémoire sur la distribution de la chaleur dans les corps solides, et au Mémoire sur la manière d'exprimer les fonctions par des séries de quantités périodiques* [Ibid., cah. XIX (1823), S. 145-162], S. 149 ff.

Funktion $\gamma(s)$ summiert. Der Einfachheit halber soll dabei vorausgesetzt werden, dass $\gamma(s)$ stetig ist. Die in eine FOURIERreihe zu entwickelnde Funktion sei diejenige Funktion $\mathring{1}$ auf der Kreisperipherie, welche auf der einen Hälfte dieser Peripherie den Wert 1, auf der anderen den Wert 0 und an den beiden Trennungspunkten den Wert $\frac{1}{2}$ hat. Wir denken uns den Punkten der Peripherie in der üblichen Weise die Werte einer Variablen x zugeordnet so, dass x gleichförmig von $-\pi$ bis $+\pi$ wächst, wenn ein variabler Punkt, von einem der Trennungspunkte auslaufend, die Kreisperipherie mit gleichförmiger Geschwindigkeit umkreist:

$$\mathring{1} = \mathring{1}(x) = \begin{cases} 1 & \text{für} \quad -\pi < x < 0, \\ 0 & \text{für} \quad 0 < x < \pi. \end{cases}$$

Wir entwickeln $\mathring{1}$ in eine FOURIERreihe

$$\mathring{1} = k_0 + k_1 + k_2 + \cdots,$$

wobei allgemein k_n eine *Kreisfunktion* n^{ter} *Ordnung*

$$k_n = \alpha_n \cos n x + \beta_n \sin n x \qquad (\alpha_n, \beta_n \text{ konstant})$$

bedeutet. Wir setzen

$$(15) \qquad \begin{cases} k_0 + k_1 + \cdots + k_n = \mathring{1}_n, \\ k_0 \gamma(0 s) + k_1 \gamma(1 s) + k_2 \gamma(2 s) + \cdots \text{ in inf. } = \mathring{1}_\gamma(s;\, x). \end{cases}$$

Es handelt sich darum, das Verhalten von $\mathring{1}_\gamma(s;\, x)[s > 0]$ in der Umgebung von $s = 0$, $x = 0$ kennen zu lernen. Durch partielle Summation folgt aus (15)

$$\mathring{1}_\gamma = \sum_{n=0}^{\infty} \mathring{1}_n \left[\gamma(n s) - \gamma((n+1) s)\right].$$

Drücken wir $\mathring{1}_n$ durch die Formel

$$\mathring{1}_n(x) = \operatorname{Si}(n x) + R_n(x)$$

aus $\left[R_n(x) \text{ konvergiert für } n = \infty \text{ gleichmässig in } x\left(-\frac{\pi}{2} \leqq x \leqq +\frac{\pi}{2}\right) \text{ gegen } 0\right]$ und führen

$$\sum_{n=0}^{\infty} \operatorname{Si}(n x)\left[\gamma(n s) - \gamma((n+1) s)\right] = F_\gamma(s;\, x)$$

ein, so wird

$$\mathring{1}_\gamma(s;\, x) = F_\gamma(s;\, x) + R(s;\, x)$$

wo R ein «unwesentliches» Restglied ist, d. h. ein solches, welches *gleichmässig* für $-\frac{\pi}{2} \leqq x \leqq \frac{\pi}{2}$ gegen 0 konvergiert, wenn s von positiven Werten her gegen 0 geht. Für F_γ finden wir

$$F_\gamma(s;\, x) + \int_{\tau=0}^{\tau=\infty} \operatorname{Si}\left(\frac{x}{s}\tau\right) d\gamma(\tau)$$
$$= \sum_{n=0}^{\infty} \left[\operatorname{Si}(n x) - \operatorname{Si}(\xi_n)\right]\left[\gamma(n s) - \gamma((n+1) s)\right],$$

wo $\mathfrak{x}_n$ für jedes n einen gewissen im Intervall $nx \ldots (n+1)x$ gelegenen Wert bedeutet. Es ist daher

$$|\operatorname{Si}(nx) - \operatorname{Si}(\mathfrak{x}_n)| \leqq \int_{n|x|}^{(n+1)|x|} \frac{|\sin\tau|}{\pi\tau}\, d\tau \leqq \frac{1}{n|x|\pi} \int_{n|x|}^{(n+1)|x|} d\tau = \frac{1}{n\pi},$$

mithin unter Vernachlässigung eines unwesentlichen Terms

$$F_\gamma \backsimeq -\int_0^\infty \operatorname{Si}\left(\frac{x}{s}\tau\right) d\gamma(\tau).$$

Setzen wir also

$$-\int_0^\infty \operatorname{Si}(r\tau)\, d\gamma(\tau) = \operatorname{Si}_\gamma(r) \tag{16}$$

so gilt

$$\mathring{1}_\gamma \backsimeq \operatorname{Si}_\gamma\left(\frac{x}{s}\right).$$

Aus (16) erhalten wir für Si_γ die einfachere Formel

$$\operatorname{Si}_\gamma(r) = \frac{1}{2} - \int_0^\infty \gamma(\tau) \frac{\sin r\tau}{\pi\tau}\, d\tau = \int_0^\infty (1 - \gamma(\tau)) \frac{\sin r\tau}{\pi\tau}\, d\tau \qquad (r > 0).$$

Meist ist es bequemer, zuerst die Ableitung

$$-\pi \cdot \frac{d\operatorname{Si}_\gamma}{dr} = \int_0^\infty \gamma(\tau) \cos r\tau\, d\tau$$

zu berechnen und daraus die Funktion selbst:

$$\operatorname{Si}_\gamma(r) = \int_r^\infty \left(-\frac{d\operatorname{Si}_\gamma}{dr}\right) dr.$$

Mit der Behandlung der speziellen Funktion $\mathring{1}$ ist auch die GIBBS'sche Erscheinung für eine beliebige mit einem Sprung behaftete Funktion $f(x)$ von beschränkter Schwankung erledigt.

Wir besprechen kurz den Einfluss der erwähnten besonderen Summationsmethoden auf das GIBBS'sche Phänomen. Für

$$\gamma(s) = 1 - s \,(0 \leqq s \leqq 1), \qquad = 0 \,(s \geqq 1)$$

(1. HÖLDER*sche Mittel*) findet man

$$\operatorname{Si}'(r) = \operatorname{Si}_\gamma(r) = \frac{1}{\pi} \int_r^\infty \frac{1 - \cos\rho}{\rho^2}\, d\rho,$$

bekommt also hier eine monoton abnehmende Absturzfunktion Si_γ. [13]) Betrachten wir allgemeiner

$$\gamma(s) = (1 - s)^h \quad (0 \leqq s \leqq 1), \qquad = 0 \,(s \geqq 1),$$

so hat Si_γ für $h \geqq 1$ monotonen Charakter, dagegen nicht für die Fälle $0 \leqq h < 1$. —

---

[13]) Vergl. *I* § 4.

Für $\gamma(s) = e^{-s}$ (POISSON'*sche Summation*) erhalten wir [14])

$$\frac{d\,\mathrm{Si}_\gamma}{dr} = -\frac{1}{\pi}\int_0^\infty e^{-\tau}\cos r\tau\,d\tau = -\frac{1}{\pi(1+r^2)},$$

$$\mathrm{Si}_\gamma(r) = \frac{1}{\pi}\int_r^\infty \frac{d\rho}{1+\rho^2} = \frac{1}{\pi}.\operatorname{arc\,cotg} r.$$

Dieses Resultat lässt sich auf sehr einfache Weise dadurch bestätigen, dass $\operatorname{arc\,tg}\frac{\mathfrak{x}-1}{\mathfrak{y}}$ eine harmonische Funktion von $\mathfrak{x}$, $\mathfrak{y}$ ist, deren Randwerte auf dem Kreise $\mathfrak{x}^2+\mathfrak{y}^2=1$ an der Stelle $\mathfrak{x}=1$, $\mathfrak{y}=0$ den Sprung π erleiden.

Ziehen wir endlich den « *Wärmeleitungs* »-Fall $\gamma(s) = e^{-s^2}$ $(s=\sqrt{t})$ in Betracht, so kommt

$$\frac{d\,\mathrm{Si}_\gamma}{dr} = -\frac{1}{\pi}\int_0^\infty e^{-\tau^2}\cos r\tau\,d\tau \doteq -\frac{1}{2\sqrt{\pi}}e^{-\frac{r^2}{4}},$$

$$\mathrm{Si}_\gamma(r) = \frac{1}{2\sqrt{\pi}}\int_r^\infty e^{-\frac{\rho^2}{4}}d\rho = \frac{1}{\sqrt{\pi}}.\mathrm{Erf}\left(\frac{r}{2}\right).$$

Dieses Resultat ist gleichfalls bekannt; denn wie man sich leicht überzeugt, ist $\mathrm{Erf}\left(\frac{x}{2\sqrt{t}}\right)$ selbst eine Lösung der Wärmeleitungsgleichung, freilich eine Lösung, die inbezug auf x nicht die Periode 2π besitzt. Eine solche aber erhalten wir, wenn wir die gut konvergierende Summe bilden:

$$\frac{1}{\sqrt{\pi}}\sum_{h=-\infty}^{+\infty}\left[\mathrm{Erf}\left(\frac{x-2h\pi}{2\sqrt{t}}\right) - \mathrm{Erf}\left(\frac{x-(2h-1)\pi}{2\sqrt{t}}\right)\right].$$

Die durch sie gelieferte Funktion ergibt im Limes für $t=+0$ den Wert

1 in allen Intervallen $(2h-1)\pi < x < 2h\pi$,
0 in allen Intervallen $2h\pi < x < (2h+1)\pi$.

Damit sind wir also im Besitz einer exakten Auswertung der Funktion $\overset{\circ}{1}_\gamma(\sqrt{t};\,x)$ für den Fall $\gamma(\sqrt{t}) = e^{-t}$. *In diesem Beispiel gibt die* GIBBS'*sche Erscheinung an, nach welchem Gesetz die Wärme zweier sich berührender Körper aus gleichem Material, die zuvor auf verschiedene Temperatur gebracht sind, im ersten Moment nach der Berührung zum Ausgleich kommt* (unter der Annahme, dass die Temperatur U samt ihrer Ableitung $\frac{dU}{dx}$ für $t>0$ stetig über die Grenze der beiden Körper hinübergeht).

Betrachten wir endlich noch die Abänderungen, welche das *Eckenphänomen* oder, was auf dasselbe hinauskommt, die Funktion $A(r,\varphi)$ durch die höheren Summationen erleidet. Man berechnet leicht, dass hier in analoger Weise, wie bei der gewöhnlichen GIBBS'schen Erscheinung Si_γ an Stelle von Si tritt,

$$A = 2\xi\sqrt{1-\xi^2}\int_1^\infty \frac{\mathrm{Si}(ry)}{(y^2-\xi^2)\sqrt{y^2-1}}dy \quad \left(r>0,\ 0\leqq\varphi\leqq\frac{\pi}{2}\right).$$

---

[14]) Vergl. POISSON, loc. cit. [12]), *a*, S. 423.

durch

$$A_\gamma = 2\xi\sqrt{1-\xi^2}\int_1^\infty \frac{Si_\gamma(ry)}{(y^2-\xi^2)\sqrt{y^2-1}}dy$$

ersetzt werden muss. Betrachten wir speziell die HÖLDER'*schen Mittel* 1. *Ordnung,* so bedeutet $Si_\gamma(x)$ die Funktion

$$Si' = \frac{1}{\pi}\int_x^\infty \frac{1-\cos t}{t^2}dt.$$

Für diese Summation wird also

$$A_\gamma \equiv A' = 2\xi\sqrt{1-\xi^2}\int_1^\infty \frac{Si'(ry)}{(y^2-\xi^2)\sqrt{y^2-1}}dy.$$

Indem wir nach r differentiieren, folgt für

$$B' = -r\frac{\partial A'}{\partial r}$$

die Formel

$$B' = \frac{2\xi\sqrt{1-\xi^2}}{\pi r}\int_1^\infty \frac{1-\cos ry}{y(y^2-\xi^2)\sqrt{y^2-1}}dy \geqq 0.$$

Auf jedem Strahl $\varphi = \text{const.} = \varphi_0 \left(0 \leqq \varphi_0 \leqq \frac{\pi}{2}\right)$ *nimmt also* A' *mit wachsendem* r *monoton* (von φ_0 bis 0) *ab.*

Untersuchen wir ferner das Verhalten von A' auf einem Viertelkreise $r = \text{const.}$, indem wir nach ξ differentiieren; es kommt

$$(17) \qquad \frac{\partial A'}{\partial \xi} = 2\int_1^\infty \frac{\partial}{\partial \xi}\left(\frac{\xi\sqrt{1-\xi^2}}{y^2-\xi^2}\right)\frac{Si'(ry)}{\sqrt{y^2-1}}dy.$$

Nun finden wir

$$\frac{\partial}{\partial \xi}\left(\frac{\xi\sqrt{1-\xi^2}}{y^2-\xi^2}\right) = \frac{y^2+\xi^2-2y^2\xi^2}{\sqrt{1-\xi^2}(y^2-\xi^2)^2}.$$

Solange also $0 \leqq \xi \leqq \frac{1}{\sqrt{2}}$ ist, fällt der Integrand in (17) im ganzen Integrationsintervall $1 \leqq y < \infty$ positiv aus, und hier ist also

$$(18) \qquad \frac{\partial A'}{\partial \xi} > 0.$$

Ist hingegen $\frac{1}{\sqrt{2}} < \xi < 1$, so geht, wenn y von 1 bis $+\infty$ wächst, der Integrand an der Stelle $y_1 = \frac{\xi^2}{2\xi^2-1}$ vom positiven zum negativen Vorzeichen über. Wir setzen daher

$$\frac{1}{2}\frac{\partial A'}{\partial \xi} = \int_1^\infty = \int_1^{y_1} + \int_{y_1}^\infty.$$

Dann wird, da Si' eine monoton abnehmende Funktion ist,

$$\int_1^{y_1} > Si'\left(\frac{r\xi^2}{2\xi^2-1}\right)\cdot\int_1^{y_1}\frac{\partial}{\partial \xi}\left(\frac{\xi\sqrt{1-\xi^2}}{y^2-\xi^2}\right)\frac{dy}{\sqrt{y^2-1}}.$$

Im zweiten Bestandteil $\int_{y_1}^{\infty}$ ist der Integrand durchweg negativ und wegen der Monotonität von Si' daher

$$0 < -\int_{y_1}^{\infty} < -\operatorname{Si}'\left(\frac{r\xi^2}{2\xi^2-1}\right)\cdot\int_{y_1}^{\infty}\frac{\partial}{\partial\xi}\left(\frac{\xi\sqrt{1-\xi^2}}{y^2-\xi^2}\right)\frac{dy}{\sqrt{y^2-1}}.$$

Indem wir diese beiden Ungleichungen voneinander subtrahieren, bekommen wir

$$\frac{1}{2}\frac{\partial A'}{\partial\xi} \geqq \operatorname{Si}'\left(\frac{r\xi^2}{2\xi^2-1}\right)\cdot\int_{1}^{\infty}\frac{\partial}{\partial\xi}\left(\frac{\xi\sqrt{1-\xi^2}}{y^2-\xi^2}\right)\frac{dy}{\sqrt{y^2-1}},$$

und da nach Früherem

$$\xi\sqrt{1-\xi^2}\int_{1}^{\infty}\frac{dy}{(y^2-\xi^2)\sqrt{y^2-1}} = \int_{1}^{\infty}\frac{d\Theta_\varphi(y)}{dy}\,dy = \varphi = \operatorname{arc\,sin}\xi$$

ist, also

$$\int_{1}^{\infty}\frac{\partial}{\partial\xi}\left(\frac{\xi\sqrt{1-\xi^2}}{y^2-\xi^2}\right)\frac{dy}{\sqrt{y^2-1}} = \frac{1}{\sqrt{1-\xi^2}} > 0,$$

so schliessen wir endlich, dass auch für $\frac{1}{\sqrt{2}} < \xi \leqq 1$ die Ungleichung (18) statthat.

Nimmt demnach auf einem Kreise $r =$ const. *der Winkel* φ *von* $\frac{\pi}{2}$ *bis zu* 0 *ab, so fällt dabei auch* A' *monoton von* $\pi\operatorname{Si}'(r)$ *nach* 0. Die der Funktion Te entsprechende Funktion Te' ist infolgedessen für $x > 0$ durchweg positiv und $< \frac{1}{2}$, in der Halbebene $x < 0$ durchweg negativ und $> -\frac{1}{2}$; von den Wellen, welche für Te charakteristisch waren, zeigt sie keine Spur. — Aus den asymptotischen Darstellungen der Funktion Te erhält man ohne Mühe ähnliche Darstellungen für Te'.

§ 5.

Temperaturausgleich und Gibbs'sches Phänomen.

Das Problem, den Wärmeausgleich zu bestimmen, wie er in einem Kreisring eintritt, welcher aus zwei je auf eine bestimmte Anfangstemperatur gebrachten Halbstücken verschiedenen Materials zusammengesetzt wird, führt darauf, die in § 4 eingeführte Funktion $\mathring{1}$ in eine Reihe

$$(19) \qquad \mathring{1}(x) = \sum A\varphi(x), \qquad A = \frac{\int_{-\pi}^{+\pi}\mathring{1}(x)\varphi(x)\,dx}{\int_{-\pi}^{+\pi}\varphi^2(x)\,dx}$$

zu entwickeln, in welcher $\varphi(x)$ alle diejenigen Lösungen der den Parameter λ^2 linear enthaltenden Differentialgleichungsschar

$$\frac{d^2\varphi}{dx^2} + \lambda^2 k(x)\varphi = 0 \tag{20}$$

$$k(x) = \alpha^2 \quad \text{für} \quad -\pi < x < 0, \qquad k(x) = \beta^2 \quad \text{für} \quad 0 < x < \pi$$

durchläuft, für welche $\varphi(x)$ und $\frac{1}{k(x)}\frac{d\varphi}{dx}$ stetig über die Berührungsstellen $x \equiv 0$ und $x \equiv \pi \pmod{2\pi}$ hinübergehen [15]). Sobald die Richtigkeit der Gleichung (19) für alle x (von den Berührungsstellen abgesehen) nachgewiesen ist, ergibt sich die an der Reihe $\sum A\varphi(x)$ für Summation mittels $\gamma(s) = e^{-s^2}$ bei $x = 0$ auftretende GIBBS'sche Erscheinung aus der Lösung des eben erwähnten Wärmeausgleich-Problems, die sich unter Benutzung der Funktion Erf unmittelbar hinschreiben lässt [16]). Weit schwieriger ist hingegen die Berechnung der GIBBS'schen Erscheinung für die natürliche Summation, und zwar namentlich deshalb, weil die Eigenwerte λ von (20) keinem einfachen asymptotischen Gesetz genügen.

Die Masseinheiten mögen so gewählt sein, dass die positiven thermischen Konstanten α, β die Summe 1 besitzen. Die Funktionen $\varphi(x)$, nach denen die Reihe (19) fortschreitet, zerfallen in zwei Klassen: die der 1. Klasse sind durch die Gleichungen gegeben:

$$\varphi(x) = \begin{cases} \cos\frac{\beta\lambda\pi}{2}\cos\left[\alpha\lambda\left(\frac{\pi}{2}+x\right)\right] & (-\pi \leqq x \leqq 0) \\ \cos\frac{\alpha\lambda\pi}{2}\cos\left[\beta\lambda\left(\frac{\pi}{2}-x\right)\right] & (0 \leqq x \leqq \pi), \end{cases}$$

und es kann dabei für λ irgend eine nicht-negative Wurzel der transzendenten Gleichung

$$\beta \operatorname{tg}\frac{\alpha\lambda\pi}{2} + \alpha \operatorname{tg}\frac{\beta\lambda\pi}{2} = 0 \tag{21}$$

eintreten; die Funktionen der 2. Klasse, welche wir zum Unterschied mit $\psi(x)$ bezeichnen, lauten so:

$$\psi(x) = \begin{cases} \sin\frac{\beta\mu\pi}{2}\sin\left[\alpha\mu\left(\frac{\pi}{2}+x\right)\right] & (-\pi \leqq x \leqq 0) \\ \sin\frac{\alpha\mu\pi}{2}\sin\left[\beta\mu\left(\frac{\pi}{2}-x\right)\right] & (0 \leqq x \leqq \pi), \end{cases}$$

und μ kann hier jede Wurzel der Gleichung

$$\alpha \operatorname{tg}\frac{\alpha\mu\pi}{2} + \beta \operatorname{tg}\frac{\beta\mu\pi}{2} = 0$$

---

[15]) Diese spezielle Form der Uebergangsbedingungen hat die *Orthogonalität* der $\varphi(x)$ zur Folge. Doch würden sich auch andere Uebergangsbedingungen ganz analog behandeln lassen.

[16]) H. WEBER, *Ueber den Temperatur-Ausgleich zwischen zwei sich berührenden heterogenen Körpern* [Nachrichten von der Kgl. Gesellschaft der Wissenschaften und der Georg-Augusts-Universität zu Göttingen, Jahrgang 1893, S. 722-730].

bedeuten [17]). Um diese Funktionen $\psi(x)$ brauchen wir uns aber nicht zu kümmern, da

$$\int_{-\pi}^{+\pi} \overset{\circ}{1}(x)\psi(x)\,dx = \int_{-\pi}^{0} \psi(x)\,dx = 0$$

ist.

Wir diskutieren zunächst die transzendente Gleichung (21). Ist λ irgend eine Wurzel derselben, so setzen wir

$$\beta \operatorname{tg} \frac{\alpha\lambda\pi}{2} = -\alpha \frac{\operatorname{tg} \beta\lambda\pi}{2} = \upsilon.$$

Dann folgt

$$\begin{aligned} \frac{\alpha\lambda\pi}{2} &= g\pi + \operatorname{arc\,tg} \frac{\upsilon}{\beta}, \\ \frac{\beta\lambda\pi}{2} &= h\pi - \operatorname{arc\,tg} \frac{\upsilon}{\alpha}, \end{aligned} \qquad \left(\begin{array}{c} g \text{ und } h \text{ ganzzahlig;} \\ -\frac{\pi}{2} < \operatorname{arc\,tg} \leqq \frac{\pi}{2} \end{array} \right)$$

(22)
$$(\beta g - \alpha h)\pi = \alpha \operatorname{arc\,tg} \frac{\upsilon}{\alpha} + \beta \operatorname{arc\,tg} \frac{\upsilon}{\beta},$$

$$-\tfrac{1}{2} < \beta g - \alpha h \leqq \tfrac{1}{2},$$

und also, wenn wir $g + h = n$ einführen,

(23)
$$-\tfrac{1}{2} < g - \alpha n \leqq \tfrac{1}{2}.$$

Umgekehrt existiert zu jeder ganzen Zahl $n \geqq 0$ eine einzige ganze Zahl g gemäss Bedingung (23) und dann zu g und $h = n - g$ ein einziger Wert $\upsilon = \upsilon_n$ nach (22) und eine einzige Wurzel $\lambda = \lambda_n$:

$$\begin{aligned} \lambda_n &= 2n + \frac{2}{\pi}\left(\operatorname{arc\,tg} \frac{\upsilon_n}{\beta} - \operatorname{arc\,tg} \frac{\upsilon_n}{\alpha} \right) \\ &= 2n + \mathfrak{z}_n, \end{aligned}$$

wo jedenfalls

$$-1 < \mathfrak{z}_n < 1$$

ist. Die Frage nach der genaueren Verteilung der Werte $\mathfrak{z}_n$ auf der Strecke $-1 \cdots +1$ ist wesentlich zahlentheoretischer Natur. Ist α und daher auch β rational:

$$\alpha = \frac{a}{c}, \qquad \beta = \frac{b}{c}, \qquad c = a + b$$

(a, b ganz, positiv und relativ prim), so genügen die Zahlen $\mathfrak{z}_n$ den Periodizitätsgleichungen

$$\begin{aligned} \mathfrak{z}_n &= \mathfrak{z}_{n'}, &&\text{falls } n \equiv n' \pmod{c} \text{ ist,} \\ \mathfrak{z}_n + \mathfrak{z}_{n'} &= 0, &&\text{falls } n + n' \equiv 0 \pmod{c} \text{ ist.} \end{aligned}$$

---

[17]) Ist $\operatorname{tg} \frac{\alpha\mu\pi}{2} = 0$, $\operatorname{tg} \frac{\beta\mu\pi}{2} = 0$, so sind in der Formel für ψ die Faktoren $\sin \frac{\beta\mu\pi}{2}$, $\sin \frac{\alpha\mu\pi}{2}$ bezw. durch β und α zu ersetzen; Werte μ, für welche $\operatorname{tg} \frac{\alpha\mu\pi}{2} = \infty$, $\operatorname{tg} \frac{\beta\mu\pi}{2} = \infty$ ist, gelten gleichfalls als Lösungen der transzendenten Gleichung.

Wir halten nun zunächst an der Voraussetzung eines rationalen $\alpha = \frac{a}{c}$ fest und werden hernach zu einem beliebigen irrationalen α dadurch übergehen, dass wir α mittels rationaler Zahlen annähern. Wir müssen, mit Rücksicht auf diese Absicht, die ganzen Zahlen a und b als veränderlich betrachten, und das im folgenden benutzte LANDAU'sche Symbol [18]) O bezeichnet Abschätzungen, welche gleichmässig in x $(-\pi \leqq x \leqq 0)$, $n (n \geqq 1)$, a und b $\left(\text{solange } \frac{a}{b} \text{ zwischen festen positiven Grenzen bleibt}\right)$ gültig sind.

Bedeutet $A_n \varphi_n(x)$ das zu $\lambda = \lambda_n$ gehörige Glied der Reihe (19) und setzen wir

$$\overset{\circ}{\mathrm{I}}_n(x) = \sum_{\nu=0}^{n} A_\nu \varphi_\nu(x), \qquad R_n(x) = \sum_{\nu=n+1}^{\infty} A_\nu \varphi_\nu(x),$$

so findet man durch Rechnung, indem man in R_n immer diejenigen Glieder zusammenfasst, deren Index ν einer festen Zahl j (mod c) kongruent ist,

$$R_n(x) = C(x) \sum_{p=m}^{\infty} \frac{\sin(2apx)}{p} + D(x) \sum_{p=m}^{\infty} \frac{\cos(2apx)}{p} + O\left(\frac{c}{n}\right)$$
$$(-\pi \leqq x \leqq 0);$$

$c.m$ ist dabei die kleinste ganze durch c teilbare Zahl, welche $> n$ ist, und die Funktionen $C(x)$, $D(x)$ haben folgende Bedeutung:

$$C(x) = -\frac{2}{a\pi} \sum_{j=0}^{c-1} \frac{\cos^2 \frac{\beta \lambda_j \pi}{2} \sin \frac{\alpha \lambda_j \pi}{2}}{\cos^2 \frac{\beta \lambda_j \pi}{2} + \cos^2 \frac{\alpha \lambda_j \pi}{2}} \sin\left[\alpha \lambda_j \left(x + \frac{\pi}{2}\right)\right],$$

$$D(x) = \frac{2}{a\pi} \sum_{j=0}^{c-1} \frac{\cos^2 \frac{\beta \lambda_j \pi}{2} \cos \frac{\alpha \lambda_j \pi}{2}}{\cos^2 \frac{\beta \lambda_j \pi}{2} + \cos^2 \frac{\alpha \lambda_j \pi}{2}} \sin\left[\alpha \lambda_j \left(x + \frac{\pi}{2}\right)\right].$$

Aus der Beziehung

$$\lambda_{c-j} = 2c - \lambda_j$$

ergibt sich

$$D\left(\frac{-h\pi}{a}\right) = 0 \qquad (h = 0, 1, 2, \ldots, a).$$

Im Intervall i_h: $-\frac{\pi}{2a} \leqq x + \frac{h\pi}{a} \leqq \frac{\pi}{2a}$ gilt, wenn für einen Moment

$$2a\left(x + \frac{h\pi}{a}\right) = y$$

[18]) Vergl. E. LANDAU, *Handbuch der Lehre von der Verteilung der Primzahlen* (Leipzig, B. G Teubner, 1909), S. 59.

gesetzt wird, infolgedessen die Ungleichung

$$|D(x)| = \left|\int_{\frac{-h\pi}{a}}^{x} \frac{dD}{dx}\,dx\right| \leqq \frac{2}{a\pi}\left|x + \frac{h\pi}{a}\right| \sum_{j=0}^{c-1} \alpha\lambda_j$$

$$\leqq \frac{2}{a\pi}\cdot\frac{|y|}{2a}\cdot\alpha c^2 = \frac{c}{a\pi}\cdot|y|;$$

Ferner ist

$$\left|\sum_{p=m}^{\infty} \frac{\cos(py)}{p}\right| \leqq \frac{\pi}{m|y|} \qquad (-\pi \leqq y \leqq +\pi),$$

und also in i_h und hernach für alle x des Intervalls $-\pi \ldots 0$

$$\left|D(x).\sum_{p=m}^{\infty} \frac{\cos(2apx)}{p}\right| < \frac{c}{a.m} = \frac{1}{\alpha}.\frac{1}{m},$$

$$(24) \qquad R_n(x) = C(x).\sum_{p=m}^{\infty} \frac{\sin(2apx)}{p} + O\left(\frac{c}{n}\right).$$

Wir erkennen so, dass die Reihe $\sum A\varphi(x)$ in jedem Teilintervall von $-\pi \ldots 0$, das keinen der Punkte $\frac{-h\pi}{a}$ $(h = 0, 1, \ldots, a)$ enthält, gleichmässig konvergiert, und der Wert dieser Reihe überdies im ganzen Gebiet $-\pi \leqq x \leqq 0$ beschränkt ist. Entsprechendes trifft auch für $0 \leqq x \leqq \pi$ zu, und daraus schliessen wir in bekannter Weise, dass der Wert der Reihe kein anderer sein kann als $\mathring{1}(x)$:

$$\sum A\varphi(x) = 1 \qquad \left(-\pi < x < 0,\ x \neq \frac{-h\pi}{a}\right).$$

Infolgedessen muss die Funktion $R_n(x)$ bei Annäherung des Arguments x von der einen und der anderen Seite an eine Stelle $x = \frac{-h\pi}{a}$ $(h = 1, 2, \ldots, a-1)$ gegen dieselbe Grenze konvergieren, und dies ist mit (24) nur dann verträglich, wenn

$$C\left(\frac{-h\pi}{a}\right) = 0 \qquad (\text{für } h = 1, 2, \ldots, a-1).$$

Hingegen ist

$$-C(0) = C(\pi) = C_\alpha > 0.$$

Wir bekommen daher für $-\frac{\pi}{2a} \geqq x \geqq \frac{\pi}{2a} - \pi$

$$(25) \qquad R_n(x) = O\left(\frac{c}{n}\right),$$

dagegen für $0 \geqq x \geqq -\frac{\pi}{2a}$

$$R_n(x) = -C_\alpha.\sum_{p=m}^{\infty} \frac{\sin(2apx)}{p} + O\left(\frac{c}{n}\right).$$

Nun ist aber für $0 > 2ax \geqq -\pi$

$$\sum_{p=m}^{\infty} \frac{\sin(2apx)}{p} = -\pi\,\mathrm{Si}(-2max) + O\left(\frac{1}{m}\right) = -\pi\,\mathrm{Si}(-2\alpha nx) + O\left(\frac{c}{n}\right)$$

und ausserdem für $-\frac{\pi}{2a} \geqq x$:

$$\mathrm{Si}(-2\alpha n x) = O\left(\frac{c}{n}\right).$$

Mithin ergibt sich die für $0 \geqq x \geqq -\frac{\pi}{2}$ gleichmässige Abschätzung

$$\overset{\circ}{\mathrm{I}}_n(x) = 1 - \pi C_\alpha \mathrm{Si}(-2\alpha n x) + O\left(\frac{c}{n}\right). \tag{26}$$

Aehnlich folgt für $0 \leqq x \leqq \frac{\pi}{2}$

$$\overset{\circ}{\mathrm{I}}_n(x) = \pi C_\beta \mathrm{Si}(2\beta n x) + O\left(\frac{c}{n}\right). \tag{26'}$$

Der Berechnung der Konstanten C_α, C_β lege man die Formeln zu Grunde:

$$\pi C_\alpha = \frac{2}{\alpha c} \sum_{j=0}^{c-1} \frac{\cos^2 \frac{\alpha \lambda_j \pi}{2} \cos^2 \frac{\beta \lambda_j \pi}{2}}{\cos^2 \frac{\alpha \lambda_j \pi}{2} + \cos^2 \frac{\beta \lambda_j \pi}{2}} \cdot \mathrm{tg}^2 \frac{\alpha \lambda_j \pi}{2},$$

$$\pi C_\beta = \frac{2}{\beta c} \sum_{j=0}^{c-1} \frac{\cos^2 \frac{\alpha \lambda_j \pi}{2} \cos^2 \frac{\beta \lambda_j \pi}{2}}{\cos^2 \frac{\alpha \lambda_j \pi}{2} + \cos^2 \frac{\beta \lambda_j \pi}{2}} \cdot \mathrm{tg}^2 \frac{\beta \lambda_j \pi}{2}.$$

Die transzendente Gleichung (21), welcher λ_j genügt, liefert die einfache Beziehung

$$\frac{\pi C_\alpha}{\alpha} = \frac{\pi C_\beta}{\beta}.$$

Setzt man ferner in (26), (26′) $x = 0$ und geht zur Grenze $n = \infty$ über, so kommt

$$1 - \frac{C_\alpha \pi}{2} = \frac{C_\beta \pi}{2},$$

mithin

$$\pi C_\alpha = 2\alpha, \qquad \pi C_\beta = 2\beta.$$

Bis hierher hatten wir an der Voraussetzung eines rationalen α festgehalten. Ist α irrational, so bedienen wir uns des folgenden zahlentheoretischen Satzes:

Zu jeder reellen Zahl α lässt sich eine unendliche Reihe von Brüchen

$$\frac{a_n}{c_n} \left(n = 1, 2, 3, \ldots; \ a_n, c_n \text{ ganzzahlig}\right)$$

so finden, dass

$$\lim_{n=\infty} n\left(\alpha - \frac{a_n}{c_n}\right) = 0, \tag{27}$$

$$\lim_{n=\infty} \frac{c_n}{n} = 0 \tag{28}$$

ist.

Ersetzt man nun bei der Berechnung von $\overset{\circ}{\mathrm{I}}_n$ die irrationale Zahl α durch $\frac{a_n}{c_n}$

— der dadurch begangene Fehler konvergiert, wie aus (27) zu schliessen ist, für $n = \infty$ gleichmässig mit Bezug auf x gegen 0 — und wendet dann für diesen Näherungsbruch $\alpha_n = \frac{a_n}{c_n}$ die Formeln (26), (26′) an, so bekommen wir wegen (28) für das Restglied r_n in den Gleichungen

$$\overset{\circ}{\mathrm{I}}_n(x) = \begin{cases} 1 - 2\alpha \operatorname{Si}(-2\alpha n x) + r_n(x) & \left(-\frac{\pi}{2} \leqq x \leqq 0\right) \\ 2\beta \operatorname{Si}(2\beta n x) + r_n(x) & \left(0 \leqq x \leqq \frac{\pi}{2}\right) \end{cases}$$

einen Ausdruck, welcher zeigt, dass dasselbe mit wachsendem n gleichmässig in x gegen 0 konvergiert. Damit ist auch der Fall eines irrationalen α erledigt.

Der Beweis des eben benutzten zahlentheoretischen Hülfssatzes ist etwa so zu führen: Zu jedem Index n und jeder positiven Zahl ε bestimmen wir zwei ganze Zahlen $\mathfrak{a}(n\varepsilon)$, $\mathfrak{c}(n\varepsilon)$ gemäss den Bedingungen [19])

$$|\alpha . \mathfrak{c}(n\varepsilon) - \mathfrak{a}(n\varepsilon)| \leqq \frac{1}{n\varepsilon},$$

$$0 < \mathfrak{c}(n\varepsilon) \leqq n\varepsilon.$$

$\varepsilon_1, \varepsilon_2, \varepsilon_3, \ldots$ sei eine monoton abnehmende Folge positiver Zahlen, welche gegen 0 konvergiert. Da bei festem ε gewiss $\lim\limits_{n=\infty} \mathfrak{c}(n\varepsilon) = \infty$ ist, kann zu jedem ε_h ein Index n_h gefunden werden derart, dass für $n \geqq n_h$

$$\varepsilon_h^2 \mathfrak{c}(n\varepsilon_h) \geqq 1$$

wird. Wir können noch annehmen, dass $1 = n_1 < n_2 < n_3 < \cdots$ ist. Wir setzen dann

$$a_n = \mathfrak{a}(n\varepsilon_h), \quad c_n = \mathfrak{c}(n\varepsilon_h) \quad \text{für} \quad n_h \leqq n < n_{h+1}$$

und finden in Bestätigung des zu beweisenden Satzes

$$\left| n\left(\alpha - \frac{a_n}{c_n}\right)\right| \leqq \varepsilon_h \qquad \text{(für } n \geqq n_h\text{).}$$
$$0 < \frac{c_n}{n} \leqq \varepsilon_h$$

Göttingen, Pfingsten 1910.

---

19) H. Minkowski, Diophantische *Approximationen* (Leipzig, B. G. Teubner, 1907), S. 3 und S. 9.

12.

Zwei Bemerkungen über das Fouriersche Integraltheorem

Jahresbericht der Deutschen Mathematikervereinigung 20, 129—141 (1911)

Ist eine lineare Differentialgleichung 2. Ordnung

$$L(u) + \lambda k u \equiv \frac{d}{ds}\left(p\,\frac{du}{ds}\right) - (q - \lambda k)u = 0 \tag{1}$$

vorgelegt, die noch in linearer Weise von einem Parameter λ abhängt und deren Koeffizienten $p(s)$, $q(s)$, $k(s)$ stetige reelle Funktionen in dem reellen Intervall $a \leqq s \leqq b$ sind, dazu $p(s)$, $k(s)$ im ganzen Intervall einschließlich der Endpunkte positiv, so gibt es bekanntlich nur abzählbar viele, sich im Endlichen nirgends verdichtende reelle λ-Werte $\lambda_1, \lambda_2, \ldots$ (die *Eigenwerte*), für welche die Differentialgleichung (1) eine Lösung besitzt, die an den beiden Enden a, b je einer vorgeschriebenen homogenen Randbedingung genügt.[2]) Heißen diese Lösungen, die sog. *Eigenfunktionen*, wie sie zu den Werten $\lambda_1, \lambda_2, \ldots$ gehören, bzw. $\varphi_1(s), \varphi_2(s), \ldots$, so läßt sich eine Funktion $f(s)$ — gewisse Stetigkeitsbedingungen als erfüllt vorausgesetzt — in eine nach den Eigenfunktionen fortschreitende Reihe entwickeln:

$$f(s) = c_1\varphi_1(s) + c_2\varphi_2(s) + \cdots; \qquad c_h = \frac{\int_a^b f\varphi_h\,ds}{\int_a^b \varphi_h^2\,ds}.$$

In mehreren Arbeiten[3]) habe ich eine analoge Theorie der aus einer Schar linearer Differentialgleichungen von der Form (1) entspringenden Entwicklungen willkürlicher Funktionen hergeleitet für den

1) Der erste, über meine allgemeinen Untersuchungen zur Theorie der Reihenentwicklungen und Integraldarstellungen willkürlicher Funktionen referierende Teil dieses Aufsatzes ist im wesentlichen mit einem von mir auf der Mitgliederversammlung zu Königsberg i. Pr. gehaltenen Vortrag identisch.

2) Diese Randbedingungen werden die Form haben

$$\begin{aligned} &\left[\alpha\cdot u(s) + \beta\cdot p(s)\,\frac{du}{ds}\right]_{s=a} = 0 \qquad (\alpha^2 + \beta^2 \neq 0),\\ &\left[\gamma\cdot u(s) + \delta\cdot p(s)\,\frac{du}{ds}\right]_{s=b} = 0 \qquad (\gamma^2 + \delta^2 \neq 0). \end{aligned} \tag{2}$$

3) Es kommen hier namentlich meine Habilitationsschrift (Mathematische Annalen, Bd. 68, S. 220—269) und ein Aufsatz in den Göttinger Nachrichten (23. Juli 1910) in Betracht. Vgl. auch E. Hilb, Mathematische Annalen, Bd. 66, S. 1—66 (Habilitationsschrift).

Fall, daß die Bedingungen der Stetigkeit von p, q, k und der Positivität von p und k nur im *Innern* des betrachteten Intervalls erfüllt sind, während über das Verhalten dieser Funktionen bei Annäherung an die Enden des Intervalls keinerlei einschränkende Voraussetzungen gemacht werden sollten. Legen wir als Intervall $a \dots b$ sogleich das unendliche Intervall $-\infty \dots +\infty$, das hernach für uns allein in Betracht kommen wird, zugrunde, so sind alsdann mehrere Fälle zu unterscheiden: Ist für alle Lösungen u von (1) — welchen reellen oder komplexen Wert auch λ haben mag — das Integral

$$(3^0) \qquad \int_0^{+\infty} k\,|u|^2\,ds \text{ konvergent,}$$

so sage ich, die Schar (1) sei für $s = +\infty$ vom *Grenzkreis-Typus*; im andern Fall (die Schar ist dann für $s = +\infty$ vom „*Grenzpunkt*"-*Typus*) hat (1) für keinen einzigen Wert von λ zwei voneinander unabhängige Lösungen, welche die Integrabilitätsbedingung (3^0) erfüllen, wohl aber für jeden nichtreellen Wert von λ mindestens eine solche (nicht-verschwindende) Lösung. Die Bezeichnungen „Grenzkreis" und „Grenzpunkt" rühren von einer anschaulichen Konstruktion her, durch die man bei Aufstellung der sog. *Greenschen Funktion* auf die erwähnte Unterscheidung geführt wird. Wie das Ende $+\infty$, so kann auch $-\infty$ vom Grenzkreis- oder Grenzpunkt-Typus sein, so daß im ganzen vier verschiedene Fälle möglich sind. Ich werde hier den allgemeinen Entwicklungssatz nur für den (kompliziertesten) Fall formulieren, in welchem beide Enden $-\infty$, $+\infty$ dem Grenzpunkt-Typus zugehören und der dadurch charakterisiert ist, daß weder für das eine noch das andere Ende eine Randbedingung wie (2) zu fordern ist.

Es seien

$$\varphi_1(s;\lambda), \qquad \varphi_2(s;\lambda)$$

zwei für jeden λ-Wert voneinander unabhängige Lösungen der Gleichung (1), die in bezug auf λ stetig differenzierbar sind; am einfachsten bestimmen wir sie durch die Bedingungen

$$(\varphi_1)_{s=0} = 1, \qquad \left(p(s)\frac{d\varphi_1}{ds}\right)_{s=0} = 0;$$

$$(\varphi_2)_{s=0} = 0, \qquad \left(p(s)\frac{d\varphi_2}{ds}\right)_{s=0} = 1.$$

Ist $X(s;\lambda)$ eine in s stetige Funktion, welche für jeden (reellen) λ-Wert der Differentialgleichung (1) und der Integrabilitätsbedingung

$$(3) \qquad \int_{-\infty}^{+\infty} ku^2\,ds \text{ endlich}$$

genügt, so heißt $X(s; \lambda)$ für jeden einzelnen λ-Wert eine Eigenfunktion. Es ist dann notwendig

$$X(s; \lambda) = \varphi_1(s; \lambda) x_1(\lambda) + \varphi_2(s; \lambda) x_1(\lambda),$$

wo x_1, x_2 Funktionen von λ allein sind. Es gibt zwei besondere Funktionen wie X:

$$R_1(s; \lambda) = \varphi_1(s; \lambda) r_{11}(\lambda) + \varphi_2(s; \lambda) r_{12}(\lambda),$$
$$R_2(s; \lambda) = \varphi_1(s; \lambda) r_{21}(\lambda) + \varphi_2(s; \lambda) r_{22}(\lambda),$$

welche (nachdem φ_1, φ_2 fest gewählt sind) eindeutig durch die für jedes X geltenden Gleichungen

$$(4) \qquad \int_{-\infty}^{+\infty} k X R_1 \, ds = x_1, \qquad \int_{-\infty}^{+\infty} k X R_2 \, ds = x_2$$

charakterisiert sind. R_1, R_2 nenne ich *die an das Lösungssystem* φ_1, φ_2 *adaptierten Eigenfunktionen.* Diejenigen Werte λ, für welche r_{11} oder r_{22} von 0 verschieden ist, sind nur in abzählbarer Menge vorhanden; sie heißen die *Eigenwerte* und bilden das *Punktspektrum.* Für einen nicht zum Punktspektrum gehörigen Wert λ ist, wie aus (4) hervorgeht, immer $x_1 = 0$, $x_2 = 0$, d. h. es gibt für ihn keine von 0 verschiedene Eigenfunktion.

Ist $\Xi(s; \lambda)$ eine in beiden Argumenten stetige Funktion, welche der Integrabilitätsbedingung (3) genügt und deren nach λ genommene Differentiale $d_\lambda \Xi$ die Gleichung

$$(1') \qquad L(d_\lambda \Xi) + \lambda k \cdot d_\lambda \Xi = 0$$

befriedigen, so werden diese Differentiale *Eigendifferentiale* genannt.[1]) Dabei bedeutet (1′), daß für jedes Intervall Δ der Spektrumsvariablen λ die Identität

$$L(\Delta \Xi) + k(s) \int_\Delta \lambda \cdot d_\lambda \Xi = 0$$

besteht; $\Delta \Xi$ bezeichnet den Zuwachs der Funktion Ξ von λ im Intervall Δ, und der Sinn des Integrals $\int_\Delta \lambda d_\lambda \Xi$ ist gemäß der Formel der partiellen Integration als

$$\Delta(\lambda \Xi) - \int_\Delta \Xi \, d\lambda$$

1) Der Begriff des Eigendifferentials ist zuerst von Herrn Hellinger in seiner Theorie des Streckenspektrums quadratischer Formen von unendlich vielen Variablen (Dissertation Göttingen 1907, und Crelles Journal Bd. 136) aufgestellt worden; überhaupt bildet diese von Hilbert entworfene und von Hellinger zu großer Vollendung geführte Theorie die Grundlage meiner Untersuchungen.

zu deuten.[1]) Verlangen wir noch, daß $\Xi(s; 0) = 0$ ist, so hat eine solche Funktion Ξ notwendig die Form

$$\Xi(s;\lambda) = \int_0^\lambda \varphi_1(s;\mu)\,d\xi_1(\mu) + \int_0^\lambda \varphi_2(s;\mu)\,d\xi_2(\mu),$$

wo $\xi_1(\lambda)$, $\xi_2(\lambda)$ stetige Funktionen von λ allein sind. (Die hier auftretenden Integrale sind wiederum mittels partieller Integration oder gemäß der eben gemachten Anmerkung zu bestimmen.) Es gibt zwei besondere Funktionen P_1, P_2, deren Differentiale Eigendifferentiale sind:

$$d_\lambda \mathsf{P}_1 = \varphi_1(s;\lambda)\,d\varrho_{11} + \varphi_2(s;\lambda)\,d\varrho_{12},$$
$$d_\lambda \mathsf{P}_2 = \varphi_1(s;\lambda)\,d\varrho_{21} + \varphi_2(s;\lambda)\,d\varrho_{22},$$

welche (nach Festlegung von φ_1, φ_2) eindeutig durch die für jedes Ξ und jedes Intervall Δ von λ gültigen Gleichungen

$$(4') \qquad \int_{-\infty}^{+\infty} k\Delta\Xi\Delta\mathsf{P}_1\,ds = \Delta\xi_1, \qquad \int_{-\infty}^{+\infty} k\Delta\Xi\Delta\mathsf{P}_2\,ds = \Delta\xi_2$$

charakterisiert sind. $d\mathsf{P}_1$, $d\mathsf{P}_2$ nenne ich *die an das Lösungssystem* φ_1, φ_2 *adaptierten Eigendifferentiale.* Diejenigen Werte λ, in deren unmittelbarer Umgebung ϱ_{11} oder ϱ_{22} nicht konstant ist, machen das sog. *Streckenspektrum* aus; ist Δ ein ganz außerhalb des Streckenspektrums gelegenes Intervall, so folgt aus (4′)

$$\xi_1 = \text{konst.}, \quad \xi_2 = \text{konst. in } \Delta:$$

für einen nicht zum Streckenspektrum gehörigen λ-Wert gibt es also kein von 0 verschiedenes Eigendifferential. — Was den nicht ganz einfachen Existenznachweis der adaptierten Eigendifferentiale angeht, so verweise ich auf meine oben zitierten Arbeiten.

Aus (4), (4′) ergibt sich insbesondere

$$\int_{-\infty}^{+\infty} kR_1^2\,ds = r_{11} \geqq 0, \qquad \int_{-\infty}^{+\infty} kR_2^2\,ds = r_{22} \geqq 0, \qquad \int_{-\infty}^{+\infty} kR_1R_2\,ds = r_{12} = r_{21};$$

$$\int_{-\infty}^{+\infty} k(\Delta\mathsf{P}_1)^2\,ds = \Delta\varrho_{11} \geqq 0, \qquad \int_{-\infty}^{+\infty} k(\Delta\mathsf{P}_2)^2\,ds = \Delta\varrho_{22} \geqq 0,$$

$$\int_{-\infty}^{+\infty} k\Delta\mathsf{P}_1\Delta\mathsf{P}_2\,ds = \Delta\varrho_{12} = \Delta\varrho_{21},$$

---

1) Der Sinn des Integrals $\int_\alpha^\beta a(\lambda)\,db(\lambda)$, wie er hier in Frage kommt, kann auch so erklärt werden: Teilt man das Intervall $\alpha\beta$ in kleine Teile mittels der endlichvielen Punkte λ_h und bildet die Summe $S = \sum_h a(\lambda_h)[b(\lambda_{h+1}) - b(\lambda_h)]$, so bedeutet das Integral den Limes von S, dem wir uns nähern, falls wir zu immer dichteren Teilungen des Intervalls $\alpha\beta$ übergehen.

und daraus mittels der sog. Schwarzschen Ungleichung

$$r_{12}^2 \leqq r_{11} r_{22}, \quad (\Delta \varrho_{12})^2 \leqq \Delta \varrho_{11} \Delta \varrho_{22}.$$

In der ersten dieser Ungleichungen gilt nach dem, was oben über das Kennzeichen des Grenzpunkttypus gesagt wurde, stets das Gleichheitszeichen, d. h. R_1, R_2 können sich nur durch einen von s unabhängigen Faktor voneinander unterscheiden: das Punktspektrum ist stets *einfach*. Das Analoge gilt von der zweiten Ungleichung jedoch nicht: das Streckenspektrum kann — hier erscheint die bisher durchweg zutage tretende Analogie zwischen Punkt- und Streckenspektrum gestört — sehr wohl, wie wir sofort an einem Beispiel sehen werden, zweifach sein.

Nunmehr besteht für eine willkürliche Funktion $f(s)$ $(-\infty < s < +\infty)$ die Entwicklung:

$$(5) \qquad f(s) = \sum_{\lambda=-\infty}^{+\infty} \{\varphi_1(s;\lambda) C_1(\lambda) + \varphi_2(s;\lambda) C_2(\lambda)\} + \int_{\lambda=-\infty}^{+\infty} \{\varphi_1(s;\lambda) d\Gamma_1 + \varphi_2(s;\lambda) d\Gamma_2\},$$

deren Koeffizientensystem C_1, C_2, $d\Gamma_1$, $d\Gamma_2$ sich aus den adaptierten Eigenfunktionen und Eigendifferentialen mittels der Formeln

$$C_h = \int_{-\infty}^{+\infty} k f R_h \, ds, \qquad \Delta\Gamma_h = \int_{-\infty}^{+\infty} k f \Delta \mathrm{P}_h \, ds \qquad (h = 1, 2)$$

berechnet. Die Theorie ergibt die Gültigkeit, und zwar die absolute und in jedem endlichen Intervall der Variablen s gleichmäßige Konvergenz dieser Entwicklung für jede stetige Funktion f, für die auch $L(f)$ stetig ist und die Integrale

$$\int_{-\infty}^{+\infty} k f^2 \, ds, \qquad \int_{-\infty}^{+\infty} \frac{1}{k} (L(f))^2 \, ds$$

konvergieren. Man kann übrigens in (5) die Summation auf das Punktspektrum, die Integration auf das Streckenspektrum beschränken.

Diese Form (5) des Entwicklungssatzes erscheint deshalb als die naturgemäße, weil nur sie unter Bedingungen für die zu entwickelnde Funktion $f(s)$, welche in der Natur des Problems begründet liegen, allgemeine Gültigkeit besitzt. Es ist deshalb wohl auch angebracht, das *Fouriersche Integraltheorem*, das bei den speziellen Annahmen $p(s) = 1$, $q(s) = 0$, $k(s) = 1$ zum Vorschein kommt, in *dieser* Formulierung zu untersuchen.

Für

$$L(u) + \lambda k u \equiv \frac{d^2 u}{ds^2} + \lambda u$$

tritt kein Punktspektrum, sondern nur ein (zweifaches) Streckenspektrum auf, das von $\lambda = 0$ bis $+\infty$ reicht. Für φ_1, φ_2 werden wir

$$\varphi_1(s;\lambda) = \cos(s\sqrt{\lambda}), \qquad \varphi_2(s;\lambda) = \sin(s\sqrt{\lambda}) \qquad [\lambda > 0]$$

wählen. Dann ergibt sich

$$d\varrho_{11} = \frac{1}{\pi} d\sqrt{\lambda}, \qquad d\varrho_{12} = 0, \qquad d\varrho_{22} = \frac{1}{\pi} d\sqrt{\lambda} \qquad [\lambda > 0],$$

also

$$\Delta \mathsf{P}_1 = \frac{1}{\pi}\int\limits_{\Delta} \cos(s\sqrt{\lambda})\, d\sqrt{\lambda} = \frac{1}{\pi s}\Delta \sin(s\sqrt{\lambda}),$$

$$\Delta \mathsf{P}_2 = \frac{1}{\pi}\int\limits_{\Delta} \sin(s\sqrt{\lambda})\, d\sqrt{\lambda} = -\frac{1}{\pi s}\Delta \cos(s\sqrt{\lambda}).$$

Das Fouriersche Integraltheorem lautet demnach für uns:

(6) $$f(s) = \int\limits_0^\infty \{\cos s\varkappa \cdot d\Gamma_1 + \sin s\varkappa \cdot d\Gamma_2\}$$

mit der Koeffizientenbestimmung

$$\Delta \Gamma_1 = \frac{1}{\pi}\int\limits_{-\infty}^{+\infty} \frac{\Delta \sin s\varkappa}{s} f(s)\, ds, \qquad \Delta \Gamma_2 = -\frac{1}{\pi}\int\limits_{-\infty}^{+\infty} \frac{\Delta \cos s\varkappa}{s} f(s)\, ds.$$

Unter welchen Bedingungen für $f(s)$ ist diese Integraldarstellung gültig? Wir setzen von vornherein $f(s)$ im Endlichen als stetig und von beschränkter Schwankung voraus, da es uns nur darauf ankommt, zu untersuchen, welche *Voraussetzungen über das Verhalten von $f(s)$ im Unendlichen* für die Gültigkeit von (6) notwendig sind. Die Integrale $\Delta\Gamma_1$, $\Delta\Gamma_2$ existieren,

1) *falls* $\frac{f(s)}{\sqrt{1+s^2}}$ *absolut integrierbar ist,*

oder auch:

2) *falls* $\frac{f(s)}{s}$ *sowohl nach rechts* $(+\infty)$ *als auch nach links* $(-\infty)$ *mit beschränkt bleibender Schwankung*[1]) *gegen* 0 *konvergiert.*[2])

---

1) Wir sagen, die Funktion $g(s)$ $(1 \leqq s < +\infty)$ konvergiere für $s = +\infty$ „mit beschränkt bleibender Schwankung" gegen 0, falls $\lim\limits_{s=+\infty} g(s) = 0$ ist und die „totale Schwankung" $\int\limits_{s=1}^{a} |dg|$ von $g(s)$ in dem endlichen Intervall $1 \ldots a$ für jedes $a > 1$ existiert und bei unbegrenzt wachsendem a unterhalb einer festen Grenze bleibt.

2) Diese Bedingung 2) ist einer von Harnack und Pringsheim für das Fouriersche Integraltheorem in seiner gewöhnlichen Formulierung aufgestellten Bedingung nachgebildet. Vgl. Pringsheim, diese Jahresberichte Bd. XVI (1907), S. 16, und Mathematische Annalen Bd. 68 (1910), S. 391.

In beiden Fällen dürfen in den doppelten Integralen

$$\int_0^a \int_{-\infty}^{+\infty} \frac{\sin(s\varkappa)\sin(t\varkappa)}{t} f(t)\,dt\,d\varkappa, \qquad \int_0^a \int_{-\infty}^{+\infty} \frac{\cos(s\varkappa)[1-\cos t\varkappa]}{t} f(t)\,dt\,d\varkappa$$

die Integrationen vertauscht werden, und dann ergibt sich

$$\begin{aligned} f_a(s) &\equiv \int_0^a \cos s\varkappa\, d\Gamma_1 + \int_0^a \sin s\varkappa\, d\Gamma_1 \\ &= [\cos s\varkappa \cdot \Gamma_1 + \sin s\varkappa \cdot \Gamma_2]_0^a + s\int_0^a (\Gamma_1 \sin s\varkappa\, d\varkappa - \Gamma_2 \cos s\varkappa\, d\varkappa) \\ &= \frac{1}{\pi}\int_{-\infty}^{+\infty}\int_0^a (\cos s\varkappa \cos t\varkappa + \sin s\varkappa \sin t\varkappa)\, d\varkappa \cdot f(t)\,dt \\ &= \frac{1}{\pi}\int_{-\infty}^{+\infty} \frac{\sin a(s-t)}{s-t} f(t)\,dt. \end{aligned}$$

Aus dieser Gleichung erschließen wir, da $f(s)$ im Unendlichen eine der beiden Annahmen 1), 2) erfüllt, in bekannter Weise die in jedem endlichen Intervall gleichmäßig erfüllte Limesgleichung

$$f(s) = \lim_{a=+\infty} f_a(s).$$

Wir kommen also bei unserer Formulierung des Fourierschen Integraltheorems mit *beträchtlich geringeren Voraussetzungen* aus, als sie sonst erforderlich sind.[1]) Dabei bringt unsere Form (6) das für die Anwendungen allein Wichtige, nämlich die *Darstellung der willkürlichen Funktion* $f(s)$ *als linearer Kombination der Funktionen* $\cos s\varkappa$, $\sin s\varkappa$, voll zum Ausdruck. Daß unser Verfahren der Natur der Sache entspricht, ist überdies durch die vorhergehenden, den allgemeinen Entwicklungssatz betreffenden Ausführungen gewährleistet.

Die *zweite Bemerkung*, welche ich über das Fouriersche Integraltheorem machen möchte, betrifft den *Beweis* dieser Formel, wie er soeben kurz reproduziert wurde. Der Einfachheit halber wollen wir aber jetzt nur den cos-Bestandteil beibehalten:

$$f(s) = \frac{2}{\pi}\int_0^\infty \cos s\varkappa\, d\Gamma, \quad \Delta\Gamma = \int_0^\infty \frac{\Delta \sin s\varkappa}{s} f(s)\,ds.$$

Entsprechend werden wir in unserm allgemeinen Fall (1) jetzt das Intervall $-\infty \cdots +\infty$ durch $0 \cdots +\infty$ ersetzen und an der Stelle

---

1) Man vergleiche hierzu auch die oben zitierten neueren Untersuchungen von Herrn Pringsheim über die Fouriersche Integralformel.

$s = 0$ die Randbedingung $\left(p(s)\frac{du}{ds}\right)_{s=0} = 0$ vorschreiben. Verstehen wir dann unter φ die oben mit φ_1 bezeichnete Lösung von $L(u) + \lambda k u = 0$, d. h. diejenige, welche neben der Randbedingung $\left(p(s)\frac{d\varphi}{ds}\right)_{s=0} = 0$ noch der normierenden Bedingung $(\varphi)_{s=0} = 1$ genügt, so erhalten wir eine im Intervall $0 \leqq s < +\infty$ gültige Entwicklung der willkürlichen Funktion $f(s)$ von der Form

$$f(s) = \sum_{\lambda=-\infty}^{+\infty} \varphi(s;\lambda) C(\lambda) + \int_{\lambda=-\infty}^{+\infty} \varphi(s;\lambda)\, d\Gamma,$$

eine Entwicklung, deren Koeffizienten C, $d\Gamma$ sich aus den in leicht ersichtlicher Weise zu definierenden adaptierten Eigenfunktionen und Eigendifferentialen

$$R(s;\lambda) = \varphi(s;\lambda)\, r(\lambda), \quad d\mathrm{P}(s;\lambda) = \varphi(s;\lambda)\, d\varrho$$

nach den Gleichungen

$$C = \int_0^\infty k f R\, ds, \quad \Delta\Gamma = \int_0^\infty k f \Delta\mathrm{P}\, ds$$

bestimmen.

Sind $x(\lambda)$, $y(\lambda)$ irgend zwei stetige (oder stückweis stetige) Funktionen von λ und wird

$$d\Xi = \varphi(s;\lambda) x(\lambda)\, d\varrho, \quad d\mathrm{H} = \varphi(s;\lambda) y(\lambda)\, d\varrho$$

gesetzt, so sind $d\Xi$, $d\mathrm{H}$ Eigendifferentiale, und es besteht die „*Orthogonalitätsrelation*“[1])

$$\int_0^\infty k \Delta\Xi \Delta\mathrm{H}\, ds = \int_\Delta x y\, d\varrho. \tag{7}$$

Speziell für den Fall des Fourierschen cos-Integraltheorems nimmt sie die Form an[2]):

$$\bar{x}(s) = \int_0^a \cos s\varkappa \cdot x(\varkappa)\, d\varkappa, \quad \bar{y}(s) = \int_0^a \cos s\varkappa \cdot y(\varkappa)\, d\varkappa;$$

$$\frac{2}{\pi}\int_0^\infty \bar{x}\bar{y}\, ds = \int_0^a x y\, d\varkappa.$$

Im *allgemeinen Fall* dient diese Relation (7) lediglich zur Berechnung der Basisfunktion ϱ und hat mit dem Entwicklungssatz nichts zu tun. Beim *Fourierschen Integraltheorem* jedoch läßt sich aus dieser Ortho-

1) Siehe namentlich Mathematische Annalen, Bd. 68, S. 266.
2) Vgl. Weyl, Mathematische Annalen, Bd. 66, S. 315.

gonalitätsbeziehung *infolge der Symmetrie von* $\cos s\varkappa$ *mit Bezug auf* s *und* $\varkappa$ *die „Vollständigkeitsrelation"*

$$(8)\qquad \int_0^a x(s)y(s)\,ds = \frac{2}{\pi}\int_0^\infty \left\{\int_0^a \cos s\varkappa\, x(s)\,ds \cdot \int_0^a \cos s\varkappa\, y(s)\,ds\right\} d\varkappa$$

ablesen, die im wesentlichen mit dem Entwicklungssatz identisch ist. Durch die Vertauschung zweier Integrationen verwandelt sich nämlich (8) in

$$\int_0^a y(s)\left\{x(s) - \frac{2}{\pi}\int_0^\infty \cos s\varkappa \cdot \bar{x}(\varkappa)\,d\varkappa\right\} ds = 0,$$

d. h. in den Fourierschen Integralsatz

$$x(s) = \frac{2}{\pi}\int_0^\infty \cos s\varkappa \cdot \bar{x}(\varkappa)\,d\varkappa \qquad (0 < s < a).$$

Daß der klassische Beweis dieses Theorems wirklich auf dem als zufällig zu bezeichnenden Umstand der *Symmetrie* seiner Grundfunktion $\cos s\varkappa$ in bezug auf s und $\varkappa$ beruht, geht am deutlichsten hervor, wenn man die Schlüsse verfolgt, mittels deren die Orthogonalitätsrelation (7) zur Berechnung von ϱ benutzt wird.[1]) Wendet man diese Schlüsse auf

$$L(u) + \lambda k u \equiv \frac{d^2u}{ds^2} + \lambda u$$

an und vertauscht durchweg Argument s und Parameter $\varkappa = \sqrt{\lambda}$ miteinander, so kommt genau der bekannte, auf dem Dirichletschen Integral beruhende Beweis des Fouriertheorems zustande. Um dies völlig klarzustellen, soll hier auf dem gleichen Wege statt der allzu bekannten Fourierschen eine andere Integraldarstellung bewiesen werden, deren Grundfunktion symmetrisch in bezug auf s und λ, nämlich eine Funktion der *einen* Variablen $s + \lambda$ ist.

Es handelt sich um das Beispiel

$$L(u) + \lambda k u \equiv \frac{d^2u}{ds^2} + (s + \lambda)u \qquad (-\infty < s < +\infty).$$

Die Gleichung $L(u) = 0$ besitzt die Partikularlösungen

$$w_1(s) = \sqrt{s}\,J_{-\frac{1}{3}}\left(\tfrac{2}{3}s^{3/2}\right) = \frac{\sqrt[3]{3}}{\Gamma(\frac{2}{3})}\sum_{n=0}^\infty \frac{(-1)^n s^{3n}}{2\cdot 3\cdot 5\cdot 6\cdot\ldots\cdot 3n-1\cdot 3n},$$

$$w_2(s) = \sqrt{s}\,J_{\frac{1}{3}}\left(\tfrac{2}{3}s^{3/2}\right) = \frac{1}{\sqrt[3]{3}\,\Gamma(\frac{4}{3})}\sum_{n=0}^\infty \frac{(-1)^n s^{3n+1}}{3\cdot 4\cdot 6\cdot 7\cdot\ldots\cdot 3n\cdot 3n+1},$$

1) Mathematische Annalen, Bd. 68, S. 264—266.

aus denen wir die ganze transzendente Funktion

$$w(s) = \tfrac{1}{3}(w_1(s) + w_2(s)) = \tfrac{1}{3}\sqrt{s}\left\{J_{-\frac{1}{3}}(\tfrac{2}{3}s^{3/2}) + J_{\frac{1}{3}}(\tfrac{2}{3}s^{3/2})\right\}$$

zusammensetzen. Sie genügt für $s = -\infty$ der asymptotischen Gleichung

$$w(s) \sim \frac{1}{2\sqrt{\pi}} \frac{e^{-\frac{2}{3}|s|^{3/2}}}{\sqrt[4]{|s|}}$$

und für $s = +\infty$ der folgenden:

$$w(s) \sim \frac{1}{\sqrt{\pi}} \frac{\cos\left(\frac{2}{3}s^{3/2} - \frac{\pi}{4}\right)}{\sqrt[4]{s}}.$$

Eine Randbedingung kommt weder für $s = -\infty$ noch für $+\infty$ in Betracht. $w(s + \lambda)$ genügt der Gleichung $L(u) + \lambda u = 0$. Ein Punktspektrum ist nicht vorhanden, sondern nur ein einfaches Streckenspektrum, das sich über die *ganze reelle λ-Achse* von $-\infty$ bis $+\infty$ hinüberzieht. Setzen wir nämlich

$$Z(s; \lambda) = \int_0^\lambda w(s + \mu)\, d\mu,$$

so existiert das Integral $\int_{-\infty}^{+\infty} (\Delta Z)^2 ds$ und ist eine stetige Funktion der Endpunkte von Δ. Um dies zu beweisen, bilden wir zunächst

$$\int_{-\infty}^{a} (\Delta Z)^2 ds = \iint_{\Delta\Delta} V_a(\lambda, \mu)\, d\lambda\, d\mu,$$

$$V_a(\lambda, \mu) = \int_{-\infty}^{a} w(s + \lambda) w(s + \mu)\, ds = \frac{w(a + \lambda)w'(a + \mu) - w'(a + \lambda)w(a + \mu)}{\lambda - \mu}.\text{[1]}$$

Mit Hilfe der asymptotischen Darstellungen von w, w' folgt

$$\text{(9)} \qquad V_a(\lambda, \mu) = \frac{1}{\pi} \frac{\sin[\sqrt{a}(\lambda - \mu)]}{\lambda - \mu} + R_a(\lambda, \mu),$$

wo $R_a(\lambda, \mu)$ gleichmäßig in jedem endlichen Gebiet einer λ, μ-Ebene

---

1) w' bedeutet die Ableitung von w. Im allgemeinen Fall (1) [Intervall $0 \cdots \infty$; Randbedingung an der Stelle $s = 0$] hat man

$$V_a(\lambda, \mu) = \int^a \varphi(s; \lambda)\varphi(s; \mu)\, ds = \frac{\left[p(s)\left(\varphi(s; \lambda)\frac{\partial \varphi(s; \mu)}{\partial s} - \varphi(s; \mu)\frac{\partial \varphi(s; \lambda)}{\partial s}\right)\right]_{s=a}}{\lambda - \mu}.$$

mit wachsendem a $\left(\text{ebenso stark wie } \frac{1}{\sqrt{a}}\right)$ gegen 0 konvergiert. Also wird

$$\int_{-\infty}^{+\infty} (\Delta \mathsf{Z})^2 ds = \lim_{a=+\infty} \int_{\Delta}\int_{\Delta} V_a(\lambda, \mu) d\mu\, d\lambda = \int_{\Delta} d\lambda = \Delta\lambda.$$

Zur Berechnung der an $w(s+\lambda)$ adaptierten Eigendifferentiale

$$d\mathsf{P} = w(s+\lambda) d\varrho$$

benutzen wir die Formel

$$\int_{-\infty}^{+\infty} \Delta \mathsf{P} \Delta \mathsf{Z} ds = \Delta\lambda,$$

welche für diese Differentiale charakteristisch ist [vgl. (4')] und die oben als die „Orthogonalitätsrelation" bezeichnet wurde. Es ist

$$\int_{-\infty}^{a} \Delta \mathsf{P} \Delta \mathsf{Z} ds = \int_{\Delta} \left\{ \int_{\Delta} V_a(\lambda, \mu) d\mu \right\} d\varrho(\lambda),$$

also folgt durch Grenzübergang zu $a = +\infty$ (unter Benutzung der Monotonität von ϱ)

$$\int_{-\infty}^{+\infty} \Delta \mathsf{P} \Delta \mathsf{Z} ds = \Delta\varrho, \quad \text{d. i. } \Delta\varrho = \Delta\lambda.$$

Wir gewinnen damit die Integraldarstellung

$$f(s) = \int_{-\infty}^{+\infty} w(s+\lambda) \int_{-\infty}^{+\infty} f(t) w(t+\lambda) dt\, d\lambda, \tag{10}$$

deren Gültigkeit aus der allgemeinen Theorie aber nur für zweimal stetig differenzierbare Funktionen folgt, für welche die Integrale

$$\int_{-\infty}^{+\infty} s f^2 ds, \quad \int_{-\infty}^{+\infty} \left(\frac{d^2 f}{ds^2}\right)^2 ds$$

konvergieren. Weil jedoch $w(s+\lambda)$ symmetrisch in s, λ ist, verwandelt sich die obige Berechnung von ϱ (die in entsprechender Weise in allen bisher untersuchten Fällen geführt wird) durch Vertauschung von Argument und Parameter sofort in einen Beweis dieser Integraldarstellung unter viel weiteren Bedingungen für die zu entwickelnde Funktion $f(s)$.

In der Tat liefert (9) durch die angegebene Vertauschung

$$V_a(s, t) = \int_{-\infty}^{a} w(s+\lambda) w(t+\lambda) d\lambda = \frac{1}{\pi} \frac{\sin[\sqrt{a}(s-t)]}{s-t} + R_a(s, t),$$

also, wenn b, c irgend zwei endliche Größen sind $(b < c)$, $f(s)$ aber eine stetige Funktion von beschränkter Schwankung,

$$\int_{-\infty}^{+\infty} w(s+\lambda)\int_b^c f(t)w(t+\lambda)\,dt\,d\lambda = \lim_{\alpha=+\infty}\int_b^c V_\alpha(s,t)f(t)\,dt$$

$$= \begin{cases} f(s) \text{ gleichmäßig in jedem ganz im Innern von } b\cdots c \text{ gelegenen Intervall,}\\ \tfrac{1}{2}f(s) \text{ an den Stellen } s=b \text{ und } s=c,\\ 0 \text{ gleichmäßig außerhalb } b\cdots c. \end{cases}$$

Welche Annahmen über das Verhalten von $f(s)$ im Unendlichen müssen wir machen, damit sich hier der Grenzübergang zu $b = -\infty$, $c = +\infty$ mit dem Ergebnis (10) vollziehen läßt? Damit das Integral $\int_c^{+\infty} f(t)\,w(t+\lambda)\,dt$ sicher existiert, werden wir voraussetzen, daß $\frac{f(s)}{\sqrt[4]{s}}$ bei $s = +\infty$ absolut integrierbar ist; dann wird

$$\int_{-\infty}^{\alpha} w(s+\lambda)\int_c^{+\infty} f(t)w(t+\lambda)\,dt\,d\lambda = \int_c^{+\infty} V_\alpha(s,t)f(t)\,dt.$$

Damit das Integral $\int_{-\infty}^{b} f(t)w(t+\lambda)\,dt$ existiert, werden wir voraussetzen, daß $\frac{e^{-\frac{2}{3}|s|^{3/2}}f(s)}{\sqrt[4]{|s|}}$ bei $s = -\infty$ absolut integrierbar ist; dann wird

$$\int_{-\infty}^{\alpha} w(s+\lambda)\int_{-\infty}^{b} f(t)w(t+\lambda)\,dt\,d\lambda = \int_{-\infty}^{b} V_\alpha(s,t)f(t)\,dt.$$

Beschränken wir s auf ein beliebiges endliches Intervall $b'\cdots c'$ und denken uns bereits $b \begin{smallmatrix}<0\\<b'-1\end{smallmatrix}$, $c \begin{smallmatrix}>0\\>c'+1\end{smallmatrix}$, so gelten wegen

$$|w(x)| \leqq \frac{H}{\sqrt[4]{x}},\quad |w'(x)| \leqq H\sqrt[4]{x} \quad (x \geqq 1;\ H \text{ konstant})$$

die Abschätzungen

$$|V_\alpha(s,t)| \leqq \frac{H^*}{t^{3/4}} \quad \text{für} \quad b' \leqq s \leqq c',\quad t \geqq c,$$

$$|V_\alpha(s,t)| \leqq \frac{H^*}{|t|} \quad \text{für} \quad b' \leqq s \leqq c',\quad t \leqq b,$$

in denen H^* eine von α, s und t unabhängige Konstante bedeutet. Daraus folgt

$$\left|\int_c^{+\infty} V_\alpha(s,t)f(t)\,dt\right| \leqq \frac{H^*}{\sqrt{c}}\int_c^{+\infty}\left|\frac{f(t)}{t^{1/4}}\right|dt. \tag{11}$$

Um analog von der im Gebiet $t \leqq b$ gültigen Abschätzung Gebrauch machen zu können, müssen wir voraussetzen, daß $\frac{f(s)}{s}$ bei $s = -\infty$ absolut integrierbar ist; dann folgt weiter

$$(12) \qquad \left| \int_{-\infty}^{b} V_\alpha(s,t) f(t)\, dt \right| \leqq H^* \int_{-\infty}^{b} \left| \frac{f(t)}{t} \right| dt.$$

Auf solche Weise gewinnen wir für die auf der linken Seite von (11), (12) stehenden Integrale obere von α unabhängige Grenzen, die mit $c = +\infty$, bzw. $b = -\infty$ gegen 0 konvergieren, und wir haben den Satz:

Ist die stetige Funktion $f(s)$ im Endlichen von beschränkter Schwankung und $\frac{f(s)}{\sqrt[4]{s}}$ bei $s = +\infty$, $\frac{f(s)}{s}$ aber bei $s = -\infty$ absolut integrierbar, so gilt die folgende, in jedem endlichen Intervall der Variablen s gleichmäßig konvergente Integraldarstellung

$$f(s) = \int_{-\infty}^{+\infty} w(s+\lambda) \int_{-\infty}^{+\infty} f(t) w(t+\lambda)\, dt\, d\lambda.$$

Integraltheoreme, deren Beweis sich nicht auf die hier geschilderte Weise von der Orthogonalitätsrelation her „erschleichen" läßt (sit venia verbo!), sind erst in den letzten Jahren durch die an die Theorie der Integralgleichungen anknüpfenden Untersuchungen bekannt geworden. Diese Untersuchungen verbreiten aber auch, wie soeben dargelegt wurde, auf Inhalt und Beweis des altbekannten Fourierschen Integraltheorems neues Licht.

Berichtigung zu meinem Aufsatz: Zwei Bemerkungen über das Fouriersche Integraltheorem

Jahresbericht der Deutschen Mathematikervereinigung 20, 339 (1911)

In diesen Berichten (1911), S. 134 habe ich die Behauptung aufgestellt, daß das Fouriersche Integraltheorem (in der a. a. O. erklärten Formulierung) für eine stetige Funktion $f(s)$ von beschränkter Schwankung gültig ist,

1) falls $\frac{f(s)}{\sqrt{1+s^2}}$ absolut integrierbar ist,

oder auch:

2) falls $\frac{f(s)}{s}$ für $s = \pm\infty$ mit beschränkt bleibender Schwankung gegen 0 konvergiert.

Der Beweis, wie ich ihn an jener Stelle skizziere, ist jedoch nur für den Fall der Bedingung 1) (auf den er sich ursprünglich allein bezog) vollständig und richtig. Im Falle der (nachträglich eingefügten) Bedingung 2) ergibt er die Gültigkeit des Fouriertheorems erst unter der weiteren Annahme

$$\lim_{\varepsilon=0}\int_{-\infty}^{+\infty}\frac{\sin\varepsilon(s-t)}{s-t}f(t)\,dt = 0.$$

2) ist also, für sich genommen, *nicht* hinreichend. Trotzdem bleibt natürlich zufolge der hinreichenden Bedingung 1) die Tatsache bestehen, daß das Fouriersche Integraltheorem in der von mir befürworteten Formulierung einen weit größeren Gültigkeitsbereich besitzt als in seiner gewöhnlichen Gestalt.

13.

Über die asymptotische Verteilung der Eigenwerte

Nachrichten der Königlichen Gesellschaft der Wissenschaften zu Göttingen. Mathematisch-physikalische Klasse, 110—117 (1911)

Vorgelegt durch Herrn D. Hilbert in der Sitzung vom 25. Februar 1911.

Im folgenden teile ich einige einfache Sätze über die Eigenwerte von Integralgleichungen mit, welche namentlich deren asymptotische Verteilung betreffen. Die Anwendung der gewonnenen Resultate auf die Differentialgleichung $\Delta u + \lambda u = 0$ (Satz X) liefert insbesondere die Lösung eines Problems, auf dessen Wichtigkeit neuerdings A. Sommerfeld (auf der Naturforscherversammlung zu Königsberg[1]) und H. A. Lorentz (in seinen hier in Göttingen zu Beginn dieses Semesters gehaltenen Vorträgen[2]) nachdrücklich hingewiesen haben.

Die Eigenwerte eines symmetrischen Kernes $K(s, t)$ — nur um solche Kerne handelt es sich im folgenden — bezeichne ich, indem ich sie nach der Größe ihres absoluten Betrages anordne, mit $\frac{1}{\varkappa}, \frac{1}{\varkappa_2}, \ldots$; in dieser Reihe soll natürlich jeder Eigenwert so oft vertreten sein, als seine Vielfachheit angibt. Die reziproken positiven Eigenwerte, gleichfalls nach ihrer Größe angeordnet, heißen $\overset{+}{\varkappa}_1, \overset{+}{\varkappa}_2, \cdots$, die negativen $\overset{-}{\varkappa}_1, \overset{-}{\varkappa}_2, \cdots$. In entsprechender Weise verwende ich $\varkappa', \varkappa''$ u. s. w. zur Bezeichnung der reziproken Eigenwerte anderer Kerne K', K'' u. s. w.

Meine Untersuchungen basieren auf dem folgenden

---

1) Physikalische Zeitschrift, Bd. XI (1910), S. 1061.
2) Physikalische Zeitschrift, Bd. XI (1910), S. 1248.

Satz I. Ist $K(s,t)$ $[0 \leqq s, t \leqq 1]$ *ein quadratisch integrierbarer*[1]), *symmetrischer Kern und* $k_n(s,t)$ *irgendeine bilineare symmetrische Kombination*

$$\sum_{p,q=1}^{n} k_{pq}\, \Phi_p(s)\, \Phi_q(t) \qquad (k_{pq} = k_{qp})$$

aus n *beliebigen quadratisch integrierbaren Funktionen* $\Phi_p(s)$, *so ist der erste positive Eigenwert von* $K(s,t) - k_n(s,t)$ *nicht größer als der* $(n+1)^{\text{te}}$ *positive Eigenwert von* $K(s,t)$.

Da der Beweis dieses Satzes äußerst einfach ist, gebe ich ihn kurz an. $\overset{+}{\varphi}_1(s), \overset{+}{\varphi}_2(s), \ldots$ mögen die zu $\overset{+}{\varkappa}_1, \overset{+}{\varkappa}_2, \ldots$ gehörigen (normierten) Eigenfunktionen sein. Da der Ausdruck

$$\int_0^1 k_n(s,t)\, x(t)\, dt$$

nur n linear unabhängige Funktionen darzustellen vermag, geht die quadratische Integralform

$$k_n\langle x\rangle = \int_0^1\!\!\int_0^1 k_n(s,t)\, x(s)\, x(t)\, ds\, dt$$

offenbar dadurch, daß wir

$$x(s) = x_1 \overset{+}{\varphi}_1(s) + x_2 \overset{+}{\varphi}_2(s) + \cdots + x_{n+1} \overset{+}{\varphi}_{n+1}(s)$$

setzen, in eine quadratische Form der $n+1$ Variablen $x_1, x_2, \cdots, x_{n+1}$ über, *deren Determinante* $= 0$ *ist.* Infolgedessen können wir Zahlen $x_1, x_2, \ldots, x_{n+1}$ $(x_1^2 + x_2^2 + \cdots + x_{n+1}^2 = 1)$ so wählen, daß sie der Gleichung $k_n\langle x\rangle = 0$ Genüge leisten. Dann gilt

$$\int_0^1\!\!\int_0^1 \{K(s,t) - k_n(s,t)\}\, x(s)\, x(t)\, ds\, dt = \int_0^1\!\!\int_0^1 K(s,t)\, x(s)\, x(t)\, ds\, dt$$
$$= \overset{+}{\varkappa}_1 x_1^2 + \overset{+}{\varkappa}_2 x_2^2 + \cdots + \overset{+}{\varkappa}_{n+1} x_{n+1}^2 \geqq \overset{+}{\varkappa}_{n+1}.$$

Daß es eine dieser Ungleichung genügende Funktion $x(s)$ gibt, deren Quadratintegral $= 1$ ist, beweist unsern Satz.

Aus I folgen unmittelbar die folgenden Sätze, von denen II

---

1) D. h. $\int_0^1\!\!\int_0^1 (K(s,t))^2\, ds\, dt$ soll konvergieren. Die Voraussetzung der Stetigkeit erweist sich oft als zu eng.

eine Verallgemeinerung von I, III wiederum eine Verallgemeinerung von II vorstellt.

Satz II. Der m^{te} *positive Eigenwert von* $K(s,t)-k_n(s,t)$ *ist nicht größer als der* $(n+m)^{te}$ *positive Eigenwert von* $K(s,t)$.

Satz III. Entsteht der Kern K durch Summation aus zwei Kernen K', K'', so ist

$$\overset{+}{\varkappa}_{m+n-1} \leqq \overset{+}{\varkappa}'_m + \overset{+}{\varkappa}''_n.$$

Satz IV. Lassen wir unter Festhaltung des Kernes $K(s,t)$ *das zugrunde gelegte Intervall, das bisher* $0 \leqq s \leqq 1$ *war, sich zusammenziehen, so wächst der* n^{te} *positive Eigenwert (stetig und) monoton, während der* n^{te} *negative Eigenwert (stetig und) monoton abnimmt.*

Die Eigenwerte λ fliehen also vom Punkte $\lambda = 0$ fort. Jeder einzelne Eigenwert konvergiert natürlich bei unbegrenzt abnehmendem Intervall gegen $\pm\infty$.

Hier ist ein spezielles Ergebnis, das der Satz III liefert und von dem wir im folgenden Gebrauch machen werden:

Satz V. Ist die asymptotische Verteilung der positiven Eigenwerte von K' durch $\lim\limits_{n=\infty} n\overset{+}{\varkappa}'_n = 1$ *gegeben und gilt für die positiven und negativen Eigenwerte von K'' das Gesetz* $\lim\limits_{n=\infty} n\overset{\pm}{\varkappa}''_n = 0$, *so ist die asymptotische Verteilung der positiven Eigenwerte von* $K = K' + K''$ *dieselbe wie bei K':* $\lim\limits_{n=\infty} n\overset{+}{\varkappa}_n = 1$.

Zur Untersuchung partieller Diffenentialgleichungen benötigen wir noch einen Satz, der erkennen läßt, wie die Eigenwerte von $K(s,t)$ sich ändern, wenn wir diesen Kern mit $p(s)\,p(t)$ multiplizieren, wo $p(s)$ eine stetige, im ganzen Intervall $0 \leqq s \leqq 1$ wenig von 1 abweichende Funktion bedeutet. Darüber gibt I das folgende Resultat:

Satz VI. Für den Kern $K'(s,t) = K(s,t)\,p(s)\,p(t)$ *gelten, falls* $|p(s)-1| \leqq \varepsilon$ *ist* $(\varepsilon < 1)$, *die Ungleichungen*

$$\overset{+}{\varkappa}_n (1-\varepsilon)^2 \leqq \overset{+}{\varkappa}'_n \leqq \overset{+}{\varkappa}_n (1+\varepsilon)^2.$$

Ich nehme die Bezeichnungen von Satz I wieder auf und setze $K^* = K(s,t) - k_n(s,t)$. Bedeutet l den Trägheitsindex der quadratischen Form mit den Koeffizienten k_{pq}, so finden wir durch Anwendung von Satz III (und des analogen, für die negativen Eigenwerte gültigen Satzes) auf $K' = K^*$, $K'' = k_n$:

$$\overset{+}{\varkappa}{}^*_1 \geqq \overset{+}{\varkappa}_{l+1}, \quad |\overset{-}{\varkappa}{}^*_1| \geqq |\overset{-}{\varkappa}_{n-l+1}|.$$

Aus diesen Ungleichungen, die eine Verschärfung von Satz I bedeuten, folgt offenbar

$$|\varkappa_1^*| \geqq |\varkappa_{n+1}|,$$

und daraus wiederum das allgemeinere, zu ähnlichen Konsequenzen wie I und II Anlaß gebende Resultat:

Satz VII. Der absolute Betrag des m^{ten} *Eigenwertes von* $K - k_n$ *ist nicht größer als der absolute Betrag des* $(n+m)^{\text{ten}}$ *von* K.

Durch Bildung der Quadratsummen erhalten wir hieraus den schon von Herrn E. Schmidt[1]) auf anderem Wege bewiesenen

Satz VIII:

$$\int_0^1\int_0^1 \{K(s,t) - k_n(s,t)\}^2\, ds\, dt \geqq \varkappa_{n+1}^2 + \varkappa_{n+2}^2 + \cdots$$

Von dem Schmidt'schen Satze werden wir in folgender Weise Gebrauch machen. Man teile das Quadrat $0 \leqq s,\ t \leqq 1$ durch Parallele zu den Seiten in n^2 gleiche Quadrate. Ist $K(s,t)$ beispielsweise stetig differenzierbar, so entwickle man $K(s,t)$ im Bereiche jedes dieser kleinen Quadrate nach Taylor (d. h. nach Potenzen von $s - s_0$, $t - t_0$, wenn s_0, t_0 der Mittelpunkt des betreffenden kleinen Quadrates ist), wobei wir die Entwicklung freilich schon mit den linearen Gliedern abbrechen. Wir haben dann den Kern $K(s,t)$ durch bilineare Kombination der $2n$ Funktionen

$$\Phi_h(s) = \begin{cases} 1 \text{ für } \frac{h}{n} \leqq s \leqq \frac{h+1}{n} \\ 0 \text{ für alle andern } s, \end{cases} \qquad \Phi_{n+h}(s) = \begin{cases} s \text{ für } \frac{h}{n} \leqq s \leqq \frac{h+1}{n} \\ 0 \text{ für alle andern } s \end{cases}$$

$$(h = 0, 1, \ldots, n-1)$$

so weit angenähert, daß das Quadratintegral des Fehlers

$$= \frac{\varepsilon_n^2}{n^2} \left(\lim_{n=\infty} \varepsilon_n = 0 \right)$$

wird. Und das wäre nach dem Schmidt'schen Satze ausgeschlossen, wenn nicht

$$\lim_{n=\infty} n^{3/2} \varkappa_n = 0$$

wäre.

Diese Betrachtungen übertragen sich natürlich alle von dem

---

1) Mathematische Annalen, Bd. 63 (1907), S. 467 ff.

eindimensionalen Fall auf den zweidimensionalen, in welchem anstelle jeder der Variablen s, t ein Variablenpaar tritt und anstelle des Intervalls $0 \leqq s \leqq 1$ irgendein endliches zweidimensionales Gebiet. Wir erhalten dann den

Satz IX. Für die asymptotische Verteilung der Eigenwerte eines h mal stetig differenzierbaren Kerns gelten, je nachdem wir es mit dem eindimensionalen oder dem zweidimensionalen Fall zu tun haben, die Gesetze:

$$\lim_{n=\infty} n^{h+\frac{1}{2}} \varkappa_n = 0, \quad \text{bezw.} \quad \lim_{n=\infty} n^{h/2+1/2} . \varkappa_n = 0.$$

Um etwas über die Eigenwerte zu erfahren, kann man auch von der Fredholmschen Determinante $D(\lambda)$ Gebrauch machen, die diese Eigenwerte zu Nullstellen hat. Durch eine einfache direkte Abschätzung der Koeffizienten der Potenzentwicklung von $D(\lambda)$ findet man beispielsweise, daß $D(\lambda)$ im Falle eines stetig differenzierbaren Kernes $K(s, t)$ höchstens von der „Ordnung" $^2/_3$ ist[1]). Hinsichtlich der Verteilung der Eigenwerte folgt daraus nach allgemeinen Sätzen von Hadamard über ganze transzendente Funktionen nur die Konvergenz der Reihe $\sum\limits_{(n)} |\varkappa_n|^{2/3+\varepsilon}$ für jedes positive ε. Es ist aber für uns von ausschlaggebender Wichtigkeit, daß sich diese Aussage zu der in Satz IX enthaltenen verschärfen läßt.

Schließlich komme ich zu dem in der Einleitung in Aussicht gestellten, die Eigenwerte der Differentialgleichung $\Delta u + \lambda u = 0$ betreffenden Satze. Ich formuliere das Resultat lediglich für den zweidimensionalen Fall $\left(\Delta u = \frac{\partial^2 u}{\partial x^2} + \frac{\partial^2 u}{\partial y^2}\right)$, wiewohl die Methode ohne weiteres auch für jede höhere Dimensionszahl zum Ziele führt.

Satz X. Die zu einem beliebigen Gebiet J vom Flächeninhalte J und zu der Randbedingung $u = 0$ gehörigen Eigenwerte λ_n der Differentialgleichung $\Delta u + \lambda u = 0$ erfüllen, wenn man sie ihrer Größe nach anordnet, die Gleichung

$$\lim_{n=\infty} \frac{n}{\lambda_n} = \frac{J}{4\pi}. \tag{1}$$

Ich deute den Gang des Beweises kurz an. Die Greensche Funktion von Δu, zu der die λ_n als Eigenwerte gehören, hat die Form

---

1) Vergl. T. Lalesco, Comptes Rendus 145 (25 nov. 1907), pag. 906/07.

$$G(xy\,\xi\eta) = \lg\frac{1}{r} + A(xy\,\xi\eta) \quad [r = \sqrt{(x-\xi)^2+(y-\eta)^2}],$$

und dabei ist A stetig und stetig differenzierbar. Infolgedessen konvergiert nach IX das Produkt des reziproken n^{ten} Eigenwerts von A in die Ordnungszahl n mit wachsendem n gegen Null, und es genügt daher nach V, den Beweis von (1), statt für die Greensche Funktion, für $\lg\frac{1}{r}$ zu erbringen. Dieser Schluß bedarf freilich noch einer Ergänzung, da A und umsomehr die 1. Differentialquotienten von A keineswegs (wie das bei direkter Anwendung des Satzes IX der Fall sein müßte) endlich bleiben, wenn (xy), $(\xi\eta)$ gegen denselben Randpunkt des Bereiches J streben. Diese vom Rande herrührende Schwierigkeit läßt sich durch einen einfachen Kunstgriff (dadurch, daß man gewisse, der Potentialtheorie im 4dimensionalen Raum entspringende Ungleichungen anwendet) beseitigen, falls die Konvergenz des Integrals

$$\iint\limits_J \iint\limits_J \left\{\left(\frac{\partial A}{\partial x}\right)^2 + \left(\frac{\partial A}{\partial y}\right)^2 + \left(\frac{\partial A}{\partial \xi}\right)^2 + \left(\frac{\partial A}{\partial \eta}\right)^2\right\} d\xi\, d\eta \,.\, dx\, dy$$

sicher gestellt werden kann. Es heißt nur, den Wert dieses Integrals halbieren, wenn wir in der Quadratsumme unter dem Integralzeichen die Glieder $\left(\frac{\partial A}{\partial x}\right)^2 + \left(\frac{\partial A}{\partial y}\right)^2$ streichen. Führen wir dann zunächst die innere Integration nach $\xi\eta$ aus, so kommt, wenn ds das Bogendifferential der Randkurve C und $\frac{\partial}{\partial n}$ die normale Ableitung am Rande bedeutet,

$$\iint\limits_J \left\{\left(\frac{\partial A}{\partial \xi}\right)^2 + \left(\frac{\partial A}{\partial \eta}\right)^2\right\} d\xi\, d\eta = -\int\limits_C A \frac{\partial A}{\partial n}\, ds = -\int\limits_C \lg r \frac{\partial A}{\partial n}\, ds$$

$$(2) \qquad = -\int\limits_C \lg r \frac{\partial \lg r}{\partial n}\, ds - \int\limits_C \lg r \frac{\partial G}{\partial n}\, ds.$$

Indem wir bedenken, daß $\frac{\partial G}{\partial n} > 0$ und $\int\limits_C \frac{\partial G}{\partial n}\, ds = 2\pi$ ist, erhalten wir hieraus für den Wert des Integrals (2) eine obere Grenze von der Form

$$M \,.\, (\lg \varrho)^2,$$

wo M eine nur von der Randkurve, nicht von der Lage des inneren

Punktes xy abhängige Konstante bedeutet und ϱ der kürzeste Abstand des Punktes xy vom Rande ist. Da aber das Integral $\iint\limits_J (\lg \varrho)^2 \, dx dy$ natürlich konvergiert, ist der zu Beginn des Beweises gezogene Schluß gerechtfertigt.

Indem wir nunmehr auf $\lg \frac{1}{r}$ Satz IV anwenden, erkennen wir, daß wir statt des beliebigen Bereiches J einen solchen nehmen können, der aus endlichvielen (N) kongruenten Quadraten $\mathfrak{q}$ von der Seitenlänge a besteht. Wir spalten jetzt wiederum $\lg \frac{1}{r}$ in zwei Teile:

$$\lg \frac{1}{r} = H + R;$$

$H(xy\,\xi\eta)$ stimmt mit $\lg \frac{1}{r}$ überein, falls (xy), $(\xi\eta)$ beide in *demselben* der Quadrate $\mathfrak{q}$ liegen; falls aber diese Punkte in verschiedenen Quadraten $\mathfrak{q}$ gelegen sind, nehmen wir $H = 0$. Von R beweisen wir nach derselben Methode wie soeben von A, daß es die asymptotische Verteilung der Eigenwerte nicht beeinflußt. Die Eigenwerte von H sind aber die nämlichen wie die Eigenwerte von $\lg \frac{1}{r}$ in einem einzelnen Quadrat $\mathfrak{q}$; nur daß, was hier ein 1-facher, dort ein Nfacher, was hier ein 2facher, dort ein 2Nfacher (u. s. f.) Eigenwert wird. Also brauchen wir die Formel (1) nur für die zu dem Kern

$$\lg \frac{1}{r} \left(0 \leqq {x, y \atop \xi, \eta} \leqq a\right)$$

gehörigen Eigenwerte zu beweisen. Hier aber darf, wenn wir den zu Beginn auseinandergesetzten Schluß statt auf J auf das einzelne Quadrat $\mathfrak{q}$ anwenden, $\lg \frac{1}{r}$ rückwärts wieder durch die zu dem Quadrat $0 \leqq x, \ y \leqq a$ gehörige Greensche Funktion ersetzt werden, deren Eigenwerte

$$\frac{\pi^2}{a^2}(m^2 + n^2) \qquad [m, n \text{ ganz und positiv}]$$

wirklich der Limesgleichung (1) [mit $J = a^2$] genügen. Indem wir, von dieser elementaren (zahlentheoretischen) Tatsache ausgehend, die einzelnen Gedankenschritte rückwärts durchlaufen, erhalten wir einen synthetischen Beweis des allgemeinen Satzes X.

Ich habe mich auch mit der Frage beschäftigt, wie rasch das Verhältnis $\frac{n}{\lambda_n}$ gegen seinen Grenzwert $\frac{J}{4\pi}$ konvergiert.

Ferner läßt sich die gleiche Methode auf die allgemeinere Differentialgleichung

$$\frac{\partial}{\partial x}\left(p\frac{\partial u}{\partial x}\right)+\frac{\partial}{\partial y}\left(p\frac{\partial u}{\partial y}\right)-qu+\lambda k u = 0 \tag{3}$$

übertragen, in der p, q, k in J (einschließlich des Randes) stetige Funktionen von xy sind und p und k überall positiv bleiben. Die neue Schwierigkeit, welche durch die Variabilität der Koeffizienten p, q, k hineinkommt, läßt sich mit Hülfe des Satzes VI leicht überwinden. Das Ergebnis lautet:

Satz XI. Die zu einem beliebigen Gebiet J gehörigen Eigenwerte λ_n der sich selbst adjungierten Differentialgleichung (3) *vom elliptischen Typus wachsen so ins Unendliche, daß*

$$\lim_{n=\infty}\frac{4\pi n}{\lambda_n}=\iint_J \frac{k(xy)}{p(xy)}\,dx dy$$

wird.

Eine ausführlichere Darstellung dieser Untersuchungen werde ich in den Mathematischen Annalen veröffentlichen.

Göttingen, den 20. Februar 1911.

14.

Konvergenzcharakter der Laplaceschen Reihe in der Umgebung eines Windungspunktes

Rendiconti del Circolo Matematico di Palermo 32, 118—131 (1911)

§ 1.

Formulierung und Beweis des Hauptsatzes.

Wir wollen eine auf der Kugel definierte Funktion F betrachten, die auf jedem grössten Kreis von beschränkter Schwankung ist und sich in der Umgebung eines bestimmten Punktes O, abgesehen von diesem Punkte selbst, zwar stetig verhält, beim Hineinrücken in den Punkt O aber gegen andere und andere Werte konvergiert, je nachdem in welcher Richtung sich dieses Hineinrücken vollzieht. Genauer gesagt, soll, wenn ϑ (Poldistanz) und φ (« geographische » Länge) die auf O als Pol bezüglichen Polarkoordinaten sind und wir F in diesen Koordinaten ausdrücken: $F = F(\vartheta, \varphi)$, gleichmässig in φ die Limesgleichung

$$\lim_{\vartheta=0} F(\vartheta, \varphi) = f(\varphi)$$

bestehen; dann wird $f(\varphi)$ eine stetige Funktion von der Periode 2π sein, von der wir überdies annehmen, dass sie von beschränkter Schwankung ist. Zu F bilden wir die nach Kugelfunktionen fortschreitende LAPLACEsche Reihe, deren n^{te} Partialsumme mit F_n bezeichnet werde; wir fragen nach der Art und Weise, wie F_n mit wachsendem n in der Umgebung von O gegen F konvergiert.

Führen wir neben F die durch $f = f(\varphi)$ erklärte Funktion auf der Kugel ein, die längs jedes Meridians konstant bleibt, so ist $F - f$ im Punkte O stetig, falls wir dieser Differenz im Punkte O selbst den Wert o erteilen. Daraus ergibt sich, wenn wir uns der in II, S. 381 eingeführten Bezeichnung $g'_n \backsimeq g''_n$ bedienen, welche besagt, dass g'_n, g''_n « unter Vernachlässigung eines unwesentlichen Terms » miteinander über-

---

[1]) Diese Note ist eine Ergänzung zu den beiden in diesen Rendiconti veröffentlichten Arbeiten: I. *Die* GIBBS'*sche Erscheinung in der Theorie der Kugelfunktionen* [t. XXIX (1. Sem. 1910), S. 308-323]; II. *Über die* GIBBS'*sche Erscheinung und verwandte Konvergenzphänomene* [t. XXX (2. Sem. 1910), S. 377-407].

einstimmen, und f_n die n^{te} Partialsumme der zu f gehörigen LAPLACEschen Reihe bedeutet,

$$F_n \backsimeq f_n;$$

unsere Aufgabe reduziert sich dadurch auf die Bestimmung von f_n, welche wir nach der von mir bereits in I und II benutzten Methode und unter Heranziehung der dort erhaltenen Resultate durchführen.

Ist A mit den Polarkoordinaten $\vartheta = \vartheta_0$, $\varphi = 0$ derjenige Punkt, in welchem f_n berechnet werden soll, und sind λ (Poldistanz) und μ (Länge) die auf A als Pol bezogenen Polarkoordinaten (wobei O die Länge $\mu = \pi$ erhalten möge), so bekommen wir, indem wir uns f in den Koordinaten $\cos\lambda = u$ und μ ausgedrückt denken, für den Wert von f_n im Punkte A:

$$f_n(A) = \frac{1}{4\pi}\int_0^{2\pi}\int_{-1}^{+1}\left(\frac{d P_n(u)}{du} + \frac{d P_{n+1}(u)}{du}\right) f\, du\, d\mu.$$

Durch partielle Integration kommt, wenn wir — lediglich der Bequemlichkeit wegen — $f(\varphi)$ als stetig differenzierbar annehmen und mit $f'(\varphi)$ die Ableitung bezeichnen,

(1) $$f_n(A) = f(0) + \frac{1}{4\pi}\int_0^{\pi}\left\{(P_n + P_{n+1})\int_0^{2\pi} f'(\varphi)\frac{\partial\varphi}{\partial\lambda}d\mu\right\}d\lambda.$$

Dabei ist $\cos\lambda$ als Argument in $P_n + P_{n+1}$ einzusetzen und bei der Differentiation $\frac{\partial\varphi}{\partial\lambda}$ ist φ als die durch

(2) $$\cot\lambda\sin\vartheta_0 = -\cos\vartheta_0\cos\mu + \sin\mu\cot\varphi$$

erklärte Funktion von λ und μ aufzufassen; es wird also

$$\frac{\partial\varphi}{\partial\lambda} = \frac{\sin\vartheta_0\sin^2\varphi}{\sin\mu\sin^2\lambda}.$$

Statt der Koordinaten λ, μ führen wir jetzt — auf Grund der Gleichung (2) — λ, φ ein. In (1) haben wir dann $d\mu$ durch $\frac{\partial\mu(\lambda,\varphi)}{\partial\varphi}d\varphi$ zu ersetzen. Aus (2) ergibt sich

$$(\cos\vartheta_0\sin\mu + \cos\mu\cot\varphi)\frac{\partial\mu}{\partial\varphi} = \frac{\sin\mu}{\sin^2\varphi}.$$

Zur Vereinfachung des links auftretenden Faktors bilden wir

$$(\cos\vartheta_0\sin\mu + \cos\mu\cot\varphi)^2 + (-\cos\vartheta_0\cos\mu + \sin\mu\cot\varphi)^2 = \cos^2\vartheta_0 + \cot^2\varphi.$$

Wegen (2) folgt daraus

$$\begin{aligned}(\cos\vartheta_0\sin\mu + \cos\mu\cot\varphi)^2 &= \cos^2\vartheta_0 + \cot^2\varphi - \sin^2\vartheta_0\cot^2\lambda \\ &= 1 - \sin^2\vartheta_0 + \cot^2\varphi - \sin^2\vartheta_0\cot^2\lambda \\ &= \frac{1}{\sin^2\varphi} - \frac{\sin^2\vartheta_0}{\sin^2\lambda},\end{aligned}$$

oder, wenn noch

$$\sin\eta = \sin\varphi\sin\vartheta_0 \quad (|\eta| \leqq \vartheta_0)$$

gesetzt wird,

$$= \frac{\sin^2\lambda - \sin^2\eta}{\sin^2\varphi\sin^2\lambda} = \frac{\sin(\lambda-\eta)\sin(\lambda+\eta)}{\sin^2\varphi\sin^2\lambda};$$

also haben wir

$$(3)\qquad \frac{\partial \mu(\lambda, \varphi)}{\partial \varphi} = \frac{\sin \mu \sin \lambda}{\sin \varphi} \cdot \frac{1}{\sqrt{\sin(\lambda - \eta) \sin(\lambda + \eta)}} .$$

Ist $\lambda > \vartheta_0$ und $< \pi - \vartheta_0$, so gehört zu jedem Wert φ ein einziger Wert $\mu = \mu(\lambda, \varphi)$, und in (3) ist die Quadratwurzel mit dem positiven Vorzeichen zu nehmen. Ist hingegen $\lambda < \vartheta_0$, so gehört zu denjenigen φ, welche nicht den Bedingungen

$$(4)\qquad |\sin \varphi| \leqq \frac{\sin \lambda}{\sin \vartheta_0}, \qquad \cos \varphi > 0$$

genügen, überhaupt kein μ; ist aber (4) für einen Wert φ erfüllt, so gehören zu ihm zwei Werte μ (im Bereiche $-\pi < \mu \leqq \pi$); für denjenigen dieser beiden Werte, der näher an $\mu = 0$ liegt, ist in (3) das positive, für den anderen das negative Vorzeichen zu wählen. Für $\lambda > \pi - \vartheta_0$ treffen ähnliche Umstände zu. Wir finden daher

$$(5)\qquad f_n(A) = f(0) + \int_0^{2\pi} \int_{\vartheta_0}^{\pi-\vartheta_0} + 2 \cdot \int_{(\cos\varphi \geqq 0)} \int_{|\eta|}^{\vartheta_0} + 2 \cdot \int_{(\cos\varphi \leqq 0)} \int_{\pi-\vartheta_0}^{\pi-|\eta|},$$

wobei als Integrand unter den Doppelintegral-Zeichen überall

$$H\, d\lambda\, f'(\varphi)\, d\varphi = \frac{1}{4\pi} \frac{\sin \eta}{\sin \lambda} \frac{P_n(\cos \lambda) + P_{n+1}(\cos \lambda)}{\sqrt{\sin(\lambda - \eta) \sin(\lambda + \eta)}}\, d\lambda\, f'(\varphi)\, d\varphi$$

zu ergänzen ist. $\int_{(\cos\varphi \geqq 0)}$ bedeutet eine Integration im positiven Sinne über dasjenige Intervall der Variablen φ von der Länge π, in welchem $\cos \varphi \geqq 0$ ist. Vernachlässigen wir jetzt unwesentliche Terme, so dürfen wir das letzte Summenglied in (5) ganz fortlassen und können in dem zweiten Gliede $\int_0^{2\pi} \int_{\vartheta_0}^{\pi-\vartheta_0}$ die obere Grenze $\pi - \vartheta_0$ durch irgend eine feste positive Zahl, etwa $\frac{\pi}{2}$, ersetzen. Wir bekommen dann

$$f_n(A) \simeq f(0) + \int_{(\cos\varphi \leqq 0)} \int_{\vartheta_0}^{\frac{\pi}{2}} + \int_{(\cos\varphi \geqq 0)} \left(2 \int_{|\eta|}^{\frac{\pi}{2}} - \int_{\vartheta_0}^{\frac{\pi}{2}} \right).$$

Wir verwenden die Funktionszeichen Sî, A, Te in dem in II erklärten Sinne, wollen dabei aber die Definition von $A(r, \varphi)$ auf alle φ, für welche $\cos \varphi \neq 0$ ist, durch die Formel

$$A(r, \varphi) = \sin 2\varphi \int_1^{\infty} \frac{\operatorname{Si}(r\zeta)}{(\zeta^2 - \sin^2 \varphi) \left|\sqrt{\zeta^2 - 1}\right|}\, d\zeta$$

ausdehnen. In I ist bewiesen, dass

$$\lim_{\substack{n=\infty \\ \eta=0}} \left\{ 2 \int_{|\eta|}^{\frac{\pi}{2}} H\, d\lambda - \hat{\operatorname{Si}}(n\eta) \right\} = 0$$

ist; daraus ergibt sich für uns hier

$$2 \int_{|\eta|}^{\frac{\pi}{2}} H\, d\lambda \simeq \hat{\operatorname{Si}}(n \vartheta_0 \sin \varphi).$$

Wir setzen wie in II: $n\vartheta_0 = r$ und deuten r (Radius vector) und φ (Azimut) als Polarkoordinaten einer Ebene. In II ist gezeigt [2]), dass

---

[2]) Dort ist ohne Beweis behauptet, dass man in dem Integral

$$\frac{1}{\pi}\iint\limits_{\vartheta_0\leqq\lambda\leqq t\leqq\frac{\pi}{2}} \frac{\eta}{\lambda}\,\frac{\sin\left(n+\frac{1}{2}\right)t}{\sqrt{(\lambda^2-\eta^2)(t^2-\lambda^2)}}\,dt\,d\lambda \tag{6}$$

unter Vernachlässigung unwesentlicher Terme

1^0 $\quad\eta$ durch $\eta' = \vartheta_0 \sin\varphi$,

2^0 $\quad\sin\left(n+\frac{1}{2}\right)t$ durch $\sin nt$

ersetzen darf. Zur Bequemlichkeit des Lesers will ich die zur Rechtfertigung dieser Behauptungen dienenden Abschätzungen hier angeben. Was zunächst den ersten Punkt betrifft, so erhalten wir für

$$k(\vartheta_0) = \sin\eta' - \sin\eta = \sin(\vartheta_0\sin\varphi) - \sin\vartheta_0\sin\varphi,$$

indem wir nach Potenzen von ϑ_0 gemäss dem TAYLORschen Lehrsatz entwickeln,

$$k(\vartheta_0) = k'''(\vartheta^*)\frac{\vartheta_0^3}{6} \qquad (0 \leqq \vartheta^* \leqq \vartheta_0).$$

Nun ergibt sich durch dreimalige Differentiation

$$\frac{d^3 k(\vartheta)}{d\vartheta^3} \equiv k'''(\vartheta) = \sin\varphi\cos^2\varphi\cos(\vartheta\sin\varphi) + [\cos\vartheta - \cos(\vartheta\sin\varphi)]\sin\varphi.$$

Denken wir uns $0 \leqq \varphi \leqq \frac{\pi}{2}$, so ist der auf der rechten Seite stehende erste Summand

$$\geqq \sin\varphi\cos^2\varphi\left[1-\frac{\vartheta^2}{2}\right] \quad\text{und}\quad \leqq \cos^2\varphi,$$

der zweite Summand negativ und seinem absoluten Betrage nach

$$= 2\sin\varphi\sin\left(\vartheta\frac{1+\sin\varphi}{2}\right)\sin\left(\vartheta\frac{1-\sin\varphi}{2}\right) \leqq 2\sin\varphi.\frac{\vartheta(1+\sin\varphi)}{2}.\frac{\vartheta(1-\sin\varphi)}{2} = \frac{\vartheta^2}{2}\sin\varphi\cos^2\varphi,$$

mithin

$$(1-\vartheta^2)\sin\varphi\cos^2\varphi \leqq k'''(\vartheta) \leqq \cos^2\varphi.$$

So kommt, wenn wir $0\leqq\varphi\leqq\frac{\pi}{2}$ und ϑ_0 (das schliesslich gegen 0 konvergiert) bereits $\leqq\frac{\pi}{4}$ annehmen,

$$0 \leqq \sin\eta' - \sin\eta \leqq \frac{1}{6}\vartheta_0^3\cos^2\varphi,$$

$$0 \leqq \eta' - \eta \leqq \frac{1}{6}\vartheta_0^3\cos^2\varphi.\frac{1}{\cos\eta'} \leqq \frac{1}{4}\vartheta_0^3\cos^2\varphi.$$

Indem wir $\frac{\eta}{\lambda}.\frac{1}{\sqrt{\lambda^2-\eta^2}}$ nach η differentiieren, folgt weiter

$$0 \leqq \frac{\eta'}{\lambda}\frac{1}{\sqrt{\lambda^2-\eta'^2}} - \frac{\eta}{\lambda}\frac{1}{\sqrt{\lambda^2-\eta^2}} \leqq \frac{\lambda(\eta'-\eta)}{(\lambda^2-\eta'^2)^{\frac{3}{2}}}$$

$$\leqq \frac{\lambda(\eta'-\eta)}{\vartheta_0^2\cos^2\varphi\sqrt{\lambda^2-\eta'^2}} \leqq \frac{\vartheta_0}{4}.\frac{\lambda}{\sqrt{\lambda^2-\eta'^2}} \quad\text{für}\quad \lambda \geqq \vartheta_0.$$

Der durch die Substitution $\eta|\eta'$ in (6) begangene Fehler ist demnach

$$\leqq \frac{\vartheta_0}{4\pi}\int_{\vartheta_0}^{\frac{\pi}{2}}\left\{\int_{\vartheta_0}^{t}\frac{\lambda\,d\lambda}{\sqrt{(\lambda^2-\eta'^2)(t^2-\lambda^2)}}\right\}dt \leqq \frac{\vartheta_0}{4\pi}\int_{\vartheta_0}^{\frac{\pi}{2}}\frac{\pi}{2}\,dt \leqq \frac{\pi}{16}\vartheta_0.$$

Damit ist Punkt 1^0 erledigt und nach den weiteren Schlüssen in II, S. 383 f. wird das Integral (6)

$$\simeq A\left(\left(n+\frac{1}{2}\right)\vartheta_0,\ \varphi\right).$$

$$\int_{\mathfrak{z}_0}^{\frac{\pi}{2}} H\,d\lambda \simeq \begin{cases} \frac{1}{2\pi} A(r,\varphi) & \text{für } \cos\varphi > 0 \\ \frac{1}{2}\,\mathrm{S\hat{i}}(r) & \text{für } \cos\varphi = 0 \\ -\frac{1}{2\pi} A(r,\varphi) & \text{für } \cos\varphi < 0 \end{cases}$$

ist [3]). Wir erhalten folglich

$$(7)\quad \begin{cases} f_n \simeq f(0) + \int_0^{2\pi} \mathrm{Te}(r\sin\varphi,\, r\cos\varphi) f'(\varphi)\,d\varphi \\ \quad = -\int_0^{2\pi} \frac{\partial\,\mathrm{Te}(r\sin\varphi,\, r\cos\varphi)}{\partial\varphi} f(\varphi)\,d\varphi. \end{cases}$$

Um den hier unter dem Integralzeichen auftretenden partiellen Differentialquotienten, den wir kurz mit $\frac{\partial\,\mathrm{Te}}{\partial\varphi}$ bezeichnen, auszurechnen, gehen wir von der für $-\frac{\pi}{2} < \varphi < \frac{\pi}{2}$ gültigen Formel

$$\frac{\partial A}{\partial\varphi} = \frac{2}{\pi}\int_1^{\infty} \frac{\sin r\zeta}{\zeta}\frac{\partial\Theta_\varphi(\zeta)}{\partial\varphi}\,d\zeta$$

aus, in der $\Theta = \Theta_\varphi(\zeta)$ durch

$$\operatorname{tg}\Theta = \operatorname{tg}\varphi\left|\sqrt{1-\frac{1}{\zeta^2}}\right|, \qquad -\frac{\pi}{2} < \Theta < \frac{\pi}{2}$$

zu erklären ist. Wir finden

$$\frac{\partial\Theta}{\partial\varphi} = \frac{\zeta\left|\sqrt{\zeta^2-1}\right|}{\zeta^2-\sin^2\varphi} = \frac{\zeta}{\left|\sqrt{\zeta^2-1}\right|}\left\{1-\frac{\cos^2\varphi}{\zeta^2-\sin^2\varphi}\right\},$$

also

$$\frac{\partial A}{\partial\varphi} = \frac{2}{\pi}\int_1^{\infty}\frac{\sin r\zeta}{\sqrt{\zeta^2-1}}\,d\zeta - \cos^2\varphi\int_1^{\infty}\frac{\sin r\zeta\,d\zeta}{(\zeta^2-\sin^2\varphi)\sqrt{\zeta^2-1}} = J(r) - \cot\varphi.\,B(r,\varphi).$$

Da A, mithin auch $\frac{\partial A}{\partial\varphi}$ die Periode π besitzt, erweist sich diese Formel für alle φ, für die $\cos\varphi \neq 0$ ist, als gültig. $J(r)$ ist die bekannte BESSELsche Funktion, B lässt

---

Da aber $\left|\frac{\partial A(r,\varphi)}{\partial r}\right| \leqq \frac{1}{r}$ ist, gilt die Ungleichung

$$\left|A\left(\left(n+\tfrac{1}{2}\right)\mathfrak{z}_0,\varphi\right) - A(n\,\mathfrak{z}_0,\varphi)\right| \leqq \frac{\frac{1}{2}\mathfrak{z}_0}{n\,\mathfrak{z}_0} = \frac{1}{2n},$$

und damit ist auch 2° gerechtfertigt.

[3]) Das bedeutet, dass z. B.

$$\lim_{\substack{n=\infty\\ \mathfrak{z}_0=0}}\left\{\int_{\mathfrak{z}_0}^{\frac{\pi}{2}} H\,d\lambda - \frac{1}{2\pi}A(n\,\mathfrak{z}_0,\varphi)\right\} = 0$$

ist gleichmässig für $-\frac{\pi}{2} < \varphi < +\frac{\pi}{2}$ (nicht etwa bloss gleichmässig in jedem abgeschlossenen, im Inneren von $-\frac{\pi}{2} + \ldots + \frac{\pi}{2}$ gelegenen Intervall der Variablen φ).

sich in der Form

$$B(r, \varphi) = \cos\varphi \int_r^\infty \sin\{(r-\rho)\sin\varphi\} J(\rho)\, d\rho$$

$$= \frac{\cos\varphi}{|\cos\varphi|} \sin(r\sin\varphi) - \cos\varphi \int_0^r \sin\{(r-\rho)\sin\varphi\} J(\rho)\, d\rho$$

darstellen. Berücksichtigt man

$$\frac{\partial\, \mathrm{Si}(r\sin\varphi)}{\partial\varphi} = -\frac{\cot\varphi}{\pi} \sin(r\sin\varphi),$$

so erhält man die einheitliche Formel

$$-2\pi \frac{\partial\, \mathrm{Te}}{\partial\varphi} \equiv \mathrm{Wi}(r, \varphi) = J(r) + \cos\varphi . \frac{\sin(r\sin\varphi)}{\sin\varphi} + \cos^2\varphi \int_0^r \frac{\sin\{(r-\rho)\sin\varphi\}}{\sin\varphi} J(\rho)\, d\rho,$$

aus der hervorgeht, dass $\mathrm{Wi}(r, \varphi)$ eine regulär-analytische Funktion von $r\sin\varphi$, $r\cos\varphi$ ist.

Das gewonnene Resultat nimmt jetzt, wenn wir ϑ statt ϑ_0 schreiben und die Annahme fallen lassen, dass der Punkt A gerade auf dem Nullmeridian $\varphi = 0$ liegt, die folgende einfache Form an:

$$f_n(\vartheta, \varphi) \backsimeq \frac{1}{2\pi} \int_0^{2\pi} \mathrm{Wi}(n\vartheta, \psi - \varphi) f(\psi)\, d\psi. \tag{8}$$

Bewiesen haben wir diese Formel zunächst nur für den Fall, dass $f(\varphi)$ eine stetig differenzierbare Funktion von der Periode 2π war. Aus dem Beweis aber folgt, dass für die Differenz $R_n(\vartheta, \varphi)$ der linken und rechten Seite von (8) die Limesgleichung

$$\lim_{\substack{n=\infty \\ \vartheta=0}} R_n(\vartheta, \varphi) = 0$$

nicht nur gleichmässig in φ gilt, sondern auch gleichmässig für alle stetig differenzierbaren Funktionen f, deren totale Schwankung $\int_0^{2\pi} |f'(\varphi)|\, d\varphi$ unterhalb einer festen Schranke liegt, und daraus ergibt sich die Gültigkeit von (8) für jede Funktion f von beschränkter Schwankung, sogar ohne Rücksicht auf deren Stetigkeit. Insbesondere ist also unter den am Beginn formulierten Voraussetzungen

$$F_n(\vartheta, \varphi) \backsimeq \frac{1}{2\pi} \int_0^{2\pi} \mathrm{Wi}(n\vartheta, \psi - \varphi) f(\psi)\, d\psi. \tag{9}$$

Hat $f(\varphi)$ speziell die Eigenschaft $f(\varphi + \pi) = -f(\varphi)$, so gilt statt (9) die weit einfachere Gleichung

$$F_n(\vartheta, \varphi) \backsimeq \frac{1}{\pi} \int_0^{\pi} \cos\psi \frac{\sin(r\sin\psi)}{\sin\psi} f(\varphi + \psi)\, d\psi. \tag{10}$$

Wenn wir (8) auf eine Funktion f mit einer endlichen Anzahl von Unstetigkeitsstellen anwenden und die in II § 1 ausgesprochenen Sätze über die Spitze heranziehen (welche sich auf die in I § 3 angestellten infinitesimalen Betrachtungen stützen) so können wir den Gültigkeitsbereich der Formel (9) in der folgenden Weise erweitern:

THEOREM. — *Die auf der Kugel definierte Funktion F, welche auf jedem grössten*

Kreis von beschränkter Schwankung ist, möge in der Umgebung eines gewissen Punktes O (zu dem als Pol die Polarkoordinaten ϑ, φ gehören) *die folgenden Eigenschaften besitzen: Es gibt eine endliche Anzahl, etwa m, in O mündende Kurvenäste, welche bis in den Punkt O hinein mit stetiger Tangente versehen sind und welche eine hinreichend kleine Umgebung des Poles: $\vartheta \leqq \vartheta_0$ in m Stücke («Zipfel») zerteilen; die Funktion F soll*

1) *in allen nicht auf diesen Kurven gelegen Punkten der Umgebung von O stetig sein,*

2) *längs dieser Kurven, abgesehen vom Punkte O, einfache Sprünge erleiden;* d. h. konvergiert ein Punkt P vom Innern eines der Zipfel gegen einen von O verschiedenen Randpunkt des Zipfels, so soll der Wert von F im Punkte P gleichzeitig gegen einen bestimmten Grenzwert konvergieren, und zwar immer gegen *denselben*, falls P vom Innern *desselben* Zipfels aus gegen *denselben* Randpunkt konvergiert;

3) *konvergiert P vom Innern eines bestimmten Zipfels aus in bestimmter Richtung* (d. h. so, dass dabei die Länge φ von P gegen einen bestimmten Wert konvergiert) *gegen O, so soll auch der Wert von F im Punkte P einem bestimmten Grenzwert zustreben, und zwar immer demselben, falls P aus dem Innern desselben Zipfels in derselben Richtung gegen O geht.*

Aus der letzten Forderung folgt, dass $\lim\limits_{\vartheta=0} F(\vartheta, \varphi) = f(\varphi)$ *existiert und stetig ist für alle* φ, *ausgenommen die Richtungen* $\varphi = \varphi_1, \varphi_2, \ldots, \varphi_m$, *mit denen die Sprungkurven in O münden. Wir nehmen an, dass* $f(\varphi)$ *von beschränkter Schwankung ist.*

Entwickeln wir alsdann die Funktion F in ihre LAPLACE*sche Reihe und bezeichnen mit* $F_n = F_n(\vartheta, \varphi)$ *diejenige Annäherungsfunktion, welche hervorgeht, falls wir die* LAPLACE*sche Reihe mit den Kugelfunktionen* n^{ter} *Ordnung abbrechen, so gilt die Gleichung*

$$F_n(\vartheta, \varphi) = \frac{1}{2\pi}\int_0^{2\pi} \mathrm{Wi}(n\vartheta, \psi - \varphi) f(\psi)\, d\psi + R_n(\vartheta, \varphi).$$

Dabei lässt sich Wi *mittels der gewöhnlichen* BESSEL*schen Funktion J durch die Formel*

$$\mathrm{Wi}(r, \varphi) = J(r) + \cos\varphi \frac{\sin(r\sin\varphi)}{\sin\varphi} + \cos^2\varphi \int_0^r \frac{\sin\{(r-\rho)\sin\varphi\}}{\sin\varphi} J(\rho)\, d\rho$$

darstellen, und es besteht gleichmässig für jedes abgeschlossene Intervall der Variablen φ, *das keinen der Werte* $\varphi_1, \ldots, \varphi_m$ *enthält,*

(11) $$\lim_{\substack{n=\infty \\ \vartheta=0}} R_n(\vartheta, \varphi) = 0;$$

gleichmässig für alle φ *aber und auch für alle r, die unterhalb einer beliebigen festen endlichen Grenze bleiben,*

(12) $$\lim_{n=\infty} R_n\left(\frac{r}{n}, \varphi\right) = 0.$$

Sehen wir O als den Südpol der Kugel an, denken uns die Niveaulinien von F_n auf die Kugel aufgezeichnet, projizieren sie (soweit sie auf der südlichen Halbkugel verlaufen) vom Mittelpunkt der Kugel aus auf deren Tangentialebene in O und vergrössern das in der Ebene erhaltene Bild vom Punkte O aus allseitig im Verhältnis

$n:1$ («Entfaltungsprozess»), so bekommen wir in der Grenze für $n=\infty$ eine Figur, welche uns die Funktion

$$\frac{1}{2\pi}\int_0^{2\pi} \mathrm{Wi}(r,\, \psi - \varphi) f(\psi)\, d\psi \equiv Wf(r,\, \varphi)$$

durch ihre Niveaulinien veranschaulicht: das ist der Sinn der Gleichung (12). Wünscht man über das Verhalten von F_n in Richtungen, welche $\varphi_1, \ldots, \varphi_m$ benachbart sind, genauere Auskunft, als sie (12) gewährt, so hat man das in II § 1 aufgestellte Spitzenphänomen (welches hier für die Spitzen zu bilden ist, die aus je einer der Sprungkurven und dem sie im Punkte O berührenden Meridian bestehen) der Funktion Wf zu überlagern.

§ 2.

Asymptotisches Verhalten der Windungsfunktion.

Die interessantesten Beispiele für unser Theorem kommen zum Vorschein, falls f eine stückweis konstante Funktion ist, ein Fall, der bereits in II eingehend behandelt wurde. Das einfachste Beispiel eines durchweg stetigen f bekommen wir, wenn wir

$$f(\varphi) = \sin\varphi$$

nehmen. Dann liefert (10)

$$Wf(r,\, \varphi) = \frac{\cos\varphi}{\pi}\int_0^{\pi} \cos\psi \sin(r\sin\psi)\, d\psi + \frac{\sin\varphi}{\pi}\int_0^{\pi} \cos^2\psi\, \frac{\sin(r\sin\psi)}{\sin\psi}\, d\psi.$$

Nun ist

$$\int_0^{\pi} \cos\psi . \sin(r\sin\psi)\, d\psi = 0,$$

$$\int_0^{\pi} \cos^2\psi . \frac{\sin(r\sin\psi)}{\sin\psi}\, d\psi = \int_0^{\pi} \frac{\sin(r\sin\psi)}{\sin\psi}\, d\psi - \int_0^{\pi} \sin\psi \sin(r\sin\psi)\, d\psi$$

$$= I_1 \qquad\qquad - I_2;$$

$$\frac{dI_1}{dr} = \int_0^{\pi} \cos(r\sin\psi)\, d\psi = \pi J(r),$$

$$\pi\frac{dJ}{dr} = -\int_0^{\pi} \sin(r\sin\psi)\sin\psi\, d\psi = -I_2.$$

Wir haben also das Resultat

$$Wf(r,\, \varphi) = \left[\frac{dJ}{dr} + \int_0^{r} J(\rho)\, d\rho\right]\sin\varphi = \left[1 - \frac{J(r)}{r} + \int_r^{\infty} \frac{J(\rho)}{\rho^2}\, d\rho\right]\sin\varphi$$

$$(\text{für } f(\varphi) = \sin\varphi).$$

Wir wollen hier noch das Verhalten von $Wf(r,\, \varphi)$ für grosse Werte von r untersuchen und werden uns dabei der LANDAUschen Abschätzungssymbole [4]) O und o bedienen.

---

[4]) E. LANDAU, *Handbuch der Lehre von der Verteilung der Primzahlen* (Leipzig, B. G. Teubner, 1909), S. 59 und S. 61.

Ist f stetig (und von beschränkter Schwankung), so gilt für unbegrenzt wachsendes r gleichmässig in φ

$$Wf(r,\varphi)=f(\varphi)+o(1).$$

Mehr lässt sich, falls man die Natur der Funktion f keiner weiteren Einschränkung unterwirft, nicht sagen.

Ist f aber stetig differenzierbar, so gilt die genauere Abschätzung

$$Wf(r,\varphi)=f(\varphi)+O\left(\frac{\log r}{r}\right).$$

Den Beweis dieser und anderer asymptotischer Formeln werden wir hier allein für den Wert $\varphi=0$ erbringen; es wird aber aus dem Beweis hervorgehen, dass, wenn wir φ beliebig lassen, die durch die Zeichen O, o angedeuteten Abschätzungen gleichmässig in φ statthaben.

Wir gehen aus von der Gleichung

$$Wf(r,0)=f(0)+\int_0^{2\pi}\mathrm{Te}(r\sin\varphi,\ r\cos\varphi)f'(\varphi)\,d\varphi.$$

Da gleichmässig für alle φ

$$A(r,\varphi)=O\left(\frac{1}{r}\right)$$

ist, folgt hieraus

$$Wf(r,0)=f(0)+\int_{-\frac{\pi}{2}}^{+\frac{\pi}{2}}\mathrm{Si}(r\sin\varphi)f'(\varphi)\,d\varphi+O\left(\frac{1}{r}\right)$$

$$=f(0)+\int_0^{\frac{\pi}{2}}\mathrm{Si}(r\sin\varphi)[f'(\varphi)-f'(-\varphi)]\,d\varphi+O\left(\frac{1}{r}\right).$$

Das Integral zerlegen wir in die folgenden beiden Summanden

$$\int_0^{\frac{\pi}{2}}=\int_0^{\frac{1}{r}}+\int_{\frac{1}{r}}^{\frac{\pi}{2}}$$

und wenden auf das erste Glied die Ungleichung $|\mathrm{Si}(x)|\leqq\frac{1}{2}$ (für $x\geqq 0$), auf das zweite die Ungleichung $|\mathrm{Si}(x)|<\frac{2}{\pi x}$ an; dann folgt in der Tat

$$\int_0^{\frac{\pi}{2}}=O\left(\frac{1}{r}\right)+O\left(\frac{1}{r}\int_{\frac{1}{r}}^{\frac{\pi}{2}}\frac{d\varphi}{\sin\varphi}\right)=O\left(\frac{\lg r}{r}\right).$$

Es genügt übrigens für die Gültigkeit dieser Abschätzungen, dass die periodische Funktion $f(\varphi)$ der LIPSCHITZschen Bedingung genügt, d. h. dass der Differenzenquotient zwischen endlichen festen Grenzen liegt [5]).

---

[5]) Dieselben Überlegungen zeigen auch, dass das Restglied der FOURIERreihe einer periodischen, der LIPSCHITZschen Bedingung genügenden Funktion von der Grössenordnung $O\left(\frac{\lg n}{n}\right)$ ist. Dies be-

Ist $f(\varphi)$ zweimal stetig differenzierbar, so lässt sich ein weiteres Glied von $Wf(r,\varphi)$ berechnen, und wir bekommen dann

$$(13)\quad \left\{\begin{aligned} Wf(r,\varphi) &= f(\varphi) + \sqrt{\frac{2}{\pi r^3}}\left[\sin\left(r+\frac{\pi}{4}\right)\frac{f'\left(\varphi+\frac{\pi}{2}\right)-f'\left(\varphi-\frac{\pi}{2}\right)}{2}\right.\\ &\quad\left. -\cos\left(r+\frac{\pi}{4}\right)\frac{1}{2\pi}\int_0^{2\pi}\operatorname{tg}(\psi-\varphi)f'(\psi)\,d\psi\right] + o\left(\frac{\lg r}{r^2}\right); \end{aligned}\right.$$

Das in dieser Formel auftretende Integral ist im Sinne des CAUCHYschen Hauptwertes zu verstehen.

Zum Beweise haben wir die folgenden beiden Integrale abzuschätzen:

1. $$\int_{-\frac{\pi}{2}}^{+\frac{\pi}{2}} \mathrm{Si}(r\sin\varphi)f'(\varphi)\,d\varphi;$$

2. $$\int_{-\pi}^{+\pi} \mathrm{A}(r,\varphi)f'(\varphi)\,d\varphi.$$

1. Dieses Integral ist

$$= \int_0^1 \mathrm{Si}(r\xi)g(\xi)\,d\xi + \left[f'\left(\frac{\pi}{2}\right)-f'\left(-\frac{\pi}{2}\right)\right]\int_0^{\frac{\pi}{2}} \mathrm{Si}(r\sin\varphi)\sin\varphi\,d\varphi,$$

wo

$$g(\xi) = \frac{[f'(\arcsin\xi)-f'(-\arcsin\xi)] - \left[f'\left(\frac{\pi}{2}\right)-f'\left(-\frac{\pi}{2}\right)\right]\xi}{\sqrt{1-\xi^2}}.$$

$g(\xi)$ ist im ganzen Intervall $0 \leqq \xi \leqq 1$ stetig und verschwindet bei $\xi = 0$. Die Ableitung $\frac{dg(\xi)}{d\xi} = g'(\xi)$ hat bei $\xi = 0$ den Wert $2f''(0)$, und wenn

$$(1-\xi)[g'(\xi)-2f''(0)] = g^*(\xi)$$

gesetzt wird, so ist

$$\lim_{\xi=0} g^*(\xi) = 0, \qquad \lim_{\xi=1} g^*(\xi) = 0.$$

Um

$$\int_0^1 \mathrm{Si}(r\xi)g(\xi)\,d\xi$$

durch partielle Integration auswerten zu können, bilden wir

$$\int_\xi^1 \mathrm{Si}(r\xi)\,d\xi = \frac{1}{r}\int_{r\xi}^r \mathrm{Si}(z)\,dz = \mathrm{Si}^*(r) - \xi\,\mathrm{Si}^*(\xi r),$$

$$\mathrm{Si}^*(x) = \frac{1}{\pi}\int_x^\infty \frac{1-\cos t}{t^2}\,dt.$$

---

weist auf ähnlichem Wege Herr H. LEBESGUE in einer kürzlich erschienenen Arbeit {*Sur la représentation trigonométrique approchée des fonctions satisfaisant à une condition de* LIPSCHITZ [Bulletin de la Société Mathématique de France (Paris), Bd. XXXVIII (1910), S. 184-210]}.

Es gelten für $x \geqq 0$ die Beziehungen

$$(14_{1,2,3,4})\quad \begin{cases} 0 < \mathrm{Si}^*(x) \leqq \frac{1}{2}, \qquad |\mathrm{Si}^*(x)| \leqq \frac{2}{\pi x}, \qquad \left|\mathrm{Si}^*(x) - \frac{1}{\pi x}\right| \leqq \frac{2}{\pi x^2}, \\ |\mathrm{Si}^*(x_1) - \mathrm{Si}^*(x_2)| \leqq \frac{2}{\pi}\left|\frac{1}{x_1} - \frac{1}{x_2}\right|. \end{cases}$$

Nun ist

$$\int_0^1 \mathrm{Si}(r\xi) g(\xi) d\xi = \int_0^1 [\mathrm{Si}^*(r) - \xi \,\mathrm{Si}^*(r\xi)] g'(\xi) d\xi$$

$$= \int_0^1 [\mathrm{Si}^*(r) - \xi \,\mathrm{Si}^*(r\xi)] \frac{g^*(\xi)}{1-\xi} d\xi + 2f''(0) \int_0^1 [\mathrm{Si}^*(r) - \xi\,\mathrm{Si}^*(r\xi)] d\xi.$$

Das erste Integral auf der rechten Seite zerlegen wir in die Bestandteile

$$\int_0^{\frac{1}{r}} + \int_{\frac{1}{r}}^{1-\frac{1}{r}} + \int_{1-\frac{1}{r}}^1 .$$

Machen wir für den ersten dieser drei Summanden von der Ungleichung

$$|\mathrm{Si}^*(r) - \xi\,\mathrm{Si}^*(r\xi)| \leqq \frac{2}{\pi r} + \frac{\xi}{2} \qquad \text{(vergl. } 14_{1,2}\text{)}.$$

Gebrauch, in dem zweiten Summanden von

$$|\mathrm{Si}^*(r) - \xi\,\mathrm{Si}^*(r\xi)| \leqq \frac{2}{\pi r^2}\left(1 + \frac{1}{\xi}\right) \qquad \text{(vergl. } 14_3\text{)}$$

und in dem dritten von

$$|\mathrm{Si}^*(r) - \xi\,\mathrm{Si}^*(r\xi)| \leqq \frac{4}{\pi r}\,\frac{1-\xi}{\xi} \qquad \text{(vergl. } 14_{4,2}\text{)},$$

so folgt, dass der erste und dritte $= o\left(\frac{1}{r^2}\right)$, der zweite $= o\left(\frac{\lg r}{r^2}\right)$ ist. Durch partielle Integration berechnen wir ferner

$$\int_0^1 [\mathrm{Si}^*(r) - \xi\,\mathrm{Si}^*(r\xi)] d\xi = \frac{1}{2}\,\mathrm{Si}^*(r) - \frac{1}{2\pi r} + \frac{\sin r}{2\pi r^2} = O\left(\frac{1}{r^2}\right).$$

Damit haben wir bewiesen, dass

$$\int_0^1 \mathrm{Si}(r\xi) g(\xi) d\xi = o\left(\frac{\lg r}{r^2}\right)$$

ist [6]). Schliesslich haben wir noch

$$\int_0^{\frac{\pi}{2}} \mathrm{Si}(r \sin\varphi) \sin\varphi\, d\varphi$$

---

[6]) Mit den gleichen Hülfsmitteln, aber wesentlich einfacher beweist man, dass das Restglied der FOURIERreihe einer periodischen zweimal stetig differenzierbaren Funktion $= o\left(\frac{\lg n}{n^2}\right)$ ist.

zu bestimmen; dieses Integral verwandelt sich durch partielle Integration in

$$\frac{1}{2}-\frac{1}{\pi}\int_0^{\frac{\pi}{2}}\frac{\sin(r\sin\varphi)}{\sin\varphi}\cos^2\varphi\,d\varphi=\frac{1}{2}\left[\frac{J(r)}{r}-\int_r^\infty\frac{J(\rho)}{\rho^2}d\rho\right]$$

$$=\frac{1}{\sqrt{2\pi}}\frac{\sin\left(r+\frac{\pi}{4}\right)}{r^{\frac{3}{2}}}+O\left(\frac{1}{r^{\frac{5}{2}}}\right).$$

Das Ergebnis dieser Überlegungen lautet also

$$\int_{-\frac{\pi}{2}}^{+\frac{\pi}{2}}\operatorname{Si}(r\sin\varphi)f'(\varphi)\,d\varphi=\sqrt{\frac{2}{\pi r^3}}\sin\left(r+\frac{\pi}{4}\right)\frac{f'\left(\frac{\pi}{2}\right)-f'\left(-\frac{\pi}{2}\right)}{2}+o\left(\frac{\lg r}{r^2}\right).$$

2. Für das Integral 2. schreiben wir

$$\int_{-\frac{\pi}{2}}^{0}A(r,\varphi)[f'(\varphi)-f'(-\pi-\varphi)]\,d\varphi+\int_0^{\frac{\pi}{2}}A(r,\varphi)[f'(\varphi)-f'(\pi-\varphi)]\,d\varphi.$$

Von den beiden Summanden, genügt es, hier den zweiten $\int_0^{\frac{\pi}{2}}$ zu behandeln. Nach den in II aufgestellten Formeln ist gleichmässig für $0\leqq\varphi\leqq\frac{\pi}{6}$

$$A(r,\varphi)-\sqrt{\frac{2}{\pi}}\operatorname{tg}\varphi\frac{\cos\left(r+\frac{\pi}{4}\right)}{r^{\frac{3}{2}}}=O\left(\frac{1}{r^{\frac{5}{2}}}\right)$$

und gleichmässig für $\frac{\pi}{6}\leqq\varphi<\frac{\pi}{2}$ [7])

$$A(r,\varphi)-\sqrt{\frac{2}{\pi}}\operatorname{tg}\varphi\frac{\cos\left(r+\frac{\pi}{4}\right)}{r^{\frac{3}{2}}}$$

$$=\frac{\sqrt{1+\xi}}{2r\xi}\left\{\sin\left(r+\frac{\pi}{4}\right)\operatorname{Cs}(p)+\cos\left(r+\frac{\pi}{4}\right)\left(\operatorname{Ss}(p)-\sqrt{\frac{2}{\pi p}}\right)\right\}+O\left(\frac{1}{r^2}\right)$$

$$[\xi=\sin\varphi,\quad p=r(1-\xi)].$$

Durch Einsetzen erhalten wir also, wenn wir

$$z=1-\xi,\qquad \frac{f'(\arcsin\xi)-f'(\pi-\arcsin\xi)}{2\xi\sqrt{1-\xi}}=h(z)$$

---

[7]) In der Tat erhält man diese Gleichung, wenn man in der Formel II, S. 390, Zeile 18-19, in der das vernachlässigte Restglied $=O\left(\frac{1}{r^2}\right)$ ist, von

$$\operatorname{Cs}(r(1+\xi))=O\left(\frac{1}{r^{\frac{3}{2}}}\right),\qquad \operatorname{Ss}(r(1+\xi))=\sqrt{\frac{2}{\pi r(1+\xi)}}+O\left(\frac{1}{r^{\frac{3}{2}}}\right)\qquad(0\leqq\xi\leqq1)$$

Gebrauch macht.

schreiben und den Gleichungen

$$\mathrm{Cs}(x) = -\frac{d\,\mathrm{Ss}(x)}{dx}, \qquad \mathrm{Ss}(x) - \sqrt{\frac{2}{\pi x}} = \frac{d\,\mathrm{Cs}(x)}{dx}.$$

Rechnung tragen,

$$\int_0^{\frac{\pi}{2}} A(r,\varphi)[f'(\varphi)-f'(\pi-\varphi)]\,d\varphi = \sqrt{\frac{2}{\pi r^3}}\cos\left(r+\frac{\pi}{4}\right)\int_0^{\frac{\pi}{2}} \operatorname{tg}\varphi\,[f'(\varphi)-f'(\pi-\varphi)]\,d\varphi$$

$$+\frac{1}{r^2}\left[\cos\left(r+\frac{\pi}{4}\right)\int_0^{\frac{1}{2}}\frac{d\mathrm{Cs}(rz)}{dz}h(z)\,dz-\sin\left(r+\frac{\pi}{4}\right)\int_0^{\frac{1}{2}}\frac{d\mathrm{Ss}(rz)}{dz}h(z)\,dz\right]+O\left(\frac{1}{r^2}\right).$$

$h(z)$ ist für $0 \leqq z \leqq \frac{1}{2}$ stetig, $h^*(z) = z\frac{dh}{dz} = z\,h'(z)$ erfüllt die Bedingung $\lim\limits_{z=0} h^*(z) = 0$.

Die Funktionen $\mathrm{Cs}(x)$, $\mathrm{Ss}(x)$ nehmen, wenn x von 0 bis $+\infty$ wächst, monoton von 1 bis 0 ab; daher ist

$$0 \leqq 1-\mathrm{Ss}(x) = -\int_0^x \frac{d\mathrm{Ss}(x)}{dx}dx = \int_0^x \mathrm{Cs}(x)\,dx \leqq x,$$

$$0 \leqq 1-\mathrm{Cs}(x) = -\int_0^x \frac{d\mathrm{Cs}(x)}{dx}dx = \int_0^x \sqrt{\frac{2}{\pi x}}\,dx - \int_0^x \mathrm{Ss}(x)\,dx \leqq \sqrt{\frac{2}{\pi}}\int_0^x \frac{dx}{\sqrt{x}} = 2\sqrt{\frac{2x}{\pi}}.$$

Um

$$\int_0^{\frac{1}{2}} \frac{d\,\mathrm{Cs}(rz)}{dz} h(z)\,dz = \int_0^{\frac{1}{2}} [1-\mathrm{Cs}(rz)]\,h'(z)\,dz + O(1)$$

zu berechnen, zerlegen wir das rechts stehende Integral in die beiden Teile $\int_0^{\frac{1}{r}} + \int_{\frac{1}{r}}^{\frac{1}{2}}$:

$$\left|\int_0^{\frac{1}{r}}\right| \leqq \sqrt{\frac{8}{\pi}}\int_0^{\frac{1}{r}} \sqrt{rz}\,|h'(z)|\,dz = \sqrt{\frac{8r}{\pi}}\int_0^{\frac{1}{r}}\left|\frac{h^*(z)}{\sqrt{z}}\right| dz = o(1),$$

$$\left|\int_{\frac{1}{r}}^{\frac{1}{2}}\right| < \int_{\frac{1}{r}}^{\frac{1}{2}} |h'(z)|\,dz = \int_{\frac{1}{r}}^{\frac{1}{2}} \frac{|h^*(z)|}{z}\,dz = o(\lg r).$$

Auf diese Weise ergibt sich

$$\int_0^{\frac{1}{2}} [1-\mathrm{Cs}(rz)]\,h'(z)\,dz = o(\lg r) \text{ und ähnlich } \int_0^{\frac{1}{2}} [1-\mathrm{Ss}(rz)]\,h'(z)\,dz = o(\lg r).$$

Indem wir alles zusammenfassen, gewinnen wir daraus die Abschätzung

$$\int_0^{\frac{\pi}{2}}\left[A(r,\varphi)-\sqrt{\frac{2}{\pi r^3}}\operatorname{tg}\varphi\cos\left(r+\frac{\pi}{4}\right)\right](f'(\varphi)-f'(\pi-\varphi))\,d\varphi = o\left(\frac{\lg r}{r^2}\right),$$

und damit ist der Beweis von (13) beendet.

§ 3.

Bemerkung über höhere Summationen.

Bisher haben wir uns allein mit dem Verhalten der n^{ten} *Partialsumme* F_n der LAPLACEschen Reihe einer auf der Kugel definierten Funktion F:

(15) $$F_n = Y_0 + Y_1 + \cdots + Y_n \quad (Y_h \text{ Kugelfunktion } h^{\text{ter}} \text{ Ordnung})$$

in der Umgebung des « Windungspunktes » O beschäftigt. Statt der durch (15) erklärten « natürlichen » Summation können wir uns aber auch — und dies ist für die Probleme der mathematischen Physik von wesentlichem Nutzen — der « Summation mittels einer Funktion $\gamma(s)$ » bedienen:

(16) $$F(s|\mathfrak{z}\varphi) = \sum_{n=0}^{\infty} Y_n \gamma(ns), \qquad F = \lim_{s=+0} F(s|\mathfrak{z}\varphi).$$

Dabei kann $\gamma(s)$ irgend eine Funktion bedeuten, die für $0 \leqq s < +\infty$ definiert ist, monoton von 1 bis 0 abnimmt und an der Stelle $s = 0$ sich stetig verhält. Um für $F(s|\mathfrak{z}\varphi)$ analoge Formeln zu erhalten, wie sie oben für $F_n(\mathfrak{z}\varphi)$ abgeleitet wurden, hat man in den betreffenden Gleichungen n durch $\frac{1}{s}$ zu ersetzen, ausserdem aber Si, A, Te, Wi durch gewisse andere Funktionen Si_γ, A_γ, Te_γ, Wi_γ, die nach II § 4 unmittelbar gebildet werden können. Die so erhaltenen Abschätzungsgleichungen, welche das Verhalten von $F(s|\mathfrak{z}\varphi)$ für kleine positive s und $\mathfrak{z}$ in einer exakten Weise beschreiben, bleiben auch gültig, wie aus den betreffenden Überlegungen in II ohne weiteres hervorgeht, wenn $F(s|\mathfrak{z}\varphi)$, statt durch (16), durch die allgemeinere Festsetzung

$$F(s|\mathfrak{z}\varphi) = \sum_{n=0}^{\infty} Y_n \gamma(\lambda_n s)$$

definiert wird, in welcher $\lambda_0, \lambda_1, \lambda_2, \ldots$ irgend eine monoton wachsende Zahlenfolge mit der Eigenschaft

$$\lim_{n=\infty} \frac{\lambda_n}{n} = 1$$

bedeutet [8]).

Göttingen, den 20. November 1910.

---

[8]) Man vergleiche zum Begriff der Summation namentlich auch M. RIESZ {*Sur les séries de* DIRICHLET *et les séries entières* [Comptes rendus hebdomadaires des séances de l'Académie des Sciences (Paris), Bd. CXLIX (2. Semester 1909), S. 909-912]}.

15.

Henri Poincaré †

Mathematisch-naturwissenschaftliche Blätter 9, 161—163 (1912)

„La recherche de la vérité doit être le but de notre activité; c'est la seule fin qui soit digne d'elle."

„... C'est donc cette harmonie (exprimée par des lois mathémathiques) qui est la seule réalité objective, la seule vérité que nous puissions atteindre; et si j'ajoute que l'harmonie universelle du monde est la source de toute beauté, on comprendra quel prix nous devons attacher aux lents et pénibles progrès qui nous la font peu à peu mieux connaître."

Das sind Worte, die am Anfang von Poincarés „la valeur de la science" stehen, am Anfang dieses wundervollen, von der Begeisterung für die Wissenschaft wie von einer lodernden Flamme durchglühten Buches, aus dem uns auf jeder Seite der unbeirrbare Sinn des Verfassers für den reinen, unbedingten Wert der reinen Wahrheit so sympathisch entgegenleuchtet. Nur wer von gleicher Gesinnung beseelt ist, wird den Reichtum und die Größe des jetzt vollendeten Lebens Henri Poincarés (der in diesem Buche so etwas wie sein Glaubensbekenntnis niedergelegt hat) richtig abzuwägen vermögen.

Dem auf mehr als einem Gebiet der mathematischen Wissenschaften bahnbrechenden Genie Poincarés verdankt die Mathematik und die mathematische Physik in den letzten Jahrzehnten die bedeutendsten Fortschritte. Bewundernd stehen wir vor der Fülle unvergänglicher Erkenntnisschätze, welche dieser Meister durch seine Erfindungskraft, vermöge seines intuitiven Blicks für große Zusammenhänge und der gewaltigen Mittel seiner logischen Kombinationsgabe aus tiefen Schächten ans Licht gefördert hat. Die Lektüre seiner Abhandlungen und Bücher gewährt aber nicht nur durch die Mannigfaltigkeit und Tragweite der in ihnen enthaltenen Gedanken und Anschauungen einen erlesenen Genuß — auch die Form der Darstellung, der Stil ist von bestrickendem Reiz. Wenngleich seine Worte das Beste und Tiefste aus einer Sache herausholen, schleppen sie dennoch niemals schwer und ächzend unter der Last ihres Inhalts dahin wie ein Fischnetz, das durch tiefes Wasser gezogen wird, nein: anmutig, leicht, frei, schwebend — wie eine Möwe haschen sie im Flug ihre Beute; und um sie meerleuchtet der Sprühregen der Phantasie ...

Poincaré ist am 29. April 1854 zu Nancy geboren. Nach Vollendung seiner Studien ward er zunächst Ingenieur; aber bald wandte er sich der rein-wissenschaftlichen Laufbahn zu, für die er von Natur aus prädestiniert erschien. Seit 1881 in Paris lebend, bekleidete er vom Jahre 1886 ab eine Professur für mathematische Physik und Wahrscheinlichkeitsrechnung an der Universität Paris, von 1896 ab eine solche für mathematische Astronomie und Himmelsmechanik, seit 1904 auch an der Ecole Polytéchnique eine Professur für allgemeine Astronomie. Aller Ehren, die einem Gelehrten zufallen können, ist er in reichem Maße teilhaftig geworden; in den letzten Jahren gehörte er auch zu den „vierzig Unsterblichen" der Acadèmie française. Am 17. Juli dieses Jahres hat der Tod seiner für die Wissenschaft so ungemein ertragreichen Wirksamkeit ein Ende gesetzt.

Es kann nicht wundernehmen, daß ein Denker vom Schlage Poincarés, dessen scharf ausgeprägte Individualität (wie Herr Rados in seinem Referat zur ersten Verteilung des Bolyai-Preises sagt) ihn als intuitiven Gelehrten erkennen läßt, als einen, der die Anregung zu seinen weitausgreifenden Untersuchungen aus dem unerschöpflichen Born geometrischer und physikalischer Anschauungen holt, gleich am Beginne seiner wissenschaftlichen Tätigkeit (unter dem Einflusse Hermites) in den Bannkreis der großen funktionentheoretischen Ideen Riemanns geriet. Mit sicherem Blick erkannte er diejenige Stelle, an welcher der Weiterbau der Riemannschen Funktionentheorie einzusetzen hatte, und wurde so, indem er zugleich an die Fuchsschen Arbeiten über lineare Differentialgleichungen anknüpfte, in einer glänzenden Reihe von Publikationen, welche die ersten Bände der Acta mathematica zieren, neben Klein zum Schöpfer der Theorie der automorphen Funktionen. Diese Funktionen, welche dadurch charakterisiert sind, daß sie sich einer Gruppe linearer Transformationen gegenüber invariant verhalten (die elliptischen Funktionen gehören zu ihnen, ebenso die elliptische Modulfunktion, von der Klein ausging), sind vor allem in zweierlei Hinsicht von der größten prinzipiellen Wichtigkeit. Einmal lösen sie das Problem der Uniformisierung, eine Tatsache, die von Klein und Poincaré früh erkannt war, aber für die Poincaré erst in den neunziger Jahren einen ersten direkten und vollständigen Beweis erbringen konnte. Während Weierstraß in seiner Funktionentheorie zur Definition einen analytischen (insbesondere eines algebraischen) Gebildes (x, y) für jede einzelne Stelle eine besondere Darstellung $x = x(t)$, $y = y(t)$ mit Hilfe einer zu dieser Stelle gehörigen „Ortsuniformisierenden" t zugrunde legen muß, anderseits bei Riemann zwar eine einheitliche Darstellung des ganzen Gebildes durch einen Parameter p vorliegt, der nun aber nicht in einem ebenen Gebiet, sondern auf einer „Riemannschen Fläche" variiert, handelt es sich in der Uniformisierungstheorie darum, diese beiden Auffassungen dadurch zu einer höheren Einheit zu verschmelzen, daß man die Variablen x, y des analytischen Gebildes in ihrem ganzen Verlaufe als eindeutige analytische Funktionen eines in der schlichten komplexen Ebene variierenden Parameters t, der „Uniformisierenden", darzustellen versucht. Dadurch wird das Gebilde offenbar dem analytischen Kalkül weit zugänglicher als in seiner ursprünglichen Weierstraßschen oder Riemannschen Form, wie sich das auch im Falle der algebraischen Kurven vom Geschlechte 1, wo die elliptischen Funktionen das Uniformisierungsproblem lösen, schon längst gezeigt hatte. Im übrigen handelt es sich hier um Dinge, die gerade heut wieder in vollem Fluß der Entwicklung begriffen sind. — Auf der andern Seite sind die automorphen Funktionen darum wichtig, weil sie uns in den diskontinuierlichen Gruppen von Bewegungen der Bolyai-Lobatschefskyschen Ebene die wahre Normalform der Riemannschen Flächen an die Hand geben: in diesen Gruppen findet die Idee der Riemannschen Fläche ihre reinste, von allen Schlacken und Zufälligkeiten befreite Verkörperung; wenn man sich erinnert, daß die diskontinuierlichen Bewegungsgruppen des dreidimensionalen Euklidischen Raumes das innere Charakteristikum der uns an den Mineralien entgegentretenden Kristallformen bildet, so könnte man sagen: der zweidimensionale Nicht-Euklidische Kristall ist das Urbild einer Riemannschen Mannigfaltigkeit. Der von vielen Autoren behandelten Aufgabe, alle jene Funktionen, deren Existenz Riemann selbst mit Hilfe des Dirichletschen Prinzips bewies, durch fertige analytische Ausdrücke auf Grund der algebraischen Gleichung zwischen zwei Variablen, welche der gegebenen (geschlossenen) Riemannschen Fläche entspricht, wirklich darzustellen, tritt daher das andere Problem als ein solches von noch höherer funktionentheoretischer Wichtigkeit entgegen, analoge analytische Ausdrücke herzustellen, wenn man nicht die algebraische Gleichung, sondern die Riemannsche Fläche in ihrer eigentlichen Normalform, d. h. als Nicht-Euklidische Bewegungsgruppe gegeben ansieht. Zu seiner Lösung hat Poincaré durch seine den elliptischen nachgebildeten Θ- und Z-Funktionen wenigstens eine Grundlage geschaffen, wennschon in diesem Punkte noch viel zu erledigen bleibt.

Wir können hier selbstverständlich nicht auf alle die einzelnen bedeutsamen Resultate der Poincaréschen Arbeiten über die automorphen Funktionen eingehen und ebensowenig auf die interessanten Anwendungen, welche er von ihnen in der Theorie der linearen Differentialgleichungen mit algebraischen Koeffizienten und der Reduktionstheorie der Abelschen Integrale gemacht hat. Im Zusammenhang mit den Abelschen Funktionen mag hier aber doch kurz derjenigen Untersuchungen Poincarés gedacht werden, welche eine allgemeine Theorie der analytischen Funktionen von mehreren Veränderlichen vorbereiten helfen, ich meine, seiner Verallgemeinerung der Cauchy'schen Residuentheorie auf Doppelintegrale und seines Beweises für den Satz von der Darstellbarkeit einer meromorphen Funktion zweier Variablen als Quotient von ganzen Funktionen. Die Analysis situs, jene geometrische Disziplin, die es mit den gegenüber eineindeutigen stetigen Abbildungen invarianten Eigenschaften von Mannigfaltigkeiten zu tun hat und die seit Riemann so bedeutungsvoll in die Funktionentheorie hineinspielt, ist von Poincaré, namentlich was die Mannigfaltigkeiten höherer Dimensionenzahl angeht, mächtig gefördert worden.

Im Anfange der modernen Theorie der ganzen transzendenten Funktionen einer Variablen, — die durch das Ferment der Riemannschen ζ-Funktion aufs engste mit der analytischen Zahlentheorie, insbesondere der Primzahlverteilung verknüpft ist — steht ein großes, von Poincaré herrührendes Theorem, das uns lehrt, wie wir aus der Verteilung der Nullstellen einer ganzen Funktion $f)z)$ [aus ihrem „Laguerreschen Geschlecht"] auf die Abnahme der Koeffizienten ihrer Potenzentwicklung mit wachsendem Index schließen können und auf die Stärke, mit der das $\max\limits_{|z|=r} |f(z)|$ bei unbegrenzt zunehmendem Radius r ins Unendliche anwächst.

Und wenn wir uns von der Funktionentheorie zu den Differentialgleichungen wenden, was verdanken wir auf diesem zweiten Hauptgebiet der mathematischen Analyse nicht alles dem Genie Poincarés! Er hat uns die Furcht vor den divergenten Reihen genommen, indem er zeigte, daß und in welchem Sinne „asymptotische Darstellungen" vermittels solcher Reihen für die Diskussion der Integrale von Differentialgleichungen die größten Dienste leisten können. Ich erinnere ferner an jene lange Reihe von Untersuchungen über die Gestalt der Integralkurven reeller Differentialgleichungen, durch die das Interesse von neuem auf die im Reellen obwaltenden Verhältnisse zurückgelenkt wurde, an seine Aufstellung der periodischen Lösungen von Differentialgleichungssystemen und derjenigen „asymptotischen" Lösungen, die sich beim Wachstum der unabhängigen Variablen einer vorgegebenen Lösung des Systems immer näher anschmiegen. Durch die gewaltigen analytischen Werkzeuge, welche er sich in diesen Theorien geschaffen hat, ist es Poincaré gelungen, in seiner großen preisgekrönten Arbeit „Sur le problème de trois corps et les équations de la dynamique" (Acta Mathematica 1890) und seinem Werke „Les nouvelles méthodes de la Mécanique céleste" der Entwickelung der Himmelsmechanik einen neuen, kräftig fortwirkenden Impuls zu erteilen. Und wenn ich selbst so wichtiger Einzelabhandlungen, wie der über die Gleichgewichtsformen rotierender Flüssigkeiten oder der über die Beugung der Hertzschen Wellen nicht mehr gedenken kann, so muß doch wenigstens die geistvolle méthode de balayage, durch die Poincaré den Randwertaufgaben der Potentialtheorie beikommt, dem Namen nach erwähnt werden, und es darf die großzügige Abhandlung „Sur les équations de la physique mathématique" (1894) nicht mit Stillschweigen übergangen werden, in welcher der Meister, auf einer fundamentalen Ungleichung von H. A. Schwarz fußend, durch eine sehr scharfsinnige Ausgestaltung der Methode der sukzessiven Approximation die Existenz unendlich vieler „Eigenschwingungen" kontinuierlicher Massensysteme mit mathematischer Strenge beweist und feststellt, daß aus solchen Eigenschwingungen die allgemeinste Schwingung, deren das System fähig ist, durch Superposition entstanden gedacht werden kann. Es sind das Resultate und Methoden, die jetzt, nachdem uns durch Fredholm und Hilbert vollends die Augen geöffnet worden sind, mit in den Gedankenkreis der Integralgleichungstheorie hineinfallen, einer Theorie, zu der Poincaré auch dadurch, daß er als erster Konvergenzkriterien für unendliche Determinanten aufstellte, schon früh einen Beitrag geliefert hat.

Ich habe hier nur auf einige wenige Gipfelpunkte des Poincaréschen Lebenswerkes hinweisen können. Es ist auf so engem Raum unmöglich (und wäre dem Verfasser auch aus andern Gründen unmöglich), von der eminenten Bedeutung der Gesamtleistung dieses Mannes, von der beherrschenden Stellung, die sein Werk in der modernen mathematischen Literatur einnimmt, von der befruchtenden Wirkung, die es durch die Fülle seiner neuen Ideen und Methoden ausgeübt hat und ausübt, ein einigermaßen adäquates Bild zu entwerfen. Sein Geist hat viel Licht über unsern Weg geworfen! Aber immer sind wir noch rings vom Dunkel umgeben, dessen Aufhellung den kommenden Generationen nur durch stetige und mühsame Arbeit gelingen kann. Mögen ihnen dabei solche Führer und Fackelträger, wie Poincaré einer war, niemals fehlen!

„Nous devons souffrir, nous devons travailler, nous devons payer notre place au spectacle; mais c'est pour *voir*, ou tout au moins pour que d'autres voient un jour."

16.

Das asymptotische Verteilungsgesetz der Eigenwerte linearer partieller Differentialgleichungen (mit einer Anwendung auf die Theorie der Hohlraumstrahlung)

Mathematische Annalen 71, 441—479 (1912)

Einleitung.

Methoden von solcher Allgemeinheit wie die *Theorie der Integralgleichungen* haben, wenn man sie auf physikalischeProbleme — die Integralgleichungen auf Schwingungsvorgänge — anwendet, ihre Aufgabe damit nicht erschöpft, daß sie ermöglichen, in jedem konkreten Einzelfall die Erscheinungen bis in ihre letzten Details rechnerisch zu verfolgen — nur die einfachsten und am einfachsten zu realisierenden solcher Einzelfälle dürfen ja vom physikalischen Standpunkt ein besonderes Interesse beanspruchen, und die erweisen sich oft speziellen Ansätzen direkter zugänglich —; vielmehr sollen diese Methoden, wenn ich nicht irre, vor allem das leisten — was kein spezieller Ansatz zu leisten vermag —: *die einem großen Komplex von Erscheinungen gemeinsamen Züge ausfindig zu machen.* In diesem Sinne habe ich mir in der vorliegenden Arbeit die Aufgabe gestellt, mit den Methoden der Integralgleichungstheorie folgenden Satz zu beweisen: *Schwingungsvorgänge, deren Gesetzmäßigkeit sich in einer linearen Differentialgleichung vom Typus der gewöhnlichen Schwingungsgleichung ausspricht, besitzen, unabhängig von der geometrischen Gestalt und physikalischen Beschaffenheit der* (als endlich ausgedehnt vorausgesetzten) *Räume, in denen sie sich abspielen, im Gebiet der hohen Schwingungszahlen alle wesentlich ein und dasselbe „Spektrum"*. Außer den mathematisch einfachsten Randbedingungen (welche das Verschwinden der Amplitude oder ihrer normalen Ableitung am Rande verlangen) betrachte ich wegen ihres physikalischen Interesses als weiteres Beispiel (§ 6) die *Hohlraumstrahlung*, die sich in einem beliebig gestalteten, von einer vollkommen spiegelnden Hülle eingeschlossenen Vakuum ausbildet, und weise nach, daß die Dichtigkeit, mit der die Spektrallinien hier im Gebiet der hohen Frequenzen aufeinanderfolgen, dem Volumen des Hohlraums proportional, im übrigen aber (asymptotisch gesprochen) von der Gestalt der begrenzenden Hülle unabhängig ist. Dieser Satz ist erforderlich, um die Jeanssche Strahlungstheorie (bei deren Begründung sich ihr Urheber auf einen parallelepipedischen Hohlraum beschränkte) allgemein durchführen zu können.*)

Die einfachen, für alle Kerne gültigen Resultate des § 1 sind es, welche die Inangriffnahme der bezeichneten Untersuchungen ermöglichen; sie bestimmen eindeutig den Weg, auf welchem der Beweis zu führen ist. Im § 2 werden jene Sätze dazu verwendet, die asymptotische Verteilung der Eigenwerte solcher Kerne festzustellen, wie sie in den folgenden Abschnitten eine Rolle spielen werden. §§ 3—6 enthalten die Anwendungen auf partielle Differentialgleichungen, namentlich auf die gewöhnliche Schwingungsgleichung $\Delta u + \lambda u = 0$, für den Fall von zwei und drei unabhängigen Variablen.**)

§ 1.

Beziehungen der Eigenwerte zweier Kerne K', K'' zu den Eigenwerten der Summe $K' + K''$. Approximation eines Kerns durch bilineare Kombination von endlichvielen Funktionen einer Variablen.

Die Betrachtungen dieses und des nächsten Paragraphen beziehen sich auf lineare Integralgleichungen, deren Kerne symmetrisch sind und von solcher Art, daß für sie die gewöhnliche Fredholm-Hilbertsche Theorie gültig ist. Wir machen also für den symmetrischen Kern

$$K(s, t) = K(t, s) \qquad \left(a \leqq {s \atop t} \leqq b\right)$$

etwa die Voraussetzung, daß das Integral

$$\int_a^b \int_a^b K^2 \, ds \, dt$$

endlich sein soll. An Stelle der einen Variablen s und der einen Variablen t kann auch je eine Reihe von Variablen $s_1 s_2 \cdots s_h$, bez. $t_1 t_2 \cdots t_h$, d. h. je ein Punkt (s) bez. (t) in einem Raum von h Dimensionen treten. Beide Punkte (s) und (t) variieren dann in *demselben* Gebiet J des h-dimensionalen Raumes; für ds oder dt hat das Volumelement dieses Raumes einzutreten, und die Integrationen erstrecken sich, statt über das Intervall (ab),

---

*) Außer der Originalarbeit von Jeans (Phil. Mag. 1905, 6. Ser., 10, p. 91—98) vgl. den Vortrag von H. A. Lorentz auf dem Internationalen Mathematiker-Kongresse in Rom 1908. Lorentz hat auch (in dem vierten seiner Göttinger Vorträge „Über alte und neue Fragen der Physik") den hier in § 6 bewiesenen Satz als eine aus physikalischen Gründen plausible Vermutung ausgesprochen. Über die einfachsten Fälle, in denen sich der Beweis durch direkte Berechnung der Eigenwerte erbringen läßt, handelt die Leidener Dissertation von Fräulein Reudler. Das analoge Problem im Gebiet der Akustik (das in der vorliegenden Arbeit gleichfalls seine Erledigung findet) hat A. Sommerfeld auf der Naturforscher-Versammlung zu Königsberg 1910 [Physikalische Zeitschrift 11 (1910), S. 1061] aufgeworfen.

**) Eine kurze Note über den Gegenstand dieser Arbeit habe ich bereits in den Göttinger Nachrichten (math.-phys. Klasse, Sitzung vom 25. Febr. 1911) veröffentlicht.

immer über das gegebene Gebiet J. Der Einfachheit des Ausdrucks halber operieren wir aber im folgenden zunächst nur mit einer Variablen s und einer Variablen t.

Die Eigenwerte von $K(s, t)$ bezeichne ich, indem ich sie nach der Größe ihres absoluten Betrages anordne, mit*)

$$\frac{1}{\varkappa_1}, \frac{1}{\varkappa_2}, \frac{1}{\varkappa_3}, \cdots \qquad (|\varkappa_1| \geqq |\varkappa_2| \geqq |\varkappa_3| \geqq \cdots);$$

in dieser Reihe soll jeder Eigenwert so oft vertreten sein, als seine Vielfachheit angibt.

$$\varphi_1(s), \varphi_2(s), \varphi_3(s), \cdots$$

möge das System der zugehörigen normierten Eigenfunktionen sein (die nur soweit vorhanden sind, als noch $\varkappa_h \neq 0$ ist); es bestehen also die Gleichungen

$$\varkappa_h \varphi_h(s) - \int_a^b K(s, t)\, \varphi_h(t)\, dt = 0,$$

$$\int_a^b \varphi_h^2\, ds = 1, \int_a^b \varphi_h \varphi_i\, ds = 0 \qquad (h \neq i),$$

und jede Eigenfunktion des Kerns K setzt sich aus endlichvielen der Funktionen $\varphi_h(s)$ linear zusammen. Ferner ist

$$\int_a^b \int_a^b K^2\, ds\, dt = \varkappa_1^2 + \varkappa_2^2 + \varkappa_3^2 + \cdots \text{ in inf.}$$

Die nicht-negativen unter den Zahlen $\varkappa_1, \varkappa_2, \cdots$ bezeichne ich in der Reihenfolge, wie sie in dieser Reihe auftreten, mit

$$\overset{+}{\varkappa}_1, \overset{+}{\varkappa}_2, \cdots \qquad (\overset{+}{\varkappa}_1 \geqq \overset{+}{\varkappa}_2 \geqq \cdots)$$

und die zugehörigen Eigenfunktionen mit

$$\overset{+}{\varphi}_1(s), \overset{+}{\varphi}_2(s), \cdots$$

Die nicht-positiven unter den $\varkappa_1, \varkappa_2, \cdots$ heißen $\bar{\varkappa}_1, \bar{\varkappa}_2, \cdots$ und die zugehörigen Eigenfunktionen $\bar{\varphi}_1(s), \bar{\varphi}_2(s), \cdots$. Auf die hier festgesetzte Numerierung beziehen sich auch Ausdrücke wie diese: erster Eigenwert $\left(\frac{1}{\varkappa_1}\right)$, reziproker n^{ter} positiver Eigenwert $(\overset{+}{\varkappa}_n)$ usf.

Ferner setze ich

$$[K]_n^+ = \overset{+}{\varkappa}_1 \overset{+}{\varphi}_1(s) \overset{+}{\varphi}_1(t) + \overset{+}{\varkappa}_2 \overset{+}{\varphi}_2(s) \overset{+}{\varphi}_2(t) + \cdots + \overset{+}{\varkappa}_n \overset{+}{\varphi}_n(s) \overset{+}{\varphi}_n(t), \quad ([K]_0^+ = 0).$$

---

*) Besitzt K nur endlichviele, etwa m Eigenwerte $\frac{1}{\varkappa_1}, \frac{1}{\varkappa_2}, \cdots, \frac{1}{\varkappa_m}$, so setzen wir $\varkappa_{m+1} = \varkappa_{m+2} = \cdots = 0$; eine entsprechende Festsetzung gilt für die auf S. 444 eingeführten Größenreihen $\overset{+}{\varkappa}, \bar{\varkappa}$.

Für alle Funktionen $x(s)$, für welche $\int_a^b x^2 ds \leqq 1$ ist, erfüllt die zu $K(s,t)$ gehörige quadratische Integralform

$$K\langle x\rangle = \int_a^b\int_a^b K(s,t)\, x(s)\, x(t)\, ds\, dt$$

die Ungleichung

$$K\langle x\rangle \leqq \overset{+}{\varkappa}_1 .$$

Das Reziproke des ersten positiven Eigenwertes von $K - [K]_n^+$ ist $= \overset{+}{\varkappa}_{n+1}$.

Haben wir es mit verschiedenen Kernen zu tun, so unterscheiden wir sie durch obere Indizes: K', K'', K^* usw. Die Größen $\varkappa$, $\varphi(s)$, usw., welche zu diesen Kernen gehören, werden dann durch dieselben, oben angehängten Kennzeichen unterschieden.

Die Resultate dieses Paragraphen beruhen auf dem folgenden einfachen

Lemma. *Ist $k_n(s,t)$ irgendeine bilineare symmetrische Kombination*

$$\sum_{p,q=1}^{n} k_{pq}\, \Phi_p(s)\, \Phi_q(t) \qquad (k_{pq} = k_{qp})$$

aus n beliebigen quadratisch integrierbaren) Funktionen $\Phi_p(s)$, so ist der erste positive Eigenwert von $K - k_n$ nicht größer als der $(n+1)^{\text{te}}$ positive Eigenwert von K.*

Beweis. Ich bilde durch lineare Kombination der Eigenfunktionen $\overset{+}{\varphi}_1(s), \overset{+}{\varphi}_2(s), \cdots, \overset{+}{\varphi}_{n+1}(s)$ von K eine Funktion $x(s)$:

$$x(s) = x_1\, \overset{+}{\varphi}_1(s) + x_2\, \overset{+}{\varphi}_2(s) + \cdots + x_{n+1}\, \overset{+}{\varphi}_{n+1}(s),$$

welche die n linearen Gleichungen

$$\int_a^b x(s)\, \Phi_p(s)\, ds = 0 \qquad (p = 1, 2, \cdots, n)$$

erfüllt; dabei kann ich eine solche Normierung vornehmen, daß

$$\int_a^b x^2\, ds \equiv x_1^2 + x_2^2 + \cdots + x_{n+1}^2 = 1$$

wird. Für diese spezielle Funktion $x(s)$ kommt

$$\int_a^b k_n(s,t)\, x(t)\, dt = 0,$$

---

*) D. h. $\int_a^b \Phi_p^2 ds$ soll endlich sein.

also

$$\int_a^b\int_a^b \{K(s,t) - k_n(s,t)\}\, x(s)\, x(t)\, ds\, dt = \int_a^b\int_a^b K(s,t)\, x(s)\, x(t)\, ds\, dt$$
$$= \overset{+}{\varkappa}_1 x_1^2 + \overset{+}{\varkappa}_2 x_2^2 + \cdots + \overset{+}{\varkappa}_{n+1} x_{n+1}^2 \geqq \overset{+}{\varkappa}_{n+1}.$$

Damit ist das Lemma bereits bewiesen.

Eine erste wichtige Folgerung formulieren wir als

Satz I. *Für die Summe K zweier Kerne K', K'' ist*

$$(1)\ \overset{+}{\varkappa}_{m+n+1} \leqq \overset{+}{\varkappa}{}'_{m+1} + \overset{+}{\varkappa}{}''_{n+1}, \quad (2)\ \overset{-}{\varkappa}_{m+n+1} \geqq \overset{-}{\varkappa}{}'_{m+1} + \overset{-}{\varkappa}{}''_{n+1},$$
$$(3)\ |\varkappa_{m+n+1}| \leqq |\varkappa'_{m+1}| + |\varkappa''_{n+1}|.$$

Beweis. Aus den für alle $x(s)$, deren Quadratintegral $\leqq 1$ ist, gültigen Beziehungen

$$\int_a^b\int_a^b K'(s,t)\, x(s)\, x(t)\, ds\, dt \leqq \overset{+}{\varkappa}{}_1',$$
$$\int_a^b\int_a^b K''(s,t)\, x(s)\, x(t)\, ds\, dt \leqq \overset{+}{\varkappa}{}_1''$$

folgt durch Addition

$$\int_a^b\int_a^b K(s,t)\, x(s)\, x(t)\, ds\, dt \leqq \overset{+}{\varkappa}{}_1' + \overset{+}{\varkappa}{}_1'',$$

also insbesondere für $x(s) = \overset{+}{\varphi}_1(s)$:

$$\overset{+}{\varkappa}_1 \leqq \overset{+}{\varkappa}{}_1' + \overset{+}{\varkappa}{}_1''.$$

Wenden wir diesen Schluß, statt auf K' und K'', auf

$$K' - [K']_m^+ \quad \text{und} \quad K'' - [K'']_n^+$$

an, so erhalten wir für den ersten positiven Eigenwert von

$$K^* = K - \{[K']_m^+ + [K'']_n^+\}$$

die Ungleichung

$$\overset{+}{\varkappa}{}_1^* \leqq \overset{+}{\varkappa}{}'_{m+1} + \overset{+}{\varkappa}{}''_{n+1}.$$

Da aber nach unserem Lemma

$$\overset{+}{\varkappa}{}_1^* \geqq \overset{+}{\varkappa}_{m+n+1}$$

ist, ergibt sich daraus (1).

Die Ungleichung (2) folgt aus (1), wenn wir diese auf den Kern $-K = (-K') + (-K'')$ anwenden.

(3) ist eine Folgerung aus (1) und (2). Sind unter den Zahlen $\varkappa_1', \cdots, \varkappa_m'$ nämlich m^+ positive, m^- negative enthalten und unter den Zahlen $\varkappa_1'', \cdots, \varkappa_n''$ im ganzen n^+ positive und n^- negative, so gibt es nach (1) und (2) höchstens $m^+ + n^+$ Zahlen $\overset{+}{\varkappa}$, welche $> |\varkappa'_{m+1}| + |\varkappa''_{n+1}|$ sind,

und unter den Zahlen $\bar{\varkappa}$ finden sich höchstens $m^- + n^-$, deren absoluter Betrag oberhalb dieser Grenze liegt. Insgesamt kommen unter den absoluten Beträgen der $\varkappa$ also höchstens $(m^+ + n^+) + (m^- + n^-)$, d. i. höchstens $m + n$ vor, die diese Grenze übersteigen. Daraus folgt (3).

Wählt man insbesondere $K' = K - k_n$, $K'' = k_n$ und beachtet, daß der $(n+1)^{\text{te}}$ reziproke Eigenwert von k_n gewiß $= 0$ ist, so schließt man aus I. den (das Lemma, von welchem wir ausgingen, verallgemeinernden)

Satz II. *Der m^{te} positive Eigenwert von $K - k_n$ ist nicht größer als der $(n+m)^{\text{te}}$ positive Eigenwert von K; der m^{te} negative Eigenwert von $K - k_n$ ist nicht kleiner als der $(n+m)^{\text{te}}$ negative Eigenwert von K; der absolute Betrag des m^{ten} Eigenwerts von $K - k_n$ ist nicht größer als der absolute Betrag des $(n+m)^{\text{ten}}$ Eigenwerts von K.*

Der letzte Teil dieses Satzes liefert insbesondere das Resultat, daß die Quadratsumme der reziproken Eigenwerte von $K - k_n$

$$\geqq \varkappa_{n+1}^2 + \varkappa_{n+2}^2 + \cdots$$

ist, und damit den auf anderem Wege schon von E. Schmidt bewiesenen*)

Satz III. *Sucht man $K(s,t)$ mittels solcher Kerne $k_n(s,t)$, welche durch bilineare Kombination von höchstens n Funktionen $\Phi_p(s)$ entstehen, zu approximieren, so läßt sich der Wert des Fehlerintegrals*

$$\int_a^b\int_a^b \{K(s,t) - k_n(s,t)\}^2 \, ds\, dt$$

nicht unter

$$\varkappa_{n+1}^2 + \varkappa_{n+2}^2 + \cdots$$

herabdrücken.

Aus I. ergeben sich auch solche Sätze wie dieser: daß, wenn der Kern K, um den es sich handelt, noch in stetiger Weise von einem Parameter α abhängt, $\overset{+}{\varkappa}$ und $\bar{\varkappa}$ stetig mit α variieren. Dabei genügt es, die stetige Abhängigkeit des Kernes $K = K(s,t\,|\,\alpha) = K\alpha$ von α lediglich in dem Sinne zu verlangen, daß

$$\lim_{\alpha'=\alpha} \int_a^b\int_a^b (K\alpha' - K\alpha)^2 \, ds\, dt = 0$$

sein soll. Um den Beweis zu führen, nehme man in den Ungleichungen

*) Math. Ann. 63 (1907), S. 467ff. Man darf wohl behaupten, daß der hier gegebene Beweis tiefer in das Wesen der Sache eindringt als der Schmidtsche; hier zeigt sich nämlich: der wahre Grund dafür, daß die Quadratsumme der reziproken Eigenwerte von $K - k_n$ größer ist als die Quadratsumme $\varkappa_{n+1}^2 + \varkappa_{n+2}^2 + \cdots$, ist der, daß jedes einzelne Glied jener ersten Quadratsumme größer ist als das entsprechende Glied der zweiten Summe. E. Schmidts Satz bezieht sich übrigens auf beliebige (unsymmetrische) Kerne; aber auch unser Beweis läßt sich auf diesen allgemeineren Fall sogleich übertragen.

von Satz I. für K' den Kern $K\alpha$, für K'' dagegen $K\alpha' - K\alpha$, und setze $n = 0$.

Satz IV. *Bildet man aus K mittels einer abteilungsweise stetigen Funktion $p(s)$, die den Bedingungen*

$$0 \leqq p_0 \leqq |p(s)| \leqq P_0 \qquad (p_0, P_0 \text{ Konstante})$$

genügt, den Kern $K' = K(s,t)p(s)p(t)$, so gilt

$$\overset{+}{\varkappa}_n \cdot p_0^2 \leqq \overset{+}{\varkappa}'_n \leqq \overset{+}{\varkappa}_n \cdot P_0^2.$$

Zum Beweise reicht es offenbar aus, die zweite dieser Ungleichungen, und zwar unter der Annahme $P_0 = 1$, darzutun. Ist $x(s)$ irgendeine stetige Funktion, deren Quadratintegral $\leqq 1$ ist, so übersteigt unter dieser Annahme auch das Quadratintegral von $p(s)x(s)$ niemals den Wert 1, und also ist

$$\int_a^b\int_a^b \{K(s,t) - \overset{+}{\varkappa}_1 \overset{+}{\varphi}_1(s)\overset{+}{\varphi}_1(t) - \cdots - \overset{+}{\varkappa}_n \overset{+}{\varphi}_n(s)\overset{+}{\varphi}_n(t)\} \cdot p(s)x(s) \cdot p(t)x(t) \cdot ds\,dt \leqq \overset{+}{\varkappa}_{n+1}.$$

Der reziproke erste positive Eigenwert von

$$K(s,t)p(s)p(t) - \sum_{h=1}^{n} \overset{+}{\varkappa}_h \cdot p(s)\overset{+}{\varphi}_h(s) \cdot p(t)\overset{+}{\varphi}_h(t)$$

ist also $\leqq \overset{+}{\varkappa}_{n+1}$, und daraus gestattet das Lemma, die zu beweisende Ungleichung zu erschließen.

Satz V. *Ist $(a_1 b_1)$ ein in (ab) enthaltenes Intervall, so ist der n^{te} positive, zu dem Kern*

$$K(s,t) \qquad \left(a_1 \leqq {s \atop t} \leqq b_1\right)$$

gehörige Eigenwert nicht kleiner als der n^{te} positive, zu

$$K(s,t) \qquad \left(a \leqq {s \atop t} \leqq b\right)$$

gehörige, und der n^{te} negative zum Intervall $(a_1 b_1)$ gehörige Eigenwert nicht größer als der n^{te} negative zum Intervall (ab) gehörige.

Diese Behauptung ist ein spezieller Fall von Satz IV. Um das zu erkennen, braucht man nur diejenige Funktion $p(s)$ zu bilden, die im Intervall $(a_1 b_1)$ den Wert 1, außerhalb dieses Intervalls den Wert 0 besitzt. — Lassen wir also das zugrunde gelegte Intervall, das bisher (ab) war, kontinuierlich zusammenschrumpfen, so fliehen die Eigenwerte λ vom Punkte $\lambda = 0$ fort. Daß dieser Prozeß stetig vor sich geht, ist durch die Bemerkungen auf S. 447 gewährleistet. Zieht das Intervall sich schließlich auf einen Punkt zusammen, so konvergieren alle Eigenwerte gegen (+ oder —) ∞.

§ 2.

Invarianz der asymptotischen Eigenwertverteilung gegenüber Addition von Kernen mit dünnerer Eigenwertverteilung. Eigenwerte eines stetig differenzierbaren Kerns.

Aus den eben hergeleiteten Sätzen ergeben sich mannigfache Folgerungen über die asymptotische Verteilung der Eigenwerte, wie hier an einem zwar speziellen, aber für die nachfolgenden Untersuchungen über Differentialgleichungen sehr wichtigen Beispiel gezeigt werden soll.

Satz VI. *Gilt für die positiven Eigenwerte von K' das Gesetz*

$$\lim_{n=\infty} n\overset{+}{\varkappa}{}'_n = 1,$$

hingegen für die positiven wie negativen Eigenwerte von K''

$$\lim_{n=\infty} n\varkappa''_n = 0,$$

so haben die positiven Eigenwerte von $K = K' + K''$ asymptotisch die gleiche Verteilung wie die von K', d. h. es ist

$$\lim_{n=\infty} n\overset{+}{\varkappa}_n = 1.$$

Beweis. Es sei h eine feste ganze positive Zahl. Aus Satz I. folgt

$$\overset{+}{\varkappa}_{(h+1)n+j} \leqq \overset{+}{\varkappa}{}'_{hn+j} + \overset{+}{\varkappa}{}''_{n+1} \qquad \begin{pmatrix} n \text{ beliebig;} \\ j = 1, 2, \cdots, h \end{pmatrix}.$$

Die Voraussetzungen ergeben demnach

$$\limsup_{n=\infty} n\overset{+}{\varkappa}_n \leqq \frac{h+1}{h}.$$

Wenden wir andererseits Satz I. auf $K' = K + (-K'')$ an, so kommt

$$\overset{+}{\varkappa}{}'_{(h+1)n+j} \leqq \overset{+}{\varkappa}_{hn+j} - \overset{-}{\varkappa}{}''_{n+1},$$

und daraus folgt

$$\liminf_{n=\infty} n\cdot\overset{+}{\varkappa}_n \geqq \frac{h}{h+1}.$$

Da h jede noch so große ganze Zahl bedeuten kann, muß in der Tat

$$\lim_{n=\infty} n\overset{+}{\varkappa}_n = 1$$

sein.

Falls man durch irgendwelche einfache Reihenentwicklungen (Taylorsche Reihe, Fouriersche Reihe oder dergl.) eine gute Annäherung an den gegebenen Kern $K(s,t)$ mit Hilfe eines Kernes von der Art $k_n(s,t)$ erlangt hat, liefert der Schmidtsche Satz eine Abschätzung der Quadratsumme $\varkappa_{n+1}^2 + \varkappa_{n+2}^2 + \cdots$ und damit auch von $|\varkappa_n|$ nach oben. Wir beweisen z. B.

Satz VII. *Ist $K(s,t)$ im ganzen Quadrat $a \leqq s, t \leqq b$ (einschließlich des Randes) stetig nach t differenzierbar, so ist*

$$\lim_{n=\infty} n^{3/2}\varkappa_n = 0.$$

Wir teilen das Intervall $a \leqq s \leqq b$ ebenso wie $a \leqq t \leqq b$ je in n gleiche Teile. Dadurch zerfällt das Quadrat $a \leqq s, t \leqq b$ in n^2 gleiche Quadrate. Die Wertunterschiede von $\frac{\partial K}{\partial t}$ in jedem einzelnen dieser Quadrate seien dem absoluten Betrage nach $\leqq \varepsilon_n$; nach Voraussetzung können wir diese Zahl ε_n für jedes n so wählen, daß $\lim_{n=\infty} \varepsilon_n = 0$ wird. In jedem der n^2 kleinen Quadrate wählen wir einen Punkt, doch so, daß in zwei Quadraten, die symmetrisch in bezug auf die Diagonale $s = t$ zueinander liegen, symmetrische Punkte gewählt sind; insbesondere müssen wir also in einem von dieser Diagonale durchschnittenen Quadrat den zu wählenden Punkt auf der Diagonale annehmen. Ist $\mathfrak{q}$ eines der n^2 Quadrate und s_0, t_0 der in ihm gewählte Punkt, so entwickeln wir $K(s,t)$ im Bereich dieses Quadrates nach Potenzen von $s - s_0$, $t - t_0$, wobei wir freilich die Taylorreihe schon mit den linearen Gliedern abbrechen. Wir bekommen dann, wenn A, B, C die Werte von $K, \frac{\partial K}{\partial s}, \frac{\partial K}{\partial t}$ im Punkte s_0, t_0 bedeuten, in $\mathfrak{q}$:

$$(4) \qquad |K(s,t) - [A + B(s-s_0) + C(t-t_0)]| \leqq 2\varepsilon_n \frac{b-a}{n}.$$

Wir bezeichnen mit $\Phi_h(s)$ $(h = 1, 2, \cdots, n)$ die n Funktionen, welche in je einem der n gleichen Teilintervalle von (ab) den Wert 1, in den übrigen den Wert 0 haben, und mit $\Phi_{n+h}(s)$ $(h = 1, 2, \cdots, n)$ die n Funktionen, welche in je einem der n Teilintervalle $= s$, in den übrigen $= 0$ sind: (4) läßt sich dann so deuten, daß wir $K(s,t)$ durch einen aus den $2n$ Funktionen $\Phi_h(s)$ $(h = 1, \cdots, 2n)$ in symmetrischer Weise bilinear kombinierten Kern $k_{2n}(s,t)$ soweit angenähert haben, daß (abgesehen vielleicht von denjenigen Punkten (s,t), die auf den Teilungslinien liegen) überall

$$|K(s,t) - k_{2n}(s,t)| \leqq \frac{2\varepsilon_n}{n}(b-a),$$

also jedenfalls

$$\int_a^b\int_a^b (K - k_{2n})^2 \, ds \, dt \leqq \frac{4\varepsilon_n^2}{n^2}(b-a)^4$$

ist. Mithin liefert Satz III.

$$\lim_{n=\infty} n^2(\varkappa_{n+1}^2 + \varkappa_{n+2}^2 + \cdots) = 0.$$

Nun ist aber

$$\varkappa_{n+1}^2 + \varkappa_{n+2}^2 + \cdots \text{ in inf.} \geqq \varkappa_{n+1}^2 + \cdots + \varkappa_{2n}^2 \geqq n\varkappa_{2n}^2,$$

folglich

$$\lim_{n=\infty} n^3 \varkappa_n^2 = 0.$$

Man kann die Voraussetzungen dieses Satzes dahin erweitern, daß man stetige Differenzierarbeit des Kernes nur im Innern des Quadrates verlangt, außerdem aber die Konvergenz des über das ganze Quadrat zu erstreckenden Integrals von $\left(\frac{\partial K}{\partial t}\right)^2$ fordert. Wir benutzen dabei den

Hilfssatz*): Ist $u(s, t)$ irgendeine im Innern des Quadrates $0 \leqq s, t \leqq c$ nach beiden Argumenten stetig differenzierbare Funktion, für welche

$$\int_0^c\int_0^c u\,ds\,dt = 0$$

ist, so ist

$$\int_0^c\int_0^c u^2\,ds\,dt \leqq \frac{c^2}{\pi^2}\int_0^c\int_0^c \left\{\left(\frac{\partial u}{\partial s}\right)^2 + \left(\frac{\partial u}{\partial t}\right)^2\right\} ds\,dt.$$

Dieser Hilfssatz gibt darüber Auskunft, wie weit sich in einem Quadrat eine willkürliche, stetig differenzierbare Funktion v mittels einer Konstanten v_0 annähern läßt, wenn als Maß der Annäherung das Quadratintegral des Fehlers benutzt wird. Die beste derartige Annäherung erhält man nämlich, falls man für die Konstante v_0 den Mittelwert von v annimmt. Dann erfüllt $u = v - v_0$ die Voraussetzung des Hilfssatzes, und es kommt

$$\int_0^c\int_0^c (v - v_0)^2\,ds\,dt \leqq \frac{c^2}{\pi^2}\int_0^c\int_0^c \left\{\left(\frac{\partial v}{\partial s}\right)^2 + \left(\frac{\partial v}{\partial t}\right)^2\right\} ds\,dt.$$

Daß der Grad der erreichbaren Annäherung von den Werten der 1. Differentialquotienten abhängig ist, ist selbstverständlich; das Wesentliche des Hilfssatzes liegt darin, daß lediglich das *Integral über die Quadratsumme* der beiden 1. Differentialquotienten auftritt.

Um den Beweis zu führen, stellt man sich das Variationsproblem, das Dirichletsche Integral

$$\int_0^c\int_0^c \left\{\left(\frac{\partial u}{\partial s}\right)^2 + \left(\frac{\partial u}{\partial t}\right)^2\right\} ds\,dt$$

unter den Nebenbedingungen

$$\int_0^c\int_0^c u^2\,ds\,dt = 1, \quad \int_0^c\int_0^c u\,ds\,dt = 0$$

zu einem Minimum zu machen. Wenn dieses Variationsproblem eine Lösung besitzt (Dirichletsches Prinzip), so muß die Lösung u einer Differentialgleichung von der Form

$$\frac{\partial^2 u}{\partial s^2} + \frac{\partial^2 u}{\partial t^2} + \gamma u = 0 \qquad (\gamma \text{ konstant}) \tag{5}$$

genügen und die normale Ableitung von u am Rande des Quadrates verschwinden. Der kleinste, von 0 verschiedene, zu dieser Randbedingung

*) Er ist die Verallgemeinerung einer von Scheeffer für Funktionen u von *einer* Variablen aufgestellten Ungleichung.

gehörige Eigenwert γ von (5) ist aber $\gamma = \frac{\pi^2}{c^2}$. Indem man die willkürliche Funktion u in eine Fouriersche Cosinusreihe*)

$$u = \sum_{m,n=0}^{\infty} A_{mn} \cos\frac{m\pi}{c}s \cos\frac{n\pi}{c}t \qquad (A_{00} = 0)$$

entwickelt, kann man diesen Gedankengang vom Dirichletschen Prinzip (dessen Zulässigkeit hier vielleicht zu Zweifeln Anlaß gäbe) unabhängig machen. Man erhält dann nämlich die Identitäten

$$\int_0^c\int_0^c u^2\,ds\,dt = \frac{c^2}{4}\sum_{\substack{m\neq 0\\ n\neq 0}} A_{mn}^2 + \frac{c^2}{2}\sum_{n\neq 0} A_{0n}^2 + \frac{c^2}{2}\sum_{m\neq 0} A_{m0}^2,$$

$$\int_0^c\int_0^c \left\{\left(\frac{\partial u}{\partial s}\right)^2 + \left(\frac{\partial u}{\partial t}\right)^2\right\} ds\,dt = \frac{\pi^2}{4}\sum_{\substack{m\neq 0\\ n\neq 0}} A_{mn}^2(m^2+n^2) + \frac{\pi^2}{2}\sum_{n\neq 0} A_{0n}^2 n^2$$

$$+ \frac{\pi^2}{2}\sum_{m\neq 0} A_{m0}^2 m^2.$$

Ein analoger Satz gilt auch, wenn wir das Quadrat von der Seitenlänge c durch ein beliebiges Rechteck ersetzen. In dem in der Ungleichung auftretenden Faktor $\frac{c^2}{\pi^2}$ hat man dann unter c die größere der beiden Seitenlängen des Rechtecks zu verstehen.

Um den Hilfssatz auf $K(s, t)$ anzuwenden, teilen wir wieder das Quadrat $\mathfrak{Q} : a \leqq s, t \leqq b$ in n^2 gleiche Quadrate. In jedem einzelnen dieser Quadrate $\mathfrak{q}$ können wir $K(s, t)$ durch seinen Mittelwert $C_{\mathfrak{q}}$ so gut annähern, daß

$$\iint_{\mathfrak{q}} (K(s,t) - C_{\mathfrak{q}})^2\,ds\,dt \leqq \frac{(b-a)^2}{n^2\pi^2}\iint_{\mathfrak{q}} \left\{\left(\frac{\partial K}{\partial s}\right)^2 + \left(\frac{\partial K}{\partial t}\right)^2\right\} ds\,dt$$

wird. Dadurch ist $K(s, t)$ in ganz $\mathfrak{Q}$ durch symmetrisch-bilineare Kombination der oben eingeführten n Funktionen $\Phi_h(s)$ $(h = 1, 2, \cdots, n)$ soweit approximiert, daß das Quadratintegral des Fehlers

$$\leqq \frac{(b-a)^2}{n^2\pi^2}\iint_{\mathfrak{Q}} \left\{\left(\frac{\partial K}{\partial s}\right)^2 + \left(\frac{\partial K}{\partial t}\right)^2\right\} ds\,dt = \frac{1}{n^2}\cdot\frac{2(b-a)^2}{\pi^2}\iint_{\mathfrak{Q}} \left(\frac{\partial K}{\partial t}\right)^2 ds\,dt = \frac{2\mathsf{A}}{n^2}$$

ausfällt. Daraus würde zunächst nur

$$n^2(\varkappa_{n+1}^2 + \varkappa_{n+2}^2 + \cdots) \leqq 2\mathsf{A}$$

*) D. h. nach den zu der angegebenen Randbedingung gehörigen Eigenfunktionen von (5).

folgen. Man kann aber in $\mathfrak{Q}$ ein kleineres konzentrisches Quadrat $\mathfrak{Q}^*$ zeichnen, sodaß $\mathfrak{Q}$ in $\mathfrak{Q}^*$ und einen schmalen Rahmen $\mathfrak{R} = \mathfrak{Q} - \mathfrak{Q}^*$ zerfällt. Während n über alle Grenzen wächst, soll $\mathfrak{Q}^*$ nicht geändert werden. Für diejenigen Quadrate $\mathfrak{q}$, welche in $\mathfrak{Q}^*$ liegen, können wir dann wie früher die Annäherung weiter treiben, indem wir außer der Konstanten auch noch die linearen Glieder der Taylorreihe berücksichtigen. Wir erhalten dann

$$\limsup_{n=\infty} n^2(\varkappa_{2n+1}^2 + \varkappa_{2n+2}^2 + \cdots) \leqq \frac{2(b-a)^2}{\pi^2} \iint\limits_{\mathfrak{R}} \left(\frac{\partial K}{\partial t}\right)^2 ds\, dt,$$

und da der Rahmen $\mathfrak{R}$ von vornherein beliebig schmal genommen werden konnte, muß in der Tat

$$\lim_{n=\infty} n^2(\varkappa_{n+1}^2 + \varkappa_{n+2}^2 + \cdots) = 0 \quad \text{und folglich} \quad \lim_{n=\infty} n^{3/2}\varkappa_n = 0$$

sein.*)

Analoge Untersuchungen lassen sich im zweidimensionalen Falle anstellen. Es sei

$$K(s_1 s_2, t_1 t_2)\begin{bmatrix}(s_1 s_2) \text{ in } J\\ (t_1 t_2) \text{ in } J\end{bmatrix}$$

ein symmetrischer Kern, für den in ganz JJ die Differentialquotienten $\frac{\partial K}{\partial t_1}, \frac{\partial K}{\partial t_2}$ stetig sind. JJ bedeutet denjenigen abgeschlossenen Bereich im vierdimensionalen $s_1 s_2, t_1 t_2$-Raum, der durch die Bedingungen

$$(s_1 s_2) \text{ in } J, \quad (t_1 t_2) \text{ in } J$$

definiert ist. Wir wollen zunächst voraussetzen, daß J aus endlichvielen, etwa Λ, kongruenten Quadraten zusammengesetzt ist. Indem wir jedes dieser Quadrate in n^2 gleiche kleinere Quadrate einteilen und diese Teilung sowohl in der $(s_1 s_2)$-, als auch in der $(t_1 t_2)$-Ebene ausführen, geht daraus eine Einteilung von JJ in $\Lambda^2 n^4$ kongruente (vierdimensionale) Würfel hervor. In jedem dieser Würfel wählen wir unter Wahrung der Symmetrie in bezug auf die „Diagonale" $(s_1 s_2) = (t_1 t_2)$ einen Punkt $(s_1^0 s_2^0 t_1^0 t_2^0)$ und entwickeln K im Bereiche dieses Würfels nach Potenzen von $s_1 - s_1^0$, $s_2 - s_2^0$, $t_1 - t_1^0$, $t_2 - t_2^0$, brechen diese Entwicklung aber bereits mit den linearen Gliedern ab. Dadurch gelingt es, K durch symmetrisch-bilineare Kombination von $3\Lambda n^2$ Funktionen soweit zu approximieren, daß das über ganz JJ erstreckte Quadratintegral des Fehlers $\leqq \frac{\varepsilon_n^2}{n^2}\left(\lim\limits_{n=\infty} \varepsilon_n = 0\right)$ wird. Es ist also

$$\lim_{n=\infty} n(\varkappa_{n+1}^2 + \varkappa_{n+2}^2 + \cdots) = 0, \quad \lim_{n=\infty} n\varkappa_n = 0.$$

*) Wir wären hier durch Benutzung der Fourierschen an Stelle der Taylorschen Reihe etwas rascher zum Ziele gekommen. Wir brauchen aber die im Text gewählte Beweisführung zur Erledigung des zweidimensionalen Falls.

Indem wir unsern Hilfssatz auf vier Dimensionen übertragen, gelangen wir zu dem Ergebnis, daß für das Bestehen dieser Limesgleichung nur erforderlich ist, daß die Differentialquotienten $\frac{\partial K}{\partial t_1}, \frac{\partial K}{\partial t_2}$ *im Innern* von JJ stetig sind, wenn außerdem das über ganz JJ zu erstreckende Integral von $\left(\frac{\partial K}{\partial t_1}\right)^2 + \left(\frac{\partial K}{\partial t_2}\right)^2$ konvergiert.

Ist die Begrenzung von J kein „Treppenpolygon", so müssen wir J durch Quadrate auszuschöpfen und uns mit dem Exhaustionsrest durch irgendwelche Schätzungen abzufinden suchen. Ich nehme an, daß die Begrenzung von J aus einer rektifizierbaren Kurve von der Länge L besteht. Wir überdecken die ganze $s_1 s_2$-Ebene in der bekannten Weise mit einem Quadratnetz von der Seitenlänge $\frac{1}{n}$. Den „Exhaustionsrest" R_n, welcher von J nachbleibt, wenn man alle ganz im Innern von J gelegenen Quadrate des Quadratnetzes entfernt, hat einen Flächeninhalt $\leqq \frac{4L}{n}$.*) Wenn der Kern K in ganz JJ zwischen endlichen Grenzen läge, würde also

$$n^2 \cdot \iint\limits_{R_n} \iint\limits_{R_n} K^2 \, ds_1 \, ds_2 \, dt_1 \, dt_2$$

absolut für alle n unterhalb einer festen Schranke bleiben. Ich will hier nur voraussetzen, daß

$$\lim_{n=\infty} n \cdot \iint\limits_{R_n} \iint\limits_{R_n} K^2 \, ds_1 \, ds_2 \, dt_1 \, dt_2 = 0 \tag{6}$$

ist.

Statt eines Quadratnetzes von der Seitenlänge $\frac{1}{n}$ bediene ich mich jetzt eines solchen von der Länge $\frac{1}{n^2}$. Die ganz innerhalb J gelegenen Quadrate dieser Einteilung, deren Anzahl höchstens $J \cdot n^4$ ist, lassen sich, wie sogleich näher ausgeführt werden wird, derart zu Rechtecken mit lauter Seitenlängen $\leqq \frac{1}{n}$ zusammenfassen, daß sich die Anzahl solcher Rechtecke höchstens auf $(J + 8L)n^2$ beläuft. Diese Rechtecke bezeichne ich in irgendwelcher Numerierung mit q_i $(i = 1, 2, \cdots)$. Zur Vereinfachung der Schreibweise denke ich mir $J + 8L \leqq 1$. Nunmehr spalte ich K in einer von dem Index n abhängigen Weise in zwei Teile

$$K = K^{(n)} + \overset{*}{K}{}^{(n)}:$$

$\overset{*}{K}{}^{(n)}$ soll, wenn $(s_1 s_2)$, $(t_1 t_2)$ beide in dem Exhaustionsrest R_{n^2} gelegen sind, mit K übereinstimmen, für alle andern Wertequadrupel $(s_1 s_2, t_1 t_2)$

*) Vgl. C. Jordan, Cours d'Analyse (2e éd., Paris 1893), I, S. 107, oder S. 455 dieser Arbeit.

aber $= 0$ sein. Es ist also

$$\left(\overset{*}{\varkappa}{}_1^{(n)}\right)^2 + \left(\overset{*}{\varkappa}{}_2^{(n)}\right)^2 + \cdots = \iint\limits_{R_{n^2}} \iint\limits_{R_{n^2}} K^2\, ds_1\, ds_2\, dt_1\, dt_2,$$

folglich

$$n^4 \cdot \left(\overset{*}{\varkappa}{}_{n^2}^{(n)}\right)^2 \leqq n^2 \cdot \iint\limits_{R_{n^2}} \iint\limits_{R_{n^2}} K^2\, ds_1\, ds_2\, dt_1\, dt_2$$

und zufolge der Voraussetzung (6), in der wir n durch n^2 ersetzen,

$$\lim_{n=\infty} n^2 \overset{*}{\varkappa}{}_{n^2}^{(n)} = 0. \tag{7}$$

Um $K^{(n)}$ anzunähern, bedienen wir uns der Funktion $\Phi_i(s_1 s_2)$, die in q_i gleich 1, im übrigen $= 0$ ist, und einer Funktion $\Psi_i(s_1 s_2)$, die, falls $(s_1 s_2)$ in R_{n^2} gelegen ist, durch den Mittelwert

$$\frac{\iint\limits_{q_i} K(s_1 s_2, t_1 t_2)\, dt_1\, dt_2}{\iint\limits_{q_i} dt_1\, dt_2}$$

erklärt wird und für andere Punkte $(s_1 s_2)$ gleich Null ist. Dann wird nach unserm (auf Rechtecke übertragenen) Hilfssatz für alle $(s_1 s_2)$ in R_{n^2}:

$$\iint\limits_{q_i} \{K(s_1 s_2, t_1 t_2) - \Psi_i(s_1 s_2)\}^2 dt_1\, dt_2 \leqq \frac{1}{\pi^2 n^2} \iint\limits_{q_i} \left\{\left(\frac{\partial K}{\partial t_1}\right)^2 + \left(\frac{\partial K}{\partial t_2}\right)^2\right\} dt_1\, dt_2,$$

mithin

$$\iint\limits_{R_{n^2}} \iint\limits_{q_i} \{K(s_1 s_2, t_1 t_2) - \Psi_i(s_1 s_2)\}^2 dt_1\, dt_2\, ds_1\, ds_2$$

$$\leqq \frac{1}{\pi^2 n^2} \iint\limits_{R_{n^2}} \iint\limits_{q_i} \left\{\left(\frac{\partial K}{\partial t_1}\right)^2 + \left(\frac{\partial K}{\partial t_2}\right)^2\right\} dt_1\, dt_2\, ds_1\, ds_2.$$

Wenden wir die vierdimensionale Verallgemeinerung jenes Hilfssatzes auf die Parallelepipede $q_i q_k$ im Raum von vier Dimensionen an, so stellt sich heraus, daß wir durch symmetrisch-bilineare Kombination der höchstens $2n^2$ Funktionen $\Phi_i(s_1 s_2)$, $\Psi_i(s_1 s_2)$ den Kern $K^{(n)}$ soweit annähern können, daß das Integral des Fehlerquadrats

$$\leqq \frac{2}{\pi^2 n^2} \iint\limits_J \iint\limits_J \left\{\left(\frac{\partial K}{\partial t_1}\right)^2 + \left(\frac{\partial K}{\partial t_2}\right)^2\right\} dt_1\, dt_2\, ds_1\, ds_2 = \frac{2\mathsf{A}}{n^2}$$

wird. Demnach ist

$$2n^2 \cdot (\varkappa_{4n^2}^{(n)})^2 \leqq \frac{2\mathsf{A}}{n^2}, \quad |\varkappa_{4n^2}^{(n)}| \leqq \frac{\sqrt{\mathsf{A}}}{n^2}. \tag{8}$$

Durch die gleiche Schlußweise, wie sie uns zum Beweis von Satz VI diente, erhalten wir aus (7) und (8) die Ungleichung

$$\limsup_{n=\infty} n |\varkappa_n| \leqq 4\sqrt{\mathsf{A}}.$$

Es braucht nicht noch einmal auseinandergesetzt zu werden, wie man daraus auch die schärfere Beziehung

$$\lim_{n=\infty} n\varkappa_n = 0$$

gewinnen kann.

Wohl aber bleibt noch die Konstruktion der Rechtecke q_i zu beschreiben. Zunächst nehme man eine Einteilung in Quadrate von der Seitenlänge $\frac{1}{n}$ vor; die ganz im Innern von J gelegenen dieser Quadrate rechne man zu den Rechtecken q_i; ihre Anzahl ist höchstens Jn^2. Die Anzahl derjenigen Quadrate der $\frac{1}{n}$-Teilung aber, welche Punkte mit der Randkurve $\mathfrak{C}$ von J gemein haben, ist höchstens $4Ln$ (wir setzen dabei $n \geqq \frac{3}{L}$ voraus). Bildet man nämlich die ganze Zahl

$$m = [Ln] + 1$$

und teilt $\mathfrak{C}$ in m gleiche Bogen (deren Länge also $= \frac{L}{m} < \frac{1}{n}$ ist), so kann ein einzelner dieser Bogen höchstens mit je vier Quadraten Punkte gemein haben. Da ferner von den höchstens vier Quadraten, in die ein solcher Teilbogen eintritt, mindestens *eines* mit einem derjenigen Quadrate identisch ist, in die der nächstfolgende Teilbogen eintritt, brauchen wir pro Teilbogen auf höchstens drei Quadrate zu rechnen. Die gesuchte Anzahl der an $\mathfrak{C}$ anstoßenden Quadrate ist also

$$\leqq 3m \leqq 3Ln + 3 \leqq 4Ln.\text{*)}$$

Wir betrachten jetzt ein einzelnes der Quadrate Q von der Seitenlänge $\frac{1}{n}$, das Punkte mit $\mathfrak{C}$ gemein hat, und nehmen mit ihm eine feinere Teilung in Quadrate von der Seitenlänge $\frac{1}{n^2}$ vor, die in n Schichten von je n Quadraten übereinander liegen. Ich entferne von diesen kleineren Quadraten alle diejenigen — ihre Anzahl heiße H —, welche an $\mathfrak{C}$ stoßen. Dadurch, daß aus einer einzelnen Schicht h Quadrate entfernt werden, zerfällt diese Schicht in höchstens $h+1$ Rechtecke. Der Rest, der von Q nach Entfernung der H kleinen Quadrate nachbleibt, besteht daher aus höchstens $H+n$ Rechtecken, von denen wir jetzt nur diejenigen als Rechtecke q_i beibehalten, die im Innern von J liegen. Führen wir diesen Prozeß für alle Randquadrate Q der $\frac{1}{n}$-Teilung aus, so bekommen wir aus diesen höchstens

$$\sum_Q H + n\cdot\sum_Q 1 \leqq 4Ln^2 + n\cdot 4Ln = 8Ln^2$$

Rechtecke q_i.

---

*) Diese Überlegung rührt von Herrn C. Jordan her, l. c. S. 107.

Es ändert an unseren Betrachtungen nichts, wenn J nicht von einer einzigen Kurve begrenzt, sondern ein von endlichvielen rektifizierbaren geschlossenen Linien berandeter mehrfach zusammenhängender Bereich ist.

Auch kann man untersuchen, welche schärferen Aussagen sich über die Verteilung der Eigenwerte machen lassen, falls der Kern nicht nur einmal, sondern zweimal, dreimal usf. differenzierbar ist.*) Ich beschränke mich jedoch hier auf dasjenige, was zum Studium der Eigenwertverteilung von Differentialgleichungen 2. Ordnung erforderlich ist.

§ 3.

Asymptotisches Gesetz der Eigenwerte der gewöhnlichen Schwingungsgleichung in der Ebene, für die Randbedingungen $u = 0$ und $\frac{\partial u}{\partial n} = 0$.

Satz VIII. *Es sei J ein von endlichvielen geschlossenen rektifizierbaren Kurven begrenztes ebenes Gebiet vom Flächeninhalt J. Die zu diesem Gebiet J und der Randbedingung $u = 0$ gehörigen Eigenwerte λ_n der Differentialgleichung*

$$\Delta u + \lambda u = 0$$

wachsen, wenn man sie ihrer Größe nach anordnet, mit dem Index n so ins Unendliche, daß

$$\lim_{n=\infty} \frac{n}{\lambda_n} = \frac{J}{4\pi}$$

wird.

Es sei gestattet, in diesem Paragraphen die innerhalb J variierenden Punkte nicht mit $(s_1 s_2)$, $(t_1 t_2)$ wie bisher, sondern mit (xy), $(\xi\eta)$ zu bezeichnen. Δu ist der Differentialausdruck $\frac{\partial^2 u}{\partial x^2} + \frac{\partial^2 u}{\partial y^2}$. Die Eigenwerte λ_n, welche sämtlich positiv sind, sind zugleich Eigenwerte eines symmetrischen Kerns

$$\frac{1}{2\pi} G(xy, \xi\eta) \qquad [(xy) \text{ in } J,\ (\xi\eta) \text{ in } J],$$

der zu J gehörigen „Greenschen Funktion 1. Art". Dieselbe existiert für jedes beliebige, ganz im Endlichen gelegene Gebiet J, wie man in bekannter Weise zeigt, indem man J etwa durch Bereiche $J^{(n)}(n = 1, 2, \cdots, \text{in inf.})$, deren jeder nur aus endlichvielen Quadraten besteht, ausschöpft. Schreiben wir

$$G = \lg \frac{1}{r} - A, \qquad r = \sqrt{(x-\xi)^2 + (y-\eta)^2},$$

so ist für jeden festen, innerhalb J gelegenen Punkt (xy) A hinsichtlich $(\xi\eta)$ eine in J reguläre Potentialfunktion, deren Randwerte mit denen

*) Vgl. meine oben zitierte Note in den Göttinger Nachrichten.

von $\lg \frac{1}{r}$ übereinstimmen. Nehmen wir an (was ja offenbar keine Einschränkung ist), daß die Entfernung irgend zweier Punkte von J stets < 1 ist, so muß $\lg \frac{1}{r}$ eine Majorante von G, d. h.

$$(9) \qquad 0 \leqq G < \lg \frac{1}{r}, \qquad 0 < A \leqq \lg \frac{1}{r}$$

sein. Beschreibt man um den festen Punkt (xy) einen Kreis $\mathfrak{k}$ vom Radius ϱ_1, dessen Peripherie noch ganz innerhalb J liegt, so ist diejenige Funktion w von $(\xi\eta)$, welche außerhalb dieses Kreises $= \lg \frac{1}{r}$, im Innern von $\mathfrak{k}$ aber konstant, nämlich $= \lg \frac{1}{\varrho_1}$ ist, eine in J überall stetige, mit abteilungsweise stetigen ersten Differentialquotienten versehene Funktion, welche dieselben Randwerte wie A besitzt. Folglich ist nach dem Dirichletschen Prinzip

$$\iint_J \left\{\left(\frac{\partial A}{\partial \xi}\right)^2 + \left(\frac{\partial A}{\partial \eta}\right)^2\right\} d\xi\, d\eta < \iint_J \left\{\left(\frac{\partial w}{\partial \xi}\right)^2 + \left(\frac{\partial w}{\partial \eta}\right)^2\right\} d\xi\, d\eta$$
$$= \iint_{J-\mathfrak{k}} \frac{d\xi\, d\eta}{r^2} \leqq 2\pi \cdot \lg \frac{1}{\varrho_1}.$$

Bezeichnet $\varrho = \varrho(xy)$ die kürzeste Entfernung des Punktes (xy) vom Rande des Gebietes J, so haben wir damit die Ungleichung

$$(10) \qquad \iint_J \left[\left(\frac{\partial A}{\partial \xi}\right)^2 + \left(\frac{\partial A}{\partial \eta}\right)^2\right] d\xi\, d\eta \leqq 2\pi \lg \frac{1}{\varrho}.$$

Wenn man Bedenken trägt, diese Schlußweise auf das Gebiet J selbst anzuwenden, so ist sie doch für Bereiche von der Art $J^{(n)}$ sicher zulässig, und das genügt bereits, um die Ungleichung (10) herzuleiten.

Sie lehrt, daß die wesentliche Voraussetzung, um aus § 2 für die reziproken Eigenwerte α_n von A die Limesgleichung

$$(11) \qquad \lim_{n=\infty} n\alpha_n = 0$$

erschließen zu können, — nämlich die Voraussetzung, daß das Integral

$$\iint_J \iint_J \left\{\left(\frac{\partial A}{\partial \xi}\right)^2 + \left(\frac{\partial A}{\partial \eta}\right)^2\right\} d\xi\, d\eta\, dx\, dy \left(\leqq 2\pi \iint_J \lg \frac{1}{\varrho}\, dx\, dy\right)$$

konvergiert, — hier erfüllt ist. Aber auch die akzessorische Bedingung (6) trifft für den Kern A zu. Spaltet man nämlich das über den Exhaustionsrest R_n erstreckte Integral

$$\iint_{R_n} A^2\, d\xi\, d\eta \leqq \iint_{R_n} (\lg r)^2\, d\xi\, d\eta$$

so in zwei Teile, daß man zuerst über den innerhalb des Kreises $|r| \leqq \frac{1}{n}$, darauf über den außerhalb dieses Kreises gelegenen Teil von R_n integriert, so ergibt sich

$$\iint\limits_{R_n} A^2\, d\xi\, d\eta \leqq \frac{\pi}{n^2}\left[\frac{1}{2} + (\lg n)^2\right] + (\lg n)^2 \iint\limits_{R_n} d\xi\, d\eta \leqq M\,\frac{(\lg n)^2}{n},$$

wo die Konstante M weder von n noch von der Lage des Punktes (xy) abhängt. Folglich wird

$$\iint\limits_{R_n}\iint\limits_{R_n} A^2\, d\xi\, d\eta\, dx\, dy \leqq 4LM\left(\frac{\lg n}{n}\right)^2.$$

Um also Satz VIII zu beweisen, können wir zufolge der oben bewiesenen Limesgleichung (11) und dem Wortlaut des Satzes VI den Kern $\frac{1}{2\pi}\, G(xy, \xi\eta)$ durch den einfacheren

$$\frac{1}{2\pi} \lg \frac{1}{r}\ [(xy) \text{ in } J,\ (\xi\eta) \text{ in } J]$$

ersetzen. Die reziproken positiven Eigenwerte dieses Kerns bezeichne ich mit $\overset{+}{\varkappa}_n$, oder, wo die Abhängigkeit vom Gebiete J zum Ausdruck kommen soll, mit $\overset{+}{\varkappa}_n(J)$. Wir haben zu zeigen, daß

$$\lim_{n=\infty} n\overset{+}{\varkappa}_n = \frac{J}{4\pi} \tag{12}$$

ist.

Sind J', J'' zwei je aus endlichvielen kongruenten Quadraten bestehende Gebiete, von denen das eine, J', in J enthalten ist, während das andere, J'', J umfaßt, so ist nach Satz V.

$$\overset{+}{\varkappa}_n(J') \leqq \overset{+}{\varkappa}_n(J) \leqq \overset{+}{\varkappa}_n(J'').$$

Wenn nun die Tatsache (12) für Gebiete J, die aus endlichvielen kongruenten Quadraten bestehen, erwiesen ist, so wird

$$\lim_{n=\infty} n\cdot\overset{+}{\varkappa}_n(J') = \frac{J'}{4\pi}, \qquad \lim_{n=\infty} n\cdot\overset{+}{\varkappa}_n(J'') = \frac{J''}{4\pi},$$

also

$$\liminf_{n=\infty} n\cdot\overset{+}{\varkappa}_n(J) \geqq \frac{J'}{4\pi}, \qquad \limsup_{n=\infty} n\cdot\overset{+}{\varkappa}_n(J) \leqq \frac{J''}{4\pi}.$$

Da wir aber dafür Sorge tragen können, daß sich die Flächeninhalte J', J'' um beliebig wenig von J unterscheiden, so muß dann auch

$$\lim_{n=\infty} n\cdot\overset{+}{\varkappa}_n(J) = \frac{J}{4\pi}$$

sein. Wir dürfen also beim Beweise von (12) annehmen, daß J aus endlichvielen kongruenten Quadraten q_i besteht. Die Seitenlänge der q_i können wir dabei $= 1$ setzen; dann bedeutet J ihre Anzahl.

Wir spalten jetzt $\frac{1}{2\pi}\lg\frac{1}{r}$ in mehrere Teile:

$$\frac{1}{2\pi}\lg\frac{1}{r} = K^{(0)} + \sum K^{(hi)}.$$

$K^{(0)}$ ist $= \frac{1}{2\pi}\lg\frac{1}{r}$, wenn (xy), $(\xi\eta)$ in *einem und demselben* der J Quadrate q gelegen sind, sonst $=0$. $K^{(hi)}$ $(1 \leq h < i \leq J)$ ist $= \frac{1}{2\pi}\lg\frac{1}{r}$, wenn (xy) in q_h, $(\xi\eta)$ in q_i oder (xy) in q_i, $(\xi\eta)$ in q_h liegt, sonst $=0$. Wenn die Quadrate q_h und q_i nicht aneinanderstoßen, ist selbstverständlich

$$\lim_{n=\infty} n\cdot\overset{+}{\varkappa}_n^{(hi)} = 0$$

(die $\overset{+}{\varkappa}_n^{(hi)}$ nehmen mit wachsendem n dann sogar stärker ab als jede noch so hohe Potenz von $\frac{1}{n}$). Diese Limesgleichung besteht aber auch, wenn q_h, q_i aneinandergrenzen. Dazu ist nur die Feststellung nötig, daß das Integral

$$\iint\limits_{q_h}\iint\limits_{q_i}\left\{\left(\frac{\partial\lg r}{\partial\xi}\right)^2 + \left(\frac{\partial\lg r}{\partial\eta}\right)^2\right\} d\xi\,d\eta\,dx\,dy = \iint\limits_{q_h}\iint\limits_{q_i}\frac{1}{r^2}\,d\xi\,d\eta\,dx\,dy$$

konvergiert. Können wir für $K^{(0)}$ die Gleichung

$$\lim_{n=\infty} n\cdot\overset{+}{\varkappa}_n^{(0)} = \frac{J}{4\pi}$$

erweisen, so wäre damit auch die Richtigkeit von Satz VIII. dargetan.

Nun ist aber klar: wenn

$$\overset{+}{\varkappa}_1^{(00)},\ \overset{+}{\varkappa}_2^{(00)},\ \overset{+}{\varkappa}_3^{(00)},\ \ldots$$

die Reihe der reziproken positiven Eigenwerte des Kernes

$$\frac{1}{2\pi}\lg\frac{1}{r}\qquad\left(0 \leq \begin{smallmatrix} x,\,y\\ \xi,\,\eta\end{smallmatrix} \leq 1\right) \tag{13}$$

ist, so lautet die Reihe $\overset{+}{\varkappa}_1^{(0)}, \overset{+}{\varkappa}_2^{(0)}, \cdots$, so:

$$\underbrace{\overset{+}{\varkappa}_1^{(00)}, \overset{+}{\varkappa}_1^{(00)}, \cdots, \overset{+}{\varkappa}_1^{(00)}}_{J\text{ mal}},\quad \underbrace{\overset{+}{\varkappa}_2^{(00)}, \overset{+}{\varkappa}_2^{(00)}, \cdots, \overset{+}{\varkappa}_2^{(00)}}_{J\text{ mal}},\quad \underbrace{\overset{+}{\varkappa}_3^{(00)}, \overset{+}{\varkappa}_3^{(00)}, \cdots, \overset{+}{\varkappa}_3^{(00)}}_{J\text{ mal}}, \cdots.$$

Daher kommt alles darauf an, einzusehen, daß

$$\lim_{n=\infty} n\cdot\overset{+}{\varkappa}_n^{(00)} = \frac{1}{4\pi}. \tag{14}$$

Bezeichnet g die zu dem Einheitsquadrat und der Randbedingung $u=0$ gehörige Greensche Funktion, so werden die Eigenwerte von $\frac{1}{2\pi}g$, jeder in seiner richtigen Vielfachheit, durch die Formel

$$\pi^2(m^2+n^2)\qquad\begin{bmatrix} m = 1, 2, 3, \cdots\\ n = 1, 2, 3, \cdots\end{bmatrix}$$

geliefert. Würde $\overset{+}{\varkappa}_n^{(oo)}$ den reziproken n^{ten} (positiven) Eigenwert von $\frac{1}{2\pi} g$ bedeuten, so ergäbe sich aus dieser Darstellung auf Grund einer bekannten einfachen „zahlengeometrischen" Betrachtung das asymptotische Gesetz (14). Da aber die Differenz

$$\lg \frac{1}{r} - g = a$$

die Eigenschaft besitzt, daß das sowohl nach $\xi\eta$ als nach xy über das Einheitsquadrat erstreckte Integral von

$$\left(\frac{\partial a}{\partial \xi}\right)^2 + \left(\frac{\partial a}{\partial \eta}\right)^2$$

konvergiert, so ändert der Umstand, daß in Wahrheit $\overset{+}{\varkappa}_n^{(oo)}$ die reziproken positiven Eigenwerte von (13) bedeutet, nichts an dieser Tatsache (14). Damit ist Satz VIII. bewiesen.

Von anderen Randbedingungen will ich hier noch diejenige besprechen, welche verlangt, daß die normale Ableitung am Rande $\frac{\partial u}{\partial n} = 0$ ist, und dabei annehmen, daß die Randkurve $\mathfrak{C}$ des Gebietes J stetige Krümmung besitzt. Die zugehörige Greensche Funktion zweiter Art

$$H = \lg \frac{1}{r} + B$$

wird bestimmt, indem man für ein festes (xy) B als eine solche reguläre Potentialfunktion der Variablen $(\xi\eta)$ in J wählt, daß die nach der (inneren) Normalen n genommene Ableitung von B gleich der um $\frac{2\pi}{L}$ vermehrten normalen Ableitung von $\lg r$ ist, und eine dabei zur Verfügung bleibende additive Konstante so nimmt, daß das um $\mathfrak{C}$ erstreckte Randintegral von H, $\int_{\mathfrak{C}} H(xy; s)\, ds$, $= 0$ wird. Dann ist B symmetrisch, und man findet

$$\begin{aligned}\iint_J \left\{\left(\frac{\partial B}{\partial \xi}\right)^2 + \left(\frac{\partial B}{\partial \eta}\right)^2\right\} d\xi\, d\eta &= -\int_{\mathfrak{C}} B(xy; s)\, \frac{\partial B}{\partial n_s}(xy; s)\, ds \\ &= -\int_{\mathfrak{C}} B(xy; s) \left[\frac{2\pi}{L} + \frac{\partial \lg r}{\partial n_s}(xy; s)\right] ds.\end{aligned}$$

Da

$$\int_{\mathfrak{C}} \left|\frac{\partial \lg r}{\partial n_s}(xy; s)\right| ds,$$

die totale Schwankung („variation totale") des zum Punkt (xy) als Pol gehörigen Azimuts auf $\mathfrak{C}$, für alle (xy) unterhalb einer endlichen Grenze liegt, und für Punkte $(\xi\eta) = s$ auf dem Rande

$$B(xy; s) = \lg \frac{1}{r}(xy; s) + E(xy; s)$$

gilt, wo E für alle s und alle (xy) endlich bleibt*), ergibt sich hieraus eine Ungleichung

$$\iint\limits_J \left\{\left(\frac{\partial B}{\partial \xi}\right)^2 + \left(\frac{\partial B}{\partial \eta}\right)^2\right\} d\xi\, d\eta < M \cdot \lg \frac{2}{\varrho},$$

in der ϱ wieder der kürzesten Abstand des Punktes (xy) von $\mathfrak{C}$ und M eine von (xy) unabhängige Konstante ist. Ferner gilt*)

$$B(xy;\xi\eta) = \frac{1}{\pi}\int\limits_{\mathfrak{C}} \lg r(xy;s)\,\frac{\partial \lg r}{\partial n_s}(\xi\eta;s)\,ds + E_1(xy;\xi\eta)$$

$$= \frac{1}{\pi}\int\limits_{\mathfrak{C}} \lg r(\xi\eta;s)\,\frac{\partial \lg r}{\partial n_s}(xy;s)\,ds + E_1(xy;\xi\eta),$$

wo $E_1(xy;\xi\eta)$ in ganz JJ beschränkt bleibt. Da sich unser früheres A in derselben Weise darstellen läßt, schließen wir hieraus für B eine Ungleichung der Form

$$|B| < M_1 + \lg \frac{1}{r},$$

wo M_1 weder von (xy) noch von $(\xi\eta)$ abhängt. Diese Abschätzungen genügen, um zu erkennen, daß die Eigenwerte von H in ihrer asymptotischen Verteilung mit denjenigen von

$$\lg \frac{1}{r}\ [(xy) \text{ in } J,\ (\xi\eta) \text{ in } J]$$

übereinstimmen, und der Satz VIII. bleibt also unverändert gültig, wenn die Randbedingung $u = 0$ durch $\frac{\partial u}{\partial n} = 0$ ersetzt wird.

Von diesem Resultat machen wir noch eine Anwendung auf die Fragestellung des § 2. Sind

$$\psi_0(s_1 s_2) = \frac{1}{\sqrt{J}},\ \psi_1(s_1 s_2),\ \psi_2(s_1 s_2), \cdots$$

die zu $\Delta u + \mu u = 0$, dem Gebiet J der $(s_1 s_2)$-Ebene und der Randbedingung $\frac{\partial u}{\partial n} = 0$ gehörigen normierten Eigenfunktionen, in derjenigen Reihenfolge geschrieben, wie sie zu den wachsend geordneten Eigenwerten $\mu_0 = 0,\ \mu_1,\ \mu_2, \cdots$ gehören, so werden die sämtlichen, zu der analogen Differentialgleichung und der analogen Randbedingung für das Gebiet JJ des vierdimensionalen $s_1 s_2 t_1 t_2$-Raumes berechneten Eigenwerte und Eigenfunktionen durch die Formeln

$$\mu_h + \mu_i, \qquad \psi_h(s_1 s_2)\,\psi_i(t_1 t_2) \qquad [h, i = 0, 1, 2, \cdots]$$

geliefert.

*) E. E. Levi, Gött. Nachr., 16. Mai 1908.

Bilden wir

$$c_{hi} = \iint\limits_{J}\iint\limits_{J} K(s_1 s_2 t_1 t_2)\, \psi_h(s_1 s_2)\, \psi_i(t_1 t_2)\, ds_1\, ds_2\, dt_1\, dt_2,$$

so wird

$$(15)\qquad \iint\limits_{J}\iint\limits_{J} \left\{ \left(\frac{\partial K}{\partial s_1}\right)^2 + \left(\frac{\partial K}{\partial s_2}\right)^2 + \left(\frac{\partial K}{\partial t_1}\right)^2 + \left(\frac{\partial K}{\partial t_2}\right)^2 \right\} ds_1\, ds_2\, dt_1\, dt_2 = \sum_{(h,i)} c_{hi}^2 (\mu_h + \mu_i),$$

$$(16)\qquad \iint\limits_{J}\iint\limits_{J} \left\{ K - \sum_{h,i=0}^{n} c_{hi}\, \psi_h(s_1 s_2)\, \psi_i(t_1 t_2) \right\}^2 ds_1\, ds_2\, dt_1\, dt_2 = \sum_{h,i=0}^{\infty} c_{hi}^2 - \sum_{h,i=0}^{n} c_{hi}^2 .$$

Indem wir die Konvergenz von (15) berücksichtigen, folgt daraus, daß die mit μ_{n+1} multiplizierte linke Seite von (16) mit wachsendem n gegen Null konvergiert, und da

$$\lim_{n=\infty} \frac{4\pi n}{\mu_n} = J$$

ist, ergibt sich für die reziproken Eigenwerte $\varkappa_n$ von K:

$$\lim_{n=\infty} n(\varkappa_{n+1}^2 + \varkappa_{n+2}^2 + \cdots) = 0.$$

Dieser Beweis, der die Voraussetzung (6) von § 2 als überflüssig erscheinen läßt, ist jedoch nur unter der Voraussetzung einer Randkurve $\mathfrak{C}$ mit stetiger Krümmung stringent und macht übrigens von den Resultaten des § 2 für den besonderen Kern $B(xy;\, \xi\eta)$ Gebrauch.

§ 4.

Analoge Untersuchungen für die allgemeine sich selbst adjungierte Differentialgleichung.

Wir wenden uns zum Studium der Eigenwerte der allgemeinen sich selbst adjungierten linearen Differentialgleichung vom elliptischen Typus:

$$(17)\qquad \frac{\partial}{\partial x}\left(p\, \frac{\partial u}{\partial x}\right) + \frac{\partial}{\partial y}\left(p\, \frac{\partial u}{\partial y}\right) + (\lambda k - q)\, u = 0.$$

p, q, k sind Funktionen, die in ganz J einschließlich des Randes stetig sind und außerdem soll $p > 0$, $k > 0$ sein.*) Wir wollen p als zweimal stetig differenzierbar voraussetzen. Als Randbedingung nehmen wir $u = 0$. Die zweckmäßigste Art, die Greensche Funktion des Differentialausdrucks

$$L(u) \equiv \frac{\partial}{\partial x}\left(p\, \frac{\partial u}{\partial x}\right) + \frac{\partial}{\partial y}\left(p\, \frac{\partial u}{\partial y}\right) - qu$$

---

*) Ohne Einschränkung der Allgemeinheit darf dann auch $q \geqq 0$ angenommen werden; dann sind die Eigenwerte von (17) alle positiv.

zu bestimmen, besteht in der Einführung von $v = u\sqrt{p}$. So erhält man nämlich

$$\frac{1}{\sqrt{p}} L(u) \equiv \Delta v - v\left(\frac{q}{p} + \frac{\Delta\sqrt{p}}{\sqrt{p}}\right),$$

und der rechts stehende Differentialausdruck ist dadurch, daß die ersten Differentialquotienten $\frac{\partial v}{\partial x}, \frac{\partial v}{\partial y}$ nicht vorkommen, besonders bequem. Ich setze zur Abkürzung

$$\frac{q}{p} + \frac{\Delta\sqrt{p}}{\sqrt{p}} = l(xy).$$

Hat $G(xy, \xi\eta)$ die frühere Bedeutung als Greensche Funktion von Δu, so lösen wir jetzt die folgende Integralgleichung für die Unbekannte $\Gamma(xy, \xi\eta)$:

$$\Gamma(xy, \xi\eta) + \frac{1}{2\pi}\iint_J G(xy, \mathfrak{x}\mathfrak{y})\, l(\mathfrak{x}\mathfrak{y})\, \Gamma(\mathfrak{x}\mathfrak{y}, \xi\eta)\, d\mathfrak{x}\, d\mathfrak{y} = G(xy, \xi\eta). \tag{18}$$

Dann ist

$$\frac{1}{2\pi}\Gamma(xy, \xi\eta)\sqrt{\frac{k(xy)}{p(xy)} \cdot \frac{k(\xi\eta)}{p(\xi\eta)}} \qquad [(xy) \text{ in } J,\ (\xi\eta) \text{ in } J] \tag{19}$$

ein Kern, der die gleichen Eigenwerte $\lambda = \lambda_n$ besitzt wie die Differentialgleichung (17). Für diese wollen wir das asymptotische Gesetz

$$\lim_{n=\infty} \frac{4\pi n}{\lambda_n} = \iint_J \frac{k(xy)}{p(xy)}\, dx\, dy \tag{20}$$

beweisen.

Aus der Gleichung (18) folgt — was weiter unten noch genauer ausgeführt werden soll —, daß der mit n multiplizierte n^{te} reziproke Eigenwert von $\Gamma - G$ und also auch (s. Satz IV) das n-fache des n^{ten} reziproken Eigenwerts von

$$(\Gamma - G)\sqrt{\frac{k(xy)\, k(\xi\eta)}{p(xy)\, p(\xi\eta)}}$$

mit $n = \infty$ gegen Null konvergiert, sodaß beim Beweis von (20) der Kern (19) durch

$$\frac{1}{2\pi} G \cdot \sqrt{\frac{k(xy)}{p(xy)} \cdot \frac{k(\xi\eta)}{p(\xi\eta)}}$$

und schließlich durch

$$\frac{1}{2\pi}\left(\lg \frac{1}{r(xy, \xi\eta)}\right)\sqrt{\frac{k(xy)}{p(xy)} \cdot \frac{k(\xi\eta)}{p(\xi\eta)}} \tag{21}$$

ersetzt werden darf. Die reziproken positiven Eigenwerte dieses Kerns (21) will ich hier mit $\overset{+}{\varkappa}_n$ bezeichnen.

Um das asymptotische Gesetz der $\overset{+}{\varkappa}_n$ abzuleiten, stützen wir uns auf Satz IV. Wir teilen J in eine endliche Anzahl kleiner Bereiche J_i. m_i und M_i mögen das Minimum bez. Maximum der Funktion $\frac{k}{p}$ in J_i bedeuten. $K^{(i)}$ bezeichne denjenigen Kern, der mit (21) übereinstimmt, falls (xy), $(\xi\eta)$ beide in J_i liegen, der sonst aber $= 0$ ist. Die Summe $\sum_i K^{(i)}$ bezeichne ich mit K^*. Das n-fache des n^{ten} reziproken Eigenwerts von $K - K^*$ konvergiert gegen Null. Nach den Untersuchungen von § 3 und Satz IV. ist anderseits

$$\limsup_{n=\infty} 4\pi n \cdot \overset{+}{\varkappa}_n^{(i)} \leqq M_i J_i, \qquad \liminf_{n=\infty} 4\pi n \cdot \overset{+}{\varkappa}_n^{(i)} \geqq m_i J_i.$$

Die Reihe der reziproken positiven Eigenwerte $\overset{+}{\varkappa}{}_n^*$ von K^* kommt zu Stande, indem wir die *sämtlichen* $\overset{+}{\varkappa}_n^{(i)}$ $\begin{pmatrix} i = 1, 2, \cdots; \\ n = 1, 2, \cdots \end{pmatrix}$ ihrer Größe nach anordnen. Infolgedessen ist

$$\limsup_{n=\infty}.\ 4\pi n \cdot \overset{+}{\varkappa}{}_n^* \leqq \sum_i M_i J_i, \qquad \liminf_{n=\infty}.\ 4\pi n \cdot \overset{+}{\varkappa}{}_n^* \geqq \sum_i m_i J_i$$

und, gemäß der Bemerkung über die Eigenwerte von $K - K^*$, auch

$$\limsup_{n=\infty}.\ 4\pi n \cdot \overset{+}{\varkappa}_n \leqq \sum_i M_i J_i, \qquad \liminf_{n=\infty}.\ 4\pi n \cdot \overset{+}{\varkappa}_n \geqq \sum_i m_i J_i.$$

Diese Ungleichungen gelten für jede noch so feine Teilung in Bereiche J_i obwohl $\overset{+}{\varkappa}_n$ von einer solchen Teilung gänzlich unabhängig ist, und folglich muß

$$\lim_{n=\infty} 4\pi n \overset{+}{\varkappa}_n = \iint_J \frac{k(xy)}{p(xy)}\, dx\, dy$$

sein. Wir haben damit das Resultat:

Satz IX. *Die zu dem Gebiet J und der Randbedingung $u = 0$ gehörigen Eigenwerte λ_n der Differentialgleichung* (17) *vom elliptischen Typus genügen, ihrer Größe nach angeordnet, der Limesgleichung*

$$\lim_{n=\infty} \frac{4\pi n}{\lambda_n} = \iint_J \frac{k(xy)}{p(xy)}\, dx\, dy.$$

Der Nachweis dafür, daß der n^{te} reziproke Eigenwert von $\Gamma - G$ stärker gegen Null geht als $\frac{1}{n}$, läßt sich sehr schön so erbringen. Sind $\lambda_1^o, \lambda_2^o, \cdots$ die zu Δu, dem Gebiet J und der Randbedingung $u = 0$ gehörigen Eigenwerte und $\varphi_1(xy), \varphi_2(xy), \cdots$ die zugehörigen normierten Eigenfunktionen, bilden wir ferner

$$-\psi_n(xy) = \iint_J \varphi_n(\xi\eta)\, l(\xi\eta)\, \Gamma(\xi\eta, xy)\, d\xi \cdot d\eta,$$

so ist

$$\Gamma - G = \sum_{n=1}^{\infty} \frac{\varphi_n(xy)\, \psi_n(\xi\eta)}{\lambda_n^o}.$$

Wir approximieren $\Gamma - G$ durch

$$\sum_{\nu=1}^{n} \frac{\varphi_\nu(xy)\ \psi_\nu(\xi\eta)}{\lambda_\nu^0};$$

das Quadratintegral des Restes ist dann gleich

$$(22)\qquad \sum_{\nu=n+1}^{\infty} \frac{\iint\limits_J \psi_\nu^2\, d\xi\, d\eta}{(\lambda_\nu^0)^2},$$

und weil

$$\sum_{\nu=n+1}^{\infty} \psi_\nu^2 \leqq \sum_{\nu=1}^{\infty} \psi_\nu^2 = \iint\limits_J \{l(\mathfrak{x}\mathfrak{y})\,\Gamma(\mathfrak{x}\mathfrak{y},\xi\eta)\}^2\, d\mathfrak{x}\, d\mathfrak{y}$$

ist, fällt jenes Integral

$$\leqq \frac{M}{(\lambda_n^0)^2} \qquad \left[M = \iint\limits_J \iint\limits_J \{l(\mathfrak{x}\mathfrak{y})\,\Gamma(\mathfrak{x}\mathfrak{y},\xi\eta)\}^2\, d\mathfrak{x}\, d\mathfrak{y}\cdot d\xi\, d\eta\right]$$

aus, konvergiert also mit wachsendem n mindestens so stark gegen Null wie $\frac{1}{n^2}$, und der n^{te} reziproke Eigenwert von $\Gamma - G$ geht demnach mindestens so stark wie $\frac{1}{n^{\frac{3}{2}}}$ gegen Null.

Statt Differentialausdrücke in einem ebenen Gebiet J kann man auch solche auf einer geschlossenen Fläche definierten Differentialausdrücke untersuchen*). Die Überlegungen werden dann sogar in gewisser Beziehung, da die vom Rand des Gebietes J herrührenden Schwierigkeiten zum Fortfall kommen, noch vereinfacht.

§ 5.

Modifikationen, die bei Übertragung des Beweises auf den dreidimensionalen Raum vorgenommen werden müssen.

Wenn auch im Vorhergehenden darauf Bedacht genommen ist, nur solche Methoden zu verwenden, die sich auf drei Dimensionen übertragen lassen, so müssen doch, wenn wir jetzt zum Raum übergehen, an einigen Punkten des Beweisganges Modifikationen vorgenommen werden, die der Erwähnung wert scheinen. Die wichtigste ist diese: Im dreidimensionalen

---

*) Vgl. R. König, Math. Ann. 71 (1911), S. 184ff. (Habilitationsschrift); Hilbert, Gött. Nachr., math.-phys. Klasse, 1910, S. 362ff.

Fall hat die zu Δu, einem Gebiet J des xyz-Raumes und der Randbedingung $u = 0$ gehörige Greensche Funktion G die Form:

$$G(xyz, \xi\eta\zeta) = \frac{1}{r} - A(xyz, \xi\eta\zeta) \qquad \left[r = \sqrt{(x-\xi)^2 + (y-\eta)^2 + (z-\zeta)^2}\right],$$

aber das Integral

$$\iiint_J \iiint_J \left\{\left(\frac{\partial A}{\partial \xi}\right)^2 + \left(\frac{\partial A}{\partial \eta}\right)^2 + \left(\frac{\partial A}{\partial \zeta}\right)^2\right\} d\xi\, d\eta\, d\zeta \cdot dx\, dy\, dz$$

konvergiert jetzt nicht. Freilich läßt sich auch hier noch die innere Integration nach $\xi\eta\zeta$ ausführen und ergibt einen Wert [1])

$$\leqq 4\pi \cdot \frac{1}{\varrho},$$

wo $\varrho = \varrho(xyz)$ die kürzeste Entfernung des inneren Punktes (xyz) vom Rande des Gebietes J bedeutet. Von der Berandung von J wollen wir voraussetzen, daß sie in dem folgenden Sinne eine endliche Oberfläche besitzt [2]): bedeutet J_n die Menge derjenigen Punkte von J, für die $\varrho \geqq \frac{1}{n}$ ist, so soll das Volumen von $J - J_n = O\left(\frac{1}{n}\right)$ sein [3]). Daraus kann man schließen, daß

$$\iiint_{J_n} \frac{dx\, dy\, dz}{\varrho} = O(\lg n)$$

ist. Denn zerlegt man J in lauter dünne Schalen:

$$S_1 = J_{2^1},\ S_2 = J_{2^2} - J_{2^1},\ S_3 = J_{2^3} - J_{2^2},\ \cdots,$$

so gilt für deren Volumina

$$S_{n+1} \leqq J - J_{2^n} = O\left(\frac{1}{2^n}\right),$$

und da in $S_{n+1} : \varrho \geqq \frac{1}{2^{n+1}}$ ist, wird

$$\iiint_{S_{n+1}} \frac{dx\, dy\, dz}{\varrho} = O(1), \quad \iiint_{J_{2^n}} \frac{dx\, dy\, dz}{\varrho} = \sum_{\nu=1}^{n} \iiint_{S_\nu} = O(n).$$

---

[1]) Bei dieser Abschätzung ist wieder angenommen, daß die Entfernung irgend zweier in J gelegener Punkte < 1 ist.

[2]) Vgl. Minkowski, Über die Begriffe Länge, Oberfläche, Volumen; Jahresber. D. Math.-Ver. 9, S. 115; Gesammelte Abhandlungen II, S. 122.

[3]) Man sagt nach Landau, eine von n abhängige Größe sei $= O\left(\frac{1}{n}\right)$, wenn ihr absoluter Betrag $\leqq$ Const. $\frac{1}{n}$ ist.

Umsomehr gilt also

$$\Theta_n \equiv \iiint_{J_n} \iiint_{J_{n^1}} \left\{ \left(\frac{\partial A}{\partial \xi}\right)^2 + \left(\frac{\partial A}{\partial \eta}\right)^2 + \left(\frac{\partial A}{\partial \zeta}\right)^2 \right\} d\xi\, d\eta\, d\zeta \cdot dx\, dy\, dz = O(\lg n).$$

Die Exhaustion mittels kleiner Würfel muß etwas anders vorgenommen werden als im zweidimensionalen Fall. Bei irgendeiner Würfeleinteilung betrachten wir jetzt nur einen solchen Würfel, der samt den 26 an ihn anstoßenden ganz im Innern von J liegt, als einen „nicht am Rande liegenden". Als Kantenlänge legen wir zunächst $\frac{1}{n^2}$ zugrunde. Die Anzahl der nicht am Rande liegenden inneren Würfel ist dann $< Jn^6$, die Anzahl der am Rande liegenden (soweit sie überhaupt Punkte mit J gemein haben) $= O(n^4)$. Mit jedem dieser am Rande liegenden Würfel nehmen wir eine feinere Teilung in Würfel von der Kantenlänge $\frac{1}{n^3}$ vor. Diejenigen der so erhaltenen Würfel einer $\frac{1}{n^3}$-Teilung, die nicht am Rande liegen, lassen sich (analog wie in § 2) zu $O(n^6)$ Parallelepipeden mit Kantenlängen $\leqq \frac{1}{n^2}$ zusammenfassen. Zum Exhaustionsrest R_{n^3} rechnen wir alle Punkte von J, die einem am Rande liegenden Würfel der $\frac{1}{n^3}$-Teilung angehören; das Volumen dieses Restes ist also $= O\left(\frac{1}{n^3}\right)$. $J - R_{n^3}$ ist ganz in J_{n^3} und a fortiori ganz in $J_{n^{12}}$ enthalten.

Wir spalten A in einer von n abhängigen Weise in drei Teile

$$A = A^{(n)} + \overset{*}{A}^{(n)} + \overset{**}{A}^{(n)}:$$

$\overset{**}{A}^{(n)}$ ist $= A$, wenn einer der Punkte (xyz), $(\xi\eta\zeta)$ oder beide zugleich in $J - J_{n^{12}}$ gelegen sind, sonst $= 0$; $\overset{*}{A}^{(n)}$ ist $= A$, wenn beide Punkte (xyz), $(\xi\eta\zeta)$ sowohl in $J_{n^{12}}$ als auch in R_{n^3} gelegen sind, sonst $= 0$. Nach der Methode, die wir in § 2 auf den Teil $K^{(n)}$ des Kernes K angewendet haben, bekommen wir für die reziproken Eigenwerte $\alpha^{(n)}$ von $A^{(n)}$ eine Ungleichung der Form

$$\left(\alpha^{(n)}_{N+1}\right)^2 + \left(\alpha^{(n)}_{N+2}\right)^2 + \cdots \leqq \frac{2}{\pi^2 n^4} \cdot \Theta_{n^{12}} = O\left(\frac{\lg n}{n^4}\right);$$

N ist zur Abkürzung für Cn^6 geschrieben, wo C eine gewisse ganze positive, von n unabhängige Zahl bedeutet. Mithin wird

$$\alpha^{(n)}_{2N} = O\left(\frac{\sqrt{\lg n}}{n^5}\right).$$

Um

$$\iiint_{R_{n^3}} A^2\, d\xi\, d\eta\, d\zeta \leqq \iiint_{R_{n^3}} \frac{1}{r^2}\, d\xi\, d\eta\, d\zeta$$

zu berechnen, zerlegen wir R_{n^3} so in zwei Teile, daß in dem einen beständig $r \leqq \frac{1}{n}$, in dem andern $r > \frac{1}{n}$ ist:

$$\iiint\limits_{R_{n^3}} A^2\, d\xi\, d\eta\, d\zeta \leqq \frac{4\pi}{n} + n^2 \iiint\limits_{R_{n^3}} d\xi\, d\eta\, d\zeta = O\left(\frac{1}{n}\right).$$

Ersetzen wir n durch n^4, so kommt

$$\iiint\limits_{J-J_{n^{12}}} A^2\, d\xi\, d\eta\, d\zeta \leqq \iiint\limits_{R_{n^{12}}} A^2\, d\xi\, d\eta\, d\zeta = O\left(\frac{1}{n^4}\right).$$

Aus diesen Ungleichungen folgt für die Quadratsummen der reziproken Eigenwerte $\overset{*}{\alpha}{}^{(n)}$ und $\overset{**}{\alpha}{}^{(n)}$ von $\overset{*}{A}{}^{(n)}$ bez. $\overset{**}{A}{}^{(n)}$:

$$\left(\overset{*}{\alpha}{}_1^{(n)}\right)^2 + \left(\overset{*}{\alpha}{}_2^{(n)}\right)^2 + \cdots = \iiint \iiint \left(\overset{*}{A}{}^{(n)}\right)^2 d\xi\, d\eta\, d\zeta \cdot dx\, dy\, dz = O\left(\frac{1}{n^4}\right),$$

$$\left(\overset{**}{\alpha}{}_1^{(n)}\right)^2 + \left(\overset{**}{\alpha}{}_2^{(n)}\right)^2 + \cdots = \iiint \iiint \left(\overset{**}{A}{}^{(n)}\right)^2 d\xi\, d\eta\, d\zeta \cdot dx\, dy\, dz = O\left(\frac{1}{n^4}\right).$$

Die beiden Quadratsummen sind größer als $N \cdot \left(\overset{*}{\alpha}{}_N^{(n)}\right)^2$, bez. $N \cdot \left(\overset{**}{\alpha}{}_N^{(n)}\right)^2$, und wir können daher schließen:

$$\overset{*}{\alpha}{}_N^{(n)} = O\left(\frac{1}{n^5}\right), \quad \overset{**}{\alpha}{}_N^{(n)} = O\left(\frac{1}{n^5}\right).$$

Im ganzen ergibt sich für die reziproken Eigenwerte α des Kernes A die Abschätzung

$$\left|\alpha_{4N}\right| \leqq \left|\alpha_{2N}^{(n)}\right| + \left|\overset{*}{\alpha}{}_N^{(n)}\right| + \left|\overset{**}{\alpha}{}_N^{(n)}\right| = O\left(\frac{\sqrt{\lg n}}{n^5}\right),$$

$$\alpha_n = O\left(\frac{\sqrt{\lg n}}{n^{5/6}}\right).$$

Also ist jedenfalls

$$\lim_{n=\infty} n^{2/3} \alpha_n = 0.$$

Auf diese Limesgleichung gestützt, können wir jetzt das in § 3 geschilderte Verfahren ohne wesentliche Abänderung wiederholen und bekommen den

Satz XI: *Die zu der Randbedingung* $u = 0$ *in einem Gebiet* J *des dreidimensionalen Raumes vom Volumen* J *gehörigen Eigenwerte* $\lambda = \lambda_n$ *der Schwingungsgleichung* $\Delta u + \lambda u = 0$ *erfüllen, der Größe nach angeordnet, die Beziehung*

$$\left(\frac{6\pi^2 n}{J}\right)^2 \sim \lambda_n^3$$

[in dem Sinne, daß der Quotient der rechten und linken Seite mit wachsendem n gegen 1 konvergiert]; *dabei ist angenommen, daß* J *von einer endlichen Anzahl geschlossener Flächen mit endlicher Oberfläche begrenzt wird.*

Bei der Randbedingung $\frac{\partial u}{\partial n} = 0$ gilt, wenigstens für einen von stetig gekrümmten Oberflächen begrenzten Raum J, derselbe Satz.

§ 6.

Über das Spektrum der Hohlraumstrahlung.

Das Problem der Strahlungstheorie, von dem in der Einleitung die Rede war, führt auf eine kompliziertere Randwertaufgabe, als wir sie bisher behandelt haben. Es sei J das Innere einer geschlossenen Oberfläche, von der wir der Einfachheit halber annehmen, daß sie ausnahmslos dreimal stetig differenzierbar ist; d. h. die Umgebung jedes Punktes der Oberfläche läßt sich mit einem Isothermensystem u, v bedecken, sodaß in dieser Umgebung die rechtwinkligen Koordinaten x, y, z des variablen Punktes auf der Oberfläche dreimal stetig differenzierbare Funktionen von u, v werden und im Ausdruck des Linienelements $ds^2 = e(du^2 + dv^2)$ daselbst $e \neq 0$ ist*). Wir denken uns jetzt J als einen von Materie entblößten Hohlraum, die begrenzende Oberfläche als einen vollkommenen Spiegel; wir wollen die spektralen Bestandteile derjenigen Strahlungen, die in einem solchen Hohlraum möglich sind, berechnen.

Die elektrische Feldstärke $\mathfrak{E}$ wird im Innern J den Gleichungen

$$\Delta \mathfrak{E} - \frac{\partial^2 \mathfrak{E}}{\partial t^2} = 0, \quad \operatorname{div} \mathfrak{E} = 0$$

$$[t = \text{Zeit; Lichtgeschwindigkeit} = 1]$$

genügen. Am Rande ist $\mathfrak{E}$ normal und folglich (wegen $\operatorname{div} \mathfrak{E} = 0$) $\frac{\partial \mathfrak{E}}{\partial n}$ tangential gerichtet. Um einfache Schwingungen zu ermitteln, machen wir unter Verwendung einer Konstanten ν (der zu bestimmenden Frequenz) den Ansatz $\mathfrak{E} = e^{i\nu t} \cdot \mathfrak{U}(xyz)$. Dann gelten für den von t unabhängigen Vektor $\mathfrak{U}$ mit den Komponenten U, V, W die Beziehungen:

$$\text{(I)} \quad \begin{cases} \Delta \mathfrak{U} + \nu^2 \mathfrak{U} = 0, \quad \operatorname{div} \mathfrak{U} = 0: \text{ innerhalb } J, \\ \mathfrak{U} \text{ normal } \left(\frac{\partial \mathfrak{U}}{\partial n} \text{ tangential}\right): \text{ an der Oberfläche.} \end{cases}$$

Die positiven Eigenwerte $\lambda = \nu^2$ dieses Problems (es gibt übrigens keine andern als positive; vgl. die Anm. auf S. 474) bezeichne ich mit $\lambda_n = \nu_n^2$, wobei natürlich wieder in der Reihe $\lambda_1, \lambda_2, \lambda_3, \cdots$ jeder Eigenwert so oft anzuführen ist, als die Anzahl der zu ihm gehörigen linear unabhängigen vektoriellen Eigenfunktionen („Eigenvektoren") $\mathfrak{U}$ beträgt.

---

*) Diese Definition ist offenbar von der Wahl des Isothermensystems unabhängig. — Statt des Inneren J einer solchen Oberfläche könnten wir auch einen mehrfach zusammenhängenden Bereich betrachten, der von einer endlichen Anzahl geschlossener Flächen begrenzt wird.

Vernachlässigen wir zunächst die Relation $\operatorname{div} \mathfrak{U} = 0$, so haben wir das folgende Problem vor uns [α, β, γ bedeuten die Richtungskosinus der inneren Normalen]:

$$\text{(II)} \quad \begin{cases} \Delta U + \lambda^* U = 0, \quad \Delta V + \lambda^* V = 0, \quad \Delta W + \lambda^* W = 0: \text{ in } J, \\ U : V : W = \alpha : \beta : \gamma, \quad \alpha \frac{\partial U}{\partial n} + \beta \frac{\partial V}{\partial n} + \gamma \frac{\partial W}{\partial n} = 0: \text{ am Rande.} \end{cases}$$

Die Eigenwerte dieses Problems wollen wir mit λ_n^* bezeichnen. Die Eigenwerte von

$$\text{(III)} \qquad \Delta u + \lambda' u = 0 \text{ in } J, \quad u = 0 \text{ am Rande}$$

mögen an dieser Stelle λ_n' heißen. Ich behaupte: die Reihe der λ_n^* besteht aus den λ_n und λ_n' zusammengenommen; umgekehrt erhalte ich also die λ_n aus der Reihe λ_n^*, indem ich aus dieser die λ_n' (die darin sicher alle vorkommen) fortstreiche. In der Tat: Ist λ^* kein Eigenwert von (III), so folgt aus (II), daß $\varphi = \operatorname{div} \mathfrak{U}$ identisch verschwindet; denn φ genügt der Gleichung $\Delta \varphi + \lambda^* \varphi = 0$ und hat am Rande von J zufolge der für $\mathfrak{U}$ gültigen Randbedingungen die Werte 0. War hingegen λ^* etwa ein h-facher Eigenwert von (III) und sind $u = \varphi_1, \cdots, \varphi_h$ die zugehörigen Eigenfunktionen, so definieren die Gleichungen

$$\mathfrak{U}_1 = -\operatorname{grad} \varphi_1, \cdots, \mathfrak{U}_h = -\operatorname{grad} \varphi_h,$$

aus denen

$$\operatorname{div} \mathfrak{U}_1 = \lambda^* \cdot \varphi_1, \cdots, \operatorname{div} \mathfrak{U}_h = \lambda^* \cdot \varphi_h$$

folgt, h linear unabhängige zu λ^* gehörige Eigenvektoren des Problems (II). Ist $j (\geqq h)$ die Vielfachheit des Eigenwertes λ^* von (II), so können wir $\mathfrak{U}_1, \cdots, \mathfrak{U}_h$ durch $j - h$ weitere Eigenvektoren $\mathfrak{U}_{h+1}, \cdots, \mathfrak{U}_j$, die den Bedingungen $\operatorname{div} \mathfrak{U} = 0$ genügen, zu einem vollen System der dem Eigenwert λ^* entsprechenden Eigenvektoren von (II) ergänzen. Eine lineare Kombination derselben ist offenbar dann und nur dann ein Eigenvektor von (I), falls $\mathfrak{U}_1, \cdots, \mathfrak{U}_h$ gar nicht vorkommen. λ^* ist demnach ein $(j-h)$-facher Eigenwert des Problems (I).

Wir werden beweisen, daß (II) dreimal so viel, mithin (I) doppelt so viel Eigenwerte wie (III) besitzt. Man könnte deshalb sagen, daß die Gleichung $\operatorname{div} \mathfrak{U} = 0$ von den übrigen unter (I) verzeichneten Bedingungen nicht unabhängig, sondern „zu $^2/_3$" eine Folgerung aus diesen ist.

Von nun an beschäftigen wir uns also nur noch mit dem Problem (II). Mit p, p' bezeichne ich variable Punkte in J, mit dp, dp' die an den Stellen p, p' befindlichen Volumelemente. o, o' bedeuten stets Punkte der J begrenzenden Oberfläche, do, do' die zugehörigen Oberflächenelemente, $n_o, n_{o'}$ die zugehörigen (inneren) Normalen. Das einfache $\int$ dient zur Bezeichnung von Integrationen, die sich über den ganzen Hohlraum J, bez. über die ganze Oberfläche erstrecken sollen. Wir führen (II) auf eine Integralgleichung zurück, indem wir zunächst die inhomogenen Gleichungen

$$\Delta U = -4\pi A, \quad \Delta V = -4\pi B, \quad \Delta W = -4\pi C$$

bei gegebenem, in J stetigem Vektorfeld (A, B, C) unter den in (II) geforderten Randbedingungen in der folgenden Form zu integrieren suchen:

$$U(p) = \int G_{xx}(pp')\,A(p')\,dp' + \int G_{xy}(pp')\,B(p')\,dp' + \int G_{xz}(pp')\,C(p')\,dp',$$
$$V(p) = \int G_{yx}(pp')\,A(p')\,dp' + \int G_{yy}(pp')\,B(p')\,dp' + \int G_{yz}(pp')\,C(p')\,dp',$$
$$W(p) = \int G_{zx}(pp')\,A(p')\,dp' + \int G_{zy}(pp')\,B(p')\,dp' + \int G_{zz}(pp')\,C(p')\,dp'.$$

Die λ_n^* und zugehörigen (U, V, W) sind zugleich Eigenwerte und Eigenfunktionentripel des „Greenschen Tensors"

$$\frac{1}{4\pi}\begin{pmatrix} G_{xx} & G_{xy} & G_{xz} \\ G_{yx} & G_{yy} & G_{yz} \\ G_{zx} & G_{zy} & G_{zz} \end{pmatrix},$$

der den sechs Symmetriebedingungen

$$G_{xx}(pp') = G_{xx}(p'p), \quad G_{yy}(pp') = G_{yy}(p'p), \quad G_{zz}(pp') = G_{zz}(p'p),$$
$$G_{yz}(pp') = G_{zy}(p'p), \quad G_{zx}(pp') = G_{xz}(p'p), \quad G_{xy}(pp') = G_{yx}(p'p)$$

Genüge leisten wird und den wir auch unter Benutzung der gewöhnlichen zu (III) gehörigen Greenschen Funktion G mit

$$(23)\quad \begin{pmatrix} G + A_{xx} & A_{xy} & A_{xz} \\ A_{yx} & G + A_{yy} & A_{yz} \\ A_{zx} & A_{zy} & G + A_{zz} \end{pmatrix} = \begin{pmatrix} G & 0 & 0 \\ 0 & G & 0 \\ 0 & 0 & G \end{pmatrix} + \begin{pmatrix} A_{xx} & A_{xy} & A_{xz} \\ A_{yx} & A_{yy} & A_{yz} \\ A_{zx} & A_{zy} & A_{zz} \end{pmatrix}$$

bezeichnen wollen.

Wir haben jetzt zweierlei zu erledigen:

1) den Greenschen Tensor zu konstruieren,

2) nachzuweisen, daß der zweite Summand in (23), der Tensor A, die Verteilung der Eigenwerte asymptotisch nicht beeinflußt.

Aufgabe 1. Für ein festes p' ist der Vektor

$$\mathfrak{A}_x = (A_{xx}, A_{yx}, A_{zx})$$

ein hinsichtlich p innerhalb J reguläres Vektorpotential, das am Rande die Bedingungen

$$A_{xx}(op') : A_{yx}(op') : A_{zx}(op') = \alpha(o) : \beta(o) : \gamma(o),$$

$$\alpha(o)\frac{\partial}{\partial n_o} A_{xx}(op') + \beta(o)\frac{\partial}{\partial n_o} A_{yx}(op') + \gamma(o)\frac{\partial}{\partial n_o} A_{zx}(op')$$
$$= -\alpha(o)\frac{\partial}{\partial n_o} G(op')$$

zu erfüllen hat. Wir finden hier die Aufgabe vor, ein in J reguläres Vektorpotential $\mathfrak{u} = (u, v, w)$ derart zu bestimmen, daß am Rande $u : v : w = \alpha : \beta : \gamma$ wird und $\alpha \frac{\partial u}{\partial n} + \beta \frac{\partial v}{\partial n} + \gamma \frac{\partial w}{\partial n}$ gleich einer gegebenen Funktion $f(o)$. Zur Lösung dieser Aufgabe denken wir uns $\mathfrak{u}$ durch eine normal gerichtete einfache und eine tangential gerichtete Doppelbelegung erzeugt; d. h. wir machen den Ansatz

$$(24)\quad \begin{cases} u(p) = \int \frac{1}{r(po)} \alpha(o) \mathrm{T}(o)\, do + \int \left(\frac{\partial}{\partial n_o} \frac{1}{r(po)}\right) \xi(o)\, do, \\ v(p) = \int \frac{1}{r(po)} \beta(o) \mathrm{T}(o)\, do + \int \left(\frac{\partial}{\partial n_o} \frac{1}{r(po)}\right) \eta(o)\, do, \\ w(p) = \int \frac{1}{r(po)} \gamma(o) \mathrm{T}(o)\, do + \int \left(\frac{\partial}{\partial n_o} \frac{1}{r(po)}\right) \zeta(o)\, do. \end{cases}$$

ξ, η, ζ; T bedeuten geeignet zu wählende Belegungsfunktionen, von denen die drei ersten durch die Relation

$$(25)\qquad \alpha\xi + \beta\eta + \gamma\zeta = 0$$

verknüpft sein sollen.

Die Randbedingung

$$u : v : w = \alpha : \beta : \gamma,$$

die wir unter Verwendung einer neuen Unbekannten τ so schreiben:

$$u(o) = \alpha(o)\tau(o), \quad v(o) = \beta(o)\tau(o), \quad w(o) = \gamma(o)\tau(o),$$

ergibt

$$(26_1)\quad 2\pi\xi(o) + \int \frac{1}{r(oo')} \alpha(o') \mathrm{T}(o')\, do' + \int \left(\frac{\partial}{\partial n_{o'}} \frac{1}{r(oo')}\right) \xi(o')\, do' = \alpha(o)\tau(o)$$

und zwei ganz entsprechende Gleichungen (26_2), (26_3) für η und ζ. Wir multiplizieren diese Gleichungen bez. mit α, β, γ und addieren; so kommt mit Rücksicht auf (25)*):

$$\tau(o) = \int \frac{1}{r(oo')} \sum \alpha(o)\alpha(o') \cdot \mathrm{T}(o')\, do' + \int \left(\frac{\partial}{\partial n_{o'}} \frac{1}{r(oo')}\right) \sum \alpha(o)\xi(o')\, do'.$$

Durch Einsetzen in $(26_{1,2,3})$ erhalten wir drei Integralgleichungen für die vier Unbekannten T; ξ, η, ζ. Die erste lautet

$$(27_1)\quad \begin{aligned} &2\pi\xi(o) + \int \frac{1}{r(oo')} \{[1 - \alpha^2(o)]\alpha(o') - \alpha(o)\beta(o)\beta(o') - \alpha(o)\gamma(o)\gamma(o')\} \mathrm{T}(o')\, do' \\ &+ \int \frac{\partial}{\partial n_{o'}} \frac{1}{r(oo')} \{[1 - \alpha^2(o)]\xi(o') - \alpha(o)\beta(o)\eta(o') - \alpha(o)\gamma(o)\zeta(o')\}\, do' = 0; \end{aligned}$$

die beiden andern (27_2), (27_3) sind analog gebaut. Die Kerne, an welche hier $\xi(o')$, $\eta(o')$, $\zeta(o')$ gebunden sind, werden bei $o' = o$ von 1. Ordnung

*) Σ bedeutet eine Summation über drei Komponenten, von denen nur die erste hingeschrieben ist.

unendlich; hingegen bleibt der mit $\mathsf{T}(o')$ multiplizierte Kern auch bei $o' = o$ beschränkt. Die Relation (25) ist umgekehrt eine Folge der Gleichungen $(27_{1,2,3})$.

Eine vierte Integralgleichung erhalten wir aus

$$\alpha \frac{\partial u}{\partial n} + \beta \frac{\partial v}{\partial n} + \gamma \frac{\partial w}{\partial n} = f(o).$$

Ihre Formulierung bereitet jedoch Schwierigkeiten, da der Kern $\frac{\partial^2}{\partial n_o \partial n_{o'}} \frac{1}{r(oo')}$ auftritt, der bei $o' = o$ von 3. Ordnung unendlich wird, und zwar ist bis auf Glieder, die nur von 2. Ordnung unendlich werden,

$$\frac{\partial^2}{\partial n_o \partial n_{o'}} \frac{1}{r(oo')} \sim \frac{1}{r^3(oo')}.$$

Glücklicherweise erscheint jedoch dieser Ausdruck mit dem Faktor

$$\sum \alpha(o)\, \xi(o') = \sum [\alpha(o) - \alpha(o')]\, \xi(o')$$

versehen, wodurch die Ordnung des Unendlichwerdens um 1 erniedrigt wird. Die betreffenden Integrale haben daher (wir werden das nachher noch genauer feststellen) einen Sinn, wenn für sie der sog. Cauchysche Hauptwert genommen wird:

$$(27)\qquad \begin{aligned} -2\pi \mathsf{T}(o) &+ \int \left(\frac{\partial}{\partial n_o} \frac{1}{r(oo')}\right) \sum \alpha(o)\, \alpha(o') \cdot \mathsf{T}(o')\, do' \\ &+ \int \left(\frac{\partial^2}{\partial n_o \partial n_{o'}} \frac{1}{r(oo')}\right) \sum \alpha(o)\, \xi(o')\, do' = f(o). \end{aligned}$$

Wir formen diese Gleichung dadurch um, daß wir für $\xi(o')$, $\eta(o')$, $\zeta(o')$ die in $(27_{1,2,3})$ angegebenen Integralausdrücke einsetzen. Dann verwandelt sich (27) in eine Integralgleichung (27*), in der (wie bald bewiesen werden soll) nur noch Kerne vorkommen, die für $o' = o$ von höchstens 1. Ordnung unendlich werden.

Auf das Gleichungssystem $(27_{1,2,3})$, (27*) lassen sich die Fredholmschen Sätze anwenden, und wir bekommen vier Belegungsfunktionen, wie wir sie wünschen — falls die entsprechenden homogenen Integralgleichungen außer $\mathsf{T} = \xi = \eta = \zeta = 0$ keine Lösung besitzen. Diese Bedingung ist aber erfüllt. Sind nämlich T; ξ, η, ζ Lösungen der homogenen Integralgleichungen, so liefern uns die Gleichungen (24) ein sowohl im Innern als auch im Äußern der Oberfläche reguläres Vektorpotential $\mathfrak{u}$ mit den Komponenten u, v, w. Dabei würde das im Innern herrschende Vektorpotential $\mathfrak{u}$ an der Oberfläche verschwindende Tangentialkomponenten und seine normale Ableitung daselbst eine verschwindende Normalkomponente besitzen. Daraus folgt, daß im Innern identisch $\mathfrak{u} = 0$ ist. Denn zufolge der angegebenen Eigenschaften wird

$$\int \left\{ \left|\frac{\partial \mathfrak{u}}{\partial x}\right|^2 + \left|\frac{\partial \mathfrak{u}}{\partial y}\right|^2 + \left|\frac{\partial \mathfrak{u}}{\partial z}\right|^2 \right\} dp = -\int \mathfrak{u} \frac{\partial \mathfrak{u}}{\partial n} \cdot do = 0,$$

also $\mathfrak{u} = \text{const.} = \mathfrak{c}$. Das würde sich, falls $\mathfrak{c} \neq 0$ wäre, nicht mit der Tatsache vertragen, daß $\mathfrak{u}$ an der Oberfläche normale Richtung besitzt.*) Da die Doppelbelegung, aus der $\mathfrak{u}$ entspringt, tangential gerichtet war, durchsetzt die Normalkomponente von $\mathfrak{u}$ die Oberfläche stetig. Darnach hat das im *Äußern* herrschende Potential $\mathfrak{u}$ an der Oberfläche eine verschwindende Normalkomponente. Ebenso ergibt sich, daß die Tangentialkomponenten der normalen Ableitung des äußeren Potentials an der Oberfläche $= 0$ sind. Diese Randbedingungen haben zur Folge, daß auch im Äußern identisch $\mathfrak{u} = 0$ sein muß. Da $\mathfrak{u}$ sonach zu beiden Seiten der Oberfläche dieselben Werte hat, wird $\xi = \eta = \zeta = 0$; da auch die normale Ableitung $\frac{\partial \mathfrak{u}}{\partial n}$ keinen Sprung erleidet, gilt $\mathsf{T} = 0$.

Wir haben noch den Beweis dafür nachzuholen, daß die Kerne der Gleichung (27*) höchstens von 1. Ordnung unendlich werden. Dazu haben wir lediglich die Funktionen

$$\int \frac{\alpha(o) - \alpha(o')}{r^3(oo')} \frac{1}{r(o'o'')} do' \tag{28}$$

und

$$\int \frac{\alpha(o) - \alpha(o')}{r^3(oo')} \cdot \frac{\partial}{\partial n_{o''}} \frac{1}{r(o'o'')} do' \tag{29}$$

zu betrachten. Die Existenz des Cauchyschen Hauptwerts von

$$\int \frac{\alpha(o) - \alpha(o')}{r^3(oo')} do'$$

ergibt sich, wenn wir die Umgebung von o auf der Fläche mit einem regulären Isothermensystem bedecken, mit Rücksicht auf die der Fläche auferlegten Differenzierbarkeitsbedingungen daraus, daß die Cauchyschen Hauptwerte der etwa über $u^2 + v^2 \leqq 1$ zu erstreckenden Integrale

$$\iint \frac{u\,du\,dv}{(u^2+v^2)^{3/2}}, \quad \iint \frac{v\,du\,dv}{(u^2+v^2)^{3/2}}$$

$\left[\iint = \lim\limits_{\varepsilon = 0} \iint\limits_{\varepsilon^2 \leqq u^2+v^2 \leqq 1}\right]$ existieren (nämlich $= 0$ sind).

Für (28) können wir schreiben

$$\frac{1}{r(oo'')} \int \frac{\alpha(o) - \alpha(o')}{r^3(oo')} do' + \int \frac{\alpha(o) - \alpha(o')}{r^3(oo')} \left[\frac{1}{r(o'o'')} - \frac{1}{r(oo'')}\right] do'.$$

Der erste Summand wird bei $o'' = o$ von 1. Ordnung unendlich, der zweite ist wegen

$$\left|\frac{1}{r(o'o'')} - \frac{1}{r(oo'')}\right| \leqq \frac{r(oo')}{r(o'o'')\,r(oo'')}$$

---

*) Damit ist gezeigt, daß $\lambda^* = 0$ kein Eigenwert des Problems (II) ist; ebenso leicht erkennt man, daß (II) keine *negativen* Eigenwerte besitzt.

dem absoluten Betrage nach

$$\leqq \frac{\text{Const.}}{r(o o'')} \int \frac{d o'}{r(o o')\, r(o'' o')}.$$

Das letzte Integral wird für $o'' = o$ nur logarithmisch unendlich.

Um den entsprechenden Schluß auf (29) anwenden zu können, müssen wir zeigen, daß

$$\left| \frac{\partial}{\partial n_{o''}} \frac{1}{r(o' o'')} - \frac{\partial}{\partial n_{o''}} \frac{1}{r(o o'')} \right| \leqq \text{Const.} \frac{r(o o')}{r(o' o'')\, r(o o'')}.$$

Wir brauchen lediglich Punkte o, o', o'' zu betrachten, die so nahe beieinander liegen, daß sie alle drei einem Flächenstück angehören, welches sich mit einem regulären Isothermensystem u, v überdecken läßt*), und zwar mögen dem Punkte o'' die Werte $u = 0$, $v = 0$, dem Punkte o die Werte u, v, dem Punkte o' die Werte u', v' entsprechen. to, to' $(0 \leqq t \leqq 1)$ seien diejenigen Punkte auf der Fläche, deren isotherme Koordinaten tu, tv bez. tu', tv' sind. Bezeichnen wir mit x_u, x_v die 1. Differentialquotienten von $x(o) = x(u, v)$, so können wir setzen

$$\sum [x(o) - x(o'')]\, \alpha(o'') = u \int_0^1 \sum \alpha(o'')\, x_u(to)\, dt + v \int_0^1 \sum \alpha(o'')\, x_v(to)\, dt.$$

Man notiere jetzt die folgende Reihe von Größen:

$$\frac{\partial}{\partial n_{o''}} \frac{1}{r(o' o'')} = \frac{\sum [x(o') - x(o'')]\, \alpha(o'')}{r^3(o' o'')},$$

$$\frac{\sum [x(o') - x(o'')]\, \alpha(o'')}{r^2(o' o'')\, r(o o'')} = \frac{u' \int_0^1 \sum \alpha(o'')\, x_u(to')\, dt + v' \int_0^1 \sum \alpha(o'')\, x_v(to')\, dt}{r^2(o' o'')\, r(o o'')},$$

$$\frac{u' \int_0^1 \sum \alpha(o'')\, x_u(to)\, dt + v' \int_0^1 \sum \alpha(o'')\, x_v(to)\, dt}{r^2(o' o'')\, r(o o'')},$$

$$\frac{u' \int_0^1 \sum \alpha(o'')\, x_u(to)\, dt + v' \int_0^1 \sum \alpha(o'')\, x_v(to)\, dt}{r(o' o'')\, r^2(o o'')},$$

$$\frac{u \int_0^1 \sum \alpha(o'')\, x_u(to)\, dt + v \int_0^1 \sum \alpha(o'')\, x_v(to)\, dt}{r(o' o'')\, r^2(o o'')} = \frac{\sum [x(o) - x(o'')]\, \alpha(o'')}{r(o' o'')\, r^2(o o'')},$$

$$\frac{\sum [x(o) - x(o'')]\, \alpha(o'')}{r^3(o o'')} = \frac{\partial}{\partial n_{o''}} \frac{1}{r(o o'')}.$$

*) Dadurch erscheint das Flächenstück auf ein Gebiet einer auf rechtwinklige Koordinaten u, v bezogenen Ebene abgebildet; wir dürfen noch voraussetzen (indem wir uns ev. auf ein Teilgebiet beschränken), daß dieses Bildgebiet konvex ist.

Beachtet man, daß

$$\left|\int_0^1 \sum \alpha(o'')\, x_u(to)\, dt\right| \leqq \text{Const.}\, r(oo''),$$

$$\left|\int_0^1 \sum \alpha(o'')\, x_v(to)\, dt\right| \leqq \text{Const.}\, r(oo'')$$

ist (wobei auch o durch o' ersetzt werden darf), und ferner gleichmäßig in t

$$|x_u(to) - x_u(to')|,\ |x_v(to) - x_v(to')| \leqq \text{Const.}\, t \cdot r(oo'),\text{*)}$$

so erkennt man, daß die Differenz von je zwei aufeinanderfolgenden Größen dieser Reihe — und daher auch die Differenz des ersten und letzten Gliedes, wie wir zeigen wollten — dem absoluten Betrage nach

$$\leqq \text{Const.}\, \frac{r(oo')}{r(oo'')\, r(o''o')}$$

ist.

Aufgabe 2. Die nunmehr vollständig gelöste Randwertaufgabe aus der Potentialtheorie war für uns nur ein Hilfsmittel, um den Tensor A zu konstruieren. Nehmen wir für $f(o)$ die Funktion

$$f(op') = -\alpha(o) \frac{\partial}{\partial n_o} G(op'),$$

so ergeben sich Belegungsfunktionen $\mathsf{T}(op')$; $\xi(op')$, $\eta(op')$, $\zeta(op')$, die noch von p' abhängen werden, und aus ihnen nach (24) der Vektor $\mathfrak{u}(p) = \mathfrak{A}_x(pp')$. Da

$$|f(op')| \leqq \frac{\text{Const.}}{r^2(op')},\quad \int |f(op')|\, do < 4\pi$$

ist, folgt aus den Integralgleichungen ($27_{1,2,3}$), (27*) in einfacher Weise**)

$$|\mathsf{T}(op')| \leqq \frac{\text{Const.}}{r^2(op')},\quad \int |\mathsf{T}(op')|\, do \leqq \text{Const.};$$

$$|\xi(op')|,\ |\eta(op')|,\ |\zeta(op')| \leqq \text{Const.}$$

„Const." bedeutet: unabhängig von o und p'. Es bezeichne $\mathsf{P} = \mathsf{P}(pp')$ das Minimum

$$\min_o \{r(po) + r(p'o)\},$$

welches zustande kommt, wenn bei festem p, p' der Punkt o die ganze Oberfläche durchläuft. Die gewonnenen Ungleichungen zeigen, wenn man sie in (24) zur Berechnung von $\mathfrak{u} = \mathfrak{A}_x$ einträgt, daß der 2. Summand in diesen Formeln für alle p, p' absolut $\leqq$ Const., der 1. aber $\leqq \frac{\text{Const.}}{\mathsf{P}(pp')}$ bleibt.

*) Um dies zu zeigen, hat man in der Bildebene die Punkte to, to' durch eine geradlinige Strecke zu verbinden; vgl. die Fußnote auf der vorigen Seite.

**) Vgl. E. E. Levi, Gött. Nachr., 16. Mai 1908.

Diese Abschätzung des 1. Summanden erhält man, wenn man das Integrationsgebiet, das aus der ganzen Oberfläche besteht, in zwei Teile zerlegt: der erste Teil [1] besteht aus allen Punkten o [wenn solche überhaupt vorhanden sind], deren Entfernung von p kleiner ist als $\frac{\mathsf{P}}{2}$; für diese o ist zugleich $r(p'o) > \frac{\mathsf{P}}{2}$. Da für beliebiges ε

$$\int\limits_{(r(po)<\varepsilon)} \frac{do}{r(po)} \leqq \text{Const.}\ \varepsilon$$

ist (Const. heißt hier: unabhängig von p und ε), so wird für den ersten Teil [1]

$$\left|\int\limits_{[1]} \frac{1}{r(po)} \alpha(o)\,\mathsf{T}(op')\,do\right| \leqq \frac{\text{Const.}}{\mathsf{P}^2} \int\limits_{[1]} \frac{do}{r(po)} \leqq \frac{\text{Const.}}{\mathsf{P}}.$$

Für den Rest [2] der Oberfläche gilt

$$\left|\int\limits_{[2]} \frac{1}{r(po)} \alpha(o)\,\mathsf{T}(op')\,do\right| \leqq \frac{2}{\mathsf{P}} \cdot \int |\mathsf{T}(op')|\,do \leqq \frac{\text{Const.}}{\mathsf{P}}.$$

Wir finden also

$$|\mathfrak{A}_x(pp')| \leqq \frac{\text{Const.}}{\mathsf{P}(pp')}.$$

Diese Ungleichung, welche zum Ausdruck bringt, daß $\mathfrak{A}_x$ nur unendlich wird, wenn p, p' gegen denselben Randpunkt konvergieren, dürfen wir für unsere Zwecke durch die weit weniger scharfe

$$(30) \qquad |\mathfrak{A}_x(pp')| \leqq \frac{\text{Const.}}{r(pp')}$$

ersetzen.

Das Integral

$$\int \left\{ \left|\frac{\partial \mathfrak{A}_x(pp')}{\partial x}\right|^2 + \left|\frac{\partial \mathfrak{A}_x(pp')}{\partial y}\right|^2 + \left|\frac{\partial \mathfrak{A}_x(pp')}{\partial z}\right|^2 \right\} dp$$

ist

$$= -\int \mathfrak{A}_x(op') \cdot \frac{\partial}{\partial n_0} \mathfrak{A}_x(op')\,do$$

$$= \int \alpha(o) \frac{\partial}{\partial n_0} G(op')\,[\alpha(o)\,A_{xx}(op') + \beta(o)\,A_{yx}(op') + \gamma(o)\,A_{zx}(op')]\,do,$$

also wegen $\frac{\partial}{\partial n_0} G(op') > 0$

$$\leqq \int |\mathfrak{A}_x(op')| \cdot \frac{\partial}{\partial n_0} G(op')\,do.$$

Nennen wir den kürzesten Abstand des Punktes p' von der Oberfläche wie früher $\varrho(p')$, so folgt daraus

$$(31) \quad \int \left\{ \left|\frac{\partial \mathfrak{A}_x(pp')}{\partial x}\right|^2 + \left|\frac{\partial \mathfrak{A}_x(pp')}{\partial y}\right|^2 + \left|\frac{\partial \mathfrak{A}_x(pp')}{\partial z}\right|^2 \right\} dp \leqq 4\pi \cdot \frac{\text{Const.}}{\varrho(p')},$$

wo Const. dieselbe Konstante bezeichnet wie in der Ungleichung (30).

Aus (30) und (31), und weil entsprechende Ungleichungen für die beiden andern den Tensor A konstituierenden Vektoren

$$\mathfrak{A}_y = (A_{xy}, A_{yy}, A_{zy}),$$
$$\mathfrak{A}_z = (A_{xz}, A_{yz}, A_{zz})$$

gelten, schließen wir nach der in § 5 auseinandergesetzten Methode, daß (23) asymptotisch die gleiche Eigenwertverteilung hat wie

$$\begin{pmatrix} G & 0 & 0 \\ 0 & G & 0 \\ 0 & 0 & G \end{pmatrix}.$$

Die Eigenwerte des letzteren Tensors aber sind dieselben wie die von G — mit dem einen Unterschied jedoch, daß die Vielfachheit eines jeden Eigenwerts von G zu verdreifachen ist. Da nach § 5 die Anzahl der unterhalb Λ gelegenen Eigenwerte von $\frac{1}{4\pi} G$ asymptotisch (für $\lim \Lambda = \infty$) durch $\frac{J}{6\pi^2} \cdot \Lambda^{3/2}$ gegeben wird, so findet sich jetzt die entsprechende für das Problem (II) berechnete Anzahl asymptotisch $= \frac{J}{2\pi^2} \cdot \Lambda^{3/2}$. Die Anzahl der Frequenzen $\nu_n \leqq \mathsf{N}$, welche den stehenden elektrischen Schwingungen [Problem (I)] entsprechen, ist demnach asymptotisch $= \frac{J}{3\pi^2} \cdot \mathsf{N}^3$. Auf jede solche Frequenz ν_n, mit andern Worten: auf jede Spektrallinie des Hohlraumspektrums kommen gemäß der Formel

$$\mathfrak{E} = \mathfrak{U}(xyz) \cdot (a_1 \cos \nu t + a_2 \sin \nu t)$$

zwei Freiheitsgrade. Damit sind wir am Ziel und können das Resultat folgendermaßen zusammenfassen.

Satz XII. *Das Spektrum der in einem beliebigen Hohlraum J mit vollkommen spiegelnden Wänden herrschenden Strahlung ist so geartet, daß die Zahl der Spektrallinien, deren Frequenz unterhalb ν liegt, mit ν in demselben Maße ansteigt, wie die 3. Potenz von ν. Genauer gesagt, konvergiert das Verhältnis dieser Anzahl zu ν^3 für $\nu \to \infty$ gegen die Grenze*

$$\frac{\text{Volumen von } J}{3\pi^2 c^3} \quad [\text{Lichtgeschwindigkeit} = c].$$

(Die spiegelnden Wände werden in mathematischer Hinsicht als geschlossene, dreimal stetig differenzierbare Flächen vorausgesetzt.)

Göttingen, den 7. Mai 1911.

17.

Über die Abhängigkeit der Eigenschwingungen einer Membran von deren Begrenzung

Journal für die reine und angewandte Mathematik 141, 1—11 (1912)

§ 1.

Ist I ein beliebiges, im Endlichen gelegenes Gebiet*) einer auf die kartesischen Koordinaten x, y bezogenen Ebene, so verstehen wir unter den *Eigenwerten von I* diejenigen Werte λ, für welche die Schwingungsgleichung

$$(1.)\qquad \Delta u + \lambda u \equiv \frac{\partial^2 u}{\partial x^2} + \frac{\partial^2 u}{\partial y^2} + \lambda u = 0$$

eine Lösung u besitzt, die am Rande des Gebietes I verschwindet. Diese Eigenwerte bezeichnen wir, der Größe nach geordnet, mit $\lambda_n (n = 1, 2, 3, \ldots; \lambda_1 \leqq \lambda_2 \leqq \lambda_3 \leqq \cdots)$ oder, wo die Abhängigkeit von I hervorgehoben werden soll, mit $\lambda_n(I)$. Dabei ist in dieser Reihe jeder Eigenwert λ so oft zu schreiben, als es linear unabhängige am Rande verschwindende Lösungen von (1.) gibt.

Über die Abhängigkeit des kleinsten Eigenwerts λ_1 vom Gebiete I hat Herr *H. A. Schwarz* im Jahre 1885**) den Satz bewiesen, daß $\lambda_1(I_1) \geqq \lambda_1(I)$ ist, falls das Gebiet I_1 ganz in I liegt. Hier soll dieselbe Tatsache (nach einer völlig anderen Methode) allgemein für den n-ten Eigenwert λ_n bewiesen werden, und wir wollen den Satz auch noch dadurch verallgemeinern, daß wir an Stelle des *einen* in I gelegenen Gebietes I_1 eine beliebige Menge solcher Gebiete treten lassen. Dann bekommen wir das folgende

---

*) Unter „Gebiet" wird eine nur aus inneren Punkten bestehende Punktmenge verstanden, deren Punkte sich untereinander durch ganz im Gebiet verlaufende Streckenzüge verbinden lassen.

**) Festschrift zum Jubelgeburtstage des Herrn *Karl Weierstraß* (Helsingfors 1885), S. 35 = Ges. math. Abhandlungen, Bd. I, S. 261.

Theorem: Ist I ein beliebiges, im Endlichen gelegenes Gebiet und sind $I_1, I_2, \ldots$ endlich- oder unendlichviele) in I gelegene Gebiete, von denen je zwei keinen (inneren) Punkt gemein haben, so liegen unterhalb einer beliebigen Grenze mindestens ebensoviele Eigenwerte von I als von $I_1, I_2, \ldots$ zusammengenommen.*

Bei der Bestimmung der Anzahl der Eigenwerte ist natürlich jeder derselben in seiner richtigen Vielfachheit zu rechnen.

Es bezeichne $G(xy, \xi\eta)$ die zu dem Gebiet I gehörige gewöhnliche *Green*sche Funktion mit der beliebigen innerhalb I gelegenen Unendlichkeitsstelle $(\xi\eta)$; dann sind die Eigenwerte von I zugleich Eigenwerte des symmetrischen Kernes $\frac{1}{2\pi}G$. Die Innengebiete $I_1, I_2, \ldots$ seien zunächst nur in endlicher Anzahl (h) vorhanden. G_1 sei die *Green*sche Funktion von I_1, wobei wir noch $G_1 = 0$ setzen, wenn einer der beiden Punkte $(xy), (\xi\eta)$ nicht innerhalb I_1 liegt; analoge Bedeutung habe G_2 für $I_2, \ldots, G_h$ für I_h. Die Eigenwerte des Kerns

$$\frac{1}{2\pi}(G_1 + G_2 + \cdots + G_h)$$

bestehen dann aus den Eigenwerten $\lambda(I_1), \lambda(I_2), \ldots \lambda(I_h)$ zusammengenommen. Um nun den Beweis für die oben ausgesprochene Behauptung zu erbringen, zeigen wir:

I) $L' = G - (G_1 + G_2 + \cdots + G_h)$ *ist im Sinne der Theorie der Integralgleichungen ein positiv-definiter Kern.*

II) *Addieren wir zu einem beliebigen Kern**) K einen positiv-definiten Kern K': $K^* = K + K'$, so liegen unterhalb einer beliebigen Grenze nicht weniger positive Eigenwerte von K^* als von K.*

Setzt man hier $K^* = G$, $K = (G_1 + G_2 + \cdots + G_h)$, $K' = L'$, so ergibt sich zufolge I) unser Theorem.

In § 2 beweise ich den Satz I) mit Hilfe gewisser Überlegungen aus der *Potentialtheorie*, in § 3 den Satz II) mittels der Methoden der *Integralgleichungstheorie.* In § 4 wird aus dem Haupttheorem *das asymptotische Gesetz der Eigenwerte* für ein beliebiges Gebiet abgeleitet. In § 5

---

*) Eine beliebige Menge sich gegenseitig ausschließender Gebiete ist stets endlich oder abzählbar unendlich.

**) Es ist hier nur von *symmetrischen* Kernen die Rede, für welche die gewöhnliche *Fredholm-Hilbert*sche Theorie gültig ist.

endlich findet sich ein Satz über die zu der Schwingungsgleichung und der Randbedingung $\frac{\partial u}{\partial n} = 0$ gehörigen Eigenwerte.

§ 2.

Um die Richtigkeit von I) darzutun, halten wir uns zunächst an *reguläre Fälle;* aus ihnen wird sich hernach der allgemeine Satz *durch Grenzübergang* herleiten lassen.

1. Der Einfachheit halber wollen wir auch zunächst noch annehmen, daß die Gebiete $I; I_1, I_2, \ldots I_h$ einfach zusammenhängend sind; sie mögen je von einer *Kurve mit stetiger Krümmung* begrenzt sein, die wir bzw. mit $\mathfrak{C}; \mathfrak{C}_1, \mathfrak{C}_2, \ldots \mathfrak{C}_h$ bezeichnen, und die Gebiete $I_1, I_2, \ldots I_h$ sollen nicht nur in ihren inneren Punkten verschieden sein, sondern auch die Kurven $\mathfrak{C}_1, \mathfrak{C}_2, \ldots \mathfrak{C}_h$ sollen keinen Punkt untereinander und keinen Punkt mit $\mathfrak{C}$ gemein haben. $\mathfrak{C}, \mathfrak{C}_1, \ldots, \mathfrak{C}_h$ begrenzen zusammen ein $(h+1)$-fach zusammenhängendes Gebiet I_{h+1}, und es ist

$$I = (I_1 + I_2 + \cdots + I_h + I_{h+1}) + (\mathfrak{C}_1 + \mathfrak{C}_2 + \cdots + \mathfrak{C}_h).$$

G_{h+1} sei die zu I_{h+1} gehörige *Green*sche Funktion, wobei wieder $G_{h+1} = 0$ zu setzen ist, wenn einer der beiden Argumentpunkte nicht innerhalb I_{h+1} gelegen ist. Punkte auf den Kurven $\mathfrak{C}_1, \mathfrak{C}_2, \ldots \mathfrak{C}_h$ bezeichnen wir mit s, indem unter s die Bogenlänge von irgend einem festgewählten Anfangspunkt aus verstanden wird; dabei läuft s auf $\mathfrak{C}_1$ von 0 bis l_1, auf $\mathfrak{C}_2$ von l_1 bis $l_1 + l_2$, usw., auf $\mathfrak{c} = \mathfrak{C}_1 + \mathfrak{C}_2 + \cdots + \mathfrak{C}_h$ also von 0 bis $l = l_1 + l_2 + \cdots + l_h$.

Es sei $\varphi(xy)$ eine Eigenfunktion des Kerns

$$L = G - (G_1 + G_2 + \cdots + G_h + G_{h+1}):$$

$$\varphi(xy) = \frac{\nu}{2\pi} \iint_I L(xy, \xi\eta)\varphi(\xi\eta)\, d\xi\, d\eta, \tag{2.}$$

$\frac{\nu}{2\pi}$ der Eigenwert, zu dem sie gehört. Wir gehen darauf aus, die Ungleichung $\nu > 0$ herzuleiten. Die Gleichung (2.) zieht die folgenden Eigenschaften der Funktion $\varphi(xy)$ nach sich:

a) in ganz I, außer in den Punkten von $\mathfrak{c}$, ist φ eine harmonische Funktion;

b) am Rande von I, d. h. auf der Kurve $\mathfrak{C}$, nimmt φ den Wert 0 an;

c) φ geht stetig über die Kurven $\mathfrak{C}_1, \mathfrak{C}_2, \ldots \mathfrak{C}_h$ hinüber — es ist nämlich auf diesen

$$\varphi(s) = \frac{\nu}{2\pi} \iint_I G(s, \xi\eta)\varphi(\xi\eta)\, d\xi\, d\eta \quad -; \tag{3.}$$

d) sowohl die nach der inneren wie die nach der äußeren Normale genommene Ableitung von φ an einer Kurve $\mathfrak{C}_1, \ldots \mathfrak{C}_h$, $\frac{\partial \varphi}{\partial n_i}$ bzw. $\frac{\partial \varphi}{\partial n_a}$ ist eine stetige Funktion der Bogenlänge s. Den Sprung

$$-\left(\frac{\partial \varphi}{\partial n_i} + \frac{\partial \varphi}{\partial n_a}\right) \text{ bezeichnen wir mit } \beta(s).$$

Es ist aber sofort klar, daß die Funktion $\varphi(xy)$ hinsichtlich dieser vier Eigenschaften mit

$$\frac{1}{2\pi} \int_{\mathrm{c}} G(s, xy)\, \beta(s)\, ds$$

übereinstimmt und daher überhaupt mit ihr identisch sein muß:

$$(4.) \qquad \varphi(xy) = \frac{1}{2\pi} \int_{\mathrm{c}} G(s, xy)\, \beta(s)\, ds.$$

In dieser Gleichung liegt der Kernpunkt unseres Beweises.

Wir berechnen jetzt das Integral

$$\iint_I \left[\left(\frac{\partial \varphi}{\partial x}\right)^2 + \left(\frac{\partial \varphi}{\partial y}\right)^2\right] dx\, dy.$$

Es ist z. B.

$$\iint_{I_1} \left[\left(\frac{\partial \varphi}{\partial x}\right)^2 + \left(\frac{\partial \varphi}{\partial y}\right)^2\right] dx\, dy = -\int_{\mathfrak{C}_1} \varphi \frac{\partial \varphi}{\partial n_i}\, ds;$$

ähnlich für $I_2, \ldots, I_h$. Für I_{h+1} gilt, weil φ auf $\mathfrak{C}$ den Wert 0 hat,

$$\iint_{I_{h+1}} \left[\left(\frac{\partial \varphi}{\partial x}\right)^2 + \left(\frac{\partial \varphi}{\partial y}\right)^2\right] dx\, dy = -\int_{\mathrm{c}} \varphi \frac{\partial \varphi}{\partial n_a}\, ds.$$

Durch Addition ergibt sich

$$(5.) \qquad \iint_I \left[\left(\frac{\partial \varphi}{\partial x}\right)^2 + \left(\frac{\partial \varphi}{\partial y}\right)^2\right] dx\, dy = \int_{\mathrm{c}} \varphi(s)\, \beta(s)\, ds.$$

Hierin drücken wir jetzt $\varphi(s)$ mittels (3.) und (4.) aus:

$$\varphi(s) = \frac{\nu}{4\pi^2} \int_{\mathrm{c}} GG(s, \sigma)\, \beta(\sigma)\, d\sigma \qquad \left\{GG(s, \sigma) = \iint_I G(s, xy)\, G(\sigma, xy)\, dx\, dy\right\}$$

und bekommen

$$(6.) \qquad \iint_I \left[\left(\frac{\partial \varphi}{\partial x}\right)^2 + \left(\frac{\partial \varphi}{\partial y}\right)^2\right] dx\, dy = \frac{\nu}{4\pi^2} \iint_{\mathrm{c}\,\mathrm{c}} GG(s, \sigma)\, \beta(s)\, \beta(\sigma)\, ds\, d\sigma.$$

Quadriert man (4.) und integriert, so bekommt man andrerseits

$$(7.) \qquad \iint_I \varphi(xy)^2\, dx\, dy = \frac{1}{4\pi^2} \iint_{\mathrm{c}\,\mathrm{c}} GG(s, \sigma)\, \beta(s)\, \beta(\sigma)\, ds\, d\sigma.$$

Aus (6.) und (7.) folgt $\nu > 0$. Demnach ist für jede in I einschließlich des Randes stetige Funktion $u(xy)$

$$\iint_I \iint_I L(xy, \xi\eta) u(xy) u(\xi\eta) dx\, dy\, d\xi\, d\eta \geqq 0,$$

und da G_{h+1} positiv-definit ist, folgt a fortiori, daß $L' = L + G_{h+1}$ den gleichen Charakter besitzt:

$$\iint_I \iint_I L'(xy, \xi\eta)\, u(xy)\, u(\xi\eta)\, dx\, dy\, d\xi\, d\eta \geqq 0.$$

Der gleiche Beweis gilt auch, wenn $I; I_1, I_2, \ldots I_h$ beliebige mehrfach zusammenhängende, von endlich vielen stetig gekrümmten Kurven begrenzte Gebiete vorstellen.

2. Von jetzt ab soll über die Begrenzung der in Betracht kommenden Bereiche $I; I_1, I_2, \ldots I_h$ keine einschränkende Voraussetzung mehr gemacht werden; doch halten wir noch daran fest, daß nur endlichviele Innengebiete I_i vorhanden sind. Wir approximieren dann I durch einen von endlichvielen stetig gekrümmten Kurven begrenzten Bereich $I^{(\varepsilon)}$, der von dem positiven Parameter ε so abhängig ist, daß der Bereich mit abnehmendem ε beständig wächst und $\lim\limits_{\varepsilon=0} I^{(\varepsilon)} = I$ ist. Es soll also $I^{(\varepsilon)}$ samt seiner Begrenzung innerhalb $I^{(\delta)}$ gelegen sein, wenn $\delta < \varepsilon$ ist, und es soll zu jedem Punkt P von I einen Wert $\varepsilon > 0$ geben, so daß P auch in $I^{(\varepsilon)}$ gelegen ist. Entsprechende Bedeutung haben $I_1^{(\varepsilon)}, \ldots I_h^{(\varepsilon)}$ für die Innenbereiche $I_1, \ldots I_h$, wobei noch dafür Sorge zu tragen ist, daß immer $I_1^{(\varepsilon)}, \ldots I_h^{(\varepsilon)}$ Teile von $I^{(\varepsilon)}$ sind. Wir haben zu zeigen, daß für jede in I einschließlich des Randes stetige Funktion $u(xy)$

$$\iint_I \iint_I L'(xy, \xi\eta)\, u(xy)\, u(\xi\eta)\, dx\, dy\, d\xi\, d\eta \geqq 0$$

ist, und zwar in dem folgenden Sinne:

$$(8.)\quad \begin{aligned} \lim_{\varepsilon=0} L_\varepsilon\langle u\rangle = \lim_{\varepsilon=0} \Big\{ &\iint_{I^{(\varepsilon)}} \iint_{I^{(\varepsilon)}} G(xy, \xi\eta)\, u(xy)\, u(\xi\eta)\, dx\, dy\, d\xi\, dy \\ &- \sum_{i=1}^{h} \iint_{I_i^{(\varepsilon)}} \iint_{I_i^{(\varepsilon)}} G_i(xy, \xi\eta)\, u(xy)\, u(\xi\eta)\, dx\, dy\, d\xi\, d\eta \Big\} \geqq 0. \end{aligned}$$

Die zu $I^{(\varepsilon)}; I_i^{(\varepsilon)}$ gehörigen *Green*schen Funktionen seien $G^{(\varepsilon)}; G_i^{(\varepsilon)}$. $L_{\varepsilon,\delta}\langle u\rangle$ bedeutet denjenigen Ausdruck, der aus $L_\varepsilon\langle u\rangle$ entsteht, wenn man $G; G_i$ durch $G^{(\delta)}; G_i^{(\delta)}$ $(\delta \leqq \varepsilon)$ ersetzt. Ohne Beschränkung der Allgemeinheit dürfen wir annehmen, daß irgend zwei Punkte aus I stets eine Entfernung < 1 voneinander haben und daß $\iint_I u(xy)^2\, dx\, dy \leqq 1$ ist.

Für jedes δ gilt, wie wir wissen,

(9.) $$L_{\delta\delta}\langle u\rangle \geqq 0.$$

Um daraus eine Ungleichung für $L_{\varepsilon,\delta}\langle u\rangle$ ($\varepsilon > \delta$) herzustellen, bemerken wir folgendes: da

$$|G^{(\delta)}(xy,\xi\eta)| \leqq \lg\frac{1}{r} \qquad \left\{r = \sqrt{(x-\xi)^2+(y-\eta)^2}\right\}$$

ist, liefert die sog. *Schwarz*sche Ungleichung

$$\left(\iiiint\limits_{(I^{(\delta)}I^{(\delta)}-I^{(\varepsilon)}I^{(\varepsilon)})} G^{(\delta)}(xy,\xi\eta)\,u(xy)\,u(\xi\eta)\,dx\,dy\,d\xi\,d\eta\right)^2$$

$$\leqq \iiiint\limits_{(I^{(\delta)}I^{(\delta)}-I^{(\varepsilon)}I^{(\varepsilon)})} \left(\lg\frac{1}{r}\right)^2 dx\,dy\,d\xi\,d\eta.$$

Nun wächst

$$A^{(\varepsilon)} = \iint\limits_{I^{(\varepsilon)}}\iint\limits_{I^{(\varepsilon)}} \left(\lg\frac{1}{r}\right)^2 dx\,dy\,d\xi\,d\eta,$$

wenn ε gegen 0 abnimmt, beständig, bleibt dabei aber unterhalb einer endlichen Grenze $\left(\frac{\pi^2}{2}\right)$ und konvergiert also für $\lim \varepsilon = 0$ gegen eine endliche Zahl A. Entsprechendes läßt sich für die $I_i^{(\varepsilon)}$ und zugehörigen $G_i^{(\varepsilon)}$ durchführen; wir schreiben

$$\iint\limits_{I_i^{(\varepsilon)}}\iint\limits_{I_i^{(\varepsilon)}} \left(\lg\frac{1}{r}\right)^2 dx\,dy\,d\xi\,d\eta = A_i^{(\varepsilon)}, \quad \lim_{\varepsilon=0} A_i^{(\varepsilon)} = A_i.$$

Aus (9.) erhalten wir dann die Beziehung

$$L_{\varepsilon,\delta}\langle u\rangle \geqq -\sqrt{A^{(\delta)}-A^{(\varepsilon)}} - \sum_{i=1}^{h}\sqrt{A_i^{(\delta)}-A_i^{(\varepsilon)}},$$

ferner durch den Grenzübergang $\lim \delta = 0$, da $G^{(\delta)}$ für Punkte (xy), $(\xi\eta)$ in $I^{(\varepsilon)}$ gleichmäßig gegen G konvergiert und entsprechendes für $G_i^{(\delta)}$ zutrifft,

$$L_\varepsilon\langle u\rangle \geqq -\sqrt{A-A^{(\varepsilon)}} - \sum_{i=1}^{h}\sqrt{A_i-A_i^{(\varepsilon)}},$$

endlich durch den Grenzübergang $\lim \varepsilon = 0$:

(8.) $$\lim_{\varepsilon=0} L_\varepsilon\langle u\rangle \geqq 0.$$

§ 3*).

Wir kommen zum Beweise des Satzes II) (§ 1) und nehmen hier statt eines Punktes der xy-Ebene, der in einem Gebiet I variiert, der einfacheren Schreibweise wegen eine einzige Variable s, die sich im Inter-

---

*) Vgl. zum Inhalt dieses Paragraphen eine demnächst in den Math. Ann. erscheinende Arbeit des Verfassers (§ 1).

vall von 0 bis 1 bewegt. Es handelt sich dann um drei symmetrische Kerne

$$K^*(s,t),\quad K(s,t),\quad K'(s,t),\quad [0 \leqq {}^s_t \leqq 1]$$

zwischen denen die Identität

$$K^* = K + K'$$

besteht, und von denen der letzte positiv-definit ist. Die positiven Eigenwerte von K^* mögen, der Größe nach geordnet, $\lambda_1^* \leqq \lambda_2^* \leqq \cdots$ sein und $\varphi_1^*(s), \varphi_2^*(s), \ldots$ die zugehörigen normierten Eigenfunktionen*); $\lambda_1 \leqq \lambda_2 \leqq \cdots$ und $\varphi_1(s), \varphi_2(s), \ldots$ haben die analoge Bedeutung für den Kern K. Es ist zu zeigen, daß allgemein $\lambda_{n+1} \leqq \lambda_{n+1}$ wird. Wir haben

$$\int_0^1\int_0^1\Big(K^*(s,t) - \frac{\varphi_1^*(s)\varphi_1^*(t)}{\lambda_1^*} - \cdots - \frac{\varphi_n^*(s)\varphi_n^*(t)}{\lambda_n^*}\Big)x(s)x(t)\,ds\,dt \leqq \frac{1}{\lambda_{n+1}^*}$$

für alle Funktionen $x(s)$, deren Quadratintegral $\int_0^1 x^2 ds \leqq 1$ ist. Da nach Voraussetzung

$$\int_0^1\int_0^1 K'(s,t)x(s)x(t)\,ds\,dt \geqq 0$$

ist, gilt a fortiori

$$(10.)\qquad \int_0^1\int_0^1\Big(K(s,t) - \frac{\varphi_1^*(s)\varphi_1^*(t)}{\lambda_1^*} - \cdots - \frac{\varphi_n^*(s)\varphi_n^*(t)}{\lambda_n^*}\Big)x(s)x(t)\,ds\,dt \leqq \frac{1}{\lambda_{n+1}^*}.$$

Wir bilden jetzt mittels konstanter Größen $x_1, x_2, \ldots x_{n+1}$ die lineare Kombination der $n+1$ ersten Eigenfunktionen von K:

$$x(s) = x_1\varphi_1(s) + x_2\varphi_2(s) + \cdots + x_{n+1}\varphi_{n+1}(s),$$

bestimmen die Verhältnisse der $x_1, x_2, \ldots x_{n+1}$ gemäß den n linearen homogenen Gleichungen

$$\int_0^1 x(s)\varphi_i^*(s)\,ds = 0, \qquad (i = 1, 2, \ldots n)$$

und sorgen schließlich dafür, daß die normierende Bedingung

$$\int_0^1 x(s)^2 ds = x_1^2 + x_2^2 + \cdots + x_{n+1}^2 = 1$$

erfüllt ist. Setzen wir die so konstruierte Funktion $x(s)$ in die linke Seite von (10.) ein, so geht diese über in

$$\int_0^1\int_0^1 K(s,t)x(s)x(t)\,ds\,dt = \frac{x_1^2}{\lambda_1} + \frac{x_2^2}{\lambda_2} + \cdots + \frac{x_{n+1}^2}{\lambda_{n+1}}$$

---

*) D. h. es sollen die Orthogonalitätsrelationen $\int_0^1 \varphi_h^*(s)\,\varphi_i^*(s)\,ds = 0$ $(h \neq i)$, $\int_0^1 (\varphi_h^*(s))^2 ds = 1$ bestehen.

und ist also

$$\geqq \frac{x_1^2 + x_2^2 + \cdots + x_{n+1}^2}{\lambda_{n+1}} = \frac{1}{\lambda_{n+1}};$$

daher

$$\frac{1}{\lambda_{n+1}} \leqq \frac{1}{\lambda_{n+1}^*}, \quad \lambda_{n+1}^* \leqq \lambda_{n+1}.$$

Damit ist der Beweis unseres Haupttheorems erledigt für den Fall, daß es sich nur um endlichviele Gebiete $I_1, I_2, \ldots$ handelt. Sind innerhalb I *unendlichviele* solcher Gebiete abgegrenzt, so besitzen bei gegebenem N doch nur *endlichviele* (nämlich höchstens h; $h =$ Anzahl der unterhalb N gelegenen Eigenwerte von I) dieser Gebiete überhaupt Eigenwerte, welche $< N$ sind. Damit ist das Theorem in vollem Umfang bewiesen.

§ 4.

Aus unserm Haupttheorem, das mir an sich des Interesses wert scheint, wollen wir jetzt noch das folgende *asymptotische Gesetz* herleiten:

Hat das zweidimensionale endliche Gebiet I einen bestimmten Flächeninhalt I [im *Jordan*schen Sinne*)], *so gilt für die Eigenwerte $\lambda_n = \lambda_n(I)$ dieses Gebietes die Limesgleichung*

$$\lim_{n=\infty} \frac{\lambda_n}{n} = \frac{4\pi}{I}. \tag{11.}$$

Dieses Gesetz habe ich bereits nach einer anderen Methode bewiesen**). Die hier darzulegende ist einfacher als jene, dafür allerdings auch wesentlich spezieller: die übrigen in der zitierten Arbeit von mir behandelten analogen asymptotischen Probleme sind ihr nicht zugänglich.

Unsere Behauptung läßt sich auch so aussprechen: Die Anzahl $h_N(I)$ der unterhalb N gelegenen Eigenwerte des Gebietes I ist asymptotisch $= \frac{I}{4\pi} \cdot N$, d. h. es ist

$$\lim_{N=\infty} \frac{h_N(I)}{N} = \frac{I}{4\pi}. \tag{12.}$$

1) Ist I ein Quadrat von der Seitenlänge a, so trifft dies zu. Die Eigenwerte eines solchen Quadrats werden nämlich durch die Formel

$$\frac{\pi^2}{a^2}(m^2 + n^2) \qquad \left[\begin{smallmatrix} m \\ n \end{smallmatrix} = 1, 2, 3, \ldots \text{ in inf.}\right]$$

*) *Jordan,* Cours d'analyse (2. Aufl.), Bd. I, S. 28 u. 29.

**) Vgl. meine oben erwähnte Arbeit in den Math. Ann., § 3.

geliefert. Daraus folgt mit Hilfe einer bekannten einfachen zahlengeometrischen Betrachtung die Gleichung (12.) $[I = a^2]$.

2) Bedecken wir die Ebene mit einem Quadratnetz von der Seitenlänge a und ist I ein Bereich, der aus endlichvielen, etwa H, solcher Quadrate zusammengesetzt ist, so besteht auch für ihn die Gleichung (12.). Zunächst haben wir nämlich nach unserm Haupttheorem, wenn jetzt q ein einzelnes Quadrat des Netzes bezeichnet,

$$h_N(I) \geqq H \cdot h_N(q),$$

und da

$$\lim_{N=\infty} \frac{h_N(q)}{N} = \frac{a^2}{4\pi},$$

folgt

$$\text{(13.)} \qquad \lim_{N=\infty} \inf. \frac{h_N(I)}{N} \geqq \frac{Ha^2}{4\pi} = \frac{I}{4\pi}.$$

Den Bereich I können wir durch Hinzufügung endlichvieler Bereiche $I', I'', \ldots$, deren jeder gleichfalls aus Quadraten des Netzes besteht, zu einem vollen Quadrat Q ergänzen (dessen Seitenlänge natürlich ein ganzzahliges Vielfaches von a ist). Dann haben wir

$$h_N(Q) \geqq h_N(I) + h_N(I') + h_N(I'') + \cdots,$$

$$\lim_{N=\infty} \frac{h_N(Q)}{N} = \frac{Q}{4\pi}; \quad \lim_{N=\infty} \inf. \frac{h_N(I')}{N} \geqq \frac{I'}{4\pi}, \quad \lim_{N=\infty} \inf. \frac{h_N(I'')}{N} \geqq \frac{I''}{4\pi}, \ \cdots.$$

Aus diesen Tatsachen ergibt sich

$$\text{(14.)} \qquad \lim_{N=\infty} \sup. \frac{h_N(I)}{N} \leqq \frac{Q-(I'+I''+\cdots)}{4\pi} = \frac{I}{4\pi},$$

und aus (13.) und (14.) die Gleichung (12).

3) Ist endlich I ein beliebiger im Endlichen gelegener Bereich, so überdecken wir die Ebene wiederum mit einem Quadratnetz von kleiner Seitenlänge. Ist dann I' ein ganz innerhalb I gelegener, aus Quadraten dieses Netzes zusammengesetzter Bereich, I'' ein aus endlichvielen solchen Quadraten zusammengesetztes Gebiet, das I umfaßt, so ist

$$h_N(I') \leqq h_N(I) \leqq h_N(I'').$$

Da für I' und I'' Formel (12.) zutrifft, ergibt sich daraus, wenn $\bar{I}$ den „inneren", $\overset{+}{I}$ den „äusseren" Flächeninhalt*) von I bedeutet,

$$\lim_{N=\infty} \inf. \frac{h_N(I)}{N} \geqq \frac{\bar{I}}{4\pi}, \quad \lim_{N=\infty} \sup. \frac{h_N(I)}{N} \leqq \frac{\overset{+}{I}}{4\pi}.$$

---

*) *Jordan*, Cours d'analyse (2. Aufl.), Bd. I, S. 28 u. 29.

Hat das Gebiet einen bestimmten Inhalt $I = \overset{+}{I} = \bar{I}$, so haben wir damit (12.) allgemein bewiesen.

§ 5.

Die vorigen Betrachtungen lassen sich ohne alle Schwierigkeiten auf drei oder mehr Dimensionen übertragen. Auch darf an Stelle der gewöhnlichen Schwingungsgleichung in den Untersuchungen der §§ 1—3 eine beliebige sich selbst adjungierte Differentialgleichung treten:

$$\frac{\partial}{\partial x}\left(p\frac{\partial u}{\partial x}\right) + \frac{\partial}{\partial y}\left(p\frac{\partial u}{\partial y}\right) - qu + \lambda ku = 0,$$

wo λ der Spektrumsparameter ist, p, q, k aber stetige Funktionen von (xy) bedeuten, von denen p und k positiv sind. Auf Grund der so gewonnenen Sätze läßt sich jedoch nur dann nach Art des § 4 das asymptotische Gesetz der Eigenwerte dieses allgemeineren Differentialausdrucks herleiten, wenn dasselbe für ein aus einem einzigen Quadrat bestehendes Gebiet bekannt ist. Um das Gesetz in diesem *speziellen Falle* zu finden, kann man, soviel ich sehe, keinen anderen Weg einschlagen als denjenigen, auf dem ich in meiner oben zitierten Annalenarbeit den Beweis *allgemein* erbracht habe.

Zum Schluß wollen wir noch die zu $\Delta u + \mu u = 0$ und der Randbedingung $\frac{\partial u}{\partial n} = 0$ (normale Ableitung von u am Rande $= 0$) gehörigen Eigenwerte $\mu = \mu_1, \mu_2, \ldots$ mit den zu der Randbedingung $u = 0$ gehörigen λ_n vergleichen. Die μ sind wieder der Größe nach geordnet, so daß $0 = \mu_1 \leqq \mu_2 \leqq \cdots$ ist. Das Gebiet I, welches wir betrachten, sei von einer oder mehreren stetig gekrümmten Linien begrenzt. Wir wollen zeigen:

Unterhalb einer beliebigen Grenze liegen mindestens ebenso viele Eigenwerte μ_n als λ_n.

Zum Beweise benutzen wir die beiden zu der Differentialgleichung

(15.) $$\Delta u - u = 0$$

gehörigen *Green*schen Funktionen $\tilde{G}(xy, \xi\eta)$ und $\tilde{H}(xy, \xi\eta)$, von denen die erste der Randbedingung $u = 0$, die zweite der Randbedingung $\frac{\partial u}{\partial n} = 0$ entspricht.

Die Eigenwerte der symmetrischen Kerne $\frac{1}{2\pi}\tilde{G}$, $\frac{1}{2\pi}\tilde{H}$ werden durch $\lambda_n + 1$, bezw. $\mu_n + 1$ geliefert. Wir müssen also dartun, daß $\tilde{H}$ unterhalb einer beliebigen Grenze mindestens ebenso viele Eigenwerte wie $\tilde{G}$ besitzt, und wir werden dies darauf zurückzuführen suchen, daß

$$D = \tilde{H} - \tilde{G}$$

ein positiv-definiter Kern ist.

Wir verfahren genau wie in § 2. Bedeutet ν einen Eigenwert von $\frac{1}{2\pi}D$ und $\varphi(xy)$ die Eigenfunktion, zu der ν gehört,

$$\varphi(xy) = \frac{\nu}{2\pi}\iint_I D(xy, \xi\eta)\,\varphi(\xi\eta)\,d\xi\,d\eta,$$

so ist φ eine im Innern von I reguläre, der Gleichung (15.) genügende Funktion, die am Rande die Werte

$$\varphi(s) = \frac{\nu}{2\pi}\iint_I \tilde{H}(s, \xi\eta)\,\varphi(\xi\eta)\,d\xi\,d\eta$$

annimmt. Ferner ist die nach der inneren Randnormale genommene Ableitung $\frac{\partial\varphi}{\partial n_s}$ eine stetige Funktion der Bogenlänge s. Aus ihr berechnet sich die Funktion $\varphi(xy)$, wie aus der *Green*schen Formel in bekannter Weise folgt, so:

$$\varphi(xy) = -\frac{1}{2\pi}\int_c \tilde{H}(s, xy)\,\frac{\partial\varphi}{\partial n_s}\,ds.$$

Daraus gewinnen wir der Reihe nach die folgenden Relationen:

$$\varphi(s) = -\frac{\nu}{4\pi^2}\int_c \tilde{H}\tilde{H}(s,\sigma)\,\frac{\partial\varphi}{\partial n_\sigma}\,d\sigma$$

$$\left\{\tilde{H}\tilde{H}(s,\sigma) = \iint_I \tilde{H}(s, xy)\,\tilde{H}(\sigma, xy)\,dx\,dy\right\},$$

$$\iint_I \left[\left(\frac{\partial\varphi}{\partial x}\right)^2 + \left(\frac{\partial\varphi}{\partial y}\right)^2 + \varphi^2\right] dx\,dy = -\int_c \varphi\,\frac{\partial\varphi}{\partial n_s}\,ds$$

$$= \frac{\nu}{4\pi^2}\int_c\int_c \tilde{H}\tilde{H}(s,\sigma)\,\frac{\partial\varphi}{\partial n_s}\,\frac{\partial\varphi}{\partial n_\sigma}\,ds\,d\sigma = \nu\iint_I \varphi^2\,dx\,dy,$$

$$\nu \geqq 1.$$

Damit sind wir am Ziel.

18.

Über das Spektrum der Hohlraumstrahlung

Journal für die reine und angewandte Mathematik 141, 163—181 (1912)

Mit der gleichen Methode, die ich in einer vor kurzem in diesem Journal erschienenen Note*) entwickelt habe, läßt sich, wie ich jetzt zeigen möchte, ein neuer Satz über *das Spektrum der in einem beliebig gestalteten Hohlraum mit vollkommen spiegelnden Wänden möglichen Strahlungen* herleiten (§§ 4, 5). Dieser Satz, der eine *exakt* gültige Aussage enthält über die Anzahl derjenigen Eigenschwingungen, deren Frequenz unterhalb einer beliebig angenommenen Grenze liegt, gestattet auch von neuem, das *asymptotische* Gesetz des Spektrums zu beweisen, das ich erstmalig in einer Abhandlung in den Mathematischen Annalen**) begründet habe. Allerdings ist dazu die Feststellung erforderlich, daß das Spektrum der Schwingungsgleichung für die Randbedingung $\frac{\partial u}{\partial n} = 0$ dasselbe asymptotische Gesetz befolgt wie das zur Randbedingung $u = 0$ gehörige. Den Nachweis dieser Tatsache enthält der § 3; ich benutze dabei nicht die Methode der Exhaustion mittels kleiner Würfel, die ich in (A.) zu diesem Zwecke angewandt habe, sondern gehe einen Weg, der sich unmittelbarer an die Überlegungen von (C.) anschließt. In § 1 entwickle ich die allgemeinen Sätze aus der Theorie der Integralgleichungen, die als Grundlage der ganzen Untersuchung dienen; der größte Teil dieses Paragraphen ist daher eine Wiederholung aus (A.). § 2 enthält einige Hilfsbetrachtungen über die Schwingungsgleichung und die *Green*schen Funktionen.

---

*) „Über die Abhängigkeit der Eigenschwingungen einer Membran von deren Begrenzung", dieses Journal Bd. 141, S. 1—11. Wird als (C.) zitiert.

**) „Das asymptotische Verteilungsgesetz der Eigenwerte linearer partieller Differentialgleichungen", Math. Ann. Bd. 71, S. 441—479. Wird als (A.) zitiert.

§ 1.

Es sei $K(s,t)$ $[0 \leqq {}^{s}_{t} \leqq 1]$ — ebenso wie alle andern Kerne, welche wir betrachten — ein symmetrischer Kern, auf welchen die gewöhnliche *Fredholm-Hilbert*sche Theorie anwendbar ist. Seine positiven Eigenwerte ordnen wir in eine steigende Reihe $\overset{+}{\lambda}_1 \leqq \overset{+}{\lambda}_2 \leqq \overset{+}{\lambda}_3 \leqq \cdots$, in welcher jeder Eigenwert in seiner richtigen Vielfachheit vertreten sein soll. Das System der zugehörigen normierten Eigenfunktionen bezeichnen wir, in der den Eigenwerten entsprechenden Numerierung, mit $\overset{+}{\varphi}_n(s)$ $[n = 1, 2, 3, \ldots]$. Wir führen noch die reziproken Eigenwerte $\overset{+}{\mathfrak{l}}_n = \dfrac{1}{\overset{+}{\lambda}_n}$ ein; falls die Reihe der $\overset{+}{\mathfrak{l}}_n$ abbricht, ergänzen wir sie durch Hinzufügung von lauter Nullen zu einer unendlichen Reihe. Die reziproken negativen Eigenwerte bezeichnen wir entsprechend mit $\overset{-}{\mathfrak{l}}_n$. Endlich ordnen wir auch die absoluten Beträge der $\overset{+}{\mathfrak{l}}_n$, $\overset{-}{\mathfrak{l}}_n$ nach ihrer numerischen Größe in einer einzigen Reihe $\mathfrak{l}_1, \mathfrak{l}_2, \mathfrak{l}_3, \ldots$ an. Kommen neben dem Kern K noch andere Kerne K', K^* usw. in Betracht, die durch obere Indizes von K unterschieden sind, so unterscheiden wir die zugehörigen Eigenwerte und Eigenfunktionen durch die gleichen oberen Indizes. Der Hauptsatz, auf den wir uns im folgenden stützen müssen, lautet in dieser Bezeichnungsweise so:

Ist K die Summe zweier Kerne K', K'', so bestehen die Beziehungen

$$(1.)\ \overset{+}{\mathfrak{l}}_{n+m+1} \leqq \overset{+}{\mathfrak{l}}{}'_{m+1} + \overset{+}{\mathfrak{l}}{}''_{n+1}, \qquad (2.)\ \overset{-}{\mathfrak{l}}_{n+m+1} \geqq \overset{-}{\mathfrak{l}}{}'_{m+1} + \overset{-}{\mathfrak{l}}{}''_{n+1},$$

$$(3.)\ \mathfrak{l}_{n+m+1} \leqq \mathfrak{l}'_{m+1} + \mathfrak{l}''_{n+1}.$$

Der in § 3 von (C.) bewiesene Satz ist ein spezieller Fall der Ungleichung (1.). Wir verfahren hier ganz analog. Für alle Funktionen $x(s)$, deren Quadratintegral $\int_0^1 x^2\,ds \leqq 1$ ist, gelten die Ungleichungen

$$(4.)\left\{\begin{aligned} &\int_0^1\!\!\int_0^1 \left\{K'(s,t) - \overset{+}{\mathfrak{l}}{}'_1\, \overset{+}{\varphi}{}'_1(s)\, \overset{+}{\varphi}{}'_1(t) - \cdots - \overset{+}{\mathfrak{l}}{}'_m\, \overset{+}{\varphi}{}'_m(s)\, \overset{+}{\varphi}{}'_m(t)\right\} x(s)\, x(t)\, ds\, dt \leqq \overset{+}{\mathfrak{l}}{}'_{m+1},\\ &\int_0^1\!\!\int_0^1 \left\{K''(s,t) - \overset{+}{\mathfrak{l}}{}''_1\, \overset{+}{\varphi}{}''_1(s)\, \overset{+}{\varphi}{}''_1(t) - \cdots - \overset{+}{\mathfrak{l}}{}''_n\, \overset{+}{\varphi}{}''_n(s)\, \overset{+}{\varphi}{}''_n(t)\right\} x(s)\, x(t)\, ds\, dt \leqq \overset{+}{\mathfrak{l}}{}''_{n+1}. \end{aligned}\right.$$

Wenn nun $\overset{+}{\mathfrak{l}}_{m+n+1} \neq 0$ ist, so existieren die Eigenfunktionen $\overset{+}{\varphi}_i(s)$ $[i = 1, 2, \ldots, m+n+1]$, aus denen wir durch lineare Kombination

$$x(s) = x_1 \overset{+}{\varphi}_1(s) + x_2 \overset{+}{\varphi}_2(s) + \cdots + x_{m+n+1} \overset{+}{\varphi}_{m+n+1}(s)$$

bilden. Dabei sollen die Konstanten x_i so bestimmt werden, daß $x(s)$

zu den sämtlichen Funktionen $\overset{+}{\varphi}{}_1'(s), \ldots, \overset{+}{\varphi}{}_m'(s);\ \overset{+}{\varphi}{}_1''(s), \ldots, \overset{+}{\varphi}{}_n''(s)$ orthogonal ist. Das ergibt $m+n$ lineare homogene Gleichungen für die Unbekannten x_i; wir können also noch dafür Sorge tragen, daß $x(s)$ die normierende Bedingung

$$\int_0^1 x^2 ds = x_1^2 + x_2^2 + \cdots + x_{m+n+1}^2 = 1$$

erfüllt. Für diese spezielle Funktion $x(s)$ sind die linken Seiten der beiden Ungleichungen (4.)

$$= \int_0^1 \int_0^1 K'(s,t)\, x(s)\, x(t)\, ds\, dt, \text{ bzw. } = \int_0^1 \int_0^1 K''(s,t)\, x(s)\, x(t)\, ds\, dt,$$

ihre Summe also

$$= \int_0^1 \int_0^1 K(s,t)\, x(s)\, x(t)\, ds\, dt = \overset{+}{\mathfrak{l}}_1 x_1^2 + \overset{+}{\mathfrak{l}}_2 x_2^2 + \cdots + \overset{+}{\mathfrak{l}}_{m+n+1} x_{m+n+1}^2$$

$$\geqq \overset{+}{\mathfrak{l}}_{m+n+1} (x_1^2 + x_2^2 + \cdots + x_{m+n+1}^2) = \overset{+}{\mathfrak{l}}_{m+n+1}.$$

Damit ist (1.) bewiesen. (2.) ergibt sich, wenn wir die Ungleichung (1.) auf

$$-K = (-K') + (-K'')$$

anwenden. (3.) ist eine unmittelbare Konsequenz aus (1.) und (2.).

Ersetzen wir K durch die zweireihige symmetrische Kernmatrix*)

$$K^\circ = \begin{Vmatrix} 0 & K(s,t) \\ K(t,s) & 0 \end{Vmatrix},$$

so wird

$$(5.) \qquad \overset{+}{\mathfrak{l}}{}_n^\circ = \mathfrak{l}_n, \quad \overset{-}{\mathfrak{l}}{}_n^\circ = -\mathfrak{l}_n; \qquad \mathfrak{l}_{2n-1}^\circ = \mathfrak{l}_{2n}^\circ = \mathfrak{l}_n.$$

Für symmetrische Kernmatrizen gelten die Ungleichungen (1.), (2.), (3.) natürlich ebenso wie für symmetrische Kerne. Davon wollen wir eine spezielle Anwendung machen.

Sind $\Phi_i(s)$, $\Psi_i(s)$ $[i = 1, 2, \ldots h]$ irgend h Paare von Funktionen mit endlichem Quadratintegral, so betrachten wir die symmetrischen Kernmatrizen

$$k^\circ = \begin{Vmatrix} 0, & \sum_{i=1}^{h} \Phi_i(s)\, \Psi_i(t) \\ \sum_{i=1}^{h} \Phi_i(t)\, \Psi_i(s), & 0 \end{Vmatrix}$$

*) Vgl. *Fredholm*, Acta mathematica 27, S. 378 und betreffs der speziellen hier verwendeten Kernmatrizen *Hilbert*, Nachr. d. Ges. d. Wiss., Göttingen, Math.-phys. Kl., 1906, S. 462.

und

$$K^{\bullet} = K^{\circ} - k^{\circ}.$$

k° hat höchstens h positive und h negative Eigenwerte; der $(2h+1)$-te reziproke Eigenwert von k° ist also bereits gleich Null. Daher folgt aus $K^{\circ} = K^{\bullet} + k^{\circ}$ nach (3.):

$$\mathfrak{l}^{\circ}_{n+2h} \leqq \mathfrak{l}^{\bullet}_{n} \quad [n = 1, 2, 3, \ldots],$$

und daraus, indem wir die Quadratsummen bilden und die letzte Gleichung (5.) heranziehen,

$$2\int_0^1\int_0^1 \left\{K(s,t) - \sum_{i=1}^{h} \Phi_i(s)\Psi_i(t)\right\}^2 ds\,dt = (\mathfrak{l}_1^{\bullet})^2 + (\mathfrak{l}_2^{\bullet})^2 + \cdots \text{ in inf.}$$

$$\geqq 2[\mathfrak{l}^2_{h+1} + \mathfrak{l}^2_{h+2} + \cdots].$$

Das ist der bereits von Herrn *E. Schmidt**) bewiesene Satz:

Sucht man $K(s,t)$ mit Hilfe einer Produktsumme von der Form $\sum_{i=1}^{h} \Phi_i(s)\Psi_i(t)$ zu approximieren, so kann das Quadratintegral des Fehlers nicht unter $\mathfrak{l}^2_{h+1} + \mathfrak{l}^2_{h+2} + \cdots$ herabgedrückt werden.

Ist $f(s)$ irgend eine Funktion, deren Quadratintegral $\int_0^1 f^2 ds = 1$ ist, so kann man $K(s,t)$ in einen Kern $K^*(s,t)$ verwandeln, der zu $f(t)$ orthogonal ist

$$\int_0^1 K^*(s,t) f(t)\,dt = 0,$$

zugleich aber für alle zu $f(s)$ orthogonalen Funktionen $x(s)$ die Gleichung

$$K\langle x\rangle = K^*\langle x\rangle$$

erfüllt; $K\langle x\rangle$ bedeutet stets die zu dem Kern K gehörige quadratische Integralform $\int_0^1\int_0^1 K(s,t)x(s)x(t)\,ds\,dt$. Man hat zu setzen:

$$K^*(s,t) = K(s,t) - f(s)\int_0^1 K(t,\tau)f(\tau)\,d\tau - f(t)\int_0^1 K(s,\sigma)f(\sigma)\,d\sigma$$

$$+ f(s)f(t)\int_0^1\int_0^1 K(\sigma,\tau)f(\sigma)f(\tau)\,d\sigma\,d\tau.$$

Wenden wir die Ungleichung

$$\int_0^1\int_0^1 \left\{K(s,t) - \sum_{i=1}^{n} \overset{+}{\mathfrak{l}}_i \overset{+}{\varphi}_i(s)\overset{+}{\varphi}_i(t)\right\} x(s)\,x(t)\,ds\,dt \leqq \overset{+}{\mathfrak{l}}_{n+1}$$

nur auf Funktionen $x(s) = x^*(s)$ an, die zu $f(s)$ orthogonal sind, so dürfen

*) Math. Annalen, Bd. 63 (1907), S. 467 ff.

wir in ihr jedes $\overset{+}{\varphi}_i(s)$ durch die zu $f(s)$ orthogonale Funktion

$$\psi_i(s) = \overset{+}{\varphi}_i(s) - f(s)\int_0^1 f(t)\,\overset{+}{\varphi}_i(t)\,dt$$

ersetzen. Für jene $x(s) = x^*(s)$ gilt also

$$(6.)\quad \int_0^1\int_0^1 \Big\{K^*(s,t) - \sum_{i=1}^{n} \overset{+}{\mathfrak{l}}_i\,\psi_i(s)\,\psi_i(t)\Big\}\,x(s)\,x(t)\,ds\,dt \leqq \overset{+}{\mathfrak{l}}_{n+1}.$$

Ist jetzt $x(s)$ wieder eine ganz beliebige Funktion, deren Quadratintegral $= 1$ ist, so hat für diese der Ausdruck auf der linken Seite von (6.) offenbar den gleichen Wert wie für die Funktion

$$x^*(s) = x(s) - f(s)\int_0^1 f(t)\,x(t)\,dt,$$

deren Quadratintegral

$$= \int_0^1 x^2\,ds - \Big(\int_0^1 f x\,ds\Big)^2 \leqq 1$$

ist. Also gilt (6.) allgemein, und wir schließen daraus nach (1.), da der $(n+1)$-te reziproke positive Eigenwert von $\sum_{i=1}^{n} \overset{+}{\mathfrak{l}}_i\,\psi_i(s)\,\psi_i(t)$ Null ist, $\overset{+}{\mathfrak{l}}{}^*_{n+1} \leqq \overset{+}{\mathfrak{l}}_{n+1}$. Da andrerseits die Differenz $K - K^*$ ein Kern ist, der nur *einen* positiven und *einen* negativen Eigenwert besitzt, gilt $\overset{+}{\mathfrak{l}}_{n+1} \leqq \overset{+}{\mathfrak{l}}{}^*_n$. So bekommen wir die folgenden Ungleichungen (die das genaue Analogon eines bekannten *Sturm*schen Theorems über quadratische Formen mit endlichvielen Variabeln sind):

$$\overset{+}{\mathfrak{l}}_1 \geqq \overset{+}{\mathfrak{l}}{}^*_1 \geqq \overset{+}{\mathfrak{l}}_2 \geqq \overset{+}{\mathfrak{l}}{}^*_2 \geqq \overset{+}{\mathfrak{l}}_3 \geqq \overset{+}{\mathfrak{l}}{}^*_3 \geqq \cdots.$$

§ 2.

Es sei J ein von einer stetig gekrümmten Kurve $\mathfrak{C}$ begrenztes Gebiet der (xy)-Ebene, J sein Inhalt und L die Länge der Randkurve. Punkte innerhalb J bezeichnen wir mit $p = (xy)$, $p' = (x'y')$ usw. und das an der Stelle p gelegene Flächenelement $dx\,dy$ mit dp. Punkte auf der Randkurve bezeichnen wir mit s, das zugehörige Bogenelement mit ds und die zugehörige (nach innen weisende) Normale mit n_s. Diejenigen Werte $\varkappa$, für welche die Schwingungsgleichung

$$\Delta u + \varkappa u \equiv \frac{\partial^2 u}{\partial x^2} + \frac{\partial^2 u}{\partial y^2} + \varkappa u = 0$$

eine innerhalb J reguläre und am Rande von J verschwindende Lösung besitzt, bezeichnen wir, der Größe nach geordnet, mit $\varkappa_i\;[i = 1, 2, 3, \ldots]$, ihre reziproken Werte $\dfrac{1}{\varkappa_i}$ mit $\mathfrak{q}_i$. Dabei ist jeder Wert $\varkappa_i$ so oft zu setzen, als es linear unabhängige, der Randbedingung $u = 0$ genügende Lösungen der Schwingungsgleichung für $\varkappa = \varkappa_i$ gibt. Wir können dann jedem $\varkappa_i$ eine solche Lösung

u_i zuordnen, daß diese insgesamt ein normiertes Orthogonalsystem bilden. Ersetzen wir die Randbedingung $u = 0$ durch die Forderung, daß die normale Ableitung am Rande $\frac{\partial u}{\partial n}$ verschwinden soll, so mögen in ähnlicher Weise ϱ_i $[i = 0, 1, 2, \ldots]$ die dieser Forderung entsprechenden Eigenwerte und v_i die zugehörigen normierten Eigenfunktionen sein. Außer von $\varrho_0 = 0$ (wozu $v_0 = \frac{1}{\sqrt{J}}$ gehört) können wir von den ϱ_i auch die Reziproken $r_i = \frac{1}{\varrho_i}$ bilden.

Ist $G(pp')$ die gewöhnliche *Green*sche Funktion mit der logarithmischen Unendlichkeitsstelle p' und dem „Aufpunkt" p, so sind die $\varkappa_i, u_i$ die Eigenwerte und Eigenfunktionen des symmetrischen Kerns $\frac{1}{2\pi} G(pp')$. $H(pp')$ bedeute die *Green*sche Funktion 2. Art, deren normale Ableitung am Rande konstant, nämlich $= \frac{2\pi}{L}$ ist und deren Randintegral $\int\limits_{\mathfrak{C}} H(sp')\,ds$ für jede Lage des Unendlichkeitspunktes p' verschwindet. Die Eigenwerte des gleichfalls symmetrischen Kerns $\frac{1}{2\pi} H(pp')$, die wir mit ϱ_i' $[i = 1, 2, 3, \ldots]$ bezeichnen, sind alle positiv, stimmen aber mit den ϱ_i nicht überein. Erst wenn wir den Kern $\frac{1}{2\pi} H$ in der am Schluß von § 1 geschilderten Weise zu $f(p) = \frac{1}{\sqrt{J}}$ orthogonal machen, erhalten wir einen Kern $\frac{1}{2\pi} H^*$, dessen Eigenwerte und zugehörige Eigenfunktionen durch ϱ_i, bzw. v_i $[i = 1, 2, 3, \ldots]$ geliefert werden; der Eigenwert $\varrho_0 = 0$ ist dabei herausgefallen. Also gilt

$$(7.)\qquad \varrho_0 \leqq \varrho_1' \leqq \varrho_1 \leqq \varrho_2' \leqq \varrho_2 \leqq \cdots .$$

Auch G können wir in der gleichen Weise wie H zu 1 orthogonal machen; die Eigenwerte $\varkappa_i^*$ des so entstehenden Kerns $\frac{1}{2\pi} G^*$ werden den Ungleichungen genügen:

$$\varkappa_1 \leqq \varkappa_1^* \leqq \varkappa_2 \leqq \varkappa_2^* \leqq \varkappa_3 \leqq \cdots .$$

Man weist, ganz analog wie in § 5 von (C.), nach, daß $H - G$, aber auch $H^* - G^*$ positiv-definit ist. Aus dem positiv-definiten Charakter von $H - G$ folgt

$$\varrho_i' \leqq \varkappa_i, \text{ also a fortiori } \varrho_{i-1} \leqq \varkappa_i.$$

Die gleiche Tatsache habe ich in (C.) § 5 bewiesen, indem ich statt der *Green*schen Funktionen des Differentialausdrucks Δu die von $\Delta u - u$ benutzte, da alsdann die Diskrepanz zwischen der *Green*schen Funktion 2. Art und den Eigenwerten ϱ_i nicht auftritt. Es lag mir daran, hier zu zeigen, daß diese Schwierigkeit, auch wenn man die gewöhnlichen *Green*schen Funktionen G, H beibehält, durch Aufstellung der Ungleichungen (7.) überwunden werden kann. — Aus dem positiv-definiten Charakter von $H^* - G^*$ folgt

$$\varrho_i \leqq \varkappa_i^*, \text{ also gleichfalls } \varrho_i \leqq \varkappa_{i+1}.$$

Die $\mathfrak{q}_i$ genügen nach (C.), § 4 dem asymptotischen Gesetz

$$\lim_{n=\infty} n\mathfrak{q}_n = \frac{J}{4\pi}. \tag{8.}$$

Endlich haben wir noch den folgenden, von Herrn *Stekloff**) herrührenden Hilfssatz nötig: Es sei $f(p)$ eine beliebige im Innern von J stetig differenzierbare Funktion, für welche das Integral

$$C = \int_J |\operatorname{grad} f|^2 dp = \iint_J \left\{\left(\frac{\partial f}{\partial x}\right)^2 + \left(\frac{\partial f}{\partial y}\right)^2\right\} dx\, dy$$

endlich ist. Bilden wir dann die „*Fourier*koeffizienten"

$$\int_J f(p) v_i(p)\, dp = c_i$$

von f, so ist

$$\sum_{i=1}^{\infty} \varrho_i c_i^2 \leqq C. \tag{9.}$$

In der Tat bilden

$$\frac{1}{\sqrt{\varrho_i}} \operatorname{grad} v_i \qquad [i = 1, 2, 3, \ldots]$$

ein normiertes System zueinander „orthogonaler" Vektorfelder; also ist nach der bekannten *Bessel*schen Ungleichung

$$\sum_{i=1}^{\infty} \frac{1}{\varrho_i} \left(\int_J \operatorname{grad} f \cdot \operatorname{grad} v_i\, dp\right)^2 \leqq C.$$

Es ist aber

$$\iint_J \left(\frac{\partial f}{\partial x}\frac{\partial v_i}{\partial x} + \frac{\partial f}{\partial y}\frac{\partial v_i}{\partial y}\right) dx\, dy = -\iint_J f \Delta v_i\, dx\, dy - \int_{\mathfrak{C}} f \frac{\partial v_i}{\partial n_s}\, ds$$

$$= \varrho_i \int_J f v_i\, dp = \varrho_i c_i.$$

Damit ist (9.) bewiesen.

---

*) Annales de Toulouse, t. III (1901), p. 303—305.

§ 3.

Um das asymptotische Gesetz (8.) auf die $\mathfrak{r}_i$ zu übertragen, betrachten wir zunächst den Kern

$$D(pp') = \frac{1}{2\pi}\{H(pp') - G(pp')\},$$

dessen (sämtlich positive) reziproke Eigenwerte $\mathfrak{k}_i$ heißen mögen. D ist hinsichtlich p im Innern von J eine reguläre Potentialfunktion; da ihre Randwerte $= \frac{1}{2\pi} H(sp')$ sind, muß sie selber

$$= \frac{1}{4\pi^2}\int_{\mathfrak{C}} \frac{\partial G}{\partial n_s}(ps) H(sp') ds$$

sein. Für das Integral

$$\iint_J \left\{\left(\frac{\partial D}{\partial x}\right)^2 + \left(\frac{\partial D}{\partial y}\right)^2\right\} dx\, dy = \int_J |\mathrm{grad}_p D|^2 dp$$

aber findet man den Wert

$$-\int_{\mathfrak{C}} D(sp') \frac{\partial D}{\partial n_s}(sp') ds = \frac{1}{4\pi^2}\int_{\mathfrak{C}} H(sp') \frac{\partial G}{\partial n_s}(sp') ds = D(p'p').$$

Da

$$\frac{\partial G}{\partial n_s} > 0, \quad \int_{\mathfrak{C}} \frac{\partial G}{\partial n_s} ds = 2\pi, \quad H(sp') = 2 \lg \frac{1}{r(p's)} + E(p's)$$

ist, — es bedeutet r die Entfernung der beiden Punkte p' und s, und E ist eine Funktion, deren absoluter Betrag für alle p' und s unterhalb einer endlichen Grenze bleibt*) — so finden wir, wenn $\varrho(p')$ die kürzeste Entfernung des Punktes p' vom Rande $\mathfrak{C}$ bezeichnet und c eine gewisse Konstante ist,

$$(10.) \qquad 0 < D(p'p') < \frac{1}{\pi} \lg \frac{c}{\varrho(p')}.$$

Wenden wir jetzt auf $f(p) = D(pp')$ die Ungleichung (9.) an, indem wir die Funktionen

$$\int_J D(pp') v_i(p) dp = w_i(p')$$

bilden, so haben wir für jedes noch so große n

$$\sum_{i=1}^{n} \varrho_i w_i^2(p) \leqq D(pp).$$

Durch Integration ergibt sich daraus, da $\int_J D(pp) dp$ zufolge (10.) endlich ist, die Konvergenz der Reihe

*) Siehe *E. E. Levi*, Nachr. d. Ges. d. Wiss., Göttingen, Math.-phys. Kl., 1908, S. 249—252.

$$(11.) \qquad \sum_{i=1}^{\infty} \varrho_i a_i \qquad \left(a_i = \int_J w_i^2(p)\, dp\right).$$

Nun ist aber andrerseits

$$\int_J \left\{D(pp') - \sum_{i=0}^{n-1} v_i(p)\, w_i(p')\right\}^2 dp \leqq \sum_{i=n}^{\infty} w_i^2(p'),$$

also

$$\int_J\int_J \left\{D(pp') - \sum_{i=0}^{n-1} v_i(p)\, w_i(p')\right\}^2 dp\, dp' \leqq \sum_{i=n}^{\infty} a_i.$$

Bezeichnen wir den Rest der Reihe (11.) vom n-ten Gliede ab mit η_n, so ist die rechte Seite der letzten Ungleichung $\leqq \mathfrak{r}_n \eta_n$, und somit folgt jetzt durch Anwendung des *Schmidt*schen Satzes auf den Kern $D(pp')$

$$\mathfrak{d}_{n+1}^2 + \mathfrak{d}_{n+2}^2 + \cdots \text{ in inf. } \leqq \mathfrak{r}_n \eta_n.$$

Weil aber

$$\mathfrak{d}_{n+1}^2 + \mathfrak{d}_{n+2}^2 + \cdots \text{ in inf. } \geqq \mathfrak{d}_{n+1}^2 + \cdots + \mathfrak{d}_{2n}^2 \geqq n\, \mathfrak{d}_{2n}^2,$$

gilt um so mehr

$$\mathfrak{d}_{2n} \leqq \sqrt{n\, \eta_n\, {}_n}.$$

$\lim\limits_{n=\infty} \eta_n$ ist gleich 0. Ziehen wir das asymptotische Gesetz der $\mathfrak{q}_n$ heran, so haben wir damit folgendes Resultat gewonnen: Setzt man

$$\mathfrak{d}_{2n} = \varepsilon_n \sqrt{\mathfrak{q}_{n+1}\, {}_n},$$

so ist $\lim\limits_{n=\infty} \varepsilon_n = 0$.

Nunmehr kehren wir zu dem Kern

$$\frac{1}{2\pi} H = \frac{1}{2\pi} G + D$$

zurück. Wir wählen eine feste ganze Zahl $h > 2$, denken uns n, das schließlich gegen ∞ konvergieren soll, bereits $\geqq h$ und setzen die größte ganze in $\frac{n}{h}$ enthaltene Zahl $= n_1$. Dann haben wir nach dem Hauptsatz von § 1 die Beziehung

$$(12.) \qquad (\mathfrak{r}_n \leqq)\, \mathfrak{r}_n' \leqq \mathfrak{q}_{n-2n_1+1} + \mathfrak{d}_{2n_1} = \mathfrak{q}_{n-2n_1+1} + \varepsilon_{n_1} \sqrt{\mathfrak{q}_{1+n_1} \mathfrak{r}_{n_1}}.$$

Diese Ungleichung gewinnt eine deutlichere Gestalt, wenn wir die Abkürzung

$$\omega_n = \frac{\mathfrak{r}_n}{\mathfrak{q}_{n+1}} = \frac{\varkappa_{n+1}}{\varrho_n}$$

einführen. Von diesen ω_n wissen wir, daß sie alle $\geqq 1$ sind. Aus (12.) erhalten wir jetzt

$$\omega_n \mathfrak{q}_{n+1} \leqq \mathfrak{q}_{n-2n_1+1} + \varepsilon_{n_1} \mathfrak{q}_{1+n_1} \sqrt{\omega_{n_1}} \leqq (\mathfrak{q}_{n-2n_1+1} + \varepsilon_{n_1} \mathfrak{q}_{1+n_1}) \sqrt{\omega_{n_1}},$$

$$\omega_n \leqq \left(\frac{\mathfrak{q}_{n-2n_1+1}}{\mathfrak{q}_{n+1}} + \varepsilon_{n_1} \frac{\mathfrak{q}_{1+n_1}}{\mathfrak{q}_{n+1}}\right) \sqrt{\omega_{n_1}}.$$

Setzen wir den auf der rechten Seite auftretenden Klammerausdruck gleich e_n, so ist

$$(13.) \qquad \omega_n \leqq e_n \sqrt{\omega_{n_1}}, \qquad \lim_{n=\infty} e_n = \frac{h}{h-2}.$$

Man denke sich, um (13.) in rekursiver Weise anwenden zu können, n in dem der Grundzahl h entsprechenden Zahlensystem durch eine Ziffernfolge ausgedrückt:

$$n = (b_l, b_{l-1}, \ldots b_0) = b_l \cdot h^l + b_{l-1} \cdot h^{l-1} + \cdots + b_0;$$

alle b_i gehören der Ziffernreihe $0, 1, \ldots h-1$ an, und es ist insbesondere $b_l \neq 0$. Man setze

$$\begin{aligned} n_1 &= (b_l, b_{l-1}, \ldots b_1) = b_l \cdot h^{l-1} + b_{l-1} \cdot h^{l-2} + \cdots + b_1, \\ n_2 &= \quad (b_l, \cdots b_2) = \qquad b_l \cdot h^{l-2} + \cdots + b_2, \\ &\cdots\cdots\cdots\cdots\cdots\cdots\cdots\cdots \\ n_l &= \qquad (b_l) = \qquad\qquad b_l. \end{aligned}$$

Aus (13.) ergibt sich dann

$$\begin{array}{r|l} \omega_n \leqq e_n \sqrt{\omega_{n_1}}, & 1 \\ \omega_{n_1} \leqq e_{n_1} \sqrt{\omega_{n_2}}, & 1/2 \\ \cdots\cdots\cdots & \\ \omega_{n_{l-1}} \leqq e_{n_{l-1}} \sqrt{\omega_{n_l}}. & 1/2^{l-1} \end{array}$$

Wir erheben diese Ungleichungen zu den rechts daneben geschriebenen Potenzen (dies ist statthaft, weil die linke Seite aller Ungleichungen $\geqq 1$ ist) und multiplizieren:

$$\omega_n \leqq (e_n \cdot \sqrt[2]{e_{n_1}} \cdot \sqrt[4]{e_{n_2}} \cdots \sqrt[2^{l-1}]{e_{n_{l-1}}}) \cdot \sqrt[2^l]{\omega_{n_l}}.$$

Ist e eine (wegen (13.) vorhandene) endliche obere Grenze aller e_n und ω die größte der Zahlen $\omega_1, \omega_2, \ldots \omega_{h-1}$, so ist offenbar

$$(e_n \cdot \sqrt[2]{e_{n_1}} \cdot \sqrt[4]{e_{n_2}} \cdots \sqrt[2^{l-1}]{e_{n_{l-1}}}) < e^2, \qquad \sqrt[2^l]{\omega_{n_l}} \leqq \sqrt[2^l]{\omega} < \omega,$$

darum

$$\omega_n < \omega \cdot e^2 \quad [n = 1, 2, 3, \ldots \text{ in inf.}].$$

Die Folge der ω_n ist also sicher *beschränkt*. Setzen wir

$$\limsup_{n=\infty} \omega_n = \Omega,$$

so lehrt (13.):

$$\Omega \leqq \frac{h}{h-2} \sqrt{\Omega}, \text{ d. i. } \Omega \leqq \left(\frac{h}{h-2}\right)^2.$$

Diese Beziehung muß für jede ganze Zahl $h > 2$ gelten, obwohl Ω von h gänzlich unabhängig ist; das ist nur möglich, wenn $\Omega \leqq 1$. Da jedoch alle $\omega_n \geqq 1$ waren, ergibt sich in der Tat

$$\Omega = \lim_{n=\infty} \omega_n = 1; \qquad \lim_{n=\infty} n \mathfrak{r}_n = \frac{J}{4\pi}.$$

Dieser Beweis erleidet einige Modifikationen, wenn wir ihn *auf den Raum übertragen* wollen. Wir wenden dabei alle Bezeichnungen in analoger Weise an. Der Unterschied ist der, daß man für $D(pp)$ eine Ungleichung der Form

$$D(pp) \leqq \frac{\text{Const.}}{\varrho(p)}$$

erhält und daß infolgedessen die Endlichkeit des Integrals $\int\limits_J D(pp)\,dp$ nicht sichergestellt ist. Bezeichnen wir aber mit J_n die Gesamtheit derjenigen Punkte p von J, deren kürzester Abstand $\varrho(p)$ vom Rande $\geqq \frac{1}{n}$ ist, so können wir wenigstens behaupten, daß

$$\int\limits_{J_n} D(pp)\,dp \leqq \text{Const.} \lg n \qquad [n \geqq 2]$$

ist, mithin

$$\sum_{i=1}^{\infty} \varrho_i \int\limits_{J_n} w_i^2(p)\,dp \leqq \text{Const.} \lg n$$

und a fortiori

$$(14.) \qquad \sum_{i=1}^{n} \varrho_i \int\limits_{J_n} w_i^2(p)\,dp \leqq \text{Const.} \lg n.$$

Im Falle des Raumes ergibt der in (C.), § 4 für die Ebene durchgeführte Beweis

$$\lim_{n=\infty} n^{2/3} \mathfrak{q}_n = \left(\frac{J}{6\pi^2}\right)^{2/3}.$$

Da ferner, wie leicht zu sehen, $\int\limits_J D^2(pp')\,dp'$ eine in ganz J beschränkte Funktion von p ist, folgt aus

$$\sum_{i=1}^{\infty} w_i^2(p) \leqq \int\limits_J D^2(pp')\,dp':$$

$$\sum_{i=1}^{\infty} \int\limits_{J-J_n} w_i^2(p)\,dp \leqq \text{Const.}\,\frac{1}{n};$$

darum

$$\sum_{i=1}^{n} \int\limits_{J-J_n} w_i^2(p)\,dp \leqq \text{Const.}\,\frac{1}{n},$$

$$(15.) \quad \sum_{i=1}^{n} \varrho_i \int\limits_{J-J_n} w_i^2\,dp \leqq \sum_{i=1}^{n} \varkappa_{i+1} \int\limits_{J-J_n} w_i^2\,dp \leqq \text{Const.} \sum_{i=1}^{n} i^{2/3} \int\limits_{J-J_n} w_i^2\,dp \leqq \text{Const.}\,\frac{1}{n^{1/3}}.$$

Durch Addition von (14.) und (15.) hat man

$$s_n = \sum_{i=1}^{n} \varrho_i a_i \leqq \text{Const.} \lg n = C \cdot \lg n \qquad [n \geqq 2].$$

Durch partielle Summation schließt man daraus

$$\begin{aligned}\sum_{i=n}^{\infty} a_i = \sum_{i=n}^{\infty} (a_i \varrho_i)\mathfrak{r}_i &= \sum_{i=n}^{\infty} (s_i - s_{n-1})(\mathfrak{r}_i - \mathfrak{r}_{i+1}) \\ &\leqq C \cdot \sum_{i=n}^{\infty} (\mathfrak{r}_i - \mathfrak{r}_{i+1}) \lg i \\ &= C \cdot \mathfrak{r}_n \lg n + C \cdot \sum_{i=n}^{\infty} \mathfrak{r}_{i+1}[\lg(i+1) - \lg i] \\ &\leqq C\Big(\mathfrak{r}_n \lg n + \sum_{i=n}^{\infty} \frac{\mathfrak{r}_{i+1}}{i}\Big) = C \cdot \zeta_n.\end{aligned}$$

Von da ab verläuft der Beweis wesentlich einfacher als für die Ebene. Wir reichen nämlich hier mit der (wegen der Konvergenz von $\Sigma \mathfrak{r}_i^2$) a priori richtigen Abschätzung

$$\lim_{n=\infty} \sqrt{n} \cdot \mathfrak{r}_n = 0$$

aus, finden daraus

$$\lim_{n=\infty} \frac{\sqrt{n} \cdot \zeta_n}{\lg n} = 0$$

und wegen

$$n \mathfrak{d}_{2n}^2 \leqq \mathfrak{d}_{n+1}^2 + \mathfrak{d}_{n+2}^2 + \cdots \leqq C \cdot \zeta_n :$$

$$\lim_{n=\infty} \frac{n^{3/4} \mathfrak{d}_n}{\sqrt{\lg n}} = 0.$$

Aus der Ungleichung

$$(16.) \qquad 1 \leqq \omega_n \leqq \frac{\mathfrak{q}_{n-n'+1}}{\mathfrak{q}_{n+1}} + \frac{\mathfrak{d}_{n'}}{\mathfrak{q}_{n+1}}$$

folgt jetzt, wenn wir unter n' die größte ganze in $n^{20/21}$ enthaltene Zahl verstehen,

$$\lim_{n=\infty} \omega_n = 1.$$

Denn der erste Summand auf der rechten Seite von (16.) konvergiert bei dieser Festsetzung gegen 1, der zweite aber $\Big($stärker als $\frac{\sqrt{\lg n}}{n^{1/21}}\Big)$ gegen 0.

§ 4.

Wir betrachten einen von Materie entblößten Hohlraum J, der von einer geschlossenen, nach innen zu als vollkommener Spiegel ausgebildeten Oberfläche $\mathfrak{O}$ begrenzt wird. Die Frage nach dem Spektrum der in einem solchen Hohlraum möglichen Strahlungszustände ist für die gesamte Strahlungstheorie von großer Wichtigkeit.

Wir rechnen im Raum mit rechtwinkligen Koordinaten x, y, z. Ein willkürlicher Punkt im Innern des Hohlraums heiße $p = (xyz)$, das dort befindliche Raumelement $dx\,dy\,dz = dp$; Punkte der Oberfläche o, das zugehörige Oberflächenelement do, die nach innen zu gekehrte Normale n_o und ihre Richtungskosinusse $X(o), Y(o), Z(o)$. Räumliche Integrationen erstrecken sich stets über den ganzen Hohlraum J, Integrationen nach o stets über die ganze Oberfläche $\mathfrak{O}$. t bedeutet die Zeit, c die Lichtgeschwindigkeit. Um einfache Schwingungen zu ermitteln, machen wir für die elektrische und magnetische Feldstärke im Innern des Hohlraums den Ansatz

$$\mathfrak{E}(xyz) \cdot e^{i\nu t}, \text{ bzw. } \mathfrak{M}(xyz) \cdot e^{i\nu t};$$

ν ist die unbekannte Frequenz dieser Eigenschwingung. E_x, E_y, E_z seien die Komponenten des Vektors $\mathfrak{E}$, M_x, M_y, M_z die von $\mathfrak{M}$. Nach der *Maxwell*schen Theorie bekommen wir für $\mathfrak{E}$ die Beziehungen

$$\text{(I.)} \quad \begin{cases} \Delta\mathfrak{E} + \left(\frac{\nu}{c}\right)^2 \mathfrak{E} = 0, \ \operatorname{div} \mathfrak{E} = 0\text{: im Innern von } J, \\ \mathfrak{E} \text{ normal gerichtet: an der Oberfläche.} \end{cases}$$

Die Eigenwerte $\left(\frac{\nu}{c}\right)^2$ dieses Problems mögen allgemein mit σ bezeichnet werden. Hat man einen Eigenvektor $\mathfrak{E}$ ermittelt, der (I.) genügt, so ist dadurch $\mathfrak{M}$ und also der gesamte Strahlungszustand völlig bestimmt:

$$-i\frac{\nu}{c}\mathfrak{M} = \operatorname{curl} \mathfrak{E}.$$

Wegen $\operatorname{div} \mathfrak{E} = 0$ und weil die Tangentialkomponenten von $\mathfrak{E}$ am Rande verschwinden, muß auch die Normalkomponente von $\frac{\partial \mathfrak{E}}{\partial n}$ am Rande gleich Null sein. Daher folgt aus (I.):

$$\text{(II.)} \quad \begin{cases} \Delta E_x + \left(\frac{\nu}{c}\right)^2 E_x = 0, \ \Delta E_y + \left(\frac{\nu}{c}\right)^2 E_y = 0, \ \Delta E_z + \left(\frac{\nu}{c}\right)^2 E_z = 0\text{: im Innern,} \\ E_x : E_y : E_z = X : Y : Z, \quad X\frac{\partial E_x}{\partial n} + Y\frac{\partial E_y}{\partial n} + Z\frac{\partial E_z}{\partial n} = 0\text{: am Rande.} \end{cases}$$

Die Eigenwerte $\left(\frac{\nu}{c}\right)^2$ dieses Problems sollen σ' heißen; man überzeugt sich in bekannter Weise sogleich davon, daß alle σ' positiv sind. Die σ bilden nur einen Teil der σ'. Haben nämlich $\varkappa_i, u_i$ die in § 2 festgesetzte Bedeutung (für den Raum), so ist immer

$$\mathfrak{E}_i = \operatorname{grad} u_i$$

eine zu $\left(\frac{\nu}{c}\right)^2 = \sigma' = \varkappa_i$ gehörige Lösung von (II.). Denn dieser Vektor steht (wegen der Randbedingung $u_i = 0$) am Rande senkrecht auf der Oberfläche.

Außerdem ist

$$\operatorname{div} \mathfrak{E}_i = \operatorname{div} \operatorname{grad} u_i = \Delta u_i = -\varkappa_i u_i .$$

Es verschwindet also $\operatorname{div} \mathfrak{E}_i$ am Rande, und darum ist auch die letzte Randbedingung in (II.) erfüllt. Hingegen verschwindet $\operatorname{div} \mathfrak{E}_i$ nicht im Innern, und $\mathfrak{E}_i$ kann also nicht als Lösung des Strahlungsproblems (I.) angesprochen werden.

Ist σ' ein l-facher Eigenwert von (II.), dagegen keinem der $\varkappa_i$ gleich, so ist σ' auch ein l-facher Eigenwert von (I.). Unter diesen Umständen folgt nämlich für jeden zu σ' gehörigen Eigenvektor $\mathfrak{E} = (E_x, E_y, E_z)$ von (II.), daß $\operatorname{div} \mathfrak{E} = u$ eine am Rande verschwindende Lösung von $\Delta u + \sigma' u = 0$ ist, also identisch verschwindet.

Ist jedoch σ' nicht nur ein l-facher Eigenwert von (II.), sondern finden sich unter den $\varkappa_i$ im ganzen h, etwa $\varkappa_{m+1}, \varkappa_{m+2}, \ldots \varkappa_{m+h}$, die gleich σ' sind, so muß $l \geqq h$ sein, und σ' ist ein $(l-h)$-facher Eigenwert des Strahlungsproblems. Denn

$$\mathfrak{E}_{m+1} = \operatorname{grad} u_{m+1}, \ldots \mathfrak{E}_{m+h} = \operatorname{grad} u_{m+h}$$

sind h linear unabhängige zu σ' gehörige Eigenvektoren von (II.). Ist $\mathfrak{E}$ irgend ein zu σ' gehöriger Eigenvektor von (II.) und setzen wir

$$\operatorname{div} \mathfrak{E} = -\sigma' \cdot u ,$$

so muß u gleich einer mit gewissen Konstanten c_i gebildeten linearen Kombination

$$c_{m+1} u_{m+1} + \cdots + c_{m+h} u_{m+h}$$

sein.

$$\bar{\mathfrak{E}} = \mathfrak{E} - c_{m+1} \mathfrak{E}_{m+1} - \cdots - c_{m+h} \mathfrak{E}_{m+h}$$

ist dann ein Eigenvektor des Strahlungsproblems. Daraus ergibt sich unsere Behauptung.

Wir werden jetzt beweisen, daß unterhalb einer beliebigen Grenze mindestens dreimal so viel Eigenwerte σ' als $\varkappa_i$ gelegen sind. Daraus werden wir dann zu schließen haben:

Unterhalb einer beliebigen Grenze liegen mindestens doppelt so viel Eigenwerte des Strahlungsproblems als zu der Randbedingung $u = 0$ gehören.

Wir führen (II.) auf eine Integralgleichung zurück, wenn wir zunächst die inhomogenen Gleichungen

$$\Delta E_x = -4\pi e_x, \quad \Delta E_y = -4\pi e_y, \quad \Delta E_z = -4\pi e_z ,$$

in denen $\mathfrak{e} = (e_x, e_y, e_z)$ ein gegebenes Vektorfeld bedeutet, unter den in

(II.) verzeichneten Randbedingungen durch Gleichungen von der folgenden Form integrieren:

$$E_x(p) = \int G_{xx}(pp')e_x(p')dp' + \int G_{xy}(pp')e_y(p')dp' + \int G_{xz}(pp')e_z(p')dp',$$
$$E_y(p) = \int G_{yx}(pp')e_x(p')dp' + \int G_{yy}(pp')e_y(p')dp' + \int G_{yz}(pp')e_z(p')dp',$$
$$E_z(p) = \int G_{zx}(pp')e_x(p')dp' + \int G_{zy}(pp')e_y(p')dp' + \int G_{zz}(pp')e_z(p')dp'.$$

Die Konstruktion des „*Greenschen Tensors*"

$$\Gamma = \begin{Vmatrix} G_{xx} & G_{xy} & G_{xz} \\ G_{yx} & G_{yy} & G_{yz} \\ G_{zx} & G_{zy} & G_{zz} \end{Vmatrix}$$

gelingt, wie ich in (A.), § 6 auseinandergesetzt habe, mit Hilfe der *Robin-Neumann*schen Methoden der Potentialtheorie sicher dann, wenn $\mathfrak{O}$ dreimal stetig differenzierbar ist. Γ ist symmetrisch [z. B. ist $G_{xy}(pp') = G_{yx}(p'p)$], und es wird gemäß den geforderten Randbedingungen

$$(17.)\qquad \begin{matrix} G_{xx}(op') \\ = G_{xx}(p'o) \end{matrix} = X(o)G_x(p'o), \qquad \begin{matrix} G_{yx}(op') \\ = G_{xy}(p'o) \end{matrix} = Y(o)G_x(p'o),$$
$$\begin{matrix} G_{zx}(op') \\ = G_{xz}(p'o) \end{matrix} = Z(o)G_x(p'o),$$

wo G_x eine gewisse Funktion der beiden angegebenen Argumente ist; ferner

$$(18.)\qquad \begin{matrix} X(o)\dfrac{\partial}{\partial n_o}G_{xx}(op') + Y(o)\dfrac{\partial}{\partial n_o}G_{yx}(op') + Z(o)\dfrac{\partial}{\partial n_o}G_{zx}(op') \\ = X(o)\dfrac{\partial}{\partial n_o}G_{xx}(p'o) + Y(o)\dfrac{\partial}{\partial n_o}G_{xy}(p'o) + Z(o)\dfrac{\partial}{\partial n_o}G_{xz}(p'o) \end{matrix} = 0$$

und weitere analoge Gleichungen, in denen der Index x durch y, bzw. z ersetzt ist.

Die σ' sind die Eigenwerte von $\frac{1}{4\pi}\cdot\Gamma$. Die neun Funktionen des Tensors

$$\mathsf{A} = \begin{Vmatrix} A_{xx} & A_{xy} & A_{xz} \\ A_{yx} & A_{yy} & A_{yz} \\ A_{zx} & A_{zy} & A_{zz} \end{Vmatrix} = \begin{Vmatrix} G_{xx} & G_{xy} & G_{xz} \\ G_{yx} & G_{yy} & G_{yz} \\ G_{zx} & G_{zy} & G_{zz} \end{Vmatrix} - \begin{Vmatrix} G & 0 & 0 \\ 0 & G & 0 \\ 0 & 0 & G \end{Vmatrix}$$

sind bei festem p' hinsichtlich p innerhalb J reguläre Potentialfunktionen. Da die Eigenwerte der hier von Γ zu subtrahierenden Kernmatrix aus den Eigenwerten $\frac{\varkappa_i}{4\pi}$ von G dadurch entstehen, daß jeder derselben dreimal gezählt wird, so haben wir nur zu zeigen, daß A positiv-definit ist. Dazu verwenden wir genau die in (C.) § 5 angegebene Methode.

Es sei also $\mathfrak{u} = (u_x, u_y, u_z)$ ein zu dem Eigenwert $\frac{\alpha}{4\pi}$ gehöriger Eigenvektor von A. Für die Randwerte des im Innern von J regulären Vektorpotentials $\mathfrak{u}$ erhalten wir dann zufolge $G(op') = 0$ und der Gleichungen (17.)

$$4\pi u_x(o) = \alpha X(o) t(o), \quad 4\pi u_y(o) = \alpha Y(o) t(o), \quad 4\pi u_z(o) = \alpha Z(o) t(o),$$

$$t(o) = \int G_x(p'o) u_x(p') dp' + \int G_y(p'o) u_y(p') dp' + \int G_z(p'o) u_z(p') dp'.$$

Führt man ferner

$$X(o) \frac{\partial u_x}{\partial n_o} + Y(o) \frac{\partial u_y}{\partial n_o} + Z(o) \frac{\partial u_z}{\partial n_o} = f(o)$$

ein, so wird

$$(18.) \quad \int \left\{ \left| \frac{\partial \mathfrak{u}}{\partial x} \right|^2 + \left| \frac{\partial \mathfrak{u}}{\partial y} \right|^2 + \left| \frac{\partial \mathfrak{u}}{\partial z} \right|^2 \right\} dp = -\int \left(u_x \frac{\partial u_x}{\partial n} + u_y \frac{\partial u_y}{\partial n} + u_z \frac{\partial u_z}{\partial n} \right) do$$

$$= -\frac{\alpha}{4\pi} \int t(o) f(o) do.$$

Man kann aber $t(o)$ durch $f(o)$ ausdrücken. Dazu benutzen wir die *Green*schen Formeln

$$\int \left(u_x(o) \frac{\partial}{\partial n_o} G_{xx}(po) - G_{xx}(po) \frac{\partial u_x}{\partial n_o} \right) do = 4\pi u_x(p),$$

$$\int \left(u_y(o) \frac{\partial}{\partial n_o} G_{xy}(po) - G_{xy}(po) \frac{\partial u_y}{\partial n_o} \right) do = 0,$$

$$\int \left(u_z(o) \frac{\partial}{\partial n_o} G_{xz}(po) - G_{xz}(po) \frac{\partial u_z}{\partial n_o} \right) do = 0.$$

Addiert man diese drei Gleichungen, so kommt

$$(19.) \qquad 4\pi u_x(p) = -\int G_x(po) f(o) do.$$

Analoges gilt für $u_y(p)$, $u_z(p)$. Durch Einsetzen in die Definition von $t(o)$ erhalten wir

$$(20.) \quad 4\pi t(o) = -\int [G_x G_x(oo') + G_y G_y(oo') + G_z G_z(oo')] f(o') do'$$

$$\left\{ G_x G_x(oo') = \int_J G_x(po) G_x(po') dp, \ldots \right\}.$$

Aus (19.) schließen wir aber auch

$$16\pi^2 \cdot \int_J u_x^2(p) dp = \iint_{\mathfrak{O}\,\mathfrak{O}} G_x G_x(oo') f(o) f(o') do\, do'.$$

Setzt man den Ausdruck (20.) in (18.) ein, so verwandelt sich dieser daher in

$$\alpha \int_J (u_x^2 + u_y^2 + u_z^2) dp = \alpha \cdot \int_J |\mathfrak{u}|^2 dp.$$

Damit ist bewiesen, daß $\alpha > 0$ und die Kernmatrix A also positiv-definit ist.

§ 5.

Bis jetzt haben wir für die Anzahl der Spektrallinien im Spektrum der Hohlraumstrahlung nur eine untere Grenze ermittelt. Eine obere Grenze liefert der folgende Satz:

Die Anzahl der unterhalb einer beliebigen Grenze gelegenen Eigenwerte σ *des Strahlungsproblems ist höchstens um* 1 *größer als die doppelte Anzahl der unter dieser Grenze gelegenen, der Randbedingung* $\frac{\partial u}{\partial n} = 0$ *zugehörigen Eigenwerte* ϱ_i.

Dabei ist $\varrho_0 = 0$ immer mitzuzählen.

Zum Nachweis dieses Satzes untersuchen wir die magnetische Feldstärke, d. i. den Vektor $\mathfrak{M} = (M_x, M_y, M_z)$. Er ist am Rande tangential gerichtet, seine normale Ableitung $\frac{\partial \mathfrak{M}}{\partial n}$ hingegen (wie man aus der Gleichung

$$i \frac{\nu}{c} \mathfrak{E} = \operatorname{curl} \mathfrak{M}$$

ersieht) normal gerichtet. Die σ sind also unter den Eigenwerten σ'' des folgenden Problems enthalten:

$$(\text{III.})\begin{cases} \Delta M_x + \sigma'' M_x = 0, \quad \Delta M_y + \sigma'' M_y = 0, \quad \Delta M_z + \sigma'' M_z = 0: \text{ innerhalb } J, \\ \frac{\partial M_x}{\partial n} : \frac{\partial M_y}{\partial n} : \frac{\partial M_z}{\partial n} = X : Y : Z, \qquad X M_x + Y M_y + Z M_z = 0: \text{ am Rande.} \end{cases}$$

Die σ'' sind gleichfalls alle positiv, und wie im vorigen Paragraphen die σ' dadurch hervorgingen, daß man zu den σ noch die $\varkappa_i$ hinzufügte, so erhalten wir die Reihe der σ'' dadurch, daß wir in diese Reihe neben den σ die ϱ_i, außer $\varrho_0 = 0$, aufnehmen. Es bleibt also zu beweisen: Unterhalb einer beliebigen Grenze liegen höchstens dreimal so viel σ'' als ϱ_i (einschließlich $\varrho_0 = 0$).

Wir können die σ'' wiederum als die Eigenwerte einer gewissen symmetrischen Kernmatrix

$$\frac{1}{4\pi} \mathsf{H} = \frac{1}{4\pi} \begin{Vmatrix} H_{xx} & H_{xy} & H_{xz} \\ H_{yx} & H_{yy} & H_{yz} \\ H_{zx} & H_{zy} & H_{zz} \end{Vmatrix}$$

auffassen, deren Konstruktion ganz analog wie die von $\mathsf{\Gamma}$ verläuft. Die Elemente einer Kolonne erfüllen die in (III.) verzeichneten Randbedingungen.

H, H^* sollen die frühere Bedeutung haben. Aus H können wir uns eine andere symmetrische Kernmatrix H^*_* verschaffen, die zu den drei Vektoren

$$\mathfrak{1}_x = (1, 0, 0), \qquad \mathfrak{1}_y = (0, 1, 0) \qquad \mathfrak{1}_z = (0, 0, 1)$$

orthogonal ist, im übrigen aber für alle Vektoren $\mathfrak{u}$, die ihrerseits zu diesen dreien orthogonal sind, die Gleichung

$$\mathsf{H}^*_*\langle\mathfrak{u}\rangle = \mathsf{H}\langle\mathfrak{u}\rangle$$

befriedigt (vgl. § 1). Wenngleich die in der Hauptdiagonale von H^*_* stehenden Elemente ebensowenig wie H^* bei festem p' hinsichtlich p Potentialfunktionen sind, besteht doch die Matrix

$$\mathsf{B} = \begin{Vmatrix} H^* & 0 & 0 \\ 0 & H^* & 0 \\ 0 & 0 & H^* \end{Vmatrix} - \mathsf{H}^*_*$$

aus lauter innerhalb J regulären Potentialfunktionen. Wir wollen zeigen, daß sie positiv-definit ist.

Für einen zu dem Eigenwert $\frac{\beta}{4\pi}$ gehörigen Eigenvektor $\mathfrak{u} = (u_x, u_y, u_z)$ von B erhalten wir nämlich folgende Formeln:

$$\int u_x dp = 0, \qquad \int u_y dp = 0, \qquad \int u_z dp = 0;$$

$$\text{innerhalb } J: \qquad \Delta u_x = 0, \qquad \Delta u_y = 0, \qquad \Delta u_z = 0,$$

$$\text{am Rand: } \frac{\partial u_x}{\partial n_o} = X(o)\tau(o), \quad \frac{\partial u_y}{\partial n_o} = Y(o)\tau(o), \quad \frac{\partial u_z}{\partial n_o} = Z(o)\tau(o),$$

wo $\tau(o)$ eine stetige Funktion auf der Oberfläche ist. Setzt man noch

$$X(o)u_x(o) + Y(o)u_y(o) + Z(o)u_z(o) = \varphi(o),$$

dann ist

$$\int\left(\left|\frac{\partial\mathfrak{u}}{\partial x}\right|^2 + \left|\frac{\partial\mathfrak{u}}{\partial y}\right|^2 + \left|\frac{\partial\mathfrak{u}}{\partial z}\right|^2\right) dp = -\int \varphi(o)\tau(o)\,do.$$

Um $\varphi(o)$ aus $\tau(o)$ zu berechnen, haben wir zunächst

$$(21.) \qquad 4\pi u_x(p) = -\int H^*(po)X(o)\tau(o)\,do, \cdots.$$

Lassen wir in denjenigen Gleichungen, welche $\mathfrak{u}$ als Eigenvektor von B definieren, p in einen beliebigen Randpunkt o übergehen und ersetzen unter den Integralzeichen $u_x(p), \ldots$ durch die auf der rechten Seite von (21.) stehenden Ausdrücke, so wird

$$\varphi(o) = -\frac{\beta}{16\pi^2}\int H^*H^*(oo')\{X(o)X(o') + Y(o)Y(o') + Z(o)Z(o')\}\tau(o')\,do',$$

$$\left\{H^*H^*(oo') = \int_J H^*(op)H^*(o'p)\,dp\right\},$$

also

$$-\int \varphi(o)\,\tau(o)\,do = \frac{\beta}{16\pi^2} \sum_{x,y,z} H^* \underset{.}{H}^* \langle X\tau\rangle = \beta \int_{J} (u_x^2 + u_y^2 + u_z^2)\,dp,$$

$$\beta > 0.$$

Unterhalb einer beliebigen Grenze liegen mithin höchstens dreimal so viel Eigenwerte von H_*^* als von H^*. Dadurch daß wir jetzt wieder H_*^* durch H ersetzen, wächst die Zahl der unterhalb dieser Grenze gelegenen Eigenwerte höchstens um 3, und die Anzahl der Eigenwerte von H unter einer gegebenen Grenze ist höchstens dreimal so groß wie die Anzahl der ϱ_i, wenn wir dabei auch $\varrho_0 = 0$ (das nicht als Eigenwert von H^* auftritt) mitzählen.

Damit haben wir die Zahl der Spektrallinien der Hohlraumstrahlung in Grenzen eingeschlossen. Aus ihnen erhalten wir insbesondere *das asymptotische Gesetz*, das wir so aussprechen können:

Die Zahl der Spektrallinien im Spektrum der Hohlraumstrahlung, deren Frequenz $< \nu$ *ist, wächst mit* ν *so stark wie die dritte Potenz von* ν. *Genauer gesagt, konvergiert das Verhältnis dieser Anzahl zu* ν^3 *für* $\lim \nu = \infty$ *gegen die Grenze*

$$\frac{\text{Volumen des Hohlraums}}{3\pi^2 c^3}.$$

19.

Über die Randwertaufgabe der Strahlungstheorie und asymptotische Spektralgesetze

Journal für die reine und angewandte Mathematik 143, 177—202 (1913)

§ 1.

In einer letzthin in diesem Journal erschienenen Note*) habe ich mich unter dem Titel „Hohlraumstrahlung" mit der Integration der Schwingungsgleichung

$$\Delta\mathfrak{u} + \lambda\mathfrak{u} = 0 \qquad (\lambda = \text{const.})$$

in einem räumlichen Gebiet J beschäftigt, wenn an der Begrenzung $\mathfrak{O}$ von J für das gesuchte Vektorfeld $\mathfrak{u}$ eines der beiden folgenden Systeme von Randbedingungen vorgeschrieben ist:

1) $\mathfrak{u}$ normal, $\dfrac{\partial\mathfrak{u}}{\partial n}$ tangential;

2) $\mathfrak{u}$ tangential, $\dfrac{\partial\mathfrak{u}}{\partial n}$ normal.

n bedeutet die innere Normale an der Begrenzung, $\mathfrak{n} = (X, Y, Z)$ den in Richtung derselben aufgetragenen Einheitsvektor, u_n allgemein die in dieser Richtung genommene Komponente eines Vektorfeldes $\mathfrak{u}$. Der Buchstabe p soll wieder zur Bezeichnung der in J gelegenen Punkte dienen, der Buchstabe o zur Bezeichnung der Punkte auf der Begrenzung von J. Ich habe diese beiden Probleme verglichen einerseits mit dem „dreidimensionalen Membranproblem"

$$\Delta u + \lambda u = 0 \text{ in } J; \quad u = 0 \text{ an der Begrenzung,}$$

*) Bd. 141, S. 163—181. Diese Arbeit zitiere ich mit C II, die eng damit zusammenhängende Note auf S. 1—11 desselben Bandes mit C I. Außerdem habe ich öfter auf A = Math. Ann., Bd. 71, S. 441—479 zu verweisen.

andrerseits mit dem „akustischen Problem“

$$\Delta u + \lambda u = 0 \text{ in } J; \quad \frac{\partial u}{\partial n} = 0 \text{ an der Begrenzung,}$$

und festgestellt:

Satz I. *Das Problem* 1) *besitzt unterhalb einer beliebigen Grenze mindestens dreimal soviel Eigenwerte* λ *wie das dreidimensionale Membranproblem.*

Satz II. *Zu den Randbedingungen* 2) *gehören unterhalb einer beliebigen Grenze höchstens dreimal soviel Eigenwerte* λ, *als das akustische Problem besitzt.*

Diese beiden Sätze sowie der a. a. O. geführte Beweis sind zutreffend; hingegen sind, worauf mich Herr *Levi-Civita* in einer Mitteilung aufmerksam gemacht hat, für die ich ihm zu großem Danke verpflichtet bin, *die Randbedingungen* 1) *und* 2) *nicht diejenigen, welche für das Problem der Hohlraumstrahlung maßgebend sind.* In der Strahlungstheorie handelt es sich vielmehr darum, die Schwingungsgleichung $\Delta\mathfrak{E} + \lambda\mathfrak{E} = 0$ [$\mathfrak{E}$ = Amplitude der elektrischen Feldstärke] unter den Oberflächenbedingungen

$$1_*) \qquad \mathfrak{E} \text{ normal, } \operatorname{div} \mathfrak{E} = 0$$

zu integrieren. Ich hatte geglaubt, in Anbetracht des Umstandes, daß $\mathfrak{E}$ am Rande normal ist, die letzte Randbedingung durch die unter 1) enthaltene „Normalkomponente von $\frac{\partial \mathfrak{E}}{\partial n}$ gleich 0“ ersetzen zu können. Hier liegt indes ein Irrtum vor. Ich möchte daher nochmals auf das Problem der Hohlraumstrahlung zurückkommen, zumal sich mir dadurch Gelegenheit bietet, auch über einige Erweiterungen und Vereinfachungen meiner Methode zu berichten.

Unter den Eigenwerten λ von 1_*) sind die sämtlichen Eigenwerte des dreidimensionalen Membranproblems mitenthalten; erst wenn man diese streicht, bleiben die Eigenwerte $\lambda = \left(\frac{\nu}{c}\right)^2$ [c = Lichtgeschwindigkeit] des eigentlichen Strahlungsproblems übrig. Es liegt das daran, daß nicht nur an der Oberfläche, sondern im ganzen Innern von J die Bedingung $\operatorname{div} \mathfrak{E} = 0$ erfüllt sein muß [vgl. C II, S. 175, 176]. Die Zahlen $\nu = c\sqrt{\lambda}$ sind die Frequenzen der in dem Hohlraum J möglichen elektromagnetischen Eigenschwingungen, falls die Begrenzungen von J auf der dem Hohlraum zugewandten Seite als vollkommene Spiegel ausgebildet sind.

Die Grundlage für die Behandlung des Randwertproblems 1_*) *liefert eine Identität, die eine gewisse Analogie zu der bekannten Greenschen Formel*

$$(1.)\qquad \int_J (\operatorname{grad} u \cdot \operatorname{grad} v + u \Delta v)\, dp = -\int_{\mathfrak{O}} u \frac{\partial v}{\partial n}\, do$$

darbietet. Sie lautet, wenn wir von der üblichen Bezeichnung der skalaren und vektoriellen Multiplikation Gebrauch machen:

$$(2.)\quad \int_J (\operatorname{curl} \mathfrak{u} \cdot \operatorname{curl} \mathfrak{v} + \operatorname{div} \mathfrak{u} \cdot \operatorname{div} \mathfrak{v} + \mathfrak{u} \cdot \Delta \mathfrak{v})\, dp = -\int_{\mathfrak{O}} ([\mathfrak{n}, \mathfrak{u}] \cdot \operatorname{curl} \mathfrak{v} + u_n \operatorname{div} \mathfrak{v})\, do.$$

Indem man bei jeder einzelnen Verwendung der *Green*schen Formel (1.) diese durch die neue Gleichung (2.) ersetzt, kann man die Schlüsse, durch welche ich in C I, § 5 und C II, §§ 2, 3 Einsicht in die Eigenwertverteilung des akustischen Problems gewann, Schritt für Schritt auf 1_*) übertragen. Dabei werden sich also diese beiden Sätze ergeben:

a) Die Schwingungsgleichung $\Delta \mathfrak{E} + \lambda \mathfrak{E} = 0$ hat unter den Oberflächenbedingungen 1_*) abzählbar unendlich viele Lösungen

$$\lambda = \sigma_i, \quad \mathfrak{E} = \mathfrak{E}_i(p).$$

Die σ_i, die wir uns ihrer Größe nach geordnet denken, sind alle positiv; nur wenn J von mehr als einer, sagen wir von $h + 1$ getrennten Oberflächen begrenzt wird, sind h dieser Eigenwerte $= 0$. *Unterhalb einer beliebigen Grenze liegen mindestens dreimal soviel* σ_n *als Eigenwerte des dreidimensionalen Membranproblems, d. h. Satz I bleibt gültig, wenn die Randbedingungen* 1) *durch* 1_*) *ersetzt werden.*

b) *Es gilt das asymptotische Gesetz:*

$$\lim_{n=\infty} \frac{\sigma_n}{n^{2/3}} = \left(\frac{2\pi^2}{J}\right)^{2/3}.$$

Es ist mir aber inzwischen gelungen, die in C II, §§ 2, 3 verwendete Schlußweise (unter Wahrung des Grundgedankens) wesentlich zu vereinfachen. Dort hatte ich, um von den reziproken Eigenwerten $\mathfrak{d}_n$ des Kernes $D = H - G$ einzusehen, daß sie (im zweidimensionalen Fall) stärker gegen 0 konvergieren als $\frac{1}{n}$, D nach den Eigenfunktionen von H entwickelt und mich auf einen wichtigen Satz von *E. Schmidt* gestützt. Rascher und ohne solche Hilfsmittel gelangt man zum Ziel, wenn man einfach der Tatsache, daß die Spur einer quadratischen Form gegenüber orthogonaler Transformation invariant ist, durch die Gleichung

$$\sum_{n=1}^{\infty} \mathfrak{d}_n = \int_J D(pp)\,dp$$

Ausdruck verleiht und *berücksichtigt, daß alle* $\mathfrak{d}_n > 0$ *sind.* Im zweidimensionalen Falle ist die rechter Hand stehende „Integralspur" von D endlich und daher $\lim_{n=\infty} n\,\mathfrak{d}_n = 0$; im dreidimensionalen Fall trifft das freilich nicht zu, aber man findet durch eine leichte Modifikation des Verfahrens, daß wenigstens

$$\mathfrak{d}_n \leqq \text{Const.}\,\frac{\lg n}{n}$$

wird, ein Resultat, das auch hinsichtlich der Schärfe der Abschätzung mehr aussagt, als meine frühere Methode lieferte. Den hiermit skizzierten Gedankengang führe ich in §§ 2 und 3 dieser Arbeit für das Strahlungsproblem durch.

Es entsteht so eine auf den in meinen vorigen Noten benutzten Prinzipien beruhende direkte Methode zur Beherrschung des Strahlungsproblems, bei welcher der Vergleich mit dem akustischen keine Rolle mehr spielt. In der Tat ist ein solcher Vergleich, wie sich herausstellt, nicht der Sache entsprechend, und ein zu II analoger Satz besteht, wenigstens allgemein, *nicht,* wenn man die Randbedingungen 2) durch diejenigen ersetzt, welchen in Wahrheit die Amplitude $\mathfrak{M}$ der magnetischen Feldstärke genügt, nämlich:

2_*) $\mathfrak{M}$ tangential, curl $\mathfrak{M}$ normal an der Begrenzung.

Immerhin läßt sich durch eine Art Kontinuitätsmethode erweisen, daß für einen *konvexen* Bereich J das Analogon zu Satz II dennoch gültig bleibt: *Für einen konvexen Hohlraum besitzt* 2_*) *in der Tat unterhalb einer beliebigen Grenze höchstens dreimal soviel Eigenwerte wie das akustische Problem.* Darauf gehen wir in § 4 ein. In § 5 füge ich einige Betrachtungen hinzu über die Genauigkeit, mit der die in den bisherigen Noten bewiesenen asymptotischen Eigenwertsgesetze gültig sind, und in § 6 endlich handle ich kurz von der Anwendung der dargelegten Schlußweise auf die allgemeine (einem inhomogenen Medium entsprechende) sich selbst adjungierte Differentialgleichung.

Wir werden bei der Aufgabe 1_*), die wir nun zunächst angreifen, die dritte Randbedingung in der Form div $\mathfrak{E} = 0$ beibehalten. Will man sie aber durch eine solche ersetzen, in der nur die Randwerte von $\mathfrak{E}$ und seiner normalen Ableitung vorkommen, so wird man — ich folge hier der freundlichen Mitteilung von Herrn *Levi-Civita* — so schließen müssen. Trägt man in allen Punkten eines Oberflächenelementes do in Richtung der inneren Normale die unendlich kleine konstante Höhe ε ab, so erfüllen diese Strecken ein über do stehendes Volumelement dp $(= \varepsilon do)$ und ihre Endpunkte ein Flächenelement do_ε, für welches bei Beschränkung auf die erste Potenz von ε die Formel gilt:

$$\frac{do_\varepsilon}{do} = 1 - K\varepsilon + \cdots;$$

K bedeutet die doppelte mittlere Krümmung der Oberfläche an der Stelle do. Der Gesamtfluß durch die das Volumelement dp begrenzende Fläche beträgt, wenn wir beachten, daß $\mathfrak{E}$ senkrecht zur Oberfläche steht, und von Gliedern absehen, die von höherer Ordnung unendlich klein sind als das Volumen dp:

$$E_n(0)do - E_n(\varepsilon)do_\varepsilon,$$

wo die Argumente $0, \varepsilon$ auf die Raumstellen hinweisen, an denen sich do, bzw. do_ε befinden. Daß dieser Gesamtfluß $= 0$ sei, fordert die Randbedingung $\operatorname{div} \mathfrak{E} = 0$:

$$\{E_n(0) - E_n(\varepsilon)\} do_\varepsilon + E_n(0)(do - do_\varepsilon) = 0.$$

Die linke Seite dieser Gleichung ist:

$$\left(-\frac{\partial E_n}{\partial n} + KE_n\right) dp.$$

Die Randbedingung $\operatorname{div} \mathfrak{E} = 0$ können wir demnach mit Rücksicht darauf, daß $\mathfrak{E}$ am Rande normal steht, durch die Forderung

$$\text{Normalkomponente von } \left(\frac{\partial \mathfrak{E}}{\partial n} - K\mathfrak{E}\right) \text{ gleich } 0$$

ersetzen *).

Wie die *Green*sche Formel (1.) dadurch zustande kommt, daß man in dem *Gauß*schen Satz

---

*) Man könnte noch sagen, daß, wenn die Oberfläche ein von ebenen Facetten gebildetes Polyeder ist, „$\frac{\partial \mathfrak{E}}{\partial n}$ tangential" nach wie vor die für das Hohlraumproblem maßgebende Randbedingung bleibt. Aber obwohl der früher stets benutzte *Jeans*sche Würfel ein solches Polyeder ist, bietet doch die allgemeine mathematische Behandlung unserer Aufgabe für den Fall, daß die begrenzende Oberfläche Kanten besitzt, die größten Schwierigkeiten.

$$\int_J \operatorname{div} \mathfrak{w}\, dp = -\int_{\mathfrak{O}} w_n\, do$$

$\mathfrak{w} = u \cdot \operatorname{grad} v$ setzt, *so gelangt man zu der Gleichung* (2.), *indem man*

$$\mathfrak{w} = [\mathfrak{u}, \operatorname{curl} \mathfrak{v}] + \mathfrak{u} \cdot \operatorname{div} \mathfrak{v}$$

nimmt. Vertauscht man in (2.) $\mathfrak{u}$ mit $\mathfrak{v}$ und subtrahiert die so entstehende Gleichung von (2.), so bekommt man:

$$(3.) \quad \int_J (\mathfrak{u}\Delta\mathfrak{v} - \mathfrak{v}\Delta\mathfrak{u})\, dp = \int_{\mathfrak{O}} \begin{Bmatrix} -[\mathfrak{n}, \mathfrak{u}] \operatorname{curl} \mathfrak{v} - u_n \operatorname{div} \mathfrak{v} \\ +[\mathfrak{n}, \mathfrak{v}] \operatorname{curl} \mathfrak{u} + v_n \operatorname{div} \mathfrak{u} \end{Bmatrix} do.^{*})$$

---

*) Andrerseits läßt sich das gleiche Raumintegral gemäß der gewöhnlichen *Green*schen Formel in

$$-\int_{\mathfrak{O}} \left(\mathfrak{u}\frac{\partial \mathfrak{v}}{\partial n} - \mathfrak{v}\frac{\partial \mathfrak{u}}{\partial n}\right) do$$

verwandeln. Daß dieses Oberflächenintegral mit dem im Haupttext übereinstimmt, geht aus der Identität

$$\left.\begin{matrix} [\mathfrak{u}, \operatorname{curl} \mathfrak{v}]_n + u_n \operatorname{div} \mathfrak{v} \\ -[\mathfrak{v}, \operatorname{curl} \mathfrak{u}]_n - v_n \operatorname{div} \mathfrak{u} \end{matrix}\right\} = \left\{\begin{matrix} \mathfrak{u}\dfrac{\partial \mathfrak{v}}{\partial n} \\ -\mathfrak{v}\dfrac{\partial \mathfrak{u}}{\partial n} \end{matrix}\right\} + \operatorname{curl}_n [\mathfrak{u}, \mathfrak{v}]$$

hervor; denn infolge des *Stokes*schen Satzes ist $\int_{\mathfrak{O}} \operatorname{curl}_n [\mathfrak{u}, \mathfrak{v}]\, do = 0$. — Die für die mathematische Physik wesentliche Definition von Δv liegt nicht in der Gleichung

$$\Delta v = \frac{\partial^2 v}{\partial x^2} + \frac{\partial^2 v}{\partial y^2} + \frac{\partial^2 v}{\partial z^2},$$

sondern: für ein skalares oder vektorielles, stetig differenzierbares Feld v ist Δv diejenige stetige Funktion (falls sie existiert), welche für jedes Raumstück J die Gleichung

$$\int_J \Delta v \cdot dp = -\int_{\mathfrak{O}} \frac{\partial v}{\partial n}\, do$$

erfüllt. Bei dieser Erklärung gilt beispielsweise für das *Newton*sche Potential

$$v(p) = \int \frac{1}{r(pp')} f(p')\, dp' \quad (r = \text{Entfernung}),$$

wie man sofort sieht, *stets* die *Poisson*sche Gleichung $\Delta v = -4\pi f$, wenn nur f stetig ist, während bei Zugrundelegung der gewöhnlichen Definition von Δv hierzu bekanntlich weitere Voraussetzungen über die Dichtigkeitsfunktion f nötig sind. Es ist daher wichtig zu bemerken, daß die Grundgleichungen (1.) und (2.) auch bei der eben formulierten allgemeineren Erklärung des Operators Δ (die keine zweimalige Differenzierbarkeit voraussetzt) ihre Gültigkeit behalten. Der Beweis dafür ist nicht schwierig, muß aber natürlich auf einem anderen Wege erbracht werden, als es sonst üblich ist.

§ 2.

Daß die Randwertaufgabe 1_*) keine negativen Eigenwerte besitzt, ist eine unmittelbare Folgerung aus (2.). Ist nämlich $(\lambda, \mathfrak{E})$ eine den Bedingungen 1_*) genügende Lösung von

$$\Delta\mathfrak{E} + \lambda\mathfrak{E} = 0,$$

so erhalten wir aus (2.), wenn wir $\mathfrak{u} = \mathfrak{v} = \mathfrak{E}$ setzen,

$$\int_J \{(\text{curl}\,\mathfrak{E})^2 + (\text{div}\,\mathfrak{E})^2 - \lambda\mathfrak{E}^2\}\,dp = 0^{*}),$$

was mit $\lambda < 0$ (außer wenn $\mathfrak{E} \equiv 0$) unverträglich ist. Wie steht es mit $\lambda = 0$; gibt es in J reguläre Potentialvektoren $\mathfrak{e}$, die den Randbedingungen 1_*) Genüge leisten? Dies ist nach der gleichen Formel nur möglich, wenn

$$\text{curl}\,\mathfrak{e} = 0,\quad \text{div}\,\mathfrak{e} = 0 \text{ identisch in } J$$
und $\mathfrak{e}$ normal an der Begrenzung.

Ein Vektor $\mathfrak{e}$ mit diesen Eigenschaften stellt ein *elektrostatisches Feld* im Hohlraum J dar. Da nach der ersten Gleichung dasselbe wirbelfrei ist, verschwindet das über eine beliebige geschlossene Kurve $\mathfrak{C}$ erstreckte Linienintegral von $\mathfrak{e}$ jedenfalls dann (nach dem *Stokes*schen Satz), wenn diese Kurve die vollständige Begrenzung eines ganz in J liegenden Flächenstückes ist. Aber auch wenn das nicht der Fall ist (und es braucht nicht der Fall zu sein, wenn z. B. J das Innere eines Torus ist), wird man zu $\mathfrak{C}$ immer endlichviele auf der Begrenzung von J gelegene geschlossene Kurven $\mathfrak{c}$ hinzufügen können, so daß das Kurvensystem $\mathfrak{C} + \mathfrak{c}$ die volle Berandung eines in J liegenden Flächenstückes abgibt. Man hat nur nötig, für die $\mathfrak{c}$ diejenigen Kurven zu nehmen, in denen ein beliebiges im Raum gelegenes, von $\mathfrak{C}$ berandetes Flächenstück die Begrenzung von J schneidet. Weil die tangentialen Komponenten von $\mathfrak{e}$ auf $\mathfrak{O}$ aber gleich Null sind, verschwinden die Linienintegrale von $\mathfrak{e}$ über die Kurven $\mathfrak{c}$. Es bleibt also von dem Linienintegral über die gesamte Berandung $\mathfrak{C} + \mathfrak{c}$ nur das über die willkürliche Kurve $\mathfrak{C}$ erstreckte Integral zurück, und dieses muß somit wegen $\text{curl}\,\mathfrak{e} = 0$ stets den Wert Null haben. Es ist dadurch allgemein erwiesen, daß sich $\mathfrak{e}$ aus einem eindeutigen Potential φ ableitet:

---

*) Diese Gleichung besagt, wenn man sie auf eine elektromagnetische Eigenschwingung des Hohlraums anwendet ($\text{div}\,\mathfrak{E} = 0$ in J), daß der zeitliche Mittelwert der elektrischen Gesamtenergie (während einer vollen Schwingung) mit dem der magnetischen Gesamtenergie übereinstimmt.

$$\mathfrak{e} = \operatorname{grad} \varphi, \quad \Delta \varphi = 0 \text{ in } J,$$

$$\varphi = \text{const. auf jeder einzelnen zur Begrenzung von } J \text{ gehörigen geschlossenen Fläche.}$$

Wenn J nur von einer Fläche begrenzt wird, geht daraus hervor, daß das elektrostatische Problem keine Lösung besitzt (außer $\mathfrak{e}$ identisch gleich 0); besteht hingegen $\mathfrak{O}$ aus $h+1$ getrennten Flächen, so besitzt jenes Problem genau h linear unabhängige Lösungen, da der konstante Wert von φ auf jeder der $h+1$ Flächen beliebig vorgeschrieben werden kann und sich das zugehörige φ dann jedesmal durch Lösung der gewöhnlichen ersten Randwertaufgabe der Potentialtheorie ergibt. Wir setzen hier zunächst den ersten Fall voraus, indem wir uns vorbehalten, im nächsten Paragraphen die Modifikationen zu besprechen, welche die Lösbarkeit des elektrostatischen Problems bei einem von mehreren gesonderten Flächen begrenzten Hohlraum im Gefolge hat.

Um die Randwertaufgabe 1_*) auf eine Integralgleichung zurückzuführen, haben wir den zugehörigen *Greenschen Tensor*

$$\Gamma = \Gamma(pp') = \begin{Vmatrix} G_{xx}, & G_{xy}, & G_{xz} \\ G_{yx}, & G_{yy}, & G_{yz} \\ G_{zx}, & G_{zy}, & G_{zz} \end{Vmatrix}$$

zu konstruieren, der das inhomogene Problem

$$(4.) \qquad \Delta \mathfrak{E} = -4\pi \mathfrak{F}$$

($\mathfrak{F}$ ein in J gegebenes stetiges Vektorfeld) unter den Randbedingungen 1_*) in der Form

$$(5.) \qquad \mathfrak{E}(p) = \int_J \Gamma(pp') \mathfrak{F}(p')\, dp'$$

zu lösen gestattet. Dabei ist die Multiplikation $\Gamma \mathfrak{F}$ im Sinne der Matrizenrechnung zu verstehen, indem man den Vektor $\mathfrak{F}$ als eine Vertikalspalte schreibt. Bei der Bildung von $\mathfrak{F}(p)\,\Gamma(pp')$ wäre $\mathfrak{F}$ hingegen als Horizontalreihe zu betrachten. Ein als Vertikalspalte geschriebener Vektor $\mathfrak{a}$ liefert durch Multiplikation mit einem als Horizontalreihe geschriebenen Vektor $\mathfrak{b}$ nach den Regeln der Matrizenrechnung eine 3×3-reihige Matrix, die ich mit $\mathfrak{a} \times \mathfrak{b}$ bezeichne.

Zur Berechnung von Γ bilde ich zunächst aus der gewöhnlichen, zum dreidimensionalen Membranproblem gehörigen *Green*schen Funktion G den Tensor

$$\Gamma_0 = \begin{Vmatrix} G & 0 & 0 \\ 0 & G & 0 \\ 0 & 0 & G \end{Vmatrix}$$

und setze

$$\Gamma = \Gamma_0 + \mathsf{A}.$$

Die drei Vertikalspalten von A betrachte ich als Vektoren $\mathfrak{A}_x(pp')$, $\mathfrak{A}_y(pp')$, $\mathfrak{A}_z(pp')$. Der Quellpunkt p' sei fest, und p werde als das veränderliche Argument gedacht. Dann müssen diese drei Vektoren, für $\mathfrak{u}$ gesetzt, die folgenden Eigenschaften besitzen:

(6.) $\Delta\mathfrak{u} = 0$ in J; $\mathfrak{u}$ normal und $\operatorname{div}\mathfrak{u} = f(o)$ an der Begrenzung $\mathfrak{O}$. Dabei ist $f(o)$ bekannt, nämlich bzw.

$$(7.)\quad \begin{cases} = f_x(op') = -X(o)\dfrac{\partial G}{\partial n_o}(op'), \\ = f_y(op') = -Y(o)\dfrac{\partial G}{\partial n_o}(op'), \\ = f_z(op') = -Z(o)\dfrac{\partial G}{\partial n_o}(op'). \end{cases}$$

Die Lösung der Randwertaufgabe (6.) aus der Potentialtheorie für die erwähnten drei speziellen Funktionen $f(o)$ liefert uns also den gesuchten *Green*schen Tensor. Setzen wir in der Gleichung (3.) für $\mathfrak{u}$ einen der drei Vertikalvektoren, aus denen $\Gamma(pp_1)$ besteht, für $\mathfrak{v}$ einen der drei Vertikalvektoren $\Gamma(pp_2)$, wobei wir die Quellpunkte p_1, p_2 zunächst mittels kleiner Kugeln aus J ausschließen müssen, so ergibt sich die *Symmetrie* von Γ, d. h. das Gesetz

$$G_{xx}(p_1p_2) = G_{xx}(p_2p_1),\ G_{yy}(p_1p_2) = G_{yy}(p_2p_1),\ G_{zz}(p_1p_2) = G_{zz}(p_2p_1);$$
$$G_{xy}(p_1p_2) = G_{yx}(p_2p_1),\ G_{yz}(p_1p_2) = G_{zy}(p_1p_2),\ G_{zx}(p_1p_2) = G_{xz}(p_1p_2).$$

Man kann auch umgekehrt, wenn der *Green*sche Tensor Γ bekannt ist, mit seiner Hülfe die Randwertaufgabe (6.), in der $f(o)$ jetzt eine beliebige auf $\mathfrak{O}$ gegebene stetige Funktion bedeutet, lösen. Sind $\mathfrak{G}_x$, $\mathfrak{G}_y$, $\mathfrak{G}_z$ die Vertikalvektoren von Γ, so können wir setzen:

$$\mathfrak{G}_x(op') = \mathfrak{n}(o) \cdot g_x(op'), \dots .$$

Die drei Skalare g_x, g_y, g_z betrachten wir als Komponenten eines Vektors $\mathfrak{g}$:

$$\Gamma(op') = \mathfrak{n}(o) \times \mathfrak{g}(op').$$

Wenden wir (3.) in der Weise an, daß wir für $\mathfrak{u}$ die Lösung von (6.) setzen, für $\mathfrak{v}$ aber einen der drei Vektoren $\mathfrak{G}_x$, $\mathfrak{G}_y$, $\mathfrak{G}_z$ (p' ist zunächst durch eine kleine Kugel aus dem Integrationsgebiet J auszuschließen), so ergibt sich:

$$(8.)\qquad -4\pi\mathfrak{u}(p)=\int_{\mathfrak{O}}\mathfrak{g}(op)\mathfrak{f}(o)\,do$$

als Lösung von (6).

Um aber die Lösung dieser Aufgabe ohne Benutzung des Tensors Γ (zu dessen Konstruktion sie ja erst dienen soll) zu bewerkstelligen, mache ich den gleichen Ansatz wie in A, S. 473, verstehe also unter

$$(9.)\qquad \mathfrak{u}=P(\mathfrak{t},t)$$

zunächst allgemein dasjenige Vektorpotential, das durch eine über die Begrenzung von $\mathfrak{O}$ verteilte tangential gerichtete Doppelbelegung vom Momente $\mathfrak{t}(o)$ $\{\mathfrak{n}(o)\cdot\mathfrak{t}(o)=0\}$ zusammen mit einer normal gerichteten einfachen Belegung von der Stärke $\mathfrak{n}(o)\cdot t(o)$ erzeugt wird. $t(o)$ und $\mathfrak{t}(o)$ sollen dann nachher so bestimmt werden, daß den Forderungen der zu lösenden Aufgabe Genüge geschieht.

Für den Ansatz (9.) ist dieses wesentlich: $P(\mathfrak{t},t)$ kann nur dann in ganz J identisch gleich 0 sein, wenn die erzeugenden Belegungen t und $\mathfrak{t}$ selber identisch verschwinden. (9.) ist nämlich nicht nur in J, sondern auch im Außenraum $\bar{J}$ ein regulärer Potentialvektor, und es ist daher

$$(10.)\qquad \iiint_{\bar{J}}\left(\left|\frac{\partial\mathfrak{u}}{\partial x}\right|^2+\left|\frac{\partial\mathfrak{u}}{\partial y}\right|^2+\left|\frac{\partial\mathfrak{u}}{\partial z}\right|^2\right)dx\,dy\,dz=\int_{\mathfrak{O}}\mathfrak{u}\frac{\partial\mathfrak{u}}{\partial n}\,do,$$

wo in dem Oberflächenintegral rechts natürlich die auf der Außenseite der Oberfläche herrschenden Werte von $\mathfrak{u}, \frac{\partial\mathfrak{u}}{\partial n}$ zu nehmen sind. Man beachte bei Herleitung dieser Identität, daß das Integral von $\mathfrak{u}\frac{\partial\mathfrak{u}}{\partial n}$ über die Oberfläche einer Kugel von unendlich großem Radius unendlich klein (von der ersten Ordnung) ist. Die Normalkomponente von $\mathfrak{u}$ und die Tangentialkomponenten von $\frac{\partial\mathfrak{u}}{\partial n}$ durchsetzen die Oberfläche von J stetig. Ist also im Innern J identisch $\mathfrak{u}=0$, so sind diese Komponenten auch an der Außenseite von $\mathfrak{O}$ gleich Null; es verschwindet infolgedessen das Oberflächenintegral in (10.), und daher muß in $\bar{J}$: $\mathfrak{u}=\text{const.}=\mathfrak{c}$ sein, und dann natürlich, da ein konstanter Vektor nicht auf allen Normalen von $\mathfrak{O}$ senkrecht stehen kann, $\mathfrak{u}=0$. Also sind auch die Sprungfunktionen $\mathfrak{t}, t=0$.

Die Forderung, daß (9.) an der inneren Seite von $\mathfrak{O}$ den Bedingungen (6.) genügen soll, setzt sich in ein System Σ von vier Integralgleichungen für $t(o)$ und die drei Komponenten von $\mathfrak{t}(o)$ um, auf das die *Fredholm*sche Theorie angewendet werden kann. Die ersten drei dieser Gleichungen lauten genau so wie A, S. 473, Formel $(27_{1,2,3})$; die vierte, die durch das Auftreten hochsingulärer Kerne am meisten Schwierigkeiten bereitet, ist ein wenig zu modifizieren, da die Bedingung

$$\text{Normalkomponente von } \frac{\partial \mathfrak{u}}{\partial n} \text{ gleich } \mathfrak{f}(o)$$

jetzt durch

$$\text{Normalkomponente von } \frac{\partial \mathfrak{u}}{\partial n} - K\mathfrak{u} \text{ gleich } \mathfrak{f}(o)$$

zu ersetzen ist. Das zugehörige homogene System Σ^0 von Integralgleichungen — das aus Σ entsteht, wenn man $\mathfrak{f}(o) = 0$ setzt — hat keine Lösung; denn eine nichtverschwindende Lösung $t, \mathfrak{t}$ von Σ^0 würde in dem Potential $\mathfrak{u} = P(\mathfrak{t}, t)$ ein in J nicht identisch verschwindendes elektrostatisches Feld liefern, und ein solches ist nicht vorhanden, da wir J als von einer einzigen Oberfläche begrenzt voraussetzten. Mithin ist das inhomogene System Σ stets lösbar, wie auch die stetige Funktion $\mathfrak{f}(o)$ vorgegeben sein mag.

Damit ist die Konstruktion des Tensors Γ vollendet. Wie in A, S. 478 ergibt sich die Abschätzung*)

$$(11.) \qquad |\mathsf{A}(pp')| \leqq \frac{\text{Const.}}{\mathsf{R}(pp')},$$

in der $\mathsf{R}(pp')$ das Minimum von $r(po) + r(p'o)$ [r = Entfernung] bedeutet, das zustande kommt, wenn o die Oberfläche $\mathfrak{O}$ durchläuft (also den Lichtweg von p nach p' bei einmaliger Reflexion an $\mathfrak{O}$). Wir schließen daraus:

$$(12.) \qquad |\mathsf{A}(pp')| \leqq \frac{\text{Const.}}{r(pp')}, \quad |\Gamma(pp')| \leqq \frac{\text{Const.}}{r(pp')}.$$

Diese Abschätzungen gewährleisten die Anwendbarkeit der *Hilbert*schen Theorie auf den symmetrischen Kern Γ, der demnach diskrete Eigenwerte σ_i besitzt.

Um den Beweis von a) [S. 179] *zu erbringen*, hat man zu zeigen, daß alle Eigenwerte von A positiv sind. α sei ein solcher, der zu dem Eigenvektor $\mathfrak{u}$ gehört:

$$(13.) \qquad \mathfrak{u}(p) = \alpha \int_J \mathsf{A}(pp')\,\mathfrak{u}(p')\,dp'.$$

*) Unter dem absoluten Betrag $|\mathsf{A}|$ eines Tensors A verstehen wir die Wurzel aus der Quadratsumme seiner neun Komponenten.

Dann ist $\mathfrak{u}$ im Innern J ein regulärer Potentialvektor, der an der Begrenzung normale Richtung besitzt. Bezeichnen wir den an der Oberfläche herrschenden Wert seiner Divergenz mit $f(o)$, so gilt die Gleichung (8.). Andrerseits folgt aus (13.), wenn wir p in den Oberflächenpunkt o rücken lassen und beachten, daß $\Gamma_0(op') = 0$ ist:

$$(14.) \qquad u_n(o) = \alpha \int \mathfrak{g}(op)\,\mathfrak{u}(p)\,dp.$$

Durch Vereinigung von (14.) und (8.) entsteht

$$(15.) \qquad -4\pi \cdot u_n(o) = \alpha \int_{\mathfrak{O}} gg(oo')f(o')\,do' \quad \left[gg(oo') = \int_J \mathfrak{g}(op)\,\mathfrak{g}(o'p)\,dp\right].$$

Setzen wir in der neuen *Green*schen Formel*) (2.) für $\mathfrak{u}$ und $\mathfrak{v}$ die jetzt mit $\mathfrak{u}$ bezeichnete Größe, so kommt

$$(16.) \quad \int_J \{(\mathrm{curl}\,\mathfrak{u})^2 + (\mathrm{div}\,\mathfrak{u})^2\}\,dp = -\int_{\mathfrak{O}} f(o)\,u_n(o)\,do = \frac{\alpha}{4\pi}\int\!\!\int_{\mathfrak{O}\,\mathfrak{O}} gg(oo')f(o)f(o')\,do\,do'.$$

Aber aus (8.) geht hervor, daß

$$\int_J \mathfrak{u}^2\,dp = \frac{1}{16\pi^2}\int\!\!\int_{\mathfrak{O}\,\mathfrak{O}} gg(oo')f(o)f(o')\,do\,do',$$

und damit ist gezeigt, daß α (das ja sicher $\neq 0$ ist), positiv sein muß.

§ 3.

Bevor wir zum Beweis des asymptotischen Gesetzes b) übergehen, geben wir zunächst *diejenigen Ergänzungen an, welche die bisherigen Darlegungen erfordern, falls J von mehreren getrennten Oberflächen begrenzt wird.* Alsdann bedeute $\mathfrak{e}(p)$ eine jede Lösung des elektrostatischen Problems. Die sämtlichen $\mathfrak{e}$ lassen sich durch lineare Kombination mittels konstanter Faktoren aus h von ihnen

$$\mathfrak{e}_1, \mathfrak{e}_2, \ldots \mathfrak{e}_h$$

erzeugen, die wir so annehmen können, daß die Orthogonalitätsgleichungen:

$$\int_J \mathfrak{e}_i\,\mathfrak{e}_j\,dp = \begin{cases} 0 & (i \neq j) \\ 1 & (i = j) \end{cases} \qquad (i, j = 1, 2, \ldots h)$$

bestehen.

Die inhomogene Aufgabe (4.) kann nur dann lösbar sein, wenn das vorgegebene Vektorfeld $\mathfrak{F}$ zu allen $\mathfrak{e}$ orthogonal ist:

$$(17.) \qquad \int_J \mathfrak{F}\mathfrak{e}\,dp = 0;$$

---

*) In ihrer Verwendung liegt die entscheidende Änderung gegenüber den Überlegungen in C II, § 4, denen dieser Beweis sonst genau parallel läuft.

man erkennt dies, indem man in der Formel (3.) $\mathfrak{u} = \mathfrak{E}$, $\mathfrak{v} = \mathfrak{e}$ setzt. Andrerseits ist die Lösung $\mathfrak{E}$ niemals eindeutig, denn mit $\mathfrak{E}$ genügt auch jedes Feld $\mathfrak{E} + \mathfrak{e}$ den Anforderungen der Aufgabe. Ich kann aber die Lösung dadurch zu einer eindeutigen machen, daß ich von ihr verlange, sie solle zu allen $\mathfrak{e}$ orthogonal sein:

$$(18) \qquad \int_J \mathfrak{E}\mathfrak{e}\, dp = 0.$$

Unter der Voraussetzung (17.) soll nun die durch (18.) normierte Lösung von (4.) wieder mit Hülfe eines noch zu konstruierenden *Green*schen Tensors Γ in der Form (5.) dargestellt werden.

Dazu müssen wir zunächst Γ_0 unter Wahrung seiner Symmetrie zu allen $\mathfrak{e}$ orthogonal machen. Das geschieht (vgl. C II, S. 166), indem wir Γ_0 durch

$$\Gamma_0^* = \Gamma_0 - \sum_{i=1}^{h} \int_J \Gamma_0(pp'')\,\mathfrak{e}_i(p'')\,dp'' \times \mathfrak{e}_i(p') - \sum_{i=1}^{h} \mathfrak{e}_i(p) \times \int_J \mathfrak{e}_i(p'')\,\Gamma_0(p''p')\,dp''$$
$$+ \sum_{i=1}^{h}\sum_{j=1}^{h} \mathfrak{e}_i(p) \times \mathfrak{e}_j(p') \int_J\int_J \mathfrak{e}_i(p)\,\Gamma_0(pp')\,\mathfrak{e}_j(p')\,dp\,dp'$$

ersetzen. Als Funktion von p genügt dieser Tensor Γ_0^* der Gleichung:

$$(19.) \qquad \Delta\Gamma_0^* = 4\pi\{\mathfrak{e}_1(p) \times \mathfrak{e}_1(p') + \mathfrak{e}_2(p) \times \mathfrak{e}_2(p') + \cdots + \mathfrak{e}_h(p) \times \mathfrak{e}_h(p')\}.$$

Wenn wir $\Gamma = \Gamma_0^* + \mathsf{A}$ setzen, so erhält man die drei Vertikalvektoren, aus denen A besteht, wiederum durch Lösung der Randwertaufgabe (6.) der Potentialtheorie. Nur haben für $f(o)$ der Reihe nach drei Funktionen $f_x(op'), f_y(op'), f_z(op')$ einzutreten, deren analytischer Ausdruck ein etwas anderer ist als (7.); z. B. wird $-f_x(op')$ gleich der an der Oberfläche herrschenden, nach p genommenen Divergenz des in der ersten Spalte von Γ_0^* stehenden Vektors. Und ferner ist die Lösung von (6.) durch die Orthogonalitätsgleichungen

$$(20.) \qquad \int_J \mathfrak{u}\mathfrak{e}\, dp = 0$$

zu normieren. Aber wenn jene Aufgabe überhaupt eine Lösung $\mathfrak{u}$ besitzt, so hat sie auch immer eine solche, und zwar nur eine, die außerdem noch (20.) erfüllt; denn mit $\mathfrak{u}$ ist auch immer $\mathfrak{u} + \mathfrak{e}$ eine Lösung.

Damit (6.) lösbar ist, kann $f(o)$ nicht völlig beliebig vorgegeben werden. Setzen wir nämlich in (2.) für $\mathfrak{u}$ die jetzt mit dem gleichen Buchstaben bezeichnete Lösung von (6.), für $\mathfrak{v}$ ein beliebiges elektrostatisches Feld $\mathfrak{e}$, so kommt

$$(21.)\qquad \int\limits_{\mathfrak{O}} e_n(o)\, f(o)\, do = 0.$$

Das sind h linear unabhängige Bedingungen für $f(o)$; denn $e_n(o) = |\mathfrak{e}(o)|$ kann nicht identisch verschwinden, ohne daß der Potentialvektor $\mathfrak{e}(p)$ selber identisch gleich 0 wird. Setzen wir in (3.) für $\mathfrak{u}$ einen der drei Vertikalvektoren $\mathfrak{G}^*_{0x}, \ldots$, aus denen $\Gamma^*_0(pp')$ besteht, und $\mathfrak{v} = \mathfrak{e}(p)$, so müssen wir den Unstetigkeitspunkt p' zunächst aus dem Integrationsfelde J durch eine kleine Kugel ausschließen; dann ergibt sich das Resultat, daß jede der drei Funktionen

$$f(o) = f_x(op), f_y(op'), f_z(op')$$

den zur Lösbarkeit erforderlichen Relationen (21.) genügt. Können wir also unter der Voraussetzung (21.) die Aufgabe (6*.) lösen: ein den Bedingungen (6.), (20.) genügendes Feld $\mathfrak{u}$ zu finden, so sind wir imstande, den Tensor A und damit Γ zu berechnen. Γ wird derselben Gleichung (19.) genügen wie Γ^*_0, und die Symmetrie von Γ ergibt sich dann in der gleichen Weise wie im vorigen Paragraphen, indem wir beachten, daß

$$\int\limits_J \mathfrak{e}(p)\, \Gamma(pp')\, dp = 0$$

ist. Die Lösung der allgemeinen Aufgabe (6*.) läßt sich mit Hülfe des Tensors Γ durch die Gleichung (8.) bei ungeänderter Bedeutung von $\mathfrak{g}$ vollziehen.

Wir verwenden wieder den Ansatz $\mathfrak{u} = P(\mathfrak{t}, t)$ und erhalten das gleiche System Σ von Integralgleichungen wie oben. Aber Σ ist jetzt gewiß nur dann lösbar, wenn $f(o)$ die h linear unabhängigen Bedingungen (21.) erfüllt, und infolgedessen muß nach der Theorie der Integralgleichungen das zugehörige homogene System Σ^0 mindestens h linear unabhängige Lösungen besitzen; und wenn Σ^0 nicht mehr als h linear unabhängige Lösungen zuläßt, sind die Gleichungen (21.) für die Auflösbarkeit von Σ auch *hinreichend*. Daß aber Σ^0 wirklich nicht mehr als h linear unabhängige Lösungen besitzt, geht daraus hervor, daß jede Lösung $\mathfrak{t}, t$ von Σ^0 in $\mathfrak{u} = P(\mathfrak{t}, t)$ eine Lösung des elektrostatischen Problems ergibt, und da $P(\mathfrak{t}, t)$ nur dann in J identisch verschwindet, wenn die erzeugenden Belegungen gleich 0 sind, entsprechen linear unabhängigen Lösungen von Σ^0 immer linear unabhängige Lösungen des elektrostatischen Problems. Damit ist auch dieser Punkt erledigt und die Konstruktion von Γ nunmehr beendet.

An den Schlüssen, welche zu der Einsicht führen, daß alle Eigenwerte α von A positiv sind, ändert sich nur dies eine, daß die Gleichung (14.) zu ersetzen ist durch

$$u_n(o) = \alpha \int_J \mathfrak{g}(op)\,\mathfrak{u}(p)\,dp + e_n(o),$$

wo $e_n(o)$ die an der Begrenzung herrschende Normalkomponente eines gewissen elektrostatischen Feldes $\mathfrak{e}$ ist. Das Zusatzglied $e_n(o)$ ist auch in Gleichung (15.) noch mitzuführen, aber in (16.) fällt es wieder fort, da $\int_{\mathfrak{O}} f(o)\,e_n(o)\,do = 0$ ist.

Γ hat demnach unterhalb einer beliebigen Grenze L mindestens ebenso viele Eigenwerte wie Γ_0^*. Der Übergang von Γ_0^* zu Γ_0 erhöht die Anzahl der unterhalb L gelegenen Eigenwerte um höchstens h (vgl. C II, § 1); andrerseits hat man den Eigenwerten von Γ noch den h-fachen Eigenwert 0 hinzuzufügen, um das volle System der Eigenwerte des Problems 1_*) zu gewinnen. Es bleibt also auch dann, wenn J von mehreren getrennten Spiegelflächen begrenzt ist, dabei, daß dieses Problem unterhalb L mindestens dreimal soviel Eigenwerte aufweist, wie das dreidimensionale Membranproblem.

Jetzt fahren wir an dem Punkte fort, wo wir am Schlusse von § 2 stehen geblieben waren. Sind α_i die der Größe nach geordneten Eigenwerte und $\mathfrak{u}_i$ die normierten Eigenfunktionen*) von A, so ist die zu

$$\mathsf{A}(pp') - \sum_{i=1}^{n} \frac{\mathfrak{u}_i(p) \times \mathfrak{u}_i(p')}{\alpha_i}$$

gehörige quadratische Integralform positiv-definit (denn die sämtlichen Eigenwerte $\alpha_{n+1}, \alpha_{n+2}, \ldots$ der hingeschriebenen Kernmatrix sind > 0), und daher müssen die drei in der Hauptdiagonale dieser Matrix stehenden Funktionen für $p = p'$ selbst $\geqq 0$ sein:

$$\sum_{i=1}^{n} \frac{\mathfrak{u}_i^2(p)}{\alpha_i} \leqq A_{xx}(pp) + A_{yy}(pp) + A_{zz}(pp). \tag{22.}$$

Daneben gilt die Ungleichung

$$\sum_{i=1}^{n} \frac{\mathfrak{u}_i^2(p)}{\alpha_i^2} \leqq \int_J |\mathsf{A}(pp')|^2\,dp'. \tag{23.}$$

Bedeutet $r(p)$ die kürzeste Entfernung des Punktes p von der Oberfläche $\mathfrak{O}$,

---

*) Die normierende Bedingung lautet $\int_J \mathfrak{u}_i^2\,dp = 1$.

und zerlegen wir J, indem wir unter ε eine kleine positive Konstante (< 1) verstehen, in die beiden Teile

$$J_\varepsilon \quad [r(p) > \varepsilon] \text{ und } J - J_\varepsilon \quad [r(p) \leqq \varepsilon],$$

deren Punkte p durch die beigeschriebenen Bedingungen charakterisiert werden, so folgt aus den Abschätzungen (12.), wenn wir (22.) über J_ε und (23.) über die Schale $J - J_\varepsilon$ integrieren:

$$\sum_{i=1}^{n} \frac{1}{\alpha_i} \int_{J_\varepsilon} \mathfrak{u}_i^2 \, dp \leqq \text{Const.} \int_{J_\varepsilon} \frac{dp}{r(p)} \leqq \text{Const.} \lg \frac{1}{\varepsilon},$$

$$\sum_{i=1}^{n} \frac{1}{\alpha_i^2} \int_{J-J_\varepsilon} \mathfrak{u}_i^2 \, dp \leqq \text{Const.} \int_{J-J_\varepsilon} dp \leqq \text{Const.}\, \varepsilon .$$

Wir ersetzen rechts das Zeichen „Const.“ [= unabhängig von n und ε] durch $\frac{1}{2}C$. A fortiori gilt:

$$(24.) \qquad \begin{cases} \dfrac{1}{\alpha_n} \cdot \displaystyle\sum_{i=1}^{n} \int_{J_\varepsilon} \mathfrak{u}_i^2 \, dp \leqq \dfrac{C}{2} \lg \dfrac{1}{\varepsilon}, \\ \dfrac{1}{\alpha_n} \cdot \displaystyle\sum_{i=1}^{n} \int_{J-J_\varepsilon} \mathfrak{u}_i^2 \, dp \leqq \dfrac{C}{2} \cdot \varepsilon \alpha_n . \end{cases}$$

Addition liefert die Beziehung:

$$\frac{n}{\alpha_n} \leqq \frac{C}{2} \left(\lg \frac{1}{\varepsilon} + \varepsilon \alpha_n \right).$$

Die beste Ausnutzung dieser Ungleichung erhalten wir, wenn wir

$$\varepsilon = \frac{\lg \alpha_n}{\alpha_n}$$

nehmen; dann folgt (sobald $\alpha_n > \mathrm{e}$)

$$\frac{n}{\alpha_n} \leqq C \lg \alpha_n$$

und daraus (sobald $n > \mathrm{e}^{1/C}$):

$$(25.) \qquad \alpha_n \geqq \frac{1}{C} \cdot \frac{n}{\lg n} .$$

Die reziproken Eigenwerte $\frac{1}{\alpha_n}$ konvergieren demnach wesentlich stärker gegen 0 als $n^{-1/3}$, und infolgedessen kann die Addition von A zu Γ_0 (bzw. Γ_0^*) an der asymptotischen Eigenwertverteilung des letzteren Kerns nichts ändern. —

Die wesentlichen Bestandteile des damit zu Ende geführten direkten Beweises des asymptotischen Spektralgesetzes der Hohlraumstrahlung sind enthalten — wenn ich dies nochmals zusammenstellen darf — in C I, §§ 1—4, C II, § 1 und §§ 1—3 der gegenwärtigen Note.

§ 4.

Geht man bei der Behandlung des Strahlungsproblems statt von der elektrischen von der *magnetischen Feldstärke* aus, so hat man es mit der Aufgabe zu tun:

2_*) $\Delta\mathfrak{M} + \lambda\mathfrak{M} = 0$ in J; $\mathfrak{M}$ tangential, curl $\mathfrak{M}$ normal an der Begrenzung.

Ihre Eigenwerte λ bestehen erstens aus den Eigenwerten des eigentlichen Strahlungsproblems und enthalten zweitens als fremden Bestandteil noch die positiven Eigenwerte des akustischen Problems. 2_*) läßt sich analog wie die in § 2 durchgeführte Aufgabe behandeln. Was das „*magnetostatische*" *Problem* ($\lambda = 0$ oder)

$$\text{curl}\, \mathfrak{m} = 0, \quad \text{div}\, \mathfrak{m} = 0 \text{ in } J; \quad \mathfrak{m}_n = 0 \text{ an der Begrenzung}$$

betrifft, so hängt dessen Lösbarkeit von den topologischen Zusammenhangsverhältnissen des Hohlraums ab. Ich nehme als Beispiel einen Torus. Wir schieben in den Torus eine Kreisplatte ein, deren Ebene durch den Mittelpunkt des Torus geht und deren Rand, um Singularitäten zu vermeiden, nicht auf, sondern außerhalb des Torus verläuft, und verstehen dann unter $\omega(p)$ denjenigen körperlichen Winkel, unter dem die Platte von einem beliebigen Punkt p des Raumes aus erscheint. $\omega(p)$ ist eine Potentialfunktion von p, die im ganzen Raume, der in der Kreisplatte aufgeschnitten zu denken ist, eindeutig ist, beim Durchsetzen der Platte aber den Sprung 4π erleidet. Wenn wir über die Begrenzung des durch die Kreisplatte zerschnittenen Torus integrieren, so ist

$$\int \frac{\partial \omega}{\partial n}\, do = 0.$$

Die von der rechten und linken Seite des im Torus gelegenen Teiles der Kreisscheibe herrührenden Beiträge zerstören sich, und es ist infolgedessen auch, wenn wir nur über die Oberfläche des Torus integrieren,

$$\int \frac{\partial \omega}{\partial n}\, do = 0.$$

Daher können wir mittels Lösung der zweiten Randwertaufgabe der Potentialtheorie eine im Innern J des Torus eindeutige, stetige Potentialfunktion ψ konstruieren, für die auf dem Torus

$$\frac{\partial \psi}{\partial n} = \frac{\partial \omega}{\partial n}$$

ist. $\mathfrak{m} = \text{grad}\,(\omega - \psi)$ ist dann eine Lösung des magnetostatischen Problems, die nicht identisch verschwindet, da das längs der „Seele“ des Torus erstreckte Linienintegral von $\mathfrak{m}$ gleich 4π ist. Aber es wird sogleich ersichtlich, daß dies bis auf einen konstanten Faktor auch die einzige Lösung ist, da jede geschlossene Kurve im Torus, welche die Kreisplatte nicht durchsetzt, die vollständige Begrenzung eines ganz im Torus belegenen Flächenstückes abgibt.

Wir wollen uns hier indes genauer nur mit dem Fall beschäftigen, wo J von einer einzigen konvexen Fläche begrenzt wird; in diesem Falle ist die Lösbarkeit des magnetostatischen Problems ausgeschlossen. In jedem Punkte o von $\mathfrak{O}$ konstruieren wir die beiden Krümmungslinien und bezeichnen mit $u'(o)$, $u''(o)$ allgemein die nach den Richtungen dieser beiden Krümmungslinien genommenen Komponenten eines im Innern und auf der Oberfläche von J definierten Vektorfeldes $\mathfrak{u}$. $\frac{1}{\varrho'}$, $\frac{1}{\varrho''}$ seien die Werte der zugehörigen Krümmungsradien. Die Randbedingungen 2_*) kann man in die Form setzen*):

$$(26.) \qquad M_n = 0, \quad \left(\frac{\partial \mathfrak{M}}{\partial n}\right)' - \varrho' M' = 0, \quad \left(\frac{\partial \mathfrak{M}}{\partial n}\right)'' - \varrho'' M'' = 0.$$

Errichtet man nämlich in allen Punkten eines kleinen Stückes ds' der ersten Krümmungslinie die Flächennormalen und trägt auf ihnen nach innen zu die unendlich kleine konstante Länge ε ab, so entsteht ein Flächenstück df, und die Endpunkte der abgetragenen Strecken bilden ein neues Kurvenelement

$$ds'_\varepsilon = ds'(1 - \varepsilon\varrho' + \cdots).$$

Da $\mathfrak{M}$ an der Oberfläche tangential gerichtet ist, bestimmt sich das um den Rand von df erstreckte Linienintegral von $\mathfrak{M}$ bis auf Glieder, die von höherer Ordnung unendlich klein sind als df, zu

$$M'(0)\,ds' - M'(\varepsilon)\,ds'_\varepsilon = \{M'(0) - M'(\varepsilon)\}\,ds' + M'(\varepsilon)\,\{ds' - ds'_\varepsilon\} = \left\{\varrho' M' - \left(\frac{\partial \mathfrak{M}}{\partial n}\right)'\right\}\varepsilon\,ds'.$$

Man hat dabei zu beachten, daß die längs einer Krümmungslinie errichteten Flächennormalen eine Developpable bilden; denn dieser Umstand bewirkt

*) In einem Nabelpunkt, in welchem die Richtung der Krümmungslinien unbestimmt wird, involvieren diese Gleichungen selber offenbar keine Unbestimmtheit.

es, daß der Winkel, den das Linienelement ds'_ε mit ds' bildet, bei festem ε und gegen 0 konvergierendem ds' gegen 0 geht. — Die Konvexität der Oberfläche hat die Ungleichungen

$$\varrho' \geqq 0, \quad \varrho'' \geqq 0$$

zur Folge.

Wir stellen uns jetzt, während ϑ eine Konstante zwischen 0 und 1 bedeutet, die Aufgabe:

$$(27.)\quad \begin{aligned} &\Delta \mathfrak{U} + \lambda \mathfrak{U} = 0 \text{ in } J, \text{ mit den Randbedingungen} \\ &U_n = 0, \quad \left(\frac{\partial \mathfrak{U}}{\partial n}\right)' = \vartheta \varrho' U', \quad \left(\frac{\partial \mathfrak{U}}{\partial n}\right)'' = \vartheta \varrho'' U''. \end{aligned}$$

Für $\vartheta = 0$ kommt das in § 1 mit 2) bezeichnete Problem heraus, von dem der Satz II gilt, für $\vartheta = 1$ haben wir das Strahlungsproblem 2_*) vor uns. Indem wir den Parameter ϑ von 0 bis 1 variieren, vollziehen wir einen stetigen Übergang von dem einen Problem zum anderen. Da für eine Lösung $(\lambda, \mathfrak{U})$ von (27.) gemäß der gewöhnlichen *Green*schen Formel die Gleichung

$$\int_J \left(\left|\frac{\partial \mathfrak{U}}{\partial x}\right|^2 + \left|\frac{\partial \mathfrak{U}}{\partial y}\right|^2 + \left|\frac{\partial \mathfrak{U}}{\partial z}\right|^2 - \lambda \mathfrak{U}^2 \right) dp = -\int_{\mathfrak{O}} \mathfrak{U} \frac{\partial \mathfrak{U}}{\partial n}\, do$$
$$= -\vartheta \int_{\mathfrak{O}} (\varrho' U'^2 + \varrho'' U''^2)\, do$$

gilt, müssen alle Eigenwerte von (27.) positiv sein. Diese Eigenwerte λ_ϑ hängen ebenso wie die Eigenfunktionen $\mathfrak{U}_\vartheta$ (bei geeigneter Normierung) stetig von ϑ ab, wie sich ohne Mühe zeigen läßt, wenn man auf die Konstruktion des zugehörigen *Green*schen Tensors Γ_ϑ (von dem hier nicht weiter die Rede gewesen ist) zurückgreift. Wir setzen für ϑ irgend zwei Werte ϑ_1, ϑ_2 und wenden die *Green*sche Formel

$$\int_J (\mathfrak{U}_{\vartheta_1} \Delta \mathfrak{U}_{\vartheta_2} - \mathfrak{U}_{\vartheta_2} \Delta \mathfrak{U}_{\vartheta_1})\, dp = -\int_{\mathfrak{O}} \left(\mathfrak{U}_{\vartheta_1} \frac{\partial \mathfrak{U}_{\vartheta_2}}{\partial n} - \mathfrak{U}_{\vartheta_2} \frac{\partial \mathfrak{U}_{\vartheta_1}}{\partial n} \right) do$$

an:

$$(\lambda_{\vartheta_1} - \lambda_{\vartheta_2}) \int_J \mathfrak{U}_{\vartheta_1} \mathfrak{U}_{\vartheta_2}\, dp = (\vartheta_1 - \vartheta_2) \int_{\mathfrak{O}} (\varrho' U'_{\vartheta_1} U'_{\vartheta_2} + \varrho'' U''_{\vartheta_1} U''_{\vartheta_2})\, do.$$

Indem wir ϑ_2 gegen $\vartheta_1 = \vartheta$ konvergieren lassen, folgt:

$$\frac{d\lambda_\vartheta}{d\vartheta} \cdot \int_J |\mathfrak{U}_\vartheta|^2\, dp = \int_{\mathfrak{O}} (\varrho' |U'_\vartheta|^2 + \varrho'' |U''_\vartheta|^2)\, do.$$

Wir sehen: Wenn ϑ von 0 bis 1 läuft, wachsen alle Eigenwerte von (27.); infolgedessen liegen unterhalb einer beliebigen Grenze nicht mehr Eigenwerte von 2_*) als von 2), und somit ist die Anzahl der Eigenwerte von 2_*) höchstens gleich der dreifachen Anzahl der unter derselben Grenze liegenden Eigenwerte des akustischen Problems.

§ 5.

Um über *die Genauigkeit, mit der die von mir ermittelten asymptotischen Eigenwertsgesetze gültig sind,* Rechenschaft zu geben, spreche ich zunächst von dem (dreidimensionalen) *Membranproblem:*

$$\Delta u + \lambda u = 0 \text{ in } J, \quad u = 0 \text{ an der Oberfläche.}$$

Für seine Eigenwerte $\lambda = \varkappa_n$ ergab das einfache, in C I, § 4 benutzte Beweisverfahren die asymptotische Gleichung

$$\varkappa_n \sim \left(\frac{6\pi^2 n}{J}\right)^{2/3}.$$

Die volle Ausnutzung jener Methode erlaubt festzustellen, daß *der prozentuale Fehler dieses Gesetzes höchstens von der Ordnung* $\frac{\lg n}{\sqrt[3]{n}}$ *ist,* d. h. es gilt eine Ungleichung

$$\left|\varkappa_n \left(\frac{J}{6\pi^2 n}\right)^{2/3} - 1\right| \leqq \text{Const.}\, \frac{\lg n}{\sqrt[3]{n}}.$$

Da man sich an den einfachsten Beispielen, wie Würfel oder Kugel, sogleich überzeugt, daß dort der Fehler genau von der Ordnung $\frac{1}{\sqrt[3]{n}}$ ist, kann dieses Ergebnis als durchaus befriedigend betrachtet werden. Ungünstiger stehen die Dinge bei dem *akustischen* und dem *Strahlungsproblem. Hier liefert meine jetzige Methode* bei voller Inanspruchnahme aller Abschätzungen *nur*

$$\left(\frac{\lg n}{\sqrt[3]{n}}\right)^{1/2}$$

als obere Grenze für die Größe des prozentualen Fehlers.

Membranproblem. Ausgangspunkt für den Beweis des asymptotischen Gesetzes war die Tatsache, daß im Innern eines der 8 Oktanten, in welche die 3 zueinander senkrechten Koordinatenebenen die um den Nullpunkt gelegte Kugel von dem (sehr großen) Radius R zerlegen, näherungsweise

$$\frac{1}{8} \cdot \frac{4\pi}{3} R^3 = \frac{\pi}{6} R^3$$

Gitterpunkte (Punkte mit ganzzahligen Koordinaten) liegen. Der Fehler ist dabei für alle R absolut kleiner als bR^2, wo b eine universelle numerisch angebbare Konstante ist. Die Anzahl der unterhalb einer Grenze L gelegenen Membraneigenwerte $\varkappa = \varkappa(W)$ eines Würfels W von der Kantenlänge l stimmt exakt überein mit der Anzahl dieser Gitterpunkte, wenn man $R = \frac{l\sqrt{L}}{\pi}$ nimmt, und ist also

$$= n(W) \sim \frac{l^3}{6\pi^2} L^{3/2}; \quad \text{Fehler*)} \; l^2 L.$$

Um den gegebenen Hohlraum J mittels Würfel auszuschöpfen, wenden wir das folgende Verfahren an: Ich beginne mit einem Würfelnetz von der Kantenlänge 1, das jedoch alsbald durch fortgesetzte Halbierung der Kanten immer weiter und weiter verfeinert werden soll. W_0 seien diejenigen Würfel des Netzes von der Kantenlänge 1, welche ganz innerhalb J liegen, und w_0 ihre Anzahl. Gehen wir durch Halbierung der Kante zu dem Würfelnetz von der Kantenlänge $\frac{1}{2}$ über, so zerfällt jeder Würfel W_0 in 8 innerhalb J gelegene Würfel des neuen Netzes; zu ihnen werden im allgemeinen noch eine Anzahl Würfel W_1 dieses feineren Netzes treten, die gleichfalls ganz innerhalb J liegen; von diesen seien w_1 vorhanden. Beim Übergang zum Netz von der Kantenlänge $\frac{1}{2^2}$ treten weitere w_2 Würfel W_2 hinzu, beim Übergang zur Kantenlänge $\frac{1}{2^3}$ dann w_3 Würfel W_3 usw. Die Würfel $W_0 + W_1 + W_2 + \cdots$ zusammen erfüllen schließlich einfach und lückenlos das ganze Innere des Raumes J. Brechen wir aber beim $(i-1)$-ten Schritt mit den Würfeln W_{i-1} ab, so bleibt ein Exhaustionsrest, dessen Volumen

$$\leqq \text{Const.} \frac{1}{2^{i-1}}$$

ist. In ihm haben höchstens

$$\text{Const.} \frac{1}{2^{i-1}} \cdot 2^{3i}$$

Würfel von der Kantenlänge $\frac{1}{2^i}$ Platz, und daher ist:

$$(28.) \qquad w_i \leqq \text{Const.}\, 2^{2i}.$$

$n(W)$, $n(J)$ seien die Anzahlen der zu einem Würfel W, bezw. zu J gehörigen Membraneigenwerte, welche unterhalb L liegen. Wir haben

*) Diese Schreibweise soll besagen: der Fehler ist $\leqq$ const. $l^2 L$, wo const. weder von l noch von L abhängt.

$$n(W_i) \sim \frac{L^{3/2}}{6\pi^2 \cdot 2^{3i}}; \quad \text{Fehler } \frac{L}{2^{2i}}.$$

Summieren wir über alle Würfel W_i und dann auch noch über $i = 0, 1, 2, \ldots r$, so kommt

$$\sum_{i=0}^{r} \Sigma n(W_i) \sim \sum_{i=0}^{r} \frac{w_i}{2^{3i}} \cdot \frac{L^{3/2}}{6\pi^2}; \quad \text{Fehler } \sum_{i=0}^{r} \frac{w_i}{2^{2i}} \cdot L.$$

Nach dem Haupttheorem von C I ist $n(J)$ mindestens gleich der hier auf der linken Seite stehenden Summe. Bedenken wir ferner, daß $\sum_{i=0}^{r} \frac{w_i}{2^{3i}}$ bis auf einen Exhaustionsrest, der $\leqq$ Const. $\frac{1}{2^r}$ ist, mit dem Volumen J übereinstimmt, und machen bei der Fehlerabschätzung von der Ungleichung (28.) Gebrauch, so stellt sich heraus, daß

$$n(J) \geqq \frac{J}{6\pi^2} L^{3/2} - C\left(\frac{L^{3/2}}{2^r} + rL\right) \qquad \{r \geqq 1\}$$

ist, wo C eine von L und r unabhängige Konstante bezeichnet. Die beste Ausnutzung dieser Ungleichung erhalten wir, wenn wir für r die größte ganze in $\frac{1}{2}\frac{\lg L}{\lg 2}$ enthaltene Zahl nehmen:

$$n(J) \geqq \frac{J}{6\pi^2} L^{3/2} - C'(L \cdot \lg L) \qquad \{L \geqq 2\}.$$

Damit ist die aufgestellte Behauptung über die Größe des Fehlers, soweit es sich für $n(J)$ um Abschätzung *nach unten* handelt, bewiesen. Um eine *obere* Grenze zu ermitteln, verfahren wir gemäß C I, § 4, so, daß wir einen Würfel W nehmen, der ganz J enthält, und nun die eben erhaltene Ungleichung auf $W - J$ anwenden. In Anbetracht der Beziehung

$$n(J) \leqq n(W) - n(W - J)$$

stellt sich alsdann die gleiche Fehlerbegrenzung auch bei Abschätzung von $n(J)$ nach oben heraus.

Nun zum *Strahlungsproblem!* Die Reihe derjenigen Zahlen, welche zustande kommt, wenn wir jeden der Membraneigenwerte $\varkappa_n(J)$ dreimal schreiben, heiße λ_n. In der Bezeichnung von § 3 haben wir für die näherungsweise Berechnung der Eigenwerte σ_n, die zu einem von $h + 1$ Flächen begrenzten Hohlraum J gehören, die Ungleichungen:

$$\frac{1}{\sigma_{n+h}} \leqq \frac{1}{\lambda_{n-n_1+1}} + \frac{1}{\alpha_{n_1}}, \quad \frac{1}{\alpha_n} \leqq \frac{1}{C} \cdot \frac{\lg n}{n}$$

zur Verfügung. Verstehen wir unter n_1 die größte ganze in $n^{5/6}\sqrt{\lg n}$ enthaltene Zahl, so stimmt die Summe rechterhand in der ersten Ungleichung bis auf einen Fehler $\leqq$ Const. $\frac{\sqrt{\lg n}}{n^{5/6}}$ mit

$$B \cdot n^{-2/3} \qquad \left[B = \left(\frac{J}{2\pi^2}\right)^{2/3}\right]$$

überein:

$$\sigma_n \geqq \frac{1}{B}\, n^{2/3}\left[1 - \text{Const.}\, \frac{\sqrt{\lg n}}{\sqrt[6]{n}}\right].$$

Eine obere Grenze für σ_n ist gegeben durch

$$\sigma_n \leqq \lambda_n \leqq \frac{1}{B}\, n^{2/3}\left[1 + \text{Const.}\, \frac{\lg n}{\sqrt[3]{n}}\right].$$

Der Versuch, diese Abschätzungen wesentlich weiter zu treiben, etwa *neben dem ersten Gliede* $\frac{1}{B}\, n^{2/3}$ *noch das 2. Glied einer* vielleicht existierenden, *nach absteigenden Potenzen von n fortschreitenden „asymptotischen Reihe" zu ermitteln*, scheint gegenwärtig wenig aussichtsreich. Wenn J ein Würfel von der Kantenlänge 1 ist, (der Fall, der immer die Grundlage bildet) kann freilich aus neueren zahlentheoretischen Untersuchungen der Herren *Voronoï*, *Sierpiński*, *Landau**), bei denen sehr schwierige und subtile Hülfsmittel zur Verwendung kommen, das zweite Glied einer solchen asymptotischen Entwicklung entnommen werden; man bekommt hier für $\varkappa_n$ (um nur von dem leichteren Membranproblem zu sprechen)

$$\varkappa_n \sim (6\pi^2 n)^{2/3} + \tfrac{3}{2}\pi \cdot (6\pi^2 n)^{1/3}$$

mit einer Abweichung $\leqq$ Const. $n^{1/6+\varepsilon}$ (ε irgendeine feste positive Zahl). Der genaue Fehler, ich meine die Differenz der rechten und linken Seite in der letzten asymptotischen Gleichung, ist wahrscheinlich eine zahlentheoretische Funktion von höchst unregelmäßigem Verhalten, die sich asymptotisch nicht mehr mit einer Potenz von n vergleichen läßt**). Man wird geneigt sein, die Schuld daran den Kanten und Ecken des Würfels zuzuschreiben und bei Räumen z. B., die von regulär-analytischen Flächen

---

*) *Voronoï*, dieses Journal Bd. 126 (1903), S. 241—282; *Sierpiński*, Prace matematyczno-fizyczne, Bd. 17 (1906), S. 77—118; *Landau*, Nachr. d. Ges. d. Wiss., Göttingen, math.-phys. Kl., Sitzung vom 18. Mai 1912.

**) Für Parallelepipede mit irrationalem Kantenverhältnis scheint bei dem heutigen Stande der Zahlentheorie sogar die Ermittlung des zweiten Gliedes schon nicht mehr möglich zu sein.

begrenzt sind, eine Fortsetzbarkeit der intendierten asymptotischen Reihe auf eine größere Anzahl von Gliedern vermuten. Aber da wir ein Raumstück nicht anders als aus *kantigen* Bausteinen lückenlos aufbauen können, fehlen uns vorerst die Mittel, darüber etwas Genaueres auszumachen. Wir müssen zufrieden sein, daß wir wenigstens Methoden besitzen, um das erste Glied der asymptotischen Entwicklung, das ja auch bei weitem das wichtigste ist, sicherzustellen.

Hingegen liegt in anderer Richtung die Möglichkeit einer wesentlichen Fortführung und Erweiterung der gegenwärtigen Untersuchungen vor: *neben die Asymptotik der Eigenwerte hat eine Asymptotik der Eigenfunktionen zu treten;* es kommt darauf an, einzusehen, daß an den in einem Hohlraum möglichen elektromagnetischen Eigenschwingungen nicht nur die Schwingungszahlen, sondern der gesamte Schwingungszustand (in einiger Entfernung von den Spiegelwänden) durch die Form der Begrenzung nur unwesentlich beeinflußt wird. Darauf werde ich in einer nachfolgenden Arbeit zurückkommen.

§ 6.

Die im vorstehenden entwickelten Methoden sind auch imstande, alle erhaltenen Resultate auf die allgemeine sich selbst adjungierte, den Spektrumsparameter λ linear enthaltende Differentialgleichung*)

$$\Delta u - qu + \lambda k u = 0 \tag{29.}$$

zu übertragen, in der $k (> 0)$ und q gegebene stetige Funktionen in J sind. Als Oberflächenbedingung nehmen wir $u = 0$. Über die Abhängigkeit der zugehörigen Eigenwerte λ von dem Koeffizienten q gibt der folgende Satz Auskunft:

(I.) Wählen wir für q zwei verschiedene Funktionen q' und q'', und heißen die bezüglichen Eigenwerte (der Größe nach geordnet) λ'_n, λ''_n, so bleibt die Differenz $\lambda'_n - \lambda''_n$ für alle n zwischen endlichen Grenzen, nämlich zwischen dem Minimum und dem Maximum von $\frac{q' - q''}{k}$.

Zum Beweise dieser Behauptung, welche zeigt, von wie geringem Einfluß q auf die Eigenwertverteilung ist, benutzen wir die in § 4 dar-

*) Daß in der Tat diese Gleichung als die allgemeinste Form des Problems betrachtet werden darf, lehrt die in A., S. 463 von mir angegebene Transformation.

gelegte Kontinuitätsmethode. Wir führen also einen Parameter ϑ ein, indem wir q in (29.) durch

$$q_\vartheta = \vartheta q' + (1-\vartheta) q''$$

ersetzen, und verstehen dann unter λ_ϑ, u_ϑ einen Eigenwert nebst zugehöriger Eigenfunktion von (29.), Größen, die so zu determinieren sind, daß sie stetig mit ϑ variieren. Dann liefert ein analoger Schluß wie in § 4 die Gleichung:

$$\frac{d\lambda_\vartheta}{d\vartheta} \cdot \int_J k u_\vartheta^2 \, dp = \int_J (q' - q'') \, u_\vartheta^2 \, dp.$$

Es liegt demnach $\frac{d\lambda_\vartheta}{d\vartheta}$ zwischen dem Minimum und Maximum von $\frac{q'-q''}{k}$, und daraus ergibt sich die Richtigkeit unseres Satzes, wenn wir nach ϑ von 0 bis 1 integrieren.

Demnach kann man sich auf die Untersuchung von

$$(30.) \qquad \Delta u + \lambda k u = 0 \ \text{(Randbedingung: } u = 0)$$

beschränken.

(II.) Für die Anzahl $n^{(k)}(L)$ der Eigenwerte von (30.), die unterhalb der Grenze L liegen, gilt, wenn k_0 das Minimum, k^0 das Maximum von k in J ist,

$$n^{(1)}(Lk_0) \leqq n^{(k)}(L) \leqq n^{(1)}(Lk^0).$$

Bezeichnet nämlich der Buchstabe G wieder die zugehörigen *Green*schen Funktionen, so ist

$$G^{(k)} = \sqrt{k(p)\,k(p')} \cdot G(pp'),$$

und mithin sind

$$k^0 \cdot G - G^{(k)} \quad \text{und} \quad G^{(k)} - k_0 \cdot G$$

Kerne von positiv-definitem Typus.

Um aber ein genaueres Gesetz für $n^{(k)} = n_J^{(k)}$ zu ermitteln, teilen wir J in endlichviele kleine Parzellen $J_1, J_2, \ldots J_r$. Dann ist

$$G_J^{(k)} - \sum_{l=1}^{r} G_{J_l}^{(k)}$$

ein Kern mit lauter positiven Eigenwerten (C I, § 4), und sein n-ter reziproker Eigenwert konvergiert mit unbegrenzt wachsendem n mindestens so stark gegen 0 wie $\frac{\lg n}{n}$ (Beweis wie auf S. 191, 192 dieser Note).

(III.) Infolgedessen ist

$$(31.) \qquad n_J^{(k)} \geqq n_{J_1}^{(k)} + n_{J_2}^{(k)} + \cdots + n_{J_r}^{(k)};$$

im asymptotischen Sinne aber kann diese Ungleichung (mit einem prozentualen Fehler höchstens von der Größenordnung $\frac{\sqrt{\lg L}}{\sqrt[4]{L}}$) durch die entsprechende *Gleichung* ersetzt werden.

Wenden wir auf die einzelnen Parzellen J_l den Satz (II.) an und benutzen die asymptotische Darstellung von $n^{(1)}(L)$, so ist damit

(IV.) *ein Beweis des asymptotischen Gesetzes*

$$n_J^{(k)}(L) \sim \frac{1}{6\pi^2} L^{3/2} \cdot \int_J (k(p))^{3/2} dp$$

geliefert.

20.

Über ein Problem aus dem Gebiete der diophantischen Approximationen

Nachrichten der Königlichen Gesellschaft der Wissenschaften zu Göttingen. Mathematisch-physikalische Klasse, 234—244 (1914)

Eine reelle Zahl α mod. 1 reduzieren (ihren Bruchteil absondern) heißt: diejenige Zahl (α) im Einheitsintervall $0 \leqq x < 1$ aufsuchen, die sich von α um eine ganze Zahl unterscheidet. Allgemeiner: Im Raum von q Dimensionen entsteht durch Reduktion eines Punktes $(\alpha_1, \alpha_2, \ldots, \alpha_q)$ mod. 1 derjenige Punkt im „Einheitswürfel“ $0 \leqq x_1, x_2, \ldots, x_q < 1$, dessen Koordinaten sich von denen des gegebenen Punktes um ganze Zahlen unterscheiden. Ist eine unendliche Folge von Punkten im Raum von q Dimensionen gegeben: $P_1, P_2, P_3, \ldots$, so wird man sagen, ihre Reduzierten mod. 1 erfüllten den Einheitswürfel überall gleichmäßig dicht, wenn im Durchschnitt auf jedes gleichgroße Gebiet desselben gleichviele dieser Punkte entfallen, d. h. wenn die Anzahl derjenigen unter den n ersten reduzierten Punkten $(P_1), (P_2), \ldots, (P_n)$, welche in ein beliebiges Teilstück[1]) des Einheitswürfels (vom Volumen V) hineinfallen, asymptotisch für $\lim n = \infty$ durch $V.n$ gegeben ist. Von den Herren Bohl, Sierpinski und mir[2]) ist 1909/10 ziemlich gleichzeitig bewiesen worden, daß für jede Irrationalzahl ξ die Reihe der mod. 1 reduzierten ganzzahligen Vielfachen von ξ:

$$(n\xi) \qquad (n = 1, 2, 3, \ldots)$$

1) Man kann sich übrigens darauf beschränken, für dieses Teilstück irgend ein parallel den Koordinatenaxen orientiertes Parallelepipedon zu nehmen.

3) Bohl, Crelles Journal Bd. 135, S. 222; Sierpinski, Krakau Ak. Anz. Januar 1910, S. 9; Weyl, Rend. Circ. Mat. Palermo Bd. 30, S. 406.

das Einheitsintervall überall gleich dicht bedeckt, und Herr Bohl zog daraus insbesondere wichtige Folgerungen betreffs der mittleren Bewegung der Perihel- und Knotenlängen in einem 3-Planeten-System[1]). Wollte man hier über die Zahl von 3 Planeten hinauskommen, so mußte man jenen zahlentheoretischen Satz auf mehrere simultan zu betrachtende Irrationalzahlen verallgemeinern. Er lautet z. B. für zwei solche, ξ und η, zwischen denen keine ganzzahlige lineare Relation besteht: Die reduzierten Punkte $(n\xi, n\eta)\,\{n = 1, 2, 3, \ldots\}$ liegen im Einheitsquadrat überall gleich dicht. Für diese mehrdimensionalen Fälle, für welche die ursprünglichen (im wesentlichen übereinstimmenden) Beweise von Bohl, Sierpinski und mir versagten, habe ich (vor ungefähr einem Jahre) in einem Vortrag in der Göttinger Math. Gesellschaft einen, die Exponentialfunktion $e^{2\pi i x}$ (die Fouriersche Reihe) benutzenden Beweis gegeben, dessen Prinzip ich kurz auseinandersetzen will.

Bleiben wir aber zunächst beim eindimensionalen Problem stehen! Reelle Zahlen mod. 1 betrachten, heißt: die Zahlgerade auf einen Zahlkreis vom Umfange 1 aufrollen, oder analytisch gesprochen: der reellen Zahl x die komplexe $e^{2\pi i x} = e(x)$ auf dem Einheitskreise zuordnen; in der Tat ist ja $e(x)$ die analytische Invariante der Zahlklassen mod. 1. Will man von einer Zahlenfolge $\alpha_1, \alpha_2, \alpha_3, \ldots$ zeigen, daß die aus ihren Reduzierten bestehende Folge das Einheitsintervall überall gleichmäßig dicht bedeckt, so genügt es festzustellen, daß für jede feste ganze Zahl $m \neq 0$ und unbegrenzt wachsendes n die Limesgleichung

$$1)\qquad \sum_{h=1}^{n} e(m\alpha_h) = o(n)$$

besteht. Daraus nämlich wird sich ergeben, daß für jede beschränkte, Riemannisch integrierbare Funktion $f(x)$ von der Periode 1 die Gleichung

$$2)\qquad \lim_{n=\infty} \frac{1}{n} \sum_{h=1}^{n} f(\alpha_h) = \int_0^1 f(x)\,dx$$

zutrifft, in der unsere Behauptung enthalten ist, da man für f insbesondere diejenige Funktion im Einheitsintervall nehmen kann, die nur in einer Teilstrecke desselben $\neq 0$ und zwar $= 1$ ist. Die Voraussetzung 1) ist nichts Anderes als die Gleichung 2) für die spezielle Funktion $f(x) = e(mx)$. Da Gl. 2) selbstverständlich

1) Vgl. auch F. Bernstein, Math. Ann. Bd. 71, S. 417 ff.

zutrifft, wenn f identisch $= 1$ ist, ergibt die Annahme 1) also die Gültigkeit von 2) für jede abbrechende trigonometrische Reihe. Daraus folgt 2) für jede periodische Funktion f, zu der sich zwei abbrechende trigonometrische Reihen f_1, f_2 finden lassen, die f zwischen sich enthalten ($f_1 \leqq f \leqq f_2$) und deren Mittelwerte $\int_0^1 f_1(x)\,dx$, $\int_0^1 f_2(x)\,dx$ sich beliebig wenig voneinander unterscheiden. Zu diesen Funktionen f gehören aber einmal alle stetigen Funktionen (die ja durch endliche trigonometrische Reihen gleichmäßig approximiert werden können), dann auch alle stückweise konstanten und darum schließlich alle beschränkten, Riemannisch integrierbaren Funktionen. Ist die Zahlenfolge α_n insbesondere diese:

$$\lambda_1 \xi,\ \lambda_2 \xi,\ \lambda_3 \xi,\ \ldots \tag{3}$$

und soll bei gegebenen λ gezeigt werden, daß für jede Irrationalzahl ξ die mod. 1 reduzierten Zahlen 3) das Einheitsintervall gleichmäßig dicht überdecken, so genügt es sogar, das Bestehen der Gleichung 1) allein für $m = 1$ darzutun, d. h. zu zeigen, daß für jede irrationale Zahl ξ

$$\sum_{h=1}^{n} e(\lambda_h \xi) = o(n) \tag{4}$$

ist. Denn dann bestehen ohne weiteres auch die sämtlichen Gleichungen 1), da mit ξ auch immer $m\xi$ eine irrationale Zahl ist. Wenn die Folge der λ mit der lückenlosen Reihe der natürlichen Zahlen übereinstimmt, gilt aber diese Gleichung 4) in der Tat, da

$$\left|\sum_{h=1}^{n} e(h\xi)\right| = \left|\frac{e((n+1)\xi) - e(\xi)}{e(\xi) - 1}\right| \leqq \frac{2}{|e(\xi)-1|} = \frac{1}{|\sin \pi\xi|}$$

sogar unterhalb einer von n unabhängigen Grenze bleibt. — Es ist klar, daß dieses Prinzip sich auf zwei und mehr Dimensionen übertragen läßt. Um z. B. für eine gegebene Punktfolge (α_n, β_n) im zweidimensionalen Falle zu zeigen, daß die Reduzierten das Einheitsquadrat gleichmäßig dicht anfüllen, genügt es, das Bestehen der Gleichung

$$\sum_{h=1}^{n} e(r\alpha_h + s\beta_h) = o(n)$$

für alle Paare ganzer Zahlen r, s, die nicht beide $= 0$ sind, darzutun.

Damals habe ich diese Überlegungen nicht publiziert, weil mir kurz darauf Herr H. Bohr einen elementaren, d. h. die Exponentialfunktion nicht benutzenden Beweis des in Frage stehenden Satzes mitteilte, der mir noch einfacher erschien[1]). Freilich erkannte ich sogleich, daß meine Methode andere Probleme ähnlicher Art zu erledigen gestatte, die der Bohr-Rosenthalschen Argumentation nicht zugänglich sind; diejenigen Fälle beispielsweise, in denen $\lambda_n = n^2$ oder n^3 oder irgend eine andere Potenz von n ist. Ich komme jetzt auf diese Dinge zurück, weil ich durch eine jüngst erschienene Arbeit (Acta Mathematica Bd. 37 (1914), S. 153—190) darauf aufmerksam geworden bin, daß sich auch die Herren Hardy und Littlewood mit den gleichen Fragen beschäftigt haben. In der erwähnten Abhandlung zeigen sie nur, daß in den letztgenannten Fällen ($\lambda_n = n^2$ u. s. w.) die reduzierten Punkte überall dicht liegen; es wird aber das schärfere Gesetz von der gleichmäßigen Verteilung erwähnt und sein Beweis für eine folgende Arbeit in Aussicht gestellt. Dieses Resultat ist, wie ich aus dem Kongreßbericht ersehe, von den beiden Autoren auch in Cambridge (1912) ausgesprochen worden. Da der von mir eingeschlagene Weg nicht nur einfacher zu sein scheint als der (bisher nur zum Teil publizierte) Hardy-Littlewood'sche (den sie selbst als „intrikat" bezeichnen), sondern auch weiter trägt (s. unten), möchte ich ihn hier mitteilen. Ich beweise vor allem:

Satz 1[2]). Ist

$$\varphi(z) = \alpha z^q + \alpha_1 z^{q-1} + \cdots + \alpha_q$$

irgend ein Polynom mit reellen Koeffizienten, von denen der erste, α, irrational ist, so gilt die Abschätzung[3])

$$5)\qquad \sigma_n \equiv \sum_{h=0}^{n} e(\varphi(h)) = o(n);$$

mit dem Zusatz:

Die Limesgleichung 5) besteht bei festem α gleichmäßig für alle Werte der Koeffizienten $\alpha_1, \alpha_2, \ldots, \alpha_q$.

---

1) Der Grundgedanke des Bohr'schen Beweises ist der gleiche, mittels dessen kürzlich Herrn A. Rosenthal der Aufbau der Gastheorie auf Grund der „Quasiergodenhypothese" gelungen ist (Annalen der Physik, 4. Folge, Bd. 43 (1914), S. 894—904).

2) Diesen Satz erwähnen für $\varphi(z) = \alpha z^q$ auch die Herren Hardy und Littlewood; ja die Frage nach dem Verhalten der Reihen $\sum e^{in^2x}$, $\sum e^{in^3x}, \ldots$ hat gerade den Ausgangspunkt ihrer Untersuchung gebildet. [Während des Drucks dieser Note ist eine weitere Abhandlung der beiden Autoren erschienen (Acta Bd. 37, S. 193 ff.), die sich mit der Reihe $\sum e^{in^2x}$ befaßt.]

3) Übrigens geht aus dem Satz 1 selber hervor, daß diese Abschätzung auch dann noch gültig ist, wenn α rational, aber dann wenigstens einer der Koeffizienten $\alpha_1, \alpha_2, \ldots, \alpha_{q-1}$ irrational ist.

Da mit $\varphi(z)$ auch $m.\varphi(z)$ $\{m$ irgend eine ganze Zahl $\neq 0\}$ ein Polynom von der gleichen Beschaffenheit wie $\varphi(z)$ selber ist, schließen wir aus Satz 1 auf Grund des ausgesprochenen allgemeinen Prinzips:

Satz 2. Die Reihe der mod. 1 reduzierten Zahlen

$$(\varphi(n)) \quad \{n = 0, 1, 2, \ldots\}$$

verteilt sich gleichmäßig dicht über das Einheitsintervall.

Hier gilt ein entsprechender Zusatz über die Gleichmäßigkeit dieser Limesaussage mit bezug auf die Koeffizienten $\alpha_1, \alpha_2, \ldots, \alpha_q$.

Ist ξ irgend eine irrationale Zahl, so ergibt sich aus 5) ferner:

$$\sum_{h=0}^{n} e((m_1 h + m_2 h^2 + \cdots + m_q h^q)\xi) = o(n)$$

für jedes System von ganzen, nicht sämtlich verschwindenden Zahlen $m_1, m_2, \ldots, m_q$. Daraus können wir schließen:

Satz 3. Sind

$$a_i, b_i \quad (0 \leqq a_i < b_i \leqq 1; \quad i = 1, 2, \ldots, q)$$

irgend q Teilstrecken des Einheitsintervalls je von der Länge $c_i = b_i - a_i$, so beträgt die Anzahl derjenigen unter den Zahlen $h = 0, 1, 2, \ldots, n$, für welche die sämtlichen Ungleichungen

$$a_1 \leqq (h\xi) \leqq b_1, \quad a_2 \leqq (h^2\xi) \leqq b_2, \ldots, \quad a_q \leqq (h^q\xi) \leqq b_q$$

bestehen, asymptotisch $c_1 c_2 \ldots c_q . n$ für $\lim n = \infty$. ξ ist dabei eine beliebige Irrationalzahl.

Bis zu diesem Ergebnis scheinen auch die Herren Hardy und Littlewood gelangt zu sein; sie beschäftigen sich mit solchen Folgen $\lambda_n \xi$, in denen λ_n in seiner Abhängigkeit von n als ein Polynom mit ganzzahligen Koeffizienten gegeben ist. Wir können hier jedoch sofort die Übertragung auf mehrere simultan zu betrachtende, etwa p Irrationalzahlen $\xi_1, \xi_2, \ldots, \xi_p$ vornehmen, zwischen denen keine ganzzahlige lineare Relation besteht, und erhalten ein von Herren Hardy und Littlewood nur vermutungsweise ausgesprochenes allgemeines Theorem (von dem sie sagen, sein Beweis scheine sehr schwierig zu sein):

Satz 4. Gegeben p Zahlen $\xi_1, \xi_2, \ldots, \xi_p$, zwischen denen keine ganzzahlige lineare Relation besteht, und qp Teilstrecken a_{ji}, b_{ji} $(i = 1, 2, \ldots, p; j = 1, 2, \ldots, q)$ des Einheitsintervalls; diejenigen unter den Zahlen $h = 0, 1, 2, \ldots, n$, für welche die sämtlichen Ungleichungen

$$\begin{array}{llll} a_{11} \leqq (h\xi_1) \leqq b_{11}, & a_{12} \leqq (h\xi_2) \leqq b_{12}, & \ldots, & a_{1p} \leqq (h\xi_p) \leqq b_{1p} \\ a_{21} \leqq (h^2\xi_1) \leqq b_{21}, & a_{22} \leqq (h^2\xi_2) \leqq b_{22}, & \ldots, & a_{2p} \leqq (h^2\xi_p) \leqq b_{2p} \\ \cdot\cdot\cdot & & & \\ a_{q1} \leqq (h^q\xi_1) \leqq b_{q1}, & a_{q2} \leqq (h^q\xi_2) \leqq b_{q2}, & \ldots, & a_{qp} \leqq (h^q\xi_p) \leqq b_{qp} \end{array}$$

bestehen, sind asymptotisch in der Anzahl

$$n \cdot \prod_{i=1}^{p} \prod_{j=1}^{q} (b_{ji} - a_{ji})$$

vorhanden (für $\lim n = \infty$).

Man kann sogar behaupten, daß dieses asymptotische Gesetz gleichmäßig mit bezug auf die sämtlichen Intervalle (a_{ji}, b_{ji}) gültig ist. Auch ist man leicht imstande, die Modifikationen zu überblicken, die eintreten, falls die Zahlen ξ_i durch eine oder mehrere ganzzahlige Relationen miteinander verknüpft sind. — Der Beweis des Satzes 4 ergibt sich einfach daraus, daß für irgend qp ganze Zahlen m_{ji}, die nicht sämtlich verschwinden,

$$\sum_{h=0}^{n} e\left(\sum_{i=1}^{p} \sum_{j=1}^{q} m_{ji} h^j \xi_i\right) = o(n)$$

ist; denn das Argument von e, das in dieser Gleichung auftritt, ist ein Polynom $\varphi(h)$ von der in Satz 1 angenommenen Beschaffenheit.

Bevor ich zum Beweise von Satz 1 übergehe, zeige ich:

Satz 5. Ist $\mathfrak{K}$ irgend ein ganz im Endlichen gelegener Körper im q-dimensionalen Raum mit bestimmtem Volumen V, so gibt es unter den sämtlichen $n_q (\sim V \cdot n^q)$ mod. 1 reduzierten Zahlen

$$(r_1 r_2 \ldots r_q \cdot \xi),$$

welche man erhält, wenn man für $\mathfrak{r} = (r_1, r_2, \ldots, r_q)$ der Reihe nach alle n_q Gitterpunkte einsetzt, die dem Körper $n\mathfrak{K}$[1]) angehören, asymptotisch für $\lim n = \infty$ im ganzen $c \cdot n_q$, die in der Teilstrecke ab des Einheitsintervalls von der Länge $c = b - a$ liegen.

Ich führe den Nachweis der Richtigkeit dieses Satzes für denjenigen Fall durch, für welchen wir ihn hernach benötigen: $\mathfrak{K}$ sei

1) Unter $n\mathfrak{K}$ verstehe ich denjenigen Körper, der aus $\mathfrak{K}$ durch Dilatation im Verhältnis $1:n$ vom Nullpunkte aus entsteht.

ein „Oktaëder“ [1]), die in $n\mathfrak{K}$ gelegenen Gitterpunkte $\mathfrak{r}$ also charakterisiert durch

$$6)\qquad |\mathfrak{r}| = |r_1| + |r_2| + \cdots + |r_q| \leqq n.$$

Für $q = 1$ ist der Satz richtig (s. oben). Ich wende den Schluß von $q-1$ auf q an. Gemäß unserm allgemeinen Prinzip handelt es sich darum einzusehen, daß

$$7)\qquad \lim_{n=\infty} \frac{1}{n_q} \sum_{\mathfrak{r}} e(r_1 r_2 \ldots r_q \xi) = 0$$

ist. Ich summiere zunächst nach r_q, dann nach den übrigen r, schreibe also $\sum\limits_{\mathfrak{r}} = \sum\limits_{\mathfrak{r}'} \sum\limits_{r_q}$; die äußere Summation erstreckt sich über alle Gitterpunkte $\mathfrak{r}' = (r_1, r_2, \ldots, r_{q-1})$ im Raum von $q-1$ Dimensionen, die dem „Oktaëder“ $n\mathfrak{K}'$:

$$|\mathfrak{r}'| = |r_1| + |r_2| + \cdots + |r_{q-1}| \leqq n$$

angehören, und r_q durchläuft in der inneren Summe die sämtlichen ganzen Zahlen des durch

$$|r_q| \leqq n - |\mathfrak{r}'|$$

gegebenen Intervalls. Es ist also immer

$$8)\qquad \Big|\sum_{r_q}\Big| \leqq 2n+1, \quad \Big|\sum_{r_q}\Big| \leqq \frac{1}{|\sin \pi\xi R|} \quad (R = r_1 r_2 \ldots r_{q-1}).$$

ε sei eine beliebig kleine positive Zahl. Die Anzahl derjenigen unter den n_{q-1} Zahlen $R\xi$, welche mod. 1 zwischen $-\varepsilon$ und $+\varepsilon$ liegen, beträgt asymptotisch $2\varepsilon n_{q-1}$ für $n = \infty$ (wie aus unserm für $q-1$ als gültig angenommenen Satze hervorgeht); sie ist also für hinreichend große n gewiß $< 3\varepsilon . n_{q-1}$. Für diese $R\xi$ wenden wir die erste der Ungleichungen 8) an; für die übrigen liefert die zweite jener Abschätzungen:

$$\Big|\sum_{r_q}\Big| \leqq \frac{1}{\sin \pi\varepsilon} < \frac{1}{2\varepsilon},$$

und wir finden

$$\Big|\sum_{\mathfrak{r}}\Big| \leqq n_{q-1}\left\{3\varepsilon(2n+1) + \frac{1}{2\varepsilon}\right\}.$$

---

1) In diesem Falle ist übrigens

$$n_q = 2^q\binom{n}{q} + 2^{q-1}\binom{n}{q-1}\binom{q}{1} + 2^{q-2}\binom{n}{q-2}\binom{q}{2} + \cdots + 1;$$

doch kommt es auf den genauen Wert von n_q nicht weiter an.

Da $n_q \sim \frac{(2n)^q}{q!}$, so ergibt sich hieraus

$$\limsup_{n=\infty} \frac{1}{n_q} \left|\sum_{\mathfrak{r}}\right| \leqq 3\varepsilon q,$$

und 7) ist bewiesen.

Hat man statt des Oktaëders einen beliebigen Körper $\mathfrak{K}$, so wird es gut sein, diesen zunächst durch eine parallel den Koordinatenaxen orientierte Würfelpackung von innen und außen zu approximieren (wie das bei der Definition des Volumens geschieht). Es genügt dann, den Beweis für eine solche Würfelpackung zu erbringen. Das gelingt nun auf genau die gleiche Weise wie für das Oktaëder, da die Projektion einer q-dimensionalen Würfelpackung auf einen der $(q-1)$-dimensionalen Koordinatenräume eine $(q-1)$-dimensionale Würfelpackung ergibt (das ermöglicht den Induktionsschluß) und jede Parallele zu einer der Koordinatenaxen die Würfelpackung nur in einer beschränkten Anzahl getrennter Strecken trifft. — Natürlich gilt ein dem Satz 5 entsprechender auch für mehrere simultane Irrationalzahlen ξ.

Jetzt gehe ich zum Beweis von Satz 1 über, den wir als die gemeinsame Quelle der Sätze 2, 3, 4 erkannt haben. Ich bilde

$$|\sigma_n|^2 = \sigma_n \bar{\sigma}_n = \sum_{h=0}^{n} \sum_{k=0}^{n} e^{2\pi i \varphi(h)} \cdot e^{-2\pi i \varphi(k)} = \sum_{h,k} e(\varphi(h) - \varphi(k)).$$

Ich setze $h = k + r$; dann wird

$$\varphi(h) = \varphi(k+r) = \varphi(k) + r\,\varphi(r, k).$$

$\varphi(r, k)$ ist eine ganze rationale Funktion von k und r, die nur Glieder $(q-1)$ter oder niederer Ordnung enthält; in ihrem Ausdruck kommt der Koeffizient α_q nicht mehr vor; die Entwicklung nach fallenden Potenzen von k beginnt mit dem Term $q\alpha k^{q-1}$. Wir haben also jetzt

$$|\sigma_n|^2 = \sum_r \sum_k e(r\varphi(r, k)).$$

Der Summationsbereich wird beschrieben durch:

$$0 \leqq k \leqq n, \quad 0 \leqq k + r \leqq n.$$

r durchläuft also das ganze Intervall von $-n$ bis $+n$, und in der inneren Summe durchläuft k für jedes solche r die sämtlichen ganzen Zahlen des Intervalls von 0 bis $n - |r|$ oder von $|r|$ bis n, je nachdem $r \geqq 0$ oder $r \leqq 0$ ist. Verwenden wir das Zeichen n_q für $q = 1, 2, \ldots$ in der gleichen Bedeutung wie im Beweise von Satz 5 (für die Anzahl der dem q-dimensionalen oktaëdrischen

Bereich 6) angehörigen Gitterpunkte), so erhält man aus der letzten Gleichung mit Hülfe der Schwarz'schen Ungleichung:

$$|\sigma_n|^4 \leqq n_1 \sum_r |\sum_k e(r\varphi(r, k))|^2.$$

Nunmehr wiederhole ich das Verfahren. Es ist

$$|\sum_k e(r\varphi(r, k))|^2 = \sum_{k,l} e(r\varphi(r, k) - r\varphi(r, l)).$$

Wiederum schreibe ich

$$k = l + s, \quad \varphi(r, k) = \varphi(r, l + s) = \varphi(r, l) + s\varphi(r, s, l).$$

Die ganze rationale Funktion $\varphi(r, s, l)$ von r, s und l enthält nur Glieder der Ordnung $\leqq q-2$ und beginnt bei der Entwicklung nach absteigenden Potenzen von l mit dem Term $q(q-1)\alpha . l^{q-2}$; die Koeffizienten α_q, α_{q-1} kommen nicht mehr vor. Im gegenwärtigen Stadium ist

$$|\sigma_n|^4 \leqq n_1 \sum_{r,s} \sum_l e(rs\varphi(r, s, l)).$$

(r, s) durchläuft hier das zweidimensionale „Oktaëder" $|r| + |s| \leqq n$ und l dasjenige Intervall, welches aus dem oben geschilderten Summationsintervall von k entsteht, wenn man hinten oder vorn $|s|$ Zahlen abstreicht, je nachdem $s \geqq 0$ oder $s \leqq 0$ ist. Die Schwarzsche Ungleichung liefert

$$|\sigma_n|^8 \leqq n_1^2 n_2 \sum_{r,s} |\sum_l e(rs\varphi(r, s, l))|^2.$$

Es ist klar, wie sich dies Verfahren fortsetzt. Um es bis zu Ende durchzuführen, benutze ich statt der Zeichen $r, s, \ldots$ jetzt lieber $r_1, r_2, \ldots$ und statt $h, k, l, \ldots$ die Zeichen $h_1, h_2, h_3, \ldots$:

$$h_1 = r_1 + h_2, \quad h_2 = r_2 + h_3, \quad \ldots, \quad h_{q-1} = r_{q-1} + h_q.$$

Für h_q schreibe ich noch t. Durch sukzessive Differenzenbildung ist aus der gegebenen Funktion $\varphi(h_1)$ schließlich

$$\varphi(r_1, r_2, \ldots, r_{q-1}; t) = q!\,\alpha t + (\beta_0 + \beta_1 r_1 + \beta_2 r_2 + \cdots + \beta_{q-1} r_{q-1})$$

geworden, wo sich die konstanten Koeffizienten β aus den beiden ersten Koeffizienten von $\varphi(z)$ in einer Weise berechnen, die uns hier nicht weiter interessiert. Führe ich folgende Abkürzungen ein:

$$R = r_1 r_2 \cdots r_{q-1}, \quad \varrho = R(\beta_0 + \beta_1 r_1 + \beta_2 r_2 + \cdots + \beta_{q-1} r_{q-1}), \quad \xi = q!\,\alpha,$$
$$Q = 2^{q-1}, \quad N = (n_1)^{2^{q-3}} (n_2)^{2^{q-4}} \cdots n_{q-3}^2 n_{q-2},$$

so kommt schließlich die Ungleichung

$$|\sigma_n|^{\varrho}_{\xi} \leqq N \sum_{\mathfrak{r}'} \{e(\varrho) \sum_t e(R\,\xi\,t)\}$$

zustande, in welcher $\mathfrak{r}' = (r_1, r_2, \ldots, r_{q-1})$ das Oktaëder $|\mathfrak{r}'| \leqq n$ durchläuft, t aber ein von $\mathfrak{r}'$ abhängiges zusammenhängendes Intervall von $n+1-|\mathfrak{r}'|$ ganzen Zahlen {welches dadurch aus $(0, n)$ entsteht, daß man der Reihe nach ($i = 1, 2, \ldots, q-1$) jedesmal $|r_i|$ Zahlen hinten oder vorn abstreicht, je nachdem $r_i \geqq 0$ oder $\leqq 0$ ist}.

Wir finden wie im Beweis von Satz 5 für die innere Summe

$$|\sum_t| < \frac{1}{2\varepsilon}$$

für alle $\mathfrak{r}'$, für die $R\xi$ mod. 1 nicht zwischen $-\varepsilon$ und $+\varepsilon$ liegt. Solcher $\mathfrak{r}'$, welche dieser Voraussetzung nicht genügen, gibt es nach Satz 5 für hinreichend großes n gewiß weniger als $3\varepsilon . n_{q-1}$; für diese benutzen wir die rohe Abschätzung $|\sum_t| \leqq n+1$. Dann haben wir also

$$|\sigma_n|^{\varrho} \leqq N . n_{q-1} \left\{3\varepsilon(n+1) + \frac{1}{2\varepsilon}\right\}.$$

Für N hat man eine asymptotische Formel

$$N \sim \varkappa . n^{\varrho-q}$$

(in der $\varkappa$ eine nur von q abhängige Konstante bezeichnet). Mithin schließen wir aus der letzten Ungleichung

$$\limsup_{n=\infty} \left|\frac{\sigma_n}{n}\right|^{\varrho} \leqq \frac{\varkappa . 2^{q-1}}{(q-1)!} \cdot 3\varepsilon,$$

und der Beweis ist beendet.

Zum Schluß erwähne ich noch den folgenden

Satz 6. *Sind die λ_n irgend eine Reihe wachsender ganzer Zahlen, so liegt die Folge*

9) $$(\lambda_1 \xi), (\lambda_2 \xi), (\lambda_3 \xi), \ldots$$

im Einheitsintervall überall gleichmäßig dicht für alle Zahlen ξ, die nicht einer gewissen Ausnahmemenge vom Maße 0 angehören.

Er kann durch sehr primitive mengentheoretische Schlüsse auf Grund der Gleichung

$$\int_0^1 \left|\sum_{h=1}^{n} e(\lambda_h x)\right|^2 dx = n$$

hergeleitet — und übrigens auch auf nicht-ganzzahlige λ übertragen werden, wenn man nur annimmt, daß das Wachstum von λ als Funktion des Index nicht gar zu langsam ist; es genügt in dieser Hinsicht z. B. vorauszusetzen, daß λ um mindestens 1 wächst, wenn der Index von n bis $n + \frac{n}{(\lg n)^2}$ ansteigt. Die Herren Hardy und Littlewood haben hiervon im Teil 1.4 der Acta-Abhandlung den speziellen Fall bewiesen, in welchem $\lambda_n = a^n$ (a eine ganze positive Zahl) ist, während sie für beliebige (auch nicht ganzzahlige) λ zeigen, daß die Folge 9), wenn nicht überall gleich dicht, so doch überall dicht liegt — immer abgesehen von Zahlen ξ einer gewissen Ausnahmemenge vom Maße 0. [Zusatz. Auf Zusendung der Korrekturbogen hin war Herr Hardy so freundlich, mir mitzuteilen, daß er und Herr Littlewood Satz 1 vollständig, nicht nur für $\varphi(z) = \alpha z^g$ bewiesen, hingegen Satz 3 nur vermutet haben. Über die in Satz 6 angeschnittene Frage wird Herr Towler, ein Schüler der Herren Hardy und Littlewood, dieser Tage in den Londoner Proceedings eine Note publizieren. — 4. Juli 14.]

21.

Sur une application de la théorie des nombres à la mécanique statistique et la théorie des perturbations

L'Enseignement mathématique 16, 455—467 (1914)

Si l'on enroule sur une circonférence de longueur 1 un fil portant des repères équidistants, ces repères formeront, après un nombre infini d'enroulements, sur la circonférence, un ensemble qui non seulement sera dense, mais de plus présentera la même densité partout sur la circonférence. Nous supposons que la distance séparant deux repères soit mesurée par un nombre irrationnel u (c'est-à-dire que son rapport à la circonférence soit incommensurable). Ce théorème de la théorie des nombres, d'énoncé simple fut démontré en 1909-1910 presque simultanément par BOHL [2], SIERPINSKI [3] et WEYL. Je n'entrerai pas dans le détail des démonstrations et me bornerai ici à donner quelques applications de ce théorème, qui formeront le sujet de ma conférence. Permettez-moi d'abord de préciser un peu l'énoncé cidessus.

Enrouler la droite des nombres réels sur une circonférence de longueur un, signifie que l'on considère deux nombres comme étant égaux, lorsqu'ils sont congrus suivant le module 1 (c'est-à-dire lorsque leur différence est un nombre entier). Autrement dit, on remplace tout nombre réel x par le nombre réduit (x) qui lui est congru suivant le module 1, tel que

$$0 \leq (x) < 1 .$$

Désignons par $\alpha = aa'$ une portion quelconque de l'intervalle 01 et par n_α le nombre des n nombres

$$(ku) \qquad \{ k = 0, 1, 2, \ldots, n-1 \}$$

[1] Conférence faite par M. Hermann WEYL, Professeur à l'Ecole polytechnique de Zurich, à la Réunion de la Société mathématique suisse, tenue à Zurich le 9 mai 1914. Rédaction française de M. Ch. WILLIGENS.

[2] P. BOHL. *Journal f. reine u. angew. Math.*, t. 135 (1909).

[3] W. SIERPINSKI. *Krakau Ak. Anz.*, A, janv. 1910.

situés dans l'intervalle α; on a la relation

$$\lim_{n=\infty} \frac{n_\alpha}{n} = a' - a \tag{1}$$

ceci quel que soit l'intervalle $a a'$.

Je passe immédiatement à un deuxième énoncé de ce théorème. J'écrirai pour tout nombre x

$$x = [x] + (x) \, .$$

le symbole $[x]$ introduit par Gauss ayant sa signification habituelle. n_α peut se représenter par la formule

$$n_\alpha = \sum_{k=0}^{n-1} \left\{ [ku - a] - [ku - a'] \right\} . \tag{2}$$

En effet, l'expression entre accolades n'est différente de zéro et dans ce cas elle est égale à l'unité que s'il existe un nombre entier h, tel que

$$ku - a' < h \leqq ku - a \, ,$$

c'est-à-dire lorsque $ku - h$ ou bien (ku) est situé entre a et a'. n_α étant défini par la formule (2), la formule (1) reste valable alors même que l'hypothèse $o \leqq a < a' < 1$ ne se trouve plus réalisée. Désignons par ξ, η les coordonnées rectangulaires des points d'un plan et considérons la portion, limitée par des parallèles, définie par

$$\eta \operatorname{cotg} \gamma - a' < \xi < \eta \operatorname{cotg} \gamma - a$$

l'angle γ des droites qui la limitent avec l'axe des ξ étant défini par la relation

$$\operatorname{cotg} \gamma = u \, .$$

Le terme général de la somme (2) désigne alors le nombre des points nodaux (à coordonnées entières) de la portion de plan ainsi définie, situés sur la droite $\eta = k$ parallèle à l'axe des ξ. n_α sera le nombre de points nodaux, situés dans cette bande de largeur $a' - a$ jusqu'à la hauteur n $(0 \leqq \eta < n)$. Nous pouvons donner du théorème le 2e énoncé suivant:

Le nombre des points nodaux situés dans une partie de la bande qui a la hauteur n, tend asymptotiquement lorsque n croît indefiniment, vers le nombre qui mesure l'aire de la partie ainsi limitée. (2me énoncé).

Nous allons encore transformer l'énoncé. Soit une longueur $P_1 P_2$ donnée dans le plan des $\xi\eta$. Dessinons cette longueur dans toutes les positions qu'elle peut prendre par suite de translations dont les composantes suivant les axes des ξ et η sont mesurées par des nombres entiers. Nous obtenons ainsi tout un réseau de segments. Considérons une flèche se déplaçant d'un mouvement uniforme en suivant une trajectoire rectiligne. La loi du déplacement de la pointe sera définie par les relations :

$$(3) \quad \xi = at + a^*, \qquad \eta = bt + b^*, \qquad (a, b, a^*, b^* \text{ constantes}) .$$

Combien de segments du réseau notre flèche rencontrera-t-elle par unité de temps, ou bien *combien de fois par unité de temps la flèche passera-t-elle entre les extrémités d'un segment du réseau ?* Notre théorème nous dit que *ce nombre est mesuré par l'aire d'un parallélogramme, construit sur le vecteur* P_1P_2 *et la vitesse résultante* (a, b) *comme côtés.*

Car si nous désignons par g' la droite qui résulte de la trajectoire g de la flèche par une translation $\overrightarrow{P_1P_2}$, chaque fois que g rencontre un des segments P_1P_2, son extrémité P_2 sera dans la portion de plan limitée par les deux parallèles g et g', les extrémités P_2 des segments non rencontrés par g ne sont pas dans cette région. Les extrémités P_2 forment un réseau de points, il s'agit donc comme précédemment de compter les points nodaux situés dans une portion de plan limitée par deux parallèles. Ce troisième énoncé de notre théorème est dû à M. Bohl[1].

J'ajoute au dessin obtenu précédemment un réseau de carrés de côté $\frac{1}{2}$, défini par les relations

$$\xi = \frac{m}{2} \qquad \eta = \frac{n}{2} \qquad (m \text{ et } n \text{ nombres entiers}) .$$

Supposons le segment P_1P_2 contenu dans le « carré fondamental » $0 \leqq \xi, \eta \leqq \frac{1}{2}$. Plions le plan le long des côtés du réseau, de sorte que tous les carrés viennent se superposer au carré fondamental[2]. En un point ξ, η du carré fondamental viendront se superposer les points de coordonnées $m \pm \xi$, $n \pm \eta$ (m et n entiers quelconques et en prenant toutes les combinaisons de signes possibles.) La trajectoire rectiligne (3) est devenue une ligne brisée, telle que la décrirait une bille de billard si le carré fondamental était un billard dont les bandes renvoient la bille suivant la loi ordinaire de la réflexion. Les vitesses de la bille sur les dif-

---

[1] P. Bohl, *Journal f. reine u. angew. Math.*, t. 135.

[2] Ce procédé est emprunté à un mémoire de MM. D. König et A. Szücs, *Rendiconti del Circolo mat. di Palermo*, t. 36.

férentes portions de trajectoire sont

$$(+a, +b), \quad (+a, -b), \quad (-a, +b), \quad (-a, -b)$$
$$(+, +), \quad (+, -), \quad (-, +) \quad (-, -).$$

Chaque fois que notre droite g rencontre un segment du réseau, la bille franchit le segment P_1P_2 tracé sur le billard, dans la direction $(+, +)$; ceci se produit en moyenne J fois par unité de temps, J désignant l'aire du parallélogramme défini par P_1P_2 et la vitesse (a, b). Nous choisissons comme unité le double de la longueur d'une bande du billard qui est supposé carré. Si nous prenons la longueur même d'une bande comme unité, nous devons prendre $\frac{1}{4}$J au lieu de J. Si le segment P_1P_2 est perpendiculaire à la vitesse (a, b) et si l'on construit sur P_1P_2 comme côté un rectangle situé dans le plan du billard et de surface R, on peut énoncer le résultat comme suit: Considérons la bille pendant l'intervalle de temps très long de $t = 0$ à t, la durée totale du temps que la bille a employé à traverser le rectangle R dans le sens $(+, +)$ se rapproche asymptotiquement de $\frac{1}{4}$Rt, t croissant indéfiniment. Tout domaine G tracé sur le billard, peut être considéré, par approximation, comme constitué par de petits rectangles dont les côtés sont parallèles à ceux de R. C'est pourquoi nous sommes en droit d'affirmer que le temps employé par la bille pour traverser le domaine G dans le sens $(+, +)$ pendant une durée très longue d'observation de $t = 0$ à t, est représenté asymptotiquement par $\frac{1}{4}$Gt. Si nous procédons de même pour les trois autres directions, $(+, -)$, $(-, +)$, $(-, -)$ et si nous désignons par t_G le temps pendant lequel dans l'intervalle d'observation de $t = 0$ à t la bille s'est trouvée à l'intérieur de G, le *temps de séjour,* et si nous appelons $\lim_{t=\infty} \frac{t_G}{t}$ le temps de séjour relatif, nous arrivons au théorème :

Le temps de séjour relatif au domaine G est représenté par l'aire de ce domaine, ou bien, puisque nous pouvons considérer l'aire d'un domaine, comme mesurant la probabilité a priori pour qu'un point choisi arbitrairement sur le billard soit situé dans G, *le temps de séjour relatif est égal à la probabilité a priori.* (4me énoncé).

Une hypothèse fondamentale de la mécanique statistique consiste à admettre que cette loi est valable pour tout système mécanique non ordonné. Représentons l'état d'un système à n degrés de liberté par $2n$ coordonnées canoniques, à savoir n coordonnées de position et n coordonnées moments $p_1, p_2, \dots p_n$ et $q_1, q_2, \dots q_n$.

L'espace à $2n$ dimensions, dans lequel un système de valeurs de ces coordonnées est représenté par un point, permet de représenter les états successifs par une courbe, l'état initial étant donné; et l'espace se décomposera en ∞^{2n-1} de ces courbes, qui ne se rencontrent jamais. Pour développer la mécanique statistique (par exemple la théorie cinétique des gaz) il est nécessaire que l'une quelconque de ces trajectoires passe finalement aussi près que l'on voudra de tout point de l'espace, et que la durée de séjour moyenne dans des domaines égaux soit constante (Ergodenhypothese). Ce principe est un peu modifié par le fait que la courbe doit se trouver en outre sur une surface d'énergie constante, mais en ce moment j'en fais abstraction. *Notre bille de billard est l'exemple le plus simple satisfaisant à l'hypothèse ci-dessus, du moins en ce qui concerne les coordonnées de position.* L'hypothèse n'est pas valable dans notre exemple pour les coordonnées moments, qui sont ici les composantes de la vitesse, n'admettant que les quatre valeurs $(\pm a, \pm b)$.

Quoique notre théorème de théorie des nombres et les idées qui interviennent dans sa démonstration soient plus intimement liés à la mécanique statistique qu'il ne ressort de l'exemple de la bille de billard, je me contenterai de cette indication et je passe à *l'application à la théorie des perturbations en astronomie.*

Il s'agit d'un système de planètes se mouvant autour d'un astre central, le Soleil (dépassant de beaucoup les planètes en masse). Ce système de masses admet un centre de gravité et un *plan invariable* passant par ce point, qui se trouve déterminé grâce au théorème des aires. Les trajectoires des planètes sont en première approximation des ellipses (loi de Kepler), dont les éléments sont toutefois soumis à des variations lentes, les *perturbations*. Les éléments entrant en ligne de compte sont:

la longitude du nœud ascendant. (Le nœud est la droite d'intersection du plan de l'orbite et du plan invariable; on fixe sa position en mesurant sa distance angulaire à partir d'une direction fixe, choisie une fois pour toutes dans le plan invariable);

l'inclinaison de l'orbite (angle du plan de la trajectoire avec le plan invariable);

la longitude du périhélie (mesurée dans le plan invariable depuis la direction fixe jusqu'au nœud, ensuite dans le plan de l'orbite jusqu'au périhélie);

l'excentricité numérique;

le demi grand axe.

Prenons la masse du Soleil comme unité et représentons la masse des planètes par εm_h, m_h étant uncertain nombre fini pour chaque planète, le facteur ε par contre doit indiquer la petitesse des masses des planètes; nous le supposerons tout de suite infiniment petit. Des perturbations appréciables ne se produisent alors que dans des intervalles de temps séculaires, c'est-à-dire de l'ordre de grandeur de $\frac{1}{\varepsilon}$. Pour étudier les perturbations, au lieu de nous servir de « l'année » (durée de révolution d'une planète autour du soleil) comme unité de temps, nous nous servirons du temps séculaire $t = \varepsilon t'$, t' étant le temps mesuré en années. En faisant tendre ε vers zéro on parvient en passant à la limite aux équations différentielles des perturbations séculaires. L'une d'elles exprime la célèbre loi de stabilité de Laplace: *Les demi-grands axes des trajectoires planétaires sont constants.* Il faut réunir les éléments suivants, soumis à des variations séculaires :

1) l'excentricité numérique r et la longitude du périhélie $2\pi\sigma$, à l'aide desquels je forme le nombre complexe[1]

$$z = re^{2\pi i\sigma} = r(\cos 2\pi\sigma + i \sin 2\pi\sigma) \ ;$$

2) Le sinus de l'inclinaison de l'orbite j et de la longitude du nœud $2\pi\omega$, que je réunis dans la formule

$$u = \sin j \, . \, e^{2\pi i\omega} \ .$$

Si l'on se borne aux termes du 1er degré, ce qui suppose une excentricité et une inclinaison très petites, on obtient des équations de la forme:

$$\frac{dz_h}{dt} = i \sum_k a_{h,k} z_k \ ,$$

les constantes réelles $a_{h,k}$ désignant les coefficients d'une certaine forme quadratique positive. Pour u on obtient des équations analogues. Si l'on transforme la forme quadratique en prenant les axes de symétrie comme axes de coordonnées, z devient

$$z = \sum_h A_h e^{2\pi i a_h t} \ ,$$

a_h étant des nombres réels positifs (inverses des carrés des axes) ayant les mêmes valeurs pour toutes les planètes du système, tandis que les constantes complexes A_h se rapportent à une seule de ces planètes. Posons

$$A_h = \mathfrak{A}_h e^{2\pi i a_h^*} \ (\mathfrak{A}_h \geqq 0 \ , \quad a_h^* \text{ réel})$$

on a

$$z = \sum_h \mathfrak{A}_h \, e^{2\pi i(a_h t + a_h^*)} \ .$$

---

[1] Je m'écarte ici des notations d'usage en astronomie, qui pourraient prêter à confusion avec les quantités e, π, i des mathématiques pures, dont il est fait usage ici.

Ne considérons d'abord comme M. Bohl que le cas de trois planètes :

$$(4) \qquad z = \mathfrak{A} e^{2\pi i(at + a^*)} + \mathfrak{B} e^{2\pi i(bt + b^*)} + \mathfrak{C} e^{2\pi i(ct + c^*)}$$

Quoique la théorie classique des perturbations séculaires soit basée sur la conception de l'univers d'après Kepler et Newton et non d'après Ptolémée, nous ferons bien de nous représenter la dernière relation à l'aide d'un mécanisme d'épicycles. Supposons située dans le plan des nombres complexes z une roue de rayon $\mathfrak{C}$ de centre $z = 0$ mobile autour de son centre. Une deuxième roue de rayon $\mathfrak{B}$ a son centre situé sur la circonférence de la première et finalement une troisième roue a son centre sur la circonférence de la seconde et se trouve munie d'un repère sur sa circonférence. Si nous faisons tourner la première roue avec une vitesse angulaire $2\pi c$, la seconde avec une vitesse $2\pi(b - c)$, la troisième avec la vitesse $2\pi(a - b - c)$, l'équation (4) représente le mouvement résultant du repère z. Il s'agit maintenant de trouver pour l'accroissement de l'azimut $2\pi\sigma$ (longitude du périhélie) une loi valable à la limite $t = \infty$. Nous pouvons supposer la roue de centre $z = 0$ immobile, car nous n'aurons qu'à composer son mouvement avec celui obtenu dans cette hypothèse pour le repère :

$$z = e^{2\pi i(ct + c^*)} z_1 \ ; \qquad z_1 = \mathfrak{A} e^{2\pi i(a_1 t + a_1^*)} + \mathfrak{B} e^{2\pi i(b_1 t + b_1^*)} + \mathfrak{C}$$

$$a_1 = a - c \ , \quad a_1^* = a^* - c^* \ , \quad b_1 = b - c \ ; \quad b_1^* = b^* - c^* \ .$$

L'azimut $2\pi\sigma_1$ de $z_1 = re^{2\pi i\sigma_1}$ est relié à σ par la relation

$$\sigma = \sigma_1 + (ct + c^*) \ .$$

Nous pouvons étudier le mouvement de z_1 au lieu de celui de z ce qui revient à poser en supprimant l'indice 1, $c = c^* = 0$.

Toutes les positions de z possibles au point de vue cinématique (la roue principale de centre $z = 0$ étant fixe) sont données par

$$(5) \qquad z = \mathfrak{A} e^{2\pi i\xi} + \mathfrak{B} e^{2\pi i\eta} + \mathfrak{C} \ .$$

Les quantités réelles ξ, η pouvant prendre toutes les valeurs possibles, peuvent être considérées comme coordonnées d'un point d'un plan. Le mouvement réel sera défini par

$$(6) \qquad \xi = at + a^* \qquad \eta = bt + b^* \ ;$$

elle est donc représentée par une droite parcourue avec une vitesse uniforme.

Si $\mathcal{C} > \mathcal{A} + \mathcal{B}$ (cas de Lagrange) on a pour toutes les positions possibles du repère

$$|2\pi\sigma| \leqq 2\pi\sigma^0 < \frac{\pi}{2}, \quad |\sigma| < \frac{1}{4},$$

$2\pi\sigma^0$ étant un angle défini par la relation

$$\sin 2\pi\sigma^0 = \frac{\mathcal{A} + \mathcal{B}}{\mathcal{C}}.$$

Dans ce cas le repère ne peut parcourir un chemin enveloppant l'origine. Supprimons l'hypothèse $c = c^* = 0$, nous aurons

$$|\sigma - (ct + c^*)| < \frac{1}{4} \qquad \lim_{t=\infty} \frac{\sigma}{t} = c.$$

Le mouvement de la roue principale décide tout. *Le périhélie a un mouvement moyen*, c'est-à-dire qu'en moyenne par unité de temps, il se déplace de la quantité $2\pi c$ dans le sens du mouvement de la planète. Ce résultat est valable dans un système de plus de trois planètes, pour chacune d'entre celles pour lesquelles la condition de Lagrange est vérifiée, c'est-à-dire quand l'un des nombres $\mathcal{A}_h$ est plus grand que la somme des autres. Cette condition est remplie pour les huit grandes planètes de notre système solaire sauf pour Vénus et la Terre. Il n'y a donc que pour ces deux planètes que l'on ignore si elles ont un déplacement moyen du périhélie et du nœud ascendant, dans le sens du mouvement planétaire.

C'est à M. Bohl que revient le mérite d'avoir traité le second cas où aucun des trois nombres $\mathcal{A}$, $\mathcal{B}$, $\mathcal{C}$ n'est supérieur à la somme des deux autres. Je vais tâcher d'établir rapidement son principal résultat, de telle sorte qu'il soit facile de l'étendre à plus de trois planètes, ce à quoi M. Bohl ne semble pas être parvenu.

Définissons $z = re^{2\pi i\sigma}$ par la relation (5) et considérons toutes les positions possibles au point de vue cinématique du repère, la roue principale étant au repos. σ est alors une fonction de ξ, η qui n'est pas uniforme, mais présente aux points où $z = 0$ des points de ramification d'ordre infini, c'est-à-dire pour une position du mécanisme telle que le repère soit confondu avec l'origine. Il y a deux telles positions, répondant à ce fait que l'on peut, connaissant les trois côtés, construire deux triangles (symétriques, mais non directement égaux). Désignons par $\pi\alpha$, $\pi\beta$, $\pi\gamma$ les angles du triangle de côtés $\mathcal{A}$, $\mathcal{B}$, $\mathcal{C}$, nous avons comme solutions de l'équation $z = 0$

$$\xi = \frac{1-\beta}{2}, \quad \eta = \frac{1+\alpha}{2} \quad \text{et} \quad \xi = \frac{1+\beta}{2}, \quad \eta = \frac{1-\alpha}{2},$$

ainsi que tous les points ξ, η, dont les coordonnées sont congrues à celles-ci mod. 1.

Réunissons les deux points ainsi obtenus par un segment de droite le long duquel nous ferons une coupure dans le plan, ainsi que le long de tous les segments qui s'en déduisent par des translations dont les composantes sont mesurées par des nombres entiers. Des considérations géométriques simples montrent que dans le plan ainsi obtenu, la fonction $\sigma = \sigma_0(\xi, \eta)$ est uniforme et continue et que pour chacune des variables ξ, η elle admet la période un. Par conséquent $\sigma_0(\xi, \eta)$ est une fonction bornée (en valeur absolue elle reste inférieure à $\frac{1}{2}$). Lorsque le point ξ, η traverse une coupure, la fonction subit une diminution brusque de valeur d'une unité. Poursuivons la variation continue de σ pendant que le point ξ, η décrit la trajectoire rectiligne définie par (6). Si nous partons de $t = 0$ correspondant à la valeur initiale $\sigma = \sigma_0(a^*, b^*)$ au bout du temps t pendant lequel la trajectoire a franchi n_t coupures, $\sigma = \sigma_0 + n_t$, on a donc pour tous les temps $|\sigma - n_t| \leq \frac{1}{2}$. Nous avons trouvé pour n_t une valeur asymptotique Jt, J désignant l'aire d'un parallélogramme dont les côtés sont le segment le long duquel s'étend la coupure et le vecteur de composantes (a, b) : $J = a\alpha + b\beta$ (le rapport $\frac{a}{b}$ étant supposé incommensurable). Nous trouvons donc la loi

$$\lim_{t=\infty} \frac{\sigma}{t} = a\alpha + b\beta \, .$$

Si nous supprimons l'hypothèse $c = c^* = 0$ nous devons remplacer dans le 2e membre a et b par $a - c$ et $b - c$, et ajouter c:

$$\lim_{t=\infty} \frac{\sigma}{t} = a\alpha + b\beta + c\gamma \, .$$

Cette belle loi due à Bohl constitue un cinquième énoncé de notre théorème. Il dit que *même dans le cas non traité par Lagrange il existe un déplacement moyen du périhélie dans le sens positif qui n'est pas donné par l'une des vitesses angulaires a, b, c, mais par une certaine valeur moyenne de ces trois quantités.*

Si l'on veut étendre la loi de Bohl à quatre et plus de planètes, il faut étendre le théorème de la théorie des nombres, qui nous a servi de base, à plusieurs nombres irrationnels considérés simultanément. Pour deux nombres u et v irrationnels qui ne sont pas liés par une relation linéaire à coefficients entiers il s'énonce alors:

Si nous considérons dans un plan un système de coordonnées rectangulaires, les points admettant les coordonnées (nu) (nv)

réduites suivant le module un ($n = 1, 2, 3, \ldots$) *ne forment pas seulement dans le carré ayant l'unité pour côté un ensemble dense* (c'est l'énoncé d'un célèbre théorème d'approximation de Kronecker), *mais ils présentent encore partout la même densité.*

Les démonstrations de Bohl et de Sierpinski (qui sont identiques dans leurs traits essentiels) ne se prêtaient pas à une généralisation telle qu'elle est nécessaire ici. C'est pour cette raison semble-t-il que M. Bohl a dû se borner au cas de trois planètes. Il y a à peu près un an, j'ai présenté à Göttingue une démonstration valable pour deux et un nombre supérieur de nombres irrationnels, se basant sur l'invariant analytique $e^{2\pi ix}$ des classes de nombres mod. 1 et la théorie des séries de Fourier. Elle paraîtra prochainement, ainsi que les résultats d'autres recherches du même ordre d'idées, dans les « Nachrichten der K. Gesellschaft der Wissenschaften zu Göttingen »[1]. Une autre démonstration élémentaire me fut communiquée peu après par M. H. Bohr.

En nous appuyant sur le théorème énoncé ci-dessus pour deux nombres irrationnels, nous pouvons aborder l'étude des perturbations dans le cas de quatre planètes.

Dans un espace rapporté aux coordonnées ξ, η, ζ, considérons une courbe fermée $\mathfrak{L}$ sur laquelle nous choisirons un sens de circulation. Considérons en outre la trajectoire rectiligne d'une flèche se déplaçant d'un mouvement uniforme

$$\xi = at + a^* \,, \qquad \eta = bt + b^* \,, \qquad \zeta = ct + c^* \,.$$

Nous supposerons que la flèche ne rencontre pas la courbe $\mathfrak{L}$, dans quelles conditions dirons-nous qu'elle traverse cette courbe ? Par un point O de la trajectoire de la flèche menons un plan E perpendiculaire à cette droite, sur lequel nous projetterons $\mathfrak{L}$ orthogonalement suivant $\overline{\mathfrak{L}}$. Si dans le plan E la courbe $\overline{\mathfrak{L}}$ enveloppe m fois le point O (c'est-à-dire si le rayon vecteur $\overline{OP}$ décrit un angle $2\pi m$, lorsque le point P décrit la courbe $\overline{\mathfrak{L}}$ dans le sens de circulation) nous dirons que la flèche traverse m fois la courbe $\mathfrak{L}$ (m pouvant être négatif). Si nous avons deux plans E_1 et E_2 perpendiculaires à la trajectoire de la flèche, entre lesquels la courbe $\mathfrak{L}$ est entièrement située, qui sont rencontrés par la flèche aux instants t_1 et t_2, les m passages à travers la courbe seront effectués dans le temps qui s'écoule entre t_1 et t_2. Nous n'avons pas besoin de fixer le moment précis de ces passages. Construisons à l'aide de $\mathfrak{L}$ un réseau en lui faisant subir toutes les translations ayant des composantes mesurées par des nombres entiers, suivant les trois axes de coordonnées, et cherchons combien de fois la flèche

---

[1] *L. c.*, séance du 13 juin 1914.

traversera de courbes du réseau en moyenne par unité de temps. *Ce nombre sera mesuré par le volume d'un tronc de cylindre, ayant pour directrice $\mathfrak{L}$, pour direction des génératrices la trajectoire de la flèche et pour hauteur la vitesse de la flèche:*

$$(7) \quad V = \frac{a}{2}\int_{(\mathfrak{L})}(\eta d\zeta - \zeta d\eta) + \frac{b}{2}\int_{(\mathfrak{L})}(\zeta d\xi - \xi d\zeta) + \frac{c}{2}\int_{(\mathfrak{L})}(\xi d\eta - \eta d\xi) \, .$$

Dans un système de quatre planètes nous avons pour l'une d'elles:

$$z = re^{2\pi i\sigma} = \sum_h \mathfrak{A}_h e^{2\pi i\xi_h} \qquad \xi_h = a_h t + a_h^* \qquad (h = 1, 2, 3, 4) \, .$$

Nous représenterons de nouveau notre trajectoire dans le plan des z à l'aide d'un système d'épicycles qui se composera de 4 roues de rayons $\mathfrak{A}_h$. La roue principale de centre $z = 0$ aura pour rayon $\mathfrak{A}_4$ et ce ne sera pas une restriction que de la supposer immobile ou ce qui revient au même de supposer $a_4 = a_4^* = 0$.

Faisons abstraction du cas connu, traité par Lagrange. Il sera possible d'amener le repère à passer par l'origine, c'est-à-dire de construire un quadrilatère à l'aide des quatre côtés $\mathfrak{A}_h$. Ce quadrilatère n'est pas complètement déterminé (comme le triangle dans le cas précédent) mais possède encore un degré de liberté. Nous avons un quadrilatère plan articulé. $2\pi\xi_h$ sont les angles des côtés avec une direction fixe choisie dans le plan une fois pour toutes. Nous avons deux cas à considérer.

1er cas: La somme du plus grand et du plus petit côté est supérieure à la somme des deux côtés moyens. On peut parcourir en un seul cycle toutes les formes du quadrilatère articulé, les six différences d'angles

$$\xi_2 - \xi_3 \, , \quad \xi_3 - \xi_1 \, , \quad \xi_1 - \xi_2 \, , \quad \xi_1 - \xi_4 \, , \quad \xi_2 - \xi_4 \, , \quad \xi_3 - \xi_4$$

revenant à leurs valeurs primitives. Si nous maintenons ξ_4 constant, c'est-à-dire si nous prenons $\mathfrak{A}_4$ comme base fixe du quadrilatère (par exemple, soit $\xi_4 = 0$), le point de coordonnées rectangulaires ξ_1, ξ_2, ξ_3 dans l'espace décrit une courbe fermée $\mathfrak{L}$, qui n'est toutefois déterminée qu'à une translation près à composantes entières. Nous sommes donc en présence d'un réseau de courbes sur lesquelles $z = 0$. Le quadrilatère articulé est alors un système oscillant double, c'est-à-dire les deux bras ne peuvent qu'osciller de part et d'autre sans effectuer de tour complet.

2me cas: Toutes les formes distinctes possibles du quadrilatère articulé font partie de deux cycles sans que le passage de l'un à l'autre puisse s'effectuer d'une façon continue. Si $\mathfrak{A}_4$ est le plus petit côté, les différences $\xi_1 - \xi_4$, $\xi_2 - \xi_4$, $\xi_3 - \xi_4$ augmentent de ± 1 pendant que l'on décrit un cycle. Les trois autres différences d'angles reviennent à leurs valeurs primitives. Suivant les côtés que l'on choisit comme base, tige d'accouplement et bras du quadrilatère articulé nous aurons un système à deux bras effectuant des tours complets, un bras tournant, l'autre oscillant ou enfin les deux bras oscillant.

Je me bornerai au premier cas; la discussion du second cas n'est pas essentiellement différente. Supposons $a_4 = a_4^* = 0$. De la formule (7) nous déduirons par des considérations analogues à celles qui nous ont conduit au but dans le cas de trois planètes

$$\lim_{t=\infty}\Big|\frac{\sigma}{t} = \frac{a_1}{2}\int_{(\mathfrak{L})}(\xi_2 d\xi_3 - \xi_3 d\xi_2) + \frac{a_2}{2}\int_{(\mathfrak{L})}(\xi_3 d\xi_1 - \xi_1 d\xi_3) + \frac{a_3}{2}\int_{(\mathfrak{L})}(\xi_1 d\xi_2 - \xi_2 d\xi_1)\ .$$

Si nous supprimons la condition $a_4 = a_4^* = 0$ nous devons remplacer dans le 2me membre a_1, a_2, a_3, ξ_1, ξ_2, ξ_3 par $a_1 - a_4$, $a_2 - a_4$, $a_3 - a_4$, $\xi_1 - \xi_4$, $\xi_2 - \xi_4$, $\xi_3 - \xi_4$ et ajouter a_4. Pour écrire le résultat simplement, nous introduirons les intégrales:

$$\alpha_1 = \frac{1}{2}\int\Big\{(\xi_2 d\xi_3 - \xi_3 d\xi_2) + (\xi_3 d\xi_4 - \xi_4 d\xi_3) + (\xi_4 d\xi_2 - \xi_2 d\xi_4)\Big\}$$

et des expressions analogues α_2, α_3, α_4. Ces notations doivent être interprétées comme suit: $2\pi\xi_h$ désignent les angles que forment les côtés du quadrilatère avec une direction fixe du plan. Les intégrales s'étendent à un cycle complet parcouru dans le plan par le quadrilatère articulé et dans lequel il prend toutes les formes que peut prendre un quadrilatère de côtés $\mathfrak{A}_h$. La facon dont sont parcourues toutes ces formes possibles dépend de trois fonctions arbitraires du temps, mais elles sont sans influence sur les quantités α_h, et bien entendu les quantités α_h ne dépendent pas de la direction fixe à partir de laquelle on a mesuré les angles $2\pi\xi_h$. On pourra appeler à bon droit les quantités α_h les *invariants intégraux* du quadrilatère articulé. On obtient pour le mouvement moyen du périhélie l'expression:

$$a_1\alpha_1 + a_2\alpha_2 + a_3\alpha_3 + a_4(1 - \alpha_1 - \alpha_2 - \alpha_3)\ .$$

Le résultat devant être symétrique en α_1, α_2, α_3, α_4 on trouve:

$$\alpha_1 + \alpha_2 + \alpha_3 + \alpha_4 = 1$$

$$\lim_{t=\infty}\frac{\sigma}{t} = a_1\alpha_1 + a_2\alpha_2 + a_3\alpha_3 + a_4\alpha_4\ .$$

Je ne suis pas arrivé à vérifier le premier résultat, à savoir que la somme des quatre invariants intégraux d'un quadrilatère articulé est égale à l'unité, partant de leur définition. La dernière relation permet de supposer que les relations qui lient les quatre côtés aux quatre invariants intégraux d'un quadrilatère articulé sont l'analogue des relations entre les côtés et les angles d'un triangle fixe. Ce sont ces relations et non celles entre les côtés et les angles d'un quadrilatère fixe qui semblent être l'analogue le plus proche et le plus naturel de la théorie des triangles plans. J'ignore jusqu'à quel point ceci est vrai; mais on se rend en tout cas compte que l'on a devant soi le point de départ d'une théorie plus approfondie des quadrilatères articulés.

Les invariants intégraux sont positifs. Dans le cas discuté *nous avons donc de nouveau un déplacement moyen du périhélie dans le sens positif, déterminé par une valeur moyenne des vitesses* $2\pi a_h$ *des différentes roues de l'épicycle.*

Le mouvement moyen du périhélie et du nœud ascendant a été étudié pour toutes les planètes, sauf Vénus et la Terre, avec le plus de soin par Stockwell[1]. Pour les déterminer il faut être certain que l'on a affaire au cas de Lagrange, après quoi on n'a plus qu'à déterminer les quantités a_1, a_2, ... a_8, pour notre système planétaire, c'est-à-dire à rapporter à ces axes de symétrie une forme quadratique de huit variables. Si l'on veut résoudre le même problème pour la Terre et Vénus, il faut calculer les quantités $\mathfrak{A}_1$, $\mathfrak{A}_2$, ... $\mathfrak{A}_8$, correspondant à ces deux planètes, puis évaluer des intégrales quintuples, étendues à toutes les formes distinctes prises par un octogone articulé. Les calculs que ceci entraînerait pourraient faire reculer, et renoncer à les effectuer réellement.

On peut toutefois affirmer que Vénus et la Terre présentent également un mouvement moyen du périhélie dans le sens du mouvement planétaire. Le mouvement rétrograde actuel du du périhélie de Vénus ne saurait donc être qu'un phénomène passager.

J'espère vous avoir montré, par ces quelques développements, comment la théorie des nombres peut être appelée à jouer un rôle dans les applications des mathématiques.

---

[1] *Smithsonian Contributions to Knowledge*, vol. XVIII, 1870.

22.

Das asymptotische Verteilungsgesetz der Eigenschwingungen eines beliebig gestalteten elastischen Körpers

Rendiconti del Circolo Matematico di Palermo 39, 1—50 (1915)

KAPITEL I

Die Greenschen Tensoren der statischen elastischen Probleme

§ 1. Einleitung. Die Grundformeln der Elastizitätstheorie

Zur Lösung des *statischen Problemes der Elastizitätstheorie* für einen beliebig gestalteten homogenen isotropen Körper unter der Oberflächenbedingung verschwindender Verschiebung verfügt man über zwei wesentlich verschiedene Methoden, deren eine von FREDHOLM, LAURICELLA, MARCOLONGO[1]), deren andere von KORN und BOGGIO[2]) entwickelt ist. Beiden gemeinsam ist, dass sie die Aufgabe auf ein System von linearen Integralgleichungen zurückführen. Da die Methode von KORN-BOGGIO aber auf Kerne mit schwer diskutierbarer Singularität führt (im Gegensatz zu der Behauptung von BOGGIO, der sie fälschlich für «regulär» erklärt), kommt für uns nur der erste Weg in Betracht, welcher der NEUMANN-FREDHOLMschen Lösung des entsprechenden potentialtheoretischen Problems parallel läuft; dieser Weg, der keiner solchen Schwierigkeit begegnet, scheint mir allein der natürliche zu sein. Um sicher zu sein, dass die betreffenden inhomogenen Integralgleichungen eine Lösung besitzen, muss bekanntlich feststehen, dass die korrespondierenden homogenen Gleichungen ausser der trivialen Lösung 0 keine weiteren besitzen; dass dies hier statthat, ist in einwandfreier Weise von LAURICELLA[3]) gezeigt worden. Es ist für uns aber wichtig, um die Methode auf andere Randbedingungen übertragen zu können, die Konstruktion von dem Beweise dieser Tatsache unabhängig zu machen; m. a. W., wir werden zeigen: dass die Lösung des gestellten Problems ebensowohl gelingt, wenn die homogenen Integralgleichungen Lösungen be-

---

[1]) I. FREDHOLM, *Solution d'un problème fondamental de la théorie de l'élasticité*, Ark. Mat., Astr. Fysik, *2*, No. 28, 1–8 (1906); G. LAURICELLA, *Sull'integrazione delle equazioni dell'equilibrio dei corpi elastici isotropi*, Atti Reale Accad. dei Lincei, *15*, 426–432, 1. Semester 1906; R. MARCOLONGO, *La teoria delle equazioni integrali e le sue applicazioni alla Fisica-matematica*, ibid., *16*, 742–749, 1. Semester 1907.

[2]) A. KORN, *Über die Lösung der ersten Randwertaufgabe der Elastizitätstheorie*, R.C. Mat. Palermo, *30*, 138–152, 2. Semester 1910. Ebendort sind die früheren Abhandlungen von KORN über denselben Gegenstand zitiert. – T. BOGGIO, *Nuova risoluzione di un problema fondamentale della teoria dell'elasticità*, Atti Reale Accad. dei Lincei, *16*, 248–255, 2. Semester 1907.

[3]) L. c.[1]).

sitzen, als wenn das nicht der Fall ist. Damit ist ein Stein aus dem Wege geräumt, an dem die Übertragung der NEUMANN-FREDHOLMschen Methode auf allgemeinere Fälle oft zu scheitern droht[1]).

Auf Grund dieser Argumentation und gewisser Ansätze von BOUSSINESQ gelingt es dann auch, das statische Problem der Elastizitätstheorie für den Fall zu lösen, dass nicht die Verschiebungen, sondern die Drucke an der Oberfläche $= 0$ vorgeschrieben sind. Dieser Fall, der als der natürliche bezeichnet werden muss, ist bisher, soviel mir bekannt, nur von BOGGIO nach seiner Methode behandelt worden[2]); doch muss ich gestehen, dass mir seine Beweisführung aus einem oben angedeuteten Grunde nicht als völlig stichhaltig erscheint und sich jedenfalls für die von uns verfolgten weitergehenden Zwecke als unzureichend erweist.

Als 3. Art von Randbedingung betrachten wir diese (unter $\mathfrak{u}$ die Verschiebung verstanden):

$$\operatorname{div} \mathfrak{u} = 0, \ \mathfrak{u} \text{ normal (an der Oberfläche).}$$

Sie wird für uns dadurch wesentlich, dass sie nach dem Schema

«Elastischer Körper → FRESNELS elastischer Äther → elektromagnetischer Äther»

den Übergang von der Elastizitätstheorie zur Potentialtheorie zu Wege bringt.

In der gegenwärtigen Arbeit handelt es sich aber nicht um statische, sondern um *Schwingungsprobleme*. Bei jeder der drei oben erwähnten Randbedingungen kann der elastische Körper kräftefrei eine unendliche Reihe von Eigenschwingungen ausführen, deren Schwingungszahlen das (diskrete) Spektrum des Körpers bilden. *Es soll bewiesen werden, dass die Dichtigkeit, mit der diese Eigenschwingungszahlen sich auf die Frequenzskala des Spektrums verteilen, im Gebiete der hohen Schwingungszahlen asymptotisch unabhängig ist von der speziellen Form des Elastikums und nur von seinem Volumen und den beiden Elastizitätskonstanten abhängt.* Genauer formuliert das Ergebnis sich folgendermassen: Die Gleichung für die elastischen Schwingungen lautet, wenn t die Zeit bedeutet,

$$\frac{\partial^2 \mathfrak{u}}{\partial t^2} = a \operatorname{grad} \operatorname{div} \mathfrak{u} - b \operatorname{curl} \operatorname{curl} \mathfrak{u}. \tag{1}$$

a und b sind zwei (sicher positive) Elastizitätskonstanten[3]). Den Ausdruck rechter Hand, der in der Elastizitätstheorie die gleiche Rolle spielt wie $\Delta \mathfrak{u}$ in der Potentialtheorie und übrigens für $a = b = 1$ in diesen übergeht, werde ich

---

[1]) Vgl. hierzu die Bemerkungen von Herrn E. E. LEVI, *I problemi dei valori al contorno per le equazioni lineari totalmente ellittiche alle derivate parziali* Mem. Mat. So. Ital. Sci. (detta dei XL), [III], *16*, 3–112, 1910, S. 8 oben und Fussnote.

[2]) T. BOGGIO, *Determinazione della deformazione di un corpo elastico per date tensioni superficiali,* Atti Reale Accad. dei Lincei, *16*, 441–449 (2. Semester 1907).

[3]) Ist M der Elastizitäts-Modulus, σ das Verhältnis von Querkontraktion zur Längsdilatation und die Massendichte $= 1$, so hat man

$$a = \frac{M(1-\sigma)}{(1+\sigma)(1-2\sigma)}, \qquad b = \frac{M}{2(1+\sigma)}.$$

stets mit $\Delta^* u$ bezeichnen. Die Eigenschwingungen sind dadurch charakterisiert, dass u in seiner Abhängigkeit von der Zeit durch eine periodische Funktion $e^{i\nu t}$ gegeben wird; die Konstante ν ist die Frequenz derselben. Die Zahl derjenigen Eigenschwingungen, deren Frequenz ν unterhalb der beliebigen Grenze ν_0 gelegen ist, beträgt asymptotisch für $\lim \nu_0 = \infty$, wenn J das Volumen des Körpers bedeutet:

$$\frac{J \nu_0^3}{6 \pi^2} \left\{ \left(\frac{1}{a}\right)^{3/2} + 2 \left(\frac{1}{b}\right)^{3/2} \right\}.$$

Dieses Resultat gewinne ich dadurch, dass ich die von mir in den Mathematischen Annalen und Crelles Journal namentlich am Problem der Membranschwingungen angestellten Untersuchungen[1]) jetzt auf die elastischen Schwingungen übertrage. Es ergibt sich dadurch zugleich für mich erwünschte Gelegenheit, diese Theorie, die dort in verschiedenen Anläufen entwickelt wurde und deren Darstellung infolgedessen mit mancherlei Unvollkommenheiten und Sprüngen behaftet war, hier nochmals in, wie ich hoffe, abgeklärterer Form vortragen zu können.

Für $a = b = 1$ enthält das Resultat das von mir bereits früher bewiesene *asymptotische Spektralgesetz der Hohlraumstrahlung*. In analoger Weise, wie dieses zur Begründung der modernen Strahlungstheorie benutzt wird, ist das asymptotische Gesetz der elastischen Eigenschwingungen als Ausgangspunkt für die Theorie der spezifischen Wärme fester Körper (des DULONG-PETITschen Gesetzes und seiner Abweichungen) genommen worden[2]). Wie man sich aber in der Strahlungstheorie damit begnügte, jenes Gesetz nur für den speziellen Fall des würfelförmigen Hohlraums (JEANSscher Würfel) herzuleiten, so hat DEBYE (und zwar durch explizite Rechnungen) das elastische Gesetz nur für einen kugelförmigen Körper bestimmt. Jene auf Anwendung thermodynamischer Prinzipien und der Quantenhypothese beruhenden Theorien würden in sich selbst einen unversöhnbaren Widerspruch enthalten, wenn das so an einem speziellen Beispiel gefundene asymptotische Gesetz nicht unabhängig von der Form des Hohlraums, bzw. Körpers allgemeine Gültigkeit beanspruchen könnte. Man möchte daher glauben, dass der strenge Beweis dieses «LORENTZschen Postulates»[3]), für den Mathematiker freilich unerlässlich, für die Physik so gut wie gleichgültig sei. Dawider mache ich geltend: wenn man auf eine tiefere Begründung jener physikalischen Theorien ausgeht, bei welcher

---

1) *a) Das asymptotische Verteilungsgesetz linearer partieller Differentialgleichungen (mit einer Anwendung auf die Theorie der Hohlraumstrahlung)* Math. Ann., *71*, 441–479 (1912); *b) Über die Abhängigkeit der Eigenschwingungen einer Membran von deren Begrenzung*, J. reine und angew. Math. *141*, 1–11 (1912); *c) Über das Spektrum der Hohlraumstrahlung*, ibid., *141*, 163–181 (1912); *d) Über die Randwertaufgabe der Strahlungstheorie und asymptotische Spektralgesetze*, ibid., *143*, 177–202 (1913),

2) P. DEBYE in seiner bekannten Arbeit: *Zur Theorie der spezifischen Wärmen*, Ann. Physik, [IV] *39*, 789–839 (1912).

3) H. A. LORENTZ hat in dem vierten seiner auf Einladung der WOLFSKEHL-Stiftung im April 1910 zu Göttingen gehaltenen Vorträge die Mathematiker aufgefordert, sich mit diesem Problem zu beschäftigen.

die Thermodynamik durch *statistische* Betrachtungen zu ersetzen ist, wird ein mathematischer Beweis der in Rede stehenden asymptotischen Frequenzgesetze für beliebig geformte Körper durchaus erforderlich. Freilich reicht er dazu noch lange nicht aus. Um z.B. eine elektromagnetisch-statistische Begründung des KIRCHHOFFschen Satzes von der Emission und Absorption zu geben, muss man jenes asymptotische Spektralgesetz nicht nur für homogene, sondern für beliebige inhomogene Medien herleiten und muss es ferner von den Eigen*werten* auf die Eigen*funktionen* übertragen, d.i. statt der Schwingungszahlen jeweils den gesamten Schwingungszustand in Betracht ziehen. Darauf hoffe ich an anderer Stelle näher eingehen zu können. – Die Lehre von den *Integralgleichungen* hat uns durch den von HILBERT immer aufs klarste hervorgehobenen Gesichtspunkt, dass es sich bei der Ermittlung der Eigenschwingungen kontinuierlicher Medien um die *Transformation eines unendlichdimensionalen Ellipsoids auf Hauptachsen handelt*, das mathematische Wesen der Schwingungstheorie enthüllt; und dieser Gesichtspunkt sollte in jeder Darstellung dieser Theorie, die auf ein wirklich einsichtiges Erfassen der Sachlage hinarbeitet, der herrschende sein. Kein Wunder, dass die Methode der Integralgleichungen nicht nur auf die durchsichtigste Weise den Existenzbeweis für die Eigenschwingungen zu führen gestattet, sondern sich auch als kräftig genug erweist, ihre asymptotische Verteilung über das Spektrum zu ermitteln.

Wir setzen folgende *Bezeichnungen* fest. Der zu untersuchende Körper, also ein im Endlichen gelegenes [zusammenhängendes (Zusatz 1955)] Raumstück J vom Volumen J sei von der Oberfläche $\mathfrak{O}$ begrenzt; p (auch p', p'', ...) bedeutet einen in J, o einen auf $\mathfrak{O}$ variablen Punkt, dp bei Integration das Raumelement an der Stelle p, do das Oberflächenelement an der Stelle o. [Wir sprechen von *der* Oberfläche $\mathfrak{O}$, auch wenn J Löcher besitzt und $\mathfrak{O}$ darum aus mehreren Flächen (endlichvielen zusammenhängenden Komponenten) besteht. (Zusatz 1955)] $\mathfrak{n} = \mathfrak{n}(o)$ ist der in Richtung der innern Normale im Punkte o der Oberfläche aufgetragene Einheitsvektor. Wenn $\mathfrak{v}$ ein Vektor ist, bezeichnen v_x, v_y, v_z; v_n seine bzw. nach der x, y, z-Achse und nach der Normalen $\mathfrak{n}$ genommenen Komponenten, $\mathfrak{v}_t = \mathfrak{v} - \mathfrak{n}(\mathfrak{v}\,\mathfrak{n})$ aber die Projektion auf die Tangentialebene. x, y, z ist dabei ein Cartesisches Koordinatensystem.

Die für die gesamte *Potentialtheorie* massgebende *GREENsche Formel* lautet bekanntlich

$$\int_J (\operatorname{grad} u \cdot \operatorname{grad} v + u\,\Delta v)\,dp = -\int_{\mathfrak{O}} u \frac{\partial v}{\partial n}\,do \tag{G}$$

und ergibt unmittelbar die Folgerung:

$$\int_J (u\,\Delta v - v\,\Delta u)\,dp = -\int_{\mathfrak{O}} \left(u \frac{\partial v}{\partial n} - v \frac{\partial u}{\partial n}\right) do. \tag{G'}$$

u und v sind irgend zwei in J stetig differenzierbare Funktionen, für welche

Δu, Δv existieren. Ist u eine Potentialfunktion ($\neq$ const) und setzen wir in (G): $v = u$, so ergibt sich die wichtige Ungleichung

$$-\int_{\mathfrak{O}} u \frac{\partial u}{\partial n} do = \int_J (\operatorname{grad} u)^2 dp > 0. \qquad (G_0)$$

In der *Elastizitätstheorie* gibt es mehrere Formeln, die der GREENschen analog sind. Sind $\mathfrak{u}$, $\mathfrak{v}$ irgend zwei in J stetig differenzierbare Vektorfelder, so kann man aus den ersten Ableitungen von $\mathfrak{u}$, $\mathfrak{v}$ nach den Koordinaten $x\, y\, z$ des Punktes p in bilinearer Weise einen Ausdruck $E(\mathfrak{u}\,\mathfrak{v})$ zusammensetzen, der symmetrisch in bezug auf $\mathfrak{u}$ und $\mathfrak{v}$ ist und der für $\mathfrak{u} = \mathfrak{v}$ das Doppelte der durch die Verschiebung $\mathfrak{u}$ erzeugten Spannung im Punkte p (Dichte der potentiellen Energie) bedeutet. Es ist darum $E(\mathfrak{u}\,\mathfrak{u}) > 0$, wenn $\mathfrak{u}$ nicht lediglich eine infinitesimale Bewegung ohne Formänderung ist. Die Formel für $E(\mathfrak{u}\,\mathfrak{u})$ lautet:

$$E(\mathfrak{u}\,\mathfrak{u}) = \left(a - \frac{4}{3} b\right) (\operatorname{div} \mathfrak{u})^2$$
$$+ \frac{2b}{3}\left\{\left(\frac{\partial u_y}{\partial y} - \frac{\partial u_z}{\partial z}\right)^2 + +\right\} + b\left\{\left(\frac{\partial u_y}{\partial z} + \frac{\partial u_z}{\partial y}\right)^2 + +\right\}.$$

Es geht daraus hervor, dass die Konstanten a, b für jeden elastischen Körper die Ungleichung

$$3a > 4b > 0 \qquad (2)$$

erfüllen; doch werden wir im allgemeinen nur die Voraussetzungen $a > 0$ $b > 0$ machen, um auch den Fall der Hohlraumstrahlung ($a = b = 1$) mit einzubegreifen. Der durch die Verschiebung $\mathfrak{u}$ im Innern des Körpers erzeugte Druck ist ein *Tensor* $\Pi = \Pi(\mathfrak{u})$, hängt nämlich ab von der Lage des Flächenelementes, gegen das der Druck erfolgt. Der gegen ein Flächenelement, dessen Normale die x-Achse ist, gerichtete Druckvektor hat die Komponenten

$$(a - 2b) \operatorname{div} \mathfrak{u} + 2b \frac{\partial u_x}{\partial x},$$
$$b\left(\frac{\partial u_x}{\partial y} + \frac{\partial u_y}{\partial x}\right),$$
$$b\left(\frac{\partial u_x}{\partial z} + \frac{\partial u_z}{\partial x}\right).$$

Den Druck gegen das Oberflächenelement do bezeichnen wir mit $\mathfrak{P} = \mathfrak{P}(\mathfrak{u})$, den durch die Verschiebung $\mathfrak{v}$ an der Oberfläche erzeugten Druck mit $\mathfrak{Q} = \mathfrak{Q}(\mathfrak{v})$. Die *BETTIsche Formel*, das erste Analogon der GREENschen, lautet[1]:

$$\int_J \{E(\mathfrak{u}\,\mathfrak{v}) + \mathfrak{u}\,\Delta^*\mathfrak{v}\}\, dp = -\int_{\mathfrak{O}} \mathfrak{u}\,\mathfrak{Q}\, do \qquad (B)$$

[1]) Für den Vektor-Kalkül benutze ich die in der Enzyklopaedie der Mathematischen Wissenschaften verwendeten Bezeichnungen; insbesondere bedeutet die eckige Klammer das vektorielle Produkt.

und führt unmittelbar zu dem *Reziprozitätsgesetz*:

$$\int_J (\mathfrak{u}\, \Delta^* \mathfrak{v} - \mathfrak{v}\, \Delta^* \mathfrak{u})\, dp = -\int_{\mathfrak{O}} (\mathfrak{u}\, \mathfrak{Q} - \mathfrak{v}\, \mathfrak{P})\, do. \qquad (B')$$

Für ein Vektorfeld $\mathfrak{u}$ aber, das der Gleichung $\Delta^* \mathfrak{u} = 0$ in J genügt, ergibt sich unter der Voraussetzung (2):

$$-\int_{\mathfrak{O}} \mathfrak{u}\, \mathfrak{P}\, do = \int_J E(\mathfrak{u}\,\mathfrak{u})\, dp \geqq 0, \qquad (B_0)$$

wobei das Gleichheitszeichen nur dann statthat, wenn die infinitesimale Verschiebung $\mathfrak{u}$ die eines starren Körpers ist.

Das zweite Analogon zur GREENschen Formel, das bisher wenig beachtet zu sein scheint, heisst:

$$\begin{aligned} &\int_J (a \operatorname{div} \mathfrak{u} \operatorname{div} \mathfrak{v} + b \operatorname{curl} \mathfrak{u} \operatorname{curl} \mathfrak{v} + \mathfrak{u}\, \Delta^* \mathfrak{v})\, dp = \\ &\qquad -\int_{\mathfrak{O}} (a\, u_n \operatorname{div} \mathfrak{v} + b \operatorname{curl} \mathfrak{v} [\mathfrak{n}, \mathfrak{u}])\, do. \end{aligned} \qquad (C)$$

Vertauscht man hierin $\mathfrak{u}$ mit $\mathfrak{v}$ und subtrahiert die so erhaltene Gleichung von (C), so ergibt sich eine Gleichung (C'), die auf andere Weise wie (B') das Raumintegral

$$\int_J (\mathfrak{u}\, \Delta^* \mathfrak{v} - \mathfrak{v}\, \Delta^* \mathfrak{u})\, dp$$

in ein Oberflächenintegral verwandelt. Für ein Feld $\mathfrak{u}$, das der Gleichung $\Delta^* \mathfrak{u} = 0$ genügt, gilt

$$-\int_{\mathfrak{O}} (a\, u_n \operatorname{div} \mathfrak{u} + b\, [\mathfrak{n}, \mathfrak{u}] \operatorname{curl} \mathfrak{u})\, do = \int_J \{a\, (\operatorname{div} \mathfrak{u})^2 + b\, (\operatorname{curl} \mathfrak{u})^2\} dp \geqq 0, \qquad (C_0)$$

wobei nur dann das Gleichheitszeichen zutrifft, wenn $\mathfrak{u}$ ein quellen- und wirbelfreies Feld ist. Der Beweis von (C) wird dadurch erbracht, dass man in die GAUSS'sche Gleichung

$$\int_J \operatorname{div} \mathfrak{w} \cdot dp = -\int_{\mathfrak{O}} w_n\, do$$

einmal

$$\mathfrak{w} = \mathfrak{u} \operatorname{div} \mathfrak{v}$$

und zweitens

$$\mathfrak{w} = [\mathfrak{u}, \operatorname{curl} \mathfrak{v}]$$

einsetzt, die erste der so entstehenden Gleichungen mit a, die zweite mit b multipliziert und addiert.

Ausser (B) und (C) kommen alle Gleichungen in Betracht, die man nach dem Schema $\beta(B) + \gamma(C)$ erhält, d.h. dadurch, dass man (B) mit einer positiven Konstanten β multipliziert, (C) mit einer positiven Konstanten γ und darauf addiert. Wir gebrauchen insbesondere die Gleichung

$$(D) = \frac{a}{a+b}\,(B) + \frac{b}{a+b}\,(C)$$

und die zugehörige Reziprozitätsgleichung (D') und Ungleichung (D_0). Die letztere erfordert zu ihrer Gültigkeit nicht die Voraussetzung (2), sondern nur $a > b/3 > 0$. Denn der Integrand des auftretenden Raumintegrals lautet:

$$\frac{a}{a+b}\left(a-\frac{b}{3}\right)(\operatorname{div}\mathfrak{u})^2 + \frac{2ab}{3(a+b)}\left\{\left(\frac{\partial u_y}{\partial y}-\frac{\partial u_z}{\partial z}\right)^2 + +\right\}$$
$$+\frac{b^2}{a+b}(\operatorname{curl}\mathfrak{u})^2 + \frac{ab}{a+b}\left\{\left(\frac{\partial u_y}{\partial z}+\frac{\partial u_z}{\partial y}\right)^2 + +\right\}.$$

Fundamental für die ganze Potentialtheorie ist die einer *Punktquelle* im Nullpunkt des Koordinatensystems entsprechende *Grundlösung*

$$\frac{1}{r} = \frac{1}{\sqrt{x^2+y^2+z^2}}$$

der Potentialgleichung. Ist f eine gegebene Funktion von p, die nur in einem endlichen Bereich von 0 verschieden ist, so wird diejenige Lösung der Gleichung

$$\Delta u = -4\pi f,$$

welche im Unendlichen verschwindet, durch

$$u(p) = \int \frac{1}{r(p\,p')} f(p')\,dp' \tag{3}$$

gegeben, wo $r(p\,p')$ die Entfernung von «Aufpunkt» p und «Quellpunkt» p' bedeutet[1]).

Das statische Problem der Elastizität besteht darin, die Gleichung

$$\Delta^*\mathfrak{u} = -4\pi\mathfrak{f}$$

zu integrieren, wobei $4\pi\mathfrak{f}$ ein gegebenes Vektorfeld ist, nämlich das (unendlich schwache) Kraftfeld, durch welches die Deformation des Elastikums bewirkt wird. Denken wir uns, dass der ganze unendliche Raum mit unserem elastischen Medium ausgefüllt ist, so wird diese Aufgabe durch eine zu (3) analoge Formel gelöst:

$$\mathfrak{u}(p) = \int P(p\,p')\,\mathfrak{f}(p')\,dp'. \tag{4}$$

P ist dabei ein Tensor, der (von SOMIGLIANA zuerst bestimmte) «*GREENsche Tensor*» *der Elastizitätstheorie.* Er setzt sich additiv aus zwei Teilen

$$P = \frac{1}{2a}P_a + \frac{1}{2b}P_b \tag{5}$$

---

[1]) Darüber, dass bei natürlicher Interpretation des Operators Δ die Funktion (3) der Gleichung $\Delta u = -4\pi f$ genügt, eine wie beschaffene stetige Funktion f auch sein mag, vgl. meine Bemerkungen in der auf Seite 61, Fussnote [1]), zitierten Arbeit *d*), pag. 182, Fussnote.

zusammen; benutzen wir rechtwinklige Koordinaten, für welche der Quellpunkt p' der Nullpunkt ist, und sind $x\ y\ z$ dann die Koordinaten von p, so ist

$$P_a = \left\| \begin{matrix} \frac{1}{r} - \frac{x^2}{r^3} & -\frac{x\,y}{r^3} & -\frac{x\,z}{r^3} \\ -\frac{y\,x}{r^3} & \frac{1}{r} - \frac{y^2}{r^3} & -\frac{y\,z}{r^3} \\ -\frac{z\,x}{r^3} & -\frac{z\,y}{r^3} & \frac{1}{r} - \frac{z^2}{r^3} \end{matrix} \right\|$$

und

$$P_b = \left\| \begin{matrix} \frac{1}{r} + \frac{x^2}{r^3} & \frac{x\,y}{r^3} & \frac{x\,z}{r^3} \\ \frac{y\,x}{r^3} & \frac{1}{r} + \frac{y^2}{r^3} & \frac{y\,z}{r^3} \\ \frac{z\,x}{r^3} & \frac{z\,y}{r^3} & \frac{1}{r} + \frac{z^2}{r^3} \end{matrix} \right\| .$$

Die Multiplikation $P(p\,p')\,\mathfrak{f}(p')$ ist im Sinne der Matrizenrechnung zu verstehen, indem man $\mathfrak{f} = (f_x, f_y, f_z)$ als die aus diesen Komponenten bestehende Vertikalspalte auffasst. Hingegen würde $\mathfrak{f}(p)\,P(p\,p')$ als eine Matrizenmultiplikation zu deuten sein, bei der $\mathfrak{f}$ die Horizontalreihe seiner drei Komponenten bedeutet. Endlich verstehe ich, wenn $\mathfrak{a}$, $\mathfrak{b}$ irgend zwei Vektoren sind, unter $\mathfrak{a} \times \mathfrak{b}$ denjenigen Tensor, der durch Matrizenmultiplikation zustande kommt, wenn ich $\mathfrak{a}$ als Vertikalspalte, $\mathfrak{b}$ als Horizontalreihe auffasse:

$$\mathfrak{a} \times \mathfrak{b} = \left\| \begin{matrix} a_x\,b_x & a_x\,b_y & a_x\,b_z \\ a_y\,b_x & a_y\,b_y & a_y\,b_z \\ a_z\,b_x & a_z\,b_y & a_z\,b_z \end{matrix} \right\| .$$

Jede der drei Spalten, aus denen P besteht, ist, als Vektor betrachtet, eine Lösung der Gleichung $\Delta^*\mathfrak{u} = 0$. Dabei entsprechen die beiden Summanden P_a und P_b in der Weise den beiden Gliedern, aus denen sich $\Delta^*\mathfrak{u}$ zusammensetzt, dass jede Spalte des ersten Summanden ein wirbelfreies Vektorfeld darstellt, jede Spalte des zweiten hingegen ein quellenfreies.

§ 2. Lösung der ersten Randwertaufgabe der Elastizitätstheorie

Unsere Aufgabe aber besteht nicht darin, das «inhomogene Problem»

$$\Delta^*\mathfrak{u} = -4\,\pi\,\mathfrak{f} \tag{6}$$

für den ganzen unendlichen Raum zu integrieren, sondern im Innern eines endlichen Körpers J, wenn an dessen Oberfläche $\mathfrak{O}$ eine der drei in der Einleitung aufgezählten Randbedingungen vorgeschrieben ist. Wir beginnen mit der ersten:

$$\mathfrak{u} = 0 \text{ an der Oberfläche,}$$

und nennen dies das (inhomogene) Problem I. Wir werden es lösen in der Form

$$\mathfrak{u}(p) = \int_J \Gamma(p\, p')\, \mathfrak{f}(p')\, dp', \tag{7}$$

wobei $\Gamma = \Gamma_I$, der zu I gehörige GREENsche Tensor, nichts anderes ist als die Lösung des statischen Problems in dem besonderen Fall, wo die erregende Kraft $\mathfrak{f}$ auf den einen Punkt p' konzentriert ist. Das korrespondierende homogene Problem ($\mathfrak{f} = 0$) hat die einzige Lösung $\mathfrak{u} = 0$. Denn jede Lösung desselben ist gemäss der Ungleichung (D_0) eine reine Translation

$$\mathfrak{u} = \text{const.} = \mathfrak{c},$$

und da $\mathfrak{u}$ an der Oberfläche verschwinden soll, muss $\mathfrak{c} = 0$ sein. Hierbei ist, wie in diesem ganzen Paragraphen, $a > b/3 > 0$ vorausgesetzt*). – Wir setzen unter Benutzung des SOMIGLIANAschen Tensors P:

$$\Gamma = P - A.$$

Die drei Vertikalvektoren von P bezeichnen wir der Reihe nach mit $\mathfrak{R}_x$, $\mathfrak{R}_y$, $\mathfrak{R}_z$; entsprechende Benennungen benutzen wir für Γ und A und überhaupt jedweden vorkommenden Tensor. Um A zu bestimmen, hat man die Aufgabe I^0 zu lösen, *ein der homogenen Gleichung*

$$\Delta^* \mathfrak{u} = 0$$

genügendes Feld (wir sagen kurz: *ein statisches Feld*) $\mathfrak{u}$ *zu bestimmen, das an der Oberfläche vorgegeben ist.* Betrachtet man nämlich den Quellpunkt p' als fest, so ist beispielsweise $\mathfrak{A}_x$ als Funktion von p ein statisches Feld und besitzt an der Oberfläche die gleichen Werte wie $\mathfrak{R}_x$, und diese sind ja bekannt. Für I^0 benutzen wir einen analogen Ansatz, wie er nach NEUMANN zur Lösung der 1. Randwertaufgabe der Potentialtheorie verwendet wird, indem wir (D) – und nicht etwa eines der andern möglichen Analoga – an Stelle der GREENschen Formel in der Potentialtheorie treten lassen. Um diesen Ansatz zu formulieren, haben wir zu einer annoch unbekannten vektoriellen Belegung $\mathfrak{e}(o)$ auf der Oberfläche den Ausdruck

$$\frac{a}{a+b}\, \mathfrak{P}(\mathfrak{u})\, \mathfrak{e} + \frac{b}{a+b}\, (a \operatorname{div} \mathfrak{u} \cdot e_n + b \operatorname{curl} \mathfrak{u}[\mathfrak{n}, \mathfrak{e}])$$

zu bilden, indem wir für $\mathfrak{u}$ der Reihe nach die drei Vertikalvektoren von $P(p\, p')$ einsetzen (wobei der Quellpunkt p' als fest gilt). Die drei Grössen, welche wir dadurch erhalten, sind die Komponenten eines Vektors

$$\Lambda(p'o)\, \mathfrak{e}(o) \tag{8}$$

(Λ bedeutet einen Tensor), und der Ansatz, den wir zu machen haben, lautet:

$$\mathfrak{u}(p) = \frac{1}{2\pi} \int_{\mathfrak{O}} \Lambda(p\, o)\, \mathfrak{e}(o)\, do. \tag{9}$$

---

*) Änderung 1955. Ursprüngliche Fassung dieses Satzes: Hierbei ist freilich $a > b/3$ vorausgesetzt. Wollen wir dies nicht, so muss man sich statt dessen auf die Ungleichung (C_0) stützen; man gelangt dabei zu dem gleichen Ergebnis.

Um die Rechnung durchzuführen, ist es zweckmässig, ein Koordinatensystem xyz zu Grunde zu legen, dessen Nullpunkt sich im Punkte o der Oberfläche befindet und dessen x-Achse mit der Normale in diesem Punkte zusammenfällt. Sind $x\,y\,z$ die Koordinaten des Quellpunktes p', so findet man für die drei Komponenten von (8) die folgenden Werte:

$$\left.\begin{aligned}
&\frac{1}{a+b}\left\{\left(2\,b\frac{x}{r^3}+(a-b)\frac{3\,x^3}{r^5}\right)e_x+(a-b)\frac{3\,x^2\,y}{r^5}\,e_y+(a-b)\frac{3\,x^2\,z}{r^5}\,e_z\right\},\\
&\frac{1}{a+b}\left\{(a-b)\frac{3\,x^2\,y}{r^5}\,e_x+\left(2\,b\frac{x}{r^3}+(a-b)\frac{3\,x\,y^2}{r^5}\right)e_y+(a-b)\frac{3\,x\,y\,z}{r^5}\,e_z\right\},\\
&\frac{1}{a+b}\left\{(a-b)\frac{3\,x^2\,z}{r^5}\,e_x+(a-b)\frac{3\,x\,y\,z}{r^5}\,e_y+\left(2\,b\frac{x}{r^3}+(a-b)\frac{3\,x\,z^2}{r^5}\right)e_z\right\}.
\end{aligned}\right\}\quad(10)$$

Bezeichne ich den Winkel, welchen der Vektor $\overrightarrow{op}=\mathfrak{r}_{po}$ von der Länge $r_{po}=|\mathfrak{r}_{po}|$ mit der Normale im Punkte o bildet, mit ϑ_{po}, so erhält man daraus offenbar den Ausdruck

$$\Lambda(p\,o)\,\mathfrak{e}(o)=\frac{2\,b}{a+b}\,\frac{\cos\vartheta_{po}}{r_{po}^2}\,\mathfrak{e}+\frac{3\,(a-b)}{a+b}\,\frac{\cos\vartheta_{po}}{r_{po}^4}\,\mathfrak{r}_{po}(\mathfrak{r}_{po}\,\mathfrak{e}),$$

der durch seine vektorielle Schreibweise von der Wahl des speziellen Koordinatensystems wieder befreit ist. Ist E die 3×3-gliedrige Einheitsmatrix, so findet sich also

$$\Lambda(p\,o)=\frac{\cos\vartheta}{r^2}\left\{\frac{2\,b}{a+b}\,E+\frac{3\,(a-b)}{a+b}\,\frac{\mathfrak{r}\times\mathfrak{r}}{r^2}\right\}.\quad(11)$$

Nach einer Bemerkung von FREDHOLM[1]) hat das Vektorfeld $\Lambda(p\,o)\,\mathfrak{e}(o)$ diese einfache anschauliche Bedeutung: Legt man im Punkte o an die Oberfläche die Tangentenebene, denkt sich den einen der beiden Halbräume, in welche diese Ebene den Gesamtraum zerlegt (nämlich denjenigen, für welchen $\mathfrak{n}(o)$ gleichfalls innere Normale ist) mit unserem elastischen Medium erfüllt und bringt im Punkte o die Kraft $\mathfrak{e}(o)$ an, so stellt dieser Ausdruck die Deformation des elastischen Halbraums dar, wenn an der ebenen Oberfläche die Verschiebung $= 0$ vorgegeben ist. Diese Lösung des statischen Problems für einen durch eine Ebene begrenzten Halbraum ist zuerst von CERRUTI und BOUSSINESQ[2]) angegeben worden.

Von der Oberfläche $\mathfrak{O}$ setzen wir voraus, dass sie nicht nur überall eine stetige Normale besitzt, sondern dass diese auch einer HÖLDERschen Bedingung genügt; d.h. es soll einen positiven Exponenten $\alpha(\leqq 1)$ geben, derart, dass der Winkel $\eta_{oo'}$, den die Normalen in zwei benachbarten Punkten o, o' miteinander bilden, eine Ungleichung

$$|\eta_{oo'}|\leqq \text{Const.}\,(r_{oo'})^\alpha$$

---

[1]) L. c. S. 59, [1]).

[2]) CERRUTI, *Ricerche intorno all'equilibrio dei corpi elastici isotropi*, Atti R. Accad. dei Lincei (Roma), [III: Mem. cl. Sci. Fis., Mat. e Nat.] *13*, 81–123 (1882).

befriedigt. Dies ist (mit $\alpha = 1$) insbesondere dann der Fall, wenn die Oberfläche stetig gekrümmt ist.

Zur Bestimmung der unbekannten Belegung $\mathfrak{e}$ bekommen wir aus dem Ansatz (9) die *Integralgleichung*

$$\mathfrak{u}(o) = \mathfrak{e}(o) + \frac{1}{2\pi} \int\limits_{\mathfrak{O}} \Lambda(o\,o')\,\mathfrak{e}(o')\,do'. \tag{12}$$

Da

$$\left|\frac{\cos\vartheta_{oo'}}{r_{oo'}^2}\right| \leqq \frac{\text{Const.}}{(r_{oo'})^{2-\alpha}}$$

gilt, wird der Kern dieser Integralgleichung für $o = o'$ nur von geringerer als 2. Ordnung unendlich, und infolgedessen gilt für die Gleichung selbst die FREDHOLMsche Theorie. Eben aus diesem Grunde war es nötig, von dem Analogon (D) der GREENschen Formel (und nicht irgend einem anderen) auszugehen; diese Wahl hatte zur Folge, dass in den Ausdrücken (10) überall x als Faktor auftrat.

Lässt die der inhomogenen Gleichung (12) korrespondierende homogene Integralgleichung keine Lösung zu (ausser der trivialen 0), so ist (12), wie auch das Vektorfeld $\mathfrak{u}(o)$ auf der Oberfläche vorgegeben werden mag, stets lösbar und die Konstruktion des GREENschen Tensors $\Gamma = \Gamma_I$ somit möglich. Sind p', p'' irgend zwei voneinander verschiedene Punkte in J, die wir aus dem Integrationsfeld durch zwei unendlich kleine Kugeln ausschliessen, so ergibt die Reziprozitätsformel (D'), angewendet auf

$$\mathfrak{u}(p) = \Gamma(p\,p'), \quad \mathfrak{v}(p) = \Gamma(p\,p'')$$

die Symmetrie des GREENschen Tensors Γ, welche besagt, dass die Tensoren $\Gamma(p'p'')$, $\Gamma(p''p')$ auseinander durch Verwandlung der Zeilen in Spalten hervorgehen.

Dass aber (wenigstens unter der Voraussetzung, dass $\mathfrak{O}$ nur aus einer einzigen Fläche besteht*)) jene zu (12) gehörige homogene Gleichung keine Lösung besitzt, lässt sich ganz analog wie in der Potentialtheorie zeigen. Wir können uns jedoch, wie schon in der Einleitung erwähnt, mit dieser von LAURICELLA[1]) ausgeführten Schlussweise nicht zufrieden geben, da sie unübertragbar ist auf die Fälle, die uns nachher beschäftigen sollen. In der Tat kann doch auch die Lösbarkeit des inhomogenen Problems I nicht abhängig gemacht werden von der Unlösbarkeit der zu (12) gehörenden homogenen Integralgleichung, sondern muss allein dadurch bedingt sein, dass das homogene Problem I keine Lösung ausser 0 zulässt.

Nehmen wir also jetzt an, die homogene Integralgleichung

$$\mathfrak{e}(o) + \frac{1}{2\pi} \int\limits_{\mathfrak{O}} \Lambda(o\,o')\,\mathfrak{e}(o')\,do' = 0$$

---

*) Änderung 1955. Ursprüngliche Fassung dieses Satzes: wenigstens unter der Voraussetzung $a > b/3 > 0$.

[1]) L. c. S. 59, [1]).

besässe genau n linear unabhängige Lösungen $\mathfrak{e}_1, \ldots, \mathfrak{e}_n$ *). Dann hat auch die transponierte homogene Gleichung

$$\mathfrak{d}(o') + \frac{1}{2\pi} \int_{\mathfrak{O}} \mathfrak{d}(o)\, \Lambda(o\, o')\, do = 0$$

n linear unabhängige Lösungen $\mathfrak{d}_1, \ldots, \mathfrak{d}_n$. Man bestimme n stetige Vektorfunktionen $\mathfrak{a}_1(o), \ldots, \mathfrak{a}_n(o)$ auf der Oberfläche $\mathfrak{O}$, so dass

$$\int_{\mathfrak{O}} \mathfrak{d}_i(o)\, \mathfrak{a}_k(o)\, do = \delta_{ik} \quad (i, k = 1, \ldots, n)$$

ist (man kann sie z. B. als lineare Kombinationen der $\mathfrak{d}_i(o)$ wählen), und ebenso n stetige Vektorfunktionen $\mathfrak{b}_1(o), \ldots, \mathfrak{b}_n(o)$, für welche

$$\int_{\mathfrak{O}} \mathfrak{b}_i(o)\, \mathfrak{e}_k(o)\, do = \delta_{ik}.$$

Die inhomogene Gleichung (12) ist nur dann lösbar, wenn die vorgegebene linke Seite $\mathfrak{u}$ die Bedingungen

$$\int_{\mathfrak{O}} \mathfrak{d}_i(o)\, \mathfrak{u}(o)\, do = 0 \quad (i = 1, \ldots, n)$$

erfüllt. Zur Konstruktion von

$$\mathfrak{A}_x(p\, p') = \frac{1}{2\pi} \int_{\mathfrak{O}} \Lambda(p\, o) \cdot \mathfrak{K}_x(o)\, do$$

hätten wir eigentlich die Gleichung

$$\mathfrak{R}_x(o\, p') = \mathfrak{K}_x(o) + \frac{1}{2\pi} \int_{\mathfrak{O}} \Lambda(o\, o')\, \mathfrak{K}_x(o')\, do'$$

zu befriedigen. Dies ist jedoch im allgemeinen nicht möglich, sondern damit eine Lösung existiert, müssen wir die linke Seite ersetzen durch

$$\mathfrak{R}_x(o\, p') - \sum_i \mathfrak{a}_i(o) \cdot \int_{\mathfrak{O}} \mathfrak{d}_i(o')\, \mathfrak{R}_x(o' p')\, do'.$$

Die Lösung $\mathfrak{K}_x = \mathfrak{K}_x(o\, p')$ werde durch die n Bedingungen

$$\int_{\mathfrak{O}} \mathfrak{b}_i(o)\, \mathfrak{K}_x(o)\, do = 0 \quad (i = 1, \ldots, n)$$

---

*) Wegen eines in der ersten Zeile auf S. 12 der Originalarbeit begangenen Fehlers, bestehend in der Behauptung, dass allgemein $\int_{\mathfrak{O}} \mathfrak{d}(o)\, \mathfrak{e}(o)\, do \neq 0$ ist, wurde der Text von Zeile 1, Seite 70 ab bis Zeile 6 von unten auf Seite 72 hier unter Wahrung des Grundgedankens zweckmässig abgeändert. Dabei wurde zugleich die dort für die Anzahl n der linear unabhängigen Eigenfunktionen $\mathfrak{e}(o)$ der Bequemlichkeit halber gemachte Annahme $n = 1$ aufgehoben. – Eine andere Methode, mit den Lösungen der homogenen Integralgleichung fertig zu werden, wurde für die elektromagnetische Wellengleichung im Aussenraum viel später von Claus Müller und dem Verfasser entwickelt; vgl. C. Müller, Math. Ann. *123*, 345–378 (1951); H. Weyl (153); (154); (155) [diese Ausgabe S. 568–581]. – *Anmerkung des Verfassers*, 15. Mai 1955.

eindeutig normiert. Da dann $\mathfrak{K}_x = \mathfrak{K}_x(o\,p')$ durch einen von p' unabhängigen linearen Operator aus $\mathfrak{R}_x(o\,p')$ hervorgeht, ist $\mathfrak{K}_x(o\,p')$ als Funktion von p' ein statisches Feld. Verfahren wir entsprechend für y und z, so erhalten wir einen Tensor $K(o\,p')$ mit den Vertikalvektoren $\mathfrak{K}_x$, $\mathfrak{K}_y$, $\mathfrak{K}_z$, und

$$A^*(p\,p') = \frac{1}{2\pi}\int_{\mathfrak{O}} \Lambda(p\,o)\,K(o\,p')\,do$$

muss zunächst an Stelle der eigentlich zu konstruierenden GREENschen «Kompensatrix» Λ treten. Als Funktionen von p' betrachtet, sind die drei Horizontalvektoren von Λ^* statische Felder, desgleichen die Vertikalvektoren von Λ^* als Funktionen von p. Doch hat die Matrix $\Gamma^* = P - \Lambda^*$ nicht die Randwerte 0, sondern es ist

$$\Gamma^*(o\,p') = \sum_i \big(\mathfrak{a}_i(o) \times \mathfrak{g}_i(p')\big) \quad \text{mit} \tag{*}$$

$$\mathfrak{g}_i(p) = \int_{\mathfrak{O}} \mathfrak{b}_i(o)\,P(o\,p)\,do.$$

Unter den im Innern von J definierten Funktionen $\mathfrak{g}_i(p)$ seien genau m ($\leqslant n$) linear unabhängige. Indem wir die $\mathfrak{g}_i(p)$ durch eine mit den gleichen Buchstaben bezeichnete Orthogonalbasis der aus ihnen gebildeten linearen Schar ausdrücken,

$$\int_J \mathfrak{g}_i(p)\,\mathfrak{g}_k(p)\,dp = \delta_{ik} \quad (i, k = 1, \ldots, m), \tag{G}$$

erhalten wir einen ähnlichen Ausdruck wie (*), dessen rechte Seite nur aus m Gliedern besteht, mit Faktoren $\mathfrak{g}_i$, die den Bedingungen (G) genügen. Um die ursprüngliche Randbedingung wiederherzustellen, setze man

$$\Gamma^{**}(p\,p') = \Gamma^*(p\,p') - \sum_{i=1}^{m} \big(\mathfrak{f}_i(p) \times \mathfrak{g}_i(p')\big),$$

wo

$$\mathfrak{f}_i(p) = \int_J \Gamma^*(p\,p')\,\mathfrak{g}_i(p')\,dp'.$$

Dann ist in der Tat

$$\Gamma^{**}(o\,p') = 0.$$

Als Funktionen von p' befriedigen die Horizontalvektoren von Γ^{**} die homogene Gleichung $\Delta^* = 0$. Hingegen genügen die Vertikalvektoren, aus denen Γ^{**} besteht, als Funktionen von p nicht der Gleichung $\Delta^* = 0$, sondern es ist (man wird die Bezeichnung ohne genauere Erklärung verstehen)

$$\Delta_p^* \Gamma^{**} = 4\pi \sum_i \big(\mathfrak{g}_i(p) \times \mathfrak{g}_i(p')\big).$$

(Die Willkür, die in der Wahl der $\mathfrak{a}_i$ und $\mathfrak{b}_i$ lag, ist an dieser Stelle wieder vollständig eliminiert.) Sind p', p'' irgend zwei Punkte in J, so liefert die

Formel (D') durch die gleiche Schlussweise, mittels deren wir oben die Symmetrie von Γ_I im Falle der Unlösbarkeit der homogenen Integralgleichung erkannten, das Resultat, dass

$$\Gamma_*(p' p'') = \Gamma^{**}(p' p'') + \sum_i \left(\int_J \mathfrak{g}_i(p)\, \Gamma^{**}(p\, p')\, dp \times \mathfrak{g}_i(p'')\right)$$

symmetrisch ist. Die Horizontalvektoren von $\Gamma_*(p\, p')$ sind hinsichtlich p' statische Felder, also sind es wegen der Symmetrie auch die Vertikalvektoren als Funktionen von p. Mit

$$\int_J \mathfrak{g}_i(p)\, \Gamma^{**}(p\, p')\, dp = \mathfrak{a}_i^*(p')$$

ergeben sich als Randwerte von $\Gamma_*(p\, p')$ die folgenden:

$$\Gamma_*(o\, p') = \sum_i \left(\mathfrak{a}_i^*(o) \times \mathfrak{g}_i(p')\right).$$

Es scheint, als wären wir damit nur zu (*) zurückgekehrt. Das Neue ist aber, dass $\Gamma_*(p\, p')$, anders als $\Gamma^*(p\, p')$, symmetrisch ist. Lässt man darum auch p' in einen Randpunkt $o' \neq o$ rücken, so ergibt sich die Symmetrieformel

$$\sum_i \left(\mathfrak{a}_i^*(o) \times \mathfrak{g}_i(o')\right) = \sum_i \left(\mathfrak{g}_i(o) \times \mathfrak{a}_i^*(o')\right). \qquad (14)$$

An dieser Stelle nun machen wir Gebrauch davon, dass das homogene Problem I keine Lösung ausser 0 besitzt, indem wir daraus schliessen, dass die m Funktionen $\mathfrak{g}_i(o)$ linear unabhängig sind. Denn würde eine lineare Kombination von ihnen auf der ganzen Oberfläche verschwinden, so würde die entsprechende lineare Kombination der $\mathfrak{g}_i(p)$ in ganz J verschwinden – entgegen der Konstruktion. Daher folgt aus (14), dass die $\mathfrak{a}_i^*(o)$ lineare Kombinationen der $\mathfrak{g}_i(o)$ sind,

$$\mathfrak{a}_i^*(o) = \sum_k c_{ki}\, \mathfrak{g}_k(o) \quad (i, k = 1, \ldots, m),$$

mit konstanten symmetrischen Koeffizienten $c_{ik} = c_{ki}$. In

$$\Gamma(p\, p') = \Gamma_*(p\, p') - \sum_{i,k=1}^{m} c_{ik} \left(\mathfrak{g}_i(p) \times \mathfrak{g}_k(p')\right)$$

besitzen wir somit die gesuchte Greensche Funktion Γ_I mit den Randwerten 0[1]).

Nehmen wir jetzt wieder an, dass der Integralgleichung (13) keine andere als die triviale Lösung 0 eignet, so kann man gegen den auf S. 69 angedeuteten Beweis der Symmetrie des Tensors $\Gamma = \Gamma_I$ den Einwand erheben: Der Beweis setze voraus, dass an der Oberfläche die Grösse $\mathfrak{S}$:

$$S_n = \frac{a}{a+b}\left(P_n(\mathfrak{u}) + b \operatorname{div} \mathfrak{u}\right), \quad \mathfrak{S}_t = \frac{1}{a+b}\left(a\, \mathfrak{P}_t(\mathfrak{u}) + b^2\, [\operatorname{curl} \mathfrak{u}, \mathfrak{n}]\right),$$

---

1) Vgl. zu unserer Argumentation auch die auf S. 60 unter 1) zitierte Arbeit von E. E. Levi, S. 11–14, und Hilbert, *Grundzüge einer allgemeinen Theorie der linearen Integralgleichungen* (B. G Teubner, Leipzig 1912), S. 227–232.

welche zu ihrer Bestimmung einmalige *Differentiation* verlangt, existiere, wenn man für $\mathfrak{u}$ jeden der Vertikalvektoren von Γ_I einsetze. Nehmen wir einen Augenblick ohne Beweis an, dass dieses wirklich der Fall ist, und fassen die den drei Vertikalvektoren $\mathfrak{u}$ von Γ_I entsprechenden Grössen $\mathfrak{S}_x$, $\mathfrak{S}_y$, $\mathfrak{S}_z$ als Vertikalvektoren eines Tensors $\Sigma\,(o\,p')$ auf, so wird die Lösung der Aufgabe I^0 durch die Formel

$$4\,\pi\,\mathfrak{u}(p) = \int_{\mathfrak{O}} \Sigma(o\,p)\,\mathfrak{u}(o)\,do$$

gegeben, wie man erkennt, wenn man die Gleichung (D') so anwendet, dass man p' aus dem Integrationsfelde durch eine unendlich kleine Kugel ausschliesst und für $\mathfrak{v}$ der Reihe nach jeden der drei Vertikalvektoren von Γ_I nimmt. Anderseits haben wir diese Aufgabe bereits in der Form

$$2\,\pi\,\mathfrak{u}(p) = \int_{\mathfrak{O}} \Theta(p\,o)\,\mathfrak{u}(o)\,do \tag{15}$$

gelöst, wo

$$\Theta(p\,o) = \Lambda(p\,o) - \int_{\mathfrak{O}} \Lambda(p\,o')\,\bar{\Lambda}(o'\,o)\,do' \tag{16}$$

[und $\bar{\Lambda}$ die Resolvente von $\Lambda(o\,o')$ ist. (Zusatz 1955.)] Es muss demnach

$$\Sigma(o\,p) = 2\,\Theta(p\,o) \tag{17}$$

sein. Unter der Voraussetzung der Existenz von Σ können wir also seinen Wert ($= 2\,\Theta$) berechnen. Darum ist es wahrscheinlich, dass wir durch eine veränderte Anordnung dieses Gedankenganges auch ohne die Voraussetzung der Existenz von Σ die Gleichung (17) direkt werden erweisen können. Es kann das etwa so geschehen:

Nach Konstruktion ist

$$A(p\,p') = \frac{1}{2\,\pi}\int_{\mathfrak{O}} \Theta(p\,o)\;P(o\,p')\,do. \tag{18}$$

Jede Horizontalreihe von $A(p\,p')$ ist als Funktion von p' demnach ein statisches Feld; infolgedessen muss

$$A(p\,p') = \frac{1}{2\,\pi}\int_{\mathfrak{O}} A(p\,o')\;\Theta(p'\,o')\,do'$$

sein, und wir erhalten die Formel

$$4\,\pi^2\,A(p\,p') = \int_{\mathfrak{O}}\int_{\mathfrak{O}} \Theta(p\,o)\;P(o\,o')\;\Theta(p'\,o')\,do\,do',$$

welche die Symmetrie des Tensors A ohne weiteres vor Augen stellt. Wir können daher schreiben

$$\Gamma(p\,p') = P(p\,p') - \frac{1}{2\,\pi}\int_{\mathfrak{O}} P(p\,o)\;\Theta(p'\,o)\,do,$$

und aus dieser Gleichung geht dann auch die Existenz von $\Sigma\,(o\,p')$ unzweifelhaft hervor. Man überblickt unschwer, wie dieser Gedankengang zu modifizieren ist, wenn die homogene Integralgleichung (13) Lösungen hat. – Derartige, etwa zu gewärtigende Einwände, die sich gegen die Existenz gewisser Grössen auf der Oberfläche richten, werden auch bei den folgenden Randwertaufgaben durch eine ähnliche Umlagerung der Beweise leicht zu entkräften sein. Ich gehe darauf ebensowenig ein, wie auf die Modifikationen, welche bei jenen weiteren Problemen infolge Lösbarkeit der homogenen Integralgleichung vielleicht nötig werden, da ich diesen Punkt gleichfalls durch unsere obigen Überlegungen für erledigt halte und mich (in diesem nur vorbereitenden Kapitel) nicht zu sehr in Details verlieren möchte.

Es sei nur gestattet, hier noch auf einen Punkt hinzuweisen. Man kann sagen, dass die Unlösbarkeit des homogenen Problems I:

$$\Delta^* \mathfrak{u} = 0 \text{ in } J, \quad \mathfrak{u} = 0 \text{ an der Oberfläche}$$

hier allein unter der Voraussetzung erwiesen sei, dass der aus $\mathfrak{u}$ wie oben gebildete Ausdruck $\mathfrak{S}$ auf der Oberfläche endlich wäre. Ich habe nicht nötig zu diskutieren, wie weit ich mich von dieser Voraussetzung befreien kann; es genügt zu bemerken, dass an der einzigen Stelle, wo wir von diesem Satz der Unlösbarkeit des homogenen Problems Gebrauch machen – dort nämlich, wo wir schliessen, dass die $\mathfrak{g}_i(o)$ linear unabhängig sind – es sich in der Tat um Funktionen $\mathfrak{u} = \mathfrak{g}_i(p)$ handelt, für welche der Ausdruck $\mathfrak{S}$ auf der Oberfläche existiert und stetig ist.

§ 3. Lösung der zweiten Randwertaufgabe

Wir gehen über zu dem Problem II:

$$\Delta^* \mathfrak{u} = -4\pi \mathfrak{f} \text{ in } J,$$

$$\operatorname{div} \mathfrak{u} = 0, \quad \mathfrak{u}_t = 0 \quad \text{auf der Oberfläche.}$$

Das entsprechende homogene Problem ($\mathfrak{f} = 0$) hat, wenn der Raum J von einer einzigen Fläche begrenzt ist – was wir in der Tat (wenn auch lediglich der Einfachheit halber) annehmen wollen – keine Lösung ausser $\mathfrak{u} = 0$. Aus (C_0) ergibt sich nämlich, dass eine Lösung $\mathfrak{u}$ der homogenen Aufgabe die Identitäten

$$\operatorname{curl} \mathfrak{u} = 0, \quad \operatorname{div} \mathfrak{u} = 0$$

in ganz J erfüllt. Setzen wir $\mathfrak{u}$ ausserhalb J identisch $= 0$, so ist $\mathfrak{u}$ im ganzen Raum wirbelfrei, auch auf $\mathfrak{O}$ sitzen wegen der Randbedingung $\mathfrak{u}_t = 0$ keine Flächenwirbel. Infolgedessen ist

$$\mathfrak{u} = \operatorname{grad} \varphi; \quad \Delta \varphi = 0,$$

und die Randbedingung $\mathfrak{u}_t = 0$ sagt aus, dass φ auf $\mathfrak{O}$ eine Konstante ist (die Ableitung von φ in tangentieller Richtung ist überall $= 0$); also ist φ in ganz J gleich einer Konstanten und $\mathfrak{u} = 0$. Dies Resultat ist nichts anderes wie die bekannte Tatsache, dass innerhalb eines Konduktors kein elektrostatisches Feld bestehen kann[1]).

Ansatz zur Lösung des inhomogenen Problems:

$$\mathfrak{u}(p) = \int_J \Gamma_{II}(p\,p')\,\mathfrak{f}(p')\,dp', \quad \Gamma_{II} = P - A_{II}.$$

Um die Vertikalvektoren von $A = A_{II}$ zu finden, hat man die Aufgabe zu behandeln: *Gesucht ein statisches Feld* $\mathfrak{u}$ *in* J, *für welches* $\operatorname{div}\mathfrak{u}$, $\mathfrak{u}_t$ *an der Oberfläche bekannt sind.* Der richtige Weg wird durch die Formel (C) an die Hand gegeben. Mit Hilfe einer skalaren Belegung $s(o)$ und einer vektoriellen $\mathfrak{e}(o)$ bilden wir danach

$$-\,a\,u_n\,s(o) + b\,\operatorname{curl}\mathfrak{u}\,[\mathfrak{n}, \mathfrak{e}],$$

indem wir für $\mathfrak{u}$ der Reihe nach die drei Vertikalvektoren von $P(p\,p')$ einsetzen. Wir bekommen dann, wenn wir in der gleichen Weise wie früher (S. 68) ein rechtwinkliges Koordinatensystem $x\,y\,z$ mit o als Nullpunkt einführen:

$$-\left(\frac{a+b}{2\,b\,r} + \frac{a-b}{2\,b}\frac{x^2}{r^3}\right)s - \frac{y}{r^3}\,e_y - \frac{z}{r^3}\,e_z,$$
$$-\frac{a-b}{2\,b}\frac{x\,y}{r^3}\,s + \frac{x}{r^3}\,e_y,$$
$$-\frac{a-b}{2\,b}\frac{x\,z}{r^3}\,s + \frac{x}{r^3}\,e_z.$$

Den Punkt $(x\,y\,z)$ bezeichnen wir jetzt wieder mit p statt mit p'. Die in bezug auf p berechnete Divergenz desjenigen Vektors, dessen x, y, z-Komponenten die eben ermittelten Grössen sind, ist

$$= \frac{x}{r^3}\,s(o).$$

Der Vektor selber lässt sich so darstellen:

$$-\frac{a+b}{2\,b\,r}\,\mathfrak{n}\,s - \frac{a-b}{2\,b}\frac{\cos\vartheta}{r^2}\,\mathfrak{r}\,s + \frac{\cos\vartheta}{r^2}\,\mathfrak{e} - \frac{\mathfrak{n}}{r^3}\,(\mathfrak{r}\,\mathfrak{e}),$$

und unser Ansatz lautet also:

$$\left.\begin{aligned} 2\pi\,\mathfrak{u}(p) = &-\int_{\mathfrak{O}}\left(\frac{a+b}{2\,b\,r_{po}}\,s(o) + \frac{(\mathfrak{r}_{po}\,\mathfrak{e}(o))}{r_{po}^3}\right)\mathfrak{n}(o)\,do \\ &+\int_{\mathfrak{O}}\frac{\cos\vartheta_{po}}{r_{po}^2}\left(\mathfrak{e}(o) - \frac{a-b}{2\,b}\,\mathfrak{r}_{po}\,s(o)\right)do. \end{aligned}\right\} \tag{19}$$

---

[1]) Ist J von $h+1$ Flächen begrenzt, so hat das homogene Problem genau h linear unabhängige Lösungen. Vgl. die auf S. 61, Fussnote [1]) zitierte Arbeit *d*), S. 184 und S. 188–191. [Ferner: H. WEYL, *Radiation capacity*, Proc. Nat. Acad. Sci. *37*, 832–834 (1951). (Zusatz 1955)]

Es ergibt sich

$$(\operatorname{div} \mathfrak{u})_o = s(o) + \frac{1}{2\pi}\int \frac{\cos \vartheta_{oo'}}{r_{oo'}^2} s(o')\, do'. \tag{20}$$

Aus dieser Gleichung denke man sich, was ja bekanntlich eindeutig möglich ist, $s(o)$ und mit seiner Hilfe

$$4\pi b\, \mathfrak{v}(o) = (a+b)\int_{\mathfrak{O}} \frac{1}{r_{oo'}} \mathfrak{n}(o')\, s(o')\, do' + (a-b)\int_{\mathfrak{O}} \frac{\cos \vartheta_{oo'}}{r_{oo'}^2} \mathfrak{r}_{oo'}\, s(o')\, do' \tag{21}$$

bestimmt. Um die Integralgleichung hinzuschreiben, die sich für $\mathfrak{e}(o)$ ergibt, stelle man die Projektion $\mathfrak{a}_t$ eines jeden Vektors $\mathfrak{a}(o)$ durch

$$\mathfrak{a}(o) - \mathfrak{n}(o)\,\big(\mathfrak{a}(o)\, \mathfrak{n}(o)\big)$$

dar, und führe den Vektor

$$\mathfrak{n}(o') - \mathfrak{n}(o)\,\big(\mathfrak{n}(o)\, \mathfrak{n}(o')\big) = \mathfrak{n}_{oo}$$

ein (der für $o = o'$ verschwindet) samt dem Tensor

$$\Lambda_{II} = \Lambda(o\, o') = \frac{\cos \vartheta_{oo'}}{r_{oo'}^2}\{E - \mathfrak{n}(o) \times \mathfrak{n}(o)\} - \frac{\mathfrak{n}_{oo'} \times \mathfrak{r}_{oo'}}{r_{oo'}^3}. \tag{22}$$

Dann lautet jene Gleichung

$$\mathfrak{e}_t(o) + \frac{1}{2\pi}\int \Lambda(o\, o')\, \mathfrak{e}(o')\, do' = \mathfrak{u}_t(o) + \mathfrak{v}_t(o). \tag{23}$$

Das Produkt $\Lambda(o\, o')\, \mathfrak{e}(o')$ hängt, wie das in der Natur unseres Ansatzes liegt, nur von $\mathfrak{e}_t(o')$ ab. Es ist aber dieser Konstruktion gemäss nicht nur

$$\Lambda(o\, o')\, \mathfrak{n}(o') = 0,$$

sondern auch

$$\mathfrak{n}(o)\, \Lambda(o\, o') = 0.$$

Wir können demnach $\mathfrak{e}$ mittelst der Gleichung

$$\mathfrak{e}(o) + \frac{1}{2\pi}\int_{\mathfrak{O}} \Lambda(o\, o')\, \mathfrak{e}(o')\, do' = \mathfrak{a}(o) + \mathfrak{v}(o) \tag{24}$$

bestimmen, in der wir für $\mathfrak{a}(o)$ irgend eine Vektorbelegung der Oberfläche mit der Eigenschaft $\mathfrak{a}_t = \mathfrak{u}_t$ nehmen.

Die Möglichkeit, dass die homogene Gleichung

$$\mathfrak{e}(o) + \frac{1}{2\pi}\int_{\mathfrak{O}} \Lambda(o\, o')\, \mathfrak{e}(o')\, do' = 0 \tag{25}$$

lösbar ist, können wir nicht a priori ausschliessen; sie ist z.B. verwirklicht, wenn der Körper J ein Torus ist. Dieser Umstand aber verhindert nicht, wie wir wissen, mittelst der inhomogenen Gleichung die Konstruktion des Tensors $\Gamma = \Gamma_{II}$ zu vollziehen. Aus der Formel (C') folgt in bekannter Weise, dass dieser Tensor symmetrisch ist in bezug auf Quell- und Aufpunkt.

Da die Vertikalvektoren von $\Gamma_{II}(p\,p')$, als Funktionen von p betrachtet, an der Oberfläche normal stehen, muss $\Gamma_{II}(o\,p')$ die Form haben:

$$\Gamma_{II}(o\,p') = \mathfrak{n}(o) \times \mathfrak{g}(o\,p').$$

Ist die Aufgabe gestellt, ein statisches Feld zu bestimmen, das am Rande normal ist und für welches $\operatorname{div} \mathfrak{u} = l(o)$ an der Oberfläche vorgegeben ist, so ergibt eine Anwendung der Formel (C') auf $\mathfrak{u}$ und jeden der drei Vertikalvektoren von Γ_{II} (wobei p' zunächst durch eine unendlich kleine Kugel aus dem Integrationsfeld ausgeschlossen werden muss), dass diese Lösung nur die folgende sein kann:

$$-4\pi\,\mathfrak{u}(p) = \int_{\mathfrak{O}} \mathfrak{g}(o\,p)\, l(o)\, do. \tag{26}$$

Dass – wenigstens unter der Voraussetzung der Unlösbarkeit der homogenen Gleichung (25) – die gestellte Aufgabe in dieser Form mit Hilfe eines gewissen Vektors $\mathfrak{g}$ immer gelöst werden *kann*, ergibt sich andererseits direkt aus unserem obigen Existenzbeweis, der die Konstruktion von $\mathfrak{g}$ ohne Vermittlung des Tensors Γ_{II} ermöglicht. Die Vertikalspalten von

$$\left.\begin{aligned} B_{II}(p\,p') &= \frac{1}{2\pi}\int_{\mathfrak{O}} \Theta(p\,o)\cdot\big(\mathfrak{n}(o) \times \mathfrak{g}(o\,p')\big)\,do \\ &= \frac{1}{2\pi}\int_{\mathfrak{O}} \big(\Theta(p\,o)\,\mathfrak{n}(o)\big) \times \mathfrak{g}(o\,p')\,do \end{aligned}\right\} \tag{27}$$

sind als Funktionen von p (auch an der Stelle p') reguläre statische Felder, und es ist

$$B_{II}(o\,p') = \mathfrak{n}(o) \times \mathfrak{g}(o\,p').$$

Beide Eigenschaften teilt B_{II} mit $\Gamma_{II} - \Gamma_I$, und daher muss

$$B_{II} = \Gamma_{II} - \Gamma_I, \quad \Gamma_{II} = \Gamma_I + B_{II}$$

sein. Natürlich kann es auf direktem Wege bestätigt werden, dass die letzte Formel in der Tat einen Tensor Γ_{II} mit den Eigenschaften liefert, die wir verlangen.

Indem man genau darauf achtet, in welcher Weise die Konstanten a und b in den Tensor $\Gamma = \Gamma_{II}$ eingehen, erkennt man, dass

$$\Gamma = \frac{1}{a}\Gamma_a + \frac{1}{b}\Gamma_b \tag{28}$$

ist, wo Γ_a, Γ_b von den Konstanten a und b völlig unabhängig sind. Wir wollen zeigen, dass *jeder Vertikalvektor von* Γ_a *wirbelfrei und jeder der drei Vertikalvektoren von* Γ_b *quellenfrei ist, und dass ferner*

$$\Gamma_a \Gamma_b = 0, \quad \Gamma_b \Gamma_a = 0 \quad \textit{gilt},$$

wenn wir die Zusammensetzung der Kernmatrizen in der geläufigen Art:

$$\Gamma_a \Gamma_b(p\,p') = \int_J \Gamma_a(p\,p'')\,\Gamma_b(p''\,p')\,dp''$$

vollziehen. In der Tat haben wir als die Lösung des Problems II:

$$\left.\begin{aligned} \mathfrak{u} &= \frac{1}{a}\mathfrak{u}_a + \frac{1}{b}\mathfrak{u}_b \\ &= \frac{1}{a}\int_J \Gamma_a(p\,p')\,\mathfrak{f}(p')\,dp' + \frac{1}{b}\int_J \Gamma_b(p\,p')\,\mathfrak{f}(p')\,dp', \end{aligned}\right\} \tag{29}$$

wo $\mathfrak{u}_a$, $\mathfrak{u}_b$ unabhängig sind von den Elastizitätskonstanten. Bildet man von beiden Seiten der Gleichung $\Delta^*\mathfrak{u} = -4\pi\,\mathfrak{f}$ die Divergenz, so kommt

$$a \cdot \Delta(\operatorname{div}\mathfrak{u}) = -4\pi \cdot \operatorname{div}\mathfrak{f}, \tag{30}$$

und es ist also in Anbetracht der Randbedingung $\operatorname{div}\mathfrak{u} = 0$ die Divergenz von $\mathfrak{u}$ unabhängig von der Konstanten b. Es muss mithin

$$\operatorname{div}\mathfrak{u}_b = 0$$

sein, und damit ist die Quellenfreiheit der Vertikalvektoren von Γ_b bewiesen. Weiter folgt aus (30) unter der Voraussetzung, dass $\operatorname{div}\mathfrak{f}$ identisch $= 0$ ist:

$$\operatorname{div}\mathfrak{u} = 0,$$

und unsere Gleichung lässt sich dann schreiben

$$\Delta\mathfrak{u} = -4\pi\,b\,\mathfrak{f}.$$

Da diese Differentialgleichung zusammen mit den Randbedingungen $\mathfrak{u}$ eindeutig bestimmt, hängt $\mathfrak{u}$ jetzt nur von b ab; und es ist also

$$\int_J \Gamma_a(p\,p')\,\mathfrak{f}(p')\,dp' = 0, \tag{31}$$

falls $\operatorname{div}\mathfrak{f} = 0$ ist. Wenden wir dieses Ergebnis insbesondere auf $\mathfrak{f} = \mathfrak{u}_b$ an, so folgt

$$\Gamma_a \Gamma_b = 0$$

und wegen der Symmetrie von Γ_a und Γ_b auch $\Gamma_b \Gamma_a = 0$. Die beiden Bestandteile Γ_a, Γ_b sind demnach zueinander orthogonal. Aus dem GAUSS'schen Satz

$$\int_J \operatorname{div}\mathfrak{w} \cdot dp = -\int_{\mathfrak{O}} w_n\,do$$

folgt, wenn wir $\mathfrak{w} = [\mathfrak{a}, \mathfrak{b}]$ setzen und annehmen, dass $\mathfrak{a}$ an der Oberfläche normal gerichtet ist,

$$\int_J (\mathfrak{a} \operatorname{curl} \mathfrak{b} - \mathfrak{b} \operatorname{curl} \mathfrak{a})\, dp = 0.$$

Setzen wir in (31), unter $\mathfrak{b}$ ein beliebiges Vektorfeld verstanden, $\mathfrak{f} = \operatorname{curl} \mathfrak{b}$ und verstehen unter $\mathfrak{a}$ irgend eine der drei Horizontalreihen von Γ_a, so ergibt diese Gleichung (in der wir nach p' statt nach p integrieren), dass der nach p' genommene curl von $\mathfrak{a}$ verschwindet. Wegen der Symmetrie ist daher jeder der drei Vertikalvektoren von Γ_a als Funktion von p wirbelfrei; oder was dasselbe besagt, es ist

$$\operatorname{curl} \mathfrak{u}_a = 0.$$

Weil $\mathfrak{u}_a$ ausserdem am Rande normal gerichtet ist, schliessen wir, dass $\mathfrak{u}_a$ der Gradient eines Skalarfeldes φ_a ist, das an der Oberfläche einen konstanten Wert hat und also dort $= 0$ genommen werden kann. Gleichung (30) geht über in

$$\Delta\Delta\varphi_a = -4\pi \cdot \operatorname{div} \mathfrak{f}.$$

φ_a und $\Delta\varphi_a$ verschwinden an der Oberfläche. Bezeichnet G die gewöhnliche GREENsche Funktion und $G\,G$ ihre Iteration:

$$G\,G(p\,p') = \int_J G(p\,p'')\,G(p''\,p')\,dp'',$$

so ergibt sich daraus

$$-4\pi\,\varphi_a(p) = \int_J G\,G(p\,p') \operatorname{div} \mathfrak{f}(p') \cdot dp'.$$

Sind $x\,y\,z$ die Koordinaten von p, $x'\,y'\,z'$ die Koordinaten von p' und führen wir den Tensor

$$H = \left\| \begin{matrix} \frac{\partial^2}{\partial x\,\partial x'} G\,G & \frac{\partial^2}{\partial x\,\partial y'} G\,G & \frac{\partial^2}{\partial x\,\partial z'} G\,G \\ \frac{\partial^2}{\partial y\,\partial x'} G\,G & \frac{\partial^2}{\partial y\,\partial y'} G\,G & \frac{\partial^2}{\partial y\,\partial z'} G\,G \\ \frac{\partial^2}{\partial z\,\partial x'} G\,G & \frac{\partial^2}{\partial z\,\partial y'} G\,G & \frac{\partial^2}{\partial z\,\partial z'} G\,G \end{matrix} \right\|$$

ein, den man wohl mit

$$\operatorname{grad}_p \operatorname{grad}_{p'} G\,G(p\,p')$$

bezeichnen darf, so stellt sich heraus:

$$4\pi\,\mathfrak{u}_a(p) = \int_J H(p\,p')\,\mathfrak{f}(p')\,dp',$$

und es ist demnach $4\pi\,\Gamma_a$ mit diesem Tensor H identisch:

$$\Gamma_a = \frac{1}{4\pi} \operatorname{grad}_p \operatorname{grad}_{p'} G\,G(p\,p'). \tag{32}$$

Was wir durch unsere obige Methode eigentlich geleistet haben, ist also die Bestimmung des Tensors Γ_b. Da derselbe unabhängig von den Konstanten a, b ist, kann man, um ihn zu finden, z.B. $a = b = 1$ wählen, *und auf diese Weise ist die Verbindung der Elastizitätstheorie mit der Potentialtheorie hergestellt.* Die Möglichkeit einer solchen Zerlegung (28) beruht natürlich auf der besonderen Art der Randbedingungen II und ist auf die Probleme I und III keineswegs übertragbar.

§ 4. Lösung der dritten Randwertaufgabe

Damit das Problem III:

$$\Delta^* \mathfrak{u} = -4\pi \mathfrak{f} \text{ in } J, \quad \mathfrak{P} = 0 \text{ auf } \mathfrak{O}$$

lösbar sei, muss sich das Kraftfeld $4\pi\mathfrak{f}$ an dem Körper als starren Körper das Gleichgewicht halten; eine Forderung, die sich durch 6 lineare Integralbedingungen für $\mathfrak{f}$ ausdrückt. Benutzen wir als rechtwinkliges Koordinatensystem der Bequemlichkeit halber ein solches, dessen Nullpunkt im Schwerpunkt des Körpers (von der Massendichte 1) liegt, und dessen Koordinatenachsen mit den Hauptträgheitsachsen im Schwerpunkt zusammenfallen, so hat nämlich das zugehörige homogene Problem diese 6 Lösungen:

$$\mathfrak{a}_1 = \left(\frac{1}{M}, 0, 0\right), \qquad \mathfrak{a}_2 = \left(0, \frac{1}{M}, 0\right), \qquad \mathfrak{a}_3 = \left(0, 0, \frac{1}{M}\right);$$

$$\mathfrak{a}_4 = \left(0, \frac{z}{R}, -\frac{y}{R}\right), \quad \mathfrak{a}_5 = \left(-\frac{z}{S}, 0, \frac{x}{S}\right), \quad \mathfrak{a}_6 = \left(\frac{y}{T}, -\frac{x}{T}, 0\right).$$

M^2 bedeutet die Masse von J, R^2, S^2, T^2 die drei Hauptträgheitsmomente. Bei der speziellen Wahl des Koordinatensystems sind diese 6 Vektoren zueinander orthogonal und normiert:

$$\int_J \mathfrak{a}_i \mathfrak{a}_j \, dp = \begin{cases} 0 \ (i \neq j) \\ 1 \ (i = j) \end{cases} \quad (i, j = 1, 2, 3; 4, 5, 6).$$

Wenn wir in der Gleichung (B) für $\mathfrak{u}$ einen der Vektoren $\mathfrak{a}_i$ setzen, für $\mathfrak{v}$ aber die gesuchte Lösung $\mathfrak{u}$ des Problems III, so kommt

$$\int_J \mathfrak{f} \, \mathfrak{a}_i \, dp = 0 \quad (i = 1, 2, \ldots, 6), \tag{33}$$

und dies ist unsere Behauptung. Anderseits kann die Lösung von III nicht eindeutig sein, da man zu $\mathfrak{u}$ eine beliebige lineare Kombination der $\mathfrak{a}_i$ hinzuaddieren kann, ohne dass die Gleichungen III zerstört werden; erst durch Hinzufügung der normierenden Gleichungen

$$\int_J \mathfrak{u} \, \mathfrak{a}_i \, dp = 0 \quad (i = 1, 2, \ldots, 6) \tag{34}$$

wird die Lösung eindeutig. Unsere Aufgabe besteht also darin, *unter der Voraussetzung* (33) *die den entsprechenden normierenden Gleichungen* (34) *genügende Lösung von* III *zu finden*. Die Formel (B_0) garantiert uns dafür, dass ausser den linearen Kombinationen der $\mathfrak{a}_i$ keine Lösungen des homogenen Problems existieren; natürlich setzen wir jetzt, was ja für jeden elastischen Körper zutrifft, $3a > 4b > 0$ voraus. Das inhomogene Problem in der soeben angegebenen Formulierung soll nun wiederum durch eine Gleichung

$$\mathfrak{u}(p) = \int_J \Gamma(p\,p')\,\mathfrak{f}(p')\,dp'$$

integriert werden mittelst eines neu zu bestimmenden GREENschen Tensors $\Gamma = \Gamma_{III}$. Wir machen zunächst P unter Wahrung seiner Symmetrie orthogonal zu den $\mathfrak{a}_i$, ersetzen es also durch

$$\left.\begin{aligned}\dot{P}(p\,p') = P(p\,p') &- \sum_{i=1}^{6} \mathfrak{a}_i(p) \times \int_J \mathfrak{a}_i(p'')\,P(p''\,p')\,dp'' \\ &- \sum_{i=1}^{6} \int_J P(p\,p'')\,\mathfrak{a}_i(p'')\,dp'' \times \mathfrak{a}_i(p') \\ + \sum_{i,j=1}^{6} \mathfrak{a}_i(p) \times \mathfrak{a}_j(p') &\int_J\int_J \mathfrak{a}_i(p)\,P(p\,p')\,\mathfrak{a}_j(p')\,dp\,dp'.\end{aligned}\right\} \quad (35)$$

Die Vertikalvektoren von $\dot{P}$ genügen als Funktionen von p nicht mehr der Gleichung $\Delta^* = 0$, sondern es ist, wenn der Prozess Δ^* spaltenweise nach p vorgenommen wird,

$$\Delta^*\dot{P} = 4\pi \sum_{i-1}^{6} \mathfrak{a}_i(p) \times \mathfrak{a}_i(p').$$

Wir machen den Ansatz

$$\Gamma_{III} = \dot{P} - A_{III}$$

und suchen die Vertikalvektoren

$$\mathfrak{u}(p) = \mathfrak{A}_x(p\,p'), \quad \mathfrak{A}_y(p\,p'), \quad \mathfrak{A}_z(p\,p')$$

von $A = A_{III}$ als solche statische Felder zu bestimmen, für welche an der Oberfläche $\mathfrak{P}(\mathfrak{u})$ bzw. die gleichen Werte annimmt wie für

$$\mathfrak{u} = \dot{\mathfrak{R}}_x(p\,p'), \quad \dot{\mathfrak{R}}_y(p'), \quad \dot{\mathfrak{R}}_z(p\,p').$$

Diese Aufgabe

$$\Delta^*\mathfrak{u} = 0 \text{ in } J, \quad \mathfrak{P}(\mathfrak{u}) = \text{vorgegebenem Vektor } \mathfrak{p}(o) \text{ auf } \mathfrak{O} \quad (36)$$

kann gewiss nur dann lösbar sein, wenn

$$\int_{\mathfrak{O}} \mathfrak{p}(o)\,\mathfrak{a}_i(o)\,do = 0 \quad (i = 1, 2, \ldots, 6)$$

ist. Beweis auf Grund der Formel (B), indem man $\mathfrak{u}$ durch $\mathfrak{a}_i$, $\mathfrak{v}$ aber durch die Lösung $\mathfrak{u}$ von (36) ersetzt. Diejenigen drei Vektoren $\mathfrak{p} = \mathfrak{p}_x(o\, p')$, $\mathfrak{p}_y(o\, p')$, $\mathfrak{p}_z(o\, p')$, für welche die Lösung der Aufgabe erforderlich ist, um die Vertikalvektoren von A_{III} zu bestimmen, genügen aber in der Tat diesen linearen Integralbedingungen. Man zeigt das, indem man in der Gleichung (B) $\mathfrak{u}$ durch $\mathfrak{a}_i$, $\mathfrak{v}$ aber durch jeden der drei Vertikalvektoren von $\dot{P}$ ersetzt; natürlich muss man p' zunächst durch eine kleine Kugel aus dem Integrationsfelde ausschliessen. Gerade damit diese Bedingungen erfüllt seien, haben wir P durch $\dot{P}$ ersetzt.

Der naheliegende Ansatz

$$\mathfrak{u}(p) = \frac{1}{2\pi} \int_{\mathfrak{O}} P(p\, o)\, \mathfrak{e}(o)\, do \tag{37}$$

zur Lösung von (36) ist, wie aus § 2 hervorgeht, nicht brauchbar, da er zu keiner regulären Integralgleichung für die unbekannte Belegung $\mathfrak{e}(o)$ führt. Den Vektor (37) bezeichnen wir als den *aus der Oberflächenbelegung* $\mathfrak{e}$ *hervorgehenden Elastizitätsvektor*. Neben der Oberflächenbelegung müssen wir eine «*Antennenbelegung*» auf $\mathfrak{O}$ anbringen. Ich fasse eine einzelne Stelle o der Oberfläche ins Auge und errichte in o nach aussen die Normale; es soll zunächst die Annahme gemacht werden, dass diese Normale, ins Unendliche verlängert, den Körper nicht wieder trifft. Ich benutze rechtwinklige Koordinaten $x\, y\, z$, für welche o der Nullpunkt ist und die innere Normale mit der positiven x-Achse zusammenfällt. Dann bilde ich die Funktion

$$V = x \lg (r + x) - r$$

und ihre Ableitungen

$$\frac{\partial V}{\partial x} = \lg (r + x), \quad \frac{\partial V}{\partial y} = -\frac{y}{r + x}, \quad \frac{\partial V}{\partial z} = -\frac{z}{r + x}.$$

$\partial V/\partial x$ ist das Potential eines elektrostatischen Feldes, das von der äusseren Normale erzeugt wird, wenn ich mir diese als eine gleichförmig mit Elektrizität belegte Antenne denke; $\partial V/\partial y$ ist das Potential des Feldes einer «Doppelantenne», die erhalten wird, wenn man zwei gleichförmig mit entgegengesetzter Elektrizität geladene Antennen, die vom Punkte o ausgehend in der $x\,y$-Ebene symmetrisch zur x-Achse liegen, in die negative x-Achse zusammenklappt und bei diesem Grenzübergang die Elektrizitätsdichte gleichzeitig so wachsen lässt, dass das Feld einen endlichen Betrag behält. V selber ist demnach (wie man auch durch Ausrechnen leicht bestätigt) eine Potentialfunktion. Mit ihrer Hilfe bilden wir jetzt den Tensor (p bedeutet den Punkt $x\, y\, z$):

$$Y(p\, o) = \left\| \begin{matrix} \dfrac{\partial^2 V}{\partial x^2} & -\dfrac{\partial^2 V}{\partial x\, \partial y} & -\dfrac{\partial^2 V}{\partial x\, \partial z} \\ \dfrac{\partial^2 V}{\partial x\, \partial y} & \dfrac{\partial^2 V}{\partial x^2} - \dfrac{\partial^2 V}{\partial z^2} & \dfrac{\partial^2 V}{\partial y\, \partial z} \\ \dfrac{\partial^2 V}{\partial x\, \partial z} & \dfrac{\partial^2 V}{\partial y\, \partial z} & \dfrac{\partial^2 V}{\partial x^2} - \dfrac{\partial^2 V}{\partial y^2} \end{matrix} \right\|.$$

Die div jedes Spaltenvektors $\mathfrak{y}$ von Y ist offenbar $= 0$, und da es sich um lauter Potentialfunktionen handelt, gilt demnach auch für jeden Spaltenvektor die Gleichung curl curl $\mathfrak{y} = 0$, mithin $\Delta^* \mathfrak{y} = 0$. Bilden wir die den Verschiebungsfeldern $\mathfrak{y}$ entsprechenden Drucke $\mathfrak{P}(\mathfrak{y})$, welche gegen ein Flächenelement parallel der yz-Ebene stattfinden, und benutzen bei der Ausrechnung die Gleichung

$$\frac{\partial^2 V}{\partial x^2} = \frac{1}{r},$$

so erhalten wir

$$\frac{1}{b}\,\mathfrak{P}(\mathfrak{y}_x) = \left(2\frac{\partial}{\partial x}\frac{1}{r},\ 2\frac{\partial}{\partial y}\frac{1}{r},\ 2\frac{\partial}{\partial z}\frac{1}{r}\right),$$

$$\frac{1}{b}\,\mathfrak{P}(\mathfrak{y}_y) = \left(-2\frac{\partial}{\partial y}\frac{1}{r},\ -\frac{\partial^3 V}{\partial x\,\partial y^2} + \frac{\partial^3 V}{\partial x^3} - \frac{\partial^3 V}{\partial x\,\partial z^2},\ 0\right),$$

$$\left\{= 2\frac{\partial^3 V}{\partial x^3} = 2\frac{\partial}{\partial x}\frac{1}{r}\right\}$$

und analog $\mathfrak{P}(\mathfrak{y}_z)$; so dass der aus diesen drei Druckvektoren bestehende Tensor lautet:

$$-2b\begin{Vmatrix} \frac{x}{r^3} & -\frac{y}{r^3} & -\frac{z}{r^3} \\ \frac{y}{r^3} & \frac{x}{r^3} & 0 \\ \frac{z}{r^3} & 0 & \frac{x}{r^3} \end{Vmatrix}.$$

$$\mathfrak{u}(p) = \frac{1}{2\pi}\int_{\mathfrak{O}} Y(p\,o)\,\mathfrak{e}(o)\,do$$

nenne ich den *aus der «Antennenbelegung»* $\mathfrak{e}(o)$ *hervorgehenden Elastizitätsvektor.* Er lässt sich bilden, falls die sämtlichen äusseren Normalen den Körper J ausser in ihren Fusspunkten nicht wieder treffen (wie dies z. B. bei konvexen Körpern der Fall ist).

Wir kombinieren, um unsere Aufgabe (36) *zu lösen, eine Oberflächen- mit einer Antennenbelegung,* indem wir schreiben:

$$\mathfrak{u}(p) = \frac{1}{2\pi}\int_{\mathfrak{O}} \Xi(p\,o)\,\mathfrak{e}(o)\,do, \tag{38}$$

wo

$$\Xi = \frac{1}{a-b}\left(\frac{1}{2}Y - a\,P\right).$$

Ξ ist nichts anderes als die von BOUSSINESQ[1]) zuerst angegebene Lösung des statischen Problems der Elastizitätstheorie für einen von der Tangentenebene

[1]) L. c. S. 68, [2]).

in o begrenzten Halbraum, wenn auf der ebenen Oberfläche desselben der Druck 0 herrscht. Denn bildet man zu den Spaltenvektoren $\mathfrak{x}$ von Ξ die zugehörigen Drucke, so bekommt man den Tensor

$$\left\| \begin{matrix} \frac{3\,x^3}{r^5} & \frac{3\,x^2\,y}{r^5} & \frac{3\,x^2\,z}{r^5} \\ \frac{3\,x^2\,y}{r^5} & \frac{3\,x\,y^2}{r^5} & \frac{3\,x\,y\,z}{r^5} \\ \frac{3\,x^2\,z}{r^5} & \frac{3\,x\,y\,z}{r^5} & \frac{3\,x\,z^2}{r^5} \end{matrix} \right\|,$$

und dieser verschwindet für $x = 0$. Daraus ist auch ersichtlich, dass die Randbedingung

$$\mathfrak{P}(\mathfrak{u}) = \mathfrak{p}(o)$$

für das Vektorfeld (38) übergeht in eine Integralgleichung

$$\mathfrak{e}(o) + \frac{1}{2\,\pi} \int \Lambda(o\,o')\,\mathfrak{e}(o')\,do' = \mathfrak{p}(o)\,, \tag{39}$$

deren Kerntensor die Eigenschaft[1])

$$|\Lambda(o\,o')| \leq \frac{\text{Const.}}{(r_{oo'})^{2-\alpha}},$$

hat.

Sollte die Voraussetzung, dass die äusseren Normalen den Körper nirgends treffen, nicht erfüllt sein, so modifizieren wir unseren Ansatz in der Weise, dass wir die sämtlichen Antennen in einer konstanten Höhe h kappen, die so klein zu wählen ist, dass die gekappten Antennen nicht mehr in den Körper J eindringen. Die analytische Formulierung dieses Gedankens ist ohne Schwierigkeit zu vollziehen.

Auf jeden Fall ist die Gleichung (39) nur dann lösbar, wenn

$$\int_{\mathfrak{O}} \mathfrak{p}(o)\,\mathfrak{a}_i(o)\,do = 0 \quad (i = 1, 2, \ldots, 6)\,. \tag{40}$$

Die zugehörige homogene Gleichung hat also wenigstens 6 linear unabhängige Lösungen. Besitzt sie keine weiteren, so sind die Bedingungen (40) hinreichend für die Auflösbarkeit, und die Konstruktion des GREENschen Tensors $\Gamma = \Gamma_{III}$ ist vollendet. Aber daran, dass die homogene Gleichung etwa noch weitere Lösungen besitzen sollte – und es ist unmöglich, diesen Fall von vornherein auszuschliessen –, kann, wie wir in § 2 gezeigt haben, die Konstruktion des

---

[1]) Der absolute Betrag $|\Lambda|$ eines Tensors Λ ist die Wurzel aus der Quadratsumme seiner neun Komponenten.

GREENschen Tensors nicht scheitern. Bei spaltenweiser Anwendung des Prozesses Δ^* auf die Variable p gilt die Gleichung

$$\Delta^* \Gamma_{III} = 4\pi \sum_{i\,1}^{6} \mathfrak{a}_i(p) \times \mathfrak{a}_i(p'). \tag{41}$$

Wir können dafür Sorge tragen, dass

$$\int_J \mathfrak{a}_i(p)\, \Gamma_{III}(p\, p')\, dp = 0 \quad (i = 1, 2, \ldots, 6). \tag{42}$$

Aus (41) und (42) lässt sich dann durch Anwendung der BETTIschen Formel (B') die Symmetrie des Tensors $\Gamma = \Gamma_{III}$ erschliessen.

Nach Auffindung dieses Tensors können wir behaupten, dass das Problem (36) allein durch die Formel

$$4\pi\, \mathfrak{u}(p) = -\int_{\mathfrak{O}} \Gamma_{III}(o\, p)\, \mathfrak{p}(o)\, do$$

gelöst werden kann, wenn man verlangt, dass $\mathfrak{u}$ zu den sechs $\mathfrak{a}_i$ orthogonal ist. Der Beweis dafür wird einfach erbracht, indem man die BETTIsche Formel (B') auf $\mathfrak{u}$ und jeden der drei Vertikalvektoren von Γ_{III} anwendet. Nachdem wir aber [unter der Annahme (40)] die Existenz einer derartigen Lösung in der Gestalt

$$2\pi\, \mathfrak{u}(p) = \int_{\mathfrak{O}} Z(p\, o)\, \mathfrak{p}(o)\, do$$

bereits auf anderem Wege erkannt haben, können wir schliessen, dass der dabei auftretende Tensor Z (im wesentlichen) mit $-\Gamma_{III}(o\, p)/2$ übereinstimmen muss. Führen wir den Kern $\dot{\Gamma}_I(p\, p')$ ein, der aus Γ_I durch das gleiche Verfahren (35) entsteht wie $\dot{P}$ aus P, so sind daher

$$\Gamma_{III} - \dot{\Gamma}_I = B_{III} \quad \text{und} \quad -\frac{1}{\pi}\int_{\mathfrak{O}} \Theta(p\, o)\, Z(p'\, o)\, do \tag{43}$$

im wesentlichen identisch, d. h. unterscheiden sich nur um einen Ausdruck von der Form

$$\sum_{i,j\,1}^{6} a_{ij}\, \mathfrak{a}_i(p) \times \mathfrak{a}_j(p')$$

mit konstanten Koeffizienten a_{ij}.

§ 5. Verhalten der kompensierenden Greenschen Tensoren an der Grenze

Wir haben für die im zweiten Teil zu entwickelnden asymptotischen Gesetze eine Reihe von Abschätzungen nötig, die hier zusammengestellt werden sollen.

I. $$\int_{\mathfrak{O}} \frac{|\cos \vartheta_{po}|}{r_{po}^2}\, do \leq \text{Const.}$$

für alle p innerhalb J. – Der Integrand ist der räumliche Winkel, unter welchem das Oberflächenelement do vom Punkte p aus erscheint. Für konvexe Flächen z. B. ist demnach die Richtigkeit der Ungleichung ohne weiteres klar. Um sie allgemein zu beweisen, stelle man auf der Oberfläche denjenigen Punkt o_1 fest, der von p die geringste Entfernung hat, so dass die Linie po_1 senkrecht zur Oberfläche steht, und zeichne im Punkte o_1 die Tangentenebene an die Fläche. Man vergleiche das Integral mit demjenigen, welches aus ihm entsteht, wenn man den Integrationspunkt o nicht die gegebene Fläche, sondern diese Tangentenebene durchlaufen lässt.

II. *Ist $K(o\,o')$ ein Kern, welcher einer Ungleichung*

$$|K(o\,o')| \leqq \frac{\text{Const.}}{(r_{oo'})^{2-\alpha}} \qquad (0 < \alpha \leqq 1)$$

genügt, so erfüllt auch seine Resolvente eine gleichlautende Ungleichung.

Für die iterierten Kerne findet man sukzessive

$$|K^m(o\,o')| \leqq \frac{\text{Const.}}{(r_{oo'})^{2-m\alpha}} \qquad (m = 1, 2, 3, \ldots),$$

solange noch der Exponent $2 - m\alpha$ positiv ist. Es gibt deshalb einen bestimmten Index n, für welchen

$$|K^n(o\,o')| \leqq \text{Const.}$$

ist. Seine Resolvente $\bar{K}^n$ ist dann gleichfalls beschränkt, wie aus der FREDHOLMschen Theorie hervorgeht. Die Resolvente $\bar{K}$ des ursprünglichen Kernes K ist

$$= (K + K^2 + \cdots + K^{n-1}) + (\bar{K}^n + \bar{K}^n K + \bar{K}^n K^2 + \cdots + \bar{K}^n K^{n-1}).$$

Daraus erhellt die Richtigkeit unserer Behauptung. Es ist auch klar, wie die Betrachtung zu ergänzen ist, wenn wegen Lösbarkeit der homogenen Integralgleichung der Begriff der Resolvente im modifizierten Sinne verstanden werden muss.

III. *Ist $f(p\,o)$ eine Funktion mit den Eigenschaften*

$$|f(p\,o)| \leqq \frac{\text{Const.}}{r_{po}^2}, \qquad \int_{\mathfrak{O}} |f(p\,o)|\, do \leqq \text{Const.}$$

und gilt für eine Funktion $g(o\,o')$ die Abschätzung

$$|g(o\,o')| \leqq \frac{\text{Const.}}{(r_{oo'})^{2-\alpha}},$$

so hat man für die Funktion

$$F(p\,o) = \int_{\mathfrak{O}} f(p\,o')\, g(o'\,o)\, do' \tag{44}$$

eine Ungleichung

$$|F(p\,o)| \leqq \frac{\text{Const.}}{(r_{po})^{2-\alpha}}.$$

Zum Beweise zerlege ich (wenn p und o gegeben sind) die Oberfläche in 2 Teile: zum Teil [1] gehören alle Punkte o', für welche $r_{o'o} \leqq r_{po}/2$, zum 2. Teile alle übrigen. Da $\int |g(o'o)|\, do'$, erstreckt über den Bereich derjenigen Punkte o', für welche $r_{o'o} \leqq \varepsilon$ ist, für alle ε (> 0)

$$\leqq \text{Const.}\ \varepsilon^{\alpha}$$

wird, ist das Integral F, wenn es nur über den Teil [1] der Oberfläche erstreckt wird (in welchem $r_{po'} \geqq r_{po}/2$ gilt), dem absoluten Betrage nach

$$\leqq \frac{\text{Const.}}{r_{po}^{2}} \int\limits_{[1]} |g(o'o)|\, do' \leqq \frac{\text{Const.}}{r_{po}^{2-\alpha}}.$$

Bei Integration über den 2. Teil aber, in welchem $r_{o'o} > r_{po}/2$ ist, ergibt sich ein Wert, absolut

$$\leqq \frac{\text{Const.}}{r_{po}^{2-\alpha}} \int\limits_{\mathfrak{O}} |f(p\,o')|\, do' \leqq \frac{\text{Const.}}{r_{po}^{2-\alpha}}.$$

IV. *Ist in Satz* III

$$|f(p\,o)| \leqq \frac{\text{Const.}}{r_{po}},$$

so gilt

$$|F(p\,o)| \leqq \frac{\text{Const.}}{r_{po}^{1-\alpha}}$$

(*falls* $\alpha < 1$ *ist*).

Beim Beweise darf man die Oberfläche $\mathfrak{O}$ durch eine Ebene ersetzen; es handelt sich dann um Abschätzung von

$$F_*(p\,o) = \int \frac{do'}{r_{po'}(r_{oo'})^{2-\alpha}},$$

wobei sich die Integration auf die ganze Ebene erstreckt. o_1 sei der Fusspunkt des von p auf die Ebene gefällten Lotes. Ist

$$r_{po_1} \leqq 2\, r_{oo_1}, \quad \text{also} \quad r_{po} \leqq \sqrt{5}\cdot r_{oo_1},$$

so schliessen wir

$$|F_*| \leqq \int \frac{do'}{r_{o_1o'}(r_{oo'})^{2-\alpha}} = \frac{\text{Const.}}{(r_{oo_1})^{1-\alpha}} \leqq \frac{\text{Const.}}{r_{po}^{1-\alpha}}.$$

Ist aber

$$r_{oo_1} < \frac{1}{2} r_{po_1}, \quad \text{also} \quad r_{po} < \frac{\sqrt{5}}{4} r_{po_1},$$

so schlagen wir um o_1 den Kreis $\mathfrak{K}$:

$$r_{o_1o'} \leqq r_{po_1},$$

der enthalten ist in dem Kreise

$$r_{oo'} \leqq \frac{3}{2} r_{po_1},$$

integrieren zunächst nur über $\mathfrak{K}$ und bekommen dann einen Wert

$$\leqq \frac{1}{r_{po_1}} \int_{\mathfrak{K}} \frac{do'}{(r_{oo'})^{2-\alpha}} \leqq \frac{1}{r_{po_1}} \cdot \frac{2\pi}{\alpha} \left(\frac{3}{2} r_{po_1}\right)^{\alpha} \leqq \frac{\text{Const.}}{r_{po}^{1-\alpha}}.$$

Für alle Punkte ausserhalb $\mathfrak{K}$ ist $r_{o_1 o'} \geqq 2\, r_{oo'}/3$, also ist das Integral über dieses Äussere

$$\leqq \frac{3}{2} \int_{(r_{oo'} \geqq r_{po_1}/2)} \frac{do'}{(r_{oo'})^{3-\alpha}} \leqq \frac{\text{Const.}}{r_{po}^{1-\alpha}},$$

und der Beweis ist auch in diesem Falle erbracht.

V. *Hat $f(p\,o)$ die Eigenschaften*

$$|f(p\,o)| \leqq \frac{\text{Const.}}{r_{po}^2}, \qquad \int_{\mathfrak{D}} |f(p\,o)|\, do \leqq \text{Const.}$$

und ist

$$|g(o\,p)| \leqq \frac{\text{Const.}}{r_{po}},$$

so gilt für

$$F(p\,p') = \int_{\mathfrak{D}} f(p\,o)\, g(o\,p')\, do$$

die Abschätzung

$$|F(p\,p')| \leqq \frac{\text{Const.}}{R(p\,p')},$$

in der $R(p\,p')$ das Minimum von $r_{po} + r_{p'o}$ bedeutet, wenn o die ganze Oberfläche durchläuft (*also den Lichtweg von p nach p' bei einmaliger Reflexion an $\mathfrak{D}$*).

Ich setze $R(p\,p') = \varepsilon$ und teile $\mathfrak{D}$ in zwei Teile: zu dem ersten [1] gehören alle Punkte o, für die $r_{p'o} \leqq \varepsilon/2$ ist; hier gilt zugleich $r_{po} \geqq \varepsilon/2$. Da nun für jeden positiven Wert von ε das Integral

$$\int_{(r_{po} \leqq \varepsilon)} \frac{do}{r_{po}} \leqq \text{Const.}\ \varepsilon$$

ist («Const.» heisst hier: unabhängig von p und ε), so ist das Integral F über diesen ersten Teil absolut

$$\leqq \frac{\text{Const.}}{\varepsilon^2} \int_{[1]} \frac{do}{r_{p'o}} \leqq \frac{\text{Const.}}{\varepsilon}.$$

Die Integration über den Rest der Oberfläche, in welchem $r_{p'o} > \varepsilon/2$ ist, ergibt

$$\left| \int_{[2]} \right| \leqq \frac{\text{Const.}}{\varepsilon} \int_{\mathfrak{D}} |f(p\,o)|\, do \leqq \frac{\text{Const.}}{\varepsilon}.$$

Wir gehen zu den Anwendungen dieser Abschätzungen auf unsere Elastizitätsprobleme über. In § 2 ist gelehrt worden, die Gleichung $\Delta^* \mathfrak{u} = 0$ mit vorgegebenen Randwerten $\mathfrak{u}(o)$ in der Form

$$\mathfrak{u}(p) = \frac{1}{2\pi} \int_{\mathfrak{O}} \Theta(p\,o)\, \mathfrak{u}(o)\, do$$

zu integrieren. Das Problem wurde auf eine Integralgleichung mit dem Kern $\Lambda(o\,o')$ zurückgeführt. Bezeichnen wir den dort auftretenden Tensor $\Lambda(p\,o)$ jetzt, um Verwechslungen zu vermeiden, mit $\Lambda_I(p\,o)$, so war [Gl. (16)]

$$\Theta(p\,o) = \Lambda_I(p\,o) - \int_{\mathfrak{O}} \Lambda_I(p\,o')\, \bar{\Lambda}_I(o'o)\, do'.$$

Wegen I. ist ausser

$$|\Lambda_I(p\,o)| \leqq \frac{\text{Const.}}{r_{po}^2} \quad \text{auch} \quad \int_{\mathfrak{O}} |\Lambda_I(p\,o)|\, do \leqq \text{Const.},$$

und mittelst II. und III. folgt daraus

VI. $$|\Theta(p\,o)| \leqq \frac{\text{Const.}}{r_{po}^2}, \quad \int_{\mathfrak{O}} |\Theta(p\,o)|\, do \leqq \text{Const.}$$

Die kompensierende GREENsche Funktion A_I drückt sich durch die Gleichung (18) aus, und wir schliessen daher aus V.:

$$|A_I(p\,p')| \leqq \frac{\text{Const.}}{R(p\,p')}.$$

Diese Abschätzung wollen wir auch auf die beiden anderen Tensoren A_{II}, A_{III} übertragen. Wir werden also zeigen:

VII. *Die kompensierenden GREENschen Tensoren*

$$A = A_I,\ A_{II},\ A_{III}$$

genügen einer Ungleichung[1])

$$|A(p\,p')| \leqq \frac{\text{Const.}}{R(p\,p')}.$$

Ich spreche zunächst von A_{III}. Der in § 4 auftretende Tensor $Z(p\,o)$, der sich als übereinstimmend mit $-\Gamma_{III}(o\,p)/2$ erwies, war gegeben durch die Formel

$$Z(p\,o) = \Xi(p\,o) - \int_{\mathfrak{O}} \Xi(p\,o')\, \bar{\Lambda}_{III}(o'o)\, do',$$

[1]) Diese Ungleichung bringt zum Ausdruck, dass A nur dann unendlich werden kann, wenn p und p' gegen denselben Randpunkt von J konvergieren; sie ist, wie ich glaube, die natürliche und zugleich schärfste Abschätzung, die sich in dieser Hinsicht für die GREENschen Kompensatrizen aufstellen lässt.

in der ich das dort verwendete Zeichen Λ der Deutlichkeit wegen durch Λ_{III} ersetzt habe[1]). Aus II. und IV. geht hervor, dass

$$|Z(p\,o)| \leqq \frac{\text{Const.}}{r_{po}}$$

ist. Der im wesentlichen mit $\Gamma_{III} - \dot{\Gamma}_I = B_{III}$ identische Tensor

$$-\frac{1}{\pi}\int_{\mathfrak{O}} \Theta(p\,o)\, Z(p'o)\, do$$

wird gemäss V. dem absoluten Betrage nach $\leqq$ Const./$R(p\,p')$, und für A_{III} kann demnach das Gleiche behauptet werden.

Bei der Übertragung dieser Abschätzung auf das in § 3 behandelte und durch

$$-4\pi\,\mathfrak{u}(p) = \int_{\mathfrak{O}} \mathfrak{g}(o\,p)\, l(o)\, do$$

gelöste Problem

$$\Delta^*\mathfrak{u} = 0 \text{ in } J; \quad \mathfrak{u}_t = 0, \quad \operatorname{div}\mathfrak{u} = l(o) \text{ auf } \mathfrak{O}$$

ergibt sich eine gewisse Schwierigkeit. Statt durch $l(o) = (\operatorname{div}\mathfrak{u})_o$ drücke ich zunächst $\mathfrak{u}(p)$ mittelst der durch (20) gegebenen Funktion $s(o)$ aus. Indem ich $\mathfrak{v}(o)$ mittels (21) bestimme, und darauf $\mathfrak{e}(o)$ auf Grund der Gleichung (24), in welcher das Glied $\mathfrak{a}(o)$ zu streichen ist, bekomme ich

$$\mathfrak{e}(o) = \int_{\mathfrak{O}} \mathfrak{h}(o\,o')\, s(o')\, do',$$

wo für den Vektor $\mathfrak{h}$ die Ungleichung

$$|\mathfrak{h}(o\,o')| \leqq \frac{\text{Const.}}{r_{oo'}}$$

gilt. Führe ich dies in (19) ein, so ergibt sich ein Ausdruck

$$2\pi\,\mathfrak{u}(p) = \int_{\mathfrak{O}} \mathfrak{j}(p\,o)\, s(o)\, do.$$

Es treten dabei in $\mathfrak{j}(p\,o)$ folgende Glieder auf:

$$-\frac{a+b}{2b}\frac{1}{r_{po}}\mathfrak{n}(o), \qquad -\frac{a-b}{2b}\frac{\cos\vartheta_{po}}{r_{po}^2}\mathfrak{r}_{po}, \qquad \int_{\mathfrak{O}} \frac{\cos\vartheta_{po'}}{r_{po'}^2}\mathfrak{h}(o'o)\, do'.$$

Diese sind alle (das letzte gemäss III.) dem absoluten Betrage nach $\leqq$ Const./r_{po}. Ausserdem aber enthält $2\pi\,\mathfrak{u}(p)$ noch das Glied

$$\int_{\mathfrak{O}} \frac{(\mathfrak{r}_{po}\,\mathfrak{e}(o))}{r_{po}^3}\mathfrak{n}(o)\, do.$$

---

[1]) Und das Überstreichen wieder die Resolventenbildung bedeutet.

Von ihm rührt die Schwierigkeit her. Wir schreiben für $\mathfrak{e}(o)$:

$$\mathfrak{e}(o) = \mathfrak{v}(o) - \frac{1}{2\pi}\int\limits_{\mathfrak{O}} A_{II}(o\,o')\,\mathfrak{e}(o')\,do',$$

und haben es demnach – siehe Gl. (21) – zu tun mit den Ausdrücken

a) $$\int\limits_{\mathfrak{O}} \frac{(\mathfrak{r}_{po'}\,\mathfrak{n}(o))}{r_{po'}^3}\,\frac{1}{r_{o'o}}\,\mathfrak{n}(o')\,do',$$

b) $$\int \frac{(\mathfrak{r}_{po'}\,\mathfrak{r}_{oo'})}{r_{po'}^3}\,\frac{\cos\vartheta_{o'o}}{r_{o'o}^2}\,\mathfrak{n}(o')\,do';$$

c) $$\int \frac{\mathfrak{r}_{po'}\,A_{II}(o'\,o)}{r_{po'}^3} \times \mathfrak{n}(o')\,do' = K(p\,o).$$

Von *a)* spalte ich den Term

$$\int\limits_{\mathfrak{O}} \frac{(\mathfrak{r}_{po'}\,\mathfrak{n}(o'))}{r_{po'}^3}\,\frac{1}{r_{o'o}}\,\mathfrak{n}(o')\,\big(\mathfrak{n}(o)\,\mathfrak{n}(o')\big)\,do'$$

ab, der gemäss III. dem absoluten Betrage nach $\leqq$ Const./r_{po} ist. Es bleibt

$$\int\limits_{\mathfrak{O}} \frac{(\mathfrak{r}_{po'}\,\mathfrak{n}_{o'o})}{r_{po'}^3}\,\frac{1}{r_{o'o}}\,\mathfrak{n}(o')\,do'.$$

Die Normale im Punkte o habe die Komponenten 1, 0, 0; dann lautet dieses Integral

$$\int\limits_{\mathfrak{O}} \frac{y_{po'}\,n_y(o') + z_{po'}\,n_z(o')}{r_{po'}^3}\,\frac{1}{r_{o'o}}\,\mathfrak{n}(o')\,do'.$$

Von den beiden Summengliedern untersuche ich nur das eine und von diesem etwa die x-Komponente

$$\int\limits_{\mathfrak{O}} \frac{y_{po'}}{r_{po'}^3}\,\frac{1}{r_{o'o}}\,n_x\,n_y(o')\,do'.$$

Es sei $\overrightarrow{p o_1}$ die kürzeste Strecke von p nach $\mathfrak{O}$. Wir schreiben für dieses Integral

$$\frac{n_x\,n_y(o_1)}{r_{po}}\int\limits_{\mathfrak{O}} \frac{y_{po'}}{r_{po'}^3}\,do' + \int\limits_{\mathfrak{O}} \frac{y_{po}}{r_{po'}^3}\left\{\frac{n_x\,n_y(o')}{r_{o'o}} - \frac{n_x\,n_y(o_1)}{r_{po}}\right\}do'.$$

Das an erster Stelle auftretende Integral bleibt beschränkt für alle p, wie sich am einfachsten zeigt, wenn man die Oberfläche durch die Tangentenebene im Punkte o_1 ersetzt. Da

$$|n_x\,n_y(o_1)| \leqq |n_y(o_1)| \leqq \text{Const. } (r_{oo_1})^\alpha \leqq \text{Const. } r_{po}^\alpha$$

ist, wird das erste Glied infolgedessen dem absoluten Betrage nach

$$\leqq \frac{\text{Const.}}{r_{po}^{1-\alpha}}.$$

Im zweiten Glied zerlege ich den Term, der in geschweifte Klammern gesetzt ist, wiederum in zwei:

$$\frac{n_x\, n_y(o') - n_x\, n_y(o_1)}{r_{o'o}} \quad \text{und} \quad n_x\, n_y(o_1)\left(\frac{1}{r_{o'o}} - \frac{1}{r_{po}}\right).$$

Der erste ist absolut

$$\leqq \text{Const.}\ \frac{(r_{o_1 o'})^\alpha}{r_{o'o}} \leqq \text{Const.}\ \frac{r_{po'}^\alpha}{r_{o'o}}$$

und das mit ihm gebildete Integral daher

$$\leqq \text{Const.} \int_{\mathfrak{O}} \frac{do'}{r_{po'}^{2-\alpha}\, r_{o'o}} \leqq \frac{\text{Const.}}{r_{po}^{1-\alpha}} \qquad (\alpha < 1).$$

Der absolute Betrag des zweiten findet sich

$$\leqq \frac{r_{po'}}{r_{po}\, r_{o'o}} \left| n_y(o_1) \right|,$$

und das mit ihm gebildete Integral ist also

$$\leqq \frac{\text{Const.}}{r_{po}^{1-\alpha}} \int_{\mathfrak{O}} \frac{do'}{r_{po'}\, r_{o'o}} \leqq \frac{\text{Const.}}{r_{po}^{1-\alpha}} \cdot \lg \frac{1}{r_{po}}.$$

Damit ist *a*) erledigt. Auf analoge Weise lässt sich *b*) behandeln, wobei man zu beachten hat, dass, wenn o', o_1, o irgend drei Punkte auf der Oberfläche sind,

$$\left|\cos \vartheta_{o'o} - \cos \vartheta_{o_1 o}\right| \leqq \text{Const.}\ (r_{o'o_1})^\alpha$$

gilt[1]). Es zeigt sich, dass auch der Ausdruck *b*) absolut

$$\leqq \frac{\text{Const.}}{r_{po}^{1-\alpha}} \lg \frac{1}{r_{po}}$$

---

[1]) Es kommt darauf an, die Gültigkeit dieser Ungleichung einzusehen, falls die Punkte o, o', o_1 alle drei nahe beieinander liegen. Verwende ich ein Koordinatensystem $x\,y\,z$ mit o als Nullpunkt, dessen x-Achse die Normale in o ist, so möge die Gleichung der Oberfläche $\mathfrak{O}$ in der Umgebung von o heissen:

$$x = f(y\,z), \quad (y^2 + z^2 \leqq c^2),$$

und o', o_1 mögen der so dargestellten Umgebung angehören. Die Projektionspunkte in der $y\,z$-Ebene von o', o_1 mögen $(y'\,z')$, $(y_1\,z_1)$ heissen. Ist

$$r_{oo_1} < 2\, r_{o'o_1}, \quad \text{also} \quad r_{oo'} < 3\, r_{o'o_1}$$

ausfällt. Für Λ_{II} in c) führe man (22) ein; durch eine entsprechende Behandlung findet man, dass c) absolut

$$\leqq \frac{\text{Const.}}{r_{po}^{2-\alpha}} \lg \frac{1}{r_{po}}$$

---

so ist die Behauptung richtig, weil

$$|\cos \vartheta_{o_1 o}| \leqq \text{Const.}\, (r_{o_1 o})^{\alpha} \leqq \text{Const.}\, (r_{o' o_1})^{\alpha}$$

und eine analoge Ungleichung für $\cos \vartheta_{o' o}$ gilt. Andernfalls ($r_{oo_1} \geqq 2\, r_{o' o_1}$) ist

$$r_{oo'} \geqq r_{oo_1} - r_{o' o_1} \geqq \frac{1}{2} r_{oo_1}.$$

Man soll $x'/r_{oo'} - x_1/r_{oo_1}$ abschätzen. Es ist

$$x' = y' \int_0^1 \frac{\partial f}{\partial y} (t\, y', t\, z')\, dt + z' \int_0^1 \frac{\partial f}{\partial z} (t\, y', t\, z')\, dt,$$

$$x_1 = y_1 \int_0^1 \frac{\partial f}{\partial y} (t\, y_1, t\, z_1)\, dt + z_1 \int_0^1 \frac{\partial f}{\partial z} (t\, y_1, t\, z_1)\, dt.$$

Ausserdem bilde ich

$$x_1' = y' \int_0^1 \frac{\partial f}{\partial y} (t\, y_1, t\, z_1)\, dt + z' \int_0^1 \frac{\partial f}{\partial z} (t\, y_1, t\, z_1)\, dt.$$

Da der Unterschied zwischen den Werten von $\partial f/\partial y$ an zwei Stellen $y\, z$, deren Abstand $= \varepsilon$ ist, selber $\leqq$ Const. ε^{α} ausfällt, wird

$$|x' - x_1'| \leqq \text{Const.}\, r_{oo'} (r_{o' o_1})^{\alpha}.$$

Ausserdem

$$|x_1 - x_1'| \leqq \text{Const.}\, r_{o' o_1} (r_{oo_1})^{\alpha};$$

aber

$$r_{o' o_1} (r_{oo_1})^{\alpha} \text{ ist } = (r_{o' o_1})^{\alpha} (r_{o' o_1})^{1-\alpha} (r_{oo_1})^{\alpha}$$

$$\leqq (r_{o' o_1})^{\alpha} \cdot \left(\frac{r_{oo_1}}{2}\right)^{1-\alpha} \cdot r_{oo_1} = \frac{1}{2^{1-\alpha}} r_{oo_1} (r_{o' o_1})^{\alpha} \leqq 2^{\alpha} r_{oo'} (r_{o' o_1})^{\alpha}.$$

Insgesamt:

$$|x_1 - x'| \leqq \text{Const.}\, r_{oo'} (r_{o' o_1})^{\alpha}.$$

$$\left| \frac{x'}{r_{oo'}} - \frac{x_1}{r_{oo_1}} \right| \leqq \frac{|x_1 - x'|}{r_{oo'}} + \left| x_1 \left(\frac{1}{r_{oo'}} - \frac{1}{r_{oo_1}} \right) \right|.$$

Der erste Teil der Summe rechts ist $\leqq$ Const. $(r_{o' o_1})^{\alpha}$, der zweite ist

$$\leqq \frac{|x_1|\, r_{o' o_1}}{r_{oo'}\, r_{oo_1}} \leqq \text{Const.}\, \frac{(r_{oo_1})^{1+\alpha} r_{o' o_1}}{r_{oo'}\, r_{oo_1}}$$

$$= C\, \frac{(r_{oo_1})^{\alpha}\, r_{o' o_1}}{r_{oo'}} \leqq 2\, C\, \frac{r_{o' o_1}}{(r_{oo_1})^{1-\alpha}} \leqq \frac{2\, C}{2^{1-\alpha}} \cdot (r_{o' o_1})^{\alpha}.$$

Damit ist die Ungleichung im Text bewiesen. Vgl. hierzu die auf S. 61, Fussnote [1]) zitierte Arbeit *a*), S. 476ff.

ist. Das in $\mathfrak{j}(p\,o)$ vorkommende Glied

$$\int_{\mathfrak{O}} K(p\,o')\,\mathfrak{h}(o'o)\,do'$$

wird daher absolut

$$\leqq \frac{\text{Const.}}{r_{\mathfrak{p}o}^{1-\alpha}} \lg \frac{1}{r_{\mathfrak{p}o}}.$$

Damit sind alle Glieder berücksichtigt, und wir haben

$$|\mathfrak{j}(p\,o)| \leqq \frac{\text{Const.}}{r_{\mathfrak{p}o}}.$$

Heisst $M(o\,o')$ die Resolvente zu $(1/2\,\pi)\cdot\cos\vartheta_{oo'}/r_{oo'}^2$, so gilt endlich

$$\frac{1}{2}\,\mathfrak{g}(o\,p) = -\,\mathfrak{j}(p\,o) + \int_{\mathfrak{O}} \mathfrak{j}(p\,o')\,M(o'o)\,do',$$

und darum ist auch

$$|\mathfrak{g}(o\,p)| \leqq \frac{\text{Const.}}{r_{\mathfrak{p}o}}.$$

Zufolge V. bekommt man demnach für den aus Formel (27) zu berechnenden Tensor B_{II} die Ungleichung

$$|B_{II}(p\,p')| \leqq \frac{\text{Const.}}{R(p\,p')}.$$

Aus dem Resultat schliessen wir für alle drei GREENschen Tensoren

$$|\Gamma(p\,p')| \leqq \frac{\text{Const.}}{r_{\mathfrak{p}\mathfrak{p}'}}. \tag{45}$$

Die Γ stellen also Kernmatrizen vor, auf welche die FREDHOLM-HILBERTsche Theorie der Integralgleichungen anwendbar ist; in Sonderheit gilt von ihnen, dass sie *abzählbar unendlich viele diskrete Eigenwerte besitzen.* – Die Summe der drei in der Hauptdiagonale von $B = B_{II}$ oder B_{III} stehenden Elemente bezeichne ich für $p = p'$ mit $B(p)$. Wir werden im zweiten Teil beweisen, dass $B(p) \geqq 0$ ist. Das Integral $\int_J B(p)\,dp$ würde man, falls es endlich wäre, die «*Integralspur*» des Tensors B zu nennen haben. Aus unseren Ungleichungen ergibt sich, wenn wir unter $r(p) = R(p\,p)/2$ den kürzesten Abstand des Punktes p von der Oberfläche $\mathfrak{O}$ verstehen,

$$|B(p)| \leqq \frac{\text{Const.}}{r(p)}.$$

Daraus kann die Endlichkeit der Integralspur von B freilich nicht erschlossen werden, immerhin aber erkennt man, dass dieselbe nur logarithmisch unendlich wird. Dies formuliert sich genauer so:

Schneiden wir, unter ε eine kleine positive Zahl verstanden, von dem Körper J eine dünne Schale J_ε ab, die sich der Oberfläche mit der Dicke ε

anlegt, d.h. also einen Bereich, dessen Punkte p durch die Ungleichung $r(p) \leqq e$ charakterisiert sind, so gelten für alle $\varepsilon(< 1)$ die Ungleichungen[1])

$$\text{Volumen von } J_\varepsilon \leqq \text{Const.}\,\varepsilon, \quad \int\limits_{J-J_\varepsilon} \frac{dp}{r(p)} \leqq \text{Const.}\,\lg\frac{1}{\varepsilon}.$$

VIII. *Somit haben wir*

$$\int\limits_{J-J_\varepsilon} B(p)\,dp \leqq \text{Const.}\,\lg\frac{1}{\varepsilon}. \tag{46}$$

KAPITEL II

Die von der Gestalt unabhängigen Gesetzmässigkeiten des «Spektrums» elastischer Körper

§ 6. Drei allgemeine Sätze über Integralgleichungen

Es sei

$$K(x\,\xi) \quad \left[0 \leqq {x \atop \xi} \leqq 1\right]$$

ebenso wie die anderen Kerne, welche wir in diesem Paragraphen betrachten, symmetrisch und von solcher Art, dass die gewöhnliche FREDHOLM-HILBERTsche Theorie gültig ist. Das in eine fallende Reihe geordnete System der reziproken positiven Eigenwerte von K werde mit l_n $(n = 1, 2, 3, \ldots)$ bezeichnet, die zugehörigen Eigenfunktionen, die ein normiertes orthogonales System bilden, mit $u_n(x)$. Sind nur endlich viele l_n vorhanden, so ergänzen wir diese Reihe durch Hinzufügung von lauter Nullen zu einer unendlichen. Bei Kernen K', K^* usw., die durch obere Indizes unterschieden sind, benutzen wir die gleichen Kennzeichen zur Unterscheidung der zu ihnen gehörigen Grössen l_n

[1]) Die zweite dieser Ungleichungen ist eine Folge der ersten. Denn nach ihr hat die durch die Ungleichung

$$\frac{1}{2^{n+1}} \leqq r(p) \leqq \frac{1}{2^n}$$

charakterisierte Schale S_n ein Volumen $\leqq$ Const. $1/2^n = C/2^n$ (für alle n). Das Integral $\int\limits_{S_n} dp/r(p)$ ist $\leqq 2^{n+1} S_n \leqq 2\,C$, folglich

$$\int\limits_{S_1+S_2+\cdots+S_n} \frac{dp}{r(p)} < 2\,C\,n,$$

und das ist unsere Behauptung. Der Beweis der ersten Ungleichung ergibt sich, wenn man darauf ausgeht zu zeigen, dass ein Körper, der von einer Oberfläche mit stetiger Normale umschlossen wird, überhaupt ein bestimmtes Volumen besitzt. Man benutze feine Würfelnetze und zähle diejenigen Würfel, welche Punkte mit J_ε gemeinsam haben, «stollenweise» (parallel der x-, y- und z-Achse) ab.

und $u_n(x)$. Der ebenso einfache als folgenreiche Satz, auf den wir unsere ferneren Untersuchungen über die elastischen Schwingungen gründen, lautet so:

Satz 1. *Ist K die Summe zweier Kerne $K' + K''$, so besteht die Beziehung*

$$l_{m+n+1} \leqq l'_{m+1} + l''_{n+1} \quad \left(\begin{matrix} m \\ n \end{matrix} = 0, 1, 2, \ldots\right). \tag{47}$$

Beweis. Für alle Funktionen $v(x)$, deren Quadratintegral $\int_0^1 v^2\,dx \leqq 1$, gelten die Ungleichungen

$$\left.\begin{aligned} &\int_0^1\int_0^1 \left\{K'(x\,\xi) - \sum_{i=1}^{m} l'_i\, u'_i(x)\, u'_i(\xi)\right\} v(x)\, v(\xi)\, dx\, d\xi \leqq l'_{m+1}, \\ &\int_0^1\int_0^1 \left\{K''(x\,\xi) - \sum_{i=1}^{n} l''_i\, u''_i(x)\, u''_i(\xi)\right\} v(x)\, v(\xi)\, dx\, d\xi \leqq l''_{n+1}. \end{aligned}\right\} \tag{48}$$

Wenn nun $l_{m+n+1} \neq 0$ ist, so existieren die Eigenfunktionen $u_i(x)$ $(i = 1, 2, \ldots, m + n + 1)$, aus denen wir durch lineare Kombination

$$v(x) = \sum_{i=1}^{m+n+1} b_i\, u_i(x)$$

bilden. Dabei sollen die Konstanten b_i so bestimmt werden, dass $v(x)$ zu den sämtlichen Funktionen

$$u'_1(x),\quad u'_2(x), \ldots, u'_m(x);\quad u''_1(x),\quad u''_2(x),\quad \ldots, u''_n(x)$$

orthogonal ist. Das ergibt $m + n$ lineare homogene Gleichungen für die Unbekannten b_i; wir können also noch dafür Sorge tragen, dass $v(x)$ die normierende Bedingung

$$\int_0^1 v^2\,dx \equiv b_1^2 + b_2^2 + \cdots + b_{m+n+1}^2 = 1$$

erfüllt. Für diese spezielle Funktion $v(x)$ sind die linken Seiten der beiden Ungleichungen (48)

$$= \int_0^1\int_0^1 K'(x\,\xi)\, v(x)\, v(\xi)\, dx\, d\xi, \quad \text{bzw.} = \int_0^1\int_0^1 K''(x\,\xi)\, v(x)\, v(\xi)\, dx\, d\xi,$$

ihre Summe also

$$= \int_0^1\int_0^1 K(x\,\xi)\, v(x)\, v(\xi)\, dx\, d\xi = \sum_{i=1}^{m+n+1} l_i\, b_i^2 \geqq l_{m+n+1} \sum_{i=1}^{m+n+1} b_i^2 = l_{m+n+1}.$$

Wir heben namentlich diese Konsequenz unseres Hauptsatzes hervor:

Satz 2. *Durch Addition eines positiv definiten Kernes zu einem beliebigen werden alle Eigenwerte herabgedrückt.*

Unter einem positiv definiten Kern $K^*(x\,\xi)$ ist ein solcher zu verstehen, dessen zugehörige quadratische Integralform

$$\int_0^1\int_0^1 K^*(x\,\xi)\,v(x)\,v(\xi)\,dx\,d\xi$$

für keine Funktion $v(x)$ negativ ausfällt. Ein solcher Kern lässt sich bekanntlich auch dadurch charakterisieren, dass alle seine Eigenwerte positiv sind. Wir sollen zeigen: ist $K = K' + K^*$ und dabei K^* positiv definit, so gilt

$$l_{m+1} \geqq l'_{m+1} \quad (m = 0, 1, 2, \ldots).$$

In der Tat, schreiben wir

$$K' = K + (-K^*)$$

und bedenken, dass der erste reziproke positive Eigenwert von $-K^*$ bereits $= 0$ ist, so zeigt die Ungleichung von Satz 1, in welcher wir $n = 0$ nehmen, die Richtigkeit der Behauptung.

Ist $f(x)$ irgend eine Funktion, deren Quadratintegral $\int_0^1 f^2\,dx = 1$ ist, so kann man den beliebigen Kern K unter Wahrung seiner Symmetrie in einen solchen $\dot{K}$ verwandeln, der zu $f(x)$ orthogonal ist:

$$\int_0^1 \dot{K}(x\,\xi)\,f(\xi)\,d\xi = 0,$$

zugleich aber für alle zu $f(x)$ orthogonalen Funktionen $v(x)$ die Gleichung

$$\int_0^1\int_0^1 \dot{K}(x\,\xi)\,v(x)\,v(\xi)\,dx\,d\xi = \int_0^1\int_0^1 K(x\,\xi)\,v(x)\,v(\xi)\,dx\,d\xi$$

erfüllt. Man hat zu setzen (vgl. S. 81):

$$\dot{K}(x\,\xi) = K(x\,\xi) - f(x)\int_0^1 f(y)\,K(y\,\xi)\,dy - \int_0^1 K(x\,\eta)\,f(\eta)\,d\eta\cdot f(\xi)$$
$$+ f(x)\,f(\xi)\int_0^1\int_0^1 K(y\,\eta)\,f(y)\,f(\eta)\,dy\,d\eta.$$

Wenden wir die Ungleichung

$$\int_0^1\int_0^1 \left\{K(x\,\xi) - \sum_{i=1}^{n} l_i\,u_i(x)\,u_i(\xi)\right\} v(x)\,v(\xi)\,dx\,d\xi \leqq l_{n+1}$$

nur auf Funktionen $v(x) = \dot{v}(x)$ an, die zu $f(x)$ orthogonal sind, so dürfen wir in ihr jedes $u_i(x)$ durch die zu $f(x)$ orthogonale Funktion

$$\bar{u}_i(x) = u_i(x) - f(x)\int_0^1 f(y)\,u_i(y)\,dy$$

ersetzen. Für jene $v = \dot{v}(x)$ gilt also

$$\int_0^1 \int_0^1 \left\{ \dot{K}(x\,\xi) - \sum_{i=1}^{n} l_i\, \bar{u}_i(x)\, \bar{u}_i(\xi) \right\} v(x)\, v(\xi)\, dx\, d\xi \leqq l_{n+1}. \tag{49}$$

Ist jetzt $v(x)$ wieder eine ganz beliebige Funktion, deren Quadratintegral $= 1$ ist, so hat für diese der Ausdruck auf der linken Seite von (49) den gleichen Wert wie für die Funktion

$$\dot{v}(x) = v(x) - f(x) \int_0^1 v(y)\, f(y)\, dy,$$

(deren Quadratintegral $\leqq 1$ ist). Daher gilt (49) allgemein; der reziproke erste positive Eigenwert des auf der linken Seite in geschweifte Klammer gesetzten Kernes ist also $\leqq l_{n+1}$, und wir schliessen daraus unserem Hauptsatz gemäss, weil der $(n+1)$-te reziproke positive Eigenwert von $\sum_{i=1}^{n} l_i\, \bar{u}_i(x)\, \bar{u}_i(\xi)$ Null ist, $\dot{l}_{n+1} \leqq l_{n+1}$. Da anderseits die Differenz $K - \dot{K}$ ein Kern ist, der nur *einen* positiven und *einen* negativen Eigenwert besitzt, gilt zufolge desselben Satzes $l_{n+1} \leqq \dot{l}_n$. Das so gewonnene Ergebnis ist das genaue Analogon eines Sturmschen Theorems über quadratische Formen mit endlich vielen Variablen. Deuten wir nämlich die zu einem Kern K gehörige quadratische Integralform als eine *Fläche 2. Ordnung im unendlich-dimensionalen Funktionalraum*, so ist $\dot{K}$ nichts anderes als der Schnitt von K mit derjenigen durch den Mittelpunkt (Nullpunkt) gehenden «Ebene», deren Lot $= f(x)$ ist.

Satz 3. *Wird $\dot{K}$ aus K dadurch erzeugt, dass man die Fläche 2. Ordnung K mit einer beliebigen Ebene durch den Mittelpunkt schneidet, so separieren die Hauptachsen von $\dot{K}$ die von K:*

$$l_1 \geqq \dot{l}_1 \geqq l_2 \geqq \dot{l}_2 \geqq l_3 \geqq \dot{l}_3 \cdots.$$

§ 7. Exakte Spektrumsgesetze

Die Gleichung für die Verschiebung $\mathfrak{U} = \mathfrak{U}(p, t)$ $\{t = \text{Zeit}\}$ in einem elastischen Medium, wie wir es im vorigen Kapitel untersucht haben, lautet bei Abwesenheit äusserer Kräfte

$$\frac{\partial^2 \mathfrak{U}}{\partial t^2} = \Delta^* \mathfrak{U}.$$

Um einfache Schwingungen zu ermitteln, machen wir für $\mathfrak{U}$ den Ansatz:

$$\mathfrak{U}(p, t) = e^{i\nu t} \cdot \mathfrak{u}(p),$$

wo die Amplitude $\mathfrak{u}(p)$ nur noch eine Funktion des Ortes ist, die Zahl ν aber eine Konstante, nämlich die Frequenz der zu ermittelnden Schwingung; $i = \sqrt{-1}$. Für die Amplitude erhalten wir dann die Gleichung

$$\Delta^* \mathfrak{u} + \lambda\, \mathfrak{u} = 0 \quad (\lambda = \nu^2). \tag{50}$$

Je nachdem für den elastischen Körper die Oberflächenbedingungen I, II oder III gestellt sind, stimmen die Lösungen $(\lambda, \mathfrak{u})$ dieser Gleichung mit den Eigenwerten und Eigenfunktionen der Kernmatrizen $\Gamma_I, \Gamma_{II}, \Gamma_{III}$ überein[1]); nur im letzten Fall tritt zu den Eigenwerten und Eigenfunktionen von Γ_{III} noch der sechsfache Eigenwert $\lambda = 0$ hinzu samt den 6 Eigenvektoren $\mathfrak{a}_i$. *Die ein diskretes Punktspektrum bildenden Eigenwerte sind sämtlich positiv*, d.h. die Kernmatrizen haben positiv definiten Charakter. Setzt man nämlich eine den betreffenden Oberflächenbedingungen genügende Lösung $(\lambda, \mathfrak{u})$ von (50) bzw. in die Gleichungen (D), (C), (B) ein $(\mathfrak{v} = \mathfrak{u})$, so ergibt sich

$$\int_J (\cdots - \lambda\, \mathfrak{u}^2)\, dp = 0,$$

wo der durch ... angedeutete Teil des Integranden in jedem der drei Fälle $\geqq 0$ ist. Diese Gleichung schliesst es aus, dass $\lambda < 0$ sein kann.

Für die Eigenwerte des Problems I gilt der folgende Satz:

Satz 4. *Denkt man sich innerhalb des Körpers J irgend eine endliche Anzahl von Körpern J', J'', ..., J^h abgegrenzt, die gegenseitig nicht ineinander eindringen, so liegen unterhalb einer beliebigen Schranke mindestens ebensoviele zu J gehörige Eigenwerte (des Problems I), als die Gesamtzahl der zu den einzelnen Teilkörpern gehörigen Eigenwerte beträgt.*

Bezeichnen wir die den Teilkörpern J', J'', ... zugehörigen GREENschen Tensoren $\Gamma = \Gamma_I$ mit Γ', Γ'', ..., indem wir noch die Festsetzung treffen, dass z.B. Γ' dann $= 0$ zu setzen ist, wenn Quell- oder Aufpunkt ausserhalb J' liegt, so wird der Beweis dieses Theorems gemäss Satz 2 erbracht sein, wenn gezeigt werden kann, dass die Kernmatrix

$$\Gamma - (\Gamma' + \Gamma'' + \cdots + \Gamma^h)$$

positiv definit ist. Wir nehmen an, dass die Teilkörper von Oberflächen $\mathfrak{O}'$, $\mathfrak{O}''$, ... begrenzt sind, welche die gleichen Voraussetzungen erfüllen, die wir hinsichtlich der Begrenzung $\mathfrak{O}$ von J postuliert haben, und weder einander noch die äussere Hülle $\mathfrak{O}$ berühren. Denjenigen Teil von J, der übrigbleibt, wenn ich mir die sämtlichen Teilkörper J', J'', ... aus J herausgenommen denke, nenne ich $J^{(h+1)}$. Da der zu J^{h+1} gehörige, der Randbedingung I entsprechende GREENsche Tensor Γ^{h+1}, wie oben erwähnt, von positiv definitem Typus ist, gilt die zu beweisende Behauptung a fortiori, wenn sich

$$\Delta = \Gamma - (\Gamma' + \Gamma'' + \cdots + \Gamma^h + \Gamma^{h+1})$$

als positiv definite Kernmatrix herausstellt, d.h. wenn sich herausstellt, dass Δ nur positive Eigenwerte besitzt.

Sei also μ ein Eigenwert und $\mathfrak{v}$ eine zugehörige Eigenfunktion von Δ:

$$\mathfrak{v}(p) = \mu \int_J \Delta(p\, p')\, \mathfrak{v}(p')\, dp'. \tag{51}$$

---

[1]) Wir denken uns stillschweigend (ohne die Bezeichnung zu ändern) alle in Kapitel I auftretenden GREENschen Tensoren und Funktionen mit dem Faktor $1/4\pi$ ausgestattet.

Die Ungleichung $\mu \geqq 0$ ist als eine Konsequenz dieser Annahme zu erweisen. $\mathfrak{v}(p)$ genügt der Gleichung $\Delta^*\mathfrak{v} = 0$ in ganz J ausser auf den Oberflächen $\mathfrak{O}'$, $\mathfrak{O}''$, ... Was das Verhalten des Vektorfeldes auf diesen Oberflächen angeht, so ist zunächst zu erwähnen, dass es stetig über sie hinübergeht. Es ist nämlich für einen Punkt ω auf $\Omega = \mathfrak{O}' + \mathfrak{O}'' + \cdots + \mathfrak{O}^h$:

$$\mathfrak{v}(\omega) = \mu \int_J \Gamma(\omega\, p')\, \mathfrak{v}(p')\, dp'. \tag{52}$$

Auf beiden Seiten einer solchen Oberfläche $\mathfrak{O}'$ existiert der Vektor $\mathfrak{S}(\mathfrak{v})$:

$$S_n = \frac{a}{a+b}\left(P_n(\mathfrak{v}) + b \operatorname{div} \mathfrak{v}\right), \quad \mathfrak{S}_t = \frac{1}{a+b}\left(a\, \mathfrak{P}_t(\mathfrak{v}) + b^2 [\operatorname{curl} \mathfrak{v}, \mathfrak{n}]\right).$$

Aber die Werte dieses Vektors stimmen auf beiden Seiten nicht überein; den «Sprung», die Differenz seiner Werte auf der einen und anderen Seite, bezeichne ich mit $\mathfrak{s} = \mathfrak{s}(\omega)$. An der Oberfläche $\mathfrak{O}$ verschwindet $\mathfrak{v}$.

Wir wenden jetzt die Gleichung (D') in der Weise an, dass wir für $\mathfrak{u}$ den (zu J gehörigen) Tensor $\Gamma(p\, p')$ einsetzen, und zwar der Reihe nach auf die Körper J', J'', ..., J^{h+1} (wobei der Punkt p' aus demjenigen der Körper, in welchem er gelegen ist, zunächst durch eine kleine Kugel ausgeschnitten werden muss). Addition der erhaltenen $h+1$ Gleichungen liefert

$$\mathfrak{v}(p') = -\int_\Omega \Gamma(\omega\, p')\, \mathfrak{s}(\omega)\, d\omega. \tag{53}$$

Setzen wir diesen Wert in (52) ein, so kommt

$$\mathfrak{v}(\omega) = -\mu \int_\Omega \Gamma\Gamma(\omega\, \omega')\, \mathfrak{s}(\omega')\, d\omega',$$

wobei $\Gamma\Gamma$ der aus Γ durch Iteration entstehende Kern ist. Endlich machen wir von der Ungleichung (D_0) Gebrauch, indem wir dort $\mathfrak{u}$ durch $\mathfrak{v}$ ersetzen und J der Reihe nach durch die Körper J', J'', ..., J^{h+1}. Wiederum addieren wir die so erhaltenen Ungleichungen und finden:

$$-\int_\Omega \mathfrak{v}(\omega)\, \mathfrak{s}(\omega)\, d\omega \geqq 0,$$

mithin

$$\mu \int_\Omega \int_\Omega \mathfrak{s}(\omega)\, \Gamma\Gamma(\omega\, \omega')\, \mathfrak{s}(\omega')\, d\omega\, d\omega' \geqq 0. \tag{54}$$

Anderseits schliesst man aus (53), indem man linke und rechte Seite ins Quadrat erhebt und über J integriert:

$$\int_\Omega \int_\Omega \mathfrak{s}(\omega)\, \Gamma\Gamma(\omega\, \omega')\, \mathfrak{s}(\omega')\, d\omega\, d\omega' = \int_J \mathfrak{v}^2(p)\, dp > 0.$$

Der Faktor μ in (54) muss demnach, da er $\neq 0$ ist, gleichfalls > 0 sein.

Wir heben noch eine weitere Konsequenz dieses Räsonnements hervor. Ist J^o ein Gebiet, welches J umschliesst, so ist $\Gamma_{J^o} - \Gamma_J$ positiv definit, wenn wir

Quell- und Aufpunkt innerhalb J^o variieren lassen. Aus der diese Tatsache formulierenden Ungleichung

$$\int\limits_{J^o}\int\limits_{J^o} \mathfrak{u}(p)\,\{\Gamma_{J^o}(p\,p') - \Gamma_J(p\,p')\}\,\mathfrak{u}(p')\,dp\,dp' \geqq 0$$

geht, wenn wir für $\mathfrak{u}$ insbesondere nur solche Felder setzen, welche ausserhalb J gleich 0 sind, hervor, dass $\Gamma_{J^o} - \Gamma_J$ auch dann eine positiv definite Kernmatrix ist, wenn Quell- und Aufpunkt nur das Gebiet J durchlaufen. Nehmen wir für J^o etwa eine grosse Kugel und lassen deren Radius bei festgehaltenem Mittelpunkt ins Unendliche wachsen, so ergibt sich durch Grenzübergang die Formel

$$\int\limits_J\int\limits_J \mathfrak{u}(p)\,\{P(p\,p') - \Gamma_J(p\,p')\}\,\mathfrak{u}(p')\,dp\,dp' \geqq 0.$$

Sie zeigt:

Satz 5. *Die Kernmatrix $P - \Gamma_I = A_I$ ist positiv definit.*

Während nun die Gültigkeit des in Satz 4 formulierten Gesetzes über die Abhängigkeit der Eigenwerte vom Gebiete J auf die Randbedingung I beschränkt ist, existiert zu Satz 5 für die Randbedingungen II und III das folgende, durch die gleiche Methode zu erweisende Analogon:

Satz 6. *Die Kernmatrizen*

$$B_{II} = \Gamma_{II} - \Gamma_I, \quad B_{III} = \Gamma_{III} - \dot{\Gamma}_I$$

sind positiv definit; infolgedessen weisen für einen beliebigen Körper J die Schwingungsprobleme II sowohl als III unterhalb einer beliebigen Grenze mindestens ebensoviele Eigenwerte auf als das Problem I.

Sei μ, $\mathfrak{v}$ ein Eigenwert und zugehöriger Eigenvektor von $B = B_{II}$:

$$\mathfrak{v}(p) = \mu \int\limits_J B(p\,p')\,\mathfrak{v}(p')\,dp'. \tag{55}$$

In $\mathfrak{v}(p)$ haben wir dann ein statisches Feld, das an der Oberfläche $\mathfrak{O}$ normal ist. Lassen wir in (55) den Punkt p an die Oberfläche rücken, so finden wir die Randwerte von $\mathfrak{v}$:

$$v_n(o) = \mu \int\limits_J \mathfrak{g}(o\,p')\,\mathfrak{v}(p')\,dp',$$

indem wir unter $\mathfrak{g}$ dieselbe Grösse verstehen wie auf S. 77. Bedeutet $l(o)$ die Divergenz von $\mathfrak{v}$ an der Oberfläche, so gilt anderseits (vgl. S. 77)

$$\mathfrak{v}(p') = -\int\limits_{\mathfrak{O}} \mathfrak{g}(o\,p')\,l(o)\,do. \tag{56}$$

Durch Einsetzen in die vorige Gleichung kommt

$$v_n(o) = -\mu \int\limits_{\mathfrak{O}} \mathfrak{g}\,\mathfrak{g}(o\,o')\,l(o')\,do'$$

$$\{\mathfrak{g}\,\mathfrak{g}(o\,o') = \int\limits_J \mathfrak{g}(o\,p)\,\mathfrak{g}(o'\,p)\,dp\}.$$

Die Ungleichung (C_0) ergibt

$$-\int_{\mathfrak{O}} v_n(o)\, l(o)\, do = \int_J \left\{\frac{b}{a}\,(\operatorname{curl}\mathfrak{v})^2 + (\operatorname{div}\mathfrak{v})^2\right\} dp \geqq 0,$$

das ist

$$\mu \int_{\mathfrak{O}}\int_{\mathfrak{O}} \mathfrak{g}\,\mathfrak{g}(o\,o')\, l(o)\, l(o')\, do\, do' \geqq 0.$$

Aus (56) gewinnt man durch Quadrieren und Integrieren die Ungleichung

$$\int_{\mathfrak{O}}\int_{\mathfrak{O}} \mathfrak{g}\,\mathfrak{g}(o\,o')\, l(o)\, l(o')\, do\, do' = \int_J \mathfrak{v}^2\, dp > 0.$$

μ ist folglich positiv.

Bedeutet B in (55) die Matrix B_{III}, so schliessen wir folgendermassen. Es ist

$$\mathfrak{v}(o) = \mu \int_J \Gamma(o\,p')\, \mathfrak{v}(p')\, dp' + \mathfrak{a}(o). \tag{57}$$

Darin bezeichnet Γ den Tensor Γ_{III}, und $\mathfrak{a}(p)$ ist eine lineare Kombination der sechs zu Beginn von § 4 erwähnten Lösungen des homogenen statischen Problems III.

$$\mathfrak{v}(p') = -\int_{\mathfrak{O}} \Gamma(o\,p')\, \mathfrak{q}(o)\, do \quad \{\mathfrak{q} = \mathfrak{P}(\mathfrak{v})\}. \tag{58}$$

Durch Einsetzen dieser Gleichung in die vorige kommt

$$\mathfrak{v}(o) = -\mu \int_{\mathfrak{O}} \Gamma\,\Gamma(o\,o')\, \mathfrak{q}(o')\, do' + \mathfrak{a}(o).$$

Es gilt die Ungleichung

$$-\int_{\mathfrak{O}} \mathfrak{v}(o)\, \mathfrak{q}(o)\, do \geqq 0,$$

und da notwendig (siehe S. 81)

$$\int_{\mathfrak{O}} \mathfrak{q}(o)\, \mathfrak{a}(o)\, do = 0$$

ist, heisst das:

$$\mu \int_{\mathfrak{O}}\int_{\mathfrak{O}} \mathfrak{q}(o)\, \Gamma\,\Gamma(o\,o')\, \mathfrak{q}(o')\, do\, do' \geqq 0.$$

Dieses Ergebnis hat man wiederum mit dem aus (58) folgenden

$$\int_{\mathfrak{O}}\int_{\mathfrak{O}} \mathfrak{q}(o)\, \Gamma\,\Gamma(o\,o')\, \mathfrak{q}(o')\, do\, do' = \int_J \mathfrak{v}^2\, dp > 0$$

zu kombinieren. Man schliesst, dass Γ_{III} unterhalb einer beliebigen Grenze L mindestens ebenso viele Eigenwerte besitzt wie $\dot{\Gamma}_I$. Nun ist aber die Anzahl der unterhalb L gelegenen Eigenwerte des Problems III um 6 höher als für die Kernmatrix Γ_{III}, da $\lambda = 0$ als ein sechsfacher Eigenwert hinzutritt. Anderseits ist nach Satz 3 die Zahl der Eigenwerte von $\dot{\Gamma}_I$ unterhalb einer beliebigen Grenze höchstens um 6 geringer, als die Zahl der Eigenwerte des Tensors Γ_I beträgt. Darum gilt auch für die Randbedingungen III die Behauptung unseres Satzes.

§ 8. Das asymptotische Spektralgesetz des «dreidimensionalen Membranproblems»

Nachdem im vorigen Paragraphen die wichtigsten (durch Ungleichungen auszudrückenden) *exakten* Spektrumsgesetze besprochen sind, gehen wir jetzt zu den (in Limesgleichungen zu formulierenden) *asymptotischen* Gesetzen über. Wir beginnen mit dem Problem I und fassen zunächst den besonderen Fall ins Auge, dass die Konstanten a und b den Wert 1 besitzen, $\Delta^*\mathfrak{u}$ also in den Potentialausdruck $\Delta\mathfrak{u}$ übergeht. Alsdann ist

$$\Gamma_I = \begin{Vmatrix} G & 0 & 0 \\ 0 & G & 0 \\ 0 & 0 & G \end{Vmatrix},$$

wenn G die gewöhnliche, zu der ersten Randwertaufgabe der Potentialtheorie gehörige GREENsche Funktion bedeutet. Die Eigenwerte von Γ_I sind die gleichen wie die von G; nur muss jeder Eigenwert für Γ_I dreimal so oft gezählt werden wie für G. Von der GREENschen Funktion G sind folgende Tatsachen bekannt:

1. $0 < G < 1/r$;

2. ist das Gebiet J' in J enthalten, so ist $G_{J'} < G_J$. Daraus folgt, dass zu einem Gebiet J auch dann eine GREENsche Funktion G gehört, wenn für dieses die Voraussetzung *nicht* erfüllt ist, dass es von einer endlichen Anzahl solcher Oberflächen begrenzt wird, die den auf S. 68 formulierten Anforderungen genügen. Ist nämlich J irgend ein ganz im Endlichen gelegenes Gebiet, so können wir jedem hinreichend kleinen $\varepsilon > 0$ ein Gebiet J_ε so zuordnen, dass

1. jedes J_ε von einer endlichen Anzahl von Oberflächen begrenzt ist, die stetige Tangentenebene und stetige Krümmung besitzen;

2. J_ε ganz in J_δ enthalten ist, wenn $\delta < \varepsilon$;

3. $\lim\limits_{\varepsilon=0} J_\varepsilon = J$ ist, d.h. zu jedem Punkt p im Innern von J ein ε existiert derart, dass p auch innerhalb J_ε liegt.

Ist G_ε die zu J_ε gehörige GREENsche Funktion, so existiert $\lim\limits_{\varepsilon=0} G_\varepsilon = G$, und zwar ist *gleichmässig* für alle p, p', die irgend einem festen, ganz im Innern von J gelegenen abgeschlossenen Raumstück angehören,

$$\lim_{\varepsilon=0} \{G(p\,p') - G_\varepsilon(p\,p')\} = 0.$$

Da G stets kleiner bleibt als $1/r$, hat es diskrete, übrigens positive Eigenwerte λ_1, λ_2, λ_3, ...

Wir brauchen hier die Frage, ob und in welchem Sinne der GREENschen Funktion G auch bei einem völlig beliebigen Bereich die Randwerte 0 zukommen, nicht zu untersuchen. Wesentlich ist für uns nur, dass dies jedenfalls dann zutrifft, wenn J ein *Würfel* ist. Denkt man sich den Würfel auf einer Horizontalebene E stehend, so ist nämlich die zu dem Würfel gehörige GREENsche Funktion kleiner als die GREENsche Funktion des durch die Ebene E bestimmten oberen Halbraums, und da die letztere die Randwerte 0 hat, so hat auch G auf derjenigen Seitenfläche von J, welche die Horizontalebene deckt, die Randwerte 0. Es geht daraus hervor: ist der Würfel durch $0 \leqq x \leqq c$, $0 \leqq y \leqq c$, $0 \leqq z \leqq c$ gegeben, so sind

$$\sin\frac{l\pi x}{c}\sin\frac{m\pi y}{c}\sin\frac{n\pi z}{c} \quad (l, m, n = 1, 2, 3, \ldots)$$

Eigenfunktionen der GREENschen Funktion des Würfels, und es gibt keine anderen ausser diesen (oder vielmehr ausser solchen, die sich aus einer endlichen Anzahl der eben erwähnten Funktionen linear mit konstanten Koeffizienten zusammensetzen lassen). Die sämtlichen Eigenwerte von G werden hier demnach durch den Ausdruck

$$\frac{\pi^2}{c^2}(l^2 + m^2 + n^2) \tag{59}$$

geliefert, wenn man l, m, n unabhängig voneinander alle ganzen positiven Zahlen durchlaufen lässt.

Es seien J', J'', ..., J^h irgendwelche Gebiete, die in dem ganz beliebigen endlichen Gebiet J enthalten sind, aber untereinander keine inneren Punkte gemein haben. Es fragt sich, ob der im vorigen Paragraphen zur Sprache gekommene Satz, dass der Kern

$$G - (G' + G'' + \cdots + G^h)$$

positiv definit ist, auch jetzt noch gilt, wo wir von jeder Voraussetzung über die Begrenzung der Gebiete J', J'', ... Abstand nehmen. Um dies zu entscheiden, müssen wir J', J'', ... in analoger Weise von innen heraus durch Gebiete J'_ε, J''_ε, ... approximieren, wie wir das soeben für J getan haben. Wir werden dafür sorgen, dass J'_ε, J''_ε, ... einschliesslich ihrer Begrenzung ganz innerhalb J_ε gelegen sind. Es ist dann zu zeigen, dass für jede in dem abgeschlossenen Bereich J stetige Funktion $u(p)$ die Ungleichung

$$\lim_{\varepsilon=0}\left\{\int_{J_\varepsilon}\int_{J_\varepsilon} G(pp')\,u(p)\,u(p')\,dp\,dp' - \sum_{j=1}^{h}\int_{J_\varepsilon^j}\int_{J_\varepsilon^j} G^j(pp')\,u(p)\,u(p')\,dp\,dp'\right\} \geqq 0 \tag{60}$$

statthat. Ich nehme an, dass $\int_J u^2\,dp \leqq 1/2$ ist. Sei $0 < \delta < \varepsilon$; in dem Ausdruck $\boldsymbol{G}_\varepsilon$, der unter der geschweiften Klammer in der letzten Ungleichung steht, ersetze ich G; G', G'', ... durch die zu den Gebieten J_δ; J'_δ, J''_δ, ... gehörigen GREENschen Funktionen G_δ; G'_δ, G''_δ, ...; dadurch entstehe aus $\boldsymbol{G}_\varepsilon$ die Grösse $\boldsymbol{G}_{\delta\varepsilon}$. Es ist

$$\lim_{\delta=0}\boldsymbol{G}_{\delta\varepsilon} = \boldsymbol{G}_\varepsilon.$$

Ich weiss aus den Untersuchungen des vorigen Paragraphen, dass $\boldsymbol{G}_{\delta\delta}$ nichtnegativ ist. Eine Anwendung der sogenannten SCHWARZschen Ungleichung liefert die Beziehung

$$(\boldsymbol{G}_{\delta\delta} - \boldsymbol{G}_{\delta\varepsilon})^2 \leqq \int\limits_{J_\delta J_\delta - J_\varepsilon J_\varepsilon} \int (G_\delta)^2 \, dp \, dp' + \sum_{j=1}^{h} \int\limits_{J_\delta^j J_\delta^j - J_\varepsilon^j J_\varepsilon^j} \int (G_\delta^j)^2 \, dp \, dp'$$

$$\leqq \int \int \left(\frac{1}{r}\right)^2 dp \, dp' = A_\delta - A_\varepsilon,$$

wobei das letzte Integral sich über den sechsdimensionalen Bereich

$$(J_\delta J_\delta - J_\varepsilon J_\varepsilon) + \sum_{j=1}^{h} (J_\delta^j J_\delta^j - J_\varepsilon^j J_\varepsilon^j)$$

erstrecken soll. Es folgt demnach

$$\boldsymbol{G}_{\delta\varepsilon} \geqq -\sqrt{A_\delta - A_\varepsilon}.$$

Der Grenzübergang $\lim \delta = 0$ ergibt, wenn die endliche Grösse $\lim\limits_{\delta=0} A_\delta$ mit A bezeichnet wird,

$$\boldsymbol{G}_\varepsilon \geqq -\sqrt{A - A_\varepsilon},$$

und der Grenzübergang $\lim \varepsilon = 0$ bestätigt nunmehr, wie zu erwarten war, die Ungleichung (60). Die Zahl der Eigenwerte von G', G'', ..., G^h unterhalb einer beliebigen Grenze übersteigt demnach zusammen niemals die Zahl der unter der gleichen Grenze gelegenen Eigenwerte von G.

Es sei J wiederum ein beliebiges, im Endlichen gelegenes Gebiet, c eine (kleine) positive Zahl. Wir zeichnen im Raum ein Würfelnetz von der Kantenlänge c und verstehen unter H die Anzahl derjenigen Würfel dieses Netzes, die ganz zu J gehören. Die Eigenwerte der zu einem einzelnen Würfel w gehörigen GREENschen Funktion sind durch (59) gegeben. Die Anzahl N_w dieser Eigenwerte, soweit sie unterhalb einer beliebigen Grenze L liegen, kann, wie man weiss, folgendermassen ermittelt werden. In einem Raume mit den rechtwinkligen Koordinaten ξ, η, ζ betrachte man den positiven Oktanten der Einheitskugel:

$$\xi^2 + \eta^2 + \zeta^2 \leqq 1, \quad \xi \geqq 0, \quad \eta \geqq 0, \quad \zeta \geqq 0,$$

und konstruiere in diesem Raum das Würfelnetz von der Kantenlänge $\pi/(c\sqrt{L})$, das parallel den Koordinatenachsen orientiert ist (und zu welchem der Nullpunkt als ein Eckpunkt gehört). N_w ist dann identisch mit der Zahl derjenigen Würfel dieses Netzes, welche dem positiven Oktanten der Einheitskugel angehören. Multipliziert man mit dem Volumen des einzelnen Würfels $[\pi/(c\sqrt{L})]^3$, so muss also $N_w[\pi/(c\sqrt{L})]^3$ asymptotisch für unendlich grosses L gleich dem Volumen des Kugeloktanten werden, und wir gewinnen daraus für die Anzahl selber den asymptotischen Ausdruck

$$N_w \sim \frac{c^3}{6\pi^2} L^{3/2}$$

Für die Anzahl N_J der unterhalb L gelegenen Eigenwerte der zu J gehörigen GREENschen Funktion G haben wir nach Satz 4 in Anbetracht der Ergänzungen, welche wir diesem Satze soeben hinzugefügt haben, die Ungleichung

$$N_J \geqq H N_w,$$

also

$$\liminf_{L=\infty} \frac{N_J}{L^{3/2}} \geqq \frac{H c^3}{6\pi^2}.$$

Kommt dem Körper J ein bestimmtes Volumen J zu, so ist J der Limes von $H c^3$ bei unendlich klein werdender Maschenweite c, und es folgt

$$\liminf_{L=\infty} \frac{N_J}{L^{3/2}} \geqq \frac{J}{6\pi^2}.$$

Um eine obere Grenze für den lim sup. zu finden, sperre ich den Körper J in einen würfelförmigen Kasten W ein, und habe dann, wenn $W - J$ den übrigbleibenden Leerraum bedeutet,

$$N_W \geqq N_J + N_{W-J},$$

mithin

$$\limsup_{L=\infty} \frac{N_J}{L^{3/2}} = \lim_{L=\infty} \frac{N_W}{L^{3/2}} - \liminf_{L=\infty} \frac{N_{W-J}}{L^{3/2}}$$

$$\leqq \frac{W}{6\pi^2} - \frac{W-J}{6\pi^2} = \frac{J}{6\pi^2}.$$

Damit ist die Limesgleichung

$$\lim_{L=\infty} \frac{N_J}{L^{3/2}} = \frac{1}{6\pi^2} J$$

bewiesen. Sind $\lambda_1, \lambda_2, \lambda_3, \ldots$ die Eigenwerte der zu J gehörigen GREENschen Funktion G, so können wir dafür auch schreiben

$$\lambda_n \sim \left(\frac{6\pi^2 n}{J}\right)^{2/3}. \qquad (61)$$

Satz 7. *Für die in eine wachsende Reihe geordneten Eigenwerte $\lambda = \lambda_n$ des Randwertproblems*

$$\Delta u + \lambda u = 0 \text{ in } J, \quad u = 0 \text{ auf } \mathfrak{O}$$

gilt das asymptotische Gesetz $\lambda_n \sim [(6\pi^2 n)/J]^{2/3}$.

Die Anzahl N der Eigenwerte des Tensors $\Gamma = \Gamma_I$ unterhalb der Grenze L beträgt demnach, falls $a = b = 1$ ist, asymptotisch

$$N \sim \frac{J}{2\pi^2} L^{3/2}. \qquad (62)$$

§ 9. Das asymptotische Spektralgesetz der elastischen Schwingungen

Von diesem Ergebnis aus ist es möglich, zu den beiden anderen Problemen II, III überzugehen, zunächst immer noch unter der Annahme $a = b = 1$. Aber das Problem II besitzt die Eigentümlichkeit, dass wir, wenn die asymptotische Eigenwertverteilung in dem besonderen Falle $a = b = 1$ bekannt ist, daraus ohne weiteres auf den allgemeinen Fall beliebiger (positiver) Konstanten a und b schliessen können. Nach § 3 gilt nämlich [Gl. (28)]

$$\Gamma_{II} = \frac{1}{a}\Gamma_a + \frac{1}{b}\Gamma_b;$$

die Matrizen Γ_a, Γ_b sind zueinander orthogonal und hängen nicht von den Konstanten a und b ab. Sind λ^a die sämtlichen Eigenwerte von Γ_a, λ^b die sämtlichen Eigenwerte von Γ_b, so werden die sämtlichen Eigenwerte von Γ_{II} durch

$$a \cdot \lambda^a, \quad b \cdot \lambda^b$$

gegeben. Die λ^a sind aber nichts anderes als die Eigenwerte der im vorigen Paragraphen betrachteten GREENschen Funktion G. Ist nämlich λ ein Eigenwert und u eine zugehörige Eigenfunktion von G, so ist λ ein Eigenwert von Γ_a mit dem zugehörigen Eigenvektor grad u, und diese Konstruktion liefert zugleich die *sämtlichen* Eigenwerte und Eigenfunktionen der Matrix Γ_a. Dies geht aus der in § 3 durchgeführten Analyse des Tensors Γ_a, welche das Ergebnis (32) hatte, hervor. Wenn uns nun bekannt ist, dass das asymptotische Gesetz (62) im Falle $a = b = 1$ nicht nur für das Problem I, sondern auch für II gültig ist, so können wir schliessen: die Anzahl der $\lambda^b < L$ ist asymptotisch $\sim J/(3\pi^2) \cdot L^{3/2}$, und die Anzahl der Eigenwerte von Γ_{II} allgemein

$$\sim \frac{J}{6\pi^2} L^{3/2} \left\{ \left(\frac{1}{a}\right)^{3/2} + 2\left(\frac{1}{b}\right)^{3/2} \right\}. \tag{63}$$

Die gleiche Formel wird dann auch für das Problem I bei beliebigen positiven Konstanten a, b zu erwarten sein. In dieser Weise ermöglicht II den Übergang von $a = b = 1$ zu beliebigen Werten jener Konstanten.

Die eben ausgesprochenen Vermutungen werden sich auf Grund von Satz 1 aus der einen Tatsache ableiten lassen, dass die Eigenwerte von $B_{II} = \Gamma_{II} - \Gamma_I$ asymptotisch dünner verteilt sind, als es der Formel (61) entspricht, und der Beweis dieser Tatsache wiederum beruht auf der in § 5 für B_{II} gewonnenen Abschätzung

$$|B_{II}(p\,p')| \leqq \frac{\text{Const.}}{R(p\,p')}.$$

Die der Grösse nach geordneten (wie wir wissen, sämtlich *positiven*) Eigenwerte von B_{II} sollen β_n heissen und $\mathfrak{v}_n(p)$ die zugehörigen (zueinander orthogonalen und normierten) Eigenvektoren. Die Kernmatrix

$$B_{II}(p\,p') - \sum_{i=1}^{n} \frac{1}{\beta_i} \mathfrak{v}_i(p) \times \mathfrak{v}_i(p')$$

hat die Eigenwerte $\beta_{n+1}, \beta_{n+2}, \ldots$. Da diese sämtlich positiv sind, ist die zugehörige quadratische Integralform positiv definit, und *also müssen die drei in der Hauptdiagonale der Matrix stehenden Funktionen für $p = p'$ selber $\geqq 0$ sein.* Addieren wir diese drei Ungleichungen, so kommt

$$\sum_{i=1}^{n} \frac{1}{\beta_i} \mathfrak{v}_i^2(p) \leqq B_{II}(p).$$

Die Integration über $J = J_\varepsilon$ liefert gemäss Ungleichung (46) in § 5 die Abschätzung

$$\sum_{i=1}^{n} \frac{1}{\beta_i} \int\limits_{J-J_\varepsilon} \mathfrak{v}_i^2 \, dp \leqq \text{Const.} \lg \frac{1}{\varepsilon}. \tag{64}$$

Anderseits haben wir

$$\sum_{i=1}^{n} \frac{1}{\beta_i^2} \mathfrak{v}_i^2(p) \leqq \int\limits_J |B_{II}(p\,p')|^2 \, dp' \leqq \text{Const.} \int\limits_J \frac{dp'}{r^2(p\,p')} \leqq \text{Const.},$$

und durch Integration über die Schale J_ε:

$$\sum_{i=1}^{n} \frac{1}{\beta_i^2} \cdot \int\limits_{J_\varepsilon} \mathfrak{v}_i^2 \, dp \leqq \text{Const.}\, \varepsilon. \tag{65}$$

Aus (64), (65) folgt a fortiori, wenn wir das Zeichen «Const.» durch $C/2$ ersetzen,

$$\frac{1}{\beta_n} \sum_{i=1}^{n} \int\limits_{J-J_\varepsilon} \mathfrak{v}_i^2 \, dp \leqq \frac{1}{2} C \lg \frac{1}{\varepsilon}, \qquad \frac{1}{\beta_n} \sum_{i=1}^{n} \int\limits_{J_\varepsilon} \mathfrak{v}_i^2 \, dp \leqq \frac{1}{2} C \beta_n \varepsilon.$$

Addition ergibt

$$\frac{n}{\beta_n} \leqq \frac{C}{2} \left(\lg \frac{1}{\varepsilon} + \beta_n \varepsilon \right).$$

Die beste Ausnützung dieser Ungleichung erhalten wir, wenn wir $\varepsilon = \lg \beta_n / \beta_n$ nehmen; dann folgt (sobald $\beta_n > e$):

$$\frac{n}{\beta_n} \leqq C \lg \beta_n$$

und daraus (sobald $n > e^{1/C}$):

$$\beta_n \geqq \frac{1}{C} \frac{n}{\lg n}. \tag{66}$$

Eine analoge Überlegung lässt sich durchführen für die Eigenwerte von B_{III} und auch für diejenigen der gleichfalls positiv definiten Matrix A_I. Wir formulieren das Ergebnis in dem

Satz 8. *Für die Eigenwerte α_n von A_I und die Eigenwerte β_n von $B = B_{II}$ bzw. B_{III} gilt die Abschätzung*

$$\frac{1}{\alpha_n} \leqq \text{Const.} \frac{\lg(n+1)}{n}, \quad \frac{1}{\beta_n} \leqq \text{Const.} \frac{\lg(n+1)}{n} \quad (n = 1, 2, 3, \ldots).$$

Die Eigenwerte von Γ_I, Γ_{II} bezeichne ich, der Grösse nach geordnet, mit λ_n^I, λ_n^{II}. Wir haben

1. $$\lambda_n^{II} \leqq \lambda_n^I \quad \text{(Satz 6)},$$

2. $$\frac{1}{\lambda_n^{II}} \leqq \frac{1}{\lambda_h^I} + \frac{1}{\beta_s},$$

wenn h, s irgend zwei Indices von der Summe $n - 1$ sind (Satz 1). *Betrachten wir zunächst den Fall $a = b = 1$;* da, wissen wir, ist

$$\lim_{n=\infty} \frac{\lambda_n^I}{n^{2/3}} = \left(\frac{2\pi^2}{J}\right)^{2/3} = D. \tag{67}$$

Setzen wir in der eben angeführten Ungleichung 2. für s die grösste ganze in $n^{5/6}\sqrt{\lg n}$ enthaltene Zahl, $h = n - 1 - s$, so ist nach Satz 8

$$\frac{1}{\beta_s} \leqq \text{Const.} \frac{\lg s}{s} \leqq \text{Const.} \frac{\sqrt{\lg n}}{n^{5/6}},$$

$$\lim_{n=\infty} \frac{n^{2/3}}{\beta_s} = 0,$$

und

$$\lim_{n=\infty} \frac{n^{2/3}}{\lambda_h^I} = \lim_{n=\infty} \frac{h^{2/3}}{\lambda_h^I} = \frac{1}{D}.$$

Darum kommt

$$\limsup_{n=\infty} \frac{n^{2/3}}{\lambda_n^{II}} \leqq \frac{1}{D}, \quad \liminf_{n=\infty} \frac{\lambda_n^{II}}{n^{2/3}} \geqq D.$$

In Anbetracht der Beziehung 1. und (67) aber folgt daraus

$$\lim_{n=\infty} \frac{\lambda_n^{II}}{n^{2/3}} = D = \left(\frac{2\pi^2}{J}\right)^{2/3}. \tag{68}$$

Denken wir uns jetzt wieder a und b als beliebige Konstante, so schliessen wir auf die zu Anfang dieses Paragraphen angegebene Weise

$$\lim_{n=\infty} \frac{\lambda_n^{II}}{n^{2/3}} = \left\{\frac{J}{6\pi^2}\left(a^{-3/2} + 2b^{-3/2}\right)\right\}^{-2/3} = D_{ab}. \tag{69}$$

Die Ungleichung 2 verwende ich jetzt, um von λ^{II} auf λ^{I} zurückzuschliessen, in der Form

$$\frac{1}{\lambda^{II}_{n+s-1}} \leqq \frac{1}{\lambda^{I}_{n}} + \frac{1}{\beta_s}$$

bei unveränderter Bedeutung von s: es kommt

$$\liminf_{n\,\infty} \frac{n^{2/3}}{\lambda^{I}_{n}} \geqq \frac{1}{D_{ab}}, \qquad \limsup_{n=\infty} \frac{\lambda^{I}_{n}}{n^{2/3}} \leqq D_{ab}.$$

Die Beziehung 1 und (69) liefert dann wieder

$$\lim_{n=\infty} \frac{\lambda^{I}_{n}}{n^{2/3}} = D_{ab}. \tag{70}$$

Die Schwingungsprobleme I und II sind damit erledigt. Verstehen wir unter β_n jetzt die Eigenwerte von B_{III}, so haben wir

$$\frac{1}{\lambda^{I}_{n}} \leqq \frac{1}{\lambda^{III}_{n}} \leqq \frac{1}{\lambda^{I}_{h}} + \frac{1}{\beta_s},$$

$$\frac{1}{\beta_s} \leqq \text{Const.}\,\frac{\lg s}{s},$$

und schliessen daraus in gleicher Weise wie vorhin, dass sich das asymptotische Gesetz (69) bzw. (70) auch auf das III. Randwertproblem überträgt. Wir formulieren das Endergebnis.

Satz 9. *Die Anzahl derjenigen Eigenschwingungen, welche ein beliebig gestalteter elastischer Körper J (vom Volumen J) unter dem Oberflächendruck* 0 *auszuführen imstande ist, beträgt bis zur Frequenzgrenze ν asymptotisch* (für $\lim \nu = \infty$):

$$\frac{J}{6\pi^2}\left(a^{-3/2} + 2\,b^{-3/2}\right)\cdot \nu^3.$$

Die Ermittlung dieses Gesetzes war das Ziel der vorliegenden Arbeit. Wenn wir die Abschätzungen des Beweises genau ausführen wollten, würden wir erkennen, dass der Fehler, die Differenz zwischen der zu bestimmenden Anzahl und ihrem hier ermittelten asymptotischen Ausdruck, sicher

$$\leqq \text{Const.}\,\nu^3 \cdot \sqrt{\frac{\lg \nu}{\nu}}$$

ist[1]).

[1]) H. Weyl, *Über die Randwertaufgabe der Strahlungstheorie und asymptotische Spektralgesetze*, J. reine und angew. Math., *143*, 177–202, besonders S. 196–199 (1913).

23.

Über die Gleichverteilung von Zahlen mod. Eins

Mathematische Annalen 77, 313—352 (1916)

§ 1. Grundlagen. Der lineare Fall

Es seien auf der Geraden der reellen Zahlen unendlich viele Punkte

$$\alpha_1, \alpha_2, \alpha_3, \ldots$$

markiert; wir rollen die Gerade auf einen Kreis vom Umfange 1 auf und fragen, ob dabei die an den Stellen α_n befindlichen Marken schliesslich den Umfang des Kreises überall gleich dicht bedecken. Dies würde dann der Fall sein, wenn die Anzahl $n_\mathfrak{a}$ derjenigen unter den n ersten Marken $\alpha_1, \alpha_2, \ldots, \alpha_n$, welche beim Aufrollen in den Teilbogen $\mathfrak{a}$ der Kreisperipherie hineinfallen, asymptotisch durch $|\mathfrak{a}| \cdot n$ gegeben ist:

$$\lim_{n=\infty} \frac{n_\mathfrak{a}}{n} = |\mathfrak{a}|; \tag{1}$$

unter $|\mathfrak{a}|$ ist dabei die Länge des Bogens $\mathfrak{a}$ verstanden. Dann und nur dann, falls diese Limesgleichung für jeden Teilbogen $\mathfrak{a}$ erfüllt ist, sprechen wir von einer gleichmässig dichten Verteilung der Marken über die Kreisperipherie. Das Aufrollen der Geraden auf den Kreis besagt, dass wir die reellen Zahlen mod. 1 betrachten, d. h. dass zwei Zahlen bereits dann als gleich gelten, wenn sie sich um eine ganze Zahl unterscheiden. Unter den Zahlen x, welche einer gegebenen α mod. 1 kongruent sind, gibt es eine und nur eine, welche der Ungleichung $0 \leqq x < 1$ genügt; diese, die Reduzierte von α mod. 1, möge mit (α) bezeichnet werden.

Um zu einem Kriterium für die Gleichverteilung zu gelangen, nehmen wir an, dass die Zahlen α_n mod. 1 dieses Gesetz erfüllen. Dann behaupte ich, können wir daraus für jede beschränkte, Riemannisch integrierbare Funktion $f(x)$, die periodisch mit der Periode 1 ist, die Limesgleichung

$$\lim_{n=\infty} \frac{1}{n} \sum_{h=1}^{n} f(\alpha_h) = \int_0^1 f(x)\, dx \tag{2}$$

erschliessen; d. h. der mittels der diskreten Zahlen α_n gebildete Mittelwert der Funktion f stimmt mit dem kontinuierlichen Mittelwert $\int_0^1 f(x)\, dx$ überein.

[1]) Den gleichen Gegenstand wie die vorliegende Arbeit behandelt eine in den Göttinger Nachrichten (Sitzung vom 13. Juni 1914) erschienene Note des Verfassers.

In der Tat besagt unsere Voraussetzung, dass (2) erfüllt ist für jede stückweis konstante Funktion von der Periode 1. Es liegt im Wesen einer im Intervall $0 \leqq x \leqq 1$ gegebenen, beschränkten, Riemannisch integrierbaren Funktion $f(x)$, dass zu ihr zwei stückweis konstante Funktionen f_1, f_2 existieren, welche sie zwischen sich enthalten ($f_1 \leqq f \leqq f_2$) und deren Integrale $\int_0^1 f_1\,dx$, $\int_0^1 f_2\,dx$ sich beliebig wenig voneinander unterscheiden. Sei der Unterschied dieser Integrale $= \varepsilon$, so ist

$$\lim_{n=\infty} \frac{1}{n} \sum_{h=1}^{n} f_1(\alpha_h) = \int_0^1 f_1\,dx \geqq \int_0^1 f\,dx - \varepsilon.$$

Für hinreichend grosses n ist daher

$$\frac{1}{n} \sum_{h=1}^{n} f_1(\alpha_h) > \int_0^1 f\,dx - 2\varepsilon$$

also a fortiori

$$\frac{1}{n} \sum_{h=1}^{n} f(\alpha_h) > \int_0^1 f\,dx - 2\varepsilon.$$

Ebenso ergibt sich mit Benutzung von f_2, dass für hinreichend grosses n die linke Seite

$$< \int_0^1 f\,dx + 2\varepsilon$$

ist, und damit ist unsere Behauptung erwiesen.

Die einfachste Funktion von der Periode 1 ist

$$e^{2\pi i x} = e(x);$$

sie ist die eigentliche *analytische Invariante der Zahlklassen* mod. 1. Der reellen Zahl x die komplexe $e(x)$ zuordnen, besagt nichts anderes, als den Prozess des Aufrollens der Zahlgerade auf den Kreis vom Umfange 1 analytisch ausführen. Für jede ganze Zahl m hat auch $e(mx)$ die Periode 1, und daher gilt unter unserer obigen Annahme insbesondere für jede ganze Zahl $m \neq 0$

$$\lim_{n=\infty} \frac{1}{n} \sum_{h=1}^{n} e(m\alpha_h) = \int_0^1 e(mx)\,dx = 0.$$

Die Theorie der Fourierschen Reihen lehrt, dass aus den speziellen Funktionen $e(mx)$ sich jede periodische Funktion linear zusammensetzen lässt. Daraus kann die folgende Umkehrung unseres Ergebnisses hergeleitet werden:

Satz 1. *Gilt für jede ganze Zahl $m \neq 0$ die Limesgleichung*

$$\sum_{h=1}^{n} e(m\alpha_h) = o(n),$$

so genügen die Zahlen α_n mod. 1 *dem Gesetz der überall gleichmässig dichten Verteilung.*

In der Tat, da die Gleichung (2) für die Funktion $e(0x) = 1$ selbstverständlich ist, folgt sie aus der in Satz 1 gemachten Annahme für jede abbrechende trigonometrische Reihe:

$$f(x) = \frac{a_0}{2} + (a_1 \cos 2\pi x + b_1 \sin 2\pi x) + \cdots + (a_m \cos 2\pi m x + b_m \sin 2\pi m x).$$

Ist $f(x)$ eine beliebige stetige Funktion von der Periode 1, so kann man bekanntlich zu jeder positiven Zahl ε eine abbrechende trigonometrische Reihe f_ε finden, so dass $|f - f_\varepsilon| < \varepsilon$ ist. $f_1 = f_\varepsilon - \varepsilon$ und $f_2 = f_\varepsilon + \varepsilon$ sind dann zwei abbrechende trigonometrische Reihen, welche f zwischen sich enthalten und deren Integrale

$$\int_0^1 f_1\, dx, \qquad \int_0^1 f_2\, dx$$

sich um 2ε voneinander unterscheiden. Wir schliessen daraus wie oben, dass Gleichung (2) für die Funktion f gültig ist. Bezeichnet endlich f eine stückweis konstante Funktion von der Periode 1, so kann man leicht (indem man etwa die Sprünge von f durch steile, geradlinige Böschungen ersetzt) zwei stetige Funktionen f_1, f_2 finden, die f zwischen sich enthalten und deren Integrale beliebig wenig voneinander verschieden sind. Darum gilt (2) dann auch für eine solche Funktion f. In dem damit bewiesenen Satz 1 besitzen wir ein analytisch gut brauchbares Kriterium für die Gleichverteilung von Zahlfolgen mod. 1.

Wir geben sogleich eine Anwendung, indem wir zeigen:

Satz 2. *Ist* ξ *eine irrationale Zahl, so liegen die ganzzahligen Vielfachen von* ξ:

$$1\xi,\ 2\xi,\ 3\xi,\ \ldots$$

mod. 1 *überall gleich dicht.*

Ist m eine ganze Zahl $\neq 0$ und setzen wir $m\xi = \eta$, so haben wir nur festzustellen, dass

$$\sum_{h=1}^{n} e(h\eta) = o(n)$$

wird. Die linke Seite lässt sich aber als geometrische Reihe summieren, ihr absoluter Betrag ist

$$= \left| \frac{e((n+1)\,\eta) - e(\eta)}{e(\eta) - 1} \right| \leqq \frac{2}{|e(\eta) - 1|} = \frac{1}{|\sin \pi\eta|},$$

ist also, da η keine ganze Zahl ist, nicht nur $= o(n)$, sondern bleibt sogar unterhalb einer endlichen Grenze.

Der Satz 2 ist von Bohl, Sierpiński und mir 1909–1910 auf Grund der Tatsache bewiesen worden, dass sich die irrationale Zahl ξ durch einen Bruch, dessen Nenner $= o(n)$ ist, mit einem Fehler $= o(1/n)$ approximieren lässt[1]). Ein weiterer elementarer, d.h. die Exponentialfunktion nicht benutzender Beweis rührt von BOHR her. Er geht so vor: Man wähle eine grosse ganze Zahl H und verstehe unter ε die absolut kleinste Zahl, welche einer der Zahlen 1ξ, 2ξ, $\ldots$, $H\xi$ mod. 1 kongruent ist. Es sei etwa $J\xi \equiv \varepsilon$. Ferner seien $[1] = a_1 b_1$ und $[2] = a_2 b_2$ zwei Intervalle von gleicher Länge. Man kann die ganze positive Zahl L so bestimmen, dass $a_1 + L\varepsilon$ mod. 1 zwischen $a_2 - \varepsilon$ (exkl.) und a_2 (inkl.) liegt. Das Intervall, welches von $a_1 + L\varepsilon$ bis $b_1 + L\varepsilon$ reicht, heisse $[2']$. Jedesmal, wenn $n\xi$ mod. 1 im Intervall [1] liegt, liegt $(n + LJ)\xi$ mod. 1 im Intervall $[2']$, und umgekehrt. Bezeichnet n_1 also die Anzahl derjenigen unter den n ersten Zahlen

$$1\xi,\ 2\xi,\ 3\xi,\ \ldots,\ n\xi, \tag{3}$$

welche mod. 1 in [1] liegen, und haben die Zeichen n_2, $n_{2'}$ die analoge Bedeutung für die Intervalle [2], $[2']$, so bleibt $|n_1 - n_{2'}|$ für alle n unterhalb einer endlichen Grenze C. Dasjenige Stück $\mathfrak{s}$ von $[2']$, das über [2] hinausragt, hat eine Länge $< |\varepsilon|$. Liegen zwei Zahlen $h\xi$ und $k\xi$ $(h < k)$ mod. 1 in $\mathfrak{s}$, so ist demnach $(k - h)\xi$ mod. 1 kleiner als ε und daher $k - h > H$. Also liegen von den Zahlen (3) höchstens $[n/H] + 1$ in $\mathfrak{s}$. Die Anzahl derjenigen unter den Zahlen (3), die in [2] und $[2']$ zugleich (d.h. in $[2']$, aber nicht in $\mathfrak{s}$) liegen, ist demnach

$$\geqq n_{2'} - \left[\frac{n}{H}\right] - 1.$$

Infolgedessen ist a fortiori

$$n_2 \geqq n_{2'} - \left[\frac{n}{H}\right] - 1 \geqq n_1 - \left[\frac{n}{H}\right] - 1 - C.$$

Daraus ergibt sich

$$\limsup_{n=\infty} \frac{n_1 - n_2}{n} \leqq \frac{1}{H},$$

und da H beliebig gross genommen werden kann,

$$\limsup_{n=\infty} \frac{n_1 - n_2}{n} \leqq 0.$$

Da das Gleiche unter Vertauschung der Intervalle [1] und [2] gilt, muss

$$\lim_{n=\infty} \frac{n_1 - n_2}{n} - 0$$

sein, d.h. in die Intervalle [1] und [2] von gleicher Länge entfallen asymptotisch gleich viele der Zahlen (3). Teilt man jetzt das ganze Intervall 0 1 in eine endliche Anzahl gleicher Teile $\mathfrak{D}$ von der Länge δ, so entfallen auf jedes $\mathfrak{D}$ asymptotisch gleich viele der reduzierten Zahlen (3); da aber jede Zahl in

[1]) P. BOHL, Crelles J. *135* (1909), S. 189–283, insbesondere S. 222. W. SIERPIŃSKI, Krakau, Akad. Anz., math.-naturw. Kl. [A], Jan. 1910, S. 9. H. WEYL, Rend. Circ. Mat. Palermo *30*, S. 406 (1910).

einem und nur einem $\mathfrak{D}$ gelegen ist, muss die Anzahl der auf jedes $\mathfrak{D}$ entfallenden asymptotisch $= \delta \cdot n$ sein. Daraus folgt unsere Behauptung (1) zunächst für jedes Intervall $\mathfrak{a}$, das aus einer endlichen Anzahl von Intervallen $\mathfrak{D}$ zusammengesetzt ist, und dann auch, da δ beliebig klein genommen werden kann, für jedes beliebige Intervall.

Zum Schluss bemerken wir noch, zu unserer allgemeinen Frage zurückkehrend, dass die Limesgleichung (1), wenn sie überhaupt bei einer gegebenen Zahlenfolge α_n für jedes Intervall $\mathfrak{a}$ zutrifft, auch gleichmässig für alle Intervalle $\mathfrak{a}$ (von einer Länge < 1) Gültigkeit hat. Denn teilen wir das Intervall $0\,1$ in eine endliche Anzahl von Teilen $\mathfrak{D}$, deren Länge $= \delta$ ist, so gilt für alle n oberhalb einer gewissen Grenze und alle Intervalle $\mathfrak{D}$

$$\delta(1-\delta)\, n \leqq n_{\mathfrak{D}} \leqq \delta(1+\delta)\, n.$$

Fasst man nun bei einem beliebig gegebenen Intervall $\mathfrak{a}$ einerseits diejenigen Intervalle $\mathfrak{D}$ ins Auge, die im Innern von $\mathfrak{a}$ gelegen sind (sie haben eine Gesamtlänge $> |\mathfrak{a}| - 2\,\delta$), andererseits diejenigen, die überhaupt Punkte mit $\mathfrak{a}$ gemein haben (und deren Gesamtlänge $< |\mathfrak{a}| + 2\,\delta$ ist), so bekommt man für Werte n, die oberhalb der erwähnten Grenze liegen:

$$(|\mathfrak{a}| - 2\delta)\,(1-\delta)\, n \leqq n_{\mathfrak{a}} \leqq (|\mathfrak{a}| + 2\delta)\,(1+\delta)\, n,$$

$$\left| \frac{n_{\mathfrak{a}}}{n} - |\mathfrak{a}| \right| \leqq 3\delta + 2\delta^2.$$

§ 2. Übertragung auf mehrere Dimensionen. Anwendungen

Dadurch, dass man p Variablen $x_1, x_2, \ldots, x_p$ bestimmte Werte

$$x_1 = \alpha_1,\; x_2 = \alpha_2,\; \ldots,\; x_p = \alpha_p$$

erteilt, erhält man einen Punkt (α) im p-dimensionalen Raum; die α_i sind seine Koordinaten. Zwei solche Punkte nennen wir kongruent (gemeint ist: mod. 1), wenn die entsprechenden Koordinaten der beiden Punkte einander mod. 1 kongruent sind. Unter denjenigen Punkten, welche dem gegebenen (α) kongruent sind:

$$x_1 \equiv \alpha_1,\; x_2 \equiv \alpha_2,\; \ldots,\; x_p \equiv \alpha_p \pmod{1},$$

gibt es einen und nur einen, welcher dem Einheitswürfel $0 \leqq x_1, x_2, \ldots, x_p < 1$ angehört; ihn nennen wir den Reduzierten. Identifiziert man zwei Punkte, falls sie einander kongruent sind – oder fasst man jedes System kongruenter Punkte als einen einzigen «Punkt» auf, so entsteht aus dem gewöhnlichen p-dimensionalen Raum eine geschlossene p-dimensionale Mannigfaltigkeit $\mathfrak{R}_p$. Ein Raumstück (d.i. eine abgeschlossene, im Endlichen gelegene Punktmenge mit bestimmtem Volumen V im CANTOR-JORDANschen Sinne) des gewöhnlichen Raumes ist, falls es keine zwei zueinander kongruente Punkte enthält, auch im $\mathfrak{R}_p$ ein (einfach bedecktes) Raumstück vom Volumen V. Eine lineare Transformation

$$x_i = \sum_{k=1}^{p} a_{ik}\, x'_k + a_i \quad (i = 1, 2, \ldots, p)$$

lässt sich dann und nur dann als eine Transformation des $\mathfrak{R}_p$ ansprechen, wenn sie ganzzahlig und unimodular ist $\{$d.h. wenn die Koeffizienten a_{ik} ganze Zahlen[1]) von der Determinante ± 1 sind$\}$.

Es sei im $\mathfrak{R}_p$ eine unendliche Punktfolge

$$\alpha(n): \quad x_1 \equiv \alpha_1(n),\ x_2 \equiv \alpha_2(n),\ \ldots,\ x_p \equiv \alpha_p(n) \quad (\text{mod. } 1)$$

$$\{n = 1, 2, 3, \ldots, \text{in inf}\}$$

gegeben. Wir fragen wie oben im Falle $p = 1$: wann liegt diese Folge im $\mathfrak{R}_p$ überall gleichmässig dicht, d.h. wann ist die Anzahl derjenigen unter den n ersten der Punkte $\alpha(n)$, welche in einem beliebig abgegrenzten Raumstück vom Volumen V liegen, asymptotisch durch $V \cdot n$ gegeben? Darauf antwortet das folgende, genau wie oben zu beweisende Kriterium:

Satz 3. *Die Punktfolge $\alpha(n)$ erfüllt den $\mathfrak{R}_p$ überall gleichmässig dicht, wenn für jedes System ganzer, nicht sämtlich verschwindender Zahlen $m_1, m_2, \ldots, m_p$ die Limesgleichung*

$$\sum_{h=1}^{n} e\big(m_1\,\alpha_1(h) + m_2\,\alpha_2(h) + \cdots + m_p\,\alpha_p(h)\big) = o(n)$$

stattfindet.

Daraus ergibt sich sogleich folgende Verallgemeinerung von Satz 2:

Satz 4. *Sind $\xi_1, \xi_2, \ldots, \xi_p$ irgend p Zahlen, zwischen denen keine ganzzahlige lineare Relation besteht* (d.h. keine Relation

$$l_1\,\xi_1 + l_2\,\xi_2 + \cdots + l_p\,\xi_p = l,$$

in der die Koeffizienten l_i und l, ohne sämtlich zu verschwinden, ganze Zahlen sind), *so liegt die Reihe der Punkte*

$$(n\xi_1, n\xi_2, \ldots, n\xi_p) \quad \{n = 1, 2, 3, \ldots, \text{in inf}\}$$

mod. 1 *überall gleich dicht.*

Die Behauptung, dass diese Punktfolge überall dicht liegt, ist der Inhalt eines berühmten Approximationssatzes von KRONECKER[2]). Das vorliegende viel schärfere Theorem ist zuerst im Sommer 1913 von mir in einem Vortrag in der Göttinger Mathematischen Gesellschaft aufgestellt und auf ähnliche Weise wie hier bewiesen worden. Die im wesentlichen übereinstimmenden, von SIERPIŃSKI, BOHL und mir herrührenden Beweise des Satzes 2 lassen sich auf

---

1) Die a_i können beliebige Zahlen sein.

2) *Die Periodensysteme von Funktionen reeller Variablen,* Ber. Preuss. Akad. Wiss. Berlin *1884*, S. 1071–1080, und: *Näherungsweise ganzzahlige Auflösung linearer Gleichungen,* ebenda *1884*, S. 1179–1193, 1271–1299. (Werke III 1, S. 32–109.)

den mehrdimensionalen Fall nicht übertragen, wohl aber ist das mit dem elementaren BOHRschen Beweis möglich. Betreffs der überraschenden Anwendungen, welche BOHR von dem KRONECKERschen und diesem schärferen Theorem auf die Theorie der RIEMANNschen ζ-Funktion machte, verweisen wir den Leser auf eine in Aussicht genommene Schrift «The Riemann Zetafunction and the Theory of Prime Numbers» von BOHR und LITTLEWOOD. – Wie sich die Aussage modifiziert, wenn zwischen den ξ_i eine oder mehrere ganzzahlige Relationen bestehen, soll im § 5 diskutiert werden.

Wir können den in Satz 4 die diskrete Reihe der ganzen positiven Zahlen durchlaufenden Parameter n durch einen kontinuierlichen Parameter t, den wir als *Zeit* deuten, ersetzen. Dann kommt:

Satz 5. *Bewegt sich im $\mathfrak{R}_p$ ein Punkt mit konstanter Geschwindigkeit auf gerader Linie:*

$$x_i \equiv \alpha_i + \gamma_i t \quad (\alpha_i, \gamma_i \text{ Konstante}), \tag{4}$$

so beträgt seine relative Verweilzeit in einem beliebigen Raumstück so viel, als das Volumen des Raumstücks angibt. Vorausgesetzt ist dabei, dass zwischen den Richtungszahlen γ_i keine homogene ganzzahlige lineare Relation besteht.

Ist während der langen Beobachtungszeit von $t = 0$ bis t die Gesamtlänge derjenigen Zeitintervalle, während welcher der bewegliche Punkt sich in dem Gebiet G vom Volumen V aufhält, $= t_G$, so versteht man unter der relativen Verweilzeit im Gebiete G den $\lim\limits_{t=\infty} t_G/t$. Das Volumen eines Gebietes G im $\mathfrak{R}_p$ kann man als die apriorische Wahrscheinlichkeit dafür betrachten, dass ein willkürlich gewählter Punkt in dies Gebiet G hineinfällt, und unser Satz besagt also, dass für eine geradlinige, mit konstanter Geschwindigkeit durchmessene Bahn *die relative Verweilzeit gleich der apriorischen Wahrscheinlichkeit* ist. Die Beziehung zur statistischen Mechanik ist einleuchtend. – Sind $m_1, m_2, \ldots, m_p$ irgend p ganze Zahlen, die nicht alle verschwinden, und setzt man

$$m_1 \alpha_1 + m_2 \alpha_2 + \cdots + m_p \alpha_p = \alpha, \quad m_1 \gamma_1 + m_2 \gamma_2 + \cdots + m_p \gamma_p = \gamma,$$

so lässt unser auf einen kontinuierlich variierenden Parameter t übertragenes Prinzip (Satz 3) erkennen, dass man zum Beweise des Satzes 5 allein der Gleichung

$$\int_0^t e(\alpha + \gamma\, t)\, dt = o(t)$$

bedarf. Diese aber ist evident, da das Integral auf der linken Seite sich zu

$$\frac{e(a + \gamma t) - e(\alpha)}{\gamma} = O(1)$$

berechnet.

Man kann Satz 5 in verschiedenen anderen Formulierungen aussprechen. Unter einem *geschlossenen Euklidischen Raume* versteht man jede geschlossene p-dimensionale Mannigfaltigkeit, welche die Eigenschaft hat, dass zu jedem Punkt derselben eine Umgebung gehört, in welcher die Euklidische Geometrie gültig ist[1]). $\mathfrak{R}_p$ ist ein solcher geschlossener Euklidischer Raum. Ist Γ_0 irgendeine aus endlich vielen, sagen wir ν, ganzzahligen unimodularen linearen Transformationen des $\mathfrak{R}_p$ bestehende Gruppe, und fasst man jedes System von ν nach der Gruppe Γ_0 äquivalenten Punkten des $\mathfrak{R}_p$ als einen einzigen Punkt auf, so entsteht aus $\mathfrak{R}_p$ ein geschlossener Euklidischer Raum $\mathfrak{R}_p^{\Gamma_0}$, über dem sich $\mathfrak{R}_p$ als unbegrenzter und unverzweigter endlich-blättriger Überlagerungsraum ausbreitet, falls keine der zu Γ_0 gehörigen Transformationen einen Fixpunkt in $\mathfrak{R}_p$ besitzt. Es lässt sich streng beweisen (ich werde das im Anhang ausführen), dass jeder geschlossene Euklidische Raum ein solcher $\mathfrak{R}_p^{\Gamma_0}$ ist. Demgemäss können wir behaupten:

Satz 6. *In einem geschlossenen Euklidischen Raum verlaufen alle geraden Linien, von leicht zu charakterisierenden Ausnahmegeraden abgesehen, so, dass jede von ihnen jedem Punkt des Raumes beliebig nahe kommt und auch in jedem gleich grossen Gebiet desselben durchschnittlich gleich lange verweilt.*

Lässt man im $\mathfrak{R}_p$ zwei Punkte zusammenfallen, deren Koordinaten *bis aufs Vorzeichen* mod. 1 übereinstimmen, so dass dann ein einziger Punkt durch die Kongruenzen

$$x_1 \equiv \pm \alpha_1,\ x_2 \equiv \pm \alpha_2,\ \ldots,\ x_p \equiv \pm \alpha_p \quad (\text{mod. } 1)$$

unter Zulassung aller 2^p Vorzeichenkombinationen bestimmt wird, so hat jeder solche Punkt in dem Würfel von der Kantenlänge 1/2:

$$0 \leqq x_1, x_2, \ldots, x_p \leqq \frac{1}{2}$$

einen und nur einen Vertreter. In diesem Würfel stellt sich dann die mit konstanter Geschwindigkeit durchlaufene Gerade (4) als eine Zickzackbahn dar, die ein Massenpunkt im p-dimensionalen Raum beschreiben würde, der von den Wänden jenes Würfels nach dem gewöhnlichen Reflexionsgesetz zurückgeworfen wird (im Falle $p = 2$ als die Bahn einer Billardkugel). Wenn zwischen den Geschwindigkeitskomponenten nach den Koordinatenachsen keine homogene ganzzahlige lineare Relation besteht, *verweilt also ein nach diesem Gesetz sich bewegender Punkt in jedem gleich grossen Gebiet des Würfels im Durchschnitt gleich lange.* Dass er jeder Stelle im Würfel beliebig nahe kommt, haben auf Grund des Kroneckerschen Approximationssatzes König und Szücs bereits früher gezeigt[2]). Es würde keine Schwierigkeiten machen, die möglichen Ausnahmefälle, von denen König und Szücs gleichfalls sprechen, vollständig durchzudiskutieren.

---

[1]) Das Problem, die Axiome der Euklidischen wie Nicht-Euklidischen Geometrie so zu formulieren, dass sie nur über die Umgebung eines jeden Punktes (deren Ausdehnung unbestimmt bleibt) etwas aussagen, und dann zu untersuchen, welche im Sinne der Analysis situs verschiedenen Räume diesen Axiomen genügen, wird nach den Urhebern dieser Fragestellung das «Clifford-Kleinsche Problem der Raumformen» genannt. Vgl. namentlich F. Klein, *Über Nicht-Euklidische Geometrie*, Math. Ann. *37*.

[2]) D. König und A. Szücs, *Mouvement d'un point abandonné à l'intérieur d'un cube*, Rend. Circ. Mat. Palermo *36* (1913).

Den $\mathfrak{R}_2$ kann man bekanntlich umkehrbar eindeutig und konform auf den *Torus* abbilden; die geraden Linien gehen über in die *Loxodromen* auf dem Torus, welche dessen Meridiane überall unter gleichem Winkel schneiden. Man kann dabei einen Torus von jeder Gestalt herausbekommen, wenn man in unseren Betrachtungen den $\mathfrak{R}_2$ ersetzt durch diejenige zweidimensionale Mannigfaltigkeit, in der zwei Punkte (x', y'), (x'', y'') dann und nur dann zusammenfallen, wenn

$$x' \equiv x'' \ (\text{mod. } a), \quad y' \equiv y'' \ (\text{mod. } b)$$

ist; unter a, b sind dabei zwei fest vorgegebene reelle Zahlen verstanden. Jede dieser Mannigfaltigkeiten lässt sich aber durch eine vorgängige affine Transformation der Koordinaten xy in den $\mathfrak{R}_2$ verwandeln. Der Torus entstehe durch Rotation eines Kreises vom Radius r, und $\varkappa$ sei an jeder Stelle seiner Oberfläche der Wert der Gauss'schen Krümmung. Dann können wir sagen: *Eine Loxodrome auf dem Torus verläuft* (abgesehen von leicht zu charakterisierenden Ausnahmen, die geschlossene Kurven sind) *so, dass sie ihn überall dicht bedeckt; die Dichtigkeit, mit der das geschieht, ist jedoch an verschiedenen Stellen nicht die gleiche, sondern proportional zu* $1-r^2\varkappa$ (ist also grösser an den der Rotationsachse zugekehrten Teilen des Torus als an den abgewandten).

Für $p = 2$ kann man den Satz 5 offenbar auch so aussprechen: *Ist* $\overrightarrow{\beta\delta}$ *eine Strecke*[1]) *im* $\mathfrak{R}_2$, *die der geradlinigen Bahn* (4) *des beweglichen Punktes nicht parallel ist, so kommt es im Durchschnitt pro Zeiteinheit* so *oft vor, dass der bewegliche Punkt diese Strecke überschreitet, als der Inhalt des aus der Strecke* $\overrightarrow{\beta\delta}$ *und dem Geschwindigkeitsvektor* (γ_1, γ_2) *gebildeten Parallelogramms angibt.* Vorausgesetzt ist dabei, dass das Verhältnis der Geschwindigkeitskomponenten $\gamma_1 : \gamma_2$ irrational ist.

Diese Formulierung rührt von Bohl her und ist von ihm aus Satz 2 hergeleitet worden. Er benutzte sie dazu, um eine von Lagrange aufgeworfene Frage über die *Superposition von Schwingungen* zu erledigen. Ein aus der Superposition von m einfachen Schwingungen hervorgehender Schwingungsvorgang wird durch eine Formel

$$z = \sum_{i=1}^{m} C_i \, e(\alpha_i + \gamma_i t) \tag{5}$$

beschrieben, in der die α_i, γ_i reelle, die C_i positive Konstante sind; geometrisch lässt er sich in der komplexen z-Ebene durch eine Epizykelkurve darstellen. Wir schreiben $z = r \cdot e(\sigma)$, indem wir unter $r (\geqq 0)$ den absoluten Betrag und unter σ das Azimut von z verstehen. Lagrange warf die Frage auf, ob das Azimut σ im Durchschnitt pro Zeiteinheit um einen konstanten Betrag wächst, d.h. ob der $\lim\limits_{t=\infty} \sigma/t$ existiert. In einem besonderen Falle konnte Lagrange selber die Frage bereits beantworten; wenn nämlich eines der C_i, etwa C_m,

---

[1]) Eine Strecke $\overrightarrow{\beta\delta}$ ist im $\mathfrak{R}_p$ natürlich *nicht* eindeutig durch Anfangs- und Endpunkt β und δ bestimmt.

grösser ist als die Summe aller andern, gilt – sogar dann, wenn man die Argumente $\alpha_i + \gamma_i t$ durch unabhängige Variable ersetzt – stets

$$|\sigma - (\alpha_m + \gamma_m t)| < \frac{1}{4}, \quad \lim_{t=\infty} \frac{\sigma}{t} = \gamma_m.$$

BOHL konnte im Falle $m = 3$ auch den Nicht-Lagrangeschen Fall erledigen. Er zeigte: *Sind πA_i die Winkel des aus der drei Seiten C_i gebildeten Dreiecks, so ist*

$$\lim_{t=\infty} \frac{\sigma}{t} = \gamma_1 A_1 + \gamma_2 A_2 + \gamma_3 A_3. \tag{6}$$

Vorausgesetzt ist, dass zwischen den γ_i keine ganzzahlige lineare homogene Relation besteht. Beim Beweise darf man $\alpha_3 = \gamma_3 = 0$ annehmen.

$$z = r\,e(\sigma) = C_1\,e(x_1) + C_2 e(x_2) + C_3 \tag{7}$$

verschwindet als Funktion von x_1, x_2 für die beiden Punkte

$$\beta\colon \begin{array}{l} x_1 \equiv \beta_1 = \dfrac{1 - A_2}{2} \\ x_2 \equiv \beta_2 = \dfrac{1 + A_1}{2} \end{array} \text{(mod. 1)}; \qquad \delta\colon \begin{array}{l} x_1 \equiv \delta_1 = \dfrac{1 + A_2}{2} \\ x_2 \equiv \delta_2 = \dfrac{1 - A_1}{2} \end{array} \text{(mod. 1)}$$

im $\mathfrak{R}_2$. Schneidet man den $\mathfrak{R}_2$ in der Strecke

$$\overrightarrow{\beta\delta}\colon \begin{array}{l} x_1 \equiv \beta_1 \tau + \delta_1(1 - \tau) \\ x_2 \equiv \beta_2 \tau + \delta_2(1 - \tau) \end{array} \text{(mod. 1)} \quad \{0 \leqq \tau \leqq 1\}$$

auf, so kann man durch eine sehr einfache geometrische Betrachtung zeigen, dass die durch (7) definierte Funktion $\sigma = \sigma(x_1 x_2)$, die um die Punkte β, δ herum verzweigt ist, in dem *aufgeschnittenen* $\mathfrak{R}_2$ eine stetige eindeutige Funktion ist, die aber über den Schnitt $\overrightarrow{\beta\delta}$ hinüber den Sprung 1 erleidet. Daraus ergibt sich ohne weiteres das BOHLsche Gesetz.

Da der Satz 5 für jedes p gültig ist, macht es keine Schwierigkeiten, die LAGRANGEsche Frage nicht nur für $m=3$, sondern für jedes m vollständig zu beantworten (was BOHL noch nicht gelungen war). Ist $m = 4$, so zerfällt der Nicht-Lagrangesche Fall noch wieder in zwei Unterfälle. Ich spreche hier das Resultat für den einen dieser Unterfälle aus[1]):

Satz 7. *Es seien vier positive Zahlen $C_1 < C_2 < C_3 < C_4$ gegeben, für die $C_1 + C_4 > C_2 + C_3$ und $C_4 < C_1 + C_2 + C_3$ ist. Alsdann vermag ein ebenes Gelenkviereck mit den Seiten C_i in einem einzigen Zykel die sämtlichen inkongruenten Zustände zu durchlaufen, deren ein ebenes Viereck mit den Seiten C_i überhaupt fähig ist. Bezeichnet $2\pi\xi_i$ die Winkel, welche die Seiten C_i eines solchen Vierecks in seiner Ebene mit irgend einer fest in derselben angenommenen Geraden bilden, so kehren die Winkeldifferenzen $2\pi(\xi_i - \xi_k)$ bei Durchlaufung eines solchen*

[1]) Vgl. hierzu einen von mir auf der Frühlingstagung 1914 der Schweizerischen Mathematischen Gesellschaft gehaltenen Vortrag: *Une application de la théorie des nombres à la mécanique statistique et à la théorie des perturbations*, Enseignement mathématique *16*, Nr. 6 (1914).

Zykels sämtlich zu ihren Ausgangswerten zurück. Man bilde das über einen Zykel erstreckte Integral

$$A_1 = \frac{1}{2}\int (\xi_2 d\xi_3 - \xi_3 d\xi_2) + (\xi_3 d\xi_4 - \xi_4 d\xi_3) + (\xi_4 d\xi_2 - \xi_2 d\xi_4)$$

und analog A_2, A_3, A_4. *Diese Integrale sind unabhängig davon, in welcher Weise das ebene Gelenkviereck seine sämtlichen inkongruenten Zustände durchläuft und auch unabhängig davon, gegen welche feste Gerade die Winkel* $2\pi\xi_i$ *gemessen werden. Ich nenne sie daher die Integralinvarianten des Gelenkvierecks. Ihre Summe ist* $= 1$. *Durch Superposition von vier einfachen Schwingungen mit den Amplituden* C_i *entsteht die Schwingung*

$$z = r\,e(\sigma) = \sum_{i=1}^{4} C_i\, e(\alpha_i + \gamma_i t);$$

ihr Azimut σ *wächst im Durchschnitt pro Zeiteinheit um* $\sum_{i=1}^{4} \gamma_i A_i$ *falls zwischen den* γ_i *keine ganzzahlige lineare homogene Relation besteht.*

Die Integralinvarianten A_i scheinen zu den Seiten C_i des Gelenkvierecks in analogen Beziehungen zu stehen, wie sie gemäss der ebenen Trigonometrie zwischen den Winkeln und Seiten eines Dreiecks statthaben.

Die Frage von LAGRANGE hat ein besonderes Interesse in der *Astronomie*. Dort bedeutet r die numerische Exzentrizität einer Planetenbahn, σ aber die Perihellänge (oder r den Sinus der Bahnneigung gegen die unveränderliche Ebene des Planetensystems und σ die Knotenlänge). Formeln von der Gestalt (5) stellen also insbesondere das *säkulare Vorrücken von Perihel- und Knotenlänge* dar. Der Nicht-Lagrangesche Fall liegt in unserem Sonnensystem nur vor für *Venus* und *Erde*.

§3. Die Reihe $\sum e(\varphi(n))$ für ein Polynom φ

Bisher haben wir angenommen, dass die Punkte im $\mathfrak{R}_p$, die wir betrachteten, in *linearer* Weise von einem, sei es kontinuierlichen, sei es die ganzen Zahlen durchlaufenden Parameter abhingen. Wir gehen jetzt zu dem allgemeineren Fall über, dass diese Abhängigkeit durch *Polynome höheren Grades* gegeben wird. Lassen wir den Parameter t (die Zeit) *kontinuierlich* alle Werte durchlaufen, so können die entsprechenden Fragen sogleich erledigt werden auf Grund der Formel

$$\int_0 e\big(\varphi(t)\big)\, dt = o(t), \tag{8}$$

die gültig ist, wenn $\varphi(t)$ irgend ein Polynom von t ist, das sich nicht auf eine blosse Konstante reduziert. Nachdem der lineare Fall besprochen ist, können wir den Grad von $\varphi(t)$ grösser als 1 annehmen. Wir bestimmen ein t_0 so, dass für $t \geqq t_0$ die Ableitung $\varphi'(t)$ beständig dasselbe Vorzeichen, etwa das positive hat, und machen in dem Integral

$$2\pi i \cdot \int_{t_0}^{t} e(\varphi(t))\, dt \quad (t > t_0)$$

die Substitution $\varphi(t) = x$. Es geht dann über in

$$2\pi i \int_{t=t_0}^{t} e(x) \frac{dx}{\varphi'(t)} = \int_{t_0}^{t} \frac{de(x)}{\varphi'(t)}.$$

Partielle Integration liefert:

$$\left[\frac{e(x)}{\varphi'(t)}\right]_{t_0}^{t} + \int_{t_0}^{t} \frac{\varphi''(t)}{(\varphi'(t))^2}\, e(\varphi(t))\, dt.$$

Da $\int_{t_0}^{\infty} \frac{|\varphi''|}{\varphi'^2}\, dt$ konvergiert, ergibt sich daraus die Konvergenz von

$$\int_{0}^{\infty} e(\varphi(t))\, dt.$$

Gleichung (8) ist also sogar in der schärferen Form

$$\int_{0}^{t} e(\varphi(t))\, dt = O(1)$$

bewiesen. Mit Hilfe unseres Prinzipes erschliessen wir daraus:

Satz 8. *Sind $\varphi_1(t), \varphi_2(t), \ldots, \varphi_p(t)$ irgend p Polynome von solcher Art, dass keine mittels ganzzahliger, nicht sämtlich verschwindender Koeffizienten aus ihnen zu bildende lineare Kombination sich auf eine blosse Konstante reduziert, so verweilt ein nach dem Gesetz*

$$x_i \equiv \varphi_i(t) \quad (i = 1, 2, \ldots, p)$$

im $\mathfrak{R}_p$ sich bewegender Punkt in jedem gleich grossen Raumstück (bei unendlich ausgedehnter Beobachtungszeit) im Durchschnitt gleich lange.

Schwieriger wird die Untersuchung, wenn wir den kontinuierlichen Parameter t durch den diskreten n ersetzen, welcher der Reihe nach die natürlichen Zahlen durchläuft. Es kommt alles darauf an, zu zeigen:

Satz 9. *Ist in einem Polynom q-ten Grades $\varphi(z)$:*

$$\varphi(z) = \alpha_q z^q + \alpha_{q-1} z^{q-1} + \cdots + \alpha_0$$

einer der Koeffizienten $\alpha_q, \alpha_{q-1}, \ldots, \alpha_1$ irrational, so gilt die Limesgleichung

$$\sum_{h=0}^{n} e(\varphi(h)) = o(n). \tag{9}$$

{**Zusatz.** *Ist α_l unter den irrationalen Koeffizienten derjenige, welcher den höchsten Index l trägt, so gilt* (9) *bei festem α_l gleichmässig mit Bezug auf alle Werte der folgenden Koeffizienten $\alpha_{l-1}, \ldots, \alpha_1, \alpha_0$.*}

Für $\varphi(z) = \alpha z^q$ ist dieser Satz zuerst von HARDY und LITTLEWOOD in Cambridge (1912) ausgesprochen worden[1]). Für Polynome $\varphi(z)$ vom 2. Grade haben die beiden Autoren einen auf der Anwendung des CAUCHYschen Integralsatzes beruhenden Beweis seither in den Acta Mathematica publiziert[2]); wie ich einer freundlichen Mitteilung HARDYs entnehme, haben sie aber die Gültigkeit von Satz 9 genau in dem gleichen Umfange wie ich erkannt, und ihr Beweis, der von dem meinigen durchaus abweicht, wird binnen kurzem in den Acta Mathematica erscheinen.

Ich betrachte im gewöhnlichen q-dimensionalen Raum alle Gitterpunkte $\mathfrak{r} = (r_1, r_2, \ldots, r_q)$, d.h. alle Punkte mit ganzzahligen Koordinaten r_i, welche dem «oktaedrischen» Bereich

$$|\mathfrak{r}| = |r_1| + |r_2| + \cdots + |r_q| \leqq n$$

angehören. Ihre Anzahl heisse n_q; sie ist

$$= 2^q \binom{n}{q} + 2^{q-1} \binom{n}{q-1} \binom{q}{1} + 2^{q-2} \binom{n}{q-2} \binom{q}{2} + \cdots + 1.$$

Doch kommt es auf den genauen Wert von n_q nicht an; wir brauchen nur die (zahlengeometrisch ja ohne weiteres evidente) für unendlich grosse n gültige asymptotische Formel

$$n_q \sim \frac{(2n)^q}{q!}.$$

Dem Beweis von Satz 9 müssen wir diesen Hilfssatz vorausschicken:

Es sei ξ eine irrationale Zahl. Unter den n_q Gitterpunkten

$$\mathfrak{r} = (r_1, r_2, \ldots, r_q),$$

welche dem oktaedrischen Bereich $|\mathfrak{r}| \leqq n$ angehören, fassen wir diejenigen ins Auge, für welche die Zahl

$$r_1 r_2 \ldots r_q \xi \quad \text{mod. } 1$$

in dem beliebig vorgegebenen Intervall $a\,b$ von der Länge $c = b - a < 1$ gelegen ist; ihre Anzahl, wird behauptet, beträgt asymptotisch $c \cdot n_q$.

Gemäss dem in Satz 1 aufgestellten Prinzip hat man zum Beweise nur die Limesgleichung

$$\lim_{n=\infty} \frac{1}{n_q} \sum_{|\mathfrak{r}| \leqq n} e(r_1 r_2 \ldots r_q \xi) = 0 \tag{10}$$

herzuleiten. Trifft diese nämlich für jede irrationale Zahl ξ zu, so wird sie ausser für ξ auch für jedes ganzzahlige Multiplum $m\xi$ von ξ $(m \neq 0)$ bestehen.

---

[1]) In ihrem Vortrag: *Some problems of Diophantine approximation*; vgl. den Kongressbericht.

[2]) G.H. HARDY und J.E. LITTLEWOOD, Acta Math. *37*, S. 193–238, Theorem 2.14 auf S. 213. Diese Arbeit ist die Fortsetzung der auf S. 155 beginnenden Abhandlung *Some problems of Diophantine Approximations*, deren 3. Teil gegenwärtig noch aussteht. [Dieser 3. Teil ist nie erschienen (Zusatz 1955).]

Da für $q=1$ die behauptete Gleichung richtig ist, können wir den Beweis mittels des Schlusses von $q-1$ auf q erbringen. Ich führe in der Summe auf der linken Seite von (10) zunächst die Summation nach r_q, dann nach den übrigen r aus. Bezeichnet $\mathfrak{r}'$ den «projizierten» Gitterpunkt $(r_1, r_2, \ldots, r_{q-1})$ im $(q-1)$-dimensionalen Koordinatenraum $(x_q = 0)$, so setze ich also

$$\sum_{\mathfrak{r}} = \sum_{\mathfrak{r}'} \sum_{r_q}.$$

Die äussere Summation nach $\mathfrak{r}'$ erstreckt sich dabei über den oktaedrischen Bereich $|\mathfrak{r}'| \leqq n$ und für jedes solche $\mathfrak{r}'$ die innere über alle der Bedingung

$$|r_q| \leqq n - |\mathfrak{r}'|$$

genügenden ganzen Zahlen. Die innere Summation kann ich ausführen (geometrische Reihe); sie ergibt, wenn noch

$$r_1 r_2 \ldots r_{q-1} = R$$

gesetzt wird,

$$\Big|\sum_{r_q} e(r_q R \xi)\Big| \leqq \frac{1}{|\sin(\pi R \xi)|}.$$

Da jene Summe aus höchstens $2n+1$ Gliedern besteht, gilt ausserdem

$$\Big|\sum_{r_q} e(r_q R \xi)\Big| \leqq 2n+1.$$

Ich wähle eine positive Zahl $\varepsilon (< 1/2)$. Wir wollten annehmen, dass unser Satz für $q-1$ bereits feststünde; dann wissen wir, dass die Anzahl derjenigen unter den n_{q-1} Gitterpunkten $\mathfrak{r}'$, für welche $R\xi$ mod. 1 zwischen $-\varepsilon$ und $+\varepsilon$ liegt, asymptotisch $= 2\varepsilon \cdot n_{q-1}$, mithin für hinreichend grosses n gewiss $< 3\varepsilon \cdot n_{q-1}$ ist. Für diese $\mathfrak{r}'$ wenden wir die zweite der eben angegebenen Abschätzungen der inneren Summe an, für die übrigen liefert die erste:

$$\Big|\sum_{r_q} e(r_q R \xi)\Big| \leqq \frac{1}{\sin \pi \varepsilon}.$$

Wir haben insgesamt

$$\Big|\sum_{\mathfrak{r}} e(r_1 r_2 \ldots r_q \xi)\Big| = \Big|\sum_{\mathfrak{r}}\Big| \leqq \sum_{\mathfrak{r}'} \Big|\sum_{r_q}\Big| \leqq n_{q-1} \left\{3\varepsilon(2n+1) + \frac{1}{\sin \pi \varepsilon}\right\}.$$

Da

$$\lim_{n=\infty} \frac{n_{q-1}(2n+1)}{n_q} = q$$

ist, wird infolgedessen für hinreichend hohe n:

$$\frac{1}{n_q} \Big|\sum_{\mathfrak{r}} e(r_1 r_2 \ldots r_q \xi)\Big| < \varepsilon(3q+1),$$

und das war der Inhalt unserer Behauptung.

Beim Beweise von Satz 9 werden wir diese Folgerung unseres Hilfssatzes zu verwenden haben: Diejenigen Systeme ganzer Zahlen $r_1, r_2, \ldots, r_{q-1}$, für welche

$$|\mathfrak{r}'| = |r_1| + |r_2| + \cdots + |r_{q-1}| \leqq n$$

ist und $R\xi = r_1 r_2 \ldots r_{q-1}\xi$ mod. 1 zwischen $-\varepsilon$ und $+\varepsilon$ liegt, sind für hinreichend grosse n in einer Anzahl $< 3\varepsilon \cdot n_{q-1}$ vorhanden.

Nachdem dies vorausgeschickt ist, können wir die Untersuchung der Summe

$$\sigma_n = \sum_{h=0}^{n} e\big(\varphi(h)\big)$$

in Angriff nehmen. Wir setzen zunächst voraus, dass der höchste Koeffizient α_q von $\varphi(z)$ irrational ist.

1. Schritt. Die Konjugierte von σ_n ist

$$\bar{\sigma}_n = \sum_{h=0}^{n} e\big(-\varphi(h)\big);$$

also

$$|\sigma_n|^2 = \sigma_n \bar{\sigma}_n = \sum_{h=0}^{n} \sum_{k=0}^{n} e\big(\varphi(h)\big) \cdot e\big(-\varphi(k)\big) = \sum_{h,k} e\big(\varphi(h) - \varphi(k)\big).$$

Ich setze $h = k + r$; dann wird

$$\varphi(h) = \varphi(k + r) = \varphi(k) + r\,\varphi(r, k).$$

$\varphi(r, k)$ ist eine ganze rationale Funktion von k und r, die nur Glieder $(q-1)$-ter oder niederer Ordnung enthält; in ihrem Ausdruck kommt der Koeffizient α_0 nicht mehr vo die Entwicklung nach fallenden Potenzen von k beginnt mit dem Term $q\,\alpha_q\,k^{q-1}$. Wir haben also jetzt

$$|\sigma_n|^2 = \sum_{r} \sum_{k} e\big(r\,\varphi(r, k)\big).$$

Der Summationsbereich wird beschrieben durch:

$$0 \leqq k \leqq n, \quad 0 \leqq k + r \leqq n.$$

r durchläuft also das ganze Intervall von $-n$ bis $+n$, und in der inneren Summe durchläuft k für jedes solche r die sämtlichen ganzen Zahlen des Intervalls von 0 bis $n - |r|$ oder von $|r|$ bis n, je nachdem $r \geqq 0$ oder $r \leqq 0$ ist.

2. Schritt. Verwenden wir das Zeichen n_q für $q = 1, 2, \ldots$ in der gleichen Bedeutung wie im Hilfssatz, so erhält man aus der letzten Gleichung mit Hilfe der Schwarzschen Ungleichung

$$|\sigma_n|^4 \leqq n_1 \sum_{r} \Big| \sum_{k} e\big(r\,\varphi(r, k)\big) \Big|^2.$$

Nunmehr wiederhole ich das beim ersten Schritt befolgte Verfahren. Es ist

$$\Big|\sum_k e\big(r\,\varphi(r,k)\big)\Big|^2 = \sum_{k,l} e\big(r\,\varphi(r,k) - r\,\varphi(r,l)\big).$$

Wiederum schreibe ich

$$k = l + s, \quad \varphi(r,k) = \varphi(r, l+s) = \varphi(r,l) + s\,\varphi(r,s,l).$$

Die ganze rationale Funktion $\varphi(r, s, l)$ von r, s und l enthält nur Glieder der Ordnung $\leqq q-2$ und beginnt bei der Entwicklung nach absteigenden Potenzen von l mit dem Term $q(q-1)\,\alpha_q\, l^{q-2}$; die Koeffizienten α_0, α_1 kommen nicht mehr vor. Im gegenwärtigen Stadium ist

$$|\sigma_n|^4 \leqq n_1 \sum_{r,s} \sum_l e\big(r\,s\,\varphi(r,s,l)\big).$$

(r, s) durchläuft hier das zweidimensionale «Oktaeder» $|r| + |s| \leqq n$ und l dasjenige Intervall, welches aus dem oben geschilderten Summationsintervall von k entsteht, wenn man hinten oder vorn $|s|$ Zahlen abstreicht, je nachdem $s \geqq 0$ oder $s \leqq 0$ ist.

Der *3. Schritt* beginnt mit abermaliger Anwendung der SCHWARZschen Ungleichung, welche liefert:

$$|\sigma_n|^8 \leqq n_1^2\, n_2 \sum_{r,s} \Big|\sum_l e\big(r\,s\,\varphi(r,s,l)\big)\Big|^2,$$

und geht dann in der gleichen Weise weiter wie oben.

Wir müssen diesen Prozess fortsetzen bis zur Ausführung des $(q-1)$-ten Schrittes. Dazu müssen wir die Summationsbuchstaben $h, k, l, \ldots; r, s, \ldots$ durch Indizes unterscheiden, etwa so:

$$\begin{array}{lll} h_1 = r_1 \quad + h_2;\ \varphi(h_1) & = \varphi(h_2) & + r_1\,\varphi(r_1, h_2), \\ h_2 = r_2 \quad + h_3;\ \varphi(r_1, h_2) & = \varphi(r_1, h_3) & + r_2\,\varphi(r_1, r_2, h_3), \\ \ldots\ldots\ldots\ldots & \ldots\ldots\ldots\ldots & \ldots\ldots \\ h_{q-1} = r_{q-1} + h;\ \varphi(r_1, \ldots, r_{q-2}, h_{q-1}) & = \varphi(r_1, \ldots, r_{q-2}, h) & + r_{q-1}\,\varphi(r_1, r_2, \ldots, r_{q-1}, h). \end{array}$$

Es wird das letzte, von den q Argumenten $r_1, r_2, \ldots, r_{q-1}, h$ abhängige φ nur Glieder der 0. und 1. Ordnung enthalten, und der Koeffizient, mit welchem h multipliziert ist, lautet $q!\,\alpha_q$:

$$\varphi(r_1, r_2, \ldots, r_{q-1}, h) = q!\,\alpha_q\, h + (\beta_0 + \beta_1 r_1 + \beta_2 r_2 + \cdots + \beta_{q-1} r_{q-1}).$$

Die konstanten Koeffizienten β berechnen sich aus den beiden ersten Koeffizienten α_q, α_{q-1} von $\varphi(z)$ in einer Weise, die uns hier nicht weiter zu interessieren braucht. Führe ich folgende Abkürzungen ein:

$$R = r_1 r_2 \ldots r_{q-1}, \ \varrho = R(\beta_0 + \beta_1 r_1 + \beta_2 r_2 + \cdots + \beta_{q-1} r_{q-1}), \ \xi = q! \, \alpha_q,$$

$$Q = 2^{q-1}, \quad N = (n_1)^{2^{q-3}} (n_2)^{2^{q-4}} \ldots n_{q-3}^2 \, n_{q-2},$$

(für $q = 2$ ist $N = 1$ zu setzen), so kommt schliesslich die Ungleichung

$$|\sigma_n|^Q \leqq N \sum_{\mathfrak{r}'} \{ e(\varrho) \sum_h e(R\xi h) \} \tag{11}$$

zustande, in welcher $\mathfrak{r}' = (r_1, r_2, \ldots, r_{q-1})$ das Oktaeder $|\mathfrak{r}'| \leqq n$ durchläuft, h aber ein von $\mathfrak{r}'$ abhängiges zusammenhängendes Intervall von $n + 1 - |\mathfrak{r}'|$ ganzen Zahlen; dasselbe entsteht dadurch aus $0\,n$, dass man der Reihe nach $(i = 1, 2, \ldots, q-1)$ jedesmal $|r_i|$ Zahlen hinten oder vorn abstreicht, je nachdem $r_i \geqq 0$ oder $\leqq 0$ ist. Ersetzt man in dem Ausdruck für N jedes n_i durch n^i, so geht N in eine Potenz von n über, deren Exponent

$$1 \cdot 2^{q-3} + 2 \cdot 2^{q-4} + 3 \cdot 2^{q-5} + \cdots + (q-2) \cdot 2^0 = Q - q$$

ist. Daher gilt für N selber eine asymptotische Formel

$$N \sim \varkappa \cdot n^{Q-q},$$

in der $\varkappa$ eine nur von q abhängige Konstante ist.

In (11) können wir die innere Summe nach h, da sie eine geometrische Reihe ist, auswerten. Wir bekommen für alle $\mathfrak{r}'$, für die $R\xi$ mod. 1 nicht zwischen $-\varepsilon$ und $+\varepsilon$ liegt,

$$\left|\sum_h\right| \leqq \frac{1}{\sin \pi \varepsilon};$$

für die übrigen $\mathfrak{r}'$, deren Anzahl bei hinreichend grossem n kleiner ist als $3\varepsilon \cdot n_{q-1}$, benutzen wir wieder die rohe Abschätzung

$$\left|\sum_h\right| \leqq n + 1.$$

Dann folgt aus unserer Formel (11) die Ungleichung

$$|\sigma_n|^Q \leqq N \cdot n_{q-1} \left\{ 3\varepsilon(n+1) + \frac{1}{\sin \pi \varepsilon} \right\}.$$

Sobald n hinreichend gross ist, wird daher

$$\left|\frac{\sigma_n}{n}\right|^Q \leqq 3\varepsilon \left(\frac{\varkappa \cdot 2^{q-1}}{(q-1)!} + 1 \right),$$

und unser Beweis ist beendet.

Wenn der höchste Koeffizient nicht irrational ist, sondern etwa $\alpha_q, \alpha_{q-1}, \ldots, \alpha_{l+1}$ rational sind, aber α_l irrational, so sei G der Generalnenner der Brüche $\alpha_q, \alpha_{q-1}, \ldots, \alpha_{l+1}$. Wir trennen dann die $\sum_n$ in G Teile je nach dem Rest, welchen n mod. G lässt. Wir ersetzen also n durch $G\,n + r$ und haben

$$\sum_{h=0}^{Gn-1} e\big(\varphi(h)\big) = \sum_{r=0}^{G-1} \sum_{h=0}^{n} e\big(\varphi(Gh + r)\big).$$

Es ist aber $\varphi(Gz + r)$ für jedes $r = 0, 1, \ldots, G-1$ einem Polynom $\psi_r(z)$ vom l-ten Grade mod. 1 kongruent[1]), dessen höchster Koeffizient $\alpha_l G^l$ irrational ist. Infolgedessen ist jede einzelne der G Summen, in die wir unsere ursprüngliche zerlegt haben, $= o(n)$.

Neben σ_n kann man Reihen wie

$$\sum n\, e\big(\varphi(n)\big), \qquad \sum \frac{1}{n}\, e\big(\varphi(n)\big)$$

oder allgemein

$$\sum_n a_n\, e\big(\varphi(n)\big)$$

betrachten, in denen $a_1, a_2, a_3, \ldots$ positive Zahlen sind, deren Summe divergiert.

Satz 10. *Die Limesgleichung*

$$\sum_{h=0}^{n} a_h\, e\big(\varphi(h)\big) = o\left(\sum_{h=0}^{n} a_h\right)$$

gilt für jede divergente Reihe $a_0 + a_1 + a_2 + \cdots$, deren positive Glieder monoton abnehmen. Nehmen die Glieder monoton zu, so gilt die gleiche Behauptung jedenfalls immer dann, wenn

$$n\, a_n = O\left(\sum_{h=0}^{n} a_h\right)$$

ist; also beispielsweise stets, wenn a_n wie eine Potenz von n wächst.

Dies ergibt sich in bekannter Weise durch Anwendung der partiellen Summation. Es ist

$$\sum_{h=0}^{n} a_h\, e\big(\varphi(h)\big) = a_n\, \sigma_n + \sum_{h=0}^{n-1} \sigma_h (a_h - a_{h+1}).$$

Ist ε eine vorgegebene positive Zahl, so gilt von einem bestimmten h ab $|\sigma_h| < \varepsilon \cdot h$, und darum ist

$$\left| \sum_{h=0}^{n} a_h\, e\big(\varphi(h)\big) \right| \leqq C_\varepsilon + \varepsilon n a_n + \varepsilon \sum_{h=0}^{n-1} h\, |a_h - a_{h+1}|,$$

[1]) Zwei Polynome heissen kongruent mod. 1, wenn ihre Differenz ein Polynom mit lauter ganzzahligen Koeffizienten ist.

wo C_ε eine wohl von ε, aber nicht von n abhängige Konstante bedeutet. Nehmen die a_n monoton ab, so ist die Summe rechts

$$=\sum_{h=0}^{n-1} h(a_h - a_{h+1}) = \sum_{h=1}^{n} a_h - n a_n,$$

und wir finden

$$\left|\sum_{h=0}^{n} a_h\, e(\varphi(h))\right| \leqq C_\varepsilon + \varepsilon \sum_{h=0}^{n} a_h.$$

Damit ist dieser Fall erledigt. Nehmen hingegen die a_n monoton zu, so ist die Summe rechts

$$=\sum_{h=0}^{n-1} h(a_{h+1} - a_h) = n a_n - \sum_{h=1}^{n} a_h < n\, a_n,$$

und wir bekommen

$$\left|\sum_{h=0}^{n} a_h\, e(\varphi(h))\right| \leqq C_\varepsilon + 2\varepsilon n a_n.$$

Ich hebe insbesondere die Gleichung

$$\sum_{h=1}^{n} \frac{e(\varphi(h))}{h} = o\,(\lg n)$$

hervor[1]).

Auch Fälle, in denen die Reihe $a_0 + a_1 + a_2 + \cdots$ konvergiert, sind von Wichtigkeit. Betrachten wir z.B. die einfachste ϑ-Funktion:

$$\vartheta(v; z) = \sum_{n=-\infty}^{+\infty} z^{n^2} e^{2\pi i n v} \qquad (|z| < 1)$$

für reelle Argumentwerte v (z ist der gewöhnlich mit q bezeichnete Modul). Schreiben wir, indem wir $|z| = r$ setzen, $z = r\, e^{2\pi i \alpha}$ und behalten von der Summe zunächst nur den Teil bei, der von $n = 0$ bis $+\infty$ läuft, so geht die ϑ-Reihe über in

$$\sum_{n=0}^{\infty} r^{n^2} e(\varphi(n)) \qquad \{\varphi(n) = \alpha n^2 + v n\}.$$

Wir wollen das Verhalten der ϑ-Funktion untersuchen, wenn der Modul z längs eines Radius gegen einen auf dem Einheitskreis gelegenen Punkt konvergiert,

---

[1]) Das ursprüngliche Ziel der HARDY-LITTLEWOODschen Untersuchung war die Gewinnung der Limesgleichung

$$\zeta(1 + t\, i) = o(\lg t)$$

für die RIEMANNsche ζ-Funktion, d.i.

$$\sum_{n=1}^{t} \frac{e^{t i \lg n}}{n} = o(\lg t). \qquad (*)$$

Dies kann man gleichfalls mittels der hier auf $\Sigma\, e(\varphi(n))$ angewendeten Methode beweisen; es liegt dieser Satz sogar, wie mir scheinen will, weniger tief als der Satz 9, da man zur Herleitung von (*) sich nicht auf das «Prinzip» (Satz 1) zu stützen braucht. Ich werde meinen Beweis später (vielleicht im Anschluss an die Arbeit von HARDY und LITTLEWOOD über diesen Gegenstand) veröffentlichen.

d. h. wir wollen r (unter Festhaltung von α und v) von kleineren Werten her zu 1 konvergieren lassen. Unsere Reihe können wir schreiben

$$\sum_{n=0}^{\infty} c_n r^n,$$

indem wir $c_n = 0$ setzen, falls n keine Quadratzahl ist, wenn aber n eine Quadratzahl $= m^2$ ist, $c_n = e(\varphi(m))$. Hier liefert die partielle Summation

$$\sum_{n=0}^{\infty} c_n r^n = \sum_{n=0}^{\infty} C_n (r^n - r^{n+1}) = (1 - r) \cdot \sum_{n=0}^{\infty} C_n r^n,$$

$$C_n = c_0 + c_1 + \cdots + c_n = \sum_{m=0}^{\sqrt{n}} e\big(\varphi(m)\big).$$

Wenn α irrational ist, wird

$$C_n = o\left(\sqrt{n}\right) \quad \text{oder} \quad C_n = o\left(\frac{3 \cdot 5 \cdots (2n+1)}{2 \cdot 4 \cdots 2n}\right).$$

Da

$$\sum_{n=0}^{\infty} \frac{3 \cdot 5 \cdots (2n+1)}{2 \cdot 4 \cdots 2n} r^n = (1 - r)^{-\frac{3}{2}}$$

ist, gilt also

$$\lim_{r=1} \left\{ \sqrt{1 - r} \cdot \sum_{n=0}^{\infty} c_n r^n \right\} = 0.$$

Wir erhalten demnach für die ϑ-Funktion[1]):

$$\vartheta(z; v) = o\left(\frac{1}{\sqrt{1 - |z|}}\right).$$

Etwas Entsprechendes findet statt für die allgemeinere Funktion

$$\vartheta(z; v_1, v_2, \ldots, v_{q-1}) = \sum_{n=-\infty}^{+\infty} z^{n^q} e(v_1 n + v_2 n^2 + \cdots + v_{q-1} n^{q-1}).$$

Satz 11. *Lässt man z bei konstantem, mit 2π inkommensurablem Azimut gegen den Einheitskreis konvergieren, so ist*

$$\vartheta(z; v_1, v_2, \ldots, v_{q-1}) = o\left(\frac{1}{\sqrt[q]{1 - |z|}}\right)$$

gleichmässig in den reellen Argumenten v.

§ 4. Folgerungen für die Gleichverteilung von Punkten im $\mathfrak{R}_p$

Aus Satz 9 fliessen auf Grund des Prinzips, auf das unsere ganze Untersuchung basiert ist, diese Folgerungen:

Satz 12. *Ist $\varphi(z)$ ein Polynom mit dem konstanten Term α_0 und sind nicht alle Koeffizienten von $\varphi(z) - \alpha_0$ rational, so liegt die Reihe der Zahlen*

$$\varphi(1), \varphi(2), \varphi(3), \ldots$$

mod. 1 *überall gleich dicht.*

---

1) Vgl. G. H. Hardy und J. E. Littlewood, Theorem 7 des Cambridger Vortrags.

Insbesondere:

Satz 13. *Ist ξ eine irrationale Zahl, so bedeckt die Reihe der Punkte*

$$1\,\xi,\ 4\,\xi,\ 9\,\xi,\ 16\,\xi,\ 25\,\xi,\ \ldots,$$

wenn man die Zahlgerade auf den Kreis vom Umfang 1 *aufrollt, die Peripherie des Kreises überall gleich dicht. Das Entsprechende gilt, wenn man die Quadratzahlen ersetzt durch die Kubikzahlen oder die vierten Potenzen usw.*

Allgemeiner:

Satz 14. *Sind*

$$\varphi_1(z),\ \varphi_2(z),\ \ldots,\ \varphi_p(z)$$

irgend p Polynome von der Art, dass keine mittels beliebiger, nicht sämtlich verschwindender ganzer Zahlen aus den $\varphi_i(z)$ gebildete lineare Kombination ein Polynom ergibt, das einer Konstanten mod. 1 *kongruent ist, so liegt die Reihe der Punkte*

$$x_1 \equiv \varphi_1(n),\ x_2 \equiv \varphi_2(n),\ \ldots,\ x_p \equiv \varphi_p(n) \quad (\text{mod. } 1)$$
$$\{n = 1, 2, 3, \ldots \text{ in inf}\}$$

im $\mathfrak{R}_p$ überall gleich dicht.

Denn für jedes System nicht sämtlich verschwindender ganzer Zahlen m_1, $m_2, \ldots, m_p$ ist

$$\varphi(z) = m_1\,\varphi_1(z) + m_2\,\varphi_2(z) + \cdots + m_p\,\varphi_p(z)$$

ein Polynom, das die Voraussetzung des Satzes 9 erfüllt.

In Satz 14 sind als besondere Tatsachen enthalten:

Satz 15. *Ist ξ eine irrationale Zahl und grenzt man im Einheitsintervall* 0 1 *irgend q Intervalle $a_i\,b_i$ $(i = 1, 2, \ldots, q)$ ab, so ist die Anzahl derjenigen unter den n ersten ganzen Zahlen $h = 1, 2, \ldots, n$ befindlichen, für welche die* mod. 1 *reduzierte Zahl* $(h\,\xi)$ *in* $a_1 b_1$ *und* *z u g l e i c h* $(h^2\xi)$ *in* $a_2 b_2, \ldots, (h^q\xi)$ *in* $a_q\,b_q$ *liegt, asymptotisch*

$$= (b_1 - a_1)\,(b_2 - a_2) \ldots (b_q - a_q)\,n$$

für $\lim n = \infty$.

Satz 16. *Sind $\xi_1, \xi_2, \ldots, \xi_p$ irgend p Zahlen, zwischen denen keine ganzzahlige lineare Relation besteht, und grenzt man im Einheitsintervall beliebige pq Strecken $a_{ij}\,b_{ij}$ ab, so sind diejenigen unter den Zahlen $h = 1, 2, \ldots, n$, für welche die sämtlichen Ungleichungen*

$$a_{11} \leqq (h\,\xi_1) \leqq b_{11},\ a_{21} \leqq (h^2\,\xi_1) \leqq b_{21},\ \ldots,\ a_{q1} \leqq (h^q\,\xi_1) \leqq b_{q1},$$
$$a_{12} \leqq (h\,\xi_2) \leqq b_{12},\ a_{22} \leqq (h^2\,\xi_2) \leqq b_{22},\ \ldots,\ a_{q2} \leqq (h^q\,\xi_2) \leqq b_{q2},$$
$$\cdots\cdots\cdots\cdots\cdots\cdots\cdots\cdots\cdots\cdots\cdots\cdots$$
$$a_{1p} \leqq (h\,\xi_p) \leqq b_{1p},\ a_{2p} \leqq (h^2\,\xi_p) \leqq b_{2p},\ \ldots,\ a_{qp} \leqq (h^q\,\xi_p) \leqq b_{qp}$$

bestehen, asymptotisch in der Anzahl

$$n \cdot \prod_{i=1}^{q} \prod_{j=1}^{p} (b_{ij} - a_{ij})$$

vorhanden.

Auch HARDY und LITTLEWOOD haben in ihrer ersten Arbeit in den Acta Mathematica (auf elementarem Wege) gezeigt, dass Zahlen h von der in Satz 15 und 16 geforderten Beschaffenheit überhaupt existieren; sie bedürfen dieser Tatsache zu ihrem Beweis des Satzes 9. Die hier aufgestellten Theoreme, die wir in umgekehrter Wegrichtung aus dem anders und direkt bewiesenen Satze 9 erschlossen haben, sind von ihnen nur vermutet worden.

Ein weiterer interessanter Spezialfall von Satz 14 ist dieser:

Satz 17. *Ist $\varphi(z)$ ein Polynom, in welchem z^l die höchste vorkommende, einen irrationalen Koeffizienten tragende Potenz ist, und achtet man darauf, wann und wie oft es vorkommt, dass je l aufeinanderfolgende der Zahlen*

$$\varphi(1),\ \varphi(2),\ \varphi(3),\ \ldots$$

mod. 1 *der Reihe nach in l vorgegebene Intervalle $a_i\, b_i$ fallen, so stellt sich heraus, dass die relative Häufigkeit eines solchen Vorkommnisses gleich der apriorischen Wahrscheinlichkeit*

$$\prod_{i=1}^{l} (b_i - a_i)$$

ist.

Man hat zu prüfen, ob es l ganze Zahlen $m_0, m_1, \ldots, m_{l-1}$ geben kann, so dass

$$\sum_{r=0}^{l-1} m_r\, \varphi(z+r)$$

ein Polynom ist, dessen sämtliche Koeffizienten, vom konstanten Gliede abgesehen, rationale Zahlen sind. Bei der Prüfung dieser Frage kann man φ ersetzen durch dasjenige verkürzte Polynom, welches aus φ entsteht, wenn man alle Glieder mit höherer Potenz als z^l streicht. Ist das verkürzte

$$\varphi(z) \text{ gleich } \alpha\, z^l + \alpha_1\, z^{l-1} + \cdots + \alpha_l \quad (\alpha \text{ irrational}),$$

so hat man

$$\varphi(z+r) = \alpha\, z^l + \left(\alpha \binom{l}{1} r + \alpha_1\right) z^{l-1} + \left(\alpha \binom{l}{2} r^2 + \alpha_1 \binom{l-1}{1} r + \alpha_2\right) z^{l-2} + \cdots.$$

Sollen die Zahlen m_r die geforderte Beschaffenheit haben, so ergeben sich also der Reihe nach die Gleichungen

$$\left.\begin{aligned} \sum_{r=0}^{l-1} m_r \quad &= 0, \\ \sum_{r=0}^{l-1} r\, m_r \quad &= 0, \\ \cdot\ \cdot\ \cdot\ &\cdot\ \cdot\ \cdot \\ \sum_{r=0}^{l-1} r^{l-1}\, m_r &= 0, \end{aligned}\right\}$$

und daraus erhält man

$$m_0 = m_1 = \cdots = m_{l-1} = 0.$$

Zugleich erkennt man, dass der Satz für mehr als l aufeinanderfolgende der $\varphi(n)$ nicht mehr richtig sein kann.

§ 5. Die Ausnahmefälle

Es seien wieder

$$\varphi_1(z),\ \varphi_2(z),\ \ldots,\ \varphi_p(z)$$

irgend p Polynome mit reellen Koeffizienten ohne konstantes Glied[1]). Ich nehme jetzt an, es gäbe ganze Zahlen l_i, so dass

$$l_1\,\varphi_1(z) + l_2\,\varphi_2(z) + \cdots + l_p\,\varphi_p(z)$$

ein Polynom mit lauter rationalen Koeffizienten wird. Ein System ganzer Zahlen $(l_1, l_2, \ldots, l_p)$, für welches dieser Umstand eintritt, will ich als einen «Punkt $\mathfrak{l}$» bezeichnen. Die Punkte $\mathfrak{l}$ bilden ein *Gitter*; d. h. mit $\mathfrak{l}$ ist auch immer $-\mathfrak{l}$ und mit zwei Punkten $\mathfrak{l}'$, $\mathfrak{l}''$ auch die Summe $\mathfrak{l}' + \mathfrak{l}''$ ein «Punkt $\mathfrak{l}$»[2]). Nach einem bekannten Verfahren, das von MINKOWSKI als «Adaption eines Zahlgitters an ein enthaltenes» bezeichnet wird[3]), lassen sich jetzt Punkte $\mathfrak{l}$:

$$\mathfrak{l}_k = (l_{k1}, l_{k2}, \ldots, l_{kp}) \quad (k = 1, 2, \ldots, q)$$

in einer Anzahl $q \leqq p$ so bestimmen, dass zwischen ihnen keine Relation $\sum_{k=1}^{q} y_k\,\mathfrak{l}_k = 0$ mit beliebigen, nicht sämtlich verschwindenden Koeffizienten y_k besteht, alle Punkte $\mathfrak{l}$ sich aber mittels *ganzzahliger* Koeffizienten h_k aus den $\mathfrak{l}_k$ zusammensetzen lassen:

$$\mathfrak{l} = \sum_{k=1}^{q} h_k\,\mathfrak{l}_k.$$

Diejenigen Punkte $\mathfrak{x} = (x_1, x_2, \ldots, x_p)$, die mit Hilfe beliebiger *reeller* Koeffizienten y_k in der Form

$$\mathfrak{x} = \sum_{k=1}^{q} y_k\,\mathfrak{l}_k$$

dargestellt werden können, bilden im gewöhnlichen p-dimensionalen Raum eine q-dimensionale lineare Mannigfaltigkeit $\mathfrak{Y}$. Ich verstehe unter einem Gitter-

---

1) Die letzte Annahme wird nur der bequemeren Ausdrucksweise wegen gemacht.

2) In welchem Sinne hier Punkte mit Zahlfaktoren multipliziert und addiert werden, bedarf wohl kaum einer ausdrücklichen Erklärung.

3) *Diophantische Approximationen* (Leipzig 1907), § 14; kürzer ist das Verfahren beschrieben z. B. auf S. 78 meines Buches *Die Idee der Riemannschen Fläche* (Leipzig 1913).

punkt jeden Punkt $\mathfrak{x}$ mit ganzzahligen Koordinaten x_i; dann behaupte ich, bilden die Punkte $\mathfrak{l}$ die sämtlichen, auf der linearen Mannigfaltigkeit $\mathfrak{Y}$ gelegenen Gitterpunkte. Da zwischen den Punkten $\mathfrak{l}_k$ keine lineare Relation besteht, findet sich in dem Schema

$$\left.\begin{matrix} l_{11}, l_{12}, \ldots, l_{1p}, \\ \cdots\cdots \\ l_{q1}, l_{q2}, \ldots, l_{qp} \end{matrix}\right\}$$

eine q-reihige, von 0 verschiedene Determinante, etwa

$$L = \| l_{ik} \|_{\substack{i=1,2,\ldots,q \\ k=1,2,\ldots,q}}.$$

Aus den ersten q der Gleichungen

$$x_i = \sum_{k=1}^{q} y_k \, l_{ki} \quad (i = 1, 2, \ldots, p)$$

geht, wenn $\mathfrak{x} = (x_i)$ ein auf $\mathfrak{Y}$ gelegener Gitterpunkt ist, durch Auflösung nach y hervor, dass die y_k gebrochene Zahlen mit dem Nenner L sind. Mithin ist $L\mathfrak{x}$ ein Punkt $\mathfrak{l}$, infolgedessen aber auch (man gehe auf die Definition der Punkte $\mathfrak{l}$ zurück) $\mathfrak{x}$ selbst, und daher müssen gemäss der Auswahl der Punkte $\mathfrak{l}_k$ die Koeffizienten y_k ganze Zahlen gewesen sein. Da alle in $\mathfrak{Y}$ gelegenen Gitterpunkte folglich in der Form $\sum_{k=1}^{q} y_k \mathfrak{l}_k$ mittels ganzer y_k dargestellt werden können, findet man durch Fortsetzung des Adaptionsverfahrens, dass man zu den Gitterpunkten $\mathfrak{l}_1, \mathfrak{l}_2, \ldots, \mathfrak{l}_q$ noch $r = p - q$ weitere

$$\mathfrak{m}_h = (m_{h1}, m_{h2}, \ldots, m_{hp}) \quad (h = 1, 2, \ldots, r)$$

so hinzufügen kann, dass jeder Gitterpunkt $\mathfrak{x}$ eine Darstellung

$$\mathfrak{x} = (y_1 \mathfrak{l}_1 + y_2 \mathfrak{l}_2 + \cdots + y_q \mathfrak{l}_q) + (z_1 \mathfrak{m}_1 + \cdots + z_r \mathfrak{m}_r) \tag{12}$$

mittels ganzzahliger Koeffizienten y_k, z_h gestattet. Die Gleichung (12) oder

$$x_i = (l_{1i} y_1 + l_{2i} y_2 + \cdots + l_{qi} y_q) + (m_{1i} z_1 + \cdots + m_{ri} z_r)$$

ergibt demnach eine ganzzahlige, unimodulare lineare Transformation der Koordinaten x in die neuen Koordinaten y, z, bei welcher das System der Gitterpunkte erhalten bleibt. Das gleiche gilt demnach auch für die kontragrediente Substitution

$$\left.\begin{aligned} y_k &= \sum_{=1}^{p} l_{ki} \, x_i \quad (k = 1, 2, \ldots, q), \\ z_h &= \sum_{i=1}^{p} m_{hi} \, x_i \quad (h = 1, 2, \ldots, r). \end{aligned}\right\} \tag{13}$$

Diese Formeln stellen mithin eine lineare Transformation im $\mathfrak{R}_p$ dar.

Wir bilden insbesondere die Polynome

$$\left.\begin{aligned} f_k(z) &= \sum_{i=1}^{p} l_{ki}\,\varphi_i(z) \quad (k = 1, 2, \ldots, q), \\ \psi_h(z) &= \sum_{i=1}^{p} m_{hi}\,\varphi_i(z) \quad (h = 1, 2, \ldots, r). \end{aligned}\right\}$$

Die ersten q haben lauter rationale Koeffizienten, deren Generalnenner mit G bezeichnet werde. Mit Bezug auf die letzten r aber gilt, dass keine mittels ganzer Zahlen $t_1, t_2, \ldots, t_r$ gebildete Kombination $\sum_{h=1}^{r} t_h\,\psi_h(z)$ derselben ein Polynom mit rationalen Koeffizienten wird, es sei denn, dass alle $t_h = 0$ sind. Wir haben die Aufgabe, die durch

$$x_i \equiv \varphi_i(n) \ (\mathrm{mod.}\ 1) \quad (i = 1, 2, \ldots, p)$$

definierten Punkte im $\mathfrak{R}_p$ zu studieren, während n der Reihe nach alle positiven ganzen Zahlen durchläuft. Durch unsere ganzzahlige unimodulare Transformation kommt diese Frage darauf hinaus, die Punkte (y, z):

$$\begin{matrix} y_k \equiv f_k(n) & z_h \equiv \psi_h(n) & (\mathrm{mod.}\ 1) \\ (k = 1, 2, \ldots, q), & (h = 1, 2, \ldots, r) & \end{matrix}$$

zu untersuchen. Für jede ganze Zahl n wird durch die Kongruenzen

$$y_1 \equiv f_1(n),\ y_2 \equiv f_2(n),\ \ldots,\ y_q \equiv f_q(n) \quad (\mathrm{mod.}\ 1)$$

allein in dem (auf die Koordinaten y, z bezogenen) $\mathfrak{R}_p$ eine bestimmte *r-dimensionale lineare Mannigfaltigkeit* $\mathfrak{C}_n$ definiert. Alle $\mathfrak{C}_n$ sind untereinander parallel, weil sie der r-dimensionalen Mannigfaltigkeit

$$y_1 \equiv 0,\ y_2 \equiv 0,\ \ldots,\ y_q \equiv 0 \quad (\mathrm{mod.}\ 1)$$

parallel sind. Ausserdem ist $\mathfrak{C}_n$ mit $\mathfrak{C}_m$ identisch, wenn die beiden ganzen Zahlen n und m mod. G kongruent sind, so dass man sich auf die Betrachtung einer einzigen Periode

$$\mathfrak{C}_1, \mathfrak{C}_2, \ldots, \mathfrak{C}_G \tag{14}$$

zu beschränken hat. Unter den $\mathfrak{C}_n$ gibt es also nur endlich viele voneinander verschiedene: $\mathfrak{C}', \mathfrak{C}'', \ldots$; diese mögen in einer einzelnen Periode (14) bzw. $m', m'', \ldots$-mal vorkommen $(m' + m'' + \cdots = G)$. Wir behaupten: Die Punkte

$$\begin{matrix} y_k \equiv f_k(n) & z_h \equiv \psi_h(n) & (\mathrm{mod.}\ 1) \\ (k = 1, 2, \ldots, q), & (h = 1, 2, \ldots, r) & \end{matrix} \tag{15}$$

im $\mathfrak{R}_p$ verteilen sich, wenn n die Reihe der ganzen positiven Zahlen durchläuft, mit völlig gleichmässiger Dichte über die untereinander parallelen r-dimensionalen linearen Mannigfaltigkeiten $\mathfrak{C}_1, \mathfrak{C}_2, \ldots, \mathfrak{C}_G$. Das ist so zu verstehen, dass die Dichte für jede einzelne dieser Mannigfaltigkeiten allerorten dieselbe ist, auf zwei verschiedenen von ihnen, etwa $\mathfrak{C}', \mathfrak{C}''$, deren Multiplizitäten m', m'' proportional ist.

Dass Punkte (15) nur auf den $\mathfrak{C}_n$ angetroffen werden, ist ja selbstverständlich. Um die gleichmässig dichte Verteilung zu beweisen, wiederholen wir unsere in den vorigen Paragraphen durchgeführte Methode, indem wir zeigen, dass für jede beschränkte, auf den $\mathfrak{C}_n$ definierte Funktion

$$F(y_1, y_2, \ldots, y_q; z_1, z_2, \ldots, z_r),$$

die nach den z_h Riemannisch integrierbar ist und in allen Variablen die Periode 1 besitzt, die Limesgleichung besteht:

$$\lim_{n=\infty} \frac{1}{n} \sum_{n=1}^{n} F\big(y_k = f_k(n),\ z_h = \psi_h(n)\big) \tag{16}$$

$$= \frac{1}{G} \sum_{n=1}^{G} \int_0^1 \int_0^1 \cdots \int_0^1 F(y_k = f_k(n);\ z_1, z_2, \ldots, z_r)\, dz_1\, dz_2 \ldots dz_r.$$

Es genügt, das für

$$F = \Phi(y_1, y_2, \ldots, y_q) \cdot e(t_1 z_1 + \cdots + t_r z_r)$$

zu bestätigen, wenn die t beliebige ganze Zahlen sind und Φ eine nur für jene C Wertsysteme (y) definierte Funktion ist, die sich gemäss der Formel $y_k \equiv f_k(n) \pmod 1$ periodisch wiederholen, wenn n die natürlichen Zahlen durchläuft. Ist eine der ganzen Zahlen $t_h \neq 0$, so hat nach Satz 9 die linke Seite der behaupteten Gleichung (16) den Wert 0. Dasselbe trifft auch für die rechte Seite zu, da jedes Glied der dort stehenden G-gliedrigen Summe $= 0$ ist. Wenn aber alle Zahlen $t_h = 0$ sind, ist F eine Funktion der y allein; für solche Funktionen ist die Gültigkeit unserer Gleichung unmittelbar einleuchtend.

Die Formulierung des Ergebnisses kann man von der zum Beweise benutzten linearen Transformation unabhängig machen.

Satz 18. *Es seien irgend p Polynome $\varphi_1(z), \varphi_2(z), \ldots, \varphi_p(z)$ mit reellen Koeffizienten gegeben; α_i sei das konstante Glied in $\varphi_i(z)$. Unter einem «Punkt $\mathfrak{l}$» verstehen wir jedes System ganzer Zahlen $\mathfrak{l} = (l_1, l_2, \ldots, l_p)$, für welches die lineare Kombination*

$$l_1\{\varphi_1(z) - \alpha_1\} + l_2\{\varphi_2(z) - \alpha_2\} + \cdots + l_p\{\varphi_p(z) - \alpha_p\} = f_{\mathfrak{l}}(z)$$

ein Polynom mit rationalen Koeffizienten wird. Die Koeffizienten der sämtlichen, den verschiedenen Punkten $\mathfrak{l}$ entsprechenden Polynome $f_{\mathfrak{l}}(z)$ besitzen einen Generalnenner G. Für jede beliebige ganze Zahl n definieren die simultan für alle Punkte $\mathfrak{l}$ zu erfüllenden Kongruenzen

$$l_1(x_1 - \alpha_1) + l_2(x_2 - \alpha_2) + \cdots + l_p(x_p - \alpha_p) \equiv f_{\mathfrak{l}}(n) \pmod 1$$

im $\mathfrak{R}_p$ eine lineare r-dimensionale Mannigfaltigkeit $\mathfrak{C}_n$. Die $\mathfrak{C}_n$ ($n = 1, 2, 3, \ldots$) sind alle untereinander parallel und wiederholen sich in einem Zyklus von der Periode G; die endlich vielen verschiedenen unter ihnen $\mathfrak{C}', \mathfrak{C}'', \ldots$ mögen in einem solchen Zyklus bzw. mit der Vielfachheit $m', m'', \ldots$ auftreten. Die durch

$$x_1 \equiv \varphi_1(n), \quad x_2 \equiv \varphi_2(n), \quad \ldots, \quad x_p \equiv \varphi_p(n) \pmod{1}$$

definierten Punkte im $\mathfrak{R}_p$ verteilen sich, wenn für n der Reihe nach alle ganzen positiven Zahlen eintreten, auf die endlich vielen linearen Mannigfaltigkeiten $\mathfrak{C}', \mathfrak{C}'', \ldots$ in der Weise, dass jede derselben nicht nur überall dicht, sondern auch überall mit gleichmässiger Dichte bedeckt wird, für zwei verschiedene der $\mathfrak{C}$ aber diese Dichten sich wie ihre Multiplizitäten m verhalten.

Man ist auf Grund dieses Satzes imstande, anzugeben, wie sich die Aussage des Satzes 15 modifiziert, falls zwischen den Zahlen ξ_i ganzzahlige lineare Relationen bestehen, und das Analogon von Satz 16 auch für den Fall aufzustellen, wo man mehr als l sukzessive unter den Zahlen $\varphi(n)$ simultan betrachtet.

§ 6. Ausdehnung auf mehrere Parameter

Bisher haben wir ganze rationale Funktionen *einer* Variablen z betrachtet und darin z die Reihe der natürlichen Zahlen durchlaufen lassen. Wir können unsere Untersuchungen noch in der Richtung verallgemeinern, dass wir an Stelle der einen Variablen z deren mehrere treten lassen. Ich beschränke mich auf den Fall von zwei Variablen u, v. Es seien also etwa wieder p ganze rationale Funktionen

$$\varphi_1(u,v), \quad \varphi_2(u,v), \quad \ldots, \quad \varphi_p(u,v)$$

gegeben, und wir wollen der Einfachheit wegen annehmen, dass keine mittels ganzzahliger Koeffizienten aus ihnen zu bildende lineare Kombination ein Polynom wird, das einer Konstanten mod. 1 kongruent ist. In der (u,v)-Ebene sei ferner ein endliches Flächenstück $\mathfrak{K}$ (d.h. eine abgeschlossene, ganz im Endlichen gelegene Punktmenge mit bestimmtem Flächeninhalt $J > 0$) gegeben. Dilatieren wir $\mathfrak{K}$ vom Nullpunkte aus im Verhältnis $t:1$ zu dem Flächenstück $t\mathfrak{K}$ – wobei t eine grosse reelle Zahl sein soll –, so wird die Anzahl n_t der in $t\mathfrak{K}$ gelegenen Gitterpunkte (Punkte mit ganzzahligen Koordinaten u, v) asymptotisch für $\lim t = \infty$ durch $J \cdot t^2$ gegeben. Jedem dieser Gitterpunkte u, v ordnen wir in $\mathfrak{R}_p$ den Punkt

$$x_1 \equiv \varphi_1(u,v), \quad x_2 \equiv \varphi_2(u,v), \quad \ldots, \quad x_p \equiv \varphi_p(u,v) \pmod{1} \tag{17}$$

zu. Grenzen wir in $\mathfrak{R}_p$ ein beliebiges Volumen V ab, so wird jetzt die Behauptung der Gleichverteilung so lauten:

Satz 19. *Unter den n_t Punkten* (17), *die man erhält, wenn man für u, v die sämtlichen in $t\mathfrak{K}$ gelegenen Gitterpunkte einsetzt, sondere man diejenigen aus, welche in $\mathfrak{R}_p$ dem Raumstück V angehören; ihre Anzahl $n_t^{(V)}$ verhält sich zu n_t im Limes für $t = \infty$ wie $V:1$.*

Sollte die Voraussetzung betreffs der ganzzahligen linearen Kombinationen der Funktionen $\varphi_i(u,v)$ nicht zutreffen, so modifiziert sich die Aussage in derselben Weise wie im vorigen Paragraphen. Sind die φ_i lineare Funktionen von u und v, so ist damit erst der *allgemeinste*, von KRONECKER aufgestellte Approximationssatz in der Art verschärft, dass die Aussage «überall dicht» durch «überall gleichmässig dicht» ersetzt worden ist[1]). Der Beweis wird erbracht sein, wenn wir zeigen:

Satz 20. *Ist $\varphi(u,v)$ eine ganze rationale Funktion von u,v, deren Koeffizienten, vom konstanten Gliede abgesehen, nicht sämtlich rational sind, und bildet man die Summe*

$$\sigma_t = \sum e\big(\varphi(u,v)\big)$$

über alle n_t Gitterpunkte (u,v), die dem Flächenstück $t\mathfrak{K}$ angehören, so ist

$$\lim_{t=\infty} \frac{\sigma_t}{n_t} = 0.$$

Ein besonderer Fall dieser Sätze kommt z.B. zustande, wenn man bei einer oder mehreren ganzen rationalen Funktionen $\Phi(z)$ mit beliebigen *komplexen* Koeffizienten für z die sämtlichen ganzen Zahlen des Gauss'schen Körpers $(i = \sqrt{-1})$ setzt und nach der Verteilung der Werte dieser Funktion für die angegebenen Argumente fragt, unter der Voraussetzung, dass zwei komplexe Zahlen (Werte der Funktion Φ), die sich um eine ganze Zahl des Gauss'schen Körpers unterscheiden, nicht als verschieden gelten. Man wird dabei z zunächst durch die Bedingung $|z| \leqq t$ beschränken und dann die positive Zahl t ins Unendliche wachsen lassen.

Man könnte statt der hier gemachten Annahme, dass der allseitig ins Unendliche wachsende Bereich $t\mathfrak{K}$, der nach und nach alle Gitterpunkte umfassen soll, sich *ähnlich* vergrössert, auch andere allgemeinere Voraussetzungen treffen; doch will ich mich auf die Durchführung des Beweises für einen nach dem Gesetz der Ähnlichkeit wachsenden Bereich beschränken. Die Exhaustion von $\mathfrak{K}$ zeigt an, dass es genügt, $\mathfrak{K}$ als ein Rechteck

$$a_1 \leqq u \leqq a_2, \quad b_1 \leqq v \leqq b_2,$$

anzunehmen. Die Anzahl derjenigen ganzen Zahlen u, welche der Ungleichung

$$a_1 t \leqq u \leqq a_2 t$$

genügen, sei $= m_t\{\sim(a_2 - a_1)\, t\}$, die Anzahl der ganzen Zahlen v, für die

$$b_1 t \leqq v \leqq b_2 t$$

ist, betrage $n_t\{\sim(b_2 - b_1)\, t\}$; in $t\mathfrak{K}$ sind dann $m_t\, n_t$ Gitterpunkte (u,v) gelegen.

---

[1]) Vgl. Werke III 1, S. 104–105.

Wir denken uns $\varphi(u,v)$ nach fallenden Potenzen von v und die Koeffizienten der verschiedenen Potenzen von v, welche Polynome in u sind, nach fallenden Potenzen von u geordnet. Es enthält keine Einschränkung, wenn wir annehmen, dass bei dieser Anordnung das höchste Glied eine *irrationale* Zahl zum Koeffizienten besitzt. Wir schreiben:

$$\varphi(u,v) = v^q \psi(u) + v^{q-1} \psi_1(u) + \cdots.$$

Wenn wir nicht auf den Fall einer Variablen zurückkommen wollen, muss $q \geqq 1$ sein. Auf

$$\sigma_t = \sum_{a_1 t \leqq u \leqq a_2 t} \Big\{ \sum_{b_1 t \leqq v \leqq b_2 t} e\big(\varphi(u,v)\big) \Big\}$$

wenden wir, wenn $q > 1$ ist, die SCHWARZsche Ungleichung an:

$$|\sigma_t|^2 \leqq m_t \sum_u \Big| \sum_v e\big(\varphi(u,v)\big) \Big|^2$$

und formen $|\sum_v|^2$ nach der in § 3 dargelegten Methode um. Wir erhalten dann schliesslich bei Benutzung der dort eingeführten Bezeichnungen

$$|\sigma_t|^Q \leqq m_t^{Q-1} N_t \cdot \sum_{u;\, r_1, r_2, \ldots, r_{q-1}} \Big\{ e(\varrho) \sum_h e\big(q!\, \psi(u)\, r_1 r_2 \ldots r_{q-1} h\big) \Big\}, \tag{18}$$

$$N_t \sim \varkappa \cdot n_t^{Q-q}.$$

Der Bereich der äusseren Summation ist gegeben durch

$$a_1 t \leqq u \leqq a_2 t, \quad |\mathfrak{r}| = |r_1| + |r_2| + \cdots + |r_{q-1}| \leqq n_t - 1. \tag{19}$$

Die innere Summation erstreckt sich über ein zusammenhängendes Intervall von $n_t - |\mathfrak{r}|$ ganzen Zahlen. Wir sollen zeigen, dass

$$\lim_{t=\infty} \frac{\sigma_t}{m_t n_t} = 0$$

ist. Wenn $\psi(u)$ die Variable u nicht enthält, also eine irrationale Konstante α ist, ergibt sich dies durch die gleiche Schlussweise wie bei einer Variablen. Wenn ψ aber die Variable u enthält, haben wir uns auf den folgenden Hilfssatz zu stützen:

Diejenigen unter allen $m_t n_t^{(q-1)}$, den Bedingungen (19) *genügenden Gitterpunkte $(u;\, r_1, r_2, \ldots, r_{q-1})$, für welche*

$$r_1 r_2 \ldots r_{q-1} \cdot \varphi(u)$$

mod. 1 *zwischen $-\varepsilon$ und $+\varepsilon$ liegt, sind in einer Anzahl vorhanden, die sich im Limes für $t = \infty$ zu $m_t n_t^{(q-1)}$ verhält wie $2\varepsilon : 1$. Dabei ist $\varphi(u)$ irgend ein Polynom in u, dessen höchster Koeffizient irrational ist.*

Diesen Hilfssatz haben wir auf das Polynom $\varphi(u) = q!\, \psi(u)$ zur Anwendung zu bringen. Wir gewinnen ihn durch einen vollständigen Induktionsschluss. Für $q=1$ ist er richtig (Satz 9). Unter der Voraussetzung seiner Gültigkeit für q zeigen wir, dass er auch für $q+1$ zutrifft. Es genügt dazu der Nachweis, dass

$$\lim_{t=\infty} \frac{1}{m_t n_t^{(q)}} \sum_{u;r_1,r_2,\ldots,r_q} e\big(r_1 r_2 \ldots r_q \varphi(u)\big) = 0 \qquad (20)$$

ist, wenn die Summe über

$$a_1 t \leqq u \leqq a_2 t, \qquad |r_1| + |r_2| + \cdots + |r_q| \leqq n_t - 1$$

erstreckt wird. Wir führen bei festen $u; r_1, r_2, \ldots, r_{q-1}$ zunächst die Summation nach r_q aus und wenden für diese einfache Summe wie früher eine doppelte Abschätzung an, je nachdem $r_1 r_2 \ldots r_{q-1} \varphi(u)$ mod. 1 zwischen $-\varepsilon$ und $+\varepsilon$ liegt oder nicht. Unter Berücksichtigung des Umstandes, dass die Anzahl der Wertsysteme $(u;\ r_1,\ r_2,\ \ldots,\ r_{q-1})$ von der ersten Eigenschaft asymptotisch $2\,\varepsilon\, m_t\, n_t^{(q-1)}$ beträgt, erhalten wir dann auf die gleiche Art wie beim Beweise des Hilfssatzes in § 3 die Limesgleichung (20).

Die *zwei* Veränderlichen u, v kann man durch drei und mehr ersetzen. Von dem so verallgemeinerten Satz 19 ist der eben erwähnte Hilfssatz, auf dem zu einem wesentlichen Teil unsere Untersuchung beruhte, ein ganz spezieller Fall.

§ 7. Über die Gleichverteilung willkürlicher Zahlenfolgen

Hardy und Littlewood werfen die allgemeine Frage auf, wann eine Folge wachsender ganzer Zahlen

$$l_1 < l_2 < l_3 < \cdots$$

die Eigenschaft besitzt, dass für jede irrationale Zahl ξ die Reihe der Grössen

$$l_1 \xi,\ l_2 \xi,\ l_3 \xi,\ \ldots \qquad (21)$$

mod. 1 jedem Wert beliebig nahe kommt[1]). Wir fragen sogleich, wann diese Zahlenfolge überall gleich dicht liegt. Eine erschöpfende Antwort lässt sich darauf nicht geben. Wohl aber lässt sich behaupten, dass bei gegebenen l_n für jeden Wert von ξ die Zahlenreihe (21) überall gleich dicht liegt, wenn man von Zahlen ξ absieht, die einer gewissen Menge vom Masse 0 angehören. Diese Ausnahmemenge enthält selbstverständlich alle rationalen Zahlen, es bleibt aber unentschieden, ob nicht etwa noch weitere Zahlen in ihr enthalten sind. Wenn ich nun freilich glaube, dass man den Wert solcher Sätze, in denen eine unbestimmte Ausnahmemenge vom Masse 0 auftritt, nicht eben hoch einschätzen darf, möchte ich diese Behauptung hier doch kurz begründen. Mein Beweis beruht auf dem folgenden Lemma der Integralrechnung[2]).

[1]) G. H. Hardy und J. E. Littlewood, Acta Math. *37*, S. 156.

[2]) Auf Grund dieses selben Lemmas habe ich früher das sog. Riesz-Fischersche Theorem bewiesen. Math. Ann. *67*, S. 243f. (1909).

Sind $f_n(x)$ stetige Funktionen im Intervall 0 1, für welche die Summe der Integrale

$$\sum_{n=1}^{\infty}\int_0^1 |f_n(x)|^2\,dx$$

konvergiert, so konvergiert für alle x mit Ausnahme solcher, die einer Menge vom Masse 0 angehören, $f_n(x)$ mit unbegrenzt wachsendem n gegen 0.

Beweis. Ist ε eine beliebig kleine positive Zahl, $\mathfrak{A}_n$ diejenige Menge im Intervall 0 1, in der $|f_n(x)| \geqq \varepsilon$ ist, so ergibt sich für das Lebesguesche Mass A_n dieser Menge $\mathfrak{A}_n$ die Ungleichung

$$\varepsilon^2 A_n \leqq \int_0^1 |f_n(x)|^2\,dx.$$

Bilden wir die Vereinigungsmenge

$$\mathfrak{C}_n = \mathfrak{A}_{n+1} + \mathfrak{A}_{n+2} + \cdots + \text{in inf},$$

so sind die Punkte x von $\mathfrak{C}_n$ dadurch charakterisiert, dass für sie wenigstens eine der Ungleichungen

$$|f_{n+1}(x)|,\ |f_{n+2}(x)|,\ \ldots \geqq \varepsilon$$

besteht. Das Mass C_n von $\mathfrak{C}_n$ genügt der Ungleichung

$$C_n \leqq \frac{1}{\varepsilon^2}\cdot \sum_{\nu=n+1}^{\infty} |f_\nu(x)|^2\,dx = \frac{J_n}{\varepsilon^2}\cdot \tag{22}$$

Von den Mengen $\mathfrak{C}_1$, $\mathfrak{C}_2$, $\mathfrak{C}_3$, ... enthält jede die folgende ganz in sich. Ihr gemeinsamer Bestandteil

$$\lim_{n=\infty} \mathfrak{C}_n = \mathfrak{C}$$

hat, da

$$\lim_{n=\infty} J_n = 0$$

ist, zufolge (22) das Mass 0. Für jeden Punkt x der Komplementärmenge gibt es einen Index, von dem ab alle $|f_n(x)|$ kleiner als ε sind. Für ein solches x ist also

$$\limsup_{n=\infty} |f_n(x)| \leqq \varepsilon.$$

Indem man für ε der Reihe nach etwa 1/2, 1/3, 1/4, ... setzt, gelangt man zum Beweis des Lemmas.

Wir betrachten hier die Funktionen

$$f_n(x) = \frac{1}{n}\sum_{h=1}^{n} e(l_h\,x).$$

Für diese haben wir

$$\int_0^1 |f_n(x)|^2\,dx = \frac{1}{n^2}\sum_{h,k=1}^{n}\int_0^1 e(l_h\,x - l_k\,x)\,dx = \frac{1}{n}.$$

Die direkte Anwendung unseres Lemmas ist wegen der Divergenz der harmonischen Reihe $\Sigma\, 1/n$ unmöglich. Wählen wir aber aus den ganzen Zahlen n die Quadratzahlen aus, so kommt

$$\lim_{n=\infty} f_{n^2}(x) = 0$$

ausser für solche Werte x, die einer gewissen Menge $\mathfrak{A}$ vom Masse 0 angehören. Ist n eine beliebige ganze Zahl, so bestimme man die ganze Zahl ν mittels der Bedingung:

$$\nu^2 \leqq n < (\nu+1)^2.$$

Dann ist

$$|n f_n(x) - \nu^2 f_{\nu^2}(x)| \leqq 2\nu, \quad \left| f_n(x) - \frac{\nu^2}{n} f_{\nu^2}(x) \right| \leqq \frac{2}{\sqrt{n}},$$

also wird für alle nicht zu $\mathfrak{A}$ gehörigen x auch

$$\lim_{n=\infty} f_n(x) = 0.$$

Gehört weder x noch $2x$ noch $3x$, ... zu der (mit der Periode 1 sich wiederholenden) Menge $\mathfrak{A}$, so ist

$$\lim_{n=\infty} f_n(mx) = 0$$

für jede ganze Zahl $m \neq 0$. Für eine solche Zahl x genügen die Grössen

$$l_1 x,\ l_2 x,\ l_3 x, \ldots$$

mod. 1 dem Gesetz der gleichmässig dichten Verteilung.

Setzen wir mit Bezug auf die ganzen Zahlen l_n nur voraus, dass

$$l_1 \leqq l_2 \leqq l_3 \leqq \cdots$$

ist, so kommt

$$\int_0^1 |f_n(x)|^2\, dx = \frac{h_1^2 + h_2^2 + \cdots + h_m^2}{n^2},$$

wenn von den Zahlen $l_1, l_2, \ldots, l_n$ die ersten h_1 untereinander gleich sind, dann die darauf folgenden h_2 usw. und schliesslich die letzten h_m miteinander übereinstimmen. Bezeichnet $h^{(n)}$ die grösste unter den Zahlen $h_1, h_2, \ldots, h_m$, so ist

$$h_1^2 + h_2^2 + \cdots + h_m^2 \leqq h^{(n)}\,(h_1 + h_2 + \cdots + h_m) = h^{(n)} \cdot n,$$

also

$$\int_0^1 |f_n(x)|^2\, dx \leqq \frac{h^{(n)}}{n}.$$

Die frühere Annahme $h^{(n)} = 1$ ersetze ich jetzt durch die viel allgemeinere, dass zwei positive Zahlen ε und c existieren sollen, so dass

$$h^{(n)} \leqq \frac{c \cdot n}{(\lg n)^{1+\varepsilon}}$$

ist. Dann ist unsere obige Schlussweise immer noch anwendbar. Wir wählen aus der Reihe der ganzen Zahlen n etwa diese aus:

$$n_\nu = \left[e^{\nu^{1-b}}\right], \quad b = \frac{\varepsilon}{2+\varepsilon} \quad (\nu = 1, 2, 3, \ldots)$$

und haben

$$\int_0^1 |f_{n_\nu}(x)|^2 dx \leqq \frac{c}{\nu^{1+b}}.$$

Folglich ist, abgesehen von Werten x im Intervall 0 1, die einer Ausnahmemenge $\mathfrak{A}$ vom Masse 0 angehören,

$$\lim_{\nu=\infty} f_{n_\nu}(x) = 0.$$

Ist n eine beliebige ganze Zahl, so bestimmen wir ν durch die Bedingung

$$n_\nu \leqq n < n_{\nu+1}$$

und finden

$$\left| f_n(x) - \frac{n_\nu}{n} f_{n_\nu}(x) \right| \leqq \frac{n_{\nu+1} - n_\nu}{n} \leqq \frac{n_{\nu+1}}{n_\nu} - 1.$$

Da

$$(\nu+1)^{1-b} - \nu^{1-b} < \nu^{-b} \quad (0 < b < 1)$$

ist, gilt

$$\frac{n_{\nu+1}}{n_\nu} - 1 < e^{\nu^{-b}} - 1, \quad \lim_{\nu=\infty} \left\{ \frac{n_{\nu+1}}{n_\nu} - 1 \right\} = 0.$$

Mithin ist ausser in $\mathfrak{A}$:

$$\lim_{n=\infty} f_n(x) = 0.$$

Im gegenwärtigen Fall gilt demnach wiederum das Gesetz der gleichmässigen Verteilung für «fast alle» x.

Indem wir x durch x/m (m eine ganze positive Zahl) ersetzen, gehen wir zu dem Fall über, in welchem die l_n gebrochene Zahlen mit einem gemeinsamen endlichen Generalnenner m sind.

Endlich sei

$$\lambda_1 \leqq \lambda_2 \leqq \lambda_3 \leqq \cdots$$

irgend eine ins Unendliche wachsende Folge reeller Zahlen; wir nehmen an, dass das Wachstum von λ als Funktion des Index nicht all zu schwach ist, dass nämlich zwei positive Zahlen ε und c von folgender Art existieren: wächst der Index von n ab um $n/(\lg n)^{1+\varepsilon}$, so hat λ mindestens um c zugenommen. Die reelle Veränderliche x beschränken wir auf irgend ein endliches Intervall $|x| \leqq A$. Wir wählen eine willkürliche ganze positive Zahl m und ordnen jedem λ_n denjenigen Bruch l_n mit dem Nenner m zu, der sich von λ_n um höchstens $1/2m$ unterscheidet. Unter den n ersten Zahlen l_n lässt sich dann gewiss keine Gruppe von mehr als $n/(\lg n)^{1+\varepsilon}$ untereinander gleichen herausfinden (sobald $m > 1/c$). Folglich ist für alle x bis auf eine Menge $\mathfrak{A}_{n,\iota}$ vom Masse 0:

$$\lim_{n=\infty} \frac{1}{n} \sum_{h=1}^{n} e(l_h x) = 0.$$

Da

$$|e(x_1) - e(x_2)| \leqq 2\pi |x_1 - x_2|$$

ist, gilt

$$\left| \frac{1}{n} \sum_{h=1}^{n} e(\lambda_h x) - \frac{1}{n} \sum_{h=1}^{n} e(l_h x) \right| \leqq \frac{A\pi}{m},$$

also für alle nicht in $\mathfrak{A}_m$ gelegenen Werte x:

$$\limsup_{n=\infty} \frac{1}{n} \left| \sum_{h=1}^{n} e(\lambda_h x) \right| \leqq \frac{A\pi}{m}.$$

Bilden wir die Menge $\mathfrak{A}$, zu welcher ein Punkt x im Intervall $-A \ldots +A$ dann und nur dann gehört, falls er in *allen* Mengen $\mathfrak{A}_m$ ($m = 1, 2, 3, \ldots$), endlich viele ausgenommen, angetroffen wird, so hat $\mathfrak{A}$ das Mass 0, und für alle nicht zu $\mathfrak{A}$ gehörigen Werte x besteht die Limesgleichung

$$\lim_{n=\infty} \frac{1}{n} \sum_{h=1}^{n} e(\lambda_h x) = 0.$$

Damit ist bewiesen:

Satz 21. *Es sei $\lambda_1, \lambda_2, \lambda_3, \ldots$ irgend eine Folge reeller Zahlen; zu λ als Funktion des Index mögen zwei positive Konstanten ε und c derart existieren, dass jedesmal, wenn der Index von n ab um mehr als $n/(\lg n)^{1+\varepsilon}$ wächst, λ um wenigstens c zugenommen hat. Ist x dann eine reelle Zahl, die nicht einer gewissen Ausnahmemenge vom Masse 0 angehört, so liegt die Reihe der Grössen*

$$\lambda_1 x, \lambda_2 x, \lambda_3 x, \ldots$$

mod. 1 *überall gleich dicht*[1]).

§ 8. Anhang. Über geschlossene Euklidische Räume

Unter einem geschlossenen Euklidischen Raum verstanden wir eine geschlossene p-dimensionale Mannigfaltigkeit[2]) von der Beschaffenheit, dass in der Umgebung jedes Punktes die Euklidische Geometrie gilt.

---

[1]) Für den Fall $\lambda_n = a^n$ (a eine ganze positive Zahl) wurde dies, in noch wesentlich schärferer Form, von G. H. Hardy und J. E. Littlewood bewiesen, Acta Math. *37*, S. 183ff. Die allgemeine Frage ist, unabhängig von mir, von Towler, einem Schüler Hardys und Littlewoods, in den Londoner Proceedings weiter verfolgt worden.

[2]) Betreffs der in diesem Anhang verwendeten Analysis-situs-Begriffe muss ich auf mein Buch *Die Idee der Riemannschen Fläche* (namentlich § 4 und § 9) verweisen. [Jetzt wird man statt der ersten Auflage 1913 lieber die umgearbeitete dritte Auflage 1955, insbesondere § 4 und § 8, heranziehen (Zusatz 1955).] – Betreffs des Zusammenhanges des Problems der Nicht-Euklidischen Raumformen mit der Riemannschen Funktionentheorie vgl. P. Koebe, Ann. Mat. [3], *21* (Lagrange-Festband), S. 57 ff.

Es sei im gewöhnlichen p-dimensionalen Raum, in welchem jedes System reeller Zahlen $(x_1, x_2, \ldots, x_p)$ einen Punkt bedeutet, eine diskontinuierliche Gruppe Γ Euklidischer Bewegungen gegeben; Γ besitze einen endlichen Fundamentalbereich und enthalte keine reinen Drehungen. Fasst man jedes System hinsichtlich Γ äquivalenter Punkte des gewöhnlichen Raumes als einen einzigen «Punkt» einer neuen Mannigfaltigkeit $\mathfrak{K}_\Gamma$ auf, so ist $\mathfrak{K}_\Gamma$ in unserm Sinne offenbar ein geschlossener Euklidischer Raum; ich bezeichne ihn als einen (als den zu der Gruppe Γ gehörigen) *Kristall*. Wir wollen in diesem Anhang beweisen:

Satz 22. *Jeder geschlossene Euklidische Raum ist ein Kristall.*

Nach einem allgemeinen von BIEBERBACH bewiesenen Satze[1]) enthält jede Bewegungsgruppe Γ von der oben geforderten Art p unabhängige Translationen, aus denen sich alle in Γ enthaltenen Translationen zusammensetzen lassen. Sorgt man durch affine Transformation der Koordinaten $(x_1, x_2, \ldots, x_p)$ dafür, dass dies die Translationen

$$(1, 0, \ldots, 0); (0, 1, \ldots, 0); \ldots; (0, 0, \ldots, 1)$$

sind, so werden Punkte x, die im $\mathfrak{R}_p$ zusammenfallen, auch in $\mathfrak{K}_\Gamma$ identisch: im $\mathfrak{R}_p$ wird Γ zu einer aus endlich vielen linearen ganzzahligen unimodularen Transformationen bestehenden Gruppe[2]) Γ_0, und man kann $\mathfrak{K}_\Gamma$ dadurch aus $\mathfrak{R}_p$ erzeugen, dass man immer diejenigen endlich vielen Punkte, welche hinsichtlich Γ_0 äquivalent sind, an eine Stelle zusammenfallen lässt. Das ist die Behauptung, die wir in § 2 aufgestellt haben.

Um aber zu erkennen, dass jeder geschlossene Euklidische Raum $\mathfrak{R}$ ein Kristall ist, verfahren wir so: Ist $\mathfrak{p}$ irgend ein Punkt von $\mathfrak{R}$, so ist für hinreichend kleine r das Innere der Kugel um $\mathfrak{p}$ vom Radius r (d.i. die Gesamtheit derjenigen Punkte, die mit $\mathfrak{p}$ durch geradlinige Strecken verbunden werden können, deren Länge $< r$ ist) eine Umgebung von $\mathfrak{p}$, die sich umkehrbar eindeutig und kongruent abbilden lässt auf das Innere einer Kugel im gewöhnlichen Euklidischen Raum vom Radius r. Für beliebig grosse r jedoch kann das nicht der Fall sein, weil $\mathfrak{R}$ ein geschlossener Raum ist. Es gibt demnach eine bestimmte positive Zahl $r(\mathfrak{p})$, welche diejenigen $r(\leqq r(\mathfrak{p}))$, für welche eine solche Abbildung möglich ist, scheidet von denen, für die das nicht der Fall ist. $r(\mathfrak{p})$ ist als Funktion des Punktes $\mathfrak{p}$ stetig. Sobald nämlich $\mathfrak{q}$ in hinreichender Nähe des Punktes $\mathfrak{p}$ liegt, ist offenbar $|r(\mathfrak{q}) - r(\mathfrak{p})|$ höchstens gleich der gegenseitigen Entfernung der beiden Punkte $\mathfrak{p}$, $\mathfrak{q}$. Mithin hat $r(\mathfrak{p})$ (als stetige positive Funktion auf einer geschlossenen Mannigfaltigkeit) ein *positives* Minimum r_0. Damit ist gezeigt: Im Innern einer Kugel vom Radius r_0 in $\mathfrak{R}$ gilt immer die Euklidische Geometrie, wo auch der Mittelpunkt der Kugel gelegen sein mag. Insbesondere ergibt sich daraus, dass jede der beiden Hälften, in die eine gerade Linie in $\mathfrak{R}$ durch einen ihrer Punkte zerfällt, eine unendliche Länge besitzt

[1]) *Über die Bewegungsgruppen der Euklidischen Räume*, Math. Ann. *70*, S. 333 (1911). Vgl. auch G. FROBENIUS, Ber. Kgl. Preuss. Akad. Wiss. *1911*, S. 663.

[2]) Die Gruppe T der in Γ enthaltenen Translationen ist eine invariante Untergruppe von Γ. In der Symbolik der Gruppentheorie ist $\Gamma_0 = \Gamma : T$.

(was natürlich nicht ausschliesst, dass sie eine geschlossene, unendlich oft durchlaufene Kurve ist). Denn sind wir bei Durchlaufung der Geraden bis zu einem bestimmten Punkte gelangt, so geht die Gerade von dort aus in der betreffenden Richtung noch mindestens um ein Stück von der Länge r_0 weiter.

Wir wählen jetzt einen festen Punkt $\mathfrak{p}_0$ in $\mathfrak{R}$ und in ihm ein geradliniges rechtwinkliges Koordinatenkreuz. Ist γ eine beliebige von $\mathfrak{p}_0$ ausgehende, in $\mathfrak{p}$ endigende Kurve in $\mathfrak{R}$, so können wir dieses Achsenkreuz mit seinem Nullpunkt so auf γ entlang schieben, dass sich die Achsen beständig parallel bleiben. Die nach diesen Achsen genommenen Komponenten der gesamten Translation, die dabei der Nullpunkt erfährt, während er von $\mathfrak{p}_0$ nach $\mathfrak{p}$ gleitet, die «Translationskomponenten längs γ», seien $x_1, x_2, \ldots, x_p$. (Sie brauchen keineswegs $= 0$ zu sein, wenn die Kurve γ zum Ausgangspunkte zurückkehrt.) Ich sage: jede von $\mathfrak{p}_0$ ausgehende Kurve γ definiert einen «Punkt» $\bar{\mathfrak{p}}$ der neuen Mannigfaltigkeit $\bar{\mathfrak{R}}$, der «über dem Endpunkt $\mathfrak{p}$ von γ liegt»; und zwar sollen zwei verschiedene Kurven γ, γ', die von $\mathfrak{p}_0$ ausgehen und in demselben Punkte $\mathfrak{p}$ enden, nur dann den gleichen Punkt $\bar{\mathfrak{p}}$ über $\mathfrak{p}$ definieren, wenn die Translationskomponenten längs γ den gleichen Wert haben wie die längs γ'. Ist $\bar{\mathfrak{p}}$ ein durch γ definierter, über $\mathfrak{p}$ gelegener Punkt und $\boldsymbol{K}$ das Innere einer Kugel um $\mathfrak{p}$ als Mittelpunkt, deren Radius $\leqq r_0$ ist, so hänge ich an γ alle möglichen von $\mathfrak{p}$ ausgehenden, in $\boldsymbol{K}$ verlaufenden Kurven γ_1 an; die durch die sämtlichen so entstehenden Kurvenzüge $\gamma+\gamma_1$ definierten Punkte sollen eine «Umgebung» $\bar{\boldsymbol{K}}$ von $\bar{\mathfrak{p}}$ bilden. Da laut dieser Festsetzung über jedem Punkte von $\boldsymbol{K}$ nur ein einziger Punkt von $\bar{\boldsymbol{K}}$ liegt, so haben wir damit einen unverzweigten Überlagerungsraum $\bar{\mathfrak{R}}$ über $\mathfrak{R}$ konstruiert. Dieser Überlagerungsraum ist «regulär»; d.h. von zwei Kurven in $\bar{\mathfrak{R}}$, die im Grundraum $\mathfrak{R}$ die gleiche «Spurkurve» besitzen, kommt es niemals vor, dass die eine offen, die andere geschlossen ist. Sind daher $\bar{\mathfrak{p}}_1, \bar{\mathfrak{p}}_1'$ zwei Punkte in $\bar{\mathfrak{R}}$, die «sich decken», d.h. über demselben Punkte $\mathfrak{p}_1$ von $\mathfrak{R}$ liegen, so gibt es eine einzige umkehrbar eindeutige stetige Abbildung von $\bar{\mathfrak{R}}$ in sich, bei der jeder Punkt von $\bar{\mathfrak{R}}$ in einen ihn deckenden übergeht («Decktransformation»), $\bar{\mathfrak{p}}_1$ aber insbesondere in $\bar{\mathfrak{p}}_1'$. Die Decktransformationen bilden eine diskontinuierliche Gruppe $\boldsymbol{\Gamma}_{\mathfrak{R}}$. Die Längenmessung überträgt sich von $\mathfrak{R}$ auf $\bar{\mathfrak{R}}$; die Decktransformationen sind kongruente Abbildungen von $\bar{\mathfrak{R}}$ in sich.

Jedem Punkte $\bar{\mathfrak{p}}$ in $\bar{\mathfrak{R}}$ entsprechen eindeutig p Zahlen $x_1, x_2, \ldots, x_p$, nämlich die Translationskomponenten längs derjenigen Kurve, welche $\bar{\mathfrak{p}}$ definierte, und damit ein Punkt $(x) = (x_1, x_2, \ldots, x_p)$ im Euklidischen Raum R mit den rechtwinkligen Koordinaten x_i. Die Abbildung $\bar{\mathfrak{p}} \rightarrow (x)$ ist eindeutig, stetig, längentreu. Wir wechseln die Auffassung, indem wir nunmehr übereinkommen, $\bar{\mathfrak{p}}$ als einen über dem Punkte (x) von R gelegenen Punkt zu betrachten. Dadurch verwandelt sich $\bar{\mathfrak{R}}$ in einen *unverzweigten* Überlagerungsraum über R. Derselbe ist *unbegrenzt*. Über dem Nullpunkt in R liegt nämlich gewiss ein Punkt $\bar{\mathfrak{p}}_0$ von $\bar{\mathfrak{R}}$. Wir ziehen vom Nullpunkte aus eine beliebige Halbgerade g in R und verfolgen auf $\bar{\mathfrak{R}}$ einen stetig veränderlichen Punkt $\bar{\mathfrak{p}}$, der von $\bar{\mathfrak{p}}_0$ ausgeht und dessen Spurpunkt in R diese Gerade durchläuft (WEIERSTRASS' Prinzip der analytischen Fortsetzung); dadurch erhalten wir eine eindeutig bestimmte Kurve $\bar{\gamma}$ auf $\bar{\mathfrak{R}}$ über g. Es ist unmöglich, dass man auf $\bar{\mathfrak{R}}$ gegen einen «kritischen Punkt», eine «Grenze» läuft; denn von jedem Punkte aus, zu dem man gelangt ist, kann man auf g noch mindestens um ein Stück von der Länge r_0 weiter fortschreiten. Da mithin $\bar{\mathfrak{R}}$ relativ zu R unverzweigt und unbegrenzt ist *und der gewöhnliche Euklidische Raum einfachen Zusammenhang besitzt,* muss $\bar{\mathfrak{R}}$ überall genau einblättrig über R sich hinziehen, d.h. $\bar{\mathfrak{R}}$ *ist durch die Beziehung* $\bar{\mathfrak{p}} \to (x)$ *umkehrbar eindeutig und kongruent auf den Euklidischen Raum* R abgebildet. Vermöge dieser Abbildung erscheint die Gruppe $\Gamma_{\mathfrak{R}}$ der Decktransformationen von $\bar{\mathfrak{R}}$ (relativ zu $\mathfrak{R}$) als eine diskontinuierliche Bewegungsgruppe Γ in R, und $\mathfrak{R}$ selber ist umkehrbar eindeutig, stetig und längentreu auf den Kristall $\mathfrak{K}_\Gamma$ abgebildet. Wenn $\mathfrak{R}$ geschlossen ist, muss dies auch von $\mathfrak{K}_\Gamma$ gelten, d.h. die Gruppe Γ muss einen endlichen Fundamentalbereich besitzen. Damit ist unser Beweis zu Ende geführt.

24.

Strenge Begründung der Charakteristikentheorie auf zweiseitigen Flächen

Jahresbericht der Deutschen Mathematikervereinigung 25, 265—278 (1916)

Es ist diese Note als ein Zusatz zu den Analysis-situs-Betrachtungen meines Buches „Die Idee der Riemannschen Fläche" (Teubner 1913)[1]), namentlich zu dem vom Geschlechte geschlossener Flächen handelnden § 11 gedacht. Durch eine strenge Begründung des Charakteristikenbegriffs (Zahl der Überschneidungen zweier Kurven) soll die eigentliche Bedeutung der kanonischen Zerschneidung und im Zusammenhang damit die Rolle, welche die „Überlagerungsfläche der Integralfunktionen" spielt, aufgeklärt werden. Es handelt sich dabei um Dinge, die im wesentlichen bekannt sind; aber es lag mir daran, kurz zu zeigen, wie sie sich im Anschluß an die in meinem Buche benutzten Begriffsbildungen in strenger und einfacher Weise darstellen lassen, und in welcher Beleuchtung sie von dem dort eingenommenen Standpunkt aus erscheinen. — Auf Zitate muß ich, augenblicklich im deutschen Heere Kriegsdienste leistend, verzichten.

Es sei $\mathfrak{F}$ eine geschlossene, zweiseitige, triangulierte Fläche, α und β zwei mit Umlaufssinn versehene geschlossene Streckenzüge auf ihr. Es möge sowohl jeder dieser beiden Streckenzüge sich selber als auch sie beide untereinander sich nur in einzelnen Punkten schneiden.[2]) Nachdem auf $\mathfrak{F}$ eine positive Indikatrix festgesetzt ist, können wir von jedem solchen Punkt, in welchem α und β sich schneiden, feststellen, ob α dort den Weg β von rechts nach links oder von links nach rechts überkreuzt. Es genügt dazu die Bemerkung, daß wir die positive Drehung als eine „Wendung links-um" betrachten. Mathematisch schärfer kann man das so fassen: Man mache eine derartige Unterteilung der vorliegenden Triangulation, daß β aus lauter Kanten der neuen Triangulation besteht. Von den beiden Dreiecken dieser (fortan allein benutzten) feineren Teilung, die längs einer zu β gehörigen und bei positiver Durchlaufung des Streckenzuges von der Ecke 1 zur Ecke 2 führenden Kante $\overrightarrow{12}$ aneinander stoßen, ist dasjenige das linke,

1) Im folgenden zitiert mit R. F.

2) Es soll also beispielsweise nicht vorkommen, daß α und β streckenweise ganz zusammenfallen. — Übrigens wird diese einschränkende Annahme nur zum Zweck einer möglichst bequemen Ausdrucksweise gemacht.

dessen positive Indikatrix (12*) heißt.[1]) Indem wir die Stellen, an denen α den Weg β von rechts nach links überkreuzt, positiv (mit $+1$), die anderen aber negativ (mit -1) in Ansatz bringen, sei $\boldsymbol{s}(\alpha, \beta)$ die so berechnete Anzahl der Überkreuzungen von α über β oder, wie wir mit Kronecker sagen wollen, die **Charakteristik** von α in bezug auf β. Es ist offenbar

$$(1) \qquad \boldsymbol{s}(\beta, \alpha) = -\boldsymbol{s}(\alpha, \beta).$$

Es gilt jetzt, diesen Charakteristenbegriff von Streckenzügen auf beliebige geschlossene Kurven zu übertragen (bei denen wir nicht ohne weiteres von einem linken und rechten Ufer, von endlichvielen Überkreuzungen u. dgl. reden können). Sind α, α^* zwei geschlossene Kurven auf $\mathfrak{F}$ und läßt sich α in eine endliche Anzahl r von Bögen $\alpha_1, \alpha_2, \ldots, \alpha_r$ und gleicherweise α^* in r Teilbögen $\alpha_1^*, \alpha_2^*, \ldots, \alpha_r^*$ zerlegen derart, daß jedesmal α_i und α_i^* beide der Umgebung $\mathfrak{U}_i$ eines geeigneten Punktes $\mathfrak{q}_i$ auf $\mathfrak{F}$ angehören, so wollen wir sagen, diese beiden Kurven verliefen **„nahe beieinander"** oder die eine verlaufe **„in der Nähe der andern"**. α und α^* zeigen ein völlig gleichartiges Verhalten, solange wir uns nur um Verhältnisse kümmern, die dem Bereich der Analysis situs angehören; beispielsweise hat eine Integralfunktion für α und α^* immer den gleichen Wert. Wir haben nun zu zeigen: *Ist β ein vorgegebener geschlossener Streckenzug, α eine geschlossene Kurve auf $\mathfrak{F}$, α', α'' irgend zwei geschlossene Streckenzüge, die in der Nähe von α verlaufen, so ist stets*

$$\boldsymbol{s}(\alpha', \beta) = \boldsymbol{s}(\alpha'', \beta).$$

Dies wird bewiesen sein, wenn wir zu β eine Integralfunktion F konstruieren, deren Wert für jeden geschlossenen Streckenzug α' mit $\boldsymbol{s}(\alpha', \beta)$ übereinstimmt. Denn dann ist

$$F(\alpha) = F(\alpha') = \boldsymbol{s}(\alpha', \beta)$$

und ebenso

$$F(\alpha) = F(\alpha'') = \boldsymbol{s}(\alpha'', \beta).$$

Wir benutzen die oben hergestellte Triangulation, bei der β aus Kanten von Elementardreiecken besteht. Einer beliebigen Integralfunktion F ordnen wir mit Bezug auf jedes Paar Δ_1, Δ_2 von Elementardreiecken der Triangulation, die längs einer Kante aneinanderstoßen, die Zahl $x_{\Delta_1 \Delta_2}[F]$ zu, welche gleich dem Werte der Integralfunktion für einen Weg ist, der den Schwerpunkt von Δ_1 mit dem von Δ_2 innerhalb des Dreieckpaares $\Delta_1 + \Delta_2$ verbindet. Ist γ ein geschlossener

1) Vgl. Fig. 20, das Bild des linken Ufers eines Polygons, und den zugehörigen Text auf S. 66 R. F.

Streckenzug, der die Kanten der Triangulation in einzelnen Punkten, die keine Triangulationsecken sind, überschreitet, und geht an einer beliebigen solchen Kreuzungsstelle γ aus dem Dreieck $\varDelta_1$ in das Dreieck $\varDelta_2$ hinüber, so ist $F(\gamma)$ gleich der über die sämtlichen Kreuzungsstellen erstreckten Summe $\sum x_{\varDelta_1 \varDelta_2}[F]$. Wir definieren ferner für jedes Dreieckpaar $\varDelta_1$, $\varDelta_2$ eine Zahl $x_{\varDelta_1 \varDelta_2}$ in folgender Weise:

$$x_{\varDelta_1 \varDelta_2} = 0,$$

falls die gemeinsame Kante von $\varDelta_1$ und $\varDelta_2$ nicht zu β gehört;

$$x_{\varDelta_1 \varDelta_2} = 1,$$

falls $\varDelta_1$ das rechte, $\varDelta_2$ das linke Dreieck ist, das an eine zu β gehörige und infolgedessen mit positivem Durchlaufungssinn versehene Kante stößt; im letzten Fall setzen wir ferner

$$x_{\varDelta_2 \varDelta_1} = -1.$$

Dann ist stets

$$x_{\varDelta_2 \varDelta_1} = -x_{\varDelta_1 \varDelta_2}$$

und, wenn $\varDelta_1, \varDelta_2, \ldots, \varDelta_r$ die sich um eine Triangulationsecke $\mathfrak{e}$ gruppierenden Elementardreiecke in zyklischer Anordnung sind,

$$(\mathfrak{e}) \qquad x_{\varDelta_1 \varDelta_2} + x_{\varDelta_2 \varDelta_3} + \cdots + x_{\varDelta_r \varDelta_1} = 0.$$

Denn von den in der letzten Gleichung summierten Größen sind ebenso viele $= +1$ wie $= -1$, da unter den in $\mathfrak{e}$ endigenden, zu β gehörigen Kanten ebenso viele mit ihrem positiven Durchlaufungssinn auf $\mathfrak{e}$ zulaufen wie von $\mathfrak{e}$ fortgehen. Infolgedessen[1]) gibt es eine Integralfunktion F, die für jedes Dreieckspaar $\varDelta_1$, $\varDelta_2$ die Gleichung

$$x_{\varDelta_1 \varDelta_2}[F] = x_{\varDelta_1 \varDelta_2}$$

befriedigt, und es ist ohne weiteres klar, daß diese Integralfunktion die geforderten Eigenschaften besitzt.

Es sei jetzt auch β eine beliebige geschlossene Kurve, β', β'' geschlossene Streckenzüge, die in der Nähe von β verlaufen. Dann gelten die Gleichungen

$$s(\alpha', \beta') = s(\alpha'', \beta'),$$
$$s(\beta', \alpha'') = s(\beta'', \alpha'').$$

Statt der zweiten können wir auf Grund des Symmetriegesetzes (1) schreiben:

$$s(\alpha'', \beta') = s(\alpha'', \beta''),$$

und sie liefert dann mit der ersten zusammen:

$$s(\alpha', \beta') = s(\alpha'', \beta'').$$

1) R. F. S. 69.

In Worten: *Es seien α, β irgend zwei gegebene geschlossene Kurven; sind dann α', β' irgend zwei geschlossene, sich in einzelnen Punkten überkreuzende Streckenzüge, die in der Nähe von α bzw. β verlaufen, so hat die Charakteristik $s(\alpha', \beta')$ immer den gleichen Wert s, man mag im übrigen diese Streckenzüge wählen, wie man will.* Wir bezeichnen s darum auch mit $s(\alpha, \beta)$, nennen diese Zahl die Charakteristik von α in bezug auf β und können sie unbedenklich als die Gesamtzahl der positiven Überschreitungen von α über β ansprechen. Auch für beliebige Kurven gilt die Symmetriegleichung (1). Aus ihr folgt noch

$$s(\alpha, \alpha) = 0.$$

Schneiden sich α und β nicht, so ist stets $s(\alpha, \beta) = 0$. — Damit haben wir den Charakteristenbegriff für beliebige geschlossene Kurven festgelegt.

Ist β' ein geschlossener Streckenzug, der in der Nähe der beliebigen geschlossenen Kurve β verläuft, so können wir zu β' wie oben eine Integralfunktion F konstruieren, die für jede geschlossene Kurve α die Gleichung

$$F(\alpha) = s(\alpha, \beta')$$

oder, da $s(\alpha, \beta') = s(\alpha, \beta)$ ist, die Gleichung

$$F(\alpha) = s(\alpha, \beta)$$

erfüllt. Aus dieser wichtigen Tatsache, daß die Charakteristik, in ihrer Abhängigkeit vom ersten Wege α betrachtet, mit einer Integralfunktion identisch ist, schließen wir sogleich:

I. Ein geschlossener Weg, welcher homolog 0 ist, hat mit Bezug auf jede geschlossene Kurve die Charakteristik 0.

II. Der Wert der Charakteristik $s(\alpha, \beta)$ ändert sich nicht, wenn man α durch einen zu α homologen Weg ersetzt.

III. Aus $\alpha \sim \alpha' \pm \alpha''$ folgt

$$s(\alpha, \beta) = s(\alpha', \beta) \pm s(\alpha'', \beta).$$

Entsprechendes ergibt sich für s in seiner Abhängigkeit vom zweiten Wege β aus dem Symmetriegesetz (1).

Ist $\gamma_1, \gamma_2, \ldots, \gamma_h$ eine Basis der geschlossenen Wege auf $\mathfrak{F}$, h, also der Zusammenhangsgrad unserer Fläche, und

$$\alpha \sim m_1\gamma_1 + m_2\gamma_2 + \cdots + m_h\gamma_h,$$
$$\beta \sim n_1\gamma_1 + n_2\gamma_2 + \cdots + n_h\gamma_h$$

(die m und n sind ganze Zahlen), so wird

$$s(\alpha, \beta) = \sum_{i,j=1}^{h} s_{ij} m_i n_j;$$

darin ist der Koeffizient

$$s_{ij} = s(\gamma_i, \gamma_j).$$

Die schiefsymmetrische Bilinearform

$$S = \sum_{i,j=1}^{h} s_{ij} x_i y_j \qquad (s_{ji} = -s_{ij})$$

der beiden Variablenreihen x_i, y_i heißt **Charakteristikenform.** Sie hängt von der Wahl der Wegebasis γ_i ab und erfährt, wenn diese durch eine andere ersetzt wird, eine ganzzahlige unimodulare lineare Transformation. *Unabhängig von der Wahl der Basis ist demnach die Determinante*

$$d = |s_{ij}|_{\substack{i=1,2,\ldots,h \\ j=1,2,\ldots,h}}$$

der Charakteristikenform. Es ist für die Analysis situs der geschlossenen zweiseitigen Flächen wie auch für die Funktionentheorie auf einer Riemannschen Fläche von entscheidender Bedeutung, daß *die Determinante der Charakteristikenform* $\neq 0$ *ist. Wir werden sogar zeigen, daß sie den Wert* 1 *besitzt.* Nur bei gerader Variablenzahl kann die Determinante einer schiefsymmetrischen Form $\neq 0$ (und zwar positiv) sein. Setzen wir demnach $h = 2p$, so ist p, das Geschlecht der Fläche $\mathfrak{F}$, eine ganze, nichtnegative Zahl.

Die Behauptung $d \neq 0$ ist offenbar der Aussage äquivalent, daß *ein Weg* α, *der mit Bezug auf jeden andern die Charakteristik* 0 *besitzt, selber notwendig* ~ 0 *ist*, d. i. der Umkehrung von I. Daß aber $d = 1$ ist, besagt: *Es gibt stets eine* (im Sinne der Homologie eindeutig bestimmte) *geschlossene Kurve, die mit Bezug auf die Basiskurven* γ_1, $\gamma_2, \ldots, \gamma_h$ *beliebig vorgegebene ganze Zahlen zu Charakteristiken hat.*

Um eine möglichst einfache Basis der geschlossenen Wege auf $\mathfrak{F}$ zu ermitteln, muß man die Charakteristikenform durch unimodulare ganzzahlig-lineare Transformation in eine Normalform überführen. Wir kommen hier auf eine algebraisch-zahlentheoretische Fragestellung, die im Zusammenhang mit der Elementarteiler-Theorie, wie bekannt, ihre allgemeine Erledigung gefunden hat. Insbesondere ergibt sich in dieser Theorie (Frobenius), daß eine jede schiefsymmetrische Bilinearform von zweimal h Variablen mit ganzzahligen Koeffizienten durch unimodulare Transformation sich in eine Form der folgenden Art verwandeln läßt:

$$e_1(x_1 y_2 - x_2 y_1) + e_2(x_3 y_4 - x_4 y_3) + \cdots + e_p(x_{2p-1} y_{2p} - x_{2p} y_{2p-1}).$$

Die $e_1, e_2, \ldots, e_p$ sind ganze positive Zahlen und $2p \leqq h$. Die Determinante der Form wird 0, wenn $2p$ kleiner als die Variablenzahl h ist, im Falle $2p = h$ ist jedoch diese Determinante

$$= (e_1 e_2 \cdots e_p)^2.$$

Sie kann nur dann den Wert 1 bekommen, wenn die sämtlichen $e_i = 1$ sind $(i = 1, 2, \ldots, p)$. Ist es wahr, daß d, die Determinante der Charakteristikenform, den Wert 1 hat, so muß es demnach eine Basis der geschlossenen Wege auf $\mathfrak{F}$ geben, für welche die Charakteristikenform die einfache Gestalt besitzt:

$$(x_1 y_2 - x_2 y_1) + (x_3 y_4 - x_4 y_3) + \cdots + (x_{2p-1} y_{2p} - x_{2p} y_{2p-1}).$$

Umgekehrt erbringt man nach R i e m a n n *durch direkte Konstruktion einer solchen* „**kanonischen Basis**"[1]) *den Nachweis der Gleichung* $d = 1$. Die Herstellung der kanonischen Zerschneidung betrachten wir also nicht als Selbstzweck, sondern lediglich als Mittel zum Beweis des für jede Wegebasis gültigen Satzes, daß die Determinante der Charakteristikenform $\neq 0$, genauer $= 1$ ist.

Es ist bisher noch nicht sichergestellt, daß die Charakteristik zweier Kurven auf $\mathfrak{F}$ unabhängig ist von der zugrunde gelegten Triangulation der Fläche. Um dies nachzuholen, kommt es offenbar darauf an, folgendes zu beweisen:

In einer mit positivem Drehungssinn versehenen Ebene I sei ein Gebiet $\mathfrak{G}$, etwa das Innere eines Kreises, gegeben, das umkehrbar-eindeutig und gebietsstetig auf ein Gebiet $\mathfrak{G}'$ der Ebene II abgebildet ist. Dadurch ist auch in II ein positiver Drehungssinn festgelegt (R. F. § 10). In $\mathfrak{G}$ seien zwei geradlinige Strecken $\sigma = ab$, $\tau = cd$ gegeben und τ überkreuze σ von rechts nach links. In der Bildebene II erscheinen diese Strecken als zwei sich schneidende Kurven $\sigma' = a'b'$, $\tau' = c'd'$. Ist dann σ^* ein hinreichend nahe bei σ' verlaufender Streckenzug, der a' mit b' verbindet, τ^* ein hinreichend nahe an τ' entlang von c' nach d' führender Streckenzug, so ist die (wie bei der Definition der Charakteristik berechnete) Gesamtzahl der Überschreitungen von τ^* über σ^* gleich 1.

Ich gehe in der Ebene I von d aus längs einer in $\mathfrak{G}$ liegenden, σ nicht treffenden Kurve $\bar{\tau}$ nach c zurück. Die Differenz der Ordnungen von a und b in bezug auf die geschlossene Kurve $\gamma = \tau + \bar{\tau}$ ist dann

$$\operatorname*{ord}_{\gamma}(a) - \operatorname*{ord}_{\gamma}(b) = 1.$$

Gemäß dem Hauptsatz von R. F. § 10 bleibt dies im Bilde bestehen:

$$\operatorname*{ord}_{\gamma'}(a') - \operatorname*{ord}_{\gamma'}(b') = 1$$

---

1) R. F. S. 74–77. — S. 75, Zeile 4 u. 5 lies statt: „Die Dreiecke von ζ^*, welche Kanten auf $\pi + \pi'$ liegen haben" die Worte: „Die Dreiecke von ζ^*, welche (mit einer Ecke oder Kante) an $\pi + \pi'$ stoßen."

und bleibt natürlich auch dann noch bestehen, wenn ich jetzt in der Ebene II das Stück τ' der Bildkurve $\gamma' = \tau' + \overline{\tau}'$ von γ durch einen hinreichend nahe bei τ' verlaufenden, von c' nach d' führenden Streckenzug τ^* ersetze (γ' also durch $\gamma^* = \tau^* + \overline{\tau}'$). Bedeutet für einen variablen Punkt p' der II. Ebene φ den Winkel, welchen die Strahlen $a'p'$ und $b'p'$ miteinander bilden, so ist φ in der längs eines einfachen, von a' nach b' führenden Streckenzuges σ^* aufgeschnittenen Ebene eine eindeutige Ortsfunktion. Am Schnitt selbst aber hat φ auf dem rechten Ufer einen um 2π höheren Wert als auf dem linken. Führe ich den Schnitt σ^* in solcher Nähe von σ', daß σ^* die Kurve $\overline{\tau}'$ nicht trifft, so muß, weil φ (wie wir eben konstatierten) bei stetiger Änderung längs der geschlossenen Kurve $\gamma^* = \tau^* + \overline{\tau}'$ den Zuwachs 2π erfährt — dieser Zuwachs ist nämlich

$$= 2\pi \{ \underset{\gamma^*}{\operatorname{ord}}(a') - \underset{\gamma^*}{\operatorname{ord}}(b') \} -,$$

τ^* den Schnitt σ^* einmal öfter von rechts nach links überschreiten als in umgekehrter Richtung. Dies war unsere Behauptung.

Als Beleg dafür, daß die kanonische Basis in dem zweiten (funktionentheoretischen) Teil meines Buches stets durch eine beliebige Wegebasis ersetzt werden kann und dadurch das Wesentliche besser herausgehoben wird, komme ich noch einmal auf die R. F. Seite 98—99 geschilderte *Konstruktion der Differentiale 1. Gattung* zurück. Wir bilden wie dort zu einer beliebigen geschlossenen Kurve β das Differential 1. Gattung dw_β. Zerlegen wir β in Bögen, deren jeder innerhalb eines Stückes K der Riemannschen Fläche $\mathfrak{F}$ liegt, das eine konforme Abbildung auf das Innere eines Kreises der komplexen Ebene gestattet, so ändert sich dw_β gewiß nicht, wenn wir jeden dieser Teilbögen durch einen anderen, dieselben Endpunkte verbindenden und innerhalb des betr. Stückes K verlaufenden Kurvenbogen ersetzen. Insbesondere kann an Stelle von β, wenn $\mathfrak{F}$ trianguliert ist, auf solche Weise ein nahe bei β verlaufender Streckenzug β^* treten. Statt der a. a. O. aufgestellten Behauptung, daß für einen geschlossenen Streckenzug α^*, der β^* an einer einzigen Stelle von rechts nach links überkreuzt,

$$\Re \int_{\alpha^*} dw_\beta = \Re \int_{\alpha^*} dw_{\beta^*} = 1$$

ist, können wir mit dem gleichen Recht die allgemeinere aussprechen, daß für einen beliebigen geschlossenen Streckenzug α^*

$$\Re \int_{\alpha^*} dw_\beta = \Re \int_{\alpha^*} dw_{\beta^*} = s(\alpha^*, \beta^*) = s(\alpha^*, \beta)$$

ist. War α^* ein in der Nähe der beliebigen geschlossenen Kurve α verlaufender Streckenzug, so ergibt sich schließlich

$$\Re\int\limits_{\alpha} dw_{\beta} = \Re\int\limits_{\alpha^*} dw_{\beta} = s(\alpha^*, \beta) = s(\alpha, \beta).$$

Unsere Begründung des Charakteristikenbegriffs stützte sich vor allem auf den Umstand, daß die Charakteristik $s(\alpha, \beta)$ in ihrer Abhängigkeit vom ersten Wege α mit einer Integralfunktion identisch ist. Wir sehen jetzt, daß auf einer *Riemannschen* Fläche die analytisch einfachste und natürlichste Verwirklichung einer solchen Integralfunktion in der Bildung des Realteils eines gewissen Integrals 1. Gattung:

$$R_{\beta} = \Re\int dw_{\beta}$$

besteht.

Erfüllt ein Differential 1. Gattung dw für jeden geschlossenen Weg α die Gleichung

$$\Re\int\limits_{\alpha} dw = 0,$$

so muß dw selber identisch $= 0$ sein. Denn unter der Voraussetzung ist

$$R(\mathfrak{p}) = \Re\int\limits_{\mathfrak{p}_0}^{\mathfrak{p}} dw$$

bei Integration von einem festen Anfangspunkt $\mathfrak{p}_0$ nach dem variablen Endpunkt $\mathfrak{p}$ von dem Integrationswege $\mathfrak{p}_0\mathfrak{p}$ unabhängig, mithin eine eindeutige reguläre Potentialfunktion von $\mathfrak{p}$. Eine solche existiert aber außer der Konstanten nicht auf der geschlossenen Fläche.

Aus diesem Prinzip ergibt sich nun ohne weiteres (direkter, als es R. F. Seite 110 geschehen konnte):

I*. Ist $\beta \sim 0$, so ist dw_{β} identisch $= 0$.

II*. Ist $\alpha \sim \beta$, so gilt $dw_{\alpha} = dw_{\beta}$.

(Denn $dw_{\alpha} - dw_{\beta}$ ist ein Differential erster Gattung, das die Voraussetzung unseres Prinzips erfüllt.)

III*. Aus $\gamma \sim \alpha \pm \beta$ folgt $dw_{\gamma} = dw_{\alpha} \pm dw_{\beta}$.

An diese Tatsachen knüpft sich wie auf Seite 113/14 R. F. die Einführung der Integralcharaktere.

Daß sich ein jedes Differential 1. Gattung dw aus den Elementardifferentialen dw_{α} zusammensetzen läßt, ist eine Folge davon, daß die Charakteristikenform eine von 0 verschiedene Determinante besitzt. Es sei nämlich $\gamma_1, \gamma_2, \cdots, \gamma_{2p}$ eine Basis der geschlossenen Wege auf $\mathfrak{F}$ und

$$s(\gamma_i, \gamma_j) = s_{ij}, \qquad dw_{\gamma_i} = dw_i, \qquad \Re\int\limits_{\gamma_i} dw = c_i$$

gesetzt. Durch lineare Zusammensetzung der dw_i mittels reeller Konstanten a_i bilden wir

$$dw^* = \sum_{j=1}^{2p} a_j dw_j$$

und suchen dabei die a_i so zu bestimmen, daß

$$\Re \int_{\gamma_i} dw^* = c_i \qquad (i = 1, 2, \ldots, 2p)$$

wird. Das ergibt die Gleichungen

$$\sum_{j=1}^{2p} s_{ij} a_j = c_i \qquad (i = 1, 2, \ldots, 2p),$$

und diese gestatten wegen des Nicht-Verschwindens der Determinante ihrer Koeffizienten s_{ij} wirklich eine und nur eine Auflösung a_i. Nunmehr verschwindet die Integralfunktion

$$\Re \int (dw - dw^*)$$

für die $2p$ geschlossenen Wege γ_i, folglich für jede geschlossene Kurve, und das im vorletzten Absatz aufgestellte Prinzip gestattet, daraus zu schließen:

$$dw = dw^* = \sum_{i=1}^{2p} a_i dw_i.$$

Wir kehren zur Analysis situs zurück. Eine *reguläre* (unverzweigte, unbegrenzte) Überlagerungsfläche $\overline{\mathfrak{F}}$ über $\mathfrak{F}$ kann man gemäß der in der Zahlkörpertheorie üblichen Terminologie als eine **Galoissche Überlagerungsfläche** (relativ zu $\mathfrak{F}$) bezeichnen und die Gruppe der Decktransformationen als die **Galoissche Gruppe** dieser Fläche (relativ zu $\mathfrak{F}$). Ist die Galoissche Gruppe insbesondere eine Abelsche, so wird $\overline{\mathfrak{F}}$ eine **Abelsche Überlagerungsfläche** über $\mathfrak{F}$ heißen. Hat man zwei Galoissche Überlagerungsflächen über $\mathfrak{F}$, $\overline{\mathfrak{F}}$ und $\overline{\overline{\mathfrak{F}}}$, von der Art, daß immer diejenigen Kurven $\bar{\alpha}$ auf $\overline{\mathfrak{F}}$, welche die gleiche Spurkurve α auf $\mathfrak{F}$ besitzen wie eine beliebige geschlossene Kurve $\bar{\bar{\alpha}}$ auf $\overline{\overline{\mathfrak{F}}}$, gleichfalls geschlossen sind, so wollen wir sagen, $\overline{\mathfrak{F}}$ sei in $\overline{\overline{\mathfrak{F}}}$ **enthalten.** Offenbar läßt sich $\overline{\overline{\mathfrak{F}}}$ in diesem Falle auch als Überlagerungsfläche über $\overline{\mathfrak{F}}$ auffassen. *Wie nun die universelle Überlagerungsfläche* $\widetilde{\mathfrak{F}}$ *die umfassendste aller unverzweigten, unbegrenzten Überlagerungsflächen überhaupt ist* (sofern nämlich jede solche Fläche in $\widetilde{\mathfrak{F}}$ „enthalten“ ist), *so stellt* $\widehat{\mathfrak{F}}$, *die Überlagerungsfläche der Integralfunktionen, unter allen unverzweigten, unbe-*

grenzten, *relativ Abelschen Flächen die umfassendste vor, welche alle andern Flächen dieser Art enthält.* Darin kommt die eigentliche Bedeutung von $\hat{\mathfrak{F}}$ zum Ausdruck. Das Verhältnis von $\hat{\mathfrak{F}}$ zu $\mathfrak{F}$ ist völlig demjenigen analog, das in der Zahlkörpertheorie zwischen dem Hilbertschen *Klassenkörper* $\hat{K}$ und seinem Grundkörper K besteht; denn $\hat{K}$ ist ebenfalls derjenige unverzweigte, relativ-Abelsche Körper über K, der alle Abelschen unverzweigten Körper umfaßt. Um die eben ausgesprochene Grundeigenschaft von $\hat{\mathfrak{F}}$ zu beweisen, stellen wir folgende Überlegungen an.

Sei $\overline{\mathfrak{F}}$ eine Galoissche Überlagerungsfläche über der geschlossenen Grundfläche $\mathfrak{F}$, $\bar{\alpha}$ ein Weg auf $\overline{\mathfrak{F}}$, der von einem Punkte $\bar{\mathfrak{p}}$ zu dem darüber gelegenen Punkte $\bar{\mathfrak{p}}S$ führt (S ist das Zeichen für eine Decktransformation), und α die (geschlossene) Spurkurve von $\bar{\alpha}$ auf $\mathfrak{F}$. Will man zu irgendeinem andern Punkt $\bar{\mathfrak{q}}$ auf $\overline{\mathfrak{F}}$ den darüber gelegenen $\bar{\mathfrak{q}}S$ ermitteln, so hat man $\bar{\mathfrak{p}}$ mit $\bar{\mathfrak{q}}$ durch einen Weg $\bar{\beta}$ zu verbinden und diejenige von $\bar{\mathfrak{p}}S$ ausgehende Kurve $\bar{\beta}S$ zu konstruieren, welche sich mit $\bar{\beta}$ in Deckung befindet: sie endet in $\bar{\mathfrak{q}}S$. Wendet man dies erstens auf einen Punkt $\bar{\mathfrak{q}}$ von $\bar{\alpha}$ an, so erkennt man, daß derjenige von $\bar{\mathfrak{q}}$ ausgehende Weg auf $\overline{\mathfrak{F}}$, dessen Spur die einmal positiv durchlaufene Kurve α ist, zu $\bar{\mathfrak{q}}S$ führt. Wir wenden das Gesagte zweitens an auf einen über $\bar{\mathfrak{p}}$ gelegenen Punkt $\bar{\mathfrak{p}}^*$, der aus $\bar{\mathfrak{p}}$ durch die Decktransformation T entstehe und von $\bar{\mathfrak{p}}$ aus auf dem Wege $\bar{\beta}$ erreicht werde. Die Spurkurve β von $\bar{\beta}$ ist geschlossen. Wir erkennen dann, daß man von $\bar{\mathfrak{p}}$ aus zu $\bar{\mathfrak{p}}^*S = \bar{\mathfrak{p}}TS$ gelangt, indem man *zunächst* diejenige Kurve durchläuft, deren Spur α ist (d. i. $\bar{\alpha}$) und *darauf* von deren Endpunkt (d. i. $\bar{\mathfrak{p}}S$) aus den über β verlaufenden Weg (und nicht etwa erst β und dann α). Um von $\bar{\mathfrak{p}}^*$ zu $\bar{\mathfrak{p}}^*S$ zu gelangen, kann man den Weg durchmessen, dessen Spurbahn durch $-\beta+\alpha+\beta$ bezeichnet wird; der von $\bar{\mathfrak{p}}^*$ aus durchlaufene Weg α führt im allgemeinen *nicht* zu $\bar{\mathfrak{p}}^*S$.

Wenn aber $\overline{\mathfrak{F}}$ insbesondere eine Abelsche Fläche über $\mathfrak{F}$ ist, so gilt

$$\bar{\mathfrak{p}}TS = \bar{\mathfrak{p}}ST;$$

es ist demnach gleichgültig, ob man auf $\overline{\mathfrak{F}}$ zunächst α und dann β oder umgekehrt zuerst β und dann α durchläuft: wenn man nur beide Mal von demselben Anfangspunkt ($\bar{\mathfrak{p}}$) ausgeht, wird man auf beide Weisen zu demselben Endpunkt gelangen. Die von $\bar{\mathfrak{p}}^*$ ausgehende, sich über $-\beta+\alpha+\beta$ hinziehende Kurve auf $\overline{\mathfrak{F}}$ hat demgemäß denselben Endpunkt, nämlich $\bar{\mathfrak{p}}^*S$ wie die von $\bar{\mathfrak{p}}^*$ ausgehende Kurve $-\beta+\beta+\alpha$, d. h. wie der in $\bar{\mathfrak{p}}^*$ beginnende, über α sich hinziehende Weg. Verfolgen wir demnach auf einer *Abelschen* Überlagerungsfläche einen auf der Grundfläche gegebenen geschlossenen Weg α, indem wir an irgendeiner über einem Punkte $\mathfrak{p}$ von α gelegenen Stelle $\overline{\mathfrak{p}}$ beginnen, so führt derselbe immer zu dem Endpunkt $\overline{\mathfrak{p}}S$, der mittels einer bestimmten, *von* $\overline{\mathfrak{p}}$ *unabhängigen* Decktransformation S aus $\overline{\mathfrak{p}}$ hervorgeht. Wir nennen S **die zu α gehörige Decktransformation.**

Auf $\mathfrak{F}$ bringen wir eine kanonische Zerschneidung Σ an, bestehend aus p Rückkehrschnittpaaren

$$\pi_1 + \pi_1', \quad \pi_2 + \pi_2', \quad \ldots, \quad \pi_p + \pi_p'$$

und p Streckenzügen σ_i, die von den Kreuzungspunkten der Rückkehrschnittpaare nach einem festen Punkt der Fläche laufen. Schneiden wir die Fläche $\mathfrak{F}$ längs Σ auf, so verwandelt sie sich in eine einfach zusammenhängende Fläche $\mathfrak{F}_*$. Aus diesem Grunde zerfällt die unverzweigte, unbegrenzte Überlagerungsfläche $\overline{\mathfrak{F}}$ über $\mathfrak{F}$ in lauter einzelne Exemplare solcher aufgeschnittenen Flächen $\mathfrak{F}_*$, wenn wir $\overline{\mathfrak{F}}$ (durch die sämtlichen Blätter von $\overline{\mathfrak{F}}$ hindurch) längs Σ zerschneiden. Aus diesen einzelnen Exemplaren, die wir im präzisen Sinne als die **Blätter** von $\overline{\mathfrak{F}}$ bezeichnen, entsteht rückwärts die heile Fläche $\overline{\mathfrak{F}}$ dadurch, daß wir die Blätter in gewisser, für die Überlagerungsfläche $\overline{\mathfrak{F}}$ charakteristischer Weise längs ihrer Schnittränder aneinander heften. Man wird dabei, aus einem bestimmten Blatte $\mathfrak{B}$ kommend, bei Überschreitung eines bestimmten der Rückkehrschnitte π, π' oder „Zügel" σ in bestimmtem Sinne (z. B. von rechts nach links) immer in das *gleiche* Blatt $\mathfrak{B}^*$ geraten, einerlei an welcher Stelle des betr. π, π' oder σ jene Überschreitung erfolgt.

Sei jetzt $\overline{\mathfrak{F}}$ *Galoissch* in bezug auf $\mathfrak{F}$, und $\mathfrak{p}_0$, $\mathfrak{p}_0^*$ zwei homolog (d. i. übereinander) gelegene Punkte in den zwei beliebigen Blättern $\mathfrak{B}$, $\mathfrak{B}^*$ von $\overline{\mathfrak{F}}$. Es gibt eine einzige Decktransformation S, für die $\mathfrak{p}_0^* = \mathfrak{p}_0 S$ ist. Ist $\mathfrak{p}$ ein beliebiger Punkt des Blattes $\mathfrak{B}$ und $\mathfrak{p}^*$ der homolog gelegene im Blatte $\mathfrak{B}^*$, so, behaupte ich, ist dann auch $\mathfrak{p}^* = \mathfrak{p}\,S$. Ich brauche um dies zu erkennen, nur $\mathfrak{p}$ mit $\mathfrak{p}_0$ durch einen Weg innerhalb $\mathfrak{B}$ (der also Σ nirgendwo trifft) zu verbinden und $\mathfrak{p}^*$ mit $\mathfrak{p}_0^*$ durch den gleichen Weg innerhalb $\mathfrak{B}^*$. In Anbetracht dieser Tatsache wird das Blatt $\mathfrak{B}^*$ als dasjenige $\mathfrak{B}S$ anzusprechen sein, das durch die Transformation S aus $\mathfrak{B}$ hervorgeht.

Ist $\overline{\mathfrak{F}}$ endlich *Abelsch* in bezug auf $\mathfrak{F}$, so gehört zu jedem der $2p$ Rückkehrschnitte π_i, π_i' eine bestimmte Decktransformation S_i, S_i'. Da beispielsweise π_i' den Weg π_i einmal von rechts nach links überkreuzt, so wird man, aus einem Blatte $\mathfrak{B}$ kommend, bei Überschreitung des Weges π_i von rechts nach links notwendig in das Blatt $\mathfrak{B}S_i'$ geraten, das durch die Transformation S_i' aus $\mathfrak{B}$ hervorgeht. Läuft man auf $\mathfrak{F}$ um den Kreuzungspunkt des i^{ten} Rückkehrschnittpaares herum, so gelangt man der Reihe nach in die fünf Zwickel I bis V, die dort von den drei Linien π_i, π'_i, σ_i gebildet werden (siehe die Figur). Nimmt man dabei auf $\overline{\mathfrak{F}}$ seinen Ausgang im Blatte $\mathfrak{B}$, so wird man sich dabei sukzessive in folgenden Blättern befinden:

Zwickel:	I	II	III	IV	V
Blatt:	$\mathfrak{B}$	$\mathfrak{B}S'_i$	$\mathfrak{B}S'_iS_i^{-1}$	$\mathfrak{B}S'_iS_i^{-1}S_i'^{-1} = \mathfrak{B}S_i^{-1}$	$\mathfrak{B}$

Unter IV wird die Kommutativität ausgenutzt. Es zeigt sich also, daß über σ_i hinüber das Blatt $\mathfrak{B}$ mit sich selber zusammenhängt, daß mit andern Worten beim Aufbau der Überlagerungsfläche $\overline{\mathfrak{F}}$ die Schnittränder von σ_i in jedem Blatt für sich wieder aneinander zu heften sind und daß es folglich von vorn herein überflüssig war, längs der Zügel σ_i aufzuschneiden, und $\overline{\mathfrak{F}}$ bereits in lauter einzelne Blätter zerfällt, wenn wir die Zerschneidung nur längs der $2p$ Kurven π_i, π'_i vornehmen.

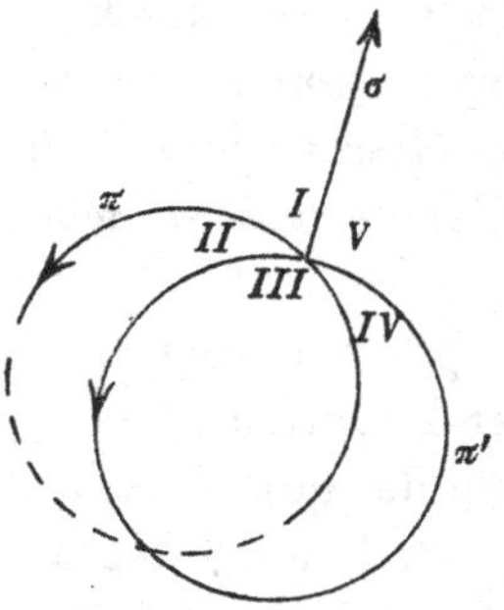

Ist jetzt γ irgendein geschlossener Streckenzug auf $\mathfrak{F}$, der die Rückkehrschnitte an einzelnen Stellen, die keine Ecken sind, überkreuzt, und verfolgen wir diesen Weg auf $\overline{\mathfrak{F}}$, indem wir an einer Stelle $\mathfrak{p}$ des Blattes $\mathfrak{B}$ unsern Ausgang nehmen, so geraten wir bei jeder Überkreuzung der Rückkehrschnitte aus dem Blatt, wo wir uns zuletzt befanden, in ein anderes, das aus diesem durch eine der Transformationen $S_i^{\pm 1}$, $S_i'^{\pm 1}$ hervorgeht; und zwar kann diese Transformation aus folgender Tabelle abgelesen werden:

	Überschreitung von π_i	Überschreitung von π'_i
von rechts nach links	S'_i	S_i^{-1}
von links nach rechts	$S_i'^{-1}$	S_i

Wir enden also, wenn die Spurkurve γ auf $\mathfrak{F}$ sich schließt, in einem Blatte $\mathfrak{B}T$, wobei das Symbol der Decktransformation T aus einer Zusammenstellung von lauter Faktoren $S_i^{\pm 1}$, $S_i'^{\pm 1}$ besteht. Benutzen wir die Kommutativität, so können wir schreiben

$$T = S_1^{m_1} S_1'^{m'_1} \ldots S_p^{m_p} S_p'^{m'_p},$$

und es wird dabei auf Grund der Tabelle

$$m_i = -\, s(\gamma, \pi'_i), \qquad m'_i = s(\gamma, \pi_i);$$

s ist das Zeichen für die Kroneckersche Charakteristik. Auf $\overline{\mathfrak{F}}$ führt

γ von $\overline{\mathfrak{p}}$ zum Punkt $\overline{\mathfrak{p}}T$. Dies Resultat überträgt sich von einem Streckenzug sogleich auf eine beliebige geschlossene Kurve γ. Ist

$$\gamma \sim n_1\pi_1 + n_1'\pi_1' + \ldots + n_p\pi_p + n_p'\pi_p',$$

so wird aber

$$s(\gamma, \pi_i') = -n_i, \quad s(\gamma, \pi_i) = n_i';$$

es findet sich demnach

$$m_i = n_i, \quad m_i' = n_i',$$

und dieses ist unser Resultat: *Zu einem geschlossenen Wege, der*

$$\sim (n_1\pi_1 + n_1'\pi_1') + (n_2\pi_2 + n_2'\pi_2') + \cdots + (n_p\pi_p + n_p'\pi_p')$$

ist, gehört die Decktransformation

$$S_1^{n_1} S_1'^{n_1'} S_2^{n_2} S_2'^{n_2'} \ldots S_p^{n_p} S_p'^{n_p'}.$$

Insbesondere: zu einem Wege, der ~ 0 ist, gehört als Decktransformation die Identität; d. h. *eine Kurve auf der Abelschen, unverzweigten unbegrenzten Überlagerungsfläche* $\overline{\mathfrak{F}}$, *deren Spur ein geschlossener, der Null homologer Weg auf der Grundfläche* $\mathfrak{F}$ *ist, muß selber geschlossen sein.* Damit ist unsere Behauptung bewiesen.

Dem Satz der Zahlentheorie, daß im Klassenkörper ein jedes Ideal des Grundkörpers Hauptideal wird, entspricht in der Funktionentheorie die Tatsache, daß es zu zwei beliebigen Punkten 1, 2 auf der geschlossenen Riemannschen Fläche $\mathfrak{F}$ eine (auf der Überlagerungsfläche der Integralfunktionen $\widehat{\mathfrak{F}}$ eindeutige) multiplikative Funktion gibt, die sich in allen Punkten von $\widehat{\mathfrak{F}}$ außer den über 2 gelegenen regulär verhält, über 2 polar unendlich von der ersten Ordnung wird und nur an den über 1 gelegenen Stellen verschwindet, und zwar gleichfalls in der ersten Ordnung. Diese Funktion Θ_{12} ist R. F. Seite 118 mittels des Abelschen Integrals dritter Gattung ω_{12} konstruiert. Es hätte dort deutlicher gezeigt werden sollen, daß diese Konstruktion wirklich zu einer auf $\widehat{\mathfrak{F}}$ *eindeutigen* Funktion führt. Zu diesem Zwecke stütze man sich auf die Formel (III_0), R. F. Seite 115 unten, in der allgemeineren Gestalt

$$\int_\alpha d\omega_{12} = 2\pi i \Re \int_1^2 dw_\alpha + 2n\pi i \quad (n \text{ eine ganze Zahl}). \tag{2}$$

Sie ist gültig, wenn α irgendeine geschlossene, nicht durch die Punkte 1 und 2 hindurchlaufende Kurve auf $\mathfrak{F}$ ist, während sie ohne den Zusatzterm $2n\pi i$ nur richtig ist, wenn α den auf der rechten Seite benutzten Integrationsweg 12 nicht schneidet. Es geht aus (2) hervor, daß für einen der Null homologen Weg α das Integral $\int_\alpha d\omega_{12}$ ein ganzzahliges Multiplum von $2\pi i$ ist und daher

$$e^{\int_\alpha d\omega_{12}} = 1.$$

Infolgedessen ist auf $\hat{\mathfrak{F}}$ die Funktion

$$e^{\int d\omega_{12}} = \Theta_{12},$$

bei deren Bildung von einem fest gewählten Anfangspunkt $\hat{\mathfrak{p}}_0$ nach dem variablen Argumentpunkt $\hat{\mathfrak{p}}$ auf $\hat{\mathfrak{F}}$ integriert wird, vom Integrationswege unabhängig und eine eindeutige Funktion von $\hat{\mathfrak{p}}$. — R. F. Seite 125, Zeile 24 sind die Worte „die α nicht treffen" zu streichen, und es ist auch dort die Formel (III_0) in der jetzt herangezogenen allgemeinen Gestalt (2) zu benutzen.

Wie die „Überlagerungsfläche der Integralfunktionen" $\hat{\mathfrak{F}}$ einer Riemannschen Fläche mit ihren multiplikativen Funktionen das funktionentheoretische Analogon zum Klassenkörper ist, so erhebt sich, der auf die „universelle Überlagerungsfläche" $\tilde{\mathfrak{F}}$ sich stützenden Uniformisierungstheorie entsprechend, das zahlentheoretische Problem: nicht nur unter allen *Abelschen,* sondern unter *allen* unverzweigten Relativkörpern zu einem gegebenen algebraischen Zahlkörper den umfassendsten zu konstruieren und seine wesentlichen Eigenschaften ausfindig zu machen.

25.

Über die Bestimmung einer geschlossenen konvexen Fläche durch ihr Linienelement

Vierteljahrsschrift der naturforschenden Gesellschaft in Zürich 61, 40—72 (1916)
Russische Übersetzung: Uspehi Matem. Nauk (N. S.) 3, no 2 (24), 159—190 (1948)

§ 1. Formulierung des Problems

Es ist bereits von LIEBMANN[1]) festgestellt worden, dass *eine geschlossene konvexe Fläche keine unendlichkleine Verbiegung* erlaubt, genauer: dass jede unendlichkleine Verbiegung derselben eine Bewegung der starren Fläche ist. Eleganter und befriedigender beweist man diesen Satz auf Grund der BRUNN-MINKOWSKIschen Theorie von Volumen und Oberfläche[2]), indem man mit BLASCHKE[3]) bemerkt, dass die «charakteristische Gleichung», auf die WEINGARTEN das Problem der unendlichkleinen Verbiegung zurückgeführt hat[4]), identisch ist mit derjenigen, welche die MINKOWSKIsche Theorie beherrscht[5]). Hingegen ist es bisher nicht gelungen, zu entscheiden, ob ein entsprechender Satz auch für *endliche Verbiegungen* gültig ist, d.h. ob es unmöglich ist, zwei geschlossene konvexe Flächen in anderer Weise isometrisch aufeinander abzubilden als durch eine Bewegung, welche die eine in die andere überführt[6]). Nur für die *Kugel* konnte diese Frage – gleichfalls durch LIEBMANN[7]) – im bejahenden Sinne entschieden werden. Einen andern Beweis für diesen auf die Kugel bezüglichen Satz hat HILBERT geführt[8]); am schönsten ergibt er sich aber wieder als ein spezielles, in der MINKOWSKIschen Theorie enthaltenes Resultat.

Ich will nun hier einen Weg angeben, auf dem man zur Konstatierung der gleichen Tatsache für eine beliebige geschlossene Fläche gelangt; dabei werde ich zu diesem Unitätssatz: dass es nicht zwei verschiedene geschlossene konvexe Flächen mit demselben Linienelement gibt, gleich noch den entsprechenden Existenzsatz hinzufügen: *Zu einem vorgegebenen Linienelement mit positiver*

---

[1]) H. LIEBMANN, Math. Ann. *53*, 81–112 (1900); *54*, 505–517 (1901).

[2]) H. BRUNN, Math. Ann. *57*, 447–495 (1903). – H. MINKOWSKI, Gesammelte Abhandlungen, Bd. II, S. 230–276. Vgl. auch D. HILBERT, *Grundzüge einer allgemeinen Theorie der linearen Integralgleichungen* (Leipzig 1912), Kap. XIX, S. 242–258.

[3]) W. BLASCHKE, Nachr. K. Ges. Wiss. Göttingen, math.-physik. Kl., Sitzung vom 18. Mai 1912.

[4]) J. WEINGARTEN, Crelles J. *100*.

[5]) Siehe D. HILBERT, loc. cit. [2]), S. 245.

[6]) Das Analogon der WEINGARTENschen Theorie für endliche Verbiegungen wurde entwikkelt von L. BIANCHI (mehrere Noten in den Atti Acad. Lincei aus den Jahren 1903/04) und W. BLASCHKE [Jber. dtsch. Math.-Vereinigung *22*, 154–183 (1913)]. Zur Lösung des im Text aufgestellten Problems leistet jedoch, wie ich glaube, diese Theorie keinen Beitrag.

[7]) H. LIEBMANN, Math. Ann. *53*, 81–112 (1900).

[8]) D. HILBERT, *Grundlagen der Geometrie*, 3. Aufl. (Leipzig 1909), Anh. V, S. 237.

Krümmung gibt es stets eine und nur eine geschlossene konvexe Fläche. Alle inneren Eigenschaften einer Fläche sind, wie man weiss, bestimmt durch das Linienelement. Durch Angabe desselben ist die Fläche so, wie sie in sich selber beschaffen ist, unabhängig von der Art ihres Eingebettetseins in den Raum, vollständig beschrieben. Durch eine positiv-definite quadratische Differentialform von zwei Variablen, die als Quadrat des Linienelements aufgefasst werden soll, wird demnach *eine (metrische) Fläche in abstracto*, losgelöst vom Raum, definiert[1]). Dieselbe wird konvex heissen dürfen, wenn die Krümmung der Differentialform durchweg positiv ist. Unsere Behauptung lässt sich demnach, prinzipieller gewendet, dahin aussprechen: dass *eine jede in abstracto gegebene geschlossene konvexe Fläche eine einzige Realisierung im dreidimensionalen (Euklidischen) Raum zulässt.* Die Beziehung zwischen «Idee» und «Wirklichkeit» ist hier also die denkbar vollkommenste.

Es ist in der Infinitesimalgeometrie üblich, die Punkte einer Fläche durch zwei Parameter u, v darzustellen, d.i. die Fläche auf eine (u, v)-Ebene abzubilden. Für eine als Ganzes zu nehmende geschlossene Fläche ist jedoch eine eineindeutige stetige Abbildung auf die Ebene offenbar nicht möglich, wohl aber eine solche auf die Kugeloberfläche – wenigstens dann, wenn die Fläche einfach zusammenhängend, insbesondere wenn sie konvex ist. Eine Abbildung dieser Art wird allgemein festgelegt durch die Formel

$$\mathfrak{r} = \mathfrak{r}(\xi_1, \xi_2, \xi_3) = \mathfrak{r}\big((\xi)\big).$$

In ihr bedeutet $(\xi) = (\xi_1, \xi_2, \xi_3)$ einen variablen Punkt auf der Einheitskugel

$$\xi_1^2 + \xi_2^2 + \xi_3^2 = 1,$$

$\mathfrak{r}$ aber denjenigen Vektor, dessen Komponenten die Koordinaten des dem Kugelpunkt (ξ) zugeordneten Flächenpunktes P sind: $\mathfrak{r} = \overrightarrow{OP}$. $\mathfrak{r}((\xi))$ ist also ein auf der ganzen Einheitskugel definiertes Vektorfeld. Wir dehnen die Definition dieser Vektorfunktion auf alle Argumentwerte $(\xi_1, \xi_2, \xi_3) \neq (0, 0, 0)$ aus durch die Festsetzung

$$\mathfrak{r}(\tau\xi_1, \tau\xi_2, \tau\xi_3) = \mathfrak{r}(\xi_1, \xi_2, \xi_3) \tag{1}$$

für beliebiges $\tau > 0$. Eine Funktion mit der Eigenschaft (1) nennen wir «homogen von der Ordnung 0»; die Homogenitätseigenschaft bezieht sich demnach hier wie auch sonst, wo wir von homogenen Funktionen beliebiger Ordnung reden, nur auf Multiplikation mit einem *positiven* Proportionalitätsfaktor τ. Wir nehmen an, dass $\mathfrak{r}((\xi))$ stetig differenzierbar ist, und können dann *die erste Fundamentalform, das Quadrat des Linienelementes* der Fläche, bilden:

$$s = (d\mathfrak{r})^2 = \sum_{i,k=1}^{3} e_{ik}\, d\xi_i\, d\xi_k; \quad e_{ik} = \frac{\partial\mathfrak{r}}{\partial\xi_i} \cdot \frac{\partial\mathfrak{r}}{\partial\xi_k}.$$

[1]) Vgl. hierzu B. RIEMANNS Habilitationsvortrag: *Über die Hypothesen, welche der Geometrie zugrunde liegen*, Werke, 2. Aufl. (Leipzig 1892), S. 272–287.

Die e_{ik} sind dabei homogen von der Ordnung -2 und genügen den Gleichungen

$$\sum_{k=1}^{3} e_{ik}\,\xi_k = 0 \quad (i = 1, 2, 3).\tag{2}$$

Ein Ausdruck

$$\sum_{i,\,k=1}^{3} e_{ik}\,d\xi_i\,d\xi_k \quad (e_{ik} = e_{ki})$$

wird nur dann als «*quadratische Differentialform auf der Einheitskugel*» betrachtet, wenn die (auf der Kugel definierten) Koeffizienten e_{ik} den Gleichungen (2) genügen. *Positiv-definit* heisst dieselbe, wenn in jedem Kugelpunkt (ξ) die quadratische Form

$$\sum_{i,\,k=1}^{3} e_{ik}\,x_i\,x_k > 0$$

ist für jedes Wertsystem x_1, x_2, x_3, das den Bedingungen

$$x_1^2 + x_2^2 + x_3^2 = 1, \quad x_1\,\xi_1 + x_2\,\xi_2 + x_3\,\xi_3 = 0$$

genügt. In diesem Sinne ist das Quadrat des Linienelementes positiv-definit. Bilden wir die zur Matrix der Koeffizienten (e_{ik}) adjungierte (d_{ik}) [welche aus den zweireihigen Unterdeterminanten besteht], so ergeben die Relationen (2), dass

$$d_{ik} = \xi_i\,\xi_k \cdot D$$

ist. D heisst die *Diskriminante* der quadratischen Form. Sie ist für positiv-definite Formen positiv. Die positive Wurzel aus der Diskriminante von $(d\mathfrak{r})^2$ bezeichnen wir mit $\varDelta$.

$$do = \varDelta \cdot d\omega$$

ist dasjenige *Oberflächenelement* der Fläche (seiner Grösse nach), das dem Flächenelement $d\omega$ der Einheitskugel korrespondiert.

Setzen wir nunmehr auch die Existenz und Stetigkeit der zweiten Differentialquotienten von $\mathfrak{r}((\xi))$ voraus, so können wir von der *Gauss'schen Krümmung* $K = K((\xi))$ der Fläche reden. Wir fassen eine geschlossene doppelpunktslose Kurve

$$\mathfrak{C} : \xi_i = \xi_i(s) \quad (i = 1, 2, 3)\tag{3}$$

auf der Fläche ins Auge, die ein Gebiet J umschliesst, und nehmen dabei an, dass die $\xi_i(s)$ zweimal stetig differenzierbare Funktionen von s sind (die Kurve «stetig gekrümmt» ist) und der Parameter s die Bogenlänge bedeutet. $\mathfrak{C}$ besitzt dann an jeder Stelle eine bestimmte geodätische Krümmung $\gamma = \gamma(s)$, die auf Grund der Kurvengleichung (3) und der ersten Fundamentalform der Fläche berechnet werden kann[1]). Wir nennen $\int\limits_{\mathfrak{C}} \gamma\, ds$ die totale geodätische Krümmung von $\mathfrak{C}$ und $2\pi - \int\limits_{\mathfrak{C}} \gamma\, ds$ ihren *geodätischen Defekt*. Derselbe ist, wie bekannt, gleich der totalen Gauss'schen Krümmung des umschlossenen Gebietes[2]):

$$2\pi - \int\limits_{\mathfrak{C}} \gamma\, ds = \int\limits_{J} K\, do. \tag{4}$$

Ist $\mathfrak{s}$ eine beliebig vorgegebene, positiv-definite quadratische Differentialform auf der Kugel, so wird eine Funktion $K = K((\xi))$, welche für jede Kurve $\mathfrak{C}$ der erwähnten Beschaffenheit die Gleichung (4) befriedigt, jedenfalls dann existieren, wenn die Koeffizienten e_{ik} von $\mathfrak{s}$ zweimal stetig differenzierbar sind. Diese hinreichende Bedingung ist aber – wie der soeben besprochene Fall zeigt, in dem $\mathfrak{s}$ die erste Fundamentalform einer Raumfläche vorstellt – keineswegs notwendig. Damit ergibt sich naturgemäss folgende scharfe Fassung des Begriffes der «Fläche an sich»:

Jede positiv-definite quadratische Differentialform $\mathfrak{s}$ *auf der Einheitskugel bestimmt eine geschlossene Fläche in abstracto:* ($\mathfrak{s}$). *Jeder Punkt der Einheitskugel wird als Bild eines Punktes dieser Fläche betrachtet, verschiedene Punkte auf der Kugel als Bilder verschiedener Punkte der Fläche. Die Länge einer beliebigen Flächenkurve ist gegeben durch das längs der Bildkurve zu erstreckende Integral von* $\sqrt{\mathfrak{s}}$. *Zwei Differentialformen bestimmen dann und nur dann dieselbe Fläche, wenn sie durch eineindeutige Abbildung der* (ξ)*-Kugel auf sich selbst ineinander übergeführt werden können. – Sind die Koeffizienten von* $\mathfrak{s}$ *stetig differenzierbar und gibt es eine stetige Funktion* $K = K((\xi))$ *derart, dass für jede geschlossene, doppelpunktlose, stetig gekrümmte Kurve der geodätische Defekt gleich dem Integral*

$$\int K\, do \;\left(= \int K \Delta \cdot d\omega\right)$$

über das umschlossene Gebiet wird, so sagen wir, die Fläche sei stetig gekrümmt und besitze die Krümmung K. Ist K überall positiv, so heisst die Fläche konvex.

Wir haben zu zeigen:

Ist $\mathfrak{s}$ *eine quadratische Differentialform auf der Kugel, die eine stetig gekrümmte konvexe Fläche in abstracto festlegt, so gibt es ein zweimal stetig differenzierbares Vektorfeld* $\mathfrak{r} = \mathfrak{r}((\xi))$ *auf der Kugel, welches die Gleichung* $(d\mathfrak{r})^2 = \mathfrak{s}$ *befriedigt. Dasselbe ist in dem Sinne eindeutig bestimmt, dass je zwei verschiedene Lösungen* $\mathfrak{r}$ *dieser Gleichung durch eine* (auf die Komponenten von $\mathfrak{r}$ anzuwendende) *lineare orthogonale Transformation mit konstanten Koeffizienten auseinander hervorgehen.*

In der Tat wird, wenn die Gleichung $(d\mathfrak{r})^2 = \mathfrak{s}$ gelöst ist, an zwei verschiedenen Kugelpunkten der Vektor $\mathfrak{r}$ auch immer zwei verschiedene Werte haben. Sagt man nämlich von dem Kugelpunkt (ξ), dem durch $\mathfrak{r} = \mathfrak{r}((\xi))$ der Raum-

[1]) Das Vorzeichen von γ hängt davon ab, welches der beiden Gebiete, in die die Fläche durch $\mathfrak{C}$ zerlegt wird, als das Innengebiet J aufgefasst wird.

[2]) Die Gültigkeit dieser Beziehung wird in der Tat bereits durch die Existenz und Stetigkeit der 2. Differentialquotienten von $\mathfrak{r}((\xi))$ sichergestellt; der 3. Ableitungen, die üblicherweise in der Flächentheorie zu ihrem Beweise herangezogen werden, bedarf es dazu nicht.

punkt P ($\overrightarrow{OP} = \mathfrak{r}$) zugewiesen ist, er «liege über P», so erscheint die Kugel als unverzweigte und unbegrenzte Überlagerungsfläche über der einfach zusammenhängenden konvexen Raumfläche $\mathfrak{r}=\mathfrak{r}((\xi))$, und diese Überlagerungsfläche muss infolgedessen einblättrig sein[1]).

Um nirgendwo eine Lücke zu lassen, will ich noch die Formeln angeben, mit Hilfe derer die geodätische Krümmung γ aus der Form

$$\boldsymbol{s} = \sum_{i,k} e_{ik}\, d\xi_i\, d\xi_k$$

zu berechnen ist. Man ermittelt sie am einfachsten, indem man die erste Variation des Längenintegrals auf der Fläche bildet. Sei also

$$\xi_i = \xi_i(s;\varepsilon) \quad (i = 1, 2, 3) \quad s_0 \leqq s \leqq s_1$$

eine Kurvenschar, deren einzelne Individuen durch den um 0 herum variierenden Parameter ε unterschieden werden und die alle denselben Anfangspunkt mit demselben Endpunkt verbinden; für die Ausgangskurve $\varepsilon = 0$ bedeute s die auf der Fläche gemessene Bogenlänge. Setzen wir, durch Akzente die Differentiation nach s bezeichnend,

$$F = \sum_{ik} e_{ik}\, \xi_i'\, \xi_k',$$

so soll also $F = 1$ sein für $\varepsilon = 0$. Die Länge einer beliebigen Kurve der Schar ist gegeben durch

$$L(\varepsilon) = \int_{s_0}^{s_1} \sqrt{F}\, ds;$$

die erste Variation ist

$$\frac{dL}{d\varepsilon} = \int_{s_0}^{s_1} \sum_{i=1}^{3} \left(\left\{ \frac{\partial \sqrt{F}}{\partial \xi_i} - \frac{d}{ds} \frac{\partial \sqrt{F}}{\partial \xi_i'} \right\} \frac{d\xi_i}{d\varepsilon} \right) \cdot ds.$$

Alle folgenden Formeln beziehen sich auf $\varepsilon = 0$. Durch Ausdifferenzieren (unter Berücksichtigung der Gleichung $F = 1$) nimmt der Ausdruck in der geschweiften Klammer die Form an:

$$- G_i = - \sum_{k=1}^{3} e_{ik}\, \xi_k'' - \sum_{h,k=1}^{3} \begin{bmatrix} h\,k \\ i \end{bmatrix} \xi_h'\, \xi_k'. \tag{5}$$

Es treten darin die CHRISTOFFELschen Symbole

$$\begin{bmatrix} h\,k \\ i \end{bmatrix} = \frac{1}{2} \left\{ \frac{\partial e_{ik}}{\partial \xi_h} + \frac{\partial e_{ih}}{\partial \xi_k} - \frac{\partial e_{hk}}{\partial \xi_i} \right\}$$

[1]) Mit Bezug auf diesen Schluss vgl. mein Buch *Die Idee der Riemannschen Fläche* (Leipzig 1913), S. 47.

auf. Differenziert man die Relation (2) nach ξ_h, die Gleichung $F = 1$ aber nach s, so ergibt sich ohne weiteres, dass

$$\sum_i G_i \xi_i = 0, \quad \sum_i G_i \xi_i' = 0$$

ist. Demnach lassen sich die drei Grössen G_i durch eine einzige G folgendermassen ausdrücken:

$$G_1 = G(\xi_2 \xi_3' - \xi_3 \xi_2'), \quad G_2 = G(\xi_3 \xi_1' - \xi_1 \xi_3'), \quad G_3 = G(\xi_1 \xi_2' - \xi_2 \xi_1'), \tag{6}$$

und wir haben

$$\frac{dL}{d\varepsilon} = -\int_{s_0}^{s_1} G \cdot \left| \xi, \frac{d\xi}{ds}, \frac{d\xi}{d\varepsilon} \right| ds.$$

Da der Integrand demnach eine Invariante ist, d.h. unabhängig von der zugrunde gelegten Abbildung der Fläche ($\boldsymbol{s}$) auf die (ξ)-Kugel, ist G/Δ eine invariante Ortsfunktion längs der Ausgangskurve und offenbar die gesuchte geodätische Krümmung γ:

$$G = \gamma \cdot \Delta. \tag{7}$$

Die Gleichungen (5), (6), (7) enthalten also die formelmässige Festlegung des Begriffes der geodätischen Krümmung.

§ 2. Ansatz des Problems

Das quadrierte Linienelement der Einheitskugel lautet, wenn wir jeden ihrer Punkte sich selber zuordnen:

$$\boldsymbol{s}^0 = (d\mathfrak{r}^0)^2 = \sum_{i,k} e_{ik}^0 \, d\xi_i \, d\xi_k = \frac{\sum_i \xi_i^2 \cdot \sum_i d\xi_i^2 - (\sum_i \xi_i \, d\xi_i)^2}{(\sum_i \xi_i^2)^2}.$$

Die Methode, mittels deren wir die Realisierung einer in abstracto gegebenen Fläche ($\boldsymbol{s}$) bewerkstelligen wollen, ist eine Art *Kontinuitätsmethode. Wir denken uns* ($\boldsymbol{s}^0$) *durch einen stetigen Prozess in* ($\boldsymbol{s}$) *übergeführt*, wobei alle Zwischenzustände wiederum (abstrakte) konvexe Flächen sind, *und versuchen, diesem raumlos sich vollziehenden Vorgang durch Deformation der Kugel im Raume kontinuierlich zu folgen.* Es sei also

$$\boldsymbol{s}_\tau = \sum_{i,k} e_{ik}(\tau) \, d\xi_i \, d\xi_k \quad (0 \leqq \tau \leqq 1)$$

eine stetig von dem Parameter τ abhängige Schar von positiv-definiten quadratischen Differentialformen, deren Anfangsglied ($\tau = 0$) mit $\boldsymbol{s}^0$, deren Endglied ($\tau = 1$) mit $\boldsymbol{s}$ übereinstimmt; ausserdem sei ($\boldsymbol{s}_\tau$) für alle τ stetig gekrümmt und konvex. Wir werden alsbald zeigen, dass eine solche Kette von konvexen

Flächen ($\mathfrak{s}_\tau$), die den Übergang von der Kugel zur gegebenen Fläche ($\mathfrak{s}$) bewirkt, stets gefunden werden kann, sogar in der Weise, dass die Koeffizienten $e_{ik}(\tau)$ *regulär-analytische* Funktionen von τ sind. Wir suchen

$$\mathfrak{r} = \mathfrak{r}(\tau) = \mathfrak{r}(\xi_1, \xi_2, \xi_3; \tau)$$

so zu bestimmen, dass

$$\big(d\mathfrak{r}(\tau)\big)^2 = \sum_{i,k} e_{ik}(\tau)\, d\xi_i\, d\xi_k \tag{8}$$

wird und für $\tau = 0$ sich $\mathfrak{r}$ auf $\mathfrak{r}^0$ reduziert. Wenn diese Aufgabe überhaupt eine Lösung hat, so besitzt sie gewiss auch eine solche, bei der für jeden Wert von τ

$$\int \mathfrak{r}\, d\omega = 0 \tag{9}$$

ist, wo sich die Integration über die ganze Kugel erstreckt.

Bezeichnen wir Differentiation nach τ durch einen übergesetzten Punkt, so folgt aus (8):

$$d\mathfrak{r} \cdot d\dot{\mathfrak{r}} = \frac{1}{2} \sum_{i,k} \dot{e}_{ik}\, d\xi_i\, d\xi_k = \frac{1}{2} \dot{\mathfrak{s}} \tag{10}$$

und aus (9):

$$\int \dot{\mathfrak{r}}\, d\omega = 0. \tag{11}$$

Betrachten wir in (10) für einen bestimmten Wert von τ die konvexe Fläche $\mathfrak{r} = \mathfrak{r}((\xi))$ und die Differentialform $\dot{\mathfrak{s}}$ als die gegebenen Grössen, das Vektorfeld $\dot{\mathfrak{r}}((\xi))$ als das gesuchte, so ist uns damit offenbar folgendes *inhomogene lineare Problem* gestellt: *Eine gegebene konvexe Fläche «unendlich wenig» so zu deformieren, dass ihre erste Fundamentalform die «unendlichkleine» Änderung* $\dot{\mathfrak{s}}$ *erfährt*; $\dot{\mathfrak{r}}((\xi))$ ist die «unendlichkleine» Verschiebung, welche der Punkt (ξ) auf der Fläche bei der Deformation erleidet. Das zugehörige homogene Problem ist das der *unendlichkleinen Verbiegung*, dessen einzige Lösungen die «unendlichkleinen» Bewegungen

$$\dot{\mathfrak{r}} = \mathfrak{a} + [\mathfrak{b}, \mathfrak{r}]$$

sind ($\mathfrak{a}$ und $\mathfrak{b}$ zwei konstante Vektoren). Obwohl dieses somit sechs linear unabhängige Lösungen besitzt, werden wir feststellen, dass *das inhomogene Problem stets lösbar ist, wie auch die rechte Seite, d.h. die Form* $\dot{\mathfrak{s}}$ *vorgeschrieben sein mag.* Dies wird den 1. *Teil* unserer Untersuchung ausmachen. Es verhält sich demnach die lineare Gleichung (10) so, wie sich ein System von endlichvielen linearen Gleichungen mit endlichvielen Unbekannten verhalten würde, in welchem die Anzahl der Gleichungen um 6 geringer ist als die Zahl der Unbekannten. Ist $\dot{\mathfrak{r}}$ eine Lösung von (10), so erhält man die allgemeinste, indem man zu $\dot{\mathfrak{r}}$ eine beliebige Lösung des homogenen Problems hinzufügt. Man kann also zunächst dafür sorgen, dass die Gleichung (11) erfüllt ist. Wegen (9) befriedigt auch die den willkürlichen konstanten Vektor $\mathfrak{b}$ enthaltende Lösung $\dot{\mathfrak{r}} + [\mathfrak{b}, \mathfrak{r}]$ die Gleichung (11). Man kann aber $\mathfrak{b}$ so bestimmen, dass

$$\int [\dot{\mathfrak{r}} + [\mathfrak{b}, \mathfrak{r}], \mathfrak{r}]\, d\omega = 0$$

wird; denn für keinen konstanten Vektor $\mathfrak{b} \neq 0$ kann das Integral

$$\mathfrak{t} = \int [[\mathfrak{b}, \mathfrak{r}], \mathfrak{r}]\, d\omega$$

verschwinden, weil

$$\mathfrak{b} \cdot \mathfrak{t} = -\int [\mathfrak{b}, \mathfrak{r}]^2\, d\omega < 0$$

ist. Wir sehen also, dass sich die Lösung $\dot{\mathfrak{r}}$ von (10) eindeutig normieren lässt durch die Bedingungen

$$\int \dot{\mathfrak{r}}\, d\omega = 0, \quad \int [\mathfrak{r}, \dot{\mathfrak{r}}]\, d\omega = 0.$$

Die so gewonnene Lösung werde, indem $\mathbf{F}$ das Zeichen für eine «Funktionenfunktion»[1]) ist, durch

$$\dot{\mathfrak{r}} = \mathbf{F}(\mathfrak{r}; \dot{s})$$

bezeichnet.

Unsere Aufgabe reduziert sich jetzt darauf, die «funktionale Differentialgleichung»

$$\frac{d\mathfrak{r}}{d\tau} = \mathbf{F}(\mathfrak{r}; \dot{s}) \tag{12}$$

für $\mathfrak{r}$ *bei vorgegebenem Anfangswert* für $\tau = 0$ im Intervall $0 \leqq \tau \leqq 1$ *zu integrieren.* Es steht zu erwarten, dass jede der drei in der Theorie der gewöhnlichen Differentialgleichungen zum Existenzbeweis benutzten Methoden hier mit gleichem Erfolge anwendbar ist; nämlich

1. die *Differenzenmethode* (durch welche der kontinuierliche Prozess zunächst in kleine diskontinuierliche Schritte aufgelöst wird),
2. die *Methode der sukzessiven Approximation,*
3. (falls die e_{ik} analytische Funktionen von τ sind): *die* CAUCHY*sche Potenzreihenmethode.*

Wir wollen uns, weil dadurch die Abschätzungen am einfachsten werden, der letzten Methode bedienen. Diese im *2. Teil* zu erörternde Potenzreihenintegration wird aber zunächst nicht für das ganze Intervall $0 \leqq \tau \leqq 1$ zum Ziele führen, sondern etwa nur in dem Teilintervall $0 \leqq \tau \leqq \tau_1$ konvergieren. Dann wird man versuchen, von τ_1 ab mit dem Anfangswert $\mathfrak{r}(\tau_1)$ die Integration durch eine Reihe, die nach Potenzen von $\tau - \tau_1$ fortschreitet, zu vollziehen, und so fort. Es wird die Aufgabe des *3. Teiles* sein, zu zeigen, dass *man durch endlichmalige Wiederholung dieses Prozesses der unmittelbaren analytischen Fortsetzung bis zur Stelle* $\tau = 1$ *gelangen kann.* So erhält man eine eindeutig durch

---

[1]) Während eine gewöhnliche Funktion eine Zuordnung zwischen *Zahlen* stiftet, ordnet $\mathbf{F}$ dem willkürlichen *Funktionen*paar $\mathfrak{r}; \dot{s}$ eine *Funktion* $\dot{\mathfrak{r}}$ zu.

den Anfangswert bestimmte Lösung unserer funktionalen Differentialgleichung im Intervall $0 \leqq \tau \leqq 1$, die analytisch von τ abhängt. Man sieht: es wird hier der Anlage nach die gleiche Methode benutzt, wie sie den weitreichenden Untersuchungen BERNSTEINS über die Verallgemeinerung des Dirichletschen Prinzips zugrunde liegt[1]).

Damit ist der *Existenzsatz,* nicht aber der *Unitätssatz* erledigt. Nehmen wir jedoch in der soeben skizzierten Untersuchung statt der Kugel als Ausgangsfläche eine beliebige konvexe Fläche, so lautet unser Resultat: *Ist* $\mathfrak{r} = \mathfrak{r}_0((\xi))$ *eine gegebene konvexe, auf die Einheitskugel abgebildete Raumfläche,* $\int \mathfrak{r}_0\, d\omega = 0$; *ist ferner eine kontinuierliche Schar abstrakter konvexer Flächen* $(\boldsymbol{s}_\tau)\, \{0 \leqq \tau \leqq 1\}$ *gegeben derart, dass die Koeffizienten von* $\boldsymbol{s}_\tau$ *analytische Funktionen von* τ *im angegebenen Intervall sind und* $\boldsymbol{s}_0$ *die erste Fundamentalform von* $\mathfrak{r}_0$ *ist, so gibt es eine einzige, analytisch vom Parameter* τ *abhängige Schar konvexer Raumflächen* $\mathfrak{r} = \mathfrak{r}_\tau((\xi))$, *so beschaffen, dass* $\mathfrak{r}_\tau$ *die Form* $\boldsymbol{s}_\tau$ *zur ersten Fundamentalform hat, ferner beständig*

$$\int \mathfrak{r}_\tau\, d\omega = 0, \quad \int \left[\mathfrak{r}_\tau, \frac{d\mathfrak{r}_\tau}{d\tau}\right] d\omega = 0 \tag{13}$$

ist und $\mathfrak{r}_\tau$ *für* $\tau = 0$ *gleich dem gegebenen* $\mathfrak{r}_0$ *wird.*

Sind nun $\mathfrak{r} = \mathfrak{r}_1((\xi))$ und $\mathfrak{r} = \mathfrak{r}_1^*((\xi))$ zwei konvexe Flächen mit demselben Linienelement $\boldsymbol{s}_1$,

$$\int \mathfrak{r}_1\, d\omega = 0, \quad \int \mathfrak{r}_1^*\, d\omega = 0,$$

so verbinde man wieder $(\boldsymbol{s}_1)$ mit $(\boldsymbol{s}^0)$ durch eine analytische Kette $(\boldsymbol{s}_\tau)$ abstrakter konvexer Flächen. Indem wir unser Resultat mit der Modifikation anwenden, dass wir jetzt $\mathfrak{r}_1((\xi))$ bzw. $\mathfrak{r}_1^*((\xi))$ als Ausgangsfläche nehmen, erhalten wir zwei analytische Ketten $\mathfrak{r}_\tau((\xi))$ und $\mathfrak{r}_\tau^*((\xi))$ von konvexen Raumflächen mit folgenden Eigenschaften: es ist

$$(d\mathfrak{r}_\tau)^2 = (d\mathfrak{r}_\tau^*)^2 = \boldsymbol{s}_\tau; \tag{14}$$

jede der beiden Flächenscharen erfüllt die Gleichungen (13), und $\mathfrak{r}_\tau$ reduziert sich für $\tau = 1$ auf $\mathfrak{r}_1$, $\mathfrak{r}_\tau^*$ auf $\mathfrak{r}_1^*$. Die beiden Flächen $\mathfrak{r} = \mathfrak{r}_0((\xi))$, $\mathfrak{r} = \mathfrak{r}_0^*((\xi))$ haben alsdann das Linienelement der Kugel. Da aber *die Kugel als Ganzes nicht verbiegbar ist,* muss jede dieser beiden Flächen selber die Kugel sein; da ferner die Kugel keine andern isometrischen Abbildungen auf sich selbst zulässt als Drehungen (und Drehspiegelungen), so muss $\mathfrak{r}_0^*$ durch eine auf die Komponenten von $\mathfrak{r}_0$ auszuübende orthogonale Transformation aus $\mathfrak{r}_0$ hervorgehen. Durch dieselbe orthogonale Transformation möge $\mathfrak{r}_\tau$ in $\mathfrak{r}_\tau^{**}$ übergehen. Dann sind die Gleichungen (13), (14) auch für $\mathfrak{r}_\tau^{**}$ erfüllt, und da die beiden Ketten $\mathfrak{r}_\tau^*$, $\mathfrak{r}_\tau^{**}$ dasselbe Ausgangselement $\mathfrak{r}_0^*$ haben, muss infolgedessen für alle Werte von τ die Gleichung $\mathfrak{r}_\tau^* = \mathfrak{r}_\tau^{**}$ gelten. Wenden wir dies insbesondere auf $\tau = 1$ an, so ist damit gezeigt, dass $\mathfrak{r}_1^*((\xi))$ *durch orthogonale Transformation aus* $\mathfrak{r}_1((\xi))$ *hervorgeht.*

Die Anwendung unserer Methode erheischte den Beweis des *Hilfssatzes, dass* $(\boldsymbol{s}^0)$ *mit jeder gegebenen abstrakten konvexen Fläche* $(\boldsymbol{s}_1)$ *durch eine analytische*

[1]) S. BERNSTEIN, Math. Ann. *62*, 253–271 (1906); *69*, 82–136 (1910).

Kette ebensolcher Flächen $(\boldsymbol{s}_\tau)$ $\{0 \leqq \tau \leqq 1\}$ *verbunden werden kann.* Nun ist eine abstrakte Fläche $(\boldsymbol{s})$ durch die Form $\boldsymbol{s}$ nicht nur mit einer Längen-, sondern auch mit einer Winkelmessung versehen, kann folglich als eine (geschlossene, einfach zusammenhängende) *Riemannsche Fläche* betrachtet werden[1]). In der Funktionentheorie wird gezeigt, dass man eine solche konform auf die Kugel abbilden kann. *Es genügt deshalb bei unserer ganzen Untersuchung, sich auf solche quadrierte Linienelemente* $\boldsymbol{s}$ *zu beschränken, die zu* $\boldsymbol{s}^0$ *proportional sind:* $\boldsymbol{s} = g^2 \cdot \boldsymbol{s}^0$. $g = g((\xi))$ ist das Vergrösserungsverhältnis der konformen Abbildung. Bei unseren bisherigen Überlegungen hätte diese besondere Gestalt des Linienelements keine Vereinfachungen mit sich gebracht. Jetzt aber wollen wir annehmen, dass

$$\boldsymbol{s}_1 = g^2 \cdot \boldsymbol{s}^0$$

ist. Wir setzen dann

$$\boldsymbol{s}_\tau = g^{2\tau} \cdot \boldsymbol{s}^0 .$$

Wir haben nur zu zeigen, dass die Krümmung von $(\boldsymbol{s}_\tau)$ für alle τ positiv ausfällt. Zu diesem Zwecke denke ich mir die Einheitskugel in der Umgebung eines beliebigen ihrer Punkte durch stereographische Projektion von dem diametral gegenüberliegenden Punkte auf eine (u, v)-Ebene abgebildet:

$$\boldsymbol{s}^0 = \frac{du^2 + dv^2}{(1 + u^2 + v^2)^2} = g_0^2 (du^2 + dv^2),$$

$$\boldsymbol{s}_1 = (g\, g_0)^2\, (du^2 + dv^2) = g_1^2 (du^2 + dv^2),$$

$$\boldsymbol{s}_\tau = (g^\tau\, g_0)^2\, (du^2 + dv^2).$$

Die Krümmung K_τ von $(\boldsymbol{s}_\tau)$ bestimmt sich dann bekanntlich durch die Gleichung

$$K_\tau = -\frac{1}{(g^\tau\, g_0)^2} \cdot \Delta \lg (g_0\, g^\tau),$$

wo Δ der Operator der Potentialtheorie ist, der hier (ohne Einführung zweiter Ableitungen) so interpretiert werden muss: Gibt es zu der stetig differenzierbaren Funktion $f(u, v)$ eine solche stetige Funktion, φ, dass das Integral der normalen Ableitung von f, über eine beliebige geschlossene, doppelpunktlose Kurve der (u, v)-Ebene mit stetiger Tangente erstreckt, gleich dem Integral von φ über das umschlossene Ebenenstück ist, so gibt es offenbar nur eine solche Funktion φ, und sie wird mit Δf bezeichnet. In unserm Fall existiert $\Delta \lg g_0$, da wir aber die Existenz einer stetigen Krümmung K_1 für $(\boldsymbol{s}_1)$ voraussetzen, auch $\Delta \lg (g_0 g)$, mithin $\Delta \lg g$ und daher auch $\Delta \lg (g_0 g^\tau)$. Die Rechnung ergibt

$$K_\tau = \frac{(1 - \tau) + \tau\, g^2 K_1}{g^{2\tau}};$$

---

[1]) H. Weyl, *Die Idee der Riemannschen Fläche* (Leipzig 1913), § 7, namentlich S. 40.

daraus geht hervor, dass $K_\tau > 0$ ausfällt für $0 \leqq \tau \leqq 1$, wenn nur K_1 positiv ist.

Da ich in der vorliegenden Note nur die Absicht habe, die Beweismethode deutlich zu machen, nicht sie vollständig durchzuführen, werde ich zwar (nach einigen Vorbereitungen formaler Natur in § 3) den 1. Teil (in § 4) allgemein behandeln, hingegen im 2. Teil (Integration der funktionalen Differentialgleichung durch eine Potenzreihe) nur den ersten Schritt tun, für welchen die Kugel die Ausgangsfläche bildet (§ 5); was aber endlich den 3. Teil angeht, mich auf eine kurze Darlegung des dabei zu beachtenden Hauptpunktes beschränken (§ 6). In § 5 wird also insbesondere *der Satz vollständig bewiesen werden, dass zu jedem vorgegebenen Linienelement, das hinreichend wenig von dem der Kugel abweicht, eine geschlossene Fläche gehört.*

§ 3. Vektoren auf einer Fläche

Anders als in den beiden ersten Paragraphen werden wir uns bei der Durchführung der einzelnen Beweisschritte der gewöhnlichen Darstellung einer Fläche $\mathfrak{F}$ durch zwei Parameter u, v; $\mathfrak{r} = \mathfrak{r}(u, v)$ bedienen. Wir können dann freilich nicht die ganze geschlossene Fläche einheitlich darstellen; dieser Übelstand kommt aber überhaupt nicht zur Geltung, wenn wir ausschliesslich mit *invarianten Funktionen auf der Fläche* rechnen, d. h. solchen, die unabhängig sind von der Wahl des (u, v)-Systems. Ich verstehe unter $\mathfrak{n}(u, v)$ den in Richtung der äusseren Normalen aufgetragenen Einheitsvektor und führe die 1. und 2. Fundamentalform der Fläche ein:

$$\boldsymbol{s} = d\mathfrak{r}^2 = e\,du^2 + 2f\,du\,dv + g\,dv^2,$$
$$\boldsymbol{S} = d\mathfrak{r} \cdot d\mathfrak{n} = E\,du^2 + 2F\,du\,dv + G\,dv^2.$$

Für eine konvexe Fläche sind sie beide positiv-definit. Die Wurzel aus der Diskriminante von $\boldsymbol{s}$ bezeichne ich mit

$$\Delta = \sqrt{eg - f^2}.$$

Ist $\mathfrak{a}$ ein Vektorfeld auf der Fläche, d. h. ist jedem Punkt P der Fläche ein *in der Tangentenebene von P liegender* Vektor $\mathfrak{a}$ zugeordnet, so setze ich

$$\mathfrak{a} \cdot \frac{\partial \mathfrak{r}}{\partial u} = a_u, \quad \mathfrak{a} \cdot \frac{\partial \mathfrak{r}}{\partial v} = a_v,$$

so dass für jede unendlichkleine Verrückung $d\mathfrak{r}$ auf der Fläche

$$\mathfrak{a} \cdot d\mathfrak{r} = a_u\,du + a_v\,dv$$

ist. a_u, a_v nenne ich die *Komponenten* von $\mathfrak{a}$ in der Parameterdarstellung (u, v) und schreibe $\mathfrak{a} = (a_u, a_v)$. Bei Übergang zu andern Parametern u, v erfahren demnach die «Komponenten» a_u, a_v eine solche Transformation, dass das Differential $a_u\,du + a_v\,dv$ invariant bleibt. Setzt man

$$\mathfrak{a} = \alpha_u \frac{\partial \mathfrak{r}}{\partial u} + \alpha_v \frac{\partial \mathfrak{r}}{\partial v},$$

so besteht zwischen den Grössen α und a dieser Zusammenhang:

$$e\,\alpha_u + f\,\alpha_v = a_u, \quad f\,\alpha_u + g\,\alpha_v = a_v.$$

Daraus geht hervor, dass jedem invarianten Differential $a_u du + a_v dv$ auf der Fläche ein eindeutig bestimmtes Vektorfeld $\mathfrak{a} = (a_u, a_v)$ auf ihr entspricht. Ist φ eine gegebene Ortsfunktion auf $\mathfrak{F}$, so ist insbesondere

$$\operatorname{grad} \varphi = \left(\frac{\partial \varphi}{\partial u}, \frac{\partial \varphi}{\partial v}\right)$$

ein solches invariantes Vektorfeld:

$$d\varphi = \operatorname{grad} \varphi \cdot d\mathfrak{r}.$$

Sind $\mathfrak{a} = (a_u, a_v)$, $\mathfrak{b} = (b_u, b_v)$ zwei Vektorfelder auf $\mathfrak{F}$, so ist

$$[\mathfrak{a}, \mathfrak{b}] = \frac{a_u b_v - a_v b_u}{\Delta} \tag{15}$$

offenbar eine invariante Ortsfunktion auf der Fläche; dabei ist freilich angenommen, dass $\mathfrak{F}$ mit einem bestimmten positiven Drehungssinn ausgestattet ist. – Integriert man $\mathfrak{a}\,d\mathfrak{r}$ um ein unendlichkleines Koordinatenparallelogramm, so erkennt man, dass auch

$$\operatorname{Curl} \mathfrak{a} = \frac{1}{\Delta}\left(\frac{\partial a_v}{\partial u} - \frac{\partial a_u}{\partial v}\right) \tag{16}$$

eine invariante Ortsfunktion ist. Es gilt für jede geschlossene, ein Gebiet J umgrenzende Kurve $\mathfrak{C}$ auf $\mathfrak{F}$ mit stetiger Tangente:

$$\int_{\mathfrak{C}} \mathfrak{a}\, d\mathfrak{r} = \int_J \operatorname{Curl} \mathfrak{a} \cdot do.$$

In dieser Gleichung liegt die eigentliche sachgemässe Definition des Curl, wie wir sie im folgenden zugrunde legen wollen: Gibt es zu $\mathfrak{a}$ eine stetige Funktion ϱ auf $\mathfrak{F}$, so dass für jede Kurve $\mathfrak{C}$ der beschriebenen Art die Gleichung

$$\int_{\mathfrak{C}} \mathfrak{a}\, d\mathfrak{r} = \int_J \varrho\, do$$

gilt, so nennen wir die eindeutig durch $\mathfrak{a}$ bestimmte Funktion ϱ den Curl $\mathfrak{a}$. Derselbe kann sehr wohl auch dann existieren, wenn $\mathfrak{a}$ nicht stetig differenzierbar ist. Zum Beispiel ist stets, wenn φ und ψ stetig differenzierbare Funktionen sind,

$$\operatorname{Curl}(\varphi \cdot \operatorname{grad} \psi) = [\operatorname{grad} \varphi, \operatorname{grad} \psi];$$

die Existenz der zweiten Ableitungen von ψ ist hierzu keineswegs erforderlich.

Vergleicht man die Tatsache der Invarianz von (15) mit der von $b_u du + b_v dv$, so erkennt man, dass bei Übergang zu neuen Parametern das Grössenpaar $(-a_v/\Delta, +a_u/\Delta)$ sich so transformiert wie (du, dv). Ist also

$$\boldsymbol{s}^* = e^* du^2 + 2 f^* du\, dv + g^* dv^2$$

eine invariante quadratische Differentialform auf der Fläche (z. B. die 1. oder 2. Fundamentalform), so ist auch

$$\frac{(-e^* a_v + f^* a_u)\, du + (g^* a_u - f^* a_v)\, dv}{\Delta}$$

invariant und daher der Vektor mit den (u, v)-Komponenten:

$$\frac{-e^* a_v + f^* a_u}{\Delta}, \quad \frac{g^* a_u - f^* a_v}{\Delta}$$

desgleichen. Ich bezeichne ihn mit $\boldsymbol{s}^*\mathfrak{a}$. Ist

$$k^* = \frac{e^* g^* - f^{*2}}{e g - f^2} \neq 0,$$

so folgt aus $\mathfrak{A} = \boldsymbol{s}^*\mathfrak{a}$ durch Auflösung

$$\mathfrak{a} = -\frac{\boldsymbol{s}^* \mathfrak{A}}{k^*} = -\boldsymbol{s}^* \left(\frac{\mathfrak{A}}{k^*}\right).$$

Ich definiere ferner:

$$[\mathfrak{a}, \boldsymbol{s}^* \mathfrak{b}] = [\mathfrak{b}, \boldsymbol{s}^* \mathfrak{a}] = (\mathfrak{a}\, \mathfrak{b})_{s^*};$$

$$(\mathrm{Div}\, \mathfrak{a})_{s^*} = \mathrm{Curl}\, (\boldsymbol{s}^* \mathfrak{a});$$

$$(\mathrm{Div}\,\mathrm{grad}\, \varphi)_{s^*} = L_{s^*}(\varphi); \quad \left(\mathrm{Div}\left(\frac{\mathrm{grad}\, \varphi}{k^*}\right)\right)_{s^*} = \Lambda_{s^*}(\varphi).$$

Die beiden letzten «*Differentialparameter*» sind sich selbst adjungierte lineare Differentialausdrücke 2. Ordnung auf $\mathfrak{F}$. Es gelten für sie die «*Greenschen Formeln*»:

$$\int \{\psi \cdot L_{s^*}(\varphi) + (\mathrm{grad}\, \varphi, \mathrm{grad}\, \psi)_{s^*}\}\, do = 0,$$

$$\int \left\{\psi \cdot \Lambda_{s^*}(\varphi) + \frac{(\mathrm{grad}\, \varphi, \mathrm{grad}\, \psi)_{s^*}}{k^*}\right\} do = 0,$$

in denen sich die Integration über die ganze Fläche erstreckt und φ, ψ irgend zwei Funktionen auf $\mathfrak{F}$ sind. Ist $\boldsymbol{s}^*$ positiv-definit, so ergibt sich daraus, wenn man ψ mit φ zusammenfallen lässt:

$$\int \varphi \cdot L_{s^*}(\varphi)\, do \leqq 0,$$

und das Gleichheitszeichen gilt nur dann, wenn φ auf der ganzen Fläche konstant ist. Insbesondere zeigt sich, *dass* $\varphi = \mathrm{const}$ *die einzige auf der ganzen*

Fläche vorhandene Lösung der Gleichung $L_{s^*}(\varphi) = 0$ *ist.* Entsprechendes ist mit Bezug auf Λ_{s^*} zu bemerken.

Wir gebrauchen die bisher besprochenen, von der Differentialform $\boldsymbol{s}^*$ abhängigen Ausdrücke im folgenden so gut wie ausschliesslich für den Fall, dass $\boldsymbol{s}^*$ die 2. Fundamentalform $\boldsymbol{S}$ der Fläche ist, und werden daher die auf diese bezüglichen Grössen ohne den Index $\boldsymbol{S}$ schreiben[1]).

Es ist eine bekannte Tatsache[2]), dass durch

$$c_u = -\frac{1}{\Delta}\left[\left(\frac{\partial e^*}{\partial v} - \frac{\partial f^*}{\partial u}\right) + \left(\left\{ {11 \atop 2} \right\} g^* + \left(\left\{ {11 \atop 1} \right\} - \left\{ {12 \atop 2} \right\}\right) f^* - \left\{ {12 \atop 1} \right\} e^*\right)\right],$$

$$c_v = \frac{1}{\Delta}\left[\left(\frac{\partial g^*}{\partial u} - \frac{\partial f^*}{\partial v}\right) + \left(\left\{ {22 \atop 1} \right\} e^* + \left(\left\{ {22 \atop 2} \right\} - \left\{ {22 \atop 1} \right\}\right) f^* - \left\{ {12 \atop 2} \right\} g^*\right)\right]$$

ein invariantes Vektorfeld $\mathfrak{c}_{s^*} = \mathfrak{c} = (c_u, c_v)$ auf $\mathfrak{F}$ gegeben wird; die hierin vorkommenden CHRISTOFFELschen Dreiindizessymbole beziehen sich auf die 1. Fundamentalform der Fläche. $\mathfrak{c}_s$ ist $= 0$. $\mathfrak{c}_S = 0$ fasst die *CODAZZIschen Gleichungen* zusammen, und darum darf der Vektor $\mathfrak{c}_{s^*}$ wohl allgemein als der *CODAZZIsche Vektor der Form* $\boldsymbol{s}^*$ (mit Bezug auf $\boldsymbol{s}$) bezeichnet werden. Später wird namentlich die Funktion $\operatorname{Curl}\mathfrak{c}$ eine wichtige Rolle spielen. Ist die Form $\boldsymbol{s}^*$ insbesondere das Quadrat des Differentials einer zweimal stetig differenzierbaren Vektorfunktion $\mathfrak{r}^* : \boldsymbol{s}^* = (d\mathfrak{r}^*)^2$, so ist $\operatorname{Curl}\mathfrak{c}$ ein quadratisch aus den 1. und 2. Ableitungen von $\mathfrak{r}^*$ zusammengesetzter Ausdruck; die 3. Ableitungen, deren Vorkommen man auf den ersten Blick erwartet, fallen heraus, und die Voraussetzung der zweimaligen Differenzierbarkeit von $\mathfrak{r}^*$ genügt, um die Existenz von $\operatorname{Curl}\mathfrak{c}$ im gegenwärtigen Falle sicherzustellen.

Es ist nicht schwer, die hier eingeführten Grössen auch bei Zugrundelegung einer Abbildung der Fläche auf die (ξ)-Kugel (§ 1) statt auf die (u, v)-Ebene zu berechnen. Man braucht nur jedesmal eine der drei Variablen ξ_1, ξ_2, ξ_3, z.B. ξ_3 konstant zu nehmen und dann ξ_1, ξ_2 mit u, v zu identifizieren. Das Resultat muss wegen der Invarianzeigenschaft unabhängig davon sein, welche der drei Grössen ξ als Konstante behandelt wurde. Jedem Vektor $\mathfrak{a}$ auf $\mathfrak{F}$ wird man als seine Komponenten die drei Zahlen $\mathfrak{a}\,\partial\mathfrak{r}/\partial\xi_i = a_i$ zuordnen; dieselben erfüllen die Gleichung

$$\sum_i a_i \xi_i = 0.$$

Es ist beispielsweise

$$[\mathfrak{a}\mathfrak{b}] = \frac{a_1 b_2 - a_2 b_1}{\xi_3 \Delta} = \frac{a_2 b_3 - a_3 b_2}{\xi_1 \Delta} = \frac{a_3 b_1 - a_1 b_3}{\xi_2 \Delta},$$

wo Δ die gleiche Bedeutung hat wie in § 1.

[1]) Damit unsere Produkte $[\mathfrak{a}\mathfrak{b}]$, $(\mathfrak{a}\mathfrak{b})$ mit dem gewöhnlichen vektoriellen und skalaren Produkt von Raumvektoren nicht verwechselt werden (von denen sie freilich die naturgemässe Übertragung auf Flächenvektoren sind), verwenden wir für die Raumprodukte schwache, für die Flächenprodukte starke Klammern. Ebenso unterscheiden sich curl und Curl, div und Div.

[2]) Siehe z. B. L. BIANCHI, *Vorlesungen über Differentialgeometrie*, deutsch von M. LUKAT, 2. Aufl. (Leipzig 1910), S. 55–57.

§ 4. Lösung der Aufgabe: eine Fläche unendlich wenig so zu deformieren, dass ihr Linienelement eine vorgegebene Änderung erleidet

Es sei $\mathfrak{x} = \mathfrak{x}(u, v)$ die gegebene Fläche $\mathfrak{F}$, für welche wir die Bezeichnungen des vorigen Paragraphen benutzen. Die Gleichung für das in der Überschrift genannte Problem lautet, wenn $\dot{\mathfrak{x}}(u, v)$ die «unendlichkleine» Verschiebung ist, die der Punkt (u, v) erfährt, und

$$\dot{s} = \dot{e}\, du^2 + 2\, \dot{f}\, du\, dv + \dot{g}\, dv^2$$

die Änderung, welche dabei die erste Fundamentalform erleidet:

$$d\mathfrak{x} \cdot d\dot{\mathfrak{x}} = \frac{1}{2} \dot{s},$$

oder ausgeschrieben

$$\frac{\partial \mathfrak{x}}{\partial u} \cdot \frac{\partial \dot{\mathfrak{x}}}{\partial u} = \frac{1}{2} \dot{e}, \tag{I$_1$}$$

$$\frac{\partial \mathfrak{x}}{\partial u} \cdot \frac{\partial \dot{\mathfrak{x}}}{\partial v} + \frac{\partial \mathfrak{x}}{\partial v} \cdot \frac{\partial \dot{\mathfrak{x}}}{\partial u} = \dot{f},$$

$$\frac{\partial \mathfrak{x}}{\partial v} \cdot \frac{\partial \dot{\mathfrak{x}}}{\partial v} = \frac{1}{2} \dot{g}. \tag{I$_4$}$$

Wir behandeln diese Gleichungen in derselben Weise wie WEINGARTEN das entsprechende homogene Problem der unendlichkleinen Verbiegung. Zunächst werde die zweite Gleichung, unter Einführung einer unbekannten Funktion φ, dem *Analogon der* WEINGARTEN*schen «Verschiebungsfunktion»*, in zwei zerlegt:

$$\frac{\partial \mathfrak{x}}{\partial v} \cdot \frac{\partial \dot{\mathfrak{x}}}{\partial u} = \frac{1}{2} (\dot{f} + \Delta \cdot \varphi) \quad (\mathrm{I}_2), \qquad \frac{\partial \mathfrak{x}}{\partial u} \cdot \frac{\partial \dot{\mathfrak{x}}}{\partial v} = \frac{1}{2} (\dot{f} - \Delta \cdot \varphi) \quad (\mathrm{I}_3).$$

Aus

$$\frac{\partial \dot{\mathfrak{x}}}{\partial u} \cdot \frac{\partial \mathfrak{x}}{\partial v} - \frac{\partial \dot{\mathfrak{x}}}{\partial v} \cdot \frac{\partial \mathfrak{x}}{\partial u} = \Delta \cdot \varphi$$

geht dann hervor, dass φ *eine invariante Ortsfunktion auf der Fläche ist.*

Differenziert man (I_1) nach v, (I_3) nach u und subtrahiert, so kommt:

$$\frac{\partial^2 \mathfrak{x}}{\partial u\, \partial v} \cdot \frac{\partial \dot{\mathfrak{x}}}{\partial u} - \frac{\partial^2 \mathfrak{x}}{\partial u^2} \cdot \frac{\partial \dot{\mathfrak{x}}}{\partial v} = \frac{1}{2} \left(\frac{\partial \dot{e}}{\partial v} - \frac{\partial \dot{f}}{\partial u} + \frac{\partial \Delta}{\partial u} \cdot \varphi + \Delta \cdot \frac{\partial \varphi}{\partial u} \right). \tag{17}$$

Es ist aber nach den Fundamentalformeln der Flächentheorie:

$$\left.\begin{aligned} \frac{\partial^2 \mathfrak{x}}{\partial u^2} &= \begin{Bmatrix} 11 \\ 1 \end{Bmatrix} \frac{\partial \mathfrak{x}}{\partial u} + \begin{Bmatrix} 11 \\ 2 \end{Bmatrix} \frac{\partial \mathfrak{x}}{\partial v} - E\, \mathfrak{n}, \\ \frac{\partial^2 \mathfrak{x}}{\partial u\, \partial v} &= \begin{Bmatrix} 12 \\ 1 \end{Bmatrix} \frac{\partial \mathfrak{x}}{\partial u} + \begin{Bmatrix} 12 \\ 2 \end{Bmatrix} \frac{\partial \mathfrak{x}}{\partial v} - F\, \mathfrak{n}; \end{aligned}\right\} \tag{18}$$

ferner gilt

$$\frac{1}{\Delta} \cdot \frac{\partial \Delta}{\partial u} = \begin{Bmatrix} 11 \\ 1 \end{Bmatrix} + \begin{Bmatrix} 12 \\ 2 \end{Bmatrix}.$$

Setzt man dies in (17) ein und macht von den sämtlichen Gleichungen (I) Ge brauch, so findet man

$$\frac{F(\mathfrak{n}\cdot\partial\dot{\mathfrak{r}}/\partial u) - E(\mathfrak{n}\cdot\partial\dot{\mathfrak{r}}/\partial v)}{\Delta} = \frac{1}{2}c_u - \frac{1}{2}\cdot\frac{\partial\varphi}{\partial u};$$

dazu tritt die analoge Gleichung

$$\frac{G(\mathfrak{n}\cdot\partial\dot{\mathfrak{r}}/\partial u) - F(\mathfrak{n}\cdot\partial\dot{\mathfrak{r}}/\partial v)}{\Delta} = \frac{1}{2}c_v - \frac{1}{2}\cdot\frac{\partial\varphi}{\partial v}.$$

In ihnen bedeutet $\mathfrak{c} = (c_u, c_v)$ den zu $\dot{\boldsymbol{s}}$ gehörigen CODAZZIschen Vektor. Wegen

$$\mathfrak{n}\cdot d\dot{\mathfrak{r}} = \left(\mathfrak{n}\frac{\partial\dot{\mathfrak{r}}}{\partial u}\right)du + \left(\mathfrak{n}\frac{\partial\dot{\mathfrak{r}}}{\partial v}\right)dv$$

ist der Vektor $\mathfrak{p}$ mit den Komponenten

$$p_u = \mathfrak{n}\frac{\partial\dot{\mathfrak{r}}}{\partial u}, \quad p_v = \mathfrak{n}\frac{\partial\dot{\mathfrak{r}}}{\partial v}$$

invariant. Wir haben also

$$2\cdot\boldsymbol{S}\,\mathfrak{p} = \mathfrak{c} - \operatorname{grad}\varphi. \tag{19}$$

Daraus ergibt sich durch Curl-Bildung:

$$\operatorname{Div}\mathfrak{p} = \frac{1}{2}\operatorname{Curl}\mathfrak{c}. \tag{20}$$

Anderseits bestimmen wir

$$\operatorname{Curl}\mathfrak{p} = \frac{1}{\Delta}\left(\frac{\partial\mathfrak{n}}{\partial u}\cdot\frac{\partial\dot{\mathfrak{r}}}{\partial v} - \frac{\partial\mathfrak{n}}{\partial v}\cdot\frac{\partial\dot{\mathfrak{r}}}{\partial u}\right). \qquad [21]$$

Ich schreibe

$$\frac{\partial\mathfrak{n}}{\partial u} = (11)\frac{\partial\mathfrak{r}}{\partial u} + (12)\frac{\partial\mathfrak{r}}{\partial v}, \quad \frac{\partial\mathfrak{n}}{\partial v} = (21)\frac{\partial\mathfrak{r}}{\partial u} + (22)\frac{\partial\mathfrak{r}}{\partial v}, \qquad [22]$$

wo die Zweiindizessymbole sich in bekannter Weise durch die Koeffizienten der 1. und 2. Fundamentalform ausdrücken, z. B.

$$(11) = \frac{E\,g - F\,f}{e\,g - f^2}.$$

Führen wir [22] in [21] ein, so erhalten wir

$$2\Delta\cdot\operatorname{Curl}\mathfrak{p} = (11)\,(\dot{f} - \Delta\cdot\varphi) + (12)\,\dot{g} - (21)\,\dot{e} - (22)\,(\dot{f} + \Delta\cdot\varphi);$$

also

$$\operatorname{Curl}\mathfrak{p} = \frac{1}{2}\Theta - M\cdot\varphi, \tag{23}$$

wo $M = [(11) + (22)]/2$ die mittlere Krümmung der Fläche ist und

$$\Theta = \frac{(12)\,\dot{g} + \{(11) - (22)\}\,\dot{f} - (21)\,\dot{e}}{\Delta}.$$

Man überzeugt sich leicht, dass Θ eine invariante Funktion auf $\mathfrak{F}$ ist.

Bevor wir die Auflösung zu Ende führen, ist noch eine Bemerkung über die Gleichung (20) zu machen. Wir nehmen an, dass die gegebene Funktion $\mathfrak{r}(u, v)$ zweimal stetig differenzierbar ist. Sollen unsere Gleichungen eine zweimal stetig differenzierbare Lösung $\dot{\mathfrak{r}}(u, v)$ besitzen, so müssen die Koeffizienten von $\dot{\mathfrak{s}}$ stetige erste Ableitungen haben; *ausserdem aber muss noch* Curl $\mathfrak{c}$ *als stetige Funktion existieren.* Bezeichnen wir nämlich durch einen übergesetzten Punkt die Änderung, welche eine Grösse bei der zu bestimmenden unendlichkleinen Deformation $\dot{\mathfrak{r}}$ von $\mathfrak{F}$ erleidet, und ist K die Gauss'sche Krümmung, so gilt

$$-\frac{1}{2}\,\mathrm{Curl}\,\mathfrak{c} = \dot{K} + \frac{\dot{\Delta}}{\Delta}\,K. \tag{24}$$

Beweis: Es ist $\mathfrak{n}\,\partial\mathfrak{r}/\partial u = 0$, also

$$\dot{\mathfrak{n}}\,\frac{\partial \mathfrak{r}}{\partial u} + \mathfrak{n}\,\frac{\partial \dot{\mathfrak{r}}}{\partial u} = 0, \quad \text{d. i. } p_u = -\,\dot{\mathfrak{n}}\,\frac{\partial \mathfrak{r}}{\partial u};$$

entsprechend

$$p_v = -\,\dot{\mathfrak{n}}\,\frac{\partial \mathfrak{r}}{\partial v}.$$

Da ausserdem aus $\mathfrak{n}^2 = 1$ die Gleichung $\mathfrak{n}\,\dot{\mathfrak{n}} = 0$ folgt, der Vektor $\dot{\mathfrak{n}}$ demnach überall tangential gerichtet ist, ist $\mathfrak{p}$ mit $-\dot{\mathfrak{n}}$ identisch. Wir finden

$$\begin{aligned} G\,p_u - F\,p_v &= -\left(\frac{\partial \mathfrak{n}}{\partial v}\cdot\frac{\partial \mathfrak{r}}{\partial v}\right)\left(\dot{\mathfrak{n}}\,\frac{\partial \mathfrak{r}}{\partial u}\right) + \left(\frac{\partial \mathfrak{n}}{\partial v}\cdot\frac{\partial \mathfrak{r}}{\partial u}\right)\left(\dot{\mathfrak{n}}\,\frac{\partial \mathfrak{r}}{\partial v}\right) \\ &= \left[\frac{\partial \mathfrak{n}}{\partial v}, \dot{\mathfrak{n}}\right]\left[\frac{\partial \mathfrak{r}}{\partial}\ \frac{\partial \mathfrak{r}}{\partial v}\right] = \Delta\,\mathfrak{n}\left[\frac{\partial \mathfrak{n}}{\partial v}, \dot{\mathfrak{n}}\right]. \end{aligned}$$

Aus den Komponenten

$$\mathfrak{n}\left[\frac{\partial \mathfrak{n}}{\partial u}, \dot{\mathfrak{n}}\right], \qquad \mathfrak{n}\left[\frac{\partial \mathfrak{n}}{\partial v}, \dot{\mathfrak{n}}\right]$$

von $\boldsymbol{S}\,\mathfrak{p}$ ergibt sich

$$\begin{aligned} \Delta\cdot\mathrm{Div}\,\mathfrak{p} = \frac{\partial \mathfrak{n}}{\partial u}\left[\frac{\partial \mathfrak{n}}{\partial v}, \dot{\mathfrak{n}}\right] - \frac{\partial \mathfrak{n}}{\partial v}\left[\frac{\partial \mathfrak{n}}{\partial u}, \dot{\mathfrak{n}}\right] \\ + \mathfrak{n}\left[\frac{\partial \mathfrak{n}}{\partial v}, \frac{\partial \dot{\mathfrak{n}}}{\partial u}\right] - \mathfrak{n}\left[\frac{\partial \mathfrak{n}}{\partial u}, \frac{\partial \dot{\mathfrak{n}}}{\partial v}\right]. \end{aligned}$$

Das erste Glied rechts ist

$$= \dot{\mathfrak{n}}\left[\frac{\partial \mathfrak{n}}{\partial u}, \frac{\partial \mathfrak{n}}{\partial v}\right].$$

Da aber

$$\left[\frac{\partial \mathfrak{n}}{\partial u}, \frac{\partial \mathfrak{n}}{\partial v}\right] = \varkappa\,\mathfrak{n} = K\,\Delta\mathfrak{n} \tag{25}$$

gilt, ist dasselbe $= \varkappa(\mathfrak{n}\,\dot{\mathfrak{n}}) = 0$. Ebenso findet sich das zweite Glied $= 0$. Aus (25) folgt

$$\left[\frac{\partial \dot{\mathfrak{n}}}{\partial u}, \frac{\partial \mathfrak{n}}{\partial v}\right] + \left[\frac{\partial \mathfrak{n}}{\partial u}, \frac{\partial \dot{\mathfrak{n}}}{\partial v}\right] = \dot{\varkappa}\,\mathfrak{n} + \varkappa\,\dot{\mathfrak{n}}.$$

Durch skalare Multiplikation mit $\mathfrak{n}$ erhält man

$$-\,\Delta\cdot\mathrm{Div}\,\mathfrak{p} = \dot{\varkappa} = \dot{K}\,\Delta + K\,\dot{\Delta}.$$

Der Vergleich mit (20) liefert uns die behauptete Beziehung (24). Drücken wir K durch die 1. Fundamentalform aus, so besagt dieses Resultat: *Die Änderung, welche die totale geodätische Krümmung einer geschlossenen Kurve bei derjenigen unendlichkleinen Deformation erleidet, bei welcher* $\mathfrak{s}$ *den Zuwachs* $\dot{\mathfrak{s}}$ *erfährt, ist gleich dem über diese Kurve zu erstreckenden Integral von* $\mathfrak{c}_{\mathfrak{s}}\, d\mathfrak{x}/2$. Dieser Satz gilt natürlich unabhängig davon, ob $\mathfrak{s}$ die 1. Fundamentalform einer wirklichen Raumfläche ist oder nicht, und kann auch ohne Heranziehung der Flächennormale und der 2. Fundamentalform bewiesen werden. Dies bleibe jedoch dem Leser überlassen.

Es handelt sich jetzt um die Integration der Gleichungen

$$\operatorname{grad} \varphi + 2 \cdot \boldsymbol{S}\, \mathfrak{p} = \mathfrak{c}, \qquad (\mathrm{II}_1)$$

$$\operatorname{Curl} \mathfrak{p} + M\, \varphi = \frac{1}{2}\, \Theta \qquad (\mathrm{II}_2)$$

für die Unbekannten φ, $\mathfrak{p}$. Bestimmen wir $\mathfrak{p}$ aus (II_1):

$$2\,\mathfrak{p} = \frac{\boldsymbol{S}\,(\operatorname{grad} \varphi - \mathfrak{c})}{K} \qquad (26)$$

und setzen es in (II_2) ein, so bekommen wir folgende *Differentialgleichung für* φ:

$$\operatorname{Div}\left(\frac{\operatorname{grad} \varphi - \mathfrak{c}}{K}\right) + 2\, M\, \varphi = \Theta\,. \qquad (27)$$

Existiert Div $(\mathfrak{c}/K)$ *und ist stetig,* so können wir dafür schreiben:

$$\Lambda_1(\varphi) \equiv \Lambda(\varphi) + 2\, M\varphi = \Theta + \operatorname{Div} \frac{\mathfrak{c}}{K}\,. \qquad (28)$$

Insbesondere, wenn $\dot{\mathfrak{s}} = 0$, daher $\Theta = 0$, $\mathfrak{c} = 0$ ist, muss φ der Gleichung $\Lambda_1(\varphi) = 0$ genügen; dies ist WEINGARTENS *«charakteristische Gleichung»* für das Problem der unendlichkleinen Verbiegung. Nach MINKOWSKI, HILBERT und BLASCHKE[1]) besitzt sie genau drei linear unabhängige Lösungen, nämlich die drei Raumkomponenten von $\mathfrak{n}$; ihre allgemeinste Lösung, d.h. jede Funktion von der Form $(\mathfrak{a}\,\mathfrak{n})$, wo $\mathfrak{a}$ ein konstanter Vektor ist, bezeichnen wir mit n. Aus der Theorie der sich selbst adjungierten linearen Differentialgleichungen 2. Ordnung[2]) geht hervor, dass *die inhomogene Gleichung* $\Lambda_1(\varphi) = \chi$ *dann und nur dann eine Lösung besitzt, wenn die gegebene Funktion* χ *der Bedingung* $\int \chi\, \mathfrak{n}\, do = 0$ *genügt;* dies vorausgesetzt, lässt sich die Lösung φ durch die gleiche Integralbedingung normieren und mit Hilfe einer von zwei variablen

---

[1]) H. MINKOWSKI, Gesammelte Abhandlungen, Bd. II, S. 230–276. – D. HILBERT, *Grundzüge einer allgemeinen Theorie der linearen Integralgleichungen* (Leipzig 1912), Kap. XIX, S. 242–258. – W. BLASCHKE, Nachr. K. Ges. Wiss. Göttingen, math.-physik. Kl., Sitzung vom 18. Mai 1912.

[2]) D. HILBERT, *Grundzüge einer allgemeinen Theorie der linearen Integralgleichungen* (Leipzig 1912), Kap. XVIII, S. 219–242.

Punkten o, o' auf der Fläche abhängigen «GREENschen *Funktion*» $\Gamma_1(o\,o')$ – die bei $o = o'$ logarithmisch unendlich wird – in der Gestalt

$$\varphi(o) = \int \Gamma_1(o\,o')\,\chi(o')\,do'$$

darstellen. Γ_1 besitzt die *Symmetrieeigenschaft*

$$\Gamma_1(o\,o') = \Gamma_1(o'o),$$

und es ist $\Lambda_1(\Gamma_1)$ eine bilineare Kombination der drei Raumkomponenten von $\mathfrak{n}(o)$ und $\mathfrak{n}(o')$ mit konstanten Koeffizienten.

Machen wir die obige Annahme betreffs Div $(\mathfrak{c}/K)$, so können wir die Lösung von (II) folgendermassen erhalten: Mittels der GREENschen Funktion Γ_1 bestimmen wir φ aus (28) – wobei noch zu prüfen wäre, ob die rechte Seite von (28) die für die Lösbarkeit erforderliche lineare Integralbedingung erfüllt –, danach $\mathfrak{p}$ aus (26). Dann ist auch unser Deformationsproblem gelöst, indem sich $\partial\dot{\mathfrak{x}}/\partial u$ aus (I_1), (I_2) und $\mathfrak{n}\,\partial\dot{\mathfrak{x}}/\partial u = p_u$ bestimmt; entsprechend $\partial\dot{\mathfrak{x}}/\partial v$. *Diese Art der Lösung ist aber für uns völlig unbrauchbar.* Bei der Integration der in § 2 besprochenen funktionalen Differentialgleichung (12) mittels einer Potenzreihe in τ würde nämlich, wenn wir uns auf die soeben auseinandergesetzte Lösung des Problems der unendlichkleinen Deformation stützen wollten, von Glied zu Glied ein Differentialquotient verloren gehen, d.h. man müsste obere Grenzen für die absoluten Beträge der $(h+1)$-ten Differentialquotienten eines Gliedes der Potenzreihe haben, um absolute Grenzen für die h-ten Differentialquotienten des folgenden Gliedes angeben zu können; und unter solchen Umständen ist natürlich ein Konvergenzbeweis unmöglich. Darum müssen wir anders verfahren, dürfen insbesondere die Existenz von Div $(\mathfrak{c}/K)$ nicht voraussetzen und sind daher gezwungen, die Differentialgleichung für φ in der Gestalt (27) zugrunde zu legen. Dafür dürfen wir aber von Curl $\mathfrak{c}$ Gebrauch machen. Selbstverständlich kann φ nach wie vor durch die Bedingung $\int \varphi\,\mathfrak{n}\,do = 0$ normiert werden.

Multiplizieren wir (27) mit n und integrieren über die ganze Fläche, so kommt durch eine partielle Integration:

$$\int \left[\frac{S\,(\operatorname{grad}\varphi - \mathfrak{c})}{K}, \operatorname{grad} n\right] do = \int (\Theta - 2\,M\,\varphi)\,n\,do$$

oder

$$\int \left\{-\frac{(\operatorname{grad}\varphi, \operatorname{grad} n)}{K} + 2\,M\,\varphi\,n\right\} do = \int \left\{\Theta\,n - \frac{(\mathfrak{c}, \operatorname{grad} n)}{K}\right\} do.$$

Die linke Seite aber ist

$$= \int \{\Lambda(n) + 2\,M\,n\}\,\varphi\,do = \int \Lambda_1(n)\,\varphi\,do = 0\,,$$

da $\Lambda_1(n) = 0$ ist. Also muss auch die rechte Seite 0 sein. *Die so entstehende Gleichung fasst offenbar drei lineare Integralbedingungen für die Grössen* $\dot{e}, \dot{f}, \dot{g}$ *zusammen, die erfüllt sein müssen, wenn unser Problem eine Lösung haben soll.*

Merkwürdigerweise werden dieselben aber durch beliebige Werte der Koeffizienten von $\dot{\mathfrak{s}}$ befriedigt. Aus

$$\left(E\frac{\partial\mathfrak{n}}{\partial v}-F\frac{\partial\mathfrak{n}}{\partial u}\right)\cdot\frac{\partial\mathfrak{r}}{\partial u}=0,\quad\left(E\frac{\partial\mathfrak{n}}{\partial v}-F\frac{\partial\mathfrak{n}}{\partial u}\right)\cdot\frac{\partial\mathfrak{r}}{\partial v}=EG-F^2=K\Delta^2,$$

$$\left(E\frac{\partial\mathfrak{n}}{\partial v}-F\frac{\partial\mathfrak{n}}{\partial u}\right)\cdot\mathfrak{n}=0$$

folgt zunächst, dass

$$\frac{E\,\partial\mathfrak{n}/\partial v-F\,\partial\mathfrak{n}/\partial u}{K\Delta}=\frac{e\,\partial\mathfrak{r}/\partial v-f\,\partial\mathfrak{r}/\partial u}{\Delta}\qquad\text{und ebenso}$$

$$\frac{G\,\partial\mathfrak{n}/\partial u-F\,\partial\mathfrak{n}/\partial v}{K\Delta}=\frac{g\,\partial\mathfrak{r}/\partial u-f\,\partial\mathfrak{r}/\partial v}{\Delta}$$

ist. Also besagt unsere Forderung, dass

$$\int\left\{\Theta\,\mathfrak{n}-\frac{c_u(g\,\partial\mathfrak{r}/\partial u-f\,\partial\mathfrak{r}/\partial v)+c_v\,(e\,\partial\mathfrak{r}/\partial v-f\,\partial\mathfrak{r}/\partial u)}{\Delta}\right\}do=0 \tag{29}$$

sein muss. Der Integrand in (29) ist eine lineare Kombination von

$$\dot{e},\dot{f},\dot{g};\ \frac{\partial\dot{e}}{\partial v}-\frac{\partial\dot{f}}{\partial u},\ \frac{\partial\dot{g}}{\partial u}-\frac{\partial\dot{f}}{\partial v}.$$

Beseitige ich die Ableitungen der $\dot{e}$, $\dot{f}$, $\dot{g}$, die hier auftreten, durch partielle Integration und setze für die dadurch eingeführten zweiten Ableitungen von $\mathfrak{r}$: $\partial^2\mathfrak{r}/\partial u^2$ usw. die Werte (18) ein, so verwandelt sich der Integrand offenbar in einen bilinearen Ausdruck der Grössen $(\dot{e},\dot{f},\dot{g})$ und $(\partial\mathfrak{r}/\partial u,\ \partial\mathfrak{r}/\partial v,\ \mathfrak{n})$ mit Koeffizienten, die nur die Fundamentalgrössen 1. und 2. Art der gegebenen Fläche enthalten. *Die* etwas mühselige *Rechnung ergibt aber, dass alle diese Koeffizienten identisch = 0 sind:*

$$\int\left\{\Theta\,n-\frac{(\operatorname{grad}n,\,\mathfrak{c})}{K}\right\}do=0. \tag{30}$$

Multiplizieren wir (27) mit $\Gamma_1(o\,o')$ statt mit $\mathfrak{n}$, integrieren wieder nach o über die ganze Fläche und unterwerfen die gewonnene Gleichung derselben Behandlung wie soeben, so finden wir

$$\varphi(o')=\int\left\{\Gamma_1\cdot\Theta-\frac{(\operatorname{grad}\Gamma_1,\,\mathfrak{c})}{K}\right\}do.$$

$\mathfrak{p}$ bestimmen wir nicht aus (II_1), sondern mittels (II_2) und der aus (II_1) folgenden Gleichung (20); *wir lösen* nämlich allgemein *die Aufgabe, zu zwei gegebenen stetigen Funktionen ϱ und σ ein Vektorfeld $\mathfrak{p}$ auf $\mathfrak{F}$ ausfindig zu machen, für welches*

$$\operatorname{Div}\mathfrak{p}=\varrho,\quad\operatorname{Curl}\mathfrak{p}=\sigma$$

ist. Damit das möglich ist, muss jedenfalls

$$\int\varrho\,do=0,\quad\int\sigma\,do=0$$

sein. Die Lösung ist eindeutig, da aus

$$\operatorname{Div} \mathfrak{q} = 0, \quad \operatorname{Curl} \mathfrak{q} = 0$$

das identische Verschwinden von $\mathfrak{q}$ folgt. Wegen der zweiten Gleichung und weil $\mathfrak{F}$ einfach zusammenhängend ist, ist $\mathfrak{q}$ nämlich der Gradient einer skalaren Funktion χ auf $\mathfrak{F}$; wegen der ersten Gleichung gilt dann

$$L(\chi) = 0, \quad \text{mithin } \chi = \text{const}, \quad \mathfrak{q} = \operatorname{grad} \chi = 0.$$

Ich zerlege die Aufgabe, indem ich zunächst $\mathfrak{p}_1$ aus

$$\operatorname{Div} \mathfrak{p}_1 = \varrho, \quad \operatorname{Curl} \mathfrak{p}_1 = 0,$$

$\mathfrak{p}_2$ aus

$$\operatorname{Div} \mathfrak{p}_2 = 0, \quad \operatorname{Curl} \mathfrak{p}_2 = \sigma$$

bestimme; dann ist $\mathfrak{p} = \mathfrak{p}_1 + \mathfrak{p}_2$. $\mathfrak{p}_1$ muss Gradient eines Skalarfeldes ψ_1 sein:

$$\mathfrak{p}_1 = \operatorname{grad} \psi_1, \quad L(\psi_1) = \varrho.$$

Mittels der GREENschen Funktion $G(o\,o')$ des Differentialausdrucks L erhalte ich

$$\psi_1 = \int G\, \varrho'\, do' + \text{const}, \quad \mathfrak{p}_1 = \int \operatorname{grad} G \cdot \varrho'\, do',$$

wobei ϱ' für $\varrho(o')$ geschrieben ist. Ebenso finden wir

$$\mathfrak{p}_2 = \int \frac{\boldsymbol{S} \operatorname{grad} \Gamma}{K}\, \varrho'\, do',$$

wenn wir unter Γ die GREENsche Funktion von $\Lambda(\varphi)$ verstehen.

Wir haben also jetzt die Formeln erhalten:

$$\left.\begin{aligned} \varphi(o') &= \int \left\{ \Gamma_1 \cdot \Theta - \frac{(\operatorname{grad} \Gamma_1, \mathfrak{c})}{K} \right\} do, \\ \mathfrak{p}(o) &= \frac{1}{2} \int \operatorname{grad} G \cdot (\operatorname{Curl} \mathfrak{c})'\, do' + \frac{1}{2} \int \frac{\boldsymbol{S} \operatorname{grad} \Gamma}{K} (\Theta' - 2\, M'\, \varphi')\, do', \end{aligned}\right\} \qquad \text{(III)}$$

müssen uns aber noch davon überzeugen, dass *die so ermittelten Grössen* φ, $\mathfrak{p}$ *wirklich die Gleichungen* (II) *befriedigen*. Man beachte dabei, dass aus dem Ausdruck für φ direkt nicht einmal die *Existenz* der ersten Ableitungen von φ geschlossen werden kann. Wir konstatieren zunächst, dass

$$\int \{ \Theta' - 2\, M'\, \varphi' \}\, do' = 0 \qquad (31)$$

ist. Weil

$$\Lambda_1(1) = 2\, M$$

ist, gilt

$$2 \int \Gamma_1(o'\, o)\, M'\, do' = 1 - n(o)$$

(mit einem gewissen n), daher

$$\int 2\,M'\,\varphi'\,do' = \int \left\{(1-n)\,\Theta + \frac{(\operatorname{grad} n,\, \mathfrak{c})}{K}\right\} do\,,$$

und dies ist wegen (30) $= \int \Theta\, do$. (31) ist somit bewiesen.

Daraus folgt, dass $\mathfrak{p}(o)$ die Gleichungen befriedigt:

$$\operatorname{Div} \mathfrak{p} = \frac{1}{2} \operatorname{Curl} \mathfrak{c}, \quad \operatorname{Curl} \mathfrak{p} = \frac{1}{2}\,\Theta - M\,\varphi\,.$$

Die erste besagt, dass

$$\operatorname{Curl}\,(\mathfrak{c} - 2 \cdot \boldsymbol{S}\,\mathfrak{p}) = 0$$

und $\mathfrak{c} - 2 \cdot \boldsymbol{S}\,\mathfrak{p}$ somit Gradient einer stetig differenzierbaren Funktion ψ auf der Fläche ist:

$$\mathfrak{c} - 2 \cdot \boldsymbol{S}\,\mathfrak{p} = \operatorname{grad} \psi\,.$$

Die zweite Gleichung lässt sich unter Einführung dieses ψ so schreiben:

$$\operatorname{Div}\left(\frac{\operatorname{grad} \psi - \mathfrak{c}}{K}\right) = \Theta - 2\,M\,\varphi$$

oder

$$\operatorname{Div}\left(\frac{\operatorname{grad} \psi - \mathfrak{c}}{K}\right) + 2\,M\,\psi = \Theta + 2\,M(\psi - \varphi)\,.$$

Daraus ergibt sich wie oben

$$\int \left(\{\Theta + 2\,M(\psi - \varphi)\}\,n - \frac{(\operatorname{grad} n,\, \mathfrak{c})}{K}\right) do = 0 \quad (\text{für jedes } n)$$

$$\psi(o') = \int \left(\Gamma_1 \{\Theta + 2\,M(\psi - \varphi)\} - \frac{(\operatorname{grad} \Gamma_1,\, \mathfrak{c})}{K}\right) do + n(o')\,.$$

Subtrahiert man von der ersten dieser beiden Gleichungen (30), von der zweiten die φ definierende Gleichung (III), so kommt

$$\int 2\,M(\psi - \varphi)\,n\,do = 0,$$

$$\psi(o') - \varphi(o') = \int \Gamma_1 \cdot 2\,M(\psi - \varphi)\,do + n(o')\,.$$

Unter Berücksichtigung der ersten folgt aus der zweiten

$$\Lambda_1(\psi - \varphi) = 2\,M(\psi - \varphi), \quad \text{d. i. } \Lambda(\psi - \varphi) = 0.$$

also

$$\psi = \varphi + \text{const}, \quad \operatorname{grad} \psi = \operatorname{grad} \varphi\,.$$

Damit ist das gewünschte Ziel erreicht.

$\partial\dot{\mathfrak{x}}/\partial u$ bestimmt sich nunmehr aus

$$\frac{\partial \mathfrak{x}}{\partial u}\cdot\frac{\partial \dot{\mathfrak{x}}}{\partial u}=\frac{1}{2}\dot{e},\ \frac{\partial \mathfrak{x}}{\partial v}\cdot\frac{\partial \dot{\mathfrak{x}}}{\partial u}=\frac{1}{2}(\dot{f}+\Delta\cdot\varphi),\ \mathfrak{n}\cdot\frac{\partial \dot{\mathfrak{x}}}{\partial u}=p_u,$$

entsprechend $\partial\dot{\mathfrak{x}}/\partial v$:

$$\left.\begin{aligned}\frac{\partial \dot{\mathfrak{x}}}{\partial u}&=\frac{(\dot{e}g-\dot{f}f)\,\partial\mathfrak{x}/\partial u+(-\dot{e}f+\dot{f}e)\,\partial\mathfrak{x}/\partial v}{2\Delta^2}+\frac{e\,\partial\mathfrak{x}/\partial v-f\,\partial\mathfrak{x}/\partial u}{2\Delta}\cdot\varphi+\mathfrak{n}\cdot p_u,\\ \frac{\partial \dot{\mathfrak{x}}}{\partial v}&=\frac{(-\dot{g}f+\dot{f}g)\,\partial\mathfrak{x}/\partial u+(\dot{g}e-\dot{f}f)\,\partial\mathfrak{x}/\partial v}{2\Delta^2}-\frac{g\,\partial\mathfrak{x}/\partial u-f\,\partial\mathfrak{x}/\partial v}{2\Delta}\cdot\varphi+\mathfrak{n}\cdot p_v.\end{aligned}\right\}\quad\text{(IV)}$$

Bezeichne ich diese beiden Vektoren aber zunächst mit $\dot{\mathfrak{x}}_u$, $\dot{\mathfrak{x}}_v$ statt mit $\partial\dot{\mathfrak{x}}/\partial u$, $\partial\dot{\mathfrak{x}}/\partial v$, da noch zu beweisen bleibt, dass sie Ableitungen eines Vektors $\dot{\mathfrak{x}}$ nach u und v sind, und führe ich das invariante Differential

$$d\dot{\mathfrak{x}}=\dot{\mathfrak{x}}_u\,du+\dot{\mathfrak{x}}_v\,dv$$

ein (von dem gezeigt werden soll, dass es ein totales Differential ist), so erkennt man leicht, ohne dass es notwendig wäre, von irgendwelchen Ableitungen der Grössen $\dot{\mathfrak{x}}_u$, $\dot{\mathfrak{x}}_v$ Gebrauch zu machen, dass das Bestehen der Gleichungen (II) auf folgendes hinauskommt: es ist

$$\lim_{\varepsilon=0}\frac{1}{\varepsilon^2}\cdot\frac{\partial\mathfrak{x}}{\partial u}\int\limits_{(\varepsilon)}d\dot{\mathfrak{x}}=0,\quad \lim_{\varepsilon=0}\frac{1}{\varepsilon^2}\cdot\frac{\partial\mathfrak{x}}{\partial v}\int\limits_{(\varepsilon)}d\dot{\mathfrak{x}}=0,\quad \lim_{\varepsilon=0}\frac{1}{\varepsilon^2}\mathfrak{n}\int\limits_{(\varepsilon)}d\dot{\mathfrak{x}}=0,$$

wenn die Integration über den Rand eines Quadrates von der Seitenlänge ε in der (u, v)-Ebene erstreckt wird, dessen Mittelpunkt $= (u, v)$ ist; und zwar bestehen diese Limesgleichungen gleichmässig für alle Quadrate, deren Mittelpunkte einem abgeschlossenen Ebenenstück angehören, das im Innern des auf $\mathfrak{F}$ abgebildeten Gebietes liegt. Daraus folgt offenbar in demselben Sinne

$$\lim_{\varepsilon=0}\frac{1}{\varepsilon^2}\int\limits_{(\varepsilon)}d\dot{\mathfrak{x}}=0.$$

Durch die Exhaustionsmethode und unter Benutzung des einfachen Zusammenhangs der Fläche schliesst man nunmehr auf das Bestehen der Gleichung $\int\limits_{\mathfrak{C}}d\dot{\mathfrak{x}}=0$ für jede geschlossene Flächenkurve $\mathfrak{C}$. *Die Gleichungen* (III) *und* (IV) *enthalten somit die vollständige Lösung des Problems der unendlichkleinen Deformation.*

§ 5. Herstellung einer von der Kugel wenig abweichenden Fläche aus ihrem Linienelement

Im Falle die gegebene Fläche $\mathfrak{x}=\mathfrak{x}(u\,v)$ die Kugel ist, lassen sich die Greenschen Funktionen G, Γ, Γ_1 (ohne Hilfe der allgemeinen Theorie der linearen Differentialgleichungen 2. Ordnung) sehr leicht bestimmen. Es ist L identisch mit Δ und, wie längst bekannt,

$$G=\Gamma=\frac{1}{2\pi}\lg r,$$

wo r die räumliche Entfernung der beiden Kugelpunkte o, o' ist, von denen die GREENsche Funktion abhängt. Auch Γ_1 kann aus Gründen der Symmetrie nur eine Funktion dieser Entfernung oder des kürzesten sphärischen Abstandes ϑ der beiden Kugelpunkte sein: $\Gamma_1 = F(\vartheta)$. Nehmen wir o' als Pol eines Polarkoordinatensystems auf der Kugel, so erkennen wir, dass F der Differentialgleichung genügen muss:

$$\Lambda_1(\Gamma_1) = \frac{1}{\sin\vartheta} \cdot \frac{d}{d\vartheta}\left(\sin\vartheta \frac{dF}{d\vartheta}\right) + 2F = a\cos\vartheta,$$

wo a eine Konstante $\neq 0$ ist, oder, wenn wir $\cos\vartheta = x$ als unabhängige Variable benutzen,

$$\frac{d}{dx}\left\{(1-x^2)\frac{dF}{dx}\right\} + 2F = a\,x.$$

Man hat für F eine Lösung dieser Gleichung zu wählen, die für $x = -1$ regulär ist[1]); F wird dann bei $x = +1$ logarithmisch unendlich, und zwar ist a so zu wählen, dass dort

$$F = P_0 + P_1 \frac{1}{2\pi} \lg \sqrt{1-x^2}$$

wird, wo P_0, P_1 an der Stelle $x = 1$ regulär-analytische Funktionen bezeichnen und $P_1(1) = 1$ ist.

Durch die bequeme Form, welche hier die GREENschen Funktionen besitzen, werden die zum Konvergenzbeweis nötigen Abschätzungen gegenüber dem allgemeinen Fall ausserordentlich vereinfacht. Wir haben uns nur auf einen *potentialtheoretischen Hilfssatz* zu berufen, den KORN bei Gelegenheit einer der hier angestellten analogen Untersuchung hergeleitet hat[2]). Er betrifft das Integral

$$\varphi(u, v) = \int\int \lg\frac{1}{r} \cdot \chi(u', v')\, du'\, dv';$$

r bedeutet darin die Entfernung zweier Punkte (u, v), (u', v') in einer (u, v)-Ebene, die Integration erstrecke sich etwa über den Einheitskreis $u'^2 + v'^2 \leqq 1$, und χ sei im Einheitskreis stetig und absolut kleiner als die Konstante H. Dann gilt im Nullpunkt

$$|\varphi| \leqq \frac{\pi}{2} \cdot H, \quad \left|\frac{\partial\varphi}{\partial u}\right|, \left|\frac{\partial\varphi}{\partial v}\right| \leqq 4\,H.$$

Für die 2. Ableitungen von φ lässt sich eine ähnliche absolute Grenze, die nur von H abhängt, offenbar nicht angeben, da ohne weitere Voraussetzungen über χ nicht einmal die Existenz dieser Ableitungen feststeht. Das Vorhandensein der 2. Ableitungen von φ ist aber bekanntlich sichergestellt, wenn χ einer *HÖLDERschen Bedingung* genügt. Wir nehmen also an, es existiere ein Exponent $\alpha > 0$ und < 1 so, dass

$$|\chi(u, v) - \chi(u', v')| \leqq H \cdot r^\alpha$$

1) Wenn F *eine* solche ist, lautet die allgemeinste F + const x; welche derselben benutzt wird, ist gleichgültig.

2) A. KORN, Abh. Kgl. Preuss. Akad. Wiss., math.-physik. Kl., Anhang, *1909*, 25–30.

ist. Indem wir einen festen Exponenten α ein für allemal zugrunde legen, drücken wir die Eigenschaften

$$|\chi(u, v)| \leqq H, \quad |\chi(u, v) - \chi(u', v')| \leqq H \cdot r^{\alpha}$$

von χ kurz dadurch aus, dass wir sagen, *χ sei durch die Konstante H begrenzt.* Der KORNsche Hilfssatz besagt dann: *es existiert eine nur von α abhängige Zahl b derart, dass die zweiten Ableitungen von φ im ganzen Einheitskreis durch die Konstante bH begrenzt sind.* Die Forderung, dass χ in unserm Sinne durch eine Konstante begrenzt wird, ist also von solchem Charakter, dass sie sich von χ auf die 2. Ableitungen der aus der Belegung χ entspringenden Potentialfunktion φ überträgt.

Spezialisieren wir jetzt die Formeln (III) und (IV) von § 4 für den Fall der Kugel, indem wir von den soeben berechneten GREENschen Funktionen Gebrauch machen, so erhalten wir die Lösung der Aufgabe, die Kugel unendlichwenig so zu deformieren, dass ihre 1. Fundamentalform eine vorgegebene Änderung $\dot{\boldsymbol{s}}$ erleidet. Zur Untersuchung der Umgebung eines Punktes P auf der Kugel benutzen wir am besten (indem wir P als «Südpol» betrachten) die durch stereographische Projektion vom Nordpol auf die Äquatorebene gelieferten Koordinaten u, v. Aus den Gleichungen (IV) für $\partial\dot{\mathfrak{r}}/\partial u$, $\partial\dot{\mathfrak{r}}/\partial v$ leiten wir durch Differentiation solche für $\partial^2\dot{\mathfrak{r}}/\partial u^2$, $\partial^2\dot{\mathfrak{r}}/(\partial u\, \partial v)$, $\partial^2\dot{\mathfrak{r}}/\partial v^2$ ab und ersetzen dabei noch $\partial\varphi/\partial u$, $\partial\varphi/\partial v$, die Komponenten von grad φ, durch die ihnen gleichen Komponenten des Vektors $2 \cdot \boldsymbol{S}\mathfrak{p} - \mathfrak{c}$. Dann ergibt sich offenbar mittels des KORNschen Hilfssatzes das folgende, für den Konvergenzbeweis entscheidende Resultat (bei dessen Formulierung wir auf die Koordinaten ξ_i von § 1 an Stelle der u, v zurückgreifen wollen):

Hilfssatz A. *Die Koeffizienten $\dot{e}_{ik}$ von $\dot{\boldsymbol{s}}$, sowie ihre ersten Ableitungen und* Curl $\mathfrak{c}_s$ *seien durch die Konstante H begrenzt; dann existiert eine nur vom Exponenten α abhängige Zahl b, so dass die 1. und 2. Ableitungen von $\dot{\mathfrak{r}}$ durch die Konstante bH begrenzt werden.*

Bedeute wie früher

$$\boldsymbol{s}^0 = \sum_{i,k} e^0_{ik}\, d\xi_i\, d\xi_k$$

das Linienelement der Kugel $\mathfrak{r} = \mathfrak{r}_0((\xi))$,

$$\dot{\boldsymbol{s}} = \sum_{i,k} \dot{e}_{ik}\, d\xi_i\, d\xi_k$$

eine quadratische Differentialform mit den im Hilfssatz A angenommenen Eigenschaften! Wir haben zu zeigen, dass die Gleichung

$$(d\mathfrak{r})^2 = \boldsymbol{s}^0 + \tau\, \dot{\boldsymbol{s}}$$

für kleine Werte des Parameters τ durch eine Potenzreihe

$$\mathfrak{r}\big((\xi;\tau)\big) = \mathfrak{r}^0\big((\xi)\big) + \dot{\mathfrak{r}}\big((\xi)\big)\,\tau + \ddot{\mathfrak{r}}\big((\xi)\big)\,\tau^2 + \cdots$$

integriert werden kann. *Durch formales Einsetzen ergibt sich zunächst*

$$d\mathfrak{r}^0 \cdot d\dot{\mathfrak{r}} = \frac{1}{2}\,\dot{\boldsymbol{s}}.$$

Wir lösen diese Gleichung durch die Formeln des § 4; gemäss dem Hilfssatz A werden die 1. und 2. Ableitungen von $\dot{\mathfrak{r}}$ durch die Konstante $H_1 = bH$ begrenzt. Zur Bestimmung der folgenden Glieder $\ddot{\mathfrak{r}}, \dddot{\mathfrak{r}}, \ldots$ ergibt sich diese Regel:

Man setze

$$\mathfrak{r}_n(\tau) = \dot{\mathfrak{r}}\,\tau + \ddot{\mathfrak{r}}\,\tau^2 + \cdots + \overset{(n-1)}{\mathfrak{r}}\,\tau^{n-1}, \quad \big(d\mathfrak{r}_n(\tau)\big)^2 = \boldsymbol{s}_n(\tau).$$

$\boldsymbol{s}_n(\tau)$ *ist dann ein Polynom in* τ (vom Grade $2n-2$), *dessen Koeffizienten quadratische Differentialformen sind; der Koeffizient von* τ^n *heisse* $[\boldsymbol{s}]_n$. *Dann muss*

$$d\mathfrak{r}^0 \cdot d\overset{(n)}{\mathfrak{r}} = -\frac{1}{2}[\boldsymbol{s}]_n$$

sein. Diese Gleichung ermöglicht, nachdem $\mathfrak{r}, \ddot{\mathfrak{r}}, \ldots, \overset{(n-1)}{\mathfrak{r}}$ *bestimmt sind, mittels der Formeln* (III) *und* (IV) *des* § 4 *auch das nächste Glied* $\overset{(n)}{\mathfrak{r}}$ *zu finden.* Man beachte dabei noch, dass der Curl des zu $[\mathfrak{s}]_n$ gehörigen CODAZZIschen Vektors $[\mathfrak{c}]_n$ gleich dem Koeffizienten von τ^n in dem Curl des zu $\boldsymbol{s}_n(\tau)$ gehörigen CODAZZIschen Vektors $\mathfrak{c}_n(\tau)$ ist (der sich als ein Polynom in τ darstellt); denn der zu einer quadratischen Differentialform gehörige CODAZZIsche Vektor ist *linear* von den Koeffizienten der Differentialform abhängig. Der Curl von $\mathfrak{c}_n(\tau)$ aber ist in quadratischer Weise aus den 1. und 2. Ableitungen von $\mathfrak{r}_n(\tau)$ gebildet; *die 3. Ableitungen kommen nicht vor!* Daher enthält auch der Curl $[\mathfrak{c}]_n$ nur die 1. und 2. Differentialquotienten von $\dot{\mathfrak{r}}, \ddot{\mathfrak{r}}, \ldots, \overset{(n-1)}{\mathfrak{r}}$.

Es sei nun gelungen, die 1. und 2. Ableitungen von $\dot{\mathfrak{r}}, \ddot{\mathfrak{r}}, \ldots, \overset{(n-1)}{\mathfrak{r}}$ bzw. durch die Konstanten $H_1, H_2, \ldots, H_{n-1}$ zu begrenzen. Sind φ und ψ irgend zwei Funktionen, die durch die Konstante A begrenzt sind, so ist $\varphi\,\psi$ durch $2A^2$ begrenzt:

$$|\varphi\,\psi| \leqq A^2,$$

$$|\varphi(\xi)\,\psi(\xi) - \varphi(\xi')\,\psi(\xi')| \leqq |\varphi(\xi)\,\{\psi(\xi) - \psi(\xi')\}| + |\psi(\xi')\,\{\varphi(\xi) - \varphi(\xi')\}|$$
$$\leqq A \cdot A\,r^\alpha + A \cdot A\,r^\alpha = 2A^2 r^\alpha.$$

Daraus ersehen wir, dass die Koeffizienten von $[\boldsymbol{s}]_n$ und deren 1. Ableitungen durch das 4-fache derjenigen Konstanten H_n^* begrenzt werden, die sich als Koeffizient von τ^n in dem «*Majorantenpolynom*»

$$(H_1\,\tau + H_2\,\tau^2 + \cdots + H_{n-1}\,\tau^{n-1})^2$$

ergibt. Auf Grund der Bemerkung über Curl $\mathfrak{c}_n(\tau)$ erkennen wir, dass auch Curl $[\mathfrak{c}]_n$, wenn nicht durch $4\,H_n^*$, so durch ein etwas höheres numerisches Multiplum von H_n^*, sagen wir auf gut Glück, durch $10\,H_n^*$ begrenzt ist. Der Hilfssatz A lehrt dann, dass die 1. und 2. Ableitungen von $\overset{(n)}{\mathfrak{r}}$ durch die Konstante $10\,b \cdot H_n^*$ begrenzt werden, oder wenn wir statt $10\,b$ wiederum b schreiben, durch $b\,H_n^*$. Dieses Ergebnis ermöglicht die vollständige Induktion: nachdem H_1 berechnet ist, ergibt die Rekursionsformel

$$H_n = b\,H_n^* \quad (n = 2, 3, 4, \ldots) \tag{32}$$

für jedes $n > 1$ eine Konstante H_n, durch welche die 1. und 2. Differentialquotienten von $\overset{(n)}{\mathfrak{x}}$ begrenzt erscheinen.

H_n^* ist der Koeffizient von τ^n in der Potenzentwicklung des Quadrates der Reihe

$$H(\tau) = \sum_{n=1}^{\infty} H_n\,\tau^n.$$

Wir können demnach die unendlichvielen Gleichungen (32) in die eine zusammenfassen:

$$b\,H^2(\tau) = H(\tau) - H_1 \cdot \tau,$$

aus der sich

$$H(\tau) = \frac{1 - \sqrt{1 - 4\,b\,H_1 \cdot \tau}}{2\,b}$$

ergibt. *Die Potenzreihe $H(\tau)$ konvergiert folglich für*

$$0 \leqq \tau < \frac{1}{4\,b\,H_1},$$

und in demselben Bereich konvergieren die nach den ξ genommenen 1. und 2. Ableitungen von

$$\mathfrak{x} - \mathfrak{x}^0 = \dot{\mathfrak{x}}\,\tau + \ddot{\mathfrak{x}}\,\tau^2 + \cdots$$

und werden daselbst durch die Konstante $H(\tau)$ begrenzt.

Damit ist bewiesen, dass *zu jedem Linienelement, das hinreichend wenig von dem der Kugel abweicht, unter gewissen Stetigkeitsannahmen eine geschlossene Fläche gehört. Die Stetigkeitsannahmen besagen, dass die Koeffizienten des Linienelements samt ihren 1. Ableitungen und die Krümmung des Linienelementes stetig sein und einer Hölderschen Bedingung genügen müssen. Die Gleichung $\mathfrak{x} = \mathfrak{x}((\xi))$ der zugehörigen Fläche ist dann zweimal stetig differenzierbar, und die 2. Ableitungen genügen einer Hölderschen Bedingung mit dem gleichen Exponenten.*

§ 6. Anweisung zur Lösung des Hauptproblems

Es ist in § 4 bei Einführung der Greenschen Funktionen verschwiegen worden, dass ihr Existenznachweis nur gelingt, wenn man betreffs der Koeffizienten E, F, G der 2. Fundamentalform mehr voraussetzt als ihre Stetigkeit. Über die Bedingungen hinaus, welche in der allgemeinen Theorie der linearen Differentialgleichungen gestellt werden müssen, um die Bestimmung der Greenschen

Funktion zu ermöglichen[1]), lässt sich hier behaupten, dass *die Annahme ausreicht, E, F, G genügten einer Hölderschen Bedingung.* Um beispielsweise die Gleichung

$$\Lambda(\varphi) = \chi$$

bei gegebenem χ zu integrieren, mache man für φ den Ansatz

$$\varphi(o) = \int B(o\,o')\,\psi(o')\,do',$$

wo

$$B(o\,o') = \lg\bigl(\mathfrak{r}(o) - \mathfrak{r}(o'), \mathfrak{n}(o)\bigr)$$

ist. Die Grösse unter dem lg ist (für konvexe Flächen) positiv und wird für $o = o'$ von der 2. Ordnung unendlichklein, nämlich wie

$$\frac{1}{2}\Bigl\{E(u-u')^2 + 2F(u-u')(v-v') + G(v-v')^2\Bigr\}.$$

Die Rechnung ergibt für den Vektor $(\boldsymbol{S}\,\mathrm{grad}\,B)/K$ die Komponenten

$$\frac{(\mathfrak{r}-\mathfrak{r}', [\mathfrak{n}\,\partial\mathfrak{r}/\partial u])}{(\mathfrak{r}-\mathfrak{r}', \mathfrak{n})}, \quad \frac{(\mathfrak{r}-\mathfrak{r}', [\mathfrak{n}\,\partial\mathfrak{r}/\partial v])}{(\mathfrak{r}-\mathfrak{r}', \mathfrak{n})}.$$

Dieser Vektor ist also (trotzdem wir von E, F, G nicht die Existenz der Ableitungen vorausgesetzt haben) stetig differenzierbar. Insbesondere existiert

$$\Lambda(B) = \mathrm{Curl}\left(\frac{\boldsymbol{S}\,\mathrm{grad}\,B}{K}\right) = P$$

und wird bei $o = o'$ von geringerer als 2. Ordnung unendlich. Unser Ansatz liefert demnach eine Integralgleichung

$$2\pi\,\psi(o) + \int P(o\,o')\,\psi(o')\,do' = \chi(o),$$

die nach der klassischen Theorie behandelt werden kann.

Man wird demgemäss erwarten können, dass ein dem Hilfssatz A (§ 5) analoger Satz auch dann gültig ist, wenn man als Ausgangsfläche nicht die Kugel, sondern eine beliebige konvexe Fläche nimmt, für welche die Koeffizienten der 2. Fundamentalform und die ersten Ableitungen der Koeffizienten der 1. Fundamentalform einer Hölderschen Bedingung genügen. Dabei wird freilich die Konstante b abhängig sein von der Natur dieser Fläche. Bezeichnen wir aber das Minimum der mit den Koeffizienten der 1. Fundamentalform gebildeten quadratischen Form $\Sigma_{ik}\, e_{ik}(\xi)\, x_i\, x_k$ für solche Werte x_i, die den Bedingungen

$$\sum_i x_i^2 = 1, \quad \sum_i x_i\,\xi_i = 0$$

[1]) D. Hilbert, *Grundzüge einer allgemeinen Theorie der linearen Integralgleichungen* (Leipzig 1912), Kap. XVIII.

genügen, an jeder Stelle (ξ) mit $e((\xi))$, so wird b unterhalb einer festen positiven Konstanten bleiben, *solange die 1. und 2. Ableitungen der Flächengleichung* $\mathfrak{r} =\!\!\cdot\, \mathfrak{r}((\xi))$ *durch eine feste Konstante begrenzt sind und auch* $1/e((\xi))$, $1/K$ *für alle* (ξ) *unterhalb dieser Konstanten liegen.* Ich will annehmen, dass die Abschätzungsarbeit, die zur Feststellung dieser Tatsachen führt, geleistet sei. Dann wird die in § 2 geschilderte Methode zum gewünschten Ziele $(\tau = 1)$ führen, wenn es möglich ist, *für eine Raumfläche* $\mathfrak{r} = \mathfrak{r}((\xi))$ *aus der Kenntnis ihrer 1. Fundamentalform heraus eine Zahl zu ermitteln, durch welche die 2. Ableitungen von* $\mathfrak{r}((\xi))$ *begrenzt werden.* Ich will hier wenigstens eine derartige obere Grenze für die *absoluten Beträge* der 2. Ableitungen bestimmen. Die von vornherein gar nicht vorauszusehende Tatsache, dass eine solche Grenze existiert, ist der Hauptgrund dafür, dass man durch analytische Fortsetzung der in § 5 für kleine Werte von τ dargestellten Lösung unseres Problems bis zu $\tau = 1$ gelangt. Die jetzt anzustellende Überlegung bildet also einen Kardinalpunkt der Methode.

Ich setze wie früher $L_S(\varphi) = L(\varphi)$, zur besseren Unterscheidung aber $L_s(\varphi) = l(\varphi)$, ferner

$$\big(\text{grad } \varphi, \text{grad } \psi\big)_s = \delta(\varphi, \psi), \quad \big(\text{grad } \varphi, \text{grad } \psi\big)_S = \varDelta(\varphi, \psi).$$

M bezeichne die mittlere Krümmung, und es werde

$$m^2 = M^2 - K (\geqq 0)$$

gesetzt. *Dann gilt die folgende Gleichung*

$$L(M) + \frac{\delta(K, m) - 2 \varDelta(M, m)}{m} - 2 K m^2 = \frac{1}{2} l(K). \tag{33}$$

Sie ist eine Folge aus

$$\frac{E G - F^2}{e g - f^2} = K, \quad \frac{E g + G e - 2 F f}{e g - f^2} = 2 M \tag{34}$$

und den beiden CODAZZIschen Formeln

$$\frac{\partial E}{\partial v} - \frac{\partial F}{\partial u} = \left\{ \begin{matrix} 1\,2 \\ 1 \end{matrix} \right\} E + \left(\left\{ \begin{matrix} 1\,2 \\ 2 \end{matrix} \right\} - \left\{ \begin{matrix} 1\,1 \\ 1 \end{matrix} \right\} \right) F - \left\{ \begin{matrix} 1\,1 \\ 2 \end{matrix} \right\} G,$$

$$\frac{\partial G}{\partial u} - \frac{\partial F}{\partial v} = \left\{ \begin{matrix} 1\,2 \\ 2 \end{matrix} \right\} G + \left(\left\{ \begin{matrix} 1\,2 \\ 1 \end{matrix} \right\} - \left\{ \begin{matrix} 2\,2 \\ 2 \end{matrix} \right\} \right) F - \left\{ \begin{matrix} 2\,2 \\ 1 \end{matrix} \right\} E. \tag{35}$$

Differenziert man jede der beiden Gleichungen (34) zweimal, nämlich nach $u\,u$, $u\,v$, $v\,v$, und jede der Gleichungen (35) einmal, nämlich nach u und nach v, so erhält man 10 Gleichungen für die 9 zweiten Ableitungen von E, F, G. Man übersieht leicht, dass bei der infolgedessen möglichen Elimination sich ein Ausdruck für

$$G \frac{\partial^2 M}{\partial u^2} - 2 F \frac{\partial^2 M}{\partial u \, \partial v} + E \frac{\partial^2 M}{\partial v^2}$$

ergibt, der die 2. Ableitungen von E, F, G nicht mehr enthält. Führt man die langwierige Rechnung durch, so lässt sich das Ergebnis schliesslich auf die oben angegebene invariante Form bringen. Es kommt dabei im letzten Gliede $-2\,Km^2$ auf der linken Seite für K zunächst ein aus den Fundamentalgrössen 1. Art aufgebauter Ausdruck heraus, der überraschenderweise mit der Krümmung der 1. Fundamentalform, also der Krümmung K der Fläche übereinstimmt. Dies ist für das folgende samt dem negativen Vorzeichen von entscheidender Wichtigkeit. – Es ist wahrscheinlich, dass ein geschickterer Rechner die Formel (33) auf viel leichterem Wege wird ermitteln können, als es hier angedeutet wurde.

In einem Punkt, wo M ein Maximum hat, ist

$$\frac{\partial M}{\partial u} = 0, \quad \frac{\partial M}{\partial v} = 0,$$

und für beliebige Werte x, y:

$$\frac{\partial^2 M}{\partial u^2} x^2 + 2 \frac{\partial^2 M}{\partial u\, \partial v} x y + \frac{\partial^2 M}{\partial v^2} y^2 \leqq 0.$$

Daraus ergibt sich offenbar, dass an dieser Stelle

$$L(M) \leqq 0$$

sein muss, und nun aus unserer Gleichung (33):

$$\frac{1}{2} l(K) + \frac{1}{2\,m^2} \delta(K, K) + 2\,Km^2 \leqq 0,$$

a fortiori

$$m^2 \leqq \frac{-\,l(K)}{4\,K} \tag{36}$$

und

$$M^2 \leqq \frac{-\,l(K)}{4\,K} + K. \tag{37}$$

(37) gilt insbesondere dort, wo M^2 auf der geschlossenen Fläche seinen grössten Wert annimmt. *Das Maximum des auf der rechten Seite von* (37) *stehenden Ausdrucks, der allein auf Grund der 1. Fundamentalform berechnet werden kann, ist also eine obere Schranke für* M^2.

Da auf einer konvexen Fläche beide Hauptkrümmungen positiv sind, ist die grössere von ihnen $< 2\,M$; infolgedessen gilt

$$E \leqq 2\,M\,e, \quad G \leqq 2\,M\,g,$$

und aus $EG - F^2 > 0$ ergibt sich

$$|F| < 2\,M \sqrt{e\,g}.$$

Endlich folgt aus der ersten der Gleichungen (18):

$$\left|\frac{\partial^2 \mathfrak{r}}{\partial u^2}\right| \leqq \left|\begin{Bmatrix}11\\1\end{Bmatrix}\sqrt{e}\right| + \left|\begin{Bmatrix}11\\2\end{Bmatrix}\sqrt{g}\right| + E,$$

und Entsprechendes findet sich für die Ableitungen $\partial^2\mathfrak{r}/(\partial u\,\partial v)$, $\partial^2\mathfrak{r}/\partial v^2$. Damit sind wir am Ziel.

Wenden wir die Ungleichung (37) auf eine Fläche mit $K = 1$ an, so stellt sich heraus, dass auf ihr überall $M = 1$ sein muss, d.h. dass die Fläche aus lauter Nabelpunkten besteht und folglich die Kugel ist. *Damit haben wir einen neuen Beweis des Satzes, dass die Kugel als Ganzes sich nicht verbiegen lässt und die einzige geschlossene Fläche von der konstanten Krümmung* $+1$ *ist.*

Für eine beliebige konvexe Fläche lehrt die Ungleichung (36), dass dort, wo M ein Maximum hat, notwendig $l(K)$ negativ sein muss. $l(K)$ ist nun gewiss dort $\geqq 0$, wo K ein Minimum besitzt: *Auf einer konvexen Fläche kann es somit niemals passieren, dass dort, wo die Gauss'sche Krümmung ein Minimum hat, die mittlere Krümmung einen maximalen Wert annimmt.*

Nachtrag September 1955

Die vorstehend wieder abgedruckte Arbeit stellt ein wichtiges Theorem der Differentialgeometrie im grossen auf und zeichnet einen Weg vor, der verspricht zu einem Beweise zu führen; aber der Weg ist nicht zu Ende gegangen. Der Grund für die Publikation der Arbeit in diesem unfertigen Zustand war meine Einberufung zum Heeresdienst in der deutschen Armee im Frühjahr 1915. Ich hatte zwar die Rechnung wesentlich weiter vorgetrieben, als der gedruckte Text erkennen lässt; aber ob es mir damals gelungen wäre, wirklich zum Ziele zu kommen (ich glaubte es) – wer will das heute sagen?

Es hat einige Zeit gekostet, bis das geschehen ist. Ich selber habe nach meiner Rückkehr die Beschäftigung mit dem Problem nicht wieder aufgenommen. Ein in der Arbeit nur angedeuteter Schritt wurde 1938 von H. Lewy mit ihm eigentümlichen Mitteln exakt durchgeführt [Proc. Nat. Acad. Sci. *24*, 104–106 (1938)]. Nach einem von dem meinen gänzlich verschiedenen Plan, nämlich mittels der von A. D. Alexandrow entwickelten neuen geometrischen Methoden, gelang es dann A. W. Pogorelow im Jahre 1951 über Alexandrow hinaus den letzten Schritt zu tun und das Theorem vollständig zu beweisen*); während unabhängig davon L. Nirenberg in seiner Abhandlung *The Weyl and Minkowski Problems in Differential Geometry in the Large*, Comm. pure appl. Math. *6*, 337–394 (1953), auf *dem* Wege ans Ziel gelangte, der mir vorgeschwebt hatte, indem er in scharfsinniger Weise inzwischen erzielte wesentliche Fortschritte in der Theorie der Differentialgleichungen sich zunutze machte.

---

*) Man vergleiche dazu das Buch *Die innere Geometrie der konvexen Flächen* von A. D. Alexandrow (Berlin 1955), S. 489–490 und 306–314.

26.

Le problème de l'analysis situs

L'Enseignement mathématique 19, 95—96 (1917)

7. — M. le prof.-Dr H. Weyl (Zurich). — *Le problème de l'Analysis situs.* — L'Analysis situs étudie les propriétés dont jouissent les variétés continues indépendamment de toute considération de mesure. On y distingue actuellement deux manières de voir, l'une se rattache à la *Théorie des ensembles* (voir les travaux de Brouwer), l'autre à *l'Analyse combinatoire* (voir l'article Dehn et Heegard dans l'Encyclopédie). Pour illustrer le sens de ces deux méthodes et leurs relations mutuelles, l'orateur reprend le problème spécial de l'Analysis situs qui joue un rôle décisif dans la théorie de Riemann des fonctions algébriques: la détermination du nombre de connexion de variétés fermées à deux dimensions.

Par la décomposition d'une telle variété en un nombre fini de *surfaces élémentaires* surgit un polyèdre (Möbius); on décompose encore, pour plus de simplicité, chaque polygone en triangles; après en avoir désigné chaque sommet par des symboles quelconques, par exemple par des lettres, on peut disposer tous les triangles dont se compose la surface en un tableau où chaque triangle est caractérisé par la donnée de ses trois sommets. On obtient ainsi le «schéma» combinatoire de la surface. Deux schémas proviennent de la même surface par des triangulations différentes s'ils sont «homéomorphes», c'est-à-dire si on peut les ramener tous deux à un même troisième schéma en décomposant encore les deux surfaces. L'homéomorphie est une relation purement combinatoire entre les deux surfaces. Le principal invariant de ces schémas au sens de l'homéomorphie est le nombre de connexion $= k - e - d + 3$ (k = nombre d'arêtes, e = nombre de sommets, d = nombre de triangles); pour des surfaces sans anse, ce nombre est 1 (Théorème d'Euler sur les polyèdres).

Mais pour établir rigoureusement que le nombre de connexion ainsi obtenu est un invariant (au sens de l'Analysis situs) de la variété à deux dimensions primitivement obtenue, il faut recourir à des considérations d'un genre tout différent, basées sur les principes de la Théorie des ensembles. Il faut d'abord fixer exactement la notion de variété à deux dimensions; ensuite, pour obtenir une définition du nombre de connexion indépendante de chaque triangulation, on peut suivre un chemin qui est, dans l'Analysis situs, l'analogue de ce qu'est dans la théorie des fonctions la démonstration utilisée par Weierstrass dans la théorie des intégrales abéliennes: déduire la nature et les relations des chemins d'intégration de la manière dont les intégrales se comportent.

C'est ce qui fut effectué en détail dans cette communication.

27.

Über die Starrheit der Eiflächen und konvexer Polyeder

Sitzungsberichte der Königlich Preußischen Akademie der Wissenschaften zu Berlin, 250—266 (1917)

Einleitung.

Es handelt sich im folgenden um die beiden einander korrespondierenden Sätze:

Satz I. Ein konvexes Polyeder, dessen Seitenflächen starre, in den Kanten durch Scharniere verbundene Platten sind, ist nur als Ganzes, nicht aber in den Scharnieren infinitesimal beweglich.

Satz II. Eine stetig gekrümmte, geschlossene konvexe Fläche läßt keine infinitesimalen Verbiegungen zu.

Für Satz I hat CAUCHY[1] einen sehr durchsichtigen Beweis erbracht, der gleichzeitig das diesem »infinitesimalen« Theorem korrespondierende »endliche« liefert:

---

[1] Journal de l'École Polytechnique, Cah. 16 (1813), S. 87—98, oder Werke (2) 1, S. 26—38. — An den letzten Schlüssen, die CAUCHY zieht, ist eine kleine Korrektur anzubringen, da die Einteilung der Polyederoberfläche in kantenbegrenzte Gebiete, auf die er die EULERsche Polyederformel anwendet, auch mehrfach zusammenhängende Gebiete liefern kann und demgemäß jene EULERsche Gleichung eventuell durch die zugehörige Ungleichheit ersetzt werden muß. In dieser ist aber das $<$-Zeichen so gerichtet, daß eintreffendenfalls CAUCHYS Schlußweise *a fortiori* den gewünschten Widerspruch ergibt. — CAUCHY verwendet überall Ausdrücke, die der Vorstellung einer infinitesimalen Bewegung entsprechen. Da er aber ausdrücklich die Folgerung I* zieht, will er offenbar daneben diese Wendungen auch in dem Sinne eines Vergleichs zweier Zustände verstanden wissen, zwischen denen kein kontinuierlicher Übergang zu bestehen braucht; alle seine Schlüsse sind Wort für Wort richtig, ob man sie nun so oder so interpretiert. — Satz I ist das Thema einer ganz kürzlich erschienenen Arbeit von M. DEHN (Math. Ann. Bd. 77, S. 466—473); sein Verfahren, das sich ebenfalls hauptsächlich im Felde der Analysis situs bewegt, ist gewiß sehr scharfsinnig, aber doch erheblich komplizierter als das CAUCHYS und läßt sich weder auf I* noch auf II übertragen. Bei der geschilderten Sachlage muß ich Einspruch dagegen erheben, daß Hr. DEHN des Beweises von CAUCHY nur mit Bezug auf I* Erwähnung tut und Satz I als etwas ganz Neues hinstellt (eher ließe sich noch das Umgekehrte vertreten!).

Satz I. Zwei gleich zusammengesetzte konvexe Polyeder, deren entsprechende Seitenpolygone kongruent sind, sind selber kongruent oder symmetrisch.*

CAUCHYS Beweis trägt das Gepräge der Analysis situs; die EULERsche Polyederformel spielt eine entscheidende Rolle. Ich werde hier zu dem Satz I auf einem prinzipiell andern Wege gelangen, indem ich mich lediglich solcher elementargeometrischer Überlegungen über konvexe Polygone und Polyeder bediene, wie sie MINKOWSKI in seiner nachgelassenen Abhandlung »Theorie der konvexen Körper[1]« anstellt. Dieser Weg wird mich freilich nur zu I, nicht auch zu I* führen, *dafür aber* (bei richtiger Analogisierung) *das die krummen Flächen betreffende Theorem II miterledigen.*

Die Richtigkeit von Satz II ist zuerst von H. LIEBMANN, dann auf anderm Wege von W. BLASCHKE dargetan worden[2]. BLASCHKE machte die fundamentale Bemerkung, daß jene homogene lineare Differentialgleichung, auf welche WEINGARTEN das Problem der unendlich kleinen Verbiegung zurückgeführt hat, identisch ist mit derjenigen, die in der BRUNN-MINKOWSKIschen Theorie von Volumen und Oberfläche die beherrschende Rolle spielt. Daß aber diese Gleichung keine Lösungen besitzt (außer gewissen selbstverständlichen, welche den Drehungen der Fläche entsprechen), ist von HILBERT[3] in ganz analoger Weise wie beim LIEBMANNschen Beweis dadurch gezeigt worden, daß die hypothetische Lösung als Potenzreihe angesetzt und die niedrigsten nichtverschwindenden Glieder (die eventuell beliebig hoher Ordnung sein können) diskutiert werden. Schöner und einfacher erhält man jedoch dieses Ergebnis auf Grund der Symmetrie-Eigenschaften des gemischten Volumens (die tiefer liegenden BRUNN-MINKOWSKIschen Ungleichheiten brauchen nicht herangezogen zu werden). Der so entstehende Beweis von Satz II ist von den unnatürlichen Einschränkungen frei, die mit der Potenzentwicklung verbunden sind, und bewährt sich vor allem dadurch, daß er eine unmittelbare Übertragung auf Polyeder gestattet.

Ich veröffentliche diese Note, deren Gedanken, wie man sieht, nur zum geringen Teil von mir herrühren, um die Lösung des Problems der infinitesimalen Verbiegung konvexer Gebilde einmal in der vollen Harmonie, mit der das heute möglich ist, ab ovo auseinanderzusetzen; zweitens aber auch, um mir eine sichere Grundlage zu schaffen für die Darstellung weitergehender Untersuchungen, die sich beziehen

---

[1] Ges. Abhandlungen Bd. II, Nr. XXV, S. 131 ff.

[2] Betreffs aller Literaturangaben verweise ich auf das schöne Buch von BLASCHKE, Kreis und Kugel, 1916, S. 162—164.

[3] Grundzüge einer allgemeinen Theorie der linearen Integralgleichungen, Teubner 1912, Satz 50, S. 247.

auf das Analogon zu I* für krumme Flächen (»*Die isometrische Abbildung einer stetig gekrümmten geschlossenen Fläche auf eine andere kann nur eine Kongruenz oder Symmetrie sein*«) und auf diejenigen inhomogenen Probleme, welche den bisher erwähnten homogenen korrespondieren[1].

Polyeder.

1. Bei der infinitesimalen Bewegung eines starren Körpers erfährt bekanntlich jeder Punkt $\mathfrak{p}$, zu dem von einem festen Anfangspunkt O der Vektor $\overrightarrow{O\mathfrak{p}} = \mathfrak{r}$ führt, eine Verschiebung $\delta\mathfrak{r}$, die gegeben ist durch

$$\delta\mathfrak{r} = \mathfrak{a} + [\mathfrak{d}, \mathfrak{r}],$$

wo der »Verschiebungsvektor« $\mathfrak{a}$ und der »Drehvektor« $\mathfrak{d}$ von $\mathfrak{p}$ unabhängig sind. Für jede polygonale Seitenplatte $\mathfrak{P}_i$ unseres konvexen Polyeders Π haben wir einen solchen Verschiebungsvektor $\mathfrak{a}_i$ und einen Drehvektor $\mathfrak{d}_i$. Die Ebene, in der $\mathfrak{P}_i$ liegt, heiße E_i, der in Richtung der äußeren Normale von $\mathfrak{P}_i$ aufgetragene Einheitsvektor $\mathfrak{n}_i$. Betrachten wir zwei Seitenflächen $\mathfrak{P}_1$, $\mathfrak{P}_2$, die in einer Kante zusammenstoßen, so ist die relative Bewegung von $\mathfrak{P}_2$ in bezug auf $\mathfrak{P}_1$ lediglich eine Drehung um diese gemeinsame Kante. Es muß daher $\mathfrak{d}_1 - \mathfrak{d}_2$ der Kante parallel sein (*Scharnierbedingung*) oder, was dasselbe besagt, senkrecht auf $\mathfrak{n}_1$ und $\mathfrak{n}_2$ stehen:

$$(S_1) \qquad \mathfrak{d}_1\mathfrak{n}_1 = \mathfrak{d}_2\mathfrak{n}_1,$$
$$(S_2) \qquad \mathfrak{d}_1\mathfrak{n}_2 = \mathfrak{d}_2\mathfrak{n}_2.$$

Ich bezeichne die Normalkomponente von $\mathfrak{d}_i$, d. i. $(\mathfrak{d}_i\mathfrak{n}_i)$ mit W_i. Wir führen einen positiven Parameter ε ein und erteilen allgemein der Ebene $E_i = E_i^0$ in Richtung ihrer Normalen $\mathfrak{n}_i$ die Verschiebung εW_i, wodurch sie in die parallele Ebene E_i^ε übergeht. Lassen wir hier noch ε, das wir als *Zeit* deuten, variieren, nämlich von 0 ab wachsen, so haben wir ein sich bewegendes System von Ebenen E_i, deren jede eine gleichförmige Translation in Richtung ihrer Normalen mit der Geschwindigkeit W_i erleidet. Bei beliebig gegebenen Zahlen W_i nennen wir dies den (durch die W_i bestimmten) *Verschiebungsprozeß*. Wir bezeichnen fortan mit Buchstaben ohne oberen Index die sich bewegenden Gebilde; in der Lage, die sie zur Zeit ε haben, werden sie durch den oberen Index ε, in der Ausgangslage insbesondere durch den Index 0 gekennzeichnet.

Erteilen wir E_1^0, E_2^0 die gemeinsame Verschiebung $\varepsilon\mathfrak{d}_1$, so gehen sie beide in dieselbe Endlage E_1^ε, E_2^ε über, die sie auch durch unsern

[1] Eine Skizze derselben ist erschienen in der Vierteljahrsschrift der Naturforschenden Gesellschaft in Zürich Bd. 61 (1916), S. 40—72.

Verschiebungsprozeß erhalten: so läßt sich der Inhalt der Gleichung (S_2) aussprechen. Ist $\mathfrak{P}_1^0$ z. B. ein Fünfeck, so kann hier an Stelle von E_2^0 jede der fünf Ebenen E_j^0 treten, deren Polygon $\mathfrak{P}_j^0$ längs einer Kante an $\mathfrak{P}_1^0$ angrenzt. Diese fünf Ebenen E_j^0 zusammen mit E_1^0 nenne ich den »Ebenenverband« (E_1^0). Es gilt demnach zu zeigen:

Verschiebungssatz. Jede der Ebenen E_i^0 erfahre eine Verschiebung in Richtung ihrer Normalen — von solcher Art, daß jeder Ebenenverband (E_i^0) auch durch eine einzige gemeinsame Parallelverschiebung $\mathfrak{d}_i$ in seine Endlage übergeführt werden kann. Dann geht notwendig das ganze Ebenensystem durch eine einzige Parallelverschiebung in seine Endlage über, d. h. alle $\mathfrak{d}_i$ sind einander gleich.

Das Bisherige ist rein formaler Natur. Jetzt aber betrachten wir das von den sich bewegenden Ebenen E_i umschlossene konvexe Polyeder Π, das von dem gegebenen Anfangszustand Π^0 aus mit der Zeit ε sich in gewisser Weise verändert. Dabei mögen die den Verschiebungsprozeß bestimmenden Größen W_i zunächst ganz beliebig sein.

2. Sehen wir zu, wie die Veränderung des in der Ebene E_1 liegenden Seitenpolygons $\mathfrak{P}_1$ von Π einem auf E_1 ruhenden Beobachter während des Verschiebungsprozesses erscheint. Jede andere Ebene E_i schneidet E_1 in einer Geraden g_i. Da E_i relativ zu E_1 sich in gleichförmiger Translation befindet, bewegt sich jede dieser Geraden g_i in der Ebene E_1 mit gleichförmiger Geschwindigkeit — ich setze fest: senkrecht zu ihrer eigenen Richtung. Solange ε hinreichend klein ist, werden sicher alle diejenigen Geraden g_i, die zur Zeit 0 an der Begrenzung von $\mathfrak{P}_1$ mit einer ganzen Strecke teilnehmen (ich heiße sie »Geraden 1. Art«; sie werden im Momente 0 durch die Ebenen des Verbandes (E_1^0) ausgeschnitten) dieser Eigenschaft nicht verlustig gehen; ebensowenig werden die Geraden, welche im Momente 0 das Polygon überhaupt nicht berühren, während einer gewissen Zeit aufhören, ganz außerhalb des Polygons zu verlaufen. Es wird aber im allgemeinen auch solche Gerade g_i^0 geben, welche, durch eine Ecke von $\mathfrak{P}_1^0$ hindurchgehend, nur mit dieser Ecke zu seiner Begrenzung gehören. Relativ zu dem Winkel, den die beiden in dieser Ecke zusammenstoßenden Polygonseiten bilden, erfährt eine solche Gerade eine gleichförmige Translation in der Weise, daß sie für $\varepsilon > 0$ *entweder* beständig diesen Winkelraum (in einer linear wachsenden Strecke) durchschneidet [Fall *a*] *oder* sich im Gegenteil ganz von ihm ablöst und beständig weiter entfernt [Fall *b*]. Im Falle *a* nennen wir sie eine »Gerade der 2. Art«; den Fall *b* erachten wir auch dann als vorliegend, wenn die Gerade überhaupt relativ zu jenem Winkel in Ruhe verharrt (oder sich nur in sich verschiebt). Wir erkennen aus dieser Betrachtung, daß man eine positive Zahl ε_1 wählen kann, so klein, daß für $0 < \varepsilon \leqq \varepsilon_1$ die Begrenzung des Polygons $\mathfrak{P}_1$ genau von den Geraden g_k der 1. und 2. Art gebildet wird derart, daß jede von ihnen auch wirklich mit einer Strecke an der Begrenzung teilnimmt. Für $\varepsilon = 0$ aber scheiden die Geraden 2. Art als begrenzende aus. Da Entsprechendes wie für E_1 für jede der Ebenen E_i gilt, so folgt noch, wenn wir unter ε_0 die kleinste der Zahlen ε_i verstehen, daß für $0 < \varepsilon \leqq \varepsilon_0$ das Polyeder Π in allen seinen Gestalten Π^ε in bezug auf die Zahl, Lage und gegenseitigen Zusammenhang der Seitenflächen, Kanten und Ecken vollständig stabil ist; für $\varepsilon = 0$ jedoch können einzelne dieser Ecken zusammenfallen und gewisse Kanten dadurch zu Null zusammenschrumpfen. Oder denken wir uns umgekehrt die verschiedenen Gestalten des Polyeders, von Π^0 aus, im positiven Zeitsinn durchlaufen, so werden im ersten Moment gewisse Ecken von Π^0 (in welchen nicht bloß drei Seitenflächen zusammenstoßen) sich in mehrere Ecken auflösen und dadurch zu neuen kleinen Kanten Anlaß geben; aber dieser Zustand wird dann eine Zeitlang unverändert fortbestehen, indem nur die einzelnen Elemente gegeneinander gewisse Parallelverschiebungen mit konstanten Geschwindigkeiten erfahren. — In dem besondern, uns interessierenden Falle, der durch die Voraussetzung des Verschiebungssatzes gekennzeichnet ist, geht die Bewegung der Geraden g_i in der Ebene E_1 so vor sich, daß man die Bewegung *der Geraden 1. Art* ersetzen kann durch eine allen *diesen* Geraden gemeinsame gleichförmige Translation.

3. Bleiben wir zunächst noch beim allgemeinen Fall. Wir haben in einer Ebene mit den rechtwinkligen Koordinaten xy ein System von Geraden g_k, deren jede sich mit konstanter Geschwindigkeit senkrecht zu ihrer eigenen Richtung bewegt während der Zeit $0 \leqq \varepsilon \leqq \varepsilon_0$. Während dieser Zeit, außer im Augenblick $\varepsilon = 0$, nehmen sie alle an der Begrenzung des von ihnen umschlossenen konvexen Polygons $\mathfrak{P}$ mit einer Strecke teil. Die im Momente 0 von der Begrenzung ausscheidenden heißen die Geraden 2. Art. Es seien α_k, β_k die Richtungskosinusse der ins Äußere des Polygons gerichteten Normale von g_k, H_k der (in bekannter Weise mit einem Vorzeichen versehene) Abstand vom Koordinaten-Nullpunkt, so daß die Gleichung von g_k lautet:

$$\alpha_k x + \beta_k y = H_k,$$

und alle Punkte des Polygons den Ungleichheiten

$$\alpha_k x + \beta_k y \leqq H_k$$

genügen. Dann hängt H_k linear von ε ab:

$$H_k = H_k^0 + \varepsilon W_k,$$

und es sind also α_k, β_k, H_k^0, W_k von ε unabhängig.

Wir fassen eine Gerade g_k im Momente ε (>0 und $\leqq \varepsilon_0$) ins Auge und die beiden auf ihr gelegenen Eckpunkte $\mathfrak{p}_{kl}$ ($l = 1, 2$) von $\mathfrak{P}$. Die Senkrechte h_k vom Nullpunkt O auf g_k und g_k selber stellen wir uns als zwei Stangen vor, von denen h_k fest ist, während g_k auf h_k gesteckt ist und sich in der bekannten Weise in Richtung der »Führung« h_k bewegt. $\mathfrak{p}_{k1}$, $\mathfrak{p}_{k2}$ sind zwei kleine Kügelchen, die auf g_k sitzen und auf ihr je mit konstanter Geschwindigkeit entlanggleiten. Indem wir auf g_k den Fußpunkt von h_k als Nullpunkt benutzen und denjenigen Richtungssinn zum positiven nehmen, der von $\mathfrak{p}_{kl}$ aus ins Äußere des Polygons führt, sei

$$H_{kl} = H_{kl}^0 + \varepsilon W_{kl}$$

die Abszisse von $\mathfrak{p}_{kl}$. Das mit dem Richtungssinn der äußeren Normalen versehene Lot h_k und die mit dem eben gekennzeichneten Richtungssinn versehene Gerade g_k nennen wir das rechtwinklige Achsenkreuz (kl) [so daß $(k\,1)$, $(k\,2)$ Spiegelbilder voneinander sind]. Denken wir uns dasselbe im Nullpunkt angebracht, so sind mit Bezug auf dieses Achsenkreuz die Koordinaten von $\mathfrak{p}_{kl}$ gleich H_k, H_{kl}.

$$L_k = H_{k1} + H_{k2}$$

ist die (positive) Länge der auf g_k liegenden Polygonseite; für die Geraden 2. Art ist

$$L_k^0 = H_{k1}^0 + H_{k2}^0 = 0\,.$$

$$\sum_k H_k L_k = \sum_{kl} H_k H_{kl}$$

ist der doppelte Flächeninhalt $2F$ von $\mathfrak{P}$:

$$2F = 2F^\varepsilon = \sum_{kl} H_k^0 H_{kl}^0 + \varepsilon\left(\sum_{kl} H_k^0 W_{kl} + \sum_{kl} W_k H_{kl}^0\right) + \varepsilon^2 \sum_{kl} W_k W_{kl},$$

wofür wir auch in leichtverständlicher Abkürzung schreiben:

$$(1)\quad 2F = (HH) = (H^0 H^0) + \varepsilon\{(H^0 W) + (W H^0)\} + \varepsilon^2 (WW)\,.$$

Dies ist Minkowskis Formel für den Flächeninhalt[1]; nur ist zu beachten, daß bei uns wohl H^0, nicht aber W die »Stützgeradenfunktion« eines konvexen Polygons ist.

Wir erschließen auf dem von Minkowski angegebenen Wege[1] das *Symmetriegesetz*

$$(2)\qquad (H^0 W) = (W H^0)$$

aus dem Umstand, daß jede Ecke von $\mathfrak{P}$ zwei Polygonseiten gleichzeitig angehört, wie folgt. Der besagte Umstand bedeutet offenbar,

[1] Theorie der konvexen Körper, Ges. Abhandlungen Bd. II, Nr. XXV, § 19—21 (S. 182—197).

daß zu jedem Indexsystem kl ein anderes $k'l'$ (mit $k' \neq k$) gehört derart, daß $\mathfrak{p}_{kl} = \mathfrak{p}_{k'l'}$ ist. Das Verhältnis von kl und $k'l'$ ist ein gegenseitiges; die Achsenkreuze (kl) und $(k'l')$ sind nicht kongruent, sondern spiegelbildlich gleich. Führen wir zu jedem der Eckpunkte $\mathfrak{p}$ den von ε unabhängigen Geschwindigkeitsvektor $\mathfrak{q}$ durch die Gleichung

$$\overrightarrow{\mathfrak{p}^0\mathfrak{p}^\varepsilon} = \varepsilon\mathfrak{q}$$

ein — $\mathfrak{q}_{kl}$ hat dann im Koordinatensystem (kl) die Komponenten W_k, W_{kl} —, so zerlegt sich die Gleichung $\mathfrak{p}_{kl} = \mathfrak{p}_{k'l'}$ in die beiden:

$$\mathfrak{p}^0_{kl} = \mathfrak{p}^0_{k'l'}, \qquad \mathfrak{q}_{kl} = \mathfrak{q}_{k'l'}.$$

Indem wir den Flächeninhalt des von den Vektoren $\overrightarrow{O,\mathfrak{p}^0_{kl}}$ und $\mathfrak{q}_{kl}$ gebildeten Dreiecks sowohl im Koordinatensystem (kl) wie im Koordinatensystem $(k'l')$ bestimmen, erhalten wir die Gleichung

$$H^0_k W_{kl} - W_k H^0_{kl} = -(H^0_{k'} W_{k'l'} - W_{k'} H^0_{k'l'})$$

oder

$$H^0_k W_{kl} + H^0_{k'} W_{k'l'} = W_k H^0_{kl} + W_{k'} H^0_{k'l'}.$$

Daraus folgt (2) unmittelbar.

Da der Flächeninhalt von $\mathfrak{P}^0$ unabhängig ist von der Wahl des Nullpunktes, muß

$$\sum_k \alpha_k L^0_k = 0, \qquad \sum_k \beta_k L^0_k = 0$$

sein. Liegt nun der uns besonders interessierende Fall vor, daß die Bewegung der Geraden 1. Art durch eine allen gemeinsame gleichförmige Translation (a, b) ersetzt werden kann, gilt also *für alle Geraden 1. Art*

$$W_k = a\alpha_k + b\beta_k,$$

so wird bei Summation über *alle* Indizes k

$$\sum_k W_k L^0_k = 0,$$

da für die Geraden 2. Art $L^0_k = 0$ ist; d. h. $(WH^0) = 0$ und zufolge des Symmetriegesetzes auch

$$(H^0 W) = 0. \tag{3}$$

Die Formel (1) reduziert sich auf

$$2F = (H^0 H^0) + \varepsilon^2 (WW).$$

Es entsteht jetzt aber $\mathfrak{P}^\varepsilon$ aus $\mathfrak{P}^0$ dadurch, daß $\mathfrak{P}^0$ der Parallelverschiebung mit den Komponenten $\varepsilon a, \varepsilon b$ unterworfen wird und dann mittels der Geraden g^ε_k von 2. Art gewisse Ecken des verschobenen

Polygons $\mathfrak{P}^0$ abgestumpft werden. Auf jeden Fall ist der Inhalt von $\mathfrak{P}^\varepsilon$ kleiner als der von $\mathfrak{P}^0$:

$$(4) \qquad (W'W) \leqq 0,$$

und es gilt hier das Gleichheitszeichen nur dann, wenn Gerade 2. Art überhaupt nicht auftreten, d. h. wenn die Bewegung des *ganzen* Geradensystems und somit auch die Veränderung des Polygons $\mathfrak{P}$ durch eine gemeinsame gleichförmige Translation erzeugt werden kann.

4. Nunmehr gehen wir dazu über, das Polyeder Π zu betrachten — in einem Augenblick ε, der dem Zeitintervall $0 < \varepsilon \leqq \varepsilon_0$ angehört. Jede Ebene E_i bewegt sich in Richtung der äußeren Polyedernormale $\mathfrak{n}_i$ mit konstanter (vielleicht negativer) Geschwindigkeit; in der Ebene E_i jede an der Begrenzung des in ihr liegenden Polygons $\mathfrak{P}_i$ teilhabende Gerade g_{ik} in Richtung der (in E_i gelegenen) äußeren Polygonnormale $\mathfrak{n}_{ik}$; endlich jeder der beiden auf g_{ik} gelegenen Eckpunkte $\mathfrak{p}_{ikl}$ in Richtung des auf g_{ik} gelegenen Einheitsvektors, der vom Punkte $\mathfrak{p}_{ikl}$ ins Äußere des Polyeders führt. Mit Bezug auf das im Nullpunkt angebrachte, von den Vektoren

$$\mathfrak{n}_i, \mathfrak{n}_{ik}, \mathfrak{n}_{ikl}$$

gebildete Koordinatensystem (ikl) haben alle Punkte von E_i die erste Koordinate

$$H_i = H_i^0 + \varepsilon W_i,$$

alle Punkte von g_{ik} außerdem die zweite Koordinate

$$H_{ik} = H_{ik}^0 + \varepsilon W_{ik},$$

der Punkt $\mathfrak{p}_{ikl}$ außerdem die dritte Koordinate

$$H_{ikl} = H_{ikl}^0 + \varepsilon W_{ikl}.$$

Die H^0 und W sind von ε unabhängig.

Jede Kante gehört zwei Seitenflächen an; d. h. zu jedem Indexsystem ikl gehört ein anderes $i^*k^*l^*$ (mit $i^* \neq i$) von der Art, daß

$$g_{ik} = g_{i^*k^*} \quad \text{und} \quad \mathfrak{p}_{ikl} = \mathfrak{p}_{i^*k^*l^*}$$

ist. Die beiden Koordinatensysteme (ikl), $(i^*k^*l^*)$ haben die dritte Achse (nämlich die Gerade $g = g_{ik}$, auch der Richtung nach) gemeinsam, aber in der Koordinatenebene $\mathfrak{E}$ senkrecht zu g sind die beiden Achsensysteme nicht kongruent, sondern spiegelbildlich gleich. Daraus folgt zunächst

$$H_{ikl}^0 = H_{i^*k^*l^*}^0, \qquad W_{ikl} = W_{i^*k^*l^*},$$

und durch Betrachtung der orthogonalen Projektion desjenigen Dreiecks, das von den Vektoren $\overrightarrow{O, \mathfrak{p}_{ikl}^0}$ und $\mathfrak{q}_{ikl}$

$$(\overrightarrow{\mathfrak{p}^0\mathfrak{p}^\varepsilon} = \varepsilon\mathfrak{q})$$

gebildet wird, auf die Koordinatenebene $\mathfrak{E}$:

$$H_i^0 W_{ik} + H_{i^*}^0 W_{i^* k^*} = W_i H_{ik}^0 + W_{i^*} H_{i^* k^*}^0 .$$

Daraus ergeben sich offenbar folgende beiden Symmetriegesetze:

$$\sum_{ikl} H_i^0 W_{ik} H_{ikl}^0 = \sum_{ikl} W_i H_{ik}^0 H_{ikl}^0$$

oder abgekürzt:

$$(H^0 W H^0) = \sum_i H_i^0 (W H^0)_i = (W H^0 H^0) = \sum_i W_i (H^0 H^0)_i$$

und

$$(5) \quad (H^0 W W) = \sum_i H_i^0 (W W)_i = (W H^0 W) = \sum_i W_i (H^0 W)_i .$$

Sie zeigen, zusammen mit dem auf jede Seitenfläche anzuwendenden Symmetriegesetz (2):

$$(H^0 W)_i = (W H^0)_i ,$$

daß in der Entwicklung des sechsfachen Volumens von Π:

$$(HHH) = \sum_i H_i (HH)_i = \sum_{ikl} H_i H_{ik} H_{ikl}$$

nach Potenzen von ε:

$$\begin{aligned} &(H^0 H^0 H^0) \\ &+ \varepsilon \{ (H^0 H^0 W) + (H^0 W H^0) + (W H^0 H^0) \} \\ &+ \varepsilon^2 \{ (H^0 W W) + (W H^0 W) + (W W H^0) \} \\ &+ \varepsilon^3 (W W W) \end{aligned}$$

die drei mit ε multiplizierten Glieder miteinander übereinstimmen und ebenso die drei mit ε^2 multiplizierten. Dies ist MINKOWSKIS *Symmetriegesetz der gemischten Volumina.* Übrigens werden wir hier von der Bedeutung des Ausdrucks (HHH) als sechsfachen Volumens keinen Gebrauch machen und werden auch nur die eine der beiden Symmetriegleichungen nämlich (5) verwenden.

5. Der Beweis des Verschiebungssatzes gestaltet sich nun folgendermaßen. Da gemäß Voraussetzung mit Bezug auf die Veränderung jedes der Seitenpolygone der besondere, am Schluß von Absatz **3** besprochene Umstand zutrifft, haben wir gemäß (3), (4) für alle Seitenflächen:

$$(6) \qquad (H^0 W)_i = 0 , \qquad (W W)_i \leqq 0 .$$

Die erste Beziehung ergibt zufolge (5):

$$(7) \qquad \sum_i H_i^0 (W W)_i = 0 .$$

Wählen wir den Nullpunkt im Innern des gegebenen Polyeders Π^0, so ist $H_i^0 > 0$, und (7) kann nur dann mit den unter (6) verzeichneten Ungleichheiten zusammen bestehen, wenn in allen diesen das Gleichheitszeichen gilt. Dann aber treten in keiner der Seitenebenen Gerade 2. Art auf; d. h. Π^ε stimmt hinsichtlich Zahl, Lage und gegenseitigen Zusammenhangs der Seitenflächen, Kanten und Ecken mit Π^0 überein, und jedes Seitenpolygon von Π^ε entsteht aus dem entsprechenden von Π^0 durch die betreffende Parallelverschiebung $\varepsilon\mathfrak{d}$. Deshalb müssen — damit die Verbindung der Seitenflächen in den Kanten nicht zerreißt — alle $\mathfrak{d}$ einander gleich sein; $q\cdot e\cdot d.$

Krumme Flächen[1].

6. Läßt sich eine Fläche in der Umgebung eines ihrer Punkte $\mathfrak{p}_0$ unter Benutzung eines geeigneten rechtwinkligen Koordinatensystems xyz, dessen Nullpunkt in $\mathfrak{p}_0$ liegt (und dessen z-Achse in die Flächennormale fallen wird) in der Form $z = f(xy)$ darstellen, wo f zweimal stetig differentiierbar ist und samt seinen beiden 1. Ableitungen für $x = 0$, $y = 0$ verschwindet, so wollen wir sagen, daß die Fläche an der Stelle $\mathfrak{p}_0$ *stetig gekrümmt* sei. Ihre *Krümmung* daselbst ist *positiv*, wenn die quadratischen Glieder, mit denen die Taylor-Reihe von f an der Stelle $(0, 0)$ beginnt, eine definite Form bilden. Wir betrachten hier *eine solche konvexe Fläche, die überall stetig gekrümmt ist und deren Krümmung zudem positiv (nirgendwo* $= 0$*) ist.* Indem man z. B. die obigen Koordinaten xy als Parameter u, v verwendet, erhält man bei Rückgang auf ein festes (vom Punkte $\mathfrak{p}_0$ auf der Fläche unabhängiges) Koordinatensystem $x_1x_2x_3$ eine Darstellung der Fläche in der Umgebung des Punktes $\mathfrak{p}_0$ von der Gestalt

$$\mathfrak{x} = \mathfrak{x}(uv),$$

wobei $\mathfrak{x}$ (mit den Komponenten x_1, x_2, x_3) den vom Anfangspunkt O nach dem variablen Flächenpunkt $\mathfrak{p}$ gehenden Vektor bedeutet, die rechts auftretende Funktion aber zweimal stetig differentiierbar ist und der Regularitätsbedingung

$$\left[\frac{\partial \mathfrak{x}}{\partial u}, \frac{\partial \mathfrak{x}}{\partial v}\right] \neq 0$$

genügt. Die partiellen Differentialquotienten bezeichne ich fortan in bekannter Weise durch Indizes, z. B.

$$\frac{\partial \mathfrak{x}}{\partial u} = \mathfrak{x}_u, \qquad \frac{\partial \mathfrak{x}}{\partial v} = \mathfrak{x}_v.$$

---

[1] Formeln, die im »Polyeder-Teil« dieser Note ihr Analogon haben, sind mit den gleichen Ziffern, aber in eckigen Klammern, gekennzeichnet worden.

Der in Richtung der äußeren Normale aufgetragene Einheitsvektor heiße $\mathfrak{n}$.

Das Problem der unendlich kleinen Verbiegung besteht darin, die infinitesimale Verschiebung $\dot{\mathfrak{r}}$ als Funktion des Orts auf der Fläche so zu bestimmen, daß

$$d\mathfrak{r} \cdot d\dot{\mathfrak{r}} = 0 \tag{8}$$

wird. *Auch die verbogene Fläche sei stetig gekrümmt*: dies bringen wir durch die Forderung zum Ausdruck, daß $\dot{\mathfrak{r}}$, in der Umgebung des beliebigen Punktes $\mathfrak{p}_0$ als Funktion der obigen Parameter uv dargestellt, zweimal stetig differentiierbar wird. *Es soll gezeigt werden, daß* (8) *unter dieser Annahme keine anderen Lösungen hat als*

$$\dot{\mathfrak{r}} = \mathfrak{a}_0 + [\mathfrak{d}_0 \mathfrak{r}],$$

wo $\mathfrak{a}_0$ und $\mathfrak{d}_0$ konstante Vektoren sind.

Die von den beiden Vektoren $\mathfrak{r}_u$, $\mathfrak{r}_v$ gebildete Figur erfährt bei der infinitesimalen Verbiegung lediglich eine Drehung; bezeichnen wir den Drehvektor — eine einmal stetig differentiierbare Ortsfunktion auf der Fläche — mit $\mathfrak{d}$, so gilt in der Umgebung von $\mathfrak{p}_0$

$$\dot{\mathfrak{r}}_u = [\mathfrak{d}, \mathfrak{r}_u], \qquad \dot{\mathfrak{r}}_v = [\mathfrak{d}, \mathfrak{r}_v]. \tag{9}$$

Daraus ergibt sich die *Integrabilitätsbedingung*

$$[\mathfrak{d}_v, \mathfrak{r}_u] = [\mathfrak{d}_u, \mathfrak{r}_v]. \tag{10}$$

Der Vektor (10) ist gemäß dem Ausdruck auf der linken Seite senkrecht zu $\mathfrak{r}_u$, gemäß dem Ausdruck rechter Hand senkrecht zu $\mathfrak{r}_v$, hat also die Richtung der Normalen $\mathfrak{n}$. Daraus aber folgt unter Benutzung des Ausdrucks links, daß $\mathfrak{d}_v$, unter Benutzung des Ausdrucks rechts, daß $\mathfrak{d}_u$ senkrecht zu $\mathfrak{n}$ ist; mithin

$$(\mathfrak{d}_u \mathfrak{n}) = 0, \qquad (\mathfrak{d}_v \mathfrak{n}) = 0 \tag{S}$$

oder

$$(\mathfrak{n} \cdot d\mathfrak{d}) = 0.$$

Führen wir die Normalkomponente $(\mathfrak{d}\mathfrak{n}) = W$ von $\mathfrak{d}$ ein, so können wir statt dessen auch schreiben

$$(\mathfrak{d} \cdot d\mathfrak{n}) = dW. \tag{11}$$

7. Die Komponenten der Normalen $\mathfrak{n}$ mögen $\alpha_1, \alpha_2, \alpha_3$ heißen;

$$\alpha_1 x_1 + \alpha_2 x_2 + \alpha_3 x_3 = H$$

sei die Gleichung der Tangentenebene. Die Ortsfunktion H nennt man nach Minkowski die *Stützebenenfunktion* der konvexen Fläche. $(\alpha_1, \alpha_2, \alpha_3)$ sind zugleich die Koordinaten eines Punktes auf der Einheitskugel, wodurch die Fläche auf die Einheitskugel abgebildet erscheint (Gauss-

sche Abbildung). Für unsere konvexe Fläche ist diese Abbildung insbesondere *umkehrbar-eindeutig*, stetig differentiierbar und hat ein überall von 0 verschiedenes »flächenhaftes Vergrößerungsverhältnis« (das gleich der Gaussschen Krümmung ist). Wir denken uns H als eine Funktion des Bildpunktes (α) auf der Einheitskugel (oder mit andern Worten: der Normalenrichtung der gegebenen Fläche) und dehnen die Definition von H auf alle Argumentwerte α aus durch die Forderung, daß H homogen der 1. Ordnung sein soll:

$$H(\tau\alpha_1, \tau\alpha_2, \tau\alpha_3) = \tau \cdot H(\alpha_1, \alpha_2, \alpha_3)$$

für jeden *positiven* Proportionalitätsfaktor τ. In derselben Weise wollen wir auch W als Funktion der α betrachten. Die Ableitungen von H — sie existieren und sind stetige homogene Funktionen der Ordnung 0, haben also auf jedem Strahl vom Nullpunkt einen konstanten Wert — bezeichne ich mit

$$H_i = \frac{\partial H}{\partial \alpha_i} \qquad (i = 1, 2, 3).$$

Entsprechend für W. Dann ergibt die Gleichung (11), daß die Komponenten von $\mathfrak{d}$, wenn wir sie als homogene Funktionen 0ter Ordnung der α betrachten, die Koeffizienten des totalen Differentials dW sind, d. h.

$$\mathfrak{d} = (W_1, W_2, W_3).$$

Aus

$$(\mathfrak{x} \cdot \mathfrak{n}) = H, \qquad (\mathfrak{n} \cdot d\mathfrak{x}) = 0$$

folgt ebenso

$$\mathfrak{x} \cdot d\mathfrak{n} = H, \qquad \mathfrak{x} = (H_1, H_2, H_3).$$

Daraus geht hervor, daß sowohl H wie W zweimal stetig differentiierbar ist; die zweiten Ableitungen bezeichne ich mit

$$H_{ik} = \frac{\partial^2 H}{\partial \alpha_i \partial \alpha_k}, \text{ bzw. } W_{ik}.$$

Betrachten wir eine beliebige, zweimal stetig differentiierbare Funktion H von $\alpha_1, \alpha_2, \alpha_3$, die homogen erster Ordnung ist. Wir haben die Eulerschen Relationen

$$\sum_{i=1}^{3} H_i \alpha_i = H, \qquad \sum_{k=1}^{3} H_{ik} \alpha_k = 0 \qquad (i = 1, 2, 3).$$

Aus den letzten folgt offenbar, daß die zum Element H_{ik} adjungierte Unterdeterminante der Matrix $\|H_{ik}\|$ gleich $\alpha_i \alpha_k \cdot \mathbf{H}$ ist, wo $\mathbf{H}$ von den Indizes ik nicht abhängt. Die Funktion $\mathbf{H}$, für welche ich das Symbol (HH) verwende, kann man als die *Diskriminante des Differentials 2. Ordnung*

$$d^2 H = \sum_{ik} H_{ik} d\alpha_i d\alpha_k$$

bezeichnen. Sie ist homogen von der Ordnung -4 und unabhängig davon, ein wie orientiertes rechtwinkliges Koordinatensystem (α_i) zu ihrer Berechnung benutzt wird. Sie trägt quadratischen Charakter; dieser prägt sich darin aus, daß, wenn W eine Funktion von derselben Art wie H ist und λ, μ zwei Konstante, die Diskriminante

$$(\lambda H + \mu W, \lambda H + \mu W)$$

eine quadratische Form der Parameter λ, μ ist

$$= \lambda^2 (H, H) + 2\lambda\mu (H, W) + \mu^2 (W, W).$$

Dabei genügt die »gemischte Diskriminante« (H, W) natürlich dem Symmetriegesetz

[2] $$(H, W) = (W, H).$$

In unserm Falle hat (HH), für Punkte (α) auf der Einheitskugel berechnet, eine einfache Bedeutung: es ist die reziproke Gausssche Krümmung der konvexen Fläche im entsprechenden Flächenpunkte und daher > 0. Betrachten wir die Umgebung desjenigen Punktes $\mathfrak{p}_0$ auf der Fläche, dessen Normale $(0, 0, 1)$ ist und projizieren sie orthogonal auf die Tangentenebene in diesem Punkte; dazu das sphärische Abbild, eine gewisse Umgebung des »Nordpols« $(0, 0, 1)$ der Einheitskugel, die wir vom Nullpunkt aus durch Zentralprojektion auf die Ebene $\alpha_3 = 1$ übertragen. Dadurch erhalten wir eine Abbildung der beiden erwähnten Ebenen aufeinander, welche durch die Formeln

$$x_1 = H_1(\alpha_1, \alpha_2, 1), \qquad x_2 = H_2(\alpha_1, \alpha_2, 1)$$

gegeben ist. Das Vergrößerungsverhältnis dieser Abbildung ist

$$\left(\frac{\partial H_1}{\partial \alpha_1} \cdot \frac{\partial H_2}{\partial \alpha_2} - \frac{\partial H_1}{\partial \alpha_2} \cdot \frac{\partial H_2}{\partial \alpha_1}\right)_{\alpha_3 = 1} = (H_{11} H_{22} - H_{12}^2)_{\alpha_3 = 1} = (H, H)_{\alpha_3 = 1};$$

insbesondere an der Stelle $(0, 0, 1)$ gleich dem Werte von (HH) daselbst. Infolgedessen gilt für das Verhältnis eines unendlich kleinen $\mathfrak{p}_0$ enthaltenden Flächenelements do und seines sphärischen Bildes $d\omega$ die Formel

[1] $$do = (H, H)\, d\omega.$$

Da jeder Punkt der Einheitskugel durch geeignete Wahl des Koordinatensystems zum »Nordpol« gemacht werden kann, gilt diese Beziehung überall und beweist unsere Behauptung. Zugleich läßt sie erkennen, daß $\left(\text{bis auf den Faktor } \frac{1}{2}\right)$ unser jetziger Ausdruck (HH)

das Analogon zu dem in der Polyedertheorie ebenso bezeichneten ist. Das dreifache Volumen des von der Fläche umschlossenen konvexen Körpers (in dessen Innern wir den Koordinatennullpunkt annehmen) ist

$$\int H do = \int H(H, H) d\omega,$$

wobei das letzte Integral über die ganze Einheitskugel zu erstrecken ist.

Für die Umgebung der Stelle ($\alpha_1 = \alpha_2 = 0$, $\alpha_3 = 1$) benutzen wir die Darstellung von $\mathfrak{x}$ und $\mathfrak{d}$ durch H und W, in welcher wir $\alpha_3 = 1$ nehmen können, und benutzen ferner α_1, α_2 an Stelle der Parameter uv. Dann[1] liefert die dritte Komponente der Gleichung (10)

$$H_{11} W_{22} - H_{21} W_{12} = H_{12} W_{21} - H_{22} W_{11}, \quad \text{d. i.}$$

[3] $$(H, W) = 0.$$

Die andern beiden ergeben nichts Neues. Zwei der drei in der Vektorgleichung (10) enthaltenen Integrabilitätsbedingungen waren bereits durch (11) ausgenutzt, und [3] ist nun die dritte. W ist Weingartens »charakteristische Funktion«, [3] die Weingartensche Differentialgleichung. Unser Gedankengang stimmt im wesentlichen mit dem Blaschkes überein[2] und läßt die Beziehung zur Minkowskischen Theorie sogleich zutage treten.

Jetzt gilt es zu zeigen, daß die einzigen Lösungen der Weingartenschen Gleichung die homogenen linearen Funktionen von α_1, α_2, α_3 sind. In der Tat, ist dies richtig, so folgt, daß W_1, W_2, W_3, also der Drehvektor $\mathfrak{d}$ konstant ist $= \mathfrak{d}_0$; die Gleichungen (9) ergeben dann, daß $\dot{\mathfrak{x}} - [\mathfrak{d}_0, \mathfrak{x}]$ auf der ganzen Fläche konstant ist.

8. Die Ungleichheit $(H, H) > 0$ bedeutet, daß die für einen festen Punkt (α) gebildete quadratische Form der Variablen ξ: $\sum_{ik} H_{ik} \xi_i \xi_k$ in dem Sinne definit ist, daß sie für alle vom Nullpunkt verschiedenen Punkte (ξ) der Ebene $\sum_i \alpha_i \xi_i = 0$ Werte einerlei Vorzeichens annimmt. (Auf jeder Geraden senkrecht zu dieser Ebene ist sie konstant.) So, wie wir die Normalenrichtung gewählt haben, ist die Form *positiv*-definit. Wir bestimmen in jener Ebene das Maximum und Minimum λ von

---

[1] In der Tat ist (10) offenbar invariant gegenüber einer beliebigen stetig differentiierbaren Transformation der Parameter uv. Es ist nicht gut, *von vornherein* an Stelle der uv die Parameter α_1, α_2 zu benutzen, da in diesen $\mathfrak{x}$ und $\mathfrak{d}$ nicht zweimal stetig differentiierbar zu sein brauchen.

[2] Ein Beweis für die Unverbiegbarkeit geschlossener konvexer Flächen, Nachrichten d. Kgl. Gesellschaft d. Wissenschaften zu Göttingen, Sitzung vom 18. Mai 1912

$$\sum_{ik} W_{ik}\xi_i\xi_k \text{ unter der Nebenbedingung } \sum_{ik} H_{ik}\xi_i\xi_k = 1$$

— was offenbar auf die Hauptachsentransformation einer Ellipse hinauskommt. Man kann wieder speziell $\alpha_1 = \alpha_2 = 0$, $\alpha_3 = 1$ nehmen, hat dann $\xi_3 = 0$ und erhält auf die einfachste Weise für λ die quadratische Gleichung

$$(12) \qquad \lambda^2(HH) - 2\lambda(HW) + (WW) = 0.$$

Die beiden Wurzeln dieser Gleichung sind der kleinste und größte Wert des Quotienten

$$\sum_{ik} W_{ik}\xi_i\xi_k : \sum_{ik} H_{ik}\xi_i\xi_k$$

bei freier Veränderlichkeit der ξ. Da jene quadratische Gleichung reelle Wurzeln haben muß, ist

$$(H, W)^2 \geqq (H, H)\cdot(W, W).$$

Diese Ungleichheit[1] gilt allgemein für jede homogene Funktion W der 1. Ordnung. Da in unserm Falle aber [3] besteht, ergibt sich

$$[4] \qquad (W, W) \leqq 0.$$

Findet hier insbesondere überall das Gleichheitszeichen statt, so folgt daraus in Verbindung mit [3], daß beide Wurzeln λ der Gleichung (12) Null sind, d. h. daß alle zweiten Ableitungen W_{ik} verschwinden und W somit eine lineare Funktion — genauer, da es homogen ist: eine homogene lineare Funktion von α_1, α_2, α_3 ist.

9. Um zu erkennen, daß dieser spezielle Umstand tatsächlich eintritt, haben wir uns wieder auf Minkowskis *Symmetriegleichung der gemischten Volumina*

$$(13) \qquad \int (H, W)\, V\, d\omega = \int (H, V)\, W\, d\omega$$

zu stützen, in der die Integration sich über die Einheitskugel erstreckt und H, V, W irgend drei Funktionen von der hier immer vorausgesetzten Beschaffenheit sind. Sie besagt, daß (H, W) bei gegebenem H *ein sich selbst adjungierter linearer Differentialausdruck in der willkürlichen Funktion W ist*[2]. Man beweist (13) am einfachsten so. Man um-

---

[1] Ihr entspricht im Polyederfall (in dem wir sie freilich nicht heranzuziehen brauchten) die Brunn-Minkowskische *Ungleichheit für den gemischten Flächeninhalt konvexer Polygone*, von der Hr. Frobenius (Sitzungsber. d. Berl. Akad. d. Wiss., 1915, S. 387—404) den durchsichtigsten Beweis gegeben hat.

[2] Vgl. Hilbert, Grundzüge einer allgemeinen Theorie der linearen Integralgleichungen, Satz 49, S. 245.

schreibe der Einheitskugel einen den Koordinatenachsen parallel orientierten Würfel und projiziere ihn vom Nullpunkt zentral auf die Kugel. Dadurch erhält man eine Einteilung ihrer Oberfläche in sechs Gebiete, in deren jedem eine bestimmte der drei Größen α_1, α_2, α_3 von 0 verschieden bleibt. Betrachten wir z. B. die obere Seitenfläche $\alpha_3 = 1$. Das über deren Projektion erstreckte Integral auf der linken Seite von (13) lautet

$$\frac{1}{2}\iint V\{(H_{11}W_{22}-H_{12}W_{21})+(H_{22}W_{11}-H_{21}W_{12})\}\,d\alpha_1 d\alpha_2,$$

wobei im Integranden $\alpha_3 = 1$ zu nehmen ist und die Integration sich über das Quadrat $|\alpha_1| \leqq 1$, $|\alpha_2| \leqq 1$ erstreckt. Durch partielle, die zweiten Differentiationen an W beseitigende Integration verwandelt sich dies in

$$(14)\qquad -\frac{1}{2}\iint\{H_{11}V_2W_2-H_{12}(V_1W_2+V_2W_1)+H_{22}V_1W_1\}\,d\alpha_1 d\alpha_2$$

plus einem Randintegral. Dabei müßte man freilich die 3. Differentialquotienten von H benutzen; aber man kann die damit verbundene Voraussetzung der dreimaligen Differentiierbarkeit leicht vermeiden, indem man das Integral zunächst durch die Summe der Werte des Integranden in den Ecken eines feinen Quadratnetzes, im Integranden dabei aber noch die zweiten Differentiationen an H und W jeweils durch die entsprechende Differenz ersetzt und dann eine analoge Umformung durch partielle Summation vornimmt (dabei ist es sehr bequem, daß der Integrationsbereich selber quadratisch begrenzt ist). Setzt man den in (14) auftretenden Integranden

$$= \alpha_3^2 [V, W]_H,$$

so ist (14) selbst

$$= -\frac{1}{2}\int [V, W]_H d\omega.$$

Es wird also $[V, W]_H$ bei zyklischer Vertauschung der Koordinatenindizes sich nicht ändern; und wenn man entsprechend für die fünf andern Würfelflächen verfährt, so wird überall der nämliche Ausdruck in Erscheinung treten. Addiert man die erhaltenen sechs Gleichungen, so *zerstören sich die Randintegrale*, und wir finden

$$\int (H, W)\, V d\omega = -\frac{1}{2}\int [V, W]_H d\omega$$

bei Integration über die ganze Kugel. Daraus geht die Symmetrie hervor. Durch den Umstand, daß die Randintegrale sich zerstören, nutzen wir die *Geschlossenheit* der gegebenen Fläche aus.

Wir verwenden den speziellen Fall von (13), der entsteht, wenn wir die Rolle von H und W vertauschen und V mit W identifizieren:

[5] $$\int (H, W)\, W d\omega = \int (W, W)\, H d\omega .$$

Die letzten Schlüsse verlaufen wie im ersten Teil: Aus [3] und [5] folgt

[7] $$\int H(W, W)\, d\omega = 0 ;$$

eine Gleichung, die mit $H > 0$ und [4] nur dann zusammen bestehen kann, wenn durchweg $(W, W) = 0$ ist. Das Weitere haben wir bereits vorweggenommen.

28.

Bemerkungen zum Begriff des Differentialquotienten gebrochener Ordnung

Vierteljahrsschrift der naturforschenden Gesellschaft in Zürich 62, 296—302 (1917)

1.

Riemann hat als Student den „Versuch einer allgemeinen Auffassung der Integration und Differentiation" gemacht, indem er den Begriff des Differentialquotienten n^{ter} Ordnung auf den Fall überträgt, wo an Stelle der natürlichen Ordnungszahl n eine beliebige reelle Zahl tritt. Diese Arbeit ist als Nr. XIX in den Gesammelten Werken abgedruckt mit dem Bemerken des Herausgebers, dass Riemann ohne Zweifel nicht an ihre Veröffentlichung dachte, die Betrachtung sich auch auf Grundlagen stütze, deren Haltbarkeit er in späteren Jahren nicht mehr anerkannt haben würde. Trotzdem ist zu sagen, dass die Riemann'sche Begriffserweiterung, wenn man sie nur in haltbarer Weise formuliert — und dies ist möglich —, völlig naturgemäss, ja die einzig naturgemässe ist und ihr eine keineswegs bloss formale Bedeutung zukommt. Dies scheint mir die folgende kurze Überlegung zu zeigen, die ich angestellt habe, um möglichst einfach einen von mir zu anderen Zwecken benötigten Satz über trigonometrische Reihen zu beweisen.

Ist $f(x)$ eine für $x \geqq 0$ definierte stetige Funktion, so bilden wir, indem wir den Prozess der Integration iterieren, der Reihe nach (für $x \geqq 0$)

$$f_1(x) = \int_0^x f(x)\,dx, \quad f_2(x) = \int_0^x f_1(x)\,dx, \quad f_3(x) = \int_0^x f_2\,dx, \ldots$$

und schreiben ausführlicher

$$f_n(x) = J^n f(x);$$

J ist das Symbol für den Integrationsprozess. Es ist, wie bekannt und leicht zu sehen,

$$J^{n+1} f(x) = \frac{1}{n!} \int_0^x (x - \xi)^n f(\xi)\,d\xi \qquad (n = 0, 1, 2, \ldots).$$

Daher definieren wir allgemeiner, wenn α eine beliebige reelle Zahl >0 ist, als die durch „α-malige Integration" aus f entstehende Funktion

$$J^{\alpha} f(x) = \frac{1}{\Gamma(\alpha)} \int_0^x (x - \xi)^{\alpha - 1} f(\xi)\, d\xi.$$

Die Funktionaloperation J^{α} hat folgende Eigenschaften:

I. Für $\alpha = 1, 2, 3, \ldots$ stimmt sie mit dem ursprünglichen Begriff der $1, 2, 3, \ldots$-maligen Integration überein.

II. Sie ist linear:

$$J^{\alpha}(c_1 f_1 + c_2 f_2) = c_1 J^{\alpha} f_1 + c_2 J^{\alpha} f_2$$

(f_1, f_2 beliebige stetige Funktionen; c_1, c_2 beliebige Konstante).

III. $J^{\alpha} J^{\beta} f$ ist $= J^{\alpha + \beta} f$.

Die Beziehung

$$(*) \qquad \varphi(x) = J^{\alpha} f(x)$$

drücken wir auch umgekehrt mit Benutzung des Differentiationssymbols D durch

$$f(x) = D^{\alpha} \varphi(x)$$

aus und sagen, falls zu der gegebenen Funktion φ eine solche stetige Funktion f gehört, sie sei der α^{te} Differentialquotient von φ, und φ sei α-mal stetig differentiierbar. Es liegt nahe, mit Riemann zu setzen: $J^0 f = D^0 f = f$ und allgemein $J^{-\alpha} = D^{\alpha}$, wodurch sowohl die Definition der Operation J^{α} wie D^{α} auf negative Exponenten α und 0 ausgedehnt wird. Es ist dann aber daran festzuhalten, dass der Prozess J^{α} mit negativem Exponenten nicht (wie der mit positivem) auf jede stetige Funktion anwendbar ist.

Die Ermittlung von $f = D^{\alpha} \varphi$ (in den Exponenten-Grenzen $0 < \alpha < 1$) durch Auflösung von (*) ist nichts anderes als ein bekanntes von Abel behandeltes Problem[1]) — historisch das erste Beispiel einer Integralgleichung. Liouville hat ihre allgemeine Lösung gegeben.[2]) Sie besteht in unserer Terminologie einfach darin, φ einmal zu differentiieren und dann $(1 - \alpha)$-mal zurückzuintegrieren. Offenbar ist aber für die α-malige Differentiierbarkeit ($\alpha < 1$) von φ die Existenz und Stetigkeit der Ableitung φ' wohl hinreichend, aber nicht notwendig. Vielmehr gilt in dieser Hinsicht der

---

[1]) Abel, Ges. Werke (1823), p. 11.

[2]) Journal de l'École Polytechnique, Cahier 21 (1832), p. 1, und Liouvilles Journal, vol. 4 (1839), p. 23.

Satz 1. Ist $f(x)$ α-mal stetig differentiierbar, so genügt f einer Hölder'schen Bedingung der Ordnung α:

$$|f(x_1)-f(x_2)| \leqq \text{Const.} |x_1 - x_2|^\alpha.$$

Umgekehrt: ist f eine (für $x=0$ verschwindende) Funktion, die einer solchen Hölder'schen Bedingung genügt, so ist f (wenn nicht α-mal, so doch) β-mal stetig differentiierbar, wenn β irgendeinen Exponenten $<\alpha$ bedeutet.

In der Gültigkeit dieses Satzes sehe ich den ersten Beleg dafür, dass der Begriff des α^{ten} Differentialquotienten eine über das Formale hinausgehende Bedeutung besitzt.

Der Beweis für den ersten Teil des Satzes ist rasch erbracht. Nach Voraussetzung soll eine stetige Funktion $\varphi(x)$ existieren, so dass

$$f(x) = \int_0^x (x-\xi)^{\alpha-1} \varphi(\xi)\, d\xi.$$

Ist $h>0$ und M eine obere Grenze für den absoluten Betrag von φ im Intervall von 0 bis $x+h$, so finden wir

$$|f(x+h)-f(x)| \leqq \left|\int_0^x \{(x+h-\xi)^{\alpha-1}-(x-\xi)^{\alpha-1}\}\varphi(\xi)\,d\xi\right| + \left|\int_x^{x+h}(x+h-\xi)^{\alpha-1}\varphi(\xi)\,d\xi\right|$$

$$\leqq M\cdot\int_0^x\{-(x+h-\xi)^{\alpha-1}+(x-\xi)^{\alpha-1}\}\,d\xi + M\cdot\int_x^{x+h}(x+h-\xi)^{\alpha-1}\,d\xi$$

$$= M\left\{-\int_h^{x+h} z^{\alpha-1}\,dz + \int_0^x z^{\alpha-1}\,dz\right\} + M\cdot\int_0^h z^{\alpha-1}\,dz$$

$$< 2M\int_0^h z^{\alpha-1}\,dz = \frac{2M}{\alpha}\cdot h^\alpha.$$

Die Umkehrung soll sogleich in etwas anderer Fassung erledigt werden.

2.

Der Begriff des Differentialquotienten beliebiger reeller Ordnung steht, wie schon angekündigt, in enger Beziehung zur Theorie der Fourier'schen Reihen. Die vorigen Definitionen leiden aber an dem Übelstand, dass in ihnen der Punkt $x=0$ eine ausgezeichnete Rolle spielt; für die Theorie der periodischen Funktionen werden sie dadurch ungeeignet und müssen zweckentsprechend modifiziert werden. Ist $f(x)$ eine stetige Funktion von der Periode 1, für welche der

Mittelwert $\int_0^1 f dx = 0$ ist, so ist das Integral f_1 von f wiederum periodisch. Damit aber auch f_1 ein periodisches Integral f_2 habe, müssen wir die in f_1 noch zur Verfügung stehende additive Konstante so bestimmen, dass $\int_0^1 f_1 dx = 0$ wird; usw. D. h. die oben zur eindeutigen Festlegung der Integrale f_n benutzte Bestimmung: $f_n = 0$ für $x = 0$ wird jetzt zu ersetzen sein durch die Forderung $\int_0^1 f_n dx = 0$. In dieser Weise möge von nun ab $J^n f = f_n$ definiert sein. Führen wir die Bernoulli'schen Polynome ψ ein, die sich rekursiv eindeutig aus den Forderungen

$$\psi_0 = -1; \qquad \psi'_n = \psi_{n-1}, \quad \int_0^1 \psi_n dx = 0$$
$$(n = 1, 2, 3, \ldots)$$

ergeben und verstehen unter $\Psi_n(x)$ diejenige Funktion mit der Periode 1, die im Interval $0 < x \leqq 1$ gleich dem Polynom $\psi_n(x)$ ist, so gilt nunmehr

$$J^n f(x) = \int_0^1 \Psi_n(x-\xi) f(\xi) d\xi.$$

$\Psi_n(x)$ tritt hier also an Stelle der oben analog verwendeten Funktion $\frac{x^{n-1}}{(n-1)!}$. Es ist derselbe Unterschied, der in der Taylor'schen Reihe einerseits, der Euler'schen Summenformel anderseits zur Geltung kommt. Verstehen wir unter c_ν die komplexen Fourierkoeffizienten von f

$$c_\nu = \int_0^1 e^{-2\pi i \nu x} f(x) dx \qquad (\nu \geqq 1),$$

so sind die komplexen Fourierkoeffizienten von $J^h f$ gleich $\frac{c_\nu}{(2\pi i \nu)^h}$, die von Ψ_h aber einfach $= \frac{1}{(2\pi i \nu)^h}$.

Es fragt sich nun wieder, ob wir unsern jetzigen Integralbegriff $J^n f$ von ganzzahligen Exponenten n in solcher Weise auf beliebige positive Exponenten ausdehnen können, dass die oben an die Operation J^a gestellten Forderungen I.—III. erfüllt sind. Man sieht, dass dieses ohne weiteres möglich ist: man hat unter $J^a f$ nur diejenige Funktion der Periode 1 zu verstehen, deren komplexe Fourierkoeffizienten $c_\nu^{(a)}$ durch

$$c_0^{(a)} = 0; \qquad c_\nu^{(a)} = c_\nu \cdot e^{-\frac{\pi i a}{2}} (2\pi\nu)^{-a} \qquad (\nu \geqq 1)$$

gegeben sind. Nur könnte es noch zweifelhaft erscheinen, ob eine solche Funktion immer existiert. Dies ist aber in der Tat der Fall. Verstehen wir nämlich unter $\Psi_\alpha(x)$ diejenige Funktion von der Periode 1, deren komplexe Fourierkoeffizienten

$$= e^{-\frac{\pi i \alpha}{2}} (2\pi\nu)^{-\alpha}$$

sind, so ist offenbar

$$J^\alpha f(x) = \int_0^1 \Psi_\alpha(x-\xi) f(\xi)\, d\xi.$$

Ψ_α ist leicht zu bestimmen; wir beschränken uns dabei auf den Fall $0 < \alpha < 1$. Es ist

$$\int_0^\infty e^{-2\pi i \nu x} x^{\alpha-1} dx = (2\pi\nu)^{-\alpha} \int_0^\infty e^{-ix} x^{\alpha-1} dx$$
$$= \Gamma(\alpha) e^{-\frac{\pi i \alpha}{2}} (2\pi\nu)^{-\alpha}.$$

Daraus geht hervor:

$$\Gamma(\alpha)\, \Psi_\alpha(x) = \lim_{n=\infty} \left[\left\{ x^{\alpha-1} + (x+1)^{\alpha-1} + (x+2)^{\alpha-1} + \cdots + (x+n-1)^{\alpha-1} \right\} - \frac{1}{\alpha} n^\alpha \right] \text{ für } 0 < x \leqq 1.$$

In der Umgebung der Stelle $x = 0$ ist also $\Psi_\alpha(x)$ bis auf eine additiv hinzutretende regulär-analytische Funktion $= \frac{1}{\Gamma(\alpha)} x^{\alpha-1}$ für $x > 0$, $= 0$ für $x \leqq 0$. Man kann anderseits auch schreiben (immer für $\alpha < 1$ und periodische Funktionen f, deren Mittelwert $= 0$ ist)

$$J^\alpha f(x) = \frac{1}{\Gamma(\alpha)} \int_0^\infty f(x-\xi)\, \xi^{\alpha-1} d\xi = \frac{1}{\Gamma(\alpha)} \int_{-\infty}^x (x-\xi)^{\alpha-1} f(\xi)\, d\xi.$$

Es ist also gegenüber früher nur die untere Integralgrenze von 0 nach $-\infty$ verschoben. Danach ist klar, dass unser neuer Begriff der α-maligen stetigen Differentiierbarkeit genau mit dem früheren übereinstimmt, während die Definition des α^{ten} Differentialquotienten, den in der Sache liegenden Forderungen gemäss, eine leichte Modifikation gegenüber Absatz 1. erfahren musste.

3.

Wenn wir die beiden folgenden Tatsachen miteinander verknüpfen:

a) **Satz 2.** Sind c_ν die Fourierkoeffizienten von f, so sind

$$e^{\frac{\pi i \alpha}{2}} (2\pi\nu)^\alpha c_\nu$$

diejenigen des α^{ten} Differentialquotienten von f, und also konvergiert, wenn f α-mal stetig differentiierbar ist, die Reihe

$$\sum_{\nu=1}^{\infty} |\nu^{\alpha} c_{\nu}|^2;$$

b) ist α ein positiver Exponent $\leqq 1$ und $\beta < \alpha$, so ist f gewiss dann β-mal stetig differentiierbar, wenn es einer Hölder'schen Bedingung der Ordnung α genügt (Satz 1),

so gelangen wir zu dem Ergebnis:

Satz 3. Genügt die Funktion f von der Periode 1 einer Hölder'schen Bedingung der Ordnung α und ist β irgendein positiver Exponent $< \alpha$, so konvergiert die Quadratsumme $\sum\limits_{\nu=1}^{\infty} |\nu^{\beta} c_{\nu}|^2$, in der c_{ν} die Fourierkoeffizienten von f bedeuten.

Holen wir nunmehr den Beweis des zweiten Teiles von Satz 1 nach, so gestalten sich die Schlüsse, die zu Satz 3 führen, am einfachsten folgendermassen: Man kann ohne Einschränkung annehmen, dass $\int\limits_0^1 f\,dx = 0$ ist. Das Integral F von f ist dann gleichfalls periodisch, und es konvergiert

$$G(x) = \int_0^{\infty} f(x-\xi)\,\xi^{-\beta}\,d\xi \; \{= \Gamma(1-\beta)\cdot J^{1-\beta} f\}.$$

Setze ich zunächst

$$\begin{aligned} G_{\varepsilon,\omega}(x) &= \int_{\varepsilon}^{\omega} f(x-\xi)\,\xi^{-\beta}\,d\xi \\ &= -\left[\xi^{-\beta} F(x-\xi)\right]_{\varepsilon}^{\omega} - \beta \int_{\varepsilon}^{\omega} F(x-\xi)\,\xi^{-(1+\beta)}\,d\xi, \\ &\quad (0 < \varepsilon < \omega) \end{aligned}$$

so finden wir für die Ableitung dieser Funktion

$$g_{\varepsilon,\omega}(x) = G'_{\varepsilon,\omega}(x) = -\frac{f(x-\omega)}{\omega^{\beta}} + \frac{f(x-\varepsilon)}{\varepsilon^{\beta}} - \beta \int_{\varepsilon}^{\omega} f(x-\xi)\,\xi^{-(1+\beta)}\,d\xi.$$

Ferner bilden wir

$$\begin{aligned} g^{*}_{\varepsilon,\omega}(x) &= \beta \int_{\varepsilon}^{\omega} \{f(x) - f(x-\xi)\}\,\xi^{-(1+\beta)}\,d\xi \\ &= -\frac{f(x)}{\omega^{\beta}} + \frac{f(x)}{\varepsilon^{\beta}} - \beta \int_{\varepsilon}^{\omega} f(x-\xi)\,\xi^{-(1+\beta)}\,d\xi. \end{aligned}$$

Gemäss der Voraussetzung, dass f einer Lipschitz'schen Bedingung mit einem Exponenten $\alpha > \beta$ genügt, existiert

$$g(x) = \beta \int_0^\infty \{f(x) - f(x-\xi)\}\, \xi^{-(1+\beta)}\, d\xi$$

und ist gleichmässig in x der Limes von $g^*_{\varepsilon,\omega}(x)$ für $\varepsilon = 0$, $\omega = \infty$. Da aber der Unterschied von $g_{\varepsilon,\omega}(x)$ und $g^*_{\varepsilon,\omega}(x)$ bei diesem Grenzübergang gleichmässig zu 0 konvergiert, so folgt, dass auch die Ableitung von $G_{\varepsilon,\omega}(x)$ gleichmässig gegen die Grenze $g(x)$ konvergiert, dass mithin

$$G'(x) = g(x)$$

ist. Wenn aber $J^{1-\beta} f$ eine stetige Ableitung besitzt, ist f selber β-mal stetig differentiierbar (wie Satz 1 behauptete); übrigens ist $\frac{1}{\Gamma(1-\beta)} g(x)$ der β^{te} Differentialquotient von f. — Der ν^{te} Fourierkoeffizient von $G(x)$ ist

$$\Gamma(1-\beta)\, e^{\frac{\pi i (\beta-1)}{2}} (2\pi\nu)^{\beta-1} c_\nu,$$

der von $g(x)$ mithin

$$\Gamma(1-\beta)\, e^{\frac{\pi i \beta}{2}} (2\pi\nu)^{\beta} c_\nu.$$

Ist in Satz 3 insbesondere $\alpha > \frac{1}{2}$, so können wir auch β noch $> \frac{1}{2}$ wählen und finden dann, da

$$\left(\sum |c_\nu|\right)^2 = \left(\sum |c_\nu \cdot \nu^\beta| \cdot \frac{1}{\nu^\beta}\right)^2 \leq \sum |c_\nu \cdot \nu^\beta|^2 \cdot \sum \frac{1}{\nu^{2\beta}}$$

ist, dass die Fourierreihe von f absolut konvergiert. Dieser

Satz 4. Die Fourierreihe einer Funktion, die einer Hölder'schen Bedingung mit einem Exponenten $> \frac{1}{2}$ genügt, konvergiert absolut

ist 1914 von S. Bernstein in einer Comptes-Rendus-Note ausgesprochen worden.[1]) Zugleich deutet Herr Bernstein eine sehr scharfsinnige Konstruktion an, durch die es ihm gelungen ist, zu zeigen, dass hier die untere Exponentengrenze $\frac{1}{2}$ nicht weiter herabgedrückt werden kann.

---

[1]) Sur la convergence absolue des séries trigonométriques, Comptes rendus, t. 158, séance du 8 juin 1914.

29.

Zur Gravitationstheorie

Annalen der Physik 54, 117—145 (1917)

Inhalt.

A. Zusätze zur allgemeinen Theorie.

§ 1. Herleitung eines Hamiltonschen Prinzips zur Lösung solcher Probleme, die bei unserer heutigen sehr lückenhaften Kenntnis der Materie behandelt werden können.

§ 2. Der Energieimpulssatz ist allgemein der Ausdruck dafür, daß das Hamiltonsche Prinzip für solche Variationen der Zustandsgrößen gilt, welche durch eine infinitesimale Deformation des vierdimensionalen Weltkontinuums hervorgebracht werden, wenn die Zustandsgrößen von der Deformation „mitgenommen" werden.

§ 3. Prinzipielles über den Zusammenhang zwischen Theorie und Beobachtung. Herleitung des Fermatschen Prinzips der kürzesten Ankunft für Lichtstrahlen im statischen Gravitationsfeld und eines analogen Prinzips für die Bahnkurve eines mit Ladung behafteten Massenpunktes unter dem Einfluß von Gravitation und Elektrizität.

B. Theorie des statischen axialsymmetrischen Feldes.

§ 4. Einfache Herleitung der Schwarzschildschen Lösung für einen Massenpunkt und Transformation auf ein anderes, für das Folgende wichtiges Koordinatensystem. Elektrostatisches und Gravitations-Feld eines geladenen Massenpunktes.

§ 5. Durch Konstruktion eines ausgezeichneten Koordinatensystems, der eindeutig bestimmten „kanonischen Zylinderkoordinaten", gelingt es, das Feld ruhender Massen, die rotationssymmetrisch verteilt sind, ebenso einfach zu ermitteln wie nach der Newtonschen Theorie; es besteht zwischen den Lösungen nach Newton und Einstein ein allgemeiner, durch elementare Funktionen ausdrückbarer Zusammenhang.

§ 6. Entsprechendes gilt für das elektrostatische und das Gravitationsfeld rotationssymmetrisch verteilter Ladungen. Die Abweichungen von der klassischen Theorie sind aber selbst in den Abmessungen des Atoms äußerst gering.

A. Zusätze zur allgemeinen Theorie.

§ 1. Ein Hamiltonsches Prinzip.

Von Hilbert[1]) sind im Anschluß an die Miesche Theorie[2]), in allgemeinerer Weise von H. A. Lorentz[3]) und von dem Begründer der Gravitationstheorie selbst[4]), die Gravitationsgleichungen auf ein Hamiltonsches Prinzip zurückgeführt worden. Dessen endgültige Formulierung scheitert freilich daran, daß wir die Hamiltonsche Funktion (Weltdichte der Wirkung) für die Materie nicht kennen, ja nicht einmal wissen, durch welche unabhängigen Zustandsgrößen die Materie zu beschreiben ist. Unter diesen Umständen scheint es mir von Wichtigkeit, *ein Hamiltonsches Prinzip* zu formulieren, *das so weit trägt, als unsere augenblickliche Kenntnis der Materie* (im weiten Einsteinschen Sinne, d. h. des Energie-Impulstensors) heute sicher *reicht*. Aus diesem Prinzip, das eine von den bisher angegebenen Formulierungen etwas abweichende Gestalt besitzt, sollen also als aus einer gemeinsamen Quelle folgende Gesetze entspringen:

1. Die *inhomogenen Gravitationsgleichungen*, zufolge deren der Energie-Impulstensor die Krümmung der Welt bestimmt. Der Energie-Impulstensor wird sich dabei allein aus demjenigen zusammensetzen, der für das elektromagnetische Feld im Äther gilt, und dem „kinetischen" Energie-Impulstensor der Materie im engeren Sinne $\varrho\, u_i\, u_k$, in welchem die invariante Massendichte ϱ auftritt und die Komponenten u_i $(i = 1, 2, 3, 4)$ der Vierergeschwindigkeit. Von der in wichtigen Punkten noch unaufgeklärten Konstitution der Materie und ihren Kohäsionskräften ist dabei also abgesehen;

2. die *Maxwell-Lorentzschen Gleichungen*, die wie in der Elektronentheorie dadurch einen konkreten Inhalt gewinnen, daß als elektrischer Strom nur der Konvektionsstrom auftritt;

3. das Gesetz für die *ponderomotorischen Kräfte* im elektromagnetischen Felde und die *mechanischen Gleichungen*, welche

---

1) Gött. Nachr. 1915, Sitzung vom 20. November.

2) Ann. d. Phys. **37**. p. 511. **39**. p. 1. 1912; **40**. p. 1. 1913.

3) Vier Abhandlungen in den Jahrgängen 1915 und 1916 der Versl. K. Akad. van Wetensch.

4) A. Einstein, Sitzungsber. d. Preuß. Akad. d. Wiss. **42**. p. 1111. 1916.

die Bewegung der Massen unter dem Einfluß dieser Kräfte und des Gravitationsfeldes bestimmen.

Es seien x_i die vier Koordinaten zur Festlegung der Weltpunkte[1]),

$$(1) \qquad g_{ik}\, dx_i\, dx_k$$

die invariante quadratische Differentialform (vom Trägheitsindex 3)[2]), deren Koeffizienten das Gravitationspotential bilden, und $\varphi_i\, dx_i$ die invariante lineare Differentialform, deren Koeffizienten φ_i die Komponenten des elektromagnetischen Viererpotentials sind. Das über irgendein Weltgebiet $\mathfrak{G}$ erstreckte Integral

$$-\frac{1}{2}\int H\, d\omega \quad \text{von} \quad H = g^{ik}\left(\left\{\begin{matrix} i\,k \\ r \end{matrix}\right\}\left\{\begin{matrix} r\,s \\ s \end{matrix}\right\} - \left\{\begin{matrix} i\,r \\ s \end{matrix}\right\}\left\{\begin{matrix} k\,s \\ r \end{matrix}\right\}\right)$$

bezeichne ich als die (in diesem Weltgebiet enthaltene) *Feldwirkung der Gravitation*, das Integral

$$\frac{1}{2}\int L\, d\omega \quad \text{von} \quad L = \frac{1}{2} F_{ik} F^{ik} = \frac{1}{2} g^{ij} g^{kh} F_{ik} F_{jh}$$

als die *Feldwirkung der Elektrizität*. Darin bedeuten

$$F_{ik} = \frac{\partial \varphi_k}{\partial x_i} - \frac{\partial \varphi_i}{\partial x_k}$$

die Komponenten des elektromagnetischen Feldes, und $d\omega$ ist das vierdimensionale Volumelement

$$\sqrt{g}\, dx_1\, dx_2\, dx_3\, dx_4, \qquad -g = \text{det.}\,|g_{ik}|.$$

Dem „Felde" tritt in dieser phänomenologischen Theorie die „Substanz" gegenüber, ein dreidimensionales, sich bewegendes Kontinuum, das wir uns (mathematisch) in infinitesimale Elemente zerlegt denken. Jedem Element kommt eine bestimmte, unveränderliche Masse oder „Massenladung" dm und eine unveränderliche elektrische Ladung de zu; es korre-

---

1) In den Bezeichnungen schließe ich mich an A. Einsteins Abhandlung „Die Grundlage der allgemeinen Relativitätstheorie", Ann. d. Phys. **49**. p. 769. 1916 an, insbesondere auch der bequemen Regel über das Fortlassen von Summenzeichen.

2) Jede quadratische Form läßt sich linear auf eine Summe und Differenz von Quadraten transformieren; die Zahl der negativen Glieder, die dabei auftreten, heißt der Trägheitsindex. Daß dieser durch die Form eindeutig bestimmt ist, bildet den Inhalt des „Trägheitsgesetzes der quadratischen Formen."

spondiert ihm als Ausdruck seiner Geschichte eine bestimmte Weltlinie, deren Richtung durch das Verhältnis der vier Differentiale $dx_1 : dx_2 : dx_3 : dx_4$ zu charakterisieren ist. Die Größe

$$\int \left\{ dm \int \sqrt{g_{ik}\, dx_i\, dx_k} \right\}, \tag{2}$$

in der sich das äußere Integral über die gesamte Substanz, das innere aber über denjenigen Teil der Weltlinie des Substanzelementes dm erstreckt, welcher innerhalb des Gebietes $\mathfrak{G}$ verläuft, nenne ich die *Substanzwirkung der Gravitation.* Wir setzen voraus, daß die Bewegung der Substanz in solcher Weise mit dem Gravitationsfeld verknüpft ist, daß die unter dem inneren Integralzeichen auftretende Quadratwurzel, die Eigenzeit ds, stets positiv ist. Wenn wir (2), was möglich ist, in ein über das Weltgebiet $\mathfrak{G}$ erstrecktes Integral $\int \varrho\, d\omega$ verwandeln, heiße die invariante Raum-Zeitfunktion ϱ die absolute Massendichte. Völlig analog zu (2) gebildet ist das Integral, das die *Substanzwirkung der Elektrizität darstellt:*

$$\int \left\{ de \int \varphi_i\, dx_i \right\};$$

die absolute elektrische Ladungsdichte ε ist definiert durch

$$\int_{\mathfrak{G}} \varepsilon\, d\omega = \int \left\{ de \int ds \right\}.$$

Das Hamiltonsche Prinzip lautet:

Die Summe aus Feld- und Substanzwirkung der Gravitation und Elektrizität ist in jedem Weltgebiet ein Extremum gegenüber beliebigen, an den Grenzen verschwindenden Variationen des elektromagnetischen und Gravitationsfeldes und ebensolchen raumzeitlichen Verschiebungen der sich bewegenden Substanzelemente.[1])

Variation der g^{ik} (bei ungeändertem elektromagnetischen Felde und ungeänderten Weltlinien der Substanz) ergibt die Einsteinschen Gravitationsgleichungen (I), Variation des elektromagnetischen Potentials φ_i die Maxwell Lorentzschen Gleichungen

$$\frac{1}{\sqrt{g}} \frac{\partial (\sqrt{g}\, F^{ik})}{\partial x_k} = J^i = \varepsilon \frac{dx_i}{ds}, \tag{II}$$

---

1) Dabei sind die Maßeinheiten rationell, d. h. so gewählt gedacht, daß die Lichtgeschwindigkeit c im leeren Raume $= 1$ ist und ebenso die Einsteinsche Konstante $8\pi\varkappa$ ($\varkappa = k/c^2$, k die Gravitationskonstante); elektrostatisches Maßsystem nach Heaviside.

die Variation der Weltlinien der Substanzelemente endlich die mechanischen Gleichungen

$$\text{(III)} \qquad \varrho\left(\frac{d^2 x_i}{d s^2} + \begin{Bmatrix} h\,k \\ i \end{Bmatrix} \frac{d x_h}{d s} \frac{d x_k}{d s}\right) = p^i,$$

in denen p^i die kontravarianten Komponenten der Kraft sind, deren kovariante durch

$$p_i = F_{ik} J^k$$

gegeben sind. Diese Gesetze sind natürlich nicht unabhängig voneinander. Vielmehr sind die mechanischen Gleichungen (III) zusammen mit der Kontinuitätsgleichung der Materie eine mathematische Folge der Gesetze (I) und (II), wie man durch eine einfache Rechnung bestätigen kann.

§ 2. Der Energie-Impulssatz.

Nach den oben zitierten Autoren wird — wir kehren von der eben besprochenen phänomenologischen zu einer strengen, freilich heute nur ihrem allgemeinen Ansatze nach formulierbaren Theorie zurück — die Welt beherrscht von einem Wirkungsprinzip der folgenden Form

$$\int_{\mathfrak{G}} (H - M)\, d\omega = \text{Extremum.}$$

Die Weltdichte M der Wirkung des materiellen Vorganges ist dabei eine universelle Funktion der unabhängigen, diesen Vorgang charakterisierenden Zustandsgrößen, ihrer Ableitungen (erster, vielleicht auch höherer Ordnung) nach den Koordinaten x_i und der g^{ik}. So hängt in der Mieschen Theorie, um an ein konkretes Beispiel anzuknüpfen, M außer von den g^{ik} ab von den vier Komponenten φ_i des elektromagnetischen Potentials und den Feldkomponenten F_{ik}, die aus den φ_i durch Differentiation entspringen. Die Herleitung der mechanischen Gleichungen in der obigen phänomenologischen Theorie legte mir den Gedanken nahe, ob nicht allgemein *das Prinzip der Erhaltung von Energie und Impuls der Ausdruck dafür ist, daß das Hamiltonsche Prinzip insbesondere bei denjenigen unendlich kleinen Variationen erfüllt ist, welche durch eine infinitesimale Deformation der Welt in der Weise hervorgerufen werden, daß die Zustandsgrößen von dieser Deformation „mitgenommen“ werden.* Das ist in der Tat der Fall, und es scheint sich so die einfachste und naturgemäßeste Herleitung des Energieprinzips zu ergeben.

Setzen wir $M\sqrt{g} = \mathfrak{M}$, so ist der Energie-Impulstensor T_{ik} definiert durch die Gleichung für das totale Differential von $\mathfrak{M}$:

$$\frac{1}{\sqrt{g}}\,\delta\,\mathfrak{M} = -\,T_{ik}\,\delta\,g^{ik} + \frac{1}{\sqrt{g}}\,(\delta\,\mathfrak{M})_0\,,$$

wo $(\delta\,\mathfrak{M})_0$ diejenigen Terme zusammenfaßt, welche die Differentiale der materiellen Zustandsgrößen (z. B. der φ_i und F_{ik}) linear enthalten. Bei einer beliebigen Koordinatentransformation

$$\bar{x}_i = \bar{x}_i\,(x_1\,, x_2\,, x_3\,, x_4)$$

transformiert sich der kontravariante Tensor g^{ik} nach den Formeln

$$\bar{g}^{ik} = g^{\alpha\beta}\,\frac{\partial\,\bar{x}_i}{\partial\,x_\alpha}\,\frac{\partial\,\bar{x}_k}{\partial\,x_\beta}\,.$$

Wenn jene Transformation infinitesimal ist:

$$\bar{x}_i = x_i + \varepsilon\cdot\xi_i\,(x_1\,, x_2\,, x_3\,, x_4)$$

(ε bezeichnet die infinitesimale, d. h. gegen Null konvergierende Konstante), ergibt sich daraus für den Unterschied

$$\bar{g}^{ik}(\bar{x}) - g^{ik}(x) = \delta\,g^{ik}$$

der Werte von g^{ik} und $\bar{g}^{ik}$ für zwei Argumentsysteme (x) und $(\bar{x})$, welche im alten und neuen Koordinatensystem den gleichen Weltpunkt darstellen, die Gleichung:

$$\delta\,g^{ik} = \varepsilon\left(g^{\alpha k}\,\frac{\partial\,\xi_i}{\partial\,x_\alpha} + g^{i\beta}\,\frac{\partial\,\xi_k}{\partial\,x_\beta}\right).$$

Verfahren wir für die Zustandsgrößen des materiellen Vorgangs entsprechend, so erhalten wir, indem wir ausdrücken, daß bei einer derartigen infinitesimalen Transformation die Invariante M ungeändert bleibt, das Gesetz, nach dem der Energie-Impulstensor von den g^{ik} und den materiellen Zustandsgrößen abhängt.

Fassen wir ein Weltgebiet $\mathfrak{G}$ ins Auge, dem bei der Darstellung durch die Koordinaten x_i ein bestimmtes mathematisches Gebiet $\mathfrak{X}$ im Bereich jener Variablen x_i entspricht. Hat die obige infinitesimale Transformation die Eigenschaft, daß die Variationen ξ_i am Rande des Gebietes $\mathfrak{G}$ samt ihren Ableitungen verschwinden, so entspricht dem Weltgebiet $\mathfrak{G}$

in den neuen Variablen $\bar{x}_i$ genau das gleiche mathematische Gebiet $\mathfrak{X}$. Ich setze

$$\Delta g^{ik} = \bar{g}^{ik}(x) - g^{ik}(x) = \delta g^{ik} + \{\bar{g}^{ik}(x) - \bar{g}^{ik}(\bar{x})\}$$
$$= \delta g^{ik} - \varepsilon \cdot \frac{\partial g^{ik}}{\partial x_\alpha} \xi_\alpha,$$

bilde also die Differenz von g^{ik} und $\bar{g}^{ik}$ an zwei Raumzeitstellen, deren zweite im neuen Koordinatensystem die gleichen Koordinatenwerte besitzt wie die erste im alten; ich nehme — mit anderen Worten — eine *virtuelle Verrückung* vor. Die gleiche Bedeutung hat Δ für alle übrigen Größen. Schreibe ich kurz dx für das Integrationselement $dx_1\,dx_2\,dx_3\,dx_4$, so ist $\int \mathfrak{M}\,dx$ eine Invariante, daher

$$\int\limits_{\mathfrak{X}} \mathfrak{M}\,dx = \int\limits_{\mathfrak{X}} \bar{\mathfrak{M}}(\bar{x})\,d\bar{x} = \int\limits_{\mathfrak{X}} \bar{\mathfrak{M}}(x)\,dx; \text{ mithin } \int\limits_{\mathfrak{X}} \Delta\mathfrak{M} \cdot dx = 0.$$

Es ist aber

$$\Delta\mathfrak{M} = -\mathfrak{T}_{ik}\,\Delta g^{ik} + (\Delta\mathfrak{M})_0 \qquad (\mathfrak{T}_{ik} = \sqrt{g} \cdot T_{ik}).$$

Dabei ist folgendes zu beachten: Im transformierten Koordinatensystem gelten — ich wähle als Beispiel die Miesche Theorie — wie im ursprünglichen die Gleichungen

$$\frac{\partial \bar{\varphi}_k(\bar{x})}{\partial \bar{x}_i} - \frac{\partial \bar{\varphi}_i(\bar{x})}{\partial \bar{x}_k} = \bar{F}_{ik}(\bar{x}),$$

also, da es doch auf die Benennung der Variablen nicht ankommt,

$$\frac{\partial \bar{\varphi}_k(x)}{\partial x_i} - \frac{\partial \bar{\varphi}_i(x)}{\partial x_k} = \bar{F}_{ik}(x).$$

Die Relationen

$$\frac{\partial \varphi_k}{\partial x_i} - \frac{\partial \varphi_i}{\partial x_k} = F_{ik}$$

bleiben demnach erhalten, wenn wir von den Funktionen φ_i, F_{ik} zu den Funktionen $\bar{\varphi}_i$, $\bar{F}_{ik}$ derselben Variablen x_i übergehen; d. h. sie bleiben bei der Variation Δ (dagegen nicht bei der Variation δ) bestehen. Nach dem allgemeinen Wirkungsprinzip, in welchem wir die g^{ik} unvariiert lassen, d. h. *zufolge der Gesetze des materiellen Vorganges*, ist daher

$$\int\limits_{\mathfrak{X}} (\Delta\mathfrak{M})_0\,dx = 0, \quad \text{also auch} \quad \int \mathfrak{T}_{ik}\,\Delta g^{ik} \cdot dx = 0.$$

Setzen wir darin den Ausdruck von Δg^{ik} ein und beseitigen die Ableitungen der Verschiebungskomponenten durch partielle Integration, so haben wir

$$\int\left\{\frac{\partial \mathfrak{T}_i^k}{\partial x_k}+\frac{1}{2}\frac{\partial g^{rs}}{\partial x_i}\mathfrak{T}_{rs}\right\}\xi_i\,dx=0,$$

und damit sind die Energie-Impulsgleichungen

$$\frac{\partial \mathfrak{T}_i^k}{\partial x_k}+\frac{1}{2}\frac{\partial g^{rs}}{\partial x_i}\mathfrak{T}_{rs}=0 \tag{3}$$

bewiesen.

Für eine Variation des Gravitationsfeldes, die an den Grenzen des Weltgebietes $\mathfrak{G}$ verschwindet, gilt

$$\delta\int H\,d\omega=\int(R_{ik}-\tfrac{1}{2}g_{ik}R)\,\delta g^{ik}\cdot d\omega;$$

darin ist R_{ik} der symmetrische Riemannsche Krümmungstensor und die Invariante

$$R=g^{ik}R_{ik}.$$

Wenden wir die eben angestellte Überlegung statt auf M auf H an (daß H auch die Differentialquotienten der g^{ik} enthält, ist dabei ganz unwesentlich), so finden wir ohne Rechnung, daß der Tensor

$$R_{ik}-\tfrac{1}{2}g_{ik}R,$$

an Stelle von T_{ik} gesetzt, die Gleichungen (3) identisch erfüllt. Der Energie-Impulssatz ist demnach nicht nur, wie wir soeben zeigten, eine mathematische Folge der Gesetze des materiellen Vorganges, sondern auch der Gravitationsgleichungen

$$R_{ik}-\tfrac{1}{2}g_{ik}R=-T_{ik}.$$

An die Stelle der alten Einteilung in Geometrie, Mechanik und Physik tritt in der Einsteinschen Theorie die Gegenüberstellung von materiellem Vorgang und Gravitation. Die Mechanik aber ist sozusagen die Eliminante aus beiden; denn das Bestehen des Energie-Impulssatzes ist einerseits eine Folge der Gesetze des materiellen Vorganges, andererseits die notwendige Bedingung dafür, daß die Materie dem Gravitationsgesetz gemäß der Welt ihre Maßbestimmung aufprägen kann. In dem System der materiellen und Gravitationsgesetze sind daher vier überschüssige Gleichungen enthalten; in der Tat müssen in der allgemeinen Lösung vier willkürliche Funktionen auftreten, da die Gleichungen ja wegen ihrer invarianten Natur das Koordinatensystem der x_i völlig unbestimmt lassen.[1])

§ 3. Zusammenhang mit den Beobachtungen. Lichtstrahlen und Bahnkurven im statischen Gravitationsfeld.

Jene „objektive“ Welt, welche die Physik aus der von uns unmittelbar erlebten Wirklichkeit herauszuschälen bestrebt ist, können wir nach ihrem bezeichenbaren Gehalt nur durch mathematische Begriffe erfassen. Um aber die Bedeutung, welche dieses mathematische Begriffssystem für die Wirklichkeit besitzt, zu kennzeichnen, müssen wir irgendwie seinen Zusammenhang mit dem unmittelbar Gegebenen zu beschreiben versuchen, eine Aufgabe der Erkenntnistheorie, die naturgemäß nicht mit physikalischen Begriffen allein, sondern nur durch beständige Berufung auf das im Bewußtsein anschaulich Erlebte geleistet werden kann. Von dieser Art ist etwa der Zusammenhang zwischen der Schwingungszahl eines elektromagnetischen Feldes und der Sinnesqualität „Farbe“. Ganz allgemein scheint der auf das Sinnesepithel auftreffende Energie-Impulsstrom durch seine Intensität für die korrespondierende Empfindungsintensität, durch die Art seiner raumzeitlichen Veränderlichkeit für deren Qualität maßgebend zu sein. Ich möchte hier für ein sehr vereinfachtes Verhältnis von Subjekt und Objekt diesen Zusammenhang etwas genauer beschreiben.

Wir denken uns in der vierdimensionalen physikalischen Welt einzelne sich bewegende und Licht aussendende Massenpunkte, die Sterne. Wir legen der Einfachheit halber die geometrische Optik zugrunde, nach der die Weltlinien der von den Sternen ausgehenden Lichtsignale singuläre geodätische Linien sind. Allgemein lauten die Gleichungen einer geodätischen Weltlinie bei Benutzung eines geeigneten Parameters s:

$$\frac{d^2 x_i}{d s^2} + \left\{ {k h \atop i} \right\} \frac{d x_k}{d s} \frac{d x_h}{d s} = 0 . \tag{4}$$

Aus ihnen folgt

$$F \equiv g_{ik} \frac{d x_i}{d s} \frac{d x_k}{d s} = \text{const.}$$

---

1) Vgl. die Herleitung des Energie-Impulssatzes bei A. Einstein, Sitzungsber. d. Preuß. Akad. d. Wiss. 42. p. 1111. 1916, und die Bemerkungen von D. Hilbert, Gött. Nachr. 1917 (Sitzung v. 23. Dez. 1916) über Kausalität.

Die singulären geodätischen Weltlinien sind dadurch gekennzeichnet, daß für sie diese Konstante insbesondere gleich Null ist (während sie für die Weltlinien von Massenpunkten positiv ausfällt). Das auffassende Bewußtsein, die „Monade", vereinfachen wir zu einem „Punktauge". In jedem Moment seines Lebens nimmt es eine bestimmte Raumzeitstelle ein, es beschreibt eine Weltlinie; die Punkte dieser Weltlinie erlebt es als in „zeitlicher Sukzession" aufeinander folgend. Wir fassen einen bestimmten Moment ins Auge; an der Stelle P, welche in ihm die Monade einnimmt, mögen die Gravitationspotentiale die Werte g_{ik} haben; dx_i seien die Komponenten des Elementes $\mathfrak{e}$ seiner Weltlinie daselbst, das Verhältnis der dx_i bezeichnet deren Weltrichtung (Geschwindigkeit). Wir müssen voraussetzen, daß diese Richtung eine zeitartige ist, d. h. daß für sie

$$ds^2 = g_{ik}\, dx_i\, dx_k > 0$$

wird. Statt der Differentiale dx_i schreibe ich fortan, da alle unsere Betrachtungen sich auf die eine Stelle P beziehen, einfach x_i.

Zwei Linienelemente x_i, x_i' heißen orthogonal, wenn

$$g_{ik}\, x_i\, x_k' = 0$$

ist. Ich behaupte zunächst, daß alle (von P ausgehenden) Linienelemente, die zu dem zeitartigen $\mathfrak{e}$ orthogonal sind, ihrerseits raumartig sind, daß sie also ein unendlich kleines dreidimensionales Gebiet $\mathfrak{R}$ aufspannen, welchem durch die Form $-ds^2$ eine positiv-definite Maßbestimmung aufgeprägt ist. Die Monade erlebt dieses Gebiet $\mathfrak{R}$ als seine unmittelbare „räumliche Umgebung". Um unsere Behauptung zu beweisen, nehmen wir $\mathfrak{e}$ als vierte Koordinatenachse an; dann sind die ersten drei Komponenten von $\mathfrak{e}$ gleich Null und $g_{44} > 0$. Wir können setzen

$$ds^2 = \sum_{i,k=1}^{4} g_{ik}\, x_i\, x_k = g_{44}\left(x_4 + \frac{g_{14}}{g_{44}} x_1 + \frac{g_{24}}{g_{44}} x_2 + \frac{g_{34}}{g_{44}} x_3\right)^2 - \text{quadr. F.}\,(x_1\, x_2\, x_3).$$

Führen wir

$$x_4 + \frac{g_{14}}{g_{44}} x_1 + \frac{g_{24}}{g_{44}} x_2 + \frac{g_{34}}{g_{44}} x_3$$

an Stelle des bisherigen x_4 als vierte Koordinate ein, so kommt also

$$ds^2 = g_{44}\, x_4^2 - Q\,(x_1\, x_2\, x_3)\,.$$

Da ds^2 den Trägheitsindex 3 besitzt, muß die quadratische Form Q positiv-definit sein. Alle und nur diejenigen Elemente, für welche jetzt $x_4 = 0$ ist, sind zu $\mathfrak{e}$ orthogonal. Damit ist unsere Behauptung bewiesen. Wir sehen ferner, daß jedes Linienelement in eindeutiger Weise in zwei Summanden gespalten werden kann, von denen der eine parallel zu $\mathfrak{e}$ ist (Komponenten besitzt, die denen von $\mathfrak{e}$ proportional sind), der andere orthogonal zu $\mathfrak{e}$. Die Richtung dieses zweiten Summanden bezeichnen wir als die „Raumrichtung" des Linienelements. Verschiedene solche zu $\mathfrak{e}$ orthogonale Raumrichtungen bilden Winkel miteinander, die in bekannter Weise mit Hilfe der für sie positiven quadratischen Form $-ds^2$ zu berechnen sind. Den so bestimmten Winkel der Raumrichtungen der Weltlinien zweier von zwei Sternen in P eintreffender Lichtsignale identifizieren wir mit dem Winkelunterschied der beiden Richtungen (im anschaulichen Sinne), in welchen das Punktauge in dem betrachteten Moment die beiden Sterne erblickt. Wir sehen diesen Richtungsunterschied als etwas wenigstens approximativ unmittelbar anschaulich Feststellbares an; in der Tat ist uns im Sehen nicht nur Qualitatives durch Empfindung gegeben, sondern dieses Qualitative als „räumlich Ausgebreitetes" (ein Moment, das sich in keiner Weise auf das Materiale der Empfindung zurückführen läßt). Durch Heranziehung geeigneter Beobachtungsinstrumente läßt sich die Winkelbeobachtung exakter gestalten; wobei dem Bewußtsein nur noch die Leistung zufällt, die Unterscheidbarkeit oder Ununterscheidbarkeit zweier Richtungen (Deckung von Fadenkreuz und Sternort, Ablesung am Teilkreis) zu konstatieren. — Dieses einfache Schema genügt jedenfalls für die prinzipielle Beschreibung der Art und Weise, in welcher Sternbeobachtungen zur Kontrolle der Einsteinschen Theorie benutzt werden können.

Im Anschluß an das Vorige möchte ich noch zeigen, wie man am einfachsten aus dem allgemeinen Prinzip „Die Weltlinie eines Lichtsignals ist eine singuläre geodätische Linie" im Falle des statischen Gravitationsfeldes *das Fermatsche Prinzip der kürzesten Ankunft* herleiten kann. Wählen wir den Parameter s zur Darstellung einer geodätischen Linie so, wie es den Gleichungen (4) entspricht, so ist sie charakterisiert durch das Variationsprinzip

$$(5) \qquad \delta \int F\,ds = 0\,,$$

gültig für eine virtuelle Verrückung, bei der die Enden des betrachteten Weltlinienstückes fest bleiben. (Außer für die singulären Weltlinien kann man statt dessen auch von der Gleichung

$$\delta \int \sqrt{F}\,ds = 0$$

ausgehen.) Im statischen Falle setzen wir $x_4 = t$; die quadratische Grundform (1) hat die Gestalt

$$f\,dt^2 - d\sigma^2\,,$$

wo $d\sigma^2$ eine positive quadratische Form der Raumdifferentiale dx_1, dx_2, dx_3 ist, deren Koeffizienten ebenso wie f, das Quadrat der Lichtgeschwindigkeit, von der Zeit t unabhängig sind. In diesem Falle gilt, wenn wir nur t variieren,

$$(6) \qquad \delta \int F\,ds = 2 \int f \frac{dt}{ds}\, d\,\delta t = \left[2 f \frac{dt}{ds}\,\delta t\right] - 2 \int \frac{d}{ds}\left(f \frac{dt}{ds}\right) \delta t\,ds\,.$$

Mithin muß

$$f \frac{dt}{ds} = \text{const.} = E$$

sein. Lassen wir die Voraussetzung, daß außer δx_1, δx_2, δx_3 auch δt an den Enden des Integrationsintervalls verschwindet, fallen, so haben wir, wie aus (6) weiter hervorgeht, (5) zu ersetzen durch

$$(7) \qquad \delta \int F\,ds = \left[2\,E\,\delta t\right] = 2\,\delta \int E\,dt\,.$$

Variieren wir die räumliche Bahnkurve des Lichtsignals beliebig unter Festhaltung der Enden, denken uns aber die variierte Kurve gleichfalls mit Lichtgeschwindigkeit durchlaufen, so gilt für die ursprüngliche wie für die variierte Kurve

$$F = 0\,, \qquad d\sigma = \sqrt{f} \cdot dt\,,$$

und (7) geht über in

$$\delta \int dt = 0 \quad \text{oder} \quad \delta \int \frac{d\sigma}{\sqrt{f}} = 0\,,$$

d. i. in das Fermatsche Prinzip. Die Zeit ist jetzt ganz eliminiert; die letzte Formulierung bezieht sich allein auf die räumliche Bahn des Lichtstrahls und gilt für jedes Stück derselben, wenn dieses beliebig unter Festhaltung seines Anfangs- und Endpunktes variiert wird.

Die gleiche Methode können wir anwenden, um ein Minimalprinzip für die Bahnkurve eines Massenpunktes im statischen Gravitationsfeld zu ermitteln. Nehmen wir sogleich an, daß der Punkt von der Masse m außerdem noch eine elektrische Ladung e trägt und einem elektrostatischen Felde vom Potential Φ ausgesetzt ist. Nach § 1 lautet dann das Variationsprinzip, wenn ds das Differential der Eigenzeit bedeutet,

$$\delta\left\{m\int ds + e\int \Phi\, dt\right\} = 0. \tag{8}$$

Variieren wir nur t, nicht die Raumkoordinaten, so ist die linke Seite

$$= \int\left\{mf\frac{dt}{ds} + e\Phi\right\} d\delta t.$$

Also ist

$$mf\frac{dt}{ds} + e\Phi = \text{const.} = E, \tag{9}$$

und das Variationsprinzip (8) muß, wenn wir die Voraussetzung, daß außer δx_1, δx_2, δx_3 auch δt an den Enden des Integrationsintervalls verschwindet, aufgeben, durch

$$\delta\left\{m\int ds + e\int \Phi\, dt\right\} = [E\delta t] = \delta\int E\, dt \tag{10}$$

ersetzt werden. Führen wir in (9) den Wert

$$ds = \sqrt{f\, dt^2 - d\sigma^2}$$

ein und setzen zur Abkürzung

$$U = \frac{E - e\Phi}{\sqrt{f}},$$

so ergibt sich das Geschwindigkeitsgesetz

$$\boxed{\frac{U\, d\sigma}{\sqrt{f(U^2 - m^2)}} = dt.} \tag{11}$$

Denken wir uns die beliebig unter Festhaltung ihrer Enden variierte räumliche Bahnkurve insbesondere nach diesem selben Geschwindigkeitsgesetz wie die Ausgangskurve durchlaufen, so ist (9) auch für die variierte Kurve gültig. Daher bekommen wir aus (10):

$$\delta\int\left\{\frac{m^2 f}{E - e\Phi} - (E - e\Phi)\right\} dt = \delta\int\frac{\sqrt{f}(m^2 - U^2)}{U}\, dt = 0.$$

Darin können wir den Ausdruck (11) für dt einsetzen, da diese Gleichung ja voraussetzungsgemäß bei der Variation bestehen bleibt; dadurch wird die Zeit vollständig eliminiert und wir finden, *daß die räumliche Bahnkurve durch das Minimalprinzip*

$$\boxed{\delta\int\sqrt{U^2-m^2}\,d\sigma=0}$$

charakterisiert ist.[1])

B. Theorie des statischen rotationssymmetrischen Gravitationsfeldes.

§ 4. **Massenpunkt ohne und mit elektrischer Ladung.**

Für das Folgende ist es nötig, zu der Schwarzschildschen Bestimmung des Gravitationsfeldes eines ruhenden Massenpunktes[2]) einige Bemerkungen zu machen. Ein dreidimensionales kugelsymmetrisches Linienelement hat bei Benutzung geeigneter Koordinaten notwendig die Gestalt

$$d\sigma^2=\mu\,(dx_1{}^2+dx_2{}^2+dx_3{}^2)+l\,(x_1\,dx_1+x_2\,dx_2+x_3\,dx_3)^2,$$

wo μ und l nur von der Entfernung

$$r=\sqrt{x_1{}^2+x_2{}^2+x_3{}^2}$$

abhängen. Über die Skala, in der diese Entfernung gemessen wird, kann noch so verfügt werden, daß $\mu=1$ ausfällt; das möge geschehen. Für das vierdimensionale Linienelement haben wir den Ansatz zu machen

$$ds^2=f\,dx_4{}^2-d\sigma^2\,,$$

wo auch f nur eine Funktion von r ist. Setzen wir noch

$$1+l\,r^2=h$$

und die Wurzel aus der Determinante hf gleich w, so ergibt eine kurze Rechnung, die wir zweckmäßig für den Punkt $x_1=r$, $x_2=0$, $x_3=0$ durchführen, für

$$H=g^{ik}\left(\begin{Bmatrix}i\,k\\r\end{Bmatrix}\begin{Bmatrix}r\,s\\s\end{Bmatrix}-\begin{Bmatrix}i\,r\\s\end{Bmatrix}\begin{Bmatrix}k\,s\\r\end{Bmatrix}\right)\text{ den Wert }-\frac{2\,l\,r}{h}\cdot\frac{w'}{w}\,.$$

Der Akzent bedeutet die Ableitung nach r. Ferner sei

$$-\frac{l\,r^3}{h}=\left(\frac{1}{h}-1\right)r=v\,;$$

---

1) Vgl. auch T. Levi-Civita, „Statica Einsteiniana", Rend. d. R. Accad. dei Lincei **26**. p. 464. 1917.

2) Sitzungsber. d. Kgl. Preuß. Akad. d. Wiss. **7**. p. 189. 1916.

dann hat man also das Variationsproblem

$$\delta\int v w' dr = 0 \quad \text{oder} \quad \delta\int w v' dr = 0$$

zu lösen; dabei dürfen v und w als die unabhängig zu variierenden Funktionen betrachtet werden. Variation von v ergibt

$$w' = 0\,, \quad w = \text{const.}$$

und bei geeigneter Verfügung über die noch willkürliche Maßeinheit der Zeit: $w = 1$. Variation von w ergibt

$$v' = 0\,, \quad v = \text{const.} = -2a\,;$$

$$f = \frac{1}{h} = 1 - \frac{2a}{r}\,.$$

a hängt mit der Masse m durch die Gleichung $a = \varkappa m$ zusammen; wir nennen a den *Gravitationsradius der Masse* m.

Zur Veranschaulichung der Geometrie mit dem Linienelement $d\sigma^2$ beschränken wir uns auf die durch das Zentrum gehende Ebene $x_3 = 0$. Führen wir in ihr Polarkoordinaten ein

$$x_1 = r\cos\vartheta\,, \qquad x_2 = r\sin\vartheta\,,$$

so wird

$$d\sigma^2 = h\,dr^2 + r^2\,d\vartheta^2\,.$$

Dieses Linienelement charakterisiert die Geometrie, die auf dem folgenden Rotationsparaboloid im Euklidischen Raum mit den rechtwinkligen Koordinaten x_1, x_2, z gilt:

$$z = \sqrt{8a(r-2a)}\,,$$

wenn dasselbe durch orthogonale Projektion auf die Ebene $z = 0$ mit den Polarkoordinaten r, ϑ bezogen wird. Die Projektion bedeckt das Äußere des Kreises $r \geqq 2a$ doppelt, das Innere überhaupt nicht. Bei natürlicher analytischer Fortsetzung wird also der wirkliche Raum in dem zur Darstellung benutzten Koordinatenraum der x_i das durch $r \geqq 2a$ gekennzeichnete Gebiet doppelt überdecken. Die beiden Überdeckungen sind durch die Kugel $r = 2a$, auf der sich die Masse befindet und die Maßbestimmung singulär wird, geschieden, und man wird jene beiden Hälften als das „Äußere" und das „Innere" des Massenpunktes zu bezeichnen haben.

Vielleicht wird das noch deutlicher durch Einführung eines andern Koordinatensystems, auf das ich die Schwarzschildschen Formeln ohnehin um der weiteren Entwicklungen willen transformieren muß. Die Transformationsformeln sollen lauten

$$x_1' = \frac{r'}{r} x_1, \quad x_2' = \frac{r'}{r} x_2, \quad x_3' = \frac{r'}{r} x_3; \quad r = \left(r' + \frac{a}{2}\right)^2 \cdot \frac{1}{r'}.$$

Lasse ich nach Durchführung der Transformation die Akzente wieder fort, so ergibt sich

$$(12) \quad d\sigma^2 = \left(1 + \frac{a}{2r}\right)^4 (dx_1^2 + dx_2^2 + dx_3^2), \quad f = \left(\frac{r - a/2}{r + a/2}\right)^2.$$

In den neuen Koordinaten ist das Linienelement des Gravitationsraumes also dem Euklidischen *konform*; das lineare Vergrößerungsverhältnis ist

$$\left(1 + \frac{a}{2r}\right)^2.$$

$d\sigma^2$ ist regulär für alle Werte $r > 0$, f ist durchweg positiv und wird nur für

$$r = \frac{a}{2}$$

zu Null. Der Umfang des Kreises $x_1^2 + x_2^2 = r^2$ beträgt

$$2\pi r \left(1 + \frac{a}{2r}\right)^2;$$

diese Funktion nimmt, wenn wir r abnehmend die Werte von $+\infty$ ab durchlaufen lassen, monoton ab bis zum Werte $4\pi a$, der für

$$r = \frac{a}{2}$$

erreicht wird, beginnt aber dann, wenn r weiter zu Null abnimmt, wieder zu wachsen, und zwar schließlich über alle Grenzen. Nach der obigen Auffassung würde hier das Gebiet

$$r > \frac{a}{2}$$

dem Außern,

$$r < \frac{a}{2}$$

dem Innern des Massenpunktes entsprechen. Bei analytischer Fortsetzung wird

$$\sqrt{f} = \frac{r - a/2}{r + a/2}$$

im Innern negativ, so daß also dort für einen ruhenden Punkt kosmische Zeit (x_4) und Eigenzeit gegenläufig sind. (In der Natur kann selbstverständlich nur immer ein bis an die singuläre Kugel nicht heranreichendes Stück der Lösung verwirklicht sein.)

Trägt der Massenpunkt eine elektrische Ladung und ist Φ das elektrostatische Potential, so lautet das Wirkungsprinzip bei Zugrundelegung des CGS-Systems

$$\delta \int \left(v w' + \frac{\varkappa}{c^2} \frac{\Phi'^2 r^2}{w} \right) d r = 0 .$$

Variation von v ergibt wie oben

$$w' = 0 , \quad w = \text{const.} = 1 ,$$

Variation von Φ

$$\frac{d}{d r} \left(\frac{r^2 \Phi'}{w} \right) = 0 , \quad \textbf{daraus} \quad \Phi = \frac{e}{r} .$$

Für das elektrostatische Potential ergibt sich also die gleiche Formel wie ohne Berücksichtigung der Gravitation. Die Konstante e ist die elektrische Ladung (in gewöhnlichem elektrostatischen Maße). Variiert man aber w, so kommt

$$v' + \frac{\varkappa}{c^2} \frac{\Phi'^2 r^2}{w^2} = 0$$

und daraus

$$v = -2 a + \frac{\varkappa}{c^2} \frac{e^2}{r} , \qquad \frac{1}{h} = f = 1 - \frac{2 a}{r} + \frac{\varkappa}{c^2} \frac{e^2}{r^2} .$$

In f tritt, wie man sieht, außer dem von der Masse abhängigen Glied $-2a/r$ noch ein elektrisches Zusatzglied auf. $a = \varkappa m$ ist wieder der Gravitationsradius der Masse m. Ganz analog wird die Länge

$$a' = \frac{e \sqrt{\varkappa}}{c}$$

als *Gravitationsradius der elektrischen Ladung* e zu bezeichnen sein. In Entfernungen r vergleichbar mit a ist das Massenglied, in Entfernungen $r \sim a'$ aber das elektrische Glied ~ 1. f bleibt für alle Werte von r positiv, wenn $|a'| > a$ ist; für ein Elektron ist der Quotient a'/a von der Größenordnung 10^{20}. In Entfernungen, die mit

$$a'' = \frac{e^2}{m c^2}$$

vergleichbar sind, haben das Massenglied und das elektrische Glied im Gravitationspotential f die gleiche Größenordnung; erst wenn r groß gegen a'', gilt das Superpositionsprinzip in dem Sinne, daß das elektrostatische Potential durch die Ladung, das Gravitationspotential durch die Masse mittels der gewöhnlichen Formeln bestimmt ist. Demnach wird man

a'', eine Größe, die in andern Zusammenhängen als „Radius des Elektrons“ auftritt, jedenfalls als den Radius seiner Wirkungssphäre betrachten können. Es besteht die Relation $a' = \sqrt{a \cdot a''}$.

Nachdem das Feld des mit elektrischer Ladung behafteten Massenpunktes aufgestellt ist, kann man nach dem letzten Absatze von § 3 leicht die Bewegung eines den Kraftwirkungen dieses Feldes unterliegenden Probekörpers berechnen, dessen Masse und Ladung gegenüber der felderzeugenden schwach ist; das Problem wird wie im ladungslosen Falle (Planetenbewegung[1]) streng durch elliptische Funktionen gelöst.

§ 5. Das Feld rotationssymmetrisch verteilter Massen.

Sich in den Besitz strenger Lösungen der Gravitationsgleichungen zu setzen, scheint mir namentlich von Wichtigkeit mit Rücksicht auf die Frage nach den Vorgängen im Atom. Denn es ist möglich, daß in diesen Abmessungen die Nichtlinearität der exakten Naturgesetze wesentlich in Betracht kommt. Den Mathematikern ist seit langem bekannt, daß bei nichtlinearen Differentialgleichungen, was vor allem ihre Singularitäten betrifft, Verhältnisse vorliegen, welche gegenüber den bei linearen Gleichungen auftretenden außerordentlich kompliziert, unerwartet und vorerst noch ganz und gar unbeherrschbar sind. Es ist den Physikern bekannt, daß sich im Innern des Atoms eigentümliche Vorgänge abspielen müssen, zu denen das vom Superpositionsprinzip beherrschte Kräftespiel der sichtbaren Welt keine Analoga aufweist. Ich glaube, daß diese beiden Dinge in engem Zusammenhange miteinander stehen können, ja daß von daher vielleicht sogar die endgültige Deutung der Quantentheorie zu erwarten ist. Um solcher, heute freilich noch in weiter Ferne liegenden Zwecke willen schien es mir zunächst von Interesse zu sein, das Gravitationsfeld rotationssymmetrisch verteilter Massen und Ladungen nach der Einsteinschen Theorie strenge zu bestimmen. Das soll hier für den Fall der Ruhe geschehen; die Untersuchung führt zu überraschend einfachen Ergebnissen.

---

1) K. Schwarzschild, l. c.

Als Koordinaten treten auf: 1. die Zeit $x_4 = t$; 2. eine ausgezeichnete Raumkoordinate, der Drehwinkel $x_3 = \vartheta$ um die Rotationsachse, mit der Periode 2π; $\vartheta = \text{const.}$ ist eine an die Rotationsachse ansetzende Meridianhalbebene. In dieser haben wir 3. zur Festlegung ihrer Punkte zwei Koordinaten x_1, x_2, die wir sogleich genauer normieren werden. Das Linienelement muß die Gestalt haben

$$ds^2 = f\,dx_4^2 - d\sigma^2 ,$$

wo

$$d\sigma^2 = (h_{11}\,d\,x_1^2 + 2h_{12}\,dx_1\,d\,x_2 + h_{22}\,dx_2^2) + l\,dx_3^2 ;$$

die Koeffizienten f, l; h_{11}, h_{12}, h_{22} sind Funktionen nur von x_1 und x_2. Nach einem allgemeinen Satz über positive quadratische Differentialformen von zwei Variablen ist es möglich, die Koordinaten x_1, x_2 genauer so zu wählen, daß der in Klammern gesetzte Teil mit den Koeffizienten h die „isotherme" Form

$$h\,(dx_1^2 + dx_2^2)$$

bekommt; damit ist dann das Variablenpaar x_1, x_2 bis auf eine konforme Abbildung bestimmt. Nach solcher Wahl der Variablen werde allgemein für irgend zwei Funktionen α, β von x_1, x_2

$$[\alpha, \beta] = \frac{\partial\alpha}{\partial x_1}\frac{\partial\beta}{\partial x_1} + \frac{\partial\alpha}{\partial x_2}\frac{\partial\beta}{\partial x_2}$$

gesetzt. Führe ich $r = \sqrt{l f}$ ein, so ist die Wurzel aus der Determinante

$$\sqrt{g} = w = h r .$$

Für die Wirkungsdichte H gilt allgemein die Formel

$$2\,\mathfrak{H} = 2\,H\sqrt{g} = \left\{ {ik \atop r} \right\} \frac{\partial(g^{ik}\sqrt{g})}{\partial x_r} - \left\{ {ir \atop r} \right\} \frac{\partial(g^{ik}\sqrt{g})}{\partial x_k} .$$

In unserem Falle ist das erste Glied gleich

$$\sum_{i=1}^{4} \sum_{r=1}^{2} \left\{ {ii \atop r} \right\} \frac{\partial(g^{ii}\sqrt{g})}{\partial x_r} = \sum_{i=3}^{4} \sum_{r=1}^{2} ;$$

man findet dafür sofort

$$\mathfrak{H}' = \frac{1}{2h}\left(\left[\frac{w}{l}, l\right] + \left[\frac{w}{f}, f\right]\right) .$$

Das zweite Glied aber wird

$$\mathfrak{H}'' = -\frac{1}{\sqrt{g}} \sum_{i=1}^{2} \frac{\partial\sqrt{g}}{\partial x_i} \cdot \frac{\partial(g^{ii}\sqrt{g})}{\partial x_i} = \frac{[w, r]}{w} .$$

Nun ist

$$\left[\frac{w}{f}, f\right] = -w\frac{[f,f]}{f^2} + \frac{[w,f]}{f}$$
$$= -w\,[\lg f, \lg f] + r\,[h, \lg f] + h\,[r, \lg f],$$

also, wenn $\lg h = \mu$ ist,

$$\frac{1}{h}\left[\frac{w}{f}, f\right] = -r\,[\lg f, \lg f] + r\,[\mu, \lg f] + [r, \lg f].$$

Bildet man ebenso den andern Summanden von $\mathfrak{H}'$ und beachtet, daß

$$2\lg r = \lg l + \lg f$$

ist, so kommt

$$\mathfrak{H}' = r\,[\mu, \lg r] + [r, \lg r] - \tfrac{1}{2} r\,([\lg f, \lg f] + [\lg l, \lg l]).$$

Führen wir

$$\lambda = \lg \sqrt{l/f}$$

ein, so ist

$$\tfrac{1}{2}([\lg f, \lg f] + [\lg l, \lg l]) = [\lg r, \lg r] + [\lambda, \lambda].$$

Damit finden wir

$$\mathfrak{H}' = [\mu, r] - r\,[\lambda, \lambda].$$

Schließlich ist

$$\mathfrak{H}'' = \frac{[w, r]}{w} = \frac{[r, r]}{r} + \frac{[h, r]}{h} = 4\,[\sqrt{r}, \sqrt{r}] + [\mu, r].$$

So haben wir insgesamt

$$\mathfrak{H} = \tfrac{1}{2}(\mathfrak{H}' + \mathfrak{H}'') = [\mu, r] - \tfrac{1}{2} r\,[\lambda, \lambda] + 2\,[\sqrt{r}, \sqrt{r}].$$

Zur Formulierung des Wirkungsprinzipes müssen wir bilden

$$\delta \int \mathfrak{H}\, dx_1\, dx_2$$

für Variationen $\delta\mu$, $\delta\lambda$, δr, die am Rande des (beliebigen) Integrationsgebietes verschwinden. Setzen wir allgemein

$$\Delta^2 \alpha = \frac{\partial^2 \alpha}{\partial x_1^2} + \frac{\partial^2 \alpha}{\partial x_2^2} \quad \text{und} \quad \Delta\alpha = \frac{1}{r}\left\{\frac{\partial}{\partial x_1}\left(r\frac{\partial \alpha}{\partial x_1}\right) + \frac{\partial}{\partial x_2}\left(r\frac{\partial \alpha}{\partial x_2}\right)\right\},$$

so verwandelt sich durch partielle Integration

$$\delta \int \mathfrak{H}\, dx_1\, dx_2 \quad \text{in} \quad \int \delta\mathfrak{H}^*\, dx_1\, dx_2,$$

wo

$$\delta\mathfrak{H}^* = -\delta\mu \cdot \Delta^2 r + \delta\lambda \cdot r\,\Delta\lambda$$
$$- \delta r\left(\Delta^2 \mu + \frac{1}{2}[\lambda\lambda] + \frac{2}{\sqrt{r}}\Delta^2 \sqrt{r}\right).$$

Für ruhende (ungeladene) Materie, deren Spannung zu vernachlässigen ist, besteht der Energie-Impulstensor T_{ik} aus der einzigen Komponente

$$T_{44} = \frac{\varrho}{g^{44}} \quad (\varrho = \textbf{absolute Massendichte}),$$

und es ist

$$\delta\mathfrak{M} = -\sqrt{g}\, T_{ik}\, \delta g^{ik} = -\varrho\sqrt{g}\cdot\frac{\delta g^{44}}{g^{44}} = \varrho h r \delta \lg f = \varrho^*(\delta r - r\delta\lambda)$$
$$(\varrho^* = h\varrho).$$

Nach dem Wirkungsprinzip muß nun dieses Differential $\delta\mathfrak{M}$ mit $\delta\mathfrak{H}^*$ Koeffizient für Koeffizient übereinstimmen. Das ergibt zunächst (Koeffizient von $\delta\mu$):

$$\boxed{\Delta^2 r = 0.}$$

r ist demnach in der $x_1 x_2$-Ebene eine Potentialfunktion. Bezeichnet z die konjugierte Potentialfunktion, so daß $z + ir$ eine analytische Funktion von $x_1 + i x_2$ ist, so ist der Übergang von x_1, x_2 zu z, r eine konforme Abbildung. Wir können daher von vornherein annehmen, daß

$$z = x_1, \quad r = x_2$$

ist. In der Definition der Operationssymbole [ ], Δ, Δ^2 ersetze man demgemäß x_1, x_2 durch z und r. Das Koordinatensystem ist nunmehr bis auf eine willkürliche additive Konstante in z vollständig eindeutig bestimmt. Auf der Rotationsachse muß, damit das Linienelement daselbst regulär bleibt, r verschwinden. z, r, ϑ bezeichne ich als *kanonische Zylinderkoordinaten; die zugehörige kanonische Form des Linienelements lautet*

$$f\,dt^2 - \left\{h\,(dz^2 + dr^2) + \frac{r^2\,d\vartheta^2}{f}\right\}.$$

Der „Euklidische" Fall ist darin mit $f = 1$, $h = 1$ enthalten. Wir stellen aber allgemein, um uns geometrisch ausdrücken zu können, den Gravitationsraum dar durch einen Euklidischen Bildraum mit den Zylinderkoordinaten z, r, ϑ. Die Abbildung der beiden Räume aufeinander durch die kanonischen Koordinaten ist eindeutig bestimmt bis auf eine willkürlich bleibende Translation des Euklidischen Bildraumes in Richtung der z-Achse. In diesem Bildraum ist

$$\Delta = \frac{1}{r}\left\{\frac{\partial}{\partial z}\left(r\frac{\partial}{\partial z}\right) + \frac{\partial}{\partial r}\left(r\frac{\partial}{\partial r}\right)\right\}$$

der gemeine Potentialoperator für rotationssymmetrische Funktionen.

Gleichsetzung der Koeffizienten von $\delta\lambda$ in

$$\delta \mathfrak{H}^* = \delta \mathfrak{M}$$

liefert

(13) $$\Delta\lambda = -\varrho^* ,$$

Gleichsetzung der Koeffizienten von δr:

(14) $$\Delta^2 \mu + \frac{1}{2}[\lambda, \lambda] - \frac{1}{2r^2} = -\varrho^* .$$

Betrachten wir zunächst (13) und führen $\psi = \lg \sqrt{f}$ ein; dann ist

$$\lambda = \lg r - 2\psi$$

und daher

(15) $$\Delta\psi = \tfrac{1}{2}\varrho^* ,$$

oder, wenn wir zu den Maßeinheiten des CGS-Systems zurückkehrend, rechts den Faktor $8\pi\varkappa$ hinzufügen,

$$\boxed{\Delta\psi = 4\pi\varkappa\varrho^*;}$$

und zwar kommt diejenige Lösung ψ in Frage, die auf der Rotationsachse regulär ist. Damit sind wir im kanonischen Koordinatensystem zu der gewöhnlichen Poissonschen Gleichung gelangt; da sie linear ist, gilt für $\psi = \lg \sqrt{f}$ das Superpositionsprinzip.

Für den unendlich dünnen Ring, der von dem Flächenelement $dr\,dz$ der kanonischen r, z-Ebene bei der Rotation um die z-Achse beschrieben wird, findet man als Lösung der Poissonschen Gleichung, wenn

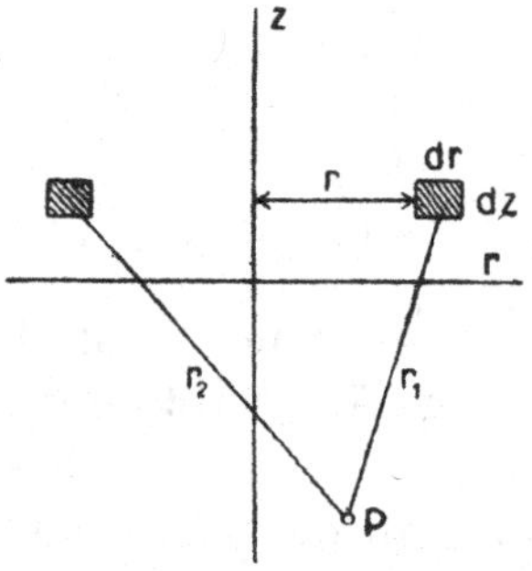

Fig. 1.

$$2\pi\varrho^* r\,dr\,dz = m$$

gesetzt wird, wie bekannt,

$$\psi = -\frac{\varkappa m}{R} .$$

R, die „Entfernung" des Aufpunktes P vom Ringe, ist das arithmetisch-geometrische Mittel aus den Entfernungen r_1, r_2 des Punktes P von den beiden Durchstoßpunkten des Ringes mit der Meridianebene, in welcher P gelegen ist:

$$\frac{1}{R} = \frac{1}{2\pi}\int\limits_{-\pi}^{+\pi} \frac{d\omega}{\sqrt{r_1 \cos^2\omega + r_2 \sin^2\omega}};$$

alle Ausdrücke im Euklidischen Sinne verstanden, bezogen auf die kanonischen Koordinaten! Ist nur dieser Ring mit Masse behaftet, so wird

$$\sqrt{f} = e^{-\frac{\varkappa m}{R}};$$

das ist für große R gleich

$$1 - \frac{\varkappa m}{R}.$$

m erweist sich damit als die im Ringe enthaltene gravitierende Masse und ϱ^* somit als die *Massendichte im kanonischen Koordinatensystem*. — Wir sind zu folgendem einfachen Resultat gelangt:

Ist die (rotationssymmetrische) *Massenverteilung im kanonischen Koordinatensystem bekannt und* $c^2\psi$ *ihr Newtonsches Potential, so ist nach der Einsteinschen Theorie*

$$\sqrt{f} = e^{\psi}.$$

Auch in die Gleichung (14) führen wir ψ statt λ ein; es ist

$$[\lambda, \lambda] = \frac{1}{r^2} - \frac{4}{r}\frac{\partial \psi}{\partial r} + 4[\psi, \psi].$$

Multiplizieren wir dann (14) mit $\frac{1}{2}$, addieren (15) oder

$$\Delta^2\psi + \frac{1}{r}\frac{\partial \psi}{\partial r} = \frac{1}{2}\varrho^*$$

und nehmen als Unbekannte

$$\gamma = \lg\sqrt{hf} = \frac{\mu}{2} + \psi,$$

so bekommen wir

$$\boxed{\Delta^2\gamma = -[\psi, \psi],} \tag{16}$$

d. i. eine Poissonsche Gleichung in der r, z-Ebene. Damit das Linienelement auf der Rotationsachse regulär bleibt, muß auf ihr γ verschwinden; es ist also diejenige eindeutig bestimmte Lösung der Poissonschen Gleichung in der Meridianhalbebene für γ zu nehmen, die im Unendlichen und auf der Rotationsachse verschwindet. Begnügen wir uns übrigens mit derjenigen Approximation, die sich durch Streichung der quadratischen Glieder ergibt, so ist $\gamma = 0, h = 1/f$ zu setzen. —

Es ist sehr instruktiv, zu verfolgen, wie sich in die eben entwickelte allgemeine Theorie der rotationssymmetrischen Massenverteilung der ***Massenpunkt*** einordnet. Wir gehen von der Darstellung (12) aus und führen darin statt der „rechtwinkligen“ Koordinaten x_i Zylinderkoordinaten ein:

$$x_1 = r\cos\vartheta, \quad x_2 = r\sin\vartheta, \quad x_3 = z;$$

das in (12) auftretende r muß dann natürlich durch $\sqrt{r^2+z^2}$ ersetzt werden. Darauf bewerkstelligen wir in der Meridianhalbebene die konforme Transformation

$$(r+iz) - \frac{(a/2)^2}{r+iz} = r^* + iz^* \qquad (\vartheta = \vartheta^*);$$

dann nimmt unser Linienelement in der Tat die kanonische Form an, und zwar ergibt die Rechnung:

$$f = \frac{\frac{r_1+r_2}{2} - a}{\frac{r_1+r_2}{2} + a}, \qquad hf = \frac{\left(\frac{r_1+r_2}{2} - a\right)\left(\frac{r_1+r_2}{2} + a\right)}{r_1 r_2},$$

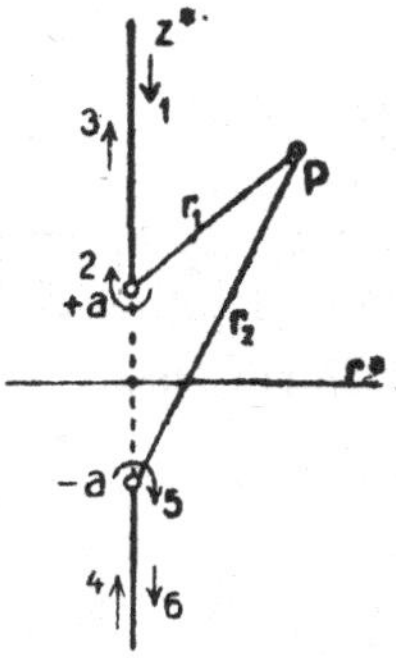

Fig. 2.

wo die Bedeutung von r_1, r_2 aus Fig. 2 zu entnehmen ist. $\psi = \lg\sqrt{f}$ ist im kanonischen Raum mit den Zylinderkoordinaten z^*, r^*, ϑ^* das Newtonsche Potential der gleichmäßig mit Masse belegten Strecke

$$r^* = 0, \qquad -a \leqq z^* \leqq +a:$$

der „Massenpunkt“ erscheint demnach in den kanonischen Koordinaten nicht als eine Kugel, sondern als eine Strecke, die Meridian-*Halb*ebene als die längs der beiden stark ausgezogenen Halbgeraden geschlitzte *Voll*ebene, die Rotationsachse als der (im Unendlichen zusammenhängende) Schlitz, der so durchlaufen werden muß, wie es in der Figur durch beigesetzte Pfeile und Nummern angedeutet ist. Die rechte Hälfte der Vollebene entspricht dem Äußeren, die linke dem Inneren des Massenpunktes. Hier bestätigt sich von neuem unsere in § 4 geltend gemachte Auffassung: würden wir jenes „Innere“ nicht mitberücksichtigen, so gelangten wir nicht zu der richtigen Lösung. Man überzeuge sich, daß $\lg\sqrt{hf}$ in der Tat diejenige Lösung der Gleichung (16) in der geschlitzten Vollebene r^*, z^* ist, die an den Rändern des Schlitzes verschwindet.

— Man wäre auf die vorliegende strenge Lösung der Gravitationsgleichungen naturgemäß durch die Aufgabe geführt worden, das Feld einer mit der Masse m belegten Strecke von der Länge $2\varkappa m$ zu bestimmen. Nach Ermittlung des Gravitationsfeldes hätte sich dann aber durch Ausmessung der „Strecke" mit dem invarianten räumlichen Linienelement $d\sigma^2$ ergeben, daß sie in Wahrheit gar keine Strecke, sondern eine Kugeloberfläche ist: man kann in der strengen Gravitationstheorie immer erst a posteriori feststellen, einer wie beschaffenen Massenverteilung eine Lösung entspricht, auf die man von irgendeinem bestimmten Ansatz her gekommen ist.

§ 6. Das Feld rotationssymmetrisch verteilter Ladungen.

Tragen die ruhenden Massen statische elektrische Ladungen, so entsteht außer dem Gravitations- ein elektrostatisches Feld, das sich aus einem Potential $\Phi = \Phi(x_1, x_2)$ ableitet. x_1, x_2 sind wie zu Beginn des § 5 isotherme Koordinaten in der Meridian-Halbebene. Die Wirkungsdichte der Elektrizität bestimmt sich aus

$$L = -\frac{[\Phi\Phi]}{hf}, \qquad L\sqrt{g} = -[\Phi\Phi]\,e^{\lambda} = -[\Phi\Phi]\frac{r}{f}.$$

Das Integral von $\delta(L\sqrt{g})$ über irgendein Gebiet der x_1, x_2-Ebene, ist, wenn die Variationen $\delta\Phi$, $\delta\lambda$ an den Grenzen des Gebietes verschwinden, gleich dem Integral des Differentials

$$\delta\mathfrak{L}^* = -[\Phi\Phi]\frac{r}{f}\,\delta\lambda + 2r\,\Delta_f\Phi\cdot\delta\Phi,$$

$$\Delta_f = \frac{1}{r}\left\{\frac{\partial}{\partial x_1}\left(\frac{r}{f}\frac{\partial}{\partial x_1}\right) + \frac{\partial}{\partial x_2}\left(\frac{r}{f}\frac{\partial}{\partial x_2}\right)\right\}.$$

Berücksichtigen wir nach § 1 neben der Feld- auch die Substanzwirkung der Elektrizität, so liefert das allgemeine Wirkungsprinzip durch Variation von Φ zunächst:

(17) $$\Delta_f\Phi = -\varepsilon^* = -h\varepsilon \quad (\varepsilon = \text{absolute Ladungsdichte}).$$

Zur Bestimmung des Gravitationsfeldes aber erhalten wir, indem wir nunmehr $\delta\Phi = 0$ setzen, die Gleichung

(18) $$\delta\mathfrak{H}^* = \delta\mathfrak{M} + \delta\mathfrak{L}^*.$$

Aus ihr finden wir zunächst wieder $\Delta^2 r = 0$; dadurch ist die Einführung der *kanonischen Koordinaten* ermöglicht, und in diesem Sinne setzen wir wiederum $x_1 = z$, $x_2 = r$. Gl. (17) lautet jetzt:

$$(19) \qquad \boxed{\Delta_f \Phi = \frac{1}{r}\left\{\frac{\partial}{\partial z}\left(\frac{r}{f}\frac{\partial \Phi}{\partial z}\right) + \frac{\partial}{\partial r}\left(\frac{r}{f}\frac{\partial \Phi}{\partial r}\right)\right\} = -\varepsilon^*.}$$

Die willkürliche additive Konstante, welche in Φ auftritt, werde, wie üblich, so gewählt, daß Φ im Unendlichen verschwindet.

Vergleichung der Koeffizienten von $\delta\lambda$ in (18) ergibt die Gl. (13) des vorigen Paragraphen mit der Modifikation, daß rechts zu dem Massenglied ϱ^* das von der gleichfalls gravitierend wirkenden elektrischen Energie herrührende Zusatzglied $1/f[\Phi\Phi]$ hinzutritt; also:

$$(20) \quad \Delta_f f = \frac{1}{r}\left\{\frac{\partial}{\partial z}\left(\frac{r}{f}\frac{\partial f}{\partial z}\right) + \frac{\partial}{\partial r}\left(\frac{r}{f}\frac{\partial f}{\partial r}\right)\right\} = \varrho^* + \frac{1}{f}[\Phi\Phi].$$

Gl. (14), § 5 kann unverändert übernommen werden. Wir bilden den Ausdruck $\frac{1}{2}\Delta_f(\Phi^2)$; auf Grund der Gleichungen

$$\frac{1}{2}\frac{\partial \Phi^2}{\partial z} = \Phi\frac{\partial \Phi}{\partial z}, \qquad \frac{1}{2}\frac{\partial \Phi^2}{\partial r} = \Phi\frac{\partial \Phi}{\partial r}$$

und des elektrostatischen Grundgesetzes (19) hat er den Wert

$$-\varepsilon^*\Phi + \frac{1}{f}[\Phi,\Phi].$$

Führen wir also

$$f - \tfrac{1}{2}\Phi^2 = F, \qquad \varrho^* + \varepsilon^*\Phi = \sigma^*$$

ein, so können wir Formel (20) ersetzen durch

$$(21) \qquad \boxed{\frac{1}{r}\left\{\frac{\partial}{\partial z}\left(\frac{r}{f}\frac{\partial F}{\partial z}\right) + \frac{\partial}{\partial r}\left(\frac{r}{f}\frac{\partial F}{\partial r}\right)\right\} = \sigma^*.}$$

Befindet sich Masse und Ladung nur auf einem Elementarring, der im kanonischen Koordinatensystem den Radius r und den Querschnitt $dr\,dz$ hat, und setzen wir

$$2\pi\sigma^* r\,dr\,dz = m, \qquad 2\pi\varepsilon^* r\,dr\,dz = e,$$

so folgt aus den Gleichungen (19), (21), daß notwendig

$$F = \text{const.} - \frac{m}{e}\Phi$$

ist. Bei geeigneter Wahl der Maßeinheit der Zeit wird die hier auftretende const. $= 1$, und wir haben

$$f = 1 - \frac{m}{e}\Phi + \frac{1}{2}\Phi^2,$$

oder bei Einführung des CGS-Systems

$$f = 1 - \frac{2m\varkappa}{e}\Phi + \frac{\varkappa}{c^2}\Phi^2.$$

Setzt man diesen Wert in (19) ein, so erhält man für

$$\int \frac{d\,\Phi}{1 - \frac{2\,m\,\varkappa}{e}\,\Phi + \frac{\varkappa}{c^2}\,\Phi^2} \tag{22}$$

das lineare Potentialgesetz der gewöhnlichen Elektrostatik. Ermittelt man daraus dieses Integral als Funktion des Ortes in der Meridian-Halbebene und aus ihm Φ und f — wir werden die Rechnung sogleich durchführen —, so erkennt man, daß m die im Ringe enthaltene gravitierende Masse, e die in ihm enthaltene Ladung ist. Folglich sind σ^* und ε^* Massen- und Ladungsdichte im kanonischen Koordinatensystem; *es ist vor allem bemerkenswert, daß nicht* ϱ^*, *sondern* $\sigma^* = \varrho^* + \varepsilon^* \Phi$ *als Massendichte auftritt.*[1])

Allgemeiner läßt sich in dieser Weise das Problem lösen, wenn wir annehmen, daß Masse und Ladung beliebig, aber in der gleichen Weise verteilt sind, d. h. daß das Verhältnis $\sigma^* : \varepsilon^*$ eine vom Ort unabhängige Konstante ist. Das Euklidische Volumintegral von σ^* im Raume der kanonischen Koordinaten, die Gesamtmasse, bezeichnen wir mit m, das ebenso gebildete Integral von ε^*, die Gesamtladung, mit e. Jenes konstante Verhältnis wird dann gleich $m : e$ sein. (22) ist auch jetzt das gewöhnliche, ohne Berücksichtigung der Gravitation bestimmte elektrostatische Potential der Ladungsverteilung ε^* im kanonischen Raum. Wir führen (vgl. § 4, letzter Absatz) die Gravitationsradien a, a' der (auf einen Punkt konzentrierten) Masse m und Ladung e ein und setzen unter Bevorzugung des Falles $a' > a$:

$$\frac{a}{a'} = \sin \varphi_0 \,.$$

Rechnen wir das Integral (22) aus, so kommen wir zu folgendem Ergebnis:

---

1) Nimmt man $\varrho^* = 0$, so ergibt sich für den Bereich, über den die Ladung eines Elektrons verteilt ist, der übliche Radius a''. Es ist aber nicht ausgeschlossen, daß durch ein negatives ϱ^* das Glied $\varepsilon^* \Phi$ fast vollständig kompensiert wird; ich verweise dieserhalb auf die Miesche Theorie. Es käme ja gerade darauf an, zu erklären, *warum* das Elektron eine so kleine Masse besitzt, d. h. woher die *reine Zahl* a/a' von der Größe 10^{-20} kommt! Die eigentliche Ladung des Elektrons ist demnach vielleicht auf einen sehr viel kleineren Bereich konzentriert, und a'' hat lediglich die Bedeutung des „Wirkungsradius".

Ist die Ladungsverteilung (zu der nach Voraussetzung die Massenverteilung proportional ist) im kanonischen Koordinatensystem bekannt und φ ihr „elementares", d. h. ohne Berücksichtigung der Gravitation nach der elementaren Theorie bestimmtes Potential, multipliziert mit dem konstanten Faktor

$$\frac{\sqrt{\varkappa}}{c}\cos\varphi_0\,,$$

so gilt strenge

$$\Phi = \frac{e}{a'}\,\frac{\sin\varphi}{\cos(\varphi-\varphi_0)}\,,\qquad \sqrt{f} = \frac{\cos\varphi_0}{\cos(\varphi-\varphi_0)}\,. \tag{23}$$

Im Falle des Ringes ist insbesondere

$$\varphi = \frac{a'\cos\varphi_0}{R}\,,$$

wo R die „Entfernung" des Aufpunktes P vom Ring bedeutet. Für große R ergibt sich daraus für $\sqrt{f}$ die asymptotische Formel

$$1-\frac{a}{R}\,,$$

aus der hervorgeht, daß m in der Tat, wie oben behauptet, die gravitierende Masse ist.

Es bleibt unter den gegenwärtigen Annahmen noch der zweite Koeffizient h des kanonischen Linienelementes zu berechnen. Dazu steht uns die Gl. (14), § 5, zur Verfügung. Behandeln wir sie in der gleichen Weise wie dort, so erhalten wir für $\gamma = \lg\sqrt{hf}$ zunächst

$$\Delta^2\gamma + \frac{[\sqrt{f},\sqrt{f}]}{f} = \frac{1}{2}\,\frac{[\Phi,\Phi]}{f}\,.$$

Gehen wir zum CGS-System über — der Faktor $\frac{1}{2}$ auf der rechten Seite ist dann durch $\varkappa/c^2$ zu ersetzen — und benutzen die Ausdrücke (23), so nimmt diese Bestimmungsgleichung für γ die einfache Form an

$$\boxed{\Delta^2\gamma = [\varphi\,\varphi]\,.} \tag{24}$$

Lassen wir die Voraussetzung der Proportionalität von Ladung und Masse fallen, so läßt sich die Lösung nicht mehr auf so einfachem Wege ermitteln. Nun liegen aber für das Elektron und den Atomkern die numerischen Verhältnisse so, daß a/a' sehr klein, von der Größenordnung 10^{-20} bzw. 10^{-17} ist.

Unter diesen Umständen kann also die Massenwirkung völlig neben derjenigen der Ladung vernachlässigt werden. Spezialisieren wir unsere Formeln in dieser Weise, d. h. dadurch, daß wir $a = 0$, $\varphi_0 = 0$ setzen, so kommen wir zu dem Satz:

Ist die (rotationssymmetrische) Verteilung ruhender Ladungen, neben deren Wirkung die Massenwirkung vernachlässigt werden kann, im kanonischen Koordinatensystem bekannt und φ ihr elementares Potential multipliziert mit $\sqrt{\varkappa}/c$, so gilt unter Berücksichtigung der Gravitation

$$\Phi = \frac{c}{\sqrt{\varkappa}} \operatorname{tg} \varphi, \qquad \sqrt{f} = \frac{1}{\cos \varphi}.$$

Das Auftreten der durch ihre Periodizität in so engem Zusammenhang mit den ganzen Zahlen stehenden trigonometrischen Funktionen hat etwas Überraschendes; in Bereichen, in denen φ mit 1 vergleichbare Werte erreicht, gilt nicht mehr das Superpositionsprinzip, vielmehr sind die Potentiale der wirkenden Kräfte trigonometrische Funktionen derjenigen Größe, welche diesem Prinzipe genügt. Bei hinreichend konzentrierten Ladungen könnte es geschehen, daß eine dieselben einschließende Fläche S auftritt, auf der φ den Wert $\pi/2$ erreicht und daher Φ und $\sqrt{f}$ unendlich werden. Da auf dieser „Grenzfläche der Außenwelt“ nach (24) hf endlich bleibt, wird auf ihr das räumliche Linienelement $d\sigma^2 = 0$; mittels des invarianten Linienelements ausgemessen, stellt sich daher S als ausdehnungslos heraus. — Für das Verständnis der Vorgänge im Atom ist unser Ergebnis kaum nutzbar zu machen; denn die Abweichungen des Feldes der Elektronenladung e von dem durch die gravitationslose klassische Theorie bestimmten sind nur in Distanzen merklich, die von der Größenordnung $a' \sim 10^{-33}$ cm sind!

Die kugelsymmetrische Punktladung erscheint im kanonischen Koordinatensystem als eine Kreisscheibe vom Radius a', auf der die Elektrizität so verteilt ist, wie es nach der elementaren Elektrostatik auf einer geladenen Metallplatte der Fall ist.